石油化工设备维护检修规程

第三册

化 工 设 备

2019 版

中国石油化工集团有限公司
中国石油化工股份有限公司 组织编写

中国石化出版社

图书在版编目（CIP）数据

石油化工设备维护检修规程：2019版．第三册，化工设备 / 中国石油化工集团有限公司，中国石油化工股份有限公司组织编写．—北京：中国石化出版社，2022.1

ISBN 978-7-5114-6049-3

Ⅰ．①石… Ⅱ．①中… ②中… Ⅲ．①石油化工设备－检修－技术操作规程－中国 Ⅳ．① TE960.7-65

中国版本图书馆 CIP 数据核字（2022）第 030644 号

中国石化出版社出版发行

地址：北京市东城区安定门外大街 58 号

邮编：100011　电话：(010)57512500

发行部电话：(010)57512575

http://www.sinopec-press.com

E-mail：press@sinopec.com

北京科信印刷有限公司印刷

全国各地新华书店经销

*

787×1092 毫米 16 开本 86.5 印张 2147 千字

2022 年 1 月第 1 版　2022 年 1 月第 1 次印刷

定价：480.00 元

《石油化工设备维护检修规程》
修编指导委员会

主　　任： 戴厚良

副 主 任： 徐　钢　张　涌　朱建民　郭安翔　杨　锋　周志明

委　　员：（以姓氏笔画为序）

于甫春　王鑫武　尹光耀　叶国庆　田宏斌
成　雷　吕建成　朱有志　刘训书　刘建军
刘振宁　麦郁穗　杜　阳　杜博华　李　江
邱宏斌　汪剑波　宋立群　张业金　张成宝
张庆河　张军梁　张忠安　陈雷震　罗　昕
罗重春　金　强　周纪军　赵亚新　赵宝成
赵晓军　胡　佳　袁代红　夏翔鸣　郭绍强
黄志华　董雪林　韩建宇　谭金龙　颜　刚
魏　冬　魏　鑫

特邀委员： 赵　岩　周　敏　唐汇云

《石油化工设备维护检修规程》修编专家库

化工设备专业组

组长单位： 中国石油化工股份有限公司北京燕山分公司

组员单位： 中国石油化工股份有限公司齐鲁分公司

中国石油化工股份有限公司广州分公司

中国石化上海石油化工股份有限公司

中国石油化工股份有限公司天津分公司

中国石油化工股份有限公司巴陵分公司

中国石油化工股份有限公司茂名分公司

中国石化扬子石油化工有限公司

中国石化集团南京化学工业有限公司

天华化工机械及自动化研究设计院有限公司

大连橡胶塑料机械有限公司

哈尔滨博实自动化股份有限公司

杭州汽轮机械设备有限公司

化工设备专业审查专家组

组　长：林昌基

成　员：郑显伟　康宝惠　邹立群　陈国强　王树丰
　　　　王长新　曹文军　卢昌存　邓征威　李国华
　　　　罗　军　张　凯　范晓明　李站丰

《石油化工设备维护检修规程》编辑部

主　任：白　桦

副主任：潘向阳

成　员：李跃进　龚志民　孙立泉　蒋　璐　吕芳蕾
　　　　赵子萱

《石油化工设备维护检修规程》（2019）修订编制说明

《石油化工设备维护检修规程》（以下简称《规程》），自2004年出版发行以来，作为石化设备完整性管理的支持性文件，在加强石化企业设备完整性管理，提高设备维护检修水平，确保装置安全、稳定、长周期运行等方面发挥了积极作用，受到了广大石油化工设备管理及维护检修人员的欢迎。

随着新装置、新设备的增加，石油化工设备维护检修技术得到了较大的发展，同时，新工艺、新技术、新工具在设备的检维修方面逐步得到应用，装置检修周期已逐步提高到三年、四年或者更长的时间，对设备的正常维护、科学检修提出了更高的要求；随着特种设备、安全环保等方面新的法规、标准颁布，2004版《规程》部分内容已经不能满足石化企业目前设备维护检修工作的需要。

为进一步完善规程，更科学地指导企业石油化工设备的维护检修工作，不断提高设备维护检修质量和设备管理水平，以便适应装置长周期运行的要求，实现企业效益的最大化，中国石化总部决定对2004版《规程》进行修订编制。

为加强对《规程》修编工作的领导，2017年8月中国石化总部组织成立了《规程》修编指导委员会，时任集团公司总经理戴厚良任指导委员会主任，化工事业部牵头，徐钢任副主任，承担了具体领导和组织工作，炼油事业部、资本运营部、生产经营管理部、能源管理与环境保护部和石化出版社的有关领导任副主任，石化企业的设备经理任委员。委员会下设通用设备组、炼油设备组、化工设备组、化纤设备组、碳一化工设备组、电气设备组、仪表组、热电联产设备组、环保设备组、空分设备组、储运设备组等11个专业组，具体负责各专业规程的修编工作。为确保《规程》修编质量，成立了《规程》修编专家库，由国内石化设备相关领域的专家组成；特别邀请了沈鼓集团、陕鼓集团、大橡塑、杭汽集团、杭氧股份、浙江中控、天华院、中密控股、哈博时、吴忠仪表、南防集团、时林公司等优秀石化设备供应商、服务商直接参与规程的修编工作；中国石油、中国海油和中国中化各相关单位及石油石化建安检维修专业协会下属各检维修单位参与了规程审查工作。在石化出版社设立《规程》编辑部，负责规程修编的具体组织以及稿件编辑和出版技术工作。

本次修编工作，新增了48项装置维护检修规程，规定了各装置的主要设备和专用设备的检修周期、检修项目及质量要求、检修过程管理和日常维护等相关内容，同时结合装置的工艺路线，介绍了装置的工艺特性和危害特性，可为编制装置设备检修计划提供指导；新编和调整了部分设备维护检修规程，原部分按照工艺名称命名的设备按照结构进行合并调整；删除了原《规程》中已经淘汰的设备和技术陈旧或经过试行证明不合实际甚至错误的内容，调整后共计286项设备维护检修规程。

2019版《规程》按照GB/T 1.1要求，对规程进行规范，增加了前言、规范性引用文件、附录等内容；对规程中术语进行了统一，力求语言表述规范化；对设备检修周期进行了调整，删除了小修与中修的提法，将小修和中修的部分内容并入大修，日常维护的内容并入了维护章节中，同时将检修项目分解成拆卸程序与要求、回装程序与要求，进一步细化了检修工序，使规程更具可操作性；故障处理章节按照RCM的分析方法重新编制。

在《规程》修编过程中，力图按照信息化、数字化的要求，将维护检修的内容尽量工序化、条目化，为今后石油化工设备维护检修建立统一的信息化管理平台奠定良好的基础。

本次修订编制工作，中国石化各相关企业领导、设备管理人员给予了大力支持，同时得到了中国石油、中国海油、中国中化等兄弟企业以及设备供应商、服务商、检维修单位的大力支持，在此表示衷心感谢。

新编的规程，特别是装置维护检修规程，是新的尝试，还有一个试用的过程；即使是修订的设备规程，由于修订量较大，也难免会有疏漏甚至错误，敬请广大读者提出宝贵意见和建议，以便修订时补充更正。

《石油化工设备维护检修规程》修编指导委员会

2019年11月18日

《石油化工设备维护检修规程》(2004)
修订编制说明

由原中国石油化工总公司生产部1992年组织编制完成、中国石化出版社1993年出版印发各石化企业试行的《石油化工设备维护检修规程》(以下简称《规程》)，在加强石化企业设备管理、搞好维护和科学检修、提高设备的可靠度、延长装置运行周期、确保“安、稳、长、满、优”生产方面起到了一定的作用，深受石化企业的好评。

该《规程》出版试行以来，迄今已有十个年头。十年来，随着石油化工技术的进步，石油化工设备维护检修技术得到了较大的发展；随着新装置、新设备的不断增加，原《规程》需要扩大它的涵盖面；随着新工艺、新技术的应用，装置检修由原来的“一年一修”提高到目前的两年、三年甚至更长的检修周期，对设备的正常维护、科学检修提出了更高的要求；随着我国有关压力容器、计量管理、劳动安全等方面新法规和条例的颁布，原《规程》部分内容已不适应新的要求。因此，无论在涵盖面还是技术内容上，原《规程》已不能满足石化企业目前设备维护检修工作的需要。

为进一步完善《规程》，更科学地指导企业石油化工设备的维护检修工作、不断提高设备维护检修质量和设备管理水平、适应装置长周期运行的要求，以实现企业效益的最大化，中国石油化工集团公司和股份公司总部决定对原《规程》组织有关企业进行一次修订。

为了加强对《规程》修订工作的领导，石化集团公司及股份公司于2003年6月组成了以股份公司高级副总裁曹湘洪为主任、炼油事业部、化工事业部、炼化企业经营管理部和中国石化出版社有关领导为副主任、总部有关部门和石化企业有关同志参加的《规程》修订编制委员会，负责修订编制工作的领导。委员会下设炼油、化工、系统三个专业委员会，负责具体组织各专业规程的修订编制工作，并在石化出版社设立《规程》修订编辑部，负责具体的文字编辑和出版技术工作。

本次修订编制工作，按专业进行了分工，将原《规程》10个专业(408个单项规程)划分为三大部分，分别由炼油、化工、系统三个专业委员会负责组织修订、编制及审查工作。炼油专业委员会由炼油事业部牵头，负责通用设备、炼油设备、电气设备和仪表4个专业；化工专业委员会由化工事业部牵头，负责化工设备、化纤设备和化肥设备

3个专业；系统专业委员会由炼化企业经营管理部牵头，负责电站设备、供排水设备和空分设备3个专业。每个专业成立修订编制专业组，分别由中国石油化工集团公司和股份公司下属有关企业担任专业组组长单位，石化企业上千人参与了修订编制工作。

本次修订编制工作，主要遵循了以下几个基本原则：

（1）应反映出石油化工设备维护检修技术的最新发展，以及对设备维护、检修在工艺、技术上的更高要求。

（2）根据目前新颁布的有关法规、条例，对原《规程》的相关内容进行更新。

（3）删减及修改原《规程》中涉及的已经淘汰的设备和技术陈旧或经过试行证明不切合实际甚至错误的内容。

（4）增补《规程》中未涉及的新装置、新设备，编制增加有关内容，扩大《规程》的涵盖面。

（5）修订和改进原《规程》中的排版、印刷方面的错误等。

本次修订编制工作的范围，主要针对中国石化系统涵盖面广、大多数企业共有的普遍性设备；对数量极少或某个企业独有的设备未列入本次修订的范围，可由设备所在企业根据情况，进行修订编制，作为本企业的规程。

由于中国石化集团公司和股份公司领导的重视，炼油事业部、化工事业部、炼化企业经营管理部、石化出版社和各有关企业的大力支持，以及全体参加修订编制人员的共同努力，整个修订编制工作进行得比较顺利。由2003年6月总部以中国石化社〔2003〕7号文“关于组织修订《石油化工设备维护检修规程》的通知”下达，整个修订编制工作正式开始起动，到2004年6月底全部修订编制工作完成，总共用了1年的时间。修订编制后的《规程》，经过删减和增补，最终共有395个单项规程，分为159个单行本，10个合订本，由中国石化出版社出版发行。

本次修订编制，除了对原《规程》进行修订外，还增补制订了一些新的单项规程。新编的规程，还有一个试行的过程；即使修订的规程，由于修订人的水平不一，也难免会有一些不适应的内容，因而各企业在执行过程中，希望能积极反馈宝贵意见。有问题和不足之处，请及时向总部有关部门提出，总部将汇总研究，于今后适当时刻给予进一步修订，使之更加完善。

本《规程》在修订编制过程中，各石化企业领导、有关设备管理、维护、检修的工程技术人员和广大职工给予了热情的帮助和大力支持，在此谨表衷心的感谢。

《石油化工设备维护检修规程》修订编制委员会

2004年6月1日

《石油化工设备维护检修规程》(1992)
编制说明

随着我国石油化学工业的迅速发展，近年来一大批新装置、新设备陆续投产，并由此推动了设备维护检修技术的不断发展。总公司成立以来，设备维修一直沿用及参照十几年前有关行业部门颁发的维护检修规程进行。这些规程无论在覆盖面上，还是在技术内容上已不能满足目前设备维护检修工作的需要，且部分内容已不符合我国新颁布的有关法规或规定的要求。因此，不少企业多次要求总公司发挥石化集团的整体优势，统一编制出一整套能满足我国现代石油化工生产、指导设备维护检修工作的《石油化工设备维护检修规程》(以下简称《规程》)。

为搞好设备的精心维护和科学检修，不断提高维护检修质量，向设备的可靠度深化，总公司生产部于1990年开始组织有关石化企业着手进行《规程》的编制筹备工作，并于1991年4月正式成立编委会，以大连石油化工公司、抚顺石油化工公司、北京燕山石油化工公司、辽阳石油化纤公司、大庆石油化工总厂、齐鲁石油化工公司、上海石油化工总厂、安庆石油化工总厂、金陵石油化工公司及扬子石油化工公司等10家直属石化企业为专业编制组组长单位，分别负责牵头，全面开展通用、炼油、化工、化纤、化肥、电气、仪表、电站、锅炉、供排水和空分等设备维护检修规程的编制工作。总公司系统有35家生产企业1000余人参加了《规程》的资料收集、调研、编写、修改和审查工作。由于总公司领导的重视，各有关企业的大力支持和全体参编人员的共同努力，整个编制工作进展顺利，至1992年10月全部编制完成。全套《规程》共有500个单项规程，约600万字，分168个单行本，9个合订本，由中国石化出版社负责出版发行。

这套《规程》在参考原有有关规程、标准的基础上，总结并采用石化企业长期实践中积累的成熟经验，吸收国内外石化设备维护检修方面的先进技术，贯彻国家现行的有关法规，力图做到反映先进的维护检修技术，有利于加强设备管理，有利于搞好设备的精心维护和科学检修，对提高设备的维修质量，保证装置“安、稳、长、满、优”生产将起到积极作用。

总公司系统生产企业现有近千套装置、100万台设备，门类品种繁多。由于受调研范围、时间和篇幅的限制，本《规程》只编制了主要的和量大面广的设备。由于水平有限，内容和深度也不尽完善，希望各单位在试行中不断总结、积累经验，提出修改意见，待意见汇总后，再行修订补充，使之更加完善。

在编制本《规程》过程中，得到了有关单位领导、工程技术人员和广大职工的大力支持，在此一并表示衷心感谢。

《石油化工设备维护检修规程》编制委员会

1992年10月20日

关于《石油化工设备维护检修规程》
第三册《化工设备》修订编制说明

本规程是由中国石油化工股份有限公司北京燕山分公司、齐鲁分公司、广州分公司、扬子石化和上海石化等多家分公司，以及杭州汽轮机械设备有限公司、天华化工机械及自动化研究设计院有限公司等相关单位的专业技术人员修订编制，由各企业选派优秀的专业技术人员和集团公司特邀专家经过两次评审修改后通过。修订编制后的规程更具有适应性、代表性、实用性和前瞻性。

针对化工设备逐步大型化、专业化的发展趋势，编委会和全体参加编制的专业技术人员结合2004 版《石油化工设备维护检修规程》第一册《通用设备》、第二册《炼油设备》、第三册《化工设备》的编制情况，对化工设备中SHS 03002《乙烯裂解气压缩机组维护检修规程》，SHS 03003《三元制冷压缩机组维护检修规程》，SHS 03063《PTA空压机组维护检修规程》等结构相似、主要检修内容相似的规程进行了合并，纳入《石油化工设备维护检修规程》第一册《通用设备》相关离心式压缩机组维护检修规程中出版。SHS 03062《丁二烯螺杆式压缩机维护检修规程》纳入《石油化工设备维护检修规程》第一册《通用设备》SHS 01021《螺杆压缩机维护检修规程》中出版。经过对规程合并、取消、删除及增加后，本册最终规程编制数量为装置维护检修规程21 项，设备维护检修规程数量36 项。

相关规程修订情况如下：

一、规程编写规范性引用文件增加了新的国家、行业标准、规范及厂家使用维护说明书等。另外，对规程中技术的专用术语进行了统一，力求语言表述规范化。同时明确了规程适用各类设备的型号。

二、在规程“检修周期与内容”章节中，对设备检修周期进行了调整，删除了小修与中修的提法，检修内容为大修项目，除了设备本身，还包括其他辅助设施等内容，这些辅助系统的设备，在检修内容里提及，但在“检修程序与质量标准”里不一定再出现，或者只用一句话概括，目的是提醒在考虑检修内容时不要漏项。

三、规程对“检修前准备”进行了模块格式化，充分体现出检修以及检修过程中安全和环保的有关要求；“拆卸与检测”和“回装与质量标准”是本规程的重中之重，拆卸与回装程序要求按实际施工工序进行详细叙述，且对重点或难点的工序、容易犯的错误或易造成质量事故与安全事故的步骤进行了重点叙述。

四、对原规程“常见故障与处理表”进行了修改和必要的增补，采用RCM分析方法，明确设备故障的后果，制定维修策略和维修周期。

目　录

乙烯装置维护检修规程

SHZ 03001—2019

目 次

前 言

本规程按照 GB/T 1.1—2009《标准化工作导则 第 1 部分：标准的结构和编写》给出的规则起草。

本规程由中国石油化工集团有限公司、中国石油化工股份有限公司提出。

本规程起草单位：中国石化上海石油化工股份有限公司。

本规程主要起草人：李敏。

本规程 2019 年首次发布。

乙烯裂解装置维护检修规程

1 范围

1.1 本规程规定了乙烯裂解装置及其主要设备、专有设备的检修周期和检查项目、检修质量标准；试验与验收、维护与故障处理等的具体内容和要求。
1.2 本规程适用于石油化工企业乙烯裂解装置的检修维护管理。

2 规范性引用文件

下列文件对于本文件的应用是必不可少的。凡是注日期的引用文件，仅所注日期的版本适用于本文件。凡是不注日期的引用文件，其最新版本（包括所有的修改单）适用于本文件。

2.1 法律法规

中华人民共和国安全生产法
中华人民共和国特种设备安全法
中华人民共和国环境保护法

2.2 特种设备安全技术规范

TSG 08—2017 特种设备使用管理规则
TSG 21—2016 固定式压力容器安全技术监察规程
TSG D001—2009 压力管道安全技术监察规程——工业管道
TSG ZF001—2006 安全阀安全技术监察规程

2.3 标准与规范

GB/T 150 压力容器
GB/T 151 热交换器
NB/T 47041—2014 塔式容器
GB/T 20801 压力管道规范 工业管道
SH/T 3511—2020 石油化工乙烯裂解炉和制氢转化炉施工及验收规范
SH/T 3610—2012 石油化工筑炉工程施工技术规程
GB 50235—2010 工业金属管道工程施工规范
GB 50517—2010 石油化工金属管道工程施工质量验收规范

GB 50275—2010　风机、压缩机、泵安装工程施工及验收规范
GB 50093—2013　自动化仪表工程施工及质量验收规范
GB 50493—2019　石油化工可燃气体和有毒气体检测报警设计标准
GB/T 50770—2013　石油化工安全仪表系统设计规范
GB/T 50609—2010　石油化工工厂信息系统设计规范
SH/T 3006—2012　石油化工控制室设计规范
GB 50484　石油化工工程施工安全技术标准

2.4　中石化管理规定

中国石化设备管理办法
炼化装置设备检修管理规定
炼油企业检修管理指南（试行版）
装置开停工及检维修环保规定
石化设备润滑管理制度
石化设备维修保养管理规定

3　术语与定义

下列术语和定义适用于本文件。

3.1　设备功能

设备功能指的是设备的生产效率和功能，衡量设备功能的指标随设备种类不同而异。

3.2　功能故障

设备、设施不能实现其设计功能时，称之为功能故障，定义为设备、设施不能满足期望的性能标准。一般指设备失去或降低其规定功能的事件或现象，表现为设备的某些零件失去原有的精度或性能，使设备不能正常运行，技术性能降低，致使设备中断生产或效率降低而影响生产。

3.3　A 类设备

本规程中的 A 类设备是指按中国石化炼化企业设备分级管理程序的设备分级标准评定的关键设备，该类设备的功能故障极易引起装置停车。

3.4　B 类设备

本规程中的 B 类设备是指按中国石化炼化企业设备分级管理程序的设备分级标准评定的主要设备，该类设备的功能故障虽然不引起装置停车，但对装置的负荷、质量及可靠性具有重大影响。

4 装置特征

4.1 工艺及流程简介

中国石化乙烯裂解装置典型工艺流程主要有LUMMUS顺序分离流程、SW前脱丙烷流程以及中石化自有技术LECT分离技术。

4.1.1 LUMMUS顺序分离流程

LUMMUS顺序分离流程如图1所示。

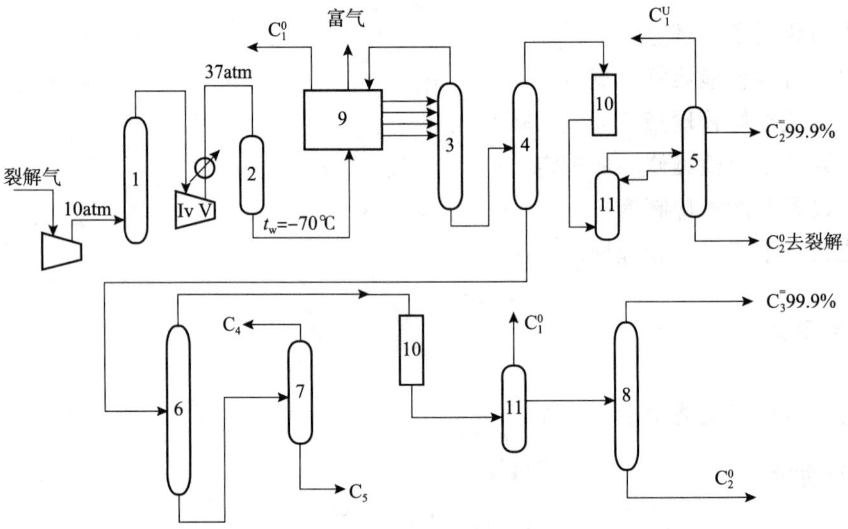

图1 LUMMUS顺序分离流程简图

1—碱洗塔；2—干燥塔；3—脱甲烷塔；4—脱乙烷塔；5—乙烯塔；6—脱丙烷塔；7—脱丁烷塔；8—丙烯塔；9—冷箱；10—加氢脱炔反应器；11—绿油塔

4.1.1.1 裂解和急冷

从罐区来的液体原料经急冷水预热后进入裂解炉。从各TLE出来的裂解物料汇入一条总管中，经油急冷后送到汽油分馏塔。在汽油分馏塔中，裂解气被进一步冷却，裂解燃料油从塔底抽出并送往汽提塔，汽油和较轻组分从塔顶蒸出。从裂解气中回收的热量，经过一个急冷油循环系统用于产生稀释蒸汽。汽油分馏塔采用在急冷塔中冷凝的汽油作回流。裂解燃料油汽提塔底物也送往黏度控制罐，底部抽出的重燃料油，用急冷水冷却并送往界区外。

来自汽油分馏塔的塔顶气体与急冷塔中再循环的水直接逆流接触，被冷却并部分冷凝。来自急冷塔的循环热水向一些工艺单元提供低位热能，如以C_4原料蒸发器、裂解气加热器、脱乙烷塔再沸器、脱丙烷塔中间再沸器、丙烯精馏塔再沸器和甲烷汽提塔再沸器。

急冷水经冷却水和预热裂解炉进料进一步冷却。急冷塔顶气体温度为40℃，压力为0.04MPa（表），送往裂解气压缩机。在急冷塔冷凝的汽油，从塔底的循环急冷水和冷凝的稀释蒸汽中分离出来，一部分冷凝的烃类作为回流返回汽油分馏塔，其余部分与来自压缩系统的烃冷凝物一起在汽油汽提塔中被稳定处理。稳定后的烃类同脱丁烷塔底物料汇合，送往裂解汽油加氢装置。

4.1.1.2　裂解气压缩、干燥、冷凝液汽提和废碱处理

急冷塔顶气体在五段离心式压缩机中从 0.034MPa（表）压缩到 3.7MPa（表），段间冷却到 38℃，在第三段和第四段之间，裂解气用碱洗处理脱除酸性气体。五段出口裂解气用水冷却后进苯洗塔，在苯洗塔中脱除苯，使其含量达到 2×10^{-6} 以下，以防止在深冷系统的温度下冻结。除苯后的裂解气经丙烯和脱乙烷塔进料冷却到 15℃后进裂解气干燥器，干燥后送往脱甲烷系统。

来自碱洗塔的废碱先用汽油洗涤，然后存于储罐中，并送往氧化反应器。在氧化反应器中废碱同空气混合，废碱中的 Na2S 在较高的压力（大约 3MPa）和温度（180℃）下，发生下列放热氧化反应。

$$Na_2S + 2O_2 \longrightarrow Na_2SO_4$$

高压蒸汽通入反应器中，以维持反应温度，补充反应热。反应后的物流从反应器顶部出来进入洗涤塔，塔中的富氮惰性气体放空，塔底液体用泵送出经水冷，一部分去下一步处理设施，其余的循环返回废碱洗涤塔顶部。

五段吸入罐的烃类液体送到冷凝液汽提塔，液体被用蒸汽加热的再沸器产生的蒸气汽提，去掉乙烷和较轻的组分。塔顶馏出物返回到四段吸入罐，塔底物料冷却后送脱丙烷塔。三段排出罐的凝液先送回三段吸入罐，然后再到汽油汽提塔。二段凝液一部分也可送到急冷水塔，以便在所有操作方式下都可以向汽油分馏塔提供回流，冷凝水返回到急冷塔。

4.1.1.3　裂解气深冷

裂解气经干燥后，使其露点达到 -55℃，以防低温下结冰。然后逐步冷却到大约 -72℃。从脱甲烷塔第一分离罐出来的冷凝液分成两股：一股经自身换热，另一股与 -101℃的乙烯冷剂换热分别送到脱甲烷塔。

从第一分离罐出来的裂解气用尾气和最冷级位的乙烯冷剂冷到 -98℃。第二分离罐分离出的凝液直接送到脱甲烷塔，气相在同一换热器上用含氢和甲烷的尾气及液态循环物料的蒸发来深度冷却，然后送到第三分离罐。第三分离罐出来的液体被汽化以供脱甲烷塔顶冷凝器的回流，罐顶的部分物流经涡轮机内膨胀达到较低的压力，为脱甲烷塔顶冷凝器进一步提供冷量，而另一部分物流被进一步提纯，以提供氢气，供装置内部和输出之用。

氢气在绝热式热交换系统中提纯，这个系统中需要的冷量通过焦耳 - 汤姆逊系统中液体甲烷的膨胀获得。

焦耳 - 汤姆逊膨胀产生的两股富甲烷液体在燃料气的压力下蒸发和再加热，产生一股摩尔分数为 95% 的富氢气体。这股氢气经再加热、甲烷化，而后在分子筛干燥系统中被干燥，产生的氢气用于乙炔转化、丙炔和丙二烯转化、裂解汽油加氢和输出。输出氢气中的一小部分用往复式压缩机压缩到 3.92MPa（表）供聚乙烯和聚丙烯工厂使用。

4.1.1.4　脱甲烷塔系统

裂解气深冷系统出来的物料送到脱甲烷塔，操作压力约为0.54MPa（表），以便节省能量。脱甲烷塔的液体再沸是用裂解气在塔釜再沸器和中间再沸器加热。塔底产物先分成两股：一股直接送往脱乙烷塔，另一股用裂解气进一步预热后也送往脱乙烷塔。

在温度较低区域内（-60℃），为了防冻可注入甲醇，其注入量取决于水合物生成量的多少。脱甲烷塔回流罐顶部物流在深冷系统中重新加热之后，再用于干燥器再生，然后送往燃料系统。

4.1.1.5　脱乙烷、乙炔加氢和乙烯精馏

如上所述，脱甲烷塔底物流分成两股进脱乙烷塔。脱乙烷塔顶馏分，经丙烯冷剂冷凝并提供回流，塔釜用急冷水再沸器，同时还有一台低压蒸汽加热的备用再沸器，见图1。脱乙烷塔顶产物经选择加氢使乙炔转变为乙烯和乙烷而被脱除，加氢采用两台反应器，其中一台备用，以便在用过热蒸汽和空气混合物再生催化剂时，保持连续操作。

脱乙烷塔顶物流加入氢气后，用反应器的流出物和低压蒸汽预热，预热之后自上而下通过催化剂床层，温升和加入进料中的氢气百分比成比例。为了防止反应器温度过高，提供了一套安全监测器，以便在事故状态时切断氢气。在催化剂床层之间装有中间冷却系统，反应器的流出物用水冷却，并与反应器的进料换热。反应的副产物是称作绿油的乙炔聚合物。乙烯精馏塔进料需要干燥，主要是防止结冰。绿油对干燥不利，为除掉绿油，来自乙炔反应器的冷却后的流出物，与从乙烯精馏塔侧线采出的乙烯 / 乙烷液体在一个吸收塔中逆流接触。绿油吸收塔底部物料返回到脱乙烷塔，含有绿油脱乙烷塔物料送往脱丙烷塔，并最终进入粗裂解汽油。绿油吸收塔的气体经过分子筛干燥器送到乙烯精馏塔，干燥器有两台，一开一备。

乙烯精馏塔有3台底部再沸器和1台再沸器，可以最大限度地回收冷量。中间再沸器用裂解气和乙烯冷冻压缩机排出的乙烯冷剂加热，主再沸器由压缩机排出的丙烯冷剂和乙烯冷剂加热。该塔顶用-40℃的丙烯冷剂冷凝，从乙炔转化器来的过剩氢气返回裂解气压缩机，有一台排放气冷凝器可减少返回物流中的乙烯量。

从乙烯精馏塔底部抽出的物料，用裂解气蒸发。在冷箱中用丙烯冷剂进一步加热之后，送往裂解炉与界区外来的新鲜乙烷原料混合裂解。液态乙烯产品直接送往储罐，从这个罐将产品用泵送出，液体乙烯在作为气体产品送出界区之前用丙烯冷剂蒸发和过热。

4.1.1.6　脱丙烷和脱丁烷

本工序的目的是为了把脱乙烷塔底物料和凝液汽提塔底物料中的C_3和C_4及更重组分分离开。

凝液汽提塔底物料和脱乙烷塔底物料是脱丙烷塔主要进料。脱丙烷塔分成两个塔，每个塔的操作压力不同。产生大部分C_3馏分的脱乙烷塔底物料被送至一号脱丙烷塔，塔的操作压力正好可使用冷却水全部冷凝塔顶蒸汽，一部分蒸馏物作为塔的回流，另一部分送到丙炔、丙二烯转化系统，中间再沸器的热量靠急冷水提供，底部再沸器热量由低压蒸汽提供。一号脱丙烷塔底物料送到二号脱丙烷塔，塔顶气体用丙烯冷剂冷凝，中

间再沸器的热量由急冷水提供，底部再沸器热量由低压蒸汽提供。

二号脱丙烷塔的塔顶液体产品，在返回一号脱丙烷塔底以前，用一号塔底物料预热。含有 C_4 馏分和更重组分的二号塔底物料用泵送到脱丁烷塔。为了防止聚合，可以在二号脱丙烷塔进料中加入阻聚剂。

脱丁烷塔用冷却水作为回流冷凝介质，再沸器用低压蒸汽加热。塔顶混合 C_4 液体产品送往储罐，塔底物料与来自汽油汽提塔的汽油混合，在用冷却水冷却之后，送到裂解汽油加氢装置。

4.1.1.7　丙二烯、丙炔加氢和丙烯分馏

在这一工序中，包括脱除物流中含有的丙二烯、丙炔反应生成丙烷和丙烯，以及汽提出过剩氢气和甲烷的设施。脱丙烷塔顶物料由泵送到丙二烯、丙炔转化系统，中间要经过分子筛干燥器脱除残余的水分。转化系统由 3 台设备组成，两台在线，一台备用，这样反应器再生时可连续操作。

反应器流出物进入汽提塔，从该 C_3 产品中汽提掉过剩的氢和甲烷。汽提塔顶物用冷却水冷凝并送到回流罐。为了减少返回裂解气压缩机的排放气中的丙烯损失，提供了一台排放气冷凝器。汽提塔底的物料进入丙烯分馏塔。

一部分来自回流罐的液体进行再循环，以稀释转化器进料。转化器进料中丙二烯、丙炔浓度低，可减小温升和转化器内丙烯的蒸发。

丙烯分馏塔系统把进料分离成塔顶的聚合级丙烯产品和塔底的丙烷产品，塔在选定的压力下操作，以便回流可用冷却水冷凝。分馏塔再沸器的热量由循环急冷水和低压蒸汽提供。聚合级丙烯产品用泵送到界区外。丙烷返回裂解炉与新鲜丙烷一起去裂解。

4.1.1.8　丙烯制冷

丙烯制冷系统是一个经多级压缩、多级节流的循环系统，使用汽轮机驱动离心式压缩机。该系统提供 4 个制冷级位，即 -40℃、-24℃、-7℃、15℃，还有一个级位是 1℃，用来蒸发乙烯产品。压缩机排出气用冷却水冷凝，其制冷级别，根据用户的要求，可以分为不同的温度等级。

4.1.1.9　乙烯制冷

该系统为多级压缩、多级节流的封闭循环系统，并与丙烯制冷系统构成复叠式制冷系统。乙烯制冷系统提供了 3 个制冷级位，即 -101℃、-75℃、-63℃，为封闭式三级制冷，用汽轮机驱动离心式压缩机。压缩机排出气先用冷却水冷却，然后用丙烯冷剂部分地降低其过热度。当排出气通过乙烯分馏塔再沸器时，进一步降温，并在乙烯分馏塔中间再沸器中冷凝，备有一台采用丙烯冷剂的开工冷凝器。

4.1.2　SW 前脱丙烷流程

前脱丙烷流程系裂解气经三段压缩后，先把比 C_3 较轻的馏分（C_3^-）和比 C_4 较重的馏分（C_4^+）分开，使 C_4^+ 不再进入压缩机高压段和精馏分离系统，然后再从 C_3^- 轻组分中依次分出甲烷、氢、乙烯、丙烯等产品。脱炔一般采用前加氢，此法适用于含有较大量 C_4^+ 的气体（如以柴油等含硫量高的重质烃作裂解原料）。

4.1.2.1 裂解

裂解原料送入裂解炉，在对流管出口温度为530℃时进入辐射管，炉出口温度控制为765℃，裂解气经急冷热交换器急冷到530℃，进入淬冷器。淬冷器出口温度为195℃，淬冷后的裂解气进入汽油分馏塔，塔底温度控制为190℃，塔顶温度为102℃。从塔中段抽出中段油循环，塔底急冷油抽出经换热发生稀释蒸汽后到淬冷器循环。塔顶油、气经冷却进入油水分离器，气相至分离系统，汽油至汽油加氢系统，罐底工艺水循环发生稀释蒸汽。

急冷热交换器产生8.35MPa超高压蒸汽，经蒸汽过热炉过热到470℃，与高压锅炉发生的8.35 MPa蒸汽汇合后驱动主汽轮机。

4.1.2.2 分离

裂解气在压缩机升压到1.17MPa后，经碱洗塔、干燥器至脱丙烷塔，从塔顶分出C_1、C_2、C_3，再至工艺气压缩机升到3.33MPa进入深冷系统。脱甲烷塔底物料进入脱乙烷塔，其塔顶的气相经乙炔加氢至乙烯精馏塔分出乙烯和乙烷，塔底的C_3馏分汽化经丙炔加氢后至丙烯精馏塔，分出丙烯及C_3液化气。脱丙烷塔底物料进入脱丁烷塔，其塔顶分出C_4，塔底液相并入裂解汽油。

采用前脱丙烷流程的公司较多，中石化主要是斯通－韦伯斯特（S&W）公司的流程。S&W公司采用前端乙炔加氢、后端丙炔加氢，脱甲烷系统采用ARS技术，乙烯精馏塔均与乙烯制冷系统构成开式热泵。下面就斯通－韦伯斯特公司的前脱丙烷、带ARS的乙烯流程作一简单介绍（前脱丙烷流程见图2）。

从裂解炉急冷锅炉出来的裂解气经急冷油冷却后进入汽油分馏塔，经水急冷后进入压缩机一段吸入罐，裂解气经四段压缩机出口后入碱洗塔，经高压脱丙烷塔脱去C_3、C_4及其以下馏分，入压缩机五段，经进一步压缩后进行乙炔加氢，之后经ARS系统脱除甲烷，第一脱甲烷塔塔底馏出物进脱乙烷塔，来自第二脱甲烷塔塔底及脱乙烷塔塔顶馏出物进入乙烯精馏塔分离出乙烯产品。来自低压脱丙烷塔塔顶及脱乙烷塔塔底馏出物，经C_3加氢后，进入丙烯精馏塔分离出丙烯产品。低压脱丙烷塔底馏出物去脱丁烷塔分离出C_4产品及裂解汽油。

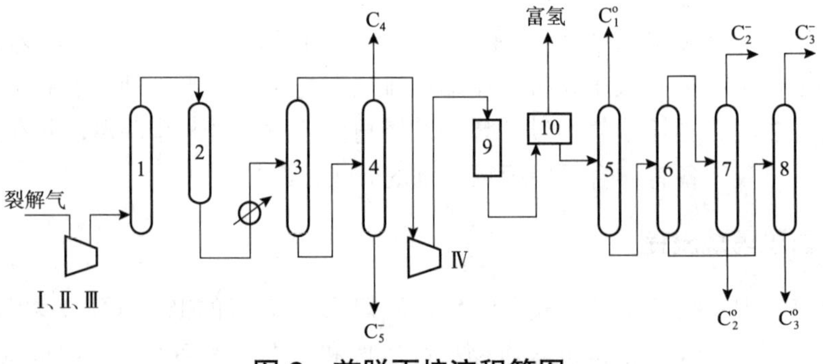

图2 前脱丙烷流程简图

1—碱洗塔；2—干燥器；3—脱丙烷塔；4—脱丁烷塔；5—脱甲烷塔；6—脱乙烷塔；7—乙烯塔；8—丙烯塔；9—加氢脱炔反应器；10—冷箱

4.1.3 中石化 LECT 分离技术

武汉 80×10^4t/a 乙烯装置是国内首个世界级规模的乙烯全装置，裂解炉、分离和附属设施全部采用国产技术。

裂解炉区基于国产化的 CBL 技术新建 8 台 12×10^4t/a 大型裂解炉。其中 1 台循环气体裂解炉 H-001（简称乙烷炉），设计裂解原料为循环乙烷；5 台轻液体原料裂解炉 H-002/003，006～008（简称轻油炉），设计裂解原料为石脑油（NAP），其中 H-002/003 可以在气体炉 H-001 清焦时作为气体原料的备用炉，H-002/003 也可以单独裂解 LPG 和轻烃；2 台重液体原料裂解炉 H-004/005（简称重油炉），设计裂解原料为加氢尾油（HVGO）和石脑油。裂解炉操作弹性为 70%～110%。

分离流程采用中国石化自主开发的前脱丙烷前加氢和深冷分离技术——低能耗分离技术（Low Energy Consumption Technology—LECT），简图见图 3。乙烯三大机组采用国产化设备。C_2 加氢是 SEI 与北京化工研究院（BRICI）合作开发的前加氢技术。C_3 加氢采用北京化工研究院提供的液相催化加氢技术。甲烷化采用北京化工研究院提供的低温甲烷化技术。

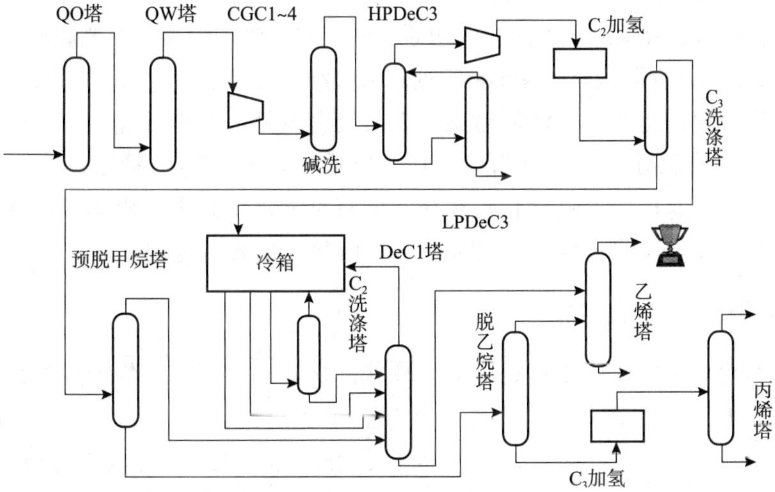

图 3 中石化 LECT 分离技术简图

4.2 装置工艺特性

乙烯装置以炼油装置生产的石脑油、加氢尾油、轻石脑油以及液化气等为原料，经蒸汽热裂解生产乙烯。蒸汽裂解工艺是目前最成熟的烯烃生产工艺，主要包括裂解和分离两大部分，利用管式裂解炉。进行高温、短停留时间反应，将原料油热裂解成氢气、甲烷、乙烯、乙烷、丙烯、丙烷、丁二烯、C_5、混合苯等一系列化学产物，然后再通过精馏的办法，逐渐将各个产品分开，得到各种化工的基本原料。

4.3 装置危害特性

4.3.1 乙烯的特性及防范措施

乙烯外观与性状为无色气体，略具烃类特有的臭味，易燃，具有较强的麻醉作用，与空气混合能形成爆炸性混合物。遇明火、高热或与氧化剂接触，有引起燃烧爆炸的危险。与氟、氯等接触会发生剧烈的化学反应。乙烯不溶于水，微溶于乙醇、酮、苯，溶于醚。乙烯熔点（℃）：-169.4，沸点（℃）：-103.9，相对密度（水 =1）：0.61，相对密度（空气 =1）：0.98，饱和蒸气压（kPa）：4083.4（0℃），燃烧热（kJ/mol）：1409.6，临界温度（℃）：9.2，临界压力（MPa）：5.04，爆炸下限（%）：2.7，爆炸上限（%）：36，引燃温度（℃）：425，最小点火能（mJ）：0.096。

健康危害：（1）急性中毒。吸入高浓度乙烯可立即引起意识丧失，无明显的兴奋期，但吸入新鲜空气后，可很快苏醒。对眼及呼吸道黏膜有轻微刺激性。液态乙烯可致皮肤灼伤。（2）慢性影响。长期接触，可引起头昏、全身不适、乏力、思维不集中。个别人有胃肠道功能紊乱。

急救措施：若吸入，应迅速脱离现场至空气新鲜处，保持呼吸道通畅。如呼吸困难，给输氧。如呼吸停止，立即进行人工呼吸并就医。皮肤接触若有冻伤，就医治疗。

灭火方法：切断气源；若不能立即切断气源，则不允许熄灭正在燃烧的气体。喷水冷却容器，可能的话将容器从火场移至空旷处。灭火剂：雾状水、泡沫、二氧化碳、干粉。

泄漏应急处理：迅速撤离泄漏污染区人员至上风处，并进行隔离，严格限制出入；切断火源；建议应急处理人员戴自给正压式呼吸器，穿消防防护服；尽可能切断泄漏源；合理通风，加速扩散；喷雾状水稀释；如有可能，将漏出气用排风机送至空旷地方或装设适当喷头烧掉；漏气容器要妥善处理，修复、检验后再用。

4.3.2 丙烯的特性及防范措施

丙烯外观为无色气体，微具烃类特有臭味，极易燃，能与空气形成爆炸性混合物，达到燃烧极限时会发生爆炸，会沿地面扩散，遇到远距离的引火源会发生回燃。丙烯沸点：-48℃，凝固点：-185℃，相对密度：0.5139（水 =1），蒸气相对密度：1.46（0℃），水溶性：0.1%～1%，闪点：-108℃（TOC 法），临界温度：92.3℃，临界压力：4.45MPa，闪点：-108℃（TOC），自燃点：497℃，空气中爆炸极限（体积）：2%～11%。

健康危害：低毒；高浓度时因缺氧而窒息；接触液体可引起冻伤；大量吸入后尚可出现血压降低，心律改变；极高浓度时因取代空气而引起缺氧；50%浓度 2min 引起麻醉，停止接触后可完全恢复；皮肤 / 眼接触液体可引起冻伤；慢性影响无资料。

急救措施：若吸入应转移至空气新鲜处；出现呼吸困难给氧；如呼吸停止给人工呼吸和就医；误服应立即就医；皮肤接触液体，立即用大量温水冲洗，然后就医；眼接触液体，立即用大量清水冲洗 15min 以上和就医。

灭火注意事项：水无效，但可用于冷却火场中的容器和保护灭火人员；如果泄漏尚未引燃，用雾状水可以驱散蒸气和保护堵漏人员；可用水将泄漏的丙烯冲离引火源；发生大火时，应处于安全距离和保护的位置进行灭火。灭火剂：如有可能，堵漏，否则应让其烧完。小火可以用干粉。有害燃烧产物：CO、CO_2 等。

火灾与爆炸危害：在室温下可与空气形成爆炸性混合气；会扩散到远距离的引火源，并发生回燃；火场中的容器会发生爆炸。

泄漏应急处理：排除一切引火源，对泄漏区进行通风；做好个人防护；撤离无关人员；假如无危险可以堵漏（如使用快速密封胶等），使用无火花器具；用水喷雾可趋散蒸气；防止蒸气在低洼空间内积聚。

4.3.3 氢气的特性及防范措施

氢气外观与性状为无色无嗅气体。易燃，不溶于水，不溶于乙醇、乙醚。氢气与空气混合能形成爆炸性混合物，遇热或明火即会发生爆炸。氢气比空气轻，在室内使用和储存时，漏气上升滞留屋顶不易排出，遇火星会引起爆炸。氢气与氟、氯、溴等卤素会剧烈反应。熔点（℃）：-259.2，沸点（℃）：-252.8，相对密度（水 =1）：0.07（-252℃），相对密度（空气 =1）：0.07，饱和蒸气压（kPa）：13.33（-257.9℃），燃烧热（kJ/mol）：241，临界温度（℃）：-240，临界压力（MPa）：1.3，闪点（℃）：无意义，引燃温度（℃）：400，最小点火能（mJ）：0.019，最大爆炸压力（MPa）：0.72，爆炸极限：4.1%~74.1%。

健康危害：氢气在生理学上是惰性气体，仅在高浓度时，由于空气中氧分压降低才引起窒息；在很高的分压下，氢气可呈现出麻醉作用。

急救措施：吸入应迅速脱离现场至空气新鲜处，保持呼吸道通畅；如呼吸困难，给输氧；如呼吸停止，立即进行人工呼吸和就医。

泄漏应急处理：迅速撤离泄漏污染人员至上风处，并进行隔离，严格限制出入；切断火源；建议应急处理人员戴自给正压式呼吸器，穿消防防护服；尽可能切断泄漏源；合理通风，加速扩散；如有可能，将漏出气用排风机送至空旷地方或装设适当喷头烧掉；漏气容器要妥善处理，修复、检验后再用。

灭火方法：切断气源；若不能立即切断气源，则不允许熄灭正在燃烧的气体；喷水冷却容器，可能的话将容器从火场移至空旷处。灭火剂：雾状水、泡沫、二氧化碳、干粉。

4.3.4 甲烷的特性及防范措施

甲烷（沼气）外观与性状为无色、无嗅气体。微溶于水、溶于醇、乙醚。具窒息性。易燃，与空气混合能形成爆炸性混合物，遇热源和明火有燃烧爆炸的危险。与五氧化溴、氯气、次氯酸、三氟化氮、液氧、二氟化氧及其他强氧化剂接触剧烈反应。物理数据如下：熔点（℃）：-182.5，相对密度（水 =1）：0.42（-164℃），沸点（℃）：-161.5，相对密度（空气 =1）：0.55，饱和蒸气压（kPa）：53.32（-168.8℃），燃烧热（kJ/mol）：889.5，临界温度（℃）：-82.6，临界压力（MPa）：4.59，闪点（℃）：-188，引燃温度（℃）：538，最小点火能（mJ）：0.28，最大爆炸压力（MPa）：0.717，爆炸极限（体积分数）：5.3%~15%。

健康危害：甲烷对人基本无毒，但浓度过高时，使空气中氧含量明显降低，使人窒息；当空气中甲烷达25%～30%时，可引起头痛、头晕、乏力、注意力不集中、呼吸和心跳加速、共济失调；若不及时脱离，可致窒息死亡；皮肤接触液化本品，可致冻伤。

急救措施：皮肤接触若有冻伤，就医治疗；吸入应迅速脱离现场至空气新鲜处；保持呼吸道通畅；如呼吸困难，给输氧；如呼吸停止，立即进行人工呼吸和就医。

泄漏应急处理：迅速撤离泄漏污染区人员至上风处，并进行隔离，严格限制出入；切断火源；建议应急处理人员戴自给正压式呼吸器，穿防静电工作服；尽可能切断泄漏源；合理通风，加速扩散；喷雾状水稀释、溶解；构筑围堤或挖坑收容产生的大量废水；如有可能，将漏出气用排风机送至空旷地方或装设适当喷头烧掉；也可以将漏气的容器移至空旷处，注意通风；漏气容器要妥善处理，修复、检验后再用。

灭火方法：切断气源；若不能切断气源，则不允许熄灭泄漏处的火焰；喷水冷却容器，可能的话将容器从火场移至空旷处；有害燃烧产物为一氧化碳、二氧化碳；使用灭火剂为雾状水、泡沫、二氧化碳、干粉。

4.3.5 混合碳九的特性及防范措施

混合碳九外观与性状为透明液体，有芳香味。微溶于水，溶于乙醇、乙醚等多数有机溶剂。易燃，其蒸气与空气可形成爆炸性混合物。遇明火、高热极易燃烧爆炸。与氧化剂能发生强烈反应。易产生和聚集静电，有燃烧爆炸危险。其蒸气比空气重，能在较低处扩散到相当远的地方，遇明火会引着回燃。熔点（℃）：无数据，沸点（℃）：＞54，相对密度（水=1）：0.846，相对密度（空气=1）：＞2.7，饱和蒸气压（kPa）：无数据，燃烧热（kJ/mol）：3264.4（苯），闪点（℃）：＜23，引燃温度（℃）：538（苯），最小点火能（mJ）：0.2（苯），最大爆炸压力（MPa）：0.88（苯），爆炸极限（%）：1.41～6.75（苯）。

健康危害：混合碳九主要有害组分为苯（27.7%）、甲苯（14.8%）、乙苯（1.6%）、二甲苯（6.6%）。急性健康影响，吸入高浓度苯对中枢神经系统有麻醉作用。轻者有头痛、头晕、恶心、呕吐、轻度兴奋、步态蹒跚等酒醉状态；严重者发生昏迷、抽搐、血压下降，以致呼吸和循环衰竭。持续吸入可引起急性再生障碍性贫血，甚至死亡。直接吸入呼吸道，可引起化学性肺炎或肺水肿。眼接触有轻微的刺激作用。皮肤接触有脱脂、干燥、皲裂、皮炎。可经皮肤吸收引起全身中毒（同吸入）。误服有兴奋或酒醉感，伴有黏膜刺激症状，可有头晕、头痛、恶心、呕吐、步态不稳等症状。重症者可有昏迷、抽搐、呼吸及循环衰竭等症状。尿酚和血苯可增高。慢性中毒：长期接触有害组分中的苯主要表现有神经衰弱综合征；造血系统改变：白细胞、血小板减少，重者出现再生障碍性贫血；少数病例在慢性中毒后可发生白血病（以急性粒细胞性为多见）。

急救措施：皮肤接触，脱去被污染的衣着，用肥皂水和清水彻底冲洗皮肤；眼睛接触，提起眼睑，用流动清水或生理盐水冲洗和就医；吸入，迅速脱离现场至空气新鲜处，保持呼吸道通畅，如呼吸困难，给输氧，如呼吸停止，立即进行人工呼吸和就医；食入，饮足量水，在医务人员指导下催吐或洗胃，防止呛入气管；昏迷者不要催吐，立即就医。

灭火方法：喷水冷却容器，可能的话将容器从火场移至空旷处；处在火场中的容器若已变色或从安全泄压装置中产生声音，必须马上撤离。灭火剂：泡沫、干粉、二氧化碳、砂土。用水灭火无效。

泄漏应急处理：迅速撤离泄漏污染区人员至安全区，并进行隔离，严格限制出入；切断火源；建议应急处理人员戴正压自给式呼吸器，穿防毒服；尽可能切断泄漏源，防止进入下水道、排洪沟等限制性空间；少量泄漏，用活性碳或其他惰性材料吸收，也可以用不燃性分散剂制成的乳液刷洗，洗液稀释后排入废水系统；大量泄漏，构筑围堤或挖坑收容，用泡沫覆盖，降低蒸气灾害；喷雾状水冷却和稀释蒸气、保护现场人员；用防爆泵转移至槽车或专用收集器内，回收或运至废物处理场所处置。

4.3.6 乙烯焦油（或碳十一）的特性及防范措施

乙烯焦油（或碳十一）外观与性状为黑色黏稠状液体。可燃，遇明火、高热可燃。与强氧化剂接触可发生化学反应。闪点（℃）：135（同类产品参考值），爆炸极限（%）：无资料，最小点火能（mJ）：无资料。

健康危害：由于本品属低毒，蒸气压很低，故经吸入中毒可能性很小；对皮肤、黏膜有刺激性。

急救措施：皮肤接触，脱去被污染的衣着，用肥皂水和清水彻底冲洗皮肤；眼睛接触，提起眼睑，用流动清水或生理盐水冲洗和就医；吸入，迅速脱离现场至空气新鲜处。保持呼吸道通畅，如呼吸困难，给输氧，如呼吸停止，立即进行人工呼吸和就医；误服，饮足量温水，催吐，就医。

灭火方法：消防人员必须穿戴全身防火防毒服。灭火剂用干粉、二氧化碳、砂土。用直流水可引起沸溅。

泄漏应急处理：隔离泄漏污染区，限制出入；切断火源；穿一般作业工作服；不要直接接触泄漏物；少量泄漏，用干砂土吸收，小心扫起，置于容器内转移至安全场所；大量泄漏，围堤收容。

5 检修周期及检修项目

5.1 主要设备

乙烯装置主要设备如表1所示。

表1 乙烯装置主要设备

名称	设备种类		主要设备种类	通用、专用设备检修规程代码
转动设备	压缩机（包括工业汽轮机）	离心式压缩机	裂解气压缩机组	
			乙烯、丙烯制冷机组	
			二元制冷机组	
		活塞式压缩机		SHS 01020
		螺杆式压缩机		SHS 01021
		甲烷膨胀机组		

表 1　乙烯装置主要设备（续）

<table>
<tr><th>名称</th><th colspan="2">设备种类</th><th>主要设备种类</th><th>通用、专用设备检修规程代码</th></tr>
<tr><td rowspan="5">转动设备</td><td rowspan="4">泵</td><td>离心泵</td><td>急冷油循环泵、急冷水循环泵、复水泵、乙烯精馏塔回流泵、脱甲烷塔釜液泵、高压乙烯输送泵</td><td>SHS 01013</td></tr>
<tr><td>螺杆泵</td><td>润滑油泵</td><td>SHS 01016</td></tr>
<tr><td>往复泵</td><td></td><td>SHS 01015</td></tr>
<tr><td>齿轮泵</td><td></td><td>SHS 01017</td></tr>
<tr><td colspan="2">离心式风机</td><td>裂解炉风机</td><td>SHS 01023</td></tr>
<tr><td rowspan="14">静设备</td><td colspan="2">加热炉</td><td>管式裂解炉</td><td>SHS 03001</td></tr>
<tr><td>塔</td><td>填料塔、板式塔</td><td>急冷油／急冷水塔、减黏塔、汽提塔、碱洗塔、脱丙烷塔、脱丁烷塔</td><td></td></tr>
<tr><td colspan="2">反应器</td><td></td><td>SHS 01008</td></tr>
<tr><td rowspan="3">换热器</td><td>管壳式换热器</td><td>稀释蒸汽发生器、急冷水冷却器、段间冷却器、复水器</td><td>SHS 01009</td></tr>
<tr><td>板式换热器</td><td></td><td></td></tr>
<tr><td>冷箱</td><td></td><td></td></tr>
<tr><td colspan="2">旋液分离器</td><td>急冷油旋液分离器</td><td></td></tr>
<tr><td colspan="2">压力容器</td><td>乙烯、丙烯球罐</td><td>SHS 01004</td></tr>
<tr><td colspan="2">常压容器</td><td></td><td>SHS 01011</td></tr>
<tr><td colspan="2">常压储罐</td><td>大型储罐</td><td>SHS 01012</td></tr>
<tr><td colspan="2">压力管道</td><td></td><td>SHS 01005</td></tr>
<tr><td colspan="2">安全阀</td><td></td><td></td></tr>
<tr><td colspan="2">阀门</td><td>裂解气大阀／烧焦大阀
SS/BW 主汽阀</td><td></td></tr>
<tr><td colspan="2">火炬</td><td>高架火炬、地面火炬</td><td>SHS 01031</td></tr>
<tr><td rowspan="2">仪表</td><td>常规仪表</td><td>检测仪表、显示或报警仪表、控制仪表、辅助单元、执行器及其附件</td><td></td><td></td></tr>
<tr><td>控制系统</td><td>集散控制系统（DCS）
可编程控制系统（PLC）
机组控制系统（CCS 或 ITCC）
工业控制计算机系统（IPC）
监控和数据采集系统（SCADA）</td><td>DCS、PLC、关键机组 CCS 或 ITCC 系统</td><td></td></tr>
</table>

表 1　乙烯装置主要设备（续）

名称	设备种类		主要设备种类	通用、专用设备检修规程代码
仪表	安全仪表系统	安全联锁系统 紧急停车系统 可燃、有毒有害气体及火灾检测保护系统	SIS	
	在线分析仪表	工业气相色谱仪、氧分析仪、红外分析仪、质谱仪、pH 计、电导仪、水分仪		
	安全环保仪表	可燃气体检测报警仪、有毒有害气体检测报警仪、氨氮分析仪、化学需氧量分析仪（COD）、水质分析仪、烟气分析仪（CEMS）	上传环保局的环保类仪表	
	特殊仪表	振动 / 位移检测仪表、转速控制仪表	关键机组振动 / 位移检测仪表和转速控制仪表	

5.2　检修周期

5.2.1　乙烯裂解装置检修应根据实际运行情况进行定期停工大修，大修周期建议按 48～60 个月考虑。

5.2.2　有备用设备或日常可以进行检修的设备建议不列入大修项目（特殊情况除外）。

5.3　检修内容

5.3.1　检修内容编制依据

1）法定检验要求。对本次检修或下次检修之前已到法定检验时间的设备和管道等特种设备及计量器具，列入检修检验内容。

2）政策法规规定。根据国家和有关主管部门的安全与环境保护、节能等要求，对安全防护装置不符合规定的设备，对因性能下降导致排放的气体、液体、粉尘等污染环境的设备，以及高能耗设备，列入检修内容。

3）消除隐患缺陷。根据日常巡检、定期检查、状态监测和故障修理记录所积累的设备状态信息，结合年度设备检查、检验的结果及设备生命周期，对技术状态劣化、存在缺陷的设备，列入检修内容。

4）使用寿命到期。按照预防性检修策略确定的使用寿命已到期时，应将需更换部件的设备列入检修内容。

5）恢复设备性能。对塔、换热器、反应器、容器等设备内部因内构件损坏、结焦、积垢等原因造成运行状况恶化，列入检修内容。

6）长周期运行需要。设备存在无法安全稳定运行到下一个检修周期的问题，列入检修内容。

7）对装置运行期间能检修的项目，原则上不列入停工检修内容。

5.3.2 主要设备检修项目

乙烯装置主要设备检修项目如表2所示。

表2 乙烯装置主要设备检修项目

序号	设备名称	设备功能	功能故障	主要检修内容	专业类别
1	裂解气压缩机组	1. 汽轮机是将蒸汽的能量转换成为机械功的旋转式动力机械，主要用作压缩机原动机； 2. 压缩机是一种压缩气体、提高气体压力或输送气体的机器； 3. 裂解气压缩机在工艺中的作用：（1）提高分离的深冷分离操作温度，节约低温能量和低温材料； （2）加压会使裂解气中的水与重烃冷凝，在各段分离出大部分水分和重烃加以去除，减少分离干燥脱水和精馏分离的负担； （3）三段压缩后脱除酸性气体	1. 压缩机出口流量、压力达不到生产要求； 2. 压缩机喘振； 3. 压缩机轴端，密封面（油封、中分面等），进、出口法兰泄漏； 4. 压缩机级间冷却器故障； 5. 压缩机轴承、管路振动大； 6. 压缩机轴向力、轴位移大； 7. 压缩机润滑油、控制油、密封油系统异常； 8. 压缩机轴承温度升高； 9. 原动机超负荷； 10. 汽轮机主蒸汽参数不符合设计、运行值； 11. 汽轮机真空度异常； 12. 汽轮机轴承振动大； 13. 汽轮机轴向力、轴位移大； 14. 汽轮机声音异响； 15. 汽轮机轴承温度升高； 16. 汽轮机调速系统功能故障； 17. 汽轮机油系统工作异常； 18. 联轴器故障	1. 检查和清洗油过滤器； 2. 消除油、水、气系统的管线、阀门、法兰的泄漏缺陷； 3. 消除运行中发生的故障缺陷； 4. 检查、测量、修理或更换径向轴承和止推轴承，清扫轴承箱； 5. 检查、测量各轴颈的完好情况，必要时对轴颈表面进行修理； 6. 重新整定轴颈测振仪表，移动转子，测量轴向窜动间隙，检查止推轴承定位的正确性； 7. 检查止推盘表面粗糙度及测量端面跳动； 8. 检查、调整各测振探头、轴位移探头及所有报警信号、联锁、安全阀及其他仪表装置； 9. 检查拧紧各部位紧固件、地脚螺栓、法兰螺栓及管接头等； 10. 拆卸气缸，清洗检查转子密封、叶轮、隔板、缸体等零件腐蚀、磨损、冲刷、结垢等情况； 11. 检查、测定转子各部位的径向跳动和端面跳动，轴颈粗糙度和形位误差情况； 12. 宏观检查叶轮，转子进行无损探伤，根据运行和检验情况决定转子是做动平衡还是更换备件转子； 13. 检查、更换各级迷宫密封、浮环密封，重新调整间隙、转子总窜量、叶轮和扩压器对中数据等； 14. 检查清洗缸体封头螺栓及中分面螺栓，并做无损探伤； 15. 气缸、隔板无损探伤，气缸支座螺栓检查及导向销检查； 16. 检查压缩机进口过滤网和出口止逆阀。 17. 检查各弹簧支架，有重点地检查管道、管件、阀门等的冲刷情况，进行修理或更换； 18. 机组对中	A类

表 2　乙烯装置主要设备检修项目（续）

序号	设备名称	设备功能	功能故障	主要检修内容	专业类别
2	丙烯制冷机组	1. 汽轮机是将蒸汽的能量转换成为机械功的旋转式动力机械，主要用作压缩机原动机； 2. 压缩机是一种压缩气体。提高气体压力或输送气体的机器； 3. 丙烯制冷循环过程：压缩→冷凝→膨胀→蒸发，利用丙烯压缩机，将气态丙烯增压至1.67MPa左右，用冷却水将气体丙烯冷凝成液体丙烯，丙烯的冷凝温度在36℃左右，再利用节流、膨胀原理，促液态丙烯在节流阀中降压，使其液相沸点降低，通过蒸发，使液态丙烯在换热器中，蒸发成气态丙烯，吸收用户的热量，达到制冷的目的	1. 压缩机出口流量、压力达不到生产要求； 2. 压缩机喘振； 3. 压缩机轴端，密封面（油封、中分面等），进、出口法兰泄漏； 4. 压缩机级间冷却器故障； 5. 压缩机轴承、管路振动大； 6. 压缩机轴向力、轴位移大； 7. 压缩机油系统异常； 8. 压缩机轴承温度升高； 9. 原动机超负荷； 10. 汽轮机主蒸汽参数不符合设计、运行值； 11. 汽轮机真空度异常； 12. 汽轮机轴承振动大； 13. 汽轮机轴向力、轴位移大； 14. 汽轮机声音异响； 15. 汽轮机轴承温度升高； 16. 汽轮机调速系统功能故障； 17. 汽轮机油系统工作异常； 18. 联轴器故障	1. 检查和清洗油过滤器； 2. 消除油、水、气系统的管线、阀门、法兰的泄漏缺陷； 3. 消除运行中发生的故障缺陷； 4. 检查、测量、修理或更换径向轴承和止推轴承，清扫轴承箱； 5. 检查、测量各轴颈的完好情况，必要时对轴颈表面进行修理； 6. 重新整定轴颈测振仪表，移动转子，测量轴向窜动间隙，检查止推轴承定位的正确性； 7. 检查止推盘表面粗糙度及测量端面跳动； 8. 检查、调整各测振探头、轴位移探头及所有报警信号、联锁、安全阀及其他仪表装置； 9. 检查拧紧各部位紧固件、地脚螺栓、法兰螺栓及管接头等； 10. 拆卸气缸，清洗检查转子密封、叶轮、隔板、缸体等零件腐蚀、磨损、冲刷、结垢等情况； 11. 检查、测定转子各部位的径向跳动和端面跳动、轴颈粗糙度和形位误差情况； 12. 宏观检查叶轮，转子进行无损探伤，根据运行和检验情况决定转子是做动平衡还是更换备件转子； 13. 检查、更换各级迷宫密封、浮环密封（或干气密封），重新调整间隙、转子总窜量、叶轮和扩压器对中数据等； 14. 检查清洗缸体封头螺栓及中分面螺栓，并做无损探伤。 15. 气缸、隔板无损探伤，气缸支座螺栓检查及导向销检查； 16. 检查压缩机进口过滤网和出口止逆阀； 17. 检查各弹簧支架，有重点地检查管道、管件、阀门等的冲刷情况，进行修理或更换； 18. 机组对中	A 类

表 2　乙烯装置主要设备检修项目（续）

序号	设备名称	设备功能	功能故障	主要检修内容	专业类别
3	乙烯制冷机组	1. 汽轮机是将蒸汽的能量转换成为机械功的旋转式动力机械，主要用作压缩机原动机； 2. 压缩机是一种压缩气体、提高气体压力或输送气体的机器； 3. 乙烯的临界温度为9.5℃，要使乙烯冷凝形成制冷循环需采用丙烯作冷剂，丙烯的最低蒸发温度为-47.7℃，丙烯的临界温度为91.89℃，在丙烯的制冷循环中可以采用冷却水将气相丙烯冷凝，形成丙烯制冷循环	1. 压缩机出口流量、压力达不到生产要求； 2. 压缩机喘振； 3. 压缩机轴端，密封面（油封、中分面等），进、出口法兰泄漏； 4. 压缩机级间冷却器故障； 5. 压缩机轴承、管路振动大； 6. 压缩机轴向力、轴位移大； 7. 压缩机油系统异常； 8. 压缩机轴承温度升高； 9. 原动机超负荷； 10. 汽轮机主蒸汽参数不符合设计、运行值； 11. 汽轮机真空度异常； 12. 汽轮机轴承振动大； 13. 汽轮机轴向力、轴位移大； 14. 汽轮机声音异响； 15. 汽轮机轴承温度升高； 16. 汽轮机调速系统功能故障； 17. 汽轮机油系统工作异常； 18. 联轴器故障	1. 检查和清洗油过滤器； 2. 消除油、水、气系统的管线、阀门、法兰的泄漏缺陷； 3. 消除运行中发生的故障缺陷； 4. 检查、测量、修理或更换径向轴承和止推轴承，清扫轴承箱； 5. 检查、测量各轴颈的完好情况，必要时对轴颈表面进行修理； 6. 重新整定轴颈测振仪表，移动转子，测量轴向窜动间隙，检查止推轴承定位的正确性； 7. 检查止推盘表面粗糙度及测量端面跳动； 8. 检查、调整各测振探头、轴位移探头及所有报警信号、联锁、安全阀及其他仪表装置； 9. 检查拧紧各部位紧固件、地脚螺栓、法兰螺栓及管接头等； 10. 拆卸气缸，清洗检查转子密封、叶轮、隔板、缸体等零件腐蚀、磨损、冲刷、结垢等情况； 11. 检查、测定转子各部位的径向跳动和端面跳动、轴颈粗糙度和形位误差情况； 12. 宏观检查叶轮，转子进行无损探伤，根据运行和检验情况决定转子是做动平衡还是更换备件转子； 13. 检查、更换各级迷宫密封、浮环密封（或干气密封），重新调整间隙、转子总窜量、叶轮和扩压器对中数据等； 14. 检查清洗缸体封头螺栓及中分面螺栓，并做无损探伤； 15. 气缸、隔板无损探伤。气缸支座螺栓检查及导向销检查； 16. 检查压缩机进口过滤网和出口止逆阀； 17. 检查各弹簧支架，有重点地检查管道、管件、阀门等的冲刷情况，进行修理或更换； 18. 机组对中	A类

表 2　乙烯装置主要设备检修项目（续）

序号	设备名称	设备功能	功能故障	主要检修内容	专业类别
4	急冷油泵	1. 离心泵是提高能量，输送液体的机器； 2. 急冷油泵输送急冷油、提高急冷油压力，加热工艺水，产生稀释蒸汽，进入萃冷器，降低裂解气温度	1. 离心泵出口流量、压力达不到生产要求； 2. 离心泵汽蚀； 3. 离心泵轴端，密封面（油封、中分面等），进、出口法兰泄漏； 4. 离心泵液击； 5. 离心泵轴承、管路振动大； 6. 离心泵轴向力、轴位移大； 7. 离心泵油系统异常； 8. 离心泵轴承温度升高； 9. 原动机超负荷	1. 检修机械密封，更换机械密封； 2. 检查与调整联轴器的同轴度及轴向间隙，更换联轴器的易损件； 3. 解体、检查各零部件的磨损、腐蚀和冲蚀程度，予以修复或更换； 4. 检查轴的磨损、腐蚀和直线度，进行修复或更换； 5. 测定叶轮的静平衡及检查转子的晃动量； 6. 检查轴承的磨损情况，调整间隙以及更换轴承； 7. 检查与调整叶轮密封环、轴套、压盖、轴封等各部间隙； 8. 检查或校验压力表； 9. 检查、清扫以及修理电机； 10. 测量及调整泵体的水平度，复校中心	A 类
5	急冷水泵	1. 离心泵是提高能量，输送液体的机器； 2. 急冷水泵输送急冷水、提高急冷水压力，降低裂解气温度	1. 离心泵出口流量、压力达不到生产要求； 2. 离心泵汽蚀； 3. 离心泵轴端，密封面（油封、中分面等），进、出口法兰泄漏； 4. 离心泵液击； 5. 离心泵轴承、管路振动大； 6. 离心泵轴向力、轴位移大； 7. 离心泵油系统异常； 8. 离心泵轴承温度升高； 9. 原动机超负荷	1. 检修机械密封，更换机械密封； 2. 检查与调整联轴器的同轴度及轴向间隙，更换联轴器的易损件； 3. 解体、检查各零部件的磨损、腐蚀和冲蚀程度，予以修复或更换； 4. 检查轴的磨损、腐蚀和直线度，进行修复或更换； 5. 测定叶轮的静平衡及检查转子的晃动量； 6. 检查轴承的磨损情况，调整间隙以及更换轴承； 7. 检查与调整叶轮密封环、轴套、压盖、轴封等各部间隙， 8. 检查或校验压力表； 9. 检查、清扫以及修理电机； 10. 测量及调整泵体的水平度，复校中心	A 类

表 2　乙烯装置主要设备检修项目（续）

序号	设备名称	设备功能	功能故障	主要检修内容	专业类别
6	复水泵	1. 离心泵是提高能量，输送液体的机器； 2. 复水泵就是凝结水泵，他将凝汽器热水井中的凝结水打出来经低加送至除氧器，射水泵相当于真空泵，起到抽真空的作用	1. 离心泵出口流量、压力达不到生产要求； 2. 离心泵汽蚀； 3. 离心泵轴端，密封面（油封、中分面等），进、出口法兰泄漏； 4. 离心泵液击； 5. 离心泵轴承、管路振动大； 6. 离心泵轴向力、轴位移大； 7. 离心泵油系统异常； 8. 离心泵轴承温度升高； 9. 原动机超负荷	1. 检修机械密封，更换机械密封； 2. 检查与调整联轴器的同轴度及轴向间隙，更换联轴器的易损件； 3. 解体、检查各零部件的磨损、腐蚀和冲蚀程度，予以修复或更换； 4. 检查轴的磨损、腐蚀和直线度，进行修复或更换； 5. 测定叶轮的静平衡及检查转子的晃动量； 6. 检查轴承的磨损情况，调整间隙以及更换轴承； 7. 检查与调整叶轮密封环、轴套、压盖、轴封等各部间隙； 8. 检查或校验压力表； 9. 检查、清扫以及修理电机； 10. 测量及调整泵体的水平度，复校中心	C 类
7	裂解炉	乙烯裂解炉用于加工裂解气，种类有双辐射室、单辐射室。乙烯裂解炉是乙烯生产装置的核心设备，主要作用是把天然气、炼厂气、原油及石脑油等各类原材料加工成裂解气，并提供给其他乙烯装置，最终加工成乙烯、丙烯及各种副产品。乙烯裂解炉的生产能力及技术的高低，直接决定了整套乙烯装置的生产规模、产量和产品品质	1. 辐射炉管弯曲，变形，渗碳，加氢尾油腐蚀穿孔； 2. 对流段翅片管翅片腐蚀，结焦，内壁结垢堵塞； 3. 废锅结焦； 4. 衬里模块外倾、脱落、坍塌； 5. 燃烧器喷嘴堵塞，孔开裂； 6. 炉顶板破损，模块脱落； 7. 恒力吊架失效	1. 检测炉管渗碳比例，安排更新辐射炉管； 2. 翅片管化学清洗，割管内壁水力清焦或通球除垢，更换翅片模块； 3. 水力清洗； 4. 更新衬里模块，更新砖墙及托砖板钩钉； 5. 清洗更换气枪喷嘴； 6. 更新炉顶板，做好防雨措施，更新炉顶模块； 7. 调整更换支架	B 类

表 2　乙烯装置主要设备检修项目（续）

序号	设备名称	设备功能	功能故障	主要检修内容	专业类别
8	急冷油/急冷水塔、减黏塔、汽提塔、碱洗塔、脱丙烷塔、脱丁烷塔等	塔设备是石油化工和炼油等生产中最重要的设备之一，它可使气液或液液两相之间进行亲密接触，达到相际传质及传热的目的	1. 塔盘结焦； 2. 降液管堵塞； 3. 填料变形结垢； 4. 塔体接管腐蚀泄漏	1. 填料清洗、更换； 2. 塔盘清洗； 3. 塔体接管检查修补； 4. 排污清洗	B类
9	反应器	用于实现液相单相反应过程和液液、气液、液固、气液固等多相反应过程，在反应过程中物料需加热或冷却	1. 人孔垫片泄漏； 2. 丝网破损； 3. 分配器堵塞； 4. 催化剂失效	1. 更换催化剂； 2. 更换垫片； 3. 更换丝网； 4. 清洗分配器	B类
10	压缩机吸入罐	气液分离器，保证压缩机吸入的是气体，液体可以留在罐中；保证压缩机不会吸入液体而发生液击；保证压缩机的安全	1. 除沫器结垢堵塞，压差增大； 2. 罐底排污堵塞	1. 罐内清洗； 2. 更换除沫器	B类
11	裂解气大阀/烧焦大阀		开关紧，大阀内漏，烧焦阀阀体减薄	解体检修、清焦	
12	SS/BW主汽阀、切断阀		开关紧，阀门内漏，SS并网阀密封不好，外漏	解体检修	

表 2　乙烯装置主要设备检修项目（续）

序号	设备名称	设备功能	功能故障	主要检修内容	专业类别
13	特种设备	确保合法合规使用，满足装置安全生产需求	国家法律法规强制规定，需定期对特种设备进行全面检测检验，及时发现并消除设备缺陷	压力容器、压力管道全面检验	
14	关键电气回路	确保装置转动设备、仪器仪表正常运转	失电、误动作等	调整、整定、校验、清扫	
15	关键仪表回路及联锁回路	确保工艺参数测量正确，阀门能够正常进行调节，切断阀根据联锁条件正常动作	工艺参数测量不正确，调节阀不动作或失控，切断阀拒动或误动作	单台仪表检查调试、比对标定、回路调试、整定、校验、清扫	
16	分析仪表	确保工艺参数测量正确，保证产品合格，同时检测到可燃和有毒气体时发出声光报警	测量参数不正确，造成产品不合格；可燃和有毒气泄漏时不报警，引发安全事故	可燃、有毒气体分析仪表标定；环保监测仪表检查点检标定；在线分析仪表检查比对标定	
17	过程控制系统 DCS/安全仪表系统 SIS	对工艺参数进行监控和调节。对工艺操作变量进行监控，发现异常进行报警，切断相关物料阀门或停机	系统卡件老化或故障，造成部分点测量精度变差或无指示，部分阀门失灵，引起生产波动或停车	点检及工控网络安全审计	

6 装置检修管理

6.1 装置检修前准备工作

1）装置检修稿审批结束，施工合同签订，检修材料领用到位；

2）装置停工检修前，施工承包商做好检修作业指导书、施工方案、检修图纸、现场施工平面布置图等各类资料的准备及审核，相关检修资料最终经业主方审批确认后方可实施；

3）装置停工检修前，甲方管理人员完成检修技术交底，施工承包商做好施工班组交底及双交底工作；

4）施工承包商完成开工报告办理。

6.2 工艺交出检修条件

1）装置所有盲板按照盲板图、表安装、编号、挂牌并经工艺员、设备员、安全员已签名确认；

2）PID 图上所有系统、管线得到置换处理并做好标识；

3）系统内设备、管线按规定进行吹扫和置换，取样分析合格；

4）下水井取样分析合格，存油清理干净，排水畅通，水封完好；

5）下水井和漏斗口用石棉布盖好，并用沙土封严；

6）系统内设备人孔打开前的确认，打开的设备人孔处挂上“未经许可，禁止入内”警示牌；

7）制定停工安全、环保措施和工作危害分析记录表（JHA）；

8）装置内分析不合格点挂标识，储存物料区标识、硬隔离；

9）制定检修中防硫化亚铁自燃方案；

10）指定具有监护人资格的人员负责动火、进设备等作业的监护。

6.3 检修过程安全环保要求

6.3.1 风险、提醒、告知

1）业主在对承包商进行检修技术交底时要将安全环保要求同步交底，并要求承包商施工人员向业主进行反向交底，确保相关要求交底正确。

2）检修施工过程中，承包商要在每天施工前进行班前 600s 教育，将当天作业内容及风险向作业人员进行告知和提醒。

6.3.2 检修过程安全环保的要求

1）检修过程安全环保要求执行中国石化 HSSE 管理规定。

2）换热器管束外送清洗场地集中清洗，污水、清洗残渣集中处理。

3）仪表检修拆卸排空残液不能落地，要集中处理。

6.4 质量管理

1）装置停工检修应成立检修质量管理组，由专业工程师、装置设备员、承包商质量管理员参加组成。

2）质量控制关口尽量前移；设计项目要提高设计需求的准确性，严把基础设计、详细设计审查关，力求施工阶段无变更或少变更。

3）业主质量检查方式应由重点检查现场转变为督促、引导各承包商自身质量体系正常运行，督促承包商加大自身质量检查力度。对A级质量控制点的设置和执行应满足必要的履责检查和不可再现的内容检查要求，以及对B级和C级质量控制点的结果复核的要求。

6.4.1 检修准备阶段质量控制

6.4.1.1 承包商资质、施工机具等审查

1）合同签订前，设备管理部门或项目管理部门应结合拟订合同范围审查承包商资质，确认资质符合合同范围对承包商作业资质要求时方可签订合同。

2）各承包商人员进场前，质量控制组应根据法规和有关要求对承包商的项目经理、技术质量负责人、质检员、作业人员，尤其是特种作业人员的资质进行审查，审查合格方可进场。

3）根据各承包商所承担的任务，组织审查外来进厂施工人员与用工单位的关系，审查资料报公司备案。

4）企业应组织对承包商质保体系、组织体系建立及运作情况进行检查确认。

6.4.1.2 设计质量管理

1）设计单位必须确定项目设计经理，明确各设计人员的职责分工。

2）在设计过程中，设计管理人员要积极与设计人员沟通，统一项目实施后需达到的目标，对工艺和设备的标准进行明确，协助设计人员了解现场状况和业主要求，提高设计文件质量。落实设计质量责任制，出现设计质量事故应对相关责任人员进行经济责任制考核。

3）待业主、承包商收到图纸后，项目经理应及时组织召开图纸审查会，审查工程建设强制性标准和企业要求执行情况；审查设计文件中选用的材料、构配件、设备，其规格、型号、性能等技术指标是否符合规范、标准、导则等要求，设计院要对施工全过程进行设计意图验收检查；审查设计变更程序合规性。

6.4.1.3 物资采购质量管理

在编制采购预案、询价、谈判和签订合同时，要明确所需物资的质量检验标准、技术要求、相关备品备件、包装运输条件和质量违约责任。对于重要设备材料的采购，必

须约定主要原材料和关键外协部件的外委单位资质、质量技术指标和验证方式。

6.4.1.4 检测／检验单位质量控制

1）检测／检验单位必须确定检测／检验负责人、工作人员，明确职责。

2）各种检测／检验所需的仪器、设备必须检定（校验）合格、运行状态良好。

3）从事检测／检验工作的单位和人员应具有由相应的政府主管部门颁发的与所从事作业任务相符合的有效资质证书。

4）检测／检验单位在编制检测／检验方案之前，需认真查阅该装置相关工艺设备基础资料、运行状况等内容，并有针对性地编制检测／检验方案。

5）检测／检验单位在现场工作的人员和使用机具的数量必须符合投标文件的表述并满足法规的要求。

6.4.2 检修施工阶段质量控制

6.4.2.1 施工质量控制内容

1）施工质量控制主要包括制定质量控制点，审查开工报告（改造项目），对施工质量进行监督、检查和验收等。

2）施工质量控制分专业进行，一般分为：动设备、静设备、工艺配管、电气、仪表、防腐隔热等专业。

3）施工质量控制技术准备：质量控制工程师、专业工程师必须熟悉本项目的质量计划，熟悉、了解设计意图，掌握有关施工规范、规程及验收标准，掌握有关的质量评定标准。

4）检查和验收依据：已会审的施工图、施工方案等；制造厂的产品说明书、技术规定和检验报告；国家、石化集团公司或有关部委颁布的施工技术规范、规程；公司技术规定和标准；地方政府有关规定。

6.4.2.2 质量控制通用要求

1）按照质量管理组的职责和分工，确定承包商、分指挥部、总指挥部三级检修质量控制体系，明确责任，按照质量管理办法、程序和考核标准进行质量管理。

2）质量管理组按照专业和设备类别组织编制专项检修质量检查表，并安排专人负责检查和考核。

3）企业应组织对承包商管理人员、特种作业人员（焊工、电工、起重工、架子工等）进行资质的核查，确认施工人员具备相应的资质。

4）各参加检修的单位应组织对检修机具、检测仪器状况进行核查，确保合格、有效。

5）各参加检修的单位应按自身程序文件的要求严格审核、审批各类施工方案，明确质量控制点、停检点及质量控制标准，并做好宣贯和培训工作。

6）所有进入检修现场的设备、材料，承包商应按相关规定进行复检和验收，确保所采用的物资均符合法规和相关技术文件的要求。

7）建立并严格执行统一的检修标识管理规定，确保对所采用材料的可追溯性。

8）各类设备的检修实行按工序验收。

9）建立畅通的质量信息收集、传送通道，保证相关部门和领导及时掌握检修现场的质量信息，便于做出准确的判断，制定有效的决策。

10）由质量管理组牵头，对各承包商的行为质量和实体质量进行监督检查，确保质量管理体系有效运行。

11）按照检修质量总体方案的要求进行单个项目完工质量验收和单元检修完工最终质量验收。

12）对于重点部位法兰要推行使用“零泄漏紧固”技术，对法兰平行度、力矩等过程参数进行测量、记录。

13）将仪表三次确认范围由接线端子扩展到机柜内设备元器件。

14）焊工的首件焊接实体必须进行检查。

6.4.2.3　原材料、设备进场验收

1）检修所用材料、设备进入施工现场前，承包商必须按照有关技术文件或规范要求进行自检，检查验收不合格的材料、设备，不得进入施工现场。

2）对材料标识不清、质量证明文件不齐全，怀疑或发现有质量问题的设备、材料，质量管理组可提出按一定比例进行抽样复试、复检的要求，承包商负责取样送检，并根据送检结果按规定进行处理。

3）对于国家或地方政府对生产资格有认证要求的原材料、设备，物资供应部门除应提供满足进场检验所需的合格证书、鉴定证明外，必须提供其生产厂家持有的相应证书的证明文件供检验单位判定其是否具有国家或地方颁发的生产认证证书，否则不能使用。

4）凡新材料、新产品、新技术所用材料应有鉴定证明、产品质量标准、使用说明和工艺要求，使用前必须按其质量标准进行抽样检验。

5）对于材料代用的情况，原则上由设计确认，无设计确认时由专业主管部门确认。

6.4.2.4　施工过程质量检查

1）质量管理组负责制定专业质量检查表，明确各专业检查项目、检查标准及控制级别并负责督促、检查、落实。控制级别一般分为A、B、C三级：

A级为企业公司级关注的质量控制点，主要包括对既定功能的变更内容、对最终检修质量有重大影响的内容等，必须在承包商和企业厂级确认合格后再由企业质量管理组检查确认，对于不可再现的过程或分别实施将影响到总体进度的检验项目可与分指挥部、承包商三方质检人员共同确认。

B级为企业厂级关注的质量控制点，除A级质量控制点规定的内容外主要包括法规要求进行检查的内容、对最终检修质量有较大影响的内容、验证承包商质量控制能力的内容等，必须在承包商确认合格后再由厂级质量管理组检查确认，对于不可再现的过程或分别实施将影响到总体进度的检验项目可由厂级质量管理组与承包商双方质检人员共同确认。

C级为承包商关注的一般质量控制点，除A级和B级质量控制点规定的内容外还应包括法规、设计文件和承包商体系文件中规定的其他内容，控制结果由承包商质检人员检查确认。

2）承包商质量自控检查必须实行“三检制”，即：作业人员自检、班组交接检（也称互检）、质量检查员专职检查。质量管理组要对承包商的三检制进行监督检查。主要内容如下：

施工人员自检应满足以下要求：①检查自己是否按照施工技术人员的技术交底及自检记录表所注明的质量要求等进行施工；②填写自检记录；③对无依据、交底不清的施工内容应立即予以停止，解决后方可继续施工。

班组交接检（也称互检）应满足以下要求：①包括工序交接或换班交接时交接双方施工人员和施工技术人员之间的互相检查；②上道工序的施工者在交出时不仅应认真交清施工质量情况，而且要向接受方提交必要的技术资料（包括含有实测实量数据、机械故障情况的记录等资料）；③下一道工序施工者在接收时要按上道工序施工者提供的资料对实体的质量状况进行复检；④对于不符合质量要求的问题交出方应立即进行处理，不合格的工序不得交接；⑤经互检合格的工序应办理交接手续，交接双方的施工技术员、检查员应在相关记录上签字；⑥已办理好交接手续的施工内容，如再发现质量问题，由接收方负责处理。

质量检查员专职检查应满足以下要求：①承包商应设置相应的专职（含兼职）质量检查员；②专职质检员对自检、交接检的结果必须进行认真的核查；③符合质量要求的，专职质检员应在相应的质量检查表上签字，并对已核查的内容负责；④对不符合质量标准的内容，专职质检员有否决权并有权责令其返工。

6.5 变更管理

6.5.1 检修过程要加强变更管理，建立健全变更管理制度和工作流程，采取措施减少变更数量。原则上没有经过各级部门同意的变更不允许在检修中执行。

6.5.2 项目变更控制主要内容

1）对于试用产品、设备备件结构形式改变、材质升级要充分识别，要有专门技术论证审批过程，审批时要加强相关专业沟通确认。

2）所有变更应事前发起，只有当变更得到批准后，才可组织实施。项目变更由变更提出单位发起申请并填写“变更申请单”，按照各企业相关制度规定的权限办理审批手续。

3）对于因材料找价差导致的超费用计划（或工单预算），需要补办变更手续。

4）对于不涉及费用计划的变更，如项目名称、版本号、承包商、施工方案、施工进度等也需办理相应的变更手续。

5）对于结算费用高于非包干合同标的按各企业管理制度执行变更。

6）投资类项目的变更参照各企业“固定资产投资过程控制管理规定”执行。

6.6 装置检修交回条件

装置检修交回确认主要内容：

1）装置开工人员及开车保镖人员配备落实；

2）技术、原辅材料、动力、备品备件等方面的准备；

3）队伍技术状态、开工方案学习落实情况；

4）现场规格化情况；

5）工艺和设备联锁仪表校验情况；

6）HSSE 措施落实情况；

7）盲板拆除清单、技术准备情况；

8）机、电、仪、公用工程、储运、质检等相关专业准备情况；

9）停工临设拆除、施工尾项整改情况等。

6.7 试验与验收

6.7.1 焊接质量验收

拍片合格率≥ 98%（片子）或≥ 95%（焊道）。

6.7.2 设备试压

检修试压一次合格率≥ 95%，系统气密一次合格。

6.7.3 装置投用

系统引料一次成功，装置开车一次成功。

6.7.4 LDAR 泄漏率

装置大修后应用 FID 检测仪进行一次定量检测。对于挥发性有机物流经初次开工转动的设备和管线的密封点，应在开工 30d 内对其进行一次检测。泄漏浓度值按照表 3 执行。

表 3　泄漏控制浓度值　　μmol/mol

设备和管线组件	泄漏控制浓度
有机气体 / 蒸气和轻液流经的密封点	500
重液流经的密封点	100

对于检测合格的密封点可摘除漏点牌。检测超标需修复泄漏组件，尽快修复泄漏浓度超标的组件，从而减少 VOCs 排放量。

6.7.5 仪表和电气合格率

仪表检修做到控制回路 100％联校确认，联锁回路 100％联校确认，检修后仪表要求达到：仪表完好率≥ 99％，自控率≥ 92％，使用率≥ 98％，仪表泄漏率≤ 0.05‰，仪表故障率≤ 0.27％。

6.8 检修后期管理

6.8.1 资料交付

承包商应在检修项目结束后30d内将交工资料完整地交给使用单位，资料包含内容如下：

竣工图纸，施工技术方案，吊装方案，施工组织设计；施工技术记录，试压记录，中间工序验收单，隐蔽工程验收单，拆检回装记录，发现问题与修复记录，设备开箱资料，设备封闭记录；设备、材料、管道附件、配件的合格证明书及质量保证书，理化检验资料，衬里、防腐、保温施工技术记录及检验报告。

6.8.2 检修总结

装置检修结束后，要对检修改造工作进行总结，对好的做法进行总结、提炼，固化这些经验，指导今后检修改造工作；对总结检修改造中存在的问题，分析原因，完善措施，不断提高管理水平。

7 装置日常维护

7.1 动设备

7.1.1 机泵量化巡检

1）大型机组按五位一体检查要求执行，重要机泵设备（电动机）按 PMS 分级巡检要求执行，一般机泵设备（电动机）运保单位和设备专业人员每周测振测温。

2）巡检人员包括设备管理人员、岗位操作人员、设备运保人员，“管、操、修”人员均按巡检路线图巡检。

3）转动设备的运行数据，应用数采仪按时上传至 PMS。操作人员对设备运行状况和泄漏情况，每天记录在巡检记录簿中。

7.1.2 关键机组特护

1）由生产装置设备、电气、仪表、机修、工艺等专业技术管理人员联合组成关键机组特级维护小组，由生产装置主管领导任组长，开展关键机组特级维护工作。

2）关键机组特护小组负责机组（包括各辅助系统）特护巡检，做到每天巡检一次（若关键机组无异常或隐患缺陷，非工作日可不进行特护巡检），要具体规定机、电、仪、管、操各方人员的巡检范围、内容和应达到的维护要求，量化巡检内容，落实巡检工作责任。机械、电气、仪表维修人员应按各自专业管理要求，对机械设备、电气设备、控制仪表、联锁保护设施进行日常维护保养工作，不断提高设备完好率、仪表控制率和联锁投用率。

3）关键机组特护小组每周进行联合检查，每月进行一次小组专题活动，对关键机组运行状态进行分析评估，对存在的问题提出整改意见，确保大型机组安全运行。

4）每月编制关键机组运行月报。若机组运行出现异常，应立即逐级上报并召开专题会议，分析原因和研究确定应采取的措施。

5）积极采用先进的监测技术，搞好关键机组状态监测和故障诊断工作，定期对关键机组运行状况数据进行分析评估，至少每月进行一次全面的状态监测和分析工作，提高关键机组运行状态预知管理水平。

6）关键机组在用润滑油每月分析一次，分析内容包括黏度、酸值、水分等，根据分析结果的变化情况，增加分析指标，并进行原因分析。提倡应用铁谱分析、光谱分析等先进技术，及时检测设备磨损等状况。全面管理好润滑油、密封油、控制油及相关设备。

7）加强关键机组辅助系统（特别是油系统）的操作、巡检及管理，油系统主辅油泵切换操作应视为重大作业，尽可能在常日班时间内完成，且至少有两名操作人员，设备管理人员须在作业时间内在场。

7.2 静设备

1）按 TSG 21—2016《固定式压力容器安全技术监察规程》要求，对塔罐定期进行年度检查。

2）编制塔罐年度检查计划，检查计划按周或月分配，由设备、工艺、仪表专业联合检查。

3）检查后编制年度检查报告，对检查出的问题安排计划整改。

7.3 仪表设备

1）定期对主要沉筒液位计进行拆装清洗、校验调试，完整性检查，接线端子检查紧固。

2）定期对主要液位开关进行拆装清洗、校验调试，完整性检查，接线端子检查紧固。

3）定期对机组密封气压差、油气压差表导压管进行排放，观察气中带液情况、气液两相的清洁度，并进行变送器零位确认。

4）定期对机组位移振动探头电阻、电势检查，绝缘检查，接线盒接线端子检查，探头防油密封检查。

5）定期对机组返回阀、减压阀进行完整性检查，过滤器吹扫排放；对调节阀附件进行完整性检查，对气源、止回阀、信号放大器检查，对定位器气路进行吹扫；调节阀0%～10%按1%逐级开大，确认阀开度是否准确。

6）定期对仪表风管道末端进行排放检查。

7.4 电气设备

1）电动机量化巡检应实行“管、操、修”分级管理，层层把关。管”即电气岗位专业管理人员，“操”即设备操作人员，“修”即设备运保维护人员。

2）电气岗位专业管理人员：定期检查高压电动机运行状况、巡检记录情况、状态检测工作开展情况、高压电动机接线盒完好情况；及时处理巡检中发现的异常情况，落实闭环管理。

3）设备操作人员：在用一般机泵电机进行振动、温度检测，记录检测数据；在用高危泵和主要机泵电机进行振动、温度检测，记录检测数据；定期检查电机润滑油油位，记录油位异常情况，当发现油位低时，必须通知补油，在非正常情况下进行补油并记录补油量。采用听、看、摸方式检查电机运行状况。

4）运保维护人员：检查电动机的声音、温度、振动、绝缘等情况是否异常，备用设备是否处于完好状态，做好巡检记录，发现问题及时汇报；根据电动机润滑计划进行电动机润滑工作，并做好记录；开展备用高压电机绝缘测量和电机接线盒检查，并做好记录；开展高压电动机状态检测工作；关键机组的巡检工作，并做好巡检记录，对带缺陷运行的电动机进行特殊巡检，并做好记录和汇报工作。

7.5 LDAR

1）根据PFD、PID等相关资料建立装置LDAR监测台账。

2）按压缩机、泵、搅拌器、阀、采样口、释压阀、开口管线每三个月一次，法兰、接头、其他半年一次编制乙烯装置LDAR检测计划。

3）根据LDAR检测计划定期开展装置现场LDAR检测工作。

4）针对泵、压缩机、搅拌器三种密封类型检测值≥2000μmol/mol，阀、法兰、泄压设备、释压阀、开口管线、连接件、其他密封类型的检测值≥500μmol/mol的LDAR超标泄漏点及时组织修复，修复后及时组织复测。

5）及时对LDAR管理信息系统做好维护工作。

7.6 常见故障与处理

7.6.1 离心式压缩机的故障类型与处理方法

离心式压缩机的故障类型与处理方法如表 4 所示。

表 4 离心式压缩机的故障类型与处理方法

序号	故障类型	故障原因	处理方法
1	压缩机的异常振动和异常噪声	不对中	重新检查、调整机组对中情况
		压缩机转子不平衡	检查转子，检查是否由污垢或损坏引起，如有必要应对转子重新进行动平衡
		叶轮损坏	检查叶轮，必要时进行修复或更换
		轴承不正常	检查轴承、调整间隙，必要时修复或更换
		联轴器故障或不平衡	检查联轴器平衡情况，检查联轴器螺栓、螺母
		密封环不良	检查测定密封环间隙，必要时修复或更换
		油压、油温不正常	检查各注油点油压、油温及油系统工作情况，发现异常进行调整
		油中有污垢、不清洁，使轴承损坏	查明污垢来源，检查油质，加强过滤，定期换油，检查轴承，调整间隙
		喘振	检查压缩机运行时是否远离喘振点，防喘裕度是否正确，防喘装置是否工作正常
2	径向轴承故障	润滑不正常	确保使用合格的润滑油；定期检查，不应有水和污垢进入油中
		不对中	检查对中情况，必要时进行调整
		轴承间隙不符要求	检查间隙，必要时进行调整或更换轴承
		压缩机或联轴器不平衡	检查是否有污物附着或转子组件缺损，必要时转子应重新平衡
3	止推轴承故障	轴向推力过大	检查止推轴承间隙，检查气体进出口压差，必要时检查内部密封环间隙数据是否超标，检查段间平衡盘密封环间隙是否超标
		润滑不正常	检查油泵、油过滤器和油冷器，检查油温、油压和油量，检查油的品质
4	压缩机性能不达标	设计错误	审查原始设计，检查技术参数是否符合要求；如发现问题应与卖方和制造厂联系，采取补救措施
		制造错误	检查原设计及制造工艺要求，检查材质及加工精度，发现问题及时与卖方和制造厂交涉
		气体性质差异	检查气体的各种性质参数，如与原始设计的气体性质相差太大，必然影响压缩机性能指标；根据实际需要与可能采取措施解决
		运转条件变化	如发现异常应查明原因
		密封环间隙过大	检查各部间隙，不符要求则必须调整或更换

表 4　离心式压缩机的故障类型与处理方法（续）

序号	故障类型	故障原因	处理方法
5	压缩机喘振	运行点落入喘振区或距喘振边界太近	检查运行点在压缩机特性线上的位置，如距离喘振边界太近或落入喘振区，应及时调整工况并消除喘振
		防喘振裕度设定不够	预先测定好各种工况下的防喘裕度；防喘裕度线应调整到最佳
		吸入流量不足	可能进气阀开度不够，滤芯太脏或结冰，进气通道阻塞，入口气源减少或切断等。查明原因并解决
		工况变化时防空阀或回流阀未及时打开	进口流量减少或转速下降，或转速急速升高时应查明原因；及时打开防喘振阀
		防喘振装置未投用	正常运行时防喘振装置应投用
		防喘振装置工作失准或失灵	定期检查防喘振装置的工作情况，如发现失灵、失准或卡涩、动作不灵应及时解决
		防喘振整定值不准	严格整定防喘振数值，并定期试验，发现数值不准及时校正
		升速、升压过快	工况变化，升速、升压不可过猛、过快，要交替进行，缓慢、均匀
		气体性质改变或状态严重改变	当气体性质或状态改变之前，应换算特性线，根据改变后的特性线整定防喘振值
		压缩机出口管线上止逆阀不灵	压缩机出口气体管线上的止逆阀应经常检查，保持动作灵活、可靠，以免转速降低或停机时气体倒灌
6	压缩机流量和排出压力不足	通流量有问题	将排气压力与流量同特性曲线相比较研究，看是否符合，以发现问题
		压缩机逆转	检查旋转方向，旋转方向应与压缩机壳上的箭头方向一致
		吸气压力低	检查入口过滤器
		分子量不符	测定气体实际分子量，和说明书的规定数值相比较，如果实际分子量比规定值小，排气压力则不足
		原动机转速比设计转速低	检查压缩机运行转速，与说明书对照，如转速确实低，应提升原动机转速
		压力计或流量计故障	检查各计量仪表，发现问题应修理或更换
7	原动机超负荷	分子量比规定值大	检查气体实际分子量，与设计说明书相比较
		与叶轮相邻的扩压器表面腐蚀，扩压度降低	拆开检查扩压器各流道，如有腐蚀应改善材质或提高表面硬度；清扫表面，使表面光滑；如叶轮与扩压器相碰或扩压器变形，应更换
		叶轮或扩压器变形	叶轮或扩压器变形应修复或更换
		转动部分与静止部分相碰	拆开原动机压缩机和齿轮箱，检查各部间隙并与说明书对照，发现问题及时解决
		吸入压力高	吸入压力高，则质量流量增大，功率消耗大；与设计数据对照，找出原因并解决

7.6.2 液环式压缩机的故障类型与处理方法

液环式压缩机的故障类型与处理方法如表 5 所示。

表 5 液环式压缩机的故障类型与处理方法

序号	故障类型	故障原因	处理方法
1	振动超标	1. 联轴器同轴度偏差过大 2. 转子组平衡破坏 3. 循环液过量发生冲击 4. 叶轮发生摩擦 5. 地脚螺栓松动或者腐蚀	重新找正 校验平衡 控制循环液量 停车处理 紧固或更换
2	排气量不够	1. 管道有漏点 2. 水环温度过高 3. 密封件失效 4. 循环液少	换垫或者补焊 增加水量，并降低进水温度 修复密封件 增加供水量
3	输出压力低	1. 叶轮与泵盖间隙大 2. 叶轮与锥形分配头间隙大 3. 叶轮损坏 4. 循环液量少	调整或更换口环 重新正确装配 更换叶轮 补充循环液
4	噪声大	1. 叶轮损坏 2. 轴承磨损大	更换叶轮 更换轴承
5	轴封泄漏	1. 填料或者轴套磨损 2. 机械密封失效	更换 修复或者更换

7.6.3 机泵设备常见故障类型及检修策略

7.6.3.1 单级悬臂离心泵（一般机泵）故障类型与处理方法（表 6）

表 6 单级悬臂离心泵（一般机泵）故障类型与处理方法

序号	故障类型	故障原因	处理方法
1	泵输不出液体	1. 注入液体不够 2. 泵或吸入管内存气或漏气 3. 吸入高度超过泵的允许范围 4. 管路阻力太大 5. 泵或管路内有杂物堵塞	重新注满液体 排除空气及消除漏气处，重新灌泵 降低吸入高度 清扫管路或修改 检查清理
2	流量不足或扬程太低	1. 吸入管路堵塞 2. 叶轮堵塞或严重磨损腐蚀 3. 叶轮密封环磨损严重，间隙过大 4. 泵体或吸入管漏气	检查清扫吸入管路 清扫叶轮或更换 更换密封环 检查、消除漏气处
3	电流过大	1. 填料压得太紧 2. 转动部分与固定部分发生摩擦	拧紧填料压盖 检查原因，消除机械摩擦

表 6 单级悬臂离心泵（一般机泵）故障类型与处理方法（续）

序号	故障类型	故障原因	处理方法
4	轴承过热	1. 轴承缺油或油不净 2. 轴承已损伤或损坏 3. 电机轴与泵轴不在同一中心线上	加油或换油并清洗轴承 更换轴承 校正两轴的同轴度
5	泵振动大、有杂音	1. 电机轴与泵轴不在同一中心线上 2. 泵轴弯曲 3. 叶轮腐蚀、磨损、转子不平衡 4. 叶轮与泵体磨损 5. 基础螺栓松动 6. 泵发生汽蚀	校正两轴的同轴度 校直泵轴 更换叶轮 检查调整，消除摩擦 紧固基础螺栓 重新启动泵
6	密封处漏损过大	1. 填料磨损 2. 轴或轴套磨损 3. 泵轴弯曲	更换填料 修复或更换磨损件 校直或更换泵轴

7.6.3.2 SD 型离心泵的故障类型与处理方法（表 7）

表 7 SD 型离心泵的故障类型与处理方法

序号	故障类型	故障原因	处理方法
1	泵出口压力偏低且压力波动较大	1. 压力表坏 2. 泵内或吸入管内存有气体 3. 入口过滤网堵	更换压力表 重新灌泵、排气 清过滤网
2	泵无量或量不够	1. 泵反转 2. 叶轮流道堵塞或叶轮脱落 3. 叶轮严重损坏 4. 口环间隙过大 5. 入口过滤网堵	检查转向 解体检修 更换叶轮 更换耐磨环 清过滤网
3	电流升高或电机跳闸	1. 转子与定子摩擦 2. 介质黏度增大 3. 扬程过大 4. 电气故障	解体检修 工艺调整 工艺调整或更换叶轮 电气检修
4	振动增大	1. 泵轴与驱动机轴对中不良 2. 泵地脚螺栓松动 3. 轴承磨损严重 4. 转子动不平衡 5. 泵抽空	重新找正 紧固螺栓 更换轴承 重新检查消除 工艺调整
5	密封泄漏	1. 泵轴与驱动机轴对中不良或轴弯曲 2. 密封损坏或安装不当 3. 操作波动大	重新校正 更换或重新调整 稳定操作

7.6.3.3 立式离心泵的故障类型与处理方法（表 8）

表 8 立式离心泵的故障类型与处理方法

序号	故障类型	故障原因	处理方法
1	泵出口压力偏低且压力波动较大	1. 压力表坏 2. 泵内或吸入管内存有气体 3. 入口过滤网堵	更换压力表 重新灌泵、排气 清过滤网
2	泵无量或量不够	1. 泵反转 2. 叶轮流道堵塞或叶轮脱落 3. 叶轮严重损坏 4. 口环间隙过大 5. 入口过滤网堵	检查转向 解体检修 更换叶轮 更换耐磨环 清过滤网
3	电流升高或电机跳闸	1. 转子与定子摩擦 2. 介质黏度增大 3. 扬程过大 4. 电气故障	解体检修 工艺调整 工艺调整或更换叶轮 电气检修
4	振动增大	1. 泵轴与驱动机轴对中不良 2. 泵地脚螺栓松动 3. 轴承磨损严重 4. 转子动不平衡 5. 泵抽空	重新找正 紧固螺栓 更换轴承 重新检查消除 工艺调整
5	密封泄漏	1. 泵轴与驱动机轴对中不良或轴弯曲 2. 轴承或密封环磨损过多形成转子偏心 3. 机械密封损坏或安装不当 4. 操作波动大	重新校正 更换并校正轴线，检查更换轴承或油封 更换或重新调整 稳定操作
6	轴承温度过高	1. 转子动不平衡 2. 轴承箱内油过少或太脏 3. 轴承和油封磨损过多形成转子偏心 4. 润滑油变质	检查消除 按规定加油或换油 更换并重新校正轴线，更换轴承或油封 更换润滑油
7	润滑油位低	1. 油封漏油 2. 视镜漏油 3. 放油阀或丝堵漏油 4. 油杯坏	更换油封 检查消除 检查消除 更换油杯

7.6.3.4　双吸式离心泵的故障类型与处理方法（表 9）

表 9　双吸式离心泵的故障类型与处理方法

序号	故障类型	故障原因	处理方法
1	泵出口压力偏低且压力波动较大	1. 压力表坏 2. 泵内或吸入管内存有气体 3. 入口过滤网堵	更换压力表 重新灌泵、排气 清过滤网
2	泵无量或量不够	1. 泵反转 2. 叶轮流道堵塞或叶轮脱落 3. 叶轮严重损坏 4. 口环间隙过大 5. 入口过滤网堵	检查转向 解体检修 更换叶轮 更换耐磨环 清过滤网
3	电流升高或电机跳闸	1. 转子与定子摩擦 2. 介质黏度增大 3. 扬程过大 4. 电气故障	解体检修 工艺调整 工艺调整或更换叶轮 电气检修
4	振动增大	1. 泵轴与驱动机轴对中不良 2. 泵地脚螺栓松动 3. 轴承磨损严重 4. 转子动不平衡 5. 泵抽空	重新找正 紧固螺栓 更换轴承 重新检查消除 工艺调整
5	密封泄漏	1. 泵轴与驱动机轴对中不良或轴弯曲 2. 轴承或密封环磨损过多形成转子偏心 3. 机械密封损坏或安装不当 4. 密封液压力不当或外冲洗中断或不足 5. 填料过松 6. 操作波动大	重新校正 更换并校正轴线 检查更换轴承或油封 更换或重新安装机封 比密封腔前压力高 0.05～0.15MPa 重新调整稳定操作
6	轴承温度过高	1. 转子动不平衡 2. 轴承箱内油过少或太脏 3. 轴承和油封磨损过多形成转子偏心 4. 润滑油变质 5. 轴承冷却效果不好	检查消除 按规定加油或换油 更换并重新校正轴线，更换轴承或油封 更换润滑油 检查调整
7	润滑油位低	1. 油封漏油 2. 视镜漏油 3. 放油阀或丝堵漏油 4. 油杯坏	更换油封 检查消除 检查消除 更换油杯

7.6.3.5　螺杆泵的故障类型与处理方法（表 10）

表 10　螺杆泵的故障类型与处理方法

序号	故障类型	故障原因	处理方法
1	泵不吸油	1. 吸入管路堵塞或漏气 2. 吸入高度超过允许吸入真空高度 3. 电动机反转 4. 介质黏度过大	检修吸入管路 降低吸入高度 改变电动机转向 将介质加温
2	压力表指针波动大	1. 吸入管路漏气 2. 安全阀没有调好或工作压力过大，使安全阀时开时闭	检查吸入管路 调整安全阀或减低工作压力
3	流量下降	1. 吸入管路堵塞或漏气 2. 螺杆与衬套内严重磨损 3. 电动机转速不够 4. 安全阀弹簧太松或阀瓣与阀座接触不严	检查吸入管路 磨损严重时应更换零件 修理或更换电动机 调整弹簧，研磨阀瓣与阀座
4	轴功率急剧增大	1. 排出管路堵塞 2. 螺杆与衬套内严重磨损 3. 介质黏度太大	停泵清洗管路 检修或更换有关零件 将介质升温
5	泵振动大	1. 泵与电机不同心 2. 螺杆与衬套不同心或间隙大、偏磨 3. 泵内有气 4. 安装高度过大，泵内产生汽蚀	调整同心度 检修调整 检修吸入管路，排除漏气部位 降低安装高度或降低转速
6	泵发热	1. 泵内严重摩擦 2. 机械密封回油孔堵塞 3. 油温过高	检查调整螺杆和衬套间隙 疏通回油孔 适当降低油温
7	机械密封大量漏油	1. 装配位置不对 2. 密封压盖未压平 3. 动环和静环密封面碰伤 4. 动环和静环密封圈损坏	重新按要求安装 调整密封压盖 研磨密封面或更换新件 更换密封圈

7.6.4 静设备的故障类型与处理方法

静设备的故障类型与处理方法如表11所示。

表11 静设备的故障类型与处理方法

设备	功能	主要功能故障	主要故障类型	故障影响	故障后果	维修策略	维修内容
裂解炉	生产下游所需原料	裂解气产出减少	辐射段炉管泄漏或断裂	紧急停炉	使用性后果、安全性后果	定期维修	消漏，更换炉管
			燃料气压力不足或中断	紧急停炉	使用性后果	定期维修	恢复燃料气供给
			裂解炉风机停转	紧急停炉	使用性后果	定期维修	检修风机恢复运行
			废锅出口温度高	降低负荷，停炉检修	使用性后果	定期维修	清洗废锅
			急冷器堵塞	急冷器出口温度高，停炉	使用性后果	定期维修	清理
			燃烧器故障、炉膛热量分布不均	停炉检修	使用性后果	定期维修	维修清理燃烧器
			对流段炉管泄漏	停炉检修	使用性后果、安全性后果	定期维修	更换泄漏炉管
			辐射段炉管结焦严重、堵塞	降低负荷，停炉检修	使用性后果	定期维修	烧焦
	提供超高压蒸汽（SS）	无法产生超高压蒸汽	汽包泄漏，液位过低	联锁停炉，SS产出停止	使用性后果	定期维修	维修消漏
			锅炉给水泄漏或中断	联锁停炉，SS产出停止	使用性后果	定期维修	维修消漏，恢复供给
			增湿减温器内漏量大	SS温度过低，停炉检修	使用性后果	定期维修	维修或更换调节阀
			废锅内漏	紧急停炉，SS产出停止	使用性后果	定期维修	消漏、堵管、换管或整体更换废锅
急冷水第二冷却器	调节油洗塔塔顶温度	换热效果差	换热器内漏	切出检修	使用性后果	定期维修	堵管消漏
			换热器结垢严重	切出清理	使用性后果	定期维修	清洗结垢
		泄漏	法兰泄漏	停工	安全性后果	定期维修	更换法兰垫片处理漏点

表 11 静设备的故障类型与处理方法（续）

设备	功能	主要功能故障	主要故障类型	故障影响	故障后果	维修策略	维修内容
急冷水第一冷却器	调节油洗塔塔釜温度	换热效果差	换热器内漏	切出检修	使用性后果	定期维修	堵管消漏
			换热器结垢严重	切出清理	使用性后果	定期维修	清洗结垢
		泄漏	法兰泄漏	停工	安全性后果	定期维修	更换法兰垫片，处理漏点
油洗塔	降低裂解气温度，产生急冷油（QO）	压差过高无法正常运行	填料堵塞	停工检修	使用性后果	定期维修	清理更换填料
急冷油减黏塔	降低急冷油黏度	急冷油系统黏度升高	出口管线堵塞	切出清理疏通	使用性后果	定期维修	疏通管线
稀释蒸汽发生器	产生稀释蒸汽	泄漏	法兰泄漏	停工	安全性后果	定期维修	更换法兰垫片，处理漏点
		稀释蒸汽带油	换热器内漏	切出检修	使用性后果	定期维修	堵管消漏
段间冷却器	控制压缩机内物料温度	换热效果差	换热器内漏	切出检修	使用性后果	定期维修	堵管消漏
			换热器结垢严重	切出清理	使用性后果	定期维修	清洗结垢
		泄漏	法兰泄漏	停工	安全性后果	定期维修	更换法兰垫片，处理漏点
压缩机吸入罐	控制压缩机吸入压力	吸入压力升高	吸入罐除沫网结焦严重	切出检修	使用性后果	定期维修	清理结焦
冷箱	冷却压缩后的裂解气	冷箱前后压差过大	堵塞	切出检修	使用性后果	定期维修	清理疏通
			冻堵	切出检修	使用性后果	定期维修	疏通干燥

7.6.5 关键仪表检修故障类型及处理方法

关键仪表检修故障类型及处理方法如表 12 所示。

表 12　关键仪表检修故障类型及处理方法

设备	功能	主要功能故障	主要故障类型	故障影响	故障后果	维修策略	维修内容
SIS	安全仪表	板卡故障	板卡报警	非冗余板卡，影响局部，装置局部停车	安全性后果	定期点检	在线更换
		通信故障	通信报警；通信中断	黑屏	使用性后果	定期点检	在线更换
		电源故障	电源报警；系统失电	黑屏，停车	安全性后果	定期点检	在线更换
DCS	控制系统	板卡故障	板卡报警	非冗余板卡，影响局部，装置局部停车	使用性后果	定期点检	在线更换
		通信故障	通讯报警；通讯中断	黑屏	使用性后果	定期点检	在线更换
		电源故障	电源报警；系统失电	黑屏，停车	安全性后果	定期点检	在线更换
SIS/DCS	控制系统	病毒	工控网络安全事故	黑屏，停车	安全性后果	定期检测	更新病毒库
分析仪表	在线分析	预处理单元故障	腐蚀内漏、堵塞	数据偏差	使用性后果	定期维修	清理疏通
现场仪表	现场数据采集、远传	仪表引压线不畅通	腐蚀、堵塞	数据偏差	使用性后果	定期维修	清理疏通
执行机构	仪表参数调整	定位器故障	调节失灵	生产波动	使用性后果	定期维修	在线更换
电磁阀	联锁执行机构	故障	拒动	联锁	安全性后果	定期维修	更换
液位开关、压力开关	联锁发信单元	故障	拒动	联锁	安全性后果	定期维修	更换

附　录　A

（资料性附录）

装置停工交付检修确认表

<table>
<tr><td rowspan="2"></td><td colspan="7">装置停工交付检修确认表</td></tr>
<tr><td>记录编号</td><td></td><td>使用单位</td><td colspan="4"></td></tr>
<tr><td colspan="2">停工检修单位</td><td></td><td>装置</td><td></td><td>时间</td><td colspan="2">年　月　日</td></tr>
<tr><td>单位</td><td colspan="3">确认内容</td><td colspan="2">存在问题</td><td>问题整改及确认意见</td><td>确认人</td></tr>
<tr><td>停工单位</td><td colspan="3">1. 装置与系统是否有效隔离并提供对应的盲板表？
2. 是否有专用氮气线，是否专用？
3. 管线及容器是否吹扫干净并提供吹扫作业确认表？
4. 设备、容器、管道的可燃气、有毒介质、氧含量是否按要求采样分析合格？
5. 风险系数较大的作业是否进行危害识别分析？
6. 对塔、容器仪表监控手段是否保留？
7. 动火设备管线、进入受限空间作业清单是否已梳理编制完成？动火设备管线动态表、进入受限空间作业动态表是否已设立？
8. 对本单位及施工单位参加检修的人员是否已完成安全教育和考试？
9. 明沟、地面上是否有油？清污分流设施是否投用？
10. 对装置内电缆沟是否做出明显标志？
11. 设备、容器是否全部打开并在设备人孔处挂“危险空间！严禁入内”的警示牌？
12. 检修现场下水井、地漏、明沟是否封闭，泵沟等是否建立水封？
13. 检修设备是否停电？
14. 确认取样点有代表性（除需氮气保护系统外，每个取样点涉及的流程必须贯通并保持，导淋全部打开，取样点数总和应能覆盖本装置；样品必须在模拟施工状态下取样，即在常压、停氮、盲板到位、容器人孔打开且静置 4h 以上）</td><td colspan="2"></td><td></td><td></td></tr>
</table>

装置停工交付检修确认表（续）

<table>
<tr><td rowspan="2"></td><td colspan="7">装置停工交付检修确认表</td></tr>
<tr><td>记录编号</td><td></td><td>使用单位</td><td colspan="4"></td></tr>
<tr><td colspan="2">停工检修单位</td><td></td><td>装置</td><td></td><td>时间</td><td colspan="2">年　月　日</td></tr>
<tr><td>单位</td><td colspan="3">确认内容</td><td colspan="2">存在问题</td><td>问题整改及确认意见</td><td>确认人</td></tr>
<tr><td>电气</td><td colspan="3">1. 参加大修的电气作业人员是否进行电工作业资格的确认和相应的安全教育？
2. 重大作业项目是否编写施工作业方案和进行危害识别与评价？
3. 施工单位临时动力箱是否已通过电气部验收，并贴上合格标识？
4. 电气部装置停工检修准备工作网络确认表各项工作是否已完成？
5. 变配电所内电气安全用具、消防器材是否已检查并在有效期限内？
6. 变配电所内的工器具是否已检查合格？
7. 停工期间是否有停电网络</td><td colspan="2"></td><td></td><td></td></tr>
<tr><td>仪表</td><td colspan="3">1. 对本单位及施工单位参加检修的人员是否已完成安全教育和考试？
2. 机柜间运行装置的机柜与检修的区域是否采用明显有效的隔离措施？
3. 仪表吹扫排放中相关安全环保措施是否明确落实？
4. 放射线同位素仪表停工检修防护措施是否落实？
5. 一次阀是否关闭？仪表设备是否做好安全防护和隔离？
6. 重大作业项目是否编写施工作业方案和进行危害识别与评价？
7. 每项作业施工是否完成施工交底和反交底？
8. 分析仪表样品管线、预处理系统、样品回收系统是否已吹扫</td><td colspan="2"></td><td></td><td></td></tr>
<tr><td>消防</td><td colspan="3">1. 现场消防、气防器材是否齐全、完好？
2. 消防、疏散通道是否符合要求？
3. 其他</td><td colspan="2"></td><td></td><td></td></tr>
<tr><td>生产部</td><td colspan="3">1. 检查吹扫作业票的确认签名是否落实？
2. 现场检查盲板是否按方案和盲板清单进行安装？
3. 检查瓦斯、氮气和工艺介质等物料在装置边界是否进行有效隔离？
4. 催化剂、保护剂、胺液或按方案不退的介质是否按方案要求进行了有效安全隔离？
5. 检查配合外系统的吹扫是否已满足要求可以停运？
6. 其他</td><td colspan="2"></td><td></td><td></td></tr>
</table>

装置停工交付检修确认表（续）

<table>
<tr><td rowspan="2"></td><td colspan="6">装置停工交付检修确认表</td></tr>
<tr><td>记录编号</td><td></td><td>使用单位</td><td colspan="3"></td></tr>
<tr><td colspan="2">停工检修单位</td><td></td><td>装置</td><td></td><td>时间</td><td>年　月　日</td></tr>
<tr><td>单位</td><td colspan="3">确认内容</td><td>存在问题</td><td>问题整改及确认意见</td><td>确认人</td></tr>
<tr><td>设动部</td><td colspan="3">1. 装置检修单位按停工检修方案中安全技术措施的要求，向全体施工作业人员进行安全技术交底。
2. 对检修作业所用工机具、防护用品（脚手架、跳板、绳索、葫芦、行车、电焊机、防毒面具、防尘用品、安全帽、安全带、安全网、消防器材等）安全可靠性进行检查、确认。
3. 停工配合用脚手架已检查验收合格并挂有准许使用的标识牌。
4. 未经吹扫处理的设备、容器、管道已与系统隔离，设置明显警示标志，并向职工和施工单位交底。
5. 盲板的厚度必须符合工艺压力等级的要求。
6. 冬季停工，装置要做好防冻防凝工作</td><td></td><td></td><td></td></tr>
<tr><td rowspan="3">安环部</td><td colspan="3">1. 对本单位、施工单位参加检修的人员是否进行安全教育并考试？
2. 其他</td><td></td><td></td><td></td></tr>
<tr><td colspan="3">1. 明沟、地面上是否有油？
2. 清污分流设施是否投用？
3. 废水是否转移完毕？
4. 密闭吹扫是否完成并分析合格？
5. 其他</td><td></td><td></td><td></td></tr>
<tr><td colspan="3">1. 对装置内电缆沟是否做出明显标志？
2. 设备、容器是否全部打开并在设备人孔处挂“危险空间！严禁入内”的警示牌？
3. 检修现场下水井、地漏、明沟是否封闭，泵沟等是否建立水封？
4. 打开的设备、容器、管道测爆分析是否合格？
5. 运行装置与检修的区域必须采用明显有效的隔离措施，存在工艺介质的工艺管线是否做出醒目的警示标志或标识？
6. 其他</td><td></td><td></td><td></td></tr>
<tr><td>确认交付意见</td><td colspan="5"></td><td></td></tr>
</table>

附 录 B
（资料性附录）
装置停工检修交回确认表

<table>
<tr><td rowspan="2"></td><td colspan="7">装置停工检修交回确认表</td></tr>
<tr><td>记录编号</td><td></td><td>使用单位</td><td colspan="4"></td></tr>
<tr><td colspan="2">停工检修单位</td><td></td><td>装置</td><td></td><td>交回
时间</td><td colspan="2">年 月 日</td></tr>
<tr><td>单位</td><td colspan="3">确认内容</td><td colspan="2">存在问题</td><td>确认意见</td><td>确认人</td></tr>
<tr><td>施工单位</td><td colspan="3">1. 检修项目以及改造项目已施工完成，并验收合格。
2. 施工用临时设施已全部拆除；现场清洁、无杂物。
3. 除开工需热紧或其他生产需要的保温、架子外，原则上其余均恢复、拆除。
4. 影响装置开工的设备、管线等保温复位（除生产上需要不能复位的）。
5. 因检修拆除的劳动保护、照明设施已恢复。
6. 安全阀已复位。
7. 施工尾项已明确，并落实整改完成时间，没有影响开工与安全的尾项。
8. 施工用的试压盲板已全部拆除。
9. 保运人员与机具落实到位</td><td colspan="2"></td><td></td><td></td></tr>
<tr><td>运行部</td><td colspan="3">1. 设备位号和管道介质名称、流向标示齐全。
2. 检查检修计划已没有影响开工与安全的尾项。
3. 施工用临时盲板已确认拆除。
4. 现场消防、气防器材及岗位工器具配齐、现场环保设施好用、清污分流流程正常、排污水井等畅通并封盖合格。
5. 停工用临时设施已拆除（除开工过程中需要的临设），现场清洁、无杂物。
6. 开工用的工具和标识牌准备完毕</td><td colspan="2"></td><td></td><td></td></tr>
<tr><td>电气中心</td><td colspan="3">1. 电气的检修项目已完成，没有影响开工的尾项。
2. 变电所已正常投用，高、低压电送电正常。
3. 现场电气设备如电动阀、电机等单体设备调试正常。
4. 现场照明等恢复正常。
5. 电气现场检修动力箱接线、临时变接线已拆除并移到装置外</td><td colspan="2"></td><td></td><td></td></tr>
</table>

装置停工检修交回确认表（续）

<table>
<tr><td rowspan="2"></td><td colspan="6">装置停工检修交回确认表</td></tr>
<tr><td>记录编号</td><td></td><td>使用单位</td><td colspan="3"></td></tr>
<tr><td colspan="2">停工检修单位</td><td></td><td>装置</td><td></td><td>交回时间</td><td>年　　月　　日</td></tr>
<tr><td>单位</td><td colspan="2">确认内容</td><td colspan="2">存在问题</td><td>确认意见</td><td>确认人</td></tr>
<tr><td>仪表中心</td><td colspan="2">1. 现场仪表（含在线分析仪表）检修、改造项目已完成并联校正常，没有影响开工的尾项。
2. 现场固定式可燃气体报警仪、H_2S报警仪、火灾报警仪等已具备投用条件。
3. 所有的计量仪表已校验合格并安装到位。
4. 仪表组态均已结束，DCS画面更新已完成。
5. 确认仪表已具备条件并投用，无未投用的影响开工的仪表（部分需要保护或引介质才能投用的仪表如在线质量分析仪等除外）</td><td colspan="2"></td><td></td><td></td></tr>
<tr><td>质管中心</td><td colspan="2">现场采样器已复位正常，采样牌安装正常</td><td colspan="2"></td><td></td><td></td></tr>
<tr><td>储运部</td><td colspan="2">相关储运系统的检修、改造项目已全部完成，具备投用条件</td><td colspan="2"></td><td></td><td></td></tr>
<tr><td>消防支队</td><td colspan="2">1. 现场消防、气防器材齐全、完好。
2. 消防、疏散通道符合要求。
3. 装置开工保驾已安排落实</td><td colspan="2"></td><td></td><td></td></tr>
<tr><td>安环部</td><td colspan="2">1. 现场环保设施如清污分流设施检修已完成。
2. 与临近的检修区域已采用明显有效的隔离措施。
3. 现场安全设施如平台围栏、护栏等符合要求，现场无容易坠落物品</td><td colspan="2"></td><td></td><td></td></tr>
<tr><td>工程部</td><td colspan="2">1. 负责的改造项目已施工完成并验收合格。
2. 除不具备条件外，其他动设备已完成单机试车。
3. 施工尾项已明确，不影响开工，并落实整改完成时间。
4. 新增加的特种设备已取证或取证资料收齐（压力容器已完成告知，压力管道安装监检已完成）。
5. 现场项目实施情况与设计意图已确认一致。
6. 新增现场改造项目计量器具已检定</td><td colspan="2"></td><td></td><td></td></tr>
</table>

装置停工检修交回确认表（续）

<table>
<tr><td rowspan="2"></td><td colspan="7">装置停工检修交回确认表</td></tr>
<tr><td>记录编号</td><td></td><td>使用单位</td><td colspan="4"></td></tr>
<tr><td colspan="2">停工检修单位</td><td></td><td>装置</td><td></td><td>交回
时间</td><td colspan="2">年　　月　　日</td></tr>
<tr><td>单位</td><td colspan="3">确认内容</td><td colspan="2">存在问题</td><td>确认意见</td><td>确认人</td></tr>
<tr><td>机动部</td><td colspan="3">1. 检修项目已完成，并验收合格。
2. 保运工作已落实，保运通知单已下发。
3. 施工尾项已明确，并落实完成时间，没有影响开工与安全的尾项。
4. 压力容器与管道的检验与返修已完成。
5. 除用于开工查漏、热紧用的架子保留外，原则上其他架子、跳板均拆除。
6. 影响装置开工的设备、管线等保温已复位（除生产上需要不能复位的）。
7. 开工用的备件已备齐</td><td colspan="2"></td><td></td><td></td></tr>
<tr><td>生产部</td><td colspan="3">1. 开工物料去向、物料衔接及系统配合已落实。
2. 催化剂装填均已完成</td><td colspan="2"></td><td></td><td></td></tr>
</table>

催化重整装置维护检修规程

SHZ 03002—2019

目　次

前　言

本规程按照GB/T　1.1—2009《标准化工作导则　第1部分：标准的结构和编写》给出的规则起草。

本规程由中国石油化工集团有限公司、中国石油化工股份有限公司提出。

本规程起草单位：中国石油化工股份有限公司茂名分公司。

本规程主要起草人：赵师敏、王良芳、陈元。

本规程2019年首次发布。

催化重整装置维护检修规程

1 范围

1.1 本规程规定了炼化企业催化重整装置及其主要设备、专用设备的检修周期、检修项目、检修过程管理和日常维护的相关内容。
1.2 本规程适用于炼化企业催化重整装置的检修维护管理。

2 规范性引用文件

下列文件对于本文件的应用是必不可少的。凡是注日期的引用文件，仅所注日期的版本适用于本文件。凡是不注日期的引用文件，其最新版本（包括所有的修改单）适用于本文件。

2.1 法律法规

中华人民共和国安全生产法
中华人民共和国特种设备安全法

2.2 特种设备安全技术规范

TSG 21　固定式压力容器安全技术监察规程
TSG D0001　压力管道安全技术监察规程——工业管道

2.3 标准规范

GB/T 151　热交换器
GB/T 20801　压力管道规范 工业管道
SH/T 3503—2017　石油化工建设工程项目交工技术文件规定

2.4 相关规定和文献

炼油企业检修管理指南（试行版）
中国石化炼化企业设备完整性管理体系
芳烃装置工艺技术介绍

3 术语与定义

下列术语和定义适用于本文件。

3.1 设备功能

设备功能指的是设备的生产效率和功能，衡量设备功能的指标随设备种类不同而异。

3.2 功能故障

设备、设施不能实现其设计功能时，称之为功能故障，定义为设备、设施不能满足期望的性能标准。一般指设备失去或降低其规定功能的事件或现象，表现为设备的某些零件失去原有的精度或性能，使设备不能正常运行，技术性能降低，致使设备中断生产或效率降低而影响生产。

3.3 A 类设备

本规程规定的 A 类设备是根据设备对生产过程的重要性、设备故障后果、可靠性、使用频率、维修经济性等因素进行设备分级得出的，因设备的功能故障引起装置停车的该装置的关键设备。

3.4 B 类设备

本规程规定的 B 类设备是指根据设备对生产过程的重要性、设备故障后果、可靠性、使用频率、维修经济性等因素得出的设备的功能故障虽然不引起装置停车，但对装置的负荷、质量及可靠性具有重大影响的该装置的主要设备。

4 装置特征

连续重整装置主要包括预处理单元、重整反应单元、催化剂再生单元。

连续重整是在有催化剂作用的条件下将石脑油转变成富含芳烃的高辛烷值汽油（重整汽油），并副产液化石油气和氢气的过程。

图 1 为重整各单元关系图。

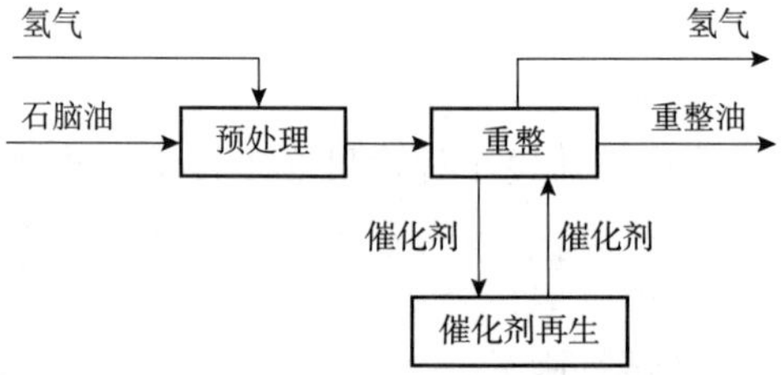

图 1　重整各单元关系

4.1 各单元工艺流程介绍

4.1.1 预处理单元

预处理单元的任务是脱出原料中的有害物质，如砷、铅、铜、汞、铁和氮、硫、氧。为重整装置提供适宜馏分范围和最低杂质含量的原料，以确保重整催化剂不受毒害，使重整最大效率地将原料转化为目的产品。预处理单元大致分为前分馏与后分馏流程。图 2 为预处理前分馏流程图，图 3 为预处理后分馏流程图。

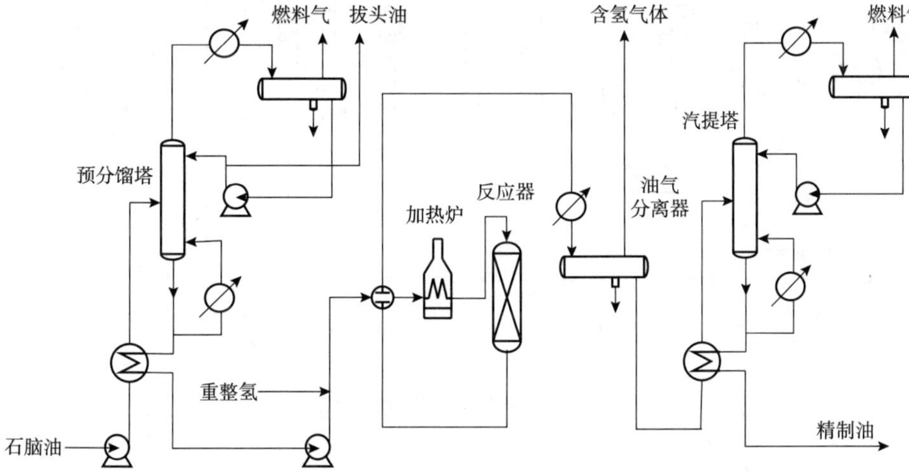

图 2　预处理前分馏流程

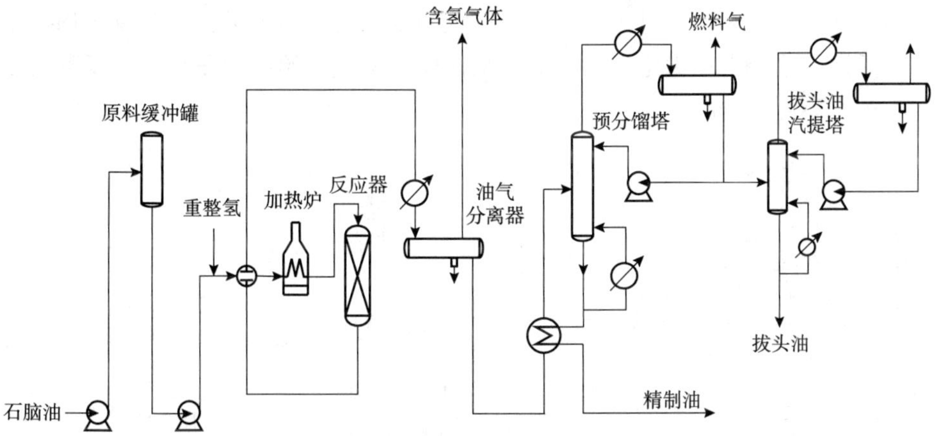

图 3　预处理后分馏流程

4.1.2　重整反应单元

重整反应单元是在一定的操作条件和催化剂的作用下，利用催化剂上的金属活性与酸性活性发生环烷脱氢、烷烃环化脱氢等反应使得原料石脑油（C_6~C_{11}）的烃分子发生重新排列，使其中的环烷烃和烷烃转化成芳烃或异构烷烃，同时副产氢气的过程。图 4 为重整反应基本流程图。

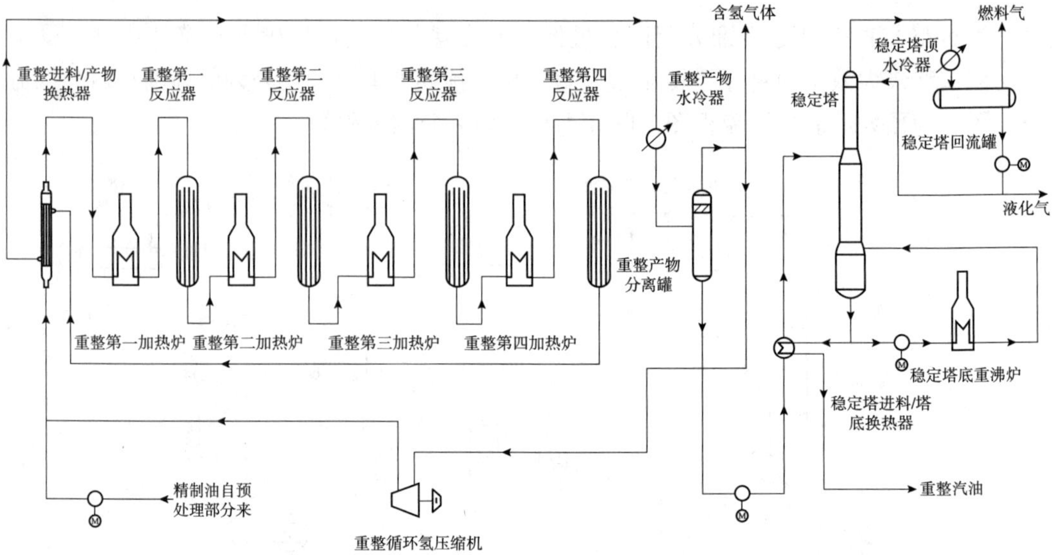

图 4　重整单元基本流程

4.1.3　催化剂再生单元

催化剂再生单元是在一定压力下用含有少量氧气的惰性气体缓慢烧去沉积在催化剂多孔结构表面上的焦炭，同时添加在烧焦过程和反应过程中失去的部分氯化物，达到恢复催化剂活性、选择性、稳定性的目的，从而使重整反应始终能在高苛刻度下进行。图 5 为 UOP 公司再生工艺流程。

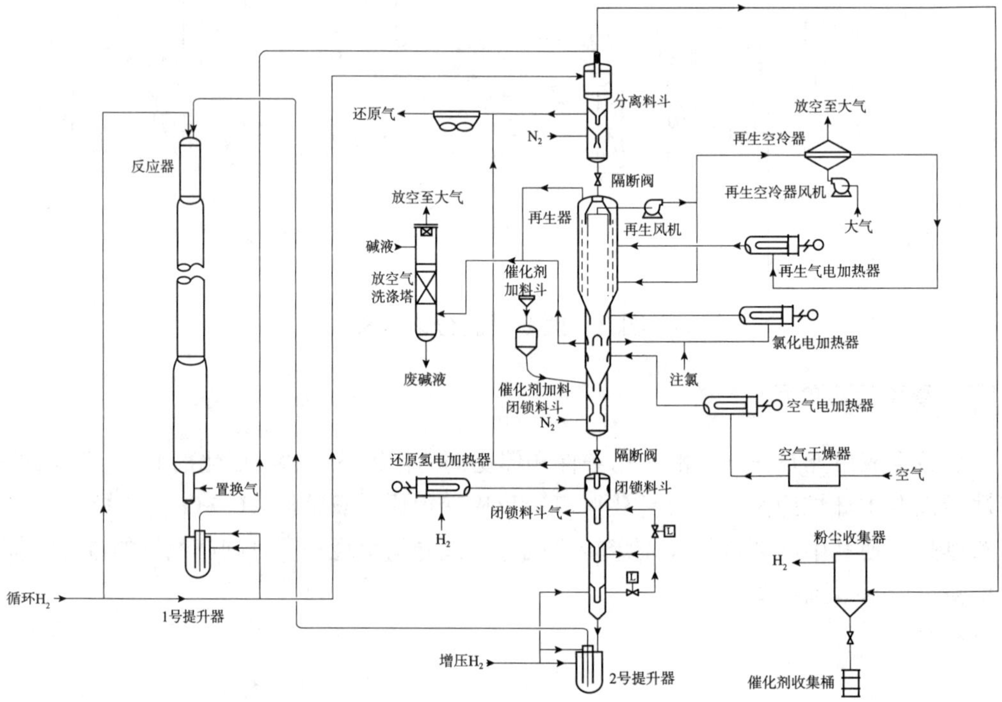

图 5　UOP 公司加压再生工艺基本流程

4.2 催化重整装置工艺特性参数

重整是以含 C_6~C_{11} 石脑油为原料，在一定的反应条件和催化剂的作用下，原料烃分子结构重新排列，进行环烷烃脱氢、烷烃脱氢环化及异构化等反应，生产高辛烷值汽油组分或芳烃（BTX）并副产氢气的工艺过程。连续重整是指催化剂可以连续再生的催化重整，特点是通过连续再生工艺使重整催化剂始终保持较高的活性，从而使反应始终保持在高苛刻度下进行，可稳定地长周期地生产高辛烷值汽油组分或保持高芳烃转化率，同时也可保持高产氢率。

重整的平均反应压力：0.35MPag，平均反应温度：510~530℃。

4.3 催化重整装置危害特性

（1）燃烧性：氢气、液化气和汽油等可燃性，在条件具备时均可能发生燃烧。

（2）爆炸性：氢气、压缩气体和液化气体、易燃液体如汽油、自燃物品如硫化亚铁等均可能由于其化学活性或易燃性引发爆炸事故。

（3）毒害性：硫化氢、氨、四氯乙烯、二甲基二硫等许多危险化学品可通过一种或多种途径进入人体内，当其在人体累积到一定量时，便会扰乱或破坏肌体的正常生理功能，引起暂时性或持久性的病理改变，甚至危及生命。

（4）腐蚀性：氢腐蚀，指钢暴露在高温、高压的氢气环境中，氢原子在设备表面或渗入钢内部与不稳定的碳化物发生反应生成甲烷，使钢脱碳，机械强度受到永久性的破坏；高温腐蚀，在高温下，金属材料与环境气氛中的氧、硫、碳、氮等元素发生化学或电化学反应，将导致材料的变质或破坏。在高温受热面（炉膛水冷壁、屏式过热器、高温过热器和高温再热器）烟气侧的高温烟气环境下且管壁温度较高条件下发生高温腐蚀。水冷壁的外壁高温腐蚀可以分为烟气冲刷、气体腐蚀等；高温硫腐蚀即硫化，在高含硫气氛中金属与硫反应生成金属硫化物而导致的腐蚀过程由于金属表面形成的硫化物膜中通常含有很多缺陷，不够致密，附着性差，对基体金属的保护效果较差。

（5）放射性：放射性射线可阻碍和伤害人体细胞活动机能并导致细胞死亡。

5 检修周期及检修项目

5.1 主要设备

催化重整装置主要设备介绍如表 1 所示。

表 1 主要设备

名称	设备种类		主要设备	通用、专用设备检修规程的代码
转动设备	压缩机	离心式压缩机	重整循环氢压缩机、重整氢增压机	SHS 02025
		活塞式压缩机	循环氢和补充氢压缩机	SHS 01020
		螺杆式压缩机	重整氨气压缩机	SHS 03062

表 1　主要设备（续）

<table>
<tr><th>名称</th><th colspan="2">设备种类</th><th>主要设备</th><th>通用、专用设备检修规程的代码</th></tr>
<tr><td rowspan="5">转动设备</td><td rowspan="4">泵</td><td>离心泵</td><td>预加氢进料泵、汽提塔重沸炉泵、石脑油分馏塔底泵、重整气液分离器泵、中压给水泵、强制循环泵</td><td>SHS 01012</td></tr>
<tr><td>螺杆泵</td><td>润滑油泵</td><td>SHS 01016</td></tr>
<tr><td>往复泵</td><td>注剂泵</td><td>SHS 01014.15</td></tr>
<tr><td>齿轮泵</td><td>润滑油泵</td><td>SHS 01017</td></tr>
<tr><td colspan="2">离心式风机</td><td>再生风机、再生器空冷风机、除尘风机、提升风机、加热炉鼓引风机</td><td>SHS 01022</td></tr>
<tr><td rowspan="10">静设备</td><td colspan="2">加热炉</td><td>四合一加热炉</td><td>SHS 01006</td></tr>
<tr><td>塔</td><td>填料塔、板式塔</td><td>汽提塔、石脑油分馏塔、稳定塔</td><td>SHS 01007</td></tr>
<tr><td colspan="2">反应器</td><td>预加氢反应器、重整四合一反应器、再生器</td><td>SHS 01008</td></tr>
<tr><td rowspan="2">换热器</td><td>管壳式换热器</td><td>预加氢混合进料换热器、汽提塔顶冷却器、一段再接触冷却器、二段再接触冷却器、复水器</td><td>SHS 01009</td></tr>
<tr><td>板式换热器</td><td>重整混合进料换热器</td><td>SHS 01068</td></tr>
<tr><td colspan="2">压力容器</td><td>反应器、换热器、缓冲罐、塔</td><td>SHS 01004</td></tr>
<tr><td colspan="2">常压容器、常压储罐</td><td>大型储罐</td><td>SHS 01004</td></tr>
<tr><td colspan="2">压力管道</td><td>GC1、GC2、GC3</td><td>SHS 01005</td></tr>
<tr><td colspan="2">阀门</td><td>安全阀</td><td>SHS 01030</td></tr>
<tr><td colspan="2" style="display:none"></td></tr>
<tr><td rowspan="3">仪表设备</td><td>检测仪表</td><td>压力仪表、温度仪表、流量仪表、物位仪表</td><td></td><td>SHS 07002</td></tr>
<tr><td>电动单元组合仪表</td><td>基地式仪表、显示仪表、辅助单元</td><td></td><td>SHS 07003</td></tr>
<tr><td>控制阀</td><td>气动控制阀、电动执行机构、长行程执行机构、偏心旋转阀、气缸执行机构、控制附件、蒸汽减温器</td><td></td><td>SHS 07004</td></tr>
</table>

表 1　主要设备（续）

名称	设备种类		主要设备	通用、专用设备检修规程的代码
仪表设备	在线分析仪表	工业色谱仪、氧分析仪、氢分析仪、红外线分析仪、pH计、电导仪、水分析仪、熔融指数分析仪、烟气排放连续检测系统、密度计、可燃气体报警器、有毒气体报警器、化学需氧量分析仪、氨氮分析仪、气相色谱分析仪		SHS 07006
	特殊仪表	轴振动和轴位移、转速控制仪表、称重仪表	关键机组振动 / 位移检测仪表和转速控制仪表	SHS 07007
	过程控制系统	DCS、PLC、GDS、SCADA	DCS、PLC、CCC 关键机组 CCS 或 ITCC 系统	SHS 07008
	系统维护	防爆仪表及其系统、仪表供电系统、仪表供气系统、仪表系统联校		SHS 07009
	安全仪表系统	SIS、安全仪表系统	SIS	SHS 07010
电气设备	电机			

5.2　检修周期

5.2.1　催化重整装置检修应根据实际运行情况进行定期停车大检修，大修周期一般按24～48个月来定。

5.2.2　有备用设备的或日常可以进行检修的不列入大修项目。

5.3　检修内容

5.3.1　确定检修内容的依据

1）按法律法规要求的特种设备定期检验。

2）不符合国家安全与环境保护、节能要求的设备改造和更新。

3）对本次检修或下次检修之前已到法定检验时间的计量设施。

4）设备状况：

a）静设备

——炉子因炉管结焦堵、疲劳失效、减薄及炉内构件失效等原因造成运行状况恶化、性能降低等；

——塔内部因塔盘结焦堵、内构件损坏、积垢腐蚀等原因造成运行状况恶化、性能降低等；

——换热器因换热管腐蚀穿孔、结焦堵管、积垢腐蚀等原因造成运行状况恶化、性能降低等；

——反应器因催化剂失效、内构件损坏、结焦、积垢腐蚀等原因造成运行状况恶化、性能降低等；

——容器因内构件损坏、结焦、积垢腐蚀等原因造成运行状况恶化、性能降低等；

b）转动设备

磨损、疲劳、泄漏、振动等原因造成运行状况恶化、性能降低等；

c）管道、阀门

因腐蚀减薄、失效等原因造成运行状况恶化、性能降低等；

d）电气设备

部件老化等原因造成运行状况恶化、性能降低等；

e）仪表设备

部件老化等原因造成运行状况恶化、性能降低等；

f）日常维护抢修中采用带压堵漏、带压开孔等方式进行的临时项目。

5）工艺催化剂（三剂）失效。

6）钢结构平台、设备基础、房屋等建构筑物老化、锈蚀等必须在停车检修期间内维修的项目。

7）安全防护设施失效。

5.3.2 检修具体内容

停车大修是对催化重整装置安全环保、长周期运行及经济效益有重大影响的设备、管线、电气仪表系统、土建及基础设施等在运行周期内将要发生的功能故障进行全面检修。其他检修是除大修外对装置局部或设备本体有经济运行影响的功能故障而进行的检修。

5.3.2.1 装置设备主要检修内容

催化重整装置设备主要检修内容如表 2 所示。

表 2 催化重整装置设备主要检修内容

序号	设备名称	设备功能	功能故障	故障周期 / 月	检修内容	设备分级
1	重整循环氢压缩机	将循环氢气升压，流量达到生产要求，密闭通道良好，保证机组安全连续运行	机出口流量达不到生产要求	60	1. 更换干气密封； 2. 检查更换轴承； 3. 清洗叶轮和过滤器； 4. 错油门、油动机、速关阀、速关阀组件清扫并更换橡胶配件； 5. 转速控制系统和仪表调试	A 类
2	重整氢增压机	将重整氢气升压	机出口流量达不到生产要求	60	1. 更换干气密封； 2. 检查更换轴承； 3. 清洗叶轮和过滤器； 4. 错油门、油动机、速关阀、速关阀组件清扫并更换橡胶配件； 5. 转速控制系统和仪表调试	A 类

表 2　催化重整装置设备主要检修内容（续）

序号	设备名称	设备功能	功能故障	故障周期／月	检修内容	设备分级
3	预加氢进料加热炉	将预加氢反应物料加热	炉出口介质温度达不到生产要求，烟气排放达不到环保要求	60	1. 火嘴、炉管清扫； 2. 炉管理化检验； 3. 对流炉管定期清洗； 4. 衬里修复； 5. 三门一板调试； 6. 仪表检定	A类
4	汽提塔 重沸炉	将汽提塔塔底物料加热	炉出口介质温度达不到生产要求，烟气排放达不到环保要求	60	1. 火嘴、炉管清扫； 2. 炉管理化检验； 3. 对流炉管定期清洗； 4. 衬里修复； 5. 三门一板调试； 6. 仪表检定	A类
5	石脑油分馏塔重沸炉	将石脑油分馏塔塔底物料加热	炉出口介质温度达不到生产要求，烟气排放达不到环保要求	60	1. 火嘴、炉管清扫； 2. 炉管理化检验； 3. 对流炉管定期清洗； 4. 衬里修复； 5. 三门一板调试； 6. 仪表检定	A类
6	重整四合一加热炉	为重整第一反应器提供热能，达到环保指标要求	炉出口介质温度达不到生产要求，烟气排放达不到环保要求	60	1. 火嘴、炉管清扫； 2. 炉管理化检验； 3. 对流炉管定期清洗； 4. 衬里修复； 5. 三门一板调试； 6. 仪表检定	A类
7	预加氢反应器	为预加氢反应物料提供反应空间	预加氢反应温度超工艺指标要求	72	1. 压力容器定期检验； 2. 内构件检查、修复； 3. 仪表检定； 4. 催化剂更换	A类
8	重整反应器	为从加热炉出来的高温油气混合物料提供反应空间	重整反应温度超工艺指标要求	72	1. 压力容器定期检验； 2. 内构件检查、修复； 3. 仪表检定； 4. 催化剂更换	A类
9	汽提塔 石脑油分馏塔 稳定塔	提供热量交换场所，实现气液分离	产品分离效果达不到工艺要求	72	1. 压力容器定期检验； 2. 塔盘清扫； 3. 内构件检查、修复； 4. 仪表检定； 5. 安全附件定期校验	A类

表 2　催化重整装置设备主要检修内容（续）

序号	设备名称	设备功能	功能故障	故障周期 / 月	检修内容	设备分级
10	预加氢进料缓冲罐	为介质提供储存场所	设备腐蚀泄漏或静密封泄漏，容器堵塞	72	1. 压力容器定期检验； 2. 内构件检查、修复，罐内清扫； 3. 仪表检定； 4. 安全附件定期校验	A 类
11	预加氢气液分离器 循环氢压缩机入口分液罐等罐容器	为介质提供分离场所，实现气液分离	产品分离效果达不到工艺要求	72	1. 压力容器定期检验； 2. 内构件检查、修复，罐内清扫； 3. 仪表检定； 4. 安全附件定期校验	A 类
12	预加氢混合进料换热器 汽提塔进料 / 石脑油分馏塔底换热器等	为原料提供热交换场所	介质换热效果达不到工艺要求	36	1. 压力容器定期检验； 2. 管束清扫、试压； 3. 仪表检定	A 类
13	蒸汽凝结水罐	为原料提供热交换场所	介质换热效果达不到工艺要求	36	1. 压力容器定期检验； 2. 内构件检查、修复，罐内清扫； 3. 仪表检定； 4. 安全附件定期校验	A 类

5.3.2.2　系统性检修项目

系统性检修项目如表 3 所示。

表 3　系统性检修项目

序号	单元名称	装置功能	功能故障	故障后果	故障策略及检修内容
1	催化剂再生系统	使反应过后积炭的催化剂重新恢复活性并流动	催化剂停止流动或再生	产品质量、处理量或装置停工	恢复催化剂流动条件，修复或更换再生器等设备内构件
2	加热炉余热回收系统	降低排烟温度，回收加热炉的热量	预热器或鼓引风机故障	排烟温度高	修复预热器或鼓引风机

6 装置检修管理

6.1 装置检修前准备工作

6.1.1 装置检修前，参检单位要做好检修作业指导书、施工方案、检修图纸、现场施工平面布置图等各类资料的准备及审核，相关检修资料最终经业主方审批确认后方可实施。
6.1.2 进入检修现场的各类施工机具、器具，必须是合格的、适用的，必须有检定合格证和标记，并在有效期内使用，严禁使用未经校验的机具。进场前，所有自检合格并贴有自检合格证的施工机具，要列出汇总清单上交给业主方，并经业主方检验后方可使用。
6.1.3 进入现场的检修耗材、配件等，必须附有质量证明文件，并在指定的地点规范存放。在安装、使用各类检修材料前，应对材料的外观质量进行检查确认，参检单位要做到领用材料检验有见证、验收有记录。
6.1.4 参检单位的所有施工人员，必须具备相应的作业资质，检修前须做好检修方案、技能方面的培训，熟悉检修项目的特点，严格按检修方案进行施工。同时，施工人员必须进行业主方相关专业的教育培训，对无相应作业资质、未经教育培训或考核不合格的人员，一律不得上岗作业。

6.2 工艺交出检修条件

6.2.1 在装置交付检修前，由生产管理部和安全环保部门组织相关单位召开安全验收会，检查确认设备容器人孔拆卸、盲板加装、容器内采样分析、停电、下水井封堵等工作，经相关部门签字确认后，由装置开具用火、用电、进入受限空间等相关票证，进入检修状态。工艺交出要具备以下条件：

1）装置所有盲板按照盲板图、表安装、编号、挂牌并经工艺员、设备员、安全员已签名确认；

2）PID 图上所有系统、管线得到置换处理并做好标识；

3）系统内设备、管线按规定进行吹扫和置换，取样分析合格；

4）下水井取样分析合格，存油清理干净，排水畅通，水封完好；

5）下水井和漏斗口用石棉布盖好，并用沙土封严；

6）系统内设备人孔打开前的确认；打开的设备人孔处挂上“未经许可，禁止入内”警示牌；

7）制定停工安全、环保措施和工作危害分析记录表（JSA）；

8）装置内分析不合格点挂标识，储存物料区标识、硬隔离；

9）制定检修中防硫化亚铁自燃方案；

10）指定具有监护人资格的人员负责动火、进设备等作业的监护。

装置交付检修确认表见附录 A。

6.2.2 装置单元交出检修特殊要求

放射源检查时必须关闭放射源。

6.3 检修过程安全环保管理总体要求

6.3.1 安全管理总体要求

1）装置检修的安全管理，坚持“安全第一、预防为主、综合治理”的方针和“谁主管，谁负责”“谁签发，谁负责”的原则，坚持以人为本、落实责任、强化监管，按属地化管理原则。

对于人数少的新企业要求外聘第三方HSSE监管，对于人数多的老企业或自身能力能够满足要求的老企业，可根据需要由企业自行决定是否外聘第三方HSSE监管。第三方HSSE监管纳入到HSSE管理体系。

2）各级指挥部的安全环保消防组应按指挥部管理体系要求承担相应的管理责任。

3）承包商应建立健全安全管理体系，分包商的安全管理工作由总承包商负总责。

4）安全监督管理部门对检修过程的安全管理工作进行监督检查，指挥部的安全环保消防组负责施工过程安全检查管理。运行部负责所在区域的施工项目配合和现场安全监督检查。

6.3.2 环保管理总体要求

装置停工检修改造环保管理总体要求是：密闭吹扫，有序排放，清洁停工，安全处置，达标排放。为做好停工和检修期间的环保工作，停工装置要落实密闭吹扫及除臭方案，对排放污水、吹扫尾气放空、工业废物处置应进行预申报，排放时必须做到先检测后排放，主管部门根据监测结果确定处理方式。对于化学清洗等产生的废水，项目管理部门在与清洗单位签订合同前要明确废水处理相关责任及要求。

6.4 检修质量管理

质量管理的总体要求：成立检修质量管理组织机构，明确管理职责，建立质量管理程序文件。

1）对承包商资质、人员、机具等进行审查。

2）通过组织设计审查，确保设计质量。

3）物资采购管理部门组织对采购物资进行入库检验并对重点物资进行监造。

4）在施工过程中组织对检验检测的质量进行抽查。

6.5 变更管理

6.5.1 检修过程要加强变更管理，建立健全变更管理制度和工作流程，采取措施减少变更数量。原则上没有经过各级部门同意的变更不允许在检修中执行。

6.5.2 项目变更控制主要内容

1）对于试用产品、设备备件结构形式改变、材质升级要充分识别，要有专门技术论证审批过程，审批时要加强相关专业沟通确认；

2）所有变更应事前发起，只有当变更得到批准后，才可组织实施。项目变更由变更提出单位发起申请并填写“变更申请单”，按照各企业相关制度规定的权限办理审批手续；

3）对于因材料找价差导致的超费用计划（或工单预算），需要补办变更手续；

4）对于不涉及费用计划的变更，如项目名称、版本号、承包商、施工方案、施工进度等也需办理相应的变更手续；

5）对于结算费用高于非包干合同标的按各企业管理制度执行变更；

6）投资类项目的变更参照各企业“固定资产投资过程控制管理规定”执行。

6.6 装置检修交回条件

装置检修交回确认主要内容：

1）装置开工人员及开车保镖人员配备落实；

2）技术、原辅材料、动力、备品备件等方面的准备；

3）队伍技术状态、开工方案学习落实情况；

4）现场规格化情况；

5）工艺和设备联锁仪表校验情况；

6）HSSE 措施落实情况；

7）盲板拆除清单、技术准备情况；

8）机、电、仪、公用工程、储运、质检等相关专业准备情况；

9）停工临设拆除、施工尾项整改情况等。

装置检修交回开工确认表见附录 B。

6.7 检修后期管理

6.7.1 资料交付

承包商应在检修项目结束后 30d 内将竣工资料完整地交给使用单位，竣工资料交付参考 SH/T 3503—2017《石油化工建设工程项目交工技术文件规定》。

6.7.2 检修总结

装置检修结束后，要对检修改造工作进行总结，对好的做法进行总结、提炼，固化这些经验，指导今后检修改造工作；对总结检修改造中存在的问题，分析原因，完善措施，不断提高管理水平。

大修总结模板见附录 D。

7 装置日常维护

7.1 日常巡检

包括操作工的日常巡检和专业人员（设备管理人员、专业维保人员、电仪专业人员）的日常点检。操作人员日常巡检要符合分部巡检管理要求，时刻做到外操人员的1/3在现场巡检，操作人员巡检要做到全装置覆盖，日常巡检要确认现场工艺、设备运行操作参数是否正常，管线、设备和设施等的完好和备用情况；“五不允许”内容检查是否正常；现场“跑、冒、滴、漏”等低老坏问题排查。

对预加氢部分，动设备重点检查进料泵、塔底热油泵、液态烃泵、循环氢压缩机等。静设备重点检查进料缓冲罐、酸性水罐、汽提塔顶回流罐及循环氢管线等易腐蚀部位。对重整反应和再生系统，重点检查高温大法兰、重整反应炉、重整进料换热器、反应产物至空冷管线、弹簧支吊架是否正常。动设备重点检查循环氢压缩机、氢气增压机及螺杆制冷机。根据以往故障案例，还须注意再生风机、干燥系统的冷却器、电加热器有无异常。对公用工程部分，重点检查汽包液位和循环水泵情况。

7.2 日常维护

装置日常维护的基本内容包括：设备维护保养、设备检查和设备修理。

7.2.1 设备维护保养

设备维护保养的内容是保持设备清洁、整齐、润滑良好、安全运行，包括及时紧固松动的紧固件，调整活动部分的间隙等。简言之，即“清洁、润滑、紧固、调整、防腐”十字作业法。维护保养依工作量大小和难易程度分为装置操作工保养、专职保养维修工保养。

7.2.1.1 装置操作工保养

其主要内容是：进行清洁、润滑，紧固易松动的零件，检查零件、部件的完整。这类保养的项目和部位较少，大多数在设备的外部，由装置操作工人承担。

7.2.1.2 专职保养维修工保养

主要内容包括对设备内部清洁、润滑、局部解体检查和调整，必要时对达到规定磨损限度的零件加以更换。此外，还要对主要零部件的磨损情况进行测量、鉴定和记录。具体标准执行通用设备的检修规程。

在两种维护保养中，装置操作工保养是基础，专职保养维修工保养是关键。

7.2.2 设备检查和设备修理

设备检查按时间间隔分为日常检查和定期检查。

日常检查由操作人员执行，同操作工的保养结合起来，目的是及时发现不正常的技术状况，进行必要的维护保养工作。

定期检查是按照计划，在操作工参加下，定期由专职维修工执行，也就是预防性检查维修。目的是通过检查，全面准确地掌握零件磨损的实际情况，以便确定是否有进行修理的必要。

7.3 常见设备故障

7.3.1 催化重整装置常见故障类型与处理方法

催化重整装置常见故障类型与处理方法如表 4 所示。

表 4 催化重整装置常见故障类型与处理方法

设备名称	故障类型	处理方法	维修内容
重整循环氢压缩机	转子故障（叶轮堵塞，平衡鼓磨损）	振动循环氢流量不足，停机检修	转子修复，叶轮流道清焦
	汽轮机转速不足	振动循环氢流量不足，停机检修	汽轮机维修，蒸汽阀门维修
	干气密封失效	泄漏，停机检修	干气密封更换
	静密封点泄漏	泄漏，停机检修	密封点处理
	轴振动联锁失效	振动到联锁值未发出信号，设备严重损坏，停车检修	仪表信号检查处理
	轴位移联锁失效	轴位移到联锁值未发出信号，设备严重损坏，停车检修	仪表信号检查处理
	温度联锁失效	温度到联锁值未发出信号，设备严重损坏，停车检修	仪表信号检查处理
再生风机	叶轮磨损	停机检修	更换叶轮
	碳环密封失效	泄漏，停机检修	更换碳环
	静密封点泄漏	泄漏，停机检修	密封点处理
	轴振动高（叶轮高温蠕变）	停机	叶轮转子维修
	轴承温度高	停机	检查轴承 视情更换
重整进料换热器（板换、绕管）	法兰泄漏	停工	更换法兰垫片处理漏点
	板束泄漏	降量 / 停工	板束维修
	积垢	降量	清垢
	分配板脱落	降量	分配板维修
	催化剂堵塞通道	降量	清堵
	积垢	降量	清垢
	分配板脱落	降量	分配板维修
	催化剂堵塞通道	降量	清堵

表 4 催化重整装置常见故障类型与处理方法（续）

设备名称	故障类型	处理方法	维修内容
重整四合一炉	焊缝开裂	停工	补焊裂缝
	管件开裂	停工	更换管件
	炉管积灰	降量	清灰
	燃烧器故障	降量	燃烧器维修
	吹灰器故障	降量	清灰
重整反应器	中心筒变形、开裂	停工	检修补焊裂缝
	扇形筒变形、开裂	停工	检修补焊裂缝
	催化剂输送管泄漏	停工	漏点处理
重整再生器	法兰泄漏	停工	更换法兰垫片处理漏点
	外网开裂	停工	漏点处理
	内网开裂	停工	漏点处理

附　录　A
（资料性附录）
装置停工交付检修确认表

<table>
<tr><td rowspan="2"></td><td colspan="5">装置停工交付检修确认表</td></tr>
<tr><td>记录编号</td><td></td><td>使用单位</td><td colspan="2"></td></tr>
<tr><td colspan="2">停工检修单位</td><td>装置</td><td></td><td>时间</td><td>年　月　日</td></tr>
<tr><td>单位</td><td colspan="2">确认内容</td><td>存在问题</td><td>确认意见</td><td>确认人</td></tr>
<tr><td>停工单位</td><td colspan="2">1. 装置与系统是否有效隔离并提供对应的盲板表？
2. 是否有专用氮气线？是否专用？
3. 管线及容器是否吹扫干净并提供吹扫作业确认表？
4. 容器及塔测爆及氧含量是否合格？
5. 风险系数较大的作业是否进行危害识别分析？
6. 对塔、容器仪表监控手段是否保留？
7. 动火作业项目是否上墙？
8. 对本单位、施工单位参加检修的人员安全教育并考试是否进行？
9. 明沟、地面上是否有油？清污分流设施是否投用？
10. 对装置内电缆沟是否做出明显标志？
11. 设备、容器、管道是否全部打开并在设备人孔处挂“危险空间！严禁入内”的警示牌？
12. 检修现场下水井、地漏、明沟是否封闭，泵沟等是否建立水封？
13. 检修设备是否停电？</td><td></td><td></td><td></td></tr>
<tr><td>电气部</td><td colspan="2">1. 是否已按用电单位停送电要求实施停送电？
2. 参加大修的电气作业人员是否进行电工作业资格的确认和相应的安全教育？
3. 其他</td><td></td><td></td><td></td></tr>
<tr><td>仪控部</td><td colspan="2">1. 对本单位、施工单位参加检修的人员安全教育并考试是否进行？
2. 机柜间运行装置的机柜与检修的区域是否采用明显有效的隔离措施？
3. 仪表吹扫排放中相关安全环保措施是否明确落实？
4. 放射线同位素仪表停工检修防护措施是否落实？
5. 工器具是否进行相关安全检查？
6. 重大作业项目是否编写施工作业方案和进行危害识别与评价？
7. 高处作业的脚手架是否搭设妥当并验收合格？</td><td></td><td></td><td></td></tr>
</table>

装置停工交付检修确认表（续）

<table>
<tr><td rowspan="2"></td><td colspan="6">装置停工交付检修确认表</td></tr>
<tr><td colspan="2">记录编号</td><td></td><td>使用单位</td><td colspan="2"></td></tr>
<tr><td colspan="2">停工检修单位</td><td></td><td>装置</td><td></td><td>时间</td><td>年 月 日</td></tr>
<tr><td colspan="2">单位</td><td colspan="2">确认内容</td><td>存在问题</td><td>确认意见</td><td>确认人</td></tr>
<tr><td colspan="2">仪控部</td><td colspan="2">8. 每项作业施工是否具有合格的施工检修作业票？相关安全措施是否落实到位？
9. 劳保用品穿戴是否符合要求？
10. 检修质量和检修内容是否符合要求？</td><td></td><td></td><td></td></tr>
<tr><td colspan="2">消防部门</td><td colspan="2">现场消防、气防器材是否齐全、完好？
消防、疏散通道是否符合要求？
其他</td><td></td><td></td><td></td></tr>
<tr><td rowspan="2">生产部门</td><td>技术科</td><td colspan="2">1. 检查吹扫作业票的确认签名是否落实？
2. 现场检查盲板是否按方案和盲板清单进行安装？
3. 检查瓦斯、氮气和工艺介质等物料在装置边界是否进行有效隔离？
4. 催化剂、保护剂、胺液或按方案不退的介质是否按方案要求进行了有效安全隔离？</td><td></td><td></td><td></td></tr>
<tr><td>管理科</td><td colspan="2">1. 检查配合外系统的吹扫是否已满足要求可以停运？
2. 其他</td><td></td><td></td><td></td></tr>
<tr><td rowspan="2">机动部门</td><td>设备科</td><td colspan="2">已按停工方案要求抽堵盲板，且做好明显标记，并指定专人统一编号登记，严防漏堵、漏拆。盲板的材质、厚度符合安全要求。
与炉、塔、容器相连的蒸汽、氮气等有害介质的阀门，已加盲板隔离。
未经吹扫处理的设备、容器、管道已与系统隔离，设置明显警示标志，并向职工和施工单位交底。
冬季停工，装置要做好防冻防凝工作</td><td></td><td></td><td></td></tr>
<tr><td>动力科</td><td colspan="2">1. 变配电所内电气安全用具、消防器材已检查并在有效期限内。
2. 变配电所内的工器具已检查合格。
3. 电气现场检修动力箱（固定）、临时变已检查合格。
4. 配送电单位、施工单位参修人员已经安全教育并考试合格。
5. 外来人员已经安全教育并考试合格。
6. 工艺要提供装置停工后仍需使用的仪表清单。
7. 电气专业提供停工期间停电网络，仪表提前准备</td><td></td><td></td><td></td></tr>
</table>

装置停工交付检修确认表（续）

<table>
<tr><td rowspan="2"></td><td colspan="7">装置停工交付检修确认表</td></tr>
<tr><td colspan="2">记录编号</td><td></td><td>使用单位</td><td colspan="3"></td></tr>
<tr><td colspan="3">停工检修单位</td><td></td><td>装置</td><td></td><td>时间</td><td>年　月　日</td></tr>
<tr><td colspan="2">单位</td><td colspan="3">确认内容</td><td>存在问题</td><td>确认意见</td><td>确认人</td></tr>
<tr><td rowspan="3">安环部门</td><td>管理科</td><td colspan="3">对本单位、施工单位参加检修的人员安全教育并考试是否进行？
其他</td><td></td><td></td><td></td></tr>
<tr><td>环保科</td><td colspan="3">明沟、地面上是否有油？清污分流设施是否投用？
其他</td><td></td><td></td><td></td></tr>
<tr><td>安全科</td><td colspan="3">1. 现场固定式可燃气体报警仪、H_2S 报警仪等探头是否进行妥善保护？
2. 对装置内电缆沟是否做出明显标志？
3. 设备、容器、管道是否全部打开并在设备人孔处挂“危险空间！严禁入内”的警示牌？
4. 检修现场下水井、地漏、明沟是否封闭，泵沟等是否建立水封？
5. 打开的设备、容器、管道测爆分析是否合格？
6. 运行的装置与检修的区域是否采用明显有效的隔离措施？存在工艺介质的工艺管线是否做出标志？
7. 其他</td><td></td><td></td><td></td></tr>
<tr><td colspan="2">领导意见</td><td colspan="3"></td><td></td><td></td><td></td></tr>
</table>

附 录 B
（资料性附录）
装置检修交回开工确认表

	装置检修交回开工确认表			
记录编号		使用单位		
开工装置		时间	年 月 日	
单 位	要求	存在问题	确认意见	确认人
施工单位	检修项目以及改造项目已施工完成，并验收合格。 施工用临时设施已全部拆除；现场清洁、无杂物。 除用于开工查漏、热紧用的架子保留外，其他架子、跳板均拆除。 设备、管线等保温复位。 因检修拆除的劳动保护、照明设施已恢复。 塔器设备、安全阀、现场仪表、管线等均已复位			
项目所属单位	设备位号和管道介质名称、流向标示齐全。 检查现场设备、管线、保温等安装符合规范，试用情况正常。 机组等设备联锁试验正常。 工艺联锁试验正常。 盲板拆、装清单已确认。 装置吹扫、试压通过。 现场消防、气防器材及岗位工器具配齐，现场环保设施投用。 开工化工原材料准备完毕。 备品配件齐全			
电气部	变电所已正常投用，高低压电送电正常。 现场电气设备如电动阀、电加热器、电机等试运正常。 现场照明等恢复正常			
仪控部	现场仪表调试、DCS 调试、联校正常。 配合工艺、设备的联锁调试已完成			
公用工程部	循环水、新鲜水、蒸汽、仪表风 / 工厂风、氮气等公用介质供应正常			
储运部	储运系统已具备正常供料以及接收产品条件			

装置检修交回开工确认表（续）

<table>
<tr><td rowspan="2"></td><td colspan="5">装置检修交回开工确认表</td><td></td></tr>
<tr><td>记录编号</td><td></td><td>使用单位</td><td colspan="3"></td></tr>
<tr><td colspan="2">开工装置</td><td></td><td>时间</td><td colspan="3">年　月　日</td></tr>
<tr><td colspan="2">单　位</td><td colspan="2">要求</td><td>存在问题</td><td>确认意见</td><td>确认人</td></tr>
<tr><td colspan="2">化验部门</td><td colspan="2">现场采样器已复位正常。
分析项目已具备分析条件</td><td></td><td></td><td></td></tr>
<tr><td colspan="2">消防部门</td><td colspan="2">现场消防、气防器材齐全、完好。
消防、疏散通道符合要求</td><td></td><td></td><td></td></tr>
<tr><td rowspan="2">安环部门</td><td>环保</td><td colspan="2">现场环保设施，如清污分流设施等已投用。
后续环保装置具备接收物料条件</td><td></td><td></td><td></td></tr>
<tr><td>安全</td><td colspan="2">现场固定式可燃气体报警仪、H_2S 报警仪等已投用。
拟开工装置与临近的检修区域已采用明显有效的隔离措施。
现场安全设施如平台围栏、护栏等符合要求，现场无容易坠落物品。
如有零星动火项目，火票需升级</td><td></td><td></td><td></td></tr>
<tr><td colspan="2">工程管理部门</td><td colspan="2">负责的改造项目已施工完成并验收合格</td><td></td><td></td><td></td></tr>
<tr><td rowspan="2">机动部门</td><td>设备科</td><td colspan="2">检修项目已完成并验收合格。
保运工作已落实</td><td></td><td></td><td></td></tr>
<tr><td>动力科</td><td colspan="2">电气、仪表检修改造项目已完成并投用正常。
电气现场检修动力箱、临时变已拆除</td><td></td><td></td><td></td></tr>
<tr><td rowspan="2">生产部门</td><td>技术科</td><td colspan="2">开工方案已审批完成。
盲板已按方案和盲板清单进行安装。
开工用化工原材料已落实。
其他专项方案已落实或审批</td><td></td><td></td><td></td></tr>
<tr><td>管理科</td><td colspan="2">外围的公用、储运系统以及相关装置已可支持装置开工。
开工用原料已落实</td><td></td><td></td><td></td></tr>
<tr><td colspan="2">人教部门</td><td colspan="2">操作人员已经过学习、培训，并考试合格</td><td></td><td></td><td></td></tr>
<tr><td colspan="2">项目所属单位领导意见</td><td colspan="2">签名：</td><td>公司意见</td><td colspan="2">签名：</td></tr>
</table>

附　录　C
（资料性附录）
检修施工现场 HSSE 日检表

序号	检查内容	存在问题	检查人员	整改情况	验证人	备注
1	临时用电					
1.1	配备合格的持证电工					
1.2	配电箱合格、有防雨措施，按要求标识并上锁					
1.3	配电系统执行“三相五线制”，符合“三级配电二级保护”要求，安装匹配的漏电保护器，漏保动作灵敏好用，并进行日常试验和记录					
1.4	电缆及接头无破损，绝缘良好；铺设规范，走向清晰，标识明确					
1.5	用电严格执行“一机一闸一保护”					
1.6	按要求配置保护零线和工作零线，工作接地和重复接地完好					
1.7	安全电压符合作业环境要求					
1.8	使用工业插头、插座					
2	施工机具					
2.1	各种机具设备安全要求进行定期检查，确保完好					
2.2	设有机械保护装置（如转动设备等）的设备，保护装置处于完好状态					
2.3	用电机具、设施接地完好					
2.4	配备与作业要求相匹配的劳动防护用品					
2.5	空气压缩机压力表、安全阀等在检验期内并处于完好状态，高压气管和软管固定连接可靠					
2.6	气瓶垂直放置，瓶体固定可靠；气瓶分类摆放并保持安全距离，防护措施到位，气瓶阻火器、压力表等安全附件完好，气管无老化破损，连接可靠					
3	脚手架					

检修施工现场 HSSE 日检表（续）

序号	检查内容	存在问题	检查人员	整改情况	验证人	备注
3.1	脚手架搭设人员是专业架子工，并持证上岗。搭设人员按要求着装，配备五点双大钩安全带					
3.2	编制脚手架搭设方案，进行安全技术交底并有记录					
3.3	按规范要求搭设脚手架，且有良好的整体稳固性					
3.4	搭设和拆除过程必须有专人监督，周边设置警戒区					
3.5	连墙件设置可靠，各节点扣件扭矩力符合要求					
3.6	通道、护栏、腰杆、踢脚板等符合要求					
3.7	作业面满铺跳板，无孔洞，跳板可靠固定且无探头板					
3.8	作业面临时放置的材料等在允许荷载范围内，严禁超载荷；放置必须稳固，无坠物风险					
3.9	脚手架搭设完成验收合格挂牌使用					
3.10	消防设施保持完好，灭火器和消防水桶按要求配置					
3.11	消防安全通道保持畅通					
3.12	用火作业前，清理周边易燃物，采取接火措施					
4	起重					
4.1	编制了吊装方案，进行交底并有记录					
4.2	起重设备操作人员、司索、指挥持有效证件					
4.3	起重机械证照齐全有效					
4.4	起重机械安全设施、附件完好					

检修施工现场 HSSE 日检表（续）

序号	检查内容	存在问题	检查人员	整改情况	验证人	备注
4.5	机索具检查完好，钢丝绳无磨损，连接可靠，绳卡数量和间距满足要求					
4.6	吊装作业半径设置了警戒区，禁止无关人员入内					
4.7	吊装前进行评估，确保在额定起升载荷范围内进行起重作业，不得超载					
4.8	吊车支腿符合要求					
4.9	吊物捆绑符合要求，使用溜绳					
4.10	吊装作业天气、环境、风力等符合要求					
5	焊接、气割					
5.1	设备接地完好					
5.2	焊把线无破损，连接器完好					
5.3	有专人监护，接火、防火措施到位					
5.4	可燃性气瓶与胶管连接完好，无漏气，气瓶有阻火器					
5.5	现场气瓶与明火源保持安全距离					
6	受限空间					
6.1	对所要进行作业的受限空间进行吹扫、蒸煮、置换，并分析合格。所有与受限空间相连接的管线、阀门应进行有效隔离，盲板处应挂标识牌，并经工艺技术人员签字确认					
6.2	出、入口内外不得有障碍物，在受限空间入口处设置“危险！严禁入内”警告牌或采取其他封闭措施					
6.3	对有可能发生硫化亚铁自燃的设备、容器必须经充分的钝化脱臭处理，并在现场配置消防水带					
6.4	《进入受限空间作业许可证》实行一点一证					

检修施工现场 HSSE 日检表（续）

序号	检查内容	存在问题	检查人员	整改情况	验证人	备注
6.5	进入受限空间作业实行“三不进入”原则，即：一、没有经批准有效的《进入受限空间作业许可证》不进入；二、安全措施未落实不进入；三、监护人不在场不进入					
6.6	作业现场配备必要的救护器具和灭火器材等					
6.7	进入受限空间作业应使用安全电压和安全行灯					
7	作业安全					
7.1	作业前进行班前安全教育和安全技术交底，作业人员清楚当天作业内容和安全风险及注意事项					
7.2	特殊工种持证上岗					
7.3	佩戴合格安全帽，并根据作业任务佩戴专用眼部、面部、手部等防护用品，高处作业人员系挂安全带					
8	收工检查					
8.1	配电系统一级箱断电，关闭气瓶角阀，能量上锁					
8.2	现场火种检查清理完毕					
8.3	清理各作业面材料和杂物等，做到工完料净场地清					
8.4	落实夜间值班、巡检人员，职责到位，检查内容明确					

附　录　D
（资料性附录）
装置停工检修工作总结模板
（设备专业）

根据公司《设备检修管理制度》规定，在装置停工检修结束后各相关单位应组织编写装置停工检修工作总结。为此，就进一步做好装置停工检修工作总结提出要求如下：

封面：

名称：××× 部 ××× 装置 ×××× 年 ×× 月停工检修工作总结

编写人：×××

审核人：×××

批准人：×××（运行部领导）

编写单位：中石化 ××× 分公司 ××× 部

编写时间：×××× 年 ×× 月

正文：

（一）装置停工检修过程概述

装置开、停工、检修过程简述，本周期装置运行起止时间。

本周期装置运行中出现的主要问题。

本次停工检修、改造内容简述，检修项目计划数（包括补充、追加），检修计划完成情况。重点检修项目情况。

开停工、检修网络执行情况。

（二）主要检修内容技术总结

反应器部分

塔、容器部分

加热炉部分

冷换设备、空冷器部分

阀门部分

管道部分

压缩机部分

泵部分

特殊阀门部分

输送机械部分

压力容器检验（包括缺陷返修处理）

压力管道检验（包括缺陷返修处理）

安全阀检验

其他检修方面

技术分析中要有以下内容：上次运行周期出现的问题，本次检修检查情况及采取措施；上次检修遗留问题处理情况；本周期与上周期设备隐蔽检查情况对照；重复发生问题处理方案有效性；装置系统问题；典型案例。

（三）检修计划准确性分析

（四）检修施工队伍评述

（五）材料供应评述

（六）设计质量评价

（七）检修质量评价

（八）本次检修遗留问题及预案

（九）检修管理亮点、存在的不足和下次检修需注意的问题

（十）附表

表 1　设备增加情况表

序号	位号	名称	规格型号	制造厂	数量	备注

表 2　设备拆除情况表

序号	原位号	名称	规格型号	制造厂	数量	备注

表 3　管线拆除情况表

序号	原编号	名称	规格	长度 /m	备注

表 4　设备更换情况表

<table>
<tr><th rowspan="2">序号</th><th rowspan="2">位号</th><th rowspan="2">名称</th><th colspan="2">规格型号</th><th colspan="2">制造厂</th><th rowspan="2">数量</th><th rowspan="2">备注</th></tr>
<tr><th>更换前</th><th>更换后</th><th>更换前</th><th>更换后</th></tr>
<tr><td></td><td></td><td></td><td colspan="2"></td><td colspan="2"></td><td></td><td></td></tr>
</table>

表 5　冷换设备检修情况表

序号	位号	名称	规格型号	抽芯清洗	试压换垫	堵管根数	管束更换

表 6　阀门检修、更换情况表（*DN*50 和 *DN*50 以上）

序号	规格型号	公称直径	检修数量	更换数量

表 7　压力容器检验情况表

序号	计划检验台数	增加变更台数	减少变更台数	实际完成台数	缺陷返修台数

表 8　压力管道检验情况表

序号	检验计划		增加变更		减少变更		实际完成	
	条数	米数	条数	米数	条数	米数	条数	米数

表 9　安全阀门检验情况表

序号	计划检验台数	增加变更台数	减少变更台数	实际完成台数

芳烃抽提装置维护检修规程

SHZ 03003—2019

目　次

前　言

本规程按照GB/T 1.1—2009《标准化工作导则　第1部分：标准的结构和编写》给出的规则起草。

本规程由中国石油化工集团有限公司、中国石油化工股份有限公司提出。

本规程起草单位：中国石油化工股份有限公司茂名分公司。

本规程主要起草人：赵师敏、王龙、郭阳。

本规程2019年首次发布。

芳烃抽提装置维护检修规程

1　范围

1.1　本规程规定了炼化企业芳烃抽提装置及其主要设备、专用设备的检修周期、检修项目、检修过程管理和日常维护的相关内容。
1.2　本规程适用于炼化企业芳烃抽提装置的检修维护管理。

2　规范性引用文件

下列文件对于本文件的应用是必不可少的。凡是注日期的引用文件，仅所注日期的版本适用于本文件。凡是不注日期的引用文件，其最新版本（包括所有的修改单）适用于本文件。

2.1　法律法规

中华人民共和国安全生产法
中华人民共和国特种设备安全法

2.2　特种设备安全技术规范

TSG 21　固定式压力容器安全技术监察规程
TSG D0001　压力管道安全技术监察规程——工业管道

2.3　标准规范

GB/T 151　热交换器
GB/T 20801　压力管道规范 工业管道
SH/T 3503—2017　石油化工建设工程项目交工技术文件规定

2.4　相关规定和文献

炼油企业检修管理指南（试行版）
中国石化炼化企业设备完整性管理体系
芳烃装置工艺技术

3　术语与定义

下列术语和定义适用于本文件。

3.1 设备功能

设备功能指的是设备的生产效率和功能，衡量设备功能的指标随设备种类不同而异。

3.2 功能故障

设备、设施不能实现其设计功能时，称之为功能故障，定义为设备、设施不能满足期望的性能标准。一般指设备失去或降低其规定功能的事件或现象，表现为设备的某些零件失去原有的精度或性能，使设备不能正常运行，技术性能降低，致使设备中断生产或效率降低而影响生产。

3.3 A类设备

本规程规定的A类设备是根据设备对生产过程的重要性、设备故障后果、可靠性、使用频率、维修经济性等因素进行设备分级得出的，因设备的功能故障引起装置停车的该装置的关键设备。

3.4 B类设备

本规程规定的B类设备是指根据设备对生产过程的重要性、设备故障后果、可靠性、使用频率、维修经济性等因素得出的设备的功能故障虽然不引起装置的停车，但对装置的负荷、质量及可靠性具有重大影响的该装置的主要设备。

4 装置特征

4.1 芳烃抽提装置工艺原则流程及流程图

芳烃抽提装置主要处理重整出来的产物，利用液－液抽提工艺和抽提蒸馏工艺从中分离得到苯、甲苯、混二甲苯产品，并生产副产品抽余油、重芳。

工艺流程图见图1。

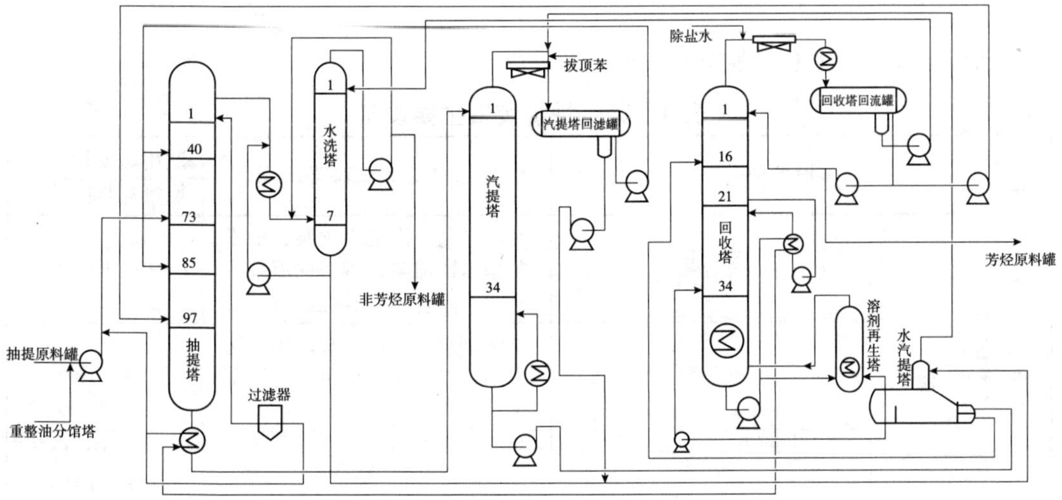

图1　芳烃抽提装置原则流程

4.2 芳烃抽提工艺特性参数

茂名石化芳烃抽提装置是采用石油化工科学研究院开发的抽提蒸馏工艺，以环丁砜加助溶剂作为混合溶剂。

主要的工艺参数：

抽提塔操作条件：塔顶，93℃，0.422MPag，塔底，74.5℃；

抽提汽提塔操作条件：塔顶，128℃，0.16MPag，回流温度，50℃，塔底，174℃；

回收塔操作条件：塔顶，69℃，320mmHg（a），回流温度，38℃，塔底，174℃。

4.3 芳烃抽提危害特性

1）芳烃装置液液抽提溶剂回收塔和抽提蒸馏溶剂回收塔是负压操作，如果出现泄漏，不容易发现，系统进入空气存在着火爆炸的风险，并且空气漏进系统，会加速环丁砜溶剂劣化，产生酸性物质，腐蚀装置。

2）芳烃装置使用溶剂环丁砜不稳定，存在热劣化，在系统温度高于220℃时会快速分解，如果有氧气存在，会发生氧化反应，产生磺酸类酸性物质，腐蚀设备。

3）芳烃装置各水冷器如果出现内漏，循环水漏入装置，因为循环水中含有氯离子，会造成环丁砜溶剂加速劣化，产生磺酸类酸性物质，腐蚀设备。

4）芳烃装置原料严格控制硫含量和噻吩含量，如果原料中含硫或噻吩超标，会对装置产生腐蚀。

5）芳烃装置很多工艺输送泵采用磁力泵，减少苯类有毒物质泄漏，但因溶剂易劣化，产生酸性物质腐蚀设备，会产生铁锈，铁锈会在泵的磁力套被磁铁吸住聚集，磨损隔离套，隔离套磨穿泄漏时，高温物质漏出，存在着火爆炸风险。

5 检修周期及检修项目

5.1 主要设备

芳烃抽提装置主要设备如表1所示。

表1 芳烃抽提装置主要设备

名称	设备种类		主要设备种类	通用、专用设备检修规程的代码
动设备	泵	离心泵	贫溶剂泵、汽提塔顶泵、抽提蒸馏塔回流泵、苯塔回流泵、甲苯塔回流泵	SHS 01012
		磁力泵	富溶剂泵、苯送出泵、甲苯送出泵、二甲苯送出泵、二甲苯塔回流泵	SHS 01016
		往复泵	消泡剂注入泵	SHS 01014、SHS 01015
		高速泵	混芳送出泵、预分馏塔釜液泵	SHS 01017

表 1　芳烃抽提装置主要设备（续）

名称	设备种类		主要设备种类	通用、专用设备检修规程的代码
动设备	离心式风机		二甲苯塔顶空冷器、预分馏塔顶空冷器	SHS 01022
静设备	塔	填料塔、板式塔	苯塔、甲苯塔、汽提塔、抽提塔、回收塔、预分馏塔、抽提蒸馏塔、溶剂回收塔	SHS 01007
	换热器	管壳式换热器	抽余油冷却器、溶剂换热器、汽提塔再沸器、汽提塔冷凝器、苯塔再沸器、苯产品冷却器、抽提蒸馏塔水冷器、溶剂回收塔顶水冷器	SHS 01009
	压力容器		换热器、缓冲罐、塔	SHS 01004
	常压容器、常压储罐		回流罐、储罐	SHS 01004
	压力管道			SHS 01005
	阀门		安全阀	SHS 01030
仪表设备	检测仪表	压力仪表、温度仪表、流量仪表、物位仪表		SHS 07002
	电动单元组合仪表	基地式仪表、显示仪表、辅助单元		SHS 07003
	控制阀	气动控制阀、电动执行机构、长行程执行机构、偏心旋转阀、气缸执行机构、控制附件、蒸汽减温器		SHS 07004
	在线分析仪表	工业色谱仪、氧分析仪、氢分析仪、红外线分析仪、pH 计、电导仪、水分析仪、熔融指数分析仪、烟气排放连续检测系统、密度计、可燃气体报警器、有毒气体报警器、化学需氧量分析仪、氨氮分析仪、气相色谱分析仪		SHS 07006
	特殊仪表	轴振动和轴位移、转速控制仪表、称重仪表		SHS 07007

表 1　芳烃抽提装置主要设备（续）

名称	设备种类		主要设备种类	通用、专用设备检修规程的代码
仪表设备	过程控制系统	DCS、PLC、GDS、SCADA		SHS 07008
	系统维护	防爆仪表及其系统、仪表供电系统、仪表供气系统、仪表系统联校		SHS 07009
	安全仪表系统	SIS、安全仪表系统		SHS 07010
电气设备	电机			

5.2　检修周期

5.2.1　芳烃抽提装置检修应根据实际运行情况进行定期停车检修，检修周期为 48~60 个月。

5.2.2　有备用设备的或日常可以进行检修的不列入大修项目。

5.3　检修内容

5.3.1　确定检修内容的依据

1）按法律法规要求的特种设备定期检验。

2）不符合国家安全与环境保护、节能要求的设备改造和更新。

3）对本次检修或下次检修之前已到法定检验时间的计量设施。

4）设备状况：

a）静设备

——塔内部因塔盘结焦堵、内构件损坏、积垢腐蚀等原因造成运行状况恶化、性能降低等；

——换热器因换热管腐蚀穿孔、结焦堵管、积垢腐蚀等原因造成运行状况恶化、性能降低等；

——容器因内构件损坏、结焦、积垢腐蚀等原因造成运行状况恶化、性能降低等；

b）转动设备：磨损、疲劳、泄漏、振动等原因造成运行状况恶化、性能降低等；

c）管道、阀门因腐蚀减薄、失效等原因造成运行状况恶化、性能降低等；

d）电气设备：部件老化等原因造成运行状况恶化、性能降低等；

e）仪表设备：部件老化等原因造成运行状况恶化、性能降低等；

f）日常维护抢修中采用带压堵漏、带压开孔等方式进行的临时项目。

5）工艺催化剂（三剂）失效。

6）钢结构平台、设备基础、房屋等建构筑物老化、锈蚀等必须在停车检修期间内维修的项目。

7）安全防护设施失效。

5.3.2 检修具体内容

停车大修是对芳烃抽提装置安全环保、长周期运行及经济效益有重大影响的设备、管线、电气仪表系统、土建及基础设施等在运行周期内将要发生的功能故障进行全面检修。其他检修是除大修外对装置局部或设备本体有经济运行影响的功能故障而进行的检修。

芳烃抽提装置主要检修内容如表 2 所示。

表 2 芳烃抽提装置主要检修内容

序号	设备名称	设备功能	功能故障	故障周期/月	主要检修内容	设备分级
1	抽提蒸馏塔	给抽提蒸馏提供热量交换场所，实现气液分离	产品分离效果达不到工艺要求	60	1. 清扫塔内壁和塔盘等内件； 2. 检查修理塔体和内衬的腐蚀、变形和各部焊缝； 3. 检查修理塔体或更换塔盘板和鼓泡元件； 4. 检查修理或更换塔内构件； 5. 检查修理分配器和除沫器等部件； 6. 检查校验安全附件； 7. 检查修理塔体油漆和保温	A 类
2	甲苯塔	给甲苯提供热量交换场所，实现气液分离	产品分离效果达不到工艺要求	60	1. 清扫塔内壁和塔盘等内件； 2. 检查修理塔体和内衬的腐蚀、变形和各部焊缝； 3. 检查修理塔体或更换塔盘板和鼓泡元件； 4. 检查修理或更换塔内构件； 5. 检查修理分配器和除沫器等部件； 6. 检查校验安全附件； 7. 检查修理塔体油漆和保温	A 类
3	苯塔	给苯提供热量交换场所，实现气液分离	产品分离效果达不到工艺要求	60	1. 清扫塔内壁和塔盘等内件； 2. 检查修理塔体和内衬的腐蚀、变形和各部焊缝； 3. 检查修理塔体或更换塔盘板和鼓泡元件； 4. 检查修理或更换塔内构件； 5. 检查修理分配器和除沫器等部件； 6. 检查校验安全附件； 7. 检查修理塔体油漆和保温	A 类

表 2　芳烃抽提装置主要检修内容（续）

序号	设备名称	设备功能	功能故障	故障周期／月	主要检修内容	设备分级
4	汽提塔	提供热量交换场所，实现气液分离	产品分离效果达不到工艺要求	60	1. 清扫塔内壁和塔盘等内件； 2. 检查修理塔体和内衬的腐蚀、变形和各部焊缝； 3. 检查修理塔体或更换塔盘板和鼓泡元件； 4. 检查修理或更换塔内构件； 5. 检查修理分配器和除沫器等部件； 6. 检查校验安全附件； 7. 检查修理塔体油漆和保温	A 类
5	抽提塔	提供热量交换场所，实现气液分离	产品分离效果达不到工艺要求	60	1. 清扫塔内壁和塔盘等内件； 2. 检查修理塔体和内衬的腐蚀、变形和各部焊缝； 3. 检查修理塔体或更换塔盘板和鼓泡元件； 4. 检查修理或更换塔内构件； 5. 检查修理分配器和除沫器等部件； 6. 检查校验安全附件； 7. 检查修理塔体油漆和保温	A 类
6	回收塔	提供热量交换场所，实现气液分离	产品分离效果达不到工艺要求	60	1. 清扫塔内壁和塔盘等内件； 2. 检查修理塔体和内衬的腐蚀、变形和各部焊缝； 3. 检查修理塔体或更换塔盘板和鼓泡元件； 4. 检查修理或更换塔内构件； 5. 检查修理分配器和除沫器等部件； 6. 检查校验安全附件； 7. 检查修理塔体油漆和保温	A 类
7	溶剂换热器	为溶剂油原料提供热交换场所	介质换热效果达不到工艺要求	60	1. 抽芯、清扫管束和壳体； 2. 管束焊口、胀口处理及单管更换； 3. 检查修理管箱及内附件、浮头盖、钩圈、外头盖、接管等及其密封面，更换垫片并试压； 4. 更换腐蚀螺栓、螺母； 5. 壳体保温修补及防腐； 6. 更换管束或壳体	A 类
8	抽余油冷却器	为抽余油原料提供热交换场所	介质换热效果达不到工艺要求	48	1. 抽芯、清扫管束和壳体； 2. 管束焊口、胀口处理及单管更换； 3. 检查修理管箱及内附件、浮头盖、钩圈、外头盖、接管等及其密封面，更换垫片并试压； 4. 更换腐蚀螺栓、螺母； 5. 壳体保温修补及防腐； 6. 更换管束或壳体	B 类

表 2　芳烃抽提装置主要检修内容（续）

序号	设备名称	设备功能	功能故障	故障周期/月	主要检修内容	设备分级
9	汽提塔再沸器	为原料提供热交换场所	介质换热效果达不到工艺要求	48	1. 清洗管束； 2. 管束泄漏焊口、胀口处理堵漏； 3. 检查修理管箱和内附件及其密封面，更换垫片并试压； 4. 更换腐蚀螺栓、螺母； 5. 壳体保温修补及防腐	B类
10	进料缓冲罐	为介质提供储存场所	设备腐蚀泄漏或静密封泄漏，容器堵塞	60	1. 器内清扫； 2. 容器检验； 3. 人孔垫片更换	B类

系统性检修项目如表 3 所示。

表 3　系统性检修项目表

单元名称	装置功能	功能故障	故障后果	故障策略及检修内容
芳烃抽提单元环丁砜循环系统（对于化工芳烃抽提单元）	应用环丁砜将进料组分中的苯类萃取出来	环丁砜被污染，引起萃取功能失效	产品质量	定期组织外部在线清洗再生

6　装置检修管理

6.1　装置检修前准备工作

6.1.1　装置检修前，参检单位要做好检修作业指导书、施工方案、检修图纸、现场施工平面布置图等各类资料的准备及审核，相关检修资料最终经业主方审批确认后方可实施。

6.1.2　进入检修现场的各类施工机具、器具，必须是合格的、适用的，必须有检定合格证和标记，并在有效期内使用，严禁使用未经校验的机具。进场前，所有自检合格并贴有自检合格证的施工机具，要列出汇总清单上交给业主方，并经业主方检验后方可使用。

6.1.3　进入现场的检修耗材、配件等，必须附有质量证明文件，并在指定的地点规范存放。在安装、使用各类检修材料前，应对材料的外观质量进行检查确认，参检单位要做到领用材料检验有见证、验收有记录。

6.1.4　参检单位的所有施工人员，必须具备相应的作业资质，检修前须做好检修方案、技能方面的培训，熟悉检修项目的特点，严格按检修方案进行施工。同时，施工人员必须进行业主方相关专业的教育培训，对无相应作业资质、未经教育培训或考核不合格的人员，一律不得上岗作业。

6.2 工艺交出检修条件

在装置交付检修前，由生产管理部和安全环保部门组织相关单位召开安全验收会，检查确认设备容器人孔拆卸、盲板加装、容器内采样分析、停电、下水井封堵等工作，经相关部门签字确认后，由装置开具用火、用电、进入受限空间等相关票证，进入检修状态。工艺交出要具备以下条件：

1）装置所有盲板按照盲板图、表安装、编号、挂牌并经工艺员、设备员、安全员已签名确认；

2）PID 图上所有系统、管线得到置换处理并做好标识；

3）系统内设备、管线按规定进行吹扫和置换，取样分析合格；

4）下水井取样分析合格，存油清理干净，排水畅通，水封完好；

5）下水井和漏斗口用石棉布盖好，并用沙土封严；

6）系统内设备人孔打开前的确认，打开的设备人孔处挂上“未经许可，禁止入内”警示牌；

7）制定停工安全、环保措施和工作危害分析记录表（JSA）；

8）装置内分析不合格点挂标识，储存物料区标识、硬隔离；

9）制定检修中防硫化亚铁自燃方案；

10）指定具有监护人资格的人员负责动火、进设备等作业的监护。

装置停工交付检修确认表见附录 A。

6.3 检修过程安全环保管理总体要求

6.3.1 安全管理总体要求

1）装置检修的安全管理，坚持“安全第一、预防为主、综合治理”的方针和“谁主管，谁负责”“谁签发，谁负责”的原则，坚持以人为本、落实责任、强化监管，按属地化管理原则。

对于人数少的新企业要求外聘第三方 HSSE 监管，对于人数多的老企业或自身能力能够满足要求的老企业，可根据需要由企业自行决定是否外聘第三方 HSSE 监管。第三方 HSSE 监管纳入到 HSSE 管理体系。

2）各级指挥部的安全环保消防组应按指挥部管理体系要求承担相应的管理责任。

3）承包商应建立健全安全管理体系，分包商的安全管理工作由总承包商负总责。

4）安全监督管理部门对检修过程的安全管理工作进行监督检查，指挥部的安全环保消防组负责施工过程安全检查管理。运行部负责所在区域的施工项目配合和现场安全监督检查。

6.3.2 环保管理总体要求

装置停工检修改造环保管理总体要求是：密闭吹扫，有序排放，清洁停工，安全处置，达标排放。为做好停工和检修期间的环保工作，停工装置要落实密闭吹扫及除臭方案，对排放污水、吹扫尾气放空、工业废物处置应进行预申报，排放时必须做到先检测后排放，主管部门根据监测结果确定处理方式。对于化学清洗等产生的废水，项目管理部门在与清洗单位签订合同前要明确废水处理相关责任及要求。

6.4 检修质量管理

质量管理的总体要求：成立检修质量管理组织机构，明确管理职责，建立质量管理程序文件。

1）对承包商资质、人员、机具等进行审查。

2）通过组织设计审查，确保设计质量。

3）物资采购管理部门组织对采购物资进行入库检验并对重点物资进行监造。

4）在施工过程中组织对检验检测的质量进行抽查。

6.5 变更管理

6.5.1 检修过程要加强变更管理，建立健全变更管理制度和工作流程，采取措施减少变更数量。原则上没有经过各级部门同意的变更不允许在检修中执行。

6.5.2 项目变更控制主要内容

1）对于试用产品、设备备件结构形式改变、材质升级要充分识别，要有专门技术论证审批过程，审批时要加强相关专业沟通确认；

2）所有变更应事前发起，只有当变更得到批准后，才可组织实施。项目变更由变更提出单位发起申请并填写“变更申请单”，按照各企业相关制度规定的权限办理审批手续；

3）对于因材料找价差导致的超费用计划（或工单预算），需要补办变更手续；

4）对于不涉及费用计划的变更，如项目名称、版本号、承包商、施工方案、施工进度等也需办理相应的变更手续；

5）对于结算费用高于非包干合同标的按各企业管理制度执行变更；

6）投资类项目的变更参照各企业“固定资产投资过程控制管理规定”执行。

6.6 装置检修交回条件

装置检修交回确认主要内容：

1）装置开工人员及开车保镖人员配备落实；

2）技术、原辅材料、动力、备品备件等方面的准备；

3）队伍技术状态、开工方案学习落实情况；

4）现场规格化情况；

5）工艺和设备联锁仪表校验情况；

6）HSSE 措施落实情况；

7）盲板拆除清单、技术准备情况；

8）机、电、仪、公用工程、储运、质检等相关专业准备情况；

9）停工临设拆除、施工尾项整改情况等。

装置检修交回开工确认表见附录 B。

6.7 检修后期管理

6.7.1 资料交付

承包商应在检修项目结束后 30d 内将竣工资料完整地交给使用单位，竣工资料交付参考 SH/T 3503—2017《石油化工建设工程项目交工技术文件规定》。

6.7.2 检修总结

装置检修结束后，要对检修改造工作进行总结，对好的做法进行总结、提炼，固化这些经验，指导今后检修改造工作；对总结检修改造中存在的问题，分析原因，完善措施，不断提高管理水平。

大修总结模板见附录 D。

7 装置日常维护

7.1 日常巡检

芳烃抽提装置日常巡检人员由操作工、技术管理人员、电气、仪表、维保 5 个工种构成，巡检注意事项如下：动设备主要关注贫溶剂泵和富溶剂泵；静设备重点检查进料缓冲罐、抽余油罐及抽余油管线等易腐蚀部位。罐区产品罐的金属软管也是要巡检注意的，该部位容易腐蚀穿孔泄漏。

7.2 日常维护

7.2.1 设备维护

1）动设备方面主要是对贫溶剂泵、富溶剂泵要重点关注，前者是介质温度高，容易汽化引起泵抽空，后者是介质腐蚀性强，容易使设备管线被腐蚀下来的铁锈进入泵腔，对磁力泵影响极大，隔离套磨穿泄漏介质。

2）静设备方面主要关注溶剂油系统的塔、换热器及管线，这些都容易被介质腐蚀、减薄、穿孔，造成泄漏；另外还要关注的是溶剂换热器因介质易结焦，换热管容易堵塞，换热效果差，一般半年时间就要检修清洗一次；过滤器重点关注贫溶剂过滤器。

7.3 常见设备故障

由于芳烃原料介质黏度高和腐蚀性强，设备容易出现的故障模式有管线被腐蚀、减薄、穿孔，换热管容易堵塞致使换热失效，阀门腐蚀失效内漏，容器内部被腐蚀减薄，机泵的外壳冲刷腐蚀效率降低，过滤器容易堵塞失效等。

芳烃抽提装置正常生产时，经常发生的故障类型与处理方法如表 4 所示。

表 4 芳烃抽提装置常见故障类型与处理方法

设备类型	故障类型	处理方法
换热器类	堵塞失效	高压水进行清洗
	换热管腐蚀穿孔泄漏	堵头将穿孔换热管堵死
容器罐类	水包出现腐蚀减薄	采用玻璃纤维布缠绕堵死
	进料管线法兰腐蚀、减薄、失效泄漏	更换法兰
过滤器类	堵塞现象	切出清理过滤器芯子
贫溶剂泵	故障现象是易发生抽空，致使机泵轴承和密封失效	更换轴承和机封
富溶剂泵	磁力泵隔离套容易磨穿，介质泄漏	更换隔离套
抽余油系统管线	腐蚀、减薄、穿孔、泄漏	补焊或更换管线

附　录　A
（资料性附录）
装置停工交付检修确认表

<table>
<tr><td rowspan="2"></td><td colspan="6">装置停工交付检修确认表</td></tr>
<tr><td>记录
编号</td><td></td><td>使用
单位</td><td colspan="3"></td></tr>
<tr><td colspan="2">停工检修单位</td><td></td><td>装置</td><td></td><td>时间</td><td>年　月　日</td></tr>
<tr><td colspan="2">单位</td><td colspan="2">确认内容</td><td>存在问题</td><td>确认意见</td><td>确认人</td></tr>
<tr><td colspan="2">停工单位</td><td colspan="2">1. 装置与系统是否有效隔离并提供对应的盲板表？
2. 是否有专用氮气线？是否专用？
3. 管线及容器是否吹扫干净并提供吹扫作业确认表？
4. 容器及塔测爆及氧含量是否合格？
5. 风险系数较大的作业是否进行危害识别分析？
6. 对塔、容器仪表监控手段是否保留？
7. 动火作业项目是否上墙？
8. 对本单位、施工单位参加检修的人员安全教育并考试是否进行？
9. 明沟、地面上是否有油？清污分流设施是否投用？
10. 对装置内电缆沟是否做出明显标志？
11. 设备、容器、管道是否全部打开并在设备人孔处挂“危险空间！严禁入内”的警示牌？
12. 检修现场下水井、地漏、明沟是否封闭，泵沟等是否建立水封？
13. 检修设备是否停电？</td><td></td><td></td><td></td></tr>
<tr><td colspan="2">电气部</td><td colspan="2">1. 是否已按用电单位停送电要求实施停送电？
2. 参加大修的电气作业人员是否进行电工作业资格的确认和相应的安全教育？
3. 其他</td><td></td><td></td><td></td></tr>
<tr><td colspan="2">仪控部</td><td colspan="2">1. 对本单位、施工单位参加检修的人员安全教育并考试是否进行？
2. 机柜间运行装置的机柜与检修的区域是否采用明显有效的隔离措施？</td><td></td><td></td><td></td></tr>
</table>

装置停工交付检修确认表（续）

<table>
<tr><td></td><td colspan="6">装置停工交付检修确认表</td></tr>
<tr><td></td><td>记录编号</td><td></td><td>使用单位</td><td colspan="3"></td></tr>
<tr><td colspan="2">停工检修单位</td><td></td><td>装置</td><td></td><td>时间</td><td>年　月　日</td></tr>
<tr><td colspan="2">单位</td><td colspan="2">确认内容</td><td>存在问题</td><td>确认意见</td><td>确认人</td></tr>
<tr><td colspan="2">仪控部</td><td colspan="2">3. 仪表吹扫排放中相关安全环保措施是否明确落实？
4. 放射线同位素仪表停工检修防护措施是否落实？
5. 工器具是否进行相关安全检查？
6. 重大作业项目是否编写施工作业方案和进行危害识别与评价？
7. 高处作业的脚手架是否搭设妥当并验收合格？
8. 每项作业施工是否具有合格的施工检修作业票？相关安全措施是否落实到位？
9. 劳保用品穿戴是否符合要求？
10. 检修质量和检修内容是否符合要求？</td><td></td><td></td><td></td></tr>
<tr><td colspan="2">消防部门</td><td colspan="2">现场消气防器材是否齐全、完好？
消防、疏散通道是否符合要求？
其他</td><td></td><td></td><td></td></tr>
<tr><td rowspan="2">生产部门</td><td>技术科</td><td colspan="2">1. 检查吹扫作业票的确认签名是否落实？
2. 现场检查盲板是否按方案和盲板清单进行安装？
3. 检查瓦斯、氮气和工艺介质等物料在装置边界是否进行有效隔离？
4. 催化剂、保护剂、胺液或按方案不退的介质是否按方案要求进行了有效安全隔离？</td><td></td><td></td><td></td></tr>
<tr><td>管理科</td><td colspan="2">1. 检查配合外系统的吹扫是否已满足要求可以停运？
2. 其他</td><td></td><td></td><td></td></tr>
<tr><td>机动部门</td><td>设备科</td><td colspan="2">已按停工方案要求抽堵盲板，且做好明显标记，并指定专人统一编号登记，严防漏堵、漏拆。盲板的材质、厚度符合安全要求。
与炉、塔、容器相连的蒸汽、氮气等有害介质的阀门，已加盲板隔离。
未经吹扫处理的设备、容器、管道已与系统隔离，设置明显警示标志，并向职工和施工单位交底。
冬季停工，装置要做好防冻防凝工作</td><td></td><td></td><td></td></tr>
</table>

装置停工交付检修确认表（续）

<table>
<tr><td rowspan="2"></td><td colspan="6">装置停工交付检修确认表</td></tr>
<tr><td>记录编号</td><td></td><td>使用单位</td><td colspan="3"></td></tr>
<tr><td colspan="2">停工检修单位</td><td></td><td>装置</td><td></td><td>时间</td><td>年　月　日</td></tr>
<tr><td colspan="2">单位</td><td colspan="2">确认内容</td><td>存在问题</td><td>确认意见</td><td>确认人</td></tr>
<tr><td>机动部门</td><td>动力科</td><td colspan="2">1. 变配电所内电气安全用具、消防器材已检查并在有效期限内。
2. 变配电所内的工器具已检查合格。
3. 电气现场检修动力箱（固定）、临时变已检查合格。
4. 配送电单位、施工单位参修人员已经安全教育并考试合格。
5. 外来人员已经安全教育并考试合格。
6. 工艺要提供装置停工后仍需使用的仪表清单。
7. 电气专业提供停工期间停电网络，仪表提前准备</td><td></td><td></td><td></td></tr>
<tr><td rowspan="3">安环部门</td><td>管理科</td><td colspan="2">对本单位、施工单位参加检修的人员安全教育并考试是否进行？
其他</td><td></td><td></td><td></td></tr>
<tr><td>环保科</td><td colspan="2">明沟、地面上是否有油？清污分流设施是否投用？
其他</td><td></td><td></td><td></td></tr>
<tr><td>安全科</td><td colspan="2">1. 现场固定式可燃气体报警仪、H_2S 报警仪等探头是否进行妥善保护？
2. 对装置内电缆沟是否做出明显标志？
3. 设备、容器、管道是否全部打开并在设备人孔处挂“危险空间！严禁入内”的警示牌？
4. 检修现场下水井、地漏、明沟是否封闭，泵沟等是否建立水封？
5. 打开的设备、容器、管道测爆分析是否合格？
6. 运行的装置与检修的区域是否采用明显有效的隔离措施？存在工艺介质的工艺管线是否做出标志？
7. 其他</td><td></td><td></td><td></td></tr>
<tr><td colspan="2">领导意见</td><td colspan="2"></td><td></td><td></td><td></td></tr>
</table>

附　录　B
（资料性附录）
装置检修交回开工确认表

<table>
<tr><td rowspan="2"></td><td colspan="5">装置检修交回开工确认表</td></tr>
<tr><td>记录编号</td><td></td><td>使用单位</td><td colspan="3"></td></tr>
<tr><td colspan="2">开工装置</td><td></td><td>时间</td><td colspan="3">年　　月　　日</td></tr>
<tr><td colspan="2">单位</td><td colspan="2">要求</td><td>存在问题</td><td>确认意见</td><td>确认人</td></tr>
<tr><td colspan="2">施工单位</td><td colspan="2">检修项目以及改造项目已施工完成，并验收合格。
施工用临时设施已全部拆除；现场清洁、无杂物。
除用于开工查漏、热紧用的架子保留外，其他架子、跳板均拆除。
设备、管线等保温复位。
因检修拆除的劳动保护、照明设施已恢复。
塔器设备、安全阀、现场仪表、管线等均已复位</td><td></td><td></td><td></td></tr>
<tr><td colspan="2">项目所属单位</td><td colspan="2">设备位号和管道介质名称、流向标示齐全。
检查现场设备、管线、保温等安装符合规范，试用情况正常。
机组等设备联锁试验正常。
工艺联锁试验正常。
盲板拆、装清单已确认。
装置吹扫、试压通过。
现场消防、气防器材及岗位工器具配齐，现场环保设施投用。
开工化工原材料准备完毕。
备品配件齐全</td><td></td><td></td><td></td></tr>
<tr><td colspan="2">电气部</td><td colspan="2">变电所已正常投用，高低压电送电正常。
现场电气设备如电动阀、电加热器、电机等试运正常。
现场照明等恢复正常</td><td></td><td></td><td></td></tr>
<tr><td colspan="2">仪控部</td><td colspan="2">现场仪表调试、DCS 调试、联校正常。
配合工艺、设备的联锁调试已完成</td><td></td><td></td><td></td></tr>
<tr><td colspan="2">公用工程部</td><td colspan="2">循环水、新鲜水、蒸汽、仪表风／工厂风、氮气等公用介质供应正常</td><td></td><td></td><td></td></tr>
<tr><td colspan="2">储运部</td><td colspan="2">储运系统已具备正常供料以及接收产品条件</td><td></td><td></td><td></td></tr>
<tr><td colspan="2">化验部门</td><td colspan="2">现场采样器已复位正常。
分析项目已具备分析条件</td><td></td><td></td><td></td></tr>
</table>

装置检修交回开工确认表（续）

<table>
<tr><td rowspan="2"></td><td colspan="6">装置检修交回开工确认表</td></tr>
<tr><td>记录编号</td><td></td><td>使用单位</td><td colspan="3"></td></tr>
<tr><td colspan="2">开工装置</td><td></td><td>时间</td><td colspan="3">年 月 日</td></tr>
<tr><td colspan="2">单位</td><td>要求</td><td>存在问题</td><td>确认意见</td><td>确认人</td></tr>
<tr><td colspan="2">消防部门</td><td>现场消防、气防器材齐全、完好。
消防、疏散通道符合要求</td><td></td><td></td><td></td></tr>
<tr><td rowspan="2">安环部门</td><td>环保</td><td>现场环保设施，如清污分流设施等已投用。
后续环保装置具备接收物料条件</td><td></td><td></td><td></td></tr>
<tr><td>安全</td><td>现场固定式可燃气体报警仪、H_2S报警仪等已投用。
拟开工装置与临近的检修区域已采用明显有效的隔离措施。
现场安全设施如平台围栏、护栏等符合要求，现场无容易坠落物品。
如有零星动火项目，火票需升级</td><td></td><td></td><td></td></tr>
<tr><td colspan="2">工程管理部门</td><td>负责的改造项目已施工完成并验收合格</td><td></td><td></td><td></td></tr>
<tr><td rowspan="2">机动部门</td><td>设备科</td><td>检修项目已完成并验收合格。
保运工作已落实</td><td></td><td></td><td></td></tr>
<tr><td>动力科</td><td>电气、仪表检修改造项目已完成并投用正常。
电气现场检修动力箱、临时变已拆除</td><td></td><td></td><td></td></tr>
<tr><td rowspan="2">生产部门</td><td>技术科</td><td>开工方案已审批完成。
盲板已按方案和盲板清单进行安装。
开工用化工原材料已落实。
其他专项方案已落实或审批。</td><td></td><td></td><td></td></tr>
<tr><td>管理科</td><td>外围的公用、储运系统以及相关装置已可支持装置开工。
开工用原料已落实</td><td></td><td></td><td></td></tr>
<tr><td colspan="2">人教部门</td><td>操作人员已经过学习、培训，并考试合格</td><td></td><td></td><td></td></tr>
<tr><td colspan="2">项目所属单位领导意见</td><td>签名：</td><td>公司意见</td><td colspan="2">签名：</td></tr>
</table>

附 录 C
（资料性附录）
检修施工现场 HSSE 日检表

序号	检查内容	存在问题	检查人员	整改情况	验证人	备注
1	临时用电					
1.1	配备合格的持证电工					
1.2	配电箱合格、有防雨措施，按要求标识并上锁					
1.3	配电系统执行“三相五线制”，符合“三级配电二级保护”要求，安装匹配的漏电保护器，漏保动作灵敏好用，并进行日常试验和记录					
1.4	电缆及接头无破损，绝缘良好；铺设规范，走向清晰，标识明确					
1.5	用电严格执行“一机一闸一保护”					
1.6	按要求配置保护零线和工作零线，工作接地和重复接地完好					
1.7	安全电压符合作业环境要求					
1.8	使用工业插头、插座					
2	施工机具					
2.1	各种机具设备安全要求进行定期检查，确保完好					
2.2	设有机械保护装置（如转动设备等）的设备，保护装置处于完好状态					
2.3	用电机具、设施接地完好					
2.4	配备与作业要求相匹配的劳动防护用品					
2.5	空气压缩机压力表、安全阀等在检验期内并处于完好状态，高压气管和软管固定连接可靠					
2.6	气瓶垂直放置，瓶体固定可靠；气瓶分类摆放并保持安全距离，防护措施到位，气瓶阻火器、压力表等安全附件完好，气管无老化破损，连接可靠					
3	脚手架					
3.1	脚手架搭设人员是专业架子工，并持证上岗。搭设人员按要求着装，配备五点双大钩安全带					
3.2	编制脚手架搭设方案，进行安全技术交底并有记录					

检修施工现场 HSSE 日检表（续）

序号	检查内容	存在问题	检查人员	整改情况	验证人	备注
3.3	按规范要求搭设脚手架，且有良好的整体稳固性					
3.4	搭设和拆除过程必须有专人监督，周边设置警戒区					
3.5	连墙件设置可靠，各节点扣件扭矩力符合要求					
3.6	通道、护栏、腰杆、踢脚板等符合要求					
3.7	作业面满铺跳板，无孔洞，跳板可靠固定且无探头板					
3.8	作业面临时放置的材料等在允许荷载范围内，严禁超载荷；放置必须稳固，无坠物风险					
3.9	脚手架搭设完成验收合格挂牌使用					
3.10	消防设施保持完好，灭火器和消防水桶按要求配置					
3.11	消防安全通道保持畅通					
3.12	用火作业前，清理周边易燃物，采取接火措施					
4	起重					
4.1	编制了吊装方案，进行交底并有记录					
4.2	起重设备操作人员、司索、指挥持有效证件					
4.3	起重机械证照齐全有效					
4.4	起重机械安全设施、附件完好					
4.5	机索具检查完好，钢丝绳无磨损，连接可靠，绳卡数量和间距满足要求					
4.6	吊装作业半径设置了警戒区，禁止无关人员入内					
4.7	吊装前进行评估，确保在额定起升载荷范围内进行起重作业，不得超载					
4.8	吊车支腿符合要求					
4.9	吊物捆绑符合要求，使用溜绳					
4.10	吊装作业天气、环境、风力等符合要求					
5	焊接、气割					
5.1	设备接地完好					
5.2	焊把线无破损，连接器完好					
5.3	有专人监护，接火、防火措施到位					
5.4	可燃性气瓶与胶管连接完好，无漏气，气瓶有阻火器					
5.5	现场气瓶与明火源保持安全距离					

检修施工现场 HSSE 日检表（续）

序号	检查内容	存在问题	检查人员	整改情况	验证人	备注
6	受限空间					
6.1	对所要进行作业的受限空间进行吹扫、蒸煮、置换，并分析合格。所有与受限空间相连接的管线、阀门应进行有效隔离，盲板处应挂标识牌，并经工艺技术人员签字确认					
6.2	出、入口内外不得有障碍物，在受限空间入口处设置“危险！严禁入内”警告牌或采取其他封闭措施					
6.3	对有可能发生硫化亚铁自燃的设备、容器必须经充分的钝化脱臭处理，并在现场配置消防水带					
6.4	《进入受限空间作业许可证》实行一点一证					
6.5	进入受限空间作业实行“三不进入”原则，即：一、没有经批准有效的《进入受限空间作业许可证》不进入；二、安全措施未落实不进入；三、监护人不在场不进入					
6.6	作业现场配备必要的救护器具和灭火器材等					
6.7	进入受限空间作业应使用安全电压和安全行灯					
7	作业安全					
7.1	作业前进行班前安全教育和安全技术交底，作业人员清楚当天作业内容和安全风险及注意事项					
7.2	特殊工种持证上岗					
7.3	佩戴合格安全帽，并根据作业任务佩戴专用眼部、面部、手部等防护用品，高处作业人员系挂安全带					
8	收工检查					
8.1	配电系统一级箱断电，关闭气瓶角阀，能量上锁。					
8.2	现场火种检查清理完毕					
8.3	清理各作业面材料和杂物等，做到工完料净场地清					
8.4	落实夜间值班、巡检人员，职责到位，检查内容明确					

附 件 D
（资料性附录）
装置停工检修工作总结模板
（设备专业）

根据公司《设备检修管理制度》规定，在装置停工检修结束后各相关单位应组织编写装置停工检修工作总结。为此，就进一步做好装置停工检修工作总结提出要求如下：

封面：

名称：××× 部 ××× 装置 ×××× 年 ×× 月停工检修工作总结

编写人：×××

审核人：×××

批准人：×××（运行部领导）

编写单位：中石化 ××× 分公司 ××× 部

编写时间：×××× 年 ×× 月

正文：

（一）装置停工检修过程概述

装置开、停工、检修过程简述，本周期装置运行起止时间。

本周期装置运行中出现的主要问题。

本次停工检修、改造内容简述，检修项目计划数（包括补充、追加），检修计划完成情况。重点检修项目情况。

开停工、检修网络执行情况。

（二）主要检修内容技术总结

反应器部分

塔、容器部分

加热炉部分

冷换设备、空冷器部分

阀门部分

管道部分

压缩机部分

泵部分

特殊阀门部分

输送机械部分

压力容器检验（包括缺陷返修处理）

压力管道检验（包括缺陷返修处理）

安全阀检验

其他检修方面

技术分析中要有以下内容：上次运行周期出现的问题，本次检修检查情况及采取措施；上次检修遗留问题处理情况；本周期与上周期设备隐蔽检查情况对照；重复发生问题处理方案有效性；装置系统问题；典型案例。

（三）检修计划准确性分析

（四）检修施工队伍评述

（五）材料供应评述

（六）设计质量评价

（七）检修质量评价

（八）本次检修遗留问题及预案

（九）检修管理亮点、存在的不足和下次检修需注意的问题

（十）附表

表 1　设备增加情况表

序号	位号	名称	规格型号	制造厂	数量	备注

表 2　设备拆除情况表

序号	原位号	名称	规格型号	制造厂	数量	备注

表 3　管线拆除情况表

序号	原编号	名称	规格	长度 /m	备注

表 4　设备更换情况表

序号	位号	名称	规格型号		制造厂		数量	备注
			更换前	更换后	更换前	更换后		

表 5　冷换设备检修情况表

序号	位号	名称	规格型号	抽芯清洗	试压换垫	堵管根数	管束更换

表6　阀门检修、更换情况表（*DN*50和*DN*50以上）

序号	规格型号	公称直径	检修数量	更换数量

表7　压力容器检验情况表

序号	计划检验台数	增加变更台数	减少变更台数	实际完成台数	缺陷返修台数

表8　压力管道检验情况表

序号	检验计划		增加变更		减少变更		实际完成	
	条数	米数	条数	米数	条数	米数	条数	米数

表9　安全阀门检验情况表

序号	计划检验台数	增加变更台数	减少变更台数	实际完成台数

二甲苯吸附分离装置维护检修规程

SHZ 03004—2019

目　次

前　言

本规程按照GB/T 1.1—2009《标准化工作导则　第1部分：标准的结构和编写》给出的规则起草。

本规程由中国石油化工集团有限公司、中国石油化工股份有限公司提出。

本规程起草单位：中国石油化工股份有限公司茂名分公司、中国石油化工股份有限公司天津分公司。

本规程主要起草人：赵师敏、周宏伟、宋杰。

本规程2019年首次发布。

二甲苯吸附分离装置维护检修规程

1 范围

1.1 本规程规定了炼化企业二甲苯吸附分离装置及其主要设备、专用设备的检修周期、检修项目、检修过程管理和日常维护的相关内容。
1.2 本规程适用于炼化企业二甲苯吸附分离装置的检修维护管理。

2 规范性引用文件

下列文件对于本文件的应用是必不可少的。凡是注日期的引用文件，仅所注日期的版本适用于本文件。凡是不注日期的引用文件，其最新版本（包括所有的修改单）适用于本文件。

2.1 法律法规

中华人民共和国安全生产法
中华人民共和国特种设备安全法

2.2 特种设备安全技术规范

TSG 21 固定式压力容器安全技术监察规程
TSG D0001 压力管道安全技术监察规程——工业管道

2.3 标准规范

GB/T 151 热交换器
GB/T 20801 压力管道规范 工业管道

2.4 相关规定和文献

炼油企业检修管理指南（试行版）
中国石化炼化企业设备完整性管理体系

3 术语与定义

下列术语和定义适用于本文件。

3.1 设备功能

设备功能指的是设备的生产效率和功能，衡量设备功能的指标随设备种类不同而异。

3.2 功能故障

设备、设施不能实现其设计功能时，称之为功能故障，定义为设备、设施不能满足期望的性能标准。一般指设备失去或降低其规定功能的事件或现象，表现为设备的某些零件失去原有的精度或性能，使设备不能正常运行，技术性能降低，致使设备中断生产或效率降低而影响生产。

3.3 A 类设备

本规程规定的 A 类设备是根据设备对生产过程的重要性、设备故障后果、可靠性、使用频率、维修经济性等因素进行设备分级得出的，因设备的功能故障引起装置停车的该装置的关键设备。

3.4 B 类设备

本规程规定的 B 类设备是指根据设备对生产过程的重要性、设备故障后果、可靠性、使用频率、维修经济性等因素得出的设备的功能故障虽然不引起装置的停车，但对装置的负荷、质量及可靠性具有重大影响的该装置的主要设备。

4 装置特征

二甲苯吸附分离装置由二甲苯分离单元和吸附分离单元组成，原料有 $C_{8^+}A$ 和混合 C_8 芳烃（C_8A），主要生产 C_8、OX 和对二甲苯产品。

4.1 二甲苯分离单元

4.1.1 工艺原则流程及流程图

主要以抽提单元、歧化单元及异构化单元的 $C_{8^+}A$ 为原料，通过精馏原理分离出 C_8、OX 等，其中分离的 C_8 作为吸附单元进料，OX 作为产品外卖。 工艺流程图见图 1。

4.1.2 二甲苯分离单元工艺特性参数

将来自重整并经过白土处理的 C_8 及 C_{8^+} 馏分、来自异构化并经过白土处理的脱庚烷塔底物以及来自甲苯塔的塔底物分离成 C_8 芳烃作为吸附分离单元进料，多余部分送出界区，C_{9^+} 芳烃通过重芳烃塔分离，塔顶 C_9 芳烃作为歧化进料，塔底重芳烃送出界区。

4.1.3 二甲苯分离单元危害特性

1）对人主要危害有：存在 PX、乙苯、混合二甲苯、间二甲苯、邻二甲苯、甲苯等介质泄漏对人员造成伤害；高温烫伤。

2）对环境的主要危害有：存在 PX、乙苯、混合二甲苯、间二甲苯、邻二甲苯、甲苯等介质泄漏污染环境。

3）高温腐蚀对设备的影响。

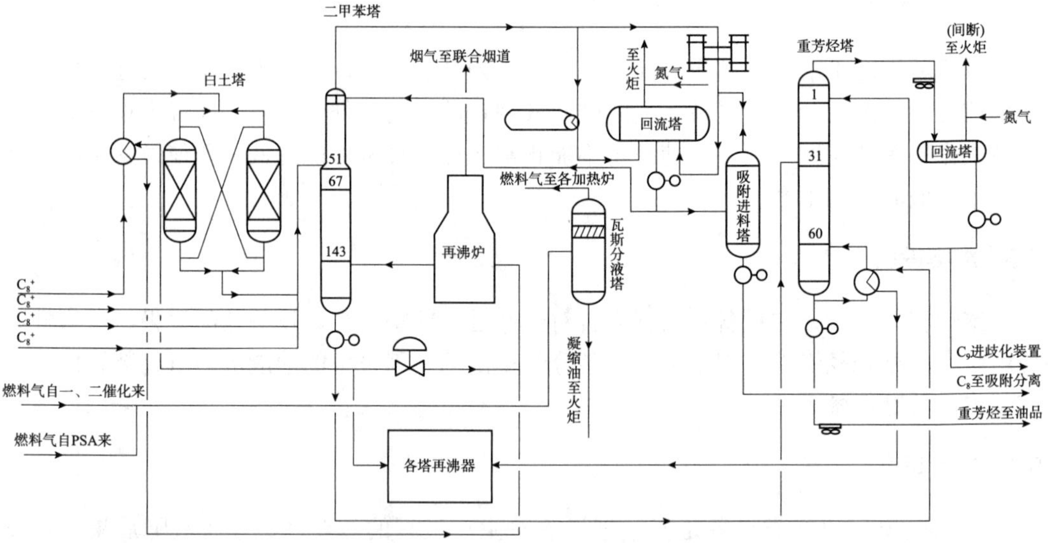

图 1　二甲苯分离单元流程

4.2　吸附分离单元

4.2.1　吸附分离单元工艺原则流程及流程图

吸附分离的原料是混合 C_8 芳烃（C_8A），采用 UOP 公司的 Parex 工艺，利用分子筛作为吸附剂，采用液体和固体逆流接触的模拟移动床工艺，利用对混合 C_8A 的四种异构体的选择性不同，优先吸附对二甲苯，然后再用解吸剂将吸附剂上的对二甲苯解吸下来，通过精馏得到高纯度的对二甲苯产品。工艺流程图见图 2。

4.2.2　吸附分离单元工艺特性参数

吸附单元是利用一种分子筛吸附剂对 C_8A 芳烃异构体中 PX 的优先选择能力，使之在吸附室内与混合二甲苯逆流接触，进行反复的、多次的传质过程，使 PX 在吸附剂上逐步提浓，并利用解吸剂把 PX 从吸附剂上解吸出来，得到的抽出液经过精馏生产出高纯度的 PX，经成品塔送至储罐，把贫 PX 的物料送入异构化单元，解吸剂循环使用。

4.2.3　吸附分离单元危害特性

对人的主要危害有：存在 PX、混合二甲苯、间二甲苯、邻二甲苯、甲苯、吸附剂等介质泄漏对人员造成伤害。

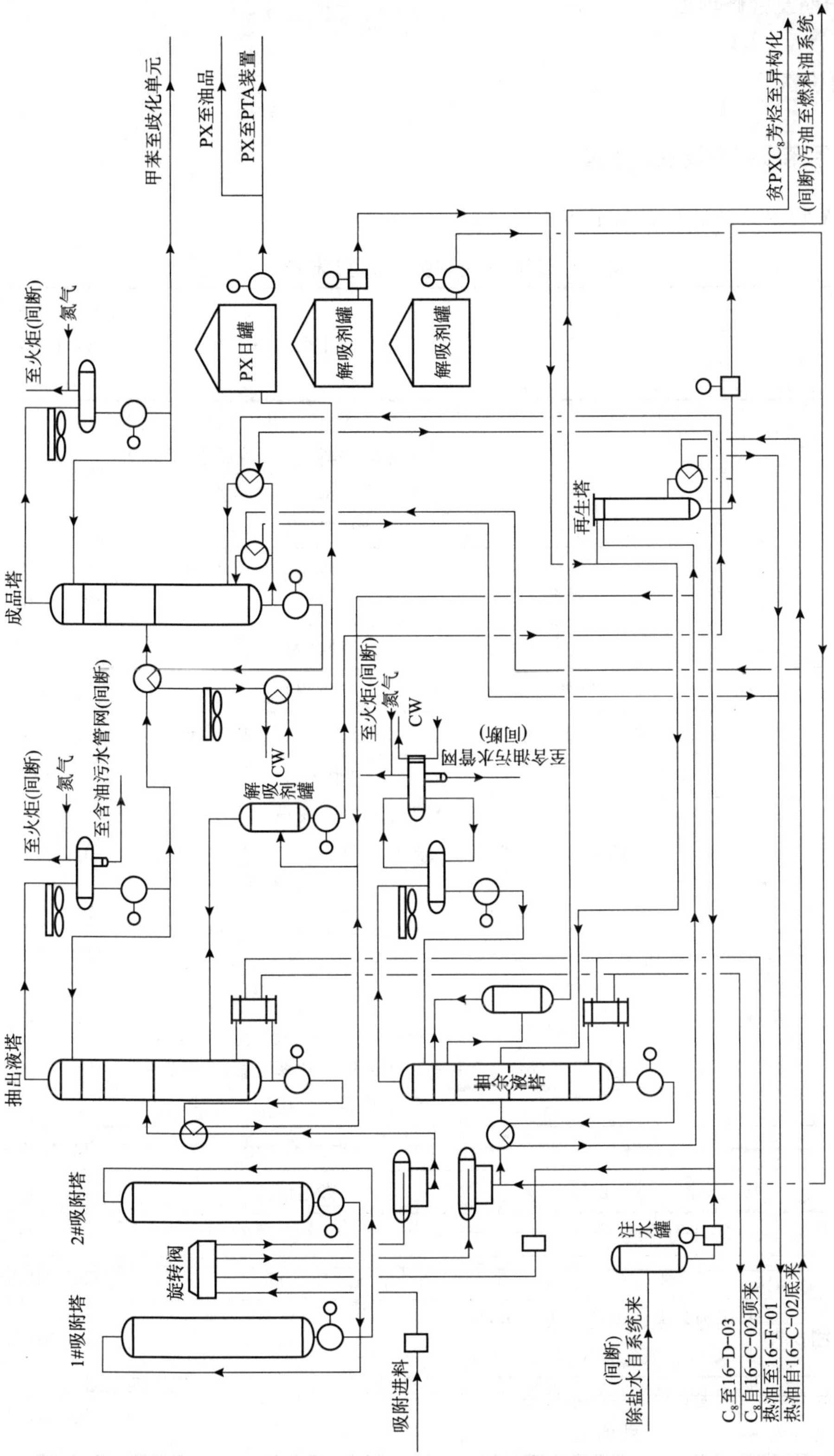
甲苯至歧化单元
PX至油品
PX至PTA装置
PX日罐
解吸剂罐
解吸剂罐
至火炬(间断)
氮气
成品塔
再生塔
贫PXC_8芳烃至异构化
(间断)污油至燃料油系统
至火炬(间断)
氮气
至含油污水管网(间断)
CW
解吸剂罐
至火炬(间断)
氮气
CW
至含油污水管网(间断)
抽出液塔
抽余液塔
1#吸附塔
2#吸附塔
旋转阀
吸附进料
注水罐
(间断)
除盐水自系统来
C_8至16-D-03
C_8自16-C-02顶来
热油至16-F-01
热油自16-C-02底来

图2　吸附分离单元流程

5 检修周期及检修项目

5.1 主要设备

5.1.1 二甲苯吸附分离装置设备

二甲苯吸附分离装置设备如表 1 所示。

表 1 二甲苯吸附分离装置设备

名称	设备种类		主要设备	通用、专用设备检修规程的代码
转动设备	泵	离心泵	二甲苯塔底泵、二甲苯塔回流泵、吸附分离进料泵、重芳烃塔底泵、重芳烃塔回流泵、管线冲洗泵、吸附塔循环泵、	SHS 01012
		往复泵	吸附分离注水泵、解吸剂再蒸馏塔底泵	SHS 01014、SHS 01015
		齿轮泵	转阀液压油泵	SHS 01017
	转阀	吸附转阀	吸附转阀	转阀
	离心式风机		二甲苯塔重沸炉引风机、通风机	SHS 01022
静设备	加热炉		二甲苯塔重沸炉	SHS 01006
	塔	填料塔、板式塔	白土塔、二甲苯塔、重芳烃塔、吸附塔、抽余液塔、抽出液塔、成品塔、解吸剂再蒸馏塔	SHS 01007
	换热器	管壳式换热器	白土塔进料加热器、混合二甲苯产品后冷器、重整芳烃塔重沸器、重芳烃塔底后冷器、抽余液塔进料换热器、抽余液塔重沸器、抽出液塔进料换热器、解吸剂泵出口冷却器、抽出液塔重沸器	SHS 01009
	压力容器		换热器、塔	SHS 01004
	常压容器、常压储罐		大型储罐	SHS 01012
	压力管道		GC1、GC2、GC3	SHS 01005
	阀门		安全阀	SHS 01030
仪表设备	检测仪表	压力仪表、温度仪表、流量仪表、物位仪表		SHS 07002
	电动单元组合仪表	基地式仪表、显示仪表、辅助单元		SHS 07003

表 1　二甲苯吸附分离装置设备（续）

名称	设备种类		主要设备	通用、专用设备检修规程的代码
仪表设备	控制阀	气动控制阀、电动执行机构、长行程执行机构、偏心旋转阀、气缸执行机构、控制附件、蒸汽减温器		SHS 07004
	在线分析仪表	工业色谱仪、氧分析仪、氢分析仪、红外线分析仪、pH计、电导仪、水分析仪、熔融指数分析仪、烟气排放连续检测系统、密度计、可燃气体报警器、有毒气体报警器、化学需氧量分析仪、氨氮分析仪、气相色谱分析仪		SHS 07006
	特殊仪表	轴振动和轴位移、转速控制仪表、称重仪表	关键机组振动 / 位移检测仪表和转速控制仪表	SHS 07007
	过程控制系统	DCS、PLC、GDS、SCADA	DCS、PLC、CCC 关键机组 CCS 或 ITCC 系统	SHS 07008
	系统维护	防爆仪表及其系统、仪表供电系统、仪表供气系统、仪表系统联校		SHS 07009
	安全仪表系统	SIS、安全仪表系统	SIS	SHS 07010
电气设备	电机		高频电动机	

5.2　检修周期

5.2.1　二甲苯吸附分离装置检修应根据实际运行情况进行定期停车检修，检修周期按36～48月来定。

5.2.2　有备用设备的或日常可以进行检修的不列入大修项目。

5.3 检修内容

5.3.1 确定检修内容的依据

1）按法律法规要求的特种设备定期检验。

2）不符合国家安全与环境保护、节能要求的设备改造和更新。

3）对本次检修或下次检修之前已到法定检验时间的计量设施。

4）设备状况：

a）静设备：

——炉子因炉管结焦堵、疲劳失效、减薄及炉内构件失效等原因造成运行状况恶化、性能降低等；

——塔内部因塔盘结焦堵、内构件损坏、积垢腐蚀等原因造成运行状况恶化、性能降低等；

——换热器因换热管腐蚀穿孔、结焦堵管、积垢腐蚀等原因造成运行状况恶化、性能降低等；

——反应器因催化剂失效、内构件损坏、结焦、积垢腐蚀等原因造成运行状况恶化、性能降低等；

——容器因内构件损坏、结焦、积垢腐蚀等原因造成运行状况恶化、性能降低等；

b）转动设备：磨损、疲劳、泄漏、振动等原因造成运行状况恶化、性能降低等；

c）管道、阀门因腐蚀减薄、失效等原因造成运行状况恶化、性能降低等；

d）电气设备：部件老化等原因造成运行状况恶化、性能降低等；

e）仪表设备：部件老化等原因造成运行状况恶化、性能降低等；

f）日常维护抢修中采用带压堵漏、带压开孔等方式进行临时的项目。

5）工艺催化剂（三剂）失效。

6）钢结构平台、设备基础、房屋等建构筑物老化、锈蚀等必须在停车检修期间内维修的项目。

7）安全防护设施失效。

5.3.2 检修具体内容

停车大修是对二甲苯吸附分离装置安全环保、长周期运行及经济效益有重大影响的设备、管线、电气仪表系统、土建及基础设施等在运行周期内将要发生的功能故障进行全面检修。其他检修是除大修外对装置局部或设备本体有经济运行影响的功能故障而进行的检修。

二甲苯吸附分离装置主要检修内容如表 2 所示。

表 2　二甲苯吸附分离装置主要检修内容

序号	设备名称	设备功能	功能故障	故障周期/月	检修内容	设备分级
1	二甲苯加热炉	为二甲苯塔底物料提供热能	炉出口介质温度达不到生产要求，烟气排放达不到环保要求	48	1. 火嘴、炉管清扫； 2. 炉管理化检验； 3. 对流炉管定期清洗； 4. 衬里修复； 5. 三门一板调试； 6. 仪表检定	A 类
2	二甲苯塔	二甲苯塔将来料中的 C_8A 与重组分分离开，C_8A 作为吸附单元进料生产对二甲苯，重组分送至重芳烃塔	精馏指标达不到工艺要求	48	1. 压力容器定期检验； 2. 塔盘清扫； 3. 内构件检查、修复； 4. 仪表检定； 5. 安全附件定期校验	B 类
3	重芳烃塔等	重芳烃塔将来料重组分分离开	精馏指标达不到工艺要求	48	1. 压力容器定期检验； 2. 塔盘清扫； 3. 内构件检查、修复； 4. 仪表检定； 5. 安全附件定期校验	A 类
4	吸附转阀	维持吸附塔床层切换	不能维持正常切换	48	1. 轴承检查更换； 2. 机械密封检查更换； 3. 液压油系统检查处理； 4. 转子盘检查处理	A 类
5	空冷器	为介质提供空气冷却，达到介质需要的温度	换热效率或运行负荷不满足工艺指标	48	1. 翅片清洗； 2. 倒伏翅片维修； 3. 百叶窗维修； 4. 管束内部清洗	B 类
6	换热器	提供密闭热交换通道	换热效率或运行负荷不满足工艺指标	48	1. 抽芯、清扫管束和壳体； 2. 管束焊口、胀口处理及单管更换； 3. 检查修理管箱与内附件及其密封面，更换垫片并试压； 4. 更换部分螺栓、螺母； 5. 壳体保温修补及防腐	B 类
7	吸附分离进料过滤器	对吸附分离进料进行过滤	过滤指标达不到工艺要求	48	1. 芯子抽出清洗； 2. 过滤器内壁清洗	B 类
8	缓冲罐	为介质提供储存空间	分离效果不满足工艺指标	48	1. 压力容器定期检验； 2. 内构件检查、修复； 3. 仪表检定； 4. 安全附件定期校验	B 类

6 装置检修管理

6.1 装置检修前准备工作

6.1.1 装置检修前，参检单位要做好检修作业指导书、施工方案、检修图纸、现场施工平面布置图等各类资料的准备及审核，相关检修资料最终经业主方审批确认后方可实施。

6.1.2 进入检修现场的各类施工机具、器具，必须是合格的、适用的，必须有检定合格证和标记，并在有效期内使用，严禁使用未经校验的机具。进场前，所有自检合格并贴有自检合格证的施工机具，要列出汇总清单上交给业主方，并经业主方检验后方可使用。

6.1.3 进入现场的检修耗材、配件等，必须附有质量证明文件，并在指定的地点规范存放。在安装、使用各类检修材料前，应对材料的外观质量进行检查确认，参检单位要做到领用材料检验有见证、验收有记录。

6.1.4 参检单位的所有施工人员，必须具备相应的作业资质，检修前须做好检修方案、技能方面的培训，熟悉检修项目的特点，严格按检修方案进行施工。同时，施工人员必须进行业主方相关专业的教育培训，对无相应作业资质、未经教育培训或考核不合格的人员，一律不得上岗作业。

6.2 工艺交出检修条件

6.2.1 在装置交付检修前，由生产管理部和安全环保部门组织相关单位召开安全验收会，检查确认设备容器人孔拆卸、盲板加装、容器内采样分析、停电、下水井封堵等工作，经相关部门签字确认后，由装置开具用火、用电、进入受限空间等相关票证，进入检修状态。工艺交出要具备以下条件：

1）装置所有盲板按照盲板图、表安装、编号、挂牌并经工艺员、设备员、安全员已签名确认；

2）PID 图上所有系统、管线得到置换处理并做好标识；

3）系统内设备、管线按规定进行吹扫和置换，取样分析合格；

4）下水井取样分析合格，存油清理干净，排水畅通，水封完好；

5）下水井和漏斗口用石棉布盖好，并用沙土封严；

6）系统内设备人孔打开前的确认，打开的设备人孔处挂上“未经许可，禁止入内”警示牌；

7）制定停工安全、环保措施和工作危害分析记录表（JSA）；

8）装置内分析不合格点挂标识，储存物料区标识、硬隔离；

9）制定检修中防硫化亚铁自燃方案；

10）指定具有监护人资格的人员负责动火、进设备等作业的监护。

装置交付检修确认表见附录 A。

6.2.2 装置单元交出检修特殊要求

无特殊要求。

6.3 检修过程安全环保管理总体要求

6.3.1 安全管理总体要求

1）装置检修的安全管理，坚持“安全第一、预防为主、综合治理”的方针和“谁主管，谁负责”“谁签发，谁负责”的原则，坚持以人为本、落实责任、强化监管，按属地化管理原则。

对于人数少的新企业要求外聘第三方 HSSE 监管，对于人数多的老企业或自身能力能够满足要求的老企业，可根据需要由企业自行决定是否外聘第三方 HSSE 监管。第三方 HSSE 监管纳入到 HSSE 管理体系。

2）各级指挥部的安全环保消防组应按指挥部管理体系要求承担相应的管理责任。

3）承包商应建立健全安全管理体系，分包商的安全管理工作由总承包商负总责。

4）安全监督管理部门对检修过程的安全管理工作进行监督检查，指挥部的安全环保消防组负责施工过程安全检查管理。运行部负责所在区域的施工项目配合和现场安全监督检查。

6.3.2 环保管理总体要求

装置停工检修改造环保管理总体要求是：密闭吹扫，有序排放，清洁停工，安全处置，达标排放。为做好停工和检修期间的环保工作，停工装置要落实密闭吹扫及除臭方案，对排放污水、吹扫尾气放空、工业废物处置应进行预申报，排放时必须做到先检测后排放，主管部门根据监测结果确定处理方式。对于化学清洗等产生的废水，项目管理部门在与清洗单位签订合同前要明确废水处理相关责任及要求。

6.4 检修质量管理

质量管理的总体要求：成立检修质量管理组织机构，明确管理职责，建立质量管理程序文件。

1）对承包商资质、人员、机具等进行审查。

2）通过组织设计审查，确保设计质量。

3）物资采购管理部门组织对采购物资进行入库检验并对重点物资进行监造。

4）在施工过程中组织对检验检测的质量进行抽查。

6.5 变更管理

6.5.1 检修过程要加强变更管理，建立健全变更管理制度和工作流程，采取措施减少变更数量。原则上没有经过各级部门同意的变更不允许在检修中执行。

6.5.2 项目变更控制主要内容

1）对于试用产品、设备备件结构形式改变、材质升级要充分识别，要有专门技术论证审批过程，审批时要加强相关专业沟通确认；

2）所有变更应事前发起，只有当变更得到批准后，才可组织实施。项目变更由变更提出单位发起申请并填写“变更申请单”，按照各企业相关制度规定的权限办理审批手续；

3）对于因材料找价差导致的超费用计划（或工单预算），需要补办变更手续；

4）对于不涉及费用计划的变更，如项目名称、版本号、承包商、施工方案、施工进度等也需办理相应的变更手续；

5）对于结算费用高于非包干合同标的按各企业管理制度执行变更；

6）投资类项目的变更参照各企业“固定资产投资过程控制管理规定”执行。

6.6 装置检修交回条件

装置检修交回确认主要内容：

1）装置开工人员及开车保镖人员配备落实；

2）技术、原辅材料、动力、备品备件等方面的准备；

3）队伍技术状态、开工方案学习落实情况；

4）现场规格化情况；

5）工艺和设备联锁仪表校验情况；

6）HSSE 措施落实情况；

7）盲板拆除清单、技术准备情况；

8）机、电、仪、公用工程、储运、质检等相关专业准备情况；

9）停工临设拆除、施工尾项整改情况等。

装置检修交回开工确认表见附录 B。

6.7 检修后期管理

6.7.1 资料交付

承包商应在检修项目结束后 30 天内将竣工资料完整地交给使用单位，竣工资料交付参考 SH/T 3503—2017《石油化工建设工程项目交工技术文件规定》。

6.7.2 检修总结

装置检修结束后，要对检修改造工作进行总结，对好的做法进行总结、提炼，固化这些经验，指导今后检修改造工作；对总结检修改造中存在的问题，分析原因，完善措施，不断提高管理水平。

大修总结模板见附录 D。

7 装置日常维护

7.1 日常巡检

包括操作工的日常巡检和专业人员（设备管理人员、专业维保人员、电仪专业人员）的日常点检。重点关注转阀运转状态，每班检查一次转阀对中情况，做好记录。

7.2 日常维护

装置日常维护的基本内容包括：设备维护保养、设备检查和设备修理。

7.2.1 设备维护保养

设备维护保养的内容是保持设备清洁、整齐、润滑良好、安全运行，包括及时紧固松动的紧固件，调整活动部分的间隙等。简言之，即“清洁、润滑、紧固、调整、防腐”十字作业法。维护保养依工作量大小和难易程度分为装置操作工保养、专职保养维修工的保养。

7.2.1.1 装置操作工保养

其主要内容是：进行清洁、润滑、紧固易松动的零件，检查零件、部件的完整。这类保养的项目和部位较少，大多数在设备的外部，一般出装置操作工人承担。

7.2.1.2 专职保养维修工的保养

主要内容包括对设备内部清洁、润滑、局部解体检查和调整，必要时对达到规定磨损限度的零件加以更换。此外，还要对主要零部件的磨损情况进行测量、鉴定和记录。具体标准执行通用设备的检修规程。

在两种维护保养中，装置操作工保养是基础，专职保养维修工的保养是关键。

7.2.2 设备检查和设备修理

设备检查按时间间隔分为日常检查和定期检查。

日常检查由操作人员执行，同操作工的保养结合起来，目的是及时发现不正常的技术状况，进行必要的维护保养工作。

定期检查是按照计划，在操作工参加下，定期由专职维修工执行，也就是预防性检查维修。目的是通过检查，全面准确地掌握零件磨损的实际情况，以便确定是否有进行修理的必要。

7.3 常见设备故障

7.3.1 二甲苯单元

由于芳烃二甲苯单元存在高温工况，容易造成机泵机械密封泄漏，循环水遇到高温析出水垢堵塞换热器。

芳烃二甲苯单元正常生产时，经常发生的故障类型与处理方法如表 3 所示。

表 3　芳烃二甲苯单元常见故障类型与处理方法

设备类型	故障类型	处理方法
换热器类	堵塞失效	高压水进行清洗
	换热管腐蚀穿孔泄漏	堵头将穿孔换热管堵死
容器罐类	水包出现腐蚀减薄	采用玻璃纤维布缠绕堵死或大修期间增加补强板
	进料管线法兰腐蚀、减薄、失效泄漏	更换法兰方式
二甲苯塔底泵	故障现象是机封换热器堵塞，致使机泵轴承和密封失效	疏通换热器，更换轴承和机封
二甲苯塔回流泵	故障现象是机封换热器堵塞，致使机泵轴承和密封失效	疏通换热器，更换轴承和机封
二甲苯加热炉	1. 引风机叶片结垢； 2. 通风机永磁调速系统丢转； 3. 对流室炉管减薄泄漏； 4. 辐射室炉管结焦，局部过热	1. 切换流程，进行清理； 2. 对永磁调速系统进行维修； 3. 更换对流室炉管； 4. 更换辐射室炉管

7.3.2　吸附单元

由于芳烃吸附装置工况条件较好，其故障部位主要集中在转阀系统。

芳烃吸附装置正常生产时，经常发生的故障类型与处理方法如表 4 所示。

表 4　芳烃吸附装置常见故障类型与处理方法

设备类型	故障类型	处理方法
旋转阀	油箱中油位低或油中出现气泡	补充液压油，防止回油飞溅吸油口形成旋涡等现象
	泵的旋转方向不对	改变电源接线
	联轴器上的键被切断	修理更换键
	进油管路过滤器堵塞	清洗，去除异物
	进油管路泄漏，空气进入泵吸入口	检查管路泄漏部位，修理
	液压油不符合规定，黏度高	更换符合规定的液压油
	泵未注油就启动或油箱排气口堵塞	泵注油后启动，清洗排气口
	液压油泵调节阀设定压力不当	重新设定压力
	液压油泵损坏	修理，更换损坏件
	液压油泵密封泄漏或转速低	检查密封情况，调整转速
	蓄压器放空阀开或截止阀误开	检查阀门情况
	蓄压器氮气泄漏	检查蓄压器气囊

表4 芳烃吸附装置常见故障类型与处理方法（续）

设备类型	故障类型	处理方法
旋转阀	液压油泵轴弯曲，叶轮损坏，轴承磨损	修理，更换损坏零件
	泵和电机对中不好	重新对中
	油箱中出现气泡	防止回油飞溅吸油口形成旋涡等现象
	进油管路局部堵塞	清洗，去除异物
	泵吸入管泄漏，有空气进入	检查泄漏部位并修理
	液压元件工作不良	修理液压元件
	管道局部堵塞或管道固定不良	清洗，加固
	安全阀设定值过低	重新设定
	电磁换向阀线圈损坏	更换线圈
	蓄压器预充气压力不足或有泄漏	检查蓄压器充气部件是否有泄漏，如有则修理，预充气压力不足，则充气
吸附系统仪表设备故障	1.7 股净物流透平流量计故障； 2. 泵送环路或压送环路调节阀故障，造成流量低	1. 检修透平流量计； 2. 检修调节阀

附　录　A
（资料性附录）
装置停工交付检修确认表

<table>
<tr><td rowspan="2"></td><td colspan="8">装置停工交付检修确认表</td></tr>
<tr><td>记录编号</td><td></td><td>使用单位</td><td colspan="5"></td></tr>
<tr><td colspan="2">停工检修单位</td><td></td><td>装置</td><td></td><td colspan="2">时间</td><td colspan="2">年　月　日</td></tr>
<tr><td colspan="2">单位</td><td colspan="2">确认内容</td><td colspan="2">存在问题</td><td colspan="2">确认意见</td><td>确认人</td></tr>
<tr><td colspan="2">停工单位</td><td colspan="2">1. 装置与系统是否有效隔离并提供对应的盲板表？
2. 是否有专用氮气线？是否专用？
3. 管线及容器是否吹扫干净并提供吹扫作业确认表？
4. 容器及塔测爆及氧含量是否合格？
5. 风险系数较大的作业是否进行危害识别分析？
6. 对塔、容器仪表监控手段是否保留？
7. 动火作业项目是否上墙？
8. 对本单位、施工单位参加检修的人员安全教育并考试是否进行？
9. 明沟、地面上是否有油？清污分流设施是否投用？
10. 对装置内电缆沟是否做出明显标志？
11. 设备、容器、管道是否全部打开并在设备人孔处挂“危险空间！严禁入内”的警示牌？
12. 检修现场下水井、地漏、明沟是否封闭，泵沟等是否建立水封？
13. 检修设备是否停电？</td><td colspan="2"></td><td colspan="2"></td><td></td></tr>
<tr><td colspan="2">电气部</td><td colspan="2">1. 是否已按用电单位停送电要求实施停送电？
2. 参加大修的电气作业人员是否进行电工作业资格的确认和相应的安全教育？
3. 其他</td><td colspan="2"></td><td colspan="2"></td><td></td></tr>
</table>

装置停工交付检修确认表（续）

<table>
<tr><td rowspan="2"></td><td colspan="6">装置停工交付检修确认表</td></tr>
<tr><td>记录编号</td><td></td><td>使用单位</td><td colspan="3"></td></tr>
<tr><td colspan="2">停工检修单位</td><td></td><td>装置</td><td></td><td>时间</td><td>年　月　日</td></tr>
<tr><td colspan="2">单位</td><td colspan="2">确认内容</td><td>存在问题</td><td>确认意见</td><td>确认人</td></tr>
<tr><td colspan="2">仪控部</td><td colspan="2">1. 对本单位、施工单位参加检修的人员安全教育并考试是否进行？
2. 机柜间运行装置的机柜与检修的区域是否采用明显有效的隔离措施？
3. 仪表吹扫排放中相关安全环保措施是否明确落实？
4. 放射线同位素仪表停工检修防护措施是否落实？
5. 工器具是否进行相关安全检查？
6. 重大作业项目是否编写施工作业方案和进行危害识别与评价？
7. 高处作业的脚手架是否搭设妥当并验收合格？
8. 各项作业施工是否具有合格的施工检修作业票？相关安全措施是否落实到位？
9. 劳保用品穿戴是否符合要求？
10. 检修质量和检修内容是否符合要求？</td><td></td><td></td><td></td></tr>
<tr><td colspan="2">消防部门</td><td colspan="2">现场消气防器材是否齐全、完好？
消防、疏散通道是否符合要求？</td><td></td><td></td><td></td></tr>
<tr><td rowspan="2">生产部门</td><td>技术科</td><td colspan="2">1. 检查吹扫作业票的确认签名是否落实？
2. 现场检查盲板是否按方案和盲板清单进行安装？
3. 检查瓦斯、氮气和工艺介质等物料在装置边界是否进行有效隔离？
4. 催化剂、保护剂、胺液或按方案不退的介质是否按方案要求进行了有效安全隔离？</td><td></td><td></td><td></td></tr>
<tr><td>管理科</td><td colspan="2">1. 检查配合外系统的吹扫是否已满足要求可以停运？
2. 其他</td><td></td><td></td><td></td></tr>
<tr><td>机动部门</td><td>设备科</td><td colspan="2">已按停工方案要求抽堵盲板，且做好明显标记，并指定专人统一编号登记，严防漏堵、漏拆。盲板的材质、厚度符合安全要求。
与炉、塔、容器相连的蒸汽、氮气等有害介质的阀门，已加盲板隔离。
未经吹扫处理的设备、容器、管道已与系统隔离，设置明显警示标志，并向职工和施工单位交底。
冬季停工，装置要做好防冻防凝工作</td><td></td><td></td><td></td></tr>
</table>

装置停工交付检修确认表（续）

<table>
<tr><td rowspan="2"></td><td colspan="6">装置停工交付检修确认表</td></tr>
<tr><td>记录编号</td><td></td><td>使用单位</td><td colspan="3"></td></tr>
<tr><td colspan="2">停工检修单位</td><td></td><td>装置</td><td></td><td>时间</td><td>年 月 日</td></tr>
<tr><td colspan="2">单位</td><td>确认内容</td><td>存在问题</td><td>确认意见</td><td colspan="2">确认人</td></tr>
<tr><td>机动部门</td><td>动力科</td><td>1. 变配电所内电气安全用具、消防器材已检查并在有效期限内。
2. 变配电所内的工器具已检查合格。
3. 电气现场检修动力箱（固定）、临时变已检查合格。
4. 配送电单位、施工单位参修人员已经安全教育并考试合格。
5. 外来人员已经安全教育并考试合格。
6. 工艺要提供装置停工后仍需使用的仪表清单。
7. 电气专业提供停工期间停电网络，仪表提前准备</td><td></td><td></td><td colspan="2"></td></tr>
<tr><td rowspan="3">安环部门</td><td>管理科</td><td>对本单位、施工单位参加检修的人员安全教育并考试是否进行？
其他</td><td></td><td></td><td colspan="2"></td></tr>
<tr><td>环保科</td><td>明沟、地面上是否有油？清污分流设施是否投用？
其他</td><td></td><td></td><td colspan="2"></td></tr>
<tr><td>安全科</td><td>1. 现场固定式可燃气体报警仪、H_2S 报警仪等探头是否进行妥善保护？
2. 对装置内电缆沟是否做出明显标志？
3. 设备、容器、管道是否全部打开并在设备人孔处挂“危险空间！严禁入内”的警示牌？
4. 检修现场下水井、地漏、明沟是否封闭？泵沟等是否建立水封？
5. 打开的设备、容器、管道测爆分析是否合格？
6. 运行的装置与检修的区域是否采用明显有效的隔离措施？存在工艺介质的工艺管线是否做出标志？
7. 其他</td><td></td><td></td><td colspan="2"></td></tr>
<tr><td colspan="2">领导意见</td><td></td><td></td><td></td><td colspan="2"></td></tr>
</table>

附　录　B
（资料性附录）
装置检修交回开工确认表

装置检修交回开工确认表				
记录编号		使用单位		
开工装置		时间	年　　月　　日	
单位	要求	存在问题	确认意见	确认人
施工单位	检修项目以及改造项目已施工完成，并验收合格。 施工用临时设施已全部拆除；现场清洁、无杂物。 除用于开工查漏、热紧用的架子保留外，其他架子、跳板均拆除。 设备、管线等保温复位。 因检修拆除的劳动保护、照明设施已恢复。 塔器设备、安全阀、现场仪表、管线等均已复位			
项目所属单位	设备位号和管道介质名称、流向标示齐全。 检查现场设备、管线、保温等安装符合规范，试用情况正常。 机组等设备联锁试验正常。 工艺联锁试验正常。 盲板拆、装清单已确认。 装置吹扫、试压通过。 现场消防、气防器材及岗位工器具配齐，现场环保设施投用。 开工化工原材料准备完毕。 备品配件齐全			
电气部	变电所已正常投用，高低压电送电正常。 现场电气设备如电动阀、电加热器、电机等试运正常。 现场照明等恢复正常			
仪控部	现场仪表调试、DCS 调试、联校正常。 配合工艺、设备的联锁调试已完成			
公用工程部	循环水、新鲜水、蒸汽、仪表风／工厂风、氮气等公用介质供应正常			

装置检修交回开工确认表（续）

<table>
<tr><td rowspan="2"></td><td colspan="5">装置检修交回开工确认表</td></tr>
<tr><td>记录编号</td><td></td><td>使用单位</td><td colspan="2"></td></tr>
<tr><td colspan="2">开工装置</td><td></td><td>时间</td><td colspan="2">年　　月　　日</td></tr>
<tr><td colspan="2">单位</td><td>要求</td><td>存在问题</td><td>确认意见</td><td>确认人</td></tr>
<tr><td colspan="2">储运部</td><td>储运系统已具备正常供料以及接收产品条件</td><td></td><td></td><td></td></tr>
<tr><td colspan="2">化验部门</td><td>现场采样器已复位正常。
分析项目已具备分析条件</td><td></td><td></td><td></td></tr>
<tr><td colspan="2">消防部门</td><td>现场消防、气防器材齐全、完好。
消防、疏散通道符合要求</td><td></td><td></td><td></td></tr>
<tr><td rowspan="2">安环部门</td><td>环保</td><td>现场环保设施，如清污分流设施等已投用。
后续环保装置具备接收物料条件</td><td></td><td></td><td></td></tr>
<tr><td>安全</td><td>现场固定式可燃气体报警仪、H_2S 报警仪等已投用。
拟开工装置与临近的检修区域已采用明显有效的隔离措施。
现场安全设施如平台围栏、护栏等符合要求，现场无容易坠落物品。
如有零星动火项目，火票需升级</td><td></td><td></td><td></td></tr>
<tr><td colspan="2">工程管理部门</td><td>负责的改造项目已施工完成、并验收合格。</td><td></td><td></td><td></td></tr>
<tr><td rowspan="2">机动部门</td><td>设备科</td><td>检修项目已完成并验收合格。
保运工作已落实</td><td></td><td></td><td></td></tr>
<tr><td>动力科</td><td>电气、仪表检修改造项目已完成，并投用正常。
电气现场检修动力箱、临时变已拆除</td><td></td><td></td><td></td></tr>
<tr><td rowspan="2">生产部门</td><td>技术科</td><td>开工方案已审批完成。
盲板已按方案和盲板清单进行安装。
开工用化工原材料已落实。
其他专项方案已落实或审批。</td><td></td><td></td><td></td></tr>
<tr><td>管理科</td><td>外围的公用、储运系统以及相关装置已可支持装置开工。
开工用原料已落实</td><td></td><td></td><td></td></tr>
<tr><td colspan="2">人教部门</td><td>操作人员已经过学习、培训，并考试合格</td><td></td><td></td><td></td></tr>
<tr><td colspan="2">项目所属单位领导意见</td><td>签名：</td><td>公司意见</td><td colspan="2">签名：</td></tr>
</table>

附　录　C
（资料性附录）
检修施工现场 HSSE 日检表

序号	检查内容	存在问题	检查人员	整改情况	验证人	备注
1	临时用电					
1.1	配备合格的持证电工					
1.2	配电箱合格、有防雨措施，按要求标识并上锁					
1.3	配电系统执行“三相五线制”，符合“三级配电二级保护”要求，安装匹配的漏电保护器，漏保动作灵敏好用，并进行日常试验和记录					
1.4	电缆及接头无破损，绝缘良好；铺设规范，走向清晰，标识明确					
1.5	用电严格执行“一机一闸一保护”					
1.6	按要求配置保护零线和工作零线，工作接地和重复接地完好					
1.7	安全电压符合作业环境要求					
1.8	使用工业插头、插座					
2	施工机具					
2.1	各种机具设备按安全要求进行定期检查，确保完好					
2.2	设有机械保护装置（如转动设备等）的设备，保护装置处于完好状态					
2.3	用电机具、设施接地完好					
2.4	配备与作业要求相匹配的劳动防护用品					
2.5	空气压缩机压力表、安全阀等在检验期内并处于完好状态，高压气管和软管固定连接可靠。					
2.6	气瓶垂直放置，瓶体固定可靠；气瓶分类摆放并保持安全距离，防护措施到位，气瓶阻火器、压力表等安全附件完好，气管无老化破损，连接可靠					
3	脚手架					
3.1	脚手架搭设人员是专业架子工，并持证上岗。搭设人员按要求着装，配备五点双大钩安全带					
3.2	编制脚手架搭设方案，进行安全技术交底并有记录					

检修施工现场 HSSE 日检表（续）

序号	检查内容	存在问题	检查人员	整改情况	验证人	备注
3.3	按规范要求搭设脚手架，且有良好的整体稳固性					
3.4	搭设和拆除过程必须有专人监督，周边设置警戒区					
3.5	连墙件设置可靠，各节点扣件扭矩力符合要求。					
3.6	通道、护栏、腰杆、踢脚板等符合要求					
3.7	作业面满铺跳板，无孔洞，跳板可靠固定且无探头板					
3.8	作业面临时放置的材料等在允许荷载范围内，严禁超载荷；放置必须稳固，无坠物风险					
3.9	脚手架搭设完成验收合格挂牌使用					
3.10	消防设施保持完好，灭火器和消防水桶按要求配置					
3.11	消防安全通道保持畅通					
3.12	用火作业前，清理周边易燃物，采取接火措施					
4	起重					
4.1	编制了吊装方案，进行交底并有记录					
4.2	起重设备操作人员、司索、指挥持有效证件					
4.3	起重机械证照齐全有效					
4.4	起重机械安全设施、附件完好					
4.5	机索具检查完好，钢丝绳无磨损，连接可靠，绳卡数量和间距满足要求					
4.6	吊装作业半径设置了警戒区，禁止无关人员入内					
4.7	吊装前进行评估，确保在额定起升载荷范围内进行起重作业，不得超载					
4.8	吊车支腿符合要求					
4.9	吊物捆绑符合要求，使用溜绳					
4.10	吊装作业天气、环境、风力等符合要求					
5	焊接、气割					
5.1	设备接地完好					
5.2	焊把线无破损，连接器完好					
5.3	有专人监护，接火、防火措施到位					
5.4	可燃性气瓶与胶管连接完好，无漏气，气瓶有阻火器					

检修施工现场 HSSE 日检表（续）

序号	检查内容	存在问题	检查人员	整改情况	验证人	备注
5.5	现场气瓶与明火源保持安全距离					
6	受限空间					
6.1	对所要进行作业的受限空间进行吹扫、蒸煮、置换，并分析合格。所有与受限空间相连接的管线、阀门应进行有效隔离，盲板处应挂标识牌，并经工艺技术人员签字确认					
6.2	出、入口内外不得有障碍物，在受限空间入口处设置“危险！严禁入内”警告牌或采取其他封闭措施					
6.3	对有可能发生硫化亚铁自燃的设备、容器必须经充分的钝化脱臭处理，并在现场配置消防水带					
6.4	《进入受限空间作业许可证》实行一点一证					
6.5	进入受限空间作业实行“三不进入”原则，即：一、没有经批准有效的《进入受限空间作业许可证》不进入；二、安全措施未落实不进入；三、监护人不在场不进入					
6.6	作业现场配备必要的救护器具和灭火器材等					
6.7	进入受限空间作业应使用安全电压和安全行灯					
7	作业安全					
7.1	作业前进行班前安全教育和安全技术交底，作业人员清楚当天作业内容和安全风险及注意事项					
7.2	特殊工种持证上岗					
7.3	佩戴合格安全帽，并根据作业任务佩戴专用眼部、面部、手部等防护用品，高处作业人员系挂安全带					
8	收工检查					
8.1	配电系统一级箱断电，关闭气瓶角阀，能量上锁					
8.2	现场火种检查清理完毕					
8.3	清理各作业面材料和杂物等，做到工完料净场地清					
8.4	落实夜间值班、巡检人员，职责到位，检查内容明确					

附 录 D
（资料性附录）
装置停工检修工作总结模板
（设备专业）

根据公司《设备检修管理制度》规定，在装置停工检修结束后各相关单位应组织编写装置停工检修工作总结。为此，就进一步做好装置停工检修工作总结提出要求如下：

封面：

名称：××× 部 ××× 装置 ×××× 年 ×× 月停工检修工作总结

编写人：×××

审核人：×××

批准人：×××（运行部领导）

编写单位：中石化 ××× 分公司 ××× 部

编写时间：×××× 年 ×× 月

正文：

（一）装置停工检修过程概述

装置开、停工、检修过程简述，本周期装置运行起止时间。

本周期装置运行中出现的主要问题。

本次停工检修、改造内容简述，检修项目计划数（包括补充、追加），检修计划完成情况。重点检修项目情况。

开停工、检修网络执行情况。

（二）主要检修内容技术总结

反应器部分

塔、容器部分

加热炉部分

冷换设备、空冷器部分

阀门部分

管道部分

压缩机部分

泵部分

特殊阀门部分

输送机械部分

压力容器检验（包括缺陷返修处理）

压力管道检验（包括缺陷返修处理）

安全阀检验

其他检修方面

技术分析中要有以下内容：上次运行周期出现的问题，本次检修检查情况及采取措施；上次检修遗留问题处理情况；本周期与上周期设备隐蔽检查情况对照；重复发生问题处理方案有效性；装置系统问题；典型案例。

（三）检修计划准确性分析

（四）检修施工队伍评述

（五）材料供应评述

（六）设计质量评价

（七）检修质量评价

（八）本次检修遗留问题及预案

（九）检修管理亮点、存在的不足和下次检修需注意的问题

（十）附表

表 1　设备增加情况表

序号	位号	名称	规格型号	制造厂	数量	备注

表 2　设备拆除情况表

序号	原位号	名称	规格型号	制造厂	数量	备注

表 3　管线拆除情况表

序号	原编号	名称	规格	长度 /m	备注

表 4　设备更换情况表

序号	位号	名称	规格型号		制造厂		数量	备注
			更换前	更换后	更换前	更换后		

表 5　冷换设备检修情况表

序号	位号	名称	规格型号	抽芯清洗	试压换垫	堵管根数	管束更换

表 6　阀门检修、更换情况表（*DN*50 和 *DN*50 以上）

序号	规格型号	公称直径	检修数量	更换数量

表 7　压力容器检验情况表

序号	计划检验台数	增加变更台数	减少变更台数	实际完成台数	缺陷返修台数

表 8　压力管道检验情况表

序号	检验计划		增加变更		减少变更		实际完成	
	条数	米数	条数	米数	条数	米数	条数	米数

表 9　安全阀门检验情况表

序号	计划检验台数	增加变更台数	减少变更台数	实际完成台数

歧化异构化装置维护检修规程

SHZ 03005—2019

目 次

前　言

本规程按照 GB/T 1.1—2009《标准化工作导则　第 1 部分：标准的结构和编写》给出的规则起草。

本规程由中国石油化工集团有限公司、中国石油化工股份有限公司提出。

本规程起草单位：中国石油化工股份有限公司茂名分公司、洛阳分公司。

本规程主要起草人：赵师敏、李明。

本规程 2019 年首次发布。

歧化异构化装置维护检修规程

1 范围

1.1 本规程规定了炼化企业歧化异构化装置及其主要设备、专用设备的检修周期、检修项目、检修过程管理和日常维护的相关内容。
1.2 本规程适用于炼化企业歧化异构化装置的检修维护管理。

2 规范性引用文件

下列文件对于本文件的应用是必不可少的。凡是注日期的引用文件，仅所注日期的版本适用于本文件。凡是不注日期的引用文件，其最新版本（包括所有的修改单）适用于本文件。

2.1 法律法规

中华人民共和国安全生产法
中华人民共和国特种设备安全法

2.2 特种设备安全技术规范

TSG 21 固定式压力容器安全技术监察规程
TSG D0001 压力管道安全技术监察规程——工业管道

2.3 标准规范

GB/T 151 热交换器
GB/T 20801 压力管道规范 工业管道

2.4 相关规定和文献

炼油企业检修管理指南（试行版）
中国石化炼化企业设备完整性管理体系
芳烃联合装置工艺技术简介

3 术语与定义

下列术语和定义适用于本文件。

3.1 设备功能

设备功能指的是设备的生产效率和功能，衡量设备功能的指标随设备种类不同而异。

3.2 功能故障

设备、设施不能实现其设计功能时，称之为功能故障，定义为设备、设施不能满足期望的性能标准。一般指设备失去或降低其规定功能的事件或现象，表现为设备的某些零件失去原有的精度或性能，使设备不能正常运行，技术性能降低，致使设备中断生产或效率降低而影响生产。

3.3 A 类设备

本规程规定的 A 类设备是根据设备对生产过程的重要性、设备故障后果、可靠性、使用频率、维修经济性等因素进行设备分级得出的，因设备的功能故障引起装置停车的该装置的关键设备。

3.4 B 类设备

本规程规定的 B 类设备是指根据设备对生产过程的重要性、设备故障后果、可靠性、使用频率、维修经济性等因素得出的设备的功能故障虽然不引起装置的停车，但对装置的负荷、质量及可靠性具有重大影响的该装置的主要设备。

4 装置特征

歧化异构化装置由歧化单元和异构化单元组成，主要原料有甲苯与 C_9A（包括少量 $C_{10}A$）的混合物、C_8A，生产产品是苯和二甲苯以及 PX、烃类、环烷烃及 C_{9^+} 组分。

4.1 歧化单元

4.1.1 歧化单元工艺原则流程及流程图

歧化单元以甲苯与 C_9A（包括少量 $C_{10}A$）的混合物为原料，通过临氢反应，在催化剂的作用下将甲苯与 C_9A 芳烃转化成苯和二甲苯。二甲苯作为二甲苯分馏单元的原料，苯作为产品。工艺流程图见图 1。

4.1.2 歧化单元工艺特性参数

歧化单元的反应是将甲苯与 C_9A（包括少量 $C_{10}A$）的混合物转化成苯和二甲苯。如果混合进料是由甲苯和多甲基芳烃组成，那么最终的产品分布是进料中甲基与苯环之比的函数，理论上混合进料组成为 50% 甲苯和 50% 的三甲苯（分子比），其甲基－苯环

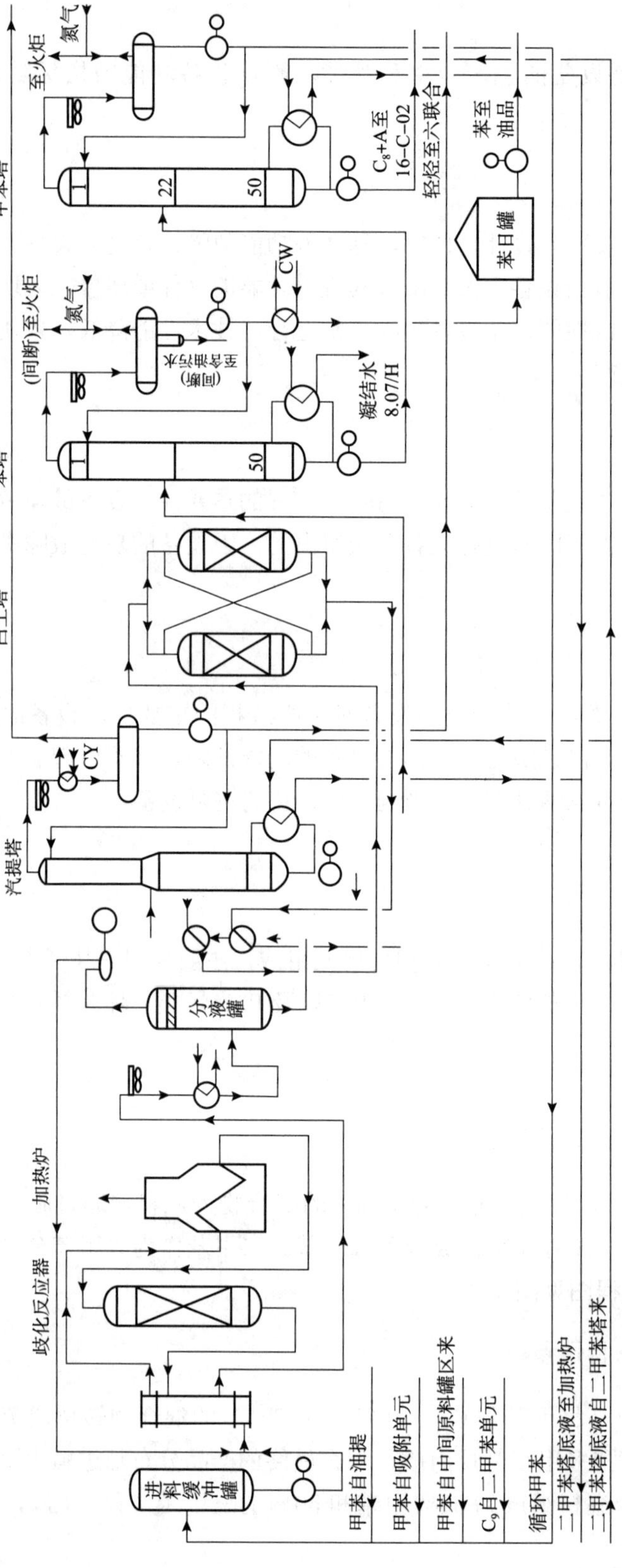
甲苯塔
至火炬
氮气
C_8+A至
16-C-02
轻烃至六联合
苯至
油品
苯日罐
(间断)至火炬
氮气
CW
(间断)
去含油污水
凝结水
8.07/H
苯塔
白土塔
CY
汽提塔
分液罐
加热炉
歧化反应器
进料缓冲罐
甲苯自油提
甲苯自吸附单元
甲苯自中间原料罐区来
C_9自二甲苯单元
循环甲苯
二甲苯塔底液至加热炉
二甲苯塔底液自二甲苯塔来

图1　歧化单元流程

之比为2，二甲苯产品最多。

在歧化进料中可能存在其他化合物，如：乙基苯、丙基苯、丁基苯及非芳等，其中大多数烷基苯发生脱烷基作用而生成苯，饱和烃被裂解为轻质烃。要限制进料中的饱和烃及双环、杂环量，因为前者加氢裂解会使操作强度加大，后者会使催化剂活性降低。

虽然在歧化烷基转移反应中不消耗氢，但烷基转移过程中却需要氢气参与。在装置的实际运行中，由于存在脱烷基和加氢裂解等副反应，要消耗少量的氢。而且芳烃原料越重，含有的烷基团越多，氢气的消耗越大。甲基团在歧化反应器中比较稳定，几乎不脱除烷基，只发生烷基转移反应。乙基团及更重的丙基团、丁基团等主要发生脱烷基反应。

影响反应效果的主要因素有反应温度、氢烃比、空速、杂质含量等。

4.1.3 歧化单元危害特性

1）高压氢气泄漏着火、爆炸；

2）苯中毒，甲苯中毒，瓦斯中毒；

3）高温氢腐蚀，氢脆等。

4.2 异构化单元

4.2.1 异构化单元工艺原则流程及流程图

异构化单元以贫PX的C_8芳烃为原料，通过异构化反应实现C_8A间的相互转化，从而将进料中的邻二甲苯（OX）、间二甲苯（MX）、乙苯（EB）转化为PX。工艺流程图见图2。

4.2.2 异构化单元工艺特性参数

异构化反应主要是通过环烷桥过程实现C_8A间的相互转化，从而将进料中的邻二甲苯（OX）、间二甲苯（MX）、乙苯（EB）转化为PX。装置最初开工采用的I-9K型催化剂为乙苯转化型催化剂，可将EB转化二甲苯，但反应产物中EB浓度较高。目前所使用的SKI-110型催化剂是乙苯脱烷基型，通过脱乙基将乙苯变成苯。

另外，还伴随着一些副反应，如歧化反应、加氢开环反应、加氢裂解反应，生成轻质烃类、环烷烃及C_{9^+}组分。

4.2.3 异构化单元危害特性

1）高压氢气泄漏着火、爆炸；

2）苯中毒，甲苯中毒，瓦斯中毒；

3）高温氢腐蚀，氢脆等。

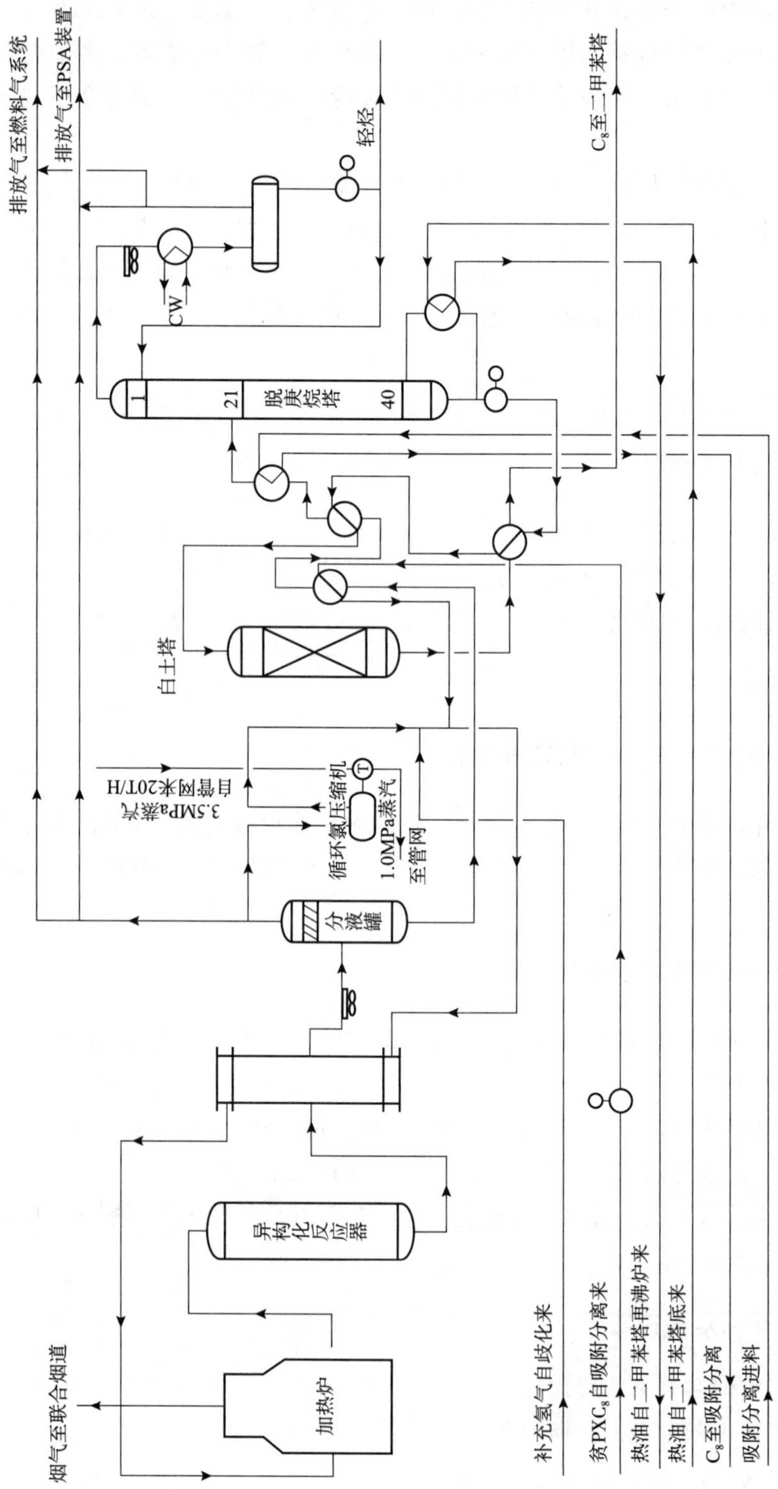
排放气至燃料气系统
排放气至PSA装置
轻烃
C$_8$至二甲苯塔
CW
1
21
脱庚烷塔
40
白土塔
3.5MPa蒸汽自管网来20T/H
循环氢压缩机
T
1.0MPa蒸汽至管网
分液罐
异构化反应器
加热炉
烟气至联合烟道
补充氢气自歧化来
贫PXC$_8$自吸附分离来
热油自二甲苯塔再沸炉来
热油自二甲苯塔底来
C$_8$至吸附分离
吸附分离进料

图 2 异构化单元流程

5 检修周期及检修项目

5.1 主要设备

歧化异构化装置主要设备如表 1 所示。

表 1 歧化异构化装置主要设备

名称	设备种类		主要设备	通用、专用设备检修规程的代码
转动设备	压缩机（包括工业汽轮机）	离心式压缩机	歧化循环氢压缩机 异构化循环氢压缩机	SHS 01018/01019
	泵	离心泵	歧化进料泵，汽提塔底泵，汽提塔回流泵，苯塔底泵，苯塔回流泵，甲苯塔塔底泵，甲苯塔回流泵、异构化进料泵、高分罐底泵、脱庚烷塔底泵、脱庚烷塔回流泵	SHS 01013
		螺杆泵	润滑油泵	SHS 01016
		屏蔽泵	苯塔回流泵	SHS 01043
	离心式风机		加热炉鼓风机、引风机	SHS 01022
静设备	圆筒形加热炉		歧化加热炉、异构化加热炉	SHS 01006
	塔	板式塔	汽提塔、苯塔、甲苯塔、脱庚烷塔	SHS 01007
	反应器		歧化反应器、异构化反应器	SHS 01008
	换热器	管壳式换热器	歧化进料换热器、歧化产物冷却器、汽提塔底出料 / 汽提塔进料换热器、歧化白土塔进料换热器、汽提塔重沸器、脱庚烷塔再沸器、脱庚烷塔顶冷却器、脱庚烷塔进料 / 异构化进料换热器	SHS 01009
		缠绕管式换热器	异构化混合进料换热器	SHS 01057
		空冷器	歧化产物空冷器、汽提塔空冷器、苯塔空冷器、甲苯塔空冷器	SHS 01010
	压力容器		反应器、换热器、缓冲罐、塔、回流罐	SHS 01004
	常压容器、常压储罐		苯产品罐	SHS 01004
	压力管道		氢气管道，普通压力管道	SHS 01005
	阀门			SHS 01030

表 1　歧化异构化装置主要设备（续）

名称	设备种类		主要设备	通用、专用设备检修规程的代码
仪表	现场仪表	检测仪表、显示或报警仪表、控制仪表、辅助单元、执行器及其附件	流量计、液位计、变送器	SHS 07002
	控制系统	集散控制系统（DCS）、可编程控制系统（PLC）、机组控制系统（CCS 或 ITCC）、工业控制计算机系统（IPC）、监控和数据采集系统（SCADA）	DCS、PLC 关键机组	SHS 07008
	安全仪表系统（SIS）	安全联锁系统、紧急停车系统和可燃、有毒有害气体及火灾检测保护系统	SIS 联锁系统	SHS 07007
	在线分析仪表	工业气相色谱仪、氧分析仪、红外分析仪、质谱仪、pH 计、电导仪、水分仪	氢气纯度在线监测仪、氧含量在线监测仪、水分析仪	SHS 07006
	安全环保仪表	可燃气体检测报警仪、有毒有害气体检测报警仪、氨氮分析仪、化学需氧量分析仪（COD）、水质分析仪、烟气分析仪（CEMS）	可燃气体报警仪、苯监测报警仪	SHS 07007
	特殊仪表	振动 / 位移检测仪表、转速控制仪表	关键机组振动 / 位移检测仪表和转速控制仪表	SHS 07007

5.2　检修周期

5.2.1　歧化异构化装置检修应根据实际运行情况进行定期停车检修，检修周期按 36～48 个月来确定。

5.2.2　有备用设备的或日常可以进行检修的不列入大修项目。

5.3　检修内容

5.3.1　确定检修内容的依据

1）按法律法规要求的特种设备定期检验。

2）不符合国家安全与环境保护、节能要求的设备改造和更新。

3）对本次检修或下次检修之前已到法定检验时间的计量设施。

4）设备状况：

a）静设备：

——炉子因炉管结焦堵、疲劳失效、减薄及炉内构件失效等原因造成运行状况恶化、性能降低等；

——塔内部因塔盘结焦堵、内构件损坏、积垢腐蚀等原因造成运行状况恶化、性能降低等；

——换热器因换热管腐蚀穿孔、结焦堵管、积垢腐蚀等原因造成运行状况恶化、性能降低等；

——反应器因催化剂失效、内构件损坏、结焦、积垢腐蚀等原因造成运行状况恶化、性能降低等；

——容器因内构件损坏、结焦、积垢腐蚀等原因造成运行状况恶化、性能降低等；

b）转动设备：磨损、疲劳、泄漏、振动等原因造成运行状况恶化、性能降低等；

c）管道、阀门因腐蚀减薄、失效等原因造成运行状况恶化、性能降低等；

d）电气设备：部件老化等原因造成运行状况恶化、性能降低等；

e）仪表设备：部件老化等原因造成运行状况恶化、性能降低等；

f）日常维护抢修中采用带压堵漏、带压开孔等方式进行临时的项目。

5）工艺催化剂（三剂）失效。

6）钢结构平台、设备基础、房屋等建构筑物老化、锈蚀等必须在停车检修期间内维修的项目。

7）安全防护设施失效。

5.3.2 检修具体内容

停车大修是对歧化异构化装置安全环保、长周期运行及经济效益有重大影响的设备、管线、电气仪表系统、土建及基础设施等在运行周期内将要发生的功能故障进行全面检修。其他检修是除大修外对装置局部或设备本体有经济运行影响的功能故障而进行的检修。

歧化异构化装置主要检修内容如表 2 所示。

表 2 歧化异构化装置主要设备检修内容

序号	设备名称	设备功能	功能故障	故障周期/月	检修内容	设备分级
1	歧化循环氢压缩机	将循环氢气升压，提供密闭空间	机出口流量达不到生产要求	48	1. 更换干气密封； 2. 检查更换轴承； 3. 清洗叶轮和过滤器； 4. 错油门、油动机、速关阀、速关阀组件清扫并更换橡胶配件； 5. 转速控制系统和仪表调试	A 类

表 2　歧化异构化装置主要设备检修内容（续）

序号	设备名称	设备功能	功能故障	故障周期/月	检修内容	设备分级
2	异构化循环氢压缩机	将循环氢气升压	机出口流量达不到生产要求	48	1. 更换干气密封； 2. 检查更换轴承； 3. 清洗叶轮和过滤器； 4. 错油门、油动机、速关阀、速关阀组件清扫并更换橡胶配件； 5. 转速控制系统和仪表调试	A类
3	异构化加热炉	将异构化反应物料加热，确保在加热炉出口温度达到工艺指标，环保数据达到环保指标要求	炉出口介质温度达不到生产要求，烟气排放达不到环保要求	48	1. 火嘴、炉管清扫； 2. 炉管理化检验； 3. 对流炉管定期清洗； 4. 衬里修复； 5. 三门一板调试； 6. 仪表检定	A类
4	歧化加热炉	将歧化反应物料加热，确保在加热炉出口温度达到工艺指标，环保数据达到环保指标要求	炉出口介质温度达不到生产要求，烟气排放达不到环保要求	48	1. 火嘴、炉管清扫； 2. 炉管理化检验； 3. 对流炉管定期清洗； 4. 衬里修复； 5. 三门一板调试； 6. 仪表检定	A类
5	歧化反应器	为歧化反应物料提供反应空间	歧化反应温度超工艺指标要求	48	1. 压力容器定期检验； 2. 内构件检查、修复； 3. 仪表检定； 4. 催化剂更换	A类
6	异构化反应器	为异构化反应物料提供反应空间	异构化反应温度超工艺指标要求	48	1. 压力容器定期检验； 2. 内构件检查、修复； 3. 仪表检定； 4. 催化剂更换	A类
7	汽提塔 苯塔 甲苯塔 脱庚烷塔	提供热量交换场所，实现气液分离	产品分离效果达不到工艺要求，设备腐蚀泄漏或静密封泄漏	48	1. 清扫塔内壁和塔盘等内件； 2. 检查修理塔体和内衬的腐蚀、变形和各部焊缝； 3. 检查修理塔体或更换塔盘板和鼓泡元件； 4. 检查修理或更换塔内构件； 5. 检查修理分配器和除沫器等部件； 6. 检查校验安全附件； 7. 检查修理塔体油漆和保温	A类

表 2 歧化异构化装置主要设备检修内容（续）

序号	设备名称	设备功能	功能故障	故障周期/月	检修内容	设备分级
8	歧化进料缓冲罐 异构化进料缓冲罐	为介质提供分离场所，实现气液分离	设备腐蚀泄漏或静密封泄漏，容器堵塞	48	1. 压力容器定期检验； 2. 内构件检查、修复，罐内清扫； 3. 仪表检定； 4. 安全附件定期校验	A 类
9	歧化气液分离器	为歧化气液提供分离场所，实现气液分离	产品分离效果达不到工艺要求	48	1. 压力容器定期检验； 2. 内构件检查、修复，罐内清扫； 3. 仪表检定； 4. 安全附件定期校验	A 类
10	异构化气液分离器	为介质提供分离场所，实现气液分离	产品分离效果达不到工艺要求	48	1. 压力容器定期检验； 2. 内构件检查、修复，罐内清扫； 3. 仪表检定； 4. 安全附件定期校验	B 类
11	歧化混合进料换热器	为歧化反应物料提供热交换场所	介质换热效果达不到工艺要求	48	1. 压力容器定期检验； 2. 管束清扫、试压； 3. 仪表检定	A 类
12	汽提塔进料/白土塔出料换热器 歧化产物空冷器 苯塔空冷器 异构化混合进料换热器	为原料提供热交换场所，为介质输送提供密闭通道	介质换热效果达不到工艺要求	48	1. 抽芯、清扫管束和壳体； 2. 管束焊口、胀口处理及单管更换； 3. 检查修理管箱及内附件、浮头盖、钩圈、外头盖、接管等及其密封面，更换垫片并试压； 4. 更换腐蚀螺栓、螺母； 5. 壳体保温修补及防腐； 6. 更换管束或壳体	B
13	异构化白土塔	为介质提供反应场所，实现介质指标合格	产品反应效果达不到工艺要求	48	1. 压力容器定期检验； 2. 内构件检查、修复，罐内清扫； 3. 仪表检定； 4. 安全附件定期校验	B 类

6 装置检修管理

6.1 装置检修前准备工作

6.1.1 装置检修前，参检单位要做好检修作业指导书、施工方案、检修图纸、现场施工平面布置图等各类资料的准备及审核，相关检修资料最终经业主方审批确认后方可实施。

6.1.2 进入检修现场的各类施工机具、器具，必须是合格的、适用的，必须有检定合格证和标记，并在有效期内使用，严禁使用未经校验的机具。进场前，所有自检合格并贴有自检合格证的施工机具，要列出汇总清单上交给业主方，并经业主方检验后方可使用。

6.1.3 进入现场的检修耗材、配件等，必须附有质量证明文件，并在指定的地点规范存放。在安装、使用各类检修材料前，应对材料的外观质量进行检查确认，参检单位要做到领用材料检验有见证、验收有记录。

6.1.4 参检单位的所有施工人员，必须具备相应的作业资质，检修前须做好检修方案、技能方面的培训，熟悉检修项目的特点，严格按检修方案进行施工。同时，施工人员必须进行业主方相关专业的教育培训，对无相应作业资质、未经教育培训或考核不合格的人员，一律不得上岗作业。

6.2 工艺交出检修条件

在装置交付检修前，由生产管理部和安全环保部门组织相关单位召开安全验收会，检查确认设备容器人孔拆卸、盲板加装、容器内采样分析、停电、下水井封堵等工作，经相关部门签字确认后，由装置开具用火、用电、进入受限空间等相关票证，进入检修状态。工艺交出要具备以下条件：

1）装置所有盲板按照盲板图、表安装、编号、挂牌并经工艺员、设备员、安全员已签名确认；

2）PID 图上所有系统、管线得到置换处理并做好标识；

3）系统内设备、管线按规定进行吹扫和置换，取样分析合格；

4）下水井取样分析合格，存油清理干净，排水畅通，水封完好；

5）下水井和漏斗口用石棉布盖好，并用沙土封严；

6）系统内设备人孔打开前的确认，打开的设备人孔处挂上“未经许可，禁止入内”警示牌；

7）制定停工安全、环保措施和工作危害分析记录表（JSA）；

8）装置内分析不合格点挂标识，储存物料区标识、硬隔离；

9）制定检修中防硫化亚铁自燃方案；

10）指定具有监护人资格的人员负责动火、进设备等作业的监护。

装置交付检修确认表见附录 A。

6.3 检修过程安全环保管理总体要求

6.3.1 安全管理总体要求

1）装置检修的安全管理，坚持“安全第一、预防为主、综合治理”的方针和“谁主管，谁负责”“谁签发，谁负责”的原则，坚持以人为本、落实责任、强化监管，按属地化管理原则。

对于人数少的新企业要求外聘第三方 HSSE 监管，对于人数多的老企业或自身能力能够满足要求的老企业，可根据需要由企业自行决定是否外聘第三方 HSSE 监管。第三方 HSSE 监管纳入到 HSSE 管理体系。

2）各级指挥部的安全环保消防组应按指挥部管理体系要求承担相应的管理责任。

3）承包商应建立健全安全管理体系，分包商的安全管理工作由总承包商负总责。

4）安全监督管理部门对检修过程的安全管理工作进行监督检查，指挥部的安全环保消防组负责施工过程安全检查管理。运行部负责所在区域的施工项目配合和现场安全监督检查。

6.3.2 环保管理总体要求

装置停工检修改造环保管理总体要求是：密闭吹扫，有序排放，清洁停工，安全处置，达标排放。为做好停工和检修期间的环保工作，停工装置要落实密闭吹扫及除臭方案，对排放污水、吹扫尾气放空、工业废物处置应进行预申报，排放时必须做到先检测后排放，主管部门根据监测结果确定处理方式。对于化学清洗等产生的废水，项目管理部门在与清洗单位签订合同前要明确废水处理相关责任及要求。

6.4 检修质量管理

质量管理的总体要求：成立检修质量管理组织机构，明确管理职责，建立质量管理程序文件。

1）对承包商资质、人员、机具等进行审查。

2）通过组织设计审查，确保设计质量。

3）物资采购管理部门组织对采购物资进行入库检验并对重点物资进行监造。

4）在施工过程中组织对检验检测的质量进行抽查。

6.5 变更管理

6.5.1 检修过程要加强变更管理，建立健全变更管理制度和工作流程，采取措施减少变更数量。原则上没有经过各级部门同意的变更不允许在检修中执行。

6.5.2 项目变更控制主要内容

1）对于试用产品、设备备件结构形式改变、材质升级要充分识别，要有专门技术论证审批过程，审批时要加强相关专业沟通确认；

2）所有变更应事前发起，只有当变更得到批准后，才可组织实施。项目变更由变更提出单位发起申请并填写“变更申请单”，按照各企业相关制度规定的权限办理审批手续；

3）对于因材料找价差导致的超费用计划（或工单预算），需要补办变更手续；

4）对于不涉及费用计划的变更，如项目名称、版本号、承包商、施工方案、施工进度等也需办理相应的变更手续；

5）对于结算费用高于非包干合同标的按各企业管理制度执行变更；

6）投资类项目的变更参照各企业“固定资产投资过程控制管理规定”执行。

6.6 装置检修交回条件

装置检修交回确认主要内容：

1）装置开工人员及开车保镖人员配备落实；

2）技术、原辅材料、动力、备品备件等方面的准备；

3）队伍技术状态、开工方案学习落实情况；

4）现场规格化情况；

5）工艺和设备联锁仪表校验情况；

6）HSSE 措施落实情况；

7）盲板拆除清单、技术准备情况；

8）机、电、仪、公用工程、储运、质检等相关专业准备情况；

9）停工临设拆除、施工尾项整改情况等。

装置检修交回开工确认表见附录 B。

6.7 检修后期管理

6.7.1 资料交付

承包商应在检修项目结束后 30 天内将竣工资料完整地交给使用单位，竣工资料交付参考 SH/T 3503—2017《石油化工建设工程项目交工技术文件规定》。

6.7.2 检修总结

装置检修结束后，要对检修改造工作进行总结，对好的做法进行总结、提炼，固化这些经验，指导今后检修改造工作；对总结检修改造中存在的问题，分析原因，完善措施，不断提高管理水平。

大修总结模板见附录 D。

7 装置日常维护

7.1 日常巡检

包括操作工的日常巡检和专业人员（设备管理人员、专业维保人员、电仪专业人员）的日常点检。操作人员对泵电机、机泵进行点检并上传数据；设备管理人员每天上、下午各巡检一次，主要针对关键设备、特护机组；各专业维保人员每天对转动设备进行点检。异构化循环氢压缩机 / 歧化循环氢压缩机作为特护机组实行特护管理，按照特护管理制度进行。司炉工每天巡检加热炉燃烧情况。

7.2 日常维护

装置日常维护的基本内容包括：设备维护保养、设备检查和设备修理。

7.2.1 设备维护保养

设备维护保养的内容是保持设备清洁、整齐、润滑良好、安全运行，包括及时紧固松动的紧固件，调整活动部分的间隙等。简言之，即“清洁、润滑、紧固、调整、防腐”十字作业法。维护保养依工作量大小和难易程度分为装置操作工保养、专职保养维修工的保养。

7.2.1.1 装置操作工保养

其主要内容是：进行清洁、润滑、紧固易松动的零件，检查零件、部件的完整。这类保养的项目和部位较少，大多数在设备的外部，一般由装置操作工人承担。

7.2.1.2 专职保养维修工的保养

主要内容包括对设备内部清洁、润滑、局部解体检查和调整，必要时对达到规定磨损限度的零件加以更换。此外，还要对主要零部件的磨损情况进行测量、鉴定和记录。具体标准执行通用设备的检修规程。

在两种维护保养中，装置操作工保养是基础，专职保养维修工的保养是关键。

7.2.2 设备检查和设备修理

设备检查按时间间隔分为日常检查和定期检查。

日常检查由操作人员执行，同操作工的保养结合起来，目的是及时发现不正常的技术状况，进行必要的维护保养工作。

机泵类：歧化反应进料泵多采用立式高速泵，该型式泵故障率较高，关注齿轮箱温度、润滑油压力等参数及机封检漏孔泄漏情况。多级离心泵润滑检查尤其非驱动端润滑情况要格外关注。加热炉：检查火苗燃烧情况，对供风量和瓦斯用量匹配，做到及时调整。压缩机：每天对压缩机干气密封带液情况进行检查，对干气密封泄漏情况进行记录。

定期检查是按照计划，在操作工参加下，定期由专职维修工执行，也就是预防性检查维修。目的是通过检查，全面准确地掌握零件磨损的实际情况，以便确定是否有进行修理的必要。

机泵类：屏蔽泵定期对冷却系统进行检查；立式高速泵定期清洗油冷却器，定期更换油滤芯；加热炉：定期对氧化锆进行校验，并利用测氧含量仪器定期进行比对，以保证氧含量测量准确。压缩机：定期对润滑油进行分析，油箱油位进行检查；汽轮机驱动的压缩机系统要定期检查油路系统，定期对高温机泵机封冷却系统进行检查。

7.3 常见设备故障

歧化、异构化反应器均为高温、氢气环境，使用中存在高温氢腐蚀或者氢脆的可能性，因此在使用过程中，应严格按照升降温程序，升温时先升温后升压，降温时先降压后降温。严格落实反应温度低于 150℃时，反应压力不能大于 0.6MPa 的要求。机组及关键机泵检修按照检修规范进行。常见故障类型与处理方法见表 3。

表 3 常见故障类型与处理方法

设备类型	故障类型	处理方法
反应器类	高温氢腐蚀	设计选材时严格选材，制作中需严格落实过程控制
	氢脆	严格按照温度低于 150℃时，压力不高于 0.6MPa
机泵类	轴承损坏	机泵润滑是机泵稳定运行的关键，油浴润滑定期换油，油雾润滑定期检查喷嘴确保油路畅通，轴承根据运行参数及时进行更换
	高速泵齿轮箱故障	严格确保齿轮箱油压、油温。定期对齿轮箱进行检查保养
	高速泵机封泄漏	高速泵机封突然泄漏导致歧化装置切断进料，高速泵机封材质要求高，加强巡检及时发现检漏孔泄漏要进行切泵处理
压缩机类	汽轮机调速系统故障	保持汽轮机在合适转速区间运行，避免低转速；大检修期间机组按照大修规范进行。确保各部件进行检查保养
	驱动电机变频器故障	变频器元件故障，大检修期间按照电气设备检修规范检修。元件定期更换保养

附 录 A
（资料性附录）
装置停工交付检修确认表

<table>
<tr><td rowspan="2"></td><td colspan="7">装置停工交付检修确认表</td></tr>
<tr><td>记录编号</td><td></td><td>使用单位</td><td colspan="4"></td></tr>
<tr><td colspan="2">停工检修单位</td><td></td><td>装置</td><td></td><td>时间</td><td colspan="2">年 月 日</td></tr>
<tr><td colspan="2">单位</td><td colspan="2">确认内容</td><td>存在问题</td><td colspan="2">确认意见</td><td>确认人</td></tr>
<tr><td colspan="2">停工单位</td><td colspan="2">1. 装置与系统是否有效隔离并提供对应的盲板表？
2. 是否有专用氮气线，是否专用？
3. 管线及容器是否吹扫干净并提供吹扫作业确认表？
4. 容器及塔测爆及氧含量是否合格？
5. 风险系数较大的作业是否进行危害识别分析？
6. 对塔、容器仪表监控手段是否保留？
7. 动火作业项目是否上墙？
8. 对本单位、施工单位参加检修的人员安全教育并考试是否进行？
9. 明沟、地面上是否有油？清污分流设施是否投用？
10. 对装置内电缆沟是否做出明显标志？
11. 设备、容器、管道是否全部打开并在设备人孔处挂“危险空间！严禁入内”的警示牌？
12. 检修现场下水井、地漏、明沟是否封闭，泵沟等是否建立水封？
13. 检修设备是否停电？</td><td></td><td colspan="2"></td><td></td></tr>
<tr><td colspan="2">电气部</td><td colspan="2">1. 是否已按用电单位停送电要求实施停送电？
2. 参加大修的电气作业人员是否进行电工作业资格的确认和相应的安全教育？
3. 其他</td><td></td><td colspan="2"></td><td></td></tr>
<tr><td colspan="2">仪控部</td><td colspan="2">1. 对本单位、施工单位参加检修的人员安全教育并考试是否进行？
2. 机柜间运行装置的机柜与检修的区域是否采用明显有效的隔离措施？
3. 仪表吹扫排放中相关安全环保措施是否明确落实？</td><td></td><td colspan="2"></td><td></td></tr>
</table>

装置停工交付检修确认表（续）

<table>
<tr><td rowspan="2"></td><td colspan="6">装置停工交付检修确认表</td></tr>
<tr><td>记录编号</td><td></td><td>使用单位</td><td colspan="3"></td></tr>
<tr><td colspan="2">停工检修单位</td><td></td><td>装置</td><td></td><td>时间</td><td>年　月　日</td></tr>
<tr><td colspan="2">单位</td><td colspan="2">确认内容</td><td>存在问题</td><td>确认意见</td><td>确认人</td></tr>
<tr><td colspan="2">仪控部</td><td colspan="2">4. 放射线同位素仪表停工检修防护措施是否落实？
5. 工器具是否进行相关安全检查？
6. 重大作业项目是否编写施工作业方案和进行危害识别与评价？
7. 高处作业的脚手架是否搭设妥当并验收合格？
8. 每项作业施工是否具有合格的施工检修作业票？相关安全措施是否落实到位？
9. 劳保用品穿戴是否符合要求？
10. 检修质量和检修内容是否符合要求？</td><td></td><td></td><td></td></tr>
<tr><td colspan="2">消防部门</td><td colspan="2">现场消气防器材是否齐全、完好？
消防、疏散通道是否符合要求？
其他</td><td></td><td></td><td></td></tr>
<tr><td rowspan="2">生产部门</td><td>技术科</td><td colspan="2">1. 检查吹扫作业票的确认签名是否落实？
2. 现场检查盲板是否按方案和盲板清单进行安装？
3. 检查瓦斯、氮气和工艺介质等物料在装置边界是否进行有效隔离？
4. 催化剂、保护剂、胺液或按方案不退的介质是否按方案要求进行了有效安全隔离？</td><td></td><td></td><td></td></tr>
<tr><td>管理科</td><td colspan="2">1. 检查配合外系统的吹扫是否已满足要求可以停运？
2. 其他</td><td></td><td></td><td></td></tr>
<tr><td>机动部门</td><td>设备科</td><td colspan="2">已按停工方案要求抽堵盲板，且要做好明显标记，并指定专人统一编号登记，严防漏堵、漏拆。盲板的材质、厚度符合安全要求。
与炉、塔、容器相连的蒸汽、氮气等有害介质的阀门，已加盲板隔离。
未经吹扫处理的设备、容器、管道已与系统隔离，设置明显警示标志，并向职工和施工单位交底。
冬季停工，装置要做好防冻防凝工作</td><td></td><td></td><td></td></tr>
</table>

装置停工交付检修确认表（续）

<table>
<tr><td rowspan="2"></td><td colspan="6">装置停工交付检修确认表</td></tr>
<tr><td>记录编号</td><td></td><td>使用单位</td><td colspan="3"></td></tr>
<tr><td colspan="2">停工检修单位</td><td></td><td>装置</td><td></td><td>时间</td><td>年　月　日</td></tr>
<tr><td colspan="2">单位</td><td colspan="2">确认内容</td><td>存在问题</td><td>确认意见</td><td>确认人</td></tr>
<tr><td>机动部门</td><td>动力科</td><td colspan="2">1. 变配电所内电气安全用具、消防器材已检查并在有效期限内；
2. 变配电所内的工器具已检查合格；
3. 电气现场检修动力箱（固定）、临时变已检查合格；
4. 配送电单位、施工单位参修人员已经安全教育并考试合格；
5. 外来人员已经安全教育并考试合格；
6. 工艺要提供装置停工后仍需使用的仪表清单；
7. 电气专业提供停工期间停电网络，仪表提前准备</td><td></td><td></td><td></td></tr>
<tr><td rowspan="3">安环部门</td><td>管理科</td><td colspan="2">对本单位、施工单位参加检修的人员安全教育并考试是否进行？
其他</td><td></td><td></td><td></td></tr>
<tr><td>环保科</td><td colspan="2">明沟、地面上是否有油？清污分流设施是否投用？
其他</td><td></td><td></td><td></td></tr>
<tr><td>安全科</td><td colspan="2">1. 现场固定式可燃气体报警仪、H_2S 报警仪等探头是否进行妥善保护？
2. 对装置内电缆沟是否做出明显标志？
3. 设备、容器、管道是否全部打开并在设备人孔处挂“危险空间！严禁入内”的警示牌？
4. 检修现场卜水井、地漏、明沟是否封闭？泵沟等是否建立水封？
5. 打开的设备、容器、管道测爆分析是否合格？
6. 运行的装置与检修的区域是否采用明显有效的隔离措施？存在工艺介质的工艺管线是否做出标志？
7. 其他</td><td></td><td></td><td></td></tr>
<tr><td colspan="2">领导意见</td><td colspan="2"></td><td></td><td></td><td></td></tr>
</table>

附 录 B
（资料性附录）
装置检修交回开工确认表

<table>
<tr><td rowspan="2"></td><td colspan="5">装置检修交回开工确认表</td></tr>
<tr><td>记录编号</td><td></td><td>使用单位</td><td colspan="2"></td></tr>
<tr><td colspan="2">开工装置</td><td></td><td>时间</td><td colspan="2">年 月 日</td></tr>
<tr><td colspan="2">单位</td><td>要求</td><td>存在问题</td><td>确认意见</td><td>确认人</td></tr>
<tr><td colspan="2">施工单位</td><td>检修项目以及改造项目已施工完成，并验收合格。
施工用临时设施已全部拆除；现场清洁、无杂物。
除用于开工查漏、热紧用的架子保留外，其他架子、跳板均拆除。
设备、管线等保温复位。
因检修拆除的劳动保护、照明设施已恢复。
塔器设备、安全阀、现场仪表、管线等均已复位</td><td></td><td></td><td></td></tr>
<tr><td colspan="2">项目所属单位</td><td>设备位号和管道介质名称、流向标示齐全。
检查现场设备、管线、保温等安装符合规范，试用情况正常。
机组等设备联锁试验正常。
工艺联锁试验正常。
盲板拆、装清单已确认。
装置吹扫、试压通过。
现场消防、气防器材及岗位工器具配齐，现场环保设施投用。
开工化工原材料准备完毕。
备品配件齐全</td><td></td><td></td><td></td></tr>
<tr><td colspan="2">电气部</td><td>变电所已正常投用，高低压电送电正常。
现场电气设备如电动阀、电加热器、电机等试运正常。
现场照明等恢复正常</td><td></td><td></td><td></td></tr>
<tr><td colspan="2">仪控部</td><td>现场仪表调试、DCS 调试、联校正常。
配合工艺、设备的联锁调试已完成</td><td></td><td></td><td></td></tr>
<tr><td colspan="2">公用工程部</td><td>循环水、新鲜水、蒸汽、仪表风 / 工厂风、氮气等公用介质供应正常</td><td></td><td></td><td></td></tr>
</table>

装置检修交回开工确认表（续）

<table>
<tr><td rowspan="2"></td><td colspan="5">装置检修交回开工确认表</td></tr>
<tr><td>记录编号</td><td></td><td>使用单位</td><td colspan="2"></td></tr>
<tr><td colspan="2">开工装置</td><td></td><td>时间</td><td colspan="2">年 月 日</td></tr>
<tr><td colspan="2">单位</td><td>要求</td><td>存在问题</td><td>确认意见</td><td>确认人</td></tr>
<tr><td colspan="2">储运部</td><td>储运系统已具备正常供料以及接收产品条件</td><td></td><td></td><td></td></tr>
<tr><td colspan="2">化验部门</td><td>现场采样器已复位正常。
分析项目已具备分析条件</td><td></td><td></td><td></td></tr>
<tr><td colspan="2">消防部门</td><td>现场消气防器材齐全、完好。
消防、疏散通道符合要求</td><td></td><td></td><td></td></tr>
<tr><td rowspan="2">安环部门</td><td>环保</td><td>现场环保设施，如清污分流设施等已投用。
后续环保装置具备接收物料条件</td><td></td><td></td><td></td></tr>
<tr><td>安全</td><td>现场固定式可燃气体报警仪、H_2S 报警仪等已投用。
拟开工装置与临近的检修区域已采用明显有效的隔离措施。
现场安全设施如平台围栏、护栏等符合要求，现场无容易坠落物品。
如有零星动火项目，火票需升级</td><td></td><td></td><td></td></tr>
<tr><td colspan="2">工程管理部门</td><td>负责的改造项目已施工完成并验收合格</td><td></td><td></td><td></td></tr>
<tr><td rowspan="2">机动部门</td><td>设备科</td><td>检修项目已完成，并验收合格。
保运工作已落实</td><td></td><td></td><td></td></tr>
<tr><td>动力科</td><td>电气、仪表检修改造项目已完成，并投用正常。
电气现场检修动力箱、临时变已拆除</td><td></td><td></td><td></td></tr>
<tr><td rowspan="2">生产部门</td><td>技术科</td><td>开工方案已审批完成。
盲板已按方案和盲板清单进行安装。
开工用化工原材料已落实。
其他专项方案已落实或审批</td><td></td><td></td><td></td></tr>
<tr><td>管理科</td><td>外围的公用、储运系统以及相关装置已可支持装置开工。
开工用原料已落实</td><td></td><td></td><td></td></tr>
<tr><td colspan="2">人教部门</td><td>操作人员已经过学习、培训，并考试合格</td><td></td><td></td><td></td></tr>
<tr><td colspan="2">项目所属单位领导意见</td><td>签名：</td><td>公司意见</td><td colspan="2">签名：</td></tr>
</table>

附　录　C
（资料性附录）
检修施工现场HSSE日检表

序号	检查内容	存在问题	检查人员	整改情况	验证人	备注
1	临时用电					
1.1	配备合格的持证电工					
1.2	配电箱合格、有防雨措施，按要求标识并上锁。					
1.3	配电系统执行“三相五线制”，符合“三级配电二级保护”要求，安装匹配的漏电保护器，漏保动作灵敏好用，并进行日常试验和记录					
1.4	电缆及接头无破损，绝缘良好；铺设规范，走向清晰，标识明确					
1.5	用电严格执行“一机一闸一保护”					
1.6	按要求配置保护零线和工作零线，工作接地和重复接地完好。					
1.7	安全电压符合作业环境要求					
1.8	使用工业插头、插座					
2	施工机具					
2.1	各种机具设备安全要求进行定期检查，确保完好					
2.2	设有机械保护装置（如转动设备等）的设备，保护装置处于完好状态					
2.3	用电机具、设施接地完好					
2.4	配备与作业要求相匹配的劳动防护用品					
2.5	空气压缩机压力表、安全阀等在检验有效期内并处于完好状态，高压气管和软管固定连接可靠					
2.6	气瓶垂直放置，瓶体固定可靠；气瓶分类摆放并保持安全距离，防护措施到位，气瓶阻火器、压力表等安全附件完好，气管无老化破损，连接可靠					
3	脚手架					

检修施工现场HSSE日检表（续）

序号	检查内容	存在问题	检查人员	整改情况	验证人	备注
3.1	脚手架搭设人员是专业架子工，并持证上岗。搭设人员按要求着装，配备五点双大钩安全带					
3.2	编制脚手架搭设方案、进行安全技术交底并有记录					
3.3	按规范要求搭设脚手架，且有良好的整体稳固性					
3.4	搭设和拆除过程必须有专人监督，周边设置警戒区					
3.5	连墙件设置可靠，各节点扣件扭矩力符合要求					
3.6	通道、护栏、腰杆、踢脚板等符合要求					
3.7	作业面满铺跳板，无孔洞，跳板可靠固定且无探头板					
3.8	作业面临时放置的材料等在允许荷载范围内，严禁超载荷；放置必须稳固，无坠物风险					
3.9	脚手架搭设完成验收合格挂牌使用					
3.10	消防设施保持完好，灭火器和消防水桶按要求配置					
3.11	消防安全通道保持畅通					
3.12	用火作业前，清理周边易燃物，采取接火措施					
4	起重					
4.1	编制了吊装方案，进行交底并有记录					
4.2	起重设备操作人员、司索、指挥持有效证件					
4.3	起重机械证照齐全有效					
4.4	起重机械安全设施、附件完好					
4.5	机索具检查完好，钢丝绳无磨损，连接可靠，绳卡数量和间距满足要求					
4.6	吊装作业半径设置了警戒区，禁止无关人员入内					
4.7	吊装前进行评估，确保在额定起升载荷范围内进行起重作业，不得超载					

检修施工现场HSSE日检表（续）

序号	检查内容	存在问题	检查人员	整改情况	验证人	备注
4.8	吊车支腿符合要求					
4.9	吊物捆绑符合要求，使用溜绳					
4.10	吊装作业天气、环境、风力等符合要求					
5	焊接、气割					
5.1	设备接地完好					
5.2	焊把线无破损，连接器完好					
5.3	有专人监护，接火、防火措施到位					
5.4	可燃性气瓶与胶管连接完好，无漏气，气瓶有阻火器					
5.5	现场气瓶与明火源保持安全距离					
6	受限空间					
6.1	对所要进行作业的受限空间进行吹扫、蒸煮、置换，并分析合格。所有与受限空间相连接的管线、阀门应进行有效隔离，盲板处应挂标识牌，并经工艺技术人员签字确认					
6.2	出、入口内外不得有障碍物，在受限空间入口处设置“危险！严禁入内”警告牌或采取其他封闭措施					
6.3	对有可能发生硫化亚铁自燃的设备、容器必须经充分的钝化脱臭处理，并在现场配置消防水带					
6.4	《进入受限空间作业许可证》实行一点一证					
6.5	进入受限空间作业实行“三不进入”原则，即：一、没有经批准有效的《进入受限空间作业许可证》不进入；二、安全措施未落实不进入；三、监护人不在场不进入					
6.6	作业现场配备必要的救护器具和灭火器材等					
6.7	进入受限空间作业应使用安全电压和安全行灯					
7	作业安全					
7.1	作业前进行班前安全教育和安全技术交底，作业人员清楚当天作业内容和安全风险及注意事项					
7.2	特殊工种持证上岗					

检修施工现场HSSE日检表（续）

序号	检查内容	存在问题	检查人员	整改情况	验证人	备注
7.3	佩戴合格安全帽，并根据作业任务佩戴专用眼部、面部、手部等防护用品，高处作业人员系挂安全带					
8	收工检查					
8.1	配电系统一级箱断电，关闭气瓶角阀，能量上锁					
8.2	现场火种检查清理完毕					
8.3	清理各作业面材料和杂物等，做到工完料净场地清					
8.4	落实夜间值班、巡检人员，职责到位，检查内容明确					

附　录　D
（资料性附录）
装置停工检修工作总结模板
（设备专业）

根据公司《设备检修管理制度》规定，在装置停工检修结束后各相关单位应组织编写装置停工检修工作总结。为此，就进一步做好装置停工检修工作总结提出要求如下：

封面：

名称：××× 部 ××× 装置 ×××× 年 ×× 月停工检修工作总结

编写人：×××

审核人：×××

批准人：×××（运行部领导）

编写单位：中石化 ××× 分公司 ××× 部

编写时间：×××× 年 ×× 月

正文：

（一）装置停工检修过程概述

装置开、停工、检修过程简述，本周期装置运行起止时间。

本周期装置运行中出现的主要问题。

本次停工检修、改造内容简述，检修项目计划数（包括补充、追加），检修计划完成情况。重点检修项目情况。

开停工、检修网络执行情况。

（二）主要检修内容技术总结

反应器部分

塔、容器部分

加热炉部分

冷换设备、空冷器部分

阀门部分

管道部分

压缩机部分

泵部分

特殊阀门部分

输送机械部分

压力容器检验（包括缺陷返修处理）

压力管道检验（包括缺陷返修处理）

安全阀检验

其他检修方面

技术分析中要有以下内容：上次运行周期出现的问题，本次检修检查情况及采取措施；上次检修遗留问题处理情况；本周期与上周期设备隐蔽检查情况对照；重复发生问题处理方案有效性；装置系统问题；典型案例。

（三）检修计划准确性分析

（四）检修施工队伍评述

（五）材料供应评述

（六）设计质量评价

（七）检修质量评价

（八）本次检修遗留问题及预案

（九）检修管理亮点、存在的不足和下次检修需注意的问题

（十）附表

表 1　设备增加情况表

序号	位号	名称	规格型号	制造厂	数量	备注

表 2　设备拆除情况表

序号	原位号	名称	规格型号	制造厂	数量	备注

表 3　管线拆除情况表

序号	原编号	名称	规格	长度 /m	备注

表 4　设备更换情况表

序号	位号	名称	规格型号		制造厂		数量	备注
			更换前	更换后	更换前	更换后		

表 5　冷换设备检修情况表

序号	位号	名称	规格型号	抽芯清洗	试压换垫	堵管根数	管束更换

表 6　阀门检修、更换情况表（*DN*50 和 *DN*50 以上）

序号	规格型号	公称直径	检修数量	更换数量

表7　压力容器检验情况表

序号	计划检验台数	增加变更台数	减少变更台数	实际完成台数	缺陷返修台数

表8　压力管道检验情况表

序号	检验计划		增加变更		减少变更		实际完成	
	条数	米数	条数	米数	条数	米数	条数	米数

表9　安全阀门检验情况表

序号	计划检验台数	增加变更台数	减少变更台数	实际完成台数

丁二烯装置维护检修规程

SHZ 03006—2019

目　次

前 言

本规程按照 GB/T 1.1—2009《标准化工作导则　第 1 部分：标准的结构和编写》给出的规则起草。

本规程由中国石油化工集团有限公司、中国石油化工股份有限公司提出。

本规程起草单位：中国石油化工股份有限公司茂名分公司。

本规程主要起草人：邓洪强、邓宇伟、陈进念、钟东航。

本规程 2019 年首次发布。

丁二烯装置维护检修规程

1 范围

1.1 本规程规定了二甲基甲酰胺法（简称DMF法）的丁二烯装置（包括萃取、精馏等两个单元）及其主要设备、专用设备的检修周期、检修项目、检修过程管理和日常维护的相关内容。
1.2 本规程适用于炼化企业丁二烯装置的检修维护管理。

2 规范性引用文件

下列文件对于本文件的应用是必不可少的。凡是注日期的引用文件，仅所注日期的版本适用于本文件。凡是不注日期的引用文件，其最新版本（包括所有的修改单）适用于本文件。

2.1 法律法规

中华人民共和国安全生产法
中华人民共和国特种设备安全法

2.2 特种设备安全技术规范

TSG 21 固定式压力容器安全技术监察规程
TSG D0001 压力管道安全技术监察规程——工业管道

2.3 标准规范

GB/T 151 热交换器
GB/T 20801 压力管道规范 工业管道

2.4 相关规定和文献

炼油企业检修管理指南（试行版）
石油化工施工安全技术规程
丁二烯装置工艺技术规程

3 术语与定义

下列术语和定义适用于本文件。

3.1 设备功能

设备功能指的是设备的生产效率和功能，衡量设备功能的指标随设备种类不同而异。

3.2 功能故障

设备、设施不能实现其设计功能时，称之为功能故障，定义为设备、设施不能满足期望的性能标准。一般指设备失去或降低其规定功能的事件或现象，表现为设备的某些零件失去原有的精度或性能，使设备不能正常运行，技术性能降低，致使设备中断生产或效率降低而影响生产。

3.3 A 类设备

本规程规定的A类设备是指采用量化的关键性评价方法，根据设备分级要素的重要性、使用率、介质安全环保、设计成熟性、维修复杂性的总评分值达到A类的关键设备。

3.4 B 类设备

本规程规定的B类设备是指采用量化的关键性评价方法，根据设备分级要素的重要性、使用率、介质安全环保、设计成熟性、维修复杂性的总评分值达到B类的关键设备。

4 装置特征

丁二烯装置是化工企业的核心原料装置之一。

4.1 DMF 法丁二烯装置

DMF法的丁二烯装置以来自裂解装置的混合C_4为原料，以DMF为溶剂，采用两级萃取精馏和两级普通精馏工艺过程生产丁二烯等产品。丁二烯装置通常由萃取、精馏两个单元组成。基本流程见图1。

4.2 萃取精馏单元

裂解原料C_4从中间罐区由泵送至进料蒸发罐，再经再沸器蒸发汽化后进入第一萃取精馏塔，与来自塔顶的溶剂DMF接触，经萃取精馏后，比1，3-丁二烯难溶的组分从塔顶馏出，冷凝后一部分作回流，一部分作为副产品抽余C_4送出界区。易溶组分与溶剂一起进入出料闪蒸罐后，闪蒸出物料直接进入第二萃取塔，罐底物料自压进入第一汽提塔。第一汽提塔中的汽化溶剂经两台串联的冷凝器冷却，部分作为回流。第一汽提塔塔釜溶剂用泵送出，经各级再沸器依次利用余热后进入溶剂罐。第一汽提塔汽化的烃类，经压缩机压缩后，一部分气体返压缩机入口，一部分气体返第一萃取精馏塔下部，大部分气体进入第二萃取精馏塔。

第二萃取精馏塔的塔釜进料气与来自塔顶溶剂逆向萃取精馏，塔顶气相冷凝后部分供回流，而其余部分送往丁二烯净化部分作最终的精馏。塔釜溶剂经进出料换热器回收

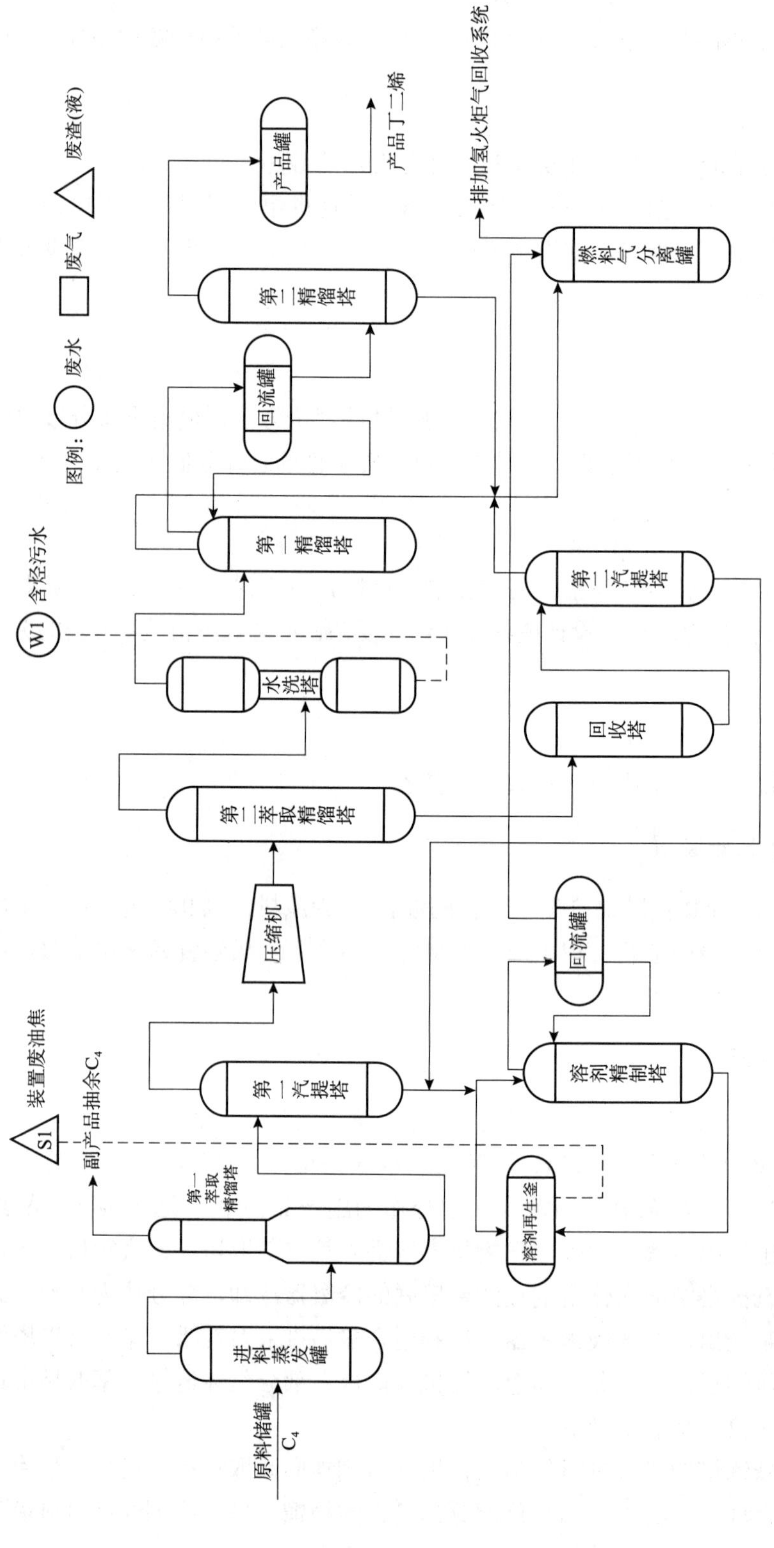

图1 DMF法丁二烯装置工艺流程简图

热量后，再进入丁二烯回收塔回收丁二烯。丁二烯回收塔的塔顶馏出物返回压缩机一段入口，塔釜排出的溶剂，用泵送到第二汽提塔。第二汽提塔的溶剂经蒸馏分离 C_4，塔釜溶剂用泵送出，经回收热量后至溶剂罐循环使用。塔顶汽提出来的物料经冷凝后，部分冷凝液做回流，一部分送到溶剂精制系统，不凝气排火炬系统。萃取精馏单元流程图见图 2。

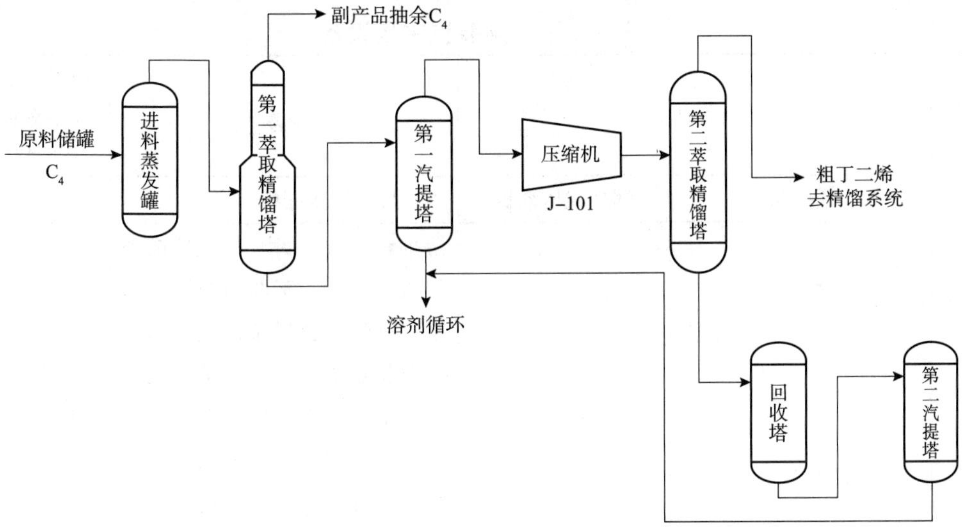

图 2　萃取单元流程

4.3　精馏单元

第二萃取精馏塔顶馏出物进入洗胺塔底部，与来自塔顶 40℃左右的蒸汽凝液逆流接触，将粗丁二烯中的二甲胺脱除后经塔顶自压进入第一精馏塔。溶解了二甲胺的洗涤水进入丁二烯闪蒸罐中降压闪蒸后，排入污水线送净化水场处理。粗丁二烯在第一精馏塔进行分离，塔顶馏出丁二烯、甲基乙炔和水的混合蒸汽经过冷凝，不凝气送出界区，液相脱除游离水后全回流，塔釜液由泵输送到第二精馏塔。第二精馏塔塔顶馏出蒸汽分成两路冷凝，一路冷凝液用泵打回流，另一路冷凝后根据需要送往下游。塔釜的重组分送出界区。精馏单元流程图见图 3。

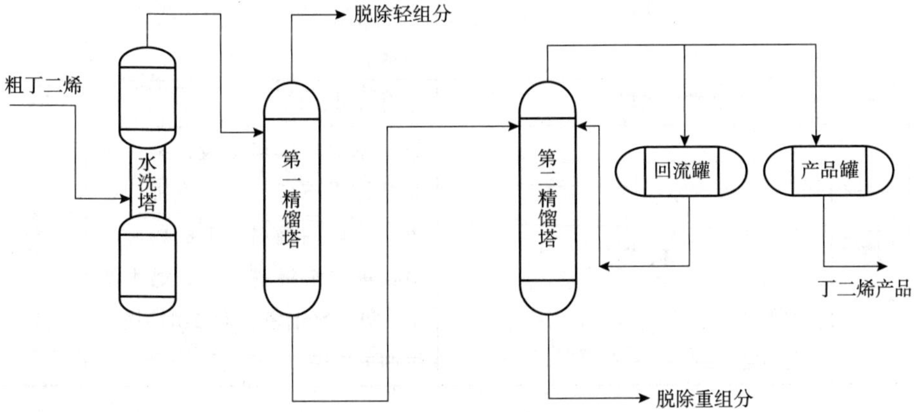

图 3　丁二烯精馏单元流程

5 检修周期及检修项目

5.1 丁二烯装置主要设备

丁二烯装置主要设备如表1所示。

表1 丁二烯装置主要设备

名称	设备种类		主要设备	通用、专用设备检修规程的代码
转动设备	压缩机	螺杆式压缩机	丁二烯气体压缩机	SHS 01021
	泵	离心泵	溶剂进料泵、第一萃取精馏塔回流泵、第一萃取精馏塔中间泵、第一汽提塔釜液泵、第二萃取精馏塔回流泵、第二汽提塔釜液泵、丁二烯水洗塔进水泵、第一精馏塔釜液泵、第一精馏塔回流泵、第二精馏塔回流泵、冷凝水泵、丁二烯成品泵、工艺排液泵	SHS 01013
		螺杆泵	压缩机润滑油泵	SHS 01016
		往复泵	化学品进料泵	SHS 01015
		齿轮泵	压缩机润滑油泵	SHS 01017
		屏蔽泵	第一汽提塔回流泵、溶剂排出泵、丁二烯回收塔釜液泵、第二汽提塔回流泵、溶剂再生塔釜液泵、溶剂再生塔回流泵、二聚物排出泵、密封溶剂泵、燃料油泵、甲苯泵、TBC循环泵、污水泵	SHS 03047
	罗茨鼓风机		密封气鼓风机	SHS 01024
静设备	塔	板式塔	第一萃取精馏塔上段、第一萃取精馏塔下段、第一汽提塔、第二萃取精馏塔、丁二烯回收塔、第二汽提塔、丁二烯水洗塔、第一精馏塔、第二精馏塔、溶剂再生塔	SHS 01007

表 1　丁二烯装置主要设备（续）

名称	设备种类		主要设备	通用、专用设备检修规程的代码
静设备	换热器	管壳式换热器	进料蒸发器、第一萃取精馏塔冷凝器、第一萃取精馏塔再沸器、出料闪蒸罐加热器、出料闪蒸罐冷凝器、第一汽提塔顶冷凝器、第一汽提塔再沸器、压缩机一段冷却器、排出溶剂脱气加热器、第二萃取精馏塔冷凝器、第二萃取精馏塔再沸器、丁二烯回收塔进料冷却器、丁二烯回收塔再沸器、第二汽提塔顶冷凝器、第二汽提塔再沸器	SHS 01009
	压力容器		换热器、罐、塔	SHS 01004
	常压容器、常压储罐		溶剂缓冲罐、密封气吸入罐、污水罐、甲苯罐、凝水罐、化学品进料罐、排液罐、倒液罐、污水罐、甲苯罐、凝水罐、化学品进料罐、排液罐、倒液罐	SHS 01012、SHS 01011
	压力管道		GC1、GC2、GC3 管道	SHS 01005
	阀门		安全阀	SHS 01030
仪表设备	检测仪表	压力仪表、温度仪表、流量仪表、物位仪表		SHS 07002
	电动单元组合仪表	基地式仪表、显示仪表、辅助单元		SHS 07003
	控制阀	气动控制阀、电动执行机构、长行程执行机构、偏心旋转阀、气缸执行机构、控制附件、蒸汽减温器		SHS 07004
	在线分析仪表	工业色谱仪、氧分析仪、氢分析仪、红外线分析仪、pH 计、电导仪、水分析仪、熔融指数分析仪、烟气排放连续检测系统、密度计、可燃气体报警器、有毒气体报警器、化学需氧量分析仪、氨氮分析仪、气相色谱分析仪		SHS 07006

表 1 丁二烯装置主要设备（续）

名称	设备种类		主要设备	通用、专用设备检修规程的代码
仪表设备	特殊仪表	轴振动和轴位移、转速控制仪表、称重仪表		SHS 07007
	过程控制系统	DCS、PLC、GDS、SCADA		SHS 07008
	系统维护	防爆仪表及其系统、仪表供电系统、仪表供气系统、仪表系统联校		SHS 07009
	安全仪表系统	SIS、安全仪表系统（章节名称可能会有调整）		SHS 07010
电气设备		高频电动机		

5.2 检修周期

5.2.1 丁二烯装置检修应根据实际运行情况进行定期停车检修，检修周期按 48～60 个月确定，（装置稳定运行，视情况每 2a 进行停车抢修）。

5.2.2 有备用的动设备或日常可以进行检修的设备不列入大修项目。

5.3 检修内容

5.3.1 确定检修内容的依据

1）按法律法规要求的特种设备定期检验。

2）不符合国家安全与环境保护、节能要求的设备改造和更新。

3）对本次检修或下次检修之前已到法定检验时间的计量设施。

4）设备状况：

a）静设备：塔、换热器、容器等设备内部因内构件损坏、结焦、积垢腐蚀等原因造成运行状况恶化、性能降低等；

b）转动设备：磨损、疲劳、泄漏、振动等原因造成运行状况恶化、性能降低等；

c）电气设备：部件老化等原因造成运行状况恶化、性能降低等；

d）仪表设备：部件老化等原因造成运行状况恶化、性能降低等。

5）钢结构平台、设备基础、房屋等建构筑物老化、锈蚀等必须在停车检修期间内维修的项目。

6）安全防护设施失效。

5.3.2 检修具体内容

停车大修是对丁二烯装置安全环保、长周期运行及经济效益有重大影响的设备、管线、电气仪表系统、土建及基础设施等在运行周期内将要发生的功能故障进行全面检修。其他检修是除大修外对装置局部或设备本体有经济运行影响的功能故障而进行的检修。

丁二烯装置主要设备检修内容如表 2 所示。

表 2 丁二烯装置主要设备检修内容

序号	设备名称	设备功能	功能故障	故障周期／月	检修内容	设备分级
1	丁二烯气体压缩机	将丁二烯气体升压	1. 压缩机出口流量达不到生产要求； 2. 机械密封泄漏； 3. 静密封泄漏； 4. 轴振动大，轴位移大； 5. 轴承温度高； 6. 出口压力达不到生产要求	60	1. 检查机体内表面、滑阀表面、转子表面、两端及吸排气端座磨损情况； 2. 测量机体内径、滑阀外径、转子外圆、平衡活塞等各部尺寸； 3. 检查更换轴承、机械密封、转子、变速箱组件； 4. 清洗检查油冷器； 5. 更换油过滤芯子	A 类
2	萃取精馏塔	提供热量交换场所，通过萃取精馏改变组分挥发度，脱除难溶组分丁烷、丁烯、大部分反丁烯 -2 及部分顺丁烯 -2；为输送介质提供密闭通道，保证产品质量	组分分离效果达不到工艺指标要求，设备腐蚀泄漏或静密封泄漏	60	1. 拆装人孔、通道板； 2. 检查塔板各部件的结焦、污垢、堵塞情况； 3. 检查塔板、鼓泡元件和支撑结构的腐蚀变形及坚固情况； 4. 清扫内壁和塔盘内件； 5. 检查修理塔体腐蚀、变形和各部焊缝； 6. 检查修理塔体或更换塔盘板和鼓泡元件、塔内构件； 7. 检查其浮阀的灵活性，是否有卡死、变形、冲蚀等现象； 8. 浮阀孔是否有堵塞等情况，是否需要更换； 9. 检查检验安全附件； 10. 检查修理塔基础裂纹、破损、倾斜和下沉； 11. 检查修理塔体防腐和保温	A 类

表 2　丁二烯装置主要设备检修内容（续）

序号	设备名称	设备功能	功能故障	故障周期 / 月	检修内容	设备分级
3	汽提塔	提供热量交换场所，实现溶剂与烃类的分离；为输送介质提供密闭通道	组分分离效果达不到工艺指标要求，设备腐蚀泄漏或静密封泄漏	60	1. 拆装人孔、通道板； 2. 检查塔板各部件的结焦、污垢、堵塞情况，检查塔板、鼓泡元件和支撑结构的腐蚀变形及坚固情况； 3. 清扫内壁和塔盘内件； 4. 检查修理塔体腐蚀、变形和各部焊缝； 5. 检查修理塔体或更换塔盘板和鼓泡元件、塔内构件； 6. 检查其浮阀的灵活性，是否有卡死、变形、冲蚀等现象； 7. 浮阀孔是否有堵塞等情况，是否需要更换； 8. 检查检验安全附件； 9. 检查修理塔基础裂纹、破损、倾斜和下沉； 10. 检查修理塔体防腐和保温	A 类
4	精馏塔	提供热量交换场所，通过精馏改变组分挥发度，脱除粗丁二烯中的低沸物、顺丁烯 -2. 丁二烯 -1，2.C5 及乙基乙炔等，并采出合格丁二烯产品：甲基乙炔和水；为输送介质提供密闭通道	组分分离效果达不到工艺指标要求，设备腐蚀泄漏或静密封泄漏	60	1. 拆装人孔、通道板； 2. 检查塔板各部件的结焦、污垢、堵塞情况，检查塔板、鼓泡元件和支撑结构的腐蚀变形及坚固情况； 3. 清扫内壁和塔盘内件； 4. 检查修理塔体腐蚀、变形和各部焊缝； 5. 检查修理塔体或更换塔盘板和鼓泡元件、塔内构件； 6. 检查其浮阀的灵活性，是否有卡死、变形、冲蚀等现象； 7. 浮阀孔是否有堵塞等情况，是否需要更换； 8. 检查检验安全附件； 9. 检查修理塔基础裂纹、破损、倾斜和下沉； 10. 检查修理塔体防腐和保温	A 类

表 2　丁二烯装置主要设备检修内容（续）

序号	设备名称	设备功能	功能故障	故障周期 / 月	检修内容	设备分级
5	丁二烯回收塔	提供热量交换场所，通过加热调节塔釜温度，达到调节产品中乙烯基乙炔含量及丁二烯损失量；为输送介质提供密闭通道	组分分离效果达不到工艺指标要求，设备腐蚀泄漏或静密封泄漏	60	1. 拆装人孔、通道板； 2. 检查塔板各部件的结焦、污垢、堵塞情况，检查塔板、鼓泡元件和支撑结构的腐蚀变形及坚固情况； 3. 清扫内壁和塔盘内件； 4. 检查修理塔体腐蚀、变形和各部焊缝； 5. 检查修理塔体或更换塔盘板和鼓泡元件、塔内构件； 6. 检查其浮阀的灵活性，是否有卡死、变形、冲蚀等现象； 7. 浮阀孔是否有堵塞等情况，是否需要更换； 8. 检查检验安全附件； 9. 检查修理塔基础裂纹、破损、倾斜和下沉； 10. 检查修理塔体防腐和保温	A 类
6	丁二烯水洗塔	提供热量交换场所，通过调节进水温度，脱除粗丁二烯中二甲胺（DMA）；为输送介质提供密闭通道	组分分离效果达不到工艺指标要求，设备腐蚀泄漏或静密封泄漏	60	1. 拆装人孔、通道板； 2. 检查塔板各部件的结焦、污垢、堵塞情况，检查塔板、鼓泡元件和支撑结构的腐蚀变形及坚固情况； 3. 清扫内壁和塔盘内件； 4. 检查修理塔体腐蚀、变形和各部焊缝； 5. 检查修理塔体或更换塔盘板和鼓泡元件、塔内构件； 6. 检查其浮阀的灵活性，是否有卡死、变形、冲蚀等现象； 7. 浮阀孔是否有堵塞等情况，是否需要更换； 8. 检查检验安全附件； 9. 检查修理塔基础裂纹、破损、倾斜和下沉； 10. 检查修理塔体防腐和保温	A 类

表 2　丁二烯装置主要设备检修内容（续）

序号	设备名称	设备功能	功能故障	故障周期／月	检修内容	设备分级
7	溶剂再生塔	提供热量交换场所，脱除循环溶剂中轻组分（主要是水和二聚物）；为输送介质提供密闭通道	组分分离效果达不到工艺指标要求，设备腐蚀泄漏或静密封泄漏	60	1. 拆装人孔、通道板； 2. 检查塔板各部件的结焦、污垢、堵塞情况，检查塔板、鼓泡元件和支撑结构的腐蚀变形及坚固情况； 3. 清扫内壁和塔盘内件； 4. 检查修理塔体腐蚀、变形和各部焊缝； 5. 检查修理塔体或更换塔盘板和鼓泡元件、塔内构件； 6. 检查其浮阀的灵活性，是否有卡死、变形、冲蚀等现象； 7. 浮阀孔是否有堵塞等情况，是否需要更换； 8. 检查检验安全附件； 9. 检查修理塔基础裂纹、破损、倾斜和下沉； 10. 检查修理塔体防腐和保温	
8	换热器	为物料提供换热场所，确保在换热器出口温度达到工艺指标要求	1. 冷凝器冷凝效果差，出口温度达不到工艺指标要求； 2. 换热器堵塞或发生内漏或外漏	60	1. 高压水清洗管束和壳体； 2. 试压堵漏，进行管束焊口、胀口处理及单管更换； 3. 检查修理管箱及内附件、接管等及其密封面； 4. 更换垫片并试压，更换部分螺栓、螺母； 5. 壳体防腐	A 类
9	罐	为介质提供储存场所，为介质输送提供密闭通道	设备腐蚀泄漏或静密封泄漏，容器堵塞	60	1. 压力容器定期检验； 2. 内构件检查、修复，罐内清扫； 3. 仪表检定； 4. 安全附件定期校验	B 类

6　装置检修管理

6.1　装置检修前准备工作

6.1.1　装置检修前，参检单位要做好检修作业指导书、施工方案、检修图纸、现场施工平面布置图等各类资料的准备及审核，相关检修资料最终经业主方审批确认后方可实施。

6.1.2 进入检修现场的各类施工机具、器具，必须是合格的、适用的，必须有检定合格证和标记，并在有效期内使用，严禁使用未经校验的机具。进场前，所有自检合格并贴有自检合格证的施工机具，要列出汇总清单上交给业主方，并经业主方检验后方可使用。

6.1.3 进入现场的检修耗材、配件等，必须附有质量证明文件，并在指定的地点规范存放。在安装、使用各类检修材料前，应对材料的外观质量进行检查确认，参检单位要做到领用材料检验有见证、验收有记录。

6.1.4 参检单位的所有施工人员，必须具备相应的作业资质，检修前须做好检修方案、技能方面的培训，熟悉检修项目的特点，严格按检修方案进行施工。同时，施工人员必须进行业主方相关专业的教育培训，对无相应作业资质、未经教育培训或考核不合格的人员，一律不得上岗作业。

6.2 装置工艺交出检修条件

在装置交付检修前，由生产管理部和安全环保部门组织相关单位召开安全验收会，检查确认设备容器人孔拆卸、盲板加装、容器内采样分析、停电、下水井封堵等工作，经相关部门签字确认后，由装置开具用火、用电、进入受限空间等相关票证，进入检修状态。工艺交出要具备以下条件：

1）装置所有盲板按照盲板图、表安装、编号、挂牌并经工艺员、设备员、安全员已签名确认；

2）PID 图上所有系统、管线得到置换处理并做好标识；

3）系统内设备、管线按规定进行蒸煮、吹扫和置换，取样分析合格；

4）下水井取样分析合格，存油清理干净，排水畅通，水封完好；

5）下水井和漏斗口用石棉布盖好，并用沙土封严；

6）系统内设备人孔打开前的确认，打开的设备人孔处挂上“未经许可，禁止入内”警示牌；

7）制定停工安全、环保措施和工作危害分析记录表（JSA）；

8）装置内分析不合格点挂标识，储存物料区标识、硬隔离；

9）指定具有监护人资格的人员负责动火、进设备等作业的监护。

装置交付检修确认表见附录 A。

6.3 检修过程安全环保管理总体要求

6.3.1 安全管理总体要求

1）装置检修的安全管理，坚持“安全第一、预防为主、综合治理”的方针和“谁主管，谁负责”“谁签发，谁负责”的原则，坚持以人为本、落实责任、强化监管，按属地化管理原则。

对于人数少的新企业要求外聘第三方 HSSE 监管，对于人数多的老企业或自身能力能够满足要求的老企业，可根据需要由企业自行决定是否外聘第三方 HSSE 监管。第三方 HSSE 监管纳入到 HSSE 管理体系。

2）各级指挥部的安全环保消防组应按指挥部管理体系要求承担相应的管理责任。

3）承包商应建立健全安全管理体系，分包商的安全管理工作由总承包商负总责。

4）安全监督管理部门对检修过程的安全管理工作进行监督检查，指挥部的安全环保消防组负责施工过程安全检查管理。运行部负责所在区域的施工项目配合和现场安全监督检查。

6.3.2 环保管理总体要求

装置停工检修改造环保管理总体要求是：密闭吹扫，有序排放，清洁停工，安全处置，达标排放。为做好停工和检修期间的环保工作，停工装置要落实密闭吹扫及除臭方案，对排放污水、吹扫尾气放空、工业废物处置应进行预申报，排放时必须做到先检测后排放，主管部门根据监测结果确定处理方式。对于化学清洗等产生的废水，项目管理部门在与清洗单位签订合同前要明确废水处理相关责任及要求。

6.4 质量管理

质量管理的总体要求：成立检修质量管理组织机构，明确管理职责，建立质量管理程序文件。

1）对承包商资质、人员、机具等进行审查。

2）通过组织设计审查，确保设计质量。

3）物资采购管理部门组织对采购物资进行入库检验并对重点物资进行监造。

4）在施工过程中组织对检验检测的质量进行抽查。

6.5 变更管理

6.5.1 检修过程要加强变更管理，建立健全变更管理制度和工作流程，采取措施减少变更数量。原则上没有经过各级部门同意的变更不允许在检修中执行。

6.5.2 项目变更控制主要内容

1）对于试用产品、设备备件结构形式改变、材质升级要充分识别，要有专门技术论证审批过程，审批时要加强相关专业沟通确认；

2）所有变更应事前发起，只有当变更得到批准后，才可组织实施。项目变更由变更提出单位发起申请并填写“变更申请单”，按照各企业相关制度规定的权限办理审批手续；

3）对于因材料找价差导致的超费用计划（或工单预算），需要补办变更手续；

4）对于不涉及费用计划的变更，如项目名称、版本号、承包商、施工方案、施工进度等也需办理相应的变更手续；

5）对于结算费用高于非包干合同标的按各企业管理制度执行变更；

6）投资类项目的变更参照各企业“固定资产投资过程控制管理规定”执行。

6.6 装置检修交回条件

6.6.1 装置检修交回确认主要内容（通用）：

1）装置开工人员及开车保镖人员配备落实；

2）技术、原辅材料、动力、备品备件等方面的准备；

3）队伍技术状态、开工方案学习落实情况；

4）现场规格化情况；

5）工艺和设备联锁仪表校验情况；

6）HSSE 措施落实情况；

7）盲板拆除清单、技术准备情况；

8）机、电、仪、公用工程、储运、质检等相关专业准备情况；

9）停工临设拆除、施工尾项整改情况等。

6.6.2 该装置相关的工艺特性要求

由于精馏塔丁二烯纯度高，在有氧的条件下更容易聚合，在精馏系统检修完成，精馏系统气密、氮气置换合格后，要对精馏系统的进行 $NaNO_2$ 钝化和二乙基羟胺化学清洗，以杀死丁二烯精制系统中残留的丁二烯聚合物活性种子，达到装置延长运转周期的目的。清洗完成后，按精馏系统正常停车步骤进行，将有二乙基羟胺的 C_4 通过丁二烯不合格线送出界区，可作液化气。待液体 C_4 送完后，进行精馏系统的氮气置换、干燥工作，置换、干燥合格方可进精馏系统的 C_4 开车。

装置检修交回开工确认表见附录 B。

6.7 检修后期管理

承包商应在检修项目结束后 30d 内将竣工资料完整地交给使用单位，竣工资料交付参考 SH/T 3503—2017《石油化工建设工程项目交工技术文件规定》。

装置检修结束后，要对检修改造工作进行总结，对好的做法进行总结、提炼，固化这些经验，指导今后检修改造工作；对总结检修改造中存在的问题，分析原因，完善措施，不断提高管理水平。

大修总结模板见附录 D。

7 装置日常维护

7.1 日常巡检

包括操作工的日常巡检、点检和专业人员（设备管理人员、专业维保人员、电仪专业人员）的日常巡检。

通过“看、听、摸、查、比”巡检五字法，巡检人员要对车间所管辖区域的设备及管线进行巡检，杜绝跑、冒、滴、漏现象，防止四超，发现问题及时汇报、及时处理。

根据 DMF 法丁二烯装置容易生产聚合物的特性，对影响装置平稳运行且风险较高的设备进行重点巡检检查。重点检查：丁二烯气体压缩机、溶剂进料泵、萃取精馏塔中间泵、第一汽提塔釜液泵、润滑油泵、第一精馏塔冷凝器、第二精馏塔冷凝器、成品冷凝器、各蒸汽凝液管线。

7.2 日常维护

装置日常维护的基本内容包括：设备维护保养、设备检查和设备修理。

7.2.1 设备维护保养

设备维护保养的内容是保持设备清洁、整齐、润滑良好、安全运行，包括及时紧固松动的紧固件，调整活动部分的间隙等。简言之，即“清洁、润滑、紧固、调整、防腐”十字作业法。维护保养依工作量大小和难易程度分为装置操作工保养、专职保养维修工的保养。

7.2.1.1 装置操作工保养

其主要内容是：进行清洁、润滑、紧固易松动的零件，检查零件、部件的完整。这类保养的项目和部位较少，大多数在设备的外部，一般由装置操作工人承担。

重点维护设备：丁二烯气体压缩机、溶剂进料泵、萃取精馏塔中间泵、第一汽提塔釜液泵、润滑油泵、第一精馏塔冷凝器、第二精馏塔冷凝器、成品冷凝器、蒸汽凝液管线。

7.2.1.2 专职保养维修工的保养

主要内容包括对设备内部清洁、润滑、局部解体检查和调整，必要时对达到规定磨损限度的零件加以更换。此外，还要对主要零部件的磨损情况进行测量、鉴定和记录。具体标准执行通用设备的检修规程。

在两种维护保养中，装置操作工保养是基础，专职保养维修工的保养是关键。

重点保养的设备：丁二烯气体压缩机、溶剂进料泵、萃取精馏塔中间泵、第一汽提塔釜液泵、润滑油泵。

7.2.2 设备检查和设备修理

设备检查按时间间隔分为日常检查和定期检查。

日常检查由操作人员执行，同操作工的保养结合起来，目的是及时发现不正常的技术状况，进行必要的维护保养工作。

定期检查是按照计划，在操作工参加下，定期由专职维修工执行，也就是预防性检查维修。目的是通过检查，全面准确地掌握零件磨损的实际情况，以便确定是否有进行修理的必要。

7.3 常见设备故障

由于丁二烯容易聚合的特性，设备容易出现的故障模式有塔盘被聚合物堵塞造成塔盘效率下降、换热管容易堵塞致使换热失效、过滤器容易堵塞失效、机泵的机封磨损致使机泵介质外漏等。

装置正常生产时，经常发生的故障类型与处理方法如表 3 所示。

表 3　丁二烯装置常见故障类型与处理方法

设备类型	故障类型	处理方法
溶剂精制塔	塔盘堵塞失效	塔盘水力清焦，塔内人工清焦
萃取精馏塔、精馏塔	塔盘堵塞失效	在线冲塔
第一萃取精馏塔第一再沸器、第二再沸器、第三再沸器	堵塞失效	管束水力清焦
	换热管腐蚀穿孔泄漏	堵头将穿孔换热管堵死
第一精馏塔冷凝器、第二精馏塔冷凝器、成品冷凝器	堵塞失效	管束壳程水力清焦
	换热管腐蚀穿孔泄漏	堵头，将穿孔换热管堵死
过滤器类	堵塞	切出清理过滤器芯子或更换
溶剂进料泵、萃取精馏塔中间泵、第一汽提塔釜液泵	故障现象是易发生抽空	清理入口过滤器、高点排气，优化操作
	振动大致使机泵轴承和密封失效	更换轴承、对轮找正对中，视情况更换轴承和机封
蒸汽凝液管线	穿孔泄漏	夹具消漏，择机更换穿孔部位

附 录 A
（资料性附录）
装置停工交付检修确认表

<table>
<tr><td></td><td colspan="7">装置停工交付检修确认表</td></tr>
<tr><td></td><td>记录
编号</td><td></td><td>使用
单位</td><td colspan="4"></td></tr>
<tr><td colspan="2">停工检修单位</td><td></td><td>装置</td><td></td><td>时间</td><td colspan="2">年 月 日</td></tr>
<tr><td colspan="2">单位</td><td colspan="2">确认内容</td><td>存在问题</td><td colspan="2">确认意见</td><td>确认人</td></tr>
<tr><td colspan="2">停工单位</td><td colspan="2">1. 装置与系统是否有效隔离并提供对应的盲板表？
2. 是否有专用氮气线，是否专用？
3. 管线及容器是否吹扫干净并提供吹扫作业确认表？
4. 容器及塔测爆及氧含量是否合格？
5. 风险系数较大的作业是否进行危害识别分析？
6. 对塔、容器仪表监控手段是否保留？
7. 动火作业项目是否上墙？
8. 对本单位、施工单位参加检修的人员安全教育并考试是否进行？
9. 明沟、地面上是否有油？清污分流设施是否投用？
10. 对装置内电缆沟是否做出明显标志？
11. 设备、容器、管道是否全部打开并在设备人孔处挂“危险空间！严禁入内”的警示牌？
12. 检修现场下水井、地漏、明沟是否封闭，泵沟等是否建立水封？
13. 检修设备是否停电？</td><td></td><td colspan="2"></td><td></td></tr>
<tr><td colspan="2">电气部</td><td colspan="2">1. 是否已按用电单位停送电要求实施停送电？
2. 参加大修的电气作业人员是否进行电工作业资格的确认和相应的安全教育？
3. 其他</td><td></td><td colspan="2"></td><td></td></tr>
<tr><td colspan="2">仪控部</td><td colspan="2">1. 对本单位、施工单位参加检修的人员安全教育并考试是否进行？
2. 机柜间运行装置的机柜与检修的区域是否采用明显有效的隔离措施？</td><td></td><td colspan="2"></td><td></td></tr>
</table>

装置停工交付检修确认表（续）

<table>
<tr><td></td><td colspan="6">装置停工交付检修确认表</td></tr>
<tr><td></td><td>记录编号</td><td></td><td>使用单位</td><td colspan="3"></td></tr>
<tr><td colspan="2">停工检修单位</td><td></td><td>装置</td><td></td><td>时间</td><td>年 月 日</td></tr>
<tr><td colspan="2">单位</td><td colspan="2">确认内容</td><td>存在问题</td><td>确认意见</td><td>确认人</td></tr>
<tr><td colspan="2">仪控部</td><td colspan="2">3. 仪表吹扫排放中相关安全环保措施是否明确落实？
4. 放射线同位素仪表停工检修防护措施是否落实？
5. 工器具是否进行相关安全检查？
6. 重大作业项目是否编写施工作业方案和进行危害识别与评价？
7. 高处作业的脚手架是否搭设妥当并验收合格？
8. 每项作业施工是否具有合格的施工检修作业票？相关安全措施是否落实到位？
9. 劳保用品穿戴是否符合要求？
10. 检修质量和检修内容是否符合要求？</td><td></td><td></td><td></td></tr>
<tr><td colspan="2">消防部门</td><td colspan="2">现场消气防器材是否齐全、完好？
消防、疏散通道是否符合要求？
其他</td><td></td><td></td><td></td></tr>
<tr><td rowspan="2">生产部门</td><td>技术科</td><td colspan="2">1. 检查吹扫作业票的确认签名是否落实？
2. 现场检查盲板是否按方案和盲板清单进行安装？
3. 检查瓦斯、氮气和工艺介质等物料在装置边界是否进行有效隔离？
4. 催化剂、保护剂、胺液或按方案不退的介质是否按方案要求进行了有效安全隔离？</td><td></td><td></td><td></td></tr>
<tr><td>管理科</td><td colspan="2">1. 检查配合外系统的吹扫是否已满足要求可以停运？
2. 其他</td><td></td><td></td><td></td></tr>
<tr><td>机动部门</td><td>设备科</td><td colspan="2">已按停工方案要求抽堵盲板，且做好明显标记，并指定专人统一编号登记，严防漏堵、漏拆。盲板的材质、厚度符合安全要求。
与炉、塔、容器相连的蒸汽、氮气等有害介质的阀门，已加盲板隔离。
未经吹扫处理的设备、容器、管道已与系统隔离，设置明显警示标志，并向职工和施工单位交底。
冬季停工，装置要做好防冻防凝工作</td><td></td><td></td><td></td></tr>
</table>

装置停工交付检修确认表（续）

<table>
<tr><td></td><td colspan="7">装置停工交付检修确认表</td></tr>
<tr><td></td><td>记录
编号</td><td></td><td>使用
单位</td><td colspan="4"></td></tr>
<tr><td colspan="2">停工检修单位</td><td></td><td>装置</td><td></td><td>时间</td><td colspan="2">年　月　日</td></tr>
<tr><td colspan="2">单位</td><td colspan="2">确认内容</td><td>存在问题</td><td colspan="2">确认意见</td><td>确认人</td></tr>
<tr><td>机动
部门</td><td>动力
科</td><td colspan="2">1. 变配电所内电气安全用具、消防器材已检查并在有效期限内；
2. 变配电所内的工器具已检查合格；
3. 电气现场检修动力箱（固定）、临时变已检查合格；
4. 配送电单位、施工单位参修人员已经安全教育并考试合格；
5. 外来人员已经安全教育并考试合格。
6. 工艺要提供装置停工后仍需使用的仪表清单；
7. 电气专业提供停工期间停电网络，仪表提前准备</td><td></td><td colspan="2"></td><td></td></tr>
<tr><td rowspan="3">安环
部门</td><td>管理
科</td><td colspan="2">对本单位、施工单位参加检修的人员安全教育并考试是否进行？
其他</td><td></td><td colspan="2"></td><td></td></tr>
<tr><td>环保
科</td><td colspan="2">明沟、地面上是否有油？清污分流设施是否投用？
其他</td><td></td><td colspan="2"></td><td></td></tr>
<tr><td>安全
科</td><td colspan="2">1. 现场固定式可燃气体报警仪、H_2S 报警仪等探头是否进行妥善保护？
2. 对装置内电缆沟是否做出明显标志？
3. 设备、容器、管道是否全部打开并在设备人孔处挂“危险空间！严禁入内”的警示牌？
4. 检修现场下水井、地漏、明沟是否封闭，泵沟等是否建立水封？
5. 打开的设备、容器、管道测爆分析是否合格？
6. 运行的装置与检修的区域必须采用明显有效的隔离措施？存在工艺介质的工艺管线是否做出标志？
7. 其他</td><td></td><td colspan="2"></td><td></td></tr>
<tr><td colspan="2">领导意见</td><td colspan="2"></td><td></td><td colspan="2"></td><td></td></tr>
</table>

附 录 B
（资料性附录）
装置检修交回开工确认表

<table>
<tr><td colspan="2"></td><td colspan="4">装置检修交回开工确认表</td></tr>
<tr><td colspan="2">记录编号</td><td></td><td>使用单位</td><td colspan="2"></td></tr>
<tr><td>开工装置</td><td colspan="2"></td><td>时间</td><td colspan="2">年 月 日</td></tr>
<tr><td>单位</td><td colspan="2">要求</td><td>存在问题</td><td>确认意见</td><td>确认人</td></tr>
<tr><td>施工单位</td><td colspan="2">检修项目以及改造项目已施工完成，并验收合格。
施工用临时设施已全部拆除；现场清洁、无杂物。
除用于开工查漏、热紧用的架子保留外，其他架子、跳板均拆除。
设备、管线等保温复位。
因检修拆除的劳动保护、照明设施已恢复。
塔器设备、安全阀、现场仪表、管线等均已复位</td><td></td><td></td><td></td></tr>
<tr><td>项目所属单位</td><td colspan="2">设备位号和管道介质名称、流向标示齐全。
检查现场设备、管线、保温等安装符合规范，试用情况正常。
机组等设备联锁试验正常。
工艺联锁试验正常。
盲板拆、装清单已确认。
装置吹扫、试压通过。
现场消防、气防器材及岗位工器具配齐，现场环保设施投用。
开工化工原材料准备完毕。
备品配件齐全</td><td></td><td></td><td></td></tr>
<tr><td>电气部</td><td colspan="2">变电所已正常投用，高低压电送电正常。
现场电气设备如电动阀、电加热器、电机等试运正常。
现场照明等恢复正常</td><td></td><td></td><td></td></tr>
<tr><td>仪控部</td><td colspan="2">现场仪表调试、DCS 调试、联校正常。
配合工艺、设备的联锁调试已完成</td><td></td><td></td><td></td></tr>
<tr><td>公用工程部</td><td colspan="2">循环水、新鲜水、蒸汽、仪表风／工厂风、氮气等公用介质供应正常</td><td></td><td></td><td></td></tr>
</table>

装置检修交回开工确认（续）

<table>
<tr><td rowspan="2"></td><td colspan="5">装置检修交回开工确认表</td></tr>
<tr><td>记录编号</td><td></td><td>使用单位</td><td colspan="2"></td></tr>
<tr><td colspan="2">开工装置</td><td></td><td>时间</td><td colspan="2">年　　月　　日</td></tr>
<tr><td colspan="2">单位</td><td>要求</td><td>存在问题</td><td>确认意见</td><td>确认人</td></tr>
<tr><td colspan="2">储运部</td><td>储运系统已具备正常供料以及接收产品条件</td><td></td><td></td><td></td></tr>
<tr><td colspan="2">化验部门</td><td>现场采样器已复位正常。
分析项目已具备分析条件</td><td></td><td></td><td></td></tr>
<tr><td colspan="2">消防部门</td><td>现场消气防器材齐全、完好。
消防、疏散通道符合要求</td><td></td><td></td><td></td></tr>
<tr><td rowspan="2">安环部门</td><td>环保</td><td>现场环保设施，如清污分流设施等已投用。
后续环保装置具备接收物料条件</td><td></td><td></td><td></td></tr>
<tr><td>安全</td><td>现场固定式可燃气体报警仪、H_2S 报警仪等已投用。
拟开工装置与临近的检修区域已采用明显有效的隔离措施。
现场安全设施如平台围栏、护栏等符合要求，现场无容易坠落物品。
如有零星动火项目，火票需升级</td><td></td><td></td><td></td></tr>
<tr><td colspan="2">工程管理部门</td><td>负责的改造项目已施工完成并验收合格</td><td></td><td></td><td></td></tr>
<tr><td rowspan="2">机动部门</td><td>设备科</td><td>检修项目已完成，并验收合格。
保运工作已落实</td><td></td><td></td><td></td></tr>
<tr><td>动力科</td><td>电气、仪表检修改造项目已完成，并投用正常。
电气现场检修动力箱、临时变已拆除</td><td></td><td></td><td></td></tr>
<tr><td rowspan="2">生产部门</td><td>技术科</td><td>开工方案已审批完成。
盲板已按方案和盲板清单进行安装。
开工用化工原材料已落实。
其他专项方案已落实或审批</td><td></td><td></td><td></td></tr>
<tr><td>管理科</td><td>外围的公用、储运系统以及相关装置已可支持装置开工。
开工用原料已落实</td><td></td><td></td><td></td></tr>
<tr><td colspan="2">人教部门</td><td>操作人员已经过学习、培训，并考试合格</td><td></td><td></td><td></td></tr>
<tr><td colspan="2">项目所属单位领导意见</td><td>签名：</td><td>公司意见</td><td colspan="2">签名：</td></tr>
</table>

附　录　C
（资料性附录）
检修施工现场 HSSE 日检表

序号	检查内容	存在问题	检查人员	整改情况	验证人	备注
1	临时用电					
1.1	配备合格的持证电工					
1.2	配电箱合格、有防雨措施，按要求标识并上锁					
1.3	配电系统执行“三相五线制”，符合“三级配电二级保护”要求，安装匹配的漏电保护器，漏保动作灵敏好用，并进行日常试验和记录					
1.4	电缆及接头无破损，绝缘良好；铺设规范，走向清晰，标识明确					
1.5	用电严格执行“一机一闸一保护”					
1.6	按要求配置保护零线和工作零线，工作接地和重复接地完好					
1.7	安全电压符合作业环境要求					
1.8	使用工业插头、插座					
2	施工机具					
2.1	各种机具设备安全要求进行定期检查，确保完好					
2.2	设有机械保护装置（如转动设备等）的设备，保护装置处于完好状态					
2.3	用电机具、设施接地完好					
2.4	配备与作业要求相匹配的劳动防护用品					
2.5	空气压缩机压力表、安全阀等在检验有效期内并处于完好状态，高压气管和软管固定连接可靠					
2.6	气瓶垂直放置，瓶体固定可靠；气瓶分类摆放并保持安全距离，防护措施到位，气瓶阻火器、压力表等安全附件完好，气管无老化破损，连接可靠					
3	脚手架					
3.1	脚手架搭设人员是专业架子工，并持证上岗。搭设人员按要求着装，配备五点双大钩安全带					
3.2	编制脚手架搭设方案，进行安全技术交底并有记录					
3.3	按规范要求搭设脚手架，且有良好的整体稳固性					

检修施工现场 HSSE 日检表（续）

序号	检查内容	存在问题	检查人员	整改情况	验证人	备注
3.4	搭设和拆除过程必须有专人监督，周边设置警戒区					
3.5	连墙件设置可靠，各节点扣件扭矩力符合要求					
3.6	通道、护栏、腰杆、踢脚板等符合要求					
3.7	作业面满铺跳板，无孔洞，跳板可靠固定且无探头板					
3.8	作业面临时放置的材料等在允许荷载范围内，严禁超载荷；放置必须稳固，无坠物风险					
3.9	脚手架搭设完成验收合格挂牌使用					
3.10	消防设施保持完好，灭火器和消防水桶按要求配置					
3.11	消防安全通道保持畅通					
3.12	用火作业前，清理周边易燃物，采取接火措施。					
4	起重					
4.1	编制了吊装方案，进行交底并有记录					
4.2	起重设备操作人员、司索、指挥持有效证件					
4.3	起重机械证照齐全有效					
4.4	起重机械安全设施、附件完好					
4.5	机索具检查完好，钢丝绳无磨损，连接可靠，绳卡数量和间距满足要求					
4.6	吊装作业半径设置了警戒区，禁止无关人员入内					
4.7	吊装前进行评估，确保在额定起升载荷范围内进行起重作业，不得超载					
4.8	吊车支腿符合要求					
4.9	吊物捆绑符合要求，使用溜绳					
4.10	吊装作业天气、环境、风力等符合要求					
5	焊接、气割					
5.1	设备接地完好					
5.2	焊把线无破损，连接器完好					
5.3	有专人监护，接火、防火措施到位					
5.4	可燃性气瓶与胶管连接完好，无漏气，气瓶有阻火器					

检修施工现场HSSE日检表（续）

序号	检查内容	存在问题	检查人员	整改情况	验证人	备注
5.5	现场气瓶与明火源保持安全距离					
6	受限空间					
6.1	对所要进行作业的受限空间进行吹扫、蒸煮、置换，并分析合格。所有与受限空间相连接的管线、阀门应进行有效隔离，盲板处应挂标识牌，并经工艺技术人员签字确认					
6.2	出、入口内外不得有障碍物，在受限空间入口处设置“危险！严禁入内”警告牌或采取其他封闭措施					
6.3	对有可能发生硫化亚铁自燃的设备、容器必须经充分的钝化脱臭处理，并在现场配置消防水带					
6.4	《进入受限空间作业许可证》实行一点一证					
6.5	进入受限空间作业实行“三不进入”原则，即：一、没有经批准有效的《进入受限空间作业许可证》不进入；二、安全措施未落实不进入；三、监护人不在场不进入					
6.6	作业现场配备必要的救护器具和灭火器材等					
6.7	进入受限空间作业应使用安全电压和安全行灯					
7	作业安全					
7.1	作业前进行班前安全教育和安全技术交底，作业人员清楚当天作业内容和安全风险及注意事项					
7.2	特殊工种持证上岗					
7.3	佩戴合格安全帽，并根据作业任务佩戴专用眼部、面部、手部等防护用品，高处作业人员系挂安全带					
8	收工检查					
8.1	配电系统一级箱断电，关闭气瓶角阀，能量上锁。					
8.2	现场火种检查清理完毕					
8.3	清理各作业面材料和杂物等，做到工完料净场地清					
8.4	落实夜间值班、巡检人员，职责到位，检查内容明确					

附　录　D
（资料性附录）
装置停工检修工作总结模板
（设备专业）

根据公司《设备检修管理制度》规定，在装置停工检修结束后各相关单位应组织编写装置停工检修工作总结。为此，就进一步做好装置停工检修工作总结提出要求如下：

封面：

名称：××× 部 ××× 装置 ×××× 年 ×× 月停工检修工作总结

编写人：×××

审核人：×××

批准人：×××（运行部领导）

编写单位：中石化 ××× 分公司 ××× 部

编写时间：×××× 年 ×× 月

正文：

（一）装置停工检修过程概述

装置开、停工、检修过程简述，本周期装置运行起止时间。

本周期装置运行中出现的主要问题。

本次停工检修、改造内容简述，检修项目计划数（包括补充、追加），检修计划完成情况。重点检修项目情况。

开停工、检修网络执行情况。

（二）主要检修内容技术总结

反应器部分

塔、容器部分

加热炉部分

冷换设备、空冷器部分

阀门部分

管道部分

压缩机部分

泵部分

特殊阀门部分

输送机械部分

压力容器检验（包括缺陷返修处理）

压力管道检验（包括缺陷返修处理）

安全阀检验

其他检修方面

技术分析中要有以下内容：上次运行周期出现的问题，本次检修检查情况及采取措施；上次检修遗留问题处理情况；本周期与上周期设备隐蔽检查情况对照；重复发生问题处理方案有效性；装置系统问题；典型案例。

（三）检修计划准确性分析

（四）检修施工队伍评述

（五）材料供应评述

（六）设计质量评价

（七）检修质量评价

（八）本次检修遗留问题及预案

（九）检修管理亮点、存在的不足和下次检修需注意的问题

（十）附表

表 1　设备增加情况表

序号	位号	名称	规格型号	制造厂	数量	备注

表 2　设备 拆除情况表

序号	原位号	名称	规格型号	制造厂	数量	备注

表 3　管线拆除情况表

序号	原编号	名称	规格	长度 /m	备注

表 4　设备更换情况表

序号	位号	名称	规格型号		制造厂		数量	备注
			更换前	更换后	更换前	更换后		

表 5　冷换设备检修情况表

序号	位号	名称	规格型号	抽芯清洗	试压换垫	堵管根数	管束更换

表 6　阀门检修、更换情况表（*DN*50 和 *DN*50 以上）

序号	规格型号	公称直径	检修数量	更换数量

表 7 压力容器检验情况表

序号	计划检验台数	增加变更台数	减少变更台数	实际完成台数	缺陷返修台数

表 8 压力管道检验情况表

序号	检验计划		增加变更		减少变更		实际完成	
	条数	米数	条数	米数	条数	米数	条数	米数

表 9 安全阀门检验情况表

序号	计划检验台数	增加变更台数	减少变更台数	实际完成台数

乙二醇装置维护检修规程

SHZ 03007—2019

目　次

前　言

本规程按照 GB/T　1.1—2009《标准化工作导则　第 1 部分：标准的结构和编写》给出的规则起草。

本规程由中国石油化工集团有限公司、中国石油化工股份有限公司提出。

本规程起草单位：中国石化上海石油化工股份有限公司。

本规程主要起草人：崔健。

本规程 2019 年首次发布。

乙二醇装置维护检修规程

1 范围

1.1 本规程规定了乙二醇装置（包括氧化和精制）及其主要设备、专用设备的检修周期、检修项目及质量要求、检修过程管理和日常维护的相关内容。
1.2 本规程适用于石油化工乙二醇装置的检修维护管理。

2 规范性引用文件

下列文件对于本文件的应用是必不可少的。凡是注日期的引用文件，仅所注日期的版本适用于本文件。凡是不注日期的引用文件，其最新版本（包括所有的修改单）适用于本文件。

2.1 法律法规

中华人民共和国安全生产法
中华人民共和国特种设备安全法

2.2 特种设备安全技术规范

TSG 08—2017 特种设备使用管理规则
TSG 21—2016 固定式压力容器安全技术监察规程
TSG D0001—2009 压力管道安全技术监察规程——工业管道

2.3 标准与规范

GB 150—2011 压力容器
GB/T 151—2014 热交换器
GB 50275—2010 风机、压缩机、泵安装工程施工及验收规范
GB 50093—2013 自动化仪表工程施工及质量验收规范

2.4 中国石化管理规定

炼油企业检修管理指南（试行版）
炼化装置设备检修管理规定
石油化工设备维护检修规程

3 术语与定义

下列术语和定义适用于本文件。

3.1 设备功能

设备功能指的是设备的生产效率和功能，衡量设备功能的指标随设备种类不同而异。

3.2 功能故障

设备、设施不能实现其设计功能时，称之为功能故障，定义为设备、设施不能满足期望的性能标准。一般指设备失去或降低其规定功能的事件或现象，表现为设备的某些零件失去原有的精度或性能，使设备不能正常运行、技术性能降低，致使设备中断生产或效率降低而影响生产。

3.3 故障模式

故障模式一般是对产品所发生的、能被观察或测量到的故障现象的规范描述。

3.4 A 类设备

本规程规定的 A 类设备是指设备的功能故障引起装置停车的设备。

3.5 B 类设备

本规程规定的 B 类设备是指该设备的功能故障虽然不引起装置的停车，但对装置的负荷、质量及可靠性具有重大影响的设备。

4 装置特征

4.1 乙二醇装置工艺原则流程及流程图

乙二醇装置是化工企业的重要原料装置之一，现有常用的乙二醇生产工艺主要是乙烯直接氧化法，以乙烯、氧气为原料，生产环氧乙烷、乙二醇、二乙二醇、三乙二醇等产品。目前环氧乙烷 / 乙二醇生产技术专利商主要有 Shell、SD 和 DOW 化学公司，这三家公司的专利技术在国内的乙二醇装置都有应用。本规程以采用 SD 工艺技术的乙二醇装置为例，采用其他专利技术的装置亦可参考。

采用 SD 工艺技术的乙二醇装置通常由乙烯氧化和环氧乙烷吸收、二氧化碳脱除系统、环氧乙烷汽提和再吸收、环氧乙烷精制、乙二醇水合反应和乙二醇蒸发及水处理系统、乙二醇干燥和精制、多乙二醇的分离、辅助生产系统、环氧乙烷储存、废气焚烧等 10 个单元组成。

乙烯和氧气以一定比例，在甲烷致稳及银催化剂作用下，气相反应生成环氧乙烷，反应气体经水洗将环氧乙烷与其气体分离。然后汽提出环氧乙烷，为进一步脱除环氧乙烷中的 CO_2 及烃类，将环氧乙烷用工艺水再吸收后水溶液分别送乙二醇反应蒸发系统和环氧乙烷精制系统。

乙二醇是环氧乙烷和水无催化水合作用的产物，生成物经多效蒸发，再经脱水，乙二醇精制和多乙二醇精制，分别获得一乙二醇、二乙二醇、三乙二醇产品，多乙二醇残渣作为危废处置。

部分环氧乙烷水溶液精馏后得环氧乙烷产品。其基本流程见图 1。

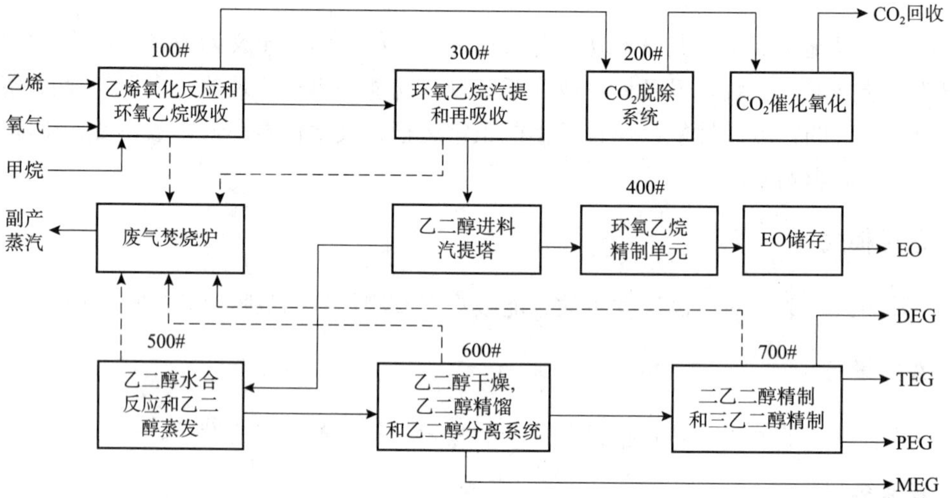

图 1　乙二醇装置基本工艺流程

来自界区外的乙烯和氧气与贫循环气混合后，进入预热单元（气－气换热器），气体混合物经气－气换热器加热后进入环氧乙烷（EO）反应器 / 气体冷却器，通过固体催化剂，部分乙烯转化生成环氧乙烷。

反应器出口气所含的环氧乙烷被贫循环液吸收下来，形成的富循环水被送至环氧乙烷汽提和再吸收单元。贫 EO 循环气送至洗涤塔的二氧化碳（CO_2）接触段，以脱除在 EO 反应器 / 气体冷却器中产生的副产物 CO_2。反应热由多管反应器壳程中的沸水移除。水循环通过热虹吸来实现。离开反应器壳程的水和蒸汽两相混合物进入反应器汽包，水和蒸汽在此分离。然后干蒸汽被送到高压蒸汽管网，锅炉给水预热后补充至汽包。

再生塔中富碳酸盐溶液，在常压和加热条件下再生成贫碳酸盐溶液，经塔釜泵进入二氧化碳接触段吸收循环气中的部分二氧化碳。

富含 EO 的循环水溶液预热后进入汽提塔，EO 在此被汽提出来。贫循环水经泵送至一系列换热器，冷却后返回至洗涤塔的 EO 洗涤段。为了维持水平衡以及排除掉循环水回路中累计的乙二醇，抽出一股泄放液送至水处理单元。

汽提塔塔顶气中的 EO 在再吸收塔中通过和冷的工艺水相接触而被再次吸收下来。再吸收塔塔顶气送至回收气体压缩机，同时塔釜液送至乙二醇进料汽提塔。

一部分乙二醇（MEG）进料汽提塔釜液预热后进入精制塔，环氧乙烷在此被蒸馏出来，塔釜液循环回再吸收塔，侧线采出环氧乙烷产品，同时采出两股泄放液，分别含有乙醛和甲醛，这两股泄放液一起循环回乙二醇进料汽提塔。

来自再吸收塔塔釜的环氧乙烷溶液进入乙二醇进料汽提塔以脱除所含 CO_2，不含 CO_2 的物流预热后进入乙二醇反应器，反应器出料进入七效蒸发系统的一效，来自循环水系统的循环水排放液经阴 / 阳离子交换单元处理后用作蒸发系统的回流。

来自蒸发系统再沸器的凝液预加热乙二醇反应器的进料后返回至循环水储槽，五效蒸发器的塔顶气用作汽提塔、乙二醇进料汽提塔和再生塔二次蒸汽再沸器的加热蒸汽，六效蒸发器的塔顶气用作反应器进料一级加热器和真空效再沸器的加热蒸汽。真空效蒸发器的塔顶气冷凝后一部分作为此塔的回流，多余部分送至循环水储槽。来自真空效蒸发器的浓缩乙二醇溶液送至干燥塔。

来自多效蒸发单元的粗乙二醇在干燥塔中通过真空精馏进一步脱除水分，干燥塔塔釜液送至 MEG 塔，在该塔靠近塔顶处，侧线采出纤维级乙二醇产品，冷却后存于 MEG 中间槽。

MEG 塔釜液送至 MEG 分离塔，在此乙二醇从重乙二醇中分离出来，循环回真空效蒸发器，MEG 分离塔釜液送至二乙二醇（DEG）塔。

来自 MEG 分离塔塔釜的重乙二醇在 DEG 塔精馏后，塔顶采出二乙二醇（DEG）产品，产品冷却后储存于 DEG 中间槽，然后送至界区外。DEG 塔釜液送至三乙二醇（TEG）塔进一步精馏，塔顶采出 TEG 产品，产品冷却后储存于 TEG 中间槽，然后送至界区外。含有多乙二醇的 TEG 塔釜液，储存于多乙二醇（PEG）储槽，用泵送至界区外装桶。

4.2 乙二醇装置工艺特性参数

乙二醇装置工艺特性参数见表 1。

表 1 乙二醇装置工艺特性参数

工序（单元）	特性参数	单位	控制指标
乙烯氧化和环氧乙烷吸收	反应温度	℃	210～260
乙烯氧化和环氧乙烷吸收	反应器入口乙烯浓度	%	≤ 35
二氧化碳脱除系统	再生塔釜温度	℃	104～124
环氧乙烷汽提和再吸收	汽提塔釜温度	℃	107.5～114.5
环氧乙烷精制	EO 精制塔塔顶压力	MPa	0.19～0.25
环氧乙烷精制	EO 精制塔塔釜温度	℃	140～146
乙二醇水合反应和乙二醇蒸发及水处理系统	水合反应器入口温度	℃	145～151
乙二醇干燥和精制	干燥塔塔真空度	kPaA	12.7～13.9
废气焚烧	焚烧炉炉膛温度	℃	800～1100

4.3 乙二醇装置危害特性

乙二醇装置危害特性见表2。

表2 乙二醇装置危害特性

序号	危害名称	发生部位	防范措施
1	EO 聚合	环氧乙烷精制和储存单元	控制好温度、流量等工艺参数；定期清洗过滤网；检修后系统控制好置换质量，避免杂质残留；控制好工艺水质
2	碳酸盐结晶	二氧化碳脱除单元	控制好碳酸盐浓度；再生塔再沸器底部配置蒸汽吹扫
3	乙二醇结焦堵塞	二乙二醇精制和三乙二醇精制	控制好加热蒸汽温度；塔釜再沸器强制循环，减少停留时间；定期拆洗过滤网或者系统停运清洗
4	反应副产有机酸腐蚀	装置主流程设备	系统注入液碱，控制 pH；使用高选择性催化剂减少副反应
5	反应副产 CO_2	乙烯氧化和环氧乙烷吸收单元、乙二醇水合反应和乙二醇蒸发及水处理单元	使用高选择性催化剂减少副反应；控制好抑制剂加入量，提高选择性；稳定运行 CO_2 脱除系统；控制好乙二醇加料汽提塔汽提效果
6	醛类	乙烯氧化和环氧乙烷吸收单元	使用高选择性催化剂减少副反应；控制好抑制剂加入量，提高选择性；稳定运行水处理系统、脱醛塔、产品脱醛罐等
7	工艺循环水腐蚀	乙烯氧化和环氧乙烷吸收单元、环氧乙烷汽提和再吸收单元、乙二醇水合反应和乙二醇蒸发及水处理单元	系统注入液碱，控制 pH；稳定运行水处理系统；工艺循环水定期置换
8	锅炉水腐蚀	乙烯氧化和环氧乙烷吸收单元、辅助生产系统	注入药剂控制指标；定期排污；定期分析
9	碳酸钾中毒	二氧化碳脱除单元	控制好碳酸盐浓度；使用配置好的碳酸盐，采用密闭系统注入；密闭排放

5 检修周期及检修项目

5.1 主要设备

主要设备见表3。

表3 主要设备

名称	设备种类		主要设备	通用、专用设备检修规程的代码
转动设备	压缩机	离心式压缩机	循环气体压缩机	SHS 01019
		往复式压缩机	回收气体压缩机、甲烷压缩机	SHS 01041
		隔膜式压缩机	高压氮气压缩机	
	泵	离心泵	反应器开车泵、洗涤水泵、碳酸盐溶液泵、再生塔冷凝器凝液泵、再生塔二次蒸汽再沸器凝液泵、碳酸盐输送泵、汽提塔釜/增压泵、汽提塔回流泵再吸收塔釜泵、KO罐凝液泵、EO精制塔釜泵、EO精制塔回流泵、EO精制塔再沸器凝液泵、反应器进料泵、EO精制塔进料泵、粗MEG泵、蒸发器凝液泵、蒸发器热井泵、循环水泵、再循环水泵、酸碱泵、雨水泵、干燥塔釜泵、干燥塔回流泵、粗乙二醇泵、MEG塔釜泵、MEG塔回流泵、MEG塔产品泵、MEG塔再沸器循环泵、MEG塔冷凝器排放泵、MEG分离塔釜泵、MEG产品输送泵、DEG塔釜泵、DEG塔回流泵、DEG/TEG塔热井泵、粗多乙二醇泵、TEG塔釜泵、TEG塔釜泵、TEG塔回流泵、DEG产品输送泵、TEG产品输送泵、PEG输送泵、环氧乙烷产品输送泵、冷媒泵、低压凝液泵、冷却水增压泵、脱氧水泵、废水泵、再生水输送泵、锅炉给水泵	SHS 01013
		磁力泵	环氧乙烷产品输送泵	SHS 01045
		齿轮泵	润滑油泵	SHS 01017
		螺杆泵	润滑油泵	SHS 01016
		隔膜泵	锅炉给水药剂泵	
	风机	离心式风机	燃烧风机、循环风机、引风机	SHS 01022
		轴流式风机	再生塔冷却器风机、汽提塔冷凝器风机	SHS 01023
		罗茨风机	增压风机	SHS 01024
	冷冻机		EO储存冷冻机	

表 3　主要设备（续）

<table>
<tr><th>名称</th><th colspan="2">设备种类</th><th>主要设备</th><th>通用、专用设备检修规程的代码</th></tr>
<tr><td rowspan="10">静设备</td><td rowspan="2">塔</td><td>填料塔</td><td>洗涤塔（环氧乙烷吸收、预饱和、CO_2 接触分离、洗涤）、再生塔（再生塔 / 进料闪蒸罐）、气提塔 / 闪蒸罐、再吸收塔、放空洗涤塔、乙二醇进料气提塔、一至六效蒸发器，真空效蒸发器、醛汽提塔，废水 VOC 气提塔、DEG 塔、TEG 塔</td><td>SHS 01007</td></tr>
<tr><td>板式塔</td><td>EO 精制塔、MEG 塔、MEG 分离塔</td><td>SHS 01007</td></tr>
<tr><td rowspan="3">反应器</td><td>固定床反应器</td><td>环氧乙烷反应器 / 气体冷却器</td><td>SHS 03015</td></tr>
<tr><td>管式反应器</td><td>乙二醇反应器</td><td>SHS 01004</td></tr>
<tr><td>固定床反应器</td><td>乙烯脱硫床</td><td>SHS 01008</td></tr>
<tr><td rowspan="3">换热器</td><td>管壳式换热器</td><td>气 - 气换热器、洗涤塔进料 / 釜液换热器、再生塔再沸器、再生塔预冷凝器、再生塔二次蒸汽再沸器、汽提塔再沸器、回收气体压缩机后冷凝器、EO 精制塔再沸器、EO 精制塔冷凝器、EO 精制塔侧线再沸器、EO 精制塔进料 / 釜液换热器、EO 产品冷却器、反应器进料二三级加热器、一至六效再沸器、真空效再沸器、真空效冷凝器、干燥塔再沸器、干燥塔冷凝器、粗乙二醇储罐进料冷却器、MEG 塔再沸器、MEG 塔冷凝器、MEG 产品冷却器、MEG 喷射泵预冷凝器、MEG 再沸器预加热器、MEG 分离塔再沸器、MEG 冷却器、降膜再沸器、DEG 塔再沸器、DEG 产品冷却器、粗多乙二醇冷却器、TEG 塔再沸器、排污冷却器、废水冷却器、MEG 分离塔冷凝器、DEG 塔冷凝器、TEG 塔冷凝器、TEG 产品冷却器</td><td>SHS 01009</td></tr>
<tr><td>板式换热器</td><td>循环水冷却器、再吸收塔水冷却器、循环水冷却器、循环水排放冷却器、VOC 汽提塔冷却器、脱盐水冷却器、洗涤塔冷却器、碳酸盐溶液换热器、循环水换热器、再吸收塔釜液冷却器、反应器进料预热器、反应器进料一级加热器</td><td>SHS 01048</td></tr>
<tr><td>空冷器</td><td>再生塔冷却器风机、汽提塔冷凝器风机</td><td>SHS 01010</td></tr>
<tr><td colspan="2">特殊设备</td><td>氧气混合站、氧气过滤器、乙烯过滤器、膜分离系统</td><td></td></tr>
</table>

表 3　主要设备（续）

名称	设备种类	主要设备	通用、专用设备检修规程的代码
静设备	废气焚烧炉	废气焚烧炉	SHS 01065
	喷射器	循环水闪蒸罐喷射器、干燥塔喷射系统、MEG 塔喷射系统、MEG 分离塔喷射系统	SHS 01009
	储罐（球罐）	EO 储罐	SHS 01037
	压力容器	反应器、换热器、塔、罐（汽包）等	SHS 01004
	压力管道	乙烯、氧气、甲烷、循环气、EO、锅炉水、蒸汽管道、工艺物料管道、凝液管道等等	SHS 01005
	常压容器、常压储罐	碳酸盐贮槽、碳酸盐回收槽、循环水槽、再循环水槽、粗乙二醇槽、MEG 中间槽、粗乙二醇槽、DEG 中间槽、TEG 中间槽、PEG 贮槽、脱盐水槽	SHS 01012
	阀门	闸阀、截止阀、旋塞阀、针形阀、角阀、单向阀、蝶阀、安全阀、呼吸阀等	SHS 01030
电气设备	旋转电机	异步电动机	SHS 06001
	变压器	油浸电力变压器、干式变压器	SHS 06002
	高压开关	高压开关及 GIS 组合电器	SHS 06003
	配电装置	35kV 及以下高低压配电柜（包括各种配电盘、柜、箱及成套柜），110kV 及以下的户内外母线、绝缘子、构架、水泥电抗器及 6～10kV 电力电容器	SHS 06004
	低压电器	交流接触器、自动空气开关、热继电器、防爆电器、中间继电器等	SHS 06005
	电源装置、变频器	直流电源装置、UPS 装置、变频器、可控硅及蓄电池	SHS 06006
	电力线路	架空电力线路、电缆线路	SHS 06007
	照明装置	灯具、照明箱、开关、接线盒、照明控制器	SHS 06008
	接地及过电压保护装置	电力线路和电气设备的工作接地、保护接地、防雷及防静电的接地装置、避雷针、避雷网、避雷线及各类避雷器	SHS 06009
仪表设备	常规仪表：检测仪表、显示或报警仪表、控制仪表、辅助单元、执行器及其附件	检测仪表（温度、压力、液位、流量等）、开关阀、调节阀、电磁阀、限位开关、定位器、电／气转换器及其附件	SHS 07002、SHS 07003

表 3 主要设备（续）

<table>
<tr><th>名称</th><th colspan="2">设备种类</th><th>主要设备</th><th>通用、专用设备检修规程的代码</th></tr>
<tr><td rowspan="5">仪表设备</td><td>控制系统</td><td>集散控制系统（DCS）、可编程控制系统（PLC）、机组控制系统（CCS 或 ITCC）、工业控制计算机系统（IPC）、监控和数据采集系统（SCADA）</td><td>集散控制系统（DCS）、可编程控制系统（PLC）、先进过程控制系统（APC）、监控和数据采集系统（OPC）</td><td>SHS 07008</td></tr>
<tr><td>安全仪表系统（SIS）</td><td>安全联锁系统、紧急停车系统和可燃、有毒有害气体及火灾检测保护系统</td><td>安全联锁 SIS 系统、可燃、有毒有害气体 GDS 系统及火灾检测保护系统</td><td>SHS 07008</td></tr>
<tr><td>在线分析仪表</td><td>工业气相色谱仪、氧分析仪、红外分析仪、质谱仪、pH 计、电导仪、水分仪</td><td>工业气相色谱仪、氧分析仪、红外分析仪、质谱仪、pH 计、电导仪、水分仪</td><td>SHS 07006</td></tr>
<tr><td>安全环保仪表</td><td>可燃气体检测报警仪、有毒有害气体检测报警仪、氨氮分析仪、化学需氧量分析仪（COD）、水质分析仪、烟气分析仪（CEMS）</td><td>可燃气体检测报警仪、有毒有害气体检测报警仪、氨氮分析仪、水质自动监测仪（COD）、烟气分析仪（CEMS）、火焰检测仪、上传环保局的环保类仪表</td><td>SHS 07006</td></tr>
<tr><td>特殊仪表</td><td>振动 / 位移检测仪表、转速控制仪表</td><td>本特利 3500、关键机组振动 / 位移检测仪表和转速控制仪表</td><td>SHS 07007</td></tr>
</table>

5.2 检修周期

5.2.1 乙二醇装置检修应根据催化剂周期及实际运行情况进行定期停工检修，检修周期按催化剂寿命确定，一般为 36～42 个月。

5.2.2 有备用设备的或日常可以进行检修的不列入大修项目（除特殊情况外）。

5.3 检修内容

5.3.1 确定检修内容的依据

5.3.1.1 按法律法规要求的特种设备定期检验。

5.3.1.2 不符合国家安全与环境保护、节能要求的设备改造和更新。

5.3.1.3 对本次检修或下次检修之前已到法定检验时间的计量设施。

5.3.1.4 设备状况

结合设备运行状况，运用 RCM（以可靠性为中心的维修）、RBI（基于风险的检验）等工具来合理确定检修内容。

静设备：塔、换热器、反应器、容器、炉等设备因内构件损坏、结焦、积垢、腐蚀等原因造成设备失效、性能降低；

转动设备：磨损、疲劳、泄漏、振动等原因造成性能降低；

管道：管道缺陷（如临时堵漏）合规性整改，阀门检修、校验等；

电气设备：部件老化等原因造成性能降低；

仪表设备：1）仪表控制阀：阀芯阀座冲刷、磨损、变形、内漏、结焦、聚合等原因造成调节阀失效、失控；密封圈、垫料老化造成控制阀泄漏；

2）压缩机轴系仪表：每个大检修周期对轴振动、轴位移、转速等测量系统包括前置放大器接线端子进行检查、拆装、清洗探头、紧固、更换、校验；对轴瓦温度进行检查、拆装、更换；

3）DCS、SIS、PLC 等控制（联锁）系统仪表：每个大检修周期系统除尘、系统点检、I/O 卡件检查测试、系统点检综合测试（软件测试）、冗余网络电缆检查测试、控制站结点及其连接网络测试、热备用冗余设备部件人为切换测试；

4）联锁仪表：OMS 联锁仪表 2 个大检修周期强制更新；其他联锁仪表根据检查、调试结果更换。

5.3.1.5 工艺催化剂（三剂）失效。

5.3.1.6 钢结构平台、设备基础、房屋等建构筑物老化、锈蚀等必须在停车检修期间内维修的项目。

5.3.1.7 安全防护设施失效。

5.3.2 检修具体内容

停车大修是对乙二醇装置安全环保、长周期运行及经济效益有重大影响的设备、管线、电气仪表系统、土建及基础设施等在运行周期内将要发生的功能故障进行全面检修。其他检修是除大修外对装置局部或设备本体有经济运行影响的功能故障而进行的检修。

装置长周期运行有重要影响的主要设备（A 类、B 类、系统功能）的功能故障见表 4～表6。

5.3.2.1　乙二醇装置主要设备检修内容见表 4。

表 4　乙二醇装置主要设备检修内容

序号	设备名称	设备功能	功能故障	故障周期／月	检修内容	专业类别
1	循环气体压缩机（电机驱动）	将反应循环气体升压，流量达到生产要求，密闭通道良好，保证机组安全连续运行	1. 机出口流量、压力达不到生产要求； 2. 干气密封泄漏； 3. 静密封泄漏； 4. 轴振动大，轴位移大，轴承温度高； 5. 设备条件联锁，仪表故障	36	1. 检查流道，清洗叶轮和过滤器； 2. 检查或更换干气密封； 3. 检查轴承，校核配合尺寸； 4. 仪表调试	A
2	反应器开车泵	将反应器汽包内锅炉水形成循环	1. 出口压力、流量不足； 2. 密封泄漏； 3. 振动大，轴承温度高，声音异常	36	1. 检查清洗入口过滤器； 2. 更换机封； 3. 检查更换轴承，校核配合尺寸，辅助系统清洗疏通，口环检查更换，动平衡校验，中心校验，紧固件检查	B
3	EO 反应器／气体冷却器	乙烯和氧气在银催化剂的作用下反应生成环氧乙烷以及副产物，气体在底部被冷却，同时产出蒸汽	1. 反应温度、压力、流量等达不到工艺设计要求； 2. 反应器列管堵； 3. 反应器散热效果差； 4. 反应器列管泄漏； 5. 设备本体腐蚀泄漏； 6. 密封失效； 7. 防爆膜失效	36	1. 检查银粉、催化剂脱落情况，催化剂列管压差检测； 2. 列管清洗或喷砂； 3. 设备缺陷检查、修复； 4. 密封面检查，更换垫片； 5. 更换防爆膜	A
4	乙烯脱硫床	脱除原料乙烯中的硫等杂质	1. 脱硫效果达不到工艺要求；氧化锌破碎；床层压差大； 2. 设备内件损坏，设备腐蚀； 3. 密封泄漏	36	1. 更换氧化锌； 2. 缺陷修复或更换； 3. 密封面检查修复，更换垫片	A
5	洗涤塔	用贫循环水吸收循环气中 EO	1. 环氧乙烷、二氧化碳吸收效果达不到工艺要求，预饱和段换热效果差，洗涤段洗涤效果差，KO 罐气液分离效果差； 2. 设备内件损坏，设备腐蚀泄漏； 3. 静密封泄漏	36	1. 除沫器、分布器、填料、支撑横梁、气液分离格栅等塔内件检查修复； 2. 塔体、密封面检查修复，更换垫片	A

表4　乙二醇装置主要设备检修内容（续）

序号	设备名称	设备功能	功能故障	故障周期/月	检修内容	专业类别
6	反应器汽包	为反应器提供锅炉水撤出热量，产出蒸汽	1. 内部结垢； 2. 填料、分布器、防冲板等内件损坏失效； 3. 设备腐蚀泄漏或静密封泄漏； 4. 液位指示失准	36	1. 清理检查内部，杂质清理； 2. 填料、分布器、防冲板等内件检查修复，填料补充或更换； 3. 设备本体、密封面检查修复； 4. 仪表检定	A
7	反应器气体冷却器汽包	为循环气提供锅炉水撤出热量，产出蒸汽	1. 内部结垢，内件损坏； 2. 设备腐蚀泄漏或静密封泄漏； 3. 液位指示失准	36	1. 内件检查修复，清理内部杂质； 2. 设备本体、密封面检查修复； 3. 仪表检定	A
8	抑制剂进料罐	储存 EDC	设备腐蚀泄漏或密封泄漏	36	清理内部杂质，设备本体、密封面检查修复	A
9	气-气换热器	利用反应器出口循环气对反应器进口循环气进行加热	1. 换热效果达不到工艺要求； 2. 换热器内漏或外漏； 3. 密封面泄漏	36	1. 列管清洗； 2. 设备本体、列管检查修复； 3. 密封面检查修复，更换垫片	A
10	洗涤塔进料/釜液换热器	利用循环气加热富循环水溶液	1. 换热效果达不到工艺要求； 2. 换热器内漏或外漏； 3. 密封面泄漏	36	1. 列管清洗； 2. 设备本体、列管检查修复； 3. 密封面检查修复，更换垫片	A
11	碳酸盐溶液换热器	利用贫碳酸钾溶液对富碳酸钾溶液加热	1. 换热效果达不到工艺要求（板片结垢、堵塞）； 2. 板片变形损坏或泄漏； 3. 密封面泄漏	36	1. 板片清洗； 2. 设备本体检查修复，板片泄漏检查修复； 3. 密封面检查修复，更换垫片	B
12	氧气混合站	向循环气中均匀加入氧气	1. 喷嘴堵； 2. 喷嘴口裂纹； 3. 内构件损伤； 4. 密封面泄漏，本体泄漏； 5. 设备外腐蚀，紧固件腐蚀	36	1. 喷嘴等内构件检查修复； 2. 设备本体、密封面检查修复，紧固件检查更换，更换垫片，设备、垫片脱脂处理，试压捉漏，设备腐蚀防护	A

表 4　乙二醇装置主要设备检修内容（续）

序号	设备名称	设备功能	功能故障	故障周期/月	检修内容	专业类别
13	再生塔	利用蒸汽将碳酸氢钾转化为碳酸钾，产出二氧化碳气体	1. 碳酸盐再生效果达不到工艺要求，床层压差高，物料结晶； 2. 填料、分布器等内件损坏； 3. 设备腐蚀泄漏或静密封泄漏； 4. 安全附件损坏	36	1. 填料、除沫器、分布器等内件清洗、检查更换； 2. 设备本体、塔内件检查修复； 3. 密封面检查修复，更换垫片； 4. 爆破片更换	A
14	再生塔再沸器	利用蒸汽对再生塔釜液体进行加热	1. 换热效果达不到工艺要求； 2. 换热器内漏； 3. 不锈钢封头、管箱应力腐蚀开裂； 4. 密封面泄漏	36	1. 列管清洗； 2. 设备本体、封头、列管、密封面检查修复，更换垫片	A
15	再生塔预冷凝器	利用洗涤水冷却二氧化碳气体	1. 换热效果达不到工艺要求； 2. 换热器内漏； 3. 不锈钢封头、管箱应力腐蚀开裂； 4. 密封面泄漏	36	1. 列管清洗； 2. 设备本体、列管、密封面检查修复，更换垫片	A
16	再生塔二次蒸汽再沸器	利用蒸汽加热再生塔釜碳酸盐溶液	1. 换热效果达不到工艺要求； 2. 换热器内漏； 3. 不锈钢封头、管箱应力腐蚀开裂； 4. 密封面泄漏	36	1. 列管清洗； 2. 设备本体、列管、密封面检查修复，更换垫片	A
17	再生塔预冷凝器 KO 罐	将二氧化碳气体中的水分分离	1. 设备腐蚀泄漏或静密封泄漏； 2. 液位指示失准	36	1. 设备本体、密封面检查修复，设备清理内部杂质，更换垫片； 2. 仪表检定	A
18	再生塔冷凝器凝液罐	回收再生塔预冷凝器 KO 罐凝液	1. 设备腐蚀泄漏或静密封泄漏； 2. 液位指示失准	36	1. 设备本体、密封面检查修复，设备清理内部杂质，更换垫片； 2. 仪表检定	A

表 4　乙二醇装置主要设备检修内容（续）

序号	设备名称	设备功能	功能故障	故障周期/月	检修内容	专业类别
19	再生塔回热再沸器凝液罐	回收再生塔二次蒸汽再沸器蒸汽凝液和热量	1. 设备腐蚀泄漏或静密封泄漏； 2. 液位指示失准	36	1. 设备本体、密封面检查修复，设备清理内部杂质，更换垫片； 2. 仪表检定	A
20	碳酸盐溶液泵	将再生塔釜碳酸钾溶液输送至洗涤塔接触段	1. 出口压力、流量不足 2. 密封泄漏； 3. 振动大，轴承温度高，声音异常； 4. 润滑油共有系统压力、流量不足	36	1. 检查清洗入口过滤器； 2. 更换机封； 3. 检查更换轴承，校核配合尺寸，辅助系统清洗疏通，口环检查更换，动平衡校验，中心校验，紧固件检查； 4. 检查润滑油泵，供油管路	B
21	碳酸盐贮槽	储存碳酸盐溶液	1. 设备腐蚀泄漏或静密封泄漏； 2. 内构件损坏； 3. 液位指示失准	36	1. 设备本体、密封面检查修复，设备清理内部杂质，更换垫片； 2. 内构件检查修复； 3. 仪表检定	B
22	回收气体压缩机	回收再生塔、再吸收塔顶部含烃气体，为循环气补充甲烷和压力	1. 出口压力、流量不足； 2. 密封泄漏； 3. 润滑油系统压力不足、温度高； 4. 压缩机振动、位移大、声音异常； 5. 气阀漏； 6. 排气温度高； 7. 气液分离器液位高	36	1. 拆气缸盖，拉出活塞，检查活塞环、导向环，复位时检查内外止点； 2. 拆曲轴箱盖，拆连杆、拆曲轴，拆出曲轴，检查连杆轴瓦、主轴瓦、曲轴，测量配合尺寸； 3. 拆气阀，气阀捉漏，更换气阀； 4. 油泵保养，润滑油系统清洁，油过滤器滤芯更换，油冷却器清洗； 5. 级间冷却器清洗	B
23	汽提塔/闪蒸罐	用蒸汽将富循环水中的 EO 汽提出来	1. 环氧乙烷汽提效果达不到工艺要求，床层压差高； 2. 设备内件损坏，设备腐蚀泄漏或静密封泄漏	36	1. 除沫器、分布器、填料、集液盘、支撑横梁等塔内件检查修复； 2. 塔体、密封面检查修复，更换垫片	A

表 4　乙二醇装置主要设备检修内容（续）

序号	设备名称	设备功能	功能故障	故障周期/月	检修内容	专业类别
24	再吸收塔	用工艺水吸收来自酸洗涤器的EO	1. 环氧乙烷吸收效果达不到工艺要求，床层压差高，填料污染； 2. 设备内件损坏，设备腐蚀泄漏或静密封泄漏； 3. 安全附件损坏	36	1. 除沫器、分布器、填料、集液盘、支撑横梁等塔内件检查修复； 2. 塔体、密封面检查修复，更换垫片； 3. 爆破片更换	A
25	放空洗涤塔	用工艺水吸收来自灌装站等的EO	1. 环氧乙烷吸收效果达不到工艺要求； 2. 设备内件损坏，设备腐蚀泄漏或静密封泄漏	36	1. 除沫器、分布器、填料、集液盘、支撑横梁等塔内件检查修复； 2. 塔体、密封面检查修复，更换垫片	B
26	汽提塔再沸器	用蒸汽间接加热汽提塔釜物料	1. 换热效果达不到工艺要求； 2. 换热器内漏、设备本体泄漏； 3. 密封面泄漏	36	1. 列管清洗； 2. 设备本体、封头、列管、密封面检查修复，更换垫片	A
27	回收气体压缩机后冷凝器	用冷却水冷却进入回收气体压缩机的气体	1. 换热效果达不到工艺要求； 2. 换热器内漏、设备本体泄漏； 3. 密封面泄漏	36	1. 列管清洗； 2. 设备本体、封头、列管、密封面检查修复，更换垫片	B
28	循环水换热器	贫富液换热	1. 换热效果达不到工艺要求（板片结垢、堵塞）； 2. 板片焊缝泄漏；板片变形损坏或泄漏； 3. 密封面泄漏	36	1. 内部板片化学清洗； 2. 设备本体检查，单侧水压捉漏，泄漏板片修复； 3. 检查密封面，更换垫片	
29	循环水冷却器	用冷却水冷却再吸收塔釜液	1. 换热效果达不到工艺要求（板片结垢、堵塞）； 2. 板片变形损坏或泄漏；板片间垫片失效泄漏； 3. 密封面泄漏	36	1. 板片清洗； 2. 板片检查，变形板片整形或更换，泄漏板片修复或更换，板片间垫片更换； 3. 检查密封面，更换垫片	A
30	酸洗涤器	用工艺水洗涤EO气体中的酸等杂质	1. 设备腐蚀泄漏或静密封泄漏； 2. 填料支撑损坏； 3. 液位指示失准	36	1. 分布器、填料、支撑横梁等罐内件检查修复； 2. 罐体、密封面检查修复，更换垫片	B

表 4　乙二醇装置主要设备检修内容（续）

序号	设备名称	设备功能	功能故障	故障周期/月	检修内容	专业类别
31	汽提塔釜/增压泵	将汽提塔釜贫循环水增压后送至洗涤塔吸收段	1. 出口压力、流量不足； 2. 密封泄漏； 3. 振动大，轴承温度高，声音异常	36	1. 检查清洗入口过滤器； 2. 更换机封； 3. 检查更换轴承，校核配合尺寸，辅助系统清洗疏通，口环检查更换，动平衡校验，中心校验，紧固件检查	B
32	再吸收塔釜泵	将再吸收塔釜EO水溶液送至乙二醇进料汽提塔	1. 出口压力、流量不足； 2. 密封泄漏； 3. 振动大，轴承温度高，声音异常	36	1. 检查清洗入口过滤器； 2. 更换机封； 3. 检查更换轴承，校核配合尺寸，辅助系统清洗疏通，口环检查更换，动平衡校验，中心校验，紧固件检查	B
33	精制塔	在一定操作条件下，对EO水溶液进行精馏操作，实现EO水溶液脱水脱醛，满足侧线产出EO产品要求	1. 环氧乙烷精制效果达不到工艺要求； 2. 塔盘坍塌、内件损坏； 3. 设备腐蚀泄漏或静密封泄漏； 4. 安全附件损坏	36	1. 分布器、塔板、浮阀、塔板支撑圈等塔内件检查修复； 2. 塔体、密封面检查修复，更换垫片； 3. 爆破片更换	A
34	EO精制塔再沸器	用中压蒸汽对精制塔进行间接加热	1. 换热效果达不到工艺要求； 2. 换热器内漏、设备本体泄漏； 3. 密封面泄漏	36	1. 列管清洗； 2. 设备本体、封头、列管、密封面检查修复，更换垫片	B
35	EO精制塔冷凝器	用冷却水对精制塔塔顶气体进行冷却	1. 换热效果达不到工艺要求； 2. 换热器内漏、设备本体泄漏； 3. 密封面泄漏	36	1. 列管清洗； 2. 设备本体、封头、列管、密封面检查修复，更换垫片	B
36	EO精制塔侧线再沸器	利用精制塔釜液对精制塔塔身进行间接加热	1. 换热效果达不到工艺要求； 2. 换热器内漏、设备本体泄漏； 3. 密封面泄漏	36	1. 列管清洗； 2. 设备本体、封头、列管、密封面检查修复，更换垫片	B

表 4　乙二醇装置主要设备检修内容（续）

序号	设备名称	设备功能	功能故障	故障周期 / 月	检修内容	专业类别
37	EO 精制塔进料 / 釜液换热器	利用精制塔釜液对精制塔进料预热	1. 换热效果达不到工艺要求； 2. 换热器内漏、设备本体泄漏； 3. 密封面泄漏	36	1. 列管清洗； 2. 设备本体、封头、列管、密封面检查修复，更换垫片	B
38	EO 产品冷却器	用冷却水对 EO 成品进行冷却，降低 EO 产品温度	1. 换热效果达不到工艺要求； 2. 换热器内漏、设备本体泄漏； 3. 密封面泄漏	36	1. 列管清洗； 2. 设备本体、封头、列管、密封面检查修复，更换垫片	B
39	精制塔再沸器凝液罐	回收精制塔再沸器加热蒸汽凝水及热量	1. 设备腐蚀泄漏或静密封泄漏； 2. 液位指示失准	36	1. 设备本体、密封面检查修复，设备清理内部杂质，更换垫片； 2. 仪表检定	B
40	EO 精制塔回流泵	将精制塔回流罐溶液输送至精制塔	1. 出口压力、流量不足； 2. 密封泄漏； 3. 振动大，轴承温度高，声音异常	36	1. 检查清洗入口过滤器； 2. 更换机封； 3. 检查更换轴承，校核配合尺寸，辅助系统清洗疏通，口环检查更换，动平衡校验，中心校验，紧固件检查	B
41	乙二醇进料汽提塔	对来自再吸收塔釜的 EO 水溶液进行汽提并提供精制塔和乙二醇反应器反应进料	1. CO_2 汽提效果达不到工艺要求； 2. 塔釜隔板等内件损坏； 3. 设备腐蚀泄漏或静密封泄漏	36	1. 除沫器、分布器、填料、支撑横梁等塔内件检查修复，塔釜隔板检查修复； 2. 塔体、密封面检查修复，更换垫片	A
42	乙二醇反应器	在一定温度和压力下，提供 EO 水溶液反应生成乙二醇、二乙二醇等产物的场所	设备腐蚀泄漏	36	1. 设备腐蚀检查与防护，主要检查本体焊缝和接管焊缝，必要时可做无损检测； 2. 本体补焊或局部更换	A
43	一效蒸发器	用高压蒸汽对来自乙二醇反应器的 MEG 水溶液进行间接加热，降低 EG 水溶液中水含量	1. 蒸发效果达不到工艺要求，床层压差高； 2. 回流分布管等内件损坏； 3. 不锈钢封头等应力腐蚀开裂； 4. 安全附件损坏	36	1. 塔顶回流分布管、分布器、填料、支撑横梁等塔内件检查修复； 2. 塔体、密封面检查修复，更换垫片； 3. 安全阀解体校验	A

表4　乙二醇装置主要设备检修内容（续）

序号	设备名称	设备功能	功能故障	故障周期/月	检修内容	专业类别
44	二效蒸发器	利用来自一效蒸发器塔顶蒸汽对来自一效蒸发器塔釜EG水溶液进行间接加热，降低EG水溶液中水含量	1. 蒸发效果达不到工艺要求，床层压差高； 2. 回流分布管等内件损坏； 3. 不锈钢封头等应力腐蚀开裂； 4. 安全附件损坏	36	1. 塔顶回流分布管、分布器、填料、支撑横梁等塔内件检查修复； 2. 塔体、密封面检查修复，更换垫片； 3. 安全阀解体校验	A
45	三效蒸发器	利用来自二效蒸发器塔顶蒸汽对来自二效蒸发器塔釜EG水溶液进行间接加热，降低EG水溶液中水含量	1. 蒸发效果达不到工艺要求，床层压差高； 2. 回流分布管等内件损坏； 3. 不锈钢封头等应力腐蚀开裂； 4. 安全附件损坏	36	1. 塔顶回流分布管、分布器、填料、支撑横梁等塔内件检查修复； 2. 塔体、密封面检查修复，更换垫片； 3. 安全阀解体校验	A
46	四效蒸发器	利用来自三效蒸发器塔顶蒸汽对来自三效蒸发器塔釜EG水溶液进行间接加热，降低EG水溶液中水含量	1. 蒸发效果达不到工艺要求，床层压差高； 2. 回流分布管等内件损坏； 3. 不锈钢封头等应力腐蚀开裂； 4. 安全附件损坏	36	1. 塔顶回流分布管、分布器、填料、支撑横梁等塔内件检查修复； 2. 塔体、密封面检查修复，更换垫片； 3. 安全阀解体校验	A
47	五效蒸发器	利用来自四效蒸发器塔顶蒸汽对来自四效蒸发器塔釜EG水溶液进行间接加热，降低EG水溶液中水含量	1. 蒸发效果达不到工艺要求，床层压差高； 2. 回流分布管等内件损坏； 3. 不锈钢封头等应力腐蚀开裂； 4. 安全附件损坏	36	1. 塔顶回流分布管、分布器、填料、支撑横梁等塔内件检查修复； 2. 塔体、密封面检查修复，更换垫片； 3. 安全阀解体校验	A
48	六效蒸发器	利用来自五效蒸发器塔顶蒸汽对来自五效蒸发器塔釜EG水溶液进行间接加热，降低EG水溶液中水含量	1. 蒸发效果达不到工艺要求，床层压差高； 2. 回流分布管等内件损坏； 3. 不锈钢封头等应力腐蚀开裂； 4. 安全附件损坏	36	1. 塔顶回流分布管、分布器、填料、支撑横梁等塔内件检查修复； 2. 塔体、密封面检查修复，更换垫片； 3. 安全阀解体校验	A

表 4 乙二醇装置主要设备检修内容（续）

序号	设备名称	设备功能	功能故障	故障周期/月	检修内容	专业类别
49	真空效蒸发器	在真空操作下，利用来自六效蒸发器塔顶蒸汽对来自六效蒸发器塔釜 EG 水溶液进行间接加热，降低 EG 水溶液中水含量	1. 蒸发效果达不到工艺要求，床层压差高； 2. 回流分布管等内件损坏； 3. 不锈钢封头等应力腐蚀开裂； 4. 安全附件损坏	36	1. 塔顶回流分布管、分布器、填料、支撑横梁等塔内件检查修复； 2. 塔体、密封面检查修复，更换垫片； 3. 安全阀解体校验	A
50	醛汽提塔	利用中压蒸汽脱除来自一、二效再沸器凝液中的醛	1. 脱醛效果达不到工艺要求，床层压差高，内件损坏； 2. 设备腐蚀泄漏或静密封泄漏。	36	1. 分布器、填料、支撑横梁等塔内件检查修复； 2. 塔体、密封面检查修复，更换垫片	A
51	废水 VOC 汽提塔	回收反应器进料二级加热器中凝液，并用中压蒸汽脱除凝液中的醛，醛送去焚烧炉	1. 脱醛效果达不到工艺要求，床层压差高，内件损坏； 2. 设备腐蚀泄漏或静密封泄漏	36	1. 分布器、填料、支撑横梁等塔内件检查修复； 2. 塔体、密封面检查修复，更换垫片	B
52	反应器进料预热器	利用来自真空效再沸器凝液罐的凝液对乙二醇反应器进料进行预热	1. 换热效果达不到工艺要求（板片结垢、堵塞）； 2. 板片焊缝泄漏；板片变形损坏或泄漏； 3. 密封面泄漏	36	1. 内部板片化学清洗； 2. 设备本体检查，单侧水压捉漏，泄漏板片修复； 3. 检查密封面，更换垫片	B
53	反应器进料一级加热器	利用来自六效蒸发器的塔顶蒸汽对乙二醇反应器进料进行预热	1. 换热效果达不到工艺要求（板片结垢、堵塞）； 2. 板片焊缝泄漏；板片变形损坏或泄漏； 3. 密封面泄漏	36	1. 内部板片化学清洗； 2. 设备本体检查，单侧水压捉漏，泄漏板片修复； 3. 检查密封面，更换垫片	A
54	反应器进料二级加热器	利用来自醛汽提塔的塔顶脱醛气对乙二醇反应器进料进行预热	1. 换热效果达不到工艺要求； 2. 换热器内漏、设备本体泄漏； 3. 密封面泄漏	36	1. 列管清洗； 2. 设备本体、封头、列管、密封面检查修复，更换垫片	A

表4　乙二醇装置主要设备检修内容（续）

序号	设备名称	设备功能	功能故障	故障周期/月	检修内容	专业类别
55	反应器进料三级加热器	利用中压蒸汽对乙二醇反应器进料进行预热	1. 换热效果达不到工艺要求； 2. 换热器内漏、设备本体泄漏； 3. 密封面泄漏	36	1. 列管清洗； 2. 设备本体、封头、列管、密封面检查修复，更换垫片	A
56	一效蒸发器再沸器	用高压蒸汽为一效蒸发器内EG水溶液间接加热	1. 换热效果达不到工艺要求； 2. 换热器内漏、设备本体泄漏； 3. 密封面泄漏	36	1. 列管清洗； 2. 设备本体、膨胀节、封头、列管、密封面检查修复，更换垫片	A
57	二效蒸发器再沸器	利用来自一效蒸发器塔顶蒸汽对对二效蒸发器塔釜EG水溶液进行间接加热	1. 换热效果达不到工艺要求； 2. 换热器内漏、设备本体泄漏； 3. 密封面泄漏	36	1. 列管清洗； 2. 设备本体、膨胀节、封头、列管、密封面检查修复，更换垫片	A
58	三效蒸发器再沸器	利用来自二效蒸发器塔顶蒸汽对三效蒸发器塔釜EG水溶液进行间接加热	1. 换热效果达不到工艺要求； 2. 换热器内漏、设备本体泄漏； 3. 密封面泄漏	36	1. 列管清洗； 2. 设备本体、膨胀节、封头、列管、密封面检查修复，更换垫片	A
59	四效蒸发器再沸器	利用来自三效蒸发器塔顶蒸汽对四效蒸发器塔釜EG水溶液进行间接加热	1. 换热效果达不到工艺要求； 2. 换热器内漏、设备本体泄漏； 3. 密封面泄漏	36	1. 列管清洗； 2. 设备本体、膨胀节、封头、列管、密封面检查修复，更换垫片	A
60	五效蒸发器再沸器	利用来自四效蒸发器塔顶蒸汽对五效蒸发器塔釜EG水溶液进行间接加热	1. 换热效果达不到工艺要求； 2. 换热器内漏、设备本体泄漏； 3. 密封面泄漏	36	1. 列管清洗； 2. 设备本体、膨胀节、封头、列管、密封面检查修复，更换垫片	A
61	六效蒸发器再沸器	利用来自五效蒸发器塔顶蒸汽对六效蒸发器塔釜EG水溶液进行间接加热	1. 换热效果达不到工艺要求； 2. 换热器内漏、设备本体泄漏； 3. 密封面泄漏	36	1. 列管清洗； 2. 设备本体、膨胀节、封头、列管、密封面检查修复，更换垫片	A

表 4 乙二醇装置主要设备检修内容（续）

序号	设备名称	设备功能	功能故障	故障周期/月	检修内容	专业类别
62	真空效蒸发器再沸器	利用来自六效蒸发器塔顶蒸汽对真空效蒸发器塔釜 EG 水溶液进行间接加热	1. 换热效果达不到工艺要求； 2. 换热器内漏、设备本体泄漏； 3. 密封面泄漏	36	1. 列管清洗； 2. 设备本体、膨胀节、封头、列管、密封面检查修复，更换垫片	B
63	真空效冷凝器	利用冷却水冷却真空效蒸发器塔顶的水及少量的乙二醇	1. 换热效果达不到工艺要求； 2. 换热器内漏、设备本体泄漏； 3. 密封面泄漏	36	1. 列管清洗； 2. 设备本体、膨胀节、封头、列管、密封面检查修复，更换垫片	A
64	循环水排放换热器	利用再循环水槽水对来自汽提塔釜泵和 MEG 塔冷凝器排放混合液进行冷却	1. 换热效果达不到工艺要求（板片结垢、堵塞）； 2. 板片变形损坏或泄漏；板片间垫片失效泄漏； 3. 密封面泄漏	36	1. 板片清洗； 2. 板片检查，变形板片整形或更换，泄漏板片修复或更换，板片间垫片更换； 3. 检查密封面，更换垫片	B
65	循环水排放换热器	利用冷却水对来自汽提塔釜泵和 MEG 塔冷凝器排放混合液进行冷却	1. 换热效果达不到工艺要求（板片结垢、堵塞）； 2. 板片变形损坏或泄漏；板片间垫片失效泄漏； 3. 密封面泄漏	36	板片清洗，板片检查整形或更换，设备缺陷修复	B
66	反应器进料三级加热器凝液罐	回收反应器进料三级加热器加热蒸汽凝水及热量	1. 设备腐蚀泄漏或静密封泄漏； 2. 液位指示失准	36	1. 设备本体、密封面检查修复，设备清理内部杂质，更换垫片； 2. 仪表检定	A
67	一效再沸器凝液罐	回收一效再沸器加热蒸汽凝水及热量	1. 设备腐蚀泄漏或静密封泄漏； 2. 液位指示失准	36	1. 设备本体、密封面检查修复，设备清理内部杂质，更换垫片； 2. 仪表检定	A
68	二效再沸器凝液罐	收集二效再沸器凝液并送至脱醛塔顶	1. 设备腐蚀泄漏或静密封泄漏； 2. 液位指示失准	36	1. 设备本体、密封面检查修复，设备清理内部杂质，更换垫片； 2. 仪表检定	A

表 4　乙二醇装置主要设备检修内容（续）

序号	设备名称	设备功能	功能故障	故障周期／月	检修内容	专业类别
69	三效再沸器凝液罐	收集三效再沸器和脱醛塔凝液	1. 设备腐蚀泄漏或静密封泄漏； 2. 液位指示失准	36	1. 设备本体、密封面检查修复，设备清理内部杂质，更换垫片； 2. 仪表检定	A
70	四效再沸器凝液罐	收集四效再沸器和三效再沸器凝液罐凝液	1. 设备腐蚀泄漏或静密封泄漏； 2. 液位指示失准	36	1. 设备本体、密封面检查修复，设备清理内部杂质，更换垫片； 2. 仪表检定	A
71	五效再沸器凝液罐	收集五效再沸器和四效再沸器凝液罐凝液	1. 设备腐蚀泄漏或静密封泄漏； 2. 液位指示失准	36	1. 设备本体、密封面检查修复，设备清理内部杂质，更换垫片； 2. 仪表检定	A
72	六效再沸器凝液罐	收集六效再沸器和五效再沸器凝液罐凝液	1. 设备腐蚀泄漏或静密封泄漏； 2. 液位指示失准	36	1. 设备本体、密封面检查修复，设备清理内部杂质，更换垫片； 2. 仪表检定	A
73	真空效再沸器凝液罐	收集真空效再沸器和六效再沸器凝液罐凝液	1. 设备腐蚀泄漏或静密封泄漏； 2. 液位指示失准	36	1. 设备本体、密封面检查修复，设备清理内部杂质，更换垫片； 2. 仪表检定	A
74	蒸发器热井	收集真空效冷凝器凝液	1. 设备腐蚀泄漏或静密封泄漏； 2. 液位指示失准	36	1. 设备本体、密封面检查修复，设备清理内部杂质，更换垫片； 2. 仪表检定	B
75	循环水槽	临时储存来自经冷却后的真空效凝液罐凝液	1. 设备腐蚀泄漏或静密封泄漏； 2. 内构件损坏； 3. 液位指示失准	36	1. 设备本体、密封面检查修复，设备清理内部杂质，更换垫片； 2. 内构件检查修复； 3. 仪表检定	A
76	再循环水槽	临时储存来自经水处理系统处理后的循环水	1. 设备腐蚀泄漏或静密封泄漏； 2. 内构件损坏； 3. 液位指示失准	36	1. 设备本体、密封面检查修复，设备清理内部杂质，更换垫片； 2. 内构件检查修复； 3. 仪表检定	A

表 4　乙二醇装置主要设备检修内容（续）

序号	设备名称	设备功能	功能故障	故障周期/月	检修内容	专业类别
77	反应器进料泵	将乙二醇进料汽提塔釜EO溶液输送至乙二醇反应器	1. 出口压力、流量不足； 2. 密封泄漏； 3. 振动大，轴承温度高，声音异常	36	1. 检查清洗入口过滤器； 2. 更换机封； 3. 检查更换轴承，校核配合尺寸，辅助系统清洗疏通，口环检查更换，动平衡校验，中心校验，紧固件检查	B
78	EO精制塔进料泵	将乙二醇进料汽提塔釜EO溶液输送至EO精制塔	1. 出口压力、流量不足； 2. 密封泄漏； 3. 振动大，轴承温度高，声音异常	36	1. 检查清洗入口过滤器； 2. 更换机封； 3. 检查更换轴承，校核配合尺寸，辅助系统清洗疏通，口环检查更换，动平衡校验，中心校验，紧固件检查	B
79	水处理系统	对抽出的部分循环水进行脱离子处理并提供蒸发器回流水	1. 水处理效果达不到工艺要求（床层压差高水帽堵，内件损坏）； 2. 设备腐蚀泄漏，密封面泄漏； 3. 过滤器堵； 4. 树脂破损或失效	36	1. 清理内部杂质； 2. 内构件检查清洗； 3. 过滤器滤芯更换； 4. 设备本体检查，缺陷修复； 5. 密封面检查，更换垫片； 6. 更换树脂	B
80	干燥塔	在真空状态下，用蒸汽对MEG水溶液进行间接加热，实现MEG水溶液脱水，满足MEG精制塔进料要求	1. 乙二醇脱水效果达不到工艺要求； 2. 塔体、支撑圈、降液板、支撑梁等内件腐蚀损坏； 3. 静密封泄漏	36	1. 分布器、塔板、浮阀、塔板支撑圈、降液板、支撑梁等塔内件检查修复； 2. 塔体、密封面检查修复，更换垫片	B
81	MEG精制塔	用蒸汽对MEG水溶液进行间接加热，实现气液分离，保证侧线产品MEG质量	1. 乙二醇精制效果达不到工艺要求； 2. 内件腐蚀损坏； 3. 静密封泄漏	36	1. 塔顶回流分布管、分布器、填料、支撑横梁等塔内件检查修复； 2. 塔体、密封面检查修复，更换垫片	B

表4　乙二醇装置主要设备检修内容（续）

序号	设备名称	设备功能	功能故障	故障周期/月	检修内容	专业类别
82	MEG分离塔	在真空状态下，用蒸汽对来自MEG塔釜液进行间接加热，满足DEG精制塔进料要求	1. 乙二醇分离效果达不到工艺要求； 2. 内件腐蚀损坏； 3. 静密封泄漏	36	1. 分布器、塔板、浮阀、塔板支撑圈、降液板、支撑梁等塔内件检查修复； 2. 塔体、密封面检查修复，更换垫片	B
83	干燥塔再沸器	用蒸汽为干燥塔内MEG水溶液加热	1. 换热效果达不到工艺要求； 2. 换热器内漏、设备本体泄漏； 3. 密封面泄漏	36	1. 列管清洗； 2. 设备本体、封头、列管、密封面检查修复，更换垫片	B
84	干燥塔冷凝器	利用冷却水冷却干燥塔塔顶汽	1. 换热效果达不到工艺要求； 2. 换热器内漏、设备本体泄漏； 3. 密封面泄漏	36	1. 列管清洗； 2. 设备本体、封头、列管、密封面检查修复，更换垫片	B
85	MEG冷却器	用MEG精制塔侧线产出物料对干燥塔进料进行加热	1. 换热效果达不到工艺要求； 2. 换热器内漏、设备本体泄漏； 3. 密封面泄漏	36	1. 列管清洗； 2. 设备本体、封头、列管、密封面检查修复，更换垫片	B
86	MEG塔再沸器	用蒸汽为精制塔内MEG水溶液加热	1. 换热效果达不到工艺要求； 2. 换热器内漏、设备本体泄漏； 3. 密封面泄漏	36	1. 列管清洗； 2. 设备本体、封头、列管、密封面检查修复，更换垫片	B
87	MEG塔冷凝器	利用部分汽提塔循环水对MEG塔顶气进行冷却并提供汽提塔汽提所需部分热量	1. 换热效果达不到工艺要求； 2. 换热器内漏、设备本体泄漏； 3. 密封面泄漏	36	1. 列管清洗； 2. 设备本体、封头、列管、密封面检查修复，更换垫片	B
88	MEG产品冷却器	利用冷却水对MEG精制塔侧线采出产品MEG进行冷却	1. 换热效果达不到工艺要求； 2. 换热器内漏、设备本体泄漏； 3. 密封面泄漏	36	1. 列管清洗； 2. 设备本体、封头、列管、密封面检查修复，更换垫片	B

表 4　乙二醇装置主要设备检修内容（续）

序号	设备名称	设备功能	功能故障	故障周期／月	检修内容	专业类别
89	MEG 喷射泵预冷凝器	利用冷却水冷却来自 MEG 塔回流罐的气体	1. 换热效果达不到工艺要求； 2. 换热器内漏、设备本体泄漏； 3. 密封面泄漏	36	1. 列管清洗； 2. 设备本体、封头、列管、密封面检查修复，更换垫片	B
90	MEG 再沸器预加热器	用蒸汽为精制塔内 MEG 水溶液加热	1. 换热效果达不到工艺要求； 2. 换热器内漏、设备本体泄漏； 3. 密封面泄漏	36	1. 列管清洗； 2. 设备本体、封头、列管、密封面检查修复，更换垫片	B
91	MEG 分离塔再沸器	用蒸汽为分离塔内 EG 水溶液加热	1. 换热效果达不到工艺要求； 2. 换热器内漏、设备本体泄漏； 3. 密封面泄漏	36	1. 列管清洗； 2. 设备本体、封头、列管、密封面检查修复，更换垫片	B
92	降膜再沸器	用蒸汽为分离塔内 EG 水溶液加热	1. 换热效果达不到工艺要求； 2. 换热器内漏、设备本体泄漏； 3. 密封面泄漏	36	1. 列管清洗； 2. 设备本体、封头、列管、密封面检查修复，更换垫片	B
93	干燥塔喷射系统	用蒸汽作为动力，为真空效蒸发器、干燥塔提供真空操作条件	1. 喷射能力、换热效果达不到工艺要求； 2. 换热器内漏或外漏	36	1. 喷嘴清扫； 2. 冷却器列管清洗； 3. 壳体、管束、管箱、法兰面等腐蚀检查与防护； 4. 设备缺陷修复； 5. 更换垫片及部分螺栓、螺母并试压	B
94	MEG 塔喷射系统	用蒸汽作为动力，为 MEG 塔提供真空操作条件	1. 喷射能力、换热效果达不到工艺要求； 2. 换热器内漏或外漏	36	1. 喷嘴清扫； 2. 冷却器列管清洗； 3. 壳体、管束、管箱、法兰面等腐蚀检查与防护； 4. 设备缺陷修复； 5. 更换垫片及部分螺栓、螺母并试压	B

表4　乙二醇装置主要设备检修内容（续）

序号	设备名称	设备功能	功能故障	故障周期/月	检修内容	专业类别
95	MEG分离塔喷射系统	用蒸汽作为动力，为MEG分离塔提供真空操作条件	1. 喷射能力、换热效果达不到工艺要求； 2. 换热器内漏或外漏	36	1. 喷嘴清扫； 2. 冷却器列管清洗； 3. 壳体、管束、管箱、法兰面等腐蚀检查与防护； 4. 设备缺陷修复； 5. 更换垫片及部分螺栓、螺母并试压	B
96	MEG分离塔冷凝器	利用冷却水对MEG分离塔塔顶汽进行冷却	1. 换热效果达不到工艺要求； 2. 换热器内漏、设备本体泄漏； 3. 密封面泄漏	36	1. 列管清洗； 2. 设备本体、封头、列管、密封面检查修复，更换垫片	B
97	干燥塔再沸器凝液罐	回收干燥塔再沸器加热蒸汽凝水及热量	1. 设备腐蚀泄漏或静密封泄漏； 2. 液位指示失准	36	1. 设备本体、密封面检查修复，设备清理内部杂质，更换垫片； 2. 仪表检定	B
98	MEG塔再沸器凝液罐	回收MEG塔再沸器加热蒸汽凝水及热量	1. 设备腐蚀泄漏或静密封泄漏； 2. 液位指示失准	36	1. 设备本体、密封面检查修复，设备清理内部杂质，更换垫片； 2. 仪表检定	B
99	MEG塔回流罐	收集MEG精制塔冷凝器的凝液	1. 设备腐蚀泄漏或静密封泄漏； 2. 液位指示失准	36	1. 设备本体、密封面检查修复，设备清理内部杂质，更换垫片； 2. 仪表检定	B
100	MEG后处理树脂床	为MEG塔侧线产出MEG产品脱醛	1. 产品脱醛效果达不到工艺要求（床层压差高，水帽堵，内件损坏）； 2. 设备腐蚀泄漏，密封面泄漏； 3. 树脂破损或失效	36	1. 清理内部杂质； 2. 内构件检查清洗； 3. 过滤器滤芯更换； 4. 设备本体检查，缺陷修复； 5. 密封面检查，更换垫片； 6. 更换树脂	B
101	干燥塔热井	收集来自干燥塔冷凝器和干燥塔喷射系统凝液	1. 设备腐蚀泄漏或静密封泄漏； 2. 液位指示失准	36	1. 设备本体、密封面检查修复，设备清理内部杂质，更换垫片； 2. 仪表检定	B

表 4　乙二醇装置主要设备检修内容（续）

序号	设备名称	设备功能	功能故障	故障周期/月	检修内容	专业类别
102	粗乙二醇槽	临时储存 MEG 精制单元开停车期间分析未合格、正常操作工况不稳定切换及取样排放液等产生粗乙二醇	1. 设备腐蚀泄漏或静密封泄漏； 2. 内构件损坏； 3. 液位指示失准	36	1. 设备本体、密封面检查修复，设备清理内部杂质，更换垫片； 2. 内构件检查修复； 3. 仪表检定	B
103	MEG 中间槽	临时储存来自 MEG 精制塔侧线产出的 MEG 产品	1. 设备腐蚀泄漏或静密封泄漏； 2. 内构件损坏； 3. 液位指示失准	36	1. 设备本体、密封面检查修复，设备清理内部杂质，更换垫片； 2. 内构件检查修复； 3. 仪表检定	B
104	DEG 塔	在真空状态下，用蒸汽对 DEG 水溶液进行间接加热，实现气液分离，保证侧线产品 DEG 质量	1. 二乙二醇精制效果达不到工艺要求； 2. 内件腐蚀损坏； 3. 静密封泄漏	36	1. 塔顶分布器、填料、支撑横梁等塔内件检查修复； 2. 塔体、密封面检查修复，更换垫片	B
105	TEG 塔	在真空状态下，用蒸汽对 DEG 水溶液进行间接加热，实现气液分离，保证侧线产品 DEG 质量	1. 三乙二醇精制效果达不到工艺要求； 2. 内件腐蚀损坏； 3. 静密封泄漏	36	1. 塔顶分布器、填料、支撑横梁等塔内件检查修复； 2. 塔体、密封面检查修复，更换垫片	B
106	DEG 塔再沸器	用蒸汽对 DEG 塔釜液进行间接加热	1. 换热效果达不到工艺要求； 2. 换热器内漏、设备本体泄漏； 3. 密封面泄漏	12	1. 列管清洗； 2. 设备本体、封头、列管、密封面检查修复，更换垫片	B
107	降膜再沸器	用蒸汽对 DEG 塔釜液进行间接加热	1. 换热效果达不到工艺要求； 2. 换热器内漏、设备本体泄漏； 3. 密封面泄漏	12	1. 列管清洗； 2. 设备本体、封头、列管、密封面检查修复，更换垫片	B

表 4　乙二醇装置主要设备检修内容（续）

序号	设备名称	设备功能	功能故障	故障周期/月	检修内容	专业类别
108	DEG 塔冷凝器	用冷却水对 DEG 塔顶汽进行冷却	1. 换热效果达不到工艺要求； 2. 换热器内漏、设备本体泄漏； 3. 密封面泄漏	36	1. 列管清洗； 2. 设备本体、封头、列管、密封面检查修复，更换垫片	B
109	DEG 产品冷却器	利用冷却水对 DEG 精制塔侧线采出产品 DEG 进行冷却	1. 换热效果达不到工艺要求； 2. 换热器内漏、设备本体泄漏； 3. 密封面泄漏	36	1. 列管清洗； 2. 设备本体、封头、列管、密封面检查修复，更换垫片	B
110	粗多乙二醇冷却器	利用冷却水对粗多乙二醇储槽进料进行冷却	1. 换热效果达不到工艺要求； 2. 换热器内漏、设备本体泄漏； 3. 密封面泄漏	36	1. 列管清洗； 2. 设备本体、封头、列管、密封面检查修复，更换垫片	B
111	TEG 塔再沸器	用蒸汽对 TEG 塔釜液进行间接加热	1. 换热效果达不到工艺要求； 2. 换热器内漏、设备本体泄漏； 3. 密封面泄漏	36	1. 列管清洗； 2. 设备本体、封头、列管、密封面检查修复，更换垫片	B
112	降膜再沸器	用蒸汽对 TEG 塔釜液进行间接加热	1. 换热效果达不到工艺要求； 2. 换热器内漏、设备本体泄漏； 3. 密封面泄漏	12	1. 列管清洗； 2. 设备本体、封头、列管、密封面检查修复，更换垫片	B
113	TEG 塔冷凝器	用冷却水对 TEG 塔顶汽进行冷却	1. 换热效果达不到工艺要求； 2. 换热器内漏、设备本体泄漏； 3. 密封面泄漏	36	1. 列管清洗； 2. 设备本体、封头、列管、密封面检查修复，更换垫片	B
114	TEG 产品冷却器	利用冷却水对 TEG 精制塔侧线采出产品 TEG 进行冷却	1. 介质换热效果达不到工艺要求（套管结垢、杂质堵塞）； 2. 设备腐蚀内漏（列管泄漏）或外漏（密封面泄漏、壳体泄漏）	36	1. 套管清洗； 2. 设备本体、封头、列管、密封面检查修复，更换垫片	B

表 4　乙二醇装置主要设备检修内容（续）

序号	设备名称	设备功能	功能故障	故障周期/月	检修内容	专业类别
115	DEG/TEG塔喷射系统	用蒸汽作为动力，为DEG、TEG塔提供真空操作条件	1. 喷射能力、换热效果达不到工艺要求； 2. 换热器内漏或外漏	36	1. 喷嘴清扫； 2. 冷却器列管清洗； 3. 壳体、管束、管箱、法兰面等腐蚀检查与防护； 4. 设备缺陷修复； 5. 更换垫片及部分螺栓、螺母并试压	B
116	DEG/TEG塔热井	收集蒸汽喷射系统的凝液	1. 设备腐蚀泄漏或静密封泄漏； 2. 液位指示失准	36	1. 设备本体、密封面检查修复，设备清理内部杂质，更换垫片； 2. 仪表检定	B
117	粗乙二醇槽	临时储存DEG/TEG精制单元开停车期间分析未合格、正常操作工况不稳定切换及取样排放液等产生粗乙二醇	1. 设备腐蚀泄漏或静密封泄漏； 2. 内构件损坏； 3. 液位指示失准	36	1. 设备本体、密封面检查修复，设备清理内部杂质，更换垫片； 2. 内构件检查修复； 3. 仪表检定	B
118	DEG中间槽	临时储存来自DEG精制塔侧线产出的DEG产品	1. 设备腐蚀泄漏或静密封泄漏； 2. 内构件损坏； 3. 液位指示失准	36	1. 设备本体、密封面检查修复，设备清理内部杂质，更换垫片； 2. 内构件检查修复； 3. 仪表检定	B
119	TEG中间槽	临时储存来自TEG精制塔侧线产出的TEG产品	1. 设备腐蚀泄漏或静密封泄漏； 2. 内构件损坏； 3. 液位指示失准	36	1. 设备本体、密封面检查修复，设备清理内部杂质，更换垫片； 2. 内构件检查修复； 3. 仪表检定	B
120	PEG贮槽	临时储存来自粗乙二醇槽溶液和TEG塔釜PEG溶液	1. 设备腐蚀泄漏或静密封泄漏； 2. 内构件损坏； 3. 液位指示失准	36	1. 设备本体、密封面检查修复，设备清理内部杂质，更换垫片； 2. 内构件检查修复； 3. 仪表检定	B

表 4　乙二醇装置主要设备检修内容（续）

序号	设备名称	设备功能	功能故障	故障周期/月	检修内容	专业类别
121	高压氮气压缩机	将氮气升压，压力达到生产要求	1. 出口压力、流量不足； 2. 压缩机振动、声音异常； 3. 气阀泄漏、排气温度高； 4. 密封泄漏； 5. 润滑油系统压力不足	36	1. 吸气过滤器清扫或更换； 2. 气阀更换； 3. 隔膜膜片更换，阻尼器检查维护； 4. 轴承检查、曲轴检查； 5. 油滤网清洗或更换； 6. 冷却系统清洗； 7. 皮带及皮带轮检查更换； 8. 安全阀校验	B
122	甲烷脱硫床	对甲烷脱硫，甲烷中硫含量达到生产要求	1. 脱硫效果达不到工艺要求； 2. 设备腐蚀，密封泄漏	36	1. 更换氧化锌； 2. 设备缺陷修复或更换，密封面检查，更换垫片	B
123	甲烷加氢床	对甲烷加氢，甲烷中炔含量达到生产要求	1. 脱炔效果达不到工艺要求； 2. 设备腐蚀，密封泄漏	36	1. 更换催化锌； 2. 设备缺陷修复或更换，密封面检查，更换垫片	B
124	脱氧器	将蒸汽凝水除氧，凝水达到生产要求	1. 设备腐蚀泄漏或静密封泄漏； 2. 液位、压力指示失准； 3. 除氧效果达不到工艺要求	36	1. 内件检查修复，填料补充或更换； 2. 清理内部杂质； 3. 设备本体缺陷修复 4. 仪表检定	A
125	低压凝水罐	收集低压凝水	1. 设备腐蚀泄漏或静密封泄漏； 2. 液位指示失准	36	1. 设备本体、密封面检查修复，设备清理内部杂质，更换垫片； 2. 仪表检定	A
126	污水闪蒸罐	收集污水，提供闪蒸蒸汽。	1. 设备腐蚀泄漏或静密封泄漏； 2. 液位指示失准	36	1. 设备本体、密封面检查修复，设备清理内部杂质，更换垫片； 2. 仪表检定	B
127	高压氮气罐	储存高压氮气	1. 设备腐蚀泄漏或静密封泄漏； 2. 压力指示失准	36	1. 设备本体、密封面检查修复，设备清理内部杂质，更换垫片； 2. 仪表检定	A
128	放空吹扫罐	为 OMS 储存高压氮气	1. 设备腐蚀泄漏或静密封泄漏； 2. 压力指示失准	36	1. 设备本体检查修复，静密封检查修复、静密封点脱脂处理及紫外灯检查； 2. 仪表检定	A

表 4　乙二醇装置主要设备检修内容（续）

序号	设备名称	设备功能	功能故障	故障周期/月	检修内容	专业类别
129	OMS 吹扫罐	为 OMS 储存高压氮气	1. 设备腐蚀泄漏或静密封泄漏； 2. 压力指示失准	36	1. 设备本体检查修复，静密封检查修复、静密封点脱脂处理及紫外灯检查； 2. 仪表检定	A
130	EDC 系统氮气缓冲罐	为 EDC 系统储存高压氮气	设备腐蚀泄漏或静密封泄漏	36	设备本体检查修复，静密封检查修复	A
131	排污冷却器	用冷却水冷却污水闪蒸罐排污水	1. 换热效果达不到工艺要求； 2. 换热器内漏、设备本体泄漏； 3. 密封面泄漏	36	1. 列管清洗； 2. 设备本体、封头、列管、密封面检查修复，更换垫片	B
132	废水冷却器	用冷却水冷却外排废水	1. 换热效果达不到工艺要求； 2. 换热器内漏、设备本体泄漏； 3. 密封面泄漏	36	1. 列管清洗； 2. 设备本体、封头、列管、密封面检查修复，更换垫片	B
133	脱盐水冷却器	用冷却水冷却低压凝液泵出口凝水	1. 换热效果达不到工艺要求（板片结垢、堵塞）； 2. 板片变形损坏或泄漏；板片间垫片失效泄漏； 3. 密封面泄漏	36	1. 板片清洗； 2. 板片检查，变形板片整形或更换，泄漏板片修复或更换，板片间垫片更换； 3. 检查密封面，更换垫片	B
134	脱盐水槽	储存脱盐水	1. 设备腐蚀泄漏或静密封泄漏； 2. 内构件损坏； 3. 液位指示失准	36	1. 设备本体、密封面检查修复，设备清理内部杂质，更换垫片； 2. 内构件检查修复； 3. 仪表检定	B
135	锅炉给水泵	将锅炉给水由脱氧器送至反应器大小汽包等	1. 出口压力、流量不足； 2. 密封泄漏； 3. 振动大，轴承温度高，声音异常	36	1. 检查清洗入口过滤器； 2. 更换机封； 3. 检查更换轴承，校核配合尺寸，辅助系统清洗疏通，口环检查更换，动平衡校验，中心校验，紧固件检查	B

表 4　乙二醇装置主要设备检修内容（续）

序号	设备名称	设备功能	功能故障	故障周期/月	检修内容	专业类别
136	EO 球罐	临时储存来自 EO 精制塔侧线产出 EO 产品	1. 设备腐蚀泄漏或静密封泄漏； 2. 液位、压力指示失准； 3. 内壁生锈	36	1. 设备本体缺陷修复，内构件及附属设施检查更换； 2. 仪表检定； 3. 内壁喷砂除锈	B
137	EO 产品冷却器	利用冷冻盐水对 EO 精制塔侧线产出 EO 进行冷却	1. 换热效果达不到工艺要求； 2. 换热器内漏、设备本体泄漏； 3. 密封面泄漏	36	1. 列管清洗； 2. 设备本体、封头、列管、密封面检查修复，更换垫片	B
138	EO 产品冷却器	利用冷冻盐水对 EO 产品输送泵回流进行冷却	1. 换热效果达不到工艺要求； 2. 换热器内漏、设备本体泄漏； 3. 密封面泄漏	36	1. 列管清洗； 2. 设备本体、封头、列管、密封面检查修复，更换垫片	B
139	冷冻盐水罐	临时储存冷冻盐水	1. 设备腐蚀泄漏或静密封泄漏； 2. 内构件损坏； 3. 液位指示失准	36	1. 设备本体、密封面检查修复，设备清理内部杂质，更换垫片； 2. 内构件检查修复； 3. 仪表检定	B
140	EO 产品输送泵	将 EO 球罐成品 EO 送至界外并提供回流	1. 出口压力、流量不足； 2. 密封泄漏； 3. 振动大，轴承温度高，声音异常	36	1. 检查清洗入口过滤器； 2. 更换机封； 3. 检查更换轴承，校核配合尺寸，辅助系统清洗疏通，口环检查更换，动平衡校验，中心校验，紧固件检查	B
141	冷冻机	对冷冻盐水进行冷却，保证冷冻盐水的温度	1. 制冷效果差，达不到工艺要求； 2. 异常振动或响声； 3. 润滑油压力低，润滑油油温高	36	1. 蒸发器、冷凝器、油冷却器清洗； 2. 过滤器清洗更换，润滑油、制冷剂添加； 3. 压缩机保养、中心校验，油泵保养； 4. 附属压力容器定期检验，安全附件、仪表校验； 5. 系统捉漏保真空，腐蚀检查防护	B

表 4　乙二醇装置主要设备检修内容（续）

序号	设备名称	设备功能	功能故障	故障周期／月	检修内容	专业类别
142	焚烧炉	装置废气焚烧处理，余热产出蒸汽	废气排放超标，燃烧器故障，炉膛内衬脱落，蒸发器、省煤器泄漏和结垢，膨胀节损坏，汽包、除氧器腐蚀及内件损坏，废气分液罐及管道等腐蚀泄漏，风机、锅炉给水泵故障，附属仪表故障	36	1. 解决焚烧炉、燃烧器、蒸发器、汽包、省煤器、气液分离罐、连通管、焊口、法兰、阀门、炉架、炉壳、基础管道、风机、锅炉水泵等运行中存在问题； 2. 汽包、除氧器及其内构件全面检查； 3. 燃烧器检查；焚烧炉耐火内衬检查，修复或更换；蒸发器管板及管子角焊缝检查修复；省煤器管子检查清扫； 4. 检查并修理在锅炉范围内的汽、水管道、法兰接头、金属（非金属）膨胀节、支架及吊架； 5. 检查并修理看火门，人孔盖、手孔盖、燃烧器的吊架和固定装置，挡板及其传动装置、烟道、风道、防爆门等； 6. 检修锅炉的附件：安全阀、压力表、水位计、自动给水调节器、水位报警器、温度计、风压计、流量计等； 7. 设备保温和油漆修复	B

5.3.2.2　系统功能故障分析见表 5。

表 5　系统功能故障分析

序号	单元名称	装置功能	功能故障	故障策略及检修内容	故障周期
1	回收压缩机系统	回收来自再吸收塔、再生塔、乙烯回收单元烃类气体，补充循环气压力	压缩机故障或工艺原因被迫停车	修复压缩机或消除工艺故障	12

表 5　系统功能故障分析（续）

序号	单元名称	装置功能	功能故障	故障策略及检修内容	故障周期
2	TEG 精制系统	生产副产品 TEG	换热器列管结焦；塔填料及管道堵塞	系统清洗	12
3	水处理系统	脱除工艺循环水中的醛、酸等杂质	树脂破损，受污染，再生效果不好	更换树脂	36
4	MEG 产品脱醛系统	脱除 MEG 产品中的醛	树脂破损或受污染	更换树脂	36
5	EO 反应器系统	乙烯和氧气在银催化剂的作用下反应生成环氧乙烷以及副产物，气体在底部被冷却，并产出蒸汽	催化剂中毒，反应管结焦，床层压降异常，反应管泄漏，壳体泄漏	清理、检修故障列管，床层测压降，更换催化剂，修复反应器	36
6	乙二醇水溶液蒸发系统	逐步浓缩乙二醇水溶液，并提供二次蒸汽	设备腐蚀，不锈钢设备开裂，系统污染	设备修复，合理选材，定期清洗	36
7	碳酸盐系统	吸收脱除副产二氧化碳	填料碱脆，不锈钢设备氯离子腐蚀	检查更换填料，设备修复	72

5.3.2.3　电气设备主要检修内容见表 6。

表 6　电气设备主要检修内容

序号	设备名称	设备功能	功能故障	故障周期 / 月	检修内容	专业类别
1	防爆电动机	将电能转换成机械能，为压缩机、风机等各类负载提供动力	振动超标； 轴承声音、温度异常； 绕组短路等	36	1. 电机解体，抽出转子； 2. 引出线检查； 3. 直流电阻测试； 4. 轴承更换； 5. 测量绝缘电阻和吸收比； 6. 检查转子风叶和平衡装置； 7. 检查转子短路环和铜条； 8. 电机空载试验；	B
2	变压器	将上级电源电压转换为现场设备负载所需的电压等级，为设备提供电能	渗油、漏油消缺； 电气预防性试验； 设备清扫等	36	1. 渗油、漏油处理； 2. 清理清扫； 3. 接点紧固； 4. 冷却器、呼吸器维护； 5. 变压器预防性试验	B

表 6　电气设备主要检修内容（续）

序号	设备名称	设备功能	功能故障	故障周期/月	检修内容	专业类别
3	高压开关柜	电力系统设备，为设备提供电能	故障消缺； 电气预防性试验； 设备清扫等	36	1. 外观检查； 2. 开关柜柜内检查； 3. 母线检查； 4. 微机保护单元检查； 5. 电缆室检查； 6. 抽屉检查； 7. 模拟试验； 8. 清理清扫； 9. 分合闸、联动试验	B
4	低压开关柜	电力系统设备，为设备提供电能	故障消缺； 设备清扫等	36	1. 外观检查； 2. 开关柜柜内检查； 3. 母线检查； 4. 微机保护单元检查； 5. 电缆室检查； 6. 抽屉检查； 7. 模拟试验； 8. 清理清扫	B
5	变频器	利用电力半导体器件中的通断作用，将工频电源变化成另一频率的电能控制装置，实现对交流异步电机的软启动、变频调速；在乙二醇装置中主要用于空冷风机的控制	故障消缺； 设备清扫等	12	1. 清除机内灰尘； 2. 检查交、直流母排有无变形、腐蚀、氧化等； 3. 风扇检查； 4. 柜内元器件检查； 5. 单机试车	B
6	防爆操作柱	用于控制对电动机的启、停	故障消缺；	12	1. 检查操作柱内有无积水； 2. 检查开关接点是否完好； 3. 检查电流表完好情况； 4. 分合闸试验，检查指示灯是否完好； 5. 检查防雨罩、防爆面是否完整	B
7	UPS 装置及蓄电池	即不间断电源，是一种含有储能装置、以逆变器为主要原件、稳压稳贫实处的电源保护设备。为 DCS 等重要仪表负载供电	故障消缺； 电气预防性试验； 设备清扫等； 蓄电池充放电	36	1. 清除机内灰尘； 2. 蓄电池维护； 3. 风扇检查； 4. UPS 空载试车； 5. UPS 切换试验	B

5.3.2.4 仪表设备主要检修内容见表 7。

表 7 仪表设备主要检修内容

序号	设备名称	设备功能	功能故障	故障周期/月	检修内容	专业类别
1	压力变送器	被测压力作用到测量元件上，转换成线性关系的标准电流信号。用于测量表压、绝压、真空度等	供电电源异常； 压力传感器损坏； 量程设置不正确； 导压管堵塞或不畅	12～36	具体检修内容见 SHS 07002.1《检测仪表维护检修规程 第 1 部分：压力仪表》	B
2	差压变送器	利用节流装置形成的差压，转换为标准的电流信号或数字脉冲信号，测量各种流体的差压、液位或压力等	导压管泄漏或堵塞； 传感器损坏； 回路短路、开路或多点接地； 量程设置、迁移有误	12～36	具体检修内容见 SHS 07002.1《检测仪表维护检修规程 第 1 部分：压力仪表》	B
3	浮筒液位计	力矩平衡式仪表，由检测和转换部分组成，转换为标准信号，可测量黏、稠、脏、污等介质液位	密封圈过紧； 浮球变形，浮球脱落、破裂； 连接部件松动； 平衡锤位置不正确； 变送器损坏	36	具体检修内容见 SHS 07002.4《检测仪表维护检修规程 第 4 部分：物位仪表》	B
4	热电阻	以铂丝或铜丝制成的测温元件，利用金属的电阻值随温度变化而变化的特性来测量温度	测量回路短路或接地； 测量回路断路； 热电阻元件插入深度不够； 接线端子虚接或接触不良	36	具体检修内容见 SHS 07002.2《检测仪表维护检修规程 第 2 部分：温度仪表》	B
5	转子流量计	基于定压降可变环形流通面积原理，由转换器输出标准电信号，可测量液体、气体、蒸汽等介质的流量	转子卡住； 指针抖动； 导向撞击脱落； 信号转换器故障	12～36	具体检修内容见 SHS 07002.3《检测仪表维护检修规程 第 3 部分：流量仪表》	B
6	调节阀	接受调节控制单元输出的控制信号，调节介质的流量、压力、液位	阀座阀芯冲刷、冲蚀、腐蚀、结焦； 阀芯与阀杆脱落； 阀芯与阀座卡死； 执行机构弹簧锈死、膜头腐蚀、膜片漏气	36	具体检修内容见 SHS 07005.1～8《控制阀维护检修规程》	B

表 7　仪表设备主要检修内容（续）

序号	设备名称	设备功能	功能故障	故障周期／月	检修内容	专业类别
7	DCS控制系统	对生产过程进行集中监视、操作、管理和分散控制	硬件故障； 软件故障； 通信网络故障； 电源故障	36	具体检修内容见SHS 07008.1～4《过程控制系统维护检修规程》	A
8	SIS安全联锁系统	自动安全保护系统，为化工装置正常生产和人身、设备提供安全保障	联锁拒动； 硬件故障； 软件故障； 通信网络故障； 电源故障	36	具体检修内容见SHS 07008.1～4《过程控制系统维护检修规程》	A

6　装置检修管理

6.1　装置检修前准备工作

6.1.1　装置检修前，参检单位要做好检修作业指导书、施工方案、检修图纸、现场施工平面布置图等各类资料的准备及审核，相关检修资料最终经业主方审批确认后方可实施。

6.1.2　进入检修现场的各类施工机具、器具，必须是合格的、适用的，必须有检定合格证和标记，并在有效期内使用，严禁使用未经校验的机具。进场前，所有自检合格并贴有自检合格证的施工机具，要列出汇总清单上交给业主方，并经业主方检验后方可使用。

6.1.3　进入现场的检修耗材、配件等，必须附有质量证明文件，并在指定的地点规范存放。在安装、使用各类检修材料前，应对材料的外观质量进行检查确认，参检单位要做到领用材料检验有见证、验收有记录。

6.1.4　参检单位的所有施工人员，必须具备相应的作业资质，检修前须做好检修方案、技能方面的培训，熟悉检修项目的特点，严格按检修方案进行施工。同时，施工人员必须进行业主方相关专业的教育培训，对无相应作业资质、未经教育培训或考核不合格的人员，一律不得上岗作业。

6.2　装置工艺交出检修条件

6.2.1　在装置交付检修前，由生产管理和安全环保部门组织相关单位召开安全验收会，检查确认设备容器人孔拆卸、盲板加装、容器内采样分析、停电、下水井封堵等工作，经相关部门签字确认后，由装置开具用火、用电、进入受限空间等相关票证，进入检修状态。工艺交出要具备以下条件：

1）装置所有盲板按照盲板图、表安装、编号、挂牌并经工艺员、设备员、安全员已签名确认；

2）PID 图上所有系统、管线得到置换处理并做好标识；

3）系统内设备、管线按规定进行吹扫和置换，取样分析合格；

4）事故池、废水池、集水井清理干净，分析合格；

5）下水井和收集口盖好；

6）设备人孔打开前须确认，设备打开后人孔处挂上警示牌；

7）制定停工安全和环保管理方案；

8）装置内分析不合格点挂标识，储存物料区标识、硬隔离；

9）指定具有监护人资格的人员负责动火、受限空间等八大作业的监护。

6.2.2 装置工艺交出检修特殊要求

1）停车前 3 天，循环气致稳由甲烷改为氮气，循环气排放至焚烧炉焚烧，停车前降负荷至氧气浓度约 4%、乙烯浓度约 5%，停 OMS，确保循环气系统泄压前，循环气内乙烯浓度为零、氧气浓度≤ 0.5%，放空泄压，循环气系统泄压一定要至 0MPa，然后再用氮气升压至 0.3MPa 后泄压，重复 3 次，确保循环气测爆合格。

2）二氧化碳脱除单元：当碳酸盐溶液中碳酸氢钾浓度低于 3%后进行回收，水蒸馏后浓缩回收。

3）环氧乙烷精制单元进行水蒸馏期间，环氧乙烷精制系统的各路脱醛和侧线采出至乙二醇进料汽提管线必须打开，调节阀旁路手阀打开，取样管线、仪表导压管依次冲洗，直至系统 EO 含量＜10ppm；EO 球罐吹扫至 EO 含量＜5ppm。

4）乙二醇干燥精制及多乙二醇分离单元停工后残料、清洗液回收至粗乙二醇储槽。

5）各塔打开前，需达到开塔要求，制定人孔打开一览表，安排专人负责人孔打开前的 VOC 检测，确保 VOC 放散合格 VOC≤200×10^{-6}（V/V），测爆≤ 0.2%LEL，开人孔前温度低于 40℃，对装置边界大气环境进行监测，要求非甲烷总烃＜$10mg/m^3$。

6）原料乙烯、甲烷管道中残留物料吹扫至循环气系统处理。

7）在开停车过程中，环保设备应先开后停。

装置停工交付检修确认表见附录 A。

6.3 检修过程安全环保管理总体要求

6.3.1 HSSE 管理目标

按照“八分准备、二分实施”的原则，做细做实各项检修作业 HSE 准备工作，制定检修安全管控方案，做好重大作业报告审查及高风险作业 JSA 分析工作，落实现场作业安全管控责任，实现停工检修改造工作“安全、环保、优质、高效、准时”的目标。

6.3.2 HSSE 工作要求

1）装置必须根据检修内容制定指导性、可操作性强的检修停工方案，并组织员工进行培训，停工过程严格按照方案执行。

2）对槽、罐、塔、管线等设备存留易燃、易爆、有毒、有害物质时，其出入口或与设备连接处所加的盲板，应挂上“有物料、注意防火或防毒”或“禁动”的警告牌。

3）根据检修内容，对涉及到职业病危害因素（噪声、环氧乙烷、粉尘、乙二醇等）的作业，要督促施工人员穿戴好防治职业病要求的个人防护用品。

4）施工检修方案中必须包含环境保护专篇及环境因素识别，根据作业内容，危害因素识别情况，制定针对性强的环境保护措施，并定期做好绿色施工检查。

5）停工排液过程做好物料回收、密闭吹扫；高浓度废水排放前，与环水部沟通好，防止对水处理车间造成冲击。废气焚烧炉等环保设施做到“后停先开”，确保工艺废气得到有效处理。大修过程产生的危险废物，按要求做好防渗、防散落、防异味等措施，做好危险废物的产生预报、转移处置申报等工作，及时转移或委托处置现场的危险废物。一般固废、生活垃圾等做好定点、分类存放、及时清运。

6）打开设备人孔时，应使其内部温度 VOC 含量降到标准要求以下，并自上而下依次打开。

7）根据集团公司《加强直接作业环节管理十条措施》的要求，严格承包商作业管理，做好安全技术交底、落实安全管控措施。

8）持续推进作业现场标准化建设，加大相应的考核力度，实现直接作业标准化、规范化管理。

9）涉及到八大特殊作业以及风险性较高的非常规作业，作业前必须组织各专业条线人员和承包商开展 JSA 风险识别，制订及落实相应的安全防范措施，并做好交底确认，现场签发作业票，全过程监护，杜绝违章作业，防范安全事故的发生。

检修施工现场 HSSE 日检表见附录 B。

6.4 检修质量管理

1）成立检修质量管理组织机构，明确管理职责，建立质量管理程序文件。

2）检修前需对承包商资质、人员、机具等进行审查。

3）检修前通过组织设计审查，确保设计质量。

4）物资采购管理部门组织对采购物资进行入库检验并对重点物资进行监造。

5）在进行检修项目交底时应同时明确检修质量要求，并要求施工队伍制定相应的检修方案，明确验收标准。

6）设备检修应严格按照检修方案、检修规程执行，没有制定专项方案或规程的设备按照中国石化《石油化工设备维护检修规程》进行检修和验收。

7）设备检修根据重要程度分级进行验收，涉及停止见证点的检修需经甲方或外委第三方共同验收后，方可进行下一步检修工作。

8）设备检修需做好检修前后的检修记录和缺陷记录，所有的记录必须客观真实，符合归档要求。

9）检修过程中方案和验收标准的变更，需严格遵守变更流程。

6.5 变更管理

6.5.1 检修过程要加强变更管理，建立健全变更管理制度和工作流程，采取措施减少变更数量。原则上没有经过各级部门同意的变更不允许在检修中执行。

6.5.2 项目变更控制主要内容：

1）对于试用产品、设备备件结构形式改变、材质升级要充分识别，要有专门技术论证审批过程，审批时要加强相关专业沟通确认；

2）所有变更应事前发起，只有当变更得到批准后，才可组织实施。项目变更由变更提出单位发起申请并填写“变更申请单”，按照各企业相关制度规定的权限办理审批手续；

3）对于因材料找价差导致的超费用计划（或工单预算），需要补办变更手续；

4）对于不涉及费用计划的变更，如项目名称、版本号、承包商、施工方案、施工进度等也需办理相应的变更手续；

5）对于结算费用高于非包干合同标的按各企业管理制度执行变更；

6）投资类项目的变更参照各企业“固定资产投资过程控制管理规定”执行。

6.6 装置检修交回条件

6.6.1 本装置交回的特殊要求

1）氧气管道、氧气过滤器、氧气混合站、高压氮气过滤器后管道（包括垫片、螺栓）等检修过的部位要求脱脂处理，紫外灯照射检查合格。

2）循环气系统、碳酸盐系统、EO 精制系统等脱脂处理。

3）EO 球罐（碳钢）、高压氮气储罐、乙烯脱硫床等内壁喷砂处理。

4）成品储槽（碳钢）内壁喷铝处理。

5）废水池内壁防腐处理等。

6.6.2 装置检修交回确认主要内容

1）装置开工人员及开车保驾人员配备落实。

2）技术、原辅材料、动力、备品备件等方面的准备。

3）队伍技术状态、开工方案学习落实情况。

4）现场规格化情况。

5）工艺和设备联锁仪表校验情况。

6）HSSE 措施落实情况。

7）盲板拆除清单、技术准备情况。

8）机、电、仪、公用工程、储运、质检等相关专业准备情况。

9）停工临设拆除、施工尾项整改情况等。

装置检修交回开工确认表见附录 C。

6.7 检修后期管理

6.7.1 资料交付

承包商应在规定期限内将竣工资料完整地交给使用单位，竣工资料交付参考 SH/T 3503—2017《石油化工建设工程项目交工技术文件规定》。

6.7.2 检修总结

装置检修结束后，要对检修改造工作进行总结，对好的做法进行总结、提炼，固化这些经验，指导今后检修改造工作；对总结检修改造中存在的问题，分析原因，完善措施，不断提高管理水平。

检修总结模板见附录 D。

7 装置日常维护

7.1 日常巡检

包括操作工的日常巡检和专业人员（设备管理人员、专业维保人员、电仪专业人员）的日常点检。

7.2 日常维护

装置日常维护的基本内容包括：设备维护保养、设备检查和设备修理。各企业可结合实际情况，采取责任到人的“包机制”方式，开展全员设备管理，确保设备处于完好运行状态。

7.2.1 设备维护保养

设备维护保养的内容是保持设备清洁、整齐、润滑良好、安全运行，包括及时紧固松动的紧固件，调整活动部分的间隙等。简言之，即“清洁、润滑、紧固、调整、防腐”十字作业法。维护保养依工作量大小和难易程度分为装置操作工保养、专职保养维修工的保养。

7.2.1.1 装置操作工保养

其主要内容是：进行清洁、润滑、紧固易松动的零件，检查零件、部件的完整。这类保养的项目和部位较少，大多数在设备的外部，一般由装置操作工人承担。

7.2.1.2 专职保养维修工的保养

主要内容包括对设备内部清洁、润滑、局部解体检查和调整，必要时对达到规定磨损限度的零件加以更换。此外，还要对主要零部件的磨损情况进行测量、鉴定和记录。

具体标准执行通用设备的检修规程。

在两种维护保养中，装置操作工保养是基础，专职保养维修工的保养是关键。

7.2.2 设备检查和设备修理

设备检查按时间间隔分为日常检查和定期检查。

日常检查由操作人员执行，同操作工的保养结合起来，目的是及时发现不正常的技术状况，进行必要的维护保养工作。

定期检查是按照计划，在操作工参加下，定期由专职维修工执行，也就是预防性检查维修。目的是通过检查，全面准确地掌握零件磨损的实际情况，以便确定是否有进行修理的必要。

7.3 常见设备故障

乙二醇装置的生产涉及高温高压环境，在工艺过程中会产生 CO_2 及碳酸盐、溶解氧、氯化物、醛类及有机酸等有害物，水处理系统的强酸、碱，这些对流程设备管道会造成腐蚀，部分物料易聚合结焦，产生相关危害。常见的设备故障模式有：设备管线腐蚀减薄泄漏；塔内件损坏、腐蚀；换热器结垢换热能力下降；阀门失效内漏；过滤器堵塞失效；转动设备因磨损、疲劳、泄漏、振动等原因造成故障失效。

7.3.1 机械设备常见故障

机械设备常见故障见表 8。

表 8　机械设备常见故障

设备类型	故障类型	处理方法
环氧乙烷反应器	爆破片爆破	停车更换爆破片；严格按工艺规程操作
	催化剂中毒（临时性中毒、永久性中毒）	及时工艺调整； 降负荷或停止进料，以氮气置换；分析原因、更换催化剂
	法兰泄漏（螺栓松动、垫片失效）	紧固螺栓； 带压堵漏或停车检修
	操作压力、温度波动	及时调整工艺
塔类	法兰密封泄漏	拧紧松动的螺栓； 消除振动； 更换损坏的垫圈； 修复法兰面或更换新法兰； 稳定操作
	塔板上浮阀脱落，卡子、螺栓等紧固件松动脱落	规范安装质量； 改善操作、加强管理

表 8 机械设备常见故障（续）

设备类型	故障类型	处理方法
塔类	EO 精制塔塔板坍塌、变形	塔板连接件安装不牢或安装错误； 稳定操作，避免剧烈波动和超设计负荷运行； 更换新塔板
	填料破损，液体分布器、除沫器等内件堵塞或破损，进料分布管、回流管等破损	更换； 清理或更换； 检修或更换
	碳钢塔体及内件腐蚀	合理选材，升级不锈钢材质； 防止局部腐蚀产生； 优化工艺操作，控制好 pH 值
罐类	法兰密封泄漏	更换垫片紧固螺栓； 修复法兰面或更换法兰
	壳体腐蚀减薄	定期检测，严重时更换； 补焊或更换防冲板； 合理选材
管壳式换热器	换热管腐蚀穿孔、开裂	列管封堵或更换
	换热管与管板胀口（焊口）裂开	重新胀接（或补焊）
	换热器法兰密封漏	紧固螺栓、更换垫片、密封面缺陷修理，重新组对或更换法兰
	管程或壳程结垢堵塞，换热效果下降	机械清洗或化学清洗
可拆板式换热器	换热效果下降，压力降增大	入口设置过滤器并经常清洗； 板片拆洗，检查板间有无堵塞或板片结垢等情况
	垫片老化、腐蚀或板片变形引起板式换热器的外漏	及时在渗漏部位做上记号，切出更换或修理板片，更换垫片
	因板片穿孔、裂纹和被腐蚀导致板式换热器的内漏	用透光、着色检查等方法，查出破损板片并更换
焊接板式换热器	板片损坏、板间脱焊或内漏、外漏	更换板换、补焊
	换热器堵塞	入口设置过滤器并经常清洗； 板束化学或超声波清洗
空冷器	翅片表面结垢	翅片清扫（洗）
	列管泄漏	补焊、更换泄漏管子
	管箱本体、管箱丝堵、法兰面等腐蚀泄漏	丝堵、螺栓紧固，或停机检修
	轴流风机故障	风机检修

表 8　机械设备常见故障（续）

设备类型	故障类型	处理方法
喷射器（泵）	管、壳程结垢堵塞	清洗
	列管泄漏	封堵或更换
	本体、接管、法兰面腐蚀泄漏	带压堵漏或检修
	喷射管腐蚀或堵塞	停机检修，疏通喷射管
循环气压缩机	压缩机出口压力低、流量低	入口过滤网堵塞，检查清理入口滤网； 出口管路泄漏，检查消漏； 气封磨损，间隙过大，检修更换气封； 入口气量小，调整操作
	轴承温度高	调节冷却水量、水温、清洗堵塞油冷却器； 调节润滑油压，检查润滑油路调压阀、溢流阀、油泵； 机械摩擦，更换磨损部件； 轴承间隙偏小，更换轴承
	振动值偏高	对中不良，重新对中； 轴承间隙大，更换轴承； 转子动平衡破坏，重新校正动平衡； 紧固件松动，重新紧固； 循环气量过大或波动大，稳定工艺操作； 管道应力，重新调整或无应力配管； 油膜涡动，调整油温、油压
	异常声响	碰摩，查找碰摩原因，必要时停机检修； 振动过大，查找原因并处理； 气流脉动，稳定操作
	干气密封一级泄漏量大、 干气密封一级泄漏压力高	动静环磨损，停机更换干气密封； 一二级梳齿间隙偏大； 二级进气量偏大； 排放管堵塞、憋压，疏通排放管
	干气密封一级泄漏量偏小	一级间梳齿磨损； 二级干气密封损坏
	干气密封过滤器压差高	使用时间长，过滤器堵塞，切换过滤器； 过滤器积液，定期排液
	干气密封进气量不足	干气密封过滤器堵塞，切换过滤器； 干气密封一级进气压力偏低（压缩机压比低，进出口压差小）； 干气密封系统一级调节阀故障
	润滑油压力偏低	过滤器堵塞，切换 / 清洗油过滤器； 润滑油泵故障，检修故障油泵； 调压阀异常，重新调整或维护调压阀； 润滑油路泄漏，消漏； 油箱润滑油位偏低，补充润滑油

表 8　机械设备常见故障（续）

设备类型	故障类型	处理方法
循环气压缩机	电机电流高	过载，调整工艺； 机械故障，停机检修
离心泵	密封泄漏	更换机械密封或填料密封； 机封辅助系统检查清洗； 紧固件紧固或者更换； 密封件检查更换； 查找振动大原因，针对处理； 轴断裂，更换轴； 叶轮脱落，固定或更换叶轮
	泵外壳及零部件腐蚀损坏	修理或更换部件； 升级材质； 工艺调整
	排不出液	重新灌泵，排除空气； 泵转向不对，纠正电机转向； 滤网清洗，底阀检查； 叶轮检查紧固； 进口管路检查消漏，阀门修理； 降低安装高度； 更换新泵
	出口压力低、流量低	清洗或更换进口过滤网； 修理或更换叶轮、口环、导叶、诱导轮等部件； 仪表校验； 进出阀门修理，管路检查； 电机校验修理； 密封消漏； 工艺检查调整
	振动大及噪声大	清洗或更换进口过滤网； 重新装配或更换轴承； 紧固松动部件或更换； 轴承箱修理或者更换； 轴修理或者更换； 管线支架或泵基础加固； 转子动平衡； 修复摩擦部位； 联轴器修理或更换，中心校验； 更换润滑油； 工艺检查调整

表 8 机械设备常见故障（续）

设备类型	故障类型	处理方法
离心泵	轴承温度高	添放润滑油、更换润滑油； 更换轴承； 调整轴承间隙； 检查清洗冷却系统； 轴修理或者更换； 甩油环修理或更换； 中心校验； 检查消除振动大
	电机电流高	工艺调整； 中心校验； 轴修理或更换； 轴承锁紧或更换； 修复摩擦部位； 电机检修；
	盘车不动	更换轴承； 修理或者更换口环； 蜗壳内异物清理、结冰清理； 紧固松动部件或更换； 部件间隙调整； 联轴器修理或更换； 电机修理
冷冻机	冷凝压力高	冷却水温高、水量不足：检查冷却水系统； 冷凝器污染：清洗冷凝器； 冷媒中含不凝气体：系统捉漏，重新充注制冷剂； 节流阀故障：重新调整节流阀； 制冷剂过量：回收多余制冷剂
	蒸发压力低	冷冻水温低、水量不足：检查冷冻水系统； 蒸发器污染：清洗蒸发器； 节流阀故障，重新调整节流阀； 制冷剂中含油过多：检查油引射器、过滤器、油位； 系统泄漏，制冷剂不足：消漏，补充制冷剂
	制冷量偏小	检查蒸发器压力； 检查冷凝器压力； 重新调整热气旁通； 检查制冷剂； 检查冷却水、冷冻水路系统
	异常振动或响声	检查冷凝器压力； 检查蒸发器压力； 检查滑阀开度

表 8　机械设备常见故障（续）

设备类型	故障类型	处理方法
冷冻机	振动大	检查对中情况； 检查轴承情况； 检查水路情况； 检查防震垫情况
	润滑油压力低； 润滑油油温高	油过滤器堵；切换清洗油过滤器； 油位过低；检查原因补充润滑油； 轴承间隙大；停车检修； 润滑油调节阀故障；重新调整或检修调节阀； 润滑油油温调节器故障；重新调整或检修油温调节器； 油冷器污染；清洗油冷却器； 冷却水量不足、水温高；检查冷却水路； 轴承磨损大；停车检修
蒸发系统设备	蒸发塔不锈钢封头与筒体焊烽晶间腐蚀、应力腐蚀开裂； 封头、接管法兰本体开裂； 回流分布管等塔内件损坏	合理选材、控制焊接质量防止敏化；控制封头、法兰产品质量，减少制造缺陷；视情况补焊修复或更换部件；做好腐蚀检查与防护；优化工艺参数
	再沸器筒体（碳钢）腐蚀； 不锈钢膨胀节本体腐蚀穿孔、开裂	控制膨胀节制造质量；视情况补焊修复或更换部件；定期无损检测；优化工艺参数
	再沸器凝液罐（不锈钢）封头及筒体焊缝晶间腐蚀、应力腐蚀；封头、接管法兰本体开裂	控制焊接质量，防止敏化，不锈钢封头制造质量；视情况补焊修复或更换部件
	再沸器凝液罐（碳钢）内壁均匀腐蚀，汽液夹杂冲刷腐蚀	材质升级为不锈钢；视情况补焊修复或更换部件；做好腐蚀检查与防护
	管道腐蚀：碳钢管件腐蚀；不锈钢弯头、法兰及焊缝等腐蚀、开裂	材质升级；视情况补焊修复或更换部件；做好腐蚀检查与防护
	蒸发器热井泵腐蚀：泵壳、叶轮、口环、机封等零部件腐蚀损坏	泵体及零部件材质升级；优化工艺参数。
乙二醇精制系统设备	乙二醇干燥塔（碳钢），内壁均匀腐蚀，冲刷腐蚀；塔内件腐蚀损坏	升级塔体及内件材质为不锈钢；视情况补焊修复或更换部件；做好腐蚀检查与防护；优化工艺参数
	MEG 分离塔（碳钢）内壁均匀腐蚀、冲刷腐蚀；塔内件腐蚀损坏	升级材质为不锈钢；视情况补焊修复或更换部件；做好腐蚀检查与防护
	干燥塔顶冷凝器、MEG 塔冷凝器、MEG 分离塔冷凝器换热管腐蚀；碳钢管箱及密封面等腐蚀；列管堵塞	合理选材、升级换热管材质为不锈钢；视情况补焊修复或更换部件；做好腐蚀检查与防护；清洗列管；优化工艺参数
	喷射器腐蚀：换热管、管箱及密封面等腐蚀	材质升级；视情况补焊修复或更换部件；做好腐蚀检查与防护

表 8 机械设备常见故障（续）

设备类型	故障类型	处理方法
乙二醇精制系统设备	管道腐蚀：干燥塔顶等碳钢管道腐蚀	升级材质为不锈钢；视情况补焊修复或更换部件；做好腐蚀检查与防护
	干燥、分离塔塔釜泵、MEG 回流泵腐蚀：泵壳、叶轮、口环、机封等零部件腐蚀损坏	泵体及零部件材质升级；优化工艺参数

7.3.2 电气设备常见故障

电气设备常见故障见表 9。

表 9 电气设备常见故障

设备类型	故障类型	处理方法
防爆电动机	电机线圈绝缘值低	检查电机接线盒，清擦绝缘子，必要时更换绝缘子； 电机定子线圈干燥处理、浸漆处理
	电机振动大	更换轴承； 转子校动平衡； 检查机泵对中情况； 检查电机安装基础；
	电机轴瓦箱漏油、渗油	调节进油压力，控制油位； 更换油封； 更换视镜密封圈
	电机线圈运行温度高	清扫和疏通冷却器； 调节冷却水流量
	隔爆电机隔爆面失爆	钎焊或熔焊修补
防爆操作柱	不能控制	检查操作柱内按钮是否完好，必要时更换按钮； 检查操作柱内是否断线
变频器	不能控制	检查变频器内元器件是否完好，必要时更元器件； 检查仪表条件是否满足； 检查电源是否完好； 检查电气回路是否完好
	故障停机	检查电机是否完好； 检查是否过过载； 检查变频器是否完好； 检查电源是否正常
UPS	逆变器故障	切到检修旁路供电，主机停机检修
	负载故障	检查下面负载情况
	主电源失电，蓄电池不能放电	更换蓄电池组
低压开关柜	不能控制	检查柜内元器件是否完好； 检查仪表条件是否满足； 检查电源是否正常； 检查电气回路是否正常
	综保坏	更换综保
	柜子发热烧毁	更换备用抽屉

表 9　电气设备常见故障（续）

设备类型	故障类型	处理方法
高压开关柜	不能控制	检查柜内元器件是否完好； 检查仪表条件是否满足； 检查电源是否正常； 检查电气回路是否正常
	综保坏	更换综保
	真空断路器故障	检查真空断路器，必要时进行更换

7.3.3　关键仪表检修故障模式及检修策略

关键仪表检修故障模式及检修策略见表 10。

表 10　关键仪表检修故障模式及检修策略

设备	功能	主要功能故障	主要故障模式	故障影响	故障后果	维修策略	维修内容
SIS	安全仪表	板卡故障	板卡报警	非冗余板卡，影响局部，装置局部停车	安全性后果	定期点检	在线更换
		通信故障	通信报警；通信中断	黑屏	使用性后果	定期点检	在线更换
		电源故障	电源报警；系统失电	黑屏　停车	安全性后果	定期点检	在线更换
DCS	控制系统	板卡故障	板卡报警	非冗余板卡，影响局部，装置局部停车	使用性后果	定期点检	在线更换
		通信故障	通讯报警；通讯中断	黑屏	使用性后果	定期点检	在线更换
		电源故障	电源报警；系统失电	黑屏，停车	安全性后果	定期点检	在线更换
SIS/DCS	控制系统	病毒	工控网络安全事故	黑屏，停车	安全性后果	定期检测	更新病毒库
分析仪表	在线分析	预处理单元故障	腐蚀内漏、堵塞	数据偏差	使用性后果	定期维修	清理疏通
现场仪表	现场数据采集、远传	仪表引压线不畅通	腐蚀、堵塞	数据偏差	使用性后果	定期维修	清理疏通
执行机构	仪表参数调整	定位器故障	调节失灵	生产波动	使用性后果	定期维修	在线更换
电磁阀	联锁执行机构	故障	拒动	联锁	安全性后果	定期维修	更换
液位开关、压力开关	联锁发讯单元	故障	拒动	联锁	安全性后果	定期维修	更换

附 录 A
（资料性附录）
装置停工交付检修确认表

表 A.1 装置停工交付检修确认表

	确认内容	确认人
装置停工方案执行情况	1. 装置停工方案已全部执行完毕，各关键操作步骤已有专人签字确认	
	2. 装置物料退净，现场倒淋打开检查均无残余物料	
	3. 装置停车期间须存物料容器及管线均已加盲板隔离并明显标识，且安全附件齐全完好	
盲板管理	所有盲板均已按盲板图加装完毕，经检查合格，标识完好，并有专人签字确认	
易燃易爆、有毒有害物质管理	1. 密闭容器、管线等易燃易爆物质、有毒有害气体系统均已置换倒空，且均已采样分析合格	
	2. 防硫化亚铁等物质自燃的监控及安全防范措施完好	
装置放射源管理	装置放射源均已抽出隔离，现场标识完好，并有专人签字确认	
转动设备检修条件	动设备电机已停电，并按照规定挂停电牌	
检修场地环境条件	1. 含油污水井、地漏已用石棉布、沙土封死盖严	
	2. 装置地面、明沟、平台及动静设备外表面无油污、杂物	
	3. 各种停工倒空废液、残液均已移出装置现场	
	4. 装置检修环境可燃、有毒有害气体分析合格	
消防器材管理	1. 高压消防水系统运行正常	
	2. 消防通道畅通	
	3. 灭火器材数量齐全、完好备用	

附　录　B
（资料性附录）
检修施工现场 HSSE 日检表

表 B.1　检修施工现场 HSSE 日检表

序号	检查内容	存在问题	检查人员	整改情况	验证人	备注
1	临时用电					
1.1	配备合格的持证电工					
1.2	配电箱合格、有防雨措施，按要求标识并上锁					
1.3	配电系统执行“三相五线制”，符合“三级配电二级保护”要求，安装匹配的漏电保护器，漏保动作灵敏好用，并进行日常试验和记录					
1.4	电缆及接头无破损，绝缘良好；铺设规范，走向清晰，标识明确					
1.5	用电严格执行“一机一闸一保护”					
1.6	按要求配置保护零线和工作零线，工作接地和重复接地完好					
1.7	安全电压符合作业环境要求					
1.8	使用工业插头、插座					
2	施工机具					
2.1	各种机具设备安全要求进行定期检查，确保完好					
2.2	设有机械保护装置（如转动设备等）的设备，保护装置处于完好状态					
2.3	用电机具、设施接地完好					
2.4	配备与作业要求相匹配的劳动防护用品					
2.5	空气压缩机压力表、安全阀等在检验期内并处于完好状态，高压气管和软管固定连接可靠					
2.6	气瓶垂直放置，瓶体固定可靠；气瓶分类摆放并保持安全距离，防护措施到位，气瓶阻火器、压力表等安全附件完好，气管无老化破损，连接可靠					

表 B.1 检修施工现场 HSSE 日检表（续）

序号	检查内容	存在问题	检查人员	整改情况	验证人	备注
3	脚手架					
3.1	脚手架搭设人员是专业架子工，并持证上岗。搭设人员按要求着装，配备五点双大钩安全带					
3.2	编制脚手架搭设方案，进行安全技术交底并有记录					
3.3	按规范要求搭设脚手架，且有良好的整体稳固性					
3.4	搭设和拆除过程必须有专人监督，周边设置警戒区					
3.5	连墙件设置可靠，各节点扣件扭矩力符合要求					
3.6	通道、护栏、腰杆、踢脚板等符合要求					
3.7	作业面满铺跳板，无孔洞，跳板可靠固定且无探头板					
3.8	作业面临时放置的材料等在允许荷载范围内，严禁超载荷；放置必须稳固，无坠物风险					
3.9	脚手架搭设完成验收合格挂牌使用					
3.10	消防设施保持完好，灭火器和消防水桶按要求配置					
3.11	消防安全通道保持畅通					
3.12	用火作业前，清理周边易燃物，采取接火措施					
4	起重					
4.1	编制了吊装方案、进行交底并有记录					
4.2	起重设备操作人员、司索、指挥持有效证件					
4.3	起重机械证照齐全有效					
4.4	起重机械安全设施、附件完好					
4.5	机索具检查完好，钢丝绳无磨损，连接可靠，绳卡数量和间距满足要求					
4.6	吊装作业半径设置了警戒区，禁止无关人员入内					

表 B.1 检修施工现场 HSSE 日检表（续）

序号	检查内容	存在问题	检查人员	整改情况	验证人	备注
4.7	吊装前进行评估，确保在额定起升载荷范围内进行起重作业，不得超载					
4.8	吊车支腿符合要求					
4.9	吊物捆绑符合要求，使用溜绳					
4.10	吊装作业天气、环境、风力等符合要求					
5	焊接、气割					
5.1	设备接地完好					
5.2	焊把线无破损，连接器完好					
5.3	有专人监护，接火、防火措施到位					
5.4	可燃性气瓶与胶管连接完好，无漏气，气瓶有阻火器					
5.5	现场气瓶与明火源保持安全距离					
6	受限空间					
6.1	对所要进行作业的受限空间进行吹扫、蒸煮、置换，并分析合格。所有与受限空间相连接的管线、阀门应进行有效隔离，盲板处应挂标识牌，并经工艺技术人员签字确认					
6.2	出入口内外不得有障碍物，在受限空间入口处设置“危险！严禁入内”警告牌或采取其他封闭措施					
6.3	对有可能发生硫化亚铁自燃的设备、容器必须经充分的钝化脱臭处理，并在现场配置消防水带					
6.4	《进入受限空间作业许可证》实行一点一证					
6.5	进入受限空间作业实行“三不进入”原则，即：一、没有经批准有效的《进入受限空间作业许可证》不进入；二、安全措施未落实不进入；三、监护人不在场不进入					
6.6	作业现场配备必要的救护器具和灭火器材等					
6.7	进入受限空间作业应使用安全电压和安全行灯					

表 B.1　检修施工现场 HSSE 日检表（续）

序号	检查内容	存在问题	检查人员	整改情况	验证人	备注
7	作业安全					
7.1	作业前进行班前安全教育和安全技术交底，作业人员清楚当天作业内容和安全风险及注意事项					
7.2	特殊工种持证上岗					
7.3	佩戴合格安全帽，并根据作业任务佩戴专用眼部、面部、手部等防护用品，高处作业人员系挂安全带					
8	收工检查					
8.1	配电系统一级箱断电，关闭气瓶角阀，能量上锁					
8.2	现场火种检查清理完毕					
8.3	清理各作业面材料和杂物等，做到工完料净场地清					
8.4	落实夜间值班、巡检人员，职责到位，检查内容明确					

附　录　C

（资料性附录）

装置检修交回开工确认表

表 C.1　装置检修交回开工确认表

确认内容	施工单位确认	车间确认
装置开工人员及开车保镖人员配备落实		
技术、原辅材料、动力、备品备件等方面的准备		
队伍技术状态、开工方案学习落实情况		
现场规格化情况		
工艺和设备联锁仪表校验情况		
HSSE 措施落实情况		
盲板拆除清单、技术准备情况		
机、电、仪、公用工程、储运、质检等相关专业准备情况		
停工临设拆除、施工尾项整改情况等		

附 录 D
（资料性附录）
装置停工检修改造工作总结模板

根据中国石化《设备检修管理制度》规定，在装置停工检修结束后各相关单位应组织编写装置停工检修工作总结。为此，就进一步做好装置停工检修工作总结提出要求如下：

封面：

名称：××× 部 ××× 装置 ×××× 年 ×× 月停工检修工作总结

编写人：×××

审核人：×××

批准人：×××（运行部领导）

编写单位：中国石化 ××× 分公司 ××× 部

编写时间：×××× 年 ×× 月

正文：

（一）装置停工检修过程概述

装置开、停工、检修过程简述，本周期装置运行起止时间。

本周期装置运行中出现的主要问题。

本次停工检修、改造内容简述，检修项目计划数（包括补充、追加），检修计划完成情况，重点检修项目情况。

开停工、检修网络执行情况。

（二）主要检修内容技术总结

反应器部分

塔、容器部分

加热炉部分

冷换设备、空冷器部分

阀门部分

管道部分

压缩机部分

泵部分

特殊阀门部分

输送机械部分

压力容器检验（包括缺陷返修处理）

压力管道检验（包括缺陷返修处理）

安全阀检验

其他检修方面

技术分析中要有以下内容：上次运行周期出现的问题，本次检修检查情况及采取措施；上次检修遗留问题处理情况；本周期与上周期设备隐蔽检查情况对照；重复发生问题处理方案有效性；装置系统问题；典型案例。

（三）检修计划准确性分析

（四）检修施工队伍评述

（五）材料供应评述

（六）设计质量评价

（七）检修质量评价

（八）本次检修遗留问题及预案

（九）检修管理亮点、存在的不足和下次检修需注意的问题

（十）附表

表 1 设备增加情况表

序号	位号	名称	规格型号	制造厂	数量	备注

表 2 设备拆除情况表

序号	原位号	名称	规格型号	制造厂	数量	备注

表 3 管线拆除情况表

序号	原编号	名称	规格	长度 /m	备注

表 4 设备更换情况表

序号	位号	名称	规格型号		制造厂		数量	备注
			更换前	更换后	更换前	更换后		

表 5 冷换设备检修情况表

序号	位号	名称	规格型号	抽芯清洗	试压换垫	堵管根数	管束更换

表 6 阀门检修、更换情况表（*DN*50 和 *DN*50 以上）

序号	规格型号	公称直径	检修数量	更换数量

表 7　压力容器检验情况表

序号	计划检验台数	增加变更台数	减少变更台数	实际完成台数	缺陷返修台数

表 8　压力管道检验情况表

序号	检验计划		增加变更		减少变更		实际完成	
	条数	米数	条数	米数	条数	米数	条数	米数

表 9　安全阀门检验情况表

序号	计划检验台数	增加变更台数	减少变更台数	实际完成台数

高压聚乙烯联合装置维护检修规程

SHZ 03008—2019

目　次

前　言

本规程按照 GB/T 1.1—2009《标准化工作导则　第 1 部分：标准的结构和编写》给出的规则起草。

本规程由中国石油化工集团有限公司、中国石油化工股份有限公司提出。

本规程起草单位：中国石化上海石油化工股份有限公司。

本规程主要起草人：曹文军。

本规程 2019 年首次发布。

高压聚乙烯联合装置维护检修规程

1 范围

1.1 本规程规定了高压聚乙烯联合装置（包括压缩、聚合、挤出三个单元）及其主要设备、专用设备的检修周期、检修项目及质量要求、检修过程管理和日常维护的相关内容。
1.2 本规程适用于石油化工高压聚乙烯联合装置的检修维护管理。

2 规范性引用文件

下列文件对于本文件的应用是必不可少的。凡是注日期的引用文件，仅所注日期的版本适用于本文件。凡是不注日期的引用文件，其最新版本（包括所有的修改单）适用于本文件。

2.1 法律法规

中华人民共和国安全生产法
中华人民共和国特种设备安全法

2.2 特种设备安全技术规范

TSG 21—2016 固定式压力容器安全技术监察规程
TSG D0001 压力管道安全技术监察规程——工业管道

2.3 标准与规范

石油化工施工安全技术规程
高压聚乙烯联合装置工艺技术简介

2.4 中国石化管理规定

炼油企业检修管理指南（试行版）
石油化工设备完好标准
石化设备润滑管理制度
石化设备维修保养管理规定

3 术语与定义

下列术语和定义适用于本文件。

3.1 设备功能

设备功能指的是设备的生产效率和功能，衡量设备功能的指标随设备种类不同而异。

3.2 功能故障

设备、设施不能实现其设计功能时，称之为功能故障，定义为设备、设施不能满足期望的性能标准。一般指设备失去或降低其规定功能的事件或现象，表现为设备的某些零件失去原有的精度或性能，使设备不能正常运行、技术性能降低，致使设备中断生产或效率降低而影响生产。

3.3 A 类设备

本规程规定的 A 类设备是指设备的功能故障引起装置停车的设备。

3.4 B 类设备

本规程规定的 B 类设备是指该设备的功能故障虽然不引起装置的停车，但对装置的负荷、质量及可靠性具有重大影响的设备。

4 装置特征

4.1 装置主体工艺流程概述

高压聚乙烯装置是引进日本三菱油化公司超高压管式法专利，采用管式 E 法聚合工艺。乙烯气体经往复式压缩机分级进行压缩：前段压缩机共分 5 级压缩，末端压力为 25～27MPa；后经后段压缩机分 2 级进一步压缩，最终压力为 250～270MPa，并分两股气体流送入反应器，在 250～270MPa 压力和 310～330℃的条件下，用空气中的氧气（或配以有机过氧化物）作引发剂引发聚合反应；反应器的转化率为 25%。熔融状聚乙烯与未反应的乙烯在高压和低压制品分离器中分离。高压制品分离器与低压制品分离器分离出的乙烯气体，分别经高压和低压气体循环系统冷却、分离后分别送入后段压缩机和前段压缩机的低压侧以回收利用。聚乙烯从高压制品分离器下部通过产品阀被送进低压制品分离器，从低压制品分离器出来的聚乙烯与母料挤出机送来的母料混合后一起进入挤出机进行造粒，造粒后经脱水、筛选、计量后送入料仓储槽，经过脱气、混合、均化、质量抽检合格后送至成品车间打包出厂。高压聚乙烯主体工艺流程图见图 1。

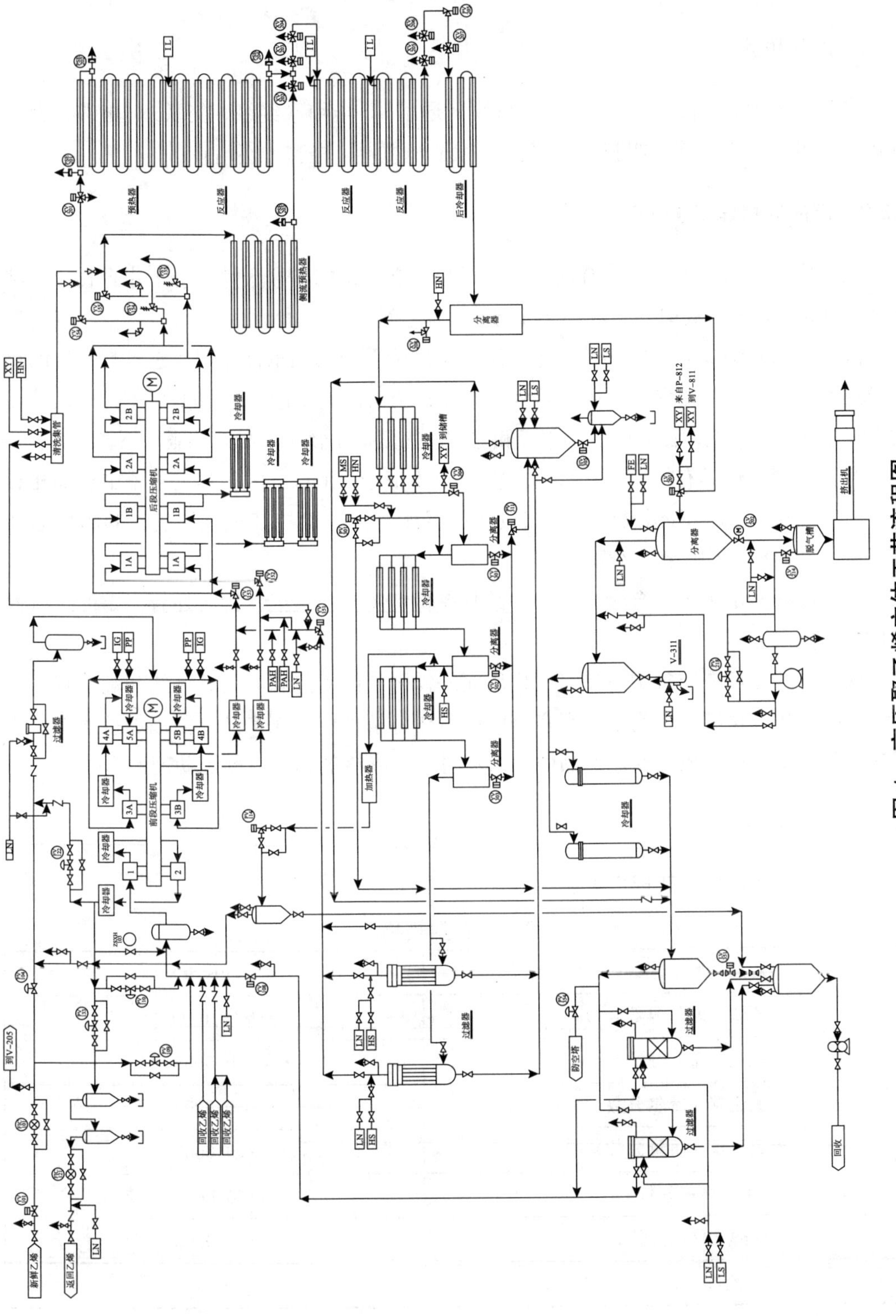

图1 高压聚乙烯主体工艺流程图

4.2 产品与原料

4.2.1 产品用途

农膜（地膜）、农膜（大棚膜）、农膜（通用）、电缆（绝缘、交联）、电缆护套基础树脂、重包装膜、高透明膜、牵伸膜、35kV 电缆料、轻膜、医用膜。

4.2.2 产品的物理化学性能

低密度聚乙烯系由乙烯聚合而成，为线型带支链结构的非极性高分子化合物，其结构式—$(CH_2CH_2)_n$—，数均分子量在 2.5 万～5 万之间。

低密度聚乙烯成品树脂为乳白色半透明扁圆形颗粒，无毒性作用。它具有良好的化学稳定性。在常温下能耐酸（硝酸除外）碱和盐类溶液的腐蚀。在 60℃以下，聚乙烯能耐大多数的有机溶剂；在脂肪烃、芳烃和它们的卤素衍生物中，只能溶胀，不能溶解。

低密度聚乙烯具有较好的热性能，其熔点不低于 110℃。由于其大分子中有晶相存在，故具有较低的玻璃化温度，且在较宽的温度范围内保持其机械性能。其耐低温性好，在 -70℃下，不脆裂，不硬化。

低密度聚乙烯由于不含极性基团，故具有优良的介电性能，同时还有一定的透气性和良好的抗水性能。

低密度聚乙烯在空气中易受氧的作用而缓慢降解；受热和光（紫外线和高能辐射）的作用能发生老化降解。为了获得良好的抗氧化降解性能，在产品中需添加抗氧剂；为了加工和使用方便，还需要在产品中加入爽滑剂、成核剂和开口剂等助剂。

4.2.3 主要原料

主要原料是乙烯，其规格见表 1。

表 1 乙烯规格

乙烯（摩尔分数）/%	＞99.9
乙炔（摩尔分数）/%	＜0.001
氧气（摩尔分数）/%	＜0.0005
一氧化碳（摩尔分数）/%	＜0.0005
含硫总量（质量分数）/%	＜0.0005
水（体积分数）/%	＜0.0005
甲醇（体积分数）/%	＜0.0005
甲烷、乙烷、氧气、二氧化碳	平衡

表 1　乙烯规格（续）

界区条件	
压力	3MPa（最小）
温度	常温
状态	气体

注：此规格为原始资料数据，具体数据参见中国石化指标。

4.3　装置风险与危害

高压聚乙烯装置是一套高压、高温、易燃、易爆的装置。本装置的原辅料：乙烯、丙烯、丙醛、1- 丁烯有机过氧化物 IP 溶剂、混合二甲苯、各类油品等均为易燃、易爆性化学危险品。主要的职业病危害因素有化学因素：二甲苯、粉尘，物理因素：噪声、放射性。

5　检修周期及检修项目

5.1　主要设备

5.1.1　装置区域主要设备

装置区域主要设备见表 2。

表 2　装置区域主要设备类型

名称	设备种类		主要设备	通用、专用设备检修规程的代码
转动设备	压缩机	活塞式压缩机	前段压缩机、引发剂空气压缩机	SHS 01020
		往复式压缩机	后段超高压压缩机	SHS 03006
		离心式压缩机	仪表空气压缩机	SHS 01018
		膜式往复压缩机	氮气压缩机	SHS 03040
		螺杆式压缩机	空气压缩机	SHS 03062
	泵	离心泵	热水泵、纯水供给泵、激冷水循环泵、引发剂供给泵、丙醛供给泵、切粒水泵	SHS 01013
		螺杆泵	润滑油泵、冷却油泵	SHS 01016
		往复泵	丙醛注入泵、液压油泵、引发剂注入泵	SHS 01015
		齿轮泵	润滑油回收泵、低压循环排泄输送泵、白油供给泵、挤出机减速箱油泵	SHS 01017
		屏蔽泵	冷冻机冷剂泵、溶液泵	SHS 03047

表 2 装置区域主要设备（续）

名称	设备种类		主要设备	通用、专用设备检修规程的代码
转动设备	风机	罗茨风机	母料输送机、脱气风机、第一～四线风机、脱气风机	SHS 01024
		离心式风机	通风机	SHS 01022
	挤压造粒机		熔融挤出机、母料挤出机、切粒刀、爆破片	SHS 03034
	离心干燥机		前处理离心干燥机	SHS 03029
	振动筛		前处理振动筛	SHS 03049
	旋转阀		回转阀	SHS 03050
静设备	换热器	管壳式换热器	前段压缩机段间冷却器及油冷却器、后段压缩机油冷却器、低压循环气体第一冷却器、液压装置油冷却器	SHS 01009
		套管式换热器	后段压缩机段间冷却器、氮气压缩机段间冷却器、反应器、高压循环气体冷却器	SHS 03010
	压力容器		板式冷却器	
	常压储罐		分离器、缓冲罐、过滤器、储罐	SHS 01004
	压力管道		激冷水储槽	SHS 01012
	阀门		压力管道	SHS 01005
	超高压管道		安全阀、阀门	SHS 01030
	超高压阀门		超高压管道	SHS 03013
	保温、保冷		超高压阀门	SHS 03014
	涂层		设备、管道、钢结构	SHS 01033
机电类特种设备	起重机械		压缩机房行车、反应器行车	SHS 01034
仪表设备	检测仪表		压力仪表、温度仪表、流量仪表、物位仪表	SHS 07002
	组合仪表		调节器、显示仪表、辅助单元	SHS 07003

表 2　装置区域主要设备（续）

名称	设备种类	主要设备	通用、专用设备检修规程的代码
仪表设备	执行器	调节阀、执行机构、电磁阀、定位器、电／气转换器	SHS 07005
	在线分析仪表	可燃气体检测报警器 AA 系统、露点仪	SHS 07006
	特殊仪表	后段压缩机振动检测系统	SHS 07007
	过程控制系统	集散控制系统（DCS）、紧急停车系统（ESD）、可编程控制系统（PLC）	SHS 07008
	系统维护	联锁保护系统 X-200、仪表供电系统、仪表供气系统、仪表系统联校	SHS 07009
电气设备	旋转电机及调速励磁装置	同步电动机及部分励磁装置、异步电动机、直流电动机及调速装置、交流变频调速装置	SHS 06001
	变压器	油浸电力变压器、干式变压器、电流互感器、电压互感器	SHS 06002
	高压开关	高压开关及 GIS 组合电器	SHS 06003
	配电装置	35kV 及以下高低压配电柜（包括各种配电盘、柜、箱及成套柜），110kV 及以下的户内外母线、绝缘子、构架、水泥电抗器及 6～10kV 电力电容器	SHS 06004
	低压电器	交流接触器、真空接触器、自动空气开关、热继电器、防爆电器	SHS 06005
	电源装置	直流电源装置、UPS 装置及蓄电池	SHS 06006
	电力线路	电缆线路	SHS 06007
	照明装置	灯泡、灯具、照明箱、开关、接线盒、照明控制器	SHS 06008
	接地及过电压保护装置	电力线路和电气设备的工作接地、保护接地、防雷及防静电的接地装置、避雷针、避雷网、避雷线及各类避雷器	SHS 06009

5.1.2 蓄热式热氧化炉（RTO）主要设备

蓄热式热氧化炉（RTO）主要设备见表 3。

表 3 蓄热式热氧化炉（RTO）主要设备

名称	设备种类	主要设备	通用、专用设备检修规程的代码
转动设备	离心式风机	增压风机、燃烧风机、反吹风机	SHS 01022
静设备	废气焚烧炉	废气焚烧炉、燃烧室、蓄热体、燃烧器	SHS 05006
	常压容器、常压储罐	烟囱、过滤器	SHS 01012
	压力管道	天然气管道	SHS 01005
	阀门	阀门、提升阀	SHS 01030
仪表设备	检测仪表	压力仪表、温度仪表、流量仪表	SHS 07002
	组合仪表	调节器、显示仪表、辅助单元	SHS 07003
	执行器	调节阀、执行机构、电磁阀、定位器、电 / 气转换器	SHS 07005
	在线分析仪表	可燃气体检测报警器 AA 报警系统、VOCs 检测仪	SHS 07006
	特殊仪表	点火器、火焰检测器	SHS 07007
	过程控制系统	集散控制系统（DCS）、紧急停车系统（ESD）、可编程控制系统（PLC）	SHS 07008
	系统维护	联锁保护系统、仪表供电系统、仪表供气系统、仪表系统联校	SHS 07009
电气设备	旋转电机及调速励磁装置	同步电动机及部分励磁装置、异步电动机、直流电动机及调速装置、交流变频调速装置	SHS 06001
	变压器	油浸电力变压器、干式变压器、电流互感器、电压互感器	SHS 06002
	高压开关	高压开关及 GIS 组合电器	SHS 06003
	配电装置	35kV 及以下高低压配电柜（包括各种配电盘、柜、箱及成套柜），110kV 及以下的户内外母线、绝缘子、构架、水泥电抗器及 6~10kV 电力电容器	SHS 06004
	低压电器	交流接触器、真空接触器、自动空气开关、热继电器、防爆电器	SHS 06005
	电源装置	直流电源装置、UPS 装置及蓄电池	SHS 06006
	电力线路	电缆线路	SHS 06007

表 3 蓄热式热氧化炉（RTO）主要设备（续）

名称	设备种类	主要设备	通用、专用设备检修规程的代码
电气设备	照明装置	灯泡、灯具、照明箱、开关、接线盒、照明控制器	SHS 06008
	接地及过电压保护装置	电力线路和电气设备的工作接地、保护接地、防雷及防静电的接地装置、避雷针、避雷网、避雷线及各类避雷器	SHS 06009

5.2.1 高压聚乙烯联合装置检修应根据实际运行情况进行定期停车检修，检修周期按48～60个月确定。

5.2.2 有备用设备的或日常可以进行检修的不列入大修项目（除特殊情况外）。

5.3 检修内容

5.3.1 确定检修内容的依据

5.3.1.1 按法律法规要求的特种设备定期检验。

5.3.1.2 不符合国家安全与环境保护、节能要求的设备改造和更新。

5.3.1.3 对本次检修或下次检修之前已到法定检验时间的计量设施。

5.3.1.4 设备状况：

静设备：炉、塔、换热器、反应器、容器等设备内部因内构件损坏、结焦、积垢腐蚀等原因造成性能降低等；

转动设备：磨损、疲劳、泄漏、振动等原因造成性能降低等；

电气设备：部件老化等原因造成性能降低等；

仪表设备：部件老化等原因造成性能降低等。

5.3.1.5 钢结构平台、设备基础、房屋等建构筑物老化、锈蚀等必须在停车检修期间内维修的项目。

5.3.1.6 安全防护设施失效。

5.3.2 检修具体内容

注：依据RCM评估结果，大修内容原则上只安排A类和B类设备故障进行检修，其他均安排在日常维护安排处理。

停车大修是对高压聚乙烯联合装置安全环保、长周期运行及经济效益有重大影响的设备、管线、电气仪表系统、土建及基础设施等在运行周期内将要发生的功能故障进行全面检修。其他检修是除大修外对装置局部或设备本体有经济运行影响的功能故障而进行的检修。

5.3.2.1 装置主要单元检修内容和质量要求见表5～表7。

表 5　压缩区域设备检修内容和质量要求

序号	设备名称	设备功能	功能故障	故障周期/月	检修内容	质量要求	专业类别
1	前段压缩机	提升乙烯压力	段间压力高： 1. 一级吸入阀、吐出阀不好； 2. 前一级吸入压力高； 3. 前一级冷却器冷却不良，冷却水流量低、冷却效果差； 4. 活塞环泄漏造成排出量不足； 5. 本段吐出阀不良； 6. 吸入管道阻力大	60	1. 检查气阀，更换损坏件； 2. 调查原因并调整； 3. 检查冷却水量、停车蒸汽吹扫； 4. 调换活塞环； 5. 停车检查气阀； 6. 检查管道	恢复压缩机在装置的设备功能作用	A 类
			段间压力低； 1. 前一级吸入压力低； 2. 一级吸入或吐出阀不良； 3. 前一级活塞环泄漏； 4. 前一级吐出管道泄漏； 5. 后一级吸入管道泄漏； 6. 吸入管道阻力大		1. 检查原因并调整； 2. 检查气阀并更换； 3. 调换活塞环； 4. 检查泄漏处； 5. 检查泄漏处； 6. 检查吸入管道		
			吐出温度高； 1. 吸入温度超过设定值； 2. 吐出阀动作不良； 3. 气缸夹套冷却不良； 4. 冷却器冷却不良		1. 调整吸入温度至规定值； 2. 检查吐出阀； 3. 提高气缸夹套冷却效果； 4. 冷却器夹套吹扫		
			运动部件声音异常； 1. 连杆螺栓，轴承盖螺栓，十字头螺母松动或断裂； 2. 主轴承、连杆大小头瓦，十字头滑道等间隙过大； 3. 轴瓦与轴承座接触不良； 4. 曲轴与联轴器配合松动		1. 停车紧固或调换； 2. 检查并调整间隙； 3. 停车检修； 4. 停车检查		
			气缸内有异常声音； 1. 气阀故障； 2. 气缸余隙太小； 3. 润滑油太多； 4. 气缸内有异物； 5. 气缸夹套松动或断裂； 6. 活塞杆螺母或活塞螺母松动； 7. 填料破损		1. 检查阀或调换； 2. 适当增加间隙； 3. 适当减少润滑油； 4. 检查并清除； 5. 停车检修； 6. 紧固； 7. 更换填料		

表 5 压缩区域设备检修内容和质量要求（续）

序号	设备名称	设备功能	功能故障	故障周期/月	检修内容	质量要求	专业类别
1	前段压缩机	提升乙烯压力	进出口阀故障： 1. 阀片碎裂； 2. 弹簧松动或断裂； 3. Ⅲ段主流/侧流吸入阀有聚合物； 4. 吐出阀有聚合物		根据温度或声音判断确认： 1. 停车调换； 2. 停车调换； 3. 停车清洗； 4. 提高吸入温度，仍不正常需停车处理	恢复压缩机在装置的设备功能作用	A 类
			润滑油压力异常： 1. 油管中有空气； 2. 冷却器冷却效果差； 3. 油槽液位低； 4. 油泵齿轮与壳体间隙过大； 5. 填料漏油； 6. 油过滤器堵塞； 7. 油压设定不当		1. 适当放油排气； 2. 清洗冷却器； 3. 补加油； 4. 检查修理； 5. 固定或更换填料； 6. 停车清扫； 7. 调整油压		
			主电动机电流高： 1. 润滑系统润滑不良； 2. 各轴衬套或填料太紧，摩擦阻力大； 3. 传动部件间隙过小； 4. 负载过大； 5. 电机故障		1. 寻找原因，调整处理； 2. 停车调整； 3. 停车调整； 4. 寻找原因处理； 5. 停车检查		
			填料泄漏： 1. 填料装配不良； 2. 填料磨损； 3. 润滑不良		1. 合理组装； 2. 调换填料； 3. 调整润滑油		
			管道振动大： 1. 管卡太松或断裂； 2. 气流脉动共振； 3. 配管支架振动		1. 紧固、调换； 2. 减少共振； 3. 支架加固减振		
2	后段压缩机	提升乙烯压力	段间压力高： 1. 压力表故障； 2. 二段组合阀故障； 3. 一段吸入压力偏高； 4. 段间冷却器换热效果差	60	1. 更换或校验； 2. 更换组合阀； 3. 降低吸入压力； 4. 吹扫段间冷却器	具体质量要求见 SHS 3006《超高压卧式往复压缩机维护检修规程》	A 类

表 5　压缩区域设备检修内容和质量要求（续）

序号	设备名称	设备功能	功能故障	故障周期/月	检修内容	质量要求	专业类别
2	后段压缩机	提升乙烯压力	段间压力低： 1. 压力表故障； 2. 一段组合阀故障； 3. 一段吸入压力过低	60	1. 更换或校验； 2. 更换； 3. 提高吸入压力	具体质量要求见 SHS 3006《超高压卧式往复压缩机维护检修规程》	A 类
			一段安全阀超压动作： 1. 二段组合阀故障； 2. 安全阀故障； 3. 系统超压		1. 更换组合阀； 2. 校验； 3. 查找原因处理		
			压缩机振动大： 1. 气缸、中间导杆、十字头不对中； 2. 中间导杆和中间导套严重磨损； 3. 曲轴、连杆、十字头各部间隙大； 4. 压缩机与电机不对中； 5. 柱塞或活塞损坏； 6. 气缸内有杂质； 7. 气缸水平超差； 8. 组合阀或出入口阀故障； 9. 出入口管线存在应力； 10. 螺栓松动		1. 找正； 2. 检查、更换； 3. 调整间隙； 4. 找正； 5. 更换； 6. 检查、清理； 7. 检查、调整； 8. 更换； 9. 调整； 10. 紧固		
			运动部件过热： 1. 配合间隙小或油温高； 2. 润滑油量不足或油路不畅；		1. 调整间隙、降低油温； 2. 增加油量、疏通油路		
			气缸过热： 1. 气缸冷却室堵塞； 2. 冷却油量不足； 3. 油温高； 4. 油冷器换热效果差		1. 清理； 2. 加大冷却油量； 3. 降油温调整水量； 4. 清理		
			外部油、冷却油油压低： 1. 油泵故障； 2. 安全阀或调压阀故障； 3. 过滤器堵塞； 4. 压力表故障		1. 检查、修理； 2. 校验； 3. 清理或更换； 4. 调校或更换		

表5　压缩区域设备检修内容和质量要求（续）

序号	设备名称	设备功能	功能故障	故障周期/月	检修内容	质量要求	专业类别
2	后段压缩机	提升乙烯压力	外部油、冷却油泵异音： 1. 联轴节磨损、对中不好； 2. 吸入过滤器堵塞	60	1. 更换零件、找正； 2. 清理或更换	具体质量要求见SHS 3006《超高压卧式往复压缩机维护检修规程》	A类
			内部油压低： 1. 系统漏油； 2. 吸入过滤器堵； 3. 油温低； 4. 油泵故障		1. 消漏； 2. 清理或更换； 3. 检查伴热系统； 4. 检查、修理		
			注油器注油不良： 1. 内部油油压低； 2. 注油器吸入口堵塞； 3. 内部油脏； 4. 密封不良； 5. 单向阀串气严重		1. 调整压力； 2. 清理或更换； 3. 换油； 4. 更换密封； 5. 更换单向阀		
			缸头盖漏油： 1. 缸头密封环老化或损坏； 2. 气缸部分密封环老化损坏		1. 更换； 2. 更换		
			冷却油封漏油： 1. 油封组装错误； 2. 气缸填料泄漏严重		1. 重新组装； 2. 更换填料		
			机身视窗漏油： 1. 密封垫片损坏； 2. 螺栓松动或紧固力不均		1. 更换； 2. 紧固、调整		
			内部油泵异音： 1. 气缸填料油路堵塞； 2. 注油器卡死； 3. 联轴节故障； 4. 轴承损坏		1. 更换填料； 2. 更换注油器； 3. 检查、处理； 4. 检查、更换		
			柱塞杆脱落： 1. 气缸填料内聚合物过多，冷却后变硬； 2. 冬天停机时间过长，机组温度低； 3. 安装故障		1. 更换填料； 2. 重新连接； 3. 重新连接		
			气缸出口温度高： 1. 组合阀串气； 2. 吸入温度过高		1. 更换组合阀； 2. 降低吸入温度		

表 5　压缩区域设备检修内容和质量要求（续）

序号	设备名称	设备功能	功能故障	故障周期/月	检修内容	质量要求	专业类别
3	段间冷却器	对后段压缩一段出口气体进行冷却	密封泄漏： 1. 安装的密封面受力不均匀； 2. 振动引起紧固件松动； 3. 滑动部件受阻引起热胀冷缩不均匀； 4. 密封面有缺陷； 5. 法兰平行度差； 6. 紧固件疲劳失效； 7. 紧固螺栓力矩不均匀	72	1. 重新安装； 2. 把紧紧固件，调整支承位置； 3. 检查修正相对活动部件； 4. 研磨密封面，消除缺陷； 5. 重新安装； 6. 更新紧固件； 7. 重新安装		B 类
			套管泄漏： 1. 套管腐蚀； 2. 焊缝开裂		1. 局部更换套管或修补； 2. 补焊		
			内管泄漏： 管端螺纹开裂腐蚀或疲劳开裂		更换高压管		
			振动： 1. 基础松动； 2. 其他原因造成		1. 重新紧固； 2. 查明原因并处理		
4	氮气压缩机	将 0.7MPa 氮气升压用于工艺管线吹扫或置换	氮气压力达不到工艺需求，机组漏油，排气温度高	24	检查或更换气阀、膜片，更换密封件，检查各冷却器	恢复压缩机在装置的设备功能作用，具体的质量要求见 SHS 03040《膜式往复压缩机维护检修规程》	B 类
5	空气压缩机	将常温常压空气压缩至一定压力用于工艺吹扫，或经干燥后用于仪表空气、催化剂空气	打气量不足，无法加载，出口压力低，出口压力高	48～60	检查更换卸荷阀、吸入过滤器、润滑系统密封件，检查机组连锁故障并消除	恢复压缩机在装置的设备功能作用，具体的质量要求见 SHS 03062《螺杆压缩机维护检修规程》	B 类

表5　压缩区域设备检修内容和质量要求（续）

序号	设备名称	设备功能	功能故障	故障周期/月	检修内容	质量要求	专业类别
6	引发剂空气压缩机	将干燥空气压缩至一定压力进入前段压缩机三段吸入，用于聚乙烯反应的催化剂	出口压力低达不到工艺要求，排气温度高	24	检查更换气阀，活塞环，传送皮带，润滑油，活塞杆，密封件；轴承、曲轴、十字头；检查冷却器及气缸夹套冷却水并疏通	恢复压缩机在装置的设备功能作用，具体的质量要求见SHS 01020《活塞式压缩机维护检修规程》	B类
7	丙醛注入泵	使丙醛压力达到工艺需求，注入至后端压缩机吸入管线，作为调整剂用于生产部分牌号产品	出口压力达不到工艺要求	24	检查更换填料，减速箱齿轮，冲程调节仪表控制系统	具体质量要求见SHS 01015《电动往复泵维护检修规程》	B类
8	润滑油泵	用于压缩机曲轴箱冷却与润滑，气缸冷却与润滑	出口压力低，出口温度高	24	检查或更换轴承、联轴器、螺杆；检查过滤器压差；冷却器；出口自力压力调节阀	具体质量要求见SHS 01016《螺杆泵维护检修规程》	B类
9	溴化锂双效冷冻机组	将循环水冷却达到冷却器冷媒温度需要，用于控制室、电气室的空气温度调节	激冷水温度高，流量低	24	检查冷剂泵、溶液泵，蒸汽压力调节阀，激冷水循环泵压力，冷冻水循环泵压力，补水系统管线及水箱，变频器，溴化锂溶液浓度	具体质量要求见SHS 01013《离心泵维护检修规程》、SHS 03047《屏蔽泵维护检修规程》	B类

表 5　压缩区域设备检修内容和质量要求（续）

序号	设备名称	设备功能	功能故障	故障周期/月	检修内容	质量要求	专业类别
10	超高压管道、高压管道、压力管道、一般管道	用于输送工艺介质	失效破裂或减薄，密封失效导致的泄漏	72	通过焊接更换管道或管配件，更换超高压、高压密封件	具体质量要求见 SHS 3013《超高压管道维护检修规程》，SHS 01005《工业管道维护检修规程》	B 类
11	阀门	用于工艺介质的切断、打开、调节、分流、安全卸放	阀门起不到工艺作用	12～118	更换或紧固填料，更换密封件，安全阀定期校验	具体质量要求见 SHS 01030《阀门维护检修规程》	B 类

表 6　聚合区域设备检修内容和质量要求

序号	设备名称	设备功能	功能故障	故障周期/月	检修内容	质量要求	专业类别
1	第一反应器	使原料乙烯发生聚合反应	1. 反应温度过高；2. 反应压力过高；3. 发生泄漏；4. 设备条件联锁，仪表故障	72	检查更换损坏的测温、测压元件；裸露或破损部位的腐蚀检查，保温层修复；根据设备状况，必要时抽取部分管段进行检查；超高压爆破片更换。具体大修内容见《通用设备检修规程》	恢复反应器在装置的设备功能作用，具体的质量要求 SHS 3009 超《高压管式反应器维护检修规程》	B 类
2	第二反应器						
3	第三反应器						
4	主流预热器	对主侧流乙烯进行预热，使其达到反应温度，确保反应进行	不能将乙烯加热到反应温度	72	检查夹套外壁，夹套管密封填料，保温外观、基础、管卡及支架，修复或紧固松动的管卡和紧固螺栓；具体大修内容见《通用设备检修规程》	恢复预热器在装置的设备功能作用，具体的质量要求见《通用设备检修规程》	B 类
5	侧流预热器						

表 6　聚合区域设备检修内容和质量要求（续）

序号	设备名称	设备功能	功能故障	故障周期/月	检修内容	质量要求	专业类别
6	后冷却器	带走因减压使聚合物和未反应气体混合物升高的热量	不能将聚合物和未反应气体混合物温度降到工艺要求范围内	72	检查夹套外壁，夹套管密封填料，保温外观、基础、管卡及支架，修复或紧固松动的管卡和紧固螺栓；具体大修内容见《通用设备检修规程》	恢复后冷却器在装置的设备功能作用	B类
7	高压循环第一冷却器	将高压循环气体进行冷却	内管泄漏，密封面泄漏，冷却效果差	72	检查更换管束，更换密封件，检查法兰平行度，紧固力矩；对换热器进行工艺吹扫，检查冷却水系统阀门	具体的质量要求见SHS 3051《高压套管换热器维护检修规程》	B类
8	高压循环第二冷却器						
9	高压循环第三冷却器						
10	引发剂注入泵	将引发剂提升至工艺需要注入反应器	出口压力低，出口流量低	24～36	检查更换柱塞，填料，压力腔，缸头，止逆阀，爆破片，检查油路系统压力、温度	具体的质量要求见SHS 3051《高压套管换热器维护检修规程》	B类
11	液压油泵	将液压油压力提升至工艺需要用于驱动紧急切断阀和赖斯阀	出口压力低，泄漏	24	调节柱塞泵斜盘，检查更换轴承，联轴器，密封件	符合柱塞泵检修质量要求	B类
12	紧急放空阀	用于联锁停车或手动程序停车时将反应器压力放空	无法关紧导致内漏，仪表故障导致的无法正常打开或关闭	24～36	检查或更换液压油缸电磁阀，过滤网，滑动阀门；油压装置接头箱阀门、过滤网、蓄压气气囊氮气压力；仪表接线；解体检查阀座密封面并研磨，更换填料、阀杆、阀芯等	具体的质量要求见SHS 3014《超高压阀门维护检修规程》	B类

表 6　聚合区域设备检修内容和质量要求（续）

序号	设备名称	设备功能	功能故障	故障周期/月	检修内容	质量要求	专业类别
13	反应压力控制阀（赖斯阀）	控制调节反应压力	无法控制反应压力，阀门开度跟踪偏离大	24～36	检查或更换液压油缸电磁阀，过滤网，滑动阀门；油压装置接头箱阀门、过滤网、蓄压气气囊氮气压力；仪表接线；解体检查阀座密封面并研磨，更换填料、阀杆、阀芯等	具体的质量要求见 SHS 3014《超高压阀门维护检修规程》	B 类
14	高压排料阀	高压系统排料	无法关紧（内漏），密封面泄漏，填料泄漏	24～36	解体检查阀座密封面并研磨，更换填料；气缸更换密封件并试压	具体的质量要求见 SHS 01030《阀门维护检修规程》	B 类
15	高压制品分离器	将后冷却器出来的高压气体和聚合物分离	发生泄漏，压力过高，无法检测液位	36～72	检查筒体、封头与对接焊缝，密封面、密封原件及紧固螺栓以及内构件，具体大修内容见《通用设备检修规程》	恢复高压制品分离器在装置的设备功能作用，具体的质量要求见 SHS 01004《压力容器维护检修规程》	B 类
16	高压系统过滤器	用于过滤高压循环系统气体中的聚合物	双锥环密封面发生泄漏，过滤网堵塞无法达到工艺要求	36～72	更换密封双锥环，研磨密封面，更换过滤器	具体的质量要求见 SHS 01004《压力容器维护检修规程》	B 类
17	热水泵	用于热水循环	出口压力低，泄漏	18	检查更换轴承，机械密封，叶轮，泵体密封件，机械密封冲洗系统，入口过滤网	具体质量要求见 SHS 01013《离心泵维护检修规程》	B 类

表6　聚合区域设备检修内容和质量要求（续）

序号	设备名称	设备功能	功能故障	故障周期/月	检修内容	质量要求	专业类别
18	超高压管道、高压管道、压力管道、一般管道	用于输送工艺介质	失效破裂或减薄，密封失效导致的泄漏	72	通过焊接更换管道或管配件，更换超高压、高压密封件	具体质量要求见SHS 3013《超高压管道维护检修规程》、SHS 01005《工业管道维护检修规程》	B类
19	阀门	用于工艺介质的切断、打开、调节、分流、安全卸放	阀门起不到工艺作用	12～118	更换或紧固填料，更换密封件，安全阀定期校验	具体质量要求见 SHS 01030《阀门维护检修规程》	B类

表7　挤出区域设备检修内容和质量要求

序号	设备名称	设备功能	功能故障	故障周期/月	检修内容	质量要求	专业类别
1	低压制品分离器	将后冷却器出来的高压气体和聚合物分离	发生泄漏，压力过高，无法检测液位	36～72	检查筒体、封头与对接焊缝，密封面、密封元件及紧固螺栓以及内构件，具体大修内容见《通用设备检修规程》	恢复高压制品分离器在装置的设备功能作用	B类
2	聚乙烯脱气槽	用于脱离低压制品分离器输送的熔融聚乙烯中乙烯气体	料位高无法正常下料	36～72	检查脱气槽各直管堵塞并疏通，筒体伴热管道泄漏并处理	恢复高压制品分离器在装置的设备功能作用	B类
3	熔融挤出机	将熔融聚合物挤出后进入冷却水中进行切粒	无法将熔融聚合物挤出或无法造粒，发生堵塞；助剂不能注入	36	检查调整切粒机轴对模板的垂直度，调整切粒机与切粒机马达同心度，检修刀盘，更换切粒刀	恢复熔融挤出机在装置的设备功能作用，具体的质量要求见SHS 03034《挤压造粒机维护检修规程》	B类

表7　挤出区域设备检修内容和质量要求（续）

序号	设备名称	设备功能	功能故障	故障周期/月	检修内容	质量要求	专业类别
4	前处理离心干燥机	用于将挤出机切粒后的产品粒子从粒子冷却水中分离	负载过大停止，振动大	36	检查或更换轴承、皮带、皮带轮，检查或校正转子平衡度；清理筒体与转子之间的过滤网	具体的质量要求见SHS 03030《滚筒干燥机维护检修规程》	B类
5	前处理振动筛	将产品粒子中的不合格粒子过滤掉	振幅异常，筛网破损，负载过大停止	24	检查或更换偏心套、弹簧、筛网、皮带、轴承	具体的质量要求见SHS 03049《振动筛维护检修规程》	B类
6	前处理切粒机	在切粒水下降熔融聚乙烯通过旋转的切粒刀切出合格的产品粒子	振动异常，切粒刀钝化、损坏	36	检查联轴器、校同轴度、加润滑油脂，检查切粒刀磨损情况或更换，进退刀压力	具体的质量要求见SHS 03034《挤压造粒机维护检修规程》	B类
7	母料挤出机	将母料粒子加热挤压为熔融状态注入到熔融挤出机	无法将熔融聚合物挤出或无法造粒，发生堵塞；挤压压力高	36	筒体温度低，检查减速箱轴承、齿轮、密封系统、润滑油系统	具体的质量要求见SHS 03034《挤压造粒机维护检修规程》	B类
8	第一、二、三线罗茨风机	用于输送产品粒子进入料仓或包装	机组振动大，出口压力低，声音异常，马达电流值高	36	检查或更换皮带、吸入过滤网、轴承、转子、润滑油及密封系统，马达轴承检查，加润滑油	具体的质量要求见SHS 01024《罗茨风机维护检修规程》	B类
9	粒子冷却水泵	用于切粒水循环	振动大，出口压力低，泄漏	18	检查更换轴承、机械密封、叶轮、泵体密封件、机械密封冲洗系统、入口过滤网	具体质量要求见SHS 01013《离心泵维护检修规程》	B类
10	减速器油泵	用于熔融挤出机减速箱润滑油的供给	出口压力低，振动大，漏油	24	检查或更换润滑油、过滤网、联轴器、轴承、油封	具体质量要求见SHS 01017《齿轮泵维护检修规程》	B类

5.3.2.2　废气焚烧炉RTO炉单元主要检修内容和质量要求见表8。

表 8　废气焚烧炉 RTO 区域设备检修内容和质量要求

序号	设备名称	设备功能	功能故障	故障周期/月	检修内容	质量要求	专业类别
1	蓄热式热氧化炉 RTO	装置废气焚烧处理，以达到废气排放标准	废气排放超标，燃烧器故障，炉膛内衬脱落，提升阀故障，风机、附属仪表故障	36	燃烧器检查；焚烧炉耐火内衬检查，修复或更换；检查并修理在锅炉范围内的汽、水管道、法兰接头、金属（非金属）膨胀节、支架及吊架，检查增压风机、燃烧风机、反吹风机，检查提升阀，检修锅炉的附件：安全阀、压力表、温度计、风压计、流量计等	具体的质量要求见 SHS 05006《火管式废热锅炉维护检修规程》	B 类

5.3.2.3　仪表设备主要检修内容和质量要求

原则上按照日常仪表设备的故障处理情况在装置的一个检修周期内安排检修计划，部分仪表设备检修内容和质量要求见表 9。

表 9　仪表设备检修内容和质量要求

序号	大修必修设备清单	必修说明	检修内容
1	过程控制系统	系统信号异常极易造成装置停车	系统点检、系统备份、系统清灰等
2	放射性仪表	防止放射源丢失或发生放射源污染	检修、标定、维护等
3	联锁保护系统	确保在装置运行过程中出现操作事故、设备事故、联锁失灵的异常状态时能实现紧急停车	联锁系统所涉及的仪表设备、供电、供气等的检修、调试，联锁回路的联动调试等
4	仪表系统联校	检验仪表回路的构成是否完整，保证信号可靠运行	针对发生设备变更或拆装大修复位后及关键设备的仪表回路（控制、检测、报警、自保）进行联校

5.3.2.4　电气设备主要检修内容和质量要求见表 10。

表 10　电气设备检修内容和质量要求

序号	设备名称	设备功能	功能故障	故障周期/月	检修内容	质量要求	专业类别
1	防爆电动机	将电能转换成机械能，为压缩机、风机等各类负载提供动力	振动超标；轴承声音、温度异常；绕组短路等	36	具体检修内容见 SHS 06001《旋转电机维护检修规程》	详见 SHS 06001《旋转电机维护检修规程》	B

表 10　电气设备检修内容和质量要求（续）

序号	设备名称	设备功能	功能故障	故障周期/月	检修内容	质量要求	专业类别
2	变压器	将上级电源电压转换为现场设备负载所需的电压等级，为设备提供电能	渗油、漏油消缺； 电气预防性试验； 设备清扫等	36	具体检修内容见 SHS 06002《变压器维护检修规程》	详见 SHS 06002《变压器维护检修规程》	B
3	高、低压开关柜	电力系统设备，为设备提供电能	故障消缺； 电气预防性试验； 设备清扫等	36	具体检修内容见 SHS 06004《配电装置维护检修规程》	详见 SHS 06004《配电装置维护检修规程》	B
4	UPS 装置及蓄电池	为 DCS 等重要仪表负载供电	故障消缺； 电气预防性试验； 设备清扫等； 蓄电池充放电	36	具体检修内容见 SHS 06006《电源装置维护检修规程》	详见 SHS 06006《电源装置维护检修规程》	B

5.3.2.4.1　变电所设备

原则上按照“三定”周期（不超过 3 年）进行检修、预试、清扫。

5.3.2.4.2　现场电气设备

电动机日常按照状态检修，根据检测数据情况安排，电动机按照该修必修原则检修，见表 11。

表 11　电气设备检修内容和质量要求

序号	大修必修设备清单		必修说明	检修内容
1	现场电气设备	电动机	该修必修电动机原则： 1. 一旦停止就造成装置停车的单台电机； 2. 关键机组的辅助油泵； 3. 日常运行中无检修机会的电动机	见 SHS 06001《旋转电机维护检修规程》

5.3.2.5　系统功能故障分析见表 12。

表 12　系统功能故障分析表

序号	单元名称	装置功能	功能故障	故障后果	故障策略及检修内容	故障周期/月
1	前段、后段压缩机系统	提升乙烯压力	压缩机故障	临时停车	修复压缩机	6
2	反应器系统	将乙烯气体反应至熔融聚合物	分解反应；压力、温度高；反应管破裂	停车	修复、更换反应管	48～60

表 12 系统功能故障分析表（续）

序号	单元名称	装置功能	功能故障	故障后果	故障策略及检修内容	故障周期/月
3	紧急放空系统	紧急情况下放空反应器	阀门故障，导致阀门打开。	临时停车	修复阀门、消除仪表故障	24～36
4	高压循环系统	将高压制品分离器分离出的未反应完全的乙烯气体进行冷却分离后导入后段压缩机入口循环利用	高压制品分离器液位高、压力高；高压循环冷却器内管破裂	停车	修复高压制品分离器液位计、清理内部物料；更换内管或整台冷却器	72
5	油压系统	用于控制紧急放空阀	液压油压力低	停车	修复油压系统	24～36
6	挤出系统	将熔融聚合物挤出成型	挤出机故障	停车	修复挤出机	36
7	干燥空气系统	用于提供装置仪表空气	压力低	停车	修复空压机、干燥装置	48～60

6 装置检修管理

6.1 装置工艺交出检修条件

6.1.1 装置工艺交出的主要要求见表 13。

表 13 工艺交出的检修状态表

项目名称	具体地点	状态
盲板	乙烯总管	加盲板
	返回乙烯	加盲板
	丙烯	加盲板
	1-丁烯	加盲板
各系统	后端压缩机出口截止阀手动固定阀	关
	低压制品分离器	留料 3t，氮气保压，夹套蒸汽保压
	挤出机	拉空
	挤出机辅机	全部停止
	低压蒸汽入口切断阀前切断阀	关闭
	低压系统排料管线用氮气压空	排空
	前段压缩机氮气吹扫（1，2 段，3～5 段）	氮气置换，放空

表 13　工艺交出的检修状态表（续）

项目名称	具体地点	状态
各系统	后段压缩机氮气吹扫	氮气置换，放空
	前 / 后段压缩机泄漏气体回收系统	氮气置换，放空
	丙烯管线	氮气置换，放空
	乙烯返回管线	氮气置换，放空
	新鲜乙烯管线	氮气置换，放空
	紧急放空塔	拆检并清扫
	HPR 系统	氮气置换，放空
	MPR 系统	氮气置换，放空
	LPR 系统	V203 单独氮气置换保压，其余氮气置换后放空
	聚乙烯脱气槽	氮气置换，放空
	HRP 出口之间管线吹扫	氮气置换，放空
	HN 总阀	放空
	低压循环气体过滤器	蒸汽吹扫，氮气置换放空
	二甲苯系统	回压空管线，氮气吹扫，放空
	热水系统	排空
	反应器	氮气置换，放空
	压缩电加热装置关闭	确认 4 只
	联胺容器 / 氨水贮槽	排空
	废油回收槽及管线废油压空至废油储槽	氮气吹扫，放空
	内醛管线	氮气吹扫，放空
	废二甲苯系统内已完全回收	已空
	高压氮气储罐	氮气保压
放射源	高压制品分离器的伽马源	关闭
	低压制品分离器的伽马源	关闭
	脱气槽的伽马源	关闭
蒸汽	界区高压蒸汽切断	因拆挤出筒体的需要，高压蒸汽未切断
	界区低压蒸汽切断	切断
DW	界区区域切断	因清洗料仓需要，现未切断
清下水 生产废水	界区内的清下水、生产废水系统	正常

表 13　工艺交出的检修状态表（续）

项目名称	具体地点	状态
药品储罐区	IP、MD、XY、WO、废 XY、废 WO、废 IP 各储槽及其围堰阀	储槽状态正常及其围堰阀门关闭
	二甲苯清洗回收槽 V811 系统及其围堰阀门	V811 系统已压空及其围堰阀门关闭
	有机过氧化物配制槽及其围堰阀门	配制槽状态正常及其围堰阀门关闭
环保	装置内污水系统	排放正常，其内无油污，其内无危化品
	粉尘收集	已定点放置
	装置内危化物状况	无异常排放

6.1.2　在装置交付检修前，由生产管理部和安全环保部门组织相关单位召开安全验收会，检查确认设备容器人孔拆卸、盲板加装、容器内采样分析、停电、下水井封堵等工作，经相关部门签字确认后，由装置开具用火、用电、进入受限空间等相关票证，进入检修状态。工艺交出要具备以下条件：

1）装置所有盲板按照盲板图、表安装、编号、挂牌并经工艺员、设备员、安全员已签名确认；

2）PID 图上所有系统、管线得到置换处理并做好标识；

3）系统内设备、管线按规定进行吹扫和置换，取样分析合格；

4）下水井取样分析合格，存油清理干净，排水畅通，水封完好；

5）下水井和漏斗口用石棉布盖好，并用沙土封严；

6）系统内设备人孔打开前的确认；打开的设备人孔处挂上“未经许可，禁止入内”警示牌；

7）制定停工安全、环保措施和工作危害分析记录表（JHA）；

8）装置内分析不合格点挂标识，储存物料区标识、硬隔离；

9）制定检修中防硫化业铁自燃方案；

10）指定具有监护人资格的人员负责动火、进设备等作业的监护。

装置交付检修确认表见附录 A。

6.2　检修过程安全环保要求

执行中国石化 HSSE 管理规定，大修全过程实现“三零一文明”的要求。

1）安全管理规定具体参考《检修改造安全管理具体要求》；

2）“三零一文明”要求：零排放、零余料、零事故，文前施工；

3）确保检修后投料一次开车成功，实现“安全大修、优质大修、绿色大修、科学大修、高效大修、文明阳光大修”的目标。

检修施工现场 HSSE 日检表见附录 B。

6.3 检修质量管理

6.3.1 检修质量管理的总体要求

总体要求：成立检修质量管理组织机构，明确管理职责，建立质量管理程序文件。

1）对承包商资质、人员、机具等进行审查；

2）通过组织设计审查，确保设计质量；

3）物资采购管理部门组织对采购物资进行入库检验并对重点物资进行监造；

4）在施工过程中组织对检验检测的质量进行抽查。

6.3.2 检修期间变更管理要求

检修过程要加强变更管理，建立健全变更管理制度和工作流程，采取措施减少变更数量。原则上没有经过各级部门同意的变更不允许在检修中执行。

项目变更控制主要内容：

1）对于试用产品、设备备件结构形式改变、材质升级要充分识别，要有专门技术论证审批过程，审批时要加强相关专业沟通确认；

2）所有变更应事前发起，只有当变更得到批准后，才可组织实施。项目变更由变更提出单位发起申请并填写“变更申请单”，按照各企业相关制度规定的权限办理审批手续；

3）对于因材料找价差导致的超费用计划（或工单预算），需要补办变更手续；

4）对于不涉及费用计划的变更，如项目名称、版本号、承包商、施工方案、施工进度等也需办理相应的变更手续；

5）对于结算费用高于非包干合同标的按各企业管理制度执行变更；

6）投资类项目的变更参照各企业“固定资产投资过程控制管理规定”执行。

6.4 装置检修交回条件

6.4.1 装置检修交回确认主要内容（通用）：

1）装置开工人员及开车保镖人员配备落实；

2）技术、原辅材料、动力、备品备件等方面的准备；

3）队伍技术状态、开工方案学习落实情况；

4）现场规格化情况；

5）工艺和设备联锁仪表校验情况；

6）HSSE 措施落实情况；

7）盲板拆除清单、技术准备情况；

8）机、电、仪、公用工程、储运、质检等相关专业准备情况；

9）停工临设拆除、施工尾项整改情况等。

6.4.2 该装置相关的工艺特性要求：

1）转动设备停用并断电；

2）联锁系统解除与设定；

3）伽马液位计放射源关闭或监控；

4）需要进行氮封的分离器切断并监控；

5）干燥／吹扫空气、氮气、工业水等系统的使用与检查。

装置检修交回开工确认表见附录C。

6.5 检修后期管理

6.5.1 资料交付

承包商应在检修项目结束后30天内将交工资料完整地交给使用单位，资料包含内容如下：

竣工图纸，施工技术方案，吊装方案，施工组织设计；施工技术记录，试压记录，中间工序验收单，隐蔽工程验收单，拆检回装记录，发现问题与修复记录，设备开箱资料，设备封闭记录；设备、材料、管道附件、配件的合格证明书及质量保证书，理化检验资料，衬里、防腐、保温施工技术记录及检验报告。

6.5.2 检修总结

装置检修结束后，要对检修改造工作进行总结，对好的做法进行总结、提炼，固化这些经验，指导今后检修改造工作；对总结检修改造中存在的问题，分析原因，完善措施，不断提高管理水平。

检修总结模板见附录I。

6.6 新的检修技术和检修方法介绍

6.6.1 复合材料补强技术

复合材料补强是利用复合材料的高强度和高弹性模量，通过涂敷在缺陷处的高强度填料，以及管体和纤维补强层间的树脂，将管道承受的载荷均匀地传递到复合材料修复层上。复合材料补强层包括：高强度填料、绝缘层和纤维补强层（常见的纤维有：玻璃纤维、碳纤维、凯夫拉纤维等）。

复合材料补强技术适用于腐蚀、电弧烧伤、裂纹、沟槽、管体或直焊缝上的凹陷等非泄漏缺陷的修复，不适用于修复环向缺陷、深度大于80％公称壁厚的缺陷和会继续发展的内腐蚀缺陷。具有施工方便、无需焊接、适用性强和耐腐蚀等优点。

6.6.2 螺栓预紧力控制技术

手动力矩扳手；气动冲击扳手；液压扭矩扳手；液压拉伸器；螺栓加热器；自反作

用力垫圈。

6.6.3 无损检测新技术的应用

X 数字射线；高低频导波；C 扫描与 UT-DV；外壁漏磁；远场涡流；相控阵；低频电磁技术；脉冲涡流；X 射线应力测试等技术的应用。

6.6.4 激光对中仪的应用

装置离心压缩机、往复压缩机、各种泵等设备都需要良好的对中，保证机泵能正常运转。激光对中可减少打表找正误差和大量繁琐工作，提高找正精度，提高工作效率。

6.6.5 高温抗咬合剂、阀杆防锈润滑剂的应用

高温抗咬合剂可防止高温工况下螺栓紧固件的烧结、腐蚀、生锈和磨损。有特殊胶粘剂成分而紧密贴合阀杆，保护阀杆不会受环境和天气变化而产生锈蚀。

6.6.6 低速重载状态监测在挤出机上的运用

针对挤压造粒机组的齿轮泵减速箱和主减速箱，配备适用低速重载齿轮箱的监测诊断软、硬件系统。具有冲击脉冲测量分析、希尔伯特变换解调分析、时间同步平均分析、FFT 频谱分析、细化谱分析、趋势分析等功能。对升速、降速过程振动数据实现自动采集，具有三维谱分析、BODE 图分析、NYQUIST 图分析等功能。有效诊断低速重载齿轮箱（齿轮和轴承）可能发生的：断齿、点蚀、剥落、磨损、松动、碰摩、轴弯曲、不平衡、不对中等故障。

6.6.7 水泵节能特殊涂层

水泵节能技术就是在现有工艺流程和设备均已定型的基础上，采用简便、安全的方法，对水泵过流部分进行修复并涂刷光滑、坚硬耐磨的材料，降低泵内各种功率损失，提高泵效，延长水泵使用寿命，达到节能降耗的目的。

7 装置日常维护

7.1 日常巡检

包括操作工的日常巡检和专业人员（设备管理人员、专业维保人员、电仪专业人员）的日常点检。

7.2 日常维护

装置日常维护的基本内容包括：设备维护保养、设备检查和设备修理。

7.2.1 设备维护保养

设备维护保养的内容是保持设备清洁、整齐、润滑良好、安全运行，包括及时紧固松动的紧固件，调整活动部分的间隙等。简言之，即“清洁、润滑、紧固、调整、防腐”十字作业法。维护保养依工作量大小和难易程度分为装置操作工保养、专职保养维修工的保养。

7.2.1.1 装置操作工保养

其主要内容是：进行清洁、润滑、紧固易松动的零件，检查零件、部件的完整。这类保养的项目和部位较少，大多数在设备的外部，一般由装置操作工人承担。

7.2.1.2 专职保养维修工的保养

主要内容包括对设备内部清洁、润滑、局部解体检查和调整，必要时对达到规定磨损限度的零件加以更换。此外，还要对主要零部件的磨损情况进行测量、鉴定和记录。具体标准执行通用设备的检修规程。

在两种维护保养中，装置操作工保养是基础，专职保养维修工的保养是关键。

7.2.2 设备检查和设备修理

设备检查按时间间隔分为日常检查和定期检查。

日常检查由操作人员执行，同操作工的保养结合起来，目的是及时发现不正常的技术状况，进行必要的维护保养工作。

定期检查是按照计划，在操作工参加下，定期由专职维修工执行，也就是预防性检查维修。目的是通过检查，全面准确地掌握零件磨损的实际情况，以便确定是否有进行修理的必要。

7.3 电动机量化巡检内容

7.3.1 电动机量化巡检应实行“管、操、修”分级管理，层层把关。

7.3.2 “管”即电气岗位专业管理人员，“操”即设备操作人员，“修”即设备运保维护人员。

7.3.3 电气岗位专业管理人员：定期检查高压电动机运行状况、巡检记录情况、状态检测工作开展情况、高压电动机接线盒完好情况；及时处理巡检中发现的异常情况，落实闭环管理。

7.3.4 设备操作人员：在用一般机泵电机进行振动、温度检测，记录检测数据；在用高危泵和主要机泵电机进行振动、温度检测，记录检测数据；定期检查电机润滑油油位，记录油位异常情况，当发现油位低时，必须通知补油，在非正常情况下进行补油并记录补油量。采用听、看、摸方式检查电机运行状况。

7.3.5 运保维护人员：检查电动机的声音、温度、振动、绝缘等情况是否异常，备用设备是否处于完好状态，做好巡检记录，发现问题及时汇报；根据电动机润滑计划进行电动机润滑工作，并做好记录；开展备用高压电机绝缘测量和电机接线盒检查，并做好记录；开展高压电动机状态检测工作；关键机组的巡检工作，并做好巡检记录，对带缺陷运行的电动机进行特殊巡检，并做好记录和汇报工作。

7.4 常见设备故障

由于循环系统中含有熔融状态的低聚物，其黏度高容易使换热管发生堵塞致使换热失效、过滤器容易堵塞失效等。装置正常生产时，常见设备故障见表 14。

表 14 常见设备故障

设备类型	故障类型	处理方法
超高压管式反应器	爆破片失效	分析原因、停车更换
	分解反应	分析原因、清洗反应器
	法兰泄漏、螺栓松动、螺栓受力不均、垫片失效、法兰面存在缺陷或异物、螺栓缺陷或断裂	紧固螺栓（采用力矩扳手）； 带压堵漏或停车更换
	透镜垫片泄漏	腐蚀、变形；带柄透镜垫螺纹泄漏
	内管泄漏	停车更换发生泄漏的超高压管式反应器
	夹套管泄漏	带压堵漏或停车检修
	振动大、声音异常	检查滑道及支架
	安全阀起跳	超压或安全阀故障，停车更换
	超温、超压	分析原因、停车检修
容器、罐类	法兰密封面渗漏	更换垫片紧固螺栓 修复法兰面或更换法兰
	焊缝开裂	消除裂纹，补焊修复
	壳体腐蚀减薄	加强检测，严重时更换； 补焊或更换防冲板，加强检测
	安全阀失效	导通、校验安全阀或更换附件
	呼吸阀堵塞	清理污物，必要时更换阻火片，加保温设施； 清理阀盘和阀座污物； 维修或更换阀盘、阀杆
	拱顶罐罐壁或罐顶抽瘪变形	用外力整形或将凹陷处割除，局部更换； 调整、优化操作； 改进设计，加大呼吸阀的补气量； 定期维护呼吸阀阻火器，防止堵塞； 检修储罐，保证强度
	罐底泄漏	对于数量较少的机械穿孔、腐蚀穿孔、裂纹等缺陷，可以直接进行补焊或复贴钢板； 对于较大面积的缺陷，可将原缺陷部位割去，焊上新的钢板
	液面计假液位、压力表等仪表指示不正确	导通、校验或更换液面计、压力表等仪表元件

表 14 常见设备故障（续）

设备类型	故障类型	处理方法
换热器类（套管式）	内管腐蚀减薄、破裂、泄漏	进行腐蚀调查； 更换内管或换热器
	换热效果差	清洗内管及夹套管； 调节或更换冷却水切断阀
	夹套管泄漏	带压堵漏或补焊； 冷却水系统添加抗腐蚀剂
	密封法兰，透镜垫等泄漏	紧固螺栓、更换垫片、密封面缺陷修理，重新组对或更换法兰
换热器类（管壳式）	换热管腐蚀穿孔、开裂	管束封堵或更换
	换热管与管板胀口（焊口）裂开	重胀（补焊）
	换热器法兰密封漏。螺栓强度不够、松动、腐蚀；垫片承压不足、腐蚀变质或质量差；法兰刚性不足，法兰配对不平行，密封面有缺陷	紧固螺栓、更换垫片、密封面缺陷修理，重新组对或更换法兰
	壳体和换热管内外结垢或堵塞	化学清洗或射流清洗
	隔板短路，传热效果差	更换管箱垫片或调整更换隔板
	管束振动	改变流速或改变管束固有频率，加固管道，减少振动
	壳体和内部防腐涂层损坏失效，牺牲阳极块腐蚀严重	修复内外防腐层，更换阳极块
换热器类（可拆板换）	运行状况偏离工艺要求	增减换热面积，改变流程组合
	压力降增大或减小；介质出口温度上升或下降	检查板间有无堵塞或板片结垢等情况，并及时清洗
	垫片老化、被腐蚀或板片变形引起板式换热器的外漏	及时在渗漏部位做上记号，检修打开设备更换垫片或板片
	因板片穿孔、裂纹和被腐蚀导致板式换热器的内漏	用透光、着色检查等方法，查出废板片并更换
	板式换热器的板片发生错位	更换变形的板片和滑离的垫片
	管线内的杂物堵塞换热器	入口设置过滤器并经常清洗
过滤器类	滤芯、滤网堵塞或损坏	清洗滤芯、滤网或更换
	本体、接管、法兰面腐蚀泄漏	带压堵漏或检修
	垫片或螺栓失效导致法兰面泄漏	更换垫片及螺栓
	支撑圈、挡板等内构件损坏	切换检修

表 14　常见设备故障（续）

设备类型	故障类型	处理方法
压缩机类	压缩机出口压力低、流量低	入口过滤网堵塞，检查清理入口滤网； 出口管路泄漏，检查消漏； 气封磨损，间隙过大，检修更换气封； 入口气量小，调整操作
	压缩机气缸温度高	组合阀检修
	泄漏量大	更换气缸片、填料、活塞环
	轴承温度高	调节冷却水量、水温、清洗堵塞油冷却器； 调节润滑油压，检查润滑油路调压阀、溢流阀、油泵； 机械摩擦，更换磨损部件； 轴承间隙偏小，更换轴承
	振动值偏高	对中不良重新对中； 轴承间隙大，更换轴承； 转子动平衡破坏，重新校正动平衡； 紧固件松动，重新紧固； 循环气量过大或波动大，稳定工艺操作； 管道应力，重新调整或无应力配管； 油膜涡动，调整油温、油压
	异常声音	碰摩，查找碰摩原因，必要时停机检修； 振动过大，查找原因并处理； 气流脉动，稳定操作
	润滑油压力偏低	过滤器堵塞，切换 / 清洗油过滤器； 润滑油泵故障，检修故障油泵； 调压阀异常，重新调整或维护调压阀； 润滑油路泄漏，消漏； 油箱润滑油位偏低，补充润滑油
	电机电流高	过载，调整工艺； 机械故障，停机检修
离心泵类	密封泄漏	更换机械密封或填料密封； 机封辅助系统检查清洗； 紧固件紧固或者更换； 密封件检查更换； 检查消除振动大； 轴断裂，更换轴； 叶轮脱落，固定或更换叶轮
	泵外壳及零部件腐蚀损坏	修理或更换部件； 升级材质； 工艺调整

表 14　常见设备故障（续）

设备类型	故障类型	处理方法
离心泵类	排不出液	重新灌泵，充分排气； 泵转向不对，电机重新接线； 滤网清洗，底阀检查； 叶轮检查紧固； 进口管路检查消漏，阀门修理； 降低安装高度； 更换新泵
	出口压力低、流量低	清洗或更换进口过滤网； 修理或更换叶轮、口环、导叶、诱导轮等部件； 仪表校验； 进出阀门修理，管路检查； 电机校验修理； 密封消漏； 工艺检查调整
	振动大及噪声大	清洗或更换进口过滤网； 重新装配或更换轴承； 紧固松动部件或更换； 轴承箱修理或者更换； 轴修理或者更换； 管线支架或泵基础加固； 转子动平衡； 拆泵检查消除摩擦； 联轴器修理或更换，中心校验； 更换润滑油； 工艺检查调整
	轴承温度高	添放润滑油、更换润滑油； 更换轴承； 调整轴承间隙； 检查清洗冷却系统； 轴修理或者更换； 甩油环修理或更换； 中心校验； 检查消除振动大
	电机电流高	工艺调整； 中心校验； 修复摩擦部位； 电机校验修理；
	盘车不动	更换轴承； 修理或者更换口环； 蜗壳内异物清理、结冰清理； 紧固松动部件或更换； 部件间隙调整； 联轴器修理或更换； 电机修理

表 14 常见设备故障（续）

设备类型	故障类型	处理方法
溴化锂双效冷冻机（夏季）	激冷水温度高	冷却水温高、水量不足，检查冷却水系统； 吸收器、冷凝器、凝水换热器泄漏； 蒸汽自动调节阀故障； 真空度差； 变频器故障； 控制系统故障
	蒸发压力低	检查蒸汽系统压力； 蒸汽疏水器排凝； 调整蒸汽调节阀
	异常振动或响声	检查冷凝器； 检查蒸发器； 检查吸收器； 检查冷剂泵、溶液泵
油压装置	液压油压力低	过滤网压差大，更换； 柱塞泵检修； 检查控制阀； 调整溢流阀； 系统漏油排查； 排空油中空气
	液压油温度高	检查或更换油换热器
	液压油变质	氮封失效； 更换换热器管束； 未及时换油
	液压油波动	充蓄压器气囊氮气、更换气囊
超高压催化剂注入泵	出口压力低	填料泄漏； 气缸破裂； 检查或更换入口、出口止逆阀； 紧固管道密封； 紧固或更换超高压控制阀（AE 阀）
	填料泄漏	更换填料
	驱动油温度高	疏通换热器或更换； 检查冷却水温度； 疏通冷却水管道； 温度调节阀检查
	驱动油压力低	柱塞泵检修

表 14 常见设备故障（续）

设备类型	故障类型	处理方法
挤出机	切粒水流量低	粒子冷却水泵检修； 疏通板式冷却器； 清理过滤网； 补充纯水
	产品粒子质量不合格	更换切粒刀； 调整切粒刀模板间隙； 检查或更换模板； 模头过滤网更换
	停机	电气系统检查； 仪表及联锁系统检查； 辅机检修； 离心干燥器检修； 振动筛检修
罗茨鼓风机	出口压力低	更换过滤网； 检查或更换皮带；
	振动大	更换轴承； 检查转子； 检查皮带轮； 检查风机支座
	漏油	更换油封； 更换视镜密封圈
	运行温度高	增加或更换润滑油； 疏通冷却水
	马达电流值高	更换吸入过滤网； 疏通风管； 马达保养
反应压力控制阀（赖斯阀）、紧急放空阀	无法控制	检查或更换仪表电磁阀； 输入、输出仪表信号检查； 超高压压力变送器检查或更换； 仪表接线； 阀门解体，研磨密封面； 油压系统检查
	法兰、透镜垫泄漏	紧固螺栓、更换垫片、密封面缺陷修理，重新组对或更换法兰
	填料泄漏	更换填料及密封件

表 14 常见设备故障（续）

设备类型	故障类型	处理方法
防爆电动机	电机线圈绝缘值低	检查电机接线盒，清擦绝缘子，必要时更换绝缘子； 电机定子线圈干燥处理、浸漆处理
	电机振动大	更换轴承； 转子校动平衡； 检查机泵对中情况； 检查电机安装基础
	电机轴瓦箱漏油、渗油	调节进油压力，控制油位； 更换油封； 更换视镜密封圈
	电机线圈运行温度高	清扫和疏通冷却器； 调节冷却水流量
	隔爆电机隔爆面失爆	钎焊或熔焊修补

附 录 A
(资料性附录)
装置停工交付检修确认表

	确认内容	确认人
装置停工方案执行情况	1. 装置停工方案已全部执行完毕，各关键操作步骤已有专人签字确认	
	2. 装置物料退净，现场倒淋打开检查均无残余物料	
	3. 装置停车期间须存物料容器及管线均已加盲板隔离并明显标识，且安全附件齐全完好	
盲板管理	所有盲板均已按盲板图加装完毕，经检查合格，标识完好，并有专人签字确认	
易燃易爆、有毒有害物质管理	1. 密闭容器、管线等易燃易爆物质、有毒有害气体系统均已置换倒空，且均已采样分析合格	
	2. 防硫化亚铁等物质自燃的监控及安全防范措施完好	
装置放射源管理	装置放射源均已抽出隔离，现场标识完好，并有专人签字确认	
转动设备检修条件	动设备电机已停电，并按照规定挂停电牌	
检修场地环境条件	1. 含油污水井、地漏已用石棉布、沙土封死盖严	
	2. 装置地面、明沟、平台及动静设备外表面无油污、杂物	
	3. 各种停工倒空废液、残液均已移出装置现场	
	4. 装置检修环境可燃、有毒有害气体分析合格	
消防器材管理	1. 高压消防水系统运行正常	
	2. 消防通道畅通	
	3. 灭火器材数量齐全、完好备用	

附 录 B
（资料性附录）
检修施工现场HSSE日检表

序号	检查内容	存在问题	检查人员	整改情况	验证人	备注
1	临时用电					
1.1	配备合格的持证电工					
1.2	配电箱合格、有防雨措施，按要求标识并上锁					
1.3	配电系统执行“三相五线制”，符合“三级配电二级保护”要求，安装匹配的漏电保护器，漏保动作灵敏好用，并进行日常试验和记录					
1.4	电缆及接头无破损，绝缘良好；铺设规范，走向清晰，标识明确					
1.5	用电严格执行“一机一闸一保护”					
1.6	按要求配置保护零线和工作零线，工作接地和重复接地完好					
1.7	安全电压符合作业环境要求					
1.8	使用工业插头、插座					
2	施工机具					
2.1	各种机具设备安全要求进行定期检查，确保完好					
2.2	设有机械保护装置（如转动设备等）的设备，保护装置处于完好状态					
2.3	用电机具、设施接地完好					
2.4	配备与作业要求相匹配的劳动防护用品					
2.5	空气压缩机压力表、安全阀等在检验期内并处于完好状态，高压气管和软管固定连接可靠					
2.6	气瓶垂直放置，瓶体固定可靠；气瓶分类摆放并保持安全距离，防护措施到位，气瓶阻火器、压力表等安全附件完好，气管无老化破损，连接可靠					
3	脚手架					

检修施工现场HSSE日检表（续）

序号	检查内容	存在问题	检查人员	整改情况	验证人	备注
3.1	脚手架搭设人员是专业架子工，并持证上岗。搭设人员按要求着装，配备五点双大钩安全带					
3.2	编制脚手架搭设方案，进行安全技术交底并有记录					
3.3	按规范要求搭设脚手架，且有良好的整体稳固性					
3.4	搭设和拆除过程必须有专人监督，周边设置警戒区					
3.5	连墙件设置可靠，各节点扣件扭矩力符合要求					
3.6	通道、护栏、腰杆、踢脚板等符合要求					
3.7	作业面满铺跳板，无孔洞，跳板可靠固定且无探头板					
3.8	作业面临时放置的材料等在允许荷载范围内，严禁超载荷；放置必须稳固，无坠物风险					
3.9	脚手架搭设完成验收合格挂牌使用					
3.10	消防设施保持完好，灭火器和消防水桶按要求配置					
3.11	消防安全通道保持畅通					
3.12	用火作业前，清理周边易燃物，采取接火措施					
4	起重					
4.1	编制了吊装方案、进行交底并有记录					
4.2	起重设备操作人员、司索、指挥持有效证件					
4.3	起重机械证照齐全有效					
4.4	起重机械安全设施、附件完好					
4.5	机索具检查完好，钢丝绳无磨损，连接可靠，绳卡数量和间距满足要求					
4.6	吊装作业半径设置了警戒区，禁止无关人员入内					
4.7	吊装前进行评估，确保在额定起升载荷范围内进行起重作业，不得超载					

检修施工现场 HSSE 日检表（续）

序号	检查内容	存在问题	检查人员	整改情况	验证人	备注
4.8	吊车支腿符合要求					
4.9	吊物捆绑符合要求，使用溜绳					
4.10	吊装作业天气、环境、风力等符合要求					
5	焊接、气割					
5.1	设备接地完好					
5.2	焊把线无破损，连接器完好					
5.3	有专人监护，接火、防火措施到位					
5.4	可燃性气瓶与胶管连接完好，无漏气，气瓶有阻火器					
5.5	现场气瓶与明火源保持安全距离					
6	受限空间					
6.1	对所要进行作业的受限空间进行吹扫、蒸煮、置换，并分析合格。所有与受限空间相连接的管线、阀门应进行有效隔离，盲板处应挂标识牌，并经工艺技术人员签字确认					
6.2	出入口内外不得有障碍物，在受限空间入口处设置“危险！严禁入内”警告牌或采取其他封闭措施					
6.3	对有可能发生硫化亚铁自燃的设备、容器必须经充分的钝化脱臭处理，并在现场配置消防水带					
6.4	《进入受限空间作业许可证》实行一点一证					
6.5	进入受限空间作业实行“三不进入”原则，即：一、没有经批准有效的《进入受限空间作业许可证》不进入；二、安全措施未落实不进入；三、监护人不在场不进入					
6.6	作业现场配备必要的救护器具和灭火器材等					
6.7	进入受限空间作业应使用安全电压和安全行灯					
7	作业安全					
7.1	作业前进行班前安全教育和安全技术交底，作业人员清楚当天作业内容和安全风险及注意事项					

检修施工现场 HSSE 日检表（续）

序号	检查内容	存在问题	检查人员	整改情况	验证人	备注
7.2	特殊工种持证上岗					
7.3	佩戴合格安全帽，并根据作业任务佩戴专用眼部、面部、手部等防护用品，高处作业人员系挂安全带					
8	收工检查					
8.1	配电系统一级箱断电，关闭气瓶角阀，能量上锁					
8.2	现场火种检查清理完毕					
8.3	清理各作业面材料和杂物等，做到工完料净场地清					
8.4	落实夜间值班、巡检人员，职责到位，检查内容明确					

附　录　C
（资料性附录）
装置检修交回开工确认表

确认内容	施工单位确认	生产装置确认
装置开工人员及开车保镖人员配备落实		
技术、原辅材料、动力、备品备件等方面的准备		
队伍技术状态、开工方案学习落实情况		
现场规格化情况		
工艺和设备联锁仪表校验情况		
HSSE 措施落实情况		
盲板拆除清单、技术准备情况		
机、电、仪、公用工程、储运、质检等相关专业准备情况		
停工临设拆除、施工尾项整改情况等		

附 录 D

（资料性附录）

物资紧急需求计划审批表

<table>
<tr><td>记录编号</td><td colspan="2"></td><td>使用单位</td><td colspan="2"></td></tr>
<tr><td>序号</td><td>物料编码</td><td>物资名称及规格型号</td><td>数量及单位</td><td>大修及工程项目相关信息</td><td>紧急需求原因说明</td></tr>
<tr><td></td><td></td><td></td><td></td><td></td><td></td></tr>
<tr><td></td><td></td><td></td><td></td><td></td><td></td></tr>
<tr><td></td><td></td><td></td><td></td><td></td><td></td></tr>
<tr><td></td><td></td><td></td><td></td><td></td><td></td></tr>
<tr><td></td><td></td><td></td><td></td><td></td><td></td></tr>
<tr><td></td><td></td><td></td><td></td><td></td><td></td></tr>
<tr><td>需求单位经办人签字：

电话：

年 月 日</td><td>需求单位负责人签字：

（公章）

年 月 日</td><td colspan="2">业务主管单位领导签字：

年 月 日</td><td>公司分管领导签字：

年 月 日</td><td>物资采购部门登记签字：

年 月 日</td></tr>
</table>

附　录　E

（资料性附录）

隐蔽工程验收记录

<table>
<tr><td colspan="2">工程名称</td><td></td><td>建设单位</td><td></td></tr>
<tr><td colspan="2">施工单位</td><td></td><td>监理单位</td><td></td></tr>
<tr><td colspan="2">验收单位</td><td></td><td>验收单位</td><td></td></tr>
<tr><td>隐蔽
检查
内容</td><td colspan="4"></td></tr>
<tr><td>验收
意见</td><td colspan="4"></td></tr>
<tr><td rowspan="3">施工
单位</td><td>专业负责人</td><td></td><td rowspan="3">建设（监理）单位</td><td rowspan="3">监理工程师

（建设单位专业负责人）
年　　月　　日</td></tr>
<tr><td>专业技术员</td><td></td></tr>
<tr><td>质量检查员</td><td></td></tr>
</table>

附　录　F
（资料性附录）
设备检修验收记录表

设备名称　　　　　　　　　　　　　　　　　　　　　　验收编号：

验收项目	验收内容	验收结果
设备基础		
机械性能		
电气		
仪表		
安全装置		
验收结论		
验收人员（签字）		

验收日期：　　　年　　月　　日

附 录 G

（资料性附录）

设备开箱检验记录表

<table>
<tr><td colspan="6">设备开箱检验记录表</td></tr>
<tr><td>工程名称</td><td colspan="3"></td><td></td><td>编号：</td></tr>
<tr><td>设备名称</td><td colspan="3"></td><td>产品合同号</td><td></td></tr>
<tr><td>规格型号</td><td colspan="3"></td><td>出厂日期</td><td></td></tr>
<tr><td>装箱单号</td><td></td><td>检验数量</td><td></td><td>开箱日期</td><td></td></tr>
<tr><td colspan="5">检查内容及规范标准要求</td><td>检查结果</td></tr>
<tr><td>包装情况</td><td colspan="4">零部件应按类别及装箱单完好地装入箱内，并应垫平、卡紧、固定，精密加工、表面装饰的部件应防止相对移动。包装及密封应完好，规格应符合设计要求，附件、设备齐全，外观完好。设备、材料、零部件无损伤、锈蚀及其他异常情况</td><td></td></tr>
<tr><td>随机文件</td><td colspan="4">1. 文件目录；2. 装箱清单；3. 产品合格证；4. 有关图纸；5. 使用维护说明书；6. 电气原理图、接线图及其符号说明；7. 安装图；8. 安装（调试）说明书；9. 易损件目录</td><td></td></tr>
<tr><td>机械部件</td><td colspan="4">1. 产品名称、型号；2. 出厂编号；3. 标准编号；4. 质量等级标志；5. 厂名、商标；6. 出厂日期</td><td></td></tr>
<tr><td>电气部件</td><td colspan="4">电动机、控制柜等各种电气部件应装入防潮箱内，必须存放室内。控制柜标牌应标明：型号、规格、制造厂名称及其识别标志或商标</td><td></td></tr>
<tr><td>进口设备</td><td colspan="4">应有进口货物报关单、商检合格证书以及国标准化组织认证的产品证书、产品检验标准和有关资料。产品各部件的标志、标识、须知、说明等，均应该清晰、易懂、耐用，并使用中文说明等文件</td><td></td></tr>
<tr><td>处理意见</td><td colspan="4"></td><td></td></tr>
<tr><td>签字栏</td><td colspan="2">建设（监理）单位：
专业监理工程师：
年 月 日</td><td colspan="2">供应单位：
供货人：
年 月 日</td><td>安装施工单位：
验收人：
年 月 日</td></tr>
</table>

本表由安装施工单位填写，建设单位、监理单位、安装施工单位、供应商各保存一份。

附　录　H
（资料性附录）
分包审批表

<table>
<tr><td rowspan="2"></td><td colspan="4">建设工程施工专业分包审批表</td></tr>
<tr><td>记录编号</td><td></td><td>使用单位</td><td></td></tr>
<tr><td>项目名称</td><td colspan="2"></td><td>项目号</td><td></td></tr>
<tr><td>施工总承包人 / EPC 总承包人</td><td colspan="4"></td></tr>
<tr><td>合同编号</td><td colspan="4"></td></tr>
<tr><td rowspan="8">分包策划</td><td>分包工程主要内容及所属专业</td><td colspan="3"></td></tr>
<tr><td>工程数量</td><td colspan="3"></td></tr>
<tr><td>拟分包工程合同额</td><td colspan="3"></td></tr>
<tr><td>分包工程占全部工程</td><td colspan="3"></td></tr>
<tr><td>拟分包单位及资质等级</td><td colspan="3">单位名称：
资质等级：</td></tr>
<tr><td>拟分包单位管理人员情况</td><td colspan="3">项目经理：　　　　　　执业资格：
技术负责人：　　　　　职称：</td></tr>
<tr><td>拟分包单位在中国石化工程建设市场资源库中编号</td><td colspan="3"></td></tr>
<tr><td>申请单位意见</td><td colspan="4">日期　　　　　（章）</td></tr>
<tr><td>项目管理单位意见</td><td colspan="4">专业工程师：　　　　项目负责人：　　　　日期　　　　　（章）</td></tr>
<tr><td>建设单位意见</td><td colspan="4">项目经理：　　　　日期　　　　　（章）</td></tr>
</table>

附　录 I
（资料性附录）
装置停工检修改造工作总结模板

根据中国石化《设备检修管理制度》规定，在装置停工检修结束后各相关单位应组织编写装置停工检修工作总结。为此，就进一步做好装置停工检修工作总结提出要求如下：

封面：

名称：××××× 部 ××× 装置 ×××× 年 ×× 月停工检修工作总结

编写人：×××

审核人：×××

批准人：×××（运行部领导）

编写单位：中国石化 ××× 分公司 ××× 部

编写时间：×××× 年 ×× 月

正文：

（一）装置停工检修过程概述

装置开、停工、检修过程简述，本周期装置运行起止时间。

本周期装置运行中出现的主要问题。

本次停工检修、改造内容简述，检修项目计划数（包括补充、追加），检修计划完成情况，重点检修项目情况。

开停工、检修网络执行情况。

（二）主要检修内容技术总结

反应器部分

塔、容器部分

加热炉部分

冷换设备、空冷器部分

阀门部分

管道部分

压缩机部分

泵部分

特殊阀门部分

输送机械部分

压力容器检验（包括缺陷返修处理）

压力管道检验（包括缺陷返修处理）

安全阀检验

其他检修方面

技术分析中要有以下内容：上次运行周期出现的问题，本次检修检查情况及采取措施；上次检修遗留问题处理情况；本周期与上周期设备隐蔽检查情况对照；重复发生问题处理方案有效性；装置系统问题；典型案例。

（三）检修计划准确性分析

（四）检修施工队伍评述

（五）材料供应评述

（六）设计质量评价

（七）检修质量评价

（八）本次检修遗留问题及预案

（九）检修管理亮点、存在的不足和下次检修需注意的问题

（十）附表

表 1　设备增加情况表

序号	位号	名称	规格型号	制造厂	数量	备注

表 2　设备拆除情况表

序号	原位号	名称	规格型号	制造厂	数量	备注

表 3　管线拆除情况表

序号	原编号	名称	规格	长度 /m	备注

表 4　设备更换情况表

序号	位号	名称	规格型号		制造厂		数量	备注
			更换前	更换后	更换前	更换后		

表 5　冷换设备检修情况表

序号	位号	名称	规格型号	抽芯清洗	试压换垫	堵管根数	管束更换

表 6　阀门检修、更换情况表（*DN*50 和 *DN*50 以上）

序号	规格型号	公称直径	检修数量	更换数量

表7　压力容器检验情况表

序号	计划检验台数	增加变更台数	减少变更台数	实际完成台数	缺陷返修台数

表8　压力管道检验情况表

序号	检验计划		增加变更		减少变更		实际完成	
	条数	米数	条数	米数	条数	米数	条数	米数

表9　安全阀门检验情况表

序号	计划检验台数	增加变更台数	减少变更台数	实际完成台数

高密度聚乙烯（HDPE）装置维护检修规程

SHZ 03009—2019

目 次

前 言

本规程按照GB/T 1.1—2009《标准化工作导则 第1部分：标准的结构和编写》给出的规则起草。

本规程由中国石油化工集团有限公司、中国石油化工股份有限公司提出。

本规程起草单位：中国石化扬子石油化工有限公司。

本规程主要起草人：于水清、陈卫东、张德伟。

本规程2019年首次发布。

高密度聚乙烯（HDPE）装置维护检修规程

1 范围

1.1 规程范围

本规程规定了高密度聚乙烯（HDPE）装置及其主要设备、专用设备的检修周期、检修项目及质量要求、检修过程管理和日常维护的相关内容。

1.2 适用范围

本规程适用于高密度聚乙烯（HDPE）装置的检修维护管理

2 规范性引用文件

下列文件对于本文件的应用是必不可少的。凡是注日期的引用文件，仅所注日期的版本适用于本文件。凡是不注日期的引用文件，其最新版本（包括所有的修改单）适用于本文件。

2.1 法律法规

中华人民共和国安全生产法
中华人民共和国特种设备安全法
中华人民共和国环境保护法

2.2 标准与规范

TSG 21　固定式压力容器安全技术监察规程
TSG D0001　压力管道安全技术监察规程——工业管道
GB/T 151　热交换器
NB/T 47041—2014　塔式容器
GB/T 20801　压力管道规范 工业管道
GB 50235—2010　工业金属管道工程施工规范
GB 50517—2010　石油化工金属管道工程施工质量验收规范
GB 50275—2010　风机、压缩机、泵安装工程施工及验收规范

2.3 相关规定和文献

炼油企业检修管理指南（试行版）

石油化工施工安全技术规程
中国石化炼化装置设备检修管理规定
中国石化炼化企业设备完整性体系要求
中国石化炼化企业设备分级管理程序

3 术语与定义

下列术语和定义适用于本文件。

3.1 设备功能

设备功能指的是设备的生产效率和功能，衡量设备功能的指标随设备种类不同而异。

3.2 功能故障

设备、设施不能实现其设计功能时，称之为功能故障，定义为设备、设施不能满足期望的性能标准。一般指设备失去或降低其规定功能的事件或现象，表现为设备的某些零件失去原有的精度或性能，使设备不能正常运行、技术性能降低，致使设备中断生产或效率降低而影响生产。即产品不能执行规定功能的状态。预防性维修或其他计划性活动或缺乏外部资源的情况除外。故障通常是设备本身失效后的状态，但也可能在失效前就存在。

3.3 A 类设备

本规程中的 A 类设备是指按中国石化炼化企业设备分级管理程序的设备分级标准评定的关键设备，该类设备的功能故障极易引起装置停车。

3.4 B 类设备

本规程规定的 B 类设备是指该设备的功能故障虽然不引起装置的停车，但对装置的负荷、质量及可靠性具有重大影响的设备。

4 装置特征

高密度聚乙烯（HDPE）装置采用低压淤浆法专利技术，以乙烯为原料，丙烯或丁烯 -1 为共聚单体，氢气为链终止剂，采用超高活性主催化剂 PZ-Cat（或 BCH-Cat），以己烷作为溶剂。在一定温度和压力的条件下进行低压聚合。生产淤浆经分离干燥工序后，分成液相母液和固相湿饼。液相母液一部分返回到聚合釜重新使用，另一部分返回回收工序进行精制，成为合格己烷供聚合工序使用。固相湿饼经干燥机干燥后，送到粉末料仓，经水下混切粒，颗粒干燥后送包装出厂。装置方块流程图见图 1。

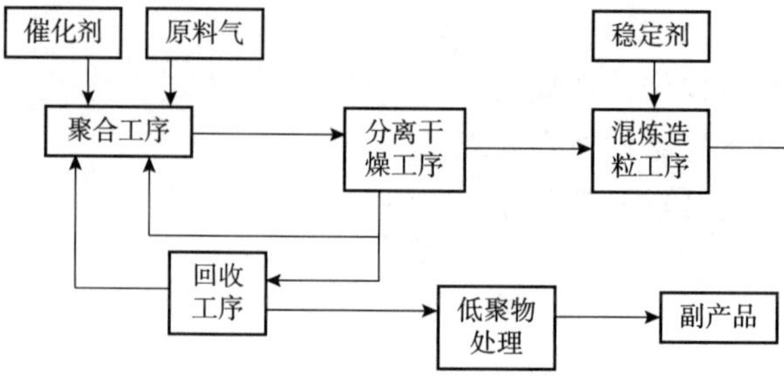

图 1　装置方块流程图

主催化剂于氮封状态下加入储罐，加入定量己烷并搅拌均匀，然后经计量罐输送到稀释罐，在稀释罐中加入定量己烷将其稀释。助催化剂 AT-Cat 于氮封状态下由计量罐压至稀释罐，加入定量己烷使之稀释。配置合格的主副催化剂根据需要分别由双隔膜泵输送到指定聚合釜。

将来自乙烯装置的高纯度乙烯和丙烯经减压并调整温度（或丁烯储罐来的丁烯-1）与减压后的氢气混合后送入聚合釜的循环气系统在 78～85℃及 0.2～0.7MPa 的温度压力条件下，借助催化剂的触发作用，在己烷溶剂中进行淤浆聚合。聚合热的撤除方式以溶剂己烷的蒸发潜热为主并敷以聚合釜夹套水的冷却，得到的聚合物依靠聚合釜本身的压力经过浆液稀释罐送往闪蒸罐进行闪蒸。溶解于溶剂中的少量乙烯及共聚单体在闪蒸罐中分离，并由压缩机升压后部分返回聚合釜。

聚合物的相对分子质量（即熔融指数 *MI*）系通过高速气相色谱对聚合釜中气相乙烯和氢气的组分进行快速自动测定，然后送微处理机进行 $H_2/C_{2=}$ 的计算，并将其结果作为聚合釜 H_2 加料量的给定值，从而实现工业色谱的闭路控制。

浆液外循环系统：自聚合釜底部手控阀引出浆液经浆液循环泵送至浆液外冷却器顶部，浆液得到撤热后由外冷却器底部流出经手控阀于聚合釜中部返回釜内。

来自聚合工段第二闪蒸罐的淤浆，由高速离心分离机分离成滤饼和母液，它在蒸汽回转窑干燥器中利用低压蒸汽列管加热，蒸发的己烷蒸汽由干燥的循环热氮气连续带出，这样湿饼被干燥成湿含量较小的粉料，粉料由氮气气动输送到造粒工序。夹带己烷和少量粉末的循环气由干燥器前端排出进入洗涤塔，经己烷洗涤、冷却、回收气体中的己烷后循环使用。母液一部分循环到聚合釜，其余送往溶剂回收工序处理。

来自聚乙烯粉料储罐粉料经自动计量加料器计量后进入混炼机，固体稳定剂也经计量秤计量后进入混炼机。水稳定剂通过水稳定剂泵打入混炼机。上述物料在混炼机中熔融混炼后进入造粒机经螺杆升压后由滤网、模板挤出进行水下切粒，再经干燥、筛分后，由空气动力送往颗粒料仓。在料仓中进行一定时间的掺合均化后，得到品质均一的产品送往包装。

来自分离干燥工序的母液，进入己烷汽提塔，由塔釜采出低聚物。塔顶蒸出的己烷经己烷脱水塔除去其中少量的水和共聚单体等得到精己烷。精己烷通过分子筛干燥器进一步脱除其中的微量水分后，供催化剂配制、聚合以及分离干燥工序使用。

5 检修周期及内容

5.1 主要设备

主要设备见表 1。

表 1 主要设备

名称	设备种类		主要设备种类	通用、专用设备检修规程代码
动设备	压缩机	活塞式压缩机	闪蒸汽压缩机	SHS 01020
	泵	离心泵	淤浆泵、母液泵	SHS 01013
		高速离心泵	母液泵	SHS 01035
		往复泵	催化剂泵	SHS 01015
		齿轮泵	熔融泵、润滑油泵	SHS 01017
	风机	离心式风机	干燥气风机	SHS 01023
		罗茨风机	粉料输送风机、颗粒输送风机	SHS 01024
	离心干燥机		颗粒旋转干燥机	SHS 03029
	滚筒干燥机		回转滚筒干燥机	SHS 03030
	挤压造粒机组		挤压造粒机组	SHS 03034
静设备	塔	板式塔	粗馏塔、精馏塔	SHS 01007
	反应釜		带搅拌的反应釜	SHS 03020
	换热器	管壳式换热器		SHS 01009
	压力容器			SHS 01004
	常压储罐			SHS 01012
	压力管道			SHS 01005
	阀门			SHS 01030
仪表设备	检测仪表		可燃气体报警仪、已烷气报警仪流量计、液位计、变送器等	SHS 07002
	电动单元组合仪表		变送器等	SHS 07003
	控制阀		气动控制阀、电动执行机构、蒸汽减温器等	SHS 07004
	执行器			SHS 07005
	在线分析仪表		可燃气体报警器、有毒气体报警器、COD 等	SHS 07006
	特殊仪表	振动、位移监测仪表	压缩机、挤压造粒机在线监测仪表等	SHS 07007
	过程控制系统	集散控制系统（DCS）	集散控制系统（DCS）/ 监控和数据采集系统（SCADA）、PLC、	SHS 07008

表 1　主要设备（续）

<table>
<tr><th>名称</th><th colspan="2">设备种类</th><th>主要设备种类</th><th>通用、专用设备检修规程代码</th></tr>
<tr><td rowspan="3">仪表设备</td><td>系统维护</td><td>防爆仪表及其系统、仪表供电系统、仪表供气系统、仪表系统联校</td><td>UPS</td><td>SHS 07009</td></tr>
<tr><td>安全仪表系统</td><td>SIS、安全仪表系统</td><td>安全联锁系统 / 紧急停车系统</td><td>SHS 07010</td></tr>
<tr><td>SCADA 系统</td><td>监控和数据采集系统（SCADA）</td><td></td><td>SHS 07011</td></tr>
<tr><td>电气设备</td><td colspan="2">电动机、照明、UPS 电源、电动阀等</td><td>SHS 06010
SHS 06006</td><td>SHS 06010
SHS 06006</td></tr>
</table>

5.1.1　主要设备介绍

反应釜：原料气乙烯、共聚单体丙烯或丁烯、氢气与聚合釜顶循环气混合进入釜底鼓泡并在搅拌的作用下均匀分散于溶剂已烷中与导入的催化剂接触，在催化剂的引发下产生聚合反应。

离心机：聚合工序送来的浆液进入离心机中，在离心力作用下，密度较大的 HDPE 粉末沉降于外转鼓内壁，与含有低聚物的母液分层，母液由溢流堰流出，内外转鼓存在的差速作用于内转鼓外侧的刮板将粉末湿饼连续输出至干燥机。

干燥机：干燥机为蒸汽管加热廻转式干燥机。壳体为稍作倾斜而转动的长滚筒，壳体内壁圆周均布蒸汽管，物料中的稀释剂在热辐射作用下汽化，由氮气带走除去，得到干燥后的聚乙烯粉料。

混炼挤压造粒机组：来自分离工序的粉末在加入规定比例的固、液稳定剂后进入混炼机，在造粒机组的混炼段，HDPE 粉料在混炼机螺杆的强制剪切及捏合作用下吸收能量，粉料逐步熔融并经过挤压机输送至模板，在水下进行切粒。

5.2　检修周期

高密度聚乙烯（HDPE）装置检修应根据实际运行情况和特种设备检验周期进行定期停工检修，检修周期一般按 36～60 个月确定。

5.2.1　高密度聚乙烯装置停工检修

一般考虑装置改造、隐患缺陷处理、管线堵塞、特种设备检验周期、法律法规等因素，主要围绕强化设备本质安全、优化装置运行指标、根据市场变化提升盈利能力这一目标来确定检修周期，一般为 4～5 年。

5.2.2 有备用设备或日常设备

根据设备完整性管理和可靠性管理要求（RCM）确定设备检修，有备用的设备可以进行故障检修（特殊情况除外）。

5.3 检修内容

5.3.1 检修内容编制原则

5.3.1.1 装置长周期运行原则。

5.3.1.2 应修必修不失修，修必修好不过修原则。

5.3.1.3 三结合原则：大修装置与技术改造相结合、与安全环保隐患治理相结合、与产品质量升级达标相结合。

5.3.2 确定检修内容的依据

5.3.2.1 按法律法规要求的特种设备定期检验。

5.3.2.2 不符合国家安全与环境保护、节能要求的设备改造和更新。

5.3.2.3 对本次检修或下次检修之前已到法定检验时间的计量设施。

5.3.2.4 设备状况：

1）静设备：己烷塔、反应釜、母液管线、母液罐等设备内部因内构件损坏、结块、氯离子腐蚀等原因造成运行状况恶化、性能降低等；

2）转动设备：混炼机轴承、齿轮疲劳磨损等原因造成运行状况恶化、性能降低等；

3）电气设备：电机轴承磨损、电子元件老化等原因造成运行状况恶化、性能降低等；

4）仪表设备：部件老化等原因造成运行状况恶化、性能降低等。

5.3.2.5 根据风险评估需要进行的改善项目。

5.3.2.6 钢结构平台、设备基础、房屋等建构筑物老化、锈蚀等必须在停工检修期间内维修的项目。

5.3.2.7 安全防护设施失效或根据危险化学品管理规定进行的维护或改进。

5.3.2.8 根据预防性策略对隐蔽设备、控制系统等结合大修期的检查。

5.3.3 检修具体内容

停车大修是对高压聚乙烯联合装置安全环保、长周期运行及经济效益有重大影响的设备、管线、电气仪表系统、土建及基础设施等在运行周期内将要发生的功能故障进行全面检修。其他检修是除大修外对装置局部或设备本体有经济运行影响的功能故障而进行的检修。

装置主要设备检修内容见表 2。

表 2　主要设备检修内容

序号	设备名称	设备功能	功能故障	检修内容	类别
1	聚合釜	搅拌混合物料并提供反应空间，带走反应热量	1. 搅拌振动大、声音异常； 2. 机械密封泄漏； 3. 轴承温度异常； 4. 搅拌轴停转	1. 检修或更换搅拌减速机； 2. 更换机械密封； 3. 更换减速机和输入轴联轴节或重新找正； 4. 更换搅拌轴承，检查电机是否跳停，检查搅拌输入轴是否脱落	B
2	釜顶换热器	冷凝反应产生的己烷气	列管堵塞，影响换热效果	列管清洗，设备缺陷维修。具体检修内容见《通用设备维护检修规程》	B
3	闪蒸气压缩机	分离闪蒸气中的少量乙烯和共聚单体，并压缩送回聚合釜	1. 机身振动大； 2. 排气温度高； 3. 机械密封泄漏； 4. 曲轴箱压力高	1. 电机大修，检查底座有无松动、开裂，联轴节重新找正； 2. 更换气阀，清理检查入口过滤器； 3. 更换机械密封，更换刮油环、填料环； 4. 适当开启排放阀，确保机身压力低于吸入口压力	B
4	离心机	分离聚合和母液	1. 机身振动大； 2. 剪切销扭矩高； 3. 干气密封泄漏； 4. 皮带松动	1. 检查差速器与外转鼓连接螺栓是否松动。检查差速器的油量。测量差速器径向跳动，必要时予以调整； 2. 检查更换安全销或校验调整扭矩限制器内转鼓轴瓦、油封和止推轴承处加润滑脂。检查差速器漏油及花键的润滑情况，必要时更换减速器。检查主轴承磨损情况，调整主轴承挡油环和油喷嘴，消除漏油； 3. 检查、修理干气密封和乙烷冲洗管线、以及进料管 N_2 冲洗管线。测量离心机主轴承、差速器尾轴、主动皮带轮轴箱，进料管和机座的振幅。测量转子轴向窜动量； 4. 检查并调整主机三角皮带的松紧度。检查润滑油管路和接头，清洗油过滤器	B
5	干燥机	利用循环热氮气将湿饼干燥成粉末	1. 物料泄漏； 2. 蒸汽列管开裂； 3. 减速机失效； 4. 链条断裂	1. 检查更换进、排料端大密封填料，检查螺旋推进器，更换易损件； 2. 检查损坏的振动敲击锤，处理泄漏，检查蒸汽列管，紧固螺栓；	B

表 2　主要设备检修内容（续）

序号	设备名称	设备功能	功能故障	检修内容	类别
5	干燥机	利用循环热氮气将湿饼干燥成粉末	1. 物料泄漏； 2. 蒸汽列管开裂； 3. 减速机失效； 4. 链条断裂	3. 检查清洗润滑油系统。检查进排料侧大密封腔间隙并调整。查找蒸汽列管和排气弯管的泄漏点，注意泄漏和腐蚀量； 4. 检查滚筒内部腐蚀情况，检查大小驱动齿轮啮合间隙。检查轮毂、拖轮、挡轮轴承、更换润滑脂； 5. 解体检修螺旋进料器减速机。解体检修主副减速机，更换或修理填料密封腔，更换螺旋主轴； 6. 更换链条	B
6	挤压造粒机组	PE 粉料在混炼机中熔融混炼后进入造粒机经螺杆升压后由滤网、模板挤出进行水下切粒	1. 电机轴承温度高； 2. 轴承箱温度高，振动大，齿轮卡停； 3. 螺杆开裂； 4. 筒体漏水、漏料； 5. 熔融泵转子磨损； 6. 熔融泵减速机失效； 7. 爆破膜破裂； 8. 切粒不佳； 9. 切刀缠料； 10. 切刀进退缓慢或行程不足、进刀时抖动或卡住； 11. 切刀盘装拆卡涩； 12. 切刀盘不能安装到位； 13. 切粒机皮带、轴承早期损坏； 14. 切刀磨损太快； 15. 切刀缠料	1. 检查电机轴承； 2. 更换轴承、齿轮； 3. 更换螺杆； 4. 更换筒体； 5. 更换熔融泵转子； 6. 检查更换熔融泵轴承、齿轮； 7. 更换爆破膜，减小槽隙，提高混炼度； 8. 更换切刀、模板； 9. 停机清理并正确操作； 10. 换刀更换切粒机； 11. 修理研磨； 12. 清除碎屑； 13. 更换轴承、调整皮带，检修切粒机加强管润滑管理； 14. 修理或更换新刀，加强质量管理； 15. 进水或进刀太晚，切刀未贴模板面或间隙太大，停机清理并正确操作	A

6　装置检修管理

6.1　装置检修前准备工作

6.1.1　装置检修前，参检单位要做好检修作业指导书、施工方案、检修图纸、现场施工平面布置图等各类资料的准备及审核，相关检修资料最终经业主方审批确认后方可实施。

6.1.2　进入检修现场的各类施工机具、器具，必须是合格的、适用的，必须有检定合格证和标记，并在有效期内使用，严禁使用未经校验的机具。进场前，所有自检合格并贴有自检合格证的施工机具，要列出汇总清单上交给业主方，并经业主方检验后方可使用。

6.1.3　进入现场的检修耗材、配件等，必须附有质量证明文件，并在指定的地点规范存放。在安装、使用各类检修材料前，应对材料的外观质量进行检查确认，参检单位要做到领用材料检验有见证、验收有记录。

6.1.4　参检单位的所有施工人员，必须具备相应的作业资质，经过对应的能力验证。检修前须做好检修方案、技能方面的培训和反向交底，熟悉检修项目的特点，严格按检修方案进行施工。同时，施工人员必须进行业主方相关专业条线的教育培训，对无相应作业资质、未经教育培训或考核不合格的人员，一律不得上岗作业。业主及作业人员在检修前均应对涉苯、氯气、氢气的设备管道清洁交出方案、应急预案进行学习和考核，了解异常处置流程并进行演练。

6.2　工艺交出检修条件

6.2.1　停开工准备及要求

在装置交付检修前，由生产管理部和安全环保部门组织相关单位召开安全验收会，检查确认设备容器人孔拆卸、盲板加装、容器内采样分析、停电、下水井封堵等工作，经相关部门签字确认后，由装置开具用火、用电、进入受限空间等相关票证，进入检修状态。工艺交出要具备以下条件：

1）装置所有盲板按照盲板图、表安装、编号、挂牌并经工艺员、设备员、安全员已签名确认；

2）PID 图上所有系统、管线得到置换处理并做好标识；

3）系统内设备、管线按规定进行吹扫和置换，取样分析合格；

4）下水井取样分析合格，存油清理干净，排水畅通，水封完好；

5）下水井和漏斗口用石棉布盖好，并用沙土封严；

6）系统内设备人孔打开前的确认；打开的设备人孔处挂上“未经许可，禁止入内”警示牌；

7）制定停工安全、环保措施和工作危害分析记录表（JHA）；

8）装置内分析不合格点挂标识，储存物料区标识、硬隔离；

9）制定检修中防硫化亚铁自燃方案；

10）指定具有监护人资格的人员负责动火、进设备等作业的监护。

6.2.2　装置单元交出检修特殊要求

原则上不允许大修中有易燃易爆或挥发性介质存料，不得不储存物料的设备必须落实隔离、氮封等措施并制定应急预案。

6.3　检修过程安全环保管理总体要求

6.3.1　风险、提醒、告知

1）装置检修的安全管理，坚持“安全第一、预防为主、综合治理”的方针和“谁主管，谁负责”“谁签发，谁负责”的原则，坚持以人为本、落实责任、强化监管，按属地化管理原则。大修要求外聘第三方HSSE监管。规模深度不高，且无风险分部分项工程时，可根据需要由企业自行决定是否外聘第三方HSSE监管。第三方HSSE监管纳入到HSSE管理体系。

2）各级指挥部的安全环保消防组应按指挥部管理体系要求承担相应的管理责任。

3）承包商应建立健全安全管理体系和班组管理制度，分包商的安全管理工作由总承包商负总责。

4）安全监督管理部门对检修过程的安全管理工作进行监督检查，指挥部的安全环保消防组负责施工过程安全检查管理。运行部负责所在区域的施工项目配合和现场安全监督检查。

5）作业过程中要严格遵守中国石化、公司安全生产禁令，遵守中国石化及各企业相关的HSSE规章制度，杜绝负面行为和违反直接作业环节十条措施的行为在生产、检修区域发生。重点对车辆租赁、脚手架、受限空间等特殊作业内容进行风险分析和作业安全提醒。

6.3.2 环保管理总体要求

装置停工检修改造环保管理总体要求是：密闭吹扫，有序排放，清洁停工，安全处置，达标排放。为做好停工和检修期间的环保工作，停工装置要落实密闭吹扫方案，对排放污水、吹扫尾气放空、工业废物处置应进行预申报，排放时必须做到先检测后排放，主管部门根据监测结果确定处理方式。对于化学清洗等产生的废水，项目管理部门在与清洗单位签订合同前要明确废水处理相关责任及要求。

1）严格执行“三废”排放申报制，填报异常排放申报表。

2）装置检修产生的保温垃圾、含油废弃物等进行分类。

3）换热器管束外送清洗场地集中清洗，污水、清洗残渣集中处理。

4）仪表检修拆卸排空残液不能落地，要集中处理。

5）清罐、清理设备过程中保持现场干净，要防止冲击含油污水系统和污染清净下水系统；清出的杂物、油泥要先装袋、装桶，置于围堰集中堆放，严禁用水冲入下水系统。含油废弃物办理厂内转移手续，送至厂内指定临时贮存点。

6）装置停工检修期间，清净下水采用沙包封堵，装置内所有排放水排至含油污水池。

7）检修期间破损围堰应及时修复，防止污染事故发生。

6.4 质量管理

6.4.1 质量管理总体要求

1）总体要求：成立检修质量管理组织机构，明确管理职责，建立质量管理程序文件。

2）对承包商资质、人员、机具等进行审查。

3）通过组织设计审查，确保设计质量。

4）物资采购管理部门组织对采购物资进行入库检验并对重点物资进行监造。

5）通过组织审查重要设备的吊装、检修、施工方案，确保装置检修质量受控。

6）在施工过程中，严格按照施工方案或设备检修质量工序卡中质控点和停止点的要求进行。

7）过程质量验收。组织对检验检测的质量进行抽查。

8）隐蔽工程施工的中间工序必须按施工顺序逐项验收合格后方可进入下道施工工序。

6.4.2 六确保一文明

确保质量、安全、环保、进度、费用、一次开车成功，做到文明施工。

6.5 变更管理

6.5.1 检修过程要加强变更管理，建立健全变更管理制度和工作流程，采取措施减少变更数量。没有经过各级部门同意的变更不允许在检修中执行。

6.5.2 项目变更控制主要内容

1）对于试用产品、设备备件结构形式改变、材质升级要充分识别，要有专门技术论证审批过程，审批时要加强相关专业沟通确认。

2）所有变更应事前发起，只有当变更得到批准后，才可组织实施。项目变更由变更提出单位发起申请并填写“变更申请单”，按照各企业相关制度规定的权限办理审批手续。

3）对于因材料找价差导致的超费用计划（或工单预算），需要补办变更手续。

4）对于不涉及费用计划的变更，如项目名称、版本号、承包商、施工方案、施工进度等也需办理相应的变更手续。

5）对于结算费用高于非包干合同标的按各企业管理制度执行变更。

6）投资类项目的变更参照各企业“固定资产投资过程控制管理规定”执行。

7）通过检修对原变更状态进行恢复的，需要对原变更进行维护闭环（如消除带压堵漏夹具使其恢复原设计状态）。

6.6 装置检修交回条件

装置检修交回确认主要内容：

1）装置开工人员及开车保镖人员配备落实。

2）技术、原辅材料、动力、备品备件等方面的准备。

3）队伍技术状态、开工方案学习落实情况。

4）现场规格化情况。

5）工艺和设备联锁仪表校验情况。

6）HSSE 措施落实情况。

7）盲板拆除清单、技术准备情况。

8）机、电、仪、公用工程、储运、质检等相关专业准备情况。

9）停工临设拆除、施工尾项整改情况等。

6.7 检修后期管理

6.7.1 资料交付

承包商应在检修项目结束后30天内将竣工资料完整地交给使用单位，竣工资料交付参考SH/T 3503—2017。

6.7.2 检修总结

装置检修结束后，要对检修改造工作进行总结，对好的做法进行总结、提炼，固化这些经验，指导今后检修改造工作；对检修改造中存在的问题，分析原因，完善措施，不断提高管理水平。

7 装置日常维护与故障处理

7.1 动设备

7.1.1 机泵量化巡检

1）大型机组按五位一体检查要求执行，重要机泵设备（电动机）按PMS分级巡检要求执行，一般机泵设备（电动机）运保单位和设备专业人员每周测振测温。

2）巡检人员包括设备管理人员、岗位操作人员、设备运保人员，“管、操、修”人员均按巡检路线图巡检。

3）转动设备的运行数据，应用数采仪按时上传至PMS。操作人员对设备运行状况和泄漏情况，每天记录在巡检记录簿中。

7.1.2 关键机组特护

1）由生产装置设备、电气、仪表、机修、工艺等专业技术管理人员联合组成关键机组特级维护小组，由生产装置主管领导任组长，开展关键机组特级维护工作。

2）关键机组特护小组负责机组（包括各辅助系统）特护巡检，做到每天巡检一次（若关键机组无异常或隐患缺陷，非工作日可不进行特护巡检），要具体规定机、电、仪、管、操各方人员的巡检范围、内容和应达到的维护要求，量化巡检内容，落实巡检工作责任。机械、电气、仪表维修人员应按各自专业管理要求，对机械设备、电气设备、控制仪表、联锁保护设施进行日常维护保养工作，不断提高设备完好率、仪表控制率和联锁投用率。

3）关键机组特护小组每周进行联合检查，每月进行一次小组专题活动，对关键机组运行状态进行分析评估，对存在的问题提出整改意见，确保大型机组安全运行。

4）每月编制关键机组运行月报。若机组运行出现异常，应立即逐级上报并召开专题会议，分析原因和研究确定应采取的措施。

5）积极采用先进的监测技术，搞好关键机组状态监测和故障诊断工作，定期对关键机组运行状况数据进行分析评估，至少每月进行一次全面的状态监测和分析工作，提高关键机组运行状态预知管理水平。

6）关键机组在用润滑油每月分析一次，分析内容包括黏度、酸值、水分等，根据分析结果的变化情况，增加分析指标，并进行原因分析。提倡应用铁谱分析、光谱分析等先进技术，及时检测设备磨损等状况。全面管理好润滑油、密封油、控制油及相关设备。

7）加强关键机组辅助系统（特别是油系统）的操作、巡检及管理，油系统主辅油泵切换操作应视为重大作业，尽可能在常日班时间内完成，且至少有两名操作人员，设备管理人员须在作业时间内在场。

7.2 静设备

1）按 TSG 21—2016《固定式压力容器安全技术监察规程》要求，对塔罐定期进行年度检查。

2）编制塔罐年度检查计划，检查计划按周或月分配，由设备、工艺、仪表专业联合检查。

3）检查后编制年度检查报告，对检查出的问题安排计划整改。

7.3 仪表设备

1）定期对主要沉筒液位计进行拆装清洗、校验调试，接线端子检查紧固，完整性检查。

2）定期对主要液位开关进行拆装清洗、校验调试，接线端子检查紧固，完整性检查。

3）定期对机组密封气压差、油气压差表导压管进行排放，观察气中带液情况、气液两相的清洁度，并进行变送器零位确认。

4）定期对机组位移振动探头电阻、电势检查、绝缘检查，接线盒接线端子检查，探头防油密封检查。

5）定期对机组返回阀减压阀进行完整性检查，过滤器吹扫排放；对调节阀附件进行完整性检查，对气源、止回阀、信号放大器检查，对定位器气路进行吹扫；调节阀 0%～10%按 1%逐级开大，确认阀开度是否准确。

6）定期对仪表风管道末端进行排放检查。

7.4 电气设备

1）电动机量化巡检应实行“管、操、修”分级管理，层层把关。“管”即电气岗位专业管理人员，“操”即设备操作人员，“修”即设备运保维护人员。

2）电气岗位专业管理人员：定期检查高压电动机运行状况、巡检记录情况、状态检测工作开展情况、高压电动机接线盒完好情况；及时处理巡检中发现的异常情况，落实闭环管理。

3）设备操作人员：在用一般机泵电机进行振动、温度检测，记录检测数据；在用高危泵和主要机泵电机进行振动、温度检测，记录检测数据；定期检查电机润滑油油位，记录油位异常情况，当发现油位低时，必须通知补油，在非正常情况下进行补油并记录补油量。采用听、看、摸方式检查电机运行状况。

4）运保维护人员：检查电动机的声音、温度、振动、绝缘等情况是否异常，备用设备是否处于完好状态，做好巡检记录，发现问题及时汇报；根据电动机润滑计划进行电动机润滑工作，并做好记录；开展备用高压电机绝缘测量和电机接线盒检查，并做好记录；开展高压电动机状态检测工作；关键机组的巡检工作，并做好巡检记录，对带缺陷运行的电动机进行特殊巡检，并做好记录和汇报工作。

7.5 LDAR 检测与消漏

7.5.1 根据 PFD、PID 等相关资料建立装置 LDAR 监测台账。

7.5.2 按压缩机、泵、搅拌器、阀、采样口、释压阀、开口管线每三个月一次，法兰、接头、其他半年一次编制乙烯装置 LDAR 检测计划。

7.5.3 根据 LDAR 检测计划定期开展装置现场 LDAR 检测工作。

7.5.4 针对泵、压缩机、搅拌器三种密封类型检测值≥ 2000μmol/mol，阀、法兰、泄压设备、释压阀、开口管线、连接件、其他密封类型的检测值≥ 500μmol/mol 的 LDAR 超标泄漏点及时组织修复，修复后及时组织复测。

7.5.5 及时对 LDAR 管理信息系统做好维护工作。

7.6 常见故障与处理方法

7.6.1 搅拌反应釜的常见故障及处理方法见表 3。

表 3 搅拌反应釜常见故障及处理方法

序号	故障现象	故障原因	处理方法
1	搅拌轴停止转动	1. 电机故障； 2. 联轴节蛇簧断裂，电机与减速机脱开	1. 修理或更换电机； 2. 更换新的联轴节及蛇簧

表 3　搅拌反应釜常见故障及处理方法（续）

序号	故障现象	故障原因	处理方法
2	轴封泄漏	1. 机械密封：动、静环端面变形或碰伤； 2. 密封圈失效或装反； 3. 弹簧比压小； 4. 硬颗粒进入摩擦副； 5. 轴窜量超标； 6. 密封油流量低； 7. 油封泄漏	1. 研磨或更换新件； 2. 更换或正确安装； 3. 调整比压； 4. 修复； 5. 重新调整紧固； 6. 清密封油过滤网； 7. 更换油封
3	釜内发生异常响声	1. 搅拌轴碰釜内壁划附件； 2. 搅拌轴松动； 3. 搅拌轴弯曲及轴承损坏； 4. 物料结块	1. 停车检查修理； 2. 停车修理紧固； 3. 修理或换轴，更换轴承； 4. 停车清理
4	轴承温度过高	1. 润滑油不足或过多； 2. 油质不适合或不清洁； 3. 油冷却器水量不够，或管线堵塞； 4. 轴承损坏	1. 调整油量； 2. 更换； 3. 调整水量，清理油冷却器； 4. 更换
5	联轴器响声大	1. 螺栓松动； 2. 联轴节找正不好	1. 紧固； 2. 重新找正
6	搅拌轴晃动	1. 搅拌轴不直度过大； 2. 轴承间隙过大	1. 校直或换轴； 2. 更换轴承
7	电机过载	1. 轴承等传动件损坏； 2. 釜内温度低，物料黏度偏高或物料面偏高	1. 更换轴承； 2. 调整操作条件

7.6.2　闪蒸汽压缩机及尾气压缩机的常见故障及处理方法见表 4。

表 4　闪蒸汽压缩机及尾气压缩机常见故障及处理方法

序号	故障现象	故障原因	处理方法
1	轴承温度高	1. 轴瓦与轴颈接触不均匀，或接触面积小、单位面积上的比压大； 2. 轴承间隙过小； 3. 轴颈圆柱度和轴直线度偏差过大； 4. 润滑油供应量不足或中断； 5. 油变质； 6. 进油温度高	1. 用涂色法挂研轴瓦，改善单位面积上的比压； 2. 调整轴承间隙； 3. 校直轴； 4. 检查润滑油泵、管线和油过滤器； 5. 更换润滑油； 6. 调节油冷器进水量
2	气缸温度高	1. 冷却水供给不足； 2. 冷却水管堵塞； 3. 缺少润滑油	1. 适当加大冷却水供给量； 2. 检查疏通冷却水管； 3. 检查注油泵及管线

表4　闪蒸汽压缩机及尾气压缩机常见故障及处理方法（续）

序号	故障现象	故障原因	处理方法
3	填料函发热	1. 活塞杆和填料配合间隙不合适； 2. 活塞杆与填料函安装时产生偏斜； 3. 冷却水管供应不足或水管堵塞； 4. 填料函润滑油污垢或供油不足	1. 适当调整间隙； 2. 重新装配； 3. 加大供水量或疏通供水管线； 4. 更换润滑油或调整供油量
4	排气温度高	1. 排气阀泄漏； 2. 入口过滤器堵塞； 3. 吸入气体温度超过规定值； 4. 气缸冷却效果差； 5. 吸气阀泄漏	1. 拆检并清理排气阀； 2. 拆检并清理入口过滤器； 3. 检查工艺流程； 4. 检查冷却水系统； 5. 拆检并清理气阀
5	气缸内和运动部件有异响	1. 阀片断裂或弹簧断裂； 2. 阀体压筒破裂或松动； 3. 气缸余隙容积太小； 4. 气缸中积聚液体； 5. 气缸中有异物； 6. 缸套松动或断裂； 7. 活塞或活塞环严重磨损； 8. 活塞紧固螺母松动或活塞杆断裂； 9. 连杆螺栓、轴承压盖螺栓、十字头螺母松动或断裂； 10. 主轴承、连杆大小头轴承、十字头滑道间隙过大； 11. 十字头滑板螺栓松动或断裂； 12. 十字头滑板断裂； 13. 各轴承紧力太小或无紧力； 14. 曲轴与联轴节配合松弛	1. 检查更换阀片或弹簧； 2. 重新压紧或更换压筒； 3. 调整余隙容积； 4. 检查积积液并查找原因； 5. 检查处理； 6. 检查更换缸套； 7. 检查修理或更换； 8. 重新紧固螺母或更换活塞杆； 9. 检查紧固或更换； 10. 检查并调整间隙； 11. 检查紧固或更换； 12. 检查更换滑板； 13. 调整轴承紧力； 14. 检查处理
6	管路发生不正常的振动	1. 管卡太松或断裂； 2. 支撑刚性不够； 3. 管架或吊架不牢； 4. 管路系统产生气柱共振或管路机械共振	1. 紧固或更换管卡； 2. 加固支撑； 3. 加固管架或吊架； 4. 重新配置管路系统
7	油泵出口压力低或无压力	1. 吸入口管法兰或接头漏，吸入空气； 2. 油泵壳体或轴封有泄漏； 3. 吸入阀有故障或油管堵塞； 4. 油箱内油位太低； 5. 过滤器堵塞； 6. 油泵驱动机转速下降； 7. 安全阀故障	1. 查堵漏点； 2. 检查并消除漏点； 3. 检查并疏通油管； 4. 添加润滑油； 5. 清洗过滤器； 6. 检查原因并恢复至正常转速； 7. 重新调校安全阀
8	油温升高	1. 油冷器供水不足； 2. 油冷器结垢； 3. 润滑油变质	1. 加大油冷器供水量； 2. 检查清洗油冷器； 3. 更换润滑油

表 4　闪蒸汽压缩机及尾气压缩机常见故障及处理方法（续）

序号	故障现象	故障原因	处理方法
9	压缩机排气压力低	1. 活塞环漏气； 2. 气阀漏气	1. 检查更换活塞环； 2. 检查更换阀片
10	排气量达不到设定要求	1. 气阀泄漏； 2. 活塞环严重磨损或断裂； 3. 填料漏气； 4. 卸荷阀故障； 5. 气缸余隙容积过大	1. 检查更换气阀； 2. 检查更换活塞环； 3. 检查更换填料； 4. 检查处理卸荷装置； 5. 调整气缸余隙

7.6.3　高速泵的常见故障及处理方法

表 5　高速泵常见故障及处理方法

序号	故障现象	故障原因	处理方法
1	启动后无流量、无压力	1. 泵内没有完全充满液体； 2. 吸入管阻力大； 3. 蜗壳出口堵塞；	1. 排放泵内空气。泵送介质为低温液体则延长冷却时间，如进气压力低于大气压则检查吸入口管路是否漏气； 2. 改进吸入管路，减少阻力； 3. 清理蜗壳内异物
2	泵振动不正常	1. 流量过小或过大，发生汽蚀； 2. 地脚螺栓或联轴器螺栓松动； 3. 联轴器； 4. 介质中有空气； 5. 安装不正确； 6. 转子不平衡； 7. 机械原因，轴弯曲	1. 调节出入口阀，使其达到规定值或选用新泵； 2. 上紧螺栓； 3. 检查对中并处理； 4. 放气并检查入口是否进气并上紧螺栓； 5. 机座不平，适当在近泵处设置支撑； 6. 重新调校平衡或更换； 7. 拆泵、更换引起振动的零件
3	流量不足或扬程偏低	1. 装置总扬程超过规定值； 2. 旁通阀未关死等； 3. 转速不足或反转； 4. 泵喷嘴堵塞	1. 降低管路阻力； 2. 旁路管故障； 3. 查明不足原因，纠正转向； 4. 拆开检查并消除
4	高速齿轮箱润滑油变色	泵输送介质或冷却水进入齿轮箱	检查冷却器是否泄漏，检查机械密封泄漏量，检查轴套内 O 形密封圈并消除原因
5	齿轮箱油位明显下降	1. 低速轴油封泄漏 2. 齿轮箱机械密封泄漏 3. 油管路泄漏	1. 更换油封或低速轴； 2. 检修或更换机械密封； 3. 排除管路泄漏
6	泵机械密封泄漏严重	1. 严重汽化现象，入口管线设计不合理，引起密封面振动或跳动； 2. 密封件被冰冻； 3. 密封面磨损或损伤	1. 消除汽化，改进吸入口管路或改装端面机械密封； 2. 将甲醇、乙醇等液体注入腔内，防止冰冻； 3. 调换机械密封

表 5　高速泵常见故障及处理方法（续）

序号	故障现象	故障原因	处理方法
7	噪声	1. 汽蚀； 2. 部件松动； 3. 电机噪声	1. 泵刚运行时，检查入口温度是否过高，增加净压头、检查入口管是否堵塞； 2. 拧紧或更换部件； 3. 用听诊器诊断电机
8	推力轴承温度高	1. 润滑冷却不当； 2. 油量不足，油污染； 3. 油温高	1. 重新注入规定润滑油并保证冷却水量； 2. 加油或排干油再冲干净的油； 3. 更换过滤器保证冷却水量
9	电机超载	1. 介质密度大； 2. 转速过低； 3. 接线故障	1. 检查额定条件； 2. 按电机说明书检查； 3. 检查线路上过热点

7.6.4　离心机的常见故障及处理方法见表 6。

表 6　离心机常见故障及处理方法

故障现象	故障原因	处理方法
1. 电机异常振动和异音	1. 内转鼓轴瓦损坏或间隙过大； 2. 主轴承严重磨损或损坏； 3. 止推轴承损坏； 4. 差速器与转鼓不同轴度过大； 5. 皮带过松或皮带轮与转鼓不同轴度过大； 6. 进料管与空心轴摩擦； 7. 转子失掉平衡； 8. 防滑板条开焊翘起； 9. 进料不匀； 10. 转鼓内有硬塑化物	1. 更换轴瓦； 2. 更换轴承； 3. 更换； 4. 调整不同轴度； 5. 检查调整； 6. 检查修理； 7. 内、外转鼓重新做动平衡； 8. 补焊修理； 9. 平稳进料； 10. 检查清理
2. 差速器有异音	1. 差速器缺油、油脏或变质； 2. 齿轮、轴瓦、轴承磨损或损坏	1. 补充或清洗换油； 2. 修理或更换
3. 主轴承温度过高	1. 供油不足或过滤器堵塞； 2. 喷油角度不正确或喷油孔堵塞； 3. 油不合格或变质，油脏； 4. 主轴承损坏	1. 检查油泵及清理过滤器； 2. 调整清洗； 3. 换渍； 4. 更换
4. 皮带轮轴承温度高	1. 缺油、油脏或油牌号不对； 2. 皮带过紧或轴承损坏	1. 补油或换油； 2. 调整皮带或更换轴承
5. 机械密封泄漏	1. 主机振动大； 2. 冷却液脏； 3. 动、静环及辅助密封件损坏； 4. 安装偏斜或弹簧压缩量不对	1. 检查处理； 2. 吹扫、滤网； 3. 更换； 4. 重新组装
6. 主轴承漏油	1. 油箱油面过高； 2. 挡油环位置或喷油角度不正确； 3. 回油不畅	1. 降低油面； 2. 调整； 3. 检查清理回油孔

表 6 离心机常见故障及处理方法（续）

故障现象	故障原因	处理方法
7. 分离效果不好	1. 转鼓内有水，形成三相分离； 2. 溢流堰板高度不对； 3. 皮带松，转鼓转速下降； 4. 内、外转鼓间隙太大； 5. 母液浓度或粒度变化太大	1. 清理排水孔； 2. 调整； 3. 调整皮带； 4. 检修； 5. 调整工艺
8. 转鼓转速太低	1. 皮带过松； 2. 负荷太大； 3. 电源电压过低	1. 调整； 2. 减小负荷； 3. 提高电压
9. 安全销扭断或转矩限制器脱开	1. 内、外转鼓卡住，或差速器故障； 2. 轴瓦或止推轴承损坏； 3. 加料过猛或过负荷； 4. 安全销长期使用疲劳	1. 检修； 2. 更换； 3. 平稳操作或减负荷； 4. 更换

7.6.5 干燥机的常见故障及处理方法见表 7。

表 7 干燥机常见故障及处理方法

故障现象	故障原因	处理方法
1. 螺旋进料器声音异常，电流波动大，填料腔温度过高	1. 螺旋叶片与壳体碰撞； 2. 轴承磨损，链条松； 3. 压盖过紧及间隙不当，缺润滑脂； 4. 冷却水和冷却空气不畅通	1. 停车检修； 2. 调整压盖； 3. 加润滑脂； 4. 疏通
2. 拖轮、挡轮磨损过度	1. 拖轮接触角度超差润滑不良； 2. 托轮轴承损坏	1. 调整接触角度； 2. 检查润滑油系统，更换轴承
3. 蒸汽凝液排出不畅、有水击声	1. 疏水器故障； 2. 冷凝液排出孔故障	1. 检修疏水器； 2. 疏通排气孔
4. 填料密封泄漏严重	1. 填料磨损； 2. 筒体内压力过高	1. 更换填料； 2. 工艺检查原因

7.6.6 挤压造粒机组的常见故障与处理方法见表 8。

表 8 挤压造粒机组常见故障及处理方法

故障现象	故障原因	处理方法
1. 筒体法兰结合面漏料	1. 法兰螺栓松弛，C 形卡夹紧面接触不良； 2. 金属 O 形环损坏或有杂物	1. 停机拧紧，调整 C 形卡； 2. 更换 O 形密封圈或清除杂物
2. 爆破膜破裂	1. 滤网堵塞、压力过高； 2. 树脂融化不够	1. 更换滤网和爆破膜； 2. 继续加热充分融化
3. 轴封泄漏	氮封压力小，轴封塑化	增大氮气压力，调整或清理、更换填料

表 8　挤压造粒机组常见故障及处理方法（续）

故障现象	故障原因	处理方法
4. 主电机电流及模头压力高	1. 滤网堵塞； 2. 模孔板堵塞； 3. 物料混炼效果不良； 4. 筒体温度低	1. 更换滤网； 2. 清理模孔； 3. 减少出料间隙； 4. 提高温度
5. 筒体加热时中部拱起	1. 通蒸汽时筒体内有积水； 2. 加热过急，放气阀及排水阀未关； 3. 疏水器堵塞或损坏； 4. 配管不当	1. 排水后重新通气； 2. 打开排放阀及排水阀缓慢加热； 3. 开大水泵出口阀； 4. 修改配管
6. 筒体由汽切换至水时拱起	1. 旁路阀未关或不严； 2. 进水阀打开太慢； 3. 水量不足； 4. 水管阻力太大	1. 提前关严或更换旁路阀； 2. 快开； 3. 开大泵出口阀； 4. 修改配管
7. 主电机轴承温度高	1. 油脏或缺油； 2. 轴瓦或轴颈磨损	1. 换油或补油； 2. 修理或更换轴瓦
8. 切粒机皮带跳动大	皮带过松或损坏	调整或更换电机
9. 切粒机皮带跑偏	1. 两皮带轮轴向位置偏差过大； 2. 两轮中心线不平行	1. 调整电机皮带轮位置； 2. 调整切粒电机
10. 切粒机噪声过大	1. 皮带过紧； 2. 皮带齿断裂或脱落； 3. 轴承磨损或缺油	1. 调整皮带； 2. 更换皮带； 3. 更换轴承或加油
11. 切粒机振动大	1. 轴承损坏； 2. 皮带过紧	1. 更换轴承； 2. 调整皮带
12. 切粒效果不好	1. 切粒机找正不良； 2. 切刀压死； 3. 模板有缺陷	1. 重新找正； 2. 检查修理刀盘及安装孔弹簧等； 3. 更换模板
13. 切刀进退缓慢或行程不足、进刀时抖动或卡住	1. 切刀磨损； 2. 切粒机故障； 3. 调速阀开度太小； 4. 切粒机轴上或轴孔有毛刺或研住	1. 换刀； 2. 更换切粒机； 3. 加大开度； 4. 检修
14. 切刀盘装拆卡涩	刀盘安装孔内有毛刺	修理研磨
15. 切刀盘不能安装到位	碎料屑卡住限位挡块	清除碎屑
16. 切粒机皮带、轴承早期损坏	1. 皮带过紧； 2. 切粒机润滑不良或油管不通	1. 更换轴承、调整皮带； 2. 检修切粒机加强管润滑管
17. 切粒机前端机体漏水	1. 机械密封波纹管弹簧内卡入粒料； 2. 密封损坏	1. 卸开切粒机，清理碎料； 2. 检修更换机封
18. 切粒机低速报警	1. 测速传感器位置不对； 2. 仪表故障	1. 调整位置； 2. 修理仪表

表 8　挤压造粒机组常见故障及处理方法（续）

故障现象	故障原因	处理方法
19. 切刀微调失灵	1. 微调机构螺纹有毛刺； 2. 螺杆夹紧环研伤	1. 解体检修； 2. 修理夹紧环
20. 切刀磨损太快	1. 刀盘有缺陷； 2. 切刀质量不好	1. 修理或更换新刀盘； 2. 加强质量管理
21. 切刀缠料	进水或进刀太晚，切刀未贴模板面或间隙太大	停机清理并正确操作
22. 颗粒大小不均	1. 模孔堵塞或模面不平； 2. 垫刀切粒机轴心通水不畅	1. 清理模孔或修磨模面，调整切刀与模板面压力或间隙； 2. 疏通水管及快开管接头
23. 模孔堵塞	1. 物料温度太低或开车时给水太早； 2. 助剂太脏	1. 调整操作； 2. 加强助剂管理和筛分
24. 切粒机皮带轮处漏水	切粒机轴孔 O 形环损坏	更换 O 形环
25. 树脂三通阀转换失灵	机内树脂没熔透	继续加热，充分熔融
26. 油压装置油压不足	1. 油泵活塞或油缸磨损； 2. 系统混入空气	1. 修理或更换已损件； 2. 通过持续运转排气
27. 油压系统保压失灵	1. 止回阀漏； 2. 油封环磨损而内漏	1. 检修止回阀； 2. 检修油缸、更换密封环
28. 自动换网托板或树脂换向阀动作太慢	油压回路阀开度不足	调整阀门开度
29. 机上排气管冒料	转速低（调速失灵）造成泵前压高	检修
30. 树脂泵安全销剪断	1. 树脂泵轴瓦研伤或泵内有异物； 2. 泵内树脂没熔透	1. 解体检修； 2. 充分加热
31. 正常运转中电流波动大	1. 加料量波动； 2. 挤压机进料管堵； 3. 混炼过大造成进料管堵	1. 检查调整加料系统仪表； 2. 清理积料； 3. 加大混炼段出料间隙
32. 双螺杆内异音	机内进入金属物	解体清理
33. 树脂泵内有周期性异响	泵吸入量不够	降低泵转速或增泵前设定压力
34. 开车启动离合器内有异音	离合器传动块磨损	解体检修、更换传动块
35. 主电机启动电流过高	机内树脂实际温度不够（未熔透）	继续加热到正常手动盘车为止

附　录　A
（资料性附录）
装置开工确认表

<table>
<tr><td rowspan="2"></td><td colspan="4">中国石油化工股份有限公司 ×× 公司管理体系</td></tr>
<tr><td colspan="4">装置开工确认表</td></tr>
<tr><td>记录编号</td><td></td><td>使用单位</td><td colspan="2"></td></tr>
<tr><td>开工装置</td><td></td><td>时间</td><td colspan="2">年　月　日</td></tr>
<tr><td>单位</td><td>要求</td><td>存在问题</td><td>确认意见</td><td>确认人</td></tr>
<tr><td>施工单位</td><td>检修项目以及改造项目已施工完成，并验收合格。
施工用临时设施已全部拆除，现场清洁、无杂物。
除用于开工查漏、热紧用的架子保留外，其他架子、跳板均拆除。
设备、管线等保温复位。
因检修拆除的劳动保护、照明设施已恢复。
塔器设备、安全阀、现场仪表、管线等均已复位</td><td></td><td></td><td></td></tr>
<tr><td>项目所属单位</td><td>设备位号和管道介质名称、流向标示齐全。
检查现场设备、管线、保温等安装符合规范，试用情况正常。
机组等设备联锁试验正常。
工艺联锁试验正常。
盲板拆、装清单已确认。
装置吹扫、试压通过。
现场消防、气防器材及岗位工器具配齐、现场环保设施投用。
开工化工原材料准备完毕。
备品配件齐全</td><td></td><td></td><td></td></tr>
<tr><td>检维修部电气</td><td>变电所已正常投用，高低压电送电正常。
现场电气设备如电动阀、电加热器、电机等试运正常。
现场照明等恢复正常</td><td></td><td></td><td></td></tr>
<tr><td>检维修部仪表</td><td>现场仪表调试、DCS 调试、联校正常。
配合工艺、设备的联锁调试已完成</td><td></td><td></td><td></td></tr>
<tr><td>动力部（总调度室）</td><td>循环水、新鲜水、蒸汽、仪表风 / 工厂风、氮气等公用介质供应正常</td><td></td><td></td><td></td></tr>
</table>

装置开工确认表（续）

<table>
<tr><td></td><td colspan="5">中国石油化工股份有限公司 ×× 公司管理体系</td></tr>
<tr><td></td><td colspan="5">装置开工确认表</td></tr>
<tr><td></td><td>记录编号</td><td></td><td>使用单位</td><td colspan="2"></td></tr>
<tr><td colspan="2">开工装置</td><td></td><td>时间</td><td colspan="2">年　月　日</td></tr>
<tr><td colspan="2">单位</td><td>要求</td><td>存在问题</td><td>确认意见</td><td>确认人</td></tr>
<tr><td colspan="2">储运部</td><td>储运系统已具备正常供料以及接收产品条件</td><td></td><td></td><td></td></tr>
<tr><td colspan="2">检验部</td><td>现场采样器已复位正常。
分析项目已具备分析条件</td><td></td><td></td><td></td></tr>
<tr><td colspan="2">保卫部·消防中心</td><td>现场消气防器材齐全、完好。
消防、疏散通道符合要求</td><td></td><td></td><td></td></tr>
<tr><td rowspan="2">安环部门</td><td>环保科</td><td>现场环保设施，如清污分流设施等已投用。
后续环保装置具备接收物料条件</td><td></td><td></td><td></td></tr>
<tr><td>安全科</td><td>现场固定式可燃气体报警仪、H_2S 报警仪等已投用。
拟开工装置与临近的检修区域已采用明显有效的隔离措施。
现场安全设施如平台围栏、护栏等符合要求，现场无容易坠落物品。
如有零星动火项目，火票需升级</td><td></td><td></td><td></td></tr>
<tr><td rowspan="3">设备工程部</td><td>工程科</td><td>负责的改造项目已施工完成、并验收合格</td><td></td><td></td><td></td></tr>
<tr><td>设备科</td><td>检修项目已完成，并验收合格。
保运工作已落实</td><td></td><td></td><td></td></tr>
<tr><td>动力科</td><td>电气、仪表检修改造项目已完成，并投用正常。
电气现场检修动力箱、临时变已拆除</td><td></td><td></td><td></td></tr>
<tr><td rowspan="2">生产技术部</td><td>生产技术科</td><td>开工方案已审批完成。
盲板已按方案和盲板清单进行安装。
开工用化工原材料已落实。
其他专项方案已落实或审批</td><td></td><td></td><td></td></tr>
<tr><td>综合管理科</td><td>外围的公用、储运系统以及相关装置已可支持装置开工。
开工用原料已落实</td><td></td><td></td><td></td></tr>
<tr><td colspan="2">人力资源部</td><td>操作人员已经过学习、培训，并考试合格</td><td></td><td></td><td></td></tr>
<tr><td colspan="2">项目所属单位领导意见</td><td>签名：</td><td>公司意见</td><td colspan="2">签名：</td></tr>
</table>

附 录 B
（资料性附录）
装置停工确认表

<table>
<tr><td rowspan="3"></td><td colspan="5">中国石化集团××公司管理体系</td></tr>
<tr><td colspan="5">停工检修确认表</td></tr>
<tr><td>记录编号</td><td></td><td>使用单位</td><td colspan="2"></td></tr>
<tr><td colspan="2">停工检修单位</td><td></td><td>时间</td><td colspan="2"></td></tr>
<tr><td>单位</td><td colspan="2">确认内容</td><td>存在问题</td><td>确认意见</td><td>确认人</td></tr>
<tr><td>停工单位</td><td colspan="2">1. 装置与系统是否有效隔离并提供对应的盲板表？
2. 是否有专用氮气线，是否专用？
3. 管线及容器是否吹扫干净并提供吹扫作业确认表？
4. 容器及塔测爆及氧含量是否合格？
5. 对易燃易爆有毒有害等的作业是否进行危害识别分析？
6. 对塔、容器仪表监控手段是否保留并有专人监控看护？
7. 动火作业项目是否公布？
8. 对本单位、施工单位参加检修的人员安全教育并考试是否进行？
9. 明沟、地面上是否有油或有化工物料？清污分流设施是否投用？
10. 对装置内电缆沟是否做出明显标志？
11. 设备、容器、管道是否全部打开并在设备人孔处挂“危险！禁止入内”的警示牌？
12. 检修现场下水井、地漏、明沟是否封闭，泵沟等是否建立水封？
13. 检修设备是否停电？</td><td></td><td></td><td></td></tr>
<tr><td>检维修部（电修）</td><td colspan="2">1. 是否已按用电单位停送电要求实施停送电并有相关办理手续齐全？
2. 参加大修的电气作业人员是否进行电工作业资格的确认和相应的安全教育？
3. 其他</td><td></td><td></td><td></td></tr>
<tr><td>检维修部（仪表）</td><td colspan="2">1. 对本单位、施工单位参加检修的人员安全教育并考试是否进行？
2. 机柜间运行装置的机柜与检修的区域是否采用明显有效的隔离措施？
3. 仪表吹扫排放中相关安全环保措施是否明确落实？
4. 工器具是否进行相关安全检查？</td><td></td><td></td><td></td></tr>
</table>

装置停工确认表（续）

<table>
<tr><td rowspan="3"></td><td colspan="5">中国石化集团 ×× 公司管理体系</td></tr>
<tr><td colspan="5">停工检修确认表</td></tr>
<tr><td>记录编号</td><td></td><td>使用单位</td><td colspan="2"></td></tr>
<tr><td colspan="2">停工检修单位</td><td></td><td>时间</td><td colspan="2"></td></tr>
<tr><td>单位</td><td colspan="2">确认内容</td><td>存在问题</td><td>确认意见</td><td>确认人</td></tr>
<tr><td>检维修部（仪表）</td><td colspan="2">5. 重大作业项目是否编写施工作业方案和进行危害识别与评价？
6. 高处作业的脚手架是否搭设妥当并验收合格？
7. 每项作业施工是否具有合格的施工检修作业票？相关安全措施是否落实到位？
8. 劳保用品穿戴是否符合要求？
9. 检修质量和检修内容是否符合要求？
10. 委外检测的仪表、阀门的单位的施工人员是否经过公司、运行部安全教育？</td><td></td><td></td><td></td></tr>
<tr><td>生产技术部</td><td colspan="2">1. 检查吹扫作业票的确认签名是否落实？
2. 现场检查盲板是否按方案和盲板清单进行安装？
3. 检查 CO、甲醇、氮气和工艺介质等物料在装置边界是否进行有效隔离？
4. 按方案不退的介质是否按方案要求进行了有效安全隔离？
5. 检查配合外系统的吹扫是否已满足要求可以停运？
6. 已按停工方案要求抽堵盲板，且要做好明显标记，并指定专人统一编号登记，严防漏堵、漏拆。
7. 与炉、塔、容器相连的蒸汽、氮气等有害介质的阀门，已加盲板隔离。
8. 其他</td><td></td><td></td><td></td></tr>
<tr><td>设备工程部</td><td colspan="2">1. 盲板的材质、厚度符合安全要求。
2. 未经吹扫处理的设备、容器、管道已与系统隔离，设置明显警示标志，并向职工和施工单位交底。
3. 变配电所内电气安全用具已检查并在有效期限内。
4. 变配电所内的工器具已检查合格。
5. 电气现场检修动力箱（固定）、临时变已检查合格。
6. 配送电单位、施工单位参修人员已经安全教育并考试合格。
7. 外来人员已经安全安全教育并考试合格。
8. 工艺要提供装置停工后仍需使用的仪表清单。
9. 电气专业提供停工期间停电网络，仪表提前准备。
10. 现场固定式可燃气体报警仪等探头是否进行妥善保护？
11. 对装置内电缆沟是否做出明显标志？</td><td></td><td></td><td></td></tr>
</table>

装置停工确认表（续）

<table>
<tr><td rowspan="3"></td><td colspan="5">中国石化集团××公司管理体系</td></tr>
<tr><td colspan="5">停工检修确认表</td></tr>
<tr><td>记录编号</td><td></td><td>使用单位</td><td colspan="2"></td></tr>
<tr><td colspan="2">停工检修单位</td><td></td><td>时间</td><td colspan="2"></td></tr>
<tr><td>单位</td><td colspan="2">确认内容</td><td>存在问题</td><td>确认意见</td><td>确认人</td></tr>
<tr><td>安全环保部</td><td colspan="2">1. 对本单位、施工单位参加检修的人员安全教育并考试是否进行？
2. 明沟、地面上是否有油？清污分流设施是否投用？
3. 设备、容器、管道是否全部打开并在设备人孔处挂“危险！禁止入内”的警示牌？
4. 检修现场下水井、地漏、明沟是否封闭，泵沟等是否建立水封？
5. 打开的设备、容器、管道测爆分析是否合格？
6. 运行的装置与检修的区域是否采用明显有效的隔离措施？存在工艺介质的工艺管线是否做出标志？
7. 现场消气防器材是否齐全、完好？
8. 消防、疏散通道是否符合要求？
9. 其他</td><td></td><td></td><td></td></tr>
<tr><td>领导意见</td><td colspan="2"></td><td></td><td></td><td></td></tr>
</table>

附 录 C
（资料性附录）
HSSE 日检查

	中国石化集团 ×× 公司管理体系					
	装置检修HSSE日检查					
	检查时间：	使用单位：				
序号	检查内容	存在问题	检查人员	整改情况	验证人	备注
1	临时用电					
1.1	配备合格的持证电工					
1.2	配电箱合格、有防雨措施，按要求标识并上锁					
1.3	配电系统执行“三相五线制”，符合“三级配电二级保护”要求，安装匹配的漏电保护器，漏保动作灵敏好用，并进行日常试验和记录					
1.4	电缆及接头无破损，绝缘良好；铺设规范，走向清晰，标识明确					
1.5	用电严格执行“一机一闸一保护”					
1.6	按要求配置保护零线和工作零线，工作接地和重复接地完好					
1.7	安全电压符合作业环境要求					
1.8	使用工业插头、插座					
2	施工机具					
2.1	各种机具设备安全要求进行定期检查，确保完好					
2.2	设有机械保护装置(如转动设备等)的设备，保护装置处于完好状态					
2.3	用电机具、设施接地完好					
2.4	配备与作业要求相匹配的劳动防护用品					
2.5	空气压缩机压力表、安全阀等在检验期内并处于完好状态，高压气管和软管固定连接可靠					

HSSE 日检查（续）

	中国石化集团××公司管理体系					
	装置检修HSSE日检查					
	检查时间：	使用单位：				
序号	检查内容	存在问题	检查人员	整改情况	验证人	备注
2.6	气瓶垂直放置，瓶体固定可靠；气瓶分类摆放并保持安全距离，防护措施到位，气瓶阻火器、压力表等安全附件完好，气管无老化破损，连接可靠					
3	脚手架					
3.1	脚手架搭设人员是专业架子工，并持证上岗。搭设人员按要求着装，配备五点双大钩安全带					
3.2	编制脚手架搭设方案，进行安全技术交底并有记录					
3.3	按规范要求搭设脚手架，且有良好的整体稳固性					
3.4	搭设和拆除过程必须有专人监督，周边设置警戒区					
3.5	连墙件设置可靠，各节点扣件扭矩力符合要求					
3.6	通道、护栏、腰杆、踢脚板等符合要求					
3.7	作业面满铺跳板，无孔洞，跳板可靠固定且无探头板					
3.8	作业面临时放置的材料等在允许荷载范围内，严禁超载荷；放置必须稳固，无坠物风险					
3.9	脚手架搭设完成验收合格挂牌使用					
3.10	消防设施保持完好，灭火器和消防水桶按要求配置					
3.11	消防安全通道保持畅通					
3.12	用火作业前，清理周边易燃物，采取接火措施					
4	起重					
4.1	编制了吊装方案、进行交底并有记录					

HSSE 日检查（续）

	中国石化集团 ×× 公司管理体系					
	装置检修 HSSE 日检查					
	检查时间：	使用单位：				
序号	检查内容	存在问题	检查人员	整改情况	验证人	备注
4.2	起重设备操作人员、司索、指挥持有效证件					
4.3	起重机械证照齐全有效					
4.4	起重机械安全设施、附件完好					
4.5	机索具检查完好，钢丝绳无磨损，连接可靠，绳卡数量和间距满足要求					
4.6	吊装作业半径设置了警戒区，禁止无关人员入内					
4.7	吊装前进行评估，确保在额定起升载荷范围内进行起重作业，不得超载					
4.8	吊车支腿符合要求					
4.9	吊物捆绑符合要求，使用溜绳					
4.10	吊装作业天气、环境、风力等符合要求					
5	焊接、气割					
5.1	设备接地完好					
5.2	焊把线无破损，连接器完好					
5.3	有专人监护，接火、防火措施到位					
5.4	可燃性气瓶与胶管连接完好，无漏气，气瓶有阻火器					
5.5	现场气瓶与明火源保持安全距离					
6	受限空间					
6.1	对所要进行作业的受限空间进行吹扫、蒸煮、置换，并分析合格。所有与受限空间相连接的管线、阀门应进行有效隔离，盲板处应挂标识牌，并经工艺技术人员签字确认					
6.2	出入口内外不得有障碍物，在受限空间入口处设置“危险！严禁入内”警告牌或采取其他封闭措施					

HSSE 日检查（续）

	中国石化集团 ×× 公司管理体系					
	装置检修 HSSE 日检查					
	检查时间：	使用单位：				
序号	检查内容	存在问题	检查人员	整改情况	验证人	备注
6.3	对有可能发生硫化亚铁自燃的设备、容器必须经充分的钝化脱臭处理，并在现场配置消防水带					
6.4	《进入受限空间作业许可证》实行一点一证					
6.5	进入受限空间作业实行“三不进入”原则，即：一、没有经批准有效的《进入受限空间作业许可证》不进入；二、安全措施未落实不进入；三、监护人不在场不进入					
6.6	作业现场配备必要的救护器具和灭火器材等					
6.7	进入受限空间作业应使用安全电压和安全行灯					
7	作业安全					
7.1	作业前进行班前安全教育和安全技术交底，作业人员清楚当天作业内容和安全风险及注意事项					
7.2	特殊工种持证上岗					
7.3	佩戴合格安全帽，并根据作业任务佩戴专用眼部、面部、手部等防护用品，高处作业人员系挂安全带					
8	收工检查					
8.1	配电系统一级箱断电，关闭气瓶角阀，能量上锁					
8.2	现场火种检查清理完毕					
8.3	清理各作业面材料和杂物等，做到工完料净场地清					
8.4	落实夜间值班、巡检人员，职责到位，检查内容明确					

附 录 D
（资料性附录）
装置停工检修改造工作总结模板

<table>
<tr><td rowspan="2"></td><td>中国石油化工股份有限公司 ×× 公司管理体系</td></tr>
<tr><td>装置停工检修改造工作总结</td></tr>
<tr><td colspan="2">×××部×××装置
××××年××月
停工检修工作总结</td></tr>
<tr><td>编写人</td><td></td></tr>
<tr><td>审核人</td><td></td></tr>
<tr><td>批准人</td><td>（运行部领导）</td></tr>
<tr><td>编写单位</td><td>中国石化×××分公司×××运行部</td></tr>
<tr><td>编写时间</td><td></td></tr>
</table>

（一）装置停工检修过程概述

装置开、停工、检修过程简述，本周期装置运行起止时间。

本周期装置运行中出现的主要问题。

本次停工检修、改造内容简述，检修项目计划数（包括补充、追加），检修计划完成情况，重点检修项目情况。

开停工、检修网络执行情况。

（二）主要检修内容技术总结

反应器部分

塔、容器部分

冷换设备部分

阀门部分

管道部分

压缩机部分

泵部分

特殊阀门部分

压力容器检验（包括缺陷返修处理）

压力管道检验（包括缺陷返修处理）

安全阀检验

其他检修方面

技术分析中要有以下内容：上次运行周期出现的问题，本次检修检查情况及采取措施；上次检修遗留问题处理情况；本周期与上周期设备隐蔽检查情况对照；重复发生问题处理方案有效性；装置系统问题；典型案例。

（三）检修计划准确性分析

（四）检修施工队伍评述

（五）材料供应评述

（六）设计质量评价

（七）检修质量评价

（八）本次检修遗留问题及预案

（九）检修管理亮点、存在的不足和下次检修需注意的问题

（十）附表

表 1　设备增加情况表

序号	位号	名称	规格型号	制造厂	数量	备注

表 2　设备拆除情况表

序号	原位号	名称	规格型号	制造厂	数量	备注

表 3　管线拆除情况表

序号	原编号	名称	规格	长度 /m	备注

表 4　设备更换情况表

序号	位号	名称	规格型号		制造厂		数量	备注
			更换前	更换后	更换前	更换后		

表 5　冷换设备检修情况表

序号	位号	名称	规格型号	抽芯清洗	试压换垫	堵管根数	管束更换

表 6　阀门检修、更换情况表（*DN*50 和 *DN*50 以上）

序号	规格型号	公称直径	检修数量	更换数量

表 7　压力容器检验情况表

序号	计划检验台数	增加变更台数	减少变更台数	实际完成台数	缺陷返修台数

表 8　压力管道检验情况表

序号	检验计划		增加变更		减少变更		实际完成	
	条数	米数	条数	米数	条数	米数	条数	米数

表 9　安全阀门检验情况表

序号	计划检验台数	增加变更台数	减少变更台数	实际完成台数

气相法（线型低密度）聚乙烯装置维护检修规程

SHZ 03010—2019

目　次

前 言

本规程按照GB/T 1.1—2009《标准化工作导则 第1部分：标准的结构和编写》给出的规则起草。

本规程由中国石油化工集团有限公司、中国石油化工股份有限公司提出。

本规程起草单位：中国石油化工股份有限公司齐鲁分公司。

本规程主要起草人：高建涛、孙海洋、陈宁、于力。

本规程2019年首次发布。

气相法（线型低密度）聚乙烯装置维护检修规程

1 范围

本规程规定了气相法聚乙烯装置包括原料精制、聚合反应、脱气回收、造粒风送等四个工序及其主要设备、专用设备的检修周期、检修项目及质量要求、检修过程管理和日常维护的相关内容。

本规程适用于石油化工气相法聚乙烯装置的检修维护管理。

2 规范性引用文件

下列文件对于本文件的应用是必不可少的。凡是注日期的引用文件，仅所注日期的版本适用于本文件。凡是不注日期的引用文件，其最新版本（包括所有的修改单）适用于本文件。

2.1 法律法规

中华人民共和国安全生产法

中华人民共和国特种设备安全法

2.2 特种设备安全技术规范

TSG 21—2016 固定式压力容器安全技术监察规程

TSG D0001—2009 压力管道安全技术监察规程——工业管道

2.3 标准与规范

GB/T 151 热交换器

GB/T 20801 压力管道规范 工业管道

石油化工施工安全技术规程

2.4 中国石化管理规定

炼油企业检修管理指南（试行版）

石油化工设备完好标准

石化设备润滑管理制度

石化设备维修保养管理规定

3 术语与定义

下列术语和定义适用于本文件。

3.1 设备功能

设备功能指的是设备的生产效率和功能，衡量设备功能的指标随设备种类不同而异。

3.2 功能故障

设备、设施不能实现其设计功能时，称之为功能故障，定义为设备、设施不能满足期望的性能标准。一般指设备失去或降低其规定功能的事件或现象，表现为设备的某些零件失去原有的精度或性能，使设备不能正常运行、技术性能降低，致使设备中断生产或效率降低而影响生产。

3.3 A类设备

本规程规定的A类设备是指设备的功能故障引起装置停车的设备。

3.4 B类设备

本规程规定的B类设备是指该设备的功能故障虽然不引起装置的停车，但对装置的负荷、质量及可靠性具有重大影响的设备。

4 装置特征

气相法聚乙烯装置是化工企业聚乙烯装置之一，采用UCC专用的钛系催化剂，以乙烯为主要原料，1-丁烯、1-己烯为共聚单体，生产不同熔融指数（0.3～130）和不同密度（0.916～0.956g/cm^3）的40个聚乙烯牌号产品。

气相法聚乙烯装置通常由原料精制、聚合反应、脱气与回收、造粒风送及相关的公用工程系统组成。

拥有全套气相流化床聚乙烯工艺生产技术的专利商有美国联碳公司（UCC）的气相流化床聚乙烯专利技术和中国石化GPE气相流化床聚乙烯专利技术，这两家工艺生产技术目前在我国气相法聚乙烯装置都有引用。基本流程见图1。

4.1 原料精制工序

4.1.1 原料精制工艺原则流程及流程图

4.1.1.1 乙烯精制

界区来的乙烯首先经过乙烯换热器加热或冷却到20～40℃，然后由压力控制回路将

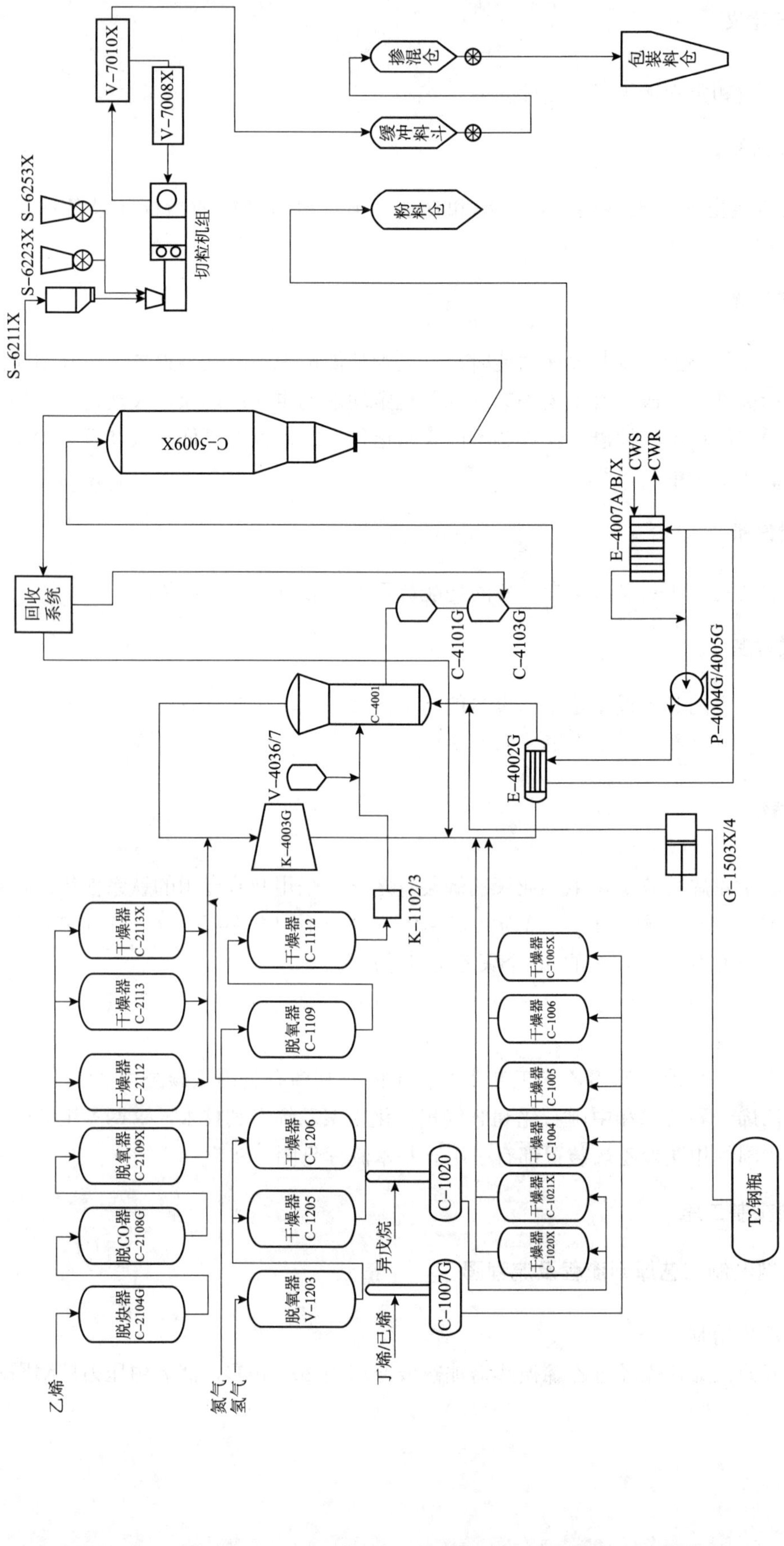
乙烯
氮气
氢气
脱炔器 C-2104G
脱CO器 C-2108G
脱氧器 C-2109X
干燥器 C-2112
干燥器 C-2113
干燥器 C-2113X
脱氧器 V-1203
干燥器 C-1205
干燥器 C-1206
脱氧器 C-1109
干燥器 C-1112
K-1102/3
丁烯/已烯
异戊烷
C-1007G
C-1020
干燥器 C-1020X
干燥器 C-1021X
干燥器 C-1004
干燥器 C-1005
干燥器 C-1006
干燥器 C-1005X
K-4003G
V-4036/7
C-4001
E-4002G
P-4004G/4005G
E-4007A/B/X
CWS
CWR
G-1503X/4
T2钢瓶
C-4101G
C-4103G
回收系统
C-5009X
S-6211X
S-6223X
S-6253X
切粒机组
V-7008X
V-7010X
粉料仓
缓冲料斗
掺混仓
包装料仓

图 1 装置基本流程图

压力控制在2.8MPa，经计量后与脱炔氢气一道进入乙烯脱炔器。脱炔后的乙烯经乙烯换热器（E-2105AG/BG）与从一氧化碳脱除器、氧气脱除器来的乙烯进行热交换后进入乙烯脱一氧化碳预热器中预热，加热到90～120℃，然后进入一氧化碳脱除器脱除微量一氧化碳，然后进入氧气脱除器脱除微量的氧气。再进入乙烯换热器与来自脱炔器的乙烯进行热交换，换热后的乙烯进入乙烯干燥器脱除微量水和极性杂质，经过乙烯过滤器后送到反应工序。工艺流程见图2。

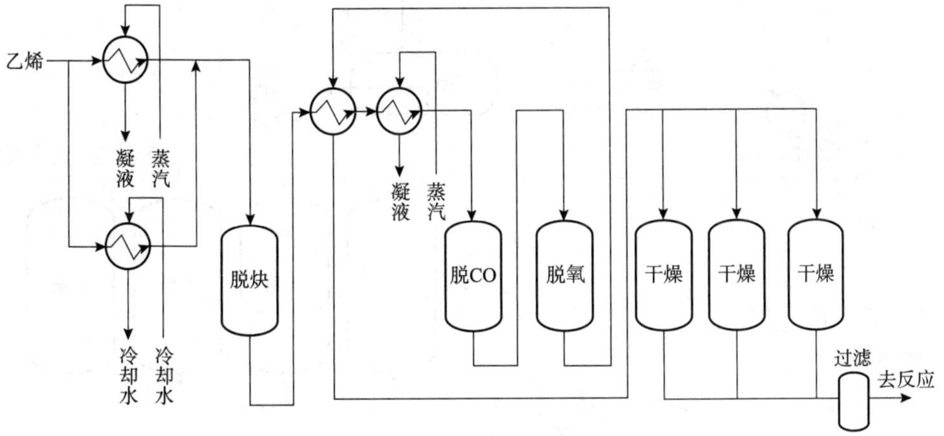

图2　乙烯精制流程图

4.1.1.2　氢气精制

界区来的氢气首先进入氢气缓冲罐，然后进入氢气脱氧预热器加热到25℃，再进入脱氧器脱除微量氧气，脱氧后的氢气进入氢气干燥器脱除水和极性杂质后，送到反应工序。精制后的氢气也有一部分用于氮气脱氧器和乙烯脱氧床的再生。工艺流程见图3。

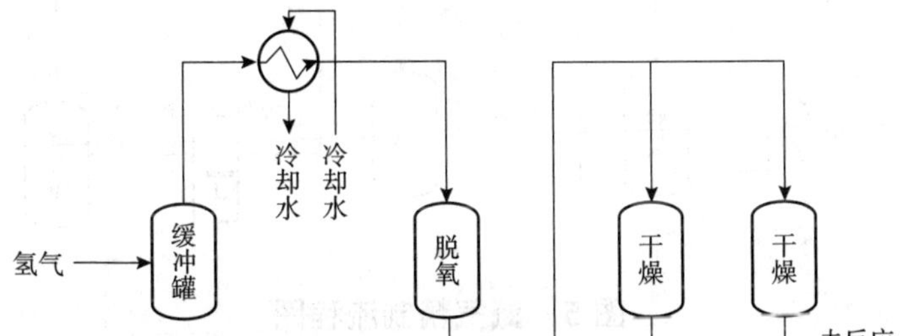

图3　氢气精制流程图

4.1.1.3　共聚单体精制

界区来的共聚单体首先进入缓冲储罐，由输送泵送入汽提塔脱除轻组分后进入共聚单体缓冲罐中，经共聚单体冷却器冷却后，由共聚单体加料泵升压，再经后冷器冷却后送到共聚单体干燥器中脱除水和极性杂质（四台干燥器两开两备），最后送到反应工序。工艺流程见图4。

4.1.1.4　氮气精制

从界区来的氮气经氮气脱氧预热器加热后进入氮气脱氧器脱除微量氧，再经后冷却器冷却后进入干燥器脱水。精制后的氮气一路经氮气增压机升压后进入高压氮气缓冲罐，分别用于催化剂输送，反应分压调整；另一路分别送到回收，催化剂配制，反应工序的注水注醇、在线仪表室等系统。工艺流程见图 5。

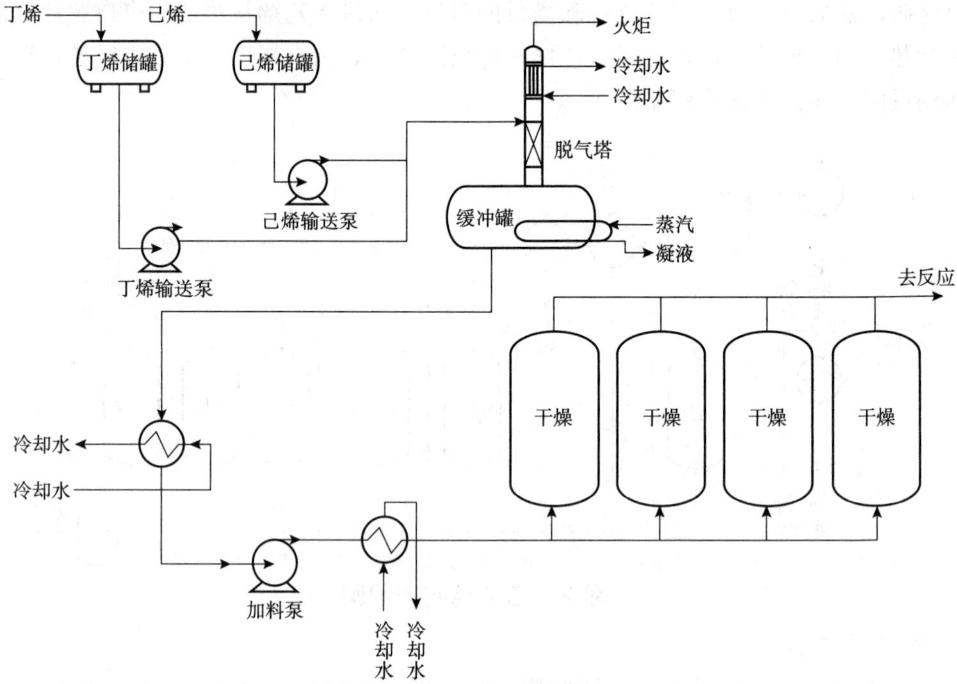

图 4　共聚单体精制流程图

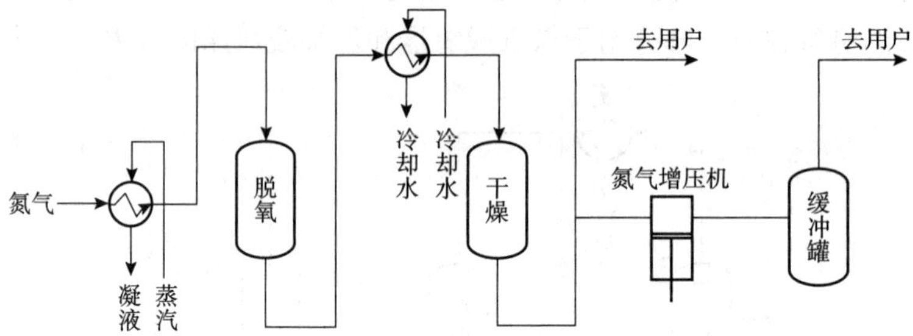

图 5　氮气精制流程图

4.1.1.5　冷凝剂精制

外购的冷凝剂用氮气压入冷凝剂储罐，冷凝剂经冷凝剂输送泵送至冷凝剂脱气塔中脱除氧气、一氧化碳和二氧化碳后进入缓冲罐中，经后冷却器冷却后，由冷凝剂加料泵升压送到冷凝剂干燥器中，脱除水和极性杂质，最后送到反应工序。冷凝剂还可通过输送泵出口回流线压送至 HDPE 装置。工艺流程见图 6。

4.1.1.6　再生氮气系统

氮气经过再生氮气加热器加热后分别用于下列床层的再生：乙烯干燥器、乙烯脱一氧化碳器、乙烯脱氧器、氢气干燥器、共聚单体干燥器、氮气干燥器、四氢呋喃干燥器、冷剂干燥器、仪表风干燥器、回收过滤器。工艺流程见图 7。

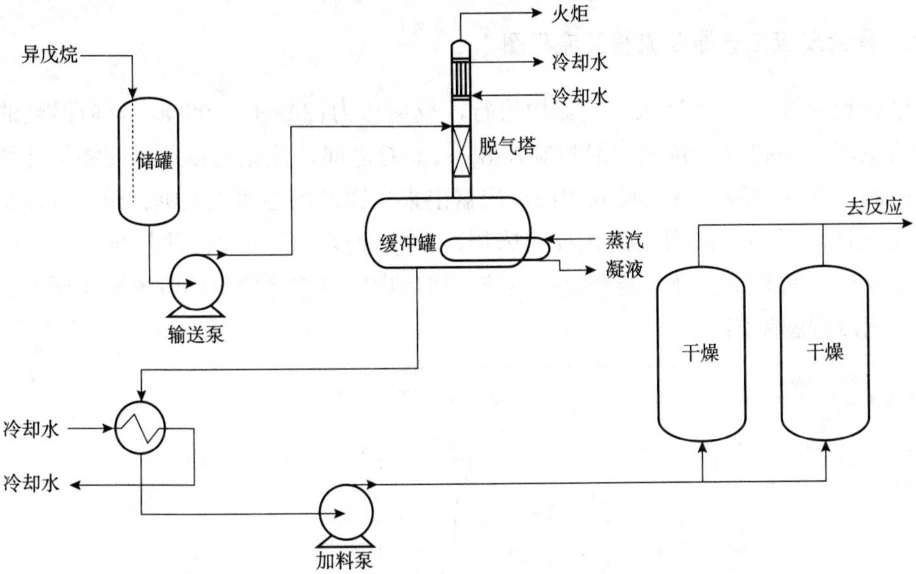

图 6　冷凝剂精制流程图

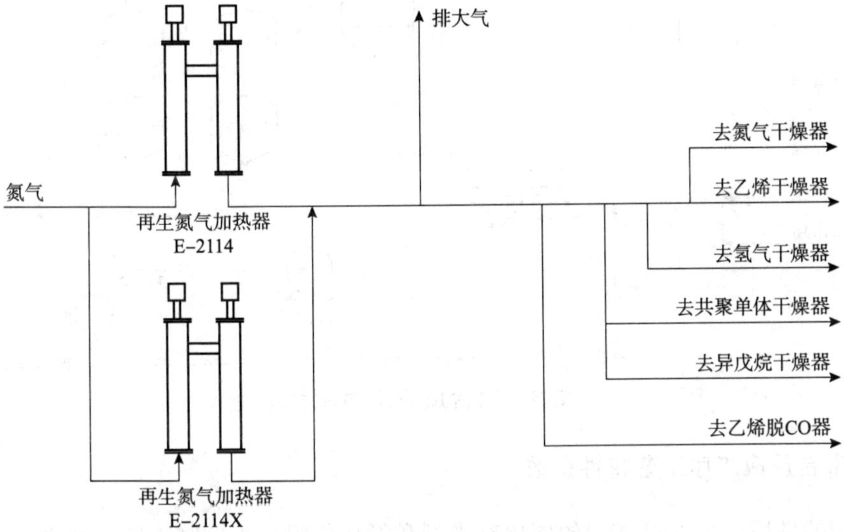

图 7　再生氮气系统流程图

4.1.2　原料精制工艺特性参数

精制工序主要负责乙烯、丁烯、己烯、氢气、氮气、异戊烷等原料的精制，去除原料中的杂质，保证聚合反应正常运行。

4.1.3　原料精制危害特性

原料危害包括易燃易爆、微毒、窒息、腐蚀等。

4.2 聚合反应工序

4.2.1 聚合反应工艺原则流程及流程图

聚合反应在一个流化床反应器中进行，反应压力控制在 2.0MPa，反应温度的设定根据所生产产品牌号的特性一般控制在 85～105℃之间，催化剂以及反应物料连续地加入反应器。连续循环的气相反应物由反应器出来，通过离心式压缩机、循环气冷却器又返回反应器。循环气流用于流化反应床层，并移除聚合反应放出的热量。生成的树脂直接从反应器间断交替排入两个出料系统。然后由氮气或排放气回收气输送至产品脱气仓。工艺流程图见图 8。

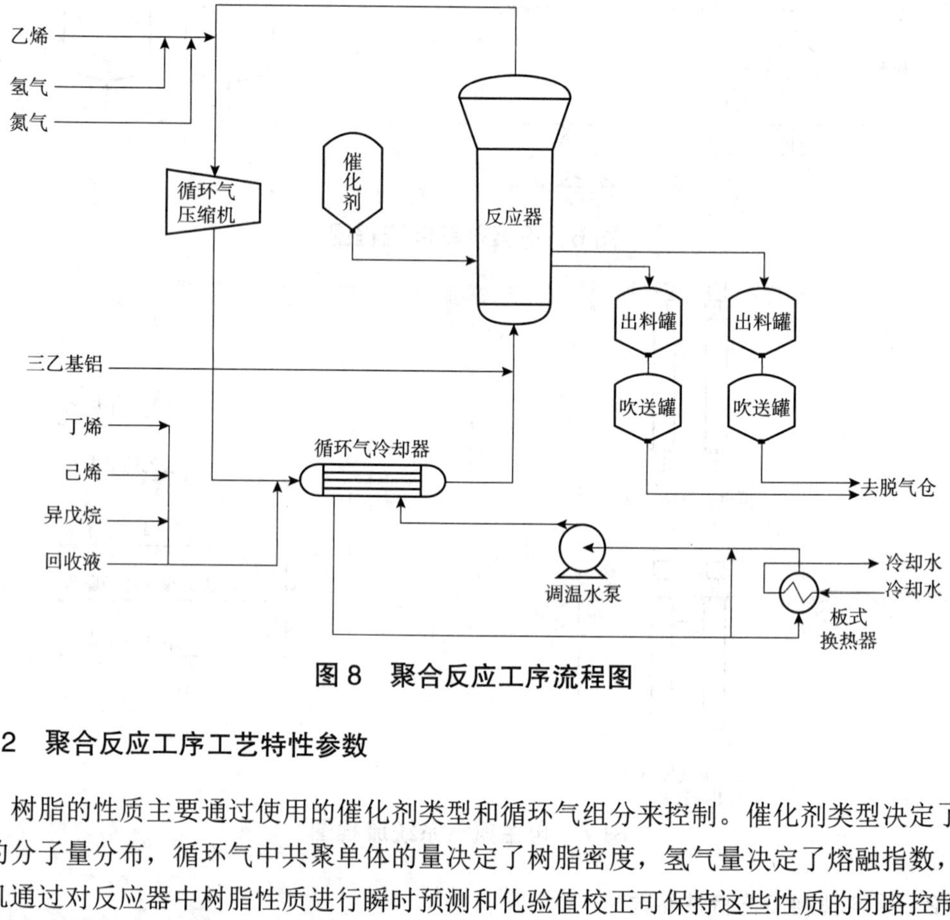

图 8 聚合反应工序流程图

4.2.2 聚合反应工序工艺特性参数

树脂的性质主要通过使用的催化剂类型和循环气组分来控制。催化剂类型决定了产品的分子量分布，循环气中共聚单体的量决定了树脂密度，氢气量决定了熔融指数，计算机通过对反应器中树脂性质进行瞬时预测和化验值校正可保持这些性质的闭路控制。反应单程转化率为 2%～3%，停留时间约 2～3h。

4.2.3 聚合反应工序危害特性

聚合反应工序物料易燃易爆、微毒。

4.3 脱气回收工序

4.3.1 脱气回收工序工艺原则流程及流程图

脱气与回收工序分为四个子系统，它们分别为树脂脱气系统、共聚单体回收系统、膜回收系统和制冷系统。

从脱气仓来的排放气，首先通过入口保护过滤器，然后进入排放气回收系统。在排放气回收系统中，气体首先经过循环水冷却的低压冷却器和用乙二醇—水冷剂冷却的低压冷凝器，冷却到 -10℃，进入低压集液器。冷凝的共聚单体和冷剂从排放气中分离出来，用低压凝液返回泵打回反应系统。不凝气进入排放气压缩机，升压后进入高压部分。高压排放气首先进入换热器换热，然后进入由冷却水冷却的高压冷却器和使用乙二醇—水冷剂冷却的高压冷凝器冷却到 -14℃，大部分共聚单体和冷剂都被冷凝下来，然后进入高压集液器进行气液分离。分离出的凝液，经高压凝液泵增压，送回反应器。低温不凝气体经换热器加热后进入排放气缓冲罐，排放气缓冲罐压力设定在 0.7MPa，气体用于出料系统到脱气仓的树脂输送，多余气体经缓冲罐压力调节阀排入火炬。集液罐中收集的回收共聚单体由凝液泵送入反应系统。工艺流程图见图 9。

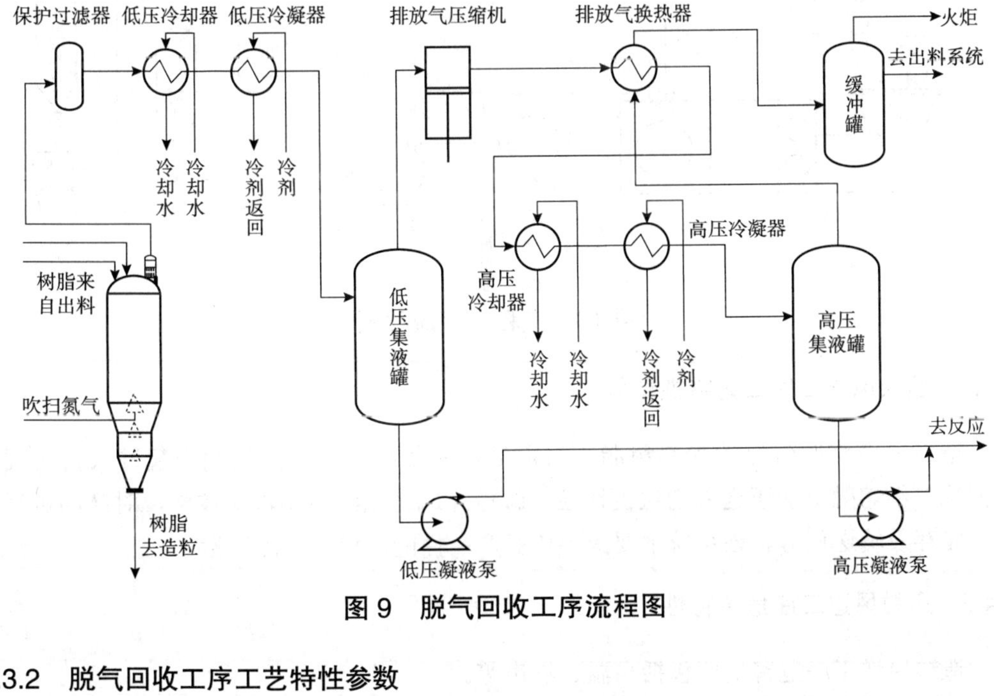

图 9 脱气回收工序流程图

4.3.2 脱气回收工序工艺特性参数

脱气回收工序主要回收排放气中的乙烯、共聚单体、异戊烷，把回收烃类送回反应工序重新利用，剩余尾气为聚合反应工序出料系统提供动力输送，已达到节能降耗的目的，最大限度地利用各种原料。本工序操作压力为 0.7～1.2MPa，操作温度为 -10～160℃。

4.4 造粒风送工序

4.4.1 造粒风送工艺原则流程及流程图

反应出来的粉料经脱气仓脱除夹带的烃类及三乙基铝后，从脱气仓底部靠重力作用进入破块加料器，将从反应器粉料树脂中由于各种原因所产生的块或片状物破碎，进入粉料振动筛去除块料，通过筛网靠重力作用经过三通阀后进入质量流量计，计量后的粉料树脂靠重力作用送入混炼机料斗，按规定配方加入添加剂后进行混炼造粒，干燥后将颗粒送至风送工序。粉料还可通过脱气仓底部三通阀的另一路由旋转加料器送入粉料仓包装后储存待用，或直接送入反应器作种子床。工艺流程图见图 10。

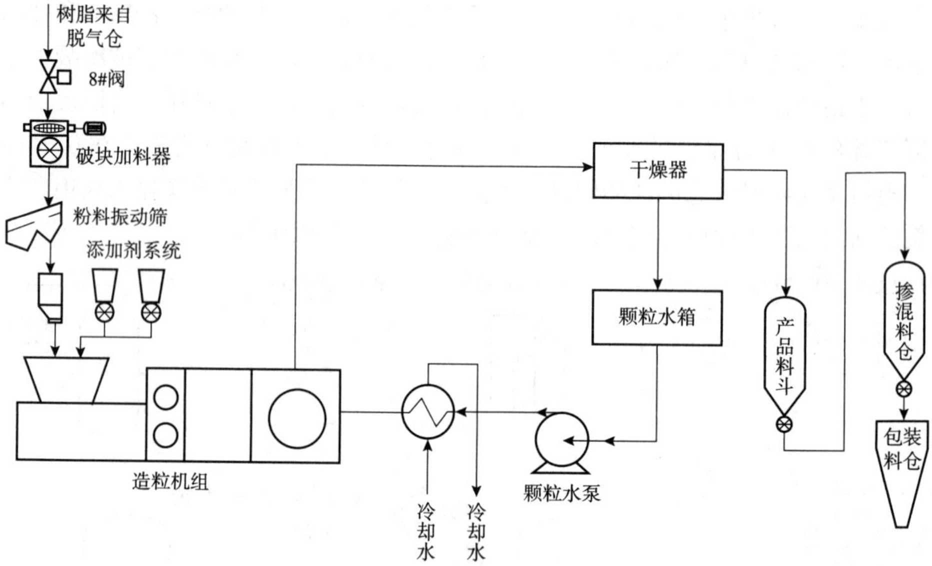

图 10 造粒工序流程图

4.4.2 造粒风送工序工艺特性参数

造粒系统将脱气完的粉料树脂，与定量加入各种要求的添加剂一起进入挤压混炼机混炼，经熔融泵加压送入切粒机切粒。颗粒经风送系统密相输送技术，对产品进行均化、储存及输送任务。该系统主要改善树脂产品性能，稳定产品质量。

4.4.3 造粒风送工序危害特性

造粒风送工序危害主要包括高温、噪声等。

5 检修周期及检修项目

5.1 主要设备

5.1.1 原料精制工序主要设备见表 1。

表 1　原料精制工序主要设备

名称	设备种类		主要设备种类	通用、专用设备检修规程的代码
转动设备	压缩机（包括工业汽轮机）	离心式压缩机		SHS 01018
		活塞式压缩机	氮气增压机	SHS 01020
	泵	离心泵	共聚单体进料泵、冷剂进料泵、丁烯输送泵、冷剂送泵、己烯输送泵	SHS 01013
		螺杆泵	润滑油泵	SHS 01016
		往复泵	冷剂进料泵	SHS 01015
		齿轮泵	润滑油泵	SHS 01017
静设备	换热器	管壳式换热器	乙烯加热器、乙烯冷却器、脱一氧化碳换热器、一氧化碳脱除预热器、再生氮气加热器、共聚单体冷凝器、共聚单体冷却器、冷凝剂冷凝器、冷凝剂冷却器	SHS 01009
	压力容器		干燥器、脱氧器、换热器、缓冲罐、塔、回收罐、乙烯脱一氧化碳器等	SHS 01004
	压力管道		丁烯、己烯、乙烯、氢气、冷剂压力管道	SHS 01005
	安全阀		安全阀	
	阀门		球阀、闸阀、截止阀、调节阀	SHS 01030
	火炬			
仪表设备	常规仪表		检测仪表、显示或报警仪表、控制仪表、辅助工序、执行器及其附件	SHS 07002 SHS 07003 SHS 07005
	控制系统	集散控制系统（DCS）、可编程控制系统（PLC）、机组控制系统（CCS 或 ITCC）、工业控制计算机系统（IPC）、监控和数据采集系统（SCADA）	DCS、PLC	SHS 07008
	安全仪表系统（SIS）	安全联锁系统、紧急停车系统和可燃、有毒有害气体及火灾检测保护系统	ICS TRUSTED 的安全联锁系统	SHS 07010

表1 原料精制工序主要设备（续）

名称	设备种类		主要设备种类	通用、专用设备检修规程的代码
仪表设备	在线分析仪表	工业气相色谱仪、氧分析仪、红外分析仪、质谱仪、pH计、电导仪、水分仪	工业气相色谱仪	SHS 07006
	安全环保仪表	可燃气体检测报警仪、有毒有害气体检测报警仪、氨氮分析仪、化学需氧量分析仪（COD）、水质分析仪、烟气分析仪（CEMS）	可燃气体检测报警仪、有毒有害气体检测报警仪	SHS 07010
	特殊仪表	振动／位移检测仪表、转速控制仪表	关键机组振动／位移检测仪表和转速控制仪表	SHS 07007
电气设备	电动机	防爆电动机	0.4kV 电动机	
	加热器	再生加热器	加热管、温控器	
	伴热系统	电伴热	伴热带、保温、温控器	
	现场操作站	控制箱、操作柱	按钮、接触器、中间继电器、转换开关、指示灯、电流表	
	现场动力箱	检修、照明电源箱	空气开关 接触器 、漏电保护器、插座	
	照明设施	防爆灯具	防爆灯具、灯杆	
	现场火灾报警、呼叫系统	火灾报警按钮、呼叫电话站	报警按钮、防爆电话站	

5.1.2 反应工序设备见表2。

表2 反应工序主要设备

名称	设备种类		主要设备	通用、专用设备检修规程的代码
转动设备	压缩机	离心式压缩机	循环气压缩机	SHS 01018
		活塞式压缩机		SHS 01020
		螺杆式压缩机		SHS 01021

表 2　反应工序主要设备（续）

<table>
<tr><th>名称</th><th colspan="2">设备种类</th><th>主要设备</th><th>通用、专用设备检修规程的代码</th></tr>
<tr><td rowspan="5">仪表</td><td rowspan="4">泵</td><td>离心泵</td><td>调温水循环泵</td><td>SHS 01013</td></tr>
<tr><td>螺杆泵</td><td>润滑油泵、催化剂加料泵</td><td>SHS 01016</td></tr>
<tr><td>往复泵</td><td></td><td>SHS 01015</td></tr>
<tr><td>齿轮泵</td><td>润滑油泵</td><td>SHS 01017</td></tr>
<tr><td colspan="2">给料器</td><td>催化剂加料器</td><td></td></tr>
<tr><td rowspan="11">静设备</td><td colspan="2">反应釜</td><td>淤浆催化剂搅拌釜</td><td></td></tr>
<tr><td>反应器</td><td>聚合反应器</td><td>聚合反应器</td><td>SHS 01008</td></tr>
<tr><td rowspan="2">换热器</td><td>管壳式换热器</td><td>循环气冷却器、润滑油冷却器</td><td>SHS 01009</td></tr>
<tr><td>板式换热器</td><td>调温水冷却器</td><td>SHS 01048</td></tr>
<tr><td colspan="2">压力容器</td><td>反应器、换热器、缓冲罐、出料罐</td><td>SHS 01004</td></tr>
<tr><td colspan="2">常压容器、常压储罐</td><td></td><td></td></tr>
<tr><td colspan="2">压力管道</td><td>乙烯、循环气、出料、氮气压力管道</td><td>SHS 01005</td></tr>
<tr><td colspan="2">安全阀</td><td>安全阀</td><td></td></tr>
<tr><td colspan="2">阀门</td><td>球阀、闸阀、截止阀、调节阀</td><td>SHS 01030</td></tr>
<tr><td colspan="2">火炬</td><td></td><td></td></tr>
<tr><td rowspan="4">仪表设备</td><td colspan="2">常规仪表</td><td>检测仪表、显示或报警仪表、控制仪表、辅助工序、执行器及其附件</td><td>SHS 07002
SHS 07003
SHS 07005</td></tr>
<tr><td>控制系统</td><td>集散控制系统（DCS）、可编程控制系统（PLC）、机组控制系统（CCS 或 ITCC）、工业控制计算机系统（IPC）、监控和数据采集系统（SCADA）</td><td>DCS、PLC</td><td>SHS 07008
SHS 07011</td></tr>
<tr><td>安全仪表系统(SIS)</td><td>安全联锁系统、紧急停车系统和可燃、有毒有害气体及火灾检测保护系统</td><td>ICS TRUSTED 的安全联锁系统</td><td>SHS 07010</td></tr>
<tr><td>在线分析仪表</td><td>工业气相色谱仪、氧分析仪、红外分析仪、质谱仪、pH 计、电导仪、水分仪</td><td>工业气相色谱仪</td><td>SHS 07006</td></tr>
</table>

表 2　反应工序主要设备（续）

名称	设备种类		主要设备	通用、专用设备检修规程的代码
仪表设备	安全环保仪表	可燃气体检测报警仪、有毒有害气体检测报警仪、氨氮分析仪、化学需氧量分析仪（COD）、水质分析仪、烟气分析仪（CEMS）	可燃气体检测报警仪、有毒有害气体检测报警仪。	SHS 07010
	特殊仪表	振动／位移检测仪表、转速控制仪表	关键机组振动／位移检测仪表和转速控制仪表	SHS 07007
电气设备	电动机	防爆电动机	6kV、0.4kV 电动机	
	润滑油加热系统	油加热器	电源、温控器、加热管	
	伴热系统	电伴热	伴热带、保温、温控器	
	现场操作站	控制箱、操作柱	按钮、接触器、中间继电器、转换开关、指示灯、电流表	
	现场动力箱	检修、照明电源箱	空气开关 接触器 、漏电保护器、插座	
	照明设施	防爆灯具	防爆灯具、灯杆	
	现场火灾报警、呼叫系统	火灾报警按钮、呼叫电话站	报警按钮、防爆电话站	

5.1.3　回收工序设备见表 3。

表 3　回收工序主要设备

名称	设备种类		主要设备	通用、专用设备检修规程的代码
转动设备	压缩机	活塞式压缩机	排放气压缩机	SHS 01020
		螺杆式压缩机	制冷压缩机	SHS 03062
	泵	离心泵	乙二醇泵、回收高速泵	SHS 01012
		螺杆泵	润滑油泵	SHS 01016
		往复泵	冷剂回收泵	SHS 01014.15
		齿轮泵	润滑油泵	SHS 01017

表 3　回收工序主要设备（续）

名称	设备种类		主要设备	通用、专用设备检修规程的代码
静设备	换热器	管壳式换热器	润滑油冷却器、排放气高压冷却器、排放气高压冷凝器、排放气低压冷却器、排放气低压冷凝器、排放气换热器、冰机冷凝器、冰机蒸发器	SHS 01009
	压力容器		换热器、缓冲罐	SHS 01009
	常压容器、常压储罐		脱气仓	
	压力管道		排放气压力管道、冷凝液管道	SHS 01004
	安全阀		安全阀	
	阀门		球阀、闸阀、截止阀、调节阀	
	火炬			
仪表设备	常规仪表	压力变送器、温度变送器、调节阀、流量计	压力变送器、温度变送器、调节阀、流量计	SHS 07002
	控制系统	集散控制系统（DCS）、可编程控制系统（PLC）、机组控制系统（CCS 或 ITCC）、工业控制计算机系统（IPC）、监控和数据采集系统（SCADA）	DCS、PLC 系统	SHS 07008 SHS 07011
	安全仪表系统（SIS）	安全联锁系统、紧急停车系统和可燃、有毒有害气体及火灾检测保护系统	ICS TRUSTED 的安全联锁系统	SHS 07010
	在线分析仪表	工业气相色谱仪、氧分析仪、红外分析仪、质谱仪、pH 计、电导仪、水分仪		SHS 07006
	安全环保仪表	可燃气体检测报警仪、有毒有害气体检测报警仪、氨氮分析仪、化学需氧量分析仪（COD）、水质分析仪、烟气分析仪（CEMS）	可燃气体检测报警仪、有毒有害气体检测报警仪	SHS 07010
	特殊仪表	振动 / 位移检测仪表、转速控制仪表	关键机组振动 / 位移检测仪表和转速控制仪表	SHS 07007
电气设备	电动机	防爆电动机	6kV、0.4kV 电动机	

表 3　回收工序主要设备（续）

名称	设备种类		主要设备	通用、专用设备检修规程的代码
电气设备	润滑油加热系统	油加热器	电源、温控器、加热管	
	现场操作站	控制箱、操作柱	按钮、接触器、中间继电器、转换开关、指示灯、电流表	
	现场动力箱	检修、照明电源箱	空气开关 接触器 、漏电保护器、插座	
	照明设施	防爆灯具	防爆灯具、灯杆	
	现场火灾报警、呼叫系统	火灾报警按钮、呼叫电话站	报警按钮、防爆电话站	

5.1.4　造粒风送工序设备见表 4。

表 4　造粒风送工序主要设备

名称	设备种类		主要设备	通用、专用设备检修规程的代码
转动设备	压缩机	离心式压缩机	空气压缩机	SHS 02025
		活塞式压缩机		SHS 01020
		螺杆式压缩机	空气压缩机	SHS 03062
	泵	离心泵	颗粒水泵、筒体冷却水泵、	SHS 01012
		螺杆泵	润滑油泵	SHS 01016
		往复泵		SHS 01014.15
		齿轮泵	润滑油泵	SHS 01017
	造粒专用设备		混炼机、熔融泵、切粒机、干燥器、振动筛、破块器、加料器	
静设备	换热器	管壳式换热器	润滑油冷却器	SHS 01009
	旋液分离器			
	压力容器		缓冲罐	SHS 01004
	常压容器、常压储罐		料仓	
	压力管道		工厂风管道	SHS 01005
	安全阀		安全阀、爆破片	
	阀门		球阀、闸阀、截止阀、调节阀、换向阀	
	火炬			

表 4　造粒风送工序主要设备（续）

名称	设备种类		主要设备	通用、专用设备检修规程的代码
仪表设备	常规仪表	压力变送器、温度变送器、调节阀、流量计	压力变送器、温度变送器、调节阀、流量计	SHS 07002 SHS 07003 SHS 07005
	控制系统	集散控制系统（DCS）、可编程控制系统（PLC）、机组控制系统（CCS 或 ITCC）、工业控制计算机系统（IPC）、监控和数据采集系统（SCADA）	PLC 系统	SHS 07008 SHS 07011
	安全仪表系统（SIS）	安全联锁系统、紧急停车系统和可燃、有毒有害气体及火灾检测保护系统		SHS 07010
	在线分析仪表	工业气相色谱仪、氧分析仪、红外分析仪、质谱仪、pH 计、电导仪、水分仪	氧分析仪	SHS 07006
	安全环保仪表	可燃气体检测报警仪、有毒有害气体检测报警仪、氨氮分析仪、化学需氧量分析仪（COD）、水质分析仪、烟气分析仪（CEMS）	可燃气体检测报警仪、有毒有害气体检测报警仪	SHS 07010
	特殊仪表	振动 / 位移检测仪表、转速控制仪表	关键机组振动 / 位移检测仪表和转速控制仪表	SHS 07007
电气设备	电动机	防爆电动机	6kV、0.4kV 电动机	
	伴热系统	电伴热	伴热带、保温、温控器	
	润滑油、导热油加热系统	油加热器	电源、温控器、加热管	
	现场操作站	控制箱、操作柱	按钮、接触器、中间继电器、转换开关、指示灯、电流表	
	现场动力箱	检修、照明电源箱	空气开关 接触器 、漏电保护器、插座	
	照明设施	防爆灯具	防爆灯头、灯具	

表 4　造粒风送工序主要设备（续）

名称	设备种类		主要设备	通用、专用设备检修规程的代码
电气设备	现场火灾报警、呼叫系统	烟温复合探头、火灾报警按钮、呼叫电话站	报警按钮、防爆电话站	

5.2　检修周期

5.2.1　气相法（线型低密度）聚乙烯装置检修应根据实际运行情况进行定期停车检修，检修周期按 48～60 个月确定。

5.2.2　有备用设备的或日常可以进行检修的不列入大修项目（除特殊情况外）。

5.3　检修内容

5.3.1　确定检修内容的依据

5.3.1.1　按法律法规要求的特种设备定期检验。

5.3.1.2　不符合国家安全与环境保护、节能要求的设备改造和更新。

5.3.1.3　对本次检修或下次检修之前已到法定检验时间的计量设施。

5.3.1.4　设备状况：

静设备：炉、塔、换热器、反应器、容器等设备内部因内构件损坏、结焦、积垢腐蚀等原因造成运行状况恶化、性能降低等；

转动设备：磨损、疲劳、泄漏、振动等原因造成运行状况恶化、性能降低等；

电气设备：部件老化等原因造成运行状况恶化、性能降低等；

仪表设备：部件老化等原因造成运行状况恶化、性能降低等。

5.3.1.5　工艺催化剂（三剂）失效。

5.3.1.6　钢结构平台、设备基础、房屋等建构筑物老化、锈蚀等必须在停车检修期间内维修的项目。

5.3.1.7　安全防护设施失效。

5.3.2　检修具体内容

停车大修是对气相法（线性低密度）聚乙烯装置安全环保、长周期运行及经济效益有重大影响的设备、管线、电气仪表系统、土建及基础设施等在运行周期内将要发生的功能故障进行全面检修。其他检修是除大修外对装置局部或设备本体有经济运行影响的功能故障而进行的检修。

装置长周期运行有重要影响的主要设备（A 类、B 类、系统功能）的功能故障见下列各工序主要设备功能故障分析表。

5.3.2.1 精制工序主要设备功能故障分析见表5。

表5 精制工序主要设备功能故障分析

序号	设备名称	设备功能	功能故障	故障周期／月	检修策略	质量要求	专业类别
1	氮气增压机	将氮气升压	压缩机出口压力低、流量低，排气温度高，轴承温度高，冷却水故障，异常声响，润滑油供油故障，设备条件联锁，仪表故障	48	预定视情维修：排气压力、温度、流量、振动、轴承温度、填料泄漏量、润滑油压、控制油压、润滑油指标、过滤器差压； 定期维修：更换进排气阀，更换活塞环、导向环，更换气封、更换油过滤器及入口过滤网，检查轴瓦、连杆、十字头、曲轴、活塞等各部位间隙，清理冷却系统上的积焦和仪表调试	恢复压缩机在装置的设备功能作用，具体的质量要求见《通用设备检修规程》	B类

5.3.2.2 聚合反应工序主要设备功能故障分析见表6。

表6 聚合反应工序主要设备功能故障分析

序号	设备名称	设备功能	功能故障	故障周期／月	检修策略	质量要求	专业类别
1	循环气压缩机	为反应器流化床层提供动力	压缩机出口压力低、流量低，干气密封泄漏，静密封泄漏，轴振动大，轴位移大，轴承温度高，喘振，异常声响，润滑油供油故障，设备条件联锁，仪表故障	60	预定视情维修：轴承振动、位移、温度、干气密封泄漏量、润滑油压、控制油压、润滑油指标、过滤器差压、流量； 定期维修：更换干气密封及干气密封过滤芯，检查轴承，清洗叶轮、蜗壳和过滤器，清理迷宫式密封上的积焦和仪表调试	压缩机流量、压力满足生产需求，各级温度、压力、振动、油压等在运行范围之内，具体的质量要求见《垂直剖分离心式压缩机维护检修规程》	A类

5.3.2.3 脱气回收工序主要设备功能故障分析见表7。

表 7 脱气回收工序主要设备功能故障分析

序号	设备名称	设备功能	功能故障	故障周期/月	检修策略	质量要求	专业类别
1	回收气压缩机	为回收气增压	压缩机出口压力低、流量低，排气温度高，轴承温度高，冷却水故障，异常声响，润滑油供油故障，设备条件联锁，仪表故障	48～60	预定视情维修：排气压力、温度、流量、振动、轴承温度、填料泄漏量、润滑油压、控制油压、润滑油指标、过滤器差压； 定期维修：更换进排气阀，更换活塞活塞环、导向环，更换气封、更换油过滤器及入口过滤网，检查轴瓦、连杆、十字头、曲轴、活塞等各部位间隙，清理冷却系统和仪表调试	压缩机流量、压力满足生产需求，各级温度、压力、振动、油压等在运行范围之内，具体的质量要求见《活塞式压缩机维护检修规程》	B类
2	制冷压缩机	为回收共聚单体提供冷量	压缩机排气温度高，制冷能力不足、吸气温度高，运行中异常声响，调节机构故障	48～60	预定视情维修：排气压力、温度、流量、振动、轴承温度、润滑油油压、润滑油液位、氟利昂液位、润滑油指标、过滤器差压； 定期维修：检查转子各部位间隙，更换轴承，更换机械密封，更换油过滤器及入口过滤网，更换调节阀密封，清理冷却系统和仪表调试	压缩机制冷量满足生产需求，各级温度、压力、振动、油压等在运行范围之内，具体的质量要求见《螺杆压缩机维护检修规程》	B类

5.3.2.4 造粒风送工序主要设备功能故障分析见表 8。

表 8 造粒风送工序主要设备功能故障分析

序号	设备名称	设备功能	功能故障	故障周期/月	检修策略	质量要求	专业类别
1	混炼机	将粉料树脂熔融状态	混炼机减速箱轴承温度高、振动大、异常声响。混炼机轴承温度高、螺杆结焦、水端漏料、闸口调节阀故障，筒体冷却水故障，异常声响，润滑油供油故障，仪表故障等	12	预定视情维修：减速箱轴承温度、振动、油温。混炼机轴承温度、振动，螺旋密封泄漏，润滑油压、控制油压、润滑油指标、过滤器差压； 定期维修：检查检修减速箱齿轮啮合间隙，检查轴承及联轴器。混炼机更换轴承、油封，检查清理螺杆及螺旋密封，检查闸口调节阀，更换油过滤器及入口过滤器，清理冷却系统和仪表调试	恢复设备在装置的设备功能作用，具体的质量要求见《挤压造粒机维护检修规程》	B类

表 8　造粒风送工序主要设备功能故障分析（续）

序号	设备名称	设备功能	功能故障	故障周期／月	检修策略	质量要求	专业类别
2	齿轮泵及换筛器	给熔融树脂增压并过滤	齿轮泵减速箱轴承温度高、振动大、异常声响。齿轮泵轴承温度高，出口温度、压力高，换筛器过滤网压差高，模板堵塞	36	预定视情维修：减速箱轴承温度、振动、油温。齿轮泵轴承温度，转子密封泄漏，换筛器压差、模板堵塞； 定期维修：检查检修减速箱齿轮啮合间隙，检查轴承及联轴器。齿轮泵检查轴瓦及啮合间隙，更换转子密封，更换换筛器过滤网，更换模板和仪表调试	恢复设备在装置的设备功能作用，具体的质量要求见《挤压造粒机维护检修规程》	B类
3	切粒机	将熔融树脂切成颗粒状，冷却并输送到下游设备	切刀损坏，模板堵塞	12	预定视情维修： 定期维修	恢复设备在装置的设备功能作用，具体的质量要求见《挤压造粒机维护检修规程》	B类

5.3.2.5　系统功能故障分析见表 9。

表 9　系统功能故障分析

序号	工序名称	装置功能	功能故障	故障后果	故障策略及检修内容	故障周期／月
1	精制工序乙烯系统	将原料乙烯中含有的杂质如乙炔、一氧化碳、二氧化碳、氧气和微量水脱除	脱除杂质的催化剂失效、分子筛失效或分子筛再生熔融粘结	聚合反应静电升高反应终止或装置停工	定期组织在线再生或换剂	12～48
2	精制工序共聚单体系统	脱除共聚单体中的轻组分和微量的水	干燥器分子筛吸附饱和	聚合反应静电升高反应终止或装置停工	定期组织干燥器在线再生	24～48
3	精制工序冷剂系统	脱除冷剂单体中的轻组分和微量的水	干燥器分子筛吸附饱和	聚合反应静电升高反应终止	定期组织在线再生	36
4	精制工序氮气系统	脱除氮气中的氧气和微量的水	脱氧分子筛失效或脱水分子筛吸附饱和	使聚合反应催化剂失效，反应终止；影响干燥器再生效果	修复压缩机定期组织在线再生	36

表 9　系统功能故障分析（续）

序号	工序名称	装置功能	功能故障	故障后果	故障策略及检修内容	故障周期／月
5	精制工序氢气系统	脱除微量氧气、水和极性杂质	脱氧分子筛失效或脱水分子筛吸附饱和	使聚合反应催化剂失效，反应终止	定期组织在线再生	36
6	聚合反应工序进料系统	提供聚合反应所需的各种物料，并按比例加入反应器	某种物料中断或加入过多	反应温度失控，产品质量超标	各流量计定时校准维修	12
7	聚合反应工序出料系统	将反应器生成的树脂间歇送出至脱气仓	出料罐或出料阀门故障或泄漏	出料阀门故障；出料罐出料管线结块，反应器无法出料，导致装置减产或停工	维修出料阀，清理出料罐及出料管线	12
8	聚合反应工序循环冷却系统	散出聚合反应产生的热量	冷却水中断，调温水泵故障停，板式换热器结垢	装置减产或停工	定期维修水泵；清理或更换板式换热器	12
9	聚合反应工序催化剂注入系统	引发聚合反应	催化剂加料器故障	装置减产或停工	定期检查维修催化剂加料器	6
10	聚合反应工序反应流化床系统	为流化床提供动力并移除反应器中的热量	结块、堵塞、飞温、流化效果差	装置减产或停工；恶性结块	严格控制反应参数，定期检查校验各温度表、压差表	1
11	脱气回收工序	回收乙烯及共聚单体降低物耗；为出料系统提供动力，降低能耗、物耗	脱气仓结块架桥；过滤器堵塞；压缩机或冰机故障	装置停工装置物耗能耗上升	定期更换过滤器，维修压缩机；冰机	6
	深冷回收系统	回收排放气缓冲罐富余气体中的乙烯、丁烯、氮气	膨胀机故障	深冷系统停工，物耗上升	定期检查维修	12
12	造粒机组工序	改善产品性能，稳定产品质量	造粒机组故障	装置减产，无法生产颗粒树脂	定期维修造粒机组及风送系统各加料器、换向阀	12
	树脂下料系统故障	为造粒机组提供粉料树脂	破块器或振动筛故障	装置减产，造粒机组停工	定期检查维修	1
	添加剂系统	改善树脂产品物理性能	添加剂下料系统故障	树脂产品不合格，造粒机组停工	定期检查维修	1

6 装置检修管理

6.1 装置检修前准备工作

6.1.1 装置检修前，参检单位要做好检修作业指导书、施工方案、检修图纸、现场施工平面布置图等各类资料的准备及审核，相关检修资料最终经业主方审批确认后方可实施。

6.1.2 进入检修现场的各类施工机具、器具，必须是合格的、适用的，必须有检定合格证和标记，并在有效期内使用，严禁使用未经校验的机具。进场前，所有自检合格并贴有自检合格证的施工机具，要列出汇总清单上交给业主方，并经业主方检验后方可使用。

6.1.3 进入现场的检修耗材、配件等，必须附有质量证明文件，并在指定的地点规范存放。在安装、使用各类检修材料前，应对材料的外观质量进行检查确认，参检单位要做到领用材料检验有见证、验收有记录。

6.1.4 参检单位的所有施工人员，必须具备相应的作业资质，检修前须做好检修方案、技能方面的培训，熟悉检修项目的特点，严格按检修方案进行施工。同时，施工人员必须进行业主方相关专业的教育培训，对无相应作业资质、未经教育培训或考核不合格的人员，一律不得上岗作业。

6.2 工艺交出检修条件

6.2.1 精制工序各含催化剂容器在检修换剂前要确保催化剂失去活性。反应工序反应器、脱气仓交出检修前要水解反应器和脱气仓以去除残存的烷基铝；反应工序烷基铝注入系统交出前要求操作人员在保证安全的前提下将系统中的残存烷基铝吹扫彻底、干净方可打开系统检修。操作人员要身着防火服作业。

6.2.2 在装置交付检修前，由生产管理部和安全环保部门组织相关单位召开安全验收会，检查确认设备容器人孔拆卸、盲板加装、容器内采样分析、停电、下水井封堵等工作，经相关部门签字确认后，由装置开具用火、用电、进入受限空间等相关票证，进入检修状态。工艺交出要具备以下条件：

6.2.2.1 装置所有盲板按照盲板图、表安装、编号、挂牌并经工艺员、设备员、安全员已签名确认；

6.2.2.2 PID 图上所有系统、管线得到置换处理并做好标识；

6.2.2.3 系统内设备、管线按规定进行吹扫和置换，取样分析合格；

6.2.2.4 下水井取样分析合格，存油清理干净，排水畅通，水封完好；

6.2.2.5 下水井和漏斗口用石棉布盖好，并用沙土封严；

6.2.2.6 系统内设备人孔打开前的确认；打开的设备人孔处挂上“未经许可，禁止入内”警示牌；

6.2.2.7 制定停工安全、环保措施和工作危害分析记录表（JHA）；

6.2.2.8 装置内分析不合格点挂标识，储存物料区标识、硬隔离；

6.2.2.9 制定检修中防硫化亚铁自燃方案；

6.2.2.10 指定具有监护人资格的人员负责动火、进设备等作业的监护。

装置交付检修确认表见附录A。

6.3 检修过程安全环保要求

执行中国石化HSSE管理规定，大修全过程实现“三零一文明”的要求。

6.3.1 安全管理规定具体参考《检修改造安全管理具体要求》；

6.3.2 “三零一文明”要求：零排放、零余料、零事故，文明施工；

6.3.3 确保检修后投料一次开车成功，实现“安全大修、优质大修、绿色大修、科学大修、高效大修、文明阳光大修”的目标。

检修过程HSSE管理执行附录B。

6.4 质量管理

质量管理的总体要求：成立检修质量管理组织机构，明确管理职责，建立质量管理程序文件。

6.4.1 对承包商资质、人员、机具等进行审查；

6.4.2 通过组织设计审查，确保设计质量；

6.4.3 物资采购管理部门组织对采购物资进行入库检验并对重点物资进行监造；

6.4.4 在施工过程中组织对检验检测的质量进行抽查。

6.5 变更管理

检修过程要加强变更管理，建立健全变更管理制度和工作流程，采取措施减少变更数量。原则上没有经过各级部门同意的变更不允许在检修中执行。

项目变更控制主要内容：

6.5.1 对于试用产品、设备备件结构形式改变、材质升级要充分识别，要有专门技术论证审批过程，审批时要加强相关专业沟通确认；

6.5.2 所有变更应事前发起，只有当变更得到批准后，才可组织实施。项目变更由变更提出单位发起申请并填写“变更申请单”，按照各企业相关制度规定的权限办理审批手续；

6.5.3 对于因材料找价差导致的超费用计划（或工单预算），需要补办变更手续；

6.5.4 对于不涉及费用计划的变更，如项目名称、版本号、承包商、施工方案、施工进度等也需办理相应的变更手续；

6.5.5 对于结算费用高于非包干合同标的按各企业管理制度执行变更；

6.5.6 投资类项目的变更参照各企业“固定资产投资过程控制管理规定”执行。

6.6 装置检修交回条件

6.6.1 装置检修交回确认主要内容

6.6.1.1 装置开工人员及开车保镖人员配备落实；
6.6.1.2 技术、原辅材料、动力、备品备件等方面的准备；
6.6.1.3 队伍技术状态、开工方案学习落实情况；
6.6.1.4 现场规格化情况；
6.6.1.5 工艺和设备联锁仪表校验情况；
6.6.1.6 HSSE 措施落实情况；
6.6.1.7 盲板拆除清单、技术准备情况；
6.6.1.8 机、电、仪、公用工程、储运、质检等相关专业准备情况；
6.6.1.9 停工临设拆除、施工尾项整改情况等。

6.6.2 该装置相关的工艺特性要求

装置检修交回开工确认表，见附录 C。

6.7 检修后期管理

6.7.1 资料交付

承包商应在检修项目结束后 30 天内将交工资料完整地交给使用单位，资料包含内容如下：

竣工图纸，施工技术方案，吊装方案，施工组织设计；施工技术记录，试压记录，中间工序验收单，隐蔽工程验收单，拆检回装记录，发现问题与修复记录，设备开箱资料，设备封闭记录；设备、材料、管道附件、配件的合格证明书及质量保证书，理化检验资料，衬里、防腐、保温施工技术记录及检验报告。

6.7.2 检修总结

装置检修结束后，要对检修改造工作进行总结，对好的做法进行总结、提炼，固化这些经验，指导今后检修改造工作；对检修改造中存在的问题，分析原因，完善措施，不断提高管理水平。

大修总结模板见附录 D。

7 装置日常维护

7.1 日常巡检

包括操作工的日常巡检和专业人员（设备管理人员、专业维保人员、电仪专业人

员）的日常点检。

7.2 日常维护

装置日常维护的基本内容包括：设备维护保养、设备检查和设备修理。

7.2.1 设备维护保养

设备维护保养的内容是保持设备清洁、整齐、润滑良好、安全运行，包括及时紧固松动的紧固件，调整活动部分的间隙等。简言之，即“清洁、润滑、紧固、调整、防腐”十字作业法。维护保养依工作量大小和难易程度分为装置操作工保养、专职保养维修工的保养。

7.2.1.1 装置操作工保养

主要内容是：进行清洁、润滑、紧固易松动的零件，检查零件、部件的完整。这类保养的项目和部位较少，大多数在设备的外部，一般由装置操作工人承担。

7.2.1.2 专职保养维修工的保养

主要内容包括对设备内部清洁、润滑、局部解体检查和调整，必要时对达到规定磨损限度的零件加以更换。此外，还要对主要零部件的磨损情况进行测量、鉴定和记录。具体标准执行通用设备的检修规程。

在两种维护保养中，装置操作工保养是基础，专职保养维修工的保养是关键。

7.2.2 设备检查和设备修理

设备检查按时间间隔分为日常检查和定期检查。

日常检查由操作人员执行，同操作工的保养结合起来，目的是及时发现不正常的技术状况，进行必要的维护保养工作。

定期检查是按照计划，在操作工参加下，定期由专职维修工执行，也就是预防性检查维修。目的是通过检查，全面准确地掌握零件磨损的实际情况，以便确定是否有进行修理的必要。

7.3 常见设备故障

由于低密度聚乙烯产品温度高和附着性强，设备容易出现的故障模式有管线被腐蚀减薄穿孔、换热管容易堵塞致使换热失效、阀门腐蚀失效内漏、容器内部被腐蚀减薄、机泵的外壳冲刷腐蚀效率降低、过滤器容易堵塞失效等。

线性低密度聚乙烯装置正常生产时，常发生的设备故障见表 10。

表 10 常见设备故障

设备类型	故障类型	处理方法
换热器类	堵塞失效	用高压水进行清洗
	换热管腐蚀穿孔泄漏	用堵头将穿孔换热管堵死

表10 常见设备故障（续）

设备类型	故障类型	处理方法
容器罐类	水包出现腐蚀减薄	采用玻璃纤维布缠绕堵死
	进料管线法兰腐蚀减薄失效泄漏	更换法兰
过滤器类	堵塞现象	切出清理或更换过滤器滤芯
物料输送泵	故障现象是易发生抽空，致使机泵轴承和密封失效	更换轴承和机封
活塞式压缩机类	压缩机出口压力低、流量低，排气温度高，轴承温度高，冷却水故障，异常声响，润滑油供油故障，设备条件联锁，仪表故障	预定视情维修：排气压力、温度、流量、振动、轴承温度、填料泄漏量、润滑油压、控制油压、润滑油指标、过滤器差压
		定期维修：更换进排气阀，更换活塞环、导向环，更换气封、更换油过滤器及入口过滤网，检查轴瓦、连杆、十字头、曲轴、活塞等各部位间隙，清理冷却系统上的积焦和仪表调试
离心式压缩机类	压缩机出口压力低、流量低，干气密封泄漏，静密封泄漏，轴振动大，轴位移大，轴承温度高，喘振，异常声响，润滑油供油故障，设备条件联锁，仪表故障	预定视情维修：轴承振动、位移、温度、干气密封泄漏量、润滑油压、控制油压、润滑油指标、过滤器差压、流量
		定期维修：更换干气密封及干气密封过滤芯，检查轴承，清洗叶轮、蜗壳和过滤器，清理迷宫式密封上的积焦和仪表调试
回收气压机	压缩机出口压力低、流量低，排气温度高，轴承温度高，冷却水故障，异常声响，润滑油供油故障，设备条件联锁，仪表故障	预定视情维修：排气压力、温度、流量、振动、轴承温度、填料泄漏量、润滑油压、控制油压、润滑油指标、过滤器差压
		定期维修详见活塞式压缩机维护检修规程
螺杆式压缩机类	压缩机排气温度高，制冷能力不足、吸气温度高，运行中异常声响，调节机构故障	预定视情维修：排气压力、温度、流量、振动、轴承温度、润滑油油压、润滑油液位、氟利昂液位、润滑油指标、过滤器差压
		定期维修：检查转子各部位间隙，更换轴承，更换机械密封，更换油过滤器及入口过滤网，更换调节阀密封，清理冷却系统和仪表调试
混炼机	混炼机减速箱轴承温度高、振动大、异常声响。混炼机轴承温度高、螺杆结焦、水端漏料、闸口调节阀故障，筒体冷却水故障，异常声响，润滑油供油故障，仪表故障等	预定视情维修：减速箱轴承温度、振动、油温。混炼机轴承温度、振动，螺旋密封泄漏，润滑油压、控制油压、润滑油指标、过滤器差压
		定期维修：检查检修减速箱齿轮啮合间隙，检查轴承及联轴器。混炼机更换轴承、油封，检查清理螺杆及螺旋密封，检查闸口调节阀，更换油过滤器及入口过滤器，清理冷却系统和仪表调试

表 10 常见设备故障（续）

设备类型	故障类型	处理方法
齿轮泵及换筛器	齿轮泵减速箱轴承温度高、振动大、异常声响。齿轮泵轴承温度高，出口温度、压力高，换筛器过滤网压差高，模板堵塞	预定视情维修：减速箱轴承温度、振动、油温。齿轮泵轴承温度，转子密封泄漏，换筛器压差、模板堵塞
		定期维修：检查检修减速箱齿轮啮合间隙，检查轴承及联轴器。齿轮泵检查轴瓦及啮合间隙，更换转子密封，更换换筛器过滤网，更换模板和仪表调试
循环气冷却器	介质换热效果达不到工艺要求，设备内漏或外漏	预定视情维修：温度、压力、采样分析
		定期维修：压力容器定期检验，管束清扫、试压，仪表检定
流化床反应器类	反应器内结块、分布板堵塞、设备泄漏	定期维修：压力容器定期检验，清理结块、清理分布板、试压，仪表检定
催化剂加料器	无法向反应器注入或加入过量催化剂	预定视情维修：清理加料器加速段、注射管、更换耐磨盘
特殊阀门出料阀	无法开启、无法将粉料送出，造成装置非计划停工	预定视情维修：清理阀体内部积料，更换电磁阀、阀座、密封件、维修气缸等
循环水泵	出口压力不足，密封泄漏泵故障反应热无法散出，造成反应器高温、结块甚至装置非计划停工	预定视情维修：温度、压力、振动、密封泄漏量、油位、润滑油指标
		定期维修详见《离心泵检修规程》
出料罐	罐内结块、熔罐无法达到使用要求，设备腐蚀泄漏或静密封泄漏	预定视情维修：流量、压力
		定期维修：压力容器定期检验，内构件检查、修复，仪表检定，安全附件定期校验（1 年）
汽提塔顶冷却器	介质换热效果达不到工艺要求，设备内漏或外漏	预定视情维修：温度、压力、采样分析
		定期维修：压力容器定期检验，管束清扫、试压，仪表检定
共聚单体汽提塔	介质分离效果达不到工艺要求，设备腐蚀泄漏或静密封泄漏	预定视情维修：液位、温度、流量、压力
		定期维修：压力容器定期检验，塔盘清扫，内构件检查、修复，仪表检定，安全附件定期校验（1 年）
共聚单体缓冲罐	设备腐蚀泄漏或静密封泄漏，容器堵塞	预定视情维修：液位、流量、压力
		定期维修：压力容器定期检验，内构件检查、修复，仪表检定，安全附件定期校验（1 年）
共聚单体储罐	设备腐蚀泄漏或静密封泄漏，容器堵塞	预定视情维修：液位、流量、压力
		定期维修：压力容器定期检验，内构件检查、修复，仪表检定，安全附件定期校验（1 年）
共聚单体干燥器	设备腐蚀泄漏或静密封泄漏，容器堵塞、干燥剂失效	预定视情维修：流量、压力、再生或更换催化剂
		定期维修：压力容器定期检验，内构件检查、修复，仪表检定，安全附件定期校验（1 年）

表 10 常见设备故障（续）

设备类型	故障类型	处理方法
异戊烷储罐	设备腐蚀泄漏或静密封泄漏，容器堵塞	预定视情维修：液位、流量、压力
		定期维修：压力容器定期检验，内构件检查、修复，仪表检定，安全附件定期校验（1年）
异戊烷汽提塔	介质分离效果达不到工艺要求，设备腐蚀泄漏或静密封泄漏	预定视情维修：液位、温度、流量、压力
		定期维修：压力容器定期检验，塔盘清扫，内构件检查、修复，仪表检定，安全附件定期校验（1年）
异戊烷汽提塔顶冷却器	介质换热效果达不到工艺要求，设备内漏或外漏	预定视情维修：温度、压力、采样分析
		定期维修：压力容器定期检验，管束清扫、试压，仪表检定
异戊烷冷却器	介质换热效果达不到工艺要求，设备内漏或外漏	预定视情维修：温度、压力、采样分析
		定期维修：压力容器定期检验，管束清扫、试压，仪表检定
异戊烷干燥器	设备腐蚀泄漏或静密封泄漏，容器堵塞、干燥剂失效	预定视情维修：流量、压力；再生或更换催化剂
		定期维修：压力容器定期检验，内构件检查、修复，仪表检定，安全附件定期校验（1年）
共聚单体进料泵	出口压力不足，密封泄漏，不能正常运行	预定视情维修：温度、压力、振动、密封泄漏量、油位、润滑油指标
		定期维修详见《离心泵检修规程》
共聚单体输送泵	出口压力不足，密封泄漏，不能正常运行	预定视情维修：温度、压力、振动、密封泄漏量、油位、润滑油指标
		定期维修详见《离心泵检修规程》
异戊烷输送泵	出口压力不足，密封泄漏，不能正常运行	预定视情维修：温度、压力、振动、密封泄漏量、油位、润滑油指标
		定期维修详见《离心泵检修规程》
异戊烷加料泵	出口压力不足，密封泄漏，不能正常运行	预定视情维修：温度、压力、振动、密封泄漏量、油位、润滑油指标
		定期维修详见《往复泵检修规程》
乙烯脱炔器	设备腐蚀泄漏或静密封泄漏，容器堵塞、催化剂失效	预定视情维修：温度、流量、压力；更换催化剂
		定期维修：压力容器定期检验，内构件检查、修复，仪表检定，安全附件定期校验（1年）
乙烯脱一氧化碳器	设备腐蚀泄漏或静密封泄漏，容器堵塞、催化剂失效	预定视情维修：温度、流量、压力；更换催化剂
		定期维修：压力容器定期检验，内构件检查、修复，仪表检定，安全附件定期校验（1年）
乙烯脱氧器	设备腐蚀泄漏或静密封泄漏，容器堵塞、催化剂失效	预定视情维修：温度、流量、压力；更换催化剂
		定期维修：压力容器定期检验，内构件检查、修复，仪表检定，安全附件定期校验（1年）

表 10 常见设备故障（续）

设备类型	故障类型	处理方法
乙烯干燥器	设备腐蚀泄漏或静密封泄漏，容器堵塞、催化剂失效	预定视情维修：温度、流量、压力；再生或更换催化剂
		定期维修：压力容器定期检验，内构件检查、修复，仪表检定，安全附件定期校验（1 年）
乙烯加热/冷却器	介质换热效果达不到工艺要求，设备泄漏	预定视情维修：温度、压力
		定期维修：压力容器定期检验，管束清扫、试压，仪表检定
乙烯脱 CO 预热器	介质换热效果达不到工艺要求，设备泄漏	预定视情维修：温度、压力
		定期维修：压力容器定期检验，管束清扫、试压，仪表检定
甲苯储罐	设备腐蚀泄漏或静密封泄漏，容器堵塞	预定视情维修：液位、流量、压力
		定期维修：压力容器定期检验，内构件检查、修复，仪表检定，安全附件定期校验（1 年）
甲苯干燥器	设备腐蚀泄漏或静密封泄漏，容器堵塞、催化剂失效	预定视情维修：温度、流量、压力；再生或更换催化剂
		定期维修：压力容器定期检验，内构件检查、修复，仪表检定，安全附件定期校验（1 年）
氮气脱氧预热器	介质换热效果达不到工艺要求，设备泄漏	预定视情维修：温度、压力
		定期维修：压力容器定期检验，内构件检查、修复，仪表检定，安全附件定期校验（1 年）
氮气脱氧器	设备腐蚀泄漏或静密封泄漏，容器堵塞、催化剂失效	预定视情维修：温度、流量、压力；更换催化剂
		定期维修：压力容器定期检验，内构件检查、修复，仪表检定，安全附件定期校验（1 年）
氮气干燥器	设备腐蚀泄漏或静密封泄漏，容器堵塞、催化剂失效	预定视情维修：温度、流量、压力；再生或更换催化剂
		定期维修：压力容器定期检验，内构件检查、修复，仪表检定，安全附件定期校验（1 年）
高压氮气缓冲罐	设备腐蚀泄漏或静密封泄漏，容器堵塞	预定视情维修：温度、压力
		定期维修：压力容器定期检验，内构件检查、修复，仪表检定，安全附件定期校验（1 年）
再生氮气加热器	设备腐蚀泄漏或静密封泄漏，容器堵塞	预定视情维修：温度、压力
		定期维修：压力容器定期检验，内构件检查、修复，仪表检定，安全附件定期校验（1 年）
氢气缓冲罐	设备腐蚀泄漏或静密封泄漏，容器堵塞	预定视情维修：温度、压力
		定期维修：压力容器定期检验，内构件检查、修复，仪表检定，安全附件定期校验（1 年）
氢气脱氧预热器	设备腐蚀泄漏或静密封泄漏，容器堵塞	预定视情维修：温度、压力
		定期维修：压力容器定期检验，内构件检查、修复，仪表检定，安全附件定期校验（1 年）

表 10 常见设备故障（续）

设备类型	故障类型	处理方法
氢气脱氧器	设备腐蚀泄漏或静密封泄漏，容器堵塞、催化剂失效	预定视情维修：温度、流量、压力；更换催化剂
		定期维修：压力容器定期检验，内构件检查、修复，仪表检定，安全附件定期校验（1 年）
氢气干燥器	设备腐蚀泄漏或静密封泄漏，容器堵塞、催化剂失效	预定视情维修：温度、流量、压力；再生或更换催化剂
		定期维修：压力容器定期检验，内构件检查、修复，仪表检定，安全附件定期校验（1 年）
脱气仓	设备腐蚀泄漏或静密封泄漏，容器结块堵塞	预定视情维修：料位、压力；更换过滤袋
		定期维修：内构件检查、修复，仪表检定，安全附件定期校验（1 年）
入口保护过滤器	设备腐蚀泄漏或静密封泄漏，滤芯堵塞	预定视情维修：压力、更换过滤芯
		定期维修：内构件检查、修复，仪表检定
低压冷却器	介质换热效果达不到工艺要求，设备堵塞泄漏	预定视情维修：温度、压力
		定期维修：压力容器定期检验，管束清扫、试压，仪表检定
低压冷凝器	介质换热效果达不到工艺要求，设备堵塞泄漏	预定视情维修：温度、压力
		定期维修：压力容器定期检验，管束清扫、试压，仪表检定
低压集液罐	设备腐蚀泄漏或静密封泄漏，容器堵塞	预定视情维修：液位、温度、流量、压力
		定期维修：压力容器定期检验，内构件检查、修复，仪表检定，安全附件定期校验（1 年）
高压冷却器	介质换热效果达不到工艺要求，设备堵塞泄漏	预定视情维修：温度、压力
		定期维修：压力容器定期检验，管束清扫、试压，仪表检定
高压冷凝器	介质换热效果达不到工艺要求，设备堵塞泄漏	预定视情维修：温度、压力
		定期维修：压力容器定期检验，管束清扫、试压，仪表检定
高压集液罐	设备腐蚀泄漏或静密封泄漏，容器堵塞	预定视情维修：液位、温度、流量、压力
		定期维修：压力容器定期检验，内构件检查、修复，仪表检定，安全附件定期校验（1 年）
排压机后冷器	介质换热效果达不到工艺要求，设备堵塞泄漏	预定视情维修：温度、压力
		定期维修：压力容器定期检验，管束清扫、试压，仪表检定
尾气缓冲罐	设备腐蚀泄漏或静密封泄漏，容器堵塞	预定视情维修：温度、压力
		定期维修：压力容器定期检验，内构件检查、修复，仪表检定，安全附件定期校验（1 年）
低压凝液回收泵	出口压力不足，密封泄漏，不能正常运行	预定视情维修：压力、振动、密封泄漏量、油位、润滑油指标
		定期维修详见《往复泵检修规程》
高压凝液回收泵	出口压力不足，密封泄漏，不能正常运行	预定视情维修：温度、压力、振动、密封泄漏量、油位、润滑油指标
		定期维修详见《往复泵检修规程》

表 10　常见设备故障（续）

设备类型	故障类型	处理方法
乙二醇输送泵	出口压力不足，密封泄漏，不能正常运行	预定视情维修：压力、振动、密封泄漏量、油位、润滑油指标
		定期维修详见《往复泵维护检修规程》
仪表设备	阀门常见故障：1. 阀门不动作；2. 阀位显示异常不到位	阀门常见故障处理方法：1. 检查过滤器减压阀压力设置是否符合要求；过滤器是否堵塞，吹扫排放过滤器；2. 检查电磁阀、电气阀门定位器、阀位指示开关接线是否牢固，电源是否正常，发现异常及时更换；3. 检查气缸是否串气，活塞动作是否顺畅，发现异常下线检修；4. 检查控制系统电源、输出元件工作是否正常，保险是否完好，接线是否牢固，发现异常及时处理
	压力、流量变送器常见故障：1. 测量显示不准确；2. 测量显示异常	变送器常见故障处理方法：1. 检查表头及测量回路接线是否牢固正确，控制系统电源输出是否正常，电压、电流信号输出是否正确，发现异常及时进行校验或更新备件；2. 取样管线是否畅通无堵塞，取样阀门开启是否正确
	温度仪表常见故障：1. 测量显示不准确；2. 测量显示异常	温度仪表常见故障处理方法：1. 检查表头及测量回路接线是否牢固正确，温度变送器电源输出是否正常，电压、电流信号输出是否正确；2. 检查一次测温元件安装、接线是否牢固正确，测温元件（热电势及阻值）是否完好，无开路、短路现象，线性良好，发现异常及时更换备件
	开关仪表常见故障：1. 开关假报，动作异常；2. 开关不动作	开关仪表常见故障处理方法：1. 检查开关及输出回路接线是否牢固正确，电源是否正常，信号输出是否正确，发现异常及时进行校验或更新备件；2. 取样管线是否畅通无堵塞，取样阀门开启是否正确；开关触点是否腐蚀，接触是否良好，动作是否灵敏
	状态监测仪表常见故障：1. 测量显示不准确；2. 测量显示异常	状态监测仪表常见故障处理方法：1. 检查一次测量元件安装是否牢固，测量回路接线是否正确；2. 检查二次表电源是否正常，接线是否牢固正确，输出信号是否正常。3. 如果条件具备，及时更换备件并重新进行校验
	1. DCS 系统由装置建设时的 HONEYWELL TDC3000 的 MC 控制器，设备已经升级换代，备件不足；2. 装置的原始设计联锁系统采用硬继电器，和硬接线组成，故障率高，修改逻辑烦琐	1. DCS 系统升级到 HONEYWELL 的 TPS 系统，提高了设备的可靠性；2. 联锁系统升级更换成 ICS TRUSTED 系统，提高了装置的安全等级

表 10 常见设备故障（续）

设备类型	故障类型	处理方法
电气设备常见故障	电源波动或失电造成高、低压电机保护动作跳闸，引起装置波动或停车	1. 检查变电所高压开关柜、低压开关柜电压波动情况；2. 检查开关柜每段负荷动作情况；3. 切除故障点及故障线路；4. 恢复电动机保护动作跳闸继电器；5. 恢复电动机供电电源，送电开车
	电动机烧毁或轴承故障	1. 检查电源电压和开关的工作情况；2. 用兆欧表检查定子绕组；3. 用兆欧表检查转子绕组及其外部电路中有无断路，并检查各连接点是否接触紧密、可靠；4. 测量电源电压；5. 测量三相电流，检查过热线圈；6. 可用双臂电桥测量各相绕组的直流电阻；7. 更换电机定子绕组；8. 抽出转子检查铁芯是否变形，轴是否弯曲，端盖的止口是否过松，轴承是否磨损，检查滚动轴承的装配情况或更换轴承
	现场操作站电气元件失灵损坏	检查按钮、接触器、中间继电器、转换开关、指示灯、电流表是否完好，更换已损器件，消除故障点，整体送电调试

附　录　A
（资料性附录）
装置停工交付检修确认表

<table>
<tr><td rowspan="3"></td><td colspan="7">中国石油化工股份有限公司 ×××× 分公司管理体系</td></tr>
<tr><td colspan="7">装置停工交付检修确认表</td></tr>
<tr><td>记录编号</td><td></td><td>使用单位</td><td colspan="4"></td></tr>
<tr><td colspan="2">停工检修单位</td><td></td><td>装置</td><td></td><td>时间</td><td colspan="2">年　月　日</td></tr>
<tr><td>单位</td><td colspan="3">确认内容</td><td colspan="2">存在问题</td><td>确认意见</td><td>确认人</td></tr>
<tr><td>停工单位</td><td colspan="3">1. 装置与系统是否有效隔离并提供对应的盲板表？
2. 是否有专用氮气线，是否专用？
3. 管线及容器是否吹扫干净并提供吹扫作业确认表？
4. 容器及塔测爆及氧含量是否合格？
5. 风险系数较大的作业是否进行危害识别分析
6. 对塔、容器仪表监控手段是否保留？
7. 动火作业项目是否公布？
8. 对本单位、施工单位参加检修的人员安全教育并考试是否进行？
9. 明沟、地面上是否有油？清污分流设施是否投用？
10. 对装置内电缆沟是否做出明显标志？
11. 设备、容器、管道是否全部打开并在设备人孔处挂“危险空间！严禁入内”的警示牌？
12. 检修现场下水井、地漏、明沟是否封闭，泵沟等是否建立水封？
13. 检修设备是否停电？</td><td colspan="2"></td><td></td><td></td></tr>
<tr><td>电气部门</td><td colspan="3">1. 是否已按用电单位停送电要求实施停送电？
2. 参加大修的电气作业人员是否进行电工作业资格的确认和相应的安全教育？
3. 其他</td><td colspan="2"></td><td></td><td></td></tr>
<tr><td>仪控部门</td><td colspan="3">1. 对本单位、施工单位参加检修的人员安全教育并考试是否进行？
2. 机柜间运行装置的机柜与检修的区域是否采用明显有效的隔离措施？
3. 仪表吹扫排放中相关安全环保措施是否明确落实？
4. 放射线同位素仪表停工检修防护措施是否落实？
5. 工器具是否进行相关安全检查？</td><td colspan="2"></td><td></td><td></td></tr>
</table>

装置停工交付检修确认表（续）

<table>
<tr><td rowspan="3" colspan="2"></td><td colspan="6">中国石油化工股份有限公司 ×××× 分公司管理体系</td></tr>
<tr><td colspan="6">装置停工交付检修确认表</td></tr>
<tr><td>记录编号</td><td></td><td>使用单位</td><td colspan="3"></td></tr>
<tr><td colspan="3">停工检修单位</td><td></td><td>装置</td><td></td><td>时间</td><td>年 月 日</td></tr>
<tr><td colspan="2">单位</td><td colspan="2">确认内容</td><td colspan="2">存在问题</td><td>确认意见</td><td>确认人</td></tr>
<tr><td colspan="2">仪控部门</td><td colspan="2">6. 重大作业项目是否编写施工作业方案和进行危害识别与评价？
7. 高处作业的脚手架是否搭设妥当并验收合格？
8. 每项作业施工是否具有合格的施工检修作业票？相关安全措施是否落实到位？
9. 劳保用品穿戴是否符合要求？
10. 检修质量和检修内容是否符合要求？</td><td colspan="2"></td><td></td><td></td></tr>
<tr><td colspan="2">消防部门</td><td colspan="2">1. 现场消气防器材是否齐全、完好？
2. 消防、疏散通道是否符合要求？
3. 其他</td><td colspan="2"></td><td></td><td></td></tr>
<tr><td rowspan="2">生产部门</td><td>技术科</td><td colspan="2">1. 检查吹扫作业票的确认签名是否落实？
2. 现场检查盲板是否按方案和盲板清单进行安装？
3. 检查瓦斯、氮气和工艺介质等物料在装置边界是否进行有效隔离？
4. 催化剂、保护剂、胺液或按方案不退的介质是否按方案要求进行了有效安全隔离？</td><td colspan="2"></td><td></td><td></td></tr>
<tr><td>管理科</td><td colspan="2">1. 检查配合外系统的吹扫是否已满足要求可以停运？
2. 其他</td><td colspan="2"></td><td></td><td></td></tr>
<tr><td rowspan="2">机动部门</td><td>设备科</td><td colspan="2">1. 已按停工方案要求抽堵盲板，且要做好明显标记，并指定专人统一编号登记，严防漏堵、漏拆。盲板的材质、厚度符合安全要求。
2. 与炉、塔、容器相连的蒸汽、氮气等有害介质的阀门，已加盲板隔离。
3. 未经吹扫处理的设备、容器、管道已与系统隔离，设置明显警示标志，并向职工和施工单位交底。
4. 冬季停工，装置要做好防冻防凝工作</td><td colspan="2"></td><td></td><td></td></tr>
<tr><td>动力科</td><td colspan="2">1. 变配电所内电气安全用具、消防器材已检查并在有效期限内。
2. 变配电所内的工器具已检查合格。
3. 电气现场检修动力箱（固定）、临时变已检查合格。
4. 配送电单位、施工单位参修人员已经安全教育并考试合格。
5. 外来人员已经安全安全教育并考试合格。
6. 工艺要提供装置停工后仍需使用的仪表清单。
7. 电气专业提供停工期间停电网络，仪表提前准备</td><td colspan="2"></td><td></td><td></td></tr>
</table>

装置停工交付检修确认表（续）

<table>
<tr><td colspan="2" rowspan="3"></td><td colspan="7">中国石油化工股份有限公司 ×××× 分公司管理体系</td></tr>
<tr><td colspan="7">装置停工交付检修确认表</td></tr>
<tr><td>记录
编号</td><td></td><td>使用
单位</td><td colspan="4"></td></tr>
<tr><td colspan="3">停工检修单位</td><td></td><td>装置</td><td></td><td>时间</td><td colspan="2">年　月　日</td></tr>
<tr><td colspan="2">单位</td><td colspan="3">确认内容</td><td colspan="2">存在问题</td><td>确认意见</td><td>确认人</td></tr>
<tr><td rowspan="3">安环部门</td><td>管理科</td><td colspan="3">1. 对本单位、施工单位参加检修的人员安全教育并考试是否进行？
2. 其他</td><td colspan="2"></td><td></td><td></td></tr>
<tr><td>环保科</td><td colspan="3">1. 明沟、地面上是否有油？清污分流设施是否投用？
2. 其他</td><td colspan="2"></td><td></td><td></td></tr>
<tr><td>安全科</td><td colspan="3">1. 现场固定式可燃气体报警仪、H_2S 报警仪等探头是否进行妥善保护？
2. 对装置内电缆沟是否做出明显标志？
3. 设备、容器、管道是否全部打开并在设备人孔处挂“危险空间！严禁入内”的警示牌？
4. 检修现场下水井、地漏、明沟是否封闭，泵沟等是否建立水封？
5. 打开的设备、容器、管道测爆分析是否合格？
6. 运行的装置与检修的区域是否采用明显有效的隔离措施？存在工艺介质的工艺管线是否做出标志？
7. 其他</td><td colspan="2"></td><td></td><td></td></tr>
<tr><td colspan="2">领导
意见</td><td colspan="3"></td><td colspan="2"></td><td></td><td></td></tr>
</table>

附　录　B
（资料性附录）
检修施工现场 HSSE 日检表

序号	检查内容	存在问题	检查人员	整改情况	验证人	备注
1	临时用电					
1.1	配备合格的持证电工					
1.2	配电箱合格、有防雨措施，按要求标识并上锁					
1.3	配电系统执行“三相五线制”，符合“三级配电二级保护”要求，安装匹配的漏电保护器，漏保动作灵敏好用，并进行日常试验和记录					
1.4	电缆及接头无破损，绝缘良好；铺设规范，走向清晰，标识明确					
1.5	用电严格执行“一机一闸一保护”					
1.6	按要求配置保护零线和工作零线，工作接地和重复接地完好					
1.7	安全电压符合作业环境要求					
1.8	使用工业插头、插座					
2	施工机具					
2.1	各种机具设备安全要求进行定期检查，确保完好					
2.2	设有机械保护装置（如转动设备等）的设备，保护装置处于完好状态					
2.3	用电机具、设施接地完好					
2.4	配备与作业要求相匹配的劳动防护用品					
2.5	空气压缩机压力表、安全阀等在检验期内并处于完好状态，高压气管和软管固定连接可靠					
2.6	气瓶垂直放置，瓶体固定可靠；气瓶分类摆放并保持安全距离，防护措施到位，气瓶阻火器、压力表等安全附件完好，气管无老化破损，连接可靠					
3	脚手架					

检修施工现场 HSSE 日检表（续）

序号	检查内容	存在问题	检查人员	整改情况	验证人	备注
3.1	脚手架搭设人员是专业架子工，并持证上岗。搭设人员按要求着装，配备五点双大钩安全带					
3.2	编制脚手架搭设方案，进行安全技术交底并有记录					
3.3	按规范要求搭设脚手架，且有良好的整体稳固性					
3.4	搭设和拆除过程必须有专人监督，周边设置警戒区					
3.5	连墙件设置可靠，各节点扣件扭矩力符合要求					
3.6	通道、护栏、腰杆、踢脚板等符合要求					
3.7	作业面满铺跳板，无孔洞，跳板可靠固定且无探头板					
3.8	作业面临时放置的材料等在允许荷载范围内，严禁超载荷；放置必须稳固，无坠物风险					
3.9	脚手架搭设完成验收合格挂牌使用					
3.10	消防设施保持完好，灭火器和消防水桶按要求配置					
3.11	消防安全通道保持畅通。					
3.12	用火作业前，清理周边易燃物，采取接火措施					
4	起重					
4.1	编制了吊装方案、进行交底并有记录					
4.2	起重设备操作人员、司索、指挥持有效证件					
4.3	起重机械证照齐全有效					
4.4	起重机械安全设施、附件完好					
4.5	机索具检查完好，钢丝绳无磨损，连接可靠，绳卡数量和间距满足要求					
4.6	吊装作业半径设置了警戒区，禁止无关人员入内					
4.7	吊装前进行评估，确保在额定起升载荷范围内进行起重作业，不得超载					

检修施工现场 HSSE 日检表（续）

序号	检查内容	存在问题	检查人员	整改情况	验证人	备注
4.8	吊车支腿符合要求					
4.9	吊物捆绑符合要求，使用溜绳					
4.10	吊装作业天气、环境、风力等符合要求					
5	焊接、气割					
5.1	设备接地完好					
5.2	焊把线无破损，连接器完好					
5.3	有专人监护，接火、防火措施到位					
5.4	可燃性气瓶与胶管连接完好，无漏气，气瓶有阻火器					
5.5	现场气瓶与明火源保持安全距离					
6	受限空间					
6.1	对所要进行作业的受限空间进行吹扫、蒸煮、置换，并分析合格。所有与受限空间相连接的管线、阀门应进行有效隔离，盲板处应挂标识牌，并经工艺技术人员签字确认					
6.2	出入口内外不得有障碍物，在受限空间入口处设置“危险！严禁入内”警告牌或采取其他封闭措施					
6.3	对有可能发生硫化亚铁自燃的设备、容器必须经充分的钝化脱臭处理，并在现场配置消防水带					
6.4	《进入受限空间作业许可证》实行一点一证					
6.5	进入受限空间作业实行“三不进入”原则，即：一、没有经批准有效的《进入受限空间作业许可证》不进入；二、安全措施未落实不进入；三、监护人不在场不进入					
6.6	作业现场配备必要的救护器具和灭火器材等					
6.7	进入受限空间作业应使用安全电压和安全行灯					
7	作业安全					

检修施工现场 HSSE 日检表（续）

序号	检查内容	存在问题	检查人员	整改情况	验证人	备注
7.1	作业前进行班前安全教育和安全技术交底，作业人员清楚当天作业内容和安全风险及注意事项					
7.2	特殊工种持证上岗					
7.3	佩戴合格安全帽，并根据作业任务佩戴专用眼部、面部、手部等防护用品，高处作业人员系挂安全带					
8	收工检查					
8.1	配电系统一级箱断电，关闭气瓶角阀，能量上锁					
8.2	现场火种检查清理完毕					
8.3	清理各作业面材料和杂物等，做到工完料净场地清					
8.4	落实夜间值班、巡检人员，职责到位，检查内容明确					

附　录　C

（资料性附录）

装置检修交回开工确认表

确认内容	施工单位确认	车间确认
装置开工人员及开车保镖人员配备落实		
技术、原辅材料、动力、备品备件等方面的准备		
队伍技术状态、开工方案学习落实情况		
现场规格化情况		
工艺和设备联锁仪表校验情况		
HSSE 措施落实情况		
盲板拆除清单、技术准备情况		
机、电、仪、公用工程、储运、质检等相关专业准备情况		
停工临设拆除、施工尾项整改情况等		

附 录 D
（资料性附录）
装置停工检修改造工作总结模板

根据中国石化《设备检修管理制度》规定，在装置停工检修结束后各相关单位应组织编写装置停工检修工作总结。为此，就进一步做好装置停工检修工作总结提出要求如下：

封面：

名称：××× 部 ××× 装置 ×××× 年 ×× 月停工检修工作总结

编写人：×××

审核人：×××

批准人：×××（运行部领导）

编写单位：中国石化 ××× 分公司 ××× 部

编写时间：×××× 年 ×× 月

正文：

（一）装置停工检修过程概述

装置开、停工、检修过程简述，本周期装置运行起止时间。

本周期装置运行中出现的主要问题。

本次停工检修、改造内容简述，检修项目计划数（包括补充、追加），检修计划完成情况，重点检修项目情况。

开停工、检修网络执行情况。

（二）主要检修内容技术总结

反应器部分

塔、容器部分

加热炉部分

冷换设备、空冷器部分

阀门部分

管道部分

压缩机部分

泵部分

特殊阀门部分

输送机械部分

压力容器检验（包括缺陷返修处理）

压力管道检验（包括缺陷返修处理）

安全阀检验

其他检修方面

技术分析中要有以下内容：上次运行周期出现的问题，本次检修检查情况及采取措施；上次检修遗留问题处理情况；本周期与上周期设备隐蔽检查情况对照；重复发生问题处理方案有效性；装置系统问题；典型案例。

（三）检修计划准确性分析

（四）检修施工队伍评述

（五）材料供应评述

（六）设计质量评价

（七）检修质量评价

（八）本次检修遗留问题及预案

（九）检修管理亮点、存在的不足和下次检修需注意的问题

（十）附表

表 1　设备增加情况表

序号	位号	名称	规格型号	制造厂	数量	备注

表 2　设备拆除情况表

序号	原位号	名称	规格型号	制造厂	数量	备注

表 3　管线拆除情况表

序号	原编号	名称	规格	长度 /m	备注

表 4　设备更换情况表

序号	位号	名称	规格型号		制造厂		数量	备注
			更换前	更换后	更换前	更换后		

表 5　冷换设备检修情况表

序号	位号	名称	规格型号	抽芯清洗	试压换垫	堵管根数	管束更换

表 6　阀门检修、更换情况表（*DN*50 和 *DN*50 以上）

序号	规格型号	公称直径	检修数量	更换数量

表 7　压力容器检验情况表

序号	计划检验台数	增加变更台数	减少变更台数	实际完成台数	缺陷返修台数

表 8　压力管道检验情况表

序号	检验计划		增加变更		减少变更		实际完成	
	条数	米数	条数	米数	条数	米数	条数	米数

表 9　安全阀门检验情况表

序号	计划检验台数	增加变更台数	减少变更台数	实际完成台数

聚丙烯装置维护检修规程

SHZ 03011—2019

目　次

前 言

本规程按照GB/T 1.1—2009《标准化工作导则　第1部分：标准的结构和编写》给出的规则起草。

本规程由中国石油化工集团有限公司、中国石油化工股份有限公司提出。

本规程起草单位：中国石油化工股份有限公司北京燕山分公司。

本规程主要起草人：卢昌存、刘创涛、孙德民。

本规程2019年首次发布。

聚丙烯装置维护检修规程

1 范围

1.1 本规程规定了聚丙烯装置及其主要设备、专用设备的检修周期、检修项目及质量要求、检修过程管理和日常维护的相关内容。
1.2 本规程适用于石油化工聚丙烯装置的检修维护管理。

2 规范性引用文件

下列文件对于本文件的应用是必不可少的。凡是注日期的引用文件，仅所注日期的版本适用于本文件。凡是不注日期的引用文件，其最新版本（包括所有的修改单）适用于本文件。

2.1 法律法规

中华人民共和国安全生产法
中华人民共和国特种设备安全法

2.2 特种设备安全技术规范

TSG 21 固定式压力容器安全技术监察规程
TSG D0001 压力管道安全技术监察规程——工业管道

2.3 标准与规范

GB/T 151—2014 热交换器
GB/T 20801—2006 压力管道规范 工业管道
SH 3505—1999 石油化工施工安全技术规程

2.4 中国石化管理规定

炼油企业检修管理指南（试行版）

3 术语与定义

下列术语和定义适用于本文件。

3.1 设备功能

设备功能主要指的是设备的使用功能和生产效率，衡量设备功能的指标随设备种类不同而异。

3.2 功能故障

设备、设施不能实现其设计功能时，称之为功能故障，定义为设备、设施不能满足期望的性能标准，一般指设备失去或降低其规定功能的事件或现象，表现为设备的某些零件失去原有的精度或性能，使设备不能正常运行、技术性能降低，致使设备中断生产或效率降低而影响生产。

3.3 故障模式

故障模式一般是对产品所发生的、能被观察或测量到的故障现象的规范描述。

3.4 A 类设备

本规程规定的 A 类设备是指设备的功能故障引起装置停车的设备。

3.5 B 类设备

本规程规定的 B 类设备是指该设备的功能故障虽然不引起装置的停车，但对装置的负荷、产品质量运行及可靠性具有重大影响的设备。

4 装置特征

聚丙烯装置是化工企业的核心装置之一，以丙烯为主原料，生产聚丙烯产品。

聚丙烯装置通常由聚合、造粒两个单元组成。

4.1 聚合单元

4.1.1 聚合工艺流程及流程图

以 AMOCO 气相工艺为例，该工艺一个显著特点是其独特的反应器设计，使反应器内的物料具有良好的径向混合和低的轴向分散。反应器为卧式，内有机械搅拌，搅拌叶片与搅拌轴成 45° 角，以便对整个反应床层进行缓慢而有规律地搅拌。催化剂从反应器一端加入，聚合粉料从反应器另一端出去。物料的分布接近柱塞流形式，且分布比较窄。因此能够保持产品冲击强度和刚性之间的平衡。

AMOCO 工艺的撤热方式是丙烯闪蒸。液体丙烯以一种能保持反应器床层干燥的方式从各个进料点喷入反应器内，液体丙烯汽化后，其单体的分压小于它的露点，并足以撤走反应器热。操作中，必须严格控制液体丙烯的进料速度和其在反应器中的汽化，以保证床层干燥程度、流化程度与反应温度范围之间的平衡。

气锁系统是该工艺的另一特色。当物料从第一反应器输送到第二反应器时，气锁系统可避免量反应器互相串流。尤其是生产共聚物时，两反应器的气相组成不同，第一反应器中含有大量氢气，同时第二反应器中含有乙烯和少量氢气，如果第一反应气中的氢气进入第二反应器或第二反应器中的乙烯进入第一反应器，都将严重影响产品质量，因此将两反应器隔是关键。

该工艺主催化剂采用 AMOCO 的专利 -CD 催化剂，具有高活性和高选择性。该工艺产品的熔体流动指数范围为 0.1～60，能生产低温冲击强度与挠曲模量保持平衡的产品。该工艺的不足之处是产品中的乙烯含量或橡胶组分比例不高，不能获得高抗冲和超高抗冲牌号的产品。

该工艺能生产所有的均聚无规高抗冲共聚多种牌号，物理性能优秀，光泽度控制可高可低，产品应用范围广泛：注膜、胶片、挤压模塑、板材、胶带、纤维和硬质包装，MFR 一般小于 60。气相法工艺不存在产品的溶解和溶胀问题，适于生产含有乙 / 丙橡胶的嵌段共聚产品。工艺流程见图 1。

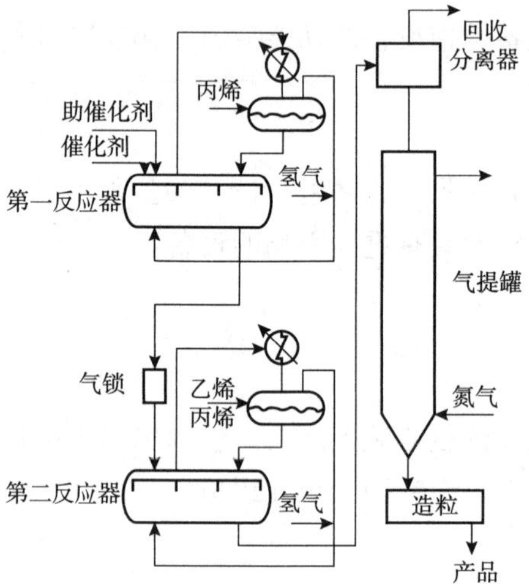

图 1　聚合单元流程图

4.2　造粒单元

4.2.1　造粒工艺流程及流程图

挤压造粒机组是造粒装置的核心设备，将聚合物粉末与稳定剂混炼、挤压、切粒。计量喂料系统将被加工的聚合物和添加剂预混后连续地加入到双螺杆混炼挤出机第一段机筒（喂料机筒）上方的料斗中。将氮气以与物料流动相反的方向充入到料斗、管道及计量系统中，以防止聚合物在大气中氧化。物料进入双螺杆混炼机中在输送段被挤压和输送；物料在塑化段被剪切、混炼而熔融塑化；在均化段物料及各种添加剂被进一步混合、分散、塑化后被输送到挤出造粒系统。

熔融物料首先进入到节流换向阀，调节节流阀的调节板，可以改变物料的停留时间，从而调节物料的混炼效果。当开车时物料塑化没有达到要求，或者后续设备出现异常时，将开车阀打到排料工位将物料排出。当物料塑化良好时，将开车阀打到正常工作位，物料进入到齿轮泵装置，齿轮泵装置对物料进一步塑化，建立起物料切粒所需的压力，并定量供给到换网装置。

物料经过换网装置时，物料中的杂质被过滤网过滤出来，塑化好的干净的物料经过机头体到达模板，熔融物料在高压下由模板造粒带上均匀分布的小孔成条状挤出，高速旋转的切刀在水下将其切成粒状，经颗粒水冷却后输送到旋转干燥机脱水干燥。分离后的颗粒水返回到水箱中，经过过滤和冷却后重新被泵送到切粒机水室对粒子进行冷却。经过脱水和干燥的粒子输送到振动分筛机上。分筛机将合格的粒子与过小和过大的粒子分离开来。这些合格的粒子被送至贮仓中，然后被包装出库。工艺流程图见图 2。

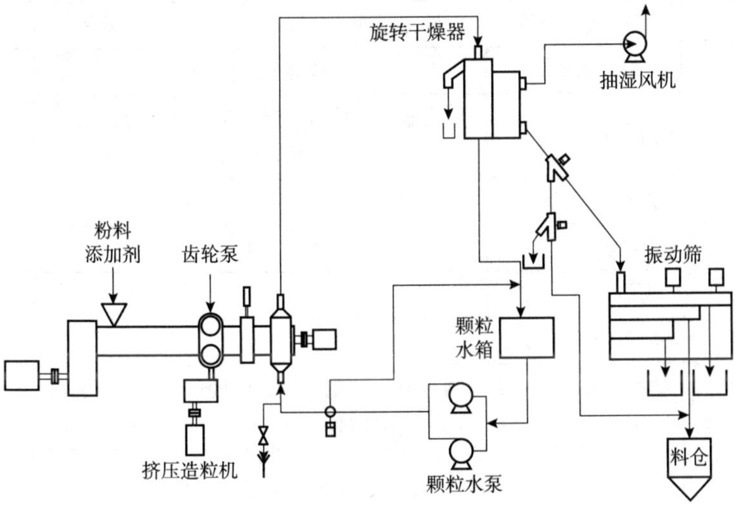

图 2　造粒单元流程图

5　检修周期及检修项目

5.1　主要设备

主要设备见表 1。

表 1　主要设备

名称	设备种类		主要设备	检修规程代码
动设备	压缩机	往复式压缩机	丙烯循环气压缩机	SHS 01004
		罗茨式压缩机	气力输送压缩机	SHS 01024
		螺杆式压缩机	尾气输送压缩机	SHS 03062
		离心式风机	丙烯循环气	SHS 01022

表 1　主要设备（续）

名称	设备种类		主要设备	检修规程代码
动设备	泵	离心泵	丙烯进料泵、急冷夜泵、丙烯循环泵、筒体水泵	SHS 01013、SHS 01035
		离心式风机	丙烯循环气	SHS 01022
		旋进式空腔泵	主催化剂泵	SHS 03048
		隔膜泵	助催化剂泵	SHS 01004
		齿轮泵	润滑油泵	SHS 01017
	挤压造粒机组		切粒机、混炼机、溶体齿轮泵、振动筛、旋转干燥器	SHS 03034
	聚合反应器			SHS 03020
静设备	换热器	管壳式换热器	反应器顶部冷凝器、颗粒水冷却器等	SHS 01009
		板式换热器	筒体水换热器	SHS 01049
	压力容器		反应器、换热器、缓冲罐、旋风分离器、布袋过滤器等	SHS 01004
	压力管道			SHS 01005
	安全阀			
	阀门			SHS 01030
	火炬系统			SHS 01049
仪表设备	常规仪表		检测仪表、显示或报警仪表、控制仪表、辅助单元、执行器及其附件	SHS 07003、SHS 07005
	控制系统		DCS、PLC、CCS 或 ITCC、IPC、SCADA	SHS 07008
	安全仪表系统		安全联锁系统、紧急停车系统和可燃、有毒有害气体及火灾检测保护系统	SHS 07006
	在线分析仪表		工业气相色谱仪、氧分析仪、红外分析仪、质谱仪、pH 计、电导仪、水分仪	SHS 07006
	安全环保仪表		可燃气体检测报警仪、有毒有害气体检测报警仪、氨氮分析仪、化学需氧量分析仪（COD）、水质分析仪、烟气分析仪（CEMS）	SHS 07006
	特殊仪表		振动 / 位移检测仪表、转速控制仪表、关键机组振动 / 位移检测仪表和转速控制仪表	SHS 07007
电气设备			电动机、配电柜、变压器、变频器等	SHS 06001、SHS 06002、SHS 06005

5.2 检修周期

5.2.1 聚丙烯装置检修应根据实际运行情况进行定期停车检修，检修周期按48～60个月确定。

5.2.2 有备用设备的或日常可以进行检修的不列入大修项目（除特殊情况外）。

5.3 检修内容

5.3.1 确定检修内容的依据

1）按法律法规要求的特种设备定期检验。

2）不符合国家安全与环境保护、节能要求的设备改造和更新、设备缺陷的消除。

3）对本次检修或下次检修之前已到法定检验时间的计量设施。

设备设施：

4）静设备：换热器、反应器、容器等设备内部因内构件损坏、结块、积垢、腐蚀等原因造成运行状况恶化、性能降低等。

5）转动设备：磨损、疲劳、泄漏、振动等原因造成运行状况恶化、性能降低等。

6）电气设备：部件老化等原因造成运行状况恶化、性能降低等。

7）仪表设备：部件老化等原因造成运行状况恶化、性能降低等。

8）钢结构平台、设备基础、房屋等建构筑物老化、锈蚀等必须在停车检修期间内维修的项目。

9）安全防护设施失效。

5.3.2 检修具体内容

停车大修是对聚丙烯装置安全环保、长周期运行及经济效益有重大影响的设备、管线、电气、仪表系统、土建及基础设施等在运行周期内将要发生的功能故障进行全面检修。其他检修是除大修外对装置局部或设备本体运行有经济影响的功能故障而进行的检修。

主要设备功能故障分析表见表2。

表2 主要设备功能故障分析

序号	设备名称	功能故障	检修策略	质量要求	通用、专用设备检修规程的代码
1	聚合反应器	不能进行聚合反应	定期更换反应器浮动端轴承，检查轴承盒、浮动端半轴使用情况；清理反应器气液相喷嘴，催化剂喷嘴；定期检查机械密封使用情况；定期检查反应器减速机齿轮及轴承使用情况，对润滑油质检分析；定期检查联轴节使用情况，更换润滑油（脂）	测量浮动端半轴与反应器隔板间隙，桨叶与反应器釜壁间隙，确保符合技术要求。检查减速机齿轮啮合间隙与轴承游隙符合检修规程要求	SHS 03020

表2 主要设备功能故障分析（续）

序号	设备名称	功能故障	检修策略	质量要求	通用、专用设备检修规程的代码
2	循环气压缩机	压缩机出口流量达不到生产要求	检查清理各级进排气阀、阀座、负荷调整器；紧固各部连接螺栓和十字头防转销；清理物料系统，润滑油系统过滤器，更换润滑油；检查清理冷却水系统；检查更换填料、刮油环，视情况更换活塞组件必要时活塞杆做无损探伤；检查测量气缸内壁磨损，各轴承磨损、并调整其间隙；检查十字头滑板及滑道、十字头销、连杆大小头瓦、主轴颈和曲轴颈磨损；清理冷却器、缓冲罐、分离器等，并做水压试验及气密试验	测量各部分配合间隙应符合设备使用手册要求。如无使用手册可参照《活塞式压缩机维护检修规程》	SHS 01020
	沉降器压缩机	压缩机出口流量达不到生产要求	检查清理排气阀、阀座、负荷调整器；紧固各部连接螺栓和十字头防转销；清理物料系统，润滑油系统过滤器，更换润滑油；检查清理冷却水系统；检查更换填料、刮油环，视情况更换活塞组件必要时活塞杆做无损探伤；检查测量气缸内壁磨损，各轴承磨损、并调整其间隙；检查十字头滑板及滑道、十字头销、连杆大小头瓦、主轴颈和曲轴颈磨损；清理冷却器、缓冲罐、分离器等，并做水压试验及气密试验	测量各部分配合间隙应符合设备使用手册要求。如无使用手册可参照《活塞式压缩机维护检修规程》	SHS 01020
3	挤压造粒机组	无法正常生产粒料	抽螺杆，检查螺杆及筒体内表面，检查密封、轴承、油封、轴套情况，闸阀解体，清理检查；检查修复蜗轮蜗杆和液压马达，视情况更换。更换主减速机，检查同步齿轮、支撑轴承使用情况，视情况维修，解体齿轮泵减速机，检查齿轮啮合情况测量啮合间隙，检查输入和输出轴承，解体齿轮泵检查转子、轴瓦使用情况，齿轮泵转子无损探伤，调整齿轮泵联轴节同轴度，换向器及换网器拆卸检查表面磨损情况，视情况修复，切粒机解体大修，检查刀轴锁紧装置，更换模板、切刀，各联轴节更换润滑油脂，清理油箱、更换润滑油，放空区清理	测量各部分配合间隙应符合设备使用手册要求。如无使用手册可参照《挤压造粒机维护检修规程》	SHS 03034

表 2　主要设备功能故障分析（续）

序号	设备名称	功能故障	检修策略	质量要求	通用、专用设备检修规程的代码
4	旋转下料阀	无法正常下料	旋转阀解体，清理内部积料。检查更换轴承及密封件。检查机封动、静环磨损情况，视情况维修。检查刮刀使用情况，调整刮刀间隙。检查链条及链轮磨损情况，减速机更换润滑油	测量转子与壳体、转子与两侧墙板间隙，确保间隙符合技术要求；检查轴承游隙是否超差	SHS 03050
5	程序控制阀	无法进行产品质量控制；无法进行物料输送	解体检查气缸更换密封件，检查传动件磨损情况，配合间隙是否超差，必要时活塞杆做无损探伤，调整气缸行程；解体气缸专用阀门，更换填料密封，检查密封面使用情况，必要时对密封面进行研磨或更换	配合间隙符合机械设计手册要求，阀门打压合格无泄漏	SHS 07004

6　装置检修管理

6.1　检修前工艺的交出条件

6.1.1　装置工艺交出的主要要求

在装置交付检修前，由生产技术、设备管理和HSSE管理专业组织装置和施工单位召开安全验收、检修协调会，检查确认停工方案审核、设备容器人孔拆卸、盲板加装、容器内采样分析、停电、地井封堵等工作，经相关部门签字确认后，由装置开具用火、用电、进入受限空间等相关作业票证，进入检修状态。工艺交出要具备以下条件：

1）装置停工方案完整、各专业已审核签字，主管领导已审批签字。

2）装置所有盲板按照盲板图、表安装、编号、挂牌并已经工艺员、设备员、安全员签字确认，盲板图、表张贴于公示栏或其他显眼位置。

3）所有施工项目相关的系统、管线得到氮气置换处理并在PID图做好标识。

4）系统内设备、管线按规定进行空气吹扫和置换，并取样分析合格。

5）地井取样分析合格，排水畅通，水封完好；地井用石棉布盖好，并用沙土封严。

6）系统内设备人孔打开前已经工艺人员确认认；打开的设备人孔处挂上“未经许可，禁止入内”警示牌，并安装“人孔封闭器”等硬隔离措施。

7）制定停工安全、环保措施和工作危害分析记录表（JHA）。

8）组织各专业及施工单位进行JSA分析，并进行签字确认。

9）装置内分析不合格点挂标识，储存物料区进行硬隔离并标识。

10）指定具有监护人资格的人员负责设备拆装、动火作业、进入受限空间作业等的监护。

11）装置要特别注意将烷基铝系统进行彻底倒空置换，将烷基铝罐封存，现场管线按要求加装盲板。

6.2 检修过程安全环保要求

6.2.1 严格遵守工艺技术规程、岗位操作法、安全技术规程、检修作业方案等要求。

6.2.2 设备管线必须经过试压试漏合格后才能投入生产。

6.2.3 所有操作人员均要经过安全教育，合格后方能独立操作。

6.2.4 所有施工岗位均应设有满足要求的个人防护用具和岗位消防器材。

6.2.5 运转中的设备、未履行停电手续的设备严禁进行检修和清理。

6.2.6 所有转动设备、暴露在外面的传动部分应有安全罩。

6.2.7 绝对禁止修理带有压力的设备管线和阀门。

6.2.8 在厂房内不允许储存易燃易爆物质，厂区严禁吸烟。

6.2.9 设备检修完毕，准备投入生产前，要清洗并置换合格。

6.2.10 在进行检修前所有的物料管线、设备要放尽物料（固液气），如要进入设备内部或动火，则必须用氮气（必要时也可用蒸汽）置换到含有机物 0.1%（体积分数）以下，进入设备内检修时氧含量在 19%以上。

6.2.11 设备检修和动火要办检修作业票和动火许可证。进入设备检修或清理要办进入受限空间作业票，并设有专人监护。

6.2.12 进行检修设备必须关闭与生产系统有关的阀门，必要时加盲板或拆卸一部分。

6.2.13 电气设备检修前应先办理停电作业票并切断电源。

6.2.14 检修前应严格做好检修作业票中所指出的各项安全措施和注意事项。

6.2.15 检修过程中要使用临时照明时，必须用 36V 以下的低压防爆灯具，进入设备内动火或检修时必须系安全带，并设有专人监护。

6.2.16 严格遵守检修安全技术规程中有关设备置换、分析的要求和检修作业安全要求。

6.3 质量管理

6.3.1 质量管理的总体要求：成立检修质量管理组织机构，明确管理职责，建立质量管理程序性文件，程序性文件至少要包含以下内容：

1）对承包商资质、人员资格、施工机具完好情况等进行审查。

2）通过组织设计审查，确保设计质量。

3）物资采购管理部门组织对采购物资进行入库检验并对重点物资进行监造。

4）在施工过程中组织对检验检测的质量进行抽查。

5）质量监督检查巡检重点，并按照专业进行巡查。

6.3.2 检修准备阶段

1）生产单位检修工作质量管理体系是否建立，人员与责任是否明确，现场质量管理制度与质量控制程序是否建立并贯彻到相关单位和施工人员。

2）生产单位编制的检修计划是否以设备运行记录为依据；检修执行的施工及验收标准是否合理；检修任务是否明确。

3）生产单位准备的各种检修用零配件是否准备齐全，备件质量是否经过三方确认。

4）生产单位负责装置的倒空置换工作是否经检测合格，有相应的确认手续。

5）施工单位检修工作质量管理体系是否建立，人员与责任是否明确，现场质量管理制度与质量控制程序是否建立并贯彻到相关单位。

6）检修机具是否能够满足检修工作需要，计量检测仪器是否检验合格，是否齐全好用。

7）检修用消耗材料是否准备齐全。

8）施工单位检修施工方案是否得到生产单位的批准，方案是否能够满足检修任务书要求，并能够指导整个检修工作过程。

9）是否对施工人员进行了现场作业的交底、反交底和施工方案的交底，记录是否完整。

6.3.3 修施工阶段

1）拆卸下的零配件是否按规定清洗干净，测量准确。

2）对所有更换的零配件是否有技术人员检查确认并签字。

3）组装时各部位安装位置、间隙等相关数据是否有详细的记录并经专业负责人确认。

4）润滑系统是否按要求全面、彻底的清洗，并由专业负责人进行确认并签字。

5）大型机组扣盖前是否有生产单位检修负责人对检查、测量数据进行检查并签字确认，是否组织相关专业人员现场签订扣盖封闭单。

6.3.4 过程质量控制

1）设备检修记录格式和内容是否符合生产单位规定。

2）原始测量数据是否齐全、准确、清晰。

3）记录审核、确认是否及时。

6.3.5 试车条件确认

1）大型机组在试运前是否履行了试车条件确认手续。

2）检修过程质量记录生产单位专业人员是否有签字确认，并符合设备检修标准要求。

3）带有润滑系统的大型机组，机组进行试运前是否对油运结果进行了确认。

4）仪表专业的检修工作是否已经完成，满足开车要求；带有自保系统的设备，机组进行试运前自保系统试验是否合格；带有监测系统的机组，机组进行试运前检测系统是否通过检修、测试合格。

5）电气、工艺系统、公用工程系统检修工作是否已经完成，满足开车要求。

6）是否有经批准的试车方案，并在试车前对操作人员进行变更方面的培训。

6.3.6 试运行阶段

1）是否按试车方案进行试车。

2）试车过程中设备运行数据是否在规定值范围内。

3）是否有详细、准确、清晰的试车记录，并签字确认。

6.3.7 交工验收阶段

1）是否按检修任务书完成了各项检修工作。

2）设备保温是否按规定恢复完成。

3）设备本体部件是否齐全，擦拭干净。

4）交工技术文件是否编制齐全、审核、签署完整，装订符合归档要求。

6.4 变更管理

6.4.1 变更是指任何在公司范围内技术上的（如工艺、设备、设施等）或组织管理上的（如程序、人员或机构等）修改。主要分为工艺技术变更、设备设施变更、管理变更。变更必须遵循谁主管谁负责、谁变更谁负责、谁审批谁负责的原则。变更管理实行分类管理、分级负责。按照风险等级评估，将变更分为等级 1、等级 2、等级 3。

6.4.2 各专业管理部门负责本专业的变更和检维修施工过程的变更控制。安全管理部门在安全方面为变更申请单位提供技术支持；参与变更的会签；根据需要，参加开车前安全条件确认。作业区（车间）负责人对本区域提出的变更需求进行审核，确认是否属于变更，是否有必要进行变更等内容；变更实施后组织现场检查或开车前安全条件确认并记录结果；在开车前或在变更后首次进行作业前，确保通知和培训所有涉及的员工、承包商、维护人员；确保及时更新所有受影响的技术文档和程序。

6.4.3 风险评估及措施制定：针对所有的工艺技术变更、设备设施变更及风险等级为 2 级的管理变更，主管部门应组织专业小组开展风险评估，并制定相应的控制措施，出具变更风险评估报告，小组成员签字并扫描上传到变更管理业务流程中。专业小组成员应由变更所涉及的且具有 5 年及以上工艺、电气、仪表、设备、安全等专业技术、管理、现场操作经验的人员组成，负责变更项目的风险评估、相关防范措施的制定及发生紧急情况时的应急处置方案的制定，对变更项目的安全可靠性负责。

6.4.4 变更项目的实施：对评为风险等级 1 的工艺技术变更，变更申请部门（单位）应实施现场检查，检查结果及整改措施应有书面记录。对风险等级 2 和等级 3 的工艺技术变更，变更申请部门（单位）应组织投用实施前条件（工艺、设备、安全等）确认。变更项目的实施应由变更执行小组执行，变更执行小组由涉及变更项目主管部门、变更项目申请单位及实施变更所涉及的相关人员组成，负责变更项目的策划、实施及消缺等相关工作。变更管理协调员应即使更新变更清单，跟踪验收情况。

6.4.5 变更项目的验收：变更实施结束后，应由变更申请部门（单位）对变更的实施情况进行验收。验收的内容应包括项目的完整性、适用性、有效性、安全可靠性及对环境的影响等方面的效果评估，并记录评估过程和撰写验收结论（或投用总结）。变更申请部门（单位）应对变更的实施做出评估，以确定变更是否符合要求。对不符合要求的变更应找出原因，提出改进方案，并要求设计单位和施工建设单位再次实施变更，实施完成后再由变更申请部门（单位）组织复审，并填写验收记录。已批准的变更应根据相关专业要求在规定时间内按规定程序完成并验收，原则上在试运行 3 个月内完成验收。

6.4.6 变更的关闭：变更实施结束、经验收后申请关闭。通过关闭申请的变更项目，由变更所在的单位纳入正常管理范围进行管理。

6.4.7 更新所有受到影响的文档、程序和系统：在变更实施前、实施中、实施后，变更申请部门（单位）识别所有受到影响的文档、程序和人员，并及时更新所需文档和程序。根据变更内容的不同，主要涉及的文档及程序有：管理制度、岗位说明书、操作规程、工艺参数（工艺卡片、DCS 报警值）、设备信息、流程图（PID 图）、安全信息等技术文件，以及相关信息系统等。所有需要更新的文档、程序和系统均要列出清单，作为变更记录备案。

6.4.8 告知和培训受影响人员：变更申请部门（单位）应对所有受到变更影响的人员包括员工、承包商、维护人员进行告知；变更申请部门（单位）应对所有受到影响的人员在投用前、开车前或在变更后首次开始作业前进行所涉及变更的培训。

6.4.9 临时变更：适用变更的所有步骤。临时变更恢复到原始状态时，要执行本规定，以确保之前所有的改变已识别并复位。对于需要申请延期的临时变更要执行本规定。

6.4.10 变更记录：变更相关资料由变更申请部门（单位）创建、使用、保存，原则上永久变更的资料应永久保存，或者按照专业要求时间存档。在审批流程中提交的变更可不用打印纸质版，联锁变更执行联锁变更业务流程。人员变更按照组织人事部人员竞聘程序执行，岗位调整前要进行风险评估并制定控制措施，完善岗位说明书和岗位交接资料，并进行上岗前培训。组织机构变更按照组织人事部要求执行，变更前要进行风险评估并制定控制措施，完善组织机构的职责，如涉及岗位人员的职责，需对其进行风险和能力评估。设计变更执行工程建设项目实施阶段变更管理业务流程，需进行变更风险评估。

6.5 装置检修交回条件

装置检修交回确认主要内容：

1）装置开工人员及开车保运人员配备落实。

2）技术、原辅材料、动力、备品备件等方面的准备。

3）队伍技术状态、开工方案及变更内容学习培训落实情况。

4）现场规格化、定置化、可视化情况。

5）工艺和设备联锁仪表校验情况。

6）HSE 措施落实情况。

7）盲板拆除清单、开工技术方案准备情况。

8）机、电、仪、公用工程、储运、质检等相关专业准备情况。

9）停工临设拆除、施工尾项整改情况等。

10）所有检修项目施工完毕后，压力容器和压力管道进行了耐压试验和气密试验，装置进行了系统性的气密试验，系统无泄漏。

7 装置日常维护

7.1 日常巡检

装置操作人员日常巡检需保现场动静设备运行正常，动设备检查润滑、振动、温度、泄漏情况，滤机运行情况检查滤布有无破裂、转鼓绕线有无松断、输蜡器有无断、套管有无异常升压等，判断故障根据检修规范维修，静设备检查有无泄漏、设备安全附件完整好用、防雷防静电及防台风检查。

电仪人员日常检查电仪控制间设备运行是否正常，继电器、变送器有无发热、声音有无异常，检查制冷系统运行是否正常，要求温度 25℃ ±5℃、湿度≯ 70%，有无必要的防鼠设施。

7.2 日常维护

装置日常维护的基本内容包括：设备维护保养、设备检查和设备修理。

7.3 转动设备

7.3.1 转动设备通用要求

1）转动设备检修应严格执行作业票管理制度，确保检修安全。

2）对于有备台的设备的缺陷检修处理，应将缺陷设备切换至备用设备，确认无异常后方可进行检修；单台设备的检修要核实工艺交出条件是否完成。

3）转动设备检修执行《石油化工设备维护检修规程》及设备使用说明书中的规定。关键设备和大型机组应编制检修施工技术方案；主要机泵、一般机泵检修应编制机泵质量过程控制记录卡。

4）装置提出检修要求，检修单位编写关键设备检修施工技术方案，检修施工技术方案经相关部门会签和管理部门审批后实施。对突发性关键设备故障检修应由检修单位、使用单位和管理部门有关人员现场确定检修范围、检修深度、检修内容、标准和工期。

5）检修时要对更换的备件进行质量检查确认。轴承质量进行确认，须使用专用工具进行轴承拆装，严禁直接敲击。机械密封的安装须严格按照安装技术要求和程序进行，确保安装质量。大型机组的关键备件要核实相应的尺寸

6）设备冷却水线、水夹套，机封辅助系统冲洗油管线、自冲洗管线应随维修一起进行彻底检查、清洗，保证密封冲洗油系统、冷却系统畅通。

7）入夏前完成机泵机封辅助系统冷却器及缓冲液罐、冷却水管线的清理；空冷器喷淋水泵、凉水塔风机、空冷风机（轴承、齿轮变速箱、皮带）等设备的检查、修理工作。

8）冬季之前，完成机泵机封辅助系统冷却器及缓冲液罐、冷却水管线的检查、清理工作；完成空冷器喷淋水泵解体检查工作，确保不出现设备冻凝。不具备条件的机泵

做好相应防护措施。

9）设备润滑系统检修要采取措施避免杂物、水等进入系统；检修时的加换油要清洗油箱和管路、更换油滤器，严格按照加换油导则、“五定表”和“三级过滤”进行。

10）转动设备的检修必须对联轴器、传动机构进行检查，对受损部件进行更换，恢复使用功能。

11）备机备台的设备要严格执行相关检修标准，做好线下调试，具备条件的试运行，确保完好备用。

7.3.2 聚合反应釜检修

1）检修内容：反应器全部解体，清理筒体内部，检查视情况更换该设备的机封、联轴节；检查齿轮轴封、更换轴承及易损件并把我作业部改造后的支撑板核实尺寸后安装好，而后把各部件按拆卸的逆顺序回装。

2）检修前的准备：各工种人员准备；搭架子；准备检修工具、专用工具及备品备件；办理检修前的各种作业票据；切断与设备相连电源和汽源；断开所有与设备相连的管路及仪表线路。

3）拆装方法及注意事项：减速箱和联轴节放油；揭大盖，测量齿轮间隙。拆封头，穹顶人孔；固定搅拌轴以备检修；拆釜底阀、喷嘴。拆联轴节，测量检修前搅拌轴的轴向及径向跳动。松开联轴节螺栓，拆机械密封。拆轴承箱。清理釜内物料。

4）检修回装程序：与拆卸程序相反。

7.3.3 挤压造粒机组检修

1）造粒机组检修施工内容如下：挤压机抽螺杆，检查螺杆及筒体表面情况，清理积物，检查下料端氮封情况，视情况更换。检查水端密封及轴承情况，视情况更换。检查同步齿轮箱内轴承、齿轮及油封情况，视情况更换。检查主减速机内轴承、齿轮及油封情况，视情况更换。齿轮泵检查转子表面情况，测量各部分间隙，检查联轴节。更换 GP 减速机输入轴油封。切粒机解体大修，检查轴承情况，视情况更换。更换换网器及换向器密封环。机组回装，各联轴节找正。检查清理润滑油系统，清理油路及油过滤器，更换润滑油。清理现场卫生。

2）筒体抽出程序步骤：脱开筒体与同步齿轮箱的连接螺栓，用顶丝使筒体与驱动端的连接面分开约 20mm；用倒链将筒体向水端方向缓慢抽出，检查筒体支腿与滑动轨道的接触情况，检查螺杆与锥套的脱开情况；当筒体抽出约一半时，停止抽出工作，将螺杆中部用胶皮包好，用手动葫芦将螺杆中部吊住固定、保持螺杆水平；继续拉出筒体，当筒体的另一支座完全到达小车后，脱开小车与挤压机底座的连接，并将筒体完全固定在小车上；在筒体抽出过程中，速度要慢，每抽出 1m 后停下来全面检查一遍，检查筒体支腿与轨道以及筒体与周围物体之间有无卡住等异常现象。筒体回装程序和步骤按筒体抽出的逆步骤进行，回装完成后应认真检查各管路及仪表线路连接是否正确，并认真检查各连接处是否按要求紧固。

3）挤压机与主减速机、主减速机与主电机的联轴器同轴度检查及找正：在完成挤压机的解体检修后，利用自制的找正工具进行挤压机与主减速机、主减速机与主电机的联轴器同轴度检查，同时检查联轴器端间隙，各测量要求按表3执行。

表3　挤压机三机联轴器对中要求

检查项目	混炼机与主减速机的联轴器	主减速机与主电机的联轴器	盘车电机与主减速机的联轴器
端面偏差 /mm	0.05	0.05	0.05
径向偏差 /mm	0.05	0.05	0.10

在以上检查中，先检查挤压机与主减速机的联轴器的同轴度，若不符合要求，则调整主减速机的箱体的位置直至合格；再检查主减速机与主电机的联轴器，若不符合要求，则调整主电机的底座的位置直至合格。

4）齿轮泵的解体检修施工：拆卸齿轮泵与齿轮泵减速机的双联轴节防护罩及双联轴节并做好标记；先用泵体的高压蒸汽管线给泵体升温到250℃，再脱开与泵体连接的所有管路及仪表线（热电偶及振动探头）；在合适位置摆放好道木。解体齿轮泵：拆下旋转接头，螺旋密封套，用倒链固定好墙板，拆除墙板螺栓，取出定位销钉，吊下墙板，放到备好的枕木上；拆卸平行销钉、轴承定位器盖螺钉和轴承定位器；用轴承拉杆（专用工具）把轴承装置从齿轮泵体拆下；吊出转子（吊出前做好标记）放在事先架好的道木上，所架道木的高度必须保证齿不能着地；将齿轮泵体翻转180°，使驱动侧（与齿轮泵减速机相连侧）向下；齿轮泵的回装：将齿轮泵壳体加热至250℃，吊入转子，安装轴瓦，安装防转销。停蒸汽，冷却后安装墙板，用螺丝拧紧。升温，当轴瓦温度达到要求后进行热紧并安装螺旋套。停蒸汽，将齿轮泵联轴节加热至110℃热装，冷却后安装短节，测量齿侧间隙；泵体回装完成后，各部的螺栓按要求拧紧。

5）齿轮泵与齿轮泵减速机、齿轮泵减速机与电机的联轴器的同轴度检查及找正齿轮泵与齿轮泵减速机、齿轮泵减速机与电机的联轴器的同轴度检查及找正均以齿轮泵减速机为基准，若检查项不符合要求，则分别调整齿轮泵与电机的位置及调整垫片直到合格为止。联轴器的对中要求见表4。

表4　齿轮泵及其减速机、电机的联轴器对中要求

检查项目	齿轮泵与减速机的联轴器	减速机与电机的联轴器
端面偏差 /mm	0.40	0.15
径向偏差 /mm	0.20	0.15

在完成以上各项目的检修后，加联轴器的润滑脂，并检查齿轮泵及减速机的联轴器的漏点。

6）挤压造粒机开度阀检修：拆下减速机，拆下固定杆螺母，拆开开度阀上下部分，由起重机将上部分吊出。开度阀，检查锁母及丝杠，视情况更换。解体减速机，检查蜗轮蜗杆有无点蚀，如损坏更换，更换油封，组装后回装。

7）切粒机的检修施工：切粒机检修时，先脱开切粒机与其电机的联轴器，取下切刀盘，解体进刀机构，检查轴承、填料及锁紧装置。回装前清理切刀轴内的水通路。组装完成后进行联轴器及切刀轴与模板的垂直度找正，并更换联轴器的润滑油。

7.3.4 往复压缩机组检修

1）放油，打开机体全部侧盖、气缸盖。

2）拆下进出口阀，检查有无泄漏，视情况更换阀片。

3）抽出全部活塞，清理气缸内部粉料。

4）检查各段的填料并视情况更换，拆下各段刮油环，检查磨损情况，视情况更换。

5）利用专用工具拆下曲轴瓦、连杆、十字头以及导向轴承，拆卸所有油管。

6）测量曲轴瓦螺栓的伸长量。

7）吹扫所有管线，清理油箱。

8）利用专用工具回装各级填料。

9）做假轴，测量曲轴瓦间隙。测量十字头间隙、导向轴承间隙、连杆小头瓦间隙以及主轴瓦间隙并记录。

10）利用专用工具回装曲轴瓦连杆及十字头，测量曲轴瓦螺栓伸长量，回装活塞、刮油环，测量活塞上下死点间隙。

11）清理油箱加油，封闭机体侧盖及气缸盖，安装进排气阀。

12）油运、试车、保运。

7.4 静设备

7.4.1 静设备检修应严格执行作业票管理制度，确保检修安全。

7.4.2 对于有备台的设备的缺陷检修处理，应将缺陷设备切换至备用设备，确认无异常后方可进行检修；单台设备的检修要核实工艺交出条件是否完成。

7.4.3 静设备检修执行《石油化工设备维护检修规程》及设备使用说明书中的规定。关键设备如聚合反应釜、顶部换热器等应编制检修施工技术方案，其他设备要按照质量管理要求编制质量过程控制记录卡。

7.4.4 装置提出相应检修要求，检修单位编写关键设备检修施工技术方案，吊装、脚手架、管道焊接施工方案，相关方案经相关部门会签和管理部门审批后实施。对突发性关键设备故障检修应由检修单位、使用单位和管理部门有关人员现场确定检修范围、检修深度、检修内容、标准和工期。

7.4.5 检修主要内容：

1）换热器检修主要内容：搭设脚手架，拆除保温，拆卸封头管箱，进行管、壳程的清理和对换热器进行压力容器检验，对换热器壳程、管程进行压力试验、消除缺陷，恢复保温。利用高压水和化学水手段对系统的粉料和结垢情况进行清理，并组织人员吹扫干净。

2）容器检修内容：搭设脚手架，拆除保温，打开封头、人孔，清理容器内部，更换内部件、填料，更换垫片，封闭封头、人孔，配合压力容器检测，恢复保温等。利用高压水和化学水手段清理系统堵塞，并组织人员吹扫干净。

3）反应器检修内容：搭设脚手架，打开人孔，清理反应器内部，更换内部件，更换垫片，封闭人孔，配合压力容器检测等；清理釜内搅拌轴及桨叶结块，检查更换催化剂、气相及液相丙烯喷嘴、热电偶，视情况进行更换。

7.4.6 换热器检修：

1）装置停产吹扫合格后，按照要求，保护性拆除管线管箱上的镀锌铁皮保护层和保温层，拆除两端管箱，按照压力容器检验要求将壳体上的镀锌铁皮保护层和保温层保护性拆除并编号妥善保管以备恢复，并按照要求打磨壳体上的焊道两侧各 50mm 范围，用来进行超声波检验和测厚工作，检验合格后进行刷漆防腐处理。然后进行换热器的压力试验。先进行壳程试压，再进行管程试压；壳程试压时，拆除两端管箱，对壳程加压，检查壳体、换热管与管板连接部位；管程试压时，先安装两端管箱，对管程加压，检查两端管箱和有关部位。压力试验合格后，恢复拆除的管线、对换热器的保温进行恢复。

3）换热器管束抽出和回装：浮头换热器管束抽出和回装采用吊车配合，用抽芯机进行。

7.4.7 反应器、容器检修：

1）首先进行现场勘察，提前搭设脚手架，准备切断盲板及石棉垫片。需要拆除的管线、螺栓现场进行标识并喷涂松动液。

2）设备拆装封头时使用吊车，应经过认真现场测量、校核计算并结合安全经济的特点，选择合适的汽车吊车配合。

3）设备拆装螺栓时使用风动扳手的，要在使用风动扳手前认真检查风带与风源接口处是否绑扎牢固。

4）回装前要认真清扫设备内部，经车间负责人检查确认后，方可回装。回装时要将法兰密封面清理干净，并涂抹二硫化钼。注意回装时垫片一定要放正，不能装偏。

7.4.8 静设备试压要求：

1）试压项目应根据设备文件和检修工单要求进行。对于不允许有微量残留液体的设备可采用气压试验。压力试验所必须采用两个量程相同、经过效验并在有效期内的压力表。压力表的量程宜为试验压力的 2 倍，但不得低于 1.5 倍和高于 3 倍。表盘直径不得小于 100mm，精度等级不得低于 1.5 级。压力表应安装在换热设备的最高处和最低处，试验压力值应以最高处的压力表的读数为准，并用最低处的压力表读数进行校核。试压前应对换热设备进行外观检查，其表面应保持干燥。换热设备液压试验充液时，应在高点将空气排净。

2）液压试验后应及时将设备内的液体排净并用压缩空气进行吹扫；气压试验后应及时泄压。液压试验应用清水为介质，奥氏体不锈钢设备用水进行压力试验时，水中氯离子含量不得超过25ppm。试验压力按换热器铭牌所标试验压力进行，压力试验时，压力应缓慢上升，达到试验压力后稳压30min，然后降至设计压力的80%，保压足够长的时间对所有的焊缝和连接部位进行检查，无渗漏、无可见的异常变形且在试压过程中无异常的响声为合格。试压过程中若有异常时，应将压力泄净后进行处理，然后重新进行试压试验。

3）气压试验应用压缩空气进行，气压试验时，压力应缓慢上升，至试验压力的10%，且不超过0.05MPa，保压5min，对所有焊封和连接处进行初步泄漏检查，如有泄漏应泄压修补后重新升压。初检合格后，再继续缓慢升压到试验压力的50%，然后按照试验压力10%的级差逐级升至试验压力，保压10min后降到设计压力的80%，并保持足够长的时间进行详细检查。无漏气，无可见的明显变形为合格。若有泄漏，泄压后进行修补，再按上述要求重新试验。

7.4.9 保温施工：

1）铁皮保护层拆除前要求做好标记，以便原位恢复。

2）妥善保管保护好拆除的铁皮保护层，能够利旧的一定要利旧，不能利旧的要征得车间主管部门同意后才能作为垃圾清运到指定垃圾存放区域。

3）拆除的利旧保温材料要求妥善处理存放，防止雨淋损坏。不能利旧的材料要求及时清运出现场，防止污染环境。

4）保温材料恢复要与原有设备管线的保温厚度一致，绑扎结实，间距符合规范要求；保护层恢复后确保美观实用，管线保护层接缝要求斜下45°布置。

7.4.10 脚手架搭设：

要求规范、横平竖直，有栏杆、梯子、护栏、踢脚板，功能要求满足拆装恢复保温、打磨、检测需要。

7.4.11 配合检测施工：

1）施工方案：停工前根据装置提供的需要检测的设备清单和压力管道检测管号清单，同承担检测任务的特检院人员进行深入结合，明确设备和管线的位置，确定每台设备、每条管线的检测方案和检测配合要求，形成书面具体的配合要求，如脚手架搭设位置、保温拆除范围、焊道或设备管道表面打磨范围和质量要求等，挂牌标记，停产后（或征得同意，在不影响操作的情况下，停产前一周）搭设脚手架，停产后在拆除局部保温，按照检验方案要求进行焊缝打磨。换热器、容器等压力容器检测同设备检修结合在一起，检测合格后再回装，恢复保温。有试压要求的设备，试压时及时通知特检院现场监督检验。

2）打磨要求：测厚点打磨要求：在指定部位进行打磨，测厚点直径为ϕ30～40mm。超声波探伤打磨要求：根据要求选择内或外表面，打磨宽度为焊缝两侧各200mm。超声波端点衍射打磨要求：超标埋藏缺陷部位的焊缝余高打磨与母材齐平。打磨质量要求：

以露出金属光泽为准。上述工作结束后，由检验员检查验收打磨质量，验收合格后进行宏观检查，同时安排壁厚测定和内外表面磁粉探伤、渗透探伤、超声波探伤。若焊缝打磨宽度或光洁度不符合要求，应予以返工。

7.5 仪表设备

7.5.1 DCS 系统的日常维护

1）日常清洁工作：每月清洁一次操作台、显示器、键盘、打印机、操作站和控制站的风扇及过滤网等。保持 EWS、磁带机或光盘驱动器的卫生，不要将异物放入磁带机或光盘驱动器中，定期使用清洗磁带清洁磁带机，或使用清洗盘清洁光盘驱动器，保持机房内的环境卫生。

2）系统检查：对于系统可能出现的故障能够及时查出，并在系统报警窗口中给出相应的信息提示，作为历史信息存储到硬盘上，提供相应的信息代码。双重化现场控制站 FCS 的日常维护可通过巡检 FCS 各卡件的状态指示灯及在 ICS 上调用有关画面进行日常检查。FCS 中每一卡件（单元）都有指示灯表示它的操作状态。当 FCS 上电时，绿色灯亮表示卡件运行正常（通信状态时灯将闪烁）。

3）系统大修：DCS 系统经过长时间的运行后，在系统卡件和电路板上，会有灰尘存在，可能引发故障，而正常生产中也有一些故障隐患部件无法处理，诸多 I/O 卡件的技术性能和精度也会因长时间连续运行而发生变化，需要进行适当调整，因此在装置检修期间要对整个 DCS 系统进行检修，清洁设备，处理故障和隐患，进行控制组态修改和备件测试，以保证装置开车时 DCS 系统的准确性和可靠性。

7.5.2 PLC 的日常维护

日常维护项目是每天巡检必须检查的内容，是系统正常运行的保证。其内容如下：系统安置场所的温度和湿度等运行环境条件是否在规定的技术指标范围内。检查报警记录是否有系统报警，如发现有系统报警，要及时做相应处理。机房卫生清扫。对每个站、机柜进行日常点检和维护操作员站、工程师站。

1）检查画面调用是否正常。

2）数据显示是否正常。

3）历史记录定期清理，一般为半年一次。

4）检查软驱、光驱工作是否正常。

5）检查主机的前板风扇、电源风扇运转是否正常，在粉尘较多的环境下运行的主机，要有风扇备件。

6）每月进行风扇和滤网清洁。

7）每月进行显示器、机箱清洁。

8）检查机柜各模板工作是否正常（主要根据指示灯进行判断）。

9）检查机柜风扇运转是否正常。

7.5.3 热电偶的日常维护

1）使用和维护时按照被测介质的特性及操作条件，选用合适材质、厚度及结构的保护套管和垫片。

2）热电偶安装的地点、深度、方向和接线应符合测量技术的要求，并便于维修检查。在使用热电偶补偿导线时，必须注意型号相配，极性正确，热电偶与补偿导线接头处的环境温度最高不应超过100℃。

3）使用于0℃以下的热电偶，应在其接线座下灌蜡密封，使其与外界隔绝。

4）热电偶首次使用前，必须经过一定的技术检验，确认合格后方可使用。热电偶的保护套管如有损坏，可按原结构要求进行修理或更换。

5）热电偶的电极修理。廉价金属热电偶若工作端损坏时，可将工作端剪掉一段重新焊接起来使用。也可以将热电偶的工作端和自由端对调焊接使用。若中间断裂、损坏严重的热电偶则必须更换。

7.5.4 热电阻的日常维护

1）根据被测介质的特性及操作条件，选用合适材质、厚度及结构的保护套管和垫片。

2）热电阻安装的地点、深度、方向和接线应符合测量技术的要求，并便于维修检查。

3）热电阻测量电路里，必须包括热电阻和测量仪表，两者的接线有二线制、三线制和四线制之分。使用二线制时，由于热电阻和测量仪表之间有导线电阻，误差较大，因此所用导线不宜过长过细。使用三线制时因为基本能消除导线电阻的影响，故比两线制测量精度高。在高精度测量的场合，采用四线制，所用的四根连接导线阻值相等（即用同材质、同粗细、同长度的导线），这样可以完全消除导线电阻的影响。

4）使用于0℃以下的热电阻，应在其接线座下灌蜡密封，使其与外界隔绝。

5）热电阻首次使用前，必须经过一定的技术检验，确认合格，方可使用。

7.5.5 温度开关的使用和维护

1）安装使用时，应将温度开关的温度检测元件（温包）全部浸入被测介质中，其周围介质应保持流动、均温，毛细管弯曲半径应不小于50mm。任何时候都不准碰撞毛细管及温包。温度开关内部的紧固部件不能任意旋紧或旋松。

2）对于防爆产品，将电缆与端子板连接或断开时应先切断电源。

7.5.6 孔板流量计的日常维护

1）导压管、附件、阀门确保无泄漏。

2）定期排污，排污周期视物料状况而定。带调节的回路，排污时应切手动。

3）伴热状况应符合设计要求。只需冬季伴热或保温的回路，在气温变化之前，对伴热和保温应做一次全面检查。

4）运行中发现指示不正常时，在确认仪表、导压管、阀门等无异常情况后，才能对孔板进行检查。

5）对有隔离罐或冷凝罐配套安装的流量计，进行零位校对检查时，必须严格按照先关闭高压侧阀，然后打开平衡阀，再关闭低压侧阀的顺序进行。零位校正正确后，则先打开高压侧阀，然后关闭平衡阀，最后打开低侧压阀，仪表开启使用。切不可先打开平衡阀操作，否则会使高压侧的隔离（冷凝）液冲向低压侧，造成两侧隔离（冷凝）液不平衡，给测量带来误差。

6）每 3 个月对导压管、隔离罐、冷凝罐进行 1 次吹洗。

7）重要的节流装置每年或装置的一个运转周期都应检查、清洗 1 次。一般的节流装置则需 3～5 年检查 1 次。

7.5.7 电磁流量计的日常维护

1）核实流量计的测量范围、耐温、耐压值是否与被测流体相符；当测量腐蚀性介质时，应注意流量计的材质是否符合要求；对于分体式流量计，检查传感器和转换器型号、编号，确认必须配套。

2）检查流量计安装是否符合规定要求，流量计壳体上的箭头方向是否与流体流向相符；接线是否正确牢靠。

3）仪表的密封点是否有泄漏，上、下游直管段的长度是否符合要求。

4）检查仪表的零位，并按制造厂规定的调整方法进行调零。调零前要注意测量管完全注满液体，并使液体完全处于静止状态。

5）检查传感器接地是否可靠，传感器应有良好的单独接地线，接地电阻小于10Ω。

6）检查被测介质的电导率是否在规定范围内。对于分体式流量计检查传感器与转换器之间的电缆线是否超过规定长度。

7.5.8 质量流量计的日常维护

1）检查流量传感器和变送器型号、编号，确认必须配套；检查流量计的组态（如：流量计位号、测量单位、流量方向、阻尼值、团状流量参数以及毫安输出和频率输出的设定）是否正确；流量计的流量标定系数、密度标定系数、温度标定系数是否正确；仪表测量范围、耐温、耐压值是否与被测流体相符；安装是否符合要求；接线应准确牢靠。

2）检查导管孔是否密封；在电缆或导管中是否安装冷凝水滴水管；垫圈和 O 形环是否完整；所有盖子是否拧紧。

3）检查仪表零位，并按制造厂规定的调整方法进行调零。

4）检查仪表密封点是否有泄漏。

7.5.9 涡街流量计的日常维护

1）投运前检查：检查仪表测量范围、耐压、耐温，应与所测流体相符，参数的设定（如：流量计位号、输出信号、口径、流体的类型、*K* 系数及单位、密度及密度单位、温度及温度单位、流量单位、量程、阻尼等）是否正确。安装应与规程要求一致，仪表安装方向应与流体方向相同，接线应正确牢靠。

2）在管道未通入介质时，输出端应无输出信号，否则应找出干扰来源，采取措施予以排除。如果由于管线振动，流量为零时仍有一定的输出信号，则应进行噪声平衡调整和触发器输入电平调整。

3）检查仪表密封点是否有泄漏，试压压力不应超过仪表公称压力的 1.5 倍。

7.5.10 压力开关的日常维护

1）压力开关的使用和拆装。

2）对于超过压力开关允许温度的高温介质，应采用引压管经冷却后再进入传感器接口。

3）安装与拆卸时不能使压力开关的开关部件与传感器部件发生相对松动，应用扳手夹持传感器外壳的螺帽与管接头的连接处进行拆卸。

4）电缆通过压紧螺母引入壳体后应拧紧压紧螺母。

5）传感器和压力开关内部的紧固部件不能任意旋紧或旋松。

6）对于上下切换值均有定值要求时应采用切换差可调的产品。

7）对于防爆产品，将电缆与端子板连接或断开时应先断开电源。

7.5.11 料位开关的日常维护

1）料位开关投入正常使用后，检查周期一般为 1～3 月 / 次。有条件的场合可用被测物质直接观察检查，无条件直接观察时，可用人工模拟方法检查。

2）检查料位开关是否与仓顶（或仓壁）垂直安装。

3）使用 500V 兆欧表检查，电极绝缘电阻应大于 10MΩ。检查外壳接地是否良好。

4）料位开关内继电器触头不要直接带大电流负载，尤其感性或容性负载。带大电流负载应通过中间继电器，并在负载两端并接浪涌吸收元件。

7.5.12 压力变送器的日常维护

1）仪表运行时应保持外观清洁无污物，表盘刻度清晰。

2）校验调整零点，必须在测量初始压力下进行。

3）测量有冷凝液的气体或有污垢的液体压力变送器，要定期排污，并保持仪表周围的环境清洁。

4）仪表引压管、阀门及接头等不得渗漏。

5）定期对仪表进行校验，仪表检验周期一般为 1 年或 1 个装置检修周期。

6）经常检查引压管保温伴热情况，防止隔离液冻、凝、汽化等。

7.5.13 振动位移仪表日常维护

1）整套仪表的安装应符合设计总成及相应产品规范要求。

2）安装的每一振动、位移通道都应有间隙 - 电压校验曲线和校验记录。

3）转机轴承的每一监测点应安装两个互成 90° 的振动探头，分别安装在与轴垂直中心线成 45°±5° 的上方。

4）振动探头应安装在轴承 75mm 以内的位置，并有大于探头半径大小的侧间隙，探头工作轴表面应光洁，无划痕，并经消磁处理，探头不应受目标区以外任何金属的影响，总的机械和电的综合偏移振幅不超过 6μm。

5）探头应固定牢固，除非特殊要求，振动探头间隙电压应选在间隙 - 电压校验曲线线性范围中部，在同一转机上，探头间隙电压的标准应基本一致。

6）轴位移探头应有大于探头半径的侧间隙，工作表面光洁无划痕，经消磁处理，探头不应受目标区以外任何金属的影响，总的机械和电的综合偏移振幅不超过 13μm。

7）使转机转子处于推力偏移中心时，调整轴位移探头间隙，使位移监测器的指示在中间位置，即零位。

8）振动和位移探头的安装方式应便于检修和维护。

9）仪表送电后，检查各探头间隙电压、报警点、危险报警点的设置应正常。

7.6 电气设备

7.6.1 电动机日常维修

1）拆除电机引线、对轮、地脚螺丝，电刷和刷架。起吊电机时应注意电机重心，正确使用钢丝绳和绳扣，合理的绑扎部件。

2）拆下对轮、风扇罩、风扇、电刷及刷架、两侧端盖、拆卸轴承。重要部件应有位置标志，小件应装入箱内。拆卸较重的对轮时应用起重设备吊住对轮，以免伤人。有顶丝的端盖顶出止口，严禁使用扁铲剔开端盖，以免损伤结合面。抽转子时应根据电机结构与现场条件的不同，采用不同的方法进行。

3）定子的检修。转子的检修。滑环、刷握和电刷的修理。轴承的检修。

4）电动机的组装。

7.6.2 高压开关柜检修

1）停进线断路器，将手车拉至试验位置，验电，悬挂“线路有人工作，禁止合闸”标志牌。停上一级变电所馈出电源，将手车拉至试验位置，验电，合上接地刀，悬挂“线路有人工作，禁止合闸”和“已接地”标志牌。

2）清洁低压柜表面的灰尘、污物，盘顶上的灰尘，清扫时不要使灰尘扬起，防止清扫完后又重新聚集。

3）检修负责人清点检修人员所使用的工具，做好统计记录。

4）打开配电柜顶盖及小母线槽盖，标注并定点存放螺栓。检查母线构架和支持绝缘子底座等接地线完好。检查母线表面应光洁平整，不得有裂纹及夹杂物，不应有变形、扭曲现象。

5）检查母线的相色、标记应完整、清晰、正确；小母线、端子排标志清晰、明确。

6）用吸尘器、毛刷清除配电柜内各部灰尘，必要时用专用清洗剂清洗。检查配电柜内各支持绝缘子应完整无裂纹、无变形，表面清洁光亮。

7）检查配电柜内各接触部位螺栓紧固情况，电气连接部分连接可靠，接触良好，无过热、放电痕迹。

8）修理、更换损坏的零部件。检查配电柜内部没有遗留的杂物，检修负责人清点工具，确定没有缺少后，盖上配电柜顶盖及小母线槽盖。

9）检查手车断路器动作情况，推拉应轻便灵活，无卡阻碰撞现象。

10）检查手车断路器动静触头中心线一致，接触紧密良好，触头与母线结合处涂抹凡士林或导电膏。检查安全隔离板应开启灵活，随手车的进出而相应动作。

11）检查防误闭锁装置动作正确可靠。检查辅助开关、微动开关应完好，动作可靠。

12）检查配电柜内部防火隔离设施应完好。检查手车柜内电加热器完好。

13）检查柜内照明装置齐全好用。检查主回路元器件、继电器、保护模块、测量仪表及二次回路应完好。

14）检查表计指示范围应正确、清晰。检查二次回路中的插头、插座应完好无损。

15）检查电压抽取（带电显示）装置。检查五防性能。

16）检查配电柜的金属框架及基础型钢接地情况，接地应无开裂、松动、断裂情况；装有电器可开闭的门，应以软导线与接地的金属构架可靠的连接。

17）检查配电柜外观，油漆应完整良好，各回路编号、名称应清晰、正确无误。

7.6.3 低压开关柜检修

1）停低压断路器，验电，确认低压断路器确已断开，悬挂“线路有人工作，禁止合闸”标志牌。停该段进线变压器，将高压柜手车拉至试验位置，验电，合上接地刀，悬挂“线路有人工作，禁止合闸”和“已接地”标志牌。

2）在低压断路器馈出侧挂上接地线，检修负责人记录接地线编号及悬挂地点，并在柜上悬挂“已接地”标志牌。清洁低压柜表面的灰尘、污物，盘顶上的灰尘，清扫时不要使灰尘扬起，防止清扫完后又重新聚集。

3）将全部抽屉拉至退出位置。检修负责人清点检修人员所使用的工具，做好统计记录。

4）打开配电柜顶盖及柜内母线槽盖，标注并定点存放螺栓。

5）检查母线构架和支持绝缘子底座等接地线完好。检查母线表面应光洁平整，不得有裂纹及夹杂物，不应有变形、扭曲现象。

6）检查母线的相色、标记应完整、清晰、正确。用吸尘器、毛刷清除配电柜内各部灰尘，必要时用专用清洗剂清洗。

7）检查配电柜内各支持绝缘子应完整无裂纹、无变形，表面清洁光亮。检查配电柜内各接触部位螺栓紧固情况，电气连接部分连接可靠，接触良好，无过热、放电痕迹。

8）修理、更换损坏的零部件。抽屉的触头与母线结合处涂抹凡士林或导电膏。

9）检查配电柜内部没有遗留的杂物，检修负责人清点工具，确定没有缺少后，盖上配电柜顶盖及柜内母线槽盖。

10）检查主回路元器件、继电器、测量仪表及二次回路应完好。检查二次回路中的插头、插座应完好无损。检查抽屉的动作情况，抽屉推拉应轻便灵活，无卡阻碰撞现象。

11）检查配电柜的金属框架及基础型钢接地情况，接地应无开裂、松动、断裂情况；装有电器可开闭的门，应以软导线与接地的金属构架可靠的连接。

12）检查配电柜外观，油漆应完整良好，各回路编号、名称应清晰、正确无误。

13）工作负责人拆除断路器馈出侧接地线，取下“已接地”标志牌。用500V兆欧表检测柜内二次回路电阻需大于1MΩ。

14）将母线上有关二次回路的控制线拆除，并做好记录，以便回装。

15）母线交流耐压试验电压为1000V，当绝缘电阻值大于10MΩ时，可采用2500V兆欧表摇测代替，试验持续1min，无击穿闪络现象。回装拆除的母线上有关二次回路的控制线。

16）做电动机综保器试验：电流线性度、过流保护、启动堵转、运行堵转、不平衡、缺相、低电压等。电流表、电压表、电度表检查校验。0.4～6kV联动试验。

17）会同机动部检查验收。办理工作票终结。清理现场，做到工完料净场地清，带油棉纱集中存放。整理试验记录，填写试验报告。

7.6.4 油浸变压器检修

1）检查各连接法兰有无渗漏油，螺栓有无松动，需紧固时依次对角紧固；检查本体螺栓状况。

2）检查引入的电缆和引线，有无过热、变色，螺栓有无松动现象，并统计记录。

3）对绝缘套管根部密封检查，依次对角紧固渗油部位螺栓。注意平衡，不要用力过大，造成次生缺陷。

4）接地情况的检查：检查本体的接地无开裂、松动、断裂，紧固；检查变压器铁芯接地无开裂、松动、断裂，紧固；中性点接地松动、断裂。

5）核实记录分接头的位置是否与运行记录一致。

7.6.5 直流柜检修

1）取出插件；消除各部灰尘，必要时进行清洗；检查所有接线有无过热，并紧固所有螺栓；检查交、直流侧电源开关、接触器及控制开关的触点有无烧伤和不良现象。

2）检查所有开关动作是否灵活；校验电压表、电流表等表计。检查过电压、过电流及短路等保护电路中的元器件有无损伤，并复核保护回路的继电器定值。

3）检查清扫信号回路中的元器件有无松动、损坏；控制回路的检修；主回路的检修。

7.6.6 交流变频器检修

1）清扫变频器；检查柜门开关灵活有无卡涩；检测电缆绝缘是否良好。

2）检查所有按钮、开关是否操作灵活，通断电性能是否良好；检查各种表计、指示灯是否良好；检查接线端子是否良好，接线是否牢固，有无过热现象；检查变频器的冷却系统是否正常；检查所有接插件插脚有无松动缺损。

3）检查滤波电容性能是否良好；检查辅助电气设备及内外部频率设定元器件性能是否良好；检查控制线路板有无过热现象，测试控制线路板基极驱动信号波形；检查主回路二极管模块、晶体管模块（或 IGBT 管模块）等各类元器件。

4）检查主回路电解电容、瓷管电阻、熔断器、变压器、互感器、继电器等部件。

7.7 安全环保消防设施

7.7.1 检修期间仪表专业要对安全仪表系统（SIS）、可编程控制器（PLIC）制定检修检查方案，确保能够实现装置的停车联锁和局部范围内的物料切断联锁。

7.7.2 所有火灾报警系统覆盖整个装置区，便于在火灾发生的初始阶段及时报警。可燃气体检测系统要定期测试，确保好用。

7.7.3 装置区设工业电视摄象机以对现场生产及安全监视。

7.7.4 烷基铝系统检修要有防护措施，在 TFAL 储罐及配制间设有火焰检测器及联锁系统，万一物料泄漏到空气中引起火灾，联锁系统自动切断所有进入装置的 TEAL 阀门，并开启氮气阀门。TEAL 系统配备铝质防护服，包括头罩、护目镜、手套、鞋套。

7.7.5 停工检修要检查反应器的自动切断装置是否好用，对紧急阻聚系统、紧急放空系统的阀门进行调试，对安全阀、防爆膜进行检查更换。

7.7.6 核辐射仪表的使用均符合国标 GBZ 125—2009《含密封源仪表的放射卫生防护要求》，核料位仪的接收端加铅防护隔离罩。

7.7.7 装置内建筑物、厂房设置通风系统，现场配置洗眼器、淋浴器，添加剂系统设置粉尘收集系统等要定期检查维护，确保完好。

7.7.8 日常检修前要制定消防系统的检查计划，确保消防水系统、水喷雾系统、高架遥控水炮、水幕系统、消火栓、消防竖管等完好备用。日常做好消气防设施的检查和完善，确保异常情况下好用。

7.7.9 消防水炮。应定期对消防水炮的压力表、底阀和球阀阀杆、水平上下转向、喷射形式转换器进行检查，对转动部位润滑保养，防止转动不灵活影响使用。北方地区冬季应该关闭底阀并导空，避免冻裂地上部分，防冻措施实施后应拆开法兰检查，防止底阀内漏致使地上部分积水。

7.7.10 消防水栓：应定期对消防水栓的阀杆、扪盖进行润滑保养，保证转动灵活。配套的扳手、水带、水枪应完好，连接密封良好。

7.7.11 灭火器：应定期对灭火器的压力、喷射管、铅封等进行检查，推车干粉还需对喷射枪头开关进行检查，保证灵活开关。

7.7.12 洗眼喷淋器：洗眼喷淋器应定期出水，及时将管道内的渣物排出，过滤器及时清理防止堵塞。

7.7.13 火灾报警系统：火灾报警系统应定期试验，检查与应急广播系统的联动功能。

7.7.14 应急广播系统：应急广播系统应定期检查试验，电路穿线管应经常检查密封，防止雨水通过穿线管等部位进入接线盒损坏线路板，影响应急广播系统使用。

7.8 防腐管理

7.8.1 装置停工检修期间要做设备腐蚀调查，包括：对装置或系统设备腐蚀情况进行调查分析以及对高温部位金属材料进行材质核查，可依据腐蚀情况有针对性的选取单元或设备开展调查。

7.8.2 装置在停工前要编制腐蚀调查计划，指定人员配合完成腐蚀调查工作，包括提供基础数据资料、带领调查人员进入处理合格的设备等。

7.8.3 检修承包商在设备打开后第一时间将发现的严重腐蚀问题及整改建议反馈给装置操作人员。

7.8.4 装置要对检修期间所有换热器堵管情况进行检查、记录并形成统计表。统计内容包括：换热器基本参数、换热器堵管数量、堵管率以及腐蚀泄漏原因等。

7.8.5 装置将检修期前后的日常定点测厚计划集中调整到检修期间进行，在此基础上，对未纳入日常定点测厚范围的部分设备、管件，如孔板前后，泵、换热器出口等流速、流态变化较大部位安排补充测厚。根据装置需要编制测厚计划，绘制测厚空试图，明确测厚位置、测厚点数等。

7.8.6 装置依据检修期间全面测厚数据以及一个运行周期以来的测厚数据积累（3～4年），在检修后2个月内完成装置定点测厚优化方案，调整测厚点及频次。

7.8.7 要求提前编制防腐施工项目技术方案，施工及验收标准执行 SHS 01034《设备及管道涂层检修规程》。使用单位、维保单位对方案进行审查。

7.8.8 设备防腐措施的制定应综合考虑设备的运行及腐蚀状况，防腐施工质量应至少满足5年的质量保证期的要求（在检修合同中要明确规定）。

7.8.9 使用单位、维保单位对施工过程进行控制、检查验收，停点检查发现质量问题，未经整改不得继续施工；竣工验收发现质量问题，返修后仍达不到要求不得结算。

8 主要设备典型故障及处理方法

8.1 高速泵

高速泵典型故障及处理方法见表5。

表5 高速泵典型故障及处理方法

序号	常见故障	故障原因	处理方法
1	机械密封泄漏	长期运转密封面损坏 介质脏密封失效 高速轴摆动大密封失效	更换密封 更换密封 解体泵检查

表 5 高速泵典型故障及处理方法（续）

序号	常见故障	故障原因	处理方法
2	泵体振动大	输入轴轴承损坏 轴瓦磨损配合间隙大 联轴节不对中	更换轴承 更换轴及轴瓦 联轴节找正
3	泵输出无流量或流量不足	电机反转 叶轮背间隙过大 吸入压头低	重新接线 调整叶轮背间隙 增大吸入压头
4	振动及噪声大	齿轮、轴瓦、轴承等零件严重磨损，叶轮、诱导轮等严重磨损或汽蚀	解体检修更换易损件 做动平衡
5	油封漏油	油封损坏	更换油封
6	增速箱温度高	油量过多 滤油器堵塞 冷却器结垢或水量不足	放油 更换滤油器 除垢调节水量

8.2 计量泵

计量泵典型故障及处理方法见表 6。

表 6 计量泵典型故障及处理方法

故障现象	常见故障	处理方法	注意事项
流量不足	吸排液单向阀泄漏	检查、清理或更换	注意试漏，注意安装方向
	溢流阀（安全阀）泄漏	调整或更换	注意试漏，注意设定起跳压力值
	补油阀泄漏或柱塞（包括管路）	更换、清堵	注意试漏，安装时注意密封
	排气阀泄漏	更换	注意试漏
	柱塞填料泄漏或柱塞磨损超差	压紧或更换填料，更换柱塞	新填料注意规格尺寸，安装方向，新柱塞注意尺寸测量
	泵内有气体（包括隔膜介质侧和油侧）	排气、补油	确保排净
	泵入口过滤器堵塞	清理、更换	取保畅通
出口压力低	吸排液单向阀泄漏	检查清理或更换	注意试漏，注意安装方向
	隔膜破裂	更换	注意备件检验
	溢流阀、补油阀、排气阀泄漏严重	更换	注意试漏，注意安装时的密封
	介质中气体过多	排气	

8.3 挤压造粒机

挤压造粒机典型故障及处理方法见表7。

表7 挤压造粒机典型故障及处理方法

序号	常见故障	故障原因	处理方法
1	切粒不好	刀轴垂直度不够、模板堵孔、模板切粒带磨损、颗粒水温度不当等	刀轴垂直度找正、更换模板切刀、工艺调整等
2	水室外刀轴处漏水	填料密封不严	更换填料
3	切粒机振动大	切粒机与电机轴不对中	联轴节找正
4	切刀贴不到模板	轴套固定装置及轴承座位置不对	刀盘后面加垫片
5	齿轮泵转子断裂	异物进入、超负荷或转子制造缺陷	更换转子
6	齿轮泵联轴器磨损	润滑不良、对中不好、制造缺陷等	更换联轴器
7	齿轮泵轴瓦故障	金属异物进入、润滑通道堵塞润滑不良、轴瓦银层结合力不足	更换新轴瓦
8	混炼机螺杆故障	金属异物进入、轴承损坏、螺杆断裂等	更换备用螺杆或修复

8.4 旋转阀

旋转阀典型故障及处理方法见表8。

表8 旋转阀典型故障及处理方法

序号	常见故障	故障原因	处理方法
1	旋转阀检修后盘不动车	两端轴承损坏	更换轴承
		转子与端面磨损严重端面已经翻边	去掉转子端面的翻边
2	旋转下料阀通过能力达不到要求	填料密封与转子端面之间有间隙	密封槽表面磨损，形成楔形，弹簧失效
		转子与壳体间隙增大	更换转子

8.5 液力联轴节

液力联轴节典型故障及处理方法见表9。

表9 液力联轴节典型故障及处理方法

序号	常见故障	故障原因	处理方法
1	液力联轴节喷油	易融塞融化	更换易融塞
2	搅拌启动不动	液力联轴节损坏	更换液力联轴节
		液力联轴节油位低	补加润滑油

8.6 往复式压缩机

往复式压缩机典型故障及其处理方法见表 10。

表 10 往复式压缩机典型故障及处理方法

序号	常见故障	故障原因	处理方法
1	排气量达不到设计要求	气阀、填料泄漏	更换气阀，填料
2	级间压力高	后一级吸排气阀泄漏，排出管道阻力增大	更换气阀检查缓冲罐及管路
3	级间压力低	一级吸排气阀泄漏，进气管道阻力增大	更换气阀检查吸入管路
4	气阀有敲击声	气阀阀片切断，气阀松动	更换气阀弹簧或阀片
5	气缸内发生异常声音	气缸余隙太小	调整上下止点间隙
6	曲轴箱振动并有异常声音	连杆螺栓、十字头螺母松动或断裂曲轴与联轴节配合松动	紧固或更换损坏件，检查并采取相应措施
7	气阀片断裂	阀片材料不对、热处理不当弹簧力过大	更换材料、更换弹簧
8	气缸振动大	气缸与滑道及机身同轴度偏差大、地脚松动活塞松动，气缸与中体及滑道连接松动	检查、调整同轴度、调整气缸支撑、紧固地脚螺栓、连接螺栓

8.7 离心泵

离心泵典型故障及处理方法见表 11。

表 11 离心泵典型故障及处理方法

序号	常见故障	故障原因	处理方法
1	机械密封泄漏	长期运转密封面损坏 介质脏，密封失效 轴摆动大，密封失效	更换密封 更换密封 解体泵检查
2	泵体振动大	轴承损坏 叶轮磨损，动平衡破坏 联轴节对中不好，膜片损坏	更换轴承 更换叶轮 联轴节找正，更换膜片
3	泵输出无流量或流量不足	电机反转 叶轮背间隙过大 吸入压头低 出口单向阀打不开	重新接线 调整叶轮背间隙 增大吸入压头 更换单向阀
4	振动及噪声大	齿轮、轴承等零件严重磨损，叶轮等严重磨损或汽蚀	解体检修更换易损件 做动平衡

表 11 离心泵典型故障及处理方法（续）

序号	常见故障	故障原因	处理方法
5	油封漏油	油封损坏 压盖无回油孔	更换油封 打回油孔
6	润滑油压力表压力低	油过滤器堵塞	更换油过滤器

8.8 罗茨风机

罗茨风机典型故障及处理方法见表 12。

表 12 罗茨风机典型故障及处理方法

序号	常见故障	故障原因	处理方法
1	风量波动	过滤器堵塞 轴封漏气 安全阀泄漏	更换或清洗过滤器 更换轴封 更换安全阀
2	电机过载	过滤器堵塞 管线压力损失增大 叶轮与墙壁接触	更换清洗过滤器 检查进出口管线 检查间隙
3	机体温度高	润滑油少 轴承偏磨 轴承游隙小 转子与壳体接触	增加润滑油 找正 更换轴承 调整间隙
4	振动及噪声大	齿轮、轴承等零件严重磨损 叶轮等严重磨损	解体检修更换易损件 做动平衡
5	油封漏油	油封损坏 压盖无回油孔	更换油封 打回油孔

8.9 螺杆压缩机

螺杆压缩机典型故障及处理方法见表 13。

表 13 螺杆压缩机典型故障及处理方法

序号	常见故障	故障原因	处理方法
1	启动负荷大	腔体内含液	盘车
2	机组振动	吸入管线堵塞 介质含液	检查吸入管线 检查液体来源
3	机体温度高	转子与机体摩擦 介质温度高	停机检修 降低介质温度
4	噪声大	对中不佳 吸入不畅 齿轮磨损	检查对中 检修吸入管线 停车检修

8.10 带搅拌反应器

带搅拌反应器典型故障及处理方法见表 14。

表 14 带搅拌反应器典型故障及处理方法

序号	常见故障	故障原因	处理方法
1	密封泄漏	密封面、垫片损坏	更换密封、密封面修复
2	异响	搅拌轴与壳体接触 搅拌轴弯曲 物料结块	检查支撑轴承 停机检修 停车清理
3	轴承温度高	润滑油过多、过少，轴承损坏	检查润滑油，停车检修
4	出料不畅	出料管堵塞 物料结块	清理出料管线 停车检修
5	搅拌轴下沉	轴承磨损 支撑板定位不准	停车检修 检查定位销

8.11 换热器

换热器典型故障及处理方法见表 15。

表 15 换热器典型故障及处理方法

序号	常见故障	故障原因	处理方法
1	介质互串	密封垫片损坏 法兰螺栓用力不均衡	更换垫片 在密封面平行下，均匀紧固螺栓
2	塔体局部变形	塔体局部均匀减薄 塔体局部过热 塔超压操作	加补强板 检查进出口管线 稳定操作
3	塔体出现裂缝、穿孔	局部变形加剧 焊接应力大 材料缺陷	补强

8.12 压力容器

压力容器典型故障及处理方法见表 16。

表 16 压力容器典型故障及处理方法

序号	常见故障	故障原因	处理方法
1	法兰密封泄漏	密封垫片损坏 法兰螺栓用力不均衡 密封面损坏	更换垫片 在密封面平行下，均匀紧固螺栓 更换法兰或修复密封面
2	壳体减薄	腐蚀均匀减薄 冲刷减薄	加强检测 加防冲板
3	出现裂缝、穿孔	局部腐蚀 焊接应力大 材料缺陷	补强

附　录　A
（资料性附录）
停工检修确认表

<table>
<tr><td rowspan="3"></td><td colspan="7">中国石油化工股份有限公司 ×××× 分公司管理体系</td></tr>
<tr><td colspan="7">停工检修确认表</td></tr>
<tr><td>记录编号</td><td>SHZH-T6.10.00.009.2011</td><td colspan="2">使用单位</td><td colspan="3"></td></tr>
<tr><td colspan="2">停工检修单位</td><td></td><td>装置</td><td></td><td>时间</td><td colspan="2">年　　月　　日</td></tr>
<tr><td>单位</td><td colspan="2">确认内容</td><td colspan="3">存在问题</td><td>确认意见</td><td>确认人</td></tr>
<tr><td>停工单位</td><td colspan="2">1.装置与系统是否有效隔离并提供对应的盲板表？
2.是否有专用氮气线，是否专用？
3.管线及容器是否吹扫干净并提供吹扫作业确认表？
4.容器及塔测爆及氧含量是否合格？
5.风险系数较大的作业是否进行危害识别分析
6.对塔、容器仪表监控手段是否保留？
7.动火作业项目是否上墙？
8.对本单位、施工单位参加检修的人员安全教育并考试是否进行？
9. 明沟、地面上是否有油？清污分流设施是否投用？
10. 对装置内电缆沟是否做出明显标志？
11. 设备、容器、管道是否全部打开并在设备人孔处挂“危险空间！严禁入内”的警示牌？
12. 检修现场下水井、地漏、明沟是否封闭，泵沟等是否建立水封？
13. 检修设备是否停电？</td><td colspan="3"></td><td></td><td></td></tr>
<tr><td>电气部</td><td colspan="2">1. 是否已按用电单位停送电要求实施停送电？
2. 参加大修的电气作业人员是否进行电工作业资格的确认和相应的安全教育？
3. 其他</td><td colspan="3"></td><td></td><td></td></tr>
</table>

停工检修确认表（续）

<table>
<tr><td rowspan="3" colspan="2"></td><td colspan="5">中国石油化工股份有限公司 ×××× 分公司管理体系</td></tr>
<tr><td colspan="5">停工检修确认表</td></tr>
<tr><td>记录编号</td><td>SHZH-T6.10.00.009.2011</td><td>使用单位</td><td colspan="2"></td></tr>
<tr><td colspan="2">停工检修单位</td><td></td><td>装置</td><td></td><td>时间</td><td>年 月 日</td></tr>
<tr><td colspan="2">单位</td><td>确认内容</td><td colspan="2">存在问题</td><td>确认意见</td><td>确认人</td></tr>
<tr><td colspan="2">仪控部</td><td>1. 对本单位、施工单位参加检修的人员安全教育并考试是否进行？
2. 机柜间运行装置的机柜与检修的区域是否采用明显有效的隔离措施？
3. 仪表吹扫排放中相关安全环保措施是否明确落实？
4. 放射线同位素仪表停工检修防护措施是否落实？
5. 工器具是否进行相关安全检查？
6. 重大作业项目是否编写施工作业方案和进行危害识别与评价？
7. 高处作业的脚手架是否搭设妥当并验收合格？
8. 每项作业施工是否具有合格的施工检修作业票？相关安全措施是否落实到位？
9. 劳保用品穿戴是否符合要求？
10. 检修质量和检修内容是否符合要求？</td><td colspan="2"></td><td></td><td></td></tr>
<tr><td colspan="2">消防部门</td><td>1. 现场消气防器材是否齐全、完好？
2. 消防、疏散通道是否符合要求？
3. 其他</td><td colspan="2"></td><td></td><td></td></tr>
<tr><td rowspan="2">生产部门</td><td>技术科</td><td>1. 检查吹扫作业票的确认签名是否落实？
2. 现场检查盲板是否按方案和盲板清单进行安装？
3. 检查瓦斯、氮气和工艺介质等物料在装置边界是否进行有效隔离？
4. 催化剂、保护剂、胺液或按方案不退的介质是否按方案要求进行了有效安全隔离？</td><td colspan="2"></td><td></td><td></td></tr>
<tr><td>管理科</td><td>1. 检查配合外系统的吹扫是否已满足要求可以停运？
2. 其他</td><td colspan="2"></td><td></td><td></td></tr>
</table>

停工检修确认表（续）

<table>
<tr><td colspan="2" rowspan="3"></td><td colspan="5">中国石油化工股份有限公司 ×××× 分公司管理体系</td></tr>
<tr><td colspan="5">停工检修确认表</td></tr>
<tr><td>记录编号</td><td>SHZH-T6.10.00.009.2011</td><td colspan="2">使用单位</td><td colspan="2"></td></tr>
<tr><td colspan="2">停工检修单位</td><td></td><td>装置</td><td></td><td>时间</td><td>年　月　日</td></tr>
<tr><td colspan="2">单位</td><td colspan="2">确认内容</td><td colspan="2">存在问题</td><td>确认意见</td><td>确认人</td></tr>
<tr><td rowspan="2">机动部门</td><td>设备科</td><td colspan="2">1. 已按停工方案要求抽堵盲板，且要做好明显标记，并指定专人统一编号登记，严防漏堵、漏拆。盲板的材质、厚度符合安全要求；
2. 与炉、塔、容器相连的蒸汽、氮气等有害介质的阀门，已加盲板隔离；
3. 未经吹扫处理的设备、容器、管道已与系统隔离，设置明显警示标志，并向职工和施工单位交底；
4. 冬季停工，装置要做好防冻防凝工作</td><td colspan="2"></td><td></td><td></td></tr>
<tr><td>动力科</td><td colspan="2">1. 变配电所内电气安全用具、消防器材已检查并在有效期限内；
2. 变配电所内的工器具已检查合格；
3. 电气现场检修动力箱（固定）、临时变已检查合格；
4. 配送电单位、施工单位参修人员已经安全教育并考试合格；
5. 外来人员已经安全教育并考试合格；
6. 工艺要提供装置停工后仍需使用的仪表清单；
7. 电气专业提供停工期间停电网络，仪表提前准备</td><td colspan="2"></td><td></td><td></td></tr>
<tr><td rowspan="2">安环部门</td><td>管理科</td><td colspan="2">1. 对本单位、施工单位参加检修的人员安全教育并考试是否进行？
2. 其他</td><td colspan="2"></td><td></td><td></td></tr>
<tr><td>环保科</td><td colspan="2">1. 明沟、地面上是否有油？清污分流设施是否投用？
2. 其他</td><td colspan="2"></td><td></td><td></td></tr>
</table>

停工检修确认表（续）

<table>
<tr><td colspan="2" rowspan="3"></td><td colspan="5">中国石油化工股份有限公司 ××××分公司管理体系</td></tr>
<tr><td colspan="5">停工检修确认表</td></tr>
<tr><td>记录编号</td><td>SHZH-T6.10.00.009.2011</td><td>使用单位</td><td colspan="2"></td></tr>
<tr><td colspan="2">停工检修单位</td><td colspan="2"></td><td>装置</td><td>时间</td><td>年　月　日</td></tr>
<tr><td colspan="2">单位</td><td colspan="2">确认内容</td><td>存在问题</td><td>确认意见</td><td>确认人</td></tr>
<tr><td>安环部门</td><td>安全科</td><td colspan="2">1. 现场固定式可燃气体报警仪、H_2S报警仪等探头是否进行妥善保护？
2. 对装置内电缆沟是否做出明显标志？
3. 设备、容器、管道是否全部打开并在设备人孔处挂“危险空间！严禁入内”的警示牌？
4. 检修现场下水井、地漏、明沟是否封闭，泵沟等是否建立水封？
5. 打开的设备、容器、管道测爆分析是否合格？
6. 运行的装置与检修的区域是否采用明显有效的隔离措施？存在工艺介质的工艺管线是否做出标志？
7. 其他</td><td></td><td></td><td></td></tr>
<tr><td colspan="2">领导意见</td><td colspan="2"></td><td></td><td></td><td></td></tr>
</table>

附　录　B

（资料性附录）

物资紧急需求计划审批表

记录编号			使用单位		
序号	物料编码	物资名称及规格型号	数量及单位	大修及工程项目相关信息	紧急需求原因说明

需求单位经办人签字： 电话： 年　月　日	需求单位负责人签字： （公章） 年　月　日	业务主管单位领导签字： 年　月　日	公司分管领导签字： 年　月　日	物资采购部门登记签字： 年　月　日

附 录 C
（资料性附录）
检修施工现场HSSE日检表

序号	检查内容	存在问题	检查人员	整改情况	验证人	备注
1	临时用电					
1.1	配备合格的持证电工					
1.2	配电箱合格、有防雨措施，按要求标识并上锁					
1.3	配电系统执行“三相五线制”，符合“三级配电二级保护”要求，安装匹配的漏电保护器，漏保动作灵敏好用，并进行日常试验和记录					
1.4	电缆及接头无破损，绝缘良好；铺设规范，走向清晰，标识明确					
1.5	用电严格执行“一机一闸一保护”					
1.6	按要求配置保护零线和工作零线，工作接地和重复接地完好					
1.7	安全电压符合作业环境要求					
1.8	使用工业插头、插座					
2	施工机具					
2.1	各种机具设备安全要求进行定期检查，确保完好					
2.2	设有机械保护装置（如转动设备等）的设备，保护装置处于完好状态					
2.3	用电机具、设施接地完好					
2.4	配备与作业要求相匹配的劳动防护用品					
2.5	空气压缩机压力表、安全阀等在检验期内并处于完好状态，高压气管和软管固定连接可靠					
2.6	气瓶垂直放置，瓶体固定可靠；气瓶分类摆放并保持安全距离，防护措施到位，气瓶阻火器、压力表等安全附件完好，气管无老化破损，连接可靠					
3	脚手架					

检修施工现场 HSSE 日检表（续）

序号	检查内容	存在问题	检查人员	整改情况	验证人	备注
3.1	脚手架搭设人员是专业架子工，并持证上岗。搭设人员按要求着装，配备五点双大钩安全带					
3.2	编制脚手架搭设方案，进行安全技术交底并有记录					
3.3	按规范要求搭设脚手架，且有良好的整体稳固性					
3.4	搭设和拆除过程必须有专人监督，周边设置警戒区					
3.5	连墙件设置可靠，各节点扣件扭矩力符合要求					
3.6	通道、护栏、腰杆、踢脚板等符合要求					
3.7	作业面满铺跳板，无孔洞，跳板可靠固定且无探头板					
3.8	作业面临时放置的材料等在允许荷载范围内，严禁超载荷；放置必须稳固，无坠物风险					
3.9	脚手架搭设完成验收合格挂牌使用					
3.10	消防设施保持完好，灭火器和消防水桶按要求配置					
3.11	消防安全通道保持畅通					
3.12	用火作业前，清理周边易燃物，采取接火措施					
4	起重					
4.1	编制了吊装方案、进行交底并有记录					
4.2	起重设备操作人员、司索、指挥持有效证件					
4.3	起重机械证照齐全有效					
4.4	起重机械安全设施、附件完好					
4.5	机索具检查完好，钢丝绳无磨损，连接可靠，绳卡数量和间距满足要求					
4.6	吊装作业半径设置了警戒区，禁止无关人员入内					

检修施工现场 HSSE 日检表（续）

序号	检查内容	存在问题	检查人员	整改情况	验证人	备注
4.7	吊装前进行评估，确保在额定起升载荷范围内进行起重作业，不得超载					
4.8	吊车支腿符合要求					
4.9	吊物捆绑符合要求，使用溜绳					
4.10	吊装作业天气、环境、风力等符合要求					
5	焊接、气割					
5.1	设备接地完好					
5.2	焊把线无破损，连接器完好					
5.3	有专人监护，接火、防火措施到位					
5.4	可燃性气瓶与胶管连接完好，无漏气，气瓶有阻火器					
5.5	现场气瓶与明火源保持安全距离					
6	受限空间					
6.1	对所要进行作业的受限空间进行吹扫、蒸煮、置换，并分析合格。所有与受限空间相连接的管线、阀门应进行有效隔离，盲板处应挂标识牌，并经工艺技术人员签字确认					
6.2	出入口内外不得有障碍物，在受限空间入口处设置“危险！严禁入内”警告牌或采取其他封闭措施					
6.3	对有可能发生硫化亚铁自燃的设备、容器必须经充分的钝化脱臭处理，并在现场配置消防水带					
6.4	《进入受限空间作业许可证》实行一点一证					
6.5	进入受限空间作业实行“三不进入”原则，即：一、没有经批准有效的《进入受限空间作业许可证》不进入；二、安全措施未落实不进入；三、监护人不在场不进入					
6.6	作业现场配备必要的救护器具和灭火器材等					
6.7	进入受限空间作业应使用安全电压和安全行灯					

检修施工现场 HSSE 日检表（续）

序号	检查内容	存在问题	检查人员	整改情况	验证人	备注
7	作业安全					
7.1	作业前进行班前安全教育和安全技术交底，作业人员清楚当天作业内容和安全风险及注意事项					
7.2	特殊工种持证上岗					
7.3	佩戴合格安全帽，并根据作业任务佩戴专用眼部、面部、手部等防护用品，高处作业人员系挂安全带					
8	收工检查					
8.1	配电系统一级箱断电，关闭气瓶角阀，能量上锁					
8.2	现场火种检查清理完毕					
8.3	清理各作业面材料和杂物等，做到工完料净场地清					
8.4	落实夜间值班、巡检人员，职责到位，检查内容明确					

附 录 D
（资料性附录）
离心泵检修质量检查卡片

检修装置名称： 分项工程名称： 施工单位：

序号	检查标准	控制级别	检查结果	检查人	检查时间	备注
1	半联轴器与轴配合尺寸	C				
2	对中径向圆跳动	C				
3	对中端面圆跳动	C				
4	径向轴承与轴配合尺寸	C				
5	止推轴承与轴配合尺寸	C				
6	轴承外圈的轴向间隙	C				
7	轴承外圈与轴承箱内壁配合尺寸	C				
8	更换后密封弹簧压缩量	C				
9	密封压盖与轴套的径向间隙	C				
10	压盖与密封腔间的垫片厚度	C				
11	密封压盖与静环密封圈接触部位的粗糙度要求	C				
12	密封轴套的粗糙度要求	C				
13	静环防转槽根部与防转销顶部轴向间隙	C				
14	叶轮密封环径向圆跳动	C				
15	轴套径向圆跳动	C				
16	叶轮端面圆跳动	C				
17	轴套与轴配合尺寸	C				
18	轴套处表面粗糙度要求	C				
19	叶轮与轴配合尺寸	C				
20	叶轮与轴装配时键顶部留有间隙	C				
21	叶轮与端盖衬里应保持间隙	C				
22	主轴颈圆柱度要求	C				
23	主轴颈表面粗糙度要求	C				
24	联轴器和轴中段的径向圆跳动公差	C				

离心泵检修质量检查卡片（续）

序号	检查标准	控制级别	检查结果	检查人	检查时间	备注
25	壳体与叶轮口环径向间隙	C				
26	测定总轴向窜动量，转子定位时取其一半	C				
27	基本评定要求	A				
28	振动速度值	A				
29	密封泄漏量	A				
30	轴承壳体温度	A				

附 录 E
（资料性附录）
往复压缩机检修质量检查卡片

检修装置名称：　　　　　　　　分项工程名称：　　　　　　　　施工单位：

序号	质量标准	质检类别	检查结果	检查人	检查时间	备注
1	拆卸荷装置及进出口气阀，检查卸荷装置的灵活性	C				
2	新气阀试漏，不允许有连续的滴状渗漏	C				
3	测量各缸死点间隙	C				
	标准：____级缸（轴侧 / 盖侧）					
	标准：____级缸（轴侧 / 盖侧）					
	标准：____级缸（轴侧 / 盖侧）					
	标准：____级缸（轴侧 / 盖侧）					
4	测量活塞杆跳动	C				
	标准：____级缸（上下 / 左右）：					
	标准：____级缸（上下 / 左右）：					
	标准：____级缸（上下 / 左右）：					
	标准：____级缸（上下 / 左右）：					
5	检查滑道间隙	C				
	标准：____级缸（最大 / 最小）：					
	标准：____级缸（最大 / 最小）：					
	标准：____级缸（最大 / 最小）：					

往复压缩机检修质量检查卡片（续）

序号	质量标准	质检类别	检查结果	检查人	检查时间	备注
	标准：____级缸（最大 / 最小）：					
6	松十字头与活塞杆连接螺母，检查松开时液压压力	C				
	____级缸，标准：	C				
	____级缸，标准：					
	____级缸，标准：					
	____级缸，标准：					
7	抽出活塞，检查活塞杆直径和圆柱度	C				
	____级缸，标准：	C				
	____级缸，标准：					
	____级缸，标准：					
	____级缸，标准：					
8	检查托瓦、活塞环磨损情况	C				
	____级缸，标准：					
	____级缸，标准：					
	____级缸，标准：					
	____级缸，标准：					
9	拆填料组件，检查刮油环、填料、填料盒磨损情况	C				
10	检查气缸直径和磨损情况	C				
	____级缸，标准：					
	____级缸，标准：					
	____级缸，标准：					
	____级缸，标准：					
11	____级活塞组装	C				
	新活塞杆直径					
	活塞杆椭圆度					
	活塞背帽紧力，标准：					
	托瓦侧间隙，标准：					
	活塞环侧隙，标准：					

往复压缩机检修质量检查卡片（续）

序号	质量标准	质检类别	检查结果	检查人	检查时间	备注
	活塞环开口间隙，标准：					
12	____级活塞组装	C				
	新活塞杆直径					
	活塞杆椭圆度					
	活塞背帽紧力，标准：					
	托瓦侧间隙，标准：					
	活塞环侧隙，标准：					
	活塞环开口间隙，标准：					
13	____级活塞组装	C				
	新活塞杆直径					
	活塞杆椭圆度					
	活塞背帽紧力，标准：					
	托瓦侧间隙，标准：					
	活塞环侧隙，标准：					
	活塞环开口间隙，标准：					
14	____级活塞组装	C				
	新活塞杆直径					
	活塞杆椭圆度					
	活塞背帽紧力，标准：					
	托瓦侧间隙，标准：					
	活塞环侧隙，标准：					
	活塞环开口间隙，标准：					
15	回装填料组件	C				
	测量填料轴向间隙，标准：					
	节流圈轴向间隙，标准：					
16	回装刮油环组件	C				
	测量刮油环轴向间隙，标准：					
	刮油环盒与活塞杆间隙，标准：					
17	回装活塞，测量活塞杆跳动	A				
	标准：____级缸（上下 / 左右）：					

往复压缩机检修质量检查卡片（续）

序号	质量标准	质检类别	检查结果	检查人	检查时间	备注
	标准：____级缸（上下 / 左右）：					
	标准：____级缸（上下 / 左右）：					
	标准：____级缸（上下 / 左右）：					
18	检查活塞杆与十字头连接紧力	A				
	____级缸，标准：　　　/					
	____级缸，标准：　　　/					
	____级缸，标准：　　　/					
	____级缸，标准：　　　/					
19	回装气阀、缸盖等，测死点间隙	A				
	____级缸（轴侧 / 盖侧），标准：					
	____级缸（轴侧 / 盖侧），标准：					
	____级缸（轴侧 / 盖侧），标准：					
	____级缸（轴侧 / 盖侧），标准：					

附　录 F
（资料性附录）
弹簧式安全阀检修质量检查卡片

检修装置名称：　　　　　　　分项工程名称：　　　　　　　施工单位：

序号	检查项目	检查标准	控制级别	检查结果	检查人	检查时间	备注
1	安全阀检查	上下调整环，螺纹部位已清扫干净，阀座表面无缺陷，内壁无壁厚减薄现象	C				
2	阀瓣组件检查	密封面无损伤及导向部位没有擦、咬伤、粘合、卡住痕迹。阀杆头部接触面无裂纹等缺陷	C				
3	阀杆检查	阀杆表面是无咬伤、粘合、卡住的痕迹。阀杆的不直度符合标准；阀杆无磨损，连接丝扣完好无损，与螺母配合良好	C				
4	弹簧检查	弹簧无裂纹、伤痕、腐蚀等缺陷，自由高度应符合要求，两端面平行，且垂直于轴线；弹簧压缩后能恢复自由高度，弹簧座无裂纹及其他缺陷，弹簧与弹簧座接触应平稳	C				
5	安全阀密封面	密封面平整，无坑点和划痕。密封面的径向吻合度需超过密封面宽度的80%	C				
6	安全阀回装	确认上、下调整环的位置正确，阀杆无变形	C				
7	安全阀定压	安全阀的定压和调整应符合设计和规范要求	B				
8	标志	安全阀检修后必须恢复编号、名称等各种标志	B				

附　录　G
（资料性附录）
管壳式换热器检修质量检查卡片

检修装置名称：　　　　　　　　分项工程名称：　　　　　　　　施工单位：

序号	检查项目	检查标准	控制级别	检查结果	检查人	检查时间	备注
1	换热器拆装	管壳式换热器抽芯应采用抽芯机械	C				
		吊装换热器管束时，不得用钢丝绳或其他锐利的索具直接捆绑管束。管束放置时，必须支撑在管板或支持板上	C				
2	换热器清理	管束内、外表面结垢应清洗干净	B				
3	查漏顺序及要求	符合规范和要求	B				
4	管束堵漏	在同一管程内，堵管数一般不超过其总量的10%。通过甲方允许，可以适当增加堵管数。管堵的锥度在3°～5°之间。堵头材质尽可能与换热管一致。公称压力≥2.5MPa，操作波动大的管束堵头需进行密封焊。对有防腐涂层的管束，其堵头在焊接后需对破坏防腐涂层进行修补	A				
5	密封面检查	各人孔和接管法兰应清理干净，无明显缺陷	C				
6	水压试验	试压时压力缓慢上升至规定压力，保压时间不低于30min，无破裂、渗漏、残余变形为合格	A				
7	排空	换热器试压后内部积水应排净。必要时应吹干	C				
8	冷紧、热紧	符合SH/T 3532—2005《石油化工换热设备施工及验收规范》要求	C				

附 录 H
（资料性附录）
通用阀门检修质量检查卡片

检修装置名称：　　　　　　分项工程名称：　　　　　　施工单位：

序号	检查项目	检查标准	控制级别	检查结果	检查人	检查时间	备注
1	阀体检查	阀体与阀盖表面有无裂纹、砂眼、冲刷，密封面平整，无凹、凸麻点、径向沟槽等缺陷	C				
2	阀芯、阀座检查	阀芯、阀座密封面无锈蚀、裂纹、磨损、冲刷等缺陷	C				
3	阀杆检查	阀杆表面无咬伤、粘合、卡住的痕迹。阀杆的不直度符合标准；阀杆无磨损，连接丝扣完好无损，与螺母配合良好	C				
4	填料室检查	填料室内壁无腐蚀、砂眼，压盖无变形	C				
5	密封面修复	密封面光洁，红丹靠研密封线连续均匀不断线	C				
6	阀门组装	盘根填加正确，填料压盖装配间隙均匀，压盖螺栓紧力均匀	C				
7	强度试验和严密性试验	应符合设计和规范要求	B				
8	调试	阀门全行程开关灵活	B				

附 录 I

（资料性附录）

现场设备、管道焊接检修质量检查卡片

检修装置名称： 分项工程名称： 施工单位：

序号	检查项目	检查标准	控制级别	检查结果	检查人	检查时间	备注
1	材料	板材、管道及管件材质应符合设计要求	A				
2	焊材	焊材的材质应符合设计要求和规范规定	A				
3	坡口清理	清理时，应将坡口及其内外表面20mm范围内的油、漆、锈、毛刺等污物清除掉	B				
4	相邻两道焊缝的距离	当 $DN<150$mm 时，不小于外径，且不小于50mm	B				
		当 $DN\geqslant150$mm 时，不小于150mm	B				
		焊缝距离支吊架不应小于50mm；需要热处理的焊缝其支吊架之间的净距离不小于焊缝宽度的5倍且不小于100mm	B				
		除定型管件外，卷管相邻二纵缝间距不小于100mm	B				
		焊缝中心距离弯管起弯点不小于100mm，且不小于管子外径	B				
5	对接错边量 mm	内壁错边量不大于壁厚的10%且不大于2mm	B				
		外壁错边量不大于2mm	B				
6	表面成形	焊缝表面应整齐均匀，无裂纹、未熔合、气孔、夹渣和内壁可视的未焊透、烧穿等缺陷	A				
7	焊接预热、层间温度的控制	符合规范和焊接工艺文件规定的范围	A				

现场设备、管道焊接检修质量检查卡片（续）

序号	检查项目	检查标准	控制级别	检查结果	检查人	检查时间	备注
8	焊接热处理过程控制	热电偶数量、现场热处理参数符合规范和热处理工艺文件要求，热处理曲线图上过程记录及时、真实、完整	A				
9	焊缝清理	焊缝及其周围应清除干净，不应存在电弧烧伤母材的缺陷	B				
10	焊缝宽度	焊缝宽度应符合焊接工艺规程的要求，无要求时为坡口上两则各加宽0.5～2mm	B				
11	焊缝余高	壁厚≤6mm的，焊缝余高不大于1.5mm，壁厚＞6mm的，不大于2.5mm	B				
12	咬边	应符合设计要求和规范规定	B				
13	无损检测	焊缝无损检测应符合设计要求和规范规定	A				

附　录　J
（资料性附录）
装置开工确认表

<table>
<tr><td rowspan="3"></td><td colspan="4">中国石油化工股份有限公司 ×××× 分公司管理体系</td></tr>
<tr><td colspan="4">装置开工确认表</td></tr>
<tr><td>记录
编号</td><td></td><td>使用
单位</td><td></td></tr>
<tr><td>开工装置</td><td colspan="2"></td><td>时间</td><td>年　　月　　日</td></tr>
<tr><td>单位</td><td>要求</td><td>存在问题</td><td>确认意见</td><td>确认人</td></tr>
<tr><td>施工
单位</td><td>1.检修项目以及改造项目已施工完成，并验收合格。
2. 施工用临时设施已全部拆除；现场清洁、无杂物。
3. 除用于开工查漏、热紧用的架子保留外，其他架子、跳板均拆除。
4. 设备、管线等保温复位。
5. 因检修拆除的劳动保护、照明设施已恢复。
6. 塔器设备、安全阀、现场仪表、管线等均已复位</td><td></td><td></td><td></td></tr>
<tr><td>项目所
属单位</td><td>1. 设备位号和管道介质名称、流向标示齐全。
2. 检查现场设备、管线、保温等安装符合规范，试用情况正常。
3. 机组等设备联锁试验正常。
4. 工艺联锁试验正常。
5. 盲板拆、装清单已确认。
6. 装置吹扫、试压通过。
7. 现场消防、气防器材及岗位工器具配齐、现场环保设施投用。
8. 开工化工原材料准备完毕。
9. 备品配件齐全</td><td></td><td></td><td></td></tr>
<tr><td>电气部</td><td>1. 变电所已正常投用，高低压电送电正常。
2. 现场电气设备如电动阀、电加热器、电机等试运正常。
3. 现场照明等恢复正常</td><td></td><td></td><td></td></tr>
</table>

装置开工确认表（续）

<table>
<tr><td colspan="2" rowspan="3"></td><td colspan="4">中国石油化工股份有限公司 ×××× 分公司管理体系</td></tr>
<tr><td colspan="4">装置开工确认表</td></tr>
<tr><td>记录编号</td><td></td><td>使用单位</td><td colspan="2"></td></tr>
<tr><td colspan="2">开工装置</td><td></td><td>时间</td><td colspan="2">年　　月　　日</td></tr>
<tr><td colspan="2">单位</td><td>要求</td><td>存在问题</td><td>确认意见</td><td>确认人</td></tr>
<tr><td colspan="2">仪控部</td><td>1. 现场仪表调试、DCS 调试、联校正常。
2. 配合工艺、设备的联锁调试已完成</td><td></td><td></td><td></td></tr>
<tr><td colspan="2">公用工程部</td><td>循环水、新鲜水、蒸汽、仪表风/工厂风、氮气等公用介质供应正常</td><td></td><td></td><td></td></tr>
<tr><td colspan="2">储运部</td><td>储运系统已具备正常供料以及接收产品条件</td><td></td><td></td><td></td></tr>
<tr><td colspan="2">化验部门</td><td>1. 现场采样器已复位正常。
2. 分析项目已具备分析条件</td><td></td><td></td><td></td></tr>
<tr><td colspan="2">消防部门</td><td>1. 现场消气防器材齐全、完好。
2. 消防、疏散通道符合要求</td><td></td><td></td><td></td></tr>
<tr><td rowspan="2">安环部门</td><td>环保科</td><td>1. 现场环保设施，如清污分流设施等已投用。
2. 后续环保装置具备接收物料条件</td><td></td><td></td><td></td></tr>
<tr><td>安全科</td><td>1. 现场固定式可燃气体报警仪、H_2S 报警仪等已投用。
2. 拟开工装置与临近的检修区域已采用明显有效的隔离措施。
3. 现场安全设施如平台围栏、护栏等符合要求，现场无容易坠落物品。
4. 如有零星动火项目，火票需升级</td><td></td><td></td><td></td></tr>
<tr><td colspan="2">工程管理部门</td><td>负责的改造项目已施工完成、并验收合格</td><td></td><td></td><td></td></tr>
<tr><td rowspan="2">机动部门</td><td>设备科</td><td>1. 检修项目已完成，并验收合格。
2. 保运工作已落实</td><td></td><td></td><td></td></tr>
<tr><td>动力科</td><td>1. 电气、仪表检修改造项目已完成，并投用正常。
2. 电气现场检修动力箱、临时变已拆除</td><td></td><td></td><td></td></tr>
</table>

装置开工确认表（续）

<table>
<tr><td colspan="2" rowspan="3"></td><td colspan="6">中国石油化工股份有限公司 ×××× 分公司管理体系</td></tr>
<tr><td colspan="6">装置开工确认表</td></tr>
<tr><td>记录
编号</td><td></td><td>使用
单位</td><td colspan="3"></td></tr>
<tr><td colspan="3">开工装置</td><td></td><td>时间</td><td colspan="3">年　　月　　日</td></tr>
<tr><td colspan="2">单位</td><td colspan="2">要求</td><td colspan="2">存在问题</td><td>确认意见</td><td>确认人</td></tr>
<tr><td rowspan="2">生产部门</td><td>技术科</td><td colspan="2">1. 开工方案已审批完成。
2. 盲板已按方案和盲板清单进行安装。
3. 开工用化工原材料已落实。
4. 其他专项方案已落实或审批</td><td colspan="2"></td><td></td><td></td></tr>
<tr><td>管理科</td><td colspan="2">1. 外围的公用、储运系统以及相关装置已可支持装置开工。
2. 开工用原料已落实</td><td colspan="2"></td><td></td><td></td></tr>
<tr><td colspan="2">人教部门</td><td colspan="2">操作人员已经过学习、培训，并考试合格</td><td colspan="2"></td><td></td><td></td></tr>
<tr><td colspan="2">项目所属单位领导意见</td><td colspan="2">签名：</td><td colspan="2">公司意见</td><td colspan="2">签名：</td></tr>
</table>

聚氯乙烯装置维护检修规程

SHZ 03012—2019

目　次

前言

本规程按照GB/T 1.1—2009《标准化工作导则 第1部分：标准的结构和编写》给出的规则起草。

本规程由中国石油化工集团有限公司、中国石油化工股份有限公司提出。

本规程起草单位：中国石油化工股份有限公司齐鲁分公司。

本规程主要起草人：李站丰。

本规程2019年首次发布。

聚氯乙烯装置维护检修规程

1 范围

1.1 本规程规定了聚氯乙烯装置及其主要设备的检修周期、检修项目及质量要求、检修过程管理和日常维护的相关内容，主要包括化学品配制、聚合、汽提、干燥、回收及公用工程等六个单元的检修维护管理等内容。
1.2 本规程适用于氯碱化工聚氯乙烯装置的检修维护管理。

2 规范性引用文件

2.1 法律法规

中华人民共和国安全生产法
中华人民共和国特种设备安全法

2.2 标准与规范

特种设备安全监察条例
HG/T 30026 聚氯乙烯生产安全技术规范
TSG 21 固定式压力容器安全技术监察规程
TSG 08 特种设备使用管理规则
GB/T 150.1～4 压力容器
TSG D0001 压力管道安全技术监察规程——工业管道

2.3 相关规定和文献

中国石化炼化企业大机组管理规定
中国石化工炼化企业机泵管理规定

3 术语与定义

下列术语和定义适用于本文件。

3.1 设备功能

设备功能指的是设备的生产效率和功能，衡量设备功能的指标随设备种类不同而异。

3.2 功能故障

设备、设施不能实现其设计功能时，称之为功能故障，定义为设备、设施不能满足期望的性能标准。一般指设备失去或降低其规定功能的事件或现象，表现为设备的某些零件失去原有的精度或性能，使设备不能正常运行、技术性能降低，致使设备中断生产或效率降低而影响生产。

3.3 故障模式

故障模式一般是对产品所发生的、能被观察或测量到的故障现象的规范描述。

3.4 设备分级管理

3.4.1 设备分级原则，根据设备风险等级、重要性、故障后果、可靠性、使用频率、维修经济性、安全及环保危害性、维修复杂程度及故障频次等因素，确定设备等级。
3.4.2 设备分级采用量化的关键性评价方法，将在用设备分为关键设备（A）、主要设备（B）、一般设备（C）三级进行分级管理。
3.4.3 设备分级实行动态管理。每年四季度末对设备分级清单进行再评估，投资项目新增设备、发生变更的设备、装置检修改造及全厂停工大修改造后涉及的设备，应重新进行设备分级。

4 装置特征

聚氯乙烯装置是氯碱化工企业的核心产品装置之一，以氯乙烯为原料，生产各种牌号的聚氯乙烯产品。

聚氯乙烯装置通常由化学品配制、聚合、汽提、干燥、回收和公用工程6个单元组成，见图1。

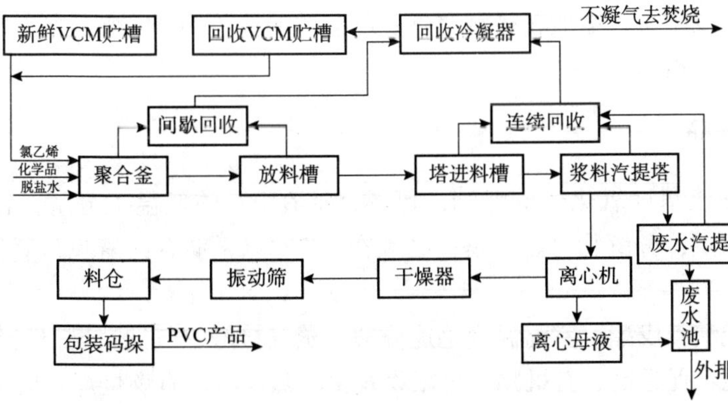

图1 聚氯乙烯装置基本流程示意图

4.1 装置流程简介

聚氯乙烯装置以氯乙烯、化学品助剂原料，与脱盐水一起加入聚合釜进行聚合反应，聚合生成聚氯乙烯，终止后经放料泵放料至浆料罐，未反应的氯乙烯经压缩机回收至氯乙烯单体罐，再经汽提塔进料泵输送至浆料汽提塔进行汽提，汽提后的氯乙烯回收至氯乙烯单体罐，浆料输送至离心机及干燥床进行干燥，离心母液排至废水池外排，干燥后的聚氯乙烯输送至包装料仓包装 PVC 产品。

回收的氯乙烯单体随新鲜单体按照一定比例加入聚合釜参与反应，保持系统物料平衡。

4.2 装置危害特性

聚氯乙烯装置具有易燃、易爆、高温、粉尘的危害特性。装置有毒有害因素主要包括有毒有害介质（包括氯乙烯、助剂）、聚氯乙烯粉尘和噪声。有毒有害介质主要分布在化学品配制、聚合、回收、汽提等单元；噪声的分布主要是聚合单元、回收单元、干燥单元及公用工程等单元。聚氯乙烯粉尘主要分布在干燥单元。

4.3 物料危害特性

4.3.1 氯乙烯

氯乙烯为致癌物，可致肝血管肉瘤。急性毒性表现为麻醉作用；长期接触可引起氯乙烯病。轻度中毒时病人出现眩晕、胸闷、嗜睡、步态蹒跚等；严重中毒可发生昏迷、抽搐，甚至造成死亡。

4.3.2 盐酸、烧碱

腐蚀性强，灼伤人体皮肤，甚至可能由于严重烧伤等破坏皮肤和肌体组织的正常循环，最终可能危及生命。盐酸在接触空气后，蒸发的黄色烟雾 – 氯化氢气体将对人的眼睛、呼吸道产生的损伤。

4.3.3 主要化学品

双 -2- 乙基已基过氧化二碳酸酯：可燃，能在 0℃的低温下分解；常温下状态为透明液体，比水重；分解物可燃易爆；必须在 -15℃以下储存；避免与氧化剂、还原剂接触。

过氧化新戊酸叔戊酯：室温温度迅速分解，蒸气接触空气能自燃，受热发生燃烧和爆炸，与还原剂、促进剂、有机物、可燃物发生剧烈反应，有燃烧爆炸的危险。

羟丙基甲基纤维素：粉尘具有危险性，能被静电引燃，燃烧产生烟雾。

聚乙烯醇：小粉末与空气形成爆炸性混合物，浓度一定时遇火星会爆炸。加热分解产生易燃气体。燃烧分解物为乙醛、丁烯醛、丙酮、乙酸等。

4.4 装置主要风险特性

装置主要风险特性见表1。

表1 装置主要风险特性

序号	风险名称	风险特征	主要管控措施
1	聚氯乙烯装置自然灾害风险	聚氯乙烯装置以氯乙烯未原料生产，储存量属于四级重大危险源，涉及氯乙烯、引发剂等多种危化品，易受到自然灾害影响，主要为极端天气下的影响，如夏季雷电引起停电、着火、爆炸、雨季大雨防汛、高温天气；冬季低温天气冻坏管线、阀门，泄漏氯乙烯等	1. 加强对生产运行的管理，加强异常事件处理； 2. 开展岗位技术练兵和全员培训，加强职工的操作、应急等技能； 3. 严格执行夏季四防、冬季四防及相关作业标准程序，各项措施落实到位； 4. 及时做好领导带班、两特带班，加强直接作业及操作运行的管理； 5. 编制对应的应急预案
2	装置开停车发生火灾、爆炸、中毒窒息风险	1. 氯乙烯具有自聚和易燃易爆的特性，泄漏时发生中毒和窒息、火灾、爆炸等事故； 2. 聚氯乙烯使用的引发剂为容易分解生成自由基的化合物，必须冷藏保存； 3. 开车时气密不合格、工艺流程不通、工艺指标不平稳都导致氯乙烯泄漏发生人员中毒和窒息、着火、爆炸的风险	1. 及时消除跑冒滴漏。防爆区域严禁使用非防爆工具； 2. 全员持证上岗； 3. 设备安全装置、可燃性气体检测器、火警装置定期检查，保证灵活好用； 4. 化学品单元严格分类存放，贮存过程中严格控制温度指标； 5. 完善车间应急处置程序
3	聚合釜超温超压泄漏氯乙烯发生火灾、爆炸风险	1. 聚合反应使用的原料（氯乙烯）具有自聚和易燃易爆的特性，泄漏时发生中毒和窒息、火灾、其他爆炸等事故； 2. 聚合反应为放热反应，易受热分解发生火灾； 3. 安全控制和安全设施操作的缺陷	1. 严格执行设备管理制度； 2. 操作工均培训考试合格，持证上岗； 3. 受限有毒作业场所按规定随身携带相应便携式检测设备； 4. 定期组织应急处置程序演练
4	氯乙烯气柜泄漏氯乙烯发生火灾、爆炸风险	1. 储存介质具有易燃易爆的特性，泄漏时发生中毒和窒息、火灾、其他爆炸等事故； 2. 气柜为非压力容器，回收过程中超压泄漏	1. 操作工均培训考试合格，持证上岗； 2. 定期组织应急处置程序演练； 3. 培训压缩机操作规程，培训放料及回收操作规程； 4. 受限有毒作业场所按规定随身携带相应便携式检测设备

5 检修周期及检修项目

5.1 主要设备

聚氯乙烯装置主要设备见表 2。

表 2 聚氯乙烯装置主要设备

名称	设备种类		主要设备	通用、专用设备检修规程的代码
动设备	压缩机	活塞式压缩机	VCM 回收压缩机	
		螺杆式压缩机	冷冻机	
	泵	离心泵	精氯乙烯单体泵、氯乙烯单体加料泵	
		齿轮泵	主分散剂加料泵	SHS 01017
		往复泵	加料泵	
		屏蔽泵	粗 VC 泵	SHS 01012
		计量泵	引发剂加料泵	SHS 01015
	化工机械	筛分设备	振动筛	
		分离设备	卧式沉降式离心机	
		输送设备	螺旋输送器、旋转阀	
		破碎机	破碎机	
	风机		离心式风机	
			罗茨式风机	
	搅拌器		聚合釜搅拌器、浆料搅拌器	SHS 01046
静设备	换热器	管壳式换热器	回流冷凝器、塔顶冷凝器	SHS 01009
		螺旋板换热器	浆料换热器、废水换热器	
	塔	板式塔	汽提塔、精馏塔	SHS 01007
		填料塔	VC 气体洗涤塔、脱湿塔	
	压力容器		聚合釜、VCM 储罐、精馏塔	
	压力管道		蒸汽管线、氯乙烯管线	
	储罐		浆料罐、料仓	
	气柜		钟罩式储罐	
	干燥器		干燥器	中国石化分类
	旋风分离器		双筒旋风分离器	

表 2　聚氯乙烯装置主要设备（续）

名称	设备种类		主要设备	通用、专用设备检修规程的代码
仪表设备	检测仪表	压力仪表、温度仪表、流量仪表、物位仪表	压力变送器、压力开关、温度变送器、热电阻、热电偶、温度开关、电磁流量计、质量流量计、涡街流量计、孔板、阿牛巴、差压变送器、单法兰变送器、双法兰变送器、雷达液位计、液位开关	SHS 07002
	电动单元组合仪表	基地式仪表、显示仪表、辅助单元	无	SHS 07003
	控制阀	气动控制阀、电动执行机构、长行程执行机构、偏心旋转阀、气缸执行机构、控制附件、蒸汽减温器	V 球调节阀、单座调节阀、套筒调节阀	SHS 07004
	在线分析仪表	工业色谱仪、氧分析仪、氢分析仪、红外线分析仪、pH 计、电导仪、水分析仪、熔融指数分析仪、烟气排放连续检测系统、密度计、可燃气体报警器、有毒气体报警器、化学需氧量分析仪、氨氮分析仪、气相色谱分析仪	浊度仪、氧分析仪、可燃报警器、有毒报警器	SHS 07006
	特殊仪表	轴振动和轴位移、转速控制仪表、称重仪表	振动探头、振动转换器、转速探头、转速转换器、称重仪	SHS 07007
	过程控制系统	DCS、PLC、GDS、SCADA	DCS 系统（横河 CS3000）、PLC 系统（AB、西门子）	SHS 07008
	系统维护	防爆仪表及其系统、仪表供电系统、仪表供气系统、仪表系统联校	万用表、压力校验仪、温压电源、安全栅、继电器	SHS 07009
	安全仪表系统	安全仪表系统（SIS）	SIS 系统（横河 Prosafe）	SHS 07010
电气	电机	低压电机	搅拌器、风机、机泵等设备的电动机	
		高压电机	冷冻机电机	

5.2　检修周期

5.2.1　聚氯乙烯装置检修应根据聚合釜实际运行情况进行清釜等定期工作，检修周期一般为 48 个月。

5.2.2 有备用设备的或日常可以检修的不列入大修项目（除特殊情况外）。

5.3 检修内容

5.3.1 确定检修内容的依据

5.3.1.1 按法律法规要求的特种设备定期检验。

5.3.1.2 对不符合国家安全与环境保护、节能要求的设备进行改造和更新。

5.3.1.3 对本次检修或下次检修之前已到法定检验时间的计量设施的检验。

5.3.1.4 设备状况

a）静设备：聚合釜、塔、换热器及其他静设备因内构件损坏、氯乙烯自聚、结垢、腐蚀等原因造成运行状况恶化、性能降低等（见表 3）。

表 3 静设备状况

序号	设备名称	设备功能	功能故障	故障周期 / 月	主要检修内容	专业类别
1	聚合釜	氯乙烯单体聚合反应器，在化学助剂的作用下实现氯乙烯单体聚合成聚氯乙烯浆料。同一助剂不同加入量在温度的精确调节下下不同牌号的聚氯乙烯	聚合釜壁粘料严重，传热效果差，反应温度不好控制。搅拌机封泄漏或程控阀及管线连接法兰静密封泄漏。搅拌底部轴承磨损间隙超标	48	1. 检查聚合釜内壁粘釜、管线堵塞情况，进行高压水清理。 2. 更换搅拌机械密封。 3. 检修程控阀门，更换管线连接法兰密封垫。 4. 检查喷淋装置和放料阀们等部件的破损、堵塞情况。 5. 更换搅拌底部轴承。 6. 压力容器检验	A 类
2	汽提塔	脱出聚合反应生成的聚氯乙烯浆料中残留的氯乙烯，提高产品质量	塔盘结垢，塔内物料流动性差；塔体及附属阀门密封垫漏	48	1. 拆装塔体，高压水清洗塔盘。 2. 塔体更换密封垫；检修阀门，更换密封垫	B 类
3	氯乙烯换热器	为回收压缩机出口物料进行降温换热	氯乙烯自聚堵塞管束，导致生产能力下降；氯乙烯腐蚀管束发生泄漏	48	1. 拆装换热器封头，高压水清洗。 2. 管束打压查漏、消漏。 3. 压力容器检验	B 类

b）转动设备：磨损、疲劳、泄漏、振动等原因造成运行状况恶化、性能降低等（见表 4）。

表4　转动设备状况

序号	设备名称	设备功能	功能故障	故障周期/月	主要检修内容	设备分级
1	冷冻机	产出冷冻水，供给聚合釜反应后期进行降温，确保生产安全	设备机械故障，轴封泄漏，润滑油系统故障，蒸发器冷凝器泄漏，仪表电器联锁故障	48	1. 设备解体大修，更换轴封及其他易损件。 2. 清理润滑油系统，油泵检修，更换润滑油过滤元件。 3. 蒸发器、冷凝器系统检修，清洗、打压消漏。 4. 仪表、电器检修，更换易损件	A类
2	氯乙烯回收压缩机	将聚合单元、汽提单元回收来的氯乙烯单体，经压缩机压缩冷凝呈液态氯乙烯，便于储存	设备机械故障，气阀泄漏，润滑油系统故障，中间冷却器泄漏，仪表电器联锁故障	48	1. 设备解体大修，更换气阀及其他易损件。 2. 清理润滑油系统，油泵检修，更换润滑油过滤元件。 3. 中间冷却器检修，清洗、打压消漏。 4. 仪表、电器检修，更换易损件	B类
3	离心机	通过离心力的作用，对聚氯乙烯浆料进行固液分离	设备机械故障，电气仪表联锁故障	12	1. 设备解体检修。 2. 电气仪表检修，更换易损件	B类
4	聚合釜搅拌机	通过搅拌作用，使聚合釜内物料充分均匀混合，搅拌桨叶能将聚合结块的物料打碎	轴封泄漏，底轴承磨损，减速机故障，液力扭矩转换器故障，电器仪表联锁故障	24	1. 解体更换机封。更换底部轴承。 2. 减速机、扭矩转换器检修，更换易损件。 3. 电气仪表检修，更换易损件	B类

c）电气设备：部件老化、接线松动、温度升高等原因造成运行状况恶化、性能降低等。

d）仪表设备：部件老化、接线松动、温度升高、物料堵塞、腐蚀等原因造成运行状况恶化、性能降低等。

5.3.2　检修具体内容

停车大修是对聚氯乙烯装置安全环保、长周期运行及经济效益有重大影响的设备、管线、电气仪表系统、土建及基础设施等在运行周期内将要发生的功能故障进行全面检修。其他检修是除大修外对装置局部或设备本体有经济运行影响的功能故障而进行的定期检修工作。

装置长周期运行有重要影响的主要设备的功能故障分析见表5。

表5　主要设备功能故障分析

序号	设备名称	功能故障	检修策略
1	冷冻机	1. 制冷达不到要求； 2. 泄漏； 3. 振动大； 4. 轴承温度高； 5. 油压低； 6. 出口压力低； 7. 换热效果差； 8. 仪表电气故障	预定视情维修：轴承振动，机械密封泄漏量，润滑油压，蒸发器、冷凝器换热效果差 定期维修：更换机械密封，检查主轴瓦，更换大头瓦，更换活塞密封环、刮油环，清理油过滤器，更换吸排气阀，清理蒸发器、冷凝器，控制系统和仪表调试
2	回收压缩机	1. 出口压力低； 2. 油压低； 3. 设备振动大； 4. 声音异常； 5. 电气仪表故障	预定视情维修：振动超标；排气压力低；油压低 定期维修：更换皮带、吸排气阀，清理油过滤器
3	离心机	1. 振动超标； 2. 电流异常； 3. 扭矩异常； 4. 功率偏高； 5. 声音异常； 6. 差速器漏油； 7. 仪表电气故障	预定视情维修：电流异常、扭矩异常、振动超标 定期维修：更换皮带，更换差速器，离心机大修
4	氯乙烯加料泵	1. 机封泄漏 2. 振动大； 3. 电气故障	预定视情维修：轴承振动大；机封泄漏 定期维修：更换轴承、机封
5	风机	1. 轴承温度高； 2. 声音异常； 3. 轴封泄漏量大； 4. 电气故障	预定视情维修：轴封泄漏量大，轴承振动大 定期维修：更换轴承及联轴节，更换填料
6	聚合釜	1. 搅拌器轴承温度高、声音异常、机械密封泄漏； 2. 减速机振动大、油压低； 3. 液力扭矩转换器油压低、振动大、无法调速； 4. 设备条件联锁； 5. 仪表、电气故障； 6. 聚合釜釜壁粘附自聚物过多，传热效果不好	预定视情维修：搅拌大修，更换机械密封，更换轴承；减速机大修；液力扭矩转换器大修 定期维修：清理机封油冷器，更换底部轴承；清理减速机油过滤器，更换润滑油；清理液力扭矩转换器油过滤器，更换润滑油；定期高压水清理釜壁
7	干燥器	1. 盘管泄漏； 2. 换热效果差； 3. 堆床	预定视情维修：换热管打压清洗清理干燥器积料 定期维修：更换加热盘管

6 装置检修管理

6.1 装置检修前准备工作

6.1.1 装置检修前，参检单位要做好检修作业指导书、施工方案、检修图纸、现场施工平面布置图等各类资料的准备及审核，相关检修资料最终经业主方审批确认后方可实施。

6.1.2 进入检修现场的各类施工机具、器具，必须是合格的、适用的，必须有检定合格证和标记，并在有效期内使用，严禁使用未经校验的机具。进场前，所有自检合格并贴有自检合格证的施工机具，要列出汇总清单上交给业主方，并经业主方检验后方可使用。

6.1.3 进入现场的检修耗材、配件等，必须附有质量证明文件，并在指定的地点规范存放。在安装、使用各类检修材料前，应对材料的外观质量进行检查确认，参检单位要做到领用材料检验有见证、验收有记录。

6.1.4 参检单位的所有施工人员，必须具备相应的作业资质，检修前须做好检修方案、技能方面的培训，熟悉检修项目的特点，严格按检修方案进行施工。对无相应作业资质、未经教育培训且考核不合格的人员，一律不得上岗作业。

6.2 工艺交出检修条件

6.2.1 装置工艺交出的主要要求。系统泄压、降温完毕，物料倒空置换合格，电气设备办理停车手续，设备管线已加盲板进行硬隔离。

6.2.2 在装置交付检修前，由生产管理部门和安全环保部门组织相关单位召开安全验收会，检查确认设备容器人孔拆卸、盲板加装、容器内采样分析、停电、下水井封堵等工作，经相关部门签字确认后，由装置开具用火、用电、进入受限空间等相关票证，进入检修状态。工艺交出要具备以下条件：

6.2.2.1 装置所有盲板按照盲板图、表安装、编号、挂牌并经工艺员、设备员、安全员已签名确认；

6.2.2.2 PID 图上所有系统、管线得到置换处理并做好标识；

6.2.2.3 系统内设备、管线按规定进行吹扫和置换，取样分析合格；

6.2.2.4 下水井取样分析合格，存油清理干净，排水畅通，水封完好；

6.2.2.5 下水井和漏斗口用石棉布盖好，并用沙土封严；

6.2.2.6 系统内设备人孔打开前的确认；打开的设备人孔处挂上“未经许可，禁止入内”警示牌；

6.2.2.7 制定停工安全、环保措施和工作危害分析记录表（JHA）；

6.2.2.8 装置内分析不合格点挂标识，储存物料区标识、硬隔离；

6.2.2.9 制定检修中防硫化亚铁自燃方案；

6.2.2.10 指定具有监护人资格的人员负责动火、进设备等作业的监护。

装置停工交付检修确认表见附录 A。

6.3 检修过程安全环保要求

6.3.1 严格执行中国石化 HSSE 管理规定。

6.3.2 “三零一文明”要求：零排放、零余料、零事故、文明检修

6.3.3 实现“安全大修、优质大修、绿色大修、科学大修、高效大修、文明阳光大修”的目标，确保检修后一次开车成功。

6.3.4 设备清洗废水应回收处理，严禁随意排放。

检修过程 HSSE 管理按附录 B 执行。

6.4 检修质量管理

检修质量管理的总体要求：

6.4.1 成立检修质量管理组织机构，明确管理职责，建立质量管理程序文件。

6.4.2 对承包商资质、人员、机具等进行审查。

6.4.3 通过组织设计审查，确保设计质量。

6.4.4 物资采购管理部门组织对采购物资进行入库检验并对重点物资进行监造。

6.4.5 在施工过程中组织对检验检测的质量进行抽查。

6.5 检修期间变更管理要求

检修过程要加强变更管理，建立健全变更管理制度和工作流程，采取措施减少变更数量。变更管理严格执行《变更管理规定》。原则上没有经过各级部门同意的变更不允许在检修中执行。项目变更控制主要内容：

6.5.1 对于试用产品、设备备件结构形式改变、材质升级要充分识别，要有专门技术论证审批过程，审批时要加强相关专业沟通确认。

6.5.2 所有变更应事前发起，只有当变更得到批准后，才可组织实施。项目变更由变更提出单位发起申请并填写“变更申请单”，按照各企业相关制度规定的权限办理审批手续。

6.5.3 对于因材料找价差导致的超费用计划（或工单预算），需要补办变更手续。

6.5.4 对于不涉及费用计划的变更，如项目名称、版本号、承包商、施工方案、施工进度等也需办理相应的变更手续。

6.5.5 对于结算费用高于非包干合同标的按各企业管理制度执行变更。

6.5.6 投资类项目的变更参照各企业“固定资产投资过程控制管理规定”执行。

6.6 装置检修交回条件

6.6.1 装置开工人员及开车保镖人员配备落实。

6.6.2 技术、原辅材料、动力、备品备件等方面的准备。

6.6.3 队伍技术状态、开工方案学习落实情况。

6.6.4 现场规格化情况。
6.6.5 工艺和设备联锁仪表校验情况。
6.6.6 HSSE 措施落实情况。
6.6.7 盲板拆除清单、技术准备情况。
6.6.8 机、电、仪、公用工程、储运、质检等相关专业准备情况。
6.6.9 停工临设拆除、施工尾项整改情况等。
6.6.10 装置相关的工艺特性要求。

装置检修交回开工确认表见附录 C。

6.7 检修后期管理

6.7.1 资料交付

承包商应在检修项目结束后 30 天内将交工资料完整地交给使用单位，资料包含内容如下：

a）竣工图纸，施工技术方案，吊装方案，施工组织设计；

b）施工技术记录，试压记录，中间工序验收单，隐蔽工程验收单，拆检回装记录，发现问题与修复记录，设备开箱资料，设备封闭记录；

c）设备、材料、管道附件、配件的合格证明书及质量保证书，理化检验资料，衬里、防腐、保温施工技术记录及检验报告。

6.7.2 检修总结

装置检修结束后，要对检修改造工作进行总结，对好的做法进行总结、提炼，固化这些经验，指导今后检修改造工作；对检修改造中存在的问题，分析原因，完善措施，不断提高管理水平。

大修总结模板见附录 D。

7 装置日常维护

7.1 日常巡检

包括操作工的日常巡检和专业人员（设备管理人员、专业维保人员、电仪专业人员）的日常点检。

7.2 日常维护

装置日常维护的基本内容包括：设备维护保养、设备检查和设备修理。

7.2.1 设备维护保养

设备维护保养的内容是保持设备清洁、整齐、润滑良好、安全运行，包括及时紧固松动的紧固件，调整活动部分的间隙等。简言之，即“清洁、润滑、紧固、调整、防腐”十字作业法。维护保养依工作量大小和难易程度分为装置操作工保养、专职保养维修工的保养。

7.2.1.1　装置操作工保养

主要内容是：清洁、润滑、紧固易松动的零件，检查零件部件完整性。这类保养项目较少，大多数在设备外部，一般由装置操作工人承担。

7.2.1.2　专职保养维修工的保养

主要内容包括对设备内部清洁、润滑、局部解体检查和调整，必要时对达到规定磨损限度的零件加以更换。此外，还要对主要零部件的磨损情况进行测量、鉴定和记录。具体标准执行通用设备的检修规程。

在两种维护保养中，装置操作工保养是基础，专职保养维修的保养是关键。

7.2.2　设备检查和设备修理

设备检查按时间间隔分为日常检查和定期检查。

日常检查由操作人员执行，同操作工的保养结合起来，目的是及时发现不正常的技术状况，进行必要的维护保养工作。

定期检查是按照计划，在操作工参加下，定期由专职维修工执行，也就是预防性检查维修。目的是通过检查，全面准确地掌握零件磨损的实际情况，以便确定是否有进行修理的必要。

7.3　影响装置运行的典型故障及处理方法

由于聚氯乙烯原料介质自聚性高和腐蚀性强，设备容易出现的故障模式有设备管线腐蚀减薄、换热管堵塞、换热效果差、阀门腐蚀泄漏、机泵轴封磨损泄漏、过滤器堵塞失效等。

聚氯乙烯装置正常生产时，经常发生故障的有以下设备，见表6。

表6　典型故障及处理方法

设备类型	故障类型	处理方法
换热器类	堵塞	高压水清洗
	换热管腐蚀泄漏	换热管堵漏或更换管束
容器罐类	腐蚀减薄泄漏	局部修理或整体更换
	堵塞	高压水清洗
过滤器类	堵塞	清理过滤器滤芯
塔类	堵塞	高压水清洗
	法兰泄漏	更换法兰密封垫片
管线类	腐蚀减薄泄漏	更换管线及法兰密封垫片

表 6　典型故障及处理方法（续）

设备类型	故障类型	处理方法
离心式压缩机	异常振动和噪声、轴承温度高、密封泄漏	切换备机，压缩机解体检修
	蒸发器、冷凝器管程泄漏，换热效果差	切换备机，蒸发器、冷凝器检修消漏，高压水清洗
往复式压缩机	气缸及进出口阀声音异常，排出气量和温度超标，油压底，注油器动作不正常，皮带声音异常	切换备机，压缩机停机检修
离心式风机	轴承振动大、轴封泄漏量超标	停机检修
罗茨式风机	轴承振动大，轴封泄漏量超标，皮带声音异常	停机检修
往复泵	填料泄漏超标、轴承温度高	更换轴承、轴封填料
离心泵故障	机封泄漏、轴承振动大、出口压力低	更换机封、轴承，检查出入口管线、阀门是否泄漏堵塞
仪表设备	热电阻温度仪表常见故障：热电阻体短路、断路，热电阻接线端子锈蚀、松动，温变故障，测温回路线路故障	更换热电阻仪表
	压力开关、液位开关仪表常见故障：接线端子锈蚀、松动，开关触点老化，回路线路故障	紧固接线，更换老化损坏元件
	差压仪表常见故障：引压管、阀门、接头泄漏，保温伴热故障，正压室、负压室、三阀组、排放管泄漏，变送器本体故障，回路线路故障	更换变送器，检查伴热及管线接头，消漏
	流量计常见故障：传感器内部故障，变送器单元故障，回路线路故障，零点漂移	更换老化损坏元件
	液位计常见故障：变送器故障，信号线路故障或电源故障，安全栅故障，引压管堵塞、渗漏、膜片损伤、结垢，毛细管损坏	更换变送器，引压管消漏
	电磁阀常见故障：线圈短路、断路故障，阀体内滑阀卡住故障，线路故障，电源故障	更换电磁阀，下线维修
	调节阀常见故障：执行器故障，定位器故障，阀杆故障，气源接头漏气，气源压力不足，阀杆脱落、弯曲，填料变质老化、渗漏，阀体磨损、阀内件磨损，阀内漏	更换调节阀，下线检修
电气故障	6kV 变压器常见故障：变压器内部绕组短路故障，电缆相间短路，变压器套管相间击穿或放电，分接开关接触不良引起相间放电，继电保护内部故障误动作	切换备用变压器，检修

附　录　A
（资料性附录）
装置停工交付检修确认表

<table>
<tr><td rowspan="3"></td><td colspan="7">中国石油化工股份有限公司 ×××× 分公司管理体系</td></tr>
<tr><td colspan="7">装置停工交付检修确认表</td></tr>
<tr><td>记录编号</td><td></td><td>使用单位</td><td colspan="4"></td></tr>
<tr><td colspan="2">停工检修单位</td><td></td><td>装置</td><td></td><td>时间</td><td colspan="2">年　月　日</td></tr>
<tr><td colspan="2">单位</td><td>确认内容</td><td colspan="3">存在问题</td><td>确认意见</td><td>确认人</td></tr>
<tr><td colspan="2">停工单位</td><td>1. 装置与系统是否有效隔离并提供对应的盲板表？
2. 是否有专用氮气线，是否专用？
3. 管线及容器是否吹扫干净并提供吹扫作业确认表？
4. 容器及塔测爆及氧含量是否合格？
5. 风险系数较大的作业是否进行危害识别分析？
6. 对塔、容器仪表监控手段是否保留？动火作业项目是否上墙？
7. 对本单位、施工单位参加检修的人员安全教育并考试是否进行？
8. 明沟、地面上是否有油？清污分流设施是否投用？
9. 对装置内电缆沟是否做出明显标志？
10. 设备、容器、管道是否全部打开并在设备人孔处挂“危险空间！严禁入内”的警示牌？
11. 检修现场下水井、地漏、明沟是否封闭，泵沟等是否建立水封？
12. 检修设备是否停电？</td><td colspan="3"></td><td></td><td></td></tr>
<tr><td colspan="2">电气部</td><td>1. 是否已按用电单位停送电要求实施停送电？
2. 参加大修的电气作业人员是否进行电工作业资格的确认和相应的安全教育？
3. 其他</td><td colspan="3"></td><td></td><td></td></tr>
</table>

装置停工交付检修确认表（续）

<table>
<tr><td></td><td colspan="6">中国石油化工股份有限公司 ×××× 分公司管理体系</td></tr>
<tr><td></td><td colspan="6">装置停工交付检修确认表</td></tr>
<tr><td></td><td>记录编号</td><td></td><td>使用单位</td><td colspan="3"></td></tr>
<tr><td colspan="2">停工检修单位</td><td></td><td>装置</td><td></td><td>时间</td><td>年　月　日</td></tr>
<tr><td colspan="2">单位</td><td>确认内容</td><td colspan="2">存在问题</td><td>确认意见</td><td>确认人</td></tr>
<tr><td colspan="2">仪控部</td><td>1. 对本单位、施工单位参加检修的人员安全教育并考试是否进行？
2. 机柜间运行装置的机柜与检修的区域是否采用明显有效的隔离措施？
3. 仪表吹扫排放中相关安全环保措施是否明确落实？
4. 放射线同位素仪表停工检修防护措施是否落实？
5. 工器具是否进行相关安全检查？
6. 重大作业项目是否编写施工作业方案和进行危害识别与评价？
7. 高处作业的脚手架是否搭设妥当并验收合格？
8. 每项作业施工是否具有合格的施工检修作业票？相关安全措施是否落实到位？
9. 劳保用品穿戴是否符合要求？
10. 检修质量和检修内容是否符合要求？</td><td colspan="2"></td><td></td><td></td></tr>
<tr><td colspan="2">消防部门</td><td>1. 现场消气防器材是否齐全、完好？
2. 消防、疏散通道是否符合要求？
3. 其他</td><td colspan="2"></td><td></td><td></td></tr>
<tr><td rowspan="2">生产部门</td><td>技术科</td><td>1. 检查吹扫作业票的确认签名是否落实？
2. 现场检查盲板是否按方案和盲板清单进行安装？
3. 检查瓦斯、氮气和工艺介质等物料在装置边界是否进行有效隔离？
4. 催化剂、保护剂、胺液或按方案不退的介质是否按方案要求进行了有效安全隔离？</td><td colspan="2"></td><td></td><td></td></tr>
<tr><td>管理科</td><td>1. 检查配合外系统的吹扫是否已满足要求可以停运？
2. 其他</td><td colspan="2"></td><td></td><td></td></tr>
</table>

装置停工交付检修确认表（续）

<table>
<tr><td></td><td colspan="7">中国石油化工股份有限公司 ×××× 分公司管理体系</td></tr>
<tr><td></td><td colspan="7">装置停工交付检修确认表</td></tr>
<tr><td></td><td>记录编号</td><td></td><td>使用单位</td><td colspan="4"></td></tr>
<tr><td colspan="2">停工检修单位</td><td></td><td>装置</td><td></td><td>时间</td><td colspan="2">年 月 日</td></tr>
<tr><td colspan="2">单位</td><td>确认内容</td><td colspan="3">存在问题</td><td>确认意见</td><td>确认人</td></tr>
<tr><td rowspan="2">机动部门</td><td>设备科</td><td>1. 已按停工方案要求抽堵盲板，且要做好明显标记，并指定专人统一编号登记，严防漏堵、漏拆。盲板的材质、厚度符合安全要求。
2. 与炉、塔、容器相连的蒸汽、氮气等有害介质的阀门，已加盲板隔离。
3. 未经吹扫处理的设备、容器、管道已与系统隔离，设置明显警示标志，并向职工和施工单位交底。
4. 冬季停工，装置要做好防冻防凝工作</td><td colspan="3"></td><td></td><td></td></tr>
<tr><td>动力科</td><td>1. 变配电所内电气安全用具、消防器材已检查并在有效期限内。
2. 变配电所内的工器具已检查合格。
3. 电气现场检修动力箱（固定）、临时变已检查合格。
4. 配送电单位、施工单位参修人员已经安全教育并考试合格。
5. 外来人员已经安全教育并考试合格。
6. 工艺要提供装置停工后仍需使用的仪表清单。
7. 电气专业提供停工期间停电网络、仪表提前准备</td><td colspan="3"></td><td></td><td></td></tr>
<tr><td rowspan="2">安环部门</td><td>管理科</td><td>1. 对本单位、施工单位参加检修的人员安全教育并考试是否进行？
2. 其他</td><td colspan="3"></td><td></td><td></td></tr>
<tr><td>环保科</td><td>1. 明沟、地面上是否有油？清污分流设施是否投用？
2. 其他</td><td colspan="3"></td><td></td><td></td></tr>
</table>

装置停工交付检修确认表（续）

<table>
<tr><td></td><td colspan="8">中国石油化工股份有限公司 ×××× 分公司管理体系</td></tr>
<tr><td></td><td colspan="8">装置停工交付检修确认表</td></tr>
<tr><td></td><td>记录编号</td><td></td><td>使用单位</td><td colspan="5"></td></tr>
<tr><td colspan="2">停工检修单位</td><td></td><td>装置</td><td></td><td>时间</td><td colspan="3">年　月　日</td></tr>
<tr><td colspan="2">单位</td><td>确认内容</td><td colspan="3">存在问题</td><td>确认意见</td><td colspan="2">确认人</td></tr>
<tr><td>安环部门</td><td>安全科</td><td>1. 现场固定式可燃气体报警仪、H_2S 报警仪等探头是否进行妥善保护？
2. 对装置内电缆沟是否做出明显标志？
3. 设备、容器、管道是否全部打开并在设备人孔处挂“危险空间！严禁入内”的警示牌？
4. 检修现场下水井、地漏、明沟是否封闭，泵沟等是否建立水封？
5. 打开的设备、容器、管道测爆分析是否合格？
6. 运行的装置与检修的区域是否采用明显有效的隔离措施？存在工艺介质的工艺管线是否做出标志？
7. 其他</td><td colspan="3"></td><td></td><td colspan="2"></td></tr>
<tr><td colspan="2">领导意见</td><td></td><td colspan="3"></td><td></td><td colspan="2"></td></tr>
</table>

附 录 B
（资料性附录）
检修施工现场 HSSE 日检表

序号	检查内容	存在问题	检查人员	整改情况	验证人	备注
1	临时用电					
1.1	配备合格的持证电工					
1.2	配电箱合格、有防雨措施，按要求标识并上锁					
1.3	配电系统执行“三相五线制”，符合“三级配电二级保护”要求，安装匹配的漏电保护器，漏保动作灵敏好用，并进行日常试验和记录					
1.4	电缆及接头无破损，绝缘良好；铺设规范，走向清晰，标识明确					
1.5	用电严格执行“一机一闸一保护”					
1.6	按要求配置保护零线和工作零线，工作接地和重复接地完好					
1.7	安全电压符合作业环境要求					
1.8	使用工业插头、插座					
2	施工机具					
2.1	各种机具设备安全要求进行定期检查，确保完好					
2.2	设有机械保护装置（如转动设备等）的设备，保护装置处于完好状态					
2.3	用电机具、设施接地完好					
2.4	配备与作业要求相匹配的劳动防护用品					
2.5	空气压缩机压力表、安全阀等在检验期内并处于完好状态，高压气管和软管固定连接可靠					
2.6	气瓶垂直放置，瓶体固定可靠；气瓶分类摆放并保持安全距离，防护措施到位，气瓶阻火器、压力表等安全附件完好，气管无老化破损，连接可靠					

检修施工现场 HSSE 日检表（续）

序号	检查内容	存在问题	检查人员	整改情况	验证人	备注
3	脚手架					
3.1	脚手架搭设人员是专业架子工，并持证上岗。搭设人员按要求着装，配备五点双大钩安全带					
3.2	编制脚手架搭设方案，进行安全技术交底并有记录					
3.3	按规范要求搭设脚手架，且有良好的整体稳固性					
3.4	搭设和拆除过程必须有专人监督，周边设置警戒区					
3.5	连墙件设置可靠，各节点扣件扭矩力符合要求					
3.6	通道、护栏、腰杆、踢脚板等符合要求					
3.7	作业面满铺跳板，无孔洞，跳板可靠固定且无探头板					
3.8	作业面临时放置的材料等在允许荷载范围内，严禁超载荷；放置必须稳固，无坠物风险					
3.9	脚手架搭设完成验收合格挂牌使用					
3.10	消防设施保持完好，灭火器和消防水桶按要求配置					
3.11	消防安全通道保持畅通					
3.12	用火作业前，清理周边易燃物，采取接火措施					
4	起重					
4.1	编制了吊装方案、进行交底并有记录					
4.2	起重设备操作人员、司索、指挥持有效证件					
4.3	起重机械证照齐全有效					
4.4	起重机械安全设施、附件完好					
4.5	机索具检查完好，钢丝绳无磨损，连接可靠，绳卡数量和间距满足要求					
4.6	吊装作业半径设置了警戒区，禁止无关人员入内					

检修施工现场HSSE日检表（续）

序号	检查内容	存在问题	检查人员	整改情况	验证人	备注
4.7	吊装前进行评估，确保在额定起升载荷范围内进行起重作业，不得超载					
4.8	吊车支腿符合要求					
4.9	吊物捆绑符合要求，使用溜绳					
4.10	吊装作业天气、环境、风力等符合要求					
5	焊接、气割					
5.1	设备接地完好					
5.2	焊把线无破损，连接器完好					
5.3	有专人监护，接火、防火措施到位					
5.4	可燃性气瓶与胶管连接完好，无漏气，气瓶有阻火器					
5.5	现场气瓶与明火源保持安全距离					
6	受限空间					
6.1	对所要进行作业的受限空间进行吹扫、蒸煮、置换，并分析合格。所有与受限空间相连接的管线、阀门应进行有效隔离，盲板处应挂标识牌，并经工艺技术人员签字确认					
6.2	出入口内外不得有障碍物，在受限空间入口处设置“危险！严禁入内”警告牌或采取其他封闭措施					
6.3	对有可能发生硫化亚铁自燃的设备、容器必须经充分的钝化脱臭处理，并在现场配置消防水带					
6.4	《进入受限空间作业许可证》实行一点一证					
6.5	进入受限空间作业实行“三不进入”原则，即：一、没有经批准有效的《进入受限空间作业许可证》不进入；二、安全措施未落实不进入；三、监护人不在场不进入					
6.6	作业现场配备必要的救护器具和灭火器材等					

检修施工现场HSSE日检表（续）

序号	检查内容	存在问题	检查人员	整改情况	验证人	备注
6.7	进入受限空间作业应使用安全电压和安全行灯					
7	作业安全					
7.1	作业前进行班前安全教育和安全技术交底，作业人员清楚当天作业内容和安全风险及注意事项					
7.2	特殊工种持证上岗					
7.3	佩戴合格安全帽，并根据作业任务配戴专用眼部、面部、手部等防护用品，高处作业人员系挂安全带					
8	收工检查					
8.1	配电系统一级箱断电，关闭气瓶角阀，能量上锁					
8.2	现场火种检查清理完毕					
8.3	清理各作业面材料和杂物等，做到工完料净场地清					
8.4	落实夜间值班、巡检人员，职责到位，检查内容明确					

附　录　C
（资料性附录）
装置检修交回开工确认表

<table>
<tr><td rowspan="3"></td><td colspan="5">中国石油化工股份有限公司 ×××× 分公司管理体系</td></tr>
<tr><td colspan="5">装置检修交回开工确认表</td></tr>
<tr><td>记录编号</td><td></td><td>使用单位</td><td colspan="2"></td></tr>
<tr><td colspan="2">开工装置</td><td></td><td>时间</td><td colspan="2">年　　月　　日</td></tr>
<tr><td colspan="2">单位</td><td>要求</td><td>存在问题</td><td>确认意见</td><td>确认人</td></tr>
<tr><td colspan="2">施工单位</td><td>1. 检修项目以及改造项目已施工完成，并验收合格。
2. 施工用临时设施已全部拆除；现场清洁、无杂物。
3. 除用于开工查漏、热紧用的架子保留外，其他架子、跳板均拆除。
4. 设备、管线等保温复位。
5. 因检修拆除的劳动保护、照明设施已恢复。
6. 塔器设备、安全阀、现场仪表、管线等均已复位</td><td></td><td></td><td></td></tr>
<tr><td colspan="2">项目所属单位</td><td>1. 设备位号和管道介质名称、流向标示齐全。
2. 安全阀校验合格报告或意见书齐全，并安装。爆破片已更换。
3. 特种设备检验合格报告或检验意见书齐全。
4. 检查现场设备、管线、保温等安装符合规范，试用情况正常。
5. 机组等设备联锁试验正常。
6. 工艺联锁试验正常。
7. 盲板拆、装清单已确认。
8. 装置吹扫、试压通过。
9. 现场消防、气防器材及岗位工器具配齐、现场环保设施投用。
10. 开工化工原材料准备完毕。
11. 备品配件齐全</td><td></td><td></td><td></td></tr>
<tr><td colspan="2">电气部</td><td>1. 变电所已正常投用，高低压电送电正常。
2. 现场电气设备如电动阀、电加热器、电机等试运正常。
3. 现场照明等恢复正常</td><td></td><td></td><td></td></tr>
</table>

装置检修交回开工确认表（续）

<table>
<tr><td rowspan="3"></td><td colspan="5">中国石油化工股份有限公司 ×××× 分公司管理体系</td></tr>
<tr><td colspan="5">装置检修交回开工确认表</td></tr>
<tr><td>记录编号</td><td></td><td>使用单位</td><td colspan="2"></td></tr>
<tr><td colspan="2">开工装置</td><td></td><td>时间</td><td colspan="2">年　月　日</td></tr>
<tr><td colspan="2">单位</td><td>要求</td><td>存在问题</td><td>确认意见</td><td>确认人</td></tr>
<tr><td colspan="2">仪控部</td><td>1. 现场仪表调试、DCS 调试、联校正常。
2. 配合工艺、设备的联锁调试已完成</td><td></td><td></td><td></td></tr>
<tr><td colspan="2">公用工程部</td><td>循环水、新鲜水、蒸汽、仪表风 / 工厂风、氮气等公用介质供应正常</td><td></td><td></td><td></td></tr>
<tr><td colspan="2">储运部</td><td>储运系统已具备正常供料以及接收产品条件</td><td></td><td></td><td></td></tr>
<tr><td colspan="2">化验部门</td><td>1. 现场采样器已复位正常。
2. 分析项目已具备分析条件</td><td></td><td></td><td></td></tr>
<tr><td colspan="2">消防部门</td><td>1. 现场消气防器材齐全、完好。
2. 消防、疏散通道符合要求</td><td></td><td></td><td></td></tr>
<tr><td rowspan="2">安环部门</td><td>环保科</td><td>1. 现场环保设施，如清污分流设施等已投用。
2. 后续环保装置具备接收物料条件</td><td></td><td></td><td></td></tr>
<tr><td>安全科</td><td>1. 现场固定式可燃气体报警仪、H_2S 报警仪等已投用。
2. 拟开工装置与临近的检修区域已采用明显有效的隔离措施。
3. 现场安全设施如平台围栏、护栏等符合要求，现场无容易坠落物品。
4. 如有零星动火项目，火票需升级</td><td></td><td></td><td></td></tr>
<tr><td colspan="2">工程管理部门</td><td>负责的改造项目已施工完成，并验收合格</td><td></td><td></td><td></td></tr>
<tr><td rowspan="2">机动部门</td><td>设备科</td><td>1. 检修项目已完成，并验收合格。
2. 保运工作已落实</td><td></td><td></td><td></td></tr>
<tr><td>动力科</td><td>1. 电气、仪表检修改造项目已完成，并投用正常。
2. 电气现场检修动力箱、临时变已拆除</td><td></td><td></td><td></td></tr>
<tr><td rowspan="2">生产部门</td><td>技术科</td><td>1. 开工方案已审批完成。
2. 盲板已按方案和盲板清单进行安装。
3. 开工用化工原材料已落实。
4. 其他专项方案已落实或审批</td><td></td><td></td><td></td></tr>
<tr><td>管理科</td><td>1. 外围的公用、储运系统以及相关装置已可支持装置开工。
2. 开工用原料已落实</td><td></td><td></td><td></td></tr>
<tr><td colspan="2">人教部门</td><td>操作人员已经过学习、培训，并考试合格</td><td></td><td></td><td></td></tr>
<tr><td colspan="2">项目所属单位领导意见</td><td>签名：</td><td>公司意见</td><td colspan="2">签名：</td></tr>
</table>

附　录　D
（资料性附录）
装置停工检修改造工作总结模板

根据中国石化《设备检修管理制度》规定，在装置停工检修结束后各相关单位应组织编写装置停工检修工作总结。为此，就进一步做好装置停工检修工作总结提出要求如下：

封面：

名称：××× 部 ××× 装置 ×××× 年 ×× 月停工检修工作总结

编写人：×××

审核人：×××

批准人：×××（运行部领导）

编写单位：中国石化 ××× 分公司 ××× 部

编写时间：×××× 年 ×× 月

正文：

（一）装置停工检修过程概述

装置开、停工、检修过程简述，本周期装置运行起止时间。

本周期装置运行中出现的主要问题。

本次停工检修、改造内容简述，检修项目计划数（包括补充、追加），检修计划完成情况，重点检修项目情况。

开停工、检修网络执行情况。

（二）主要检修内容技术总结

反应器部分

塔、容器部分

加热炉部分

冷换设备、空冷器部分

阀门部分

管道部分

压缩机部分

泵部分

特殊阀门部分

输送机械部分

压力容器检验（包括缺陷返修处理）

压力管道检验（包括缺陷返修处理）

安全阀检验

其他检修方面

技术分析中要有以下内容：上次运行周期出现的问题，本次检修检查情况及采取措施；上次检修遗留问题处理情况；本周期与上周期设备隐蔽检查情况对照；重复发生问题处理方案有效性；装置系统问题；典型案例。

（三）检修计划准确性分析

（四）检修施工队伍评述

（五）材料供应评述

（六）设计质量评价

（七）检修质量评价

（八）本次检修遗留问题及预案

（九）检修管理亮点、存在的不足和下次检修需注意的问题

（十）附表

表 1　设备增加情况表

序号	位号	名称	规格型号	制造厂	数量	备注

表 2　设备拆除情况表

序号	原位号	名称	规格型号	制造厂	数量	备注

表 3　管线拆除情况表

序号	原编号	名称	规格	长度 /m	备注

表 4　设备更换情况表

序号	位号	名称	规格型号		制造厂		数量	备注
			更换前	更换后	更换前	更换后		

表 5　冷换设备检修情况表

序号	位号	名称	规格型号	抽芯清洗	试压换垫	堵管根数	管束更换

表 6　阀门检修、更换情况表（*DN*50 和 *DN*50 以上）

序号	规格型号	公称直径	检修数量	更换数量

表 7 压力容器检验情况表

序号	计划检验台数	增加变更台数	减少变更台数	实际完成台数	缺陷返修台数

表 8 压力管道检验情况表

序号	检验计划		增加变更		减少变更		实际完成	
	条数	米数	条数	米数	条数	米数	条数	米数

表 9 安全阀门检验情况表

序号	计划检验台数	增加变更台数	减少变更台数	实际完成台数

聚苯乙烯装置维护检修规程

SHZ 03013—2019

目　次

前　言

本规程按照GB/T 1.1—2009《标准化工作导则　第1部分：标准的结构和编写》给出的规则起草。

本规程由中国石油化工集团有限公司、中国石油化工股份有限公司提出。

本规程起草单位：中国石油化工股份有限公司广州分公司。

本规程主要起草人：赵军武、蔡海群。

本规程2019年首次发布。

聚苯乙烯装置维护检修规程

1 范围

1.1 本规程规定了聚苯乙烯装置主要设备、专用设备的检修周期、检修项目及质量要求、检修过程管理和日常维护的相关内容。
1.2 本规程适用于石油化工聚苯乙烯装置FINA技术及其配套工艺的设备检修维护管理。

2 规范性引用文件

下列文件对于本文件的应用是必不可少的。凡是注日期的引用文件，仅所注日期的版本适用于本文件。凡是不注日期的引用文件，其最新版本（包括所有的修改单）适用于本文件。

2.1 法律法规

中华人民共和国安全生产法
中华人民共和国特种设备安全法

2.2 标准与规范

TSG 21　固定式压力容器安全技术监察规程
TSG D0001　压力管道安全技术监察规程——工业管道
GB/T 151.1～4　热交换器
GB/T 20801　压力管道规范 工业管道

2.3 相关标准文献

炼油企业检修管理指南（试行版）

3 术语与定义

下列术语和定义适用于本文件。

3.1 设备功能

设备功能指的是设备的生产效率和功能，衡量设备功能的指标随设备种类不同而异。

3.2 功能故障

设备、设施不能实现其设计功能时，称之为功能故障，定义为设备、设施不能满足期望的性能标准。一般指设备失去或降低其规定功能的事件或现象，表现为设备的某些零件失去原有的精度或性能，使设备不能正常运行、技术性能降低，致使设备中断生产或效率降低而影响生产。

3.3 故障模式

故障模式一般是对产品所发生的、能被观察或测量到的故障现象的规范描述。

3.4 A类设备

本规程规定的A类设备是指设备的功能故障引起装置停车的设备。

3.5 B类设备

本规程规定的B类设备是指该设备的功能故障虽然不引起装置的停车，但对装置的负荷、质量及可靠性具有重大影响的设备。

4 装置特征

聚苯乙烯装置是合成树脂主体装置之一，采用美国菲纳（FINA）技术公司的本体法生产工艺，生产流程主要包括原料配制、聚合脱挥、造粒风送、导热油系统、低温水循环五个单元，产品包括普通透明聚苯乙烯和抗冲聚苯乙烯等树脂，流程如图1所示。

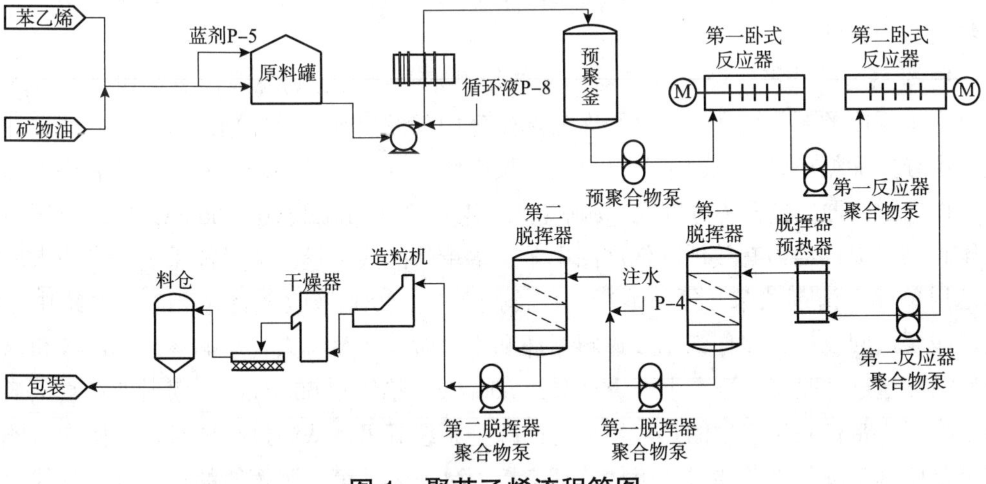

图1 聚苯乙烯流程简图

4.1 生产工艺概述

原料配制：高抗冲聚苯乙烯原料溶液按间歇方式制备。苯乙烯单体与矿物油经计量后送进橡胶溶解罐，然后启动搅拌器，抗氧剂（BHT 或 1076）称好后通过溶解罐上的加料口加进去。所需的橡胶计量好后，用橡胶提升器通过橡胶传送带把橡胶送到切胶机上。切胶机安装在溶解罐上面。为便于溶解，切胶机把橡胶切成 10～20mm 的颗粒，然后靠重力掉入溶胶罐，切胶过程一完成，滑阀马上关上。溶胶后，原料溶液经篮式过滤器送入进料罐。用进料泵连续向聚合工序供料。每批料整个配料过程约 16～20h。通用型聚苯乙烯采用两个原料罐。苯乙烯单体和矿物油经计量后加入原料罐，蓝剂从原料罐顶部加入，然后用循环泵循环 4～5h 以保证聚合物原料混合均匀，两个原料罐保证质量均匀，当一个罐在制备原料时，另一个罐将向聚合部分供料。原料制备工序后，生产 HIPS 和 GPPS 的工艺是一样的。

聚合脱挥：预聚釜是连续搅拌釜反应器，外有导热油盘管夹套，通过温度控制器对导热油温度的控制，维持反应器外部温度均匀，因而保证经过反应器后反应程度一致。在正常运行时，一般要求夹套温度设定与预聚釜中聚合物溶液温度一致。在开工过程中，外盘管提供开工热量，提高反应温度以达到苯乙烯单体聚合产生聚合热。苯乙烯单体和乙苯因真空挥发带走热量，使反应物料冷却下来，从而达到控制预聚釜物料温度的目的。原料中的水（汽化后）及溶解的空气与挥发单体（苯乙烯及乙苯）一起从预聚釜抽出，经预聚釜冷凝器（E-1001）冷凝的冷凝液返回预聚釜。预聚釜的聚合物溶液用定速齿轮泵（P-1101，又称维肯泵）送到第一卧式反应器（R-1001）。卧式反应器的搅拌器有变频驱动装置（M-1001 和 M-1002），搅拌器的作用是保证适当的传热而不明显影响柱塞流状态，当反应器中流体黏度增加时，应降低其转速（黏度低时不用调整搅拌器转速），可调速的搅拌器在黏度比正常值高时可降低转速而又维持反应器的温度控制。第一卧式反应器聚合物齿轮泵（P-1001）有一个可变速驱动器，第二个卧式反应器的聚合物齿轮泵（P-1002）也有一个变速驱动器，控制该装置的生产能力。此泵借助熔融聚合物实行内部润滑。

脱挥系统：从第二卧式反应器出来的熔融聚合物泵送到脱挥预热器加热后进入脱挥器，未反应的苯乙烯和乙苯从聚苯乙烯熔体中挥发出来。脱挥预热器利用热油进行加热，由导热油循环泵提供热油循环动力。聚合物的温度在预热器中升高，然后进入真空下操作的脱挥器，其压力分别为 10mmHg（1.33kPaA）和 1mmHg（0.13kPaA）的绝对压力。低压和高温提供动力有效地降低产品中苯乙烯单体的残留量。从脱挥系统挥发的未反应苯乙烯单体和溶剂乙苯在循环冷凝器中冷凝下来。冷凝液收集在循环液缓冲罐中，由循环液泵送回反应工序作为副线进料循环利用。对脱挥系统来说，循环液（乙苯和苯乙烯）循环通过并联喷射器产生一级真空约 50mmHg（绝压 6.65kPaA）。喷射液在真空换热器中冷却，带走泵送产生的热，然后返回真空系统罐里，从而进行自身循环操作。罗茨真空泵使真空降到工艺要求。附加的真空接力泵安装在第二脱挥器的挥发气体管线上，当脱挥系统不注水时以降低真空至 1mmHg（绝压）。为进一步除去聚苯乙烯产品中未反应的苯乙烯和乙苯，使产品中的残单含量低于 300ppm（$1ppm=10^{-6}$），在两台脱挥器之间用注水系统向聚合物中注水，然后通过水蒸发发泡增大表面积和降低苯乙烯及乙苯的蒸气分压来降低残单量。

造粒风送：脱挥后的聚苯乙烯熔体由聚合物齿轮泵送到自动换网器，以除去聚合物中的颗粒杂质，然后送到模头，牵条后进入水下切粒机，切成约 3mm×3mm 的粒子，切成的粒子随水冷却并进入干燥器以脱除约 99%冷却水，干燥器用空气作动力来输送和干燥。干燥后的粒料落到振动筛上，过大或过小的颗粒被分离。切粒机的生产能力为 4.5t/h，比装置设计生产能力高 30%。

导热油系统：导热油通过一台卧式加热炉和热油回路循环至工艺区，然后分别返回至热油罐或冷油罐。同样，循环冷油回路经过空冷器后供给反应器冷油以达到带走反应热的要求。反应器的每一个温度控制回路都与热油或冷油系统连接，从聚合工序返回的油（中温油）用来加热预聚反应器原料以回收一部分反应热，提高工艺的能源效率，然后返回到冷油罐。

低温水循环系统：第二循环冷凝器及其他换热器需要冷冻水。界区外来的精制水储存在冷冻水储罐，然后用泵送经成套冷冻单元降低到要求温度，然后送到各用户换热后循环使用。

4.2 装置的危害特征

4.2.1 聚苯乙烯的原料为苯乙烯，其蒸气与空气形成爆炸性混合物，遇明火、高热能引起燃烧爆炸。与氧化剂能发生强烈反应。若遇高热，可能发生聚合反应，出现大量放热现象，引起容器破裂和爆炸事故。腐蚀铜、铜合金，溶解橡胶。腐蚀某些塑料、橡胶和涂料。能积聚静电，引燃其蒸气。

4.2.2 作为稀释剂的乙苯虽不参与反应，但与副线一起加入反应中，其蒸气与空气形成爆炸性混合物，遇明火、高热能引起燃烧爆炸。与氧化剂能发生强烈反应。其蒸气比空气重，能在较低处扩散到相当远的地方，遇火源引着回燃。若遇高热，容器内压增大，有开裂和爆炸的危险。流速过快，容易产生和积聚静电。

4.2.3 液化天然气为加热炉燃料气，液化气极易燃，与空气混合能形成爆炸性混合物，遇到火源有爆炸的危险，与氟、氯等接触会发生剧烈的化学反应，其蒸气比空气重，能扩散到相当远的地方，遇火源会着火回燃。

5 检修周期及检修内容

5.1 主要设备介绍

5.1.1 原料配制单元设备

原料配制单元设备见表 1。

表 1　原料配制单元设备

<table>
<tr><th>名称</th><th colspan="2">设备种类</th><th>主要设备种类</th><th>通用、专用设备检修规程的代码</th></tr>
<tr><td rowspan="3">动设备</td><td>泵</td><td>离心泵</td><td>原料泵、乙苯泵、废循环液泵等</td><td>SHS 01012</td></tr>
<tr><td colspan="2">切胶机</td><td>溶胶罐切胶机</td><td>SHS 01028</td></tr>
<tr><td colspan="2">搅拌器</td><td>溶胶罐搅拌器</td><td>SHS 03020</td></tr>
<tr><td rowspan="5">静设备</td><td>换热器</td><td>管壳式换热器</td><td>原料冷却器</td><td>SHS 01009</td></tr>
<tr><td colspan="2">压力容器</td><td>换热器、过滤器</td><td>SHS 01004</td></tr>
<tr><td colspan="2">常压容器、常压储罐</td><td>循环液罐、储罐</td><td>SHS 01004</td></tr>
<tr><td colspan="2">压力管道</td><td></td><td>SHS 01005</td></tr>
<tr><td colspan="2">阀门</td><td></td><td>SHS 01030</td></tr>
<tr><td rowspan="4">仪表设备</td><td>现场仪表</td><td>检测仪表、显示或报警仪表、控制仪表、辅助单元、执行器及其附件</td><td>流量计、液位计、变送器</td><td>SHS 07002
SHS 07003
SHS 07005</td></tr>
<tr><td>控制系统</td><td>集散控制系统（DCS）</td><td>DCS、PLCS、CCS</td><td>SHS 07008</td></tr>
<tr><td>安全仪表系统</td><td>可燃、有毒有害气体及火灾检测保护系统</td><td>可燃气体报警仪</td><td>SHS 07010</td></tr>
<tr><td>安全环保仪表</td><td>可燃气体检测报警仪、有毒有害气体检测报警仪</td><td></td><td>SHS 07007</td></tr>
<tr><td>电气设备</td><td colspan="2">电机</td><td></td><td></td></tr>
</table>

5.1.2　聚合脱挥单元设备

聚合脱挥单元设备见表 2。

表 2　聚合脱挥单元设备

<table>
<tr><th>名称</th><th colspan="2">设备种类</th><th>主要设备种类</th><th>通用、专用设备检修规程的代码</th></tr>
<tr><td rowspan="5">动设备</td><td rowspan="3">泵</td><td>离心泵</td><td>导热油泵、真空系统泵、循环液泵等</td><td>SHS 01012</td></tr>
<tr><td>往复泵</td><td>注水泵</td><td>SHS 01015</td></tr>
<tr><td>聚合物泵</td><td>齿轮泵</td><td>SHS 01017</td></tr>
<tr><td colspan="2">罗茨风机</td><td>真空风机、风送风机</td><td>SHS 01024</td></tr>
<tr><td colspan="2">搅拌器</td><td>反应器搅拌器</td><td>SHS 03020</td></tr>
<tr><td rowspan="2">静设备</td><td>换热器</td><td>管壳式换热器</td><td>真空系统换热器、真空系统冷却器</td><td>SHS 01009</td></tr>
<tr><td colspan="2">压力容器</td><td>换热器、内部添加剂罐</td><td>SHS 01004</td></tr>
</table>

表 2 聚合脱挥单元设备（续）

名称	设备种类		主要设备种类	通用、专用设备检修规程的代码
静设备	常压容器、常压储罐		循环液罐、储罐	SHS 01004
	压力管道			SHS 01005
	阀门			SHS 01030
仪表设备	现场仪表	检测仪表、显示或报警仪表、控制仪表、辅助单元、执行器及其附件	流量计、液位计、变送器	SHS 07002 SHS 07003 SHS 07005
	控制系统	集散控制系统（DCS）、可编程控制系统（PLC）、机组控制系统（CCS）	DCS、PLCS、SIS	SHS 07008
	安全仪表系统	安全联锁系统、紧急停车系统和可燃、有毒有害气体及火灾检测保护系统	可燃气体报警仪	SHS 07010
	安全环保仪表	可燃气体检测报警仪、有毒有害气体检测报警仪		SHS 07007
电气设备	电机			

5.1.3 造粒风送单元设备

造粒风送单元设备见表 3。

表 3 造粒风送单元设备

名称	设备种类		主要设备种类	通用、专用设备检修规程的代码
动设备	泵	离心泵	颗粒水泵	SHS 01012
	离心式风机		干燥器风机	SHS 0122—2019
	罗茨风机		风送风机	SHS 01024
	水下切粒机		切粒机	SHS 011028
静设备	换热器	管壳式换热器	风送风机出口水冷却器、	SHS 01009
	常压容器、常压储罐		产品料仓	SHS 01004
	压力管道			SHS 01005
	阀门			SHS 01030
仪表设备	现场仪表	检测仪表、显示或报警仪表、控制仪表、辅助单元、执行器及其附件	流量计、液位计、变送器	SHS 07002 SHS 07003 SHS 07005

表 3　造粒风送单元设备（续）

名称	设备种类		主要设备种类	通用、专用设备检修规程的代码
仪表设备	控制系统	可编程控制系统（PLC）	DCS、PLCS、CCS	SHS 07008
	安全仪表系统	安全联锁系统、紧急停车系统和可燃、有毒有害气体及火灾检测保护系统	可燃气体报警仪	SHS 07010
	安全环保仪表	可燃气体检测报警仪、有毒有害气体检测报警仪		SHS 07007
电气设备	电机			

5.1.4　导热油系统设备

导热油系统设备见表 4。

表 4　导热油系统设备

名称	设备种类		主要设备种类	通用、专用设备检修规程的代码
动设备	泵	离心泵	导热油泵	SHS 01012
	离心式风机		加热炉风机	SHS 0122—2019
静设备	常压容器、常压储罐		导热油储罐	SHS 01004
	压力管道			SHS 01005
	阀门			SHS 01030
	加热炉		管式加热炉	SHS 01006
仪表设备	现场仪表	检测仪表、显示或报警仪表、控制仪表、辅助单元、执行器及其附件	流量计、液位计、变送器	SHS 07002 SHS 07003 SHS 07005
	控制系统	集散控制系统（DCS）、可编程控制系统（PLC）、机组控制系统（CCS）	DCS、PLCS、CCS	SHS 07008
	安全仪表系统（SIS）	安全联锁系统、紧急停车系统和可燃、有毒有害气体及火灾检测保护系统	可燃气体报警仪	SHS 07010
	在线分析仪表	氧分析仪	分析仪	SHS 07006
	安全环保仪表	可燃气体检测报警仪、有毒有害气体检测报警仪		SHS 07007
电气设备	电机			

表 4 导热油系统设备（续）

<table>
<tr><th colspan="2">名称</th><th>设备种类</th><th>主要设备种类</th><th>通用、专用设备检修规程的代码</th></tr>
<tr><td rowspan="8">仪表设备</td><td>检测仪表</td><td>压力仪表、温度仪表、流量仪表、物位仪表</td><td></td><td>SHS 07002</td></tr>
<tr><td>电动单元组合仪表</td><td>基地式仪表、显示仪表、辅助单元</td><td></td><td>SHS 07003</td></tr>
<tr><td>控制阀</td><td>气动控制阀、电动执行机构、长行程执行机构、偏心旋转阀、气缸执行机构、控制附件、蒸汽减温器</td><td></td><td>SHS 07004</td></tr>
<tr><td>在线分析仪表</td><td>工业色谱仪、氧分析仪、氢分析仪、红外线分析仪、pH 计、电导仪、水分析仪、熔融指数分析仪、烟气排放连续检测系统、密度计、可燃气体报警器、有毒气体报警器、化学需氧量分析仪、氨氮分析仪、气相色谱分析仪</td><td></td><td>SHS 07006</td></tr>
<tr><td>特殊仪表</td><td>轴振动和轴位移、转速控制仪表、称重仪表</td><td></td><td>SHS 07007</td></tr>
<tr><td>过程控制系统</td><td>DCS、PLC、GDS、SCADA</td><td></td><td>SHS 07008</td></tr>
<tr><td>系统维护</td><td>防爆仪表及其系统、仪表供电系统、仪表供气系统、仪表系统联校</td><td></td><td>SHS 07009</td></tr>
<tr><td>安全仪表系统</td><td>SIS</td><td></td><td>SHS 07010</td></tr>
</table>

5.1.5 低温水系统设备

低温水系统设备见表 5。

表 5 低温水系统设备

<table>
<tr><th>名称</th><th colspan="2">设备种类</th><th>主要设备种类</th><th>通用、专用设备检修规程的代码</th></tr>
<tr><td rowspan="2">动设备</td><td>泵</td><td>离心泵</td><td>低温水泵</td><td>SHS 01012</td></tr>
<tr><td>冰机</td><td>冰机压缩机</td><td>螺杆式压缩机</td><td>SHS 01021</td></tr>
<tr><td rowspan="3">静设备</td><td colspan="2">压力容器</td><td>冰机冷却器、冰机冷凝器</td><td>SHS 01004</td></tr>
<tr><td colspan="2">压力管道</td><td></td><td>SHS 01005</td></tr>
<tr><td colspan="2">阀门</td><td></td><td>SHS 01030</td></tr>
<tr><td rowspan="2">仪表设备</td><td>现场仪表</td><td>检测仪表、显示或报警仪表、控制仪表、辅助单元、执行器及其附件</td><td>流量计、液位计、变送器</td><td>SHS 07002
SHS 07003
SHS 07005</td></tr>
<tr><td>控制系统</td><td>可编程控制系统（PLC）</td><td>PLC</td><td>SHS 07008</td></tr>
</table>

表 5　低温水系统设备（续）

名称	设备种类		主要设备种类	通用、专用设备检修规程的代码
仪表设备	安全仪表系统（SIS）	安全联锁系统、紧急停车系统和可燃、有毒有害气体及火灾检测保护系统	可燃气体报警仪	SHS 07010
	在线分析仪表	氧分析仪	分析仪	SHS 07006
	安全环保仪表	可燃气体检测报警仪、有毒有害气体检测报警仪		SHS 07007
电气设备	电机			

5.2　检修周期

5.2.1　聚苯乙烯装置检修应根据实际运行情况进行定期停车检修，检修周期按 48～60 个月确定。

5.2.2　有备用设备的或日常可以进行检修的不列入大修项目。

5.3　检修内容

5.3.1　确定检修内容的依据

1）按法律法规要求的特种设备定期检验。

2）不符合国家安全与环境保护、节能要求的设备改造和更新。

3）对本次检修或下次检修之前已到法定检验时间的计量设施。

4）设备状况（补充动静设备电气仪表影响运行周期的关键设备）：

静设备：换热器、反应器、容器、炉等设备内部因内构件损坏、聚合、积垢腐蚀等原因造成运行状况恶化、性能降低等；

转动设备：磨损、疲劳、泄漏、振动等原因造成运行状况恶化、性能降低等；

电气设备：部件老化等原因造成运行状况恶化、性能降低等；

仪表设备：部件老化等原因造成运行状况恶化、性能降低等。

5）钢结构平台、设备基础、房屋等建构筑物老化、锈蚀等必须在停车检修期间内维修的项目。

6）安全防护设施失效。

5.3.2　检修具体内容

停车大修是对聚苯乙烯装置安全环保、长周期运行及经济效益有重大影响的设备、管线、电气仪表系统、土建及基础设施等在运行周期内将要发生的功能故障进行全面检修。其他检修是除大修外对装置局部或设备本体有经济运行影响的功能故障而进行的检修。

5.3.2.1 主要设备检修内容

主要设备检修内容见表 6。

表 6 主要设备检修内容

序号	设备名称	设备功能	功能故障	故障周期／月	主要检修内容	设备分级
1	预聚釜搅拌器	反应中起到传质传热作用，并控制产品质量	1. 填料密封磨损泄漏； 2. 减速箱输入输出轴骨架油封磨损泄漏； 3. 减速箱轴承磨损损坏； 4. 输入轴联轴器磨损，对中不良； 5. 搅拌器主轴承磨损； 6、减速箱传动齿轮磨损		1. 按 SHS 0320、SHS 01028 的要求对搅拌器进行检修； 2. 更换的零配件要用正规厂家产品并具有合格证； 3. 减速箱的齿轮及轴要进行无损探伤并合格； 4. 减速箱的齿轮啮合度及间隙要符合要求； 5. 桨叶固定螺栓要进行无损探伤并符合要求	B 类
2	聚合物输送泵（内啮合）	输送物料，并控制生产负荷	1. 轴封泄漏； 2. 联轴节磨损，对中不良； 3. 轴承磨损； 4. 减速箱骨架油封老化磨损； 5. 减速箱轴承、齿轮磨损		1. 按 SHS 01028、SHS 01017 的要求对齿轮泵及减速箱进行检修； 2. 更换的零配件要用正规厂家产品并具有合格证； 3. 减速箱的齿轮及轴要进行无损探伤并合格； 4. 减速箱的齿轮啮合度及间隙要符合要求	B 类
3	聚合物输送泵（外啮合）	输送物料，并控制生产负荷	1. 轴封泄漏； 2. 联轴节轴承磨损，对中不良； 3. 轴承磨损； 4. 减速箱骨架油封老化磨损； 5. 减速箱轴承、齿轮磨损		1. 按 SHS 01028、SHS 01017 的要求对齿轮泵及减速箱进行检修； 2. 更换的零配件要用正规厂家产品并具有合格证； 3. 减速箱的齿轮及轴要进行无损探伤并合格； 4. 减速箱的齿轮啮合度及间隙要符合要求	B 类
4	水下切粒机	将物料拉出并切出合格粒子	1. 切刀变钝，缺口，间隙变大； 2. 切刀、牵引辊及变速箱轴承磨损； 3. 变速箱齿轮磨损； 4. 变速箱骨架密封老化磨损； 5. 联轴节部件损坏； 6. 驱动皮带老化磨损		1. 更换的零配件要用正规厂家产品并具有合格证； 2. 如切刀要磨削，必须由专业厂完成，并出具质量证明； 3. 切刀、牵引辊的间隙要按要求调整； 4. 设计好记录表格，每一步都要做好记录； 5. 有条件的检修后要及时试运，发现问题及时整改	B 类

6 装置检修管理

6.1 装置检修前准备工作

6.1.1 装置检修前，参检单位要做好检修作业指导书、施工方案、检修图纸、现场施工平面布置图等各类资料的准备及审核，相关检修资料最终经业主方审批确认后方可实施。

6.1.2 进入检修现场的各类施工机具、器具，必须是合格的、适用的，必须有检定合格证和标记，并在有效期内使用，严禁使用未经校验的机具。进场前，所有自检合格并贴有自检合格证的施工机具，要列出汇总清单上交给业主方，并经业主方检验后方可使用。

6.1.3 进入现场的检修耗材、配件等，必须附有质量证明文件，并在指定的地点规范存放。在安装、使用各类检修材料前，应对材料的外观质量进行检查确认，参检单位要做到领用材料检验有见证、验收有记录。

6.1.4 参检单位的所有施工人员，必须具备相应的作业资质，检修前须做好检修方案、技能方面的培训，熟悉检修项目的特点，严格按检修方案进行施工。同时，施工人员必须进行业主方相关专业的教育培训，对无相应作业资质、未经教育培训或考核不合格的人员，一律不得上岗作业。

6.2 工艺交出检修条件

在装置交付检修前，由生产管理部和安全环保部门组织相关单位召开安全验收会，检查确认设备容器人孔拆卸、盲板加装、容器内采样分析、停电、下水井封堵等工作，经相关部门签字确认后，由装置开具用火、用电、进入受限空间等相关票证，进入检修状态。工艺交出要具备以下条件：

1）装置所有盲板按照盲板图、表安装、编号、挂牌并经工艺员、设备员、安全员已签名确认；

2）PID 图上所有系统、管线得到置换处理并做好标识；

3）系统内设备、管线按规定进行吹扫和置换，取样分析合格；

4）下水井取样分析合格，存油清理干净，排水畅通，水封完好；

5）下水井和漏斗口用石棉布盖好，并用沙土封严；

6）系统内设备人孔打开前的确认；打开的设备人孔处挂上“未经许可，禁止入内”警示牌；

7）制定停工安全、环保措施和工作危害分析记录表（JSA）；

8）装置内分析不合格点挂标识，储存物料区标识、硬隔离；

9）制定检修中防硫化亚铁自燃方案；

10）指定具有监护人资格的人员负责动火、进设备等作业的监护；

11）装置停工交付检修确认表见附录 A。

6.3 检修过程安全环保要求

6.3.1 安全管理总体要求

1）装置检修的安全管理，坚持“安全第一、预防为主、综合治理”的方针和“谁主管，谁负责”、“谁签发，谁负责”的原则，坚持以人为本、落实责任、强化监管，按属地化管理原则。

2）对于人数少的新企业要求外聘第三方 HSSE 监管，对于人数多的老企业或自身能力能够满足要求的老企业，可根据需要由企业自行决定是否外聘第三方 HSSE 监管。第三方 HSSE 监管纳入到 HSSE 管理体系。

3）各级指挥部的安全环保消防组应按指挥部管理体系要求承担相应的管理责任。

4）承包商应建立健全安全管理体系，分包商的安全管理工作由总承包商负总责。

5）安全监督管理部门对检修过程的安全管理工作进行监督检查，指挥部的安全环保消防组负责施工过程安全检查管理。运行部负责所在区域的施工项目配合和现场安全监督检查。

6.3.2 环保管理总体要求

装置停工检修改造环保管理总体要求是：密闭吹扫，有序排放，清洁停工，安全处置，达标排放。为做好停工和检修期间的环保工作，停工装置要落实密闭吹扫及除臭方案，对排放污水、吹扫尾气放空、工业废物处置应进行预申报，排放时必须做到先检测后排放，主管部门根据监测结果确定处理方式。对于化学清洗等产生的废水，项目管理部门在与清洗单位签订合同前要明确废水处理相关责任及要求。

6.4 质量管理

6.4.1 质量管理的总体要求

1）总体要求：成立检修质量管理组织机构，明确管理职责，建立质量管理程序文件。

2）对承包商资质、人员、机具等进行审查。

3）通过组织设计审查，确保设计质量。

4）物资采购管理部门组织对采购物资进行入库检验并对重点物资进行监造。

5）在施工过程中组织对检验检测的质量进行抽查。

6.4.2 变更管理

6.4.2.1 检修过程要加强变更管理，建立健全变更管理制度和工作流程，采取措施减少变更数量。原则上没有经过各级部门同意的变更不允许在检修中执行。

6.4.2.2 项目变更控制主要内容

1）对于试用产品、设备备件结构形式改变、材质升级要充分识别，要有专门技术论证审批过程，审批时要加强相关专业沟通确认；

2）所有变更应事前发起，只有当变更得到批准后，才可组织实施。项目变更由变更提出单位发起申请并填写“变更申请单”，按照各企业相关制度规定的权限办理审批手续；

3）对于因材料找价差导致的超费用计划（或工单预算），需要补办变更手续；

4）对于不涉及费用计划的变更，如项目名称、版本号、承包商、施工方案、施工进度等也需办理相应的变更手续；

5）对于结算费用高于非包干合同标的按各企业管理制度执行变更；

6）投资类项目的变更参照各企业“固定资产投资过程控制管理规定”执行。

6.5 装置检修交回条件

装置检修交回确认以下主要内容：

1）装置开工人员及开车保镖人员配备落实；

2）技术、原辅材料、动力、备品备件等方面的准备；

3）队伍技术状态、开工方案学习落实情况；

4）工艺和设备联锁仪表校验情况；

5）HSSE 措施落实情况；

6）盲板拆除清单、技术准备情况；

7）机、电、仪、公用工程、储运、质检等相关专业准备情况；

8）停工临设拆除、施工尾项整改情况等。

6.6 检修后期管理

6.6.1 资料交付

承包商应在检修项目结束后 30 天内将竣工资料完整地交给使用单位，竣工资料交付参考 SH/T 3503—2017。

6.6.2 检修总结

装置检修结束后，要对检修改造工作进行总结，对好的做法进行总结、提炼，固化这些经验，指导今后检修改造工作；对检修改造中存在的问题，分析原因，完善措施，不断提高管理水平。

检修总结模板见附录 D。

7 装置日常维护

7.1 日常巡检

包括操作工的日常巡检和专业人员（设备管理人员、专业维保人员、电仪专业人

员）的日常点检。

7.2 日常维护

装置日常维护的基本内容包括：设备维护保养、设备检查和设备修理。

7.2.1 设备维护保养

设备维护保养的内容是保持设备清洁、整齐、润滑良好、安全运行，包括及时紧固松动的紧固件，调整活动部分的间隙等。简言之，即“清洁、润滑、紧固、调整、防腐”十字作业法。维护保养依工作量大小和难易程度分为装置操作工保养、专职保养维修工的保养。

7.2.1.1 装置操作工保养

主要内容是：进行清洁、润滑、紧固易松动的零件，检查零件、部件的完整。这类保养的项目和部位较少，大多数在设备的外部，一般由装置操作工人承担。

7.2.1.2 专职保养维修工的保养

主要内容包括对设备内部清洁、润滑、局部解体检查和调整，必要时对达到规定磨损限度的零件加以更换。此外，还要对主要零部件的磨损情况进行测量、鉴定和记录。具体标准执行通用设备的检修规程。

在两种维护保养中，装置操作工保养是基础，专职保养维修工的保养是关键。

7.2.2 设备检查和设备修理

设备检查按时间间隔分为日常检查和定期检查。

日常检查由操作人员执行，同操作工的保养结合起来，目的是及时发现不正常的技术状况，进行必要的维护保养工作。

定期检查是按照计划，在操作工参加下，定期由专职维修工执行，也就是预防性检查维修。目的是通过检查，全面准确地掌握零件磨损的实际情况，以便确定是否有进行修理的必要。

7.3 常见设备故障

影响装置运行的典型故障及处理方法见表 7。

表 7 影响装置运行的典型故障及处理方法

设备类型	故障类型	处理方法
换热器类	堵塞失效	高压水进行清洗
	换热管腐蚀穿孔泄漏	堵头将穿孔换热管堵死
容器罐类	水包出现腐蚀减薄	采用玻璃纤维布缠绕堵死
	进料管线法兰腐蚀减薄失效泄漏	更换法兰方式
过滤器类	堵塞现象	切出清理过滤器芯子

表 7 影响装置运行的典型故障及处理方法（续）

设备类型	故障类型	处理方法
造粒机	颗粒不规则，不合格颗粒增多，造粒机振动、噪声大	1. 专业厂磨削切刀，更换切刀，调整切刀间隙； 2. 更换切刀、牵引辊及变速箱轴承； 3. 更换变速箱齿轮，并保证润滑； 4. 更换骨架油封； 5. 更换联轴节缓冲橡胶块及联轴节； 6. 调整皮带轮并更换皮带
制冷机	制冷剂出口压力高，冷冻水出口温度高，压缩机振动及噪声大	1. 更换制冷剂过滤器； 2. 清理清洗制冷剂冷凝器及蒸发器； 3. 解体检修压缩机，更换轴承

附 件 A

（资料性附录）

装置停工交付检修确认表

<table>
<tr><td></td><td colspan="7">装置停工交付检修确认表</td></tr>
<tr><td></td><td>记录编号</td><td></td><td>使用单位</td><td colspan="4"></td></tr>
<tr><td colspan="2">停工检修单位</td><td></td><td>装置</td><td></td><td>时间</td><td colspan="2">年 月 日</td></tr>
<tr><td colspan="2">单位</td><td colspan="2">确认内容</td><td colspan="2">存在问题</td><td>确认意见</td><td>确认人</td></tr>
<tr><td colspan="2">停工单位</td><td colspan="2">1. 装置与系统是否有效隔离并提供对应的盲板表？
2. 是否有专用氮气线，是否专用？
3. 管线及容器是否吹扫干净并提供吹扫作业确认表？
4. 容器及塔测爆及氧含量是否合格？
5. 风险系数较大的作业是否进行危害识别分析？
6. 对塔、容器仪表监控手段是否保留？
7. 动火作业项目是否上墙？
8. 对本单位、施工单位参加检修的人员安全教育并考试是否进行？
9. 明沟、地面上是否有油？清污分流设施是否投用？
10. 对装置内电缆沟是否做出明显标志？
11. 设备、容器、管道是否全部打开并在设备人孔处挂“危险空间！严禁入内”的警示牌？
12. 检修现场下水井、地漏、明沟是否封闭，泵沟等是否建立水封？
13. 检修设备是否停电？</td><td colspan="2"></td><td></td><td></td></tr>
<tr><td colspan="2">电气部</td><td colspan="2">1. 是否已按用电单位停送电要求实施停送电？
2. 参加大修的电气作业人员是否进行电工作业资格的确认和相应的安全教育？
3. 其他</td><td colspan="2"></td><td></td><td></td></tr>
<tr><td colspan="2">仪控部</td><td colspan="2">1. 对本单位、施工单位参加检修的人员安全教育并考试是否进行？
2. 机柜间运行装置的机柜与检修的区域是否采用明显有效的隔离措施？
3. 仪表吹扫排放中相关安全环保措施是否明确落实？</td><td colspan="2"></td><td></td><td></td></tr>
</table>

装置停工交付检修确认表（续）

<table>
<tr><td></td><td colspan="7">装置停工交付检修确认表</td></tr>
<tr><td></td><td>记录编号</td><td></td><td>使用单位</td><td colspan="4"></td></tr>
<tr><td colspan="2">停工检修单位</td><td></td><td>装置</td><td></td><td>时间</td><td colspan="2">年　　月　　日</td></tr>
<tr><td colspan="2">单位</td><td>确认内容</td><td colspan="2">存在问题</td><td colspan="2">确认意见</td><td>确认人</td></tr>
<tr><td colspan="2">仪控部</td><td>4. 放射线同位素仪表停工检修防护措施是否落实？
5. 工器具是否进行相关安全检查？
6. 重大作业项目是否编写施工作业方案和进行危害识别与评价？
7. 高处作业的脚手架是否搭设妥当并验收合格？
8. 每项作业施工是否具有合格的施工检修作业票？相关安全措施是否落实到位？
9. 劳保用品穿戴是否符合要求？
10. 检修质量和检修内容是否符合要求？</td><td colspan="2"></td><td colspan="2"></td><td></td></tr>
<tr><td colspan="2">消防部门</td><td>1. 现场消气防器材是否齐全、完好？
2. 消防、疏散通道是否符合要求？
3. 其他</td><td colspan="2"></td><td colspan="2"></td><td></td></tr>
<tr><td rowspan="2">生产部门</td><td>技术科</td><td>1. 检查吹扫作业票的确认签名是否落实？
2. 现场检查盲板是否按方案和盲板清单进行安装？
3. 检查瓦斯、氮气和工艺介质等物料在装置边界是否进行有效隔离？
4. 催化剂、保护剂、胺液或按方案不退的介质是否按方案要求进行了有效安全隔离？</td><td colspan="2"></td><td colspan="2"></td><td></td></tr>
<tr><td>管理科</td><td>1. 检查配合外系统的吹扫是否已满足要求可以停运？
2. 其他</td><td colspan="2"></td><td colspan="2"></td><td></td></tr>
<tr><td>机动部门</td><td>设备科</td><td>1. 已按停工方案要求抽堵盲板，且要做好明显标记，并指定专人统一编号登记，严防漏堵、漏拆。盲板的材质、厚度符合安全要求。
2. 与炉、塔、容器相连的蒸汽、氮气等有害介质的阀门，已加盲板隔离。
3. 未经吹扫处理的设备、容器、管道已与系统隔离，设置明显警示标志，并向职工和施工单位交底。
4. 冬季停工，装置要做好防冻防凝工作</td><td colspan="2"></td><td colspan="2"></td><td></td></tr>
</table>

装置停工交付检修确认表（续）

<table>
<tr><td></td><td colspan="5">装置停工交付检修确认表</td></tr>
<tr><td></td><td>记录编号</td><td></td><td>使用单位</td><td colspan="2"></td></tr>
<tr><td colspan="2">停工检修单位</td><td></td><td>装置</td><td>时间</td><td>年　月　日</td></tr>
<tr><td colspan="2">单位</td><td>确认内容</td><td>存在问题</td><td>确认意见</td><td>确认人</td></tr>
<tr><td>机动部门</td><td>动力科</td><td>1. 变配电所内电气安全用具、消防器材已检查并在有效期限内。
2. 变配电所内的工器具已检查合格。
3. 电气现场检修动力箱（固定）、临时变已检查合格。
4. 配送电单位、施工单位参修人员已经安全教育并考试合格。
5. 外来人员已经安全安全教育并考试合格。
6. 工艺要提供装置停工后仍需使用的仪表清单。
7. 电气专业提供停工期间停电网络，仪表提前准备</td><td></td><td></td><td></td></tr>
<tr><td rowspan="3">安环部门</td><td>管理科</td><td>1. 对本单位、施工单位参加检修的人员安全教育并考试是否进行？
2. 其他</td><td></td><td></td><td></td></tr>
<tr><td>环保科</td><td>1. 明沟、地面上是否有油？清污分流设施是否投用？
2. 其他</td><td></td><td></td><td></td></tr>
<tr><td>安全科</td><td>1. 现场固定式可燃气体报警仪、H_2S 报警仪等探头是否进行妥善保护？
2. 对装置内电缆沟是否做出明显标志？
3. 设备、容器、管道是否全部打开并在设备人孔处挂“危险空间！严禁入内”的警示牌？
4. 检修现场下水井、地漏、明沟是否封闭，泵沟等是否建立水封？
5. 打开的设备、容器、管道测爆分析是否合格？
6. 运行的装置与检修的区域是否采用明显有效的隔离措施？存在工艺介质的工艺管线是否做出标志？
7. 其他</td><td></td><td></td><td></td></tr>
<tr><td colspan="2">领导意见</td><td></td><td></td><td></td><td></td></tr>
</table>

附 件 B

（资料性附录）

装置检修交回开工确认表

中国石油化工股份有限公司 ×××× 分公司管理体系				
装置检修交回开工确认表				
记录编号		使用单位		
开工装置		时间	年 月 日	
单位	要求	存在问题	确认意见	确认人
施工单位	1. 检修项目以及改造项目已施工完成，并验收合格。 2. 施工用临时设施已全部拆除，现场清洁、无杂物。 3. 除用于开工查漏、热紧用的架子保留外，其他架子、跳板均拆除。 4. 设备、管线等保温复位。 5. 因检修拆除的劳动保护、照明设施已恢复。 6. 塔器设备、安全阀、现场仪表、管线等均已复位			
项目所属单位	1. 设备位号和管道介质名称、流向标示齐全。 2. 检查现场设备、管线、保温等安装符合规范，试用情况正常。 3. 机组等设备联锁试验正常。 4. 工艺联锁试验正常。 5. 盲板拆、装清单已确认。 6. 装置吹扫、试压通过。 7. 现场消防、气防器材及岗位工器具配齐、现 8. 场环保设施投用。 9. 开工化工原材料准备完毕。 10. 备品配件齐全			
电气	1. 变电所已正常投用，高低压电送电正常。 2. 现场电气设备如电动阀、电加热器、电机等试运正常。 3. 现场照明等恢复正常			
仪控	1. 现场仪表调试、DCS 调试、联校正常。 2. 配合工艺、设备的联锁调试已完成			
公用工程部	循环水、新鲜水、蒸汽、仪表风／工厂风、氮气等公用介质供应正常			
储运部	储运系统已具备正常供料以及接收产品条件			

装置检修交回开工确认表（续）

<table>
<tr><td rowspan="3"></td><td colspan="6">中国石油化工股份有限公司 ×××× 分公司管理体系</td></tr>
<tr><td colspan="6">装置检修交回开工确认表</td></tr>
<tr><td>记录编号</td><td></td><td>使用单位</td><td colspan="3"></td></tr>
<tr><td colspan="2">开工装置</td><td></td><td>时间</td><td colspan="3">年　月　日</td></tr>
<tr><td colspan="2">单位</td><td colspan="2">要求</td><td>存在问题</td><td>确认意见</td><td>确认人</td></tr>
<tr><td colspan="2">化验部门</td><td colspan="2">1. 现场采样器已复位正常。
2. 分析项目已具备分析条件</td><td></td><td></td><td></td></tr>
<tr><td colspan="2">消防部门</td><td colspan="2">1. 现场消气防器材齐全、完好。
2. 消防、疏散通道符合要求</td><td></td><td></td><td></td></tr>
<tr><td rowspan="2">安环部门</td><td>环保科</td><td colspan="2">1. 现场环保设施，如清污分流设施等已投用。
2. 后续环保装置具备接收物料条件</td><td></td><td></td><td></td></tr>
<tr><td>安全科</td><td colspan="2">1. 现场固定式可燃气体报警仪、H_2S 报警仪等已投用。
2. 拟开工装置与临近的检修区域已采用明显有效的隔离措施。
3. 现场安全设施如平台围栏、护栏等符合要求，现场无容易坠落物品。
4. 如有零星动火项目，火票需升级</td><td></td><td></td><td></td></tr>
<tr><td colspan="2">工程管理部门</td><td colspan="2">负责的改造项目已施工完成、并验收合格</td><td></td><td></td><td></td></tr>
<tr><td rowspan="2">机动部门</td><td>设备科</td><td colspan="2">1. 检修项目已完成，并验收合格。
2. 保运工作已落实</td><td></td><td></td><td></td></tr>
<tr><td>动力科</td><td colspan="2">1. 电气、仪表检修改造项目已完成，并投用正常。
2. 电气现场检修动力箱、临时变已拆除</td><td></td><td></td><td></td></tr>
<tr><td rowspan="2">生产部门</td><td>技术科</td><td colspan="2">1. 开工方案已审批完成。
2. 盲板已按方案和盲板清单进行安装。
3. 开工用化工原材料已落实。
4. 其他专项方案已落实或审批</td><td></td><td></td><td></td></tr>
<tr><td>管理科</td><td colspan="2">1. 外围的公用、储运系统以及相关装置已可支持装置开工。
2. 开工用原料已落实</td><td></td><td></td><td></td></tr>
<tr><td colspan="2">人教部门</td><td colspan="2">操作人员已经过学习、培训，并考试合格</td><td></td><td></td><td></td></tr>
<tr><td colspan="2">项目所属单位领导意见</td><td colspan="2">签名：</td><td>公司意见</td><td colspan="2">签名：</td></tr>
</table>

附 件 C

（资料性附录）

检修施工现场HSSE日检表

序号	检查内容	存在问题	检查人员	整改情况	验证人	备注
1	临时用电					
1.1	配备合格的持证电工					
1.2	配电箱合格、有防雨措施，按要求标识并上锁					
1.3	配电系统执行“三相五线制”，符合“三级配电二级保护”要求，安装匹配的漏电保护器，漏保动作灵敏好用，并进行日常试验和记录					
1.4	电缆及接头无破损，绝缘良好；铺设规范，走向清晰，标识明确					
1.5	用电严格执行“一机一闸一保护”					
1.6	按要求配置保护零线和工作零线，工作接地和重复接地完好					
1.7	安全电压符合作业环境要求					
1.8	使用工业插头、插座					
2	施工机具					
2.1	各种机具设备安全要求进行定期检查，确保完好					
2.2	设有机械保护装置（如转动设备等）的设备，保护装置处于完好状态					
2.3	用电机具、设施接地完好					
2.4	配备与作业要求相匹配的劳动防护用品					
2.5	空气压缩机压力表、安全阀等在检验期内并处于完好状态，高压气管和软管固定连接可靠					
2.6	气瓶垂直放置，瓶体固定可靠；气瓶分类摆放并保持安全距离，防护措施到位，气瓶阻火器、压力表等安全附件完好，气管无老化破损，连接可靠					

检修施工现场 HSSE 日检表（续）

序号	检查内容	存在问题	检查人员	整改情况	验证人	备注
3	脚手架					
3.1	脚手架搭设人员是专业架子工，并持证上岗。搭设人员按要求着装，配备五点双大钩安全带					
3.2	编制脚手架搭设方案，进行安全技术交底并有记录					
3.3	按规范要求搭设脚手架，且有良好的整体稳固性					
3.4	搭设和拆除过程必须有专人监督，周边设置警戒区					
3.5	连墙件设置可靠，各节点扣件扭矩力符合要求					
3.6	通道、护栏、腰杆、踢脚板等符合要求					
3.7	作业面满铺跳板，无孔洞，跳板可靠固定且无探头板					
3.8	作业面临时放置的材料等在允许荷载范围内，严禁超载荷；放置必须稳固，无坠物风险					
3.9	脚手架搭设完成验收合格挂牌使用					
3.10	消防设施保持完好，灭火器和消防水桶按要求配置					
3.11	消防安全通道保持畅通					
3.12	用火作业前，清理周边易燃物，采取接火措施					
4	起重					
4.1	编制了吊装方案、进行交底并有记录					
4.2	起重设备操作人员、司索、指挥持有效证件					
4.3	起重机械证照齐全有效					
4.4	起重机械安全设施、附件完好					
4.5	机索具检查完好，钢丝绳无磨损，连接可靠，绳卡数量和间距满足要求					

检修施工现场HSSE日检表（续）

序号	检查内容	存在问题	检查人员	整改情况	验证人	备注
4.6	吊装作业半径设置了警戒区，禁止无关人员入内					
4.7	吊装前进行评估，确保在额定起升载荷范围内进行起重作业，不得超载					
4.8	吊车支腿符合要求					
4.9	吊物捆绑符合要求，使用溜绳					
4.10	吊装作业天气、环境、风力等符合要求					
5	焊接、气割					
5.1	设备接地完好					
5.2	焊把线无破损，连接器完好					
5.3	有专人监护，接火、防火措施到位					
5.4	可燃性气瓶与胶管连接完好，无漏气，气瓶有阻火器					
5.5	现场气瓶与明火源保持安全距离					
6	受限空间					
6.1	对所要进行作业的受限空间进行吹扫、蒸煮、置换，并分析合格。所有与受限空间相连接的管线、阀门应进行有效隔离，盲板处应挂标识牌，并经工艺技术人员签字确认					
6.2	出入口内外不得有障碍物，在受限空间入口处设置“危险！严禁入内”警告牌或采取其他封闭措施					
6.3	对有可能发生硫化亚铁自燃的设备、容器必须经充分的钝化脱臭处理，并在现场配置消防水带					
6.4	《进入受限空间作业许可证》实行一点一证					
6.5	进入受限空间作业实行“三不进入”原则，即：一、没有经批准有效的《进入受限空间作业许可证》不进入；二、安全措施未落实不进入；三、监护人不在场不进入					

检修施工现场 HSSE 日检表（续）

序号	检查内容	存在问题	检查人员	整改情况	验证人	备注
6.6	作业现场配备必要的救护器具和灭火器材等					
6.7	进入受限空间作业应使用安全电压和安全行灯					
7	作业安全					
7.1	作业前进行班前安全教育和安全技术交底，作业人员清楚当天作业内容和安全风险及注意事项					
7.2	特殊工种持证上岗					
7.3	佩戴合格安全帽，并根据作业任务佩戴专用眼部、面部、手部等防护用品，高处作业人员系挂安全带					
8	收工检查					
8.1	配电系统一级箱断电，关闭气瓶角阀，能量上锁					
8.2	现场火种检查清理完毕					
8.3	清理各作业面材料和杂物等，做到工完料净场地清					
8.4	落实夜间值班、巡检人员，职责到位，检查内容明确					

附 件 D
（资料性附录）
装置停工检修工作总结模板
（设备专业）

根据中国石化《设备检修管理制度》规定，在装置停工检修结束后各相关单位应组织编写装置停工检修工作总结。为此，就进一步做好装置停工检修工作总结提出要求如下：

封面：

名称：××× 部 ××× 装置 ×××× 年 ×× 月停工检修工作总结

编写人：×××

审核人：×××

批准人：×××（运行部领导）

编写单位：中国石化 ××× 分公司 ××× 部

编写时间：×××× 年 ×× 月

正文：

（一）装置停工检修过程概述

装置开、停工、检修过程简述，本周期装置运行起止时间。

本周期装置运行中出现的主要问题。

本次停工检修、改造内容简述，检修项目计划数（包括补充、追加），检修计划完成情况，重点检修项目情况。

开停工、检修网络执行情况。

（二）主要检修内容技术总结

反应器部分

塔、容器部分

加热炉部分

冷换设备、空冷器部分

阀门部分

管道部分

压缩机部分

泵部分

特殊阀门部分

输送机械部分

压力容器检验（包括缺陷返修处理）

压力管道检验（包括缺陷返修处理）

安全阀检验

其他检修方面

技术分析中要有以下内容：上次运行周期出现的问题，本次检修检查情况及采取措施；上次检修遗留问题处理情况；本周期与上周期设备隐蔽检查情况对照；重复发生问题处理方案有效性；装置系统问题；典型案例。

（三）检修计划准确性分析

（四）检修施工队伍评述

（五）材料供应评述

（六）设计质量评价

（七）检修质量评价

（八）本次检修遗留问题及预案

（九）检修管理亮点、存在的不足和下次检修需注意的问题

（十）附表

表 1　设备增加情况表

序号	位号	名称	规格型号	制造厂	数量	备注

表 2　设备拆除情况表

序号	原位号	名称	规格型号	制造厂	数量	备注

表 3　管线拆除情况表

序号	原编号	名称	规格	长度 /m	备注

表 4　设备更换情况表

序号	位号	名称	规格型号		制造厂		数量	备注
			更换前	更换后	更换前	更换后		

表 5　冷换设备检修情况表

序号	位号	名称	规格型号	抽芯清洗	试压换垫	堵管根数	管束更换

表 6　阀门检修、更换情况表（*DN*50 和 *DN*50 以上）

序号	规格型号	公称直径	检修数量	更换数量

表 7　压力容器检验情况表

序号	计划检验台数	增加变更台数	减少变更台数	实际完成台数	缺陷返修台数

表 8　压力管道检验情况表

序号	检验计划		增加变更		减少变更		实际完成	
	条数	米数	条数	米数	条数	米数	条数	米数

表 9　安全阀门检验情况表

序号	计划检验台数	增加变更台数	减少变更台数	实际完成台数

镍系顺丁橡胶装置维护检修规程

SHZ 03014—2019

目 次

前 言

本规程按照 GB/T 1.1—2009《标准化工作导则 第 1 部分：标准的结构和编写》给出的规则起草。

本规程由中国石油化工集团有限公司、中国石油化工股份有限公司提出。

本规程起草单位：中国石油化工股份有限公司北京燕山分公司。

本规程主要起草人：刘志学、罗军、冯旭、范晓明、张伟、王冠南、刘改。

本规程 2019 年首次发布。

镍系顺丁橡胶装置维护检修规程

1 范围

本规程规定了镍系顺丁橡胶装置（包括聚合、凝聚、回收、后处理四个单元）及其主要设备、专用设备的检修周期、检修项目及质量要求、检修过程管理和日常维护的相关内容。

本规程适用于石油化工镍系顺丁橡胶装置的检修维护管理。

2 规范性引用文件

下列文件对于本文件的应用是必不可少的。凡是注日期的引用文件，仅所注日期的版本适用于本文件。凡是不注日期的引用文件，其最新版本（包括所有的修改单）适用于本文件。

2.1 法律法规

中华人民共和国安全生产法

中华人民共和国特种设备安全法

2.2 标准与规范

TSG 21　固定式压力容器安全技术监察规程

TSG D0001　压力管道安全技术监察规程——工业管道

GB/T 151　热交换器

GB/T 20801　压力管道规范 工业管道

GB/T 50484　石油化工建设工程施工安全技术标准

2.3 中国石化管理规定

中石化安全管理手册

炼油企业检修管理指南（试行版）

炼化装置设备检修管理规定

石化设备检修管理制度

石化设备维修保养管理规定

3 术语与定义

下列术语和定义适用于本文件。

3.1 设备功能

设备功能指的是设备的生产效率和功能，衡量设备功能的指标随设备种类不同而异。

3.2 功能故障

设备、设施不能实现其设计功能时，称之为功能故障，定义为设备、设施不能满足期望的性能标准。一般指设备失去或降低其规定功能的事件或现象，表现为设备的某些零件失去原有的精度或性能，使设备不能正常运行、技术性能降低，致使设备中断生产或效率降低而影响生产。

3.3 故障模式

故障模式一般是对产品所发生的、能被观察或测量到的故障现象的规范描述。

3.4 A 类设备

本规程规定的 A 类设备是按照《中国石化炼化企业设备分级管理程序》对设备进行分级，采用量化的关键性评价方法，根据各设备分级要素的总评分值，将设备评为关键设备（A）。

3.5 B 类设备

本规程规定的 B 类设备是按照《中国石化炼化企业设备分级管理程序》对设备进行分级，采用量化的关键性评价方法，根据各设备分级要素的总评分值，将设备评为主要设备（B）。

4 装置特征

顺丁橡胶装置分四个生产单元，分别为：聚合单元、回收单元、凝聚单元、后处理单元。各单元危害特性见表 1。

顺丁橡胶装置聚合单元是合成顺丁橡胶的主要单元，是将丁二烯、催化剂、己烷溶剂在规定的工艺条件下进行配位阴离子聚合，经 3 台（或 4 台）聚合釜的连续聚合，得到含量大于 96％的顺式 -1，4- 聚丁二烯胶液，加入防老剂后，经静态混合器送往胶液罐，供凝聚单元使用。本单元全部采用国内技术进行生产。该聚合生产技术的特点是：以己烷为溶剂，环烷酸镍、三异丁基铝、三氟化硼乙醚络合物为催化剂，丁二烯连续聚合的生产过程。聚合单元流程见图 1。

表 1　危害特性

有害物质名称	对人的危害程度	工作中注意事项	物品的特殊要求
丁二烯	对人体尚无严重的生理伤害，仅会刺激黏膜使人有不愉快之感。长期在含浓度高的丁二烯环境工作，足以使人引起反胃和视觉模糊，对肝脏机能亦有抑制作用。沸点 -4.5℃，爆炸极限 2.16%～11.47%，最高允许浓度：接触限值：MAC 100mg/m^3，人体接触发生冻伤	1. 穿好劳动保护，佩戴防酸胶手套； 2. 严禁大量的丁二烯与皮肤接触或跑入空间； 3. 吸入大量丁二烯，应立即送医院抢救	在低温密闭的无氧系统内保存
三异丁基铝	与空气接触立即燃烧，与水发生激烈反应，与皮肤接触易引起灼烧和溃烂	处理泄漏用沙子，不允许用水	密闭无氧氮气保护条件下保存
三氟化硼乙醚络合物	遇空气发白烟，遇水分解，有剧毒和腐蚀作用，侵入人体对造血和神经系统都有害	处理泄漏须戴长管或空气呼吸器	密闭无氧氮气保护条件下保存
氢氧化钠（NaOH）	易在水中溶解，能与许多有机、无机化合物起化学反应，腐蚀性很强，能灼伤人体皮肤等	穿好劳动保护，与皮肤接触后应立即用水冲洗	密闭无氧氮气保护条件下保存
对叔丁基邻苯二酚	极易吸湿而潮解变成液体氢氧化物，可刺激和灼伤皮肤	1. 穿好劳动保护； 2. 严禁与皮肤接触，万一溅到皮肤上，应立即用水冲洗	避免与空气接触

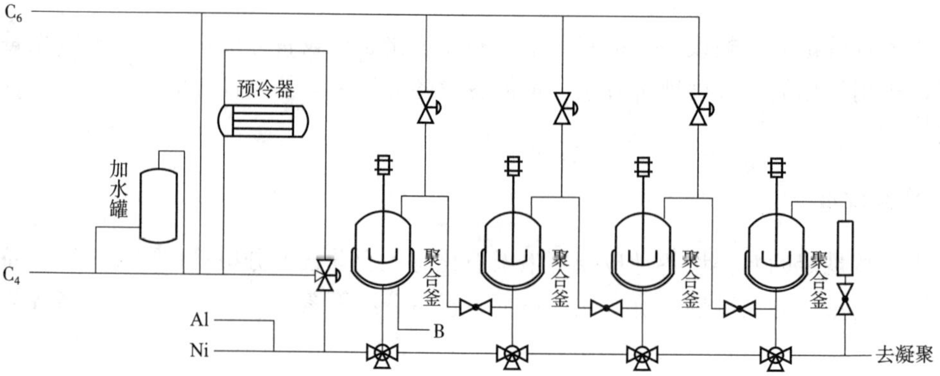

图 1　聚合单元流程图

回收单元的作用是：①回收处理溶剂油，使之符合顺丁橡胶聚合反应的要求；②回收处理丁二烯，使之符合顺丁橡胶聚合要求。回收单元的原料为罐区送来的含 1.8%～7.5% 丁二烯、油、饱和水及其他杂质的混合物，此外还有外购丁二烯。回收单元流程图见图 2。

凝聚单元的主要原料为顺丁橡胶胶液，辅料为碱液、汽提剂等，主要生产过程是：通过水析法三釜凝聚脱除胶液中的溶剂油及未反应的单体。颗粒水送入后处理单元进行处理。凝聚单元流程图见图 3。

后处理单元的主要原料为顺丁橡胶颗粒水，辅料为防板结剂、聚乙烯薄膜、纸袋等，主要生产过程是：凝聚过来的胶粒水后经洗涤、脱水干燥处理，再进行自动称量和成型包装，最终产品为顺式 1，4- 聚丁二烯橡胶，简称顺丁橡胶。后处理单元流程图见图 4。

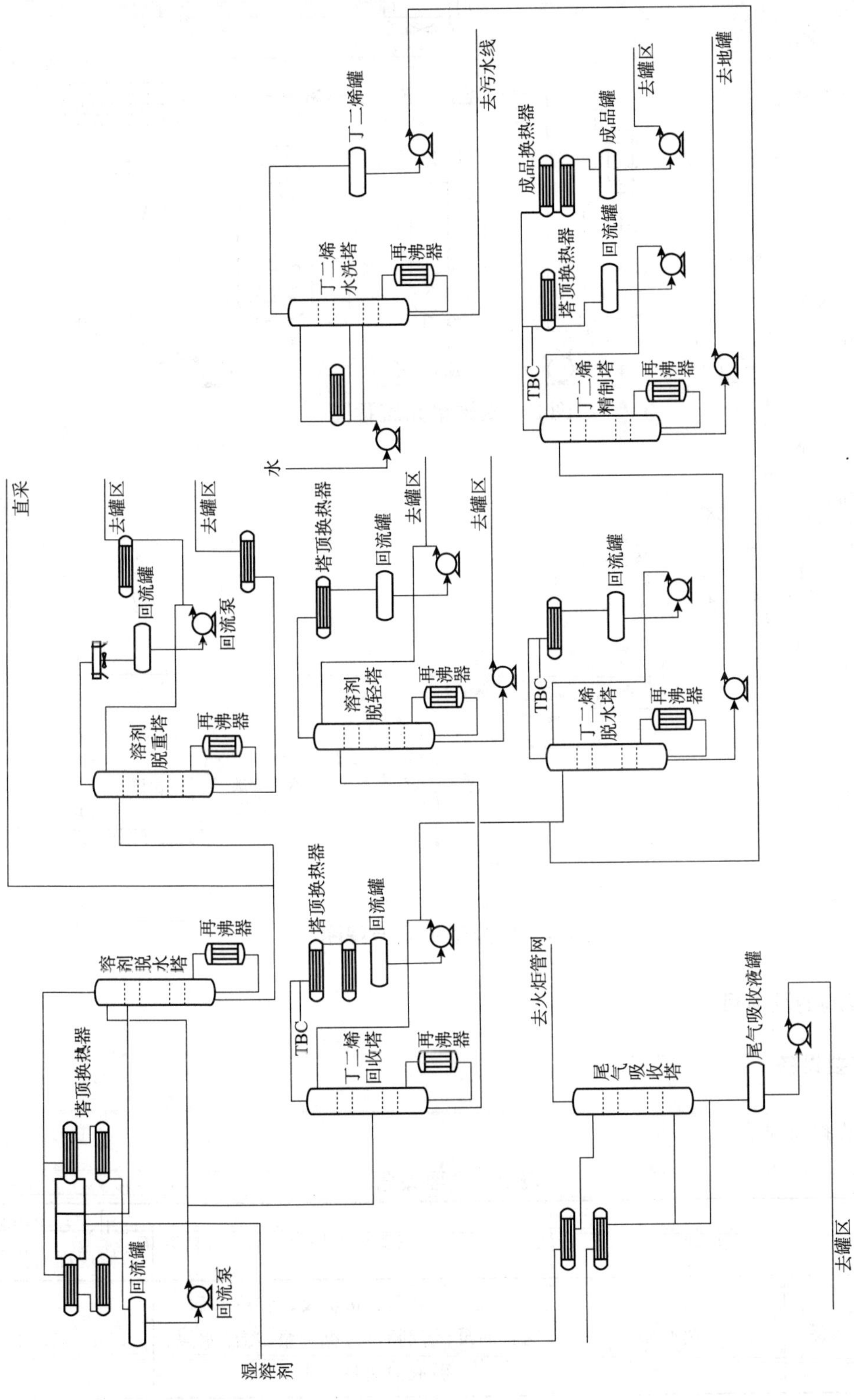
直采
去罐区
回流罐
回流泵
溶剂
脱重塔
再沸器
去罐区
塔顶换热器
回流罐
溶剂
脱烃塔
再沸器
去罐区
水
丁二烯罐
去污水线
丁二烯
水洗塔
再沸器
成品换热器
塔顶换热器
回流罐
成品罐
去罐区
去地罐
TBC
丁二烯
精制塔
再沸器
回流罐
TBC
丁二烯
脱水塔
再沸器
塔顶换热器
溶剂
脱水塔
再沸器
回流罐
回流泵
湿溶剂
塔顶换热器
回流罐
TBC
丁二烯
回收塔
再沸器
去火炬管网
尾气吸收液罐
尾气
吸收塔
去罐区

图 2　回收单元流程图

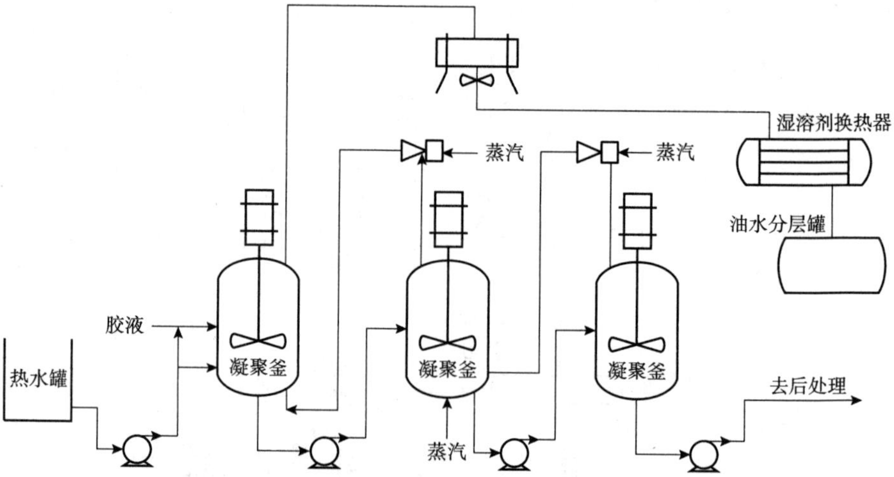

图3　凝聚单元流程图

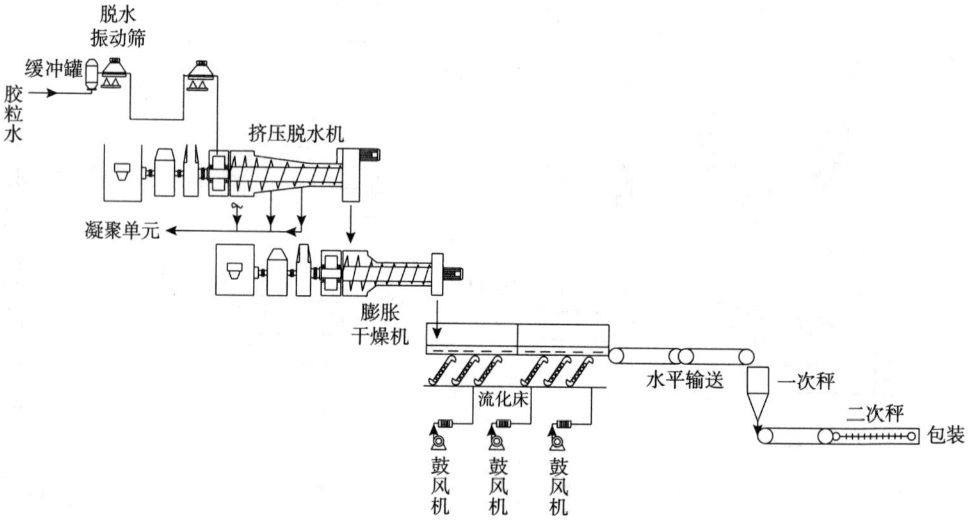

图4　后处理单元流程图

5　检修周期及项目

5.1　主要设备

主要设备见表2。

表2　主要设备

名称	设备种类		主要设备种类	通用、专用设备检修规程的代码
动设备	泵	离心泵	回流泵、塔底泵、进料泵、胶粒水泵、密封油泵、溶剂油泵、循环泵、凝结水泵、碱液输送泵、热水泵	SHS 01013

表 2　主要设备（续）

名称	设备种类		主要设备种类	通用、专用设备检修规程的代码
动设备	泵	往复泵	阻聚剂计量泵、碱液计量泵、分散剂计量泵、配置计量泵、防板结剂计量泵	SHS 01015
		螺杆泵	胶液泵	SHS 01016
		齿轮泵	液压油泵	SHS 01017
动设备	离心式风机		排风机、鼓风机、尾气风机	SHS 01022
	搅拌器		聚合釜搅拌器、凝聚釜搅拌器	SHS 03061
	橡胶机械		膨胀干燥机	SHS 03031
			挤压脱水机	SHS 03032
			振动筛	SHS 03049
			流化床	无
			压块机	SHS 03033
			包装机	SHS 03037
静设备	塔	板式塔	水洗塔、丁二烯精馏塔、丁二烯脱水塔、溶剂油脱水塔、溶剂油脱重塔、丁二烯回收塔、溶剂油脱轻塔	SHS 01007
		填料塔	尾气吸收塔、碱洗塔	SHS 01007
	换热器	固定管板式换热器	冷凝器、冷却器、再沸器	SHS 01009
		翅片管式换热器	脱重塔顶空冷器、汽提气空冷器	SHS 01010
	压力容器		塔、罐、换热器、釜	SHS 01004
	常压容器		洗胶罐、热水罐、洗涤水罐	SHS 01011
	压力管道		溶剂油、丁二烯、防老剂、蒸汽、胶液管线	SHS 01005
	阀门		闸阀、止回阀、截止阀、球阀、气动调节阀、蝶阀、减压阀、疏水阀	SHS 01030
仪表设备	常规仪表		压力仪表、温度仪表、流量仪表、物位仪表、控制阀	SHS 07002、SHS 07005
	控制系统		集散控制系统（DCS）	SHS 07008
	安全仪表系统（SIS）		安全仪表联锁系统	SHS 07009
	安全环保仪表		VOCs 在线分析系统	SHS 07006

表 2　主要设备（续）

名称	设备种类		主要设备种类	通用、专用设备检修规程的代码
电气设备	电动机	尾气 CO 设施主风机电机、聚合釜电机、干燥机电机、挤压机电机		SHS 06001
	电源装置	聚合 UPS		SHS 06006
	变压器	配电室变压器		SHS 06002
	高压柜	变电所高压柜		SHS 06003

5.2　检修周期

5.2.1　顺丁橡胶装置检修应根据实际运行情况进行定期停车检修，检修周期一般是 48～60 个月。期间根据实际运行情况安排聚合、回收、凝聚装置定期进行小规模停车检修，聚合装置一般运行周期按 12～18 个月确定，回收装置丁二烯脱水塔、丁二烯精馏塔运行周期按 10～16 个月，凝聚、后处理装置根据实际生产负荷间隙安排停车检修清理。

5.2.2　有备用设备的或日常可以进行检修的不列入大修项目（除特殊情况外）。

5.3　检修内容

5.3.1　确定检修内容的依据

1）按法律法规要求的特种设备定期检验。

2）不符合国家安全与环境保护、节能要求的设备改造和更新。

3）对本次检修或下次检修之前已到法定检验时间的计量设施。

4）设备状况

a）静设备：

①塔内部因塔内自聚物、低聚物堵塞，塔压高，效率降低；内构件损坏、积垢腐蚀等原因造成运行状况恶化、性能降低等：如丁二烯脱水塔、丁二烯精制塔因丁二烯浓度高，成品相夏季自聚物增长速度较快，需每 10～16 个月进行周期性清理。

②换热器：自聚物堵塞、循环水结垢腐蚀等原因造成运行状况恶化、性能降低等：自聚物堵塞如丁二烯成品冷凝器、脱水塔冷凝冷却器，自聚物增长速度较快，自聚物多集中在管板上半部分，每 10～16 个月进行周期性清理。循环水结垢腐蚀如回收溶剂冷却器、尾气冷凝器、脱水塔冷凝冷却器均为循环水冷却器，管束及管板严重腐蚀。

③容器、反应釜：因内壁挂胶，自聚物、低聚物堵塞等原因造成运行状况恶化、性能降低等：如聚合釜因釜内积胶，长时间不清理造成压力升高，每 12～18 个月进行周期性清理。

④工业管道：因腐蚀、冲刷、内部挂胶等原因造成运行状况恶化、性能降低等：如盐冷器小径管、盐水管线、热水管线、胶液管线。

b）转动设备：磨损、疲劳、泄漏、振动等原因造成运行状况恶化、性能降低等：如胶粒水泵及管线堵胶蒸汽吹引气管线振动导致泵对中偏离；胶液泵管线堵塞引起泵振动及量小螺套磨损、密封进胶泄漏、出口管线小径管断裂泄漏等。

c）电气设备：部分电气设备如变频调速设备负荷变化，电气元器件损耗、老化加速造成运行状况恶化、性能降低等。

d）仪表设备：部件老化等原因造成运行状况恶化、性能降低等。

e）日常维护抢修中采用带压堵漏、带压开孔等方式进行的临时项目。

5）工艺催化剂（三剂）失效。

6）钢结构平台、设备基础、房屋等建构筑物老化、锈蚀等必须在停车检修期间内维修的项目。

7）安全防护设施失效。

5.3.2 检修具体内容

停工大检修是对顺丁装置安全稳定生产、环保达标、长周期运行及经济效益有重大影响的设备、管线、电气仪表系统、土建及基础设施等在运行周期内将要发生的功能故障进行全面检修。其他检修是除大检修外对装置局部或设备本体有经济运行影响的功能故障而进行的检修。

装置长周期运行有重要影响的主要设备（A 类、B 类、系统功能）的功能故障见各单元主要设备功能故障分析表（表 3）。

表 3 主要设备功能故障分析

序号	设备名称	设备功能	功能故障	故障周期 / 月	主要检修内容	类别
1	聚合釜	将丁二烯在己烷溶剂和催化剂的作用下进行连续的聚合反应，生产出顺丁橡胶胶液	机械密封泄漏，搅拌摆动大，振动大，釜内挂胶，仪表故障	12～18	更换机械密封；检查减速机、清洗换油，搅拌检查、校轴、螺带调整；底轴套检查、更换。釜内清理挂胶，仪表调试	B 类
2	丁二烯脱水塔	脱除丁二烯中含有的水分	塔压差大，塔内自聚物多，影响分离效果及产品质量，仪表故障	10～16	塔盘清扫，内构件检查、修复，仪表检定	B 类
3	丁二烯精制塔	脱除丁二烯中含有的其他杂质，得到聚合级丁二烯	塔压差大，塔内自聚物多，影响分离效果及产品质量，仪表故障	10～16	塔盘清理，内构件检查维护、修复，仪表检定	B 类

表 3 主要设备功能故障分析（续）

序号	设备名称	设备功能	功能故障	故障周期/月	主要检修内容	类别
4	溶剂油脱水塔	脱除溶剂中含有的水分及其他组分	塔压差大，塔内自聚物多，影响分离效果及产品质量，仪表故障	48～60	塔盘清理，内构件检查维护、修复，仪表检定	B类
5	挤压脱水机	脱除胶粒中的游离水，切粒成型，连续稳定输送胶粒，安全运行	筒体和螺杆磨损，模板调节系统失效，齿轮箱故障，油封漏油，仪表故障	24～36	更换筒体、螺杆及剪切螺钉，检查更换切刀、模板。检查齿轮箱，更换油封。检修润滑油泵，更换润滑油过滤芯。仪表系统调校	C类
6	膨胀干燥机	通过螺杆和剪切螺钉挤压，高压闪蒸去除胶中包裹的水、油气等挥发分	筒体和螺杆磨损，齿轮箱系统故障，油封漏油，仪表故障	24～36	更换筒体、螺杆；检查清理模板、模头眼；检查齿轮箱，更换油封。检修润滑油泵，更换润滑油过滤芯。仪表系统调校	C类

6 装置检修管理

6.1 装置检修前准备工作

6.1.1 装置检修前，参检单位要做好检修作业指导书、施工方案、检修图纸、现场施工平面布置图等各类资料的准备及审核，相关检修资料最终经业主方审批确认后方可实施。

6.1.2 进入检修现场的各类施工机具、器具，必须是合格的、适用的，必须有检定合格证和标记，并在有效期内使用，严禁使用未经校验的机具。进场前，所有自检合格并贴有自检合格证的施工机具，要列出汇总清单上交给业主方，并经业主方检验后方可使用。

6.1.3 进入现场的检修耗材、配件等，必须附有质量证明文件，并在指定的地点规范存放。在安装、使用各类检修材料前，应对材料的外观质量进行检查确认，参检单位要做到领用材料检验有见证、验收有记录。

6.1.4 参检单位的所有施工人员，必须具备相应的作业资质，检修前须做好检修方案、技能方面的培训，熟悉检修项目的特点，严格按检修方案进行施工。同时，施工人员必须进行业主方相关专业的教育培训，对无相应作业资质、未经教育培训或考核不合格的人员，一律不得上岗作业。

6.2 工艺交出检修条件

在装置交付检修前，由生产管理部和安全环保部门组织相关单位召开安全验收会，检查确认设备容器人孔拆卸、盲板加装、容器内采样分析、停电、下水井封堵等工作，经相关部门签字确认后，由装置开具用火、用电、进入受限空间等相关票证，进入检修状态。工艺交出要具备以下条件：

1）装置所有盲板按照盲板图、表安装、编号、挂牌并经工艺员、设备员、安全员已签名确认；

2）PID 图上所有系统、管线得到置换处理并做好标识；

3）系统内设备、管线按规定进行吹扫和置换，取样分析合格；

4）下水井取样分析合格，存油清理干净，排水畅通，水封完好；

5）下水井和漏斗口用石棉布盖好，并用沙土封严；

6）系统内设备人孔打开前的确认；打开的设备人孔处挂上“未经许可，禁止入内”警示牌；

7）制定停工安全、环保措施和工作危害分析记录表（JSA）；

8）装置内分析不合格点挂标识，储存物料区标识、硬隔离；

9）制定检修中防硫化亚铁自燃方案；

10）指定具有监护人资格的人员负责动火、进设备等作业的监护。

装置停工交付检修确认表见附录 A。

6.3 检修过程安全环保管理总体要求

6.3.1 安全管理总体要求

1）装置检修的安全管理，坚持“安全第一、预防为主、综合治理”的方针和“谁主管，谁负责”、“谁签发，谁负责”的原则，坚持以人为本、落实责任、强化监管，按属地化管理原则。

对于人数少新企业要求外聘第三方 HSSE 监管，对于人数多的老企业或自身能力能够满足要求的老企业，可根据需要由企业自行决定是否外聘第三方 HSSE 监管。第三方 HSSE 监管纳入到 HSSE 管理体系；

2）各级指挥部的安全环保消防组应按指挥部管理体系要求承担相应的管理责任；

3）承包商应建立健全安全管理体系，分包商的安全管理工作由总承包商负总责；

4）安全监督管理部门对检修过程的安全管理工作进行监督检查，指挥部的安全环保消防组负责施工过程安全检查管理。运行部负责所在区域的施工项目配合和现场安全监督检查。

6.3.2 环保管理总体要求

装置停工检修改造环保管理总体要求是：密闭吹扫，有序排放，清洁停工，安全处置，达标排放。为做好停工和检修期间的环保工作，停工装置要落实密闭吹扫及除臭方案，对排放污水、吹扫尾气放空、工业废物处置应进行预申报，排放时必须做到先检测后排放，主管部门根据监测结果确定处理方式。对于化学清洗等产生的废水，项目管理部门在与清洗单位签订合同前要明确废水处理相关责任及要求。

6.4 检修质量管理

质量管理的总体要求是：成立检修质量管理组织机构，明确管理职责，建立质量管理程序文件。

1）对承包商资质、人员、机具等进行审查；

2）通过组织设计审查，确保设计质量；

3）物资采购管理部门组织对采购物资进行入库检验并对重点物资进行监造；

4）在施工过程中组织对检验检测的质量进行抽查。

6.5 变更管理

6.5.1 检修过程要加强变更管理，建立健全变更管理制度和工作流程，采取措施减少变更数量。原则上没有经过各级部门同意的变更不允许在检修中执行。

6.5.2 项目变更控制主要内容：

1）对于试用产品、设备备件结构形式改变、材质升级要充分识别，要有专门技术论证审批过程，审批时要加强相关专业沟通确认；

2）所有变更应事前发起，只有当变更得到批准后，才可组织实施。项目变更由变更提出单位发起申请并填写“变更申请单”，按照各企业相关制度规定的权限办理审批手续；

3）对于因材料找价差导致的超费用计划（或工单预算），需要补办变更手续；

4）对于不涉及费用计划的变更，如项目名称、版本号、承包商、施工方案、施工进度等也需办理相应的变更手续；

5）对于结算费用高于非包干合同标的按各企业管理制度执行变更；

6）投资类项目的变更参照各企业“固定资产投资过程控制管理规定”执行。

6.6 装置检修交回条件

1）装置开工人员及开车保镖人员配备落实；

2）技术、原辅材料、动力、备品备件等方面的准备；

3）队伍技术状态、开工方案学习落实情况；

4）现场规格化情况；

5）工艺和设备联锁仪表校验情况；

6）HSE 措施落实情况；

7）盲板拆除清单、技术准备情况；

8）机、电、仪、公用工程、储运、质检等相关专业准备情况；

9）停工临设拆除、施工尾项整改情况等。

装置检修交回开工确认表见附录C。

6.7 检修后期管理

6.7.1 资料交付

承包商应在检修项目结束后30天内将竣工资料完整地交给使用单位，竣工资料交付参考SH/T 3503。

6.7.2 检修总结

装置检修结束后，要对检修改造工作进行总结，对好的做法进行总结、提炼，固化这些经验，指导今后检修改造工作；对检修改造中存在的问题，分析原因，完善措施，不断提高管理水平。

装置停工检修工作总结模板见附录D。

7 装置日常维护

7.1 日常巡检

包括操作工的日常巡检和专业人员（设备管理人员、专业维保人员、电仪专业人员）的日常点检。

7.2 日常维护

装置日常维护的基本内容包括：设备维护保养、设备检查和设备修理。

7.2.1 设备维护保养

设备维护保养的内容是保持设备清洁、整齐、润滑良好、安全运行，包括及时紧固松动的紧固件，调整活动部分的间隙等。简言之，即“清洁、润滑、紧固、调整、防腐”十字作业法。维护保养依工作量大小和难易程度分为装置操作工保养、专职保养维修工的保养。

7.2.1.1 装置操作工保养

主要内容是进行清洁、润滑、紧固易松动的零件，检查零件、部件的完整。这类保养的项目和部位较少，大多数在设备的外部，一般由装置操作工人承担。

7.2.1.2 专职保养维修工的保养

主要内容包括对设备内部清洁、润滑、局部解体检查和调整，必要时对达到规定磨损限度的零件加以更换。此外，还要对主要零部件的磨损情况进行测量、鉴定和记录。

具体标准执行通用设备的检修规程。

在两种维护保养中，装置操作工保养是基础，专职保养维修工的保养是关键。

7.2.2 设备检查和设备修理

设备检查按时间间隔分为日常检查和定期检查。

日常检查由操作人员执行，同操作工的保养结合起来，目的是及时发现不正常的技术状况，进行必要的维护保养工作。

定期检查是按照计划，在操作工参加下，定期由专职维修工执行，也就是预防性检查维修。目的是通过检查，全面准确地掌握零件磨损的实际情况，以便确定是否有进行修理的必要。

7.3 常见故障及处理方法

常见故障及处理方法见表4。

表4 常见故障及处理方法

序号	设备类型	故障类型	处理方法
1	聚合釜	挂胶、堵塞	定期清理；搅拌器检查维护
		机械密封泄漏	更换机械密封
2	凝聚釜	挂胶、堵塞	倒空置换，清理挂胶；搅拌器检查维护
		机械密封泄漏	更换机械密封
3	计量泵	流量不稳定	定期清理入口过滤器；出入口单向阀检查更换；检查补油阀及安全泄压阀；隔膜检查；液压油系统检查，定期更换
4	胶液泵	流量小，振动异常	清理出入口管线及泵腔胶团；联轴器碟片检查和对中检查
5	脱水筛	振动异常、排料异常、异响	检查箱体弹性支撑（橡皮弹簧）；检查曲轴及带座轴承；检查箱体及各部紧固螺栓
		脱水能力下降	筛面清理（高压水清洗）
6	分料机	振动异常、排料异常、异响	清理箱体内积胶；调整皮带或更换皮带；检查电机；轴承加脂或更换轴承；检查或更换橡皮轴承、吸振器
7	给料机	电机传动异常。轴承温度过高。传动系统振动大或有异常声响	清理箱体内积胶；调整皮带或更换皮带；检查电机；轴承加脂或更换轴承；检查或更换橡皮轴承、弹簧板
8	包装机	热合不好，薄膜包装质量不符合要求	检查更换热合片和橡胶垫，维修电动滚筒，更换传输皮带。更换各执行机构的气缸。检查各零、部件的磨损情况，磨损严重时更换

表 4　常见故障及处理方法（续）

序号	设备类型	故障类型	处理方法
9	压块机	主缸、侧缸不到位；保压压力低，液压系统液压油泄漏，控制系统故障，无法完成规定动作，仪表故障	检查液压泵和液压阀是否损坏，检查控制系统的信号输出是否正常，检查液压油过滤器是否堵塞。更换主缸、侧缸各液压密封件，更换过滤器芯。检查侧缸间隙，更换侧缸导轨、密封条
10	输送机	辊子异响、动作异常	检查更换辊子轴承、辊子；检查减速电机
11	金属检测器	动作异常	调整或更换皮带；检查电机
		报警不准确	定期校验检测器精度

附 录 A

（资料性附录）

装置停工交付检修确认表

<table>
<tr><td rowspan="3"></td><td colspan="4">装置停工交付检修确认表</td></tr>
<tr><td>记录编号</td><td></td><td>装置</td><td colspan="3"></td></tr>
<tr><td>检修单位</td><td></td><td>时间</td><td colspan="3">年 月 日</td></tr>
<tr><td>单位</td><td colspan="3">确认内容</td><td>存在问题</td><td>确认意见</td><td>确认人</td></tr>
<tr><td rowspan="14">停工单位</td><td colspan="3">1. 装置与系统是否有效隔离并提供对应的盲板表？</td><td rowspan="14"></td><td rowspan="14"></td><td rowspan="14"></td></tr>
<tr><td colspan="3">2. 是否有专用氮气线，是否专用？</td></tr>
<tr><td colspan="3">3. 管线及容器是否吹扫干净并提供吹扫作业确认表？</td></tr>
<tr><td colspan="3">4. 容器及塔测爆及氧含量是否合格？</td></tr>
<tr><td colspan="3">5. 风险系数较大的作业是否进行危害识别分析</td></tr>
<tr><td colspan="3">6. 对塔、容器仪表监控手段是否保留？</td></tr>
<tr><td colspan="3">7. 动火作业项目是否上墙？</td></tr>
<tr><td colspan="3">8. 对本单位、施工单位参加检修的人员安全教育并考试是否进行？</td></tr>
<tr><td colspan="3">9. 明沟、地面上是否有油？清污分流设施是否投用？</td></tr>
<tr><td colspan="3">10. 对装置内电缆沟是否做出明显标志？</td></tr>
<tr><td colspan="3">11. 设备、容器、管道是否全部打开并在设备人孔处挂“危险空间！严禁入内”的警示牌？</td></tr>
<tr><td colspan="3">12. 检修现场下水井、地漏、明沟是否封闭，泵沟等是否建立水封？</td></tr>
<tr><td colspan="3">13. 检修设备是否停电？</td></tr>
<tr><td colspan="3">14. 其他</td></tr>
<tr><td rowspan="3">电气部</td><td colspan="3">1. 是否已按用电单位停送电要求实施停送电？</td><td rowspan="3"></td><td rowspan="3"></td><td rowspan="3"></td></tr>
<tr><td colspan="3">2. 参加大修的电气作业人员是否进行电工作业资格的确认和相应的安全教育？</td></tr>
<tr><td colspan="3">3. 其他</td></tr>
<tr><td rowspan="5">仪控部</td><td colspan="3">1. 对本单位、施工单位参加检修的人员安全教育并考试是否进行？</td><td rowspan="5"></td><td rowspan="5"></td><td rowspan="5"></td></tr>
<tr><td colspan="3">2. 机柜间运行装置的机柜与检修的区域是否采用明显有效的隔离措施？</td></tr>
<tr><td colspan="3">3. 仪表吹扫排放中相关安全环保措施是否明确落实？</td></tr>
<tr><td colspan="3">4. 放射线同位素仪表停工检修防护措施是否落实？</td></tr>
<tr><td colspan="3">5. 工器具是否进行相关安全检查？</td></tr>
</table>

装置停工交付检修确认表（续）

<table>
<tr><td rowspan="3"></td><td colspan="5">装置停工交付检修确认表</td></tr>
<tr><td colspan="2">记录编号</td><td>装置</td><td colspan="2"></td></tr>
<tr><td colspan="2">检修单位</td><td>时间</td><td colspan="2">年 月 日</td></tr>
<tr><td>单位</td><td colspan="2">确认内容</td><td>存在问题</td><td>确认意见</td><td>确认人</td></tr>
<tr><td rowspan="6">仪控部</td><td colspan="2">6. 重大作业项目是否编写施工作业方案和进行危害识别与评价？</td><td rowspan="6"></td><td rowspan="6"></td><td rowspan="6"></td></tr>
<tr><td colspan="2">7. 高处作业的脚手架是否搭设妥当并验收合格？</td></tr>
<tr><td colspan="2">8. 每项作业施工是否具有合格的施工检修作业票？相关安全措施是否落实到位？</td></tr>
<tr><td colspan="2">9. 劳保用品穿戴是否符合要求？</td></tr>
<tr><td colspan="2">10. 检修质量和检修内容是否符合要求？</td></tr>
<tr><td colspan="2">11. 其他</td></tr>
<tr><td rowspan="3">消防部门</td><td colspan="2">1. 现场消气防器材是否齐全、完好？</td><td rowspan="3"></td><td rowspan="3"></td><td rowspan="3"></td></tr>
<tr><td colspan="2">2. 消防、疏散通道是否符合要求？</td></tr>
<tr><td colspan="2">3. 其他</td></tr>
<tr><td rowspan="6">生产部门</td><td rowspan="4">技术科</td><td>1. 检查吹扫作业票的确认签名是否落实？</td><td rowspan="6"></td><td rowspan="6"></td><td rowspan="6"></td></tr>
<tr><td>2. 现场检查盲板是否按方案和盲板清单进行安装？</td></tr>
<tr><td>3. 检查瓦斯、氮气和工艺介质等物料在装置边界是否进行有效隔离？</td></tr>
<tr><td>4. 催化剂、保护剂、胺液或按方案不退的介质是否按方案要求进行了有效安全隔离？</td></tr>
<tr><td rowspan="2">管理科</td><td>1. 检查配合外系统的吹扫是否已满足要求可以停运？</td></tr>
<tr><td>2. 其他</td></tr>
<tr><td rowspan="4">机动部门</td><td rowspan="4">设备科</td><td>1. 已按停工方案要求抽堵盲板，且要做好明显标记，并指定专人统一编号登记，严防漏堵、漏拆。盲板的材质、厚度符合安全要求</td><td rowspan="4"></td><td rowspan="4"></td><td rowspan="4"></td></tr>
<tr><td>2. 与炉、塔、容器相连的蒸汽、氮气等有害介质的阀门，已加盲板隔离</td></tr>
<tr><td>3. 未经吹扫处理的设备、容器、管道已与系统隔离，设置明显警示标志，并向职工和施工单位交底</td></tr>
<tr><td>4. 冬季停工，装置要做好防冻防凝工作</td></tr>
</table>

装置停工交付检修确认表（续）

<table>
<tr><td rowspan="3"></td><td colspan="6">装置停工交付检修确认表</td></tr>
<tr><td>记录编号</td><td></td><td>装置</td><td colspan="3"></td></tr>
<tr><td>检修单位</td><td></td><td>时间</td><td colspan="3">年　月　日</td></tr>
<tr><td>单位</td><td colspan="3">确认内容</td><td>存在问题</td><td>确认意见</td><td>确认人</td></tr>
<tr><td rowspan="6">机动部门</td><td rowspan="6">动力科</td><td colspan="2">1. 变配电所内电气安全用具、消防器材已检查并在有效期限内</td><td rowspan="6"></td><td rowspan="6"></td><td rowspan="6"></td></tr>
<tr><td colspan="2">2. 变配电所内的工器具已检查合格</td></tr>
<tr><td colspan="2">3. 电气现场检修动力箱（固定）、临时变已检查合格</td></tr>
<tr><td colspan="2">4. 配送电单位、施工单位参修人员已经安全教育并考试合格</td></tr>
<tr><td colspan="2">5. 外来人员已经安全教育并考试合格</td></tr>
<tr><td colspan="2">6. 工艺要提供装置停工后仍需使用的仪表清单，电气专业提供停工期间停电网络，仪表提前准备</td></tr>
<tr><td rowspan="11">安环部门</td><td rowspan="2">管理科</td><td colspan="2">1. 对本单位、施工单位参加检修的人员安全教育并考试是否进行？</td><td rowspan="11"></td><td rowspan="11"></td><td rowspan="11"></td></tr>
<tr><td colspan="2">2. 其他（持证、保险等）</td></tr>
<tr><td rowspan="2">环保科</td><td colspan="2">1. 明沟、地面上是否有油？清污分流设施是否投用？</td></tr>
<tr><td colspan="2">2. 其他</td></tr>
<tr><td rowspan="7">安全科</td><td colspan="2">1. 现场固定式可燃气体报警仪、H_2S 报警仪等探头是否进行妥善保护？</td></tr>
<tr><td colspan="2">2. 对装置内电缆沟是否做出明显标志？</td></tr>
<tr><td colspan="2">3. 设备、容器、管道是否全部打开并在设备人孔处挂“危险空间！严禁入内”的警示牌？</td></tr>
<tr><td colspan="2">4. 检修现场下水井、地漏、明沟是否封闭，泵沟等是否建立水封？</td></tr>
<tr><td colspan="2">5. 打开的设备、容器、管道测爆分析是否合格？</td></tr>
<tr><td colspan="2">6. 运行的装置与检修的区域是否采用明显有效的隔离措施？存在工艺介质的工艺管线是否做出标志？</td></tr>
<tr><td colspan="2">7. 其他</td></tr>
<tr><td>领导意见</td><td colspan="6"></td></tr>
</table>

附　录　B
（资料性附录）
检修施工现场HSSE日检表

检修施工现场 HSSE 日检表						
序号	检查内容	存在问题	检查人员	整改情况	验证人	备注
1	临时用电					
1.1	配备合格的持证电工					
1.2	配电箱合格、有防雨措施，按要求标识并上锁					
1.3	配电系统执行“三相五线制”，符合“三级配电二级保护”要求，安装匹配的漏电保护器，漏保动作灵敏好用，并进行日常试验和记录					
1.4	电缆及接头无破损，绝缘良好；铺设规范，走向清晰，标识明确					
1.5	用电严格执行“一机一闸一保护”					
1.6	按要求配置保护零线和工作零线，工作接地和重复接地完好					
1.7	安全电压符合作业环境要求					
1.8	使用工业插头、插座					
2	施工机具					
2.1	各种机具设备安全要求进行定期检查，确保完好					
2.2	设有机械保护装置（如转动设备等）的设备，保护装置处于完好状态					
2.3	用电机具、设施接地完好					
2.4	配备与作业要求相匹配的劳动防护用品					
2.5	空气压缩机压力表、安全阀等在检验期内并处于完好状态，高压气管和软管固定连接可靠					
2.6	气瓶垂直放置，瓶体固定可靠；气瓶分类摆放并保持安全距离，防护措施到位，气瓶阻火器、压力表等安全附件完好，气管无老化破损，连接可靠					
3	脚手架					

检修施工现场 HSSE 日检表（续）

检修施工现场 HSSE 日检表						
序号	检查内容	存在问题	检查人员	整改情况	验证人	备注
3.1	脚手架搭设人员是专业架子工，并持证上岗。搭设人员按要求着装，配备五点双大钩安全带					
3.2	编制脚手架搭设方案，进行安全技术交底并有记录					
3.3	按规范要求搭设脚手架，且有良好的整体稳固性					
3.4	搭设和拆除过程必须有专人监督，周边设置警戒区					
3.5	连墙件设置可靠，各节点扣件扭矩力符合要求					
3.6	通道、护栏、腰杆、踢脚板等符合要求					
3.7	作业面满铺跳板，无孔洞，跳板可靠固定且无探头板					
3.8	作业面临时放置的材料等在允许荷载范围内，严禁超载荷；放置必须稳固，无坠物风险					
3.9	脚手架搭设完成验收合格挂牌使用					
3.10	消防设施保持完好，灭火器和消防水桶按要求配置					
3.11	消防安全通道保持畅通					
3.12	用火作业前，清理周边易燃物，采取接火措施					
4	起重					
4.1	编制了吊装方案、进行交底并有记录					
4.2	起重设备操作人员、司索、指挥持有效证件					
4.3	起重机械证照齐全有效					
4.4	起重机械安全设施、附件完好					
4.5	机索具检查完好，钢丝绳无磨损，连接可靠，绳卡数量和间距满足要求					
4.6	吊装作业半径设置了警戒区，禁止无关人员入内					

检修施工现场 HSSE 日检表（续）

检修施工现场 HSSE 日检表						
序号	检查内容	存在问题	检查人员	整改情况	验证人	备注
4.7	吊装前进行评估，确保在额定起升载荷范围内进行起重作业，不得超载					
4.8	吊车支腿符合要求					
4.9	吊物捆绑符合要求，使用溜绳					
4.10	吊装作业天气、环境、风力等符合要求					
5	焊接、气割					
5.1	设备接地完好					
5.2	焊把线无破损，连接器完好					
5.3	有专人监护，接火、防火措施到位					
5.4	可燃性气瓶与胶管连接完好，无漏气，气瓶有阻火器，					
5.5	现场气瓶与明火源保持安全距离					
6	受限空间					
6.1	对所要进行作业的受限空间进行吹扫、蒸煮、置换，并分析合格。所有与受限空间相连接的管线、阀门应进行有效隔离，盲板处应挂标识牌，并经工艺技术人员签字确认					
6.2	出入口内外不得有障碍物，在受限空间入口处设置“危险！严禁入内”警告牌或采取其他封闭措施					
6.3	对有可能发生硫化亚铁自燃的设备、容器必须经充分的钝化脱臭处理，并在现场配置消防水带					
6.4	《进入受限空间作业许可证》实行一点一证					
6.5	进入受限空间作业实行“三不进入”原则，即：一、没有经批准有效的《进入受限空间作业许可证》不进入；二、安全措施未落实不进入；三、监护人不在场不进入					
6.6	作业现场配备必要的救护器具和灭火器材等					
6.7	进入受限空间作业应使用安全电压和安全行灯					

检修施工现场 HSSE 日检表（续）

检修施工现场 HSSE 日检表						
序号	检查内容	存在问题	检查人员	整改情况	验证人	备注
7	作业安全					
7.1	作业前进行班前安全教育和安全技术交底，作业人员清楚当天作业内容和安全风险及注意事项					
7.2	特殊工种持证上岗					
7.3	佩戴合格安全帽，并根据作业任务佩戴专用眼部、面部、手部等防护用品，高处作业人员系挂安全带					
8	收工检查					
8.1	配电系统一级箱断电，关闭气瓶角阀，能量上锁					
8.2	现场火种检查清理完毕					
8.3	清理各作业面材料和杂物等，做到工完料净场地清					
8.4	落实夜间值班、巡检人员，职责到位，检查内容明确					

附 录 C
（资料性附录）
装置检修交回开工确认表

	装置检修交回开工确认表			
	记录编号		开工装置	
	使用单位		时间	年 月 日
单位	要求	存在问题	确认意见	确认人
施工单位	检修项目以及改造项目已施工完成，并验收合格			
	施工用临时设施已全部拆除；现场清洁、无杂物			
	除用于开工查漏、热紧用的架子保留外，其他架子、跳板均拆除			
	设备、管线等保温复位			
	因检修拆除的劳动保护、照明设施已恢复			
	塔器设备、安全阀、现场仪表、管线等均已复位			
项目所属单位	设备位号和管道介质名称、流向标示齐全			
	检查现场设备、管线、保温等安装符合规范，试用情况正常			
	机组等设备联锁试验正常			
	工艺联锁试验正常			
	盲板拆、装清单已确认			
	装置吹扫、试压通过			
	现场消防、气防器材及岗位工器具配齐、现场环保设施投用			
	开工化工原材料准备完毕			
	备品配件齐全			
电气部	变电所已正常投用，高低压电送电正常			
	现场电气设备如电动阀、电加热器、电机等试运正常			
	现场照明等恢复正常			
仪控部	现场仪表调试、DCS 调试、联校正常			
	配合工艺、设备的联锁调试已完成			
公用工程部	循环水、新鲜水、蒸汽、仪表风 / 工厂风、氮气等公用介质供应正常			
储运部	储运系统已具备正常供料以及接收产品条件			

装置检修交回开工确认表（续）

装置检修交回开工确认表					
记录编号			开工装置		
使用单位			时间	年　月　日	
单位		要求	存在问题	确认意见	确认人
化验部门		现场采样器已复位正常			
		分析项目已具备分析条件			
消防部门		现场消气防器材齐全、完好			
		消防、疏散通道符合要求			
安环部门	环保科	现场环保设施，如清污分流设施等已投用			
		后续环保装置具备接收物料条件			
	安全科	现场固定式可燃气体报警仪、H_2S 报警仪等已投用			
		拟开工装置与临近的检修区域已采用明显有效的隔离措施			
		现场安全设施如平台围栏、护栏等符合要求，现场无容易坠落物品			
		如有零星动火项目，火票需升级			
工程管理部门		负责的改造项目已施工完成、并验收合格			
机动部门	设备科	检修项目已完成，并验收合格			
		保运工作已落实			
	动力科	电气、仪表检修改造项目已完成，并投用正常			
		电气现场检修动力箱、临时变已拆除			
生产部门	技术科	开工方案已审批完成			
		盲板已按方案和盲板清单进行安装			
		开工用化工原材料已落实			
		其他专项方案已落实或审批			
	管理科	外围的公用、储运系统以及相关装置已可支持装置开工			
		开工用原料已落实			
人教部门		操作人员已经过学习、培训，并考试合格			
项目所属单位领导意见		签名：	公司意见	签名：	

附 录 D
（资料性附录）
装置停工检修改造工作总结模板

封面：

名称：××× 部 ××× 装置 ×××× 年 ×× 月停工检修工作总结

编写人：×××

审核人：×××

批准人：×××（运行部领导）

编写单位：中国石化 ×××× 公司 ××× 部

编写时间：×××× 年 ×× 月

正文：

（一）装置停工检修过程概述

装置开、停工、检修过程简述，本周期装置运行起止时间。

本周期装置运行中出现的主要问题。

本次停工检修、改造内容简述，检修项目计划数（包括补充、追加），检修计划完成情况，重点检修项目情况。

开停工、检修网络执行情况。

（二）主要检修内容技术总结

反应器部分

塔、容器部分

冷换设备、空冷器部分

阀门部分

管道部分

泵部分

专用机械部分

……

压力容器检验（包括缺陷返修处理）

压力管道检验（包括缺陷返修处理）

安全阀检验

其他检修方面

技术分析中要有以下内容：上次运行周期出现的问题，本次检修检查情况及采取措施；上次检修遗留问题处理情况；本周期与上周期设备隐蔽检查情况对照；重复发生问题处理方案有效性；装置系统问题；典型案例。

（三）检修计划准确性分析

（四）检修施工队伍评述

（五）材料供应评述

（六）设计质量评价

（七）检修质量评价

（八）本次检修遗留问题及预案

（九）检修管理亮点、存在的不足和下次检修需注意的问题

（十）附表

表 1　设备增加情况表

序号	位号	名称	规格型号	制造厂	数量	备注

表 2　设备拆除情况表

序号	原位号	名称	规格型号	制造厂	数量	备注

表 3　管线拆除情况表

序号	原编号	名称	规格	长度 /m	备注

表 4　设备更换情况表

序号	位号	名称	规格型号		制造厂		数量	备注
			更换前	更换后	更换前	更换后		

表 5　冷换设备检修情况表

序号	位号	名称	规格型号	抽芯清洗	试压换垫	堵管根数	管束更换

表 6　阀门检修、更换情况表（*DN*50 和 *DN*50 以上）

序号	规格型号	公称直径	检修数量	更换数量

表 7　压力容器检验情况表

序号	计划检验台数	增加变更台数	减少变更台数	实际完成台数	缺陷返修台数

表 8　压力管道检验情况表

序号	检验计划		增加变更		减少变更		实际完成	
	条数	米数	条数	米数	条数	米数	条数	米数

表 9　安全阀门检验情况表

序号	计划检验台数	增加变更台数	减少变更台数	实际完成台数

丁苯橡胶装置维护检修规程

SHZ 03015—2019

目　次

前　言

本规程按照 GB/T 1.1—2009《标准化工作导则　第 1 部分：标准的结构和编写》给出的规则起草。

本规程由中国石油化工集团有限公司、中国石油化工股份有限公司提出。

本规程起草单位：中国石油化工股份有限公司齐鲁分公司橡胶厂。

本规程主要起草人：周东奇、张玲香、陈继冲。

本规程 2019 年首次发布。

丁苯橡胶装置维护检修规程

1 范围

1.1 本规程规定了丁苯橡胶装置及其主要设备、专用设备的检修周期、检修项目及质量要求、检修过程管理和日常维护的相关内容。
1.2 本规程适用于石油化工丁苯橡胶装置的检修维护管理。

2 规范性引用文件

下列文件对于本文件的应用是必不可少的。凡是注日期的引用文件，仅所注日期的版本适用于本文件。凡是不注日期的引用文件，其最新版本（包括所有的修改单）适用于本文件。

2.1 法律法规

中华人民共和国安全生产法
中华人民共和国特种设备安全法

2.2 标准与规范

TSG 08—2017 特种设备使用管理规则
TSG 21—2016 固定式压力容器安全技术监察规程
TSG D0001—2016 压力管道安全技术监察规程——工业管道
GB/T 50484 石油化工建设工程施工安全技术标准

2.3 相关规定和文献

中石化安全管理手册
炼油企业检修管理指南（试行版）
炼化装置设备检修管理规定
石化设备检修管理制度
石油化工设备完好标准
石化设备润滑管理制度
石化设备维修保养管理规定

3 术语与定义

下列术语和定义适用于本文件。

3.1 设备功能

设备功能指的是设备的生产效率和功能，衡量设备功能的指标随设备种类不同而异。

3.2 功能故障

设备、设施不能实现其设计功能时，称之为功能故障，定义为设备、设施不能满足期望的性能标准。一般指设备失去或降低其规定功能的事件或现象，表现为设备的某些零件失去原有的精度或性能，使设备不能正常运行、技术性能降低，致使设备中断生产或效率降低而影响生产。

3.3 A 类设备

本规程规定的 A 类设备是指设备的功能故障引起装置停车的设备。

3.4 B 类设备

本规程规定的 B 类设备是指该设备的功能故障虽然不引起装置的停车，但对装置的负荷、质量及可靠性具有重大影响的设备。

4 装置特征

丁苯橡胶装置采用低温乳液聚合工艺。以丁二烯、苯乙烯为主要原料，过氧化氢二异丙苯为引发剂，甲醛次硫酸氢纳和乙二胺四乙酸铁钠盐为活化剂，歧化松香酸钾皂和脂肪酸钠皂混合皂液为乳化剂，水为分散介质，用共聚方法生产丁苯胶乳，然后经单体回收、胶乳掺和（或充油）、无盐凝聚与后处理，生产块状丁苯橡胶。

丁苯橡胶装置通常由原料和化学品配制、聚合回收、凝聚干燥、压块包装四个部分组成，基本流程见图 1。

目前国内乳聚丁苯橡胶装置主要采用的是日本合成橡胶公司和日本瑞翁公司技术，兰州石化公司合成橡胶厂通过对热法聚合工艺的改进，形成自主研发的低温乳聚丁苯橡胶技术。

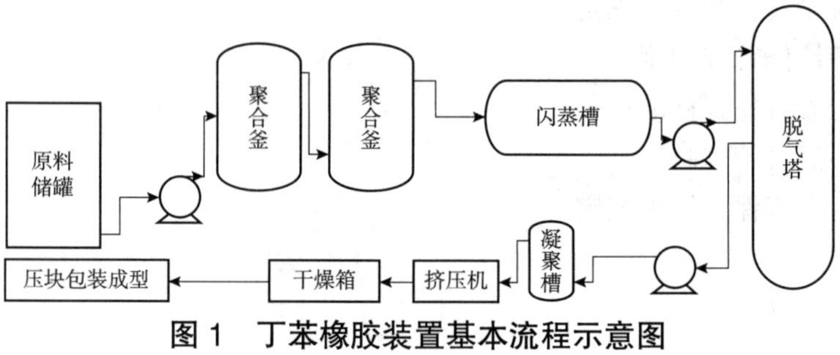

图 1 丁苯橡胶装置基本流程示意图

4.1 原料配制工序

4.1.1 原料配制工艺原则流程

4.1.1.1 苯乙烯系统

混合苯乙烯由纯度合格的新鲜苯乙烯与回收苯乙烯按一定的比例（其比值根据新鲜苯乙烯与混合苯乙烯的纯度确定）在线混合，配制成目标纯度，送聚合使用。

4.1.1.2 丁二烯系统

混合丁二烯系统由纯度合格的新鲜丁二烯与回收丁二烯按一定的比例（比值根据新鲜丁二烯及回收丁二烯的纯度通过计算确定）在线混合，配制成目标纯度，送聚合使用。

4.1.1.3 回收苯乙烯及回收丁二烯接收及输送

回收苯乙烯及回收丁二烯由回收单元输送至原料单元储存罐中，沉降脱水后再送往聚合回收使用。

4.1.1.4 叔十二碳硫醇的接收、储存及输送

槽车送来的的叔十二碳硫醇打入叔十二碳硫醇储罐中储存，再通过泵输送至聚合，为防止氧气进入，要对储罐进行氮封。

4.1.1.5 过氧化氢二异丙苯的接收、储存及输送

槽车送来的过氧化氢二异丙苯打入过氧化氢二异丙苯储罐中储存，再通过泵输送至聚合，为防止氧气进入，要对储罐进行氮封。

4.1.2 原料配制工艺特性参数

原料配制单元主要是储存、配制、输送聚合反应所需的各种助剂，本单元物料种类多，存在易燃易爆、腐蚀性、氧化剂、有毒物质等多种原料及助剂。丁二烯的爆炸范围较宽，下限低，易造成火灾爆炸事故。

4.1.3 原料配制危害特性

4.1.3.1 本单元生产原料品种多，各工序之间联系密切，自动化程度高，工艺连续性强，如一个环节发生事故，会造成装置停车。

4.1.3.2 丁二烯、苯乙烯单体易生成自聚物、端聚物及过氧化物，对设备管道造成堵塞或膨胀，严重时会造成燃烧、爆炸；原料和助剂在设备管道内流动时，可产生静电，会造成火灾、爆炸和电击等事故。

4.1.3.3 引发剂过氧化氢二异丙苯及分子量调节剂叔十二碳硫醇分别为氧化剂及还原剂，混合后会爆炸，需严格分类储存。

4.1.3.4 生产所用原材料中有强酸、强碱、易燃、易爆介质，对设备、管线造成腐蚀；配制助剂存在 KCl 等电解质溶液对设备管线造成电化学腐蚀。

4.2 聚合回收工序

4.2.1 聚合回收工艺原则流程及流程图

4.2.1.1 聚合系统流程

由各进料泵送来的脱氧水、皂液、丁二烯、苯乙烯、分子量调节剂、除氧剂进入聚合进料集管混合。混合物料经进料冷却器由液氨冷却至6~10℃，加入引发剂和活化剂汇集混合后从第一台反应釜的底部进入聚合反应系统。

经第一台聚合釜反应生成的乳胶从顶部排出，进入第二台聚合釜底部依次通过剩余聚合釜，在最末釜的出口胶乳管线中加入终止剂终止反应，胶乳经限流孔板使加入的助剂混合均匀后排往回收系统的第一泄料槽。

聚合反应用的冷媒液氨自冷冻系统送入各聚合釜上方的氨分离器，通过检测釜内温度控制气氨的蒸发量，使聚合反应温度控制在4~8℃，气氨从总管返回冷冻。

4.2.1.2 回收系统流程

由聚合单元送来的终止后聚合胶乳，依次进入泄料槽闪蒸出未反应的单体丁二烯后，送往苯乙烯汽提塔回收苯乙烯。聚合胶乳由泄料槽上部进入，底部排出。排出的胶乳从上部依次进入剩余泄料槽，将闪蒸出丁二烯的胶乳送往脱气塔。从第一、二泄料槽闪蒸出的丁二烯气体经分离器分离出夹带液体，进入高段压缩机入口；从剩余泄料槽闪蒸出来的气体经分离器分离出液体后，进入中段压缩机体入口。脱气塔的塔顶蒸汽经冷却水和液氨冷凝后，不凝气体进入低段压缩机；使用低段压缩机维持脱气塔的操作压力。低段压缩机压缩后的气体和剩余泄料槽闪蒸分离出的气体进入中段压缩机入口，压缩的气体和密封水一起进入分离器，分离出的气体和第一、第二泄料槽闪蒸分离出的气体一起进入高段压缩机入口，压缩到0.40MPa与密封水一起进入分离器，分离出来的气体进入回收丁二烯冷凝器冷凝，冷凝后的回收丁二烯进入回丁储槽，排水后由回丁输送泵返回聚合单元混合使用。冷凝后的不凝气体去尾气吸收塔吸收、解吸及压缩回收。

4.1.1.3 苯乙烯回收系统流程

由胶乳进料泵将闪蒸出丁二烯后的胶乳送入脱气塔最上层塔板，胶乳经塔板及降液管流到塔釜。低压蒸汽经流量控制后进入塔釜，塔釜温度控制在80℃以下。胶乳从塔釜出来，经过滤器由输送泵送往下一单元使用。从脱气塔闪蒸出的苯乙烯和水蒸气，进入分离器分离出夹带的少量胶乳，由分离器底部出来的液相返回脱气塔，气体进入一级循环水冷凝器冷凝，未冷凝下来的气体汇集后一起进入二级循环水冷凝器再次冷凝。自二级冷凝器排出的气体进入氨冷凝器进一步冷凝，由氨冷凝器出来的冷凝液经分离器分离出液相，气相进入低段压缩机。由冷凝器汇集后的冷凝液进入泌析器，在泌析器中分成苯乙烯层和水层。泌析器内的苯乙烯用回收苯乙烯输送泵返回聚合单元混合使用。工艺流程见图2。

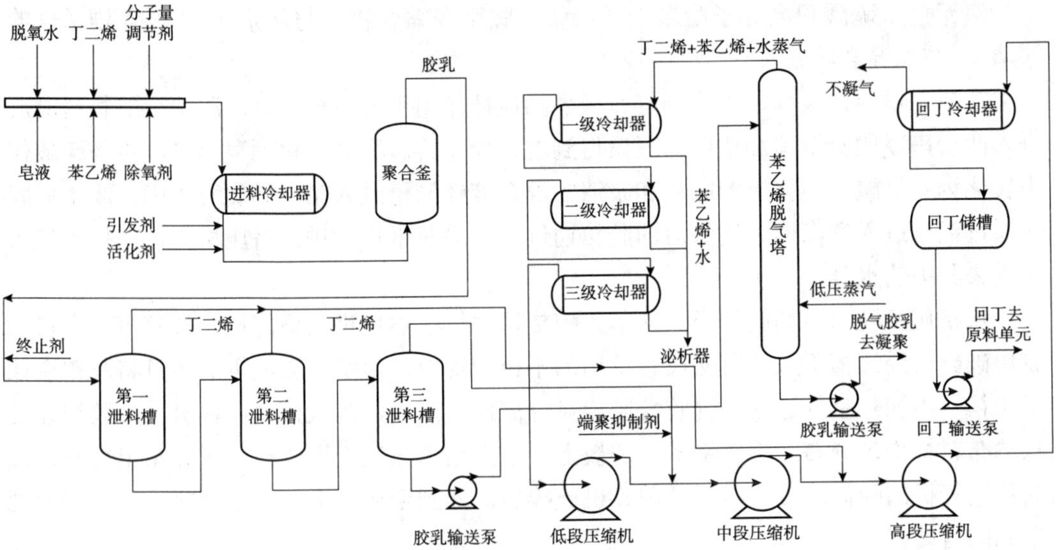

图 2 聚合回收工艺流程图

4.2.2 聚合回收工艺特性参数

以脱氧水为介质，乳化剂（歧化松香酸钾皂及脂肪酸钠皂）少量溶解在水中，大部分形成胶束。不溶于水的烃相（丁二烯及苯乙烯）与水相混合，在搅拌作用下部分单体形成被皂覆盖着的粒滴而分散在水相中，部分单体进入胶束形成增溶单体胶束。氧化-还原引发体系在水相中生成引发剂自由基，自由基进入胶束引发单体进行聚合反应。链增长所需要的单体由单体粒滴不断补充。链转移剂调节聚合物分子量。当转化率达到要求时加入终止剂停止反应。胶乳经闪蒸、压缩、冷凝回收丁二烯，经水蒸气真空蒸馏、冷凝、分离回收苯乙烯。

4.2.3 聚合回收危害特性

4.2.3.1 本单元生产原料品种多，各工序之间联系密切，自动化程度高，工艺连续性强，如一个环节发生事故，就会造成装置停车。

4.2.3.2 丁二烯、苯乙烯单体易生成自聚物、端聚物及过氧化物，对设备管道造成堵塞或膨胀，严重时会造成燃烧、爆炸；引发剂过氧化氢二异丙苯及分子量调节剂叔十二碳硫醇分别为氧化剂及还原剂，混合后会爆炸，应精心操作。

4.2.3.3 液氨是腐蚀性的介质，泄漏后对设备、管线造成腐蚀，严重的情况还会造成现场操作人员的伤亡并给环境带来污染。

4.3 凝聚干燥工序

4.3.1 凝聚干燥单元工艺流程

防老剂、胶乳、硫化促进剂按比例分别经计量后一起进入凝聚槽。

凝聚剂浓硫酸和高分子凝聚剂（二腈二胺甲醛缩合物）与从浆清 -1 循环槽送来的浆清 -1 在线混合后流入凝聚槽中。

在凝聚槽内，胶乳、凝聚剂等在激烈的搅拌作用下使胶乳凝聚。凝聚后的物料溢流进入两台串联的凝聚缓冲槽中，凝聚得到进一步完善。同时乳化剂皂类进一步与硫酸作用转化为有机酸，转化后的胶粒和浆清的混合液经溜槽进入第一螺旋脱水筛，脱水后胶粒通过溜槽进入洗涤槽。洗涤后的胶粒通过脱水筛脱水后，进入挤压机内，在挤压作用下脱去其中的水分。

从挤压机脱水后的胶粒经料斗落入螺旋输送机，然后进入破碎机，破碎机将大块的胶块破碎后经溜槽落入具有文氏管结构的不锈钢管内，由空气鼓风机的热风将胶粒送往干燥箱。由加热空气送来的湿胶粒经旋风分离器分离后，落入振动布料机上，胶粒经过振动布料机均匀分布在不锈钢多孔链板上。干燥箱内热风干燥胶粒，干燥箱出料室，橡胶被剔胶机的疏齿疏散，最后经破碎机破碎后，落到合料机上，并由合料机送往后处理单元的自动秤。

4.3.2 凝聚干燥单元工艺特性参数

向胶乳中加入凝聚剂后胶乳中的离子浓度增加，胶乳粒子周围的双电层受到压迫，距离缩短，当加入的凝聚剂在胶乳中浓度足够大时，进入粒子吸附层的正离子完全中和吸附层内的负电荷，使扩散层消失，因负电层而存在的结合水层也就消失，此时聚合物粒子从水相中析出凝聚。此为丁苯胶乳凝聚过程的第一步，即絮凝阶段（见图 3）。此时生成的聚合物颗粒很细，在分离时损失严重；另外，皂未转化为有机酸，仍能起乳化作用，留在胶中的皂含量高。

加入浓硫酸，使絮凝的细粒子聚集成直径 10～20mm 的大颗粒；并将皂转化为有机酸而留在胶中。

胶乳中加入硫酸时，由于硫酸有强烈的吸水性，迅速破坏粒子的结合水层，因而使电荷极易发生中和，粒子稳定性被破坏；硫酸还使皂转化为有机酸而失去乳化能力，结果胶乳就发生凝聚。

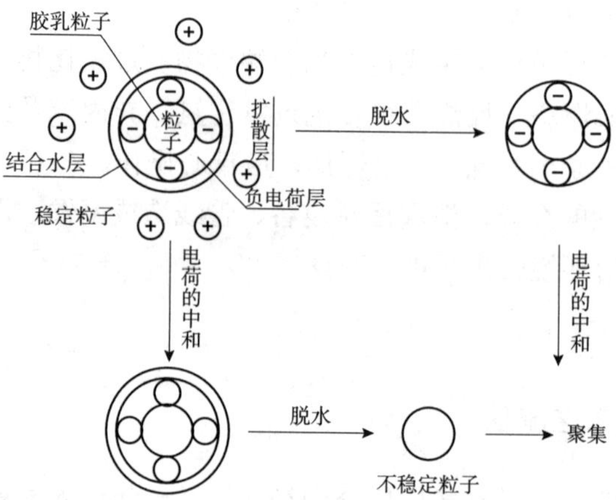

图 3　胶乳粒子原理示意图

4.3.3 凝聚干燥单元危害特性

4.3.3.1 浓硫酸、NaOH 溶液具有强腐蚀性，进行与浓硫酸、NaOH 溶液有接触的操作时一定要戴橡皮手套、扎橡皮围裙、穿橡胶靴、戴防护面罩。

4.3.3.2 干燥箱内部温度高，应经常清理内部挂胶及积胶，避免引起火灾。

4.3.3.3 存在酸腐蚀和碱腐蚀。凝聚系统的 pH 值控制范围为 3～8，酸性较强，对系统内各设备的腐蚀性较大，因此凝聚干燥单元凡是与物料接触的设备材质均为低碳不锈钢。另外，凝聚单元还有98%浓硫酸，具有强腐蚀性，浓硫酸管线均采用衬玻璃管线，硫酸系统检修时要严格执行标准程序作业，穿戴好防酸劳动保护用品。

4.4 压块包装工序

4.4.1 压块包装工序工艺流程及流程图

由凝聚干燥输送机送来的胶粒，落入筛板，经筛板筛选后橡胶颗粒被分成粗料和细料，由粗细料螺旋机进行输送，分别由粗料门和细料门控制粗、细料的进料。

定量的胶料进入压块机后，压制成型，经辊筒输送至胶块输送机。胶块经输送机送至外观检测岗位。外观检测单元工人对胶块进行形状、湿斑、污染等方面的外观检查，去除产品中的湿斑或杂质。

胶块继续向前输送，进入薄模包装机后，胶块上下面自动覆盖聚乙烯薄膜，然后带有电热片的热合架动作把薄膜周边端口封死。内包装完成后，输送机把胶块送往复检秤，对胶块质量进行复测，以确认胶块净质量在 34.7～35.3kg 以内。

质量复检合格胶块进入金属检测器，进行胶块内金属检测。检测合格的胶块经胶块输送机送入自动装袋机，包装好的橡胶通过成品输送机送往码垛机自动码垛打印批号。

打印批号后的胶块由缓停输送机输送至编组机上由机械手抓取装箱或码垛。

4.4.2 压块包装单元工艺特性参数

胶块净质量控制在 34.7～35.3kg 以内。

金属检测器检测精度为：不锈钢的最小粒度为 ϕ5mm；碳钢的最小粒度为 ϕ4mm。

码垛机码垛参数每层 6 块，每垛 10 层（装箱：每箱 5 层，每层 6 块）。

4.4.3 压块包装单元危害特性

4.4.3.1 本单元输送设备多，极易造成人身伤害事故，要求操作工穿戴规定的劳动护具，集中精力操作，严禁触摸运行中的设备，防止触电和机械损伤。

4.4.3.2 本单元设备密度大，输送设备上下交叉多，操作时，严禁穿越或横跨设备。

4.4.3.3 设备检修维护必须在确认停电后方可进行，确保各设备的联锁完整好用，严禁设备运行时进入设备隔离区。

5 检修周期及检修项目

5.1 主要设备

主要设备见表 1。

表 1 主要设备

名称	设备种类		主要设备	通用、专用设备检修规程的代码
动设备	泵	离心泵	浆清循环泵、助剂进料泵、丁二烯输送泵、苯乙烯输送泵	SHS 01013
		双螺杆泵	胶乳泵	SHS 01016
		水环式真空泵	低、中、高段压缩机	SHS 01040
		屏蔽泵	助剂进料泵、丁二烯输送泵、苯乙烯输送泵	SHS 01043
		计量泵	助剂计量泵	SHS 01015
		齿轮泵	助剂卸料泵、液压油泵、润滑油泵	SHS 01017
	橡胶机械	挤压机	胶粒挤压脱水机	SHS 03032
		破碎机	胶粒破碎机、胶块破碎机	
		输送机	螺旋输送机、振动输送机、旋转输送机	
		脱水筛	螺旋脱水筛、振动脱水筛	
		压块机	橡胶压块机	SHS 03033
		包装机	薄膜包装机、纸袋包装机	SHS 01038
		输送机	辊子输送机、皮带输送机	SHS 01029
		量秤	自动秤、复检秤	
		缝纫机	缝纫机	
		码垛机	码垛机	SHS 01039
	离心式风机		空气鼓风机、干燥箱循环风机、干燥箱排风机	SHS 01022
	搅拌机		聚合釜搅拌、助剂槽搅拌、胶乳槽搅拌、凝聚槽搅拌、浆清槽搅拌	SHS 01046
静设备	换热器	管壳式换热器	进料冷却器、丁二烯冷凝器、苯乙烯再沸器、汽提塔冷凝器、苯乙烯冷却器、密封水冷却器	SHS 01009
		填充油加热器		
		空气加热器		
	塔	板式塔、填料塔	苯乙烯汽提塔、脱苯乙烯塔	SHS 01007

表1 主要设备（续）

<table>
<tr><th>名称</th><th colspan="2">设备种类</th><th>主要设备</th><th>通用、专用设备检修规程的代码</th></tr>
<tr><td rowspan="6">静设备</td><td colspan="2">压力容器</td><td>原料储存罐、反应器、分离器、换热器、塔</td><td>SHS 01004</td></tr>
<tr><td colspan="2">储罐</td><td>助剂配制罐／槽、助剂储存罐、胶乳储槽、胶乳掺和槽、凝聚槽、浆清槽、进料罐</td><td>SHS 01012</td></tr>
<tr><td colspan="2">安全阀</td><td></td><td></td></tr>
<tr><td colspan="2">阀门</td><td>闸阀、球阀、截止阀、半球阀</td><td>SHS 01030</td></tr>
<tr><td colspan="2">干燥箱</td><td>单程带式干燥箱</td><td></td></tr>
<tr><td colspan="2">压力管道</td><td>丁二烯管线、苯乙烯管线、蒸汽管线、液氨管线、煤油管线</td><td>SHS 01005</td></tr>
<tr><td rowspan="5">仪表</td><td>现场仪表</td><td>检测仪表、显示或报警仪表、控制仪表、辅助单元、执行器及其附件</td><td>热电阻温度检测仪表、差压式液位检测仪表、雷达液位检测仪表、差压式流量检测仪表、质量流量计、电磁流量计、压力检测仪表、磁致伸缩位置检测仪表、气动薄膜式调节阀、气缸式调节阀、阀门定位器、电磁阀、行程开关、过滤减压阀</td><td>SHS 07002
SHS 07003
SHS 07005</td></tr>
<tr><td>控制系统</td><td>集散控制系统（DCS）、可编程控制系统（PLC）、机组控制系统（CCS或ITCC）、工业控制计算机系统（IPC）、监控和数据采集系统（SCADA）</td><td>集散控制系统（DCS）</td><td>SHS 07008</td></tr>
<tr><td>安全仪表系统（SIS）</td><td>安全联锁系统、紧急停车系统和可燃、有毒有害气体及火灾检测保护系统</td><td>安全联锁系统、紧急停车系统</td><td>SHS 07010</td></tr>
<tr><td>在线分析仪表</td><td>工业气相色谱仪、氧分析仪、红外分析仪、质谱仪、pH计、电导仪、水分仪</td><td>pH计、电导仪</td><td>SHS 07006</td></tr>
<tr><td>安全环保仪表</td><td>可燃气体检测报警仪、有毒有害气体检测报警仪、氨氮分析仪、化学需氧量分析仪（COD）、水质分析仪、烟气分析仪（CEMS）</td><td>可燃气体检测报警仪、有毒有害气体检测报警仪</td><td>SHS 07010</td></tr>
</table>

表 1　主要设备（续）

名称	设备种类		主要设备	通用、专用设备检修规程的代码
仪表	特殊仪表	振动 / 位移检测仪表、转速控制仪表		SHS 07007
电气	电机	低压电机	离心泵、齿轮泵、螺杆泵、搅拌器、橡机设备电机	
		高压电机	挤压脱水机电机、中段压缩机电机、高段压缩机电机	
	电加热器		高压电机电加热器、助剂管线伴热带	
	变压器		油浸变压器	

5.2　检修周期

5.2.1　丁苯橡胶装置检修应根据实际运行情况进行定期停车检修，检修周期按 48～60 个月确定。

5.2.2　有备用设备的或日常可以进行检修的不列入大修项目（特殊情况除外）。

5.3　检修内容

5.3.1　确定检修内容的依据

5.3.1.1　按法律法规要求的特种设备定期检验。

5.3.1.2　不符合国家安全与环境保护、节能要求的设备改造和更新。

5.3.1.3　对本次检修或下次检修之前已到法定检验时间的计量设施。

5.3.1.4　设备状况

a）静设备：苯乙烯气提塔和废水汽提塔因塔盘积胶导致脱气效果差，塔盘变形损坏，塔体减薄腐蚀泄漏等；尾气吸收塔和脱苯乙烯塔运行效果差，填料堵塞损坏等；换热器换热效果差，换热器内漏、换热器外壁或者封头垫片泄漏等；聚合釜反应器结焦导致反应不稳定，换热列管泄漏液氨，搅拌器桨叶底轴承等损坏，外壁腐蚀泄漏等；各类容器结焦堵塞，器壁腐蚀泄漏，内部构件腐蚀损坏等；

b）工业管道：胶乳管线挂胶堵塞，丁二烯和苯乙烯管线自聚，蒸汽管线和各类助剂管线腐蚀泄漏，液氨和气氨管线腐蚀泄漏等；

c）转动设备：聚合釜搅拌器机械密封泄漏，搅拌轴疲劳断裂，底轴承磨损等；低中高三段压缩机轴承磨损，分配器和转子磨损腐蚀，轴疲劳断裂等；丁二烯泵、苯乙烯泵和各类助剂泵磨损、疲劳、泄漏、振动等原因造成运行状况恶化、性能降低等；

d）电气设备：部件老化等原因造成运行状况恶化、性能降低等；

e）仪表设备：部件老化等原因造成运行状况恶化、性能降低等。

5.3.1.5 工艺催化剂（三剂）失效。

5.3.1.6 钢结构平台、设备基础、房屋等建构筑物老化、锈蚀等必须在停车检修期间内维修的项目。

5.3.1.7 安全防护设施失效。

5.3.2 检修具体内容

停车大修是对丁苯橡胶装置安全环保、长周期运行及经济效益有重大影响的设备、管线、电气仪表系统、土建及基础设施等在运行周期内将要发生的功能故障进行全面检修；其他检修是除大修外对装置局部或设备本体有经济运行影响的功能故障而进行的检修。

装置长周期运行有重要影响的主要设备（A类、B类、系统功能）的功能故障见下列各单元主要设备功能故障分析表。

5.3.2.1 原料配制工序主要检修内容和质量要求见表2。

表2 原料配制工序主要检修内容和质量要求

序号	设备名称	设备功能	功能故障	故障周期/月	检修内容	专业类别
1	助剂搅拌器	搅拌助剂保证配置助剂均匀	1. 电流波动； 2. 减速机、减速机支架振动和噪声大、温度高； 3. 密封泄漏	48	1. 检查电机、减速机、罐液位等； 2. 减速机解体检修、更换减速机和支架轴承，减速机和轴承补油（脂）； 3. 更换密封	B类
2	原料单元储罐	贮存各个助剂	1. 内部构件腐蚀； 2. 内壁涂层脱落； 3. 附属管线及仪表泄漏失效	48	1. 检查更换内部构件； 2. 修补内壁涂层； 3. 维修附属管线及仪表	B类

5.3.2.2 聚合回收工序主要设备功能故障分析见表3。

表3 聚合回收工序主要设备功能故障分析

序号	设备名称	设备功能	功能故障	故障周期/月	检修内容	专业类别
1	进料冷却器	将脱氧水、丁二烯、苯乙烯混合液冷却到一定温度	1. 堵塞失效； 2. 换热管腐蚀穿孔泄漏； 3. 换热器外壁腐蚀泄漏	48	1. 高压清洗； 2. 换热管封堵； 3. 评估换热能力，若不足择机更新	A类
2	液氨冷却器	冷却丁二烯	1. 堵塞失效； 2. 换热管腐蚀穿孔泄漏； 3. 换热器外壁腐蚀泄漏	48	1. 高压清洗； 2. 换热管封堵； 3. 评估换热能力，若不足择机更新	B类

表3 聚合回收工序主要设备功能故障分析（续）

序号	设备名称	设备功能	功能故障	故障周期/月	检修内容	专业类别
3	聚合反应器	聚合反应	1. 搅拌密封泄漏失效； 2. 轴弯曲； 3. 底轴承磨损； 4. 内部构件松动、失效； 5. 容器腐蚀泄漏	48	1. 更换密封； 2. 校轴或换轴； 3. 更换底轴承； 4. 反应器内部构件检查更换； 5. 消除腐蚀泄漏点	B类
4	水环真空泵	输送丁二烯	1. 能力不足； 2. 密封泄漏； 3. 轴承损坏	48	1. 检查维修内部单向阀、分配盘（器）等； 2. 更换密封； 3. 更换轴承	B类
5	苯乙烯汽提塔	脱除胶乳中残存的苯乙烯	1. 能力不足； 2. 内部构件腐蚀； 3. 塔体腐蚀泄漏； 4. 附属管线仪表泄漏失效	7	1. 高压清洗塔盘及内构件； 2. 更换内构件； 3. 评估后消漏； 4. 维修附属管线及仪表	B类

5.3.2.3 凝聚干燥工序主要设备功能故障分析见表4。

表4 凝聚干燥工序主要设备功能故障分析

序号	设备名称	设备功能	功能故障	故障周期/月	检修内容	专业类别
1	挤压脱水机	脱除橡胶中的水分，使水分含量小于20%	1. 脱水率达不到生产要求； 2. 锥体液压油泄漏，锥体开度漂移； 3. 轴承温度高； 4. 减速机振动大，油封漏油； 5. 主轴断裂	48	1. 检查维修锥体； 2. 修复锥体密封面，更换锥体密封圈； 3. 更换轴承； 4. 检查更换减速机轴承及齿轮轴系； 5. 修理或更换主轴	B类
2	胶粒破碎机	将橡胶破碎成胶粒	1. 轴承温度高； 2. 转子损坏	48	1. 更换轴承； 2. 维修更换转子	B类

5.3.2.4 压块包装主要设备功能故障分析见表5。

表5 压块包装主要设备功能故障分析

序号	设备名称	设备功能	功能故障	故障周期/月	检修内容	专业类别
1	压块机	将胶粒压成35kg±0.1kg的胶块	1. 液压系统液压油泄漏； 2. 控制系统故障，无法完成规定动作	48	1. 查找漏点，消除； 2. 查找故障原因，消除故障	B类
2	码垛机	胶块码垛	1. 无法按规定动作完成码垛； 2. 伺服电机损坏； 3. 气缸损坏，气源漏气	48	1. 检查、调整PLC控制程序； 2. 维修伺服电机； 3. 更换气缸和电磁阀	B类

5.3.2.5 系统功能故障分析见表6。

表6 系统功能故障分析

序号	单元名称	装置功能	功能故障	故障后果	故障策略及检修内容	故障周期/月
1	回收丁二烯系统	回收丁二烯沉降排水输送	丁二烯自聚	装置停工	严格控制氧含量	12～48
2	回收苯乙烯系统	回收苯乙烯沉降排水输送	苯乙烯自聚	装置停工	严格控制氧含量	12～48
3	聚合单元	聚合反应	聚合釜超温	产品质量	定期组织聚合釜清理检修	48
4	泄料槽系统	丁二烯回收	泄料槽堵挂	处理量或装置停工	定期切换清理泄料槽	4
5	脱气塔系统	苯乙烯回收	脱气塔堵挂	处理量或装置停工	定期切换清理泄料槽	4
6	丁二烯压缩机系统	丁二烯压缩回收	过滤器堵塞	处理量或装置停工	定期切换压缩机清理过滤器及入口管线	12
7	凝聚干燥单元凝聚系统	胶乳破乳凝聚成胶粒	凝聚系统各槽挂胶；凝聚效果差	堵胶冒料；影响产品质量	定期组织计划清理凝聚槽、缓冲槽、洗涤槽、浆清循环槽；校正并清理胶乳流量计	2
8	凝聚干燥单元干燥箱	将胶粒干燥	干燥不完全，或产生塑化胶	影响产品质量	定期组织计划清理	2
9	压块包装单元包装系统	压块成型后的胶块装袋封口，码垛入库	热合机压膜故障；缝纫机断线	影响产品质量	定期维护更换热合片及缝纫机针	1

6 装置检修管理

6.1 检修前的准备工作

6.1.1 在装置检修前，参检单位要做好检修作业指导书、施工方案、检修图纸、现场施工平面布置图等各类资料的准备及审核，相关检修资料最终经业主方审批确认后方可实施。

6.1.2 进入检修现场的各类施工机具、器具，必须是合格的、适用的，必须有检定合格证和标记，并在有效期内使用，严禁使用未经校验的机具。进场前，所有自检合格并贴有自检合格证的施工机具，要列出汇总清单上交给业主方，并经业主方检验后方可使用。

6.1.3 进入现场的检修耗材、配件等，必须附有质量证明文件，并在指定的地点规范存放。在安装、使用各类检修材料前，应对材料的外观质量进行检查确认，参检单位要做到领用材料检验有见证、验收有记录。

6.1.4 参检单位的所有施工人员，必须具备相应的作业资质，检修前须做好检修方案、技能方面的培训，熟悉检修项目的特点，严格按检修方案进行施工。同时，施工人员必须进行业主方相关专业的教育培训，对无相应作业资质、未经教育培训或考核不合格的人员，一律不得上岗作业。

6.2 工艺交出检修条件

6.2.1 装置工艺交出的主要要求：

6.2.1.1 装置设备、管线按要求倒空、蒸煮、置换完毕，可燃物分析全部合格，进人容器氧含量分析合格；可燃物＜0.1%。

6.2.1.2 制定丁二烯自聚物、氨油、硫酸清理处置方案。

6.2.2 在装置交付检修前，由生产技术管理部和安全环保部门组织相关单位召开安全验收会，检查确认设备容器人孔拆卸、盲板加装、容器内采样分析、停电、下水井封堵等工作，经相关部门签字确认后，由装置所在单位开具用火、用电、进入受限空间等相关票证，进入检修状态。工艺交出要具备以下条件：

6.2.2.1 装置所有盲板按照盲板图、表安装、编号、挂牌并有专人负责确认。

6.2.2.2 PID图上所有系统、管线得到置换处理并做好标识。

6.2.2.3 系统内设备、管线按规定进行吹扫和置换，取样分析合格。

6.2.2.4 下水井取样分析合格，存油清理干净，排水畅通，水封完好。

6.2.2.5 下水井和漏斗口用石棉布盖好，并用沙土封严。

6.2.2.6 系统内设备人孔打开前的确认；打开的设备人孔处挂上“未经许可，禁止入内”警示牌。

6.2.2.7 制定停工安全、环保措施和工作危害分析记录表（JHA）。

6.2.2.8 装置内分析不合格点挂标识，储存物料区标识、硬隔离。

6.2.2.9 制定检修中防硫化亚铁自燃方案。

6.2.2.10 指定具有监护人资格的人员负责动火、进设备等作业的监护。

装置停工交付检修确认条件参照附录A。

6.3 检修过程安全环保要求

执行中国石化HSSE管理规定，大修全过程实现“三零一文明”的要求。

6.3.1 安全管理规定具体参考《检修改造安全管理具体要求》。

6.3.2 “三零一文明”要求：零排放、零余料、零事故，文明检修。

6.3.3 确保检修后投料一次开车成功，实现“安全大修、优质大修、绿色大修、科学大修、高效大修、文明阳光大修”的目标。

装置停工检修过程安全环保管理内容参照附录B。

6.4 质量管理

质量管理的总体要求：成立检修质量管理组织机构，明确管理职责，建立质量管理程序文件。

6.4.1 对承包商资质、人员、机具等进行审查。

6.4.2 通过组织设计审查，确保设计质量。

6.4.3 物资采购管理部门组织对采购物资进行入库检验并对重点物资进行监造。

6.4.4 在施工过程中组织对检验检测的质量进行抽查。

6.5 变更管理

检修过程要加强变更管理，建立健全变更管理制度和工作流程，采取措施减少变更数量。原则上没有经过各级部门同意的变更不允许在检修中执行。项目变更控制的主要内容：

6.5.1 对于试用产品、设备备件结构形式改变、材质升级要充分识别，要有专门技术论证审批过程，审批时要加强相关专业沟通确认。

6.5.2 所有变更应事前发起，只有当变更得到批准后，才可组织实施。项目变更由变更提出单位发起申请并填写“变更申请单”，按照各企业相关制度规定的权限办理审批手续。

6.5.3 对于因材料找价差导致的超费用计划（或工单预算），需要补办变更手续。

6.5.4 对于不涉及费用计划的变更，如项目名称、版本号、承包商、施工方案、施工进度等也需办理相应的变更手续。

6.5.5 对于结算费用高于非包干合同标的按各企业管理制度执行变更。

6.5.6 投资类项目的变更参照各企业“固定资产投资过程控制管理规定”执行。

6.6 装置检修交回条件

6.6.1 装置检修交回确认主要内容

6.6.1.1 装置开工人员及保运人员配备落实。

6.6.1.2 技术、原辅材料、动力、备品备件等方面的准备。

6.6.1.3 队伍技术培训、开工方案学习落实情况。

6.6.1.4 现场规范化管理情况。

6.6.1.5 工艺和设备联锁仪表校验情况。

6.6.1.6 HSSE 措施落实情况。

6.6.1.7 盲板拆除清单、技术准备情况。

6.6.1.8 机、电、仪、公用工程、储运、质检等相关专业准备情况。

6.6.1.9 停工临设拆除、施工尾项整改情况等。

6.6.2 该装置相关的工艺特性要求

6.6.2.1 氨系统完成打压试验并合格。

6.6.2.2 氨系统完成氨渗透试验并合格。

6.6.2.3 系统内氧含量置换合格。

装置检修交回开工条件确认参照附录C。

6.7 检修后期管理

6.7.1 资料交付

承包商应在检修项目结束后30天内将交工资料完整地交给使用单位，资料包含内容如下：

竣工图纸，施工技术方案，吊装方案，施工组织设计；施工技术记录，试压记录，中间工序验收单，隐蔽工程验收单，拆检回装记录，发现问题与修复记录，设备开箱资料，设备封闭记录；设备、材料、管道附件、配件的合格证明书及质量保证书，理化检验资料，衬里、防腐、保温施工技术记录及检验报告。

6.7.2 检修总结

装置检修结束后，要对检修改造工作进行总结，对好的做法进行总结、提炼，固化这些经验，指导今后检修改造工作；对总结检修改造中存在的问题，分析原因，完善措施，不断提高管理水平。

检修总结模板参照附录D。

7 装置日常维护

7.1 日常巡检

包括操作工的日常巡检和专业人员（设备管理人员、专业维保人员、电仪专业人员）的日常点检。

7.2 日常维护

装置日常维护的基本内容包括：设备维护保养、设备检查和设备修理。

7.2.1 设备维护保养

设备维护保养的内容是保持设备清洁、整齐、润滑良好、安全运行，包括及时紧固松动的紧固件，调整活动部分的间隙等。简言之，即“清洁、润滑、紧固、调整、防腐”十字作业法。维护保养依工作量大小和难易程度分为装置操作工保养、专职保养维修工的保养。

7.2.1.1　装置操作工保养

主要内容是进行清洁、润滑、紧固易松动的零件，检查零件、部件的完整。这类保养的项目和部位较少，大多数在设备的外部，一般由装置操作工人承担。

7.2.1.2　专职保养维修工的保养

主要内容包括对设备内部清洁、润滑、局部解体检查和调整，必要时对达到规定磨损限度的零件加以更换。此外，还要对主要零部件的磨损情况进行测量、鉴定和记录。具体标准执行通用设备的检修规程。

在两种维护保养中，装置操作工保养是基础，专职保养维修工的保养是关键。

7.2.2　设备检查和设备修理

设备检查按时间间隔分为日常检查和定期检查。

日常检查由操作人员执行，同操作工的保养结合起来，目的是及时发现不正常的技术状况，进行必要的维护保养工作。

定期检查是按照计划，在操作工参加下，定期由专职维修工执行，也就是预防性检查维修。目的是通过检查，全面准确地掌握零件磨损的实际情况，以便确定是否有进行修理的必要。

7.3　影响装置运行的典型故障及处理方法

影响装置运行的典型故障及处理方法见表7。

表7　典型故障及处理方法

设备类型	故障类型	处理方法
回收丁二烯罐	储罐发生泄漏、丁二烯发生自聚	清理自聚物，定期检验，控制氧含量，防止丁二烯自聚
回收苯乙烯罐	储罐发生泄漏、苯乙烯发生自聚	清理自聚物，定期检验，控制氧含量，防止苯乙烯自聚
配制液储罐	储罐发生泄漏	定期检验
聚合釜	氨冷列管内部氨油沉积；氨冷列管外部挂胶。	根据聚合釜温度情况进行检修：聚合釜内部列管清理，氨冷列管排氨油
泄料槽	胶乳中的凝胶、自聚物在泄料槽内沉积导致管线及设备堵挂	根据泄料槽运行周期、过滤器及管线堵塞情况、泄料槽内部堵挂情况进行泄料槽切换清理
脱气塔	胶乳中的凝胶、自聚物在脱气塔内沉积导致管线及设备堵挂	根据脱气塔运行周期、过滤器及管线堵塞情况、脱气塔塔盘堵挂情况进行脱气塔切换清理
包装机	内、外包装质量不符合要求	检查更换热合片和橡胶垫，维修电动滚筒，更换传输皮带。更换各执行机构的气缸。检查缝纫机各零、部件的磨损情况，磨损严重时更换

表7 典型故障及处理方法（续）

设备类型	故障类型	处理方法
温度检测仪表	指示最大、最小	定期检查维修
压力检测仪表	指示最大、最小、不变化	定期检查维修
流量检测仪表	指示最大、最小、不变化	定期检查维修
液位检测仪表	指示最大、最小、不变化	定期检查维修
执行器	执行器全开、全关、不动作	定期检查维修
在线分析仪表	指示最大、最小、不变化	定期检查维修
安全环保仪表	零漂、指示最大、不变化	定期检查维修
CENTUM-VP 系统	软件故障和硬件故障	对软件和硬件进行日常维护、清洁、检查，发现故障及时处理
FSC 系统、SM 系统	软件故障和硬件故障	对软件和硬件进行日常维护、清洁、检查，发现故障及时处理
变压器	变压器故障、上级变电所停电	定期巡检，恶劣天气特护，定期变压器油样分析，定期变压器清扫、试验
不间断供电系统	系统故障、供电回路故障	定期巡检，定期检验蓄电池，定期清扫、试验
高压开关及保护	开关及保护装置拒动或误动	定期巡检，定期清扫、试验、检修

附　录　A
（资料性附录）
装置停工交付检修确认表

<table>
<tr><td rowspan="3"></td><td colspan="7">中国石油化工股份有限公司 ×××× 分公司管理体系</td></tr>
<tr><td colspan="7">装置停工交付检修确认表</td></tr>
<tr><td>记录编号</td><td></td><td>使用单位</td><td colspan="4"></td></tr>
<tr><td colspan="2">停工检修单位</td><td></td><td>装置</td><td></td><td>时间</td><td colspan="2">年　月　日</td></tr>
<tr><td colspan="2">单位</td><td>确认内容</td><td colspan="3">存在问题</td><td>确认意见</td><td>确认人</td></tr>
<tr><td colspan="2">停工单位</td><td>1. 装置与系统是否有效隔离并提供对应的盲板表？
2. 是否有专用氮气线，是否专用？
3. 管线及容器是否吹扫干净并提供吹扫作业确认表？
4. 容器及塔测爆及氧含量是否合格？
5. 风险系数较大的作业是否进行危害识别分析？
6. 对塔、容器仪表监控手段是否保留？
7. 动火作业项目是否上墙？
8. 对本单位、施工单位参加检修的人员安全教育并考试是否进行？
9. 明沟、地面上是否有油？清污分流设施是否投用？
10. 对装置内电缆沟是否做出明显标志？
11. 设备、容器、管道是否全部打开并在设备人孔处挂“危险空间！严禁入内”的警示牌？
12. 检修现场下水井、地漏、明沟是否封闭，泵沟等是否建立水封？
13. 检修设备是否停电？</td><td colspan="3"></td><td></td><td></td></tr>
<tr><td colspan="2">电气部</td><td>1. 是否已按用电单位停送电要求实施停送电？
2. 参加大修的电气作业人员是否进行电工作业资格的确认和相应的安全教育？
3. 其他</td><td colspan="3"></td><td></td><td></td></tr>
</table>

装置停工交付检修确认表（续）

<table>
<tr><td rowspan="3"></td><td colspan="7">中国石油化工股份有限公司 ×××× 分公司管理体系</td></tr>
<tr><td colspan="7">装置停工交付检修确认表</td></tr>
<tr><td>记录编号</td><td></td><td>使用单位</td><td colspan="4"></td></tr>
<tr><td colspan="2">停工检修单位</td><td></td><td>装置</td><td></td><td>时间</td><td colspan="2">年 月 日</td></tr>
<tr><td colspan="2">单位</td><td>确认内容</td><td colspan="3">存在问题</td><td>确认意见</td><td>确认人</td></tr>
<tr><td colspan="2">仪控部</td><td>1. 对本单位、施工单位参加检修的人员安全教育并考试是否进行？
2. 机柜间运行装置的机柜与检修的区域是否采用明显有效的隔离措施？
3. 仪表吹扫排放中相关安全环保措施是否明确落实？
4. 放射线同位素仪表停工检修防护措施是否落实？
5. 工器具是否进行相关安全检查？
6. 重大作业项目是否编写施工作业方案和进行危害识别与评价？
7. 高处作业的脚手架是否搭设妥当并验收合格？
8. 每项作业施工是否具有合格的施工检修作业票？相关安全措施是否落实到位？
9. 劳保用品穿戴是否符合要求？
10. 检修质量和检修内容是否符合要求？</td><td colspan="3"></td><td></td><td></td></tr>
<tr><td colspan="2">消防部门</td><td>1. 现场消气防器材是否齐全、完好？
2. 消防、疏散通道是否符合要求？
3. 其他</td><td colspan="3"></td><td></td><td></td></tr>
<tr><td rowspan="2">生产部门</td><td>技术科</td><td>1. 检查吹扫作业票的确认签名是否落实？
2. 现场检查盲板是否按方案和盲板清单进行安装？
3. 检查瓦斯、氮气和工艺介质等物料在装置边界是否进行有效隔离？
4. 催化剂、保护剂、胺液或按方案不退的介质是否按方案要求进行了有效安全隔离？</td><td colspan="3"></td><td></td><td></td></tr>
<tr><td>管理科</td><td>1. 检查配合外系统的吹扫是否已满足要求可以停运？
2. 其他</td><td colspan="3"></td><td></td><td></td></tr>
</table>

装置停工交付检修确认表（续）

<table>
<tr><td rowspan="3"></td><td colspan="7">中国石油化工股份有限公司××××分公司管理体系</td></tr>
<tr><td colspan="7">装置停工交付检修确认表</td></tr>
<tr><td>记录编号</td><td></td><td>使用单位</td><td colspan="4"></td></tr>
<tr><td colspan="2">停工检修单位</td><td></td><td>装置</td><td></td><td>时间</td><td colspan="2">年 月 日</td></tr>
<tr><td colspan="2">单位</td><td>确认内容</td><td colspan="3">存在问题</td><td>确认意见</td><td>确认人</td></tr>
<tr><td rowspan="2">机动部门</td><td>设备科</td><td>1. 已按停工方案要求抽堵盲板，且要做好明显标记，并指定专人统一编号登记，严防漏堵、漏拆。盲板的材质、厚度符合安全要求。
2. 与炉、塔、容器相连的蒸汽、氮气等有害介质的阀门，已加盲板隔离。
3. 未经吹扫处理的设备、容器、管道已与系统隔离，设置明显警示标志，并向职工和施工单位交底。
4. 冬季停工，装置要做好防冻防凝工作</td><td colspan="3"></td><td></td><td></td></tr>
<tr><td>动力科</td><td>1. 变配电所内电气安全用具、消防器材已检查并在有效期限内。
2. 变配电所内的工器具已检查合格。
3. 电气现场检修动力箱（固定）、临时变已检查合格。
4. 配送电单位、施工单位参修人员已经安全教育并考试合格。
5. 外来人员已经安全教育并考试合格。
6. 工艺要提供装置停工后仍需使用的仪表清单。
7. 电气专业提供停工期间停电网络，仪表提前准备</td><td colspan="3"></td><td></td><td></td></tr>
<tr><td rowspan="2">安环部门</td><td>管理科</td><td>1. 对本单位、施工单位参加检修的人员安全教育并考试是否进行？
2. 其他</td><td colspan="3"></td><td></td><td></td></tr>
<tr><td>环保科</td><td>1. 明沟、地面上是否有油？清污分流设施是否投用？
2. 其他</td><td colspan="3"></td><td></td><td></td></tr>
</table>

装置停工交付检修确认表（续）

<table>
<tr><td rowspan="3"></td><td colspan="7">中国石油化工股份有限公司 ×××× 分公司管理体系</td></tr>
<tr><td colspan="7">装置停工交付检修确认表</td></tr>
<tr><td>记录编号</td><td></td><td>使用单位</td><td colspan="4"></td></tr>
<tr><td colspan="2">停工检修单位</td><td></td><td>装置</td><td></td><td>时间</td><td colspan="2">年 月 日</td></tr>
<tr><td colspan="2">单位</td><td>确认内容</td><td colspan="3">存在问题</td><td>确认意见</td><td>确认人</td></tr>
<tr><td>安环部门</td><td>安全科</td><td>1. 现场固定式可燃气体报警仪、H_2S报警仪等探头是否进行妥善保护？
2. 对装置内电缆沟是否做出明显标志？
3. 设备、容器、管道是否全部打开并在设备人孔处挂“危险空间！严禁入内”的警示牌？
4. 检修现场下水井、地漏、明沟是否封闭，泵沟等是否建立水封？
5. 打开的设备、容器、管道测爆分析是否合格？
6. 运行的装置与检修的区域是否采用明显有效的隔离措施？存在工艺介质的工艺管线是否做出标志？
7. 其他</td><td colspan="3"></td><td></td><td></td></tr>
<tr><td colspan="2">领导意见</td><td></td><td colspan="3"></td><td></td><td></td></tr>
</table>

附 录 B
（资料性附录）
检修施工现场 HSSE 日检表

序号	检查内容	存在问题	检查人员	整改情况	验证人	备注
1	临时用电					
1.1	配备合格的持证电工					
1.2	配电箱合格、有防雨措施，按要求标识并上锁					
1.3	配电系统执行“三相五线制”，符合“三级配电二级保护”要求，安装匹配的漏电保护器，漏保动作灵敏好用，并进行日常试验和记录					
1.4	电缆及接头无破损，绝缘良好；铺设规范，走向清晰，标识明确					
1.5	用电严格执行“一机一闸一保护”					
1.6	按要求配置保护零线和工作零线，工作接地和重复接地完好					
1.7	安全电压符合作业环境要求					
1.8	使用工业插头、插座					
2	施工机具					
2.1	各种机具设备安全要求进行定期检查，确保完好					
2.2	设有机械保护装置(如转动设备等)的设备，保护装置处于完好状态					
2.3	用电机具、设施接地完好					
2.4	配备与作业要求相匹配的劳动防护用品					
2.5	空气压缩机压力表、安全阀等在检验期内并处于完好状态，高压气管和软管固定连接可靠					
2.6	气瓶垂直放置，瓶体固定可靠；气瓶分类摆放并保持安全距离，防护措施到位，气瓶阻火器、压力表等安全附件完好，气管无老化破损，连接可靠					

检修施工现场 HSSE 日检表（续）

序号	检查内容	存在问题	检查人员	整改情况	验证人	备注
3	脚手架					
3.1	脚手架搭设人员是专业架子工，并持证上岗。搭设人员按要求着装，配备五点双大钩安全带					
3.2	编制脚手架搭设方案，进行安全技术交底并有记录					
3.3	按规范要求搭设脚手架，且有良好的整体稳固性					
3.4	搭设和拆除过程必须有专人监督，周边设置警戒区					
3.5	连墙件设置可靠，各节点扣件扭矩力符合要求					
3.6	通道、护栏、腰杆、踢脚板等符合要求					
3.7	作业面满铺跳板，无孔洞，跳板可靠固定且无探头板					
3.8	作业面临时放置的材料等在允许荷载范围内，严禁超载荷；放置必须稳固，无坠物风险					
3.9	脚手架搭设完成验收合格挂牌使用					
3.10	消防设施保持完好，灭火器和消防水桶按要求配置					
3.11	消防安全通道保持畅通					
3.12	用火作业前，清理周边易燃物，采取接火措施					
4	起重					
4.1	编制了吊装方案、进行交底并有记录					
4.2	起重设备操作人员、司索、指挥持有效证件					
4.3	起重机械证照齐全有效					
4.4	起重机械安全设施、附件完好					
4.5	机索具检查完好，钢丝绳无磨损，连接可靠，绳卡数量和间距满足要求					

检修施工现场 HSSE 日检表（续）

序号	检查内容	存在问题	检查人员	整改情况	验证人	备注
4.6	吊装作业半径设置了警戒区，禁止无关人员入内					
4.7	吊装前进行评估，确保在额定起升载荷范围内进行起重作业，不得超载					
4.8	吊车支腿符合要求					
4.9	吊物捆绑符合要求，使用溜绳					
4.10	吊装作业天气、环境、风力等符合要求					
5	焊接、气割					
5.1	设备接地完好					
5.2	焊把线无破损，连接器完好					
5.3	有专人监护，接火、防火措施到位					
5.4	可燃性气瓶与胶管连接完好，无漏气，气瓶有阻火器					
5.5	现场气瓶与明火源保持安全距离					
6	受限空间					
6.1	对所要进行作业的受限空间进行吹扫、蒸煮、置换，并分析合格。所有与受限空间相连接的管线、阀门应进行有效隔离，盲板处应挂标识牌，并经工艺技术人员签字确认					
6.2	出入口内外不得有障碍物，在受限空间入口处设置“危险！严禁入内”警告牌或采取其他封闭措施					
6.3	对有可能发生硫化亚铁自燃的设备、容器必须经充分的钝化脱臭处理，并在现场配置消防水带					
6.4	《进入受限空间作业许可证》实行一点一证					
6.5	进入受限空间作业实行“三不进入”原则，即：一、没有经批准有效的《进入受限空间作业许可证》不进入；二、安全措施未落实不进入；三、监护人不在场不进入					

检修施工现场 HSSE 日检表（续）

序号	检查内容	存在问题	检查人员	整改情况	验证人	备注
6.6	作业现场配备必要的救护器具和灭火器材等					
6.7	进入受限空间作业应使用安全电压和安全行灯					
7	作业安全					
7.1	作业前进行班前安全教育和安全技术交底，作业人员清楚当天作业内容和安全风险及注意事项					
7.2	特殊工种持证上岗					
7.3	佩戴合格安全帽，并根据作业任务佩戴专用眼部、面部、手部等防护用品，高处作业人员系挂安全带					
8	收工检查					
8.1	配电系统一级箱断电，关闭气瓶角阀，能量上锁					
8.2	现场火种检查清理完毕					
8.3	清理各作业面材料和杂物等，做到工完料净场地清					
8.4	落实夜间值班、巡检人员，职责到位，检查内容明确					

附　录　C

（资料性附录）

装置检修交回开工确认表

<table>
<tr><td rowspan="3"></td><td colspan="4">中国石油化工股份有限公司××××分公司管理体系</td></tr>
<tr><td colspan="4">装置检修交回开工确认表</td></tr>
<tr><td>记录编号</td><td></td><td>使用单位</td><td colspan="2"></td></tr>
<tr><td>开工装置</td><td colspan="2"></td><td>时间</td><td colspan="2">年　月　日</td></tr>
<tr><td>单位</td><td colspan="2">要求</td><td>存在问题</td><td>确认意见</td><td>确认人</td></tr>
<tr><td>施工单位</td><td colspan="2">1. 检修项目以及改造项目已施工完成，并验收合格。
2. 施工用临时设施已全部拆除，现场清洁、无杂物。
3. 除用于开工查漏、热紧用的架子保留外，其他架子、跳板均拆除。
4. 设备、管线等保温复位。
5. 因检修拆除的劳动保护、照明设施已恢复。
6. 塔器设备、安全阀、现场仪表、管线等均已复位</td><td></td><td></td><td></td></tr>
<tr><td>项目所属单位</td><td colspan="2">1. 设备位号和管道介质名称、流向标示齐全。
2. 安全阀校验合格报告或意见书齐全，并安装。
3. 爆破片已更换。
4. 特种设备检验合格报告或检验意见书齐全。
5. 检查现场设备、管线、保温等安装符合规范，试用情况正常。
6. 机组等设备联锁试验正常。
7. 工艺联锁试验正常。
8. 盲板拆、装清单已确认。
9. 装置吹扫、试压通过。
10. 现场消防、气防器材及岗位工器具配齐、现场环保设施投用。
11. 开工化工原材料准备完毕。
12. 备品配件齐全</td><td></td><td></td><td></td></tr>
<tr><td>电气部</td><td colspan="2">1. 变电所已正常投用，高低压电送电正常。
2. 现场电气设备如电动阀、电加热器、电机等试运正常。
3. 现场照明等恢复正常</td><td></td><td></td><td></td></tr>
<tr><td>仪控部</td><td colspan="2">1. 现场仪表调试、DCS 调试、联校正常。
2. 配合工艺、设备的联锁调试已完成</td><td></td><td></td><td></td></tr>
</table>

装置检修交回开工确认表（续）

<table>
<tr><td rowspan="3"></td><td colspan="5">中国石油化工股份有限公司 ×××× 分公司管理体系</td></tr>
<tr><td colspan="5">装置检修交回开工确认表</td></tr>
<tr><td>记录编号</td><td></td><td>使用单位</td><td colspan="2"></td></tr>
<tr><td colspan="2">开工装置</td><td></td><td>时间</td><td colspan="2">年　月　日</td></tr>
<tr><td colspan="2">单位</td><td>要求</td><td>存在问题</td><td>确认意见</td><td>确认人</td></tr>
<tr><td colspan="2">公用工程部</td><td>循环水、新鲜水、蒸汽、仪表风／工厂风、氮气等公用介质供应正常</td><td></td><td></td><td></td></tr>
<tr><td colspan="2">储运部</td><td>储运系统已具备正常供料以及接收产品条件</td><td></td><td></td><td></td></tr>
<tr><td colspan="2">化验部门</td><td>1. 现场采样器已复位正常。
2. 分析项目已具备分析条件</td><td></td><td></td><td></td></tr>
<tr><td colspan="2">消防部门</td><td>1. 现场消气防器材齐全、完好。
2. 消防、疏散通道符合要求</td><td></td><td></td><td></td></tr>
<tr><td rowspan="2">安环部门</td><td>环保科</td><td>1. 现场环保设施，如清污分流设施等已投用。
2. 后续环保装置具备接收物料条件</td><td></td><td></td><td></td></tr>
<tr><td>安全科</td><td>1. 现场固定式可燃气体报警仪、H_2S 报警仪等已投用。
2. 拟开工装置与临近的检修区域已采用明显有效的隔离措施。
3. 现场安全设施如平台围栏、护栏等符合要求，现场无容易坠落物品。
4. 如有零星动火项目，火票需升级</td><td></td><td></td><td></td></tr>
<tr><td colspan="2">工程管理部门</td><td>负责的改造项目已施工完成、并验收合格</td><td></td><td></td><td></td></tr>
<tr><td rowspan="2">机动部门</td><td>设备科</td><td>1. 检修项目已完成，并验收合格。
2. 保运工作已落实</td><td></td><td></td><td></td></tr>
<tr><td>动力科</td><td>1. 电气、仪表检修改造项目已完成，并投用正常。
2. 电气现场检修动力箱、临时变已拆除</td><td></td><td></td><td></td></tr>
<tr><td rowspan="2">生产部门</td><td>技术科</td><td>1. 开工方案已审批完成。
2. 盲板已按方案和盲板清单进行安装。
3. 开工用化工原材料已落实。
4. 其他专项方案已落实或审批</td><td></td><td></td><td></td></tr>
<tr><td>管理科</td><td>1. 外围的公用、储运系统以及相关装置已可支持装置开工。
2. 开工用原料已落实</td><td></td><td></td><td></td></tr>
<tr><td colspan="2">人教部门</td><td>操作人员已经过学习、培训，并考试合格</td><td></td><td></td><td></td></tr>
<tr><td colspan="2">项目所属单位领导意见</td><td>签名：</td><td>公司意见</td><td colspan="2">签名：</td></tr>
</table>

附 录 D
（资料性附录）
装置停工检修改造工作总结模板

根据中国石化《设备检修管理制度》规定，在装置停工检修结束后各相关单位应组织编写装置停工检修工作总结。为此，就进一步做好装置停工检修工作总结提出要求如下：

封面：

名称：××× 部 ××× 装置 ×××× 年 ×× 月停工检修工作总结

编写人：×××

审核人：×××

批准人：×××（运行部领导）

编写单位：中国石化 ××× 分公司 ××× 部

编写时间：×××× 年 ×× 月

正文：

（一）装置停工检修过程概述

装置开、停工、检修过程简述，本周期装置运行起止时间。

本周期装置运行中出现的主要问题。

本次停工检修、改造内容简述，检修项目计划数（包括补充、追加），检修计划完成情况，重点检修项目情况。

开停工、检修网络执行情况。

（二）主要检修内容技术总结

反应器部分

塔、容器部分

加热炉部分

冷换设备、空冷器部分

阀门部分

管道部分

压缩机部分

泵部分

特殊阀门部分

输送机械部分

压力容器检验（包括缺陷返修处理）

压力管道检验（包括缺陷返修处理）

安全阀检验

其他检修方面

技术分析中要有以下内容：上次运行周期出现的问题，本次检修检查情况及采取措施；上次检修遗留问题处理情况；本周期与上周期设备隐蔽检查情况对照；重复发生问题处理方案有效性；装置系统问题；典型案例。

（三）检修计划准确性分析

（四）检修施工队伍评述

（五）材料供应评述

（六）设计质量评价

（七）检修质量评价

（八）本次检修遗留问题及预案

（九）检修管理亮点、存在的不足和下次检修需注意的问题

（十）附表

表 1　设备增加情况表

序号	位号	名称	规格型号	制造厂	数量	备注

表 2　设备拆除情况表

序号	原位号	名称	规格型号	制造厂	数量	备注

表 3　管线拆除情况表

序号	原编号	名称	规格	长度 /m	备注

表 4　设备更换情况表

序号	位号	名称	规格型号		制造厂		数量	备注
			更换前	更换后	更换前	更换后		

表 5　冷换设备检修情况表

序号	位号	名称	规格型号	抽芯清洗	试压换垫	堵管根数	管束更换

表 6　阀门检修、更换情况表（*DN*50 和 *DN*50 以上）

序号	规格型号	公称直径	检修数量	更换数量

表7 压力容器检验情况表

序号	计划检验台数	增加变更台数	减少变更台数	实际完成台数	缺陷返修台数

表8 压力管道检验情况表

序号	检验计划		增加变更		减少变更		实际完成	
	条数	米数	条数	米数	条数	米数	条数	米数

表9 安全阀门检验情况表

序号	计划检验台数	增加变更台数	减少变更台数	实际完成台数

丁基橡胶装置维护检修规程

SHZ 03016—2019

目 次

前　言

本规程按照GB/T 1.1—2009《标准化工作导则　第1部分：标准的结构和编写》给出的规则起草。

本规程由中国石油化工集团有限公司、中国石油化工股份有限公司提出。

本规程起草单位：中国石油化工股份有限公司北京燕山分公司。

本规程主要起草人：赵正杰、邓征威、胡文涛、范中栋、姚雪。

本规程2019年首次发布。

丁基橡胶装置维护检修规程

1 范围

1.1 本规程规定了丁基橡胶装置及其主要设备、专用设备的检修周期、检修项目及质量要求、检修过程管理和日常维护的相关内容。
1.2 本规程适用于石油化工丁基橡胶装置的检修维护管理。

2 规范性引用文件

下列文件对于本文件的应用是必不可少的。凡是注日期的引用文件，仅所注日期的版本适用于本文件。凡是不注日期的引用文件，其最新版本（包括所有的修改单）适用于本文件。

2.1 法律法规

中华人民共和国安全生产法
中华人民共和国特种设备安全法

2.2 标准与规范

TSG 08—2017 特种设备使用管理规则
TSG 21—2016 固定式压力容器安全技术监察规程
TSG D0001—2016 压力管道安全技术监察规程——工业管道
GB/T 151 热交换器
GB/T 20801 压力管道规范 工业管道
GB/T 50484 石油化工建设工程施工安全技术标准

2.3 中石化管理规定

中石化安全管理手册
炼油企业检修管理指南（试行版）
炼化装置设备检修管理规定
石化设备检修管理制度
石化设备维修保养管理规定

3 术语与定义

下列术语和定义适用于本文件。

3.1 设备功能

设备功能指的是设备的生产效率和功能，衡量设备功能的指标随设备种类不同而异。

3.2 功能故障

设备、设施不能实现其设计功能时，称之为功能故障，定义为设备、设施不能满足期望的性能标准。一般指设备失去或降低其规定功能的事件或现象，表现为设备的某些零件失去原有的精度或性能，使设备不能正常运行、技术性能降低，致使设备中断生产或效率降低而影响生产。

3.3 故障模式

故障模式一般是对产品所发生的、能被观察或测量到的故障现象的规范描述。

3.4 A 类设备

本规程规定的 A 类设备是按照《中国石化炼化企业设备分级管理程序》对设备进行分级，采用量化的关键性评价方法，根据各设备分级要素的总评分值，将设备评为关键设备（A）。

3.5 B 类设备

本规程规定的 B 类设备是按照《中国石化炼化企业设备分级管理程序》对设备进行分级，采用量化的关键性评价方法，根据各设备分级要素的总评分值，将设备评为主要设备（B）。

4 装置特征

丁基橡胶装置采用低温阳离子聚合反应工艺。采用异丁烯、异戊二烯为原料，氯甲烷为溶剂，异丁烯、异戊二烯经精制后与溶剂氯甲烷配制成混合进料，经丙烯、乙烯冷却后进聚合釜，用 HCl/EADC 为催化剂，进行共聚反应得到丁基橡胶淤浆，丁基橡胶淤浆在脱气釜中闪蒸脱除氯甲烷及残留单体并形成胶粒水。氯甲烷经回收精制后循环利用，胶粒水送至后处理单元干燥线经脱水、干燥、压块、包装、装箱，得到成品丁基橡胶。

丁基橡胶装置由乙烯、丙烯制冷单元、催化剂单元、混合进料稀释进料单元、聚合脱气汽提单元、洗釜溶剂单元、碱液配制单元、分散剂和防老剂配制单元、氯甲烷干燥与压缩单元、氯甲烷回收与精制单元、异丁烯精制单元、异戊二烯精制单元、干燥塔再生单元、中间储罐单元、公用工程单元、后处理单元等组成。

4.1　丁基橡胶装置工艺原则流程图

丁基橡胶装置工艺原则流程图见图 1。

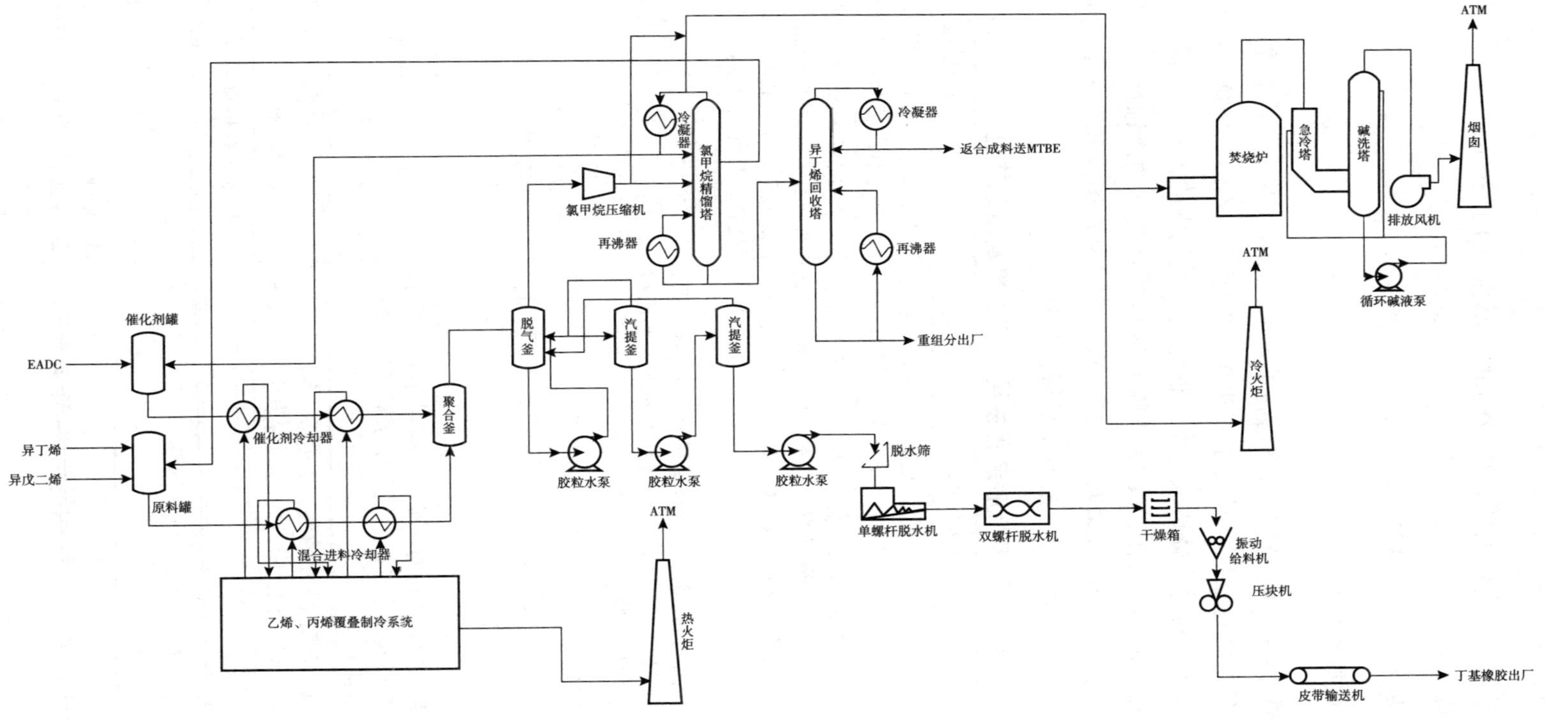

图 1　丁基橡胶装置工艺原则流程图

4.2 丁基橡胶装置工艺特性参数

丁基橡胶装置采用的是意大利原PI公司的丁基橡胶生产技术。

主要工艺参数如下：

聚合反应温度≤ -90℃；聚合反应压力≤ 200kPa。

4.3 丁基橡胶装置危害特性

丁基橡胶装置主要危害位置及防范措施见表1。乙烯、丙烯、异丁烯、异戊二烯、氯甲烷等物料具有易燃易爆性，易发生着火爆炸等事故。乙烯、丙烯等物料在作为冷剂使用时具有低温性，易对人体造成冻伤。催化剂与空气中的氧发生分解反应，引起燃烧，遇水反应发热。液碱、氯化氢、氯甲烷水解后具有强烈的腐蚀性。异戊二烯极易发生自聚，可造成设备、管线等堵塞、胀压；自聚物具易自燃，暴露在空气中易引起火灾。转动设备、输送设备运行时，易发生机械伤害和触电。

表1 丁基橡胶装置主要危害位置及防范措施

危害类别	危害位置	防范措施
火灾爆炸	乙烯、丙烯、混合进料、稀释进料为可燃物，管线、换热器、容器、阀门、机泵等易发生火灾爆炸事故	1. 定期进行泄漏检测； 2. 施工作业前必须具备安全条件
燃烧	催化剂具有强还原性、易燃，与空气中的氧能反应产生高热引起燃烧爆炸，遇水反应发热，工艺介质含催化剂的管线、容器、阀门、机泵等易发生燃烧	1. 定期进行泄漏检测，避免与空气、水或其他氧化剂接触； 2. 施工作业前必须对残余物料进行处置，具备安全条件
低温	存储和输送乙烯、丙烯、混合进料的管线、换热器、容器、阀门等，在低温下使用发生冻伤；使用材料不当存在低温脆裂	1. 定期进行泄漏检测； 2. 施工作业前必须具备安全条件，避免发生冻伤； 3. 选用材质必须满足低温要求
碱腐蚀	工艺介质含有碱液的管线、换热器、容器、阀门、机泵等易发生腐蚀泄漏	1. 定期进行泄漏检测； 2. 定期测厚检查； 3. 施工作业前必须具备安全条件； 4. 碳钢管线焊接必须进行热处理
氯甲烷水解腐蚀	工艺介质含有氯甲烷的管线、换热器、容器、阀门、机泵等，在有水条件下，氯甲烷水解产生盐酸易发生腐蚀泄漏	1. 定期进行泄漏检测； 2. 定期检测裂纹
酸腐蚀	工艺介质含有氯化氢的管线、换热器、容器、阀门、机泵等，在有水条件下，产生盐酸易发生腐蚀泄漏	1. 定期进行泄漏检测； 2. 定期测厚检查
异戊二烯自聚物	工艺介质含有异戊二烯的管线、换热器、容器、阀门、机泵等易发生自聚物堵塞	1. 定期进行检查清理； 2. 保证阻聚剂加入量，避免发生自聚； 3. 及时妥善处理清理出的自聚物
机械伤害	本装置机泵、搅拌器、机械振动设备等转动设备多，极易造成机械伤害	1. 穿戴规定的劳动护具； 2. 保证安全防护罩完好； 3. 施工作业前必须停电、办理停电作业票，挂牌，设置专人监护

5 检修周期及检修项目

5.1 主要设备

丁基橡胶装置主要设备见表 2。

表 2 丁基橡胶装置主要设备

名称	设备种类		主要设备	通用、专用设备检修规程的代码
动设备	汽轮机		乙烯压缩机汽轮机、丙烯压缩机汽轮机、氯甲烷压缩机汽轮机	SHS 03004
	压缩机	离心压缩机	乙烯压缩机、丙烯压缩机、氯甲烷压缩机	SHS 03002
		螺杆压缩机	再生氮气压缩机、空气压缩机	SHS 01021
		活塞式压缩机	氮气压缩机	SHS 01020
	离心式风机		助燃风机；排放风机、供风机；排风机	SHS 01022
	泵	离心泵	凝结水泵、胶粒水泵、循环泵、碱液输送泵、低温水循环泵、回流泵、釜液泵	SHS 01013
		螺杆泵	润滑油泵	SHS 01016
		屏蔽泵	聚合进料泵、催化剂溶液进料泵、精氯甲烷泵、粗氯甲烷泵、进料泵、回流泵	SHS 03047
		往复泵	催化剂计量泵、助剂计量泵、阻聚剂计量泵、防粘剂进料泵、精异戊二烯计量泵	SHS 01015
	搅拌器		聚合釜搅拌器、脱气釜搅拌器、胶粒水罐搅拌器	SHS 03061
	橡胶机械		膨胀干燥机	SHS 03031
			挤压脱水机	SHS 03032
			振动筛	SHS 03049
			流化床	
			压块机	SHS 03033
			包装机	SHS 03037
静设备	塔	填料塔、板式塔	异丁烯脱水塔；异戊二烯精制塔、干燥塔、再生气洗涤塔；氯甲烷干燥塔；氯甲烷精制塔；循环氯甲烷塔；氯甲烷异丁烯分离塔；异戊二烯回收塔；氯甲烷中和塔	SHS 01007
	压力容器		储罐、塔、换热器、釜	SHS 01004 SHS 03020
	常压容器		凝液罐、循环热水罐、胶粒水罐	SHS 01011
	压力管道		乙烯、丙烯、氯甲烷、异丁烯	SHS 01005
	炉		焚烧炉	SHS 09004
	换热器	列管式换热器	加热器、冷凝器、冷却器、再沸器	SHS 01009
	火炬		热火炬	SHS 01031

表 2　丁基橡胶装置主要设备介绍（续）

名称	设备种类	主要设备	通用、专用设备检修规程的代码
仪表	常规仪表	压力仪表 温度仪表 流量仪表 物位仪表 控制阀	SHS 07002 SHS 07002 SHS 07002 SHS 07002 SHS 07005
	控制系统	集散控制系统（DCS） 机组控制系统（CCS）	SHS 07008 SHS 07008
	安全仪表系统（SIS）	安全仪表联锁系统	SHS 07009
	安全环保仪表	VOCs 在线分析系统	SHS 07006
电气设备	电动机	焚烧炉排风机电动机、压缩机油泵电动机	SHS 06001
	电源装置	管控室 UPS	SHS 06006
	变压器	配电室变压器	SHS 06002
	高压柜	变电所高压柜	SHS 06003

5.2　检修周期

5.2.1　丁基橡胶装置根据运行情况进行定期停车检修，检修周期一般为 48～60 个月。

5.2.2　有备用设备的或日常可以进行检修的不列入大修项目（除特殊情况外）。

5.2.3　后处理单元每条生产线每月强制保养一次。

5.3　检修内容

确定检修内容的依据：

a）按法律法规要求的特种设备定期检验。

b）不符合国家安全与环境保护、节能要求的设备改造和更新。

c）对本次检修或下次检修之前已到法定检验时间的计量设施。

d）设备状况：

静设备：异戊二烯回收塔、异戊二烯精制塔塔盘自聚物堵塞，塔能力不足；氯甲烷异丁烯分离塔、异丁烯脱水塔重组分堵塞塔盘，塔能力不足；塔再沸器、冷凝器泄漏、堵塞失效；循环水换热器泄漏、堵塞失效；聚合釜内部换热管束泄漏；聚合釜内壁、管束挂胶；脱气釜、循环热水罐、胶粒水罐胶粒结团、内壁挂胶；胶粒水管线挂胶。

工业管道：低温碳钢管线外壁水汽凝结腐蚀、氯甲烷管线水解对不锈钢管线氯离子晶间腐蚀裂纹、胶粒水管线结团、挂胶堵塞。

转动设备：汽轮机转子结垢，效率下降，无法正常驱动压缩机；调速机构失效；密封失效；氯甲烷压缩机挂胶结垢，转子不平衡，干气密封失效。挤压脱水机、膨胀干燥机的筒体衬套、螺杆磨损；减速机、轴承箱等轴承、齿轮磨损、油封老化泄漏。聚合釜、脱汽釜、胶液灌的搅拌系统轴承磨损、密封泄漏；胶粒水泵及管线堵胶引起振动导致泵对中偏离、机械密封进胶粒泄漏；氯甲烷屏蔽泵入口介质温度高汽蚀导致轴承及屏蔽套损坏。

电气设备：部分设备如变频调速设备负荷变化，电气元器件损耗、老化加速造成运行状况恶化、性能降低等。

仪表设备：部件老化等原因造成运行状况恶化、性能降低等。

钢结构平台、设备基础、房屋等建构筑物老化、锈蚀等必须在停车检修期间内维修的项目。

安全防护设施失效。

e）氯甲烷干燥塔干燥剂使用寿命到期，干燥剂失效。

停车大修是对丁基橡胶装置安全环保、长周期运行及经济效益有重大影响的设备、管线、电气仪表系统、土建及基础设施等在运行周期内将要发生的功能故障进行全面检修。其他检修是除大修外对装置局部或设备本体有经济运行影响的功能故障而进行的检修。装置长周期运行有重要影响的主要设备（A类、B类、系统功能）的功能故障见表3。

表3　主要设备功能故障

序号	设备名称	设备功能	功能故障	故障周期/月	主要检修内容	类别
1	乙烯压缩机汽轮机	驱动乙烯压缩机，调节压缩机转速，提供低压蒸汽	转子结垢，效率下降，无法正常驱动压缩机；调速机构失效；轴瓦磨损；汽封失效	48～60	检查轴瓦、推力瓦及振动轴位移探头；检查缸体及滑销系统；检查控制油电磁阀、电液转换器，油动机及错油门；检查清理转子及内缸结垢，转子动平衡检测	A类
2	乙烯压缩机	为工艺系统提供冷媒	轴瓦磨损；干气密封泄漏失效；级间气封磨损	60	检查轴瓦、推力瓦；检查清理转子、隔板；转子动平衡检测；更换干气密封、气封；检查清扫各段入口过滤器。	A类
3	丙烯压缩机汽轮机	驱动丙烯压缩机，调节压缩机转速	转子结垢，效率下降，无法正常驱动压缩机；调速机构失效；振动、温度、轴位移升高；声响异常；密封失效、辅助密封圈老化；真空度不足	48～60	检查轴瓦、推力瓦及振动轴位移探头；检查缸体及滑销系统；检查控制油电磁阀、电液转换器、油动机及错油门；检查转子及内缸结垢，清理转子，进行动平衡检测，更换配件；检查清理抽汽器	A类

表 3　主要设备功能故障（续）

序号	设备名称	设备功能	功能故障	故障周期 / 月	主要检修内容	类别
4	丙烯压缩机	为工艺系统提供冷媒	振动、轴位移、温度高；声响异常；干气密封失效；辅助密封圈老化；压缩机效率下降	48～60	检查轴瓦、推力瓦；检查清理转子、隔板、气封；更换干气密封；检查清扫各段入口过滤网；清理油冷却器。	A 类
5	压缩机分液罐、缓冲罐	气液分离、缓冲	液位计接管堵塞，液位报警；除沫器堵塞，压力异常	48～60	定期检查清理接管；严格监控参数值及趋势，定期进行仪表校准；定期检查清理除沫器	B 类
6	聚合釜	进行聚合反应	密封泄漏失效；搅拌器失效；内部构件失效；内部换热管束泄漏；物料结团堵釜	36	更换密封、轴承等，内部构件检查更换；换热管束试压、更换；内部高压水清理	B 类
7	氯甲烷干燥塔	氯甲烷干燥	干燥剂颗粒破碎塔堵塞；干燥剂失效；内部构件腐蚀	12～48	更换干燥剂；高压清洗；检查更换内部构件	B 类
8	氯甲烷压缩机汽轮机	驱动压缩机，调节压缩机转速	转子结垢，效率下降，无法正常驱动压缩机；调速机构失效；振动、温度、轴位移升高；声响异常；密封失效、辅助密封圈老化；真空度不足	48～60	检查轴瓦、推力瓦及振动轴位移探头；检查缸体及滑销系统；检查控制油电磁阀、电液转换器，油动机及错油门；检查转子及内缸结垢，清理转子，进行动平衡检测，更换配件；检查清理抽汽器	A 类
9	氯甲烷压缩机	为工艺系统提供溶剂	振动、轴位移、温度高；声响异常；干气密封失效；辅助密封圈老化；干燥剂粉末堵塞流道造成压缩机效率下降 、转子磨损	24～48	检查轴瓦、推力瓦；检查清理转子、隔板、气封；更换干气密封；检查清扫各段入口过滤网；清理油冷却器。	A 类
10	再生氮气压缩机	氯甲烷、氮气循环	压缩机内结垢脱落引起振动升高；干气密封失效；辅助密封圈老化；轴承磨损	60	定期热水冲洗；更换干气密封；更换辅助密封圈；更换轴承	B 类
11	胶粒水罐搅拌器	保持胶粒水罐内物料流动	胶粒结团；电流波动；底轴承磨损，振动和噪声增大	48	反复调整液位，使胶团分散；检查减速机、联轴器；检查轴承、减速机、机架螺栓、地脚螺栓	B 类

6 装置检修管理

6.1 装置检修前准备工作

装置检修前，参检单位要做好检修作业指导书、施工方案、检修图纸、现场施工平面布置图等各类资料的准备及审核，相关检修资料最终经业主方审批确认后方可实施。

进入检修现场的各类施工机具、器具，必须是合格的、适用的，必须有检定合格证和标记，并在有效期内使用，严禁使用未经校验的机具。进场前，所有自检合格并贴有自检合格证的施工机具，要列出汇总清单上交给业主方，并经业主方检验后方可使用。

入现场的检修耗材、配件等，必须附有质量证明文件，并在指定的地点规范存放。在安装、使用各类检修材料前，应对材料的外观质量进行检查确认，参检单位要做到领用材料检验有见证、验收有记录。

参检单位的所有施工人员，必须具备相应的作业资质，检修前须做好检修方案、技能方面的培训，熟悉检修项目的特点，严格按检修方案进行施工。同时，施工人员必须进行相关专业的教育培训，对无相应作业资质、未经教育培训或考核不合格的人员，一律不得上岗作业。

6.2 工艺交出检修条件

在装置交付检修前，由生产管理部和安全环保部门组织相关单位召开安全验收会，检查确认设备容器人孔拆卸、盲板加装、容器内采样分析、停电、下水井封堵等工作，经相关部门签字确认后，由装置开具用火、用电、进入受限空间等相关票证，进入检修状态。工艺交出要具备以下条件：

1）装置所有盲板按照盲板图、表安装、编号、挂牌并经工艺员、设备员、安全员已签名确认；

2）PID 图上所有系统、管线得到置换处理并做好标识；

3）系统内设备、管线按规定进行吹扫和置换，取样分析合格；

4）下水井取样分析合格，存油清理干净，排水畅通，水封完好；

5）下水井和漏斗口用石棉布盖好，并用沙土封严；

6）系统内设备人孔打开前的确认；打开的设备人孔处挂上“未经许可，禁止入内”警示牌；

7）制定停工安全、环保措施和工作危害分析记录表（JSA）；

8）装置内分析不合格点挂标识，储存物料区标识、硬隔离；

9）制定检修中防硫化亚铁自燃方案；

10）指定具有监护人资格的人员负责动火、进设备等作业的监护。

6.3 检修过程安全环保管理总体要求

装置检修的安全管理，坚持“安全第一、预防为主、综合治理”的方针和“谁主管，谁负责”“谁签发，谁负责”的原则，坚持以人为本、落实责任、强化监管，按属地化管理原则。

对于人数少的新企业要求外聘第三方HSSE监管，对于人数多的企业或自身能力能够满足要求的老企业，可根据需要由企业自行决定是否外聘第三方HSSE监管。第三方HSSE监管纳入到HSSE管理体系。

各级指挥部的安全环保消防组应按指挥部管理体系要求承担相应的管理责任。

承包商应建立健全安全管理体系，分包商的安全管理工作由总承包商负总责。

安全监督管理部门对检修过程的安全管理工作进行监督检查，指挥部的安全环保消防组负责施工过程安全检查管理。运行部负责所在区域的施工项目配合和现场安全监督检查。

装置停工检修改造环保管理总体要求是：密闭吹扫，有序排放，清洁停工，安全处置，达标排放。为做好停工和检修期间的环保工作，停工装置要落实密闭吹扫及除臭方案，对排放污水、吹扫尾气放空、工业废物处置应进行预申报，排放时必须做到先检测后排放，主管部门根据监测结果确定处理方式。对于化学清洗等产生的废水，项目管理部门在与清洗单位签订合同前要明确废水处理相关责任及要求。

6.4 检修质量管理

成立检修质量管理组织机构，明确管理职责，建立质量管理程序文件。 对承包商资质、人员、机具等进行审查。通过组织设计审查，确保设计质量。物资采购管理部门组织对采购物资进行入库检验并对重点物资进行监造。在施工过程中组织对检验检测的质量进行抽查。

6.5 变更管理

检修过程要加强变更管理，建立健全变更管理制度和工作流程，采取措施减少变更数量。原则上没有经过各级部门同意的变更不允许在检修中执行。

项目变更控制主要内容：对于试用产品、设备备件结构形式改变、材质升级要充分识别，要有专门技术论证审批过程，审批时要加强相关专业沟通确认；所有变更应事前发起，只有当变更得到批准后，才可组织实施。项目变更由变更提出单位发起申请并填写“变更申请单”，按照各企业相关制度规定的权限办理审批手续；对于因材料找价差导致的超费用计划（或工单预算），需要补办变更手续；对于不涉及费用计划的变更，如项目名称、版本号、承包商、施工方案、施工进度等也需办理相应的变更手续；对于结算费用高于非包干合同标的按各企业管理制度执行变更；投资类项目的变更参照各企业“固定资产投资过程控制管理规定”执行。

6.6 装置检修交回条件

装置检修交回确认主要内容：装置开工人员及开车保镖人员配备落实；技术、原辅材料、动力、备品备件等方面的准备；队伍技术状态、开工方案学习落实情况；现场规格化情况；工艺和设备联锁仪表校验情况；HSE措施落实情况；盲板拆除清单、技术准备情况；机、电、仪、公用工程、储运、质检等相关专业准备情况；停工临设拆除、施工尾项整改情况等。装置检修交回开工确认表见附录C。

6.7 检修后期管理

6.7.1 资料交付

承包商应在检修项目结束后30天内将竣工资料完整地交给使用单位，竣工资料交付参考SH/T 3503。

6.7.2 检修总结

装置检修结束后，要对检修改造工作进行总结，对好的做法进行总结、提炼，固化这些经验，指导今后检修改造工作；对检修改造中存在的问题，分析原因，完善措施，不断提高管理水平。

装置停工检修工作总结模板见附录D。

7 装置日常维护

7.1 日常巡检

包括操作工的日常巡检和专业人员（设备管理人员、专业维保人员、电气仪表专业人员）的日常点检。

7.2 日常维护

装置日常维护的基本内容包括：设备维护保养、设备检查和设备修理。

7.2.1 设备维护保养

设备维护保养的内容是保持设备清洁、整齐、润滑良好、安全运行，包括及时紧固松动的紧固件，调整活动部分的间隙等。简言之，即“清洁、润滑、紧固、调整、防腐”十字作业法。维护保养依工作量大小和难易程度分为装置操作工保养、专职保养维修工的保养。

7.2.1.1 装置操作工保养

主要内容是：进行清洁、润滑、紧固易松动的零件，检查零件、部件的完整。这类保养的项目和部位较少，大多数在设备的外部，如：机泵、机组的外部清洁检查、紧固。

7.2.1.2 维保人员的保养

主要内容包括对设备内部清洁、润滑、局部解体检查和调整，必要时对达到规定磨损限度的零件加以更换。此外，还要对主要零部件的磨损情况进行测量、鉴定和记录。

如：后处理生产线的定期维护保养、往复机的定期保养、加换油、更换到使用寿命的零部件等。具体标准执行通用设备的检修规程。

7.2.2 设备检查和设备修理

设备检查按时间间隔分为日常检查和定期检查。

日常检查由操作人员执行，同操作工的保养结合起来，目的是及时发现不正常的技术状况，进行必要的维护保养工作。

定期检查是按照计划，在操作工参加下，定期由维保单位执行，也就是预防性维修、基于完整性的检维修。目的是通过检查，全面准确地掌握零件磨损的实际情况，以便确定是否有进行修理的必要。

7.3 常见故障及处理方法

丁基橡胶装置主要设备常见故障及处理方法见表4。

表4 丁基橡胶装置主要设备常见故障及处理方法

序号	设备类型	故障类型	处理方法
1	循环水冷器	结垢，换热效率下降	定期进行反冲洗；必要时进行高压水清洗
2	脱汽釜	内壁挂胶、结团；机械密封泄漏	反复调整釜液位，置换釜内物料；搅拌器检查维护。更换机械密封
3	屏蔽泵	汽蚀；轴承磨损、屏蔽套磨损	定期清理过滤器；严格控制物料参数避免存有不凝气或产生汽化；定期维护检查
4	计量泵	流量不稳定	定期清理过滤器、出入口单向阀检查更换；出入口单向阀排气；隔膜检查；油系统检查并排气
5	分液罐、缓冲罐	液位计接管堵塞，液位报警	定期检查清理接管；严格监控参数值及趋势，定期进行仪表校准
6	往复式压缩机	排气温度高、气量不足	按照预期寿命进行计划维护保养；检查清理各级冷却器
7	胶粒水泵	泵堵塞、振动异常	清理泵内积胶；地脚螺栓紧固检查；联轴器叠片检查及对中检查
8	固定管板式换热器	堵塞失效；换热管腐蚀泄漏	高压水清洗换热管、封头；试压消漏
9	浮头式换热器	堵塞失效；换热管腐蚀泄漏	高压水清洗换热管、封头、壳体；试压，消漏
10	釜式换热器	换热管腐蚀泄漏	管束试压、消漏
11	塔	塔板堵塞，处理能力不足；内部构件腐蚀；本体接管腐蚀	清理；检查更换损坏内部构件

表4　丁基橡胶装置主要设备常见故障及处理方法（续）

序号	设备类型	故障类型	处理方法
12	挤压脱水机	筒体衬套、螺杆磨损；切刀、模板及调节系统故障；齿轮箱及减速机故障、油封漏油；皮带磨损；仪表故障	更换筒体及螺杆，更换模板，更换切刀、拉杆，更换迷宫密封套，更换蜗轮蜗杆。更换齿轮箱轴承、油封。检修润滑油泵，清洗润滑油过滤器。定期更换皮带。仪表系统调校
13	膨胀干燥机	筒体衬套、螺杆磨损；液压驱动系统、切刀系统和模板调节系统失效，齿轮箱、减速机系统故障，油封漏油。仪表故障	更换筒体及螺杆，检查维护液压马达系统、切刀、模板，更换拉杆，更换蜗轮蜗杆。检查齿轮箱、减速机轴承，更换油封。检查润滑油泵，油冷器和油过滤器。仪表系统调校
14	振动脱水筛	振动异常、排料异常、异响；脱水能力下降	检查并调节偏心电机；检查箱体橡皮轴承；检查箱体及各部螺栓；筛板高压水清洗
15	流化床	箱体粘胶；振动异常、异响、温度异常	清理箱体内积胶；定期检查调整或更换偏心轮、传动皮带；检查电机；检查轴承自动加脂系统；检查或更换弹簧、吸振器；检查并消除供风单元故障
16	包装机	热合不好，薄膜包装质量不符合要求	检查更换热合片和橡胶垫，维修电动滚筒，更换传输皮带。更换各执行机构的气缸。检查各零、部件的磨损情况，磨损严重时更换
17	分料机、给料机	振动异常、排料异常、异响	清理箱体内积胶；定期调整或更换皮带；检查电机；轴承加脂或更换轴承；检查或更换橡皮轴承、吸振器
18	压块机	主缸、侧缸不到位；保压压力低，液压系统液压油泄漏，控制系统故障，无法完成规定动作，仪表故障	检查液压泵和液压阀是否损坏，检查控制系统的信号输出是否正常，检查液压油过滤器是否堵塞。更换主缸、侧缸以及各液压管道密封件，更换过滤器芯。检查侧缸间隙，更换侧缸导轨、密封条
19	金属检测器	动作异常、报警不准确	调整或更换传送带；检查电机。清理传送带；校验检测器精度

附　录　A
（资料性附录）
装置停工交付检修确认表

	装置停工交付检修确认表			
	记录编号		装置	
	检修单位		时间	年　月　日
单位	确认内容	存在问题	确认意见	确认人
停工单位	1. 装置与系统是否有效隔离并提供对应的盲板表？			
	2. 是否有专用氮气线，是否专用？			
	3. 管线及容器是否吹扫干净并提供吹扫作业确认表？			
	4. 容器及塔测爆及氧含量是否合格？			
	5. 风险系数较大的作业是否进行危害识别分析			
	6. 对塔、容器仪表监控手段是否保留？			
	7. 动火作业项目是否上墙？			
	8. 对本单位、施工单位参加检修的人员安全教育并考试是否进行？			
	9. 明沟、地面上是否有油？清污分流设施是否投用？			
	10. 对装置内电缆沟是否做出明显标志？			
	11. 设备、容器、管道是否全部打开并在设备人孔处挂“危险空间！严禁入内”的警示牌？			
	12. 检修现场下水井、地漏、明沟是否封闭，泵沟等是否建立水封？			
	13. 检修设备是否停电　？			
	14. 其他			
电气部	1. 是否已按用电单位停送电要求实施停送电？			
	2. 参加大修的电气作业人员是否进行电工作业资格的确认和相应的安全教育？			
	3. 其他			
仪控部	1. 对本单位、施工单位参加检修的人员安全教育并考试是否进行？			
	2. 机柜间运行装置的机柜与检修的区域是否采用明显有效的隔离措施？			
	3. 仪表吹扫排放中相关安全环保措施是否明确落实？			

装置停工交付检修确认表(续)

<table>
<tr><td rowspan="3"></td><td colspan="6">装置停工交付检修确认表</td></tr>
<tr><td>记录编号</td><td colspan="2"></td><td>装置</td><td colspan="2"></td></tr>
<tr><td>检修单位</td><td colspan="2"></td><td>时间</td><td colspan="2">年　月　日</td></tr>
<tr><td>单位</td><td colspan="3">确认内容</td><td>存在问题</td><td>确认意见</td><td>确认人</td></tr>
<tr><td rowspan="8">仪控部</td><td colspan="3">4. 放射线同位素仪表停工检修防护措施是否落实?</td><td rowspan="8"></td><td rowspan="8"></td><td rowspan="8"></td></tr>
<tr><td colspan="3">5. 工器具是否进行相关安全检查?</td></tr>
<tr><td colspan="3">6. 重大作业项目是否编写施工作业方案和进行危害识别与评价?</td></tr>
<tr><td colspan="3">7. 高处作业的脚手架是否搭设妥当并验收合格?</td></tr>
<tr><td colspan="3">8. 每项作业施工是否具有合格的施工检修作业票?相关安全措施是否落实到位?</td></tr>
<tr><td colspan="3">9. 劳保用品穿戴是否符合要求?</td></tr>
<tr><td colspan="3">10. 检修质量和检修内容是否符合要求?</td></tr>
<tr><td colspan="3">11. 其他</td></tr>
<tr><td rowspan="3">消防部门</td><td colspan="3">1. 现场消气防器材是否齐全、完好?</td><td rowspan="3"></td><td rowspan="3"></td><td rowspan="3"></td></tr>
<tr><td colspan="3">2. 消防、疏散通道是否符合要求?</td></tr>
<tr><td colspan="3">3. 其他</td></tr>
<tr><td rowspan="6">生产部门</td><td rowspan="4">技术</td><td colspan="2">1. 检查吹扫作业票的确认签名是否落实?</td><td rowspan="6"></td><td rowspan="6"></td><td rowspan="6"></td></tr>
<tr><td colspan="2">2. 现场检查盲板是否按方案和盲板清单进行安装?</td></tr>
<tr><td colspan="2">3. 检查瓦斯、氮气和工艺介质等物料在装置边界是否进行有效隔离?</td></tr>
<tr><td colspan="2">4. 催化剂、保护剂、胺液或按方案不退的介质是否按方案要求进行了有效安全隔离?</td></tr>
<tr><td rowspan="2">管理</td><td colspan="2">1. 检查配合外系统的吹扫是否已满足要求可以停运?</td></tr>
<tr><td colspan="2">2. 其他</td></tr>
<tr><td rowspan="4">机动部门</td><td rowspan="4">设备</td><td colspan="2">1. 已按停工方案要求抽堵盲板,且要做好明显标记,并指定专人统一编号登记,严防漏堵、漏拆。盲板的材质、厚度符合安全要求</td><td rowspan="4"></td><td rowspan="4"></td><td rowspan="4"></td></tr>
<tr><td colspan="2">2. 与炉、塔、容器相连的蒸汽、氮气等有害介质的阀门,已加盲板隔离</td></tr>
<tr><td colspan="2">3. 未经吹扫处理的设备、容器、管道已与系统隔离,设置明显警示标志,并向职工和施工单位交底</td></tr>
<tr><td colspan="2">4. 冬季停工,装置要做好防冻防凝工作</td></tr>
</table>

装置停工交付检修确认表（续）

<table>
<tr><td rowspan="3"></td><td colspan="6">装置停工交付检修确认表</td></tr>
<tr><td>记录编号</td><td></td><td>装置</td><td colspan="3"></td></tr>
<tr><td>检修单位</td><td></td><td>时间</td><td colspan="3">年　月　日</td></tr>
<tr><td>单位</td><td colspan="2">确认内容</td><td>存在问题</td><td>确认意见</td><td>确认人</td></tr>
<tr><td rowspan="6">机动部门</td><td rowspan="6">动力</td><td>1. 变配电所内电气安全用具、消防器材已检查并在有效期限内</td><td rowspan="6"></td><td rowspan="6"></td><td rowspan="6"></td></tr>
<tr><td>2. 变配电所内的工器具已检查合格</td></tr>
<tr><td>3. 电气现场检修动力箱（固定）、临时变已检查合格</td></tr>
<tr><td>4. 配送电单位、施工单位参修人员已经安全教育并考试合格</td></tr>
<tr><td>5. 外来人员已经安全安全教育并考试合格</td></tr>
<tr><td>6. 工艺要提供装置停工后仍需使用的仪表清单，电气专业提供停工期间停电网络，仪表提前准备</td></tr>
<tr><td rowspan="11">安环部门</td><td rowspan="2">管理</td><td>1. 对本单位、施工单位参加检修的人员安全教育并考试是否进行？</td><td rowspan="11"></td><td rowspan="11"></td><td rowspan="11"></td></tr>
<tr><td>2. 其他（持证、保险等）</td></tr>
<tr><td rowspan="2">环保</td><td>1. 明沟、地面上是否有油？清污分流设施是否投用？</td></tr>
<tr><td>2. 其他</td></tr>
<tr><td rowspan="7">安全</td><td>1. 现场固定式可燃气体报警仪、H_2S 报警仪等探头是否进行妥善保护？</td></tr>
<tr><td>2. 对装置内电缆沟是否做出明显标志？</td></tr>
<tr><td>3. 设备、容器、管道是否全部打开并在设备人孔处挂“危险空间！严禁入内”的警示牌？</td></tr>
<tr><td>4. 检修现场下水井、地漏、明沟是否封闭，泵沟等是否建立水封？</td></tr>
<tr><td>5. 打开的设备、容器、管道测爆分析是否合格？</td></tr>
<tr><td>6. 运行的装置与检修的区域是否采用明显有效的隔离措施？存在工艺介质的工艺管线是否做出标志？</td></tr>
<tr><td>7. 其他</td></tr>
<tr><td>领导意见</td><td colspan="5"></td></tr>
</table>

附　录　B
（资料性附录）
检修施工现场 HSSE 日检表

检修施工现场 HSSE 日检表						
序号	检查内容	存在问题	检查人员	整改情况	验证人	备注
1	临时用电					
1.1	配备合格的持证电工					
1.2	配电箱合格、有防雨措施，按要求标识并上锁					
1.3	配电系统执行“三相五线制”，符合“三级配电二级保护”要求，安装匹配的漏电保护器，漏保动作灵敏好用，并进行日常试验和记录					
1.4	电缆及接头无破损，绝缘良好；铺设规范，走向清晰，标识明确					
1.5	用电严格执行“一机一闸一保护”					
1.6	按要求配置保护零线和工作零线，工作接地和重复接地完好					
1.7	安全电压符合作业环境要求					
1.8	使用工业插头、插座					
2	施工机具					
2.1	各种机具设备安全要求进行定期检查，确保完好					
2.2	设有机械保护装置（如转动设备等）的设备，保护装置处于完好状态					
2.3	用电机具、设施接地完好					
2.4	配备与作业要求相匹配的劳动防护用品					
2.5	空气压缩机压力表、安全阀等在检验期内并处于完好状态，高压气管和软管固定连接可靠					
2.6	气瓶垂直放置，瓶体固定可靠；气瓶分类摆放并保持安全距离，防护措施到位，气瓶阻火器、压力表等安全附件完好，气管无老化破损，连接可靠					
3	脚手架					

检修施工现场 HSSE 日检表（续）

检修施工现场 HSSE 日检表						
序号	检查内容	存在问题	检查人员	整改情况	验证人	备注
3.1	脚手架搭设人员是专业架子工，并持证上岗。搭设人员按要求着装，配备五点双大钩安全带					
3.2	编制脚手架搭设方案，进行安全技术交底并有记录					
3.3	按规范要求搭设脚手架，且有良好的整体稳固性					
3.4	搭设和拆除过程必须有专人监督，周边设置警戒区					
3.5	连墙件设置可靠，各节点扣件扭矩力符合要求					
3.6	通道、护栏、腰杆、踢脚板等符合要求					
3.7	作业面满铺跳板，无孔洞，跳板可靠固定且无探头板					
3.8	作业面临时放置的材料等在允许荷载范围内，严禁超载荷；放置必须稳固，无坠物风险					
3.9	脚手架搭设完成验收合格挂牌使用					
3.10	消防设施保持完好，灭火器和消防水桶按要求配置					
3.11	消防安全通道保持畅通					
3.12	用火作业前，清理周边易燃物，采取接火措施					
4	起重					
4.1	编制了吊装方案、进行交底并有记录					
4.2	起重设备操作人员、司索、指挥持有效证件					
4.3	起重机械证照齐全有效					
4.4	起重机械安全设施、附件完好					
4.5	机索具检查完好，钢丝绳无磨损，连接可靠，绳卡数量和间距满足要求					
4.6	吊装作业半径设置了警戒区，禁止无关人员入内					

检修施工现场 HSSE 日检表（续）

检修施工现场 HSSE 日检表						
序号	检查内容	存在问题	检查人员	整改情况	验证人	备注
4.7	吊装前进行评估，确保在额定起升载荷范围内进行起重作业，不得超载					
4.8	吊车支腿符合要求					
4.9	吊物捆绑符合要求，使用溜绳					
4.10	吊装作业天气、环境、风力等符合要求					
5	焊接、气割					
5.1	设备接地完好					
5.2	焊把线无破损，连接器完好					
5.3	有专人监护，接火、防火措施到位					
5.4	可燃性气瓶与胶管连接完好，无漏气，气瓶有阻火器					
5.5	现场气瓶与明火源保持安全距离					
6	受限空间					
6.1	对所要进行作业的受限空间进行吹扫、蒸煮、置换，并分析合格。所有与受限空间相连接的管线、阀门应进行有效隔离，盲板处应挂标识牌，并经工艺技术人员签字确认					
6.2	出入口内外不得有障碍物，在受限空间入口处设置“危险！严禁入内”警告牌或采取其他封闭措施					
6.3	对有可能发生硫化亚铁自燃的设备、容器必须经充分的钝化脱臭处理，并在现场配置消防水带					
6.4	《进入受限空间作业许可证》实行一点一证					
6.5	进入受限空间作业实行“三不进入”原则，即：一、没有经批准有效的《进入受限空间作业许可证》不进入；二、安全措施未落实不进入；三、监护人不在场不进入					
6.6	作业现场配备必要的救护器具和灭火器材等					

检修施工现场 HSSE 日检表（续）

检修施工现场 HSSE 日检表						
序号	检查内容	存在问题	检查人员	整改情况	验证人	备注
6.7	进入受限空间作业应使用安全电压和安全行灯					
7	作业安全					
7.1	作业前进行班前安全教育和安全技术交底，作业人员清楚当天作业内容和安全风险及注意事项。					
7.2	特殊工种持证上岗					
7.3	佩戴合格安全帽，并根据作业任务佩戴专用眼部、面部、手部等防护用品，高处作业人员系挂安全带					
8	收工检查					
8.1	配电系统一级箱断电，关闭气瓶角阀，能量上锁					
8.2	现场火种检查清理完毕。					
8.3	清理各作业面材料和杂物等，做到工完料净场地清					
8.4	落实夜间值班、巡检人员，职责到位，检查内容明确					

附　录　C

（资料性附录）

装置检修交回开工确认表

	装置检修交回开工确认表					
	记录编号		开工装置			
	使用单位		时间	年　　月　　日		
单位	要求			存在问题	确认意见	确认人
施工单位	检修项目以及改造项目已施工完成，并验收合格					
	施工用临时设施已全部拆除；现场清洁、无杂物					
	除用于开工查漏、热紧用的架子保留外，其他架子、跳板均拆除					
	设备、管线等保温复位					
	因检修拆除的劳动保护、照明设施已恢复					
	塔器设备、安全阀、现场仪表、管线等均已复位					
项目所属单位	设备位号和管道介质名称、流向标示齐全					
	检查现场设备、管线、保温等安装符合规范，试用情况正常					
	机组等设备联锁试验正常					
	工艺联锁试验正常					
	盲板拆、装清单已确认					
	装置吹扫、试压通过					
	现场消防、气防器材及岗位工器具配齐、现场环保设施投用					
	开工化工原材料准备完毕					
	备品配件齐全					
电气部	变电所已正常投用，高低压电送电正常					
	现场电气设备如电动阀、电加热器、电机等试运正常					
	现场照明等恢复正常					
仪控部	现场仪表调试、DCS 调试、联校正常					
	配合工艺、设备的联锁调试已完成					
公用工程部	循环水、新鲜水、蒸汽、仪表风／工厂风、氮气等公用介质供应正常					
储运部	储运系统已具备正常供料以及接收产品条件					

装置检修交回开工确认表（续）

<table>
<tr><td rowspan="3"></td><td colspan="5">装置检修交回开工确认表</td></tr>
<tr><td>记录编号</td><td></td><td>开工装置</td><td colspan="2"></td></tr>
<tr><td>使用单位</td><td></td><td>时间</td><td colspan="2">年　月　日</td></tr>
<tr><td>单位</td><td colspan="2">要求</td><td>存在问题</td><td>确认意见</td><td>确认人</td></tr>
<tr><td rowspan="2">化验部门</td><td colspan="2">现场采样器已复位正常</td><td rowspan="2"></td><td rowspan="2"></td><td rowspan="2"></td></tr>
<tr><td colspan="2">分析项目已具备分析条件</td></tr>
<tr><td rowspan="2">消防部门</td><td colspan="2">现场消气防器材齐全、完好</td><td rowspan="2"></td><td rowspan="2"></td><td rowspan="2"></td></tr>
<tr><td colspan="2">消防、疏散通道符合要求</td></tr>
<tr><td rowspan="6">安环部门</td><td rowspan="2">环保</td><td>现场环保设施，如清污分流设施等已投用</td><td rowspan="2"></td><td rowspan="2"></td><td rowspan="2"></td></tr>
<tr><td>后续环保装置具备接收物料条件</td></tr>
<tr><td rowspan="4">安全</td><td>现场固定式可燃气体报警仪、H_2S 报警仪等已投用</td><td rowspan="4"></td><td rowspan="4"></td><td rowspan="4"></td></tr>
<tr><td>拟开工装置与临近的检修区域已采用明显有效的隔离措施</td></tr>
<tr><td>现场安全设施如平台围栏、护栏等符合要求，现场无容易坠落物品</td></tr>
<tr><td>如有零星动火项目，火票需升级</td></tr>
<tr><td colspan="2">工程管理部门</td><td>负责的改造项目已施工完成、并验收合格</td><td></td><td></td><td></td></tr>
<tr><td rowspan="4">机动部门</td><td rowspan="2">设备</td><td>检修项目已完成，并验收合格</td><td rowspan="2"></td><td rowspan="2"></td><td rowspan="2"></td></tr>
<tr><td>保运工作已落实</td></tr>
<tr><td rowspan="2">动力</td><td>电气、仪表检修改造项目已完成，并投用正常</td><td rowspan="2"></td><td rowspan="2"></td><td rowspan="2"></td></tr>
<tr><td>电气现场检修动力箱、临时变已拆除</td></tr>
<tr><td rowspan="6">生产部门</td><td rowspan="4">技术</td><td>开工方案已审批完成</td><td rowspan="4"></td><td rowspan="4"></td><td rowspan="4"></td></tr>
<tr><td>盲板已按方案和盲板清单进行安装</td></tr>
<tr><td>开工用化工原材料已落实</td></tr>
<tr><td>其他专项方案已落实或审批</td></tr>
<tr><td rowspan="2">管理</td><td>外围的公用、储运系统以及相关装置已可支持装置开工</td><td rowspan="2"></td><td rowspan="2"></td><td rowspan="2"></td></tr>
<tr><td>开工用原料已落实</td></tr>
<tr><td colspan="2">人教部门</td><td>操作人员已经过学习、培训，并考试合格</td><td></td><td></td><td></td></tr>
<tr><td colspan="2">项目所属单位领导意见</td><td>签名：</td><td>公司意见</td><td colspan="2">签名：</td></tr>
</table>

附　录　D
（资料性附录）
装置停工检修改造工作总结模板

封面：

名称：××× 部 ××× 装置 ×××× 年 ×× 月停工检修工作总结

编写人：×××

审核人：×××

批准人：×××（运行部领导）

编写单位：中国石化 ×××× 公司 ××× 部

编写时间：×××× 年 ×× 月

正文：

（一）装置停工检修过程概述

装置开、停工、检修过程简述，本周期装置运行起止时间。

本周期装置运行中出现的主要问题。

本次停工检修、改造内容简述，检修项目计划数（包括补充、追加），检修计划完成情况。重点检修项目情况。

开停工、检修网络执行情况。

（二）主要检修内容技术总结

反应器部分

塔、容器部分

冷换设备、空冷器部分

阀门部分

管道部分

泵部分

专用机械部分

……

压力容器检验（包括缺陷返修处理）

压力管道检验（包括缺陷返修处理）

安全阀检验

其他检修方面

技术分析中要有以下内容：上次运行周期出现的问题，本次检修检查情况及采取措施；上次检修遗留问题处理情况；本周期与上周期设备隐蔽检查情况对照；重复发生问题处理方案有效性；装置系统问题；典型案例。

（三）检修计划准确性分析

（四）检修施工队伍评述

（五）材料供应评述

（六）设计质量评价

（七）检修质量评价

（八）本次检修遗留问题及预案

（九）检修管理亮点、存在的不足和下次检修需注意的问题

（十）附表

表 1　设备增加情况表

序号	位号	名称	规格型号	制造厂	数量	备注

表 2　设备拆除情况表

序号	原位号	名称	规格型号	制造厂	数量	备注

表 3　管线拆除情况表

序号	原编号	名称	规格	长度 /m	备注

表 4　设备更换情况表

序号	位号	名称	规格型号		制造厂		数量	备注
			更换前	更换后	更换前	更换后		

表 5　冷换设备检修情况表

序号	位号	名称	规格型号	抽芯清洗	试压换垫	堵管根数	管束更换

表 6　阀门检修、更换情况表（*DN*50 和 *DN*50 以上）

序号	规格型号	公称直径	检修数量	更换数量

表 7　压力容器检验情况表

序号	计划检验台数	增加变更台数	减少变更台数	实际完成台数	缺陷返修台数

表 8　压力管道检验情况表

序号	检验计划		增加变更		减少变更		实际完成	
	条数	米数	条数	米数	条数	米数	条数	米数

表 9　安全阀门检验情况表

序号	计划检验台数	增加变更台数	减少变更台数	实际完成台数

SBS 橡胶装置维护检修规程

SHZ 03017—2019

目　次

前　言

本规程按照GB/T 1.1—2009《标准化工作导则　第1部分：标准的结构和编写》给出的规则起草。

本规程由中国石油化工集团有限公司、中国石油化工股份有限公司提出。

本规程起草单位：中国石油化工股份有限公司巴陵分公司。

本规程主要起草人：严奉敬、丁振勇、杨晓亮、李凯、刘亚清。

本规程2019年首次发布。

SBS 橡胶装置维护检修规程

1 范围

本规程规定了热塑性丁苯弹性橡胶（SBS）装置（包括聚合、凝聚、后处理等单元）及其主要设备、专用设备的检修周期、检修项目、检修过程管理和日常维护的相关内容。

本规程适用于石油化工 SBS 橡胶装置的检修维护管理。

2 规范性引用文件

下列文件对于本文件的应用是必不可少的。凡是注日期的引用文件，仅所注日期的版本适用于本文件。凡是不注日期的引用文件，其最新版本（包括所有的修改单）适用于本文件。

2.1 法律法规

中华人民共和国安全生产法

中华人民共和国特种设备安全法

2.2 标准与规范

TSG 21　固定式压力容器安全技术监察规程

TSG D0001　压力管道安全技术监察规程——工业管道

TSG D7005　压力管道定期检验规则——工业管道

SH/T 3503　石油化工建设工程项目交工技术文件规定

2.3 相关规定和文献

炼油企业检修管理指南（试行版）

石油化工设备维护检修规程

石油化工设备完好标准

3 术语与定义

下列术语和定义适用于本文件。

3.1 设备功能

设备功能指的是设备的生产效率和功能，衡量设备功能的指标随设备种类不同而异。

3.2 功能故障

设备、设施不能实现其设计功能时，称之为功能故障，定义为设备、设施不能满足期望的性能标准。一般指设备失去或降低其规定功能的事件或现象，表现为设备的某些零件失去原有的精度或性能，使设备不能正常运行、技术性能降低，致使设备中断生产或效率降低而影响生产。

3.3 A 类设备

本规程规定的 A 类设备是指经过 RCM 风险评估方法得出的因设备的功能故障引起该装置停车的关键设备。

3.4 B 类设备

本规程规定的 B 类设备是指经过 RCM 风险评估方法得出的设备的功能故障虽然不引起装置的停车，但对装置的负荷、运行可靠性及产品质量具有重大影响的主要设备。

4 装置特征

SBS 橡胶装置以苯乙烯和丁二烯为原料，采用阴离子溶液聚合工艺，生产热塑性丁苯橡胶产品。SBS 橡胶装置通常由聚合、凝聚和后处理三个单元组成，其基本流程见图 1。

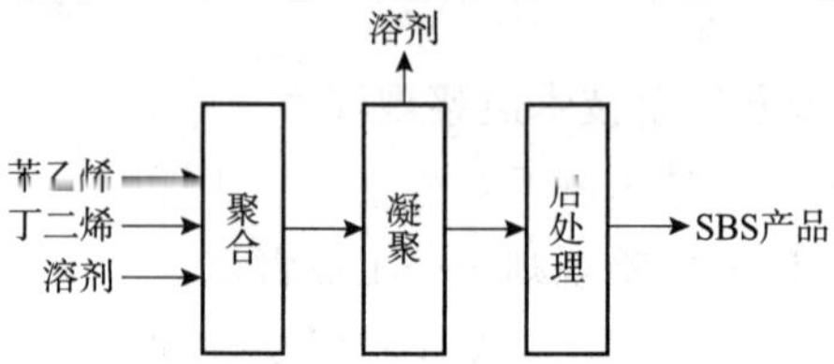

图 1 SBS 生产装置基本流程示意图

4.1 聚合单元

4.1.1 聚合单元工艺流程

SBS 是以丁二烯、苯乙烯为单体，环己烷为溶剂，正丁基锂为引发剂，四氢呋喃为活化剂，四氯化硅（或二氯二甲基硅烷）为耦合剂，经阴离子聚合反应制得。溶剂经预热后加入聚合釜，同时加入单体苯乙烯、活化剂四氢呋喃，再加入引发剂正丁基锂，引发一段反应。一段反应完全后，加入丁二烯至聚合釜中，进行二段反应。二段反应完全后，加入耦合剂进行偶合反应或加入苯乙烯进行三段反应。三段反应完全后，加入一定量的终止剂，进行终止反应。终止完全后胶液送至闪蒸罐，再经出胶泵送至凝聚单元，同时加入一定量的环烷油（充油胶）和防老剂。聚合过程放空气体经冷却后送至尾气回收装置。聚合单元工艺流程见图 2。

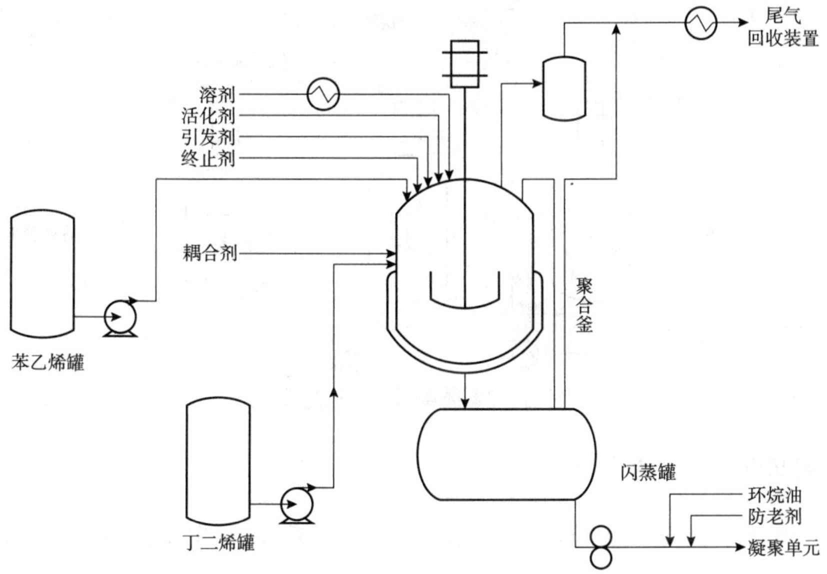

图 2　聚合单元工艺流程图

4.1.2　聚合单元工艺特性参数

1）SBS 聚合反应属于阴离子溶液聚合，其聚合机理特征为快引发、慢增长、无终止。聚合反应过程放出热量，聚合釜温度和压力随着反应进行逐渐升高，需使用循环水控制聚合反应温度。聚合反应最高温度控制在约 80～110℃，聚合釜压力约 0.1～0.4MPa。

2）聚合反应单体苯乙烯和丁二烯易自聚，需低温储存，并添加适量的阻聚剂。

3）亲电试剂，水、醇、酸等活性氢物质，氧气，二氧化碳等阻止聚合反应进行。

4.1.3　聚合单元危害特性

4.1.3.1　聚合反应单体、溶剂、活化剂等易燃易爆，吸入或接触可产生急性或慢性中毒。引发剂正丁基锂遇水遇氧易发生放热反应，高浓度丁基锂溶液遇潮湿空气易迅速燃烧。

4.1.3.2　聚合反应耦合剂遇水反应生成强腐蚀性、刺激性盐酸。

4.1.3.3　聚合反应放出热量若不能及时撤走，易发生“暴聚”，导致设备超温超压损坏。

4.1.3.4　胶液黏度高，易堵塞管道盲端或黏附釜内壁和内冷管外壁。

4.2　凝聚单元

4.2.1　凝聚单元工艺流程

凝聚单元采用水析法凝聚工艺，主要目的是回收胶液中的溶剂。胶液和热水混合后进入凝聚釜，在搅拌作用下，胶液凝聚成胶粒，依次经过凝聚首、中、末釜后送至干燥单元。凝聚中釜和末釜气相进入凝聚首釜，凝聚中釜使用蒸汽提供热量，凝聚末釜使用蒸汽喷射泵回收热量。凝聚首釜气相经冷却后进入油水分层罐回收。凝聚单元工艺流程见图3。

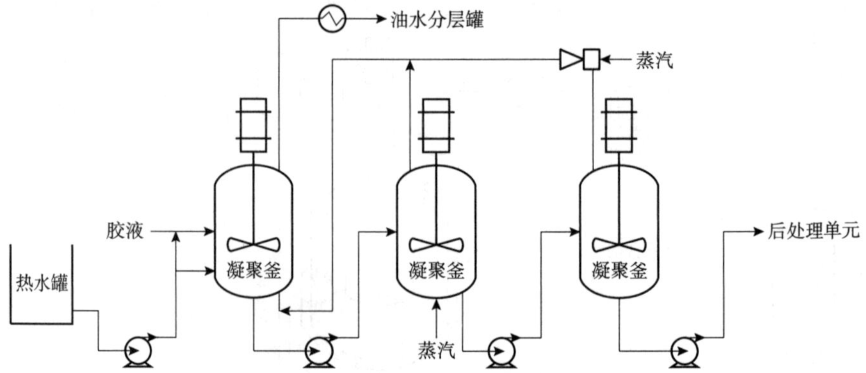

图3 凝聚单元工艺流程图

4.2.2 凝聚单元工艺特性参数

胶液在热水中凝聚成胶粒，热水温度约85～100℃，凝聚釜温度约80～110℃，凝聚釜压力约-0.05～0.15MPa。

4.2.3 凝聚单元危害特性

1）蒸汽或热水管线及热水泵、颗粒泵存在人员烫伤风险。

2）胶粒结团可能堵塞设备和管线。

3）胶液凝聚后存在设备氯离子腐蚀风险。

4.3 后处理单元

4.3.1 后处理单元工艺流程

后处理单元工艺一般为“两机”干燥工艺，其工艺流程见图4。自凝聚单元来胶粒水经缓冲罐送至脱水振动筛，热水回流至凝聚单元的热水罐循环使用，含水胶粒送至挤压机脱水机。经挤压机螺杆挤压脱水后，进入膨胀干燥机。在膨胀干燥机中经螺杆挤压、剪切升温后，在模头处膨胀闪蒸和切粒。再经热风干燥进一步脱水，最后送至产品包装线。

4.3.2 后处理单元工艺特性参数

后处理单元主要目的是将SBS橡胶产品切粒，并降低产品挥发分。干燥工艺过程包括机械挤压、热传递等物理变化。挤压机、膨胀机、SDU模头温度约100～200℃，模头压力约1～10MPa。

4.3.3 后处理单元危害特性

1）存在转动设备造成的人身伤害风险。

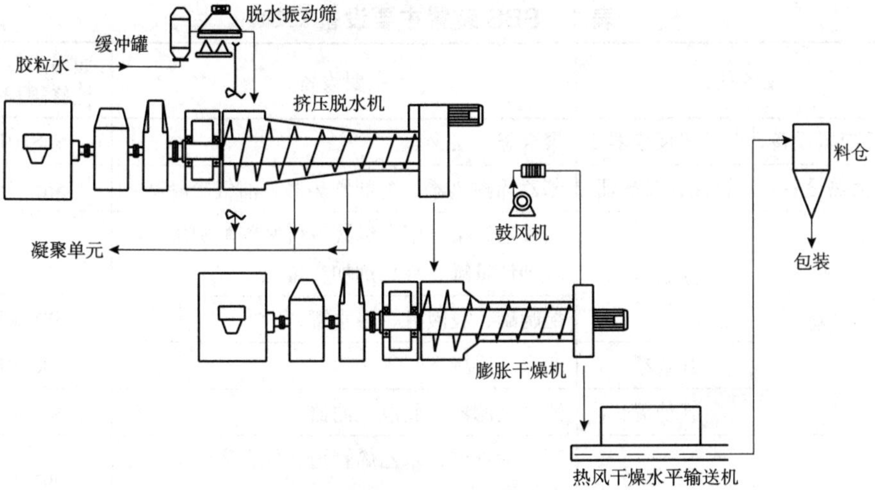

图 4 “两机”干燥单元工艺流程图

2）存在蒸汽或热水造成的人员烫伤风险。

3）存在粉尘吸入、噪声危害。

4）存在 SBS 胶粒高温塑化起火风险。

5）挤压机、膨胀机、存在堵转风险。

6）胶液凝聚后存在设备氯离子腐蚀风险。

5 检修周期及检修项目

5.1 主要设备介绍

SBS 装置主要设备见表 1。

表 1 SBS 装置主要设备

名称	设备种类		主要设备	通用、专用设备检修规程的代码
转动设备	炼油化工机械	干燥机	膨胀干燥机	SHS 03031
		挤压脱水机	挤压脱水机	SHS 03032
		振动输送机	振动输送机、振动筛、流化床	SHS 03049
		包装设备	自动包装线	SHS 01038
	泵	离心泵	溶剂泵、分层水泵、热水泵、颗粒泵	SHS 01013
		磁力泵	丁二烯加料泵、苯乙烯加料泵	SHS 01045
		螺杆泵	出胶泵、胶液泵	SHS 01016
		其他转子泵	出胶泵	SHS 01042
		往复泵	耦合剂泵、引发剂泵、活化剂泵	SHS 01015
		齿轮泵	环烷油泵、密封油泵	SHS 01017
	立式搅拌器		聚合釜、配制罐、凝聚釜、胶液灌、热水罐	SHS 01046

表 1　SBS 装置主要设备（续）

名称	设备种类		主要设备	通用、专用设备检修规程的代码
静设备	反应器设备	釜式反应器	聚合釜、凝聚釜	SHS 01004
	换热设备	管壳式换热器	苯乙烯预热器、溶剂预热器、油气冷凝器	SHS 01009
	储罐	立式罐	精苯乙烯罐、丁二烯罐、引发剂配制罐、耦合剂计量罐、终止剂加料罐	SHS 01004
			配制罐、胶液灌、热水罐、	SHS 01011
		卧式罐	油水分层罐	SHS 01011
		其他罐	油气过滤器、胶液过滤器	SHS 01004
	管道阀门	工业管道	丁二烯管道、苯乙烯管道、仪表风管道、蒸汽管道	SHS 01005
		阀门	安全阀、胶粒水阀、热水阀	SHS 01030
仪表设备	检测仪表	压力仪表、温度仪表、流量仪表、物位仪表	聚合釜液位、聚合釜压力、聚合釜温度、聚合助剂加料罐液位，聚合助剂加料罐压力、凝聚釜压力、凝聚釜液位、凝聚釜温度、胶液罐液位、胶液罐压力、聚合釜加料流量计、胶液流量计、蒸汽流量计、胶粒水流量计、冷却水流量计	SHS 07002
	控制阀	气动控制阀、偏心旋转阀、气缸执行机构、控制附件、蒸汽减温器	聚合釜釜底阀、聚合釜加料阀、聚合釜放空阀、胶液调节阀、热水调节阀、凝聚蒸汽调节阀、聚合冷却水调节阀	SHS 07004
	在线分析仪表	水分析仪、烟气排放连续检测系统、可燃气体报警器	苯乙烯微水探头、丁二烯微水探头、可燃气体检测报警仪	SHS 07006
	特殊仪表	轴振动和轴位移、转速控制仪表、称重仪表	切刀转速仪、挤压机主轴转速、膨胀干燥机主轴转速、机组振动、产品在线称重	SHS 07007
	过程控制系统	DCS、PLC	聚合 DCS 控制系统、凝聚 DCS 控制系统、后处理 PLC 控制系统	SHS 07008
	系统维护	仪表供电系统	控制仪表供电系统、控制系统供电系统	SHS 07009
	安全仪表系统	安全仪表系统	聚合 SIS 系统	SHS 07010

表 1 SBS 装置主要设备（续）

名称	设备种类	主要设备	通用、专用设备检修规程的代码
电气设备	旋转电机、调速励磁装置	聚合釜搅拌电机、低压变频器、挤压机电机、膨胀干燥机电机、凝聚釜电机	SHS 06001
	变压器、互感器	油浸变压器、干式变压器	SHS 06002
	高压开关	高压隔离开关	SHS 06003
	配电装置	低压配电柜、母线、绝缘子	SHS 06004
	低压电器	交流接触器、空气开关、热继电器、防爆电器	SHS 06005
	电源装置	直流电源装置、UPS 装置	SHS 06006
	电力线路	动力电缆、控制电缆、变频电缆	SHS 06007
	照明装置	220V 照明	SHS 06008
	接地及过电压保护装置	接地装置、过电压保护装置	SHS 06009

5.2 检修周期

5.2.1 SBS 生产装置检修应根据实际运行情况进行定期停车检修，检修周期宜按 36 个月确定。检修工期一般为 20 天，根据装置具体检修工程量和检修资源适当调整。

5.2.2 有备用设备的或日常可以进行检修的不列入大修项目（除特殊情况外）。

5.3 检修内容

5.3.1 确定检修内容的依据

1）按法律法规要求的特种设备定期检验。

2）不符合国家安全与环境保护、节能要求的设备改造和更新。

3）对本次检修或下次检修之前已到法定检验时间的计量设施。

4）设备状况

静设备：聚合釜、凝聚釜、胶液灌、热水罐等设备及其相连管线内部积胶，导致输送能力降低、产品质量降级；苯乙烯预热器、溶剂预热器、油气冷凝器和聚合釜夹套等换热设备结垢，导致温度失控；

转动设备：挤压脱水机、膨胀干燥机的螺套螺杆磨损，产量下降；减速机、液偶、支座等运行温度变高、振动变大、油封老化泄漏，影响安全运行。聚合釜、凝聚釜、胶液灌的搅拌系统中间轴承磨损、振动变大，影响安全运行；

电气设备：部件老化等原因造成运行状况恶化、性能降低等；

仪表设备：部件老化等原因造成运行状况恶化、性能降低等；

钢结构平台、设备基础、房屋等建构筑物老化、锈蚀等必须在停车检修期间内维修的项目；

安全防护设施失效。

5.3.2 检修具体内容

停车大修是对 SBS 生产装置安全环保、长周期运行及经济效益有重大影响的设备、管线、电气仪表系统、土建及基础设施等在运行周期内将要发生的功能故障进行全面检修。其他检修是除大修外对装置局部或设备本体有经济运行影响的功能故障而进行的检修。SBS 橡胶装置主要设备检修内容见表 2。

表 2 主要设备检修内容

序号	设备名称	设备功能	功能故障	故障周期／月	检修内容	设备分级
1	挤压脱水机	脱除胶粒中的游离水，切粒成型，连续稳定输送胶粒，安全运行	出口胶粒质量不合格，处理量达不到设计要求，泄漏蒸汽、胶或水，机头压力、温度不正常，油压低，机组振动大、声音异常，轴承温度高，运行电流高，液偶失效	36	1. 切粒机构检修 2. 电机大修 3. 解体检修无级变速器 4. 减速机大修或更换 5. 校直或更换螺杆轴，修理或更换螺套 6. 检查、修理或更换筒体及衬套 7. 解体检修主机轴承座，检查或更换轴承及油封等 8. 油冷却器清理检修 9. 压力计、温度计、转速仪检修检验	A
2	膨胀干燥机	高压闪蒸脱除胶粒中的水分，切粒成型，安全连续运行	出口胶粒水分超标、粒径不合格，产量达不到设计要求，泄漏蒸汽、胶或水，机头压力、温度不正常，油压低，机组振动大、声音异常，轴承温度高，运行电流高，仪表故障	36	1. 切粒机构检修 2. 电机大修 3. 解体检修无级变速器 4. 减速机大修或更换 5. 校直或更换螺杆轴，修理或更换螺套 6. 检查、修理或更换筒体及衬套 7. 解体检修主机轴承座，检查或更换轴承及油封等 8. 油冷却器清理检修 9. 压力计、温度计、转速仪检修检验	A
3	聚合釜	搅拌混合物料并提供反应空间，带走反应热量，为输送介质提供密闭通道，连续稳定安全运行	反应温度异常、压力高、釜体振动大、声音异常、设备泄漏、基础沉降、螺栓松动、超定检周期	36	1. 积胶清理 2. 夹套和内冷管清洗 3. 电机大修 4. 减速机大修或更换 5. 检查或更换支座轴承、轴封、中间轴承、底轴承 6. 检修搅拌叶、搅拌轴 7. 压力容器、安全阀定期检验，缺陷消除 8. 压力计、温度计、流量计、液位计检修检验	B

表 2 主要设备检修内容（续）

序号	设备名称	设备功能	功能故障	故障周期/月	检修内容	设备分级
4	凝聚釜	为物料提供分离析出空间，为输送介质提供密闭通道，连续稳定安全运行	介质分离效果达不到工艺要求、设备泄漏、裂纹、变形、基础沉降、螺栓松动、振动大、超定检周期	36	1. 积胶清理	B
					2. 电机大修	
					3. 减速机大修或更换	
					4. 检查或更换支座轴承、轴封、中间轴承、底轴承	
					5. 检修搅拌叶、搅拌轴	
					6. 压力容器、安全阀定期检验，缺陷消除	
					7. 压力计、温度计、流量计、液位计检修检验	
5	颗粒泵	为物料输送提供动能，为介质加压场所，为介质输送提供密闭通道，连续稳定安全运行	出口压力低、流量下降、设备泄漏、振动大、运行声音异常、轴承温度高	36	1. 解体检查各零部件的磨损、腐蚀和冲蚀情况	C
					2. 检查修理机械密封	
					3. 检查清理轴承、油封等，测量、调整轴承油封间隙，检查测量转子的各部圆跳动和间隙，检查并校正轴的直线度，测量并调整转子的轴向窜动量	
					4. 检查泵体、基础、地脚螺栓及进出口法兰的错位情况，必要时重新配管	
					5. 电机大修	
6	苯乙烯预热器	为原料提供热交换场所，为介质输送提供密闭通道，连续稳定安全运行	介质换热效果达不到工艺要求、设备泄漏、裂纹、壁厚减薄、变形、基础沉降、螺栓松动、振动大、超定检周期	72	1. 清洗管程、壳程	C
					2. 检查修理管箱及壳体、接管等密封面，更换垫片	
					3. 压力容器定期检验，缺陷消除	
					4. 水压试验或气密试验	
					5. 保温修补及防腐	
7	丁二烯罐	为物料提供储存空间，为输送介质提供密闭通道，连续稳定安全运行	设备泄漏、超定检周期、裂纹、壁厚减薄、罐体变形、基础沉降、螺栓松动、振动大	72	1. 内部清理	C
					2. 压力容器、安全阀定期检验，缺陷消除	
					3. 水压试验或气密试验	
					4. 保温修补及防腐	
					5. 压力计、温度计、流量计、液位计检修检验	

表2　主要设备检修内容（续）

序号	设备名称	设备功能	功能故障	故障周期／月	检修内容	设备分级
8	安全仪表系统	监测过程中出现的或者潜伏的一个或多个危险，发出告警信息或直接执行预定的联锁动作，保持过程安全状态	监测值失真、逻辑控制器故障、执行单元失效导致的误报或误动作	36	1. 系统除尘 2. 空调系统检修 3. 电源系统检查 4. 软硬件系统检查 5. 备品配件的可靠性投用试验 6. 接地系统检查 7. 通信网络系统检查 8. 检查：外观检查，变送器内部检查，与工艺介质连接面检查，绝缘检查 9. 联动试验	A
9	过程控制系统	周期性的读入、存储生产状态数据，按用户预定程序自动执行相应动作，实现生产过程自动化	死机，系统网络故障	36	1. 系统除尘 2. 空调系统检修 3. 电源系统检查 4. 软硬件系统检查 5. 接地系统检查 6. 通信网络系统检查	B
10	聚合放空阀、内冷阀	聚合釜超温或超压时，自动打开	不能正确开关或开关不到位，内漏	36	1. 清洗、检查阀体和全部阀件 2. 更换、修复损坏阀件 3. 研磨密封面 4. 修复中法兰、端法兰密封面 5. 更换填料、垫片 6. 气缸执行机构检查和校验	B
11	母线	汇集、分配和传送电能	局部发热，母联不能投用	36	1. 清扫灰尘，油垢、按绝缘子的有关使用要求检查其完好情况 2. 检修构架的接地部分 3. 检修补偿器 4. 检修连接部分及夹紧装置 5. 校正软母线弛度，检查有无损伤 6. 核定对地和相间安全距离 7. 绝缘瓷瓶在必要时涂刷耐污闪的绝缘加强层 8. 金属构架及构件防腐 9. 混凝土构架及构件防腐 10. 调整试验	B

6 装置检修管理

6.1 装置检修前准备工作

6.1.1 装置检修前，参检单位要做好检修作业指导书或施工方案、检修图纸、现场施工平面布置图等各类资料的准备及审核，相关检修资料最终经业主方审批确认后方可实施。

6.1.2 进入检修现场的各类施工机具、器具，必须是合格的、适用的，必须有检定合格证和标记，并在有效期内使用，严禁使用未经校验的机具。进场前，所有自检合格并贴有自检合格证的施工机具，要列出汇总清单上交给业主方，并经业主方检验后方可使用。

6.1.3 进入现场的检修耗材、配件等，必须附有质量证明文件，并在指定的地点规范存放。在安装、使用各类检修材料前，应对材料的外观质量进行检查确认，参检单位要做到领用材料检验有见证、验收有记录。

6.1.4 参检单位的所有施工人员，必须具备相应的作业资质，检修前须做好检修方案、技能方面的培训，熟悉检修项目的特点，严格按检修方案进行施工。同时，施工人员必须进行业主方相关专业的教育培训，对无相应作业资质、未经教育培训或考核不合格的人员，一律不得上岗作业。

6.2 工艺交出检修条件

在装置交付检修前，由生产管理部门和安全环保部门组织相关单位召开安全验收会，检查确认设备容器人孔拆卸、盲板加装、容器内采样分析、停电、下水井封堵等工作，经相关部门签字确认后，由装置开具用火、用电、进入受限空间等相关票证，进入检修状态。工艺交出要具备以下条件：

1）装置所有盲板按照盲板图、表安装、编号、挂牌并经工艺员、设备员、安全员已签名确认；

2）PID 图上所有系统、管线得到置换处理并做好标识；

3）系统内设备、管线按规定进行吹扫和置换，取样分析合格；

4）下水井取样分析合格，存油清理干净，排水畅通，水封完好；

5）下水井和漏斗口用石棉布盖好，并用沙土封严；

6）系统内设备人孔打开前的确认；打开的设备人孔处挂上“未经许可，禁止入内”警示牌；

7）制定停工安全、环保措施和工作危害分析记录表（JSA）；

8）装置内分析不合格点挂标识，储存物料区标识、硬隔离；

9）指定具有监护人资格的人员负责动火、进设备等作业的监护。

装置交付检修确认表见附录 A。

6.3 检修过程安全环保管理总体要求

6.3.1 安全管理总体要求

1）装置检修的安全管理，坚持“安全第一、预防为主、综合治理”的方针和“谁主管，谁负责”“谁签发，谁负责”的原则，坚持以人为本、落实责任、强化监管，按属地化管理原则。

2）对于人数少的新企业要求外聘第三方HSSE监管，对于人数多的老企业或自身能力能够满足要求的老企业，可根据需要由企业自行决定是否外聘第三方HSSE监管。第三方HSSE监管纳入到HSSE管理体系。

3）各级指挥部的安全环保消防组应按指挥部管理体系要求承担相应的管理责任。

4）安全监督管理部门对检修过程的安全管理工作进行监督检查，指挥部的安全环保消防组负责施工过程安全检查管理。运行部负责所在区域的施工项目配合和现场安全监督检查。检修施工现场HSSE日检表见附录B。

6.3.2 环保管理总体要求

装置停工检修改造环保管理总体要求是：密闭吹扫，有序排放，清洁停工，安全处置，达标排放。为做好停工和检修期间的环保工作，停工装置要落实密闭吹扫及除臭方案，对排放污水、吹扫尾气放空、工业废物处置应进行预申报，排放时必须做到先检测后排放，主管部门根据监测结果确定处理方式。对于化学清洗等产生的废水，项目管理部门在与清洗单位签订合同前要明确废水处理相关责任及要求。

6.4 检修质量管理

1）总体要求：成立检修质量管理组织机构，明确管理职责，建立质量管理程序文件。

2）对承包商资质、人员、机具等进行审查。

3）通过组织设计审查，确保设计质量。

4）物资采购管理部门组织对采购物资进行入库检验并对重点物资进行监造。

5）在施工过程中组织对检验检测的质量进行抽查。

6.5 变更管理

6.5.1 检修过程要加强变更管理，建立健全变更管理制度和工作流程，采取措施减少变更数量。原则上没有经过各级部门同意的变更不允许在检修中执行。

6.5.2 项目变更控制主要内容

1）对于试用产品、设备备件结构形式改变、材质升级要充分识别，要有专门技术论证审批过程，审批时要加强相关专业沟通确认；

2）所有变更应事前发起，只有当变更得到批准后，才可组织实施。项目变更由变更提出单位发起申请并填写“变更申请单”，按照各企业相关制度规定的权限办理审批手续；

3）对于因材料找价差导致的超费用计划（或工单预算），需要补办变更手续；

4）对于不涉及费用计划的变更，如项目名称、版本号、承包商、施工方案、施工进度等也需办理相应的变更手续；

5）对于结算费用高于非包干合同标的按各企业管理制度执行变更；

6）投资类项目的变更参照各企业“固定资产投资过程控制管理规定”执行。

6.6 装置检修交回条件

装置检修交回确认主要内容：

1）装置开工人员及开车保镖人员配备落实；

2）技术、原辅材料、动力、备品备件等方面的准备；

3）队伍技术状态、开工方案学习落实情况；

4）现场规格化情况；

5）工艺和设备联锁仪表校验情况；

6）HSSE 措施落实情况；

7）盲板拆除清单、技术准备情况；

8）机、电、仪、公用工程、储运、质检等相关专业准备情况；

9）停工临设拆除、施工尾项整改情况等。

装置检修交回开工确认表见附录 C。

6.7 检修后期管理

6.7.1 资料交付

承包商应在检修项目结束后 30 天内将竣工资料完整地交给使用单位，竣工资料交付参考《石油化工建设工程项目交工技术文件规定》（SH/T 3503—2017）。

6.7.2 检修总结

装置检修结束后，要对检修改造工作进行总结，对好的做法进行总结、提炼，固化这些经验，指导今后检修改造工作；对检修改造中存在的问题，分析原因，完善措施，不断提高管理水平。

大修总结模板见附录 D。

7 装置日常维护

7.1 装置日常维护工作内容

装置日常维护工作的内容主要为岗位操作人员或维保人员的日常巡检及异常问题处

理、备用设备的定期盘车或切换、定期检验（检测或试验）、定期检修，还包括技术管理人员的专业检查或检测。具体内容见表 3。

表 3　SBS 橡胶装置日常维护检修工作

序号	设备类型	工作内容	工作间隔	执行人
1	挤压脱水机组或膨胀干燥机组	日常巡检：机组运行电流、声音、振动情况；轴承部位温度、振动情况；润滑油压、油温、油位，油过滤器压差；模头温度、压力，进出料情况；密封点有无泄漏，机组卫生状况，安全罩等附件是否完整，剪切螺钉及各部件螺栓是否松动等等；发现异常问题及时解决。	2h	操作人员
2			12h	维保人员
3		定期检验：润滑油质	1 个月	分析人员
4		定期检修：检查修理切粒机构，调整切刀与模板间隙，添加轴承润滑油脂，清理、检查或更换模头模板、滤网，检测螺套和衬套间隙或更换螺套和衬套，检查紧固各部件螺栓。	1 个月	维修人员
5		定期检修：检查联轴器对中情况、磨损情况，添加润滑油脂。	3 个月	维修人员
6		定期检修：检修油冷却器。	12 个月	维修人员
7	振动筛或振动输送机	日常巡检：设备运行声音、振幅，轴承部位温度、振动情况，输送物料厚度、均匀度，有无泄漏，设备基础振动情况、卫生状况，安全罩等附件是否完整，连接螺栓是否松动等等，发现异常问题及时解决。（振动脱水筛筛网是否堵塞是否有积胶、老化胶、颜色胶等）	2h	操作人员
8			12h	维保人员
9		定期检修：清理积胶；检查添加轴承润滑脂；检查传动机构的灵活性；检查更换筛网及皮带；检查补焊机体裂纹；检查紧固部件及基础螺栓	1 个月	维修人员
10		定期检修：检查更换轴承、润滑脂；检查更换弹性件、减震垫；检查更换密封件	3 个月	维修人员
11	洗胶罐配制釜、胶液灌、热水罐、洗涤水罐	日常巡检：设备运行声音、机体振动情况，支座轴承部位温度、振动情况，罐内液位、压力，是否存在结团（块），有无泄漏，减速机油位，设备基础振动情况、卫生状况，安全附件是否完整，连接螺栓是否松动等等，发现异常问题及时解决。	2h	操作人员
12			12h	维保人员
13		定期维修：电机和支座轴承加润滑脂。	1 个月	维修人员
14		定期维修：减速机大修或更换，检查或更换支座轴承、油封、轴封，搅拌轴找平找正，内构件检查、修复，电机大修。	24 个月	维修人员

表 3　SBS 橡胶装置日常维护检修工作（续）

序号	设备类型	工作内容	工作间隔	执行人
15	聚合釜	日常巡检：设备运行声音、机体振动情况和电流，支座轴承部位温度、振动情况，釜内液位、压力、温度，是否存在结团（块），有无泄漏，减速机油位、油温，轴封油压、油位，设备基础振动情况、卫生状况，安全附件是否完整，连接螺栓是否松动等等，发现异常问题及时解决。	2h	操作人员
16			12h	维保人员
17		定期检验：减速机润滑油质	3 个月	分析人员
18		定期检修：积胶清理，电机大修，减速机大修或更换，检查或更换支座轴承、油封，更换轴封、中间轴承、底轴承，搅拌轴找平找正，夹套和内冷管清洗，压力容器定期检验，内构件检查、修复，仪表检定，安全阀定期校验。	24 个月	维修人员
19	凝聚釜	日常巡检：设备运行声音、机体振动情况和电流，支座轴承部位温度、振动情况，釜内液位、压力、温度，是否存在结团（块），有无泄漏，减速机油位、油温，轴封油压、油位，设备基础振动情况、卫生状况，安全附件是否完整，连接螺栓是否松动等等，发现异常问题及时解决。	2h	操作人员
20			12h	维保人员
21		定期检验：减速机润滑油质	3 个月	分析人员
22		定期维修：清理积胶，检查更换支座轴承、油封、轴封、中间轴承、底轴承，搅拌轴找平找正，内构件检查、修复。	12 个月	维修人员
23	送料风机、热风机、抽风机	日常巡检：设备运行声音、机体振动情况，支座轴承部位温度、振动情况，设备基础振动情况、卫生状况，连接螺栓是否松动等等，发现异常问题及时解决。	2h	操作人员
24			12h	维保人员
25		定期检修：电机和支座轴承加润滑脂。清理进口过滤网。	1 个月	维修人员
26		定期检修：检查或更换支座轴承、油封、轴封，电机大修。	24 个月	维修人员
27	胶粒泵、热水泵、溶剂油泵、丁二烯加料泵、苯乙烯加料泵	日常巡检：设备运行声音、压力或流量，轴封冲洗液是否正常，轴承部位温度、振动情况，轴承箱体油位，各密封点是否发生泄漏，设备基础振动情况、卫生状况，连接螺栓是否松动等等，发现异常问题及时解决。	2h	操作人员
28			12h	维保人员
29		定期盘车：备用设备顺着旋转方向盘车两周以上。	24h	操作人员
30		定期切换：备用泵与在用泵切换运行。	1 个月	操作人员
31		定期检修：电机轴承加润滑脂。	1 个月	维修人员
32		定期检修：更换润滑油。	3 个月	维修人员
33		定期检修：清理积胶或自聚物，检查更换机械密封，解体检查各零部件的磨损、冲蚀情况；检查清理轴承、油封等，测量、调整轴承油封间隙，检查测量转子的各部圆跳动和间隙，检查并校正轴的直线度，测量并调整转子的轴向窜动量，检查泵体、基础、地脚螺栓及进出口法兰的错位情况等。	12 个月	维修人员

表 3　SBS 橡胶装置日常维护检修工作（续）

序号	设备类型	工作内容	工作间隔	执行人
34	胶液泵	日常巡检：设备运行声音、压力或流量，轴封密封液是否正常，轴承部位温度、振动情况，轴承箱体油位，各密封点是否发生泄漏，设备基础振动情况、卫生状况，连接螺栓是否松动等等，发现异常问题及时解决。	2h	操作人员
35			12h	维保人员
36		定期切换：备用泵与在用泵切换运行。	1 个月	操作人员
37		定期检修：电机轴承加润滑脂。	1 个月	维修人员
38		定期检修：更换润滑油。	3 个月	维修人员
39	耦合剂泵、引发剂泵、活化剂泵	日常巡检：设备运行声音、压力或流量，传动箱油位、油温，各密封点是否发生泄漏，设备基础振动情况、卫生状况，连接螺栓是否松动等等，发现异常问题及时解决。	2h	操作人员
40			12h	维保人员
41		定期切换：备用泵与在用泵切换运行。	1 个月	操作人员
42		定期检修：电机轴承加润滑脂。	2 个月	维修人员
43		定期检修：更换润滑油。	6 个月	维修人员
44		定期检修：更换隔膜、密封圈、油封，检查更换阀球、阀座，定压阀、排气阀等。	1 个月	维修人员
45	油气冷凝器、溶剂预热器、苯乙烯罐、丁二烯罐、胶液闪蒸罐	日常巡检：设备运行压力、温度、机体振动情况，密封点泄漏情况设备基础振动情况、卫生状况，外部保温防腐情况，安全阀（铅封是否完好、下阀是否全开），压力表（表盘是否清晰，是否在检定有效期内、同一系统的压力读数是否一致等），液位计连接螺栓是否松动等等，发现异常问题及时解决。	2h	操作人员
46			12h	维保人员
47		月度检查：本体及接管等部位有无裂纹、变形、泄漏、腐蚀等缺陷，外部保温防腐有无破损、脱落，检漏孔是否通畅、漏液或漏气，设备与相邻管道或构件有无异常振动、响声或相互摩擦，支座有无损坏，基础有无下沉、倾斜、开裂，紧固件是否齐全、完好，运行时有无超温、超压等超设计的情况、接地装置是否完好，产品铭牌及有关标志是否符合规定等。	1 个月	专业人员
48		月度检查：安全阀选型是否正确、是否在校验有效期、铅封是否完好、排放是否通畅，后阀是否全开及铅封是否完好、是否有泄漏等。压力表选型是否符合要求、是否在检定有效期内、铅封或标志是否符合规定、外观、精度、量程是否符合要求、同一系统上压力表读数是否一致等。	1 个月	专业人员
49		年度检查：压力容器的安全管理制度是否齐全有效、档案资料是否完整、登记证是否与实际相符、各项记录是否符合要求、检验报告中的存在问题是否解决等。	12 个月	专业人员

表 3　SBS 橡胶装置日常维护检修工作（续）

序号	设备类型	工作内容	工作间隔	执行人
50	丁二烯管道、苯乙烯管道等压力管道	日常巡检：管道运行压力、温度、流量，有无泄漏，有无异常振动、响声或相互摩擦，卫生状况、外部保温防腐情况，安全阀铅封是否完好、下阀是否全开，压力表（表盘是否清晰，是否在检定有效期内、同一系统的压力读数是否一致等），液位计连接螺栓是否松动等等，发现异常问题及时解决。	2h	操作人员
51			12h	维保人员
52		年度检查：管道重点部位有无裂纹、变形、泄漏、腐蚀等缺陷，外部保温防腐有无破损、脱落，设备与相邻管道或构件有无异常振动、响声或相互摩擦，支吊架有无脱落、变形、腐蚀、损坏，阀门表面有无腐蚀、裂纹、缩孔，法兰有无偏口以及异常变形、泄漏等，紧固件是否齐全、有无松动、腐蚀等情况，安全阀选型是否正确、是否在校验有效期、铅封是否完好、排放是否通畅，后阀是否全开及铅封是否完好、是否有泄漏等。压力表选型是否符合要求、是否在检定有效期内、铅封或标志是否符合规定、外观、精度、量程是否符合要求、同一系统上压力表读数是否一致等。接地装置是否符合要求等。	1 个月	专业人员
53		年度检查：安全管理制度和操作规程是否齐全有效，管理人员是否持证上岗，档案资料是否完整，各项记录是否符合要求，检验报告中的存在问题是否解决等。	12 个月	专业人员

7.2　装置日常维护注意事项

1）维护人员进入装置现场，必须遵守中国石化 HSSE 相关规定，针对维护检修工作内容，开展岗位风险识别，完善工作程序，确保工作安全。

2）设备维护保养的方法实行“清洁、润滑、调整、紧固、防腐”十字操作法和“查、测、看、摸、听、比”六字检查法。巡回检查按检查的标准和路线，实行定项、定标、定法、定时、定点、定人等“六定”巡检，做好巡检记录和操作参数的核对，及时发现和处理异常问题。

3）专业技术人员加大对巡检数据的分析，加快推进应用智能化巡检手段，逐步对设备运行实现信息化过程管控，探索总结装置、设备运行规律，保障装置设备安全平稳运行。

4）定期检修主要对设备解体检查和调整，对主要零部件的磨损情况进行测量、鉴定和记录，对超标的零件加以更换或修复，具体标准执行通用设备的检修规程。

7.3　常见设备故障

SBS 生产装置设备常出现的故障模式有振动设备弹性元件失效、连接螺栓松动、皮带断裂、槽体裂纹等造成的停机，挤压脱水机、膨胀干燥机筒体螺杆磨损过度、切粒不成形以及腐蚀断裂造成的停机，搅拌类设备轴封泄漏、振动大、声音异常、内部结团等造成的停机，热水循环系统或胶粒管线结胶堵塞、腐蚀裂纹泄漏等造成的停机，换热器或聚合釜夹套结垢致使换热失效，过滤器堵塞失效等。正常生产时，经常发生的设备故障见表 4。

表 4　SBS 橡胶装置常见故障及处理

序号	设备类型	故障类型	处理方法
1	换热器类	换热管或管板腐蚀穿孔内漏	补焊或封堵漏管
		法兰处密封泄漏	更换垫片或紧固螺栓
		换热管结垢，传热效果差	化学清洗或射流清洗垢物
2	容器罐类	法兰密封泄漏	紧固螺栓或更换垫圈
		内部积胶堵塞	清理
		外部防腐隔热损坏	刷涂油漆或更换隔热层
3	立式搅拌	电机或减速机故障	修理或更换电机或减速机
		机械密封泄漏	更换机械密封
		底轴承或中间轴承磨损，径向跳动大	停车更换底轴承或中间轴承
4	工业管道	法兰泄漏	上紧螺栓、更换密封垫或带压堵漏
		管子腐蚀穿孔	补焊修复 / 带压密封堵漏 / 更换管段
5	离心泵类	内部积胶，流量或压力低	解体清理
		机械密封泄漏	更换机械密封
6	往复泵类	内部堵塞，流量或压力低	清理单向阀或过滤器
		管道系统漏气，流量或压力低	处理漏点，手动排气
7	螺杆泵类	机封磨损泄漏	更换机封
		轴承磨损，振动大	更换轴承
		压力调节阀入口积胶	清理调校
8	离心式风机类	内部堵塞，流量或压力低	解体清理
		轴承磨损，振动大温度高	修理或更换轴承
		电机故障	检修或更换电机
9	膨胀干燥机	润滑油压力低，报警或联锁停车	调整压力
		模头压力高，报警或联锁停车	清理模板
		油冷器结垢，油温高	清理油冷器
		油过滤器压差高，油压低	清理过滤器和油管
		胶粒外观质量不合格	清理模板或调整切刀
		切粒机构振动大	更换切粒机构轴承或轴
		螺套或耐磨衬套磨损	更换螺套、耐磨衬套
		减速机漏油	更换油封
		减速机故障	更换减速机
		电机故障	检修或更换减速机

表 4　SBS 橡胶装置常见故障及处理（续）

序号	设备类型	故障类型	处理方法
10	挤压脱水机	润滑油压力低，报警或联锁停车	调整压力
		模头压力高，报警或联锁停车	清理模板
		油冷器结垢，油温高	清理油冷器
		油过滤器压差高，油压低	清理过滤器和油管
		胶粒外观质量不合格	清理模板或调整切刀
		切粒机构振动大	更换切粒机构轴承或轴
		螺套或耐磨衬套磨损	更换螺套、耐磨衬套
		减速机漏油	更换油封
		减速机故障	更换减速机
		电机故障	检修或更换减速机
11	振动筛	皮带打滑	调整皮带张紧度或更换皮带
		轴承磨损，振动大声音异常	更换轴承
		偏心套与轴承座等间隙过大	检查、更换

附　录　A

（资料性附录）

装置停工交付检修确认表

装置停工交付检修确认表			
记录编号		装置	
检修单位		时间	年　　月　　日

单位	确认内容	存在问题	确认意见	确认人
停工单位	1. 装置与系统是否有效隔离并提供对应的盲板表？			
	2. 是否有专用氮气线，是否专用？			
	3. 管线及容器是否吹扫干净并提供吹扫作业确认表？			
	4. 容器及塔测爆及氧含量是否合格？			
	5. 风险系数较大的作业是否进行危害识别分析			
	6. 对塔、容器仪表监控手段是否保留？			
	7. 动火作业项目是否上墙？			
	8. 对本单位、施工单位参加检修的人员安全教育并考试是否进行？			
	9. 明沟、地面上是否有油？清污分流设施是否投用？			
	10. 对装置内电缆沟是否做出明显标志？			
	11. 设备、容器、管道是否全部打开并在设备人孔处挂“危险空间！严禁入内”的警示牌？			
	12. 检修现场下水井、地漏、明沟是否封闭，泵沟等是否建立水封？			
	13. 检修设备是否停电？			
	14. 其他			
电气部	1. 是否已按用电单位停送电要求实施停送电？			
	2. 参加大修的电气作业人员是否进行电工作业资格的确认和相应的安全教育？			
	3. 其他			
仪控部	1. 对本单位、施工单位参加检修的人员安全教育并考试是否进行？			
	2. 机柜间运行装置的机柜与检修的区域是否采用明显有效的隔离措施？			
	3. 仪表吹扫排放中相关安全环保措施是否明确落实？			
	4. 放射线同位素仪表停工检修防护措施是否落实？			
	5. 工器具是否进行相关安全检查？			

装置停工交付检修确认表（续）

<table>
<tr><td rowspan="3"></td><td></td><td colspan="4">装置停工交付检修确认表</td></tr>
<tr><td>记录编号</td><td></td><td>装置</td><td colspan="2"></td></tr>
<tr><td>检修单位</td><td></td><td>时间</td><td colspan="2">年　月　日</td></tr>
<tr><td>单位</td><td colspan="2">确认内容</td><td>存在问题</td><td>确认意见</td><td>确认人</td></tr>
<tr><td rowspan="6">仪控部</td><td colspan="2">6. 重大作业项目是否编写施工作业方案和进行危害识别与评价？</td><td rowspan="6"></td><td rowspan="6"></td><td rowspan="6"></td></tr>
<tr><td colspan="2">7. 高处作业的脚手架是否搭设妥当并验收合格？</td></tr>
<tr><td colspan="2">8. 每项作业施工是否具有合格的施工检修作业票？相关安全措施是否落实到位？</td></tr>
<tr><td colspan="2">9. 劳保用品穿戴是否符合要求？</td></tr>
<tr><td colspan="2">10. 检修质量和检修内容是否符合要求？</td></tr>
<tr><td colspan="2">11. 其他</td></tr>
<tr><td rowspan="3">消防部门</td><td colspan="2">1. 现场消、气防器材是否齐全、完好？</td><td rowspan="3"></td><td rowspan="3"></td><td rowspan="3"></td></tr>
<tr><td colspan="2">2. 消防、疏散通道是否符合要求？</td></tr>
<tr><td colspan="2">3. 其他</td></tr>
<tr><td rowspan="6">生产部门</td><td rowspan="4">技术</td><td>1. 检查吹扫作业票的确认签名是否落实？</td><td rowspan="6"></td><td rowspan="6"></td><td rowspan="6"></td></tr>
<tr><td>2. 现场检查盲板是否按方案和盲板清单进行安装？</td></tr>
<tr><td>3. 检查瓦斯、氮气和工艺介质等物料在装置边界是否进行有效隔离？</td></tr>
<tr><td>4. 催化剂、保护剂、胺液或按方案不退的介质是否按方案要求进行了有效安全隔离？</td></tr>
<tr><td rowspan="2">管理</td><td>1. 检查配合外系统的吹扫是否已满足要求可以停运？</td></tr>
<tr><td>2. 其他</td></tr>
<tr><td rowspan="4">机动部门</td><td rowspan="4">设备</td><td>1. 已按停工方案要求抽堵盲板，且要做好明显标记，并指定专人统一编号登记，严防漏堵、漏拆。盲板的材质、厚度符合安全要求。</td><td rowspan="4"></td><td rowspan="4"></td><td rowspan="4"></td></tr>
<tr><td>2. 与炉、塔、容器相连的蒸汽、氮气等有害介质的阀门，已加盲板隔离。</td></tr>
<tr><td>3. 未经吹扫处理的设备、容器、管道已与系统隔离，设置明显警示标志，并向职工和施工单位交底。</td></tr>
<tr><td>4. 冬季停工，装置要做好防冻防凝工作。</td></tr>
</table>

装置停工交付检修确认表（续）

<table>
<tr><td rowspan="3"></td><td></td><td colspan="4">装置停工交付检修确认表</td></tr>
<tr><td>记录编号</td><td></td><td>装置</td><td colspan="2"></td></tr>
<tr><td>检修单位</td><td></td><td>时间</td><td colspan="2">年　月　日</td></tr>
<tr><td>单位</td><td colspan="2">确认内容</td><td>存在问题</td><td>确认意见</td><td>确认人</td></tr>
<tr><td rowspan="6">机动部门</td><td rowspan="6">动力</td><td>1. 变配电所内电气安全用具、消防器材已检查并在有效期限内</td><td rowspan="6"></td><td rowspan="6"></td><td rowspan="6"></td></tr>
<tr><td>2. 变配电所内的工器具已检查合格</td></tr>
<tr><td>3. 电气现场检修动力箱（固定）、临时变已检查合格</td></tr>
<tr><td>4. 配送电单位、施工单位参修人员已经安全教育并考试合格</td></tr>
<tr><td>5. 外来人员已经安全安全教育并考试合格</td></tr>
<tr><td>6. 工艺要提供装置停工后仍需使用的仪表清单，电气专业提供停工期间停电网络，仪表提前准备</td></tr>
<tr><td rowspan="11">安环部门</td><td rowspan="2">管理</td><td>1. 对本单位、施工单位参加检修的人员安全教育并考试是否进行？</td><td rowspan="11"></td><td rowspan="11"></td><td rowspan="11"></td></tr>
<tr><td>2. 其他（持证、保险等）</td></tr>
<tr><td rowspan="2">环保</td><td>1. 明沟、地面上是否有油？清污分流设施是否投用？</td></tr>
<tr><td>2. 其他</td></tr>
<tr><td rowspan="7">安全</td><td>1. 现场固定式可燃气体报警仪、H_2S 报警仪等探头是否进行妥善保护？</td></tr>
<tr><td>2. 对装置内电缆沟是否做出明显标志？</td></tr>
<tr><td>3. 设备、容器、管道是否全部打开并在设备人孔处挂“危险空间！严禁入内”的警示牌？</td></tr>
<tr><td>4. 检修现场下水井、地漏、明沟是否封闭，泵沟等是否建立水封？</td></tr>
<tr><td>5. 打开的设备、容器、管道测爆分析是否合格？</td></tr>
<tr><td>6. 运行的装置与检修的区域是否采用明显有效的隔离措施？存在工艺介质的工艺管线是否做出标志？</td></tr>
<tr><td>7. 其他</td></tr>
<tr><td>领导意见</td><td colspan="5"></td></tr>
</table>

附 录 B
（资料性附录）
检修施工现场 HSSE 检查

检修施工现场 HSSE 日检表						
序号	检查内容	存在问题	检查人员	整改情况	验证人	备注
1	临时用电					
1.1	配备合格的持证电工					
1.2	配电箱合格、有防雨措施，按要求标识并上锁					
1.3	配电系统执行“三相五线制”，符合“三级配电二级保护”要求，安装匹配的漏电保护器，漏保动作灵敏好用，并进行日常试验和记录					
1.4	电缆及接头无破损，绝缘良好；铺设规范，走向清晰，标识明确					
1.5	用电严格执行“一机一闸一保护”					
1.6	按要求配置保护零线和工作零线，工作接地和重复接地完好					
1.7	安全电压符合作业环境要求					
1.8	使用工业插头、插座					
2	施工机具					
2.1	各种机具设备安全要求进行定期检查，确保完好					
2.2	设有机械保护装置（如转动设备等）的设备，保护装置处于完好状态					
2.3	用电机具、设施接地完好					
2.4	配备与作业要求相匹配的劳动防护用品					
2.5	空气压缩机压力表、安全阀等在检验期内并处于完好状态，高压气管和软管固定连接可靠					
2.6	气瓶垂直放置，瓶体固定可靠；气瓶分类摆放并保持安全距离，防护措施到位，气瓶阻火器、压力表等安全附件完好，气管无老化破损，连接可靠					

检修施工现场 HSSE 检查（续）

检修施工现场 HSSE 日检表						
序号	检查内容	存在问题	检查人员	整改情况	验证人	备注
3	脚手架					
3.1	脚手架搭设人员是专业架子工，并持证上岗。搭设人员按要求着装，配备五点双大钩安全带					
3.2	编制脚手架搭设方案，进行安全技术交底并有记录					
3.3	按规范要求搭设脚手架，且有良好的整体稳固性					
3.4	搭设和拆除过程必须有专人监督，周边设置警戒区					
3.5	连墙件设置可靠，各节点扣件扭矩力符合要求					
3.6	通道、护栏、腰杆、踢脚板等符合要求					
3.7	作业面满铺跳板，无孔洞，跳板可靠固定且无探头板					
3.8	作业面临时放置的材料等在允许荷载范围内，严禁超载荷；放置必须稳固，无坠物风险					
3.9	脚手架搭设完成验收合格挂牌使用					
3.10	消防设施保持完好，灭火器和消防水桶按要求配置					
3.11	消防安全通道保持畅通					
3.12	用火作业前，清理周边易燃物，采取接火措施					
4	起重					
4.1	编制了吊装方案、进行交底并有记录					
4.2	起重设备操作人员、司索、指挥持有效证件					
4.3	起重机械证照齐全有效					
4.4	起重机械安全设施、附件完好					
4.5	机索具检查完好，钢丝绳无磨损，连接可靠，绳卡数量和间距满足要求					
4.6	吊装作业半径设置了警戒区，禁止无关人员入内					

检修施工现场HSSE检查（续）

检修施工现场HSSE日检表						
序号	检查内容	存在问题	检查人员	整改情况	验证人	备注
4.7	吊装前进行评估，确保在额定起升载荷范围内进行起重作业，不得超载					
4.8	吊车支腿符合要求					
4.9	吊物捆绑符合要求，使用溜绳					
4.10	吊装作业天气、环境、风力等符合要求					
5	焊接、气割					
5.1	设备接地完好					
5.2	焊把线无破损，连接器完好					
5.3	有专人监护，接火、防火措施到位					
5.4	可燃性气瓶与胶管连接完好，无漏气，气瓶有阻火器，					
5.5	现场气瓶与明火源保持安全距离					
6	受限空间					
6.1	对所要进行作业的受限空间进行吹扫、蒸煮、置换，并分析合格。所有与受限空间相连接的管线、阀门应进行有效隔离，盲板处应挂标识牌，并经工艺技术人员签字确认					
6.2	出入口内外不得有障碍物，在受限空间入口处设置“危险！严禁入内”警告牌或采取其他封闭措施					
6.3	对有可能发生硫化亚铁自燃的设备、容器必须经充分的钝化脱臭处理，并在现场配置消防水带					
6.4	《进入受限空间作业许可证》实行一点一证					
6.5	进入受限空间作业实行“三不进入”原则，即：一、没有经批准有效的《进入受限空间作业许可证》不进入；二、安全措施未落实不进入；三、监护人不在场不进入					
6.6	作业现场配备必要的救护器具和灭火器材等					

检修施工现场 HSSE 检查（续）

检修施工现场 HSSE 日检表						
序号	检查内容	存在问题	检查人员	整改情况	验证人	备注
6.7	进入受限空间作业应使用安全电压和安全行灯					
7	作业安全					
7.1	作业前进行班前安全教育和安全技术交底，作业人员清楚当天作业内容和安全风险及注意事项					
7.2	特殊工种持证上岗					
7.3	佩戴合格安全帽，并根据作业任务佩戴专用眼部、面部、手部等防护用品，高处作业人员系挂安全带					
8	收工检查					
8.1	配电系统一级箱断电，关闭气瓶角阀，能量上锁					
8.2	现场火种检查清理完毕					
8.3	清理各作业面材料和杂物等，做到工完料净场地清					
8.4	落实夜间值班、巡检人员，职责到位，检查内容明确					

附 录 C
（资料性附录）
装置检修交回开工条件

<table>
<tr><td rowspan="3"></td><td colspan="5">装置检修交回开工确认表</td></tr>
<tr><td>记录编号</td><td></td><td>开工装置</td><td colspan="2"></td></tr>
<tr><td>使用单位</td><td></td><td>时间</td><td colspan="2">年　月　日</td></tr>
<tr><td>单位</td><td>要求</td><td>存在问题</td><td>确认意见</td><td>确认人</td></tr>
<tr><td rowspan="6">施工单位</td><td>检修项目以及改造项目已施工完成，并验收合格</td><td rowspan="6"></td><td rowspan="6"></td><td rowspan="6"></td></tr>
<tr><td>施工用临时设施已全部拆除；现场清洁、无杂物</td></tr>
<tr><td>除用于开工查漏、热紧用的架子保留外，其他架子、跳板均拆除</td></tr>
<tr><td>设备、管线等保温复位</td></tr>
<tr><td>因检修拆除的劳动保护、照明设施已恢复</td></tr>
<tr><td>塔器设备、安全阀、现场仪表、管线等均已复位</td></tr>
<tr><td rowspan="9">项目所属单位</td><td>设备位号和管道介质名称、流向标示齐全</td><td rowspan="9"></td><td rowspan="9"></td><td rowspan="9"></td></tr>
<tr><td>检查现场设备、管线、保温等安装符合规范，试用情况正常</td></tr>
<tr><td>机组等设备联锁试验正常</td></tr>
<tr><td>工艺联锁试验正常</td></tr>
<tr><td>盲板拆、装清单已确认</td></tr>
<tr><td>装置吹扫、试压通过</td></tr>
<tr><td>现场消防、气防器材及岗位工器具配齐、现场环保设施投用</td></tr>
<tr><td>开工化工原材料准备完毕</td></tr>
<tr><td>备品配件齐全</td></tr>
<tr><td rowspan="3">电气部</td><td>变电所已正常投用，高低压电送电正常</td><td rowspan="3"></td><td rowspan="3"></td><td rowspan="3"></td></tr>
<tr><td>现场电气设备如电动阀、电加热器、电机等试运正常</td></tr>
<tr><td>现场照明等恢复正常</td></tr>
<tr><td rowspan="2">仪控部</td><td>现场仪表调试、DCS 调试、联校正常</td><td rowspan="2"></td><td rowspan="2"></td><td rowspan="2"></td></tr>
<tr><td>配合工艺、设备的联锁调试已完成</td></tr>
<tr><td>公用工程部</td><td>循环水、新鲜水、蒸汽、仪表风 / 工厂风、氮气等公用介质供应正常</td><td></td><td></td><td></td></tr>
<tr><td>储运部</td><td>储运系统已具备正常供料以及接收产品条件</td><td></td><td></td><td></td></tr>
</table>

装置检修交回开工条件（续）

<table>
<tr><td rowspan="3"></td><td colspan="5">装置检修交回开工确认表</td></tr>
<tr><td>记录编号</td><td colspan="2"></td><td>开工装置</td><td colspan="2"></td></tr>
<tr><td>使用单位</td><td colspan="2"></td><td>时间</td><td colspan="2">年　月　日</td></tr>
<tr><td colspan="2">单位</td><td>要求</td><td>存在问题</td><td>确认意见</td><td>确认人</td></tr>
<tr><td colspan="2">化验部门</td><td>现场采样器已复位正常</td><td rowspan="2"></td><td rowspan="2"></td><td rowspan="2"></td></tr>
<tr><td></td><td colspan="2">分析项目已具备分析条件</td></tr>
<tr><td colspan="2">消防部门</td><td>现场消、气防器材齐全、完好</td><td rowspan="2"></td><td rowspan="2"></td><td rowspan="2"></td></tr>
<tr><td></td><td colspan="2">消防、疏散通道符合要求</td></tr>
<tr><td rowspan="6">安环部门</td><td rowspan="2">环保</td><td>现场环保设施，如清污分流设施等已投用</td><td rowspan="2"></td><td rowspan="2"></td><td rowspan="2"></td></tr>
<tr><td>后续环保装置具备接收物料条件</td></tr>
<tr><td rowspan="4">安全</td><td>现场固定式可燃气体报警仪、H_2S 报警仪等已投用</td><td rowspan="4"></td><td rowspan="4"></td><td rowspan="4"></td></tr>
<tr><td>拟开工装置与临近的检修区域已采用明显有效的隔离措施</td></tr>
<tr><td>现场安全设施如平台围栏、护栏等符合要求，现场无容易坠落物品</td></tr>
<tr><td>如有零星动火项目，火票需升级</td></tr>
<tr><td colspan="2">工程管理部门</td><td>负责的改造项目已施工完成、并验收合格</td><td></td><td></td><td></td></tr>
<tr><td rowspan="4">机动部门</td><td rowspan="2">设备</td><td>检修项目已完成，并验收合格</td><td rowspan="2"></td><td rowspan="2"></td><td rowspan="2"></td></tr>
<tr><td>保运工作已落实</td></tr>
<tr><td rowspan="2">动力</td><td>电气、仪表检修改造项目已完成，并投用正常</td><td rowspan="2"></td><td rowspan="2"></td><td rowspan="2"></td></tr>
<tr><td>电气现场检修动力箱、临时变已拆除</td></tr>
<tr><td rowspan="6">生产部门</td><td rowspan="4">技术</td><td>开工方案已审批完成</td><td rowspan="4"></td><td rowspan="4"></td><td rowspan="4"></td></tr>
<tr><td>盲板已按方案和盲板清单进行安装</td></tr>
<tr><td>开工用化工原材料已落实</td></tr>
<tr><td>其他专项方案已落实或审批</td></tr>
<tr><td rowspan="2">管理</td><td>外围的公用、储运系统以及相关装置已可支持装置开工</td><td rowspan="2"></td><td rowspan="2"></td><td rowspan="2"></td></tr>
<tr><td>开工用原料已落实</td></tr>
<tr><td colspan="2">人教部门</td><td>操作人员已经过学习、培训，并考试合格</td><td></td><td colspan="2"></td></tr>
<tr><td colspan="2">项目所属单位领导意见</td><td>签名：</td><td>公司意见</td><td colspan="2">签名：</td></tr>
</table>

附　录　D
（资料性附录）
装置停工检修工作总结模板
（设备专业）

封面：

名称：××× 部 ××× 装置 ×××× 年 ×× 月停工检修工作总结

编写人：×××

审核人：×××

批准人：×××（运行部领导）

编写单位：中国石化 ×××× 公司 ××× 部

编写时间：×××× 年 ×× 月

正文：

（一）装置停工检修过程概述

装置开、停工、检修过程简述，本周期装置运行起止时间。

本周期装置运行中出现的主要问题。

本次停工检修、改造内容简述，检修项目计划数（包括补充、追加），检修计划完成情况。重点检修项目情况。

开停工、检修网络执行情况。

（二）主要检修内容技术总结

反应器部分

塔、容器部分

冷换设备、空冷器部分

阀门部分

管道部分

泵部分

专用机械部分

……

压力容器检验（包括缺陷返修处理）

压力管道检验（包括缺陷返修处理）

安全阀检验

其他检修方面

技术分析中要有以下内容：上次运行周期出现的问题，本次检修检查情况及采取措施；上次检修遗留问题处理情况；本周期与上周期设备隐蔽检查情况对照；重复发生问题处理方案有效性；装置系统问题；典型案例。

（三）检修计划准确性分析

（四）检修施工队伍评述

（五）材料供应评述

（六）设计质量评价

（七）检修质量评价

（八）本次检修遗留问题及预案

（九）检修管理亮点、存在的不足和下次检修需注意的问题

（十）附表

表 1　设备增加情况表

序号	位号	名称	规格型号	制造厂	数量	备注

表 2　设备拆除情况表

序号	原位号	名称	规格型号	制造厂	数量	备注

表 3　管线拆除情况表

序号	原编号	名称	规格	长度 /m	备注

表 4　设备更换情况表

序号	位号	名称	规格型号		制造厂		数量	备注
			更换前	更换后	更换前	更换后		

表 5　冷换设备检修情况表

序号	位号	名称	规格型号	抽芯清洗	试压换垫	堵管根数	管束更换

表 6　阀门检修、更换情况表（*DN*50 和 *DN*50 以上）

序号	规格型号	公称直径	检修数量	更换数量

表 7　压力容器检验情况表

序号	计划检验台数	增加变更台数	减少变更台数	实际完成台数	缺陷返修台数

表 8　压力管道检验情况表

序号	检验计划		增加变更		减少变更		实际完成	
	条数	米数	条数	米数	条数	米数	条数	米数

表 9　安全阀门检验情况表

序号	计划检验台数	增加变更台数	减少变更台数	实际完成台数

环己酮装置维护检修规程

SHZ 03018—2019

目　次

前 言

本规程按照GB/T 1.1—2009《标准化工作导则 第1部分：标准的结构和编写》给出的规则起草。

本规程由中国石油化工集团有限公司、中国石油化工股份有限公司提出。

本规程起草单位：中国石油化工股份有限公司巴陵分公司。

本规程主要起草人：付先国、喻志龙、张国。

本规程2019年首次发布。

环己酮装置维护检修规程

1 范围

1.1 本规程规定了环己酮装置（包括苯加氢、氧化烷塔、真空精馏、环己醇脱氢四个单元）及其主要设备、专用设备的检修周期、检修项目及质量要求、检修过程管理和日常维护的相关内容。
1.2 本规程适用于环己酮装置（环己烷氧化法）的检修维护管理。

2 规范性引用文件

下列文件对于本文件的应用是必不可少的。凡是注日期的引用文件，仅所注日期的版本适用于本文件。凡是不注日期的引用文件，其最新版本（包括所有的修改单）适用于本文件。

2.1 法律法规

中华人民共和国安全生产法
中华人民共和国特种设备安全法

2.2 标准与规范

TSG 21 固定式压力容器安全技术监察规程
TSG D0001 压力管道安全技术监察规程——工业管道
TSG D7005 压力管道定期检验规则——工业管道
SH/T 3503 石油化工建设工程项目交工技术文件规定

2.3 相关规定和文献

炼油企业检修管理指南（试行版）
石油化工设备维护检修规程
石油化工设备完好标准

3 术语与定义

下列术语和定义适用于本文件。

3.1 设备功能

设备功能指的是设备的生产效率和功能，衡量设备功能的指标随设备种类不同而异。

3.2 功能故障

设备、设施不能实现其设计功能时，称之为功能故障，定义为设备、设施不能满足期望的性能标准。一般指设备失去或降低其规定功能的事件或现象，表现为设备的某些零件失去原有的精度或性能，使设备不能正常运行、技术性能降低，致使设备中断生产或效率降低而影响生产。

3.3 A 类设备

本规程规定的 A 类设备是指经过 RCM 风险评估方法得出的因设备的功能故障引起该装置停车的关键设备。

3.4 B 类设备

本规程规定的 B 类设备是指经过 RCM 风险评估方法得出的设备的功能故障虽然不引起装置的停车，但对装置的负荷、运行可靠性及产品质量具有重大影响的主要设备。

4 装置特征

环己酮装置采用环己烷液相无催化空气氧化的工艺制得环己酮，主要分为苯加氢单元、环己烷氧化分解单元、精馏单元、环己醇脱氢单元等，其基本工艺流程见图 1。

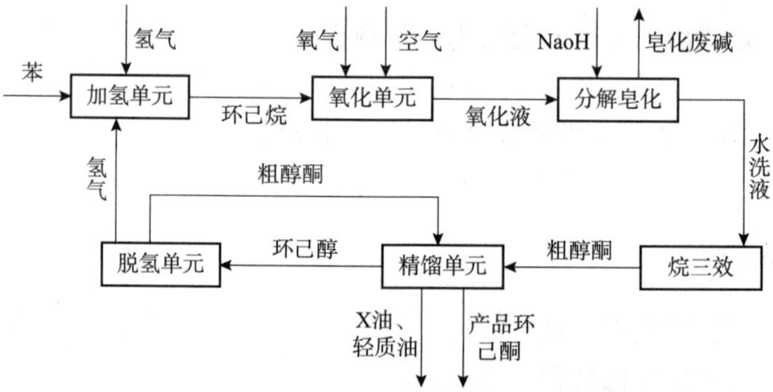

图 1　环己酮装置基本工艺流程

氢气以镍作催化剂在一定温度和压力下与苯进行加氢反应制得环己烷；加氢单元制得的环己烷在一定的压力和温度下进行液相无催化氧化，控制一定的转化率，获得含环己基过氧化氢较高的氧化反应液，氧化反应液中的环己基过氧化氢，在钴盐催化下，低温定向分解，以得到醇酮收率高的氧化分解液，经皂化分离和水洗分离，除去无机物后，氧化液经烷精馏分离，所得未反应的环己烷返回氧化单元循环使用。粗醇酮和来自脱氢的粗酮进入轻、酮、醇塔减压精馏，除去水、轻组分、重组分，得到产品环己酮和送去脱氢单元的环己醇。环己醇脱氢单元将来自精馏的环己醇，在锌钙触媒存在下，常压高温脱氢，制得粗环己酮送去精馏，副产氢气去加氢作原料。

4.1 苯加氢单元

4.1.1 苯加氢单元工艺流程

苯分子在一定的温度、压力和催化剂存在的条件下，与氢分子发生加成反应，生成环己烷，并放出大量的反应热。

$$C_6H_6+3H_2 \xrightarrow[135\sim180℃]{Ni\text{-}Al_2O_3} C_6H_{12}+\Delta H,\quad \Delta H=-216.5kJ/mol$$

$$C_7H_8+3H_2 \xrightarrow[180℃]{Ni\text{-}Al_2O_3} C_7H_{14}+\Delta H,\quad \Delta H=-204kJ/mol$$

4.1.2 苯加氢单元工艺特性参数（表 1）

表 1　苯加氢单元工艺重点监控的工艺参数

序号	指标名称	单位	指标	备注
1	苯投料量	m^3/h	1.0～9.5	
2	加氢汽化器出口温度	℃	130.0～180.0	
3	反应热点温度	℃	140.0～220.0	
4	加氢末级反应器床层温度	℃	128.0～200.0	
5	氢气总管压力（表）	MPa	0.60～0.85	
6	系统压力（表）	MPa	0.50～0.80	
7	加氢烷中间槽液位	%	30～70	
8	加氢尾气含氢（体积分数）	%	≥60	
9	加氢前反应器夹套液位	%	50～85	
10	加氢后反应器夹套液位	%	50～90	

4.1.3 苯加氢单元危害特性

1）反应物料苯、氢均具有燃爆危险性，氢气的爆炸极限为 4%～75%，具有高燃爆危险特性，苯有一定毒性；

2）加氢为强烈的放热反应，氢气在高温高压下与钢材接触，钢材内的碳分子易与氢气发生反应生成碳氢化合物，使钢制设备强度降低，发生氢脆；

3）催化剂再生和活化过程中易引发爆炸；

4）加氢反应尾气中有未完全反应的氢气和其他杂质在排放时易引发着火或爆炸。

4.2 环己烷氧化单元

4.2.1 环己烷氧化单元工艺流程

液相环己烷与空气中的氧在 1.0～1.15MPa，163～180℃条件下发生氧化反应，生成环己基过氧化氢（CHHP）、醇、酮、酸、酯等多种产物。

氧化反应主要反应如下：

$$C_6H_{12} + O_2 \longrightarrow C_6H_{11}OOH - 113.5kJ/mol$$

$$C_6H_{12} + {}^1/_2O_2 \longrightarrow C_6H_{11}OH - 201kJ/mol$$

$$C_6H_{12}+O_2 \longrightarrow C_6H_{10}O + H_2O - 355.9kJ/mol$$

此外还有副反应：

$$C_6H_{11}OH + 2O_2 \longrightarrow HOOC(CH_2)_4COOH + H_2O - 842.4kJ/mol$$

$$C_6H_{10}O + {}^2/_3O_2 \longrightarrow HOOC(CH_2)_4COOH - 703.0kJ/mol$$

氧化反应产生大量的反应热，反应热是通过蒸发一部分未转化的环己烷而移出，使反应温度适宜。

4.2.2 环己烷氧化单元工艺特性参数（表 2）

表 2 环己烷氧化单元工艺重点监控的工艺参数

序号	指标名称		单位	指标	备注
1	氧化系统压力（表）		MPa	1.05～1.15	
2	1#、2# 分解釜压力（表）		MPa	0.28～0.36	
3	3# 分解釜压力（表）		MPa	0.70～0.95	
4	氧化反应釜温		℃	163～181	
5	1# 分解釜温		℃	70.0～100.0	
6	2# 分解釜温		℃	80.0～100.0	
7	2# 分解釜温		℃	88.0～105.0	
8	7# 氧化釜液位		%	40.0～70.0	
9	2# 分解釜液位		%	40.0～70.0	
10	洗涤塔釜液位		%	40.0～60.0	
11	直接热交换塔釜液位		%	40.0～60.0	
12	尾气吸收塔釜液位		%	25.0～70.0	
13	皂化分离器界面		%	30.0～85.0	
14	第一水洗分离器 B 界面		%	5.0～30.0	
15	第二水洗分离器 B 界面		%	30.0～70.0	
16	第二水洗分离器 C 界面		%	0.5～45.0	
17	聚结器界面		%	5.0～30.0	
18	烷水分离器界面		%	5～40	
19	氧化尾气含氧（体积分数）	总管	%	1.5～3.0	
		单釜		1.0～3.5	

4.2.3 环己烷氧化单元危害特性

1）反应原料及产品具有燃爆危险性；

2）反应气相组成容易达到爆炸极限，具有闪爆危险；

3）氧化反应生成酸性物质，对设备管线有较强腐蚀性，容易造成泄漏；

4）产物中易生成过氧化物，化学稳定性差，受高温、摩擦或撞击作用易分解、燃烧或爆炸。

4.3 精馏单元

4.3.1 精馏单元工艺流程

由于不同的液体物质在同一温度和压力下有着不同的饱和蒸汽压，也就是挥发度不同，饱和蒸汽压大的液体，挥发度大，易挥发。饱和蒸汽压力小的液体，挥发度小，难挥发。精馏过程就是根据物质的这一性质使多组分混合物在精馏塔中加热，经多次反复部分汽化部分冷凝，使轻重组分在汽液两相间不断发生传质作用，直至将混合液分离提纯。

其分为环己酮真空精馏、环己烷加压精馏两部分。精馏的组分有环己烷、轻质油（正戊醇、环己烯等多种比环己酮沸点低的组合）、环己酮、环己醇、X油（多组分高沸物）等，共用5个填料塔和3个导向浮阀塔将它们分离。

4.3.2 精馏单元工艺危害特性

1）精馏过程的物料具有燃爆危险性；

2）真空精馏泄漏时，空气易进入真空系统引起燃烧或形成爆炸性混合气体；

3）加压精馏系统压力控制不当，易造成系统超压，使设备损坏，物料泄漏；

4）精馏系统温度控制不当，易造成爆沸或拦液，使尾气带料或塔内物料缩聚引发事故。

4.3.3 精馏单元工艺特性参数（表3）

表3　精馏单元工艺重点监控的工艺参数

序号	指标名称	单位	指标	备注
1	烷一塔顶压力（表压）	MPa	0.35～0.45	
2	烷一塔顶温	℃	135.0～145.0	
3	烷一塔釜液位	%	50～90	
4	烷一闪蒸罐液位	%	30～70	
5	烷一闪蒸罐压力	MPa	0.45～0.55	
6	烷一中间罐液位	%	30～70	
7	烷一、二塔回流槽液	%	40～90	
8	烷二塔顶温	℃	116.0～124.0	

表 3　精馏单元工艺重点监控的工艺参数（续）

序号	指标名称	单位	指标	备注
9	烷二塔釜液位	%	50～99	
10	烷三塔顶压力（表压）	kPa	1.0～10.0	
11	烷三塔顶温	℃	77.0～88.0	
12	烷三塔大釜温度	℃	88.0～102.0	
13	烷三塔小釜温度	℃	125.0～145.0	
14	烷三塔釜液位	%	13.0～70.0	
15	烷三回流槽液位	%	45.0～70.0	
16	烷四塔回流量	m^3/h	1.0～5.0	
17	烷四塔大塔釜温度	℃	108.0～130.0	
18	烷四塔小塔釜温度	℃	122.0～140.0	
19	烷四塔塔顶温度	℃	75.0～120.0	
20	烷四塔塔顶绝压	kPa	28.0～50.0	
21	烷四塔塔釜液位	%	20～70	
22	烷四塔回流槽液位	%	30～60	
23	轻塔釜温度	℃	115.0～134.0	
24	轻塔顶绝压	kPa	25.0～35.0	
25	轻塔再沸器蒸气压力	MPa	0.15～0.70	
26	轻二塔釜温	℃	115.0～130.0	
27	轻二塔顶绝压	kPa	30.0～60.0	
28	轻二塔釜液位	%	35.0～75.0	
29	轻二塔回流槽液位	%	30.0～80.0	
30	酮一塔釜液位	%	50.0～80.0	
31	酮一塔回流槽液位	%	30.0～70.0	
32	酮一塔顶温	℃	52.0～71.0	
33	酮一塔再沸器压力	MPa	0.080～0.40	
34	酮一二塔顶绝压	kPa	1.0～5.0	
35	酮二塔釜液位	%	20.0～50.0	
36	酮二塔回流槽液位	%	30.0～70.0	
37	酮二塔顶温	℃	38.0～68.0	
38	酮二塔再沸器压力	MPa	0.1～0.60	
39	新醇塔小塔釜液位	%	15.0～70.0	
40	新醇塔回流槽液位	%	30.0～70.0	
41	新醇塔大塔釜温度	℃	100.0～145.0	

表 3　精馏单元工艺重点监控的工艺参数（续）

序号	指标名称	单位	指标	备注
42	新醇塔小塔釜温度	℃	135.0～170.0	
43	新醇塔顶绝压	kPa	0.1～1.0	

4.4　环己醇脱氢单元

4.4.1　环己醇脱氢单元工艺流程

环己醇在锌钙催化剂作用下，在 350～405℃吸收热量而发生脱氢反应，生成环己酮放出氢气 。

$$C_6H_{11}OH \xrightarrow[ZnO\sim CaCO_3]{350\sim405℃} C_6H_{10}O + H_2\uparrow + \Delta H,\quad \Delta H=60.7kJ/mol$$

在发生上述主反应的同时，还伴随副反应：

$$C_6H_{11}OH \longrightarrow C_6H_{10}\text{（环己烯）} + H_2O$$

$$C_6H_{10}O \longrightarrow C_6H_8O\text{（环己烯酮）} + H_2\uparrow$$

4.4.2　环己醇脱氢单元工艺特性参数（表 4）

表 4　环己醇脱氢工艺重点控制的工艺参数

序号	指标名称	单位	指标	备注
1	醇汽化器蒸汽压力（表）	MPa	1.0～2.4	
2	反应器热点温度	℃	360.0～420.0	
3	炉膛底部温度	℃	450.0～950.0	
4	余热锅炉蒸汽压力	MPa	0.30～0.80	
5	余热锅炉水液位	%	40.0～85.0	
6	脱氢加料泵泵出口压力	MPa	0.40～0.80	
7	脱氢炉尾气含氧量	%	4.0～8.0	

4.4.3　环己醇脱氢单元工艺危害特性

1）反应涉及的环己醇、环己酮及氢气具有燃爆危险性；

2）反应温度较高，设备受热不均容易发生泄漏；高温反应设备易发生氢腐蚀，使设备损坏；

3）反应热量由明火加热炉提供，易发生炉膛超温、干烧等危险，物料泄漏进入加热炉易发生爆炸；

4）传热介质硝酸钾、亚硝酸钠为强氧化性物质，与还原剂或有机物接触容易引起燃烧。温度接近 800℃时可与碳钢发生剧烈反应，烧坏设备。

5 检修周期及检修项目

5.1 主要设备介绍

环己酮装置主要设备见表5。

表5 主要设备

名称	设备种类		主要设备	通用、专用设备检修规程的代码
动设备	压缩机	离心式压缩机	空压机	SHS 01018
		活塞式压缩机	氢气循环压缩机、氢气压缩机、氧化尾气压缩机	SHS 01020
	风机	罗茨鼓风机	精馏管道风机	SHS 01024
	泵	离心泵	热水循环泵、萃取水泵、萃取一塔釜液泵、萃取二塔釜液泵、高温水泵、送烷泵、烷一二塔回流泵、烷一二塔出料泵、烷三塔回流泵、烷三塔釜液泵、烷三塔出料泵、分解输送泵、加压泵、新碱泵、回收水泵、1#分解釜出料泵、烷四塔釜液泵、热交换塔釜液泵、轻塔加料泵、轻塔回流泵、轻塔釜液泵、酮塔回流泵、酮塔釜液泵、醇塔釜液泵、醇塔回流泵、轻质油泵、间冷水泵、脱氢加料泵、冷煤水泵、氧化吸收液补加泵	SHS 01013
		离心泵（液下泵）	废碱泵、熔盐泵、熔盐循环泵	SHS 01013
		磁力泵	洗涤塔釜液泵 热交换塔釜液泵	SHS 01045
		屏蔽泵	萃取补加烷泵、苯泵、氧化吸收液循环泵、烷四塔回流泵	SHS 01043
		隔膜泵	氧化催化剂补加泵	SHS 01015
		液环泵	轻塔真空泵、酮塔真空泵、醇塔真空泵、烷四塔真空泵	SHS 01069
	搅拌机	立式搅拌器	氧化触煤搅拌泵 分解搅拌	SHS 01046
	制冷设备	螺杆式制冷机	氨压机	SHS 01021
		其他制冷机	单效溴化锂主机	SHS 04532
静设备	反应器	固定床反应器	加氢前反应器、加氢后反应器、脱氢反应器	SHS 01006 SHS 01004
		釜式反应器（压力容器）	氧化釜、分解釜	SHS 03021 SHS 01004

表 5　主要设备（续）

名称	设备种类		主要设备	通用、专用设备检修规程的代码
静设备	换热器	管壳式换热器（压力容器）	氢气预冷器、氢气预热器、氢气换热器、苯加热器、苯预热器、苯汽化器、加氢循环水冷凝器、加氢低温水冷凝器、氢压机冷却器、废碱循环水冷却器、废碱低温水冷却器、循环碱冷却器、烷三塔循环水冷凝器、烷三塔低温水冷却器、烷四循环水冷凝器、烷四低温水冷凝器、粗醇酮补加冷却器、烷四塔釜液换热器、废碱再沸器、烷四塔再沸器、烷四塔釜液换热器、尾气压缩机、冷却器、烷一塔再沸器、烷二塔再沸器、烷三塔再沸器、氧化吸收塔冷却器、洗涤塔冷却器、洗涤塔换热器、氧化进料预热、氧化进料加热器、氧化液换热器、氧化液第二热交换器、氧化液冷却器、尾气分析冷凝器、热烷加热器、氧化氨蒸发器（吸收液冷却器）、氧化氨再蒸发器、分解尾气低温水冷凝器、轻塔再沸器、酮一塔再沸器、酮二塔再沸器、轻二塔再沸器、醇塔大再沸器、醇塔塔釜再沸器、脱氢熔盐过热器、脱氢低温水冷凝器、脱氢循环水冷凝器、醇脱氢热交换器、脱氢第二换热器、醇脱氢蒸发器、氨冷凝器、液态烃汽化器、加热炉热管蒸发器	SHS 01009 SHS 01004
		管壳式换热器（常压容器）	废碱循环水冷却器、废碱低温水冷却器、循环碱冷却器、烷三塔循环水冷凝器、烷三塔低温水冷却器、烷四循环水冷凝器、烷四低温水冷凝器、粗醇酮补加冷却器、烷四塔釜液换热器 轻塔循环水冷却器、轻塔低温水冷却器、酮一塔间冷器（蒸汽喷射泵）、酮一塔循环水冷凝器、酮一塔低温水冷凝器、酮二塔釜液换热器、酮二塔循环水冷却器、酮二塔低温水冷却器、轻二塔循环水冷却器、轻二塔低温水冷凝器、醇塔循环水冷却器、醇塔低温水冷凝器、醇塔间冷器（蒸汽喷射泵）	SHS 01009
	罐类	立、卧式罐（压力容器）	加氢反应器汽水分离器、尾气缓冲罐、环己烷中间槽、氢压机氢气分离罐、氢压机缓冲罐、仪表风缓冲罐、疏水罐、氢气预冷器分液包、高温水槽、氢气阻火器、尾气捕集器、活性炭罐、9#.10#空压机仪表风缓冲罐、分解釜、球罐尾气缓冲罐、聚结分离器、过滤分离器、旋液分离器、烷四塔疏水器、尾气压缩机水分离器、烷一塔闪蒸罐、烷一塔中间罐、烷一塔疏水罐、烷一二塔回流槽、烷三塔疏水罐、高压分液罐、空气缓冲罐、仪表风缓冲罐、第一水洗分离器、第二水洗分离器、废碱泵槽、环己烷酸水分离器、氧化进料加热器气包、空气分配台、轻塔疏水罐、酮一塔疏水罐、酮二塔疏水罐、轻二塔疏水罐、醇塔冷凝水缓冲罐、醇塔冷凝水缓冲罐、精馏尾气缓冲罐、氨油分离器、氨液分离器、脱氢疏水罐、X 油分离罐、液态烃缓冲罐	SHS 01004

表 5　主要设备（续）

<table>
<tr><th>名称</th><th colspan="2">设备种类</th><th>主要设备</th><th>通用、专用设备检修规程的代码</th></tr>
<tr><td rowspan="11">静设备</td><td rowspan="3">罐类</td><td>立、卧式罐（常压容器）</td><td>事故槽、萃取一塔分水罐、萃取二塔分液罐、烷四塔回流槽、氧化工段尾气压缩机进口缓冲罐、回收水槽、触媒配制槽、分解触媒中间槽、氧化尾气排空缓冲罐、烷三尾气缓冲罐、烷三塔回流槽、物料回收真空罐、醇二塔真空罐、烷四真空罐、第一分液罐、第二分液罐、水封罐、轻塔回流槽、轻塔真空罐、酮一塔回流槽、酮一塔真空罐、酮二塔回流罐、酮二塔真空罐、轻二塔烯水分离罐、轻二塔回流槽、醇塔回流槽、醇塔真空罐、风机进口缓冲罐、冷媒水槽、脱氢尾气分离器、熔盐槽</td><td>SHS 01011</td></tr>
<tr><td>内浮顶罐</td><td>苯槽、烷槽</td><td>SHS 01012</td></tr>
<tr><td>拱顶罐（常压容器）</td><td>新碱槽</td><td>SHS 01012</td></tr>
<tr><td rowspan="3">塔</td><td>填料塔（常压容器）</td><td>萃取一塔、萃取二塔、废碱闪蒸塔、烷四塔、轻塔、酮一塔、酮二塔、轻二塔、醇塔</td><td>SHS 01007</td></tr>
<tr><td>填料塔（压力容器）</td><td>氧化尾气吸收塔、直接热交换塔、洗涤塔</td><td>SHS 01007
SHS 01004</td></tr>
<tr><td>板式塔（压力容器）</td><td>烷一塔、烷二塔、烷三塔</td><td>SHS 01007
SHS 01004</td></tr>
<tr><td colspan="2">火炬</td><td>火炬</td><td>SHS 01031</td></tr>
<tr><td rowspan="2">管道、阀门</td><td>工业管道</td><td>苯管线、环己烷管线、环己酮管线、环己醇管线、蒸汽管线</td><td>SHS 01005</td></tr>
<tr><td>阀门</td><td>安全阀</td><td>SHS 01030</td></tr>
<tr><td>检测仪表</td><td>压力仪表、温度仪表、流量仪表、物位仪表</td><td>压力变送器、差压变送器、转子流量计、靶式流量计、平衡孔板流量计、热电阻、多点热电偶、一体化温变、磁翻板液位计、磁致伸缩液位计、双法兰液位计</td><td>SHS 07002</td></tr>
</table>

<table>
<tr><td rowspan="3">仪表设备</td><td>检测仪表</td><td>压力仪表、温度仪表、流量仪表、物位仪表</td><td>压力变送器、差压变送器、转子流量计、靶式流量计、平衡孔板流量计、热电阻、多点热电偶、一体化温变、磁翻板液位计、磁致伸缩液位计、双法兰液位计</td><td>SHS 07002</td></tr>
<tr><td>控制阀</td><td>气动控制阀、偏心旋转阀、气缸执行机构、控制附件、蒸汽减温器</td><td>单座调节阀、快速切断阀、阀门定位器、电磁阀、电气转换器</td><td>SHS 07004</td></tr>
<tr><td>在线分析仪表</td><td>水分析仪、烟气排放连续检测系统、可燃气体报警器</td><td>可燃气报警器、氢气报警器、氨报警器、苯报警器、尾氧分析仪、氢气分析仪</td><td>SHS 07006</td></tr>
</table>

表 5　主要设备（续）

名称	设备种类		主要设备	通用、专用设备检修规程的代码
仪表设备	特殊仪表	轴振动和轴位移、转速控制仪表、称重仪表	空压机轴振动	SHS 07007
	过程控制系统	DCS、PLC	DCS 控制系统、熔盐加热炉 PLC 控制系统	SHS 07008
	系统维护	仪表供电系统	控制仪表供电系统、控制系统供电系统	SHS 07009
	安全仪表系统	安全仪表系统	SIS 系统	SHS 07010
电气设备	旋转电机装置		各压缩机、风机及泵电机	SHS 06001
	变压器、互感器		油浸变压器、干式变压器	SHS 06002
	高压开关		高压隔离开关	SHS 06003
	配电装置		低压配电柜、母线、绝缘子	SHS 06004
	低压电器		交流接触器、空气开关、热继电器、防爆电器	SHS 06005
	电源装置		直流电源装置、UPS 装置	SHS 06006
	电力线路		动力电缆、控制电缆、变频电缆	SHS 06007

5.2　检修周期

5.2.1　苯加氢单元依据催化剂使用情况或上游氢气供应情况适时安排检修，检修周期按 12～42 个月确定。氧化烷塔单元、真空精馏单元及脱氢单元根据实际运行情况进行定期停车大检修，大修周期按 36～42 个月确定。

5.2.2　有备用设备的或日常可以进行检修的不列入大修项目（除特殊情况外）。

5.3　检修内容

5.3.1　确定检修内容的依据

1）按法律法规要求的特种设备定期检验。

2）不符合国家安全与环境保护、节能要求的设备改造和更新。

3）对本次检修或下次检修之前已到法定检验时间的计量设施。

4）设备状况：

静设备：炉、塔、换热器、反应器、容器等设备内部因内构件损坏、结焦、积垢腐蚀等原因造成运行状况恶化、性能降低等；

转动设备：空压机机组和分解搅拌磨损、疲劳、泄漏、振动等原因造成运行状况恶化、性能降低等；

电气设备：部件老化等原因造成运行状况恶化、性能降低等；

仪表设备：部件老化等原因造成运行状况恶化、性能降低等。

5）加氢、脱氢工艺催化剂失效。

6）钢结构平台、设备基础、房屋等建构筑物老化、锈蚀等必须在停车检修期间内维修的项目。

7）安全防护设施失效。

5.3.2 检修具体内容

停车大修是对环己酮装置安全环保、长周期运行及经济效益有重大影响的设备、管线、电气仪表系统、土建及基础设施等在运行周期内将要发生的功能故障进行全面检修。其他检修是除大修外对装置局部或设备本体有经济运行影响的功能故障而进行的检修。环己酮装置主要设备检修内容见表6。

表6 环己酮装置主要设备检修内容

序号	设备名称	设备功能	功能故障	故障周期/月	检修内容	设备分级
1	循环氢压机	将加氢反应尾气升压，为介质输送提供密闭通道	填料、刮油环泄漏，静密封泄漏，超温、超压、打气量下降	12	解体检修：轴承、活塞组件、填料密封等	B类
2	加氢前反应器	为氢气与苯的混合物提供反应空间，为介质输送提供密闭通道	加氢反应温度超工艺指标要求，设备内漏或外漏	12～42	1. 更换催化剂； 2. 反应器内部构件检查更换	A类
3	加氢后反应器	为氢气与苯的混合物提供反应空间，为介质输送提供密闭通道	加氢反应温度超工艺指标要求，设备内漏或外漏	12～42	1. 更换催化剂； 2. 反应器内部构件检查更换	A类
4	加氢尾气冷凝器	提供热量交换场所，为介质输送提供密闭通道	介质换热效果达不到工艺要求，设备内漏或外漏	24～42	1. 开封头清洗管程并试压； 2. 检查管板及换热管	A类
5	萃取塔	利用环己烷将废水中的有机物萃取出来，为介质输送提供密闭通道	废水经萃取后COD超过工艺指标要求，设备静密封泄漏	24～42	开人孔大修，检查清理填料、分部器，检查其余塔内件是否受损及脱落并予以修复	B类

表 6　环己酮装置主要设备检修内容（续）

序号	设备名称	设备功能	功能故障	故障周期/月	检修内容	设备分级
6	空气压缩机	将空气升压为氧化单元提供空气原料	油封、气封泄漏，静密封泄漏，气量不足，振动大，超温，设备条件联锁，电器故障，仪表故障（含控制系统）	24～42	解体检修：转子组件、轴承、油封、气封、级间冷却器清洗试压等	A 类
7	分解搅拌	使不同组分介质混合，为介质提供分解反应场所，为介质提供密闭通道	机械密封泄漏，静密封泄漏，振动大，超温，搅拌动力达不到工艺要求	36～42	解体检修：桨叶、轴承、轴、减速箱部件，更换机封等	B 类
8	洗涤塔釜液泵	为介质加压提供场所，为介质提供密闭通道	设备腐蚀泄漏，磁力密封泄漏（隔离套穿孔），脱耦，热过载跳停，静密封泄漏，振动大，超温，出口流量或压力达不到工艺要求	12	泵解体大修	B 类
9	直接热交换塔釜液泵	为介质加压提供场所，为介质提供密闭通道	设备腐蚀泄漏，磁力密封泄漏（隔离套穿孔），脱耦，热过载跳停，静密封泄漏，振动大，超温，出口流量或压力达不到工艺要求	12	泵解体大修	B 类
10	尾气压缩机	将分解和烷塔单元尾气升压，为介质输送提供密闭通道	填料、刮油环泄漏，静密封泄漏，超温、超压、打气量下降	12	解体检修：轴承、活塞组件、填料密封等	B 类
11	烷一塔	提供热量交换场所，将环己烷从组分介质中分离，为介质输送提供密闭通道	介质分离效果达不到工艺要求，设备腐蚀泄漏或静密封泄漏	36～42	开人孔检修：塔内件有无松动、脱落，浮阀是否灵活，有无缺失，塔釜残渣清理	A 类
12	烷二塔	提供热量交换场所，将环己烷从组分介质中分离，为介质输送提供密闭通道	介质分离效果达不到工艺要求，设备腐蚀泄漏或静密封泄漏	36～42	开人孔检修：塔内件有无松动、脱落，浮阀是否灵活，有无缺失，塔釜残渣清理	A 类

表 6　环己酮装置主要设备检修内容（续）

序号	设备名称	设备功能	功能故障	故障周期/月	检修内容	设备分级
13	烷三塔	提供热量交换场所，将环己烷从组分介质中分离，为介质输送提供密闭通道	介质分离效果达不到工艺要求，设备腐蚀泄漏或静密封泄漏	36～42	开人孔检修：塔内件有无松动、脱落，浮阀是否灵活，有无缺失，塔釜残渣清理	A类
14	烷四塔	提供热量交换场所，将环己烷从组分介质中分离，为介质输送提供密闭通道	介质分离效果达不到工艺要求，设备腐蚀泄漏或静密封泄漏	36～42	开人孔检修：塔内件有无松动、脱落，填料有无堵塞，分部器及塔釜残渣清理	A类
15	洗涤塔	提供热量交换场所，为介质输送提供密闭通道	介质换热效果达不到工艺要求，设备腐蚀泄漏或静密封泄漏	36～42	开人孔检修：塔内件有无松动、脱落，填料有无堵塞，分部器及塔釜残渣清理	A类
16	直接热交换塔	提供热量交换场所，为介质输送提供密闭通道	介质换热效果达不到工艺要求，设备腐蚀泄漏或静密封泄漏	36～42	开人孔检修：塔内件有无松动、脱落，填料有无堵塞，分部器及塔釜残渣清理	A类
17	尾气吸收塔	提供热量交换场所，将尾气中的有机物吸收分离出来，为介质输送提供密闭通道	介质换热效果达不到工艺要求，设备腐蚀泄漏或静密封泄漏，填料堵塞	36～42	开人孔检修：塔内件有无松动、脱落，填料有无堵塞，分部器及塔釜残渣清理	A类
18	废碱塔	提供热量交换场所，将环己烷从组分介质中分离，为介质输送提供密闭通道	介质换热效果达不到工艺要求，设备腐蚀泄漏或静密封泄漏	36～42	开人孔检修：塔内件有无松动、脱落，填料有无堵塞，分部器及塔釜残渣清理	A类
19	氧化烷塔单元各蒸汽再沸器	提供热量交换场所，为介质输送提供密闭通道	介质换热效果达不到工艺要求，设备内漏或外漏	36～42	1. 开封头清洗管程并试压； 2. 检查管板及换热管	A类
20	各物料加热再沸器	提供热量交换场所，为介质输送提供密闭通道	介质换热效果达不到工艺要求，设备内漏或外漏	36～42	1. 开封头清洗管程并试压； 2. 检查管板及换热管	A类

表 6 环己酮装置主要设备检修内容（续）

序号	设备名称	设备功能	功能故障	故障周期／月	检修内容	设备分级
21	氧化烷塔单元物料换热器	提供热量交换场所，为介质输送提供密闭通道	介质换热效果达不到工艺要求，设备内漏或外漏	36～42	1. 开封头清洗管程并试压； 2. 检查管板及换热管	A类
22	物料冷凝（冷却）器	提供热量交换场所，为介质输送提供密闭通道	介质换热效果达不到工艺要求，设备内漏或外漏	36～42	1. 开封头清洗管程并试压； 2. 检查管板及换热管	A类
23	氧化反应釜	为介质提供反应空间，为介质输送提供密闭通道	尾气含氧达不到工艺要求，设备腐蚀泄漏或静密封泄漏	36～42	开人孔检查釜内件有无松动、脱落及腐蚀，分布孔有无堵塞等	A类
24	火炬	为介质燃烧提供场所	点火系统故障，尾气中的有机物不能燃烧后排放	36～42	检查点火系统等	B类
25	轻塔	提供热量交换场所，将轻组分从组分介质中分离，为介质输送提供密闭通道	介质分离效果达不到工艺要求，设备腐蚀泄漏或静密封泄漏	36～42	开人孔检修：塔内件有无松动、脱落，填料有无堵塞，分部器及塔釜残渣清理	A类
26	酮塔	提供热量交换场所，将环己酮从组分介质中分离，为介质输送提供密闭通道	介质分离效果达不到工艺要求，设备腐蚀泄漏或静密封泄漏	36～42	开人孔检修：塔内件有无松动、脱落，填料有无堵塞，分部器及塔釜残渣清理	A类
27	醇塔	提供热量交换场所，将环己醇从组分介质中分离，为介质输送提供密闭通道	介质分离效果达不到工艺要求，设备腐蚀泄漏或静密封泄漏	36～42	开人孔检修：塔内件有无松动、脱落，填料有无堵塞，分部器及塔釜残渣清理	A类
28	真空精馏单元各塔再沸器	提供热量交换场所，为介质输送提供密闭通道	介质换热效果达不到工艺要求，设备内漏或外漏	36～42	1. 开封头清洗管程并试压； 2. 检查管板及换热管	A类
29	真空精馏单元各塔冷凝器	提供热量交换场所，为介质输送提供密闭通道	介质换热效果达不到工艺要求，设备内漏或外漏	36～42	1. 开封头清洗管程并试压； 2. 检查管板及换热管	A类

表 6　环己酮装置主要设备检修内容（续）

序号	设备名称	设备功能	功能故障	故障周期／月	检修内容	设备分级
30	蒸汽喷射泵	为真空精馏塔提供真空环境	真空度达不到工艺要求，设备腐蚀泄漏或静密封点泄漏	36～42	检查喷嘴是否堵塞、变形	B类
31	脱氢反应器	为环己醇蒸汽提供脱氢反应空间，为介质输送提供密闭通道	脱氢反应转化率达不到工艺指标要求，设备内漏或外漏	12～42	1. 更换催化剂； 2. 反应器内部构件检查更换	A类
32	熔盐过热器	提供热量交换场所，为介质输送提供密闭通道	介质换热效果达不到工艺要求，设备内漏或外漏	36～42	开封头检修： 1. 更换磁环； 2. 清洗管程并试压； 3. 检查管板及换热管	A类
33	物料换热器、冷凝器	提供热量交换场所，为介质输送提供密闭通道	介质换热效果达不到工艺要求，设备内漏或外漏	36～42	开封头检修： 1. 清洗管程并试压； 2. 检查管板及换热管	B类
34	熔盐泵	为熔盐加压提供场所	流量达不到工艺要求，密封泄漏，不能正常运行	12	解体检修：叶轮、口环、轴承等部件	A类
35	熔盐加热炉	为熔盐加热提供场所	仪表故障熄火，介质换热效果达不到工艺要求，盘管腐蚀泄漏	36～42	燃烧器检查调试，炉管检测，炉衬检查修补	A类
36	热管蒸发器	提供热量交换场所，为介质输送提供密闭通道	介质换热效果达不到工艺要求，设备内漏或外漏，露点腐蚀	36～42	热管检查清洗，检查空密封条更换	B类
37	安全仪表系统	监测过程中出现的或者潜伏的一个或多个危险，发出告警信息或直接执行预定的联锁动作，保持过程安全状态	监测值失真、逻辑控制器故障、执行单元失效导致的误报或误动作	36	1. 系统除尘； 2. 空调系统检修； 3. 电源系统检查； 4. 软硬件系统检查； 5. 备品配件的可靠性投用试验； 6. 接地系统检查； 7. 通信网络系统检查； 8. 检查：外观检查，变送器内部检查，与工艺介质连接面检查，绝缘检查； 9. 联动试验	A类

表 6 环己酮装置主要设备检修内容（续）

序号	设备名称	设备功能	功能故障	故障周期/月	检修内容	设备分级
38	过程控制系统	周期性的读入、存储生产状态数据，按用户预定程序自动执行相应动作，实现生产过程自动化	死机，系统网络故障	36	1. 系统除尘； 2. 空调系统检修； 3. 电源系统检查； 4. 软硬件系统检查； 5. 接地系统检查； 6. 通信网络系统检查	B类
39	母线	汇集、分配和传送电能	局部发热，母联不能投用	36	1. 清扫灰尘，油垢、按绝缘子的有关使用要求检查其完好情况； 2. 检修构架的接地部分； 3. 检修补偿器； 4. 检修连接部分及夹紧装置； 5. 校正软母线弛度，检查有无损伤； 6. 核定对地和相间安全距离； 7. 绝缘瓷瓶在必要时涂刷耐污闪的绝缘加强层； 8. 金属构架及构件防腐； 9. 混凝土构架及构件防腐； 10. 调整试验	B类

6 装置检修管理

6.1 装置检修前准备工作

6.1.1 装置检修前，参检单位要做好检修作业指导书、施工方案、检修图纸、现场施工平面布置图等各类资料的准备及审核，相关检修资料最终经业主方审批确认后方可实施。

6.1.2 进入检修现场的各类施工机具、器具，必须是合格的、适用的，必须有检定合格证和标记，并在有效期内使用，严禁使用未经校验的机具。进场前，所有自检合格并贴有自检合格证的施工机具，要列出汇总清单上交给业主方，并经业主方检验后方可使用。

6.1.3 进入现场的检修耗材、配件等，必须附有质量证明文件，并在指定的地点规范存放。在安装、使用各类检修材料前，应对材料的外观质量进行检查确认，参检单位要做到领用材料检验有见证、验收有记录。

6.1.4 参检单位的所有施工人员，必须具备相应的作业资质，检修前须做好检修方案、技能方面的培训，熟悉检修项目的特点，严格按检修方案进行施工。同时，施工人员必须进行业主方相关专业的教育培训，对无相应作业资质、未经教育培训或考核不合格的人员，一律不得上岗作业。

6.2 工艺交出检修条件

6.2.1 在装置交付检修前，由生产管理和安全环保部门组织相关单位召开安全验收会，检查确认设备容器人孔拆卸、盲板加装、容器内采样分析、停电、下水井封堵等工作，经相关部门签字确认后，由装置开具用火、用电、进入受限空间等相关票证，进入检修状态。工艺交出要具备以下条件：

1）装置所有盲板按照盲板图、表安装、编号、挂牌并经工艺员、设备员、安全员已签名确认；

2）PID 图上所有系统、管线得到置换处理并做好标识；

3）系统内设备、管线按规定进行吹扫和置换，取样分析合格；

4）下水井取样分析合格，存油清理干净，排水畅通，水封完好；

5）下水井和漏斗口用石棉布盖好，并用沙土封严；

6）系统内设备人孔打开前的确认；打开的设备人孔处挂上“未经许可，禁止入内”警示牌；

7）制定停工安全、环保措施和工作危害分析记录表（JSA）；

8）装置内分析不合格点挂标识，储存物料区标识、硬隔离；

9）指定具有监护人资格的人员负责动火、进设备等作业的监护。

装置交付检修确认表见附录 A。

6.2.2 装置单元交出检修特殊要求

催化剂钝化完成，取样氧含量合格。

6.3 检修过程安全环保管理总体要求

6.3.1 安全管理总体要求

1）装置检修的安全管理，坚持“安全第一、预防为主、综合治理”的方针和“谁主管，谁负责”“谁签发，谁负责”的原则，坚持以人为本、落实责任、强化监管，按属地化管理原则。

对于人数少的新企业要求外聘第三方 HSSE 监管，对于人数多的老企业或自身能力能够满足要求的老企业，可根据需要由企业自行决定是否外聘第三方 HSSE 监管。第三方 HSSE 监管纳入到 HSSE 管理体系。

2）各级指挥部的安全环保消防组应按指挥部管理体系要求承担相应的管理责任。

3）承包商应建立健全安全管理体系，分包商的安全管理工作由总承包商负总责。

4）安全监督管理部门对检修过程的安全管理工作进行监督检查，指挥部的安全环保消防组负责施工过程安全检查管理。运行部负责所在区域的施工项目配合和现场安全监督检查。

6.3.2 环保管理总体要求

装置停工检修改造环保管理总体要求是：密闭吹扫，有序排放，清洁停工，安全处置，达标排放。为做好停工和检修期间的环保工作，停工装置要落实密闭吹扫及除臭方案，对排放污水、吹扫尾气放空、工业废物处置应进行预申报，排放时必须做到先检测后排放，主管部门根据监测结果确定处理方式。对于化学清洗等产生的废水，项目管理部门在与清洗单位签订合同前要明确废水处理相关责任及要求。

6.4 检修质量管理

总体要求：成立检修质量管理组织机构，明确管理职责，建立质量管理程序文件。

1）对承包商资质、人员、机具等进行审查。

2）通过组织设计审查，确保设计质量。

3）物资采购管理部门组织对采购物资进行入库检验并对重点物资进行监造。

4）在施工过程中组织对检验检测的质量进行抽查。

6.5 变更管理

6.5.1 检修过程要加强变更管理，建立健全变更管理制度和工作流程，采取措施减少变更数量。原则上没有经过各级部门同意的变更不允许在检修中执行。

6.5.2 项目变更控制主要内容

1）对于试用产品、设备备件结构形式改变、材质升级要充分识别，要有专门技术论证审批过程，审批时要加强相关专业沟通确认；

2）所有变更应事前发起，只有当变更得到批准后，才可组织实施。项目变更由变更提出单位发起申请并填写“变更申请单”，按照各企业相关制度规定的权限办理审批手续；

3）对于因材料找价差导致的超费用计划（或工单预算），需要补办变更手续；

4）对于不涉及费用计划的变更，如项目名称、版本号、承包商、施工方案、施工进度等也需办理相应的变更手续；

5）对于结算费用高于非包干合同标的按各企业管理制度执行变更；

6）投资类项目的变更参照各企业“固定资产投资过程控制管理规定”执行。

6.6 装置检修交回条件

装置检修交回确认主要内容：

1）装置开工人员及开车保镖人员配备落实；

2）技术、原辅材料、动力、备品备件等方面的准备；

3）队伍技术状态、开工方案学习落实情况；

4）现场规格化情况；

5）工艺和设备联锁仪表校验情况；

6）HSE 措施落实情况；

7）盲板拆除清单、技术准备情况；

8）机、电、仪、公用工程、储运、质检等相关专业准备情况；

9）停工临设拆除、施工尾项整改情况等。

执行装置检修交回开工确认表见附录 B。

6.7 检修后期管理

6.7.1 资料交付

承包商应在检修项目结束后 30 天内将竣工资料完整地交给使用单位，竣工资料交付参考 SH/T 3503—2017。

6.7.2 检修总结

装置检修结束后，要对检修改造工作进行总结，对好的做法进行总结、提炼，固化这些经验，指导今后检修改造工作；对总结检修改造中存在的问题，分析原因，完善措施，不断提高管理水平。

检修总结模板见附录 D。

7 装置日常维护

7.1 日常巡检

包括操作工的日常巡检和专业人员（设备管理人员、专业维保人员、电仪专业人员）的日常点检。

7.2 日常维护

装置日常维护的基本内容包括：设备维护保养、设备检查和设备修理。

7.2.1 设备维护保养

设备维护保养的内容是保持设备清洁、整齐、润滑良好、安全运行，包括及时紧固松动的紧固件，调整活动部分的间隙等。简言之，即“清洁、润滑、紧固、调整、防腐”十字作业法。维护保养依据工作量大小和难易程度分为装置操作工保养、专职保养维修工的保养。

（1）装置操作工保养

其主要内容是：进行清洁、润滑、紧固易松动的零件，检查零件、部件的完整。这类保养的项目和部位较少，大多数在设备的外部，一般由装置操作工人承担。

（2）专职保养维修工的保养

主要内容包括对设备内部清洁、润滑、局部解体检查和调整，必要时对达到规定磨损限度的零件加以更换。此外，还要对主要零部件的磨损情况进行测量、鉴定和记录。具体标准执行通用设备的检修规程。

在两种维护保养中，装置操作工保养是基础，专职保养维修工的保养是关键。

7.2.2　设备检查和设备修理

设备检查按时间间隔分为日常检查和定期检查。

日常检查由操作人员执行，同操作工的保养结合起来，目的是及时发现不正常的技术状况，进行必要的维护保养工作。

定期检查是按照计划，在操作工参加下，定期由专职维修工执行，也就是预防性检查维修。目的是通过检查，全面准确地掌握零件磨损的实际情况，以便确定是否有进行修理的必要。

7.3　常见设备故障及处理方法

环己酮装置常见设备故障及处理方法见表7。

表7　环己酮装置常见设备故障及处理方法

设备类型	故障类型	处理方法
烷一塔再沸器	阻力大，蒸发效率变低	切出设备，（高压射流）清洗管程
真空精馏塔	真空度下降	1. 调整蒸汽喷射泵蒸汽压力； 2. 检查水环真空泵运行状况视情维修，调整工作液温度或流量； 3. 系统查漏，消除漏点
空压机	级间冷却器冷却效果差，下一级入口温度高	1. 测量各级间冷却器水流量，进出口水温及气温，重新分配水量； 2. 夏季增开循环水泵； 3. 切出设备，清洗级间冷却器

附 录 A
（资料性附录）
装置停工交付检修确认表

<table>
<tr><td rowspan="3"></td><td colspan="5">装置停工交付检修确认表</td></tr>
<tr><td>记录编号</td><td></td><td>装置</td><td colspan="3"></td></tr>
<tr><td>检修单位</td><td></td><td>时间</td><td colspan="3">年 月 日</td></tr>
<tr><td>单位</td><td colspan="3">确认内容</td><td>存在问题</td><td>确认意见</td><td>确认人</td></tr>
<tr><td rowspan="14">停工单位</td><td colspan="3">1. 装置与系统是否有效隔离并提供对应的盲板表？</td><td rowspan="14"></td><td rowspan="14"></td><td rowspan="14"></td></tr>
<tr><td colspan="3">2. 是否有专用氮气线，是否专用？</td></tr>
<tr><td colspan="3">3. 管线及容器是否吹扫干净并提供吹扫作业确认表？</td></tr>
<tr><td colspan="3">4. 容器及塔测爆及氧含量是否合格？</td></tr>
<tr><td colspan="3">5. 风险系数较大的作业是否进行危害识别分析</td></tr>
<tr><td colspan="3">6. 对塔、容器仪表监控手段是否保留？</td></tr>
<tr><td colspan="3">7. 动火作业项目是否上墙？</td></tr>
<tr><td colspan="3">8. 对本单位、施工单位参加检修的人员安全教育并考试是否进行？</td></tr>
<tr><td colspan="3">9. 明沟、地面上是否有油？清污分流设施是否投用？</td></tr>
<tr><td colspan="3">10. 对装置内电缆沟是否做出明显标志？</td></tr>
<tr><td colspan="3">11. 设备、容器、管道是否全部打开并在设备人孔处挂“危险空间！严禁入内”的警示牌？</td></tr>
<tr><td colspan="3">12. 检修现场下水井、地漏、明沟是否封闭，泵沟等是否建立水封？</td></tr>
<tr><td colspan="3">13. 检修设备是否停电？</td></tr>
<tr><td colspan="3">14. 其他</td></tr>
<tr><td rowspan="3">电气部</td><td colspan="3">1. 是否已按用电单位停送电要求实施停送电？</td><td rowspan="3"></td><td rowspan="3"></td><td rowspan="3"></td></tr>
<tr><td colspan="3">2. 参加大修的电气作业人员是否进行电工作业资格的确认和相应的安全教育？</td></tr>
<tr><td colspan="3">3. 其他</td></tr>
<tr><td rowspan="3">仪控部</td><td colspan="3">1. 对本单位、施工单位参加检修的人员安全教育并考试是否进行？</td><td rowspan="3"></td><td rowspan="3"></td><td rowspan="3"></td></tr>
<tr><td colspan="3">2. 机柜间运行装置的机柜与检修的区域是否采用明显有效的隔离措施？</td></tr>
<tr><td colspan="3">3. 仪表吹扫排放中相关安全环保措施是否明确落实？</td></tr>
</table>

装置停工交付检修确认表（续）

<table>
<tr><td rowspan="3"></td><td colspan="6">装置停工交付检修确认表</td></tr>
<tr><td colspan="2">记录编号</td><td></td><td>装置</td><td colspan="2"></td></tr>
<tr><td colspan="2">检修单位</td><td></td><td>时间</td><td colspan="2">年　月　日</td></tr>
<tr><td>单位</td><td colspan="3">确认内容</td><td>存在问题</td><td>确认意见</td><td>确认人</td></tr>
<tr><td rowspan="8">仪控部</td><td colspan="3">4. 放射线同位素仪表停工检修防护措施是否落实？</td><td rowspan="8"></td><td rowspan="8"></td><td rowspan="8"></td></tr>
<tr><td colspan="3">5. 工器具是否进行相关安全检查？</td></tr>
<tr><td colspan="3">6. 重大作业项目是否编写施工作业方案和进行危害识别与评价？</td></tr>
<tr><td colspan="3">7. 高处作业的脚手架是否搭设妥当并验收合格？</td></tr>
<tr><td colspan="3">8. 每项作业施工是否具有合格的施工检修作业票？相关安全措施是否落实到位？</td></tr>
<tr><td colspan="3">9. 劳保用品穿戴是否符合要求？</td></tr>
<tr><td colspan="3">10. 检修质量和检修内容是否符合要求？</td></tr>
<tr><td colspan="3">11. 其他</td></tr>
<tr><td rowspan="3">消防部门</td><td colspan="3">1. 现场消、气防器材是否齐全、完好？</td><td rowspan="3"></td><td rowspan="3"></td><td rowspan="3"></td></tr>
<tr><td colspan="3">2. 消防、疏散通道是否符合要求？</td></tr>
<tr><td colspan="3">3. 其他</td></tr>
<tr><td rowspan="6">生产部门</td><td rowspan="4">技术</td><td colspan="2">1. 检查吹扫作业票的确认签名是否落实？</td><td rowspan="6"></td><td rowspan="6"></td><td rowspan="6"></td></tr>
<tr><td colspan="2">2. 现场检查盲板是否按方案和盲板清单进行安装？</td></tr>
<tr><td colspan="2">3. 检查瓦斯、氮气和工艺介质等物料在装置边界是否进行有效隔离？</td></tr>
<tr><td colspan="2">4. 催化剂、保护剂、胺液或按方案不退的介质是否按方案要求进行了有效安全隔离？</td></tr>
<tr><td rowspan="2">管理</td><td colspan="2">1. 检查配合外系统的吹扫是否已满足要求可以停运？</td></tr>
<tr><td colspan="2">2. 其他</td></tr>
<tr><td rowspan="4">机动部门</td><td rowspan="4">设备</td><td colspan="2">1. 已按停工方案要求抽堵盲板，且要做好明显标记，并指定专人统一编号登记，严防漏堵、漏拆。盲板的材质、厚度符合安全要求。</td><td rowspan="4"></td><td rowspan="4"></td><td rowspan="4"></td></tr>
<tr><td colspan="2">2. 与炉、塔、容器相连的蒸汽、氮气等有害介质的阀门，已加盲板隔离。</td></tr>
<tr><td colspan="2">3. 未经吹扫处理的设备、容器、管道已与系统隔离，设置明显警示标志，并向职工和施工单位交底。</td></tr>
<tr><td colspan="2">4. 冬季停工，装置要做好防冻防凝工作。</td></tr>
</table>

装置停工交付检修确认表（续）

	装置停工交付检修确认表				
	记录编号		装置		
	检修单位		时间	年　月　日	
单位	确认内容		存在问题	确认意见	确认人
机动部门	动力	1. 变配电所内电气安全用具、消防器材已检查并在有效期限内			
		2. 变配电所内的工器具已检查合格			
		3. 电气现场检修动力箱（固定）、临时变已检查合格			
		4. 配送电单位、施工单位参修人员已经安全教育并考试合格			
		5. 外来人员已经安全安全教育并考试合格			
		6. 工艺要提供装置停工后仍需使用的仪表清单，电气专业提供停工期间停电网络，仪表提前准备			
安环部门	管理	1. 对本单位、施工单位参加检修的人员安全教育并考试是否进行？			
		2. 其他（持证、保险等）			
	环保	1. 明沟、地面上是否有油？清污分流设施是否投用？			
		2. 其他			
	安全	1. 现场固定式可燃气体报警仪、H_2S 报警仪等探头是否进行妥善保护？			
		2. 对装置内电缆沟是否做出明显标志？			
		3. 设备、容器、管道是否全部打开并在设备人孔处挂“危险空间！严禁入内”的警示牌？			
		4. 检修现场下水井、地漏、明沟是否封闭，泵沟等是否建立水封？			
		5. 打开的设备、容器、管道测爆分析是否合格？			
		6. 运行的装置与检修的区域是否采用明显有效的隔离措施？存在工艺介质的工艺管线是否做出标志？			
		7. 其他			
领导意见					

附 录 B
（资料性附录）
检修施工现场 HSSE 日检表

检修施工现场 HSSE 日检表						
序号	检查内容	存在问题	检查人员	整改情况	验证人	备注
1	临时用电					
1.1	配备合格的持证电工					
1.2	配电箱合格、有防雨措施，按要求标识并上锁					
1.3	配电系统执行“三相五线制”，符合“三级配电二级保护”要求，安装匹配的漏电保护器，漏保动作灵敏好用，并进行日常试验和记录					
1.4	电缆及接头无破损，绝缘良好；铺设规范，走向清晰，标识明确					
1.5	用电严格执行“一机一闸一保护”					
1.6	按要求配置保护零线和工作零线，工作接地和重复接地完好					
1.7	安全电压符合作业环境要求					
1.8	使用工业插头、插座					
2	施工机具					
2.1	各种机具设备安全要求进行定期检查，确保完好					
2.2	设有机械保护装置（如转动设备等）的设备，保护装置处于完好状态					
2.3	用电机具、设施接地完好					
2.4	配备与作业要求相匹配的劳动防护用品					
2.5	空气压缩机压力表、安全阀等在检验期内并处于完好状态，高压气管和软管固定连接可靠					
2.6	气瓶垂直放置，瓶体固定可靠；气瓶分类摆放并保持安全距离，防护措施到位，气瓶阻火器、压力表等安全附件完好，气管无老化破损，连接可靠					
3	脚手架					

检修施工现场 HSSE 日检表（续）

检修施工现场 HSSE 日检表						
序号	检查内容	存在问题	检查人员	整改情况	验证人	备注
3.1	脚手架搭设人员是专业架子工，并持证上岗。搭设人员按要求着装，配备五点双大钩安全带					
3.2	编制脚手架搭设方案，进行安全技术交底并有记录					
3.3	按规范要求搭设脚手架，且有良好的整体稳固性					
3.4	搭设和拆除过程必须有专人监督，周边设置警戒区					
3.5	连墙件设置可靠，各节点扣件扭矩力符合要求					
3.6	通道、护栏、腰杆、踢脚板等符合要求					
3.7	作业面满铺跳板，无孔洞，跳板可靠固定且无探头板					
3.8	作业面临时放置的材料等在允许荷载范围内，严禁超载荷；放置必须稳固，无坠物风险					
3.9	脚手架搭设完成验收合格挂牌使用					
3.10	消防设施保持完好，灭火器和消防水桶按要求配置					
3.11	消防安全通道保持畅通					
3.12	用火作业前，清理周边易燃物，采取接火措施					
4	起重					
4.1	编制了吊装方案、进行交底并有记录					
4.2	起重设备操作人员、司索、指挥持有效证件					
4.3	起重机械证照齐全有效					
4.4	起重机械安全设施、附件完好					
4.5	机索具检查完好，钢丝绳无磨损，连接可靠，绳卡数量和间距满足要求					
4.6	吊装作业半径设置了警戒区，禁止无关人员入内					

检修施工现场 HSSE 日检表（续）

检修施工现场 HSSE 日检表						
序号	检查内容	存在问题	检查人员	整改情况	验证人	备注
4.7	吊装前进行评估，确保在额定起升载荷范围内进行起重作业，不得超载					
4.8	吊车支腿符合要求					
4.9	吊物捆绑符合要求，使用溜绳					
4.10	吊装作业天气、环境、风力等符合要求					
5	焊接、气割					
5.1	设备接地完好					
5.2	焊把线无破损，连接器完好					
5.3	有专人监护，接火、防火措施到位					
5.4	可燃性气瓶与胶管连接完好，无漏气，气瓶有阻火器					
5.5	现场气瓶与明火源保持安全距离					
6	受限空间					
6.1	对所要进行作业的受限空间进行吹扫、蒸煮、置换，并分析合格。所有与受限空间相连接的管线、阀门应进行有效隔离，盲板处应挂标识牌，并经工艺技术人员签字确认					
6.2	出入口内外不得有障碍物，在受限空间入口处设置“危险！严禁入内”警告牌或采取其他封闭措施					
6.3	对有可能发生硫化亚铁自燃的设备、容器必须经充分的钝化脱臭处理，并在现场配置消防水带					
6.4	《进入受限空间作业许可证》实行一点一证					
6.5	进入受限空间作业实行“三不进入”原则，即：一、没有经批准有效的《进入受限空间作业许可证》不进入；二、安全措施未落实不进入；三、监护人不在场不进入					
6.6	作业现场配备必要的救护器具和灭火器材等					
6.7	进入受限空间作业应使用安全电压和安全行灯					

检修施工现场 HSSE 日检表（续）

检修施工现场 HSSE 日检表						
序号	检查内容	存在问题	检查人员	整改情况	验证人	备注
7	作业安全					
7.1	作业前进行班前安全教育和安全技术交底，作业人员清楚当天作业内容和安全风险及注意事项。					
7.2	特殊工种持证上岗					
7.3	佩戴合格安全帽，并根据作业任务佩戴专用眼部、面部、手部等防护用品，高处作业人员系挂安全带					
8	收工检查					
8.1	配电系统一级箱断电，关闭气瓶角阀，能量上锁					
8.2	现场火种检查清理完毕。					
8.3	清理各作业面材料和杂物等，做到工完料净场地清					
8.4	落实夜间值班、巡检人员，职责到位，检查内容明确					

附　录　C

（资料性附录）

装置检修交回开工确认表

	装置检修交回开工确认表				
	记录编号		开工装置		
	使用单位		时间	年　月　日	
单位	要求		存在问题	确认意见	确认人
施工单位	检修项目以及改造项目已施工完成，并验收合格				
	施工用临时设施已全部拆除；现场清洁、无杂物				
	除用于开工查漏、热紧用的架子保留外，其他架子、跳板均拆除				
	设备、管线等保温复位				
	因检修拆除的劳动保护、照明设施已恢复				
	塔器设备、安全阀、现场仪表、管线等均已复位				
项目所属单位	设备位号和管道介质名称、流向标示齐全				
	检查现场设备、管线、保温等安装符合规范，试用情况正常				
	机组等设备联锁试验正常				
	工艺联锁试验正常				
	盲板拆、装清单已确认				
	装置吹扫、试压通过				
	现场消防、气防器材及岗位工器具配齐、现场环保设施投用				
	开工化工原材料准备完毕				
	备品配件齐全				
电气部	变电所已正常投用，高低压电送电正常				
	现场电气设备如电动阀、电加热器、电机等试运正常				
	现场照明等恢复正常				
仪控部	现场仪表调试、DCS 调试、联校正常				
	配合工艺、设备的联锁调试已完成				
公用工程部	循环水、新鲜水、蒸汽、仪表风／工厂风、氮气等公用介质供应正常				
储运部	储运系统已具备正常供料以及接收产品条件				

装置检修交回开工确认表（续）

<table>
<tr><td rowspan="3"></td><td colspan="5">装置检修交回开工确认表</td></tr>
<tr><td>记录编号</td><td></td><td>开工装置</td><td colspan="2"></td></tr>
<tr><td>使用单位</td><td></td><td>时间</td><td colspan="2">年　月　日</td></tr>
<tr><td>单位</td><td colspan="2">要求</td><td>存在问题</td><td>确认意见</td><td>确认人</td></tr>
<tr><td rowspan="2">化验部门</td><td colspan="2">现场采样器已复位正常</td><td rowspan="2"></td><td rowspan="2"></td><td rowspan="2"></td></tr>
<tr><td colspan="2">分析项目已具备分析条件</td></tr>
<tr><td rowspan="2">消防部门</td><td colspan="2">现场消、气防器材齐全、完好</td><td rowspan="2"></td><td rowspan="2"></td><td rowspan="2"></td></tr>
<tr><td colspan="2">消防、疏散通道符合要求</td></tr>
<tr><td rowspan="6">安环部门</td><td rowspan="2">环保</td><td>现场环保设施，如清污分流设施等已投用</td><td rowspan="2"></td><td rowspan="2"></td><td rowspan="2"></td></tr>
<tr><td>后续环保装置具备接收物料条件</td></tr>
<tr><td rowspan="4">安全</td><td>现场固定式可燃气体报警仪、H_2S 报警仪等已投用</td><td rowspan="4"></td><td rowspan="4"></td><td rowspan="4"></td></tr>
<tr><td>拟开工装置与临近的检修区域已采用明显有效的隔离措施</td></tr>
<tr><td>现场安全设施如平台围栏、护栏等符合要求，现场无容易坠落物品</td></tr>
<tr><td>如有零星动火项目，火票需升级</td></tr>
<tr><td>工程管理部门</td><td colspan="2">负责的改造项目已施工完成、并验收合格</td><td></td><td></td><td></td></tr>
<tr><td rowspan="4">机动部门</td><td rowspan="2">设备</td><td>检修项目已完成，并验收合格</td><td rowspan="2"></td><td rowspan="2"></td><td rowspan="2"></td></tr>
<tr><td>保运工作已落实</td></tr>
<tr><td rowspan="2">动力</td><td>电气、仪表检修改造项目已完成，并投用正常</td><td rowspan="2"></td><td rowspan="2"></td><td rowspan="2"></td></tr>
<tr><td>电气现场检修动力箱、临时变已拆除</td></tr>
<tr><td rowspan="6">生产部门</td><td rowspan="4">技术</td><td>开工方案已审批完成</td><td rowspan="4"></td><td rowspan="4"></td><td rowspan="4"></td></tr>
<tr><td>盲板已按方案和盲板清单进行安装</td></tr>
<tr><td>开工用化工原材料已落实</td></tr>
<tr><td>其他专项方案已落实或审批</td></tr>
<tr><td rowspan="2">管理</td><td>外围的公用、储运系统以及相关装置已可支持装置开工</td><td rowspan="2"></td><td rowspan="2"></td><td rowspan="2"></td></tr>
<tr><td>开工用原料已落实</td></tr>
<tr><td>人教部门</td><td colspan="2">操作人员已经过学习、培训，并考试合格</td><td></td><td colspan="2"></td></tr>
<tr><td>项目所属单位领导意见</td><td colspan="2">签名：</td><td>公司意见</td><td colspan="2">签名：</td></tr>
</table>

附　录　D

（资料性附录）

装置停工检修工作总结模板

（设备专业）

封面：

名称：××× 部 ××× 装置 ×××× 年 ×× 月停工检修工作总结

编写人：×××

审核人：×××

批准人：×××（运行部领导）

编写单位：中国石化 ×××× 公司 ××× 部

编写时间：×××× 年 ×× 月

正文：

（一）装置停工检修过程概述

装置开、停工、检修过程简述，本周期装置运行起止时间。

本周期装置运行中出现的主要问题。

本次停工检修、改造内容简述，检修项目计划数（包括补充、追加），检修计划完成情况。重点检修项目情况。

开停工、检修网络执行情况。

（二）主要检修内容技术总结

反应器部分

塔、容器部分

冷换设备、空冷器部分

阀门部分

管道部分

泵部分

专用机械部分

……

压力容器检验（包括缺陷返修处理）

压力管道检验（包括缺陷返修处理）

安全阀检验

其他检修方面

技术分析中要有以下内容：上次运行周期出现的问题，本次检修检查情况及采取措施；上次检修遗留问题处理情况；本周期与上周期设备隐蔽检查情况对照；重复发生问题处理方案有效性；装置系统问题；典型案例。

（三）检修计划准确性分析

（四）检修施工队伍评述

（五）材料供应评述

（六）设计质量评价

（七）检修质量评价

（八）本次检修遗留问题及预案

（九）检修管理亮点、存在的不足和下次检修需注意的问题

（十）附表

表 1 设备增加情况表

序号	位号	名称	规格型号	制造厂	数量	备注

表 2 设备拆除情况表

序号	原位号	名称	规格型号	制造厂	数量	备注

表 3 管线拆除情况表

序号	原编号	名称	规格	长度 /m	备注

表 4 设备更换情况表

序号	位号	名称	规格型号		制造厂		数量	备注
			更换前	更换后	更换前	更换后		

表 5 冷换设备检修情况表

序号	位号	名称	规格型号	抽芯清洗	试压换垫	堵管根数	管束更换

表 6 阀门检修、更换情况表（*DN*50 和 *DN*50 以上）

序号	规格型号	公称直径	检修数量	更换数量

表 7 压力容器检验情况表

序号	计划检验台数	增加变更台数	减少变更台数	实际完成台数	缺陷返修台数

表 8　压力管道检验情况表

序号	检验计划		增加变更		减少变更		实际完成	
	条数	米数	条数	米数	条数	米数	条数	米数

表 9　安全阀门检验情况表

序号	计划检验台数	增加变更台数	减少变更台数	实际完成台数

己内酰胺装置维护检修规程

SHZ 03019—2019

目　次

前　言

本规程按照 GB/T 1.1—2009《标准化工作导则　第 1 部分：标准的结构和编写》给出的规则起草。

本规程由中国石油化工集团有限公司、中国石油化工股份有限公司提出。

本规程起草单位：中国石油化工股份有限公司巴陵分公司。

本规程主要起草人：张庆祥。

本规程 2019 年首次发布。

己内酰胺装置维护检修规程

1 范围

1.1 本规程规定了己内酰胺装置［包括羟胺肟化部分、氨肟化部分（包含催化剂回收）、己内酰胺精制部分、硫酸铵部分等四个装置］及其主要设备、专用设备的检修周期、检修项目及质量要求、检修过程管理和日常维护的相关内容。

1.2 本规程适用于石油化工己内酰胺装置的检修维护管理。

2 规范性引用文件

下列文件对于本文件的应用是必不可少的。凡是注日期的引用文件，仅所注日期的版本适用于本文件。凡是不注日期的引用文件，其最新版本（包括所有的修改单）适用于本文件。

2.1 法律法规

中华人民共和国安全生产法

中华人民共和国特种设备安全法

2.2 特种设备安全技术规范

TSG 21 固定式压力容器安全技术监察规程

TSG D0001 压力管道安全技术监察规程——工业管道

2.3 标准与规范

GB/T 151 热交换器

GB/T 20801 压力管道规范 工业管道

GB/T 50484 石油化工建设工程施工安全技术标准

2.4 相关规定和文献

五万吨／年己内酰胺装置工艺操作手册

炼油企业检修管理指南（试行版）

石油化工设备维护检修规程

石油化工设备完好标准

3 术语与定义

下列术语和定义适用于本文件。

3.1 设备功能

设备功能指的是设备的生产效率和功能，衡量设备功能的指标随设备种类不同而异。

3.2 功能故障

设备、设施不能实现其设计功能时，称之为功能故障，定义为设备、设施不能满足期望的性能标准。一般指设备失去或降低其规定功能的事件或现象，表现为设备的某些零件失去原有的精度或性能，使设备不能正常运行、技术性能降低，致使设备中断生产或效率降低而影响生产。

3.3 故障模式

故障模式一般是对产品所发生的、能被观察或测量到的故障现象的规范描述。

3.4 A 类设备

本规程规定的 A 类设备是指设备的功能故障引起装置停车的设备。

3.5 B 类设备

本规程规定的 B 类设备是指该设备的功能故障虽然不引起装置的停车，但对装置的负荷、质量及可靠性具有重大影响的设备。

4 装置特征

己内酰胺的生产，大多都是采用从环己酮转化成环己酮肟，再重排生成己内酰胺的工艺路线。从环己酮到环己酮肟的转化传统的工艺是羟胺盐肟化法。 新工艺是环己酮氨肟化法制备环己酮肟工艺。

环己酮氨肟化法制备环己酮肟工艺采用环己酮、气氨和双氧水在低压下由 TS-1 分子筛催化反应直接制备环己酮肟。

4.1 羟胺肟化装置

4.1.1 工艺原则流程及流程图

羟胺肟化装置工艺流程采用磷酸羟胺 – 环己酮肟化法生产。工艺主要由两部分组成，即 HPO 法制磷酸羟胺及在甲苯溶剂存在下逆流肟化制环己酮肟，其流程图见图 1。

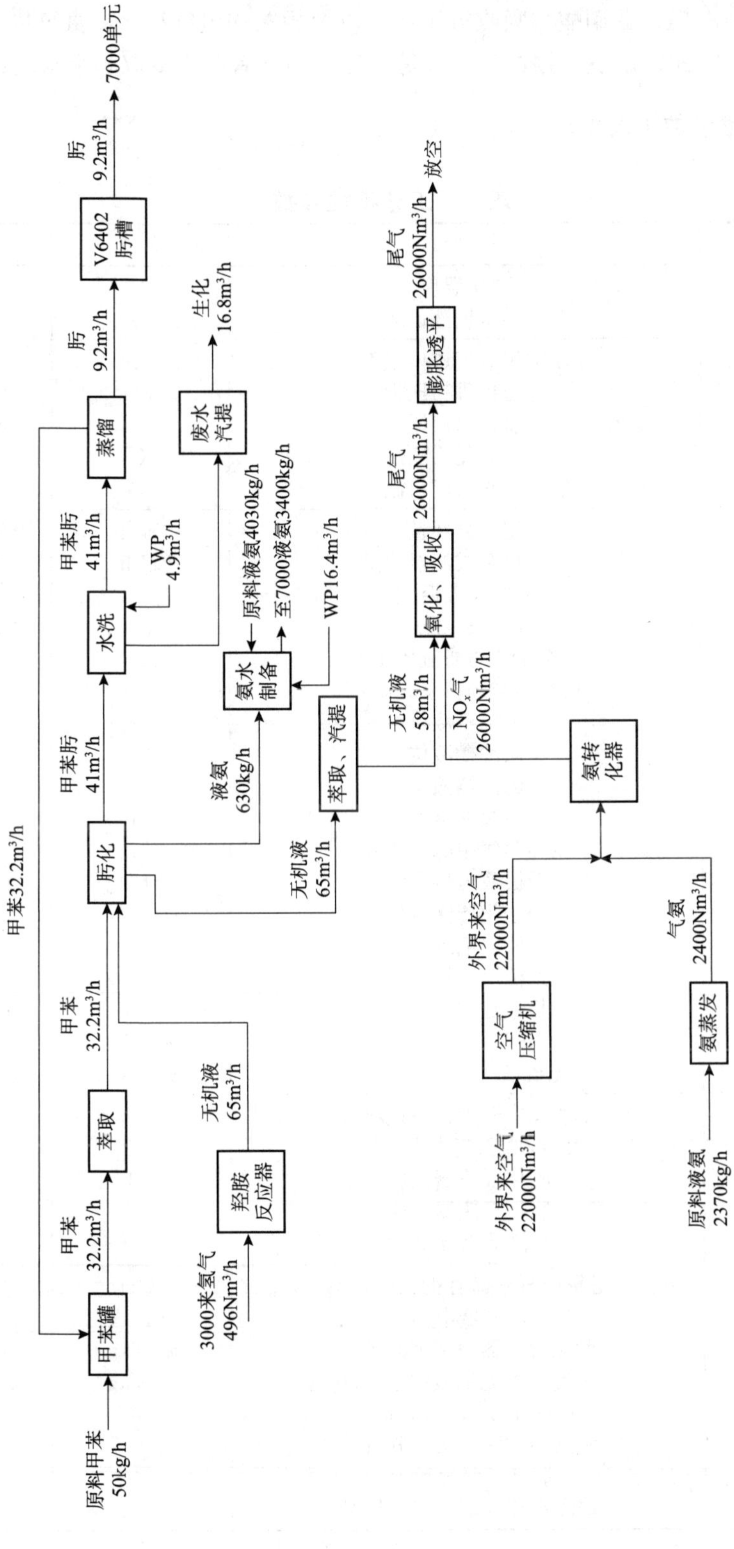

图 1　羟胺肟化装置工艺原则流程图

全流程可分为无机回路和有机回路。无机回路包括羟胺制备、肟化、无机工艺液萃取、无机工艺液汽提、亚硝酸气吸收等工序，以及相关的氢气净化、氨氧化工序。有机回路包括肟化、中和、水洗、精馏、萃取等工序。另外有废水萃取和废水汽提等工序。

4.1.2 工艺特性参数（表 1）

表 1 工艺特性参数

序号	生产工序	控制点	单位	控制指标
1	热水系统	热水温度	℃	88～96
		热水槽液位	%	70～100
2	氢气净化	压缩机氢气进口温度	℃	20～40
		氢压机进口压力	kPa	1900～2600
		氢压机出口压力	kPa	2800～3200
		甲烷化反应	℃	235～245
		氢气冷却器出口温度	℃	40～60
3	羟胺制备	尾气循环量	Nm^3/h	46000～48000
		高位槽至过滤器流量	m^3/h	240～300
		羟胺反应温度	℃	40～65
		羟胺反应压力	kPa	2450～2580
		羟胺系统与滤液槽压差	kPa	50～220
		反冲槽与羟胺系统压差	kPa	380～420
		高位槽液位	%	10～35
		反冲槽液位	%	55～65
		滤液槽液位	%	40～55
		羟胺缓冲槽液位	%	20～35
		循环尾气中氢气浓度	%	35～44
		无机液出料 $[H^+]$	mol/kg	0.32～0.50
		无机液出料 pH		1.80～2.60
		催化剂浓度	g/L	10～13
		无机液进料 $[H^+]$	mol/kg	2.60～3.40
		无机液进料 $[NH_3OH^+]$	mol/kg	0.00～0.05
		无机液进料 $[NH_4^+]$	mol/kg	1.70～3.00
		无机液进料 $[H_2PO_4^-]$	mol/kg	2.20～2.60
4	肟化工序	中和反应器无机液进料量	m^3/h	3.0～4.0
		M-6302 工艺水进料量	m^3/h	4.0～6.0
		肟化反应器温度	m^3/h	45～48
		肟化反应器界面	%	30～50
		中和反应器 pH 值		4.0～4.7
		进第二凝聚器有机相电导率	uS/cm	≤10
		肟化反应器中部 $[H^+]$	mol/kg	1.0～1.1
		肟化反应器中部 $[NH_3OH^+]$	mol/kg	0.1～0.2
		中和反应器无机液中 $[NH_3OH^+]$	mol/kg	0.30～0.45
		肟化出来有机相组成		
		游离环已酮（质量分数）	%	1
		肟（质量分数）	%	24.5
		洗涤水萃取塔甲苯进料量	m^3/h	1.6～2.0

表 1　工艺特性参数（续）

序号	生产工序	控制点	单位	控制指标
5	蒸馏工序	第一蒸馏塔压力	kPa	-82～-84
		第一蒸馏塔顶温	℃	45～60
		第一蒸馏塔釜温	℃	86～102
		第一蒸馏塔甲苯回流量	m^3/h	6.0～11.0
		第二蒸馏塔压力	kPa	-87～-92
		第二蒸馏塔顶温	℃	110～125
		第二蒸馏塔釜温	℃	150～155
		甲苯肟槽液位	%	20～35
6	净化工序	萃取塔无机液进料温度	℃	68～72
		萃取塔甲苯加料温度	℃	68～72
		萃取塔甲苯加料流量	m^3/h	22～28
		汽提塔顶部压力	kPa	210～226
		汽提塔顶温	℃	123
		汽提塔釜温	℃	130～137
		汽提塔无机液进料温度	℃	110
		汽提塔蒸汽进料量	t/h	10～15
		废水汽提塔废水进料量	m^3/h	10～15
		甲苯罐液位	%	30～80
		萃取塔 无机液进料组成		
		$[H^+]$	mol/kg	1.1～1.2
		$[NH_3OH^+]$	mol/kg	0.05
		总羰含量	%	1.4～1.6
		萃取塔 无机液出料总碳	ppm	＜200
		汽提塔 无机液出料组成		
		总 C	ppm	200
		总羰基	ppm	＜10
		甲苯	ppm	＜10
		$H_2PO_4^-$	mol/kg	2.40～2.90
7	氨水制备工序	氨吸收塔压力	kPa（绝）	220～380
		氨吸收塔氨水回流量	m^3/h	17～18
		氨水温度	℃	38～50
		氨水浓度	%	20～25
		冷冻水冷却器的氨蒸发温度	℃	6～10
		冷冻水冷却器的氨蒸发压力	kPa	400～900
		冷冻水冷却器的出口冷冻水温度	℃	10～35

表 1 工艺特性参数（续）

序号	生产工序	控制点	单位	控制指标
8	氨氧化工序	氨氧化反应器反应温度	℃	820～890
		氨氧化反应器压力	kPa	500～750
		气氨浓度	%	10
		氨氧化反应器混合进料温度	℃	140～175
		亚硝气出废热锅炉温度	℃	160～220
		气氨在氨蒸发器的蒸发压力	kPa	800～1200
		气氨在氨蒸发器的蒸发温度	℃	25～40
		空压机出口压力	kPa	650～750
		空压机出口温度	℃	200
		废热锅炉过热蒸汽温度	℃	360～420
		废热锅炉过热蒸汽压力	kPa	3450～3650
		废热锅炉给水温度	℃	110～120
		二次空气冷却出口温度	℃	50～70
		二次空气流量	Nm^3/h	4000～5000
9	亚硝气吸收及NOx脱除	氨氧化反应器空气流量	Nm^3/h	22500
		亚硝酸气吸收塔分解室温度	℃	65～78
		亚硝酸气吸收塔吸收段温度	℃	40～60
		亚硝酸气吸收塔尾气中氧含量	%	2～3
		亚硝酸气吸收塔无机液进料量	m^3/h	7.0～7.8
		亚硝酸气吸收塔液位	%	60～80
		吸收塔无机液进料组成		
		[H^+]	mol/kg	1.20～1.40
		[NH_3OH^+]	mol/kg	0.05
		[$H_2PO_4^-$]	mol/kg	2.40～2.70
		[NH_4^+]	mol/kg	2.60
		脱色塔无机液进料组成		
		[H^+]	mol/kg	6.50
		[NH_3OH^+]	mol/kg	0
		[$H_2PO_4^-$]	mol/kg	1.15
		[NH_4^+]	mol/kg	0.3～0.5
		羟胺进料罐液位	%	50～70
		羟胺进料罐中无机液组成	mol/kg	
		[H^+]		2.60～3.40
		[NH_3OH^+]	mol/kg	0.00～0.05
		[$H_2PO_4^-$]	mol/kg	2.00～2.60
		[NH_4^+]	mol/kg	1.70～3.00
		硝酸气体除雾器出口液位	%	15～30
		气体加热器出口温度	℃	210～225
		燃烧器出口温度	℃	280～288
		硝酸气体除雾器进料气 NOx 浓度	ppm	＜ 1200
		燃烧器燃料进料压力	kPa	2450
		硝酸气体脱除器出口气体 NOx 含量	ppm	＜ 100

4.1.3 装置危害特性

装置使用的原料氢属于易燃气体，发生泄漏与空气混合，极易发生火灾爆炸。环己酮、甲苯等易燃液体泄漏发生火灾爆炸。汽包系统缺水、超压、水锤易发生物理爆炸。环己酮肟泄漏，在高温下极易燃烧发生火灾。氧化炉氨气点火升温过程，氨空比失调存在爆炸混合物时，易发生闪爆。氨属于高毒物品，装置在线储存液氨泄漏或排放扩散至生产场所、周边区域，对人员造成人身伤害。硝酸、液碱、酸性无机液对设备管道有腐蚀危害。其发生泄漏易对人员造成灼伤，也会造成水体环境污染。高压蒸汽系统、氧化反应系统系统均存在高温烫伤危害。无机液、酸碱操作过程中发生喷溅均可能发生灼烫伤害。装置危险有害因素主要分布见表 2。

表 2　装置危险有害因素主要分布表

序号	危险危害因素	存在部位或设备、场所	事故类型
1	易燃气体泄漏	羟胺、氢气净化系统及其管线	火灾爆炸
2	有毒气体泄漏	氨水制备、氨蒸发系统及管线	中毒
3	肟粉尘积聚	肟槽内及其区域	火灾、中毒
4	汽包缺水、蒸汽超压	汽包及其蒸汽管线	物理爆炸
5	催化剂自燃	羟胺反应器、羟胺进料罐、催化剂配制罐、羟胺催化剂过滤器	火灾爆炸
6	高温	转化反应器、余热锅炉的汽包及其高压蒸汽管线	灼烫
7	甲苯泄漏	中间罐区、有机系统及其管线	中毒
8	无机液泄漏	无机液系统及其管线	灼烫
9	硝酸泄漏	氧化酸性系统	灼烫伤害
10	氨泄漏	氨蒸发系统及管线	冻伤
11	噪声	压缩机、蒸汽放空、机泵摩擦、装置安全阀起跳	听力损伤
12	高处坠落物体	检维修作业	高处坠落
13	放射源泄漏	羟胺反应器	人身伤害

依据《建筑设计防火规范》(GB 50016—2014)，羟胺肟化装置中氢气、甲苯火灾危险性属于甲类，本装置火灾危险性属于甲类。依据《爆炸危险环境电力装置设计规范》(GB 50058—2014)，本装置的易燃气体、易燃液体场所，机泵、呼吸阀、安全阀等设备属于第二级释放源，爆炸危险区域可划为 2 区。

4.2 氨肟化装置

4.2.1 工艺原则流程及流程图

氨肟化装置以 99.9%（wt）的环己酮加 30%（wt）的双氧水和液氨为原料，在反应工序中，在叔丁醇溶剂存在的条件下，应用钛硅分子筛为催化剂，采用淤浆反应床，通过催化氨肟化反应生成环己酮肟，反应产物进溶剂回收工序，回收叔丁醇返回反应系统，肟水溶液送萃取工序，用甲苯萃取肟水溶液中的环己酮肟，有机相甲苯肟溶液经水洗聚结后送精馏工序，经过两级精馏后，生产出环己酮肟产品送己内酰胺装置；萃取水相即有机废水送至废水汽提装置，经过汽提，脱除了有机物的废水送生化处理系统。工艺流程图见图 2。

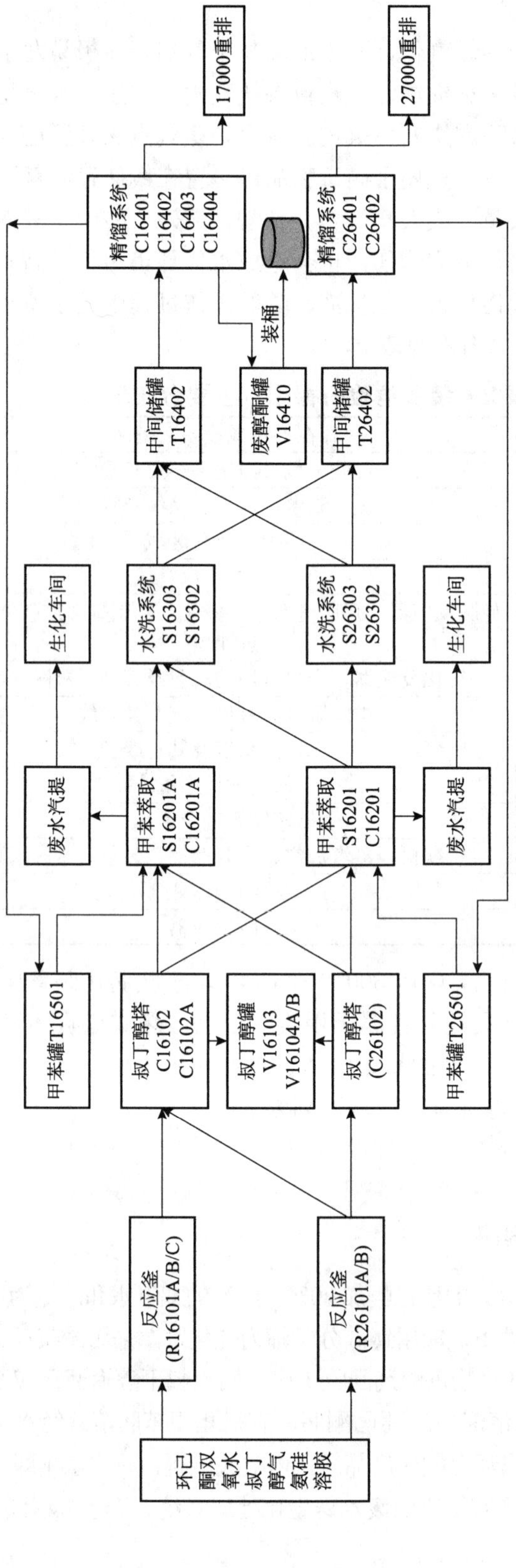

(a)

图2 氨肟化装置工艺原则流程图

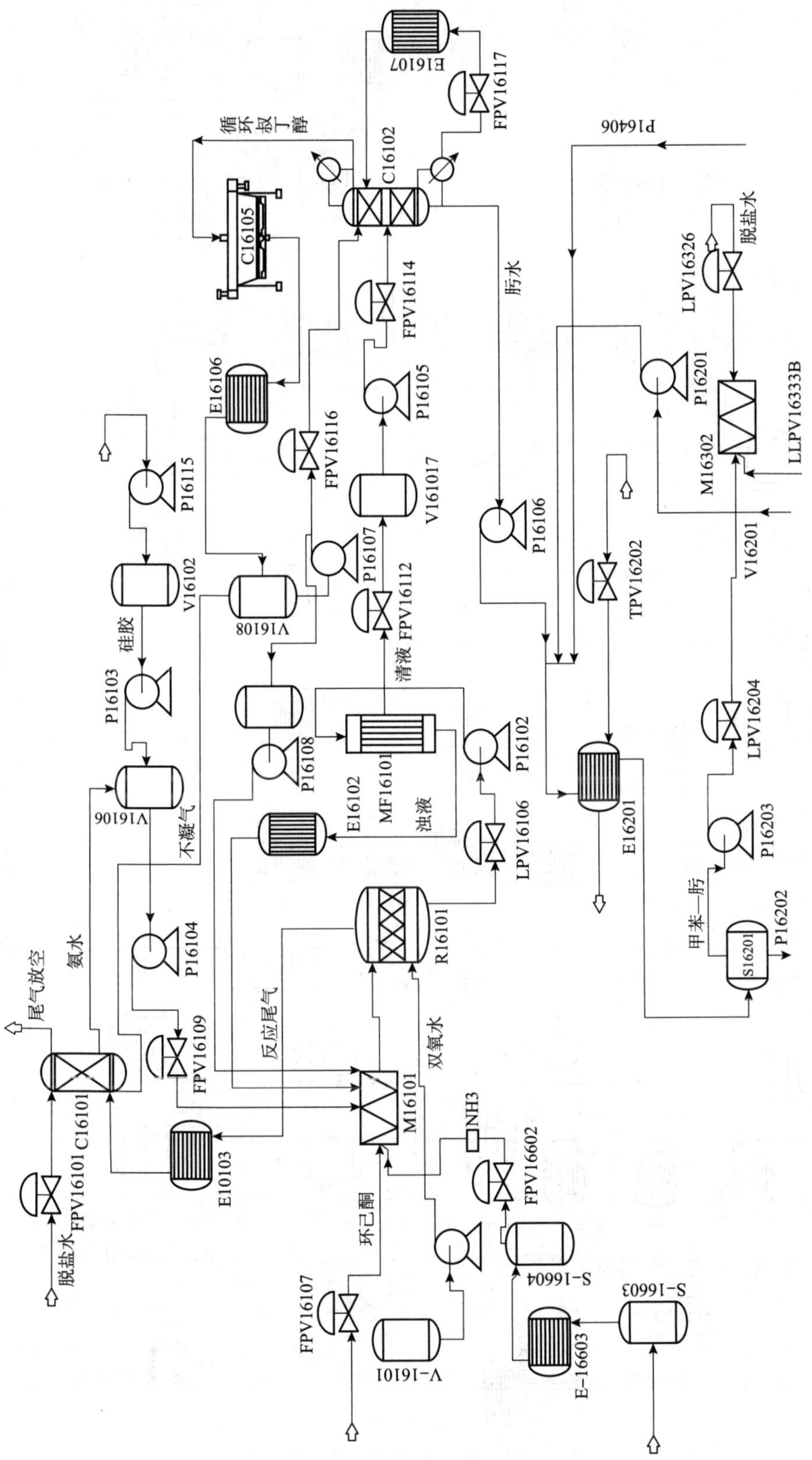

（b）

图 2　氨肟化装置工艺原则流程图（续）

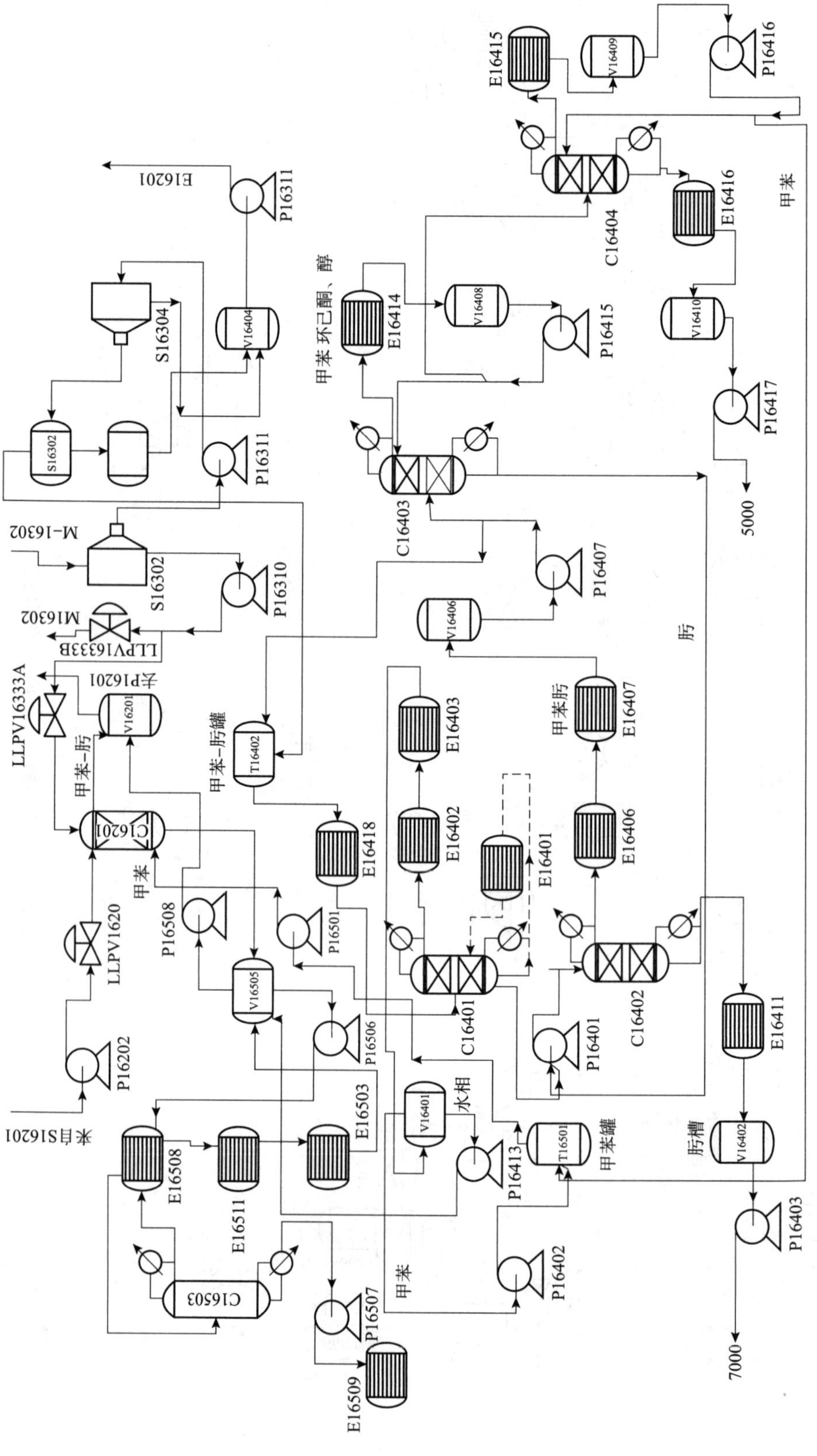

（c）

图2 氨肟化装置工艺原则流程图（续）

4.2.2 工艺特性参数（表 3）

表 3 氨肟化主要控制指标一览表

项目	单位	控制指标
环己酮 FICQ-16107A/B/C	t/h	3～5.5
氨/酮比	物质的量比	（1.03～1.16）∶1
H_2O_2/酮比	物质的量比	（1.08～1.16）∶1
醇/酮比	质量比	（2.8～3.0）∶1
肟化反应器		
反应温度	℃	80～85
反应压力	MPa	0.28～0.32
反应液位	%	50～80
反应停留时间	min	70～80
反应釜搅拌转速	r/min	90
反应釜催化剂浓度（质量分数）	%	3.0～6.0
反应釜液硅浓度	10^{-6}	50～60
环己酮转化率	%	≥ 99.0
环己酮肟选择性	%	≥ 99.0
催化剂加料量	t/批	1.5～2.0
脱盐水加入量	t/批	10
尾气吸收塔		
脱盐水进料流量	t/h	0.5-1.5
操作压力	MPa	常压
进料温度	℃	40
塔顶温度	℃	40
塔底温度	℃	≤ 55℃
叔丁醇回收塔		
液体进料流量	t/h	45～65
回流流量	t/h	3.5～12
回流比		0.1
操作压力	MPa	常压
进料温度	℃	70～80
塔顶温度	℃	80～90

表3　氨肟化主要控制指标一览表（续）

项目	单位	控制指标
进料板温度	℃	85～92
釜底温度	℃	102～106
控制指标：塔底出料叔丁醇含量	%	≤0.05
塔顶水含量	%	14～18
甲苯萃取		
甲苯萃取温度	℃	45～55
甲苯萃取压力	MPa	0.45
甲苯/肟		3～3.5
甲苯水洗罐		
甲苯-肟水洗温度	℃	40～50
甲苯-肟水洗压力	MPa	常压
脱盐水用量	m^3/h	4.0～6.0
控制指标：甲苯-肟电导率	μS/cm	≤15
水萃取塔		
塔顶操作压力	MPa	常压
甲苯进料流量	t/h	3～8
水相进料流量	t/h	20～26
界面计液位	%	30～60
控制指标：塔底出料肟含量	%	≤0.12
第一蒸馏塔		
塔顶操作压力	kPa	-80～-84
顶部温度	℃	58～62
顶部回流量	t/h	3～12
塔釜温度	℃	62～80
控制指标：塔底出料肟含量	%	75
第二蒸馏塔		
塔顶操作压力	kPa	-88～-94
顶部温度	℃	120～130
塔釜温度	℃	150～152
控制指标：塔底出料甲苯含量	10^{-6}	＜600

表 3　氨肟化主要控制指标一览表（续）

项目	单位	控制指标
塔底出料酮含量	%	＜0.02
色度		＜15°H
甲苯脱肟塔		
液体进料流量	t/h	2.0～3.0
回流流量	t/h	0.8～2.0
塔顶操作压力	kPa	-88～-94
进料温度	℃	42
顶部温度	℃	50～65
底部温度	℃	125～140
灵敏板温度	℃	110～118
甲苯脱肟塔		
进料流量	t/h	1.0～2.0
回流流量	t/h	1.0～2.0
塔顶操作压力	MPa	常压
进料温度	℃	43
顶部温度	℃	115
底部温度	℃	150～165
灵敏板温度	℃	120～140
控制指标：塔底出料甲苯含量	%	≤0.5
塔顶出料酮含量	%	≤0.05
废水汽提塔		
进料温度	℃	90
塔釜温度	℃	100～106
控制指标：塔釜出料总羰基	%	＜0.02
甲苯	%	＜0.01
外送废催化剂浆液浓度	%	10～15
催化剂中醇含量	%	0.15
催化剂中肟含量	%	0.20

4.2.3　装置危害特性

装置危险有害因素主要分布见表 4。

表 4　装置危险有害因素主要分布表

序号	危险危害因素	存在部位或设备、场所	事故类型
1	易燃气体泄漏	氨肟化反应器、氨系统及其管线	火灾爆炸
2	有毒气体泄漏	氨水制备、氨蒸发系统及管线	中毒
3	肟粉尘积聚	肟槽内及其区域	火灾
4	高温	中低压蒸汽管线	灼烫
5	甲苯、叔丁醇泄漏	中间罐区、有机系统及其管线	火灾、中毒
6	双氧水泄漏	双氧水管线	爆炸
7	硝酸泄漏	反应系统酸管线	灼伤
8	氨泄漏	氨蒸发系统及管线	灼伤、冻伤
9	噪声	蒸汽放空、机泵摩擦、装置安全阀起跳	听力损伤
10	高处坠落物体	检维修作业	高处坠落
11	电气设备漏点	电气设备	触电
12	起重设备	检修现场起重机械	起重伤害

依据《建筑设计防火规范》(GB 50016—2014)，装置中甲苯、叔丁醇、双氧水、甲醇火灾危险性属于甲类。本装置火灾危险性属于甲类。

依据《爆炸危险环境电力装置设计规范》(GB 50058—2014)，本装置的易燃气体、易燃液体场所，机泵、呼吸阀、安全阀等设备属于第二级释放源，爆炸危险区域划为 2 区。

4.3　己内酰胺精制装置

来自上游工序的 99.97%的环己酮肟经发烟硫酸催化发生贝克曼分子重排反应，转位酯通过中和进料泵送至中和与氨进行反应，粗油进入己萃、反萃、汽提后送离子交换工序，经离子交换树脂除去微量的无机盐和有机杂质，己水进入磁稳定床加氢反应器，经加氢反应后的己 - 水液在蒸发工序经三效减压蒸发和预蒸馏后将己 - 水溶液的浓度从 30%浓缩到 99.9%，为提高最终产品的质量，在进蒸馏前加入少量氢氧化钠以使浓缩液中的微量有机酸转化成不挥发性盐类，便于与蒸馏残液一起除去。蒸馏馏分己内酰胺成品送至成品液体己内酰胺罐或制成己内酰胺切片包装。

含苯溶性杂质的粗苯送至全苯蒸苯储罐。苯储罐的粗苯送入苯蒸馏塔进行蒸馏净化，净化后的精苯经苯出料泵分别输送至己萃塔用于己内酰胺的萃取。苯蒸馏后的尾气收集到尾气收集罐，并由尾气加压机加压后送至火炬进行燃烧处理。同时设置苯收集槽对各设备及管道的放净进行密闭回收。

4.3.1　工艺原则流程及流程图

己内酰胺精制原则流程图见图 5。

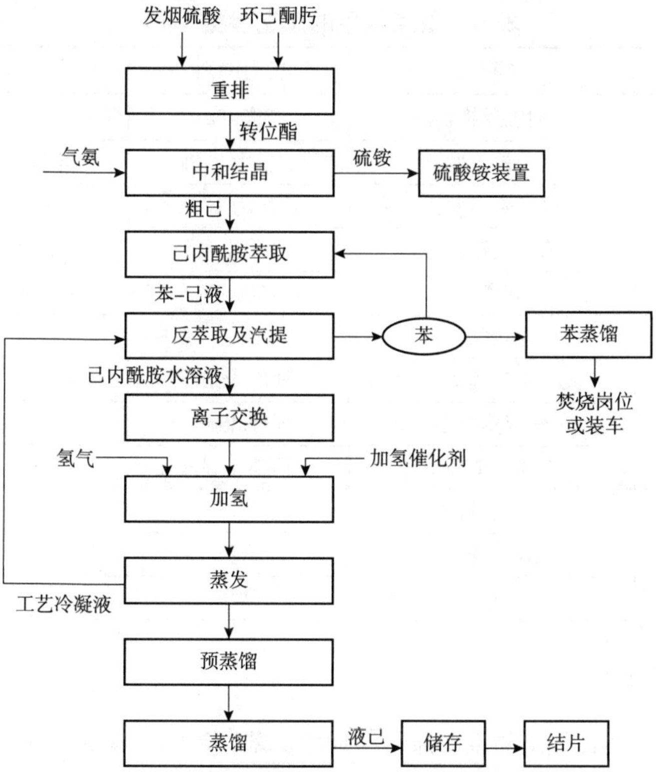

图 5　己内酰胺生产原则流程图

4.3.2　工艺特性参数（表 5）

表 5　重点监控的工艺参数

名称	控制点	压力 /MPa	温度
重排	二段重排反应器	常压	90～100℃
	四段重排反应器	常压	100～115℃
中和萃取	中和反应器	常压	50℃
	硫铵萃取塔	常压	45℃
	硫铵汽提塔	常压	底部 106℃
	己内酰胺萃取塔	常压	40～45℃
	苯己聚结器	常压	40～45℃
	反萃取塔	常压	40～45℃
	苯汽提塔		釜温 103℃
	苯蒸馏塔		釜温＜ 110℃
	新苯蒸馏塔		釜温＜ 110℃
离子交换	离子交换器		40℃

表 5 重点监控的工艺参数（续）

名称	控制点	压力 /MPa	温度
加氢	加氢反换器	700kPa	90～95℃
蒸发	第一效蒸发器	顶部压力 278kPa	釜温 136℃顶温 132℃
	第二效蒸发器	顶部压力 132kPa	顶温 107℃底温 113℃
	第三效蒸发器	16.5kPa	顶温 56℃底温 77℃
	分离罐	150mmHg	126℃
蒸馏	闪蒸罐	9mmHg	105℃
	主蒸馏塔	顶部 4mmHg	127℃
	残液蒸馏塔	顶部 4mmHg	127℃
	重残液蒸馏塔	顶部 4mmHg	127℃
热水系统	蒸馏进料槽		105℃
	热水槽	常压	89℃
	热水槽	常压	90℃

4.3.3 装置危害特性

己内酰胺精制装置使用的生产原料为烟酸、苯、氢气、液氨等危险化学品，主产品为己内酰胺，副产硫铵。生产过程介质均为易燃易爆、有毒有害、强腐蚀性的物质。

中间罐区苯储罐属于危险化学品重大危险源，套己内酰胺精制装置内苯用量均超过 70 吨，火灾危险性属甲类。装置内加氢生产工序有氢气。配酸站用 20%烟酸和 98%浓硫酸比例制备 14%～16%浓度的烟酸，浓硫酸、烟酸具有忌水性，反应过程为强烈放热过程。烟酸、硫酸贮存设备、管道、设施，存在严重设备管道腐蚀危害，泄漏对其基础也有腐蚀危害。己内酰胺精制装置危险有害因素主要分布见表 6。

表 6 己内酰胺精制装置危险有害因素主要分布表

序号	危险危害因素	存在部位或设备、场所	事故类型
1	易燃气体泄漏 有毒气体泄漏	加氢系统及其管线 苯系统及其管线、氨蒸发器及其管线 氮气存在的设备	火灾，其他爆炸 中毒和窒息 冻伤
2	重排反应温度超高	重排反应器、转位酯缓冲罐及其管线	高温瀑沸
3	蒸汽泄漏	中、低压蒸汽再沸器及其管线	烫伤
4	发烟硫酸泄漏	配酸站、重排烟酸进料管线	灼烫
5	烧碱泄漏	离交再生碱管线、蒸馏加碱槽及其管线	灼烫
6	稀硝酸泄漏	收硝酸管线、硝酸槽及其管线	灼烫
7	转动机泵、输送带	机泵、运输带	机械伤害
8	漏电	电气设备、重排 6kV 电机	电气伤害

4.4 硫铵装置

硫铵装置有蒸发结晶工序、中和结晶工序、离心干燥工序和硫铵包装工序。

中和结晶工序反应并分离出来的己内酰胺油经滗析器及酰胺油储罐进行沉降分离后进行精制，硫铵晶浆液则送离心岗位进行固液分离后经干燥岗位干燥再送包装。

4.4.1 工艺原则流程及流程图

蒸发结晶工序工艺流程见图6，中和结晶工序工艺流程见图7。

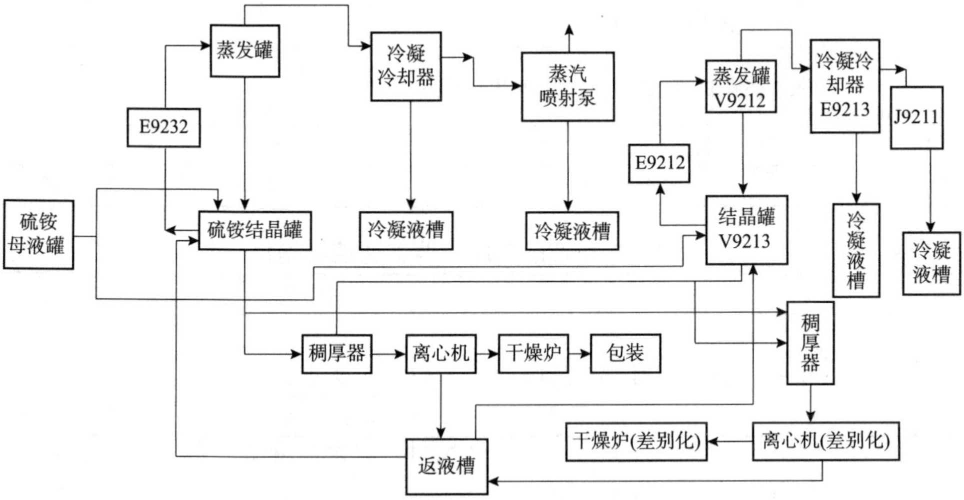

图6 蒸发结晶工序原则流程

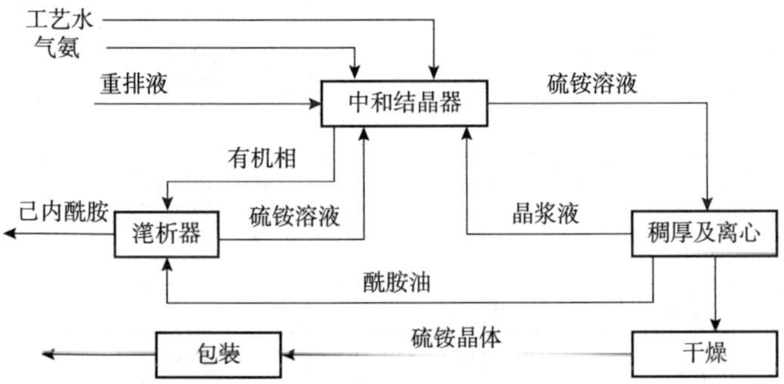

图7 中和结晶工序原则流程

4.4.2 工艺特性参数

蒸发结晶工序主要工艺控制指标见表7。中和结晶工序主要工艺控制指标见表8。

表7 蒸发结晶工序主要工艺控制指标

序号	项目	单位	指标
1	热水槽液位	%	≥80
2	母液罐液位	%	≤90
3	事故冷凝器：条件水温度	℃	45～65

表 7　蒸发结晶工序主要工艺控制指标（续）

序号	项目	单位	指标
4	热水进水温度	℃	≥ 75
5	热水泵出口压力	MPa	0.8～0.9
6	热水回水压力	MPa	0.45～0.6
7	二效蒸发罐釜温 / 压力	℃ MPa	45～65 -0.091
8	结晶罐 晶浆比（固液体积比）	%	40～60
9	二效加热器物料出口温度 / 热水出口温度	℃ ℃	45～65 60～72
10	蒸汽喷射泵真空度	MPa	-0.091
11	回收槽液位	%	≤ 90

表 8　中和结晶工序主要工艺控制指标

序号	项目		单位	指标
1	中和反应结晶器气氨进料		压力 /MPa	0.7～1.1
			温度 /℃	40
			流量 /（Nm^3/h）	≤ 9550（满负荷）
2	中和反应结晶器重排液进料		压力 /MPa	0.75
			温度 /℃	105
			流量 /（t/h）	≤ 38（满负荷）
3	中压蒸汽进料		压力 /MPa	0.90
			温度 /℃	200
4	中和反应结晶器		压力 /MPa	0.02
			温度 /℃	45～65
			液位 /%	25～50
5	中和反应结晶器内介质密度		kg/m^3	1300～1350
6	中和反应结晶器系统 pH 值			4.5～6.5
7	底搅拌	转速	r/min	≤ 108
		冲洗水压力	MPa	0.2～0.4
		隔离液压力	MPa	0.6～0.8
		电流	A	
8	稠厚器 淘洗液流量		m^3/h	15～20
9	浆液泵 出口流量		m^3/h	80～145
10	酰胺油酸度		Meq/kg	2～30
11	凝液收集罐		压力 /MPa	常压
			温度 /℃	65

4.4.3 装置危害特性

硫铵溶液渗透性很强，可导致钢制设备、钢构件、钢筋混凝土厂房、混凝土地面等产生严重的腐蚀。装置的原料气氨为有毒有害气体，且有可燃性，一旦泄漏易发生中毒和化学灼伤。硫铵装置危险有害因素主要分布见表9。

表9　硫铵装置危险有害因素主要分布表

序号	危险危害因素	存在部位或设备、场所	事故类型
1	易燃气体泄漏 有毒气体泄漏 氮气	气氨管线 氮气进入设备内	火灾　爆炸 中毒和窒息
2	低压蒸汽	中和结晶及蒸发抽真空系统　9000热水槽 空气加热器	灼烫
3	转动设备	机泵转动部位　运输带	机械伤害
4	己内酰胺精制部分苯窜入硫铵装置	硫铵母液罐　中和结晶罐　蒸发罐	火灾　爆炸 中毒和窒息
5	漏电	电气设备	电气伤害
6	粉尘	干燥、输送带、包装	粉尘

5 检修周期及检修项目

5.1 主要设备

己内酰胺装置主要设备见表10。

表10　己内酰胺装置主要设备

<table>
<tr><th>名称</th><th colspan="3">设备种类</th><th>主要设备种类</th><th>通用、专用设备检修规程的代码</th></tr>
<tr><td rowspan="6">转动设备</td><td colspan="2" rowspan="2">石油化工机械</td><td>包装设备</td><td>自动包装线</td><td>SHS 01038</td></tr>
<tr><td>成型设备</td><td>结片机</td><td>SHS 03039</td></tr>
<tr><td rowspan="4">泵</td><td colspan="2">离心泵</td><td>羟胺进料泵，锅炉给水泵、废热锅炉循环泵、氨水泵、肟化塔脉冲器循环泵、萃取塔脉冲器循环泵、汽提进料泵、重排进料泵，反应釜液循环泵、反冲液输送泵、重排循环泵、二效循环泵</td><td>SHS 01012</td></tr>
<tr><td colspan="2">磁力泵</td><td>苯泵、烟酸泵</td><td>SHS 01016</td></tr>
<tr><td colspan="2">往复泵</td><td>催化剂进料泵</td><td>SHS 01014、
SHS 01015</td></tr>
<tr><td colspan="2">高速泵</td><td>锅炉给水泵</td><td>SHS 01017</td></tr>
</table>

表 10　己内酰胺装置主要设备（续）

名称	设备种类		主要设备种类	通用、专用设备检修规程的代码
转动设备	离心式风机		废气排风机、引风机、鼓风机	SHS 01022
	活塞式压缩机		氢气压缩机	SHS 01020
	离心式压缩机		氨氧化空压机，循环气体压缩机	SHS 01018
	汽轮机		压缩机驱动端汽轮机	SHS 08001
	搅拌器		底搅拌、氨肟化反应器搅拌器、加氢搅拌器、硅溶胶搅拌釜	SHS 01004
	离心机		硫铵活塞推料离心机／螺旋筛网离心机	
静设备	塔	填料塔、板式塔	萃取塔、汽提塔、肟化反应塔、肟化反应塔、废水汽提塔、废水萃取塔、第一精馏塔、第二精馏塔、氨吸收塔、硝酸漂洗塔、亚硝酸漂洗塔、尾气吸收塔、叔丁醇回收塔、甲苯脱肟塔、甲苯脱酮塔、水萃取塔、中和反应器、硫铵萃取塔 、硫铵汽提塔、己内酰胺萃取塔、反萃取塔 、苯汽提塔、苯蒸馏塔 、新苯蒸馏塔、主蒸馏塔、残液蒸馏塔 、重残液蒸馏塔、冷凝液汽提塔	SHS 01007
	换热器	管壳式换热器	羟胺反应器换热器、循环压缩机冷却器、汽提塔再沸器、氨蒸发器、液氨汽化加热器、反应排放气冷却器、残液冷却器叔丁醇塔顶空冷器、叔丁醇塔顶冷凝器、叔丁醇塔底再沸器、甲苯肟冷却器、一二三效蒸发器、二效加热器、冷凝冷却器、事故冷却器、一效冷凝器、空气加热器、蒸汽喷射泵冷却器、原料预热器、进料加热器、冷凝冷却器、进料加热器、调节冷却器	SHS 01009
	压力容器		甲烷反应器、转化反应器、肟化反应器、NO_x 脱除器、羟胺反应器、肟化反应釜、加氢反应器 I、加氢反应器 II、加氢搅拌釜、磁稳定床、硫铵萃取塔、反萃取塔、离子交换器	SHS 01004
	常压容器、常压储罐		卸料罐、氨水罐、己内酰胺成品罐、甲苯储罐、酰胺油罐、己水罐、苯罐、苯己罐、热水槽、（一、二、三、四）段重排反应器、二效蒸发罐、结晶罐、闪蒸罐、稠厚器、膨胀罐、蒸发罐、结晶罐、硫铵母液罐、硫铵废液槽、硫铵回收槽、热水槽、返液槽	SHS 01004

表 10　己内酰胺装置主要设备（续）

名称	设备种类		主要设备种类	通用、专用设备检修规程的代码
静设备	过滤器		羟胺过滤器、气氨过滤器、液氨过滤器、第一聚结器、第二聚结器、膜过滤器、催化剂再生过滤器、苯己聚结器	
	压力管道			SHS 01005
	阀门			SHS 01030
仪表设备	检测仪表	压力仪表、温度仪表、流量仪表、物位仪表		SHS 07002
	电动单元组合仪表	基地式仪表、显示仪表、辅助单元		SHS 07003
	控制阀	气动控制阀、偏心旋转阀、气缸执行机构、控制附件、蒸汽减温器		SHS 07004
	在线分析仪表	水分析仪、烟气排放连续检测系统、可燃气体报警器、氧分析仪、氢分析仪、红外线分析仪、pH 计、电导仪、有毒气体报警器、		SHS 07006
	特殊仪表	轴振动和轴位移、转速控制仪表、称重仪表		SHS 07007
	过程控制系统	DCS、PLC、GDS		SHS 07008
	系统维护	仪表供电系统、防爆仪表及其系统、仪表供气系统	UPS	SHS 07009
	安全仪表系统	安全仪表系统	SIS	SHS 07010
电气设备	旋转电机、调速励磁装置	聚合釜搅拌电机、低压变频器、挤压机电机、膨胀干燥机电机、凝聚釜电机		SHS 06001

表 10 己内酰胺装置主要设备（续）

名称	设备种类		主要设备种类	通用、专用设备检修规程的代码
电气设备	变压器、互感器	油浸变压器、干式变压器		SHS 06002
	高压开关	高压隔离开关		SHS 06003
	配电装置	低压配电柜、母线、绝缘子		SHS 06004
	低压电器	交流接触器、空气开关、热继电器、防爆电器		SHS 06005
	电源装置	UPS 装置		SHS 06006
	电力线路	动力电缆、控制电缆、变频电缆		SHS 06007
	照明装置	220V 照明		SHS 06008
	接地及过电压保护装置	接地装置、过电压保护装置		SHS 06009

5.2 检修周期

5.2.1 羟胺肟化装置、氨肟化装置、己内酰胺精制装置和硫铵装置检修应根据实际运行情况进行定期停车检修，检修周期一般为 36 个月。装置检修计划时间 17～20 天。

5.2.2 有备用设备的或日常可以进行检修的不列入大修项目。

5.3 检修内容

5.3.1 确定检修内容的依据

5.3.1.1 按法律法规要求的特种设备定期检验。

5.3.1.2 不符合国家安全与环境保护、节能要求的设备改造和更新。

5.3.1.3 对本次检修或下次检修之前已到法定检验时间的计量设施。

5.3.1.4 设备状况

1）静设备：

a）塔内部因塔盘结焦堵、内构件损坏、积垢腐蚀等原因造成运行状况恶化、性能降低等；

b）换热器因换热管腐蚀穿孔、结焦堵管、积垢腐蚀等原因造成运行状况恶化、性能降低等；

c）容器因内构件损坏、结焦、积垢腐蚀等原因造成运行状况恶化、性能降低等；

2）转动设备：磨损、疲劳、泄漏、振动等原因造成运行状况恶化、性能降低等；

3）管道、阀门因腐蚀减薄、失效等原因造成运行状况恶化、性能降低等

4）电气设备：部件老化等原因造成运行状况恶化、性能降低等；

5）仪表设备：部件老化等原因造成运行状况恶化、性能降低等。

6）日常维护抢修中采用带压堵漏、带压开孔等方式进行临时的项目。

5.3.1.5 工艺催化剂（三剂）失效。

5.3.1.6 钢结构平台、设备基础、房屋等建构筑物老化、锈蚀等必须在停车检修期间内维修的项目。

5.3.1.7 安全防护设施失效。

5.3.2 主要设备检修内容

停车大修是对装置安全环保、长周期运行及经济效益有重大影响的设备、管线、电气仪表系统、土建及基础设施等在运行周期内将要发生的功能故障进行全面检修。其他检修是除大修外对装置局部或设备本体有经济运行影响的功能故障而进行的检修。己内酰胺装置主要设备检修内容见表11。

表11 己内酰胺装置主要设备检修内容

序号	设备名称	设备功能	功能故障	故障周期/月	主要检修内容	设备分级
1	空压机	将大气来的空气压缩到0.66～0.7MPa（绝压），分别供给硝酸漂白塔、脱色塔、燃烧气体加热器以及转化反应器等设备使用	机组流量达不到工艺要求，透平转速降低，压缩机异常振动，油压低，压缩机出口压力上升，轴承振动或温度高，级间出口温度高，压缩机喘振，压缩机叶轮损坏	36	1. 离心压缩机、膨胀透平机按大修规程进行解体检查检修； 2. 驱动用背压式汽轮机按照大修规程解体检查； 3. 检查、校验现场仪表控制元件及控制柜； 4. 电气控制系统维修； 5. 状态检测系统维护	A类
2	循环气体压缩机	主要作用是使羟胺反应器中的气体进行循环，以便在羟胺反应中形成较大的气相负荷	机组循环量达不到工艺要求，机组出现报警或者跳车，透平转速降低，油压低， 轴承故障，轴封故障，压缩机叶轮损坏，循环气带液较多	36	1. 离心压缩机按大修规程进行解体检查、检修； 2. 检查、校验现场仪表控制元件及控制柜； 3. 电气控制系统维修； 4. 驱动用背压式汽轮机按照大修规程解体检查	A类

表 11 己内酰胺装置主要设备检修内容（续）

序号	设备名称	设备功能	功能故障	故障周期/月	主要检修内容	设备分级
3	氢气压缩机	来自制氢装置 2.0MPa，40℃的氢气压缩至 3.0MPa（表压），70～90℃。然后经几个换热器后送至甲烷反应器	排气量达不到设计要求，排气温度高于正常值，气缸内有异常声音，功率超出正常值，润滑油压低，气缸异常振动，管线异常振动	36	1. 检查气阀、填料、活塞环、气缸套磨损、气缸余隙容积； 2. 检查气缸冷却夹套；检查活塞组件； 3. 检查轴瓦间隙和润滑油泵； 4. 检查各轴承及十字头滑道间隙； 5. 检查管线系统消除共振； 6. 检查设备基础；检查气缸与基座水平和机组对中	B 类
4	甲烷反应器	氢气净化在装有一层脱硫剂和一层甲烷化催化剂的甲烷化反应器中进行，硫化物与 ZnO 反应生成 ZnS。CO 在钌催化剂作用下与氢气发生还原反应生成甲烷	设备泄漏，催化剂失活或者破裂，反应温度异常、压力高、设备泄漏、基础沉降、螺栓松动、超定检周期	36	甲烷化反应反应器容器检测；反应器内上层 30cm 厚 ZnO 催化剂更换，下层以 Al_2O_3 为载体的 120cm 钌催化剂更换，设备基础检查，设备附件检查修理	B 类
5	羟胺反应器	磷酸羟胺是通过硝酸盐在磷酸盐缓冲溶液中在 60 ℃、2650 kPa 的压力下用氢气催化还原制备的。催化剂是以活性碳为载体的 Pt/Pd 及单 Pd。羟胺的收率约为 80％。反应用氢气和无机液进入羟胺反应器（鼓泡反应器）底部，反应后气体和液体在反应器顶部和六个反应器高位槽 V-6201A～F 中分离	催化剂性能下降，设备泄漏，阀门内漏，调节阀故障，声音异常、设备腐蚀、螺栓松动、超定检周期	36	反应器上部除沫器检查更换除沫网，羟胺反应冷却器试压查漏，工艺水进料分布器检查，六个高位槽检查。进料阀检修，下料蝶阀检修，羟胺过滤器检修更换滤材，无机液进料阀检修，过滤器进出口阀门检修，反应器附件检查校验。冷却夹套和换热器清洗，设备腐蚀情况和设备基础检查	B 类

表 11　己内酰胺装置主要设备检修内容（续）

序号	设备名称	设备功能	功能故障	故障周期／月	主要检修内容	设备分级
6	肟化反应器	环已酮与磷酸羟胺在温度50℃左右甲苯溶剂存在下发生肟化反应	反应温度异常、压力高、设备泄漏、基础沉降、螺栓松动、超定检周期	36	检查塔板各部件的堵塞情况，检查塔板、支承结构的腐蚀变形及坚固情况。塔盘、各构件等几何尺寸和材质应符合图纸规定。 肟化反应器塔内不锈钢扁环填料更换，塔下部脉冲机构X-6310检修，2个吸入罐和2个排出罐检查，旋转阀检查修理，容器检测	B类
7	转化反应器	将氨和空气的混合气体转换成一氧化氮，所用的催化剂由铂-铑丝网构成，以支持氨的燃烧。放热反应转换以后混合气体部分冷却在废热锅炉里把水加热产生过热蒸汽	设备泄漏，温度显示失真，点火装置故障，列管泄漏。设备泄漏；反应温度异常、压力高、基础沉降、螺栓松动、超定检周期	36	反应器顶部旋转电点火装置检查，空心轴和火焰扩散器检查，上部10～15层Pt/Rh网催化剂更换，支承栅等内件检查，测温探头检查，下部废热锅炉列管检查试压。容器检测，视镜更换	B类
8	NOx脱除器	吸收塔出来的尾气中NO含量为800～1200ppm。在以$BaSO_4/T_iO_2$为载体的（VO）SO_4催化剂作用下，尾气中的NO和NO_2被氨还原成N_2及水蒸气	催化剂效能下降，反应温度异常、压力高、设备振动大、床层阻力大设备泄漏、基础沉降、螺栓松动、超定检周期	36	更换瓷球、催化剂，上部分布器检查，下部支撑网更换，容器检测修理	B类
9	肟化反应釜／肟化反应器搅拌器	搅拌混合物料并提供反应空间，带走反应热量，为输送介质提供密闭通道，连续稳定安全运行，工艺上要求满足气、液、固三相搅拌及传热传质需要	反应温度异常、压力高、釜体振动大、声音异常、设备泄漏、基础沉降、螺栓松动、超定检周期、反应釜充氮调节阀内漏、反应釜尾气排放调节阀故障、进料流量计故障显示失真，循环水调节阀故障	36	1. 检查更换机械密封； 2. 电机检修； 3. 减速机检修； 4. 搅拌桨叶和搅拌轴检查修理； 5. 冷却夹套和伴热夹套检查清洗； 6. 容器检测； 7. 反应釜内件和安全附件检查修理	B类

表 11　己内酰胺装置主要设备检修内容（续）

序号	设备名称	设备功能	功能故障	故障周期/月	主要检修内容	设备分级
10	己内酰胺萃取塔	浓度为70％的粗己内酰胺溶液与苯分别加入 萃取塔上、下部（其中：己内酰胺溶液为分散相，苯为连续相）。萃取塔底部的水溶性杂质去冷凝液汽提塔经过汽提后回收苯后的废水送环保装置处理	转盘塔上中下轴承故障，塔顶减速机、电机故障，设备泄漏，基础沉降、螺栓松动、超定检周期	36	塔顶电机、减速机检查更换，转盘轴承更换，转盘轴检查修理。设备到期检验	C类
11	加氢反应器Ⅰ	经离子交换后的己内酰胺水溶液液经进料预热器和加热器，加热至90℃。然后与浓度为0.8％加氢催化剂混合，制氢装置来的体积分数99％氢气由气体分布器均匀分布于反应器I/II内，在搅拌和催化剂作用下，控制反应温度90℃与压力700kPa的条件下进行加氢反应。第一加氢反应器内物料同时溢流到第二加氢反应器继续反应	反应温度异常、压力高、釜体振动大、声音异常、设备泄漏、基础沉降、螺栓松动、超定检周期	36	1. 检查更换机械密封； 2. 电机检修； 3. 减速机检修； 4. 搅拌桨叶和搅拌轴检查修理； 5. 内部检查清洗； 6. 容器检测； 7. 反应釜内件和安全附件检查修理	B类
12	加氢反应器Ⅱ		反应温度异常、压力高、釜体振动大、声音异常、设备泄漏、基础沉降、螺栓松动、超定检周期	36	1. 检查更换机械密封； 2. 电机检修； 3. 减速机检修； 4. 搅拌桨叶和搅拌轴检查修理； 5. 内部检查清洗； 6. 容器检测； 7. 反应釜内件和安全附件检查修理	B类
13	加氢搅拌釜	在加氢搅拌釜中，反应条件为90℃，0.8MPa，停留时间为8min，初步完成多种不饱和官能团的加氢过程。同时加入的氢气在加氢反应器中得到气液分离，富含氢气和催化剂的己内酰胺水溶液流向磁稳定床的底部入口	反应温度异常、压力高、釜体振动大、声音异常、设备泄漏、基础沉降、螺栓松动、超定检周期	36	1. 检查更换机械密封； 2. 电机检修； 3. 减速机检修； 4. 搅拌桨叶和搅拌轴检查修理； 5. 内部检查清洗； 6. 容器检测； 7. 反应釜内件和安全附件检查修理	B类

表 11　己内酰胺装置主要设备检修内容（续）

序号	设备名称	设备功能	功能故障	故障周期/月	主要检修内容	设备分级
14	磁稳定床	由加氢搅拌釜来的富含氢气和催化剂的己内酰胺水溶液从底部进入磁稳定床，经磁稳定床入口分布器和分布板后，缓和而均匀地进入磁稳定床的催化剂床层区。在此，催化剂的浓度可达 20%～30%（wt）左右，己内酰胺水溶液中的杂质与饱和氢发生深度加氢反应。反应后的物料从磁稳定床顶部流出，流向旋液分离器	线圈故障磁场强度低，设备振动大、声音异常、设备泄漏、基础沉降、螺栓松动、超定检周期	36	设备检测检验，磁力线圈检查修理	B 类
15	一段重排循环泵	将氨肟化送来的 99.97％的环已酮肟送至一段重排 105 ℃和三段重排 135 ℃下，经发烟硫酸催化发生贝克曼分子重排反应	出口压力低、流量下降、设备泄漏、振动大、运行声音异常、轴承温度高	36	1. 解体检查各零部件的磨损、腐蚀和冲蚀情况； 2. 检查修理机械密封； 3. 检查清理轴承、油封等，测量、调整轴承油封间隙，检查测量转子的各部圆跳动和间隙，检查并校正轴的直线度，测量并调整转子的轴向窜动量； 4. 检查泵体、基础、地脚螺栓及进出口法兰的错位情况，必要时重新配管、电机大修	B 类
16	二效循环泵	过饱和的硫铵溶液清液从结晶罐上部进入溢流盘后再进入二效强制循环泵，经泵送入二效加热器中与热水换热升温至 45～65℃左右，再进入二效蒸发罐中，在 10kPa 绝压下蒸发，如此循环加热蒸发，浓缩至过饱和溶液	出口压力低、流量下降、设备泄漏、振动大、运行声音异常、轴承温度高	36	1. 解体检查各零部件的磨损、腐蚀和冲蚀情况； 2. 检查修理机械密封； 3. 检查清理轴承、油封等，测量、调整轴承油封间隙，检查测量转子的各部圆跳动和间隙，检查并校正轴的直线度，测量并调整转子的轴向窜动量； 4. 检查泵体、基础、地脚螺栓及进出口法兰的错位情况，必要时重新配管、电机大修	B 类

表 11　己内酰胺装置主要设备检修内容（续）

序号	设备名称	设备功能	功能故障	故障周期/月	主要检修内容	设备分级
17	中和反应结晶器/底搅拌	将重排混合物中的己内酰胺与发烟硫酸进行有效分离，将来自己内酰胺装置的重排混合物与气氨同时送入中和反应结晶器中进行中和反应	机械密封泄漏，综合结晶反应器振动剧烈	36	1. 检查更换机械密封；电机检修； 2. 减速机检修； 3. 搅拌桨叶和搅拌轴检查修理； 4. 喷嘴检查更换； 5. 除沫网检查更换； 6. 导流筒检查； 7. 容器检测； 8. 反应釜内件和安全附件检查修理	B 类
18	安全仪表系统	监测过程中出现的或者潜伏的一个或多个危险，发出告警信息或直接执行预定的联锁动作，保持过程安全状态	监测值失真、逻辑控制器故障、执行单元失效导致的误报或误动作	36	1. 系统除尘； 2. 空调系统检修； 3. 电源系统检查； 4. 软硬件系统检查； 5. 备品配件的可靠性投用试验； 6. 接地系统检查； 7. 通信网络系统检查； 8. 检查：外观检查，变送器内部检查，与工艺介质连接面检查，绝缘检查； 9. 联动试验	A 类
19	过程控制系统	周期性的读入、存储生产状态数据，按用户预定程序自动执行相应动作，实现生产过程自动化	死机，系统网络故障	36	1. 系统除尘； 2. 空调系统检修； 3. 电源系统检查； 4. 软硬件系统检查； 5. 接地系统检查； 6. 通讯网络系统检查	B 类
20	母线	汇集、分配和传送电能	局部发热，母联不能投用	36	1. 清扫灰尘，油垢、按绝缘子的有关使用要求检查其完好情况； 2. 检修构架的接地部分； 3. 检修补偿器； 4. 检修连接部分及夹紧装置； 5. 校正软母线弛度，检查有无损伤； 6. 核定对地和相间安全距离； 7. 绝缘瓷瓶在必要时涂刷耐污闪的绝缘加强层； 8. 金属构架及构件防腐； 9. 混凝土构架及构件防腐； 10. 调整试验	B 类

6 装置检修管理

6.1 装置检修前准备工作

6.1.1 装置检修前，参检单位要做好检修作业指导书、施工方案、检修图纸、现场施工平面布置图等各类资料的准备及审核，相关检修资料最终经业主方审批确认后方可实施。

6.1.2 进入检修现场的各类施工机具、器具，必须是合格的、适用的，必须有检定合格证和标记，并在有效期内使用，严禁使用未经校验的机具。进场前，所有自检合格并贴有自检合格证的施工机具，要列出汇总清单上交给业主方，并经业主方检验后方可使用。

6.1.3 进入现场的检修耗材、配件等，必须附有质量证明文件，并在指定的地点规范存放。在安装、使用各类检修材料前，应对材料的外观质量进行检查确认，参检单位要做到领用材料检验有见证、验收有记录。

6.1.4 参检单位的所有施工人员，必须具备相应的作业资质，检修前须做好检修方案、技能方面的培训，熟悉检修项目的特点，严格按检修方案进行施工。同时，施工人员必须进行业主方相关专业的教育培训，对无相应作业资质、未经教育培训或考核不合格的人员，一律不得上岗作业。

6.2 工艺交出检修条件

在装置交付检修前，由生产管理部和安全环保部门组织相关单位召开安全验收会，检查确认设备容器人孔拆卸、盲板加装、容器内采样分析、停电、下水井封堵等工作，经相关部门签字确认后，由装置开具用火、用电、进入受限空间等相关票证，进入检修状态。工艺交出要具备以下条件：

1）装置所有盲板按照盲板图、表安装、编号、挂牌并经工艺员、设备员、安全员已签名确认；

2）PID 图上所有系统、管线得到置换处理并做好标识；

3）系统内设备、管线按规定进行吹扫和置换，取样分析合格；

4）下水井取样分析合格，存油清理干净，排水畅通，水封完好；

5）下水井和漏斗口用石棉布盖好，并用沙土封严；

6）系统内设备人孔打开前的确认；打开的设备人孔处挂上“未经许可，禁止入内”警示牌；

7）制定停工安全、环保措施和工作危害分析记录表（JSA）；

8）装置内分析不合格点挂标识，储存物料区标识、硬隔离；

9）制定检修中防硫化亚铁自燃方案；

10）指定具有监护人资格的人员负责动火、进设备等作业的监护。

装置交付检修确认表见附录 A。

6.3 检修过程安全环保管理总体要求

6.3.1 安全管理总体要求

1）装置检修的安全管理，坚持“安全第一、预防为主、综合治理”的方针和“谁主管，谁负责”“谁签发，谁负责”的原则，坚持以人为本、落实责任、强化监管，按属地化管理原则。

对于人数少新企业要求外聘第三方HSSE监管，对于人数多的老企业或自身能力能够满足要求的老企业，可根据需要由企业自行决定是否外聘第三方HSSE监管。第三方HSSE监管纳入到HSSE管理体系。

2）各级指挥部的安全环保消防组应按指挥部管理体系要求承担相应的管理责任。

3）承包商应建立健全安全管理体系，分包商的安全管理工作由总承包商负总责。

4）安全监督管理部门对检修过程的安全管理工作进行监督检查，指挥部的安全环保消防组负责施工过程安全检查管理。运行部负责所在区域的施工项目配合和现场安全监督检查。

6.3.2 环保管理总体要求

装置停工检修改造环保管理总体要求是：密闭吹扫，有序排放，清洁停工，安全处置，达标排放。为做好停工和检修期间的环保工作，停工装置要落实密闭吹扫及除臭方案，对排放污水、吹扫尾气放空、工业废物处置应进行预申报，排放时必须做到先检测后排放，主管部门根据监测结果确定处理方式。对于化学清洗等产生的废水，项目管理部门在与清洗单位签订合同前要明确废水处理相关责任及要求。

6.4 检修质量管理

成立检修质量管理组织机构，明确管理职责，建立质量管理程序文件。

1）对承包商资质、人员、机具等进行审查。

2）通过组织设计审查，确保设计质量。

3）物资采购管理部门组织对采购物资进行入库检验并对重点物资进行监造。

4）在施工过程中组织对检验检测的质量进行抽查。

6.5 变更管理

6.5.1 检修过程要加强变更管理，建立健全变更管理制度和工作流程，采取措施减少变更数量。原则上没有经过各级部门同意的变更不允许在检修中执行。

6.5.2 项目变更控制主要内容：

1）对于试用产品、设备备件结构形式改变、材质升级要充分识别，要有专门技术论证审批过程，审批时要加强相关专业沟通确认；

2）所有变更应事前发起，只有当变更得到批准后，才可组织实施。项目变更由变更提出单位发起申请并填写“变更申请单”，按照各企业相关制度规定的权限办理审批手续；

3）对于因材料找价差导致的超费用计划（或工单预算），需要补办变更手续；

4）对于不涉及费用计划的变更，如项目名称、版本号、承包商、施工方案、施工进度等也需办理相应的变更手续；

5）对于结算费用高于非包干合同标的按各企业管理制度执行变更；

6）投资类项目的变更参照各企业“固定资产投资过程控制管理规定”执行。

6.6 装置检修交回条件

装置检修交回确认主要内容：

1）装置开工人员及开车保镖人员配备落实；

2）技术、原辅材料、动力、备品备件等方面的准备；

3）队伍技术状态、开工方案学习落实情况；

4）现场规格化情况；

5）工艺和设备联锁仪表校验情况；

6）HSE 措施落实情况；

7）盲板拆除清单、技术准备情况；

8）机、电、仪、公用工程、储运、质检等相关专业准备情况；

9）停工临设拆除、施工尾项整改情况等。

装置检修交回开工确认表见附录 C。

6.7 检修后期管理

6.7.1 资料交付

承包商应在检修项目结束后 30 天内将竣工资料完整地交给使用单位，竣工资料交付参考 SH/T 3503—2017。

6.7.2 检修总结

装置检修结束后，要对检修改造工作进行总结，对好的做法进行总结、提炼，固化这些经验，指导今后检修改造工作；对总结检修改造中存在的问题，分析原因，完善措施，不断提高管理水平。大修总结模板见附录 D。

7 装置日常维护

7.1 日常巡检

包括操作工的日常巡检和专业人员（设备管理人员、专业维保人员、电仪专业人

员）的日常点检。

7.2 日常维护

装置日常维护的基本内容包括：设备维护保养、设备检查和设备修理。

7.2.1 设备维护保养

设备维护保养的内容是保持设备清洁、整齐、润滑良好、安全运行，包括及时紧固松动的紧固件，调整活动部分的间隙等。简言之，即“清洁、润滑、紧固、调整、防腐”十字作业法。维护保养依工作量大小和难易程度分为装置操作工保养、专职保养维修工的保养。

7.2.1.1　装置操作工保养

其主要内容是：进行清洁、润滑、紧固易松动的零件，检查零件、部件的完整。这类保养的项目和部位较少，大多数在设备的外部，一般由装置操作工人承担。

7.2.1.2　专职保养维修工的保养

主要内容包括对设备内部清洁、润滑、局部解体检查和调整，必要时对达到规定磨损限度的零件加以更换。此外，还要对主要零部件的磨损情况进行测量、鉴定和记录。具体标准执行通用设备的检修规程。

在两种维护保养中，装置操作工保养是基础，专职保养维修工的保养是关键。

7.2.2 设备检查和设备修理

设备检查按时间间隔分为日常检查和定期检查。

日常检查由操作人员执行，同操作工的保养结合起来，目的是及时发现不正常的技术状况，进行必要的维护保养工作。

定期检查是按照计划，在操作工参加下，定期由专职维修工执行，也就是预防性检查维修。目的是通过检查，全面准确地掌握零件磨损的实际情况，以便确定是否有进行修理的必要。

7.3 常见设备故障

由于羟胺肟化、氨肟化、精制和硫铵工艺原料介质黏度高和腐蚀性强，设备容易出现的故障模式有管线被腐蚀减薄穿孔、换热管容易堵塞致使换热失效、阀门腐蚀失效内漏、容器内部被腐蚀减薄、机泵的外壳冲刷腐蚀效率降低、过滤器容易堵塞失效等。

羟胺肟化装置无机回路开车、有机回路运行常见故障与处理见表 12、表 13。

氨肟化装置开车常见故障与处理见表 14。己内酰胺精制装置正常开车常见事故及处理见表 15。

表 12 羟胺肟化装置无机回路常见开车故障及处理

异常现象	产生原因	处理
1. 氢气压缩机跳停	1. 氢气进口压力偏低联锁动作； 2. 氢气冷却器出口 H_2 温度偏高，温度开关动作； 3. 压缩机自身保护开关起跳（填料进水低压力开关，低油压开关、气缸高排气开关，高温开关等）	确定跳车原因并立即排除，尽快启动氢压机，时间长则羟胺停车吹扫 1. 通知调度，提高氢气进口压力； 2. 开大冷却水降低温度； 3. 查明真正跳闸原因，针对性处理
2. 羟胺反应器温度偏高	1. 进料 H_2 温度偏高； 2. 进料无机液温度偏高； 3. 冷却水量不够、压力不够或进口温度太高； 4. 温度调节阀未校零位或开度不对； 5. 冷却水主路和旁路未全开； 6. 开了夹套蒸汽； 7. 新催化剂活性太高，副反应多或活化剂加入太快； 8. 循环气体压缩机跳停	1. 降低 H_2 进口温度； 2. 开大无机液冷却器冷却水； 3. 联系调度降低循环水温度，提高循环水压力并加大循环水量； 4. 查温度调节阀是否复位或是否正常工作； 5. 全开冷却水主路和旁路； 6. 关夹套蒸汽； 7. 降低反应负荷或暂停催化剂、活化剂的加入； 8. 温度调节阀打 disable，开阀；尽快开启循环气体压缩机并手动充 NH，必要时用消防水喷淋
3. 羟胺岗位 H_2、无机液进料突然中断	1. 氢气压缩机停机； 2. 循环气体压缩机停； 3. 甲烷化反应器出口温度联锁； 4. 低压差开关动作； 5. 过滤反冲跳停； 6. 羟胺反应器温度联锁动作； 7. 高液位开关动作	1. 检查氢气压缩机停机的原因并处理； 2. 检查循环气体压缩机停的原因并处理； 3. 调整氢气换热器蒸汽量； 4. 调整压力，使低压差开关消动； 5. 检查过滤反冲使之正常； 6. 按现象 2 进行处理； 7. 检查高液位开关动作原因并处理
4. 羟胺反应器出口 $[H^+]$ 偏高（> 0.5mol/kg）	1. 反应温度偏低； 2. 无机液进料偏大； 3. 无机液进料 $[H^+]$ 偏高； 4. 催化剂活性低或数量不够； 5. 气相循环量偏小； 6. 氢气分压偏低； 7. 过滤反冲效果差； 8. 分析有误	1. 提高反应温度； 2. 降低无机液进料量； 3. 调整氧化工况，保证 $[H^+]$ 合格； 4. 补加适量催化剂或补加活化剂； 5. 适当调大循环气体压缩机负荷； 6. 适当加大氢气进料量； 7. 检查是否有催化剂累积，检查过滤反冲仪表显示或程序是否正常； 8. 确认分析无误
5 羟胺反应器出口 $[H^+]$ 偏低	1. 反应温度太高； 2. 无机液进料量过小； 3. 无机液进料 $[H^+]$ 偏低	1. 适当降低反应温度； 2. 适当上调无机液进料量； 3. 调整氧化工况，保证 $[H^+]$ 合格

表 12　羟胺肟化装置无机回路常见开车故障及处理（续）

异常现象	产生原因	处理
6. 羟胺反应出口 [NH_3OH^+] 偏低	1. 反应温度太低； 2. 催化剂浓度、活性、选择性降低； 3. 进料游离氢离子浓度偏低； 4. 过滤反冲效果差，催化剂有累积	1. 提高反应温度； 2. 补加新催化剂或加活化剂； 3. 减小旁通量，提高进料游离氢离子浓度； 4. 检查是否有催化剂累积，检查过滤反冲仪表显示或程序是否正常
7. 羟胺反应系统催化剂活性大幅度下降（催化剂中毒）	1. H_2 中 CO 或硫化物过高； 2. 无机液带入金属杂质； 3. 无机液中带入有机杂质（羰基＞20ppm）； 4. 检修中不小心带入金属或无机杂质； 5. 系统没清洗干净就开车．	1. 开好氢气净化，检查制氢来氢气质量； 2. 分析确认若无法恢复，则需要重配无机液，加新催化剂； 3. 控制好无机液净化； 4. 抓好检修质量； 5. 严格检查确认
9. 羟胺过滤器堵塞	1. 无机液中 NH_4^+ 含量太高结晶堵； 2. 催化剂颗粒进入微孔堵； 3. 过滤量和反冲量不平衡，催化剂累积严重； 4. 气相平衡管不畅通	1. 加强系统 [NH_4^+] 控制； 2. 及时清洗更换滤芯； 3. 调整好过滤和反冲量； 4. 疏通气相平衡管
10. 羟胺缓冲罐液位偏高	1. 羟胺负荷高于肟化负荷； 2. 汽提出口羰基含量偏高，无机液回流到羟胺缓冲罐时间过长	1. 调整羟胺负荷与肟化负荷平衡； 2. 及时处理肟化、汽提中存在问题
11. 装置突然停蒸汽	外供蒸汽停	按紧急停车处理，6-4 部分要防止堵管须先处理
12. 肟化反应器无机液出口 [NH_3OH^+] 偏高	1. 无机液和酮量配比失调； 2. 分析有误； 3. 肟化反应不佳	1. 调整酮和无机液进料量，并根据分析和中和状况进行调整； 2. 确认分析数据是否准确，并取样复测； 3. 对脉冲器循环泵脉冲压力进行微调、检查肟化界面、中间层、离子浓度、返酮量、反应温度等是否正常
13. 肟化反应有机相出口酮含量偏高	1. 酮过量； 2. 分析有误； 3. 肟化反应欠佳	1. 适当降酮量并根据分析和中和状况进行调整； 2. 确认分析数据，取样复测； 3. 对脉冲器循环泵脉冲压力进行微调、检查肟化界面、中间层、离子浓度、返酮量、反应温度等是否正常
14. 萃取塔内发生乳化	1. 萃取温度过高； 2. 脉冲振幅过大，频率过高； 3. 萃取剂量太小； 4. 无机液中夹带大量有机物； 5. 甲苯中杂质多	1. 降低萃取温度； 2. 减少振幅和频率； 3. 加大甲苯量； 4. 控制肟化出口无机液中有机物含量至正常； 5. 提高甲苯纯度

表 12 羟胺肟化装置无机回路常见开车故障及处理（续）

异常现象	产生原因	处理
15. 萃取塔无机液出口有机物含量偏高	1. 脉冲系统停或压力、振幅不正常； 2. 萃取剂量太小； 3. 肟化出口无机液中含有机相或羟胺含量过高； 4. 萃取剂甲苯质量差； 5. 液封槽返料引起	1. 检查脉冲跳停原因或对压力、振幅进行调整； 2. 适当增加萃取剂量； 3. 控制好肟化反应器界面、脉冲、配比等； 4. 控制好蒸馏操作，确保甲苯质量； 5. 暂停液封槽返料
16. 汽提塔羰基含量偏高（羰基＞20ppm）	1. 汽提蒸汽开得太小，汽提效果不好； 2. 萃取效果不好； 3. 肟化无机液带入有机杂质多； 4. 肟化、萃取脉冲停； 5. 汽提塔泛塔； 6. 肟化底部出料羟胺含量过高	1. 提高汽提量，汽提压力、温度控制在范围之内； 2. 确保萃取效果； 3. 控制好肟化效果； 4. 查明原因及时启动脉冲系统； 5. 查明泛塔原因并及时恢复； 6. 控制好肟化反应效果
17. 汽提塔出口无机液中［$H_2PO_4^-$］偏高	1. 汽提塔蒸汽开得过大； 2. 汽提塔中的无机液直接回羟胺缓冲罐造成	1. 及时适当降低蒸汽量或向汽提塔加工艺水； 2. 尽快将汽提塔出料切至羟胺缓冲罐
18. 汽提塔塔顶蒸汽冷凝液电导率偏高	1. 无机液进汽提温度偏高，闪蒸； 2. 无机液中有机物含量偏高，夹带； 3. 蒸汽量开得过大	1. 降低无机液进料温度； 2. 控制肟化、萃取出口无机液有机相含量至正常值； 3. 稳定蒸汽加入
19. 吸收塔出口［NH_4^+］偏高	1. 亚硝酸气吸收塔分解室温度和TI6712 偏低； 2. 氨燃烧负荷太低； 3. 去氨分解室的无机液量太低，（从第一塔盘）； 4. 无机液系统［NH_4^+］偏高； 5. 外加浓硝酸未下分解室	1. 升高亚硝酸气吸收塔分解室和亚硝酸气温度； 2. 增大氨燃烧负荷； 3. 增大去分解室的无机液量； 4. 降低羟胺 NH_4^+ 生成和中和氨水加入量； 5. 增加分解室的浓 HNO_3 量、稀 HNO_3 可移至泵室，并可向分解室额外加部分无机液

表 13 羟胺装置有机回路运行常见故障及处理

异常现象	产生原因	处理
1. 中和反应器出料酮含量偏高	1. 中和 pH 偏低或羟胺加入量偏低； 2. 肟化反应环己酮加料过量或肟化反应效率降低； 3. 中和回流偏小或未开； 4. 中和搅拌运行不正常； 5. 中和界面不正常或中间层多	1. 调整氨水和羟胺加入量； 2. 适当降低肟化反应酮加料量，提高肟化转化率； 3. 调整中和回流，保证相比正常； 4. 检查搅拌转速和搅拌运行电流等； 5. 调整中和界面，及时排放中间层

表 13　羟胺装置有机回路运行常见故障及处理（续）

异常现象	产生原因	处理
2. 进洗涤器的甲苯-肟有机相中无机物含量较多	1. 中和器界面控制不当； 2. S6301 底无机相未及时排放	1. 加强中和界面控制； 2. 及时排放 S6301 底部工艺液
3. 蒸馏塔真空度下降	1. 蒸馏塔压力控制系统出现问题； 2. 蒸馏塔进料量有较大改变； 3. 真空系统冷却器冷却水量及温度不足； 4. 喷射泵蒸汽流量降低； 5. 蒸馏塔进料中甲苯含量升高； 6. 蒸馏塔顶产物肟浓度升高导致冷却器堵管； 7. 蒸馏系统出现泄属； 8. 再沸器底部氮气开得太大； 9. 液封槽液位太低	1. 首先检查压力控制系统，确认调节阀是否堵； 2. 加强蒸馏塔进料量调节； 3. 改善冷却器冷却水条件； 4. 适当增加喷射泵蒸汽流量，必要时检查喷嘴； 5. 稳定甲苯肟加入，适当降低负荷； 6. 检查冷凝冷却器下料管是否堵塞； 7. 查出漏点，予以紧固； 8. 停止氮气加入； 9. 升高液位槽液位
4. 环已酮肟质量下降	1. 肟化顶部含酮严重超标； 2. 中和没有把好关； 3. 第二蒸馏塔控制不稳，真空、釜温波动大； 4. 肟在高温区停留时间长； 5. 蒸馏塔高负荷运行	1. 加强肟化控制，调整酮量； 2. 控制中和 pH 及无机液加入，控制好界面； 3. 稳定第二精馏塔的操作，确保真空稳定，釜温＞150℃； 4. 停车循环时二塔停加蒸汽； 5. 适当降低蒸馏负荷
5. 肟色度超标	1. 肟质量下降，主要是肟在高温下停留时间过长或肟中带无机液或金属杂质等； 2. 停车时四部分循环时间太长	1. 首先是加强蒸馏操作控制，减少肟在高温区停留时间； 2. 其次从肟化，中和及水洗查找原因，去除肟中无机液或金属杂质； 3. 尽快将该批料送至己内酰胺装置重排工序

表 14　氨肟化装置开车常见故障及处理

现象	原因	处理
热水系统有水锤现象	低压氮气未加入或加入量不够	在高点通入规定量氮气
热水温度低	1. 温度调节阀故障； 2. 低压蒸汽压力低； 3. 高点带气； 4. 热水泵跳停	1. 仪表检修； 2. 联系提高管网低压蒸汽压力； 3. 高点排气； 4. 立即启动
反应系统温度上涨	1. 原料配比不当； 2. 循环水调节阀故障； 3. 夹套蒸汽闸阀内漏； 4. 循环水温度高； 5. 循环水中断； 6. 反应器循环泵流量偏低； 7. 进料流量计故障、显示失真	1. 按工艺指标调整原料双氧水与酮配比，将双氧水加入量降低； 2. 现场开旁路，联系仪表检修； 3. 更换该阀门； 4. 降低反应负荷，联系调度降温； 5. 对反应系统紧急停车； 6. 上调循环泵流量； 7. 反应系统紧急停车，联系调校仪表

表 14　氨肟化装置开车故障及处理（续）

现象	原因	处理
反应系统压力上升	1. 配比失调，双氧水过量； 2. 反应釜充氮调节阀内漏； 3. 反应釜尾气排放调节阀故障； 4. 催化剂活性下降； 5. 催化剂浓度低； 6. 进料流量计故障、显示失真	1. 按工艺指标调整双氧水配比； 2. 现场关闭充氮调节阀前后闸阀，联系仪表检修； 3. 对反应系统紧急停车，联系仪表检修； 4. 按“反应清液色度上升、转化率下降”处理； 5. 按“催化剂浓度下降”处理； 6. 反应系统紧急停车，联系调校仪表
反应器液位上升	1. 反应负荷与清液出料量不匹配； 2. 清液出料调节阀故障； 3. 膜系统清液侧高压开关启动，清液切回流； 4. 膜系统堵塞，过滤量达不到	1. 调整清液出料量； 2. 现场开旁路，联系仪表检修； 3. 查找启动原因，若因联锁误动作，联系仪表尽快修复，恢复清液出料；否则，对反应系统紧急停车； 4. 降低反应负荷，查找堵塞膜组件，并切出清洗更换； 5. 若反应器液位不受控，应对反应系统紧急停车
催化剂浓度下降	1. 膜管有泄漏； 2. 循环泵机封有泄漏； 3. 催化剂黏壁； 4. 因硅溶胶补加量不当，催化剂流失； 5. 反应釜液位偏高	1. 按“膜系统故障”处理； 2. 降低反应负荷，切换泵，交付检修；如泄漏大，按紧急停车处理； 3. 加样分析催化剂浓度； 4. 补加催化剂，加样分析催化剂浓度，根据反应负荷调整硅溶胶补加量； 5. 降低反应釜液位至工艺卡片规定范围； 6. 如催化剂浓度低于2%，应按临时停车处理
反应系统温度下降	1. 循环水调节阀故障； 2. 反应原料配比不当； 3. 催化剂活性下降； 4. 进料流量计故障、显示失真	1. 循环水走旁路控制，联系仪表检修调节阀；若检修时，反应温度不受控，应对反应系统停车； 2. 按工艺指标调整反应原料配比； 3. 对反应系统紧急停车，更换或补加催化剂； 4. 反应系统紧急停车，联系调校仪表
反应清液色度上升，转化率下降（小于99%）	1. 原料配比不当； 2. 反应清液氨浓度低； 3. 反应温度低； 4. 催化剂浓度下降	1. 按工艺指标调整原料（双氧水、气氨）配比；加样分析双氧水浓度；联系检查调校原料进料流量计； 2. 适当增加氨进料量，检查循环叔丁醇氨含量及流量； 3. 按工艺指标调整反应温度

表 14　氨肟化装置开车故障及处理（续）

现象	原因	处理
反应清液色度上升，转化率下降（小于99%）	5. 催化剂活性下降； 6. 反应清液出料分层，循环叔丁醇加入量少或含水量高； 7. 膜系统泄漏催化剂； 8. 进料流量计故障、显示失真	4. 降低反应负荷 50%，并补加催化剂，当反应清液色度大于 250°H，则停车待补加催化剂或更换催化剂后再开车； 5. 将负荷减少 50%并补加催化剂，当转化率下降至 98%则停车待补加催化剂或更换催化剂后再开车； 6. 增加叔丁醇加入量，按工艺卡片规定调整第二蒸馏塔操作参数； 7. 按“膜系统故障”处理； 8. 反应系统紧急停车，联系调校仪表
反应清液中氨浓度低	1. 原料气氨进料量偏低； 2. 循环叔丁醇 AE-16111 含氨量偏低； 3. 原料气氨进料流量计显示偏大； 4. 尾气吸收塔洗涤水量偏小，气氨从尾气系统跑损	1. 按工艺指标上调原料气氨配比； 2. 按工艺指标上调原料气氨配比； 3. 联系检查调校原料进料流量计； 4. 加大洗涤水量
双氧水泄漏	设备坏损、仪表故障	1. 若双氧水泄漏量较小，现场接皮管用水稀释，联系检修消漏； 2. 若双氧水泄漏量较大，反应系统紧急停车，按双氧水泄漏紧急预案处理
排空尾气流量与投酮量比值上涨	1. 双氧水或氨进料量过大； 2. 充氮气阀内漏； 3. 反应釜液位波动不稳； 4. 转化率下降； 5. 进料流量计故障、显示失真	1. 按工艺指标调整原料（双氧水、气氨）配比； 2. 现场关闭氮气手阀； 3. 稳定反应釜液位； 4. 按“反应清液色度上升、转化率下降”处理； 5. 反应系统紧急停车，联系调校仪表
膜系统故障	1. 膜管断裂或密封泄漏； 2. 膜系统堵塞； 3. 膜系统跨膜压差上涨； 4. 膜系统通量下降	1. 反应系统紧急停车，切出更换泄漏膜组件，及时加样分析催化剂浓度，根据分析结果适当补加催化剂后再恢复开车； 2. 降低反应负荷，查找堵塞膜组件，并切出清洗更换； 3. 反应系统停车，对膜系统整体酸碱洗； 4. 反应系统停车，对膜系统整体酸碱洗
叔丁醇回收塔底部出料含叔丁醇高	1. 蒸汽加入量不够； 2. 回流量大； 3. 塔顶冷却系统效果差，塔压超高； 4. 塔釜液位计故障，显示失真	1. 适当加大蒸汽量； 2. 适当降低回流量； 3. 清洗、检修塔顶冷却器； 4. 联系调校仪表

表 14　氨肟化装置开车故障及处理（续）

现象	原因	处理
叔丁醇回收塔顶部出料含肟偏高	1. 蒸汽加入量太大； 2. 回流量低	1. 降低蒸汽量； 2. 加大回流量
萃取罐底部出水含肟高	1. FT-16202 故障，显示失真； 2. 现场跑料； 3. LLPV-16201 故障； 4. 甲苯 - 肟进料比例失调	1. 联系调校仪表； 2. 现场处理； 3. 联系调校仪表； 4. 调整甲苯 - 肟进料比例
聚结器出料电导率偏高	1. 脱盐水加入量不足； 2. 相比不当或界面控制不当； 3. 分离界面偏高； 4. 聚结器效果差	1. 加大脱盐水量； 2. 加大循环量或控制好界面； 3. 检查界面计 LLIC-16333、LLIC-16337 的设定值； 4. 清洗聚结器或更换滤芯
聚结器出料含水高	1. 分离界面偏高； 2. 脱盐水加入量大； 3. 界面计故障，显示失真	1. 检查界面计 LLIC-16333、LLIC-16337 的设定； 2. 适当降低脱盐水加入量； 3. 联系调校仪表
水萃取塔底部出水含肟高	1. 萃取甲苯量太小； 2. 进料负荷太大； 3. 萃取温度过高； 4. 塔内填料堵塞，萃取效率低	1. 加大甲苯加入量； 2. 适当减小负荷； 3. 调整进料温度； 4. 清洗塔或更换填料
第一蒸馏塔进料电导率高	1. 洗涤效果不好； 2. 聚结器分离界面高； 3. T-16402 未及时转底液	1. 加强水洗工序控制； 2. 及时降低聚结器分离界面； 3. 启动底液泵 P-16412 转料至 V-16404
第一蒸馏塔 / 第二蒸馏塔 / 甲苯脱肟塔蒸馏塔真空度下降	1. 蒸馏塔压力控制系统出现问题； 2. 蒸馏塔进料量有较大改变； 3. 真空系统冷却器冷却水量及温度高； 4. 喷射泵蒸汽流量降低； 5. 蒸馏塔进料中甲苯含量升高； 6. 蒸馏塔顶产物肟浓度升高导致冷却器堵管； 7. 蒸馏系统出现泄漏； 8. 再沸器底部氮气或低压蒸汽通入量太大； 9. 液封槽液位太低	1. 首先检查压力控制系统，确认调节阀是否发生故障； 2. 加强蒸馏塔进料量调节； 3. 开大循环水，联系下调循环水温度； 4. 适当增加喷射泵蒸汽流量，必要时检查喷嘴； 5. 稳定甲苯 - 肟加入，适当降低负荷； 6. 检查冷凝冷却器下料管是否堵塞，疏通； 7. 查出漏点，及时消漏； 8. 停止氮气或低压蒸汽加入； 9. 上提液封槽液位
第一蒸馏塔顶甲苯纯度低	1. 填料脏，有异物； 2. 蒸汽加入量大； 3. 回流量小，回流温度高； 4. 进料温度、组成有变化； 5. 塔真空不稳	1. 停车清洗塔； 2. 减少蒸汽加入量； 3. 增加甲苯回流量，降低回流温度； 4. 调整蒸汽加入量和甲苯回流量，加强进料组成控制； 5. 调整塔真空

表 14 氨肟化装置开车故障及处理（续）

现象	原因	处理
第二蒸馏塔出料环己酮肟酮、甲苯含量高	1. 填料脏，有异物； 2. 进料环己酮肟的浓度低，塔釜温度低； 3. 反应不完全，有酮累积； 4. 塔底肟高温段停留时间长； 5. 进料温度组成有变化； 6. 负荷太大； 7. 塔真空不稳	1. 停车清洗塔； 2. 增加蒸汽加入量，提高第一蒸馏塔、第二蒸馏塔塔釜温度； 3. 控制好氨肟化反应，防止酮累积； 4. 调整塔出料、缩短肟高温停留时间； 5. 减少蒸馏负荷； 6. 调整塔真空
第二蒸馏塔出料环己酮肟色度高	1. 第一蒸馏塔进料电导率高； 2. 第二蒸馏塔釜温太高； 3. 环己酮肟循环时间长； 4. 氨肟化反应工序出料色度高	1. 加强水洗工序控制，T-16402 及时转底液； 2. 降低釜温； 3. 减少循环时间，尽快送料至下工序； 4. 加强反应工序控制，降低反应色度
第二蒸馏塔下料不畅	1. 下料环己酮肟中夹带甲苯严重； 2. 热水温度低堵管； 3. 密封低压氮未关；	1. 调节釜温，控制第一蒸馏塔出料； 2. 提高热水温度； 3. 关掉密封低压氮
第二蒸馏塔塔顶冷凝器冷凝管堵塞	1. 第二蒸馏塔顶温太高； 2. 第二蒸馏塔进料肟浓度偏高	1. 降低第二蒸馏塔顶部温度； 2. 调节第一蒸馏塔工况
甲苯脱肟塔顶甲苯中肟含量高	1. 填料脏，有异物； 2. 蒸汽加入量大； 3. 回流量小，回流温度高； 4. 进料温度、组成有变化； 5. 塔真空不稳	1. 停车清洗塔； 2. 减少蒸汽加入量； 3. 增加甲苯回流量，降低回流温度； 4. 调整蒸汽加入量和甲苯回流量； 5. 调整塔真空
甲苯脱酮塔顶甲苯中酮、醇含量高	1. 填料脏，有异物； 2. 蒸汽加入量大； 3. 回流量小，回流温度高； 4. 进料温度、组成有变化	1. 停车清洗塔； 2. 减少蒸汽加入量； 3. 增加甲苯回流量，降低回流温度； 4. 调整蒸汽加入量和甲苯回流量
甲苯脱酮塔底出料甲苯含量高	1. 填料脏，有异物； 2. 蒸汽加入量太小； 3. 塔底物料高温段停留时间长，生成肟的缩合物，堵塞再沸器； 4. 进料温度组成有变化； 5. 负荷太大	1. 停车清洗塔； 2. 增加蒸汽加入量； 3. 调整塔出料、缩短高温停留时间，清洗再沸器； 4. 调整蒸汽加入量和甲苯回流量； 5. 减少蒸馏负荷

表 15　己内酰胺精制装置正常开车常见事故及处理

工序	现象	原因	措施
重排	重排温度高	1. 肟过量； 2. 循环泵流量小； 3. 调制冷却水温度过高，或供应不足； 4. 温度调节阀 TIC-7202 调节不当	1. 调整配比； 2. 切换备用泵，检修原泵； 3. 通知硫铵蒸发岗位调整参数； 4. 调节 TIC-7202 增大冷却水流量
	重排温度低	1. 调制冷却水温度低； 2. 酸加料过量； 3. TIC-7202 调节不当，重排液进冷却器量过大	1. 通知硫铵调整参数； 2. 调整配比； 3. 调整 TIC-7202 减少去冷却器的物料量
	肟加料不稳定	1. 肟管夹套热水温度高； 2. 肟进料管道过滤器部分被堵； 3. 氮气吹扫阀未关死； 4. 混合器 M-7203 部分孔堵	1. 调整保温热水温度； 2. 切换备用管道过滤器，并对原管道过滤进行清洗； 3. 切断氮气来源； 4. 停车清洗混合器和过滤器
	重排质量差	1. 温度或高或低波动大； 2. 酸肟配比失调； 3. 烟酸 SO_3 含量不合格； 4. 混合器 M-7203 的混合效果不好； 5. 烟酸组分杂质过多	1. 加强控制； 2. 调整配比至合格； 3. 通知配酸站调整好； 4. 停车检修混合器； 5. 通知调度
中和	粗油质量差	1. 重排物质量差； 2. 终点 pH 控制高，分层不清； 3. 反应温度过高	1. 提高重排物质量； 2. 调整降低 pH； 3. 降低反应温度
	中和硫铵液结晶	1. 中和冷却器中冷却水量太大； 2. 氨水浓度太高； 3. 稀己液浓度太高或进料小	1. 调节减小冷却水量； 2. 通知氨水制备工段减小氨水浓度； 3. 调节稀己液浓度，增大进料量
萃取	萃取温度不合要求	1. 中和温度高或低； 2. 苯进料温度高； 3. 工艺冷凝液温度高	1. 调节中和冷却水量； 2. 加大苯蒸馏冷却水量； 3. 加大工艺冷凝液冷却器冷却水量
	塔液泛	1. 总负荷太大； 2. 负荷增加太快； 3. 脉冲幅度太大； 4. 物料质量差	1. 减小负荷； 2. 逐渐增加负荷； 3. 调整振幅； 4. 调整前工序
	己萃取塔液泛	1. 苯进料太多； 2. 转盘转速太快； 3. 负荷太大； 4. 增加负荷太快； 5. 中和 pH 高或低	1. 减少苯进料量； 2. 降低转盘转速； 3. 减小负荷； 4. 逐渐加料； 5. 调整中和 pH

表 15　己内酰胺精制装置正常开车常见事故及处理（续）

工序	现象	原因	措施
萃取	苯－己液水洗后电导率不合格	1. 水洗工艺水量不足； 2. 己萃效率低； 3. 粗己内酰胺质量差； 4. 苯质量差	1. 加大工艺水量； 2. 提高萃取效率； 3. 调整前工序； 4. 提高苯蒸馏质量
离子交换	离子交换后己水质量不合格	1. 树脂交换能力低； 2. 己水液进料质量差	1. 切换备用系统； 2. 加强前工序工艺控制
	离子交换操作周期缩短	1. 再生未能进行有效地反冲洗； 2. 再生酸碱浓度低； 3. 再生时间较短	1. 适当增加反冲洗强度和时间； 2. 调整酸碱浓度至正常； 3. 适当增加盐生成和再生时间
	树脂使用寿命短	1. 离子交换温度高； 2. 再生硝酸液浓度高； 3. 再生碱液浓度高	1. 加大进料换热器冷却水量； 2. 降低硝酸浓度； 3. 降低碱的浓度
加氢	加氢后己水液 PM 值低	1. 反应温度低； 2. 反应压力低； 3. 进料质量差； 4. 催化剂浓度低	1. 提高进料温度； 2. 调整压力设定； 3. 调整重排、萃取质量； 4. 增加催化剂量
蒸发	三效塔出料浓度低	1. 一效塔加热蒸汽量小； 2. 操作负荷太大； 3. 再沸器内漏； 4. 真空度不够	1. 增大蒸汽进料量； 2. 减小负荷； 3. 停车检修； 4. 提高真空度
	闪蒸出料浓度低	1. 闪蒸压力高； 2. 三效塔出料浓度低； 3. 分离釜温度低	1. 提高真空度； 2. 提高三效塔浓度； 3. 增大分离釜加热蒸汽量
	闪蒸压力高	1. 喷射蒸汽压力低； 2. 喷射器喷嘴堵； 3. 三效塔出料浓度低	1. 提高蒸汽压力； 2. 停车检修； 3. 提高三效塔出料浓度
蒸馏	蒸馏成品质量差	1. 进料碱量低，成品挥发性碱值高； 2. 进料液己质量差； 3. 蒸馏压力高	1. 提高加碱量； 2. 提高三效塔出料浓度，提高进料质量； 3. 提高真空度
	重残液蒸馏塔底排料管堵	1. 进料加碱太多； 2. 蒸汽进料大，蒸发量太大； 3. 夹套保温不好	1. 降低进料含碱； 2. 减小蒸汽量； 3. 开蒸汽保温

7.4 硫铵装置检修后生产过程中事故处理

7.4.1 装置突然停电

原因：电网波动或电源故障。

处理：①系统迅速撤温，停止进料；

②启动隔油池中的事故泵，将可能外泄的物料送污水处理装置；

③如果是瞬间停电，根据循环泵的操作要求迅速启动循环泵，及其他机泵；

④如果停电瞬间较长，则根据停电瞬间的长短，装置作紧急停车处理，蒸发结晶系统适当加水稀释，以避免管道、容器堵塞，结晶器底部“坐料”等；

⑤装置作紧急停车处理。

7.4.2 结晶罐液位不稳定

原因：①系统真空波动，真空下跌结晶罐液位上涨。

②晶浆泵抽料量过大或过小；

③晶浆泵启动运行或停止后，未及时调整结晶罐进料量；

④中心管不畅或堵塞。

处理：①检查真空系统有无故障（如漏点、冷却水温度、蒸汽压力、设备故障等），有则立即处理；

②调整晶浆泵抽料量；

③及时调整结晶罐进料量；

④从蒸发罐或结晶罐加一次水进行清洗。

7.4.3 晶浆泵抽不出料

原因：①泵入口被块状晶体堵塞；

②结晶罐内旋转不好，晶体沉底；

③晶浆泵故障。

处理：①用一次水反冲泵入口；

②蒸发结晶系统加水进行溶解稀释；

③设备进行检修。

7.4.4 系统真空上不去或下降

原因：①中压蒸汽压力不够；

②循环冷却水温度高或流量小；

③系统设备、管道密封不严或有泄漏点；

④真空泵出现故障；

⑤没有建立水封或水封不严。

处理：①联系调度提高蒸汽压力；

②联系调度增开循环水风机或提高流量；

③系统查找，消除漏点；

④检查蒸汽喷射泵喷嘴是否有堵塞，有则立即联系钳工进行处理，消除故障；

⑤建立有效水封。

7.4.5 结晶罐内晶体形成慢

原因：①结晶罐加料量过大，系统形成的晶体被稀溶液所稀释；

②热源不够，蒸发温度过低；

③系统真空度过低。

④蒸发结晶系统有水窜入；

⑤硫铵母液浓度过稀。

处理：①根据结晶罐溢流情况适当减少系统进料量；

②增加热源，系统适当补加蒸汽或提高条件水温度等；

③检查真空系统有无泄漏，提高系统真空度；

④检查所有与系统相连的水阀，关闭所有相连水阀，内漏的阀门则进行更换；

⑤联系上游装置，将硫铵母液浓度控制在规定范围。

7.4.6 离心机振动大

原因：①下料过多不均匀；

②后腔结疤；

③转鼓边结疤过多

④筛网与筛网摩擦；

⑤基础螺丝松动。

处理：①关小或短时间关死下料阀，调节阀门开度；

②开大后腔洗涤水；

③停车铲除；

④请钳工修理；

⑤停车拧紧螺栓。

7.4.7 离心机拉稀或半成品含水过高

原因：①洗水开得过大；

②下料过大；

③晶浆液浓度稀，滤饼来不及形成；

④大车转速不够；
⑤来料粒度太细；
⑥推料器往复次数不够。
处理：①减少或关闭洗水；
②减少下料，边调节下料量，边观察离心机运行情况；
③减少下料量或停止下料；
④调整皮带松紧或更换皮带；
⑤联系结晶岗位，提高固液比，提高结晶粒度；
⑥联系钳工检查，调节油压等。

7.4.8 离心机油温过高

原因：①油冷却水管或阀门堵塞或损坏；
②冷却水阀开得太小或未开；
③油位不够或油已变质等。
处理：①疏通或检修冷却水管道或阀门；
②开大冷却水；
③补加油或更换油。

7.4.9 推料环推料慢或停止推料

原因；①筛网有杂物或被硫铵晶体堵死；
②油量不足或油压不足；
③料层太厚；
④油压系统出故障或漏油。
处理：①停车清洗，后腔水冲洗；
②加油或调节油压；
③减少下料量使料层变薄；
④停车检修。

7.4.10 半成品含游离酸过高

原因：①晶浆液中酰胺油含量高；
②洗水未开或开得太小。
处理：①控制好晶浆液中的酰胺油含量；
②打开或适当开打洗水。

7.4.11 工作油压过低

原因：①油泵油路系统堵塞或漏油；

②油量不够。

处理：①停车检修油路管线；

②加足油量。

7.4.12 主电机电流增高

原因：①传动皮带过紧；

②转鼓结疤过多。

处理：①调节皮带松紧；

②停车清理结疤。

7.4.13 沸腾干燥器前室积料

原因：①下料不均匀；

②出料口堵料。

③底部风室积料过多。

处理：①通知离心岗位减少下料；

②捣碎疏通出料口或停车清理；

③停车清理底部风室。

7.4.14 干燥炉炉内结疤、出料结块、出料太湿、沸腾层温度太低

原因：①进料水份过高；

②进料量大或不均匀；

③热风室温度低

④鼓风量过小；

⑤炉内结块影响进风量。

⑥风帽堵塞。

处理：①调整离心机的操作，保证分离效果；

②减少或暂时停止进料；

③调节蒸汽量；

④开打进风阀门或检查鼓风机；

⑤用东西捣碎块料，影响生产时停车处理；

⑥停车清理风帽。

7.4.15 干燥炉进料口喷料。

原因：①引风量小；

②炉内物料床层低；

③干燥室进风量过大；

④湿式除尘器液位过高或内部晶体浓度高；

⑤干燥炉顶部引风管积料过多，引风阻力大。

处理：①适当开大引风机出口阀或检查引风机运行是否正常；

②适当提高床层高度；

③调节干燥室进风量；

④降低湿式除尘器液位或对加水内部硫铵晶体进行稀释等；

⑤停炉清理顶部引风管。

7.4.16 成品含水高

原因：①半成品含水高；

②离心机拉稀；

③炉层温度低。

处理：①调整离心机下料操作；

②关小或停止离心机下料，清理干燥炉；

③适当加大加热蒸汽用量。

7.4.17 抽风机出口“冒烟”

原因：①旋风分离器结料过多；

②湿式除尘器洗水开得太小或效果不好；

③循环洗涤液浓度过高。

处理：①清理积料；

②开大洗水或修理喷淋阀；

③加水稀释湿式除尘器内的溶液。

7.4.18 风机电机发热或轴承发热

原因：①电机负荷过大；

②轴承油杯内油变质；

③轴承油杯油过多或过少；

④轴承内有异物或油内有杂物。

处理：①减少风量；

②换油；

③增减油杯油位或修理；

④清除轴承内的异物或更换新油。

7.4.19 风机振动剧烈

原因：①风机轴与电机轴不同心；

②机壳或进风口与叶轮有摩擦；
③地脚螺栓有松动；
④叶轮铆钉松动紧不好；
⑤叶轮轴盘孔与轴配合松动；
⑥机壳轴承与轴承座、轴承盖等连接处松动；
⑦风机进口管道安装不良，产生共振；
⑧叶片有积灰、污垢，叶片磨损、叶轮变形、轴承变曲使转子产生不平衡。
处理：①停车修理；
②切换机台修理；
③联系钳工拧紧；
④切换机台修理；
⑤拧紧螺栓；
⑥拧紧螺栓；
⑦切换机台修理；
⑧切换机台修理。

7.4.20 风机电机电流过大或温升过高

原因：①开车时进出气管道阀门未关；
②电动机输入电压低或电源单相断电；
③受轴承箱振动剧烈的影响；
④主轴转速超过额定值。

附　录　A

（资料性附录）

装置停工交付检修确认表

<table>
<tr><td rowspan="3"></td><td colspan="5">装置停工交付检修确认表</td></tr>
<tr><td>记录编号</td><td></td><td>装置</td><td colspan="2"></td></tr>
<tr><td>检修单位</td><td></td><td>时间</td><td colspan="2">年　月　日</td></tr>
<tr><td>单位</td><td colspan="3">确认内容</td><td>存在问题</td><td>确认意见</td><td>确认人</td></tr>
<tr><td rowspan="14">停工单位</td><td colspan="3">1. 装置与系统是否有效隔离并提供对应的盲板表？</td><td rowspan="14"></td><td rowspan="14"></td><td rowspan="14"></td></tr>
<tr><td colspan="3">2. 是否有专用氮气线，是否专用？</td></tr>
<tr><td colspan="3">3. 管线及容器是否吹扫干净并提供吹扫作业确认表？</td></tr>
<tr><td colspan="3">4. 容器及塔测爆及氧含量是否合格？</td></tr>
<tr><td colspan="3">5. 风险系数较大的作业是否进行危害识别分析</td></tr>
<tr><td colspan="3">6. 对塔、容器仪表监控手段是否保留？</td></tr>
<tr><td colspan="3">7. 动火作业项目是否上墙？</td></tr>
<tr><td colspan="3">8. 对本单位、施工单位参加检修的人员安全教育并考试是否进行？</td></tr>
<tr><td colspan="3">9. 明沟、地面上是否有油？清污分流设施是否投用？</td></tr>
<tr><td colspan="3">10. 对装置内电缆沟是否做出明显标志？</td></tr>
<tr><td colspan="3">11. 设备、容器、管道是否全部打开并在设备人孔处挂“危险空间！严禁入内”的警示牌？</td></tr>
<tr><td colspan="3">12. 检修现场下水井、地漏、明沟是否封闭，泵沟等是否建立水封？</td></tr>
<tr><td colspan="3">13. 检修设备是否停电？</td></tr>
<tr><td colspan="3">14. 其他</td></tr>
<tr><td rowspan="3">电气部</td><td colspan="3">1. 是否已按用电单位停送电要求实施停送电？</td><td rowspan="3"></td><td rowspan="3"></td><td rowspan="3"></td></tr>
<tr><td colspan="3">2. 参加大修的电气作业人员是否进行电工作业资格的确认和相应的安全教育？</td></tr>
<tr><td colspan="3">3. 其他</td></tr>
<tr><td rowspan="3">仪控部</td><td colspan="3">1. 对本单位、施工单位参加检修的人员安全教育并考试是否进行？</td><td rowspan="3"></td><td rowspan="3"></td><td rowspan="3"></td></tr>
<tr><td colspan="3">2. 机柜间运行装置的机柜与检修的区域是否采用明显有效的隔离措施？</td></tr>
<tr><td colspan="3">3. 仪表吹扫排放中相关安全环保措施是否明确落实？</td></tr>
</table>

装置停工交付检修确认表（续）

<table>
<tr><td rowspan="3"></td><td colspan="6">装置停工交付检修确认表</td></tr>
<tr><td>记录编号</td><td colspan="2"></td><td>装置</td><td colspan="2"></td></tr>
<tr><td>检修单位</td><td colspan="2"></td><td>时间</td><td colspan="2">年　月　日</td></tr>
<tr><td>单位</td><td colspan="3">确认内容</td><td>存在问题</td><td>确认意见</td><td>确认人</td></tr>
<tr><td rowspan="8">仪控部</td><td colspan="3">4. 放射线同位素仪表停工检修防护措施是否落实？</td><td rowspan="8"></td><td rowspan="8"></td><td rowspan="8"></td></tr>
<tr><td colspan="3">5. 工器具是否进行相关安全检查？</td></tr>
<tr><td colspan="3">6. 重大作业项目是否编写施工作业方案和进行危害识别与评价？</td></tr>
<tr><td colspan="3">7. 高处作业的脚手架是否搭设妥当并验收合格？</td></tr>
<tr><td colspan="3">8. 每项作业施工是否具有合格的施工检修作业票？相关安全措施是否落实到位？</td></tr>
<tr><td colspan="3">9. 劳保用品穿戴是否符合要求？</td></tr>
<tr><td colspan="3">9. 检修质量和检修内容是否符合要求？</td></tr>
<tr><td colspan="3">10. 其他</td></tr>
<tr><td rowspan="3">消防部门</td><td colspan="3">1. 现场消、气防器材是否齐全、完好？</td><td rowspan="3"></td><td rowspan="3"></td><td rowspan="3"></td></tr>
<tr><td colspan="3">2. 消防、疏散通道是否符合要求？</td></tr>
<tr><td colspan="3">3. 其他</td></tr>
<tr><td rowspan="6">生产部门</td><td rowspan="4">技术</td><td colspan="2">1. 检查吹扫作业票的确认签名是否落实？</td><td rowspan="6"></td><td rowspan="6"></td><td rowspan="6"></td></tr>
<tr><td colspan="2">2. 现场检查盲板是否按方案和盲板清单进行安装？</td></tr>
<tr><td colspan="2">3. 检查瓦斯、氮气和工艺介质等物料在装置边界是否进行有效隔离？</td></tr>
<tr><td colspan="2">4. 催化剂、保护剂、胺液或按方案不退的介质是否按方案要求进行了有效安全隔离？</td></tr>
<tr><td rowspan="2">管理</td><td colspan="2">1. 检查配合外系统的吹扫是否已满足要求可以停运？</td></tr>
<tr><td colspan="2">2. 其他</td></tr>
<tr><td rowspan="4">机动部门</td><td rowspan="4">设备</td><td colspan="2">1. 已按停工方案要求抽堵盲板，且要做好明显标记，并指定专人统一编号登记，严防漏堵、漏拆。盲板的材质、厚度符合安全要求。</td><td rowspan="4"></td><td rowspan="4"></td><td rowspan="4"></td></tr>
<tr><td colspan="2">2. 与炉、塔、容器相连的蒸汽、氮气等有害介质的阀门，已加盲板隔离。</td></tr>
<tr><td colspan="2">3. 未经吹扫处理的设备、容器、管道已与系统隔离，设置明显警示标志，并向职工和施工单位交底。</td></tr>
<tr><td colspan="2">4. 冬季停工，装置要做好防冻防凝工作。</td></tr>
</table>

装置停工交付检修确认表（续）

<table>
<tr><td rowspan="3"></td><td colspan="5">装置停工交付检修确认表</td></tr>
<tr><td>记录编号</td><td></td><td>装置</td><td colspan="2"></td></tr>
<tr><td>检修单位</td><td></td><td>时间</td><td colspan="2">年　月　日</td></tr>
<tr><td>单位</td><td colspan="2">确认内容</td><td>存在问题</td><td>确认意见</td><td>确认人</td></tr>
<tr><td rowspan="6">机动部门</td><td rowspan="6">动力</td><td>1. 变配电所内电气安全用具、消防器材已检查并在有效期限内</td><td rowspan="6"></td><td rowspan="6"></td><td rowspan="6"></td></tr>
<tr><td>2. 变配电所内的工器具已检查合格</td></tr>
<tr><td>3. 电气现场检修动力箱（固定）、临时变已检查合格</td></tr>
<tr><td>4. 配送电单位、施工单位参修人员已经安全教育并考试合格</td></tr>
<tr><td>5. 外来人员已经安全安全教育并考试合格</td></tr>
<tr><td>6. 工艺要提供装置停工后仍需使用的仪表清单，电气专业提供停工期间停电网络，仪表提前准备</td></tr>
<tr><td rowspan="11">安环部门</td><td rowspan="2">管理</td><td>1. 对本单位、施工单位参加检修的人员安全教育并考试是否进行？</td><td rowspan="11"></td><td rowspan="11"></td><td rowspan="11"></td></tr>
<tr><td>2. 其他（持证、保险等）</td></tr>
<tr><td rowspan="2">环保</td><td>1. 明沟、地面上是否有油？清污分流设施是否投用？</td></tr>
<tr><td>2. 其他</td></tr>
<tr><td rowspan="7">安全</td><td>1. 现场固定式可燃气体报警仪、H_2S 报警仪等探头是否进行妥善保护？</td></tr>
<tr><td>2. 对装置内电缆沟是否做出明显标志？</td></tr>
<tr><td>3. 设备、容器、管道是否全部打开并在设备人孔处挂“危险空间！严禁入内”的警示牌？</td></tr>
<tr><td>4. 检修现场下水井、地漏、明沟是否封闭，泵沟等是否建立水封？</td></tr>
<tr><td>5. 打开的设备、容器、管道测爆分析是否合格？</td></tr>
<tr><td>6. 运行的装置与检修的区域是否采用明显有效的隔离措施？存在工艺介质的工艺管线是否做出标志？</td></tr>
<tr><td>7. 其他</td></tr>
<tr><td>领导意见</td><td colspan="5"></td></tr>
</table>

附 录 B
（资料性附录）
检修施工现场 HSSE 日检表

检修施工现场 HSSE 日检表						
序号	检查内容	存在问题	检查人员	整改情况	验证人	备注
1	临时用电					
1.1	配备合格的持证电工					
1.2	配电箱合格、有防雨措施，按要求标识并上锁					
1.3	配电系统执行“三相五线制”，符合“三级配电二级保护”要求，安装匹配的漏电保护器，漏保动作灵敏好用，并进行日常试验和记录					
1.4	电缆及接头无破损，绝缘良好；铺设规范，走向清晰，标识明确					
1.5	用电严格执行“一机一闸一保护”					
1.6	按要求配置保护零线和工作零线，工作接地和重复接地完好					
1.7	安全电压符合作业环境要求					
1.8	使用工业插头、插座					
2	施工机具					
2.1	各种机具设备安全要求进行定期检查，确保完好					
2.2	设有机械保护装置（如转动设备等）的设备，保护装置处于完好状态					
2.3	用电机具、设施接地完好					
2.4	配备与作业要求相匹配的劳动防护用品					
2.5	空气压缩机压力表、安全阀等在检验期内并处于完好状态，高压气管和软管固定连接可靠					
2.6	气瓶垂直放置，瓶体固定可靠；气瓶分类摆放并保持安全距离，防护措施到位，气瓶阻火器、压力表等安全附件完好，气管无老化破损，连接可靠					
3	脚手架					

检修施工现场 HSSE 日检表（续）

检修施工现场 HSSE 日检表						
序号	检查内容	存在问题	检查人员	整改情况	验证人	备注
3.1	脚手架搭设人员是专业架子工，并持证上岗。搭设人员按要求着装，配备五点双大钩安全带					
3.2	编制脚手架搭设方案，进行安全技术交底并有记录					
3.3	按规范要求搭设脚手架，且有良好的整体稳固性					
3.4	搭设和拆除过程必须有专人监督，周边设置警戒区					
3.5	连墙件设置可靠，各节点扣件扭矩力符合要求					
3.6	通道、护栏、腰杆、踢脚板等符合要求					
3.7	作业面满铺跳板，无孔洞，跳板可靠固定且无探头板					
3.8	作业面临时放置的材料等在允许荷载范围内，严禁超载荷；放置必须稳固，无坠物风险					
3.9	脚手架搭设完成验收合格挂牌使用					
3.1	消防设施保持完好，灭火器和消防水桶按要求配置					
3.11	消防安全通道保持畅通					
3.12	用火作业前，清理周边易燃物，采取接火措施					
4	起重					
4.1	编制了吊装方案、进行交底并有记录					
4.2	起重设备操作人员、司索、指挥持有效证件					
4.3	起重机械证照齐全有效					
4.4	起重机械安全设施、附件完好					
4.5	机索具检查完好，钢丝绳无磨损，连接可靠，绳卡数量和间距满足要求					
4.6	吊装作业半径设置了警戒区，禁止无关人员入内					

检修施工现场HSSE日检表（续）

检修施工现场HSSE日检表						
序号	检查内容	存在问题	检查人员	整改情况	验证人	备注
4.7	吊装前进行评估，确保在额定起升载荷范围内进行起重作业，不得超载					
4.8	吊车支腿符合要求					
4.9	吊物捆绑符合要求，使用溜绳					
4.1	吊装作业天气、环境、风力等符合要求					
5	焊接、气割					
5.1	设备接地完好					
5.2	焊把线无破损，连接器完好					
5.3	有专人监护，接火、防火措施到位					
5.4	可燃性气瓶与胶管连接完好，无漏气，气瓶有阻火器，					
5.5	现场气瓶与明火源保持安全距离					
6	受限空间					
6.1	对所要进行作业的受限空间进行吹扫、蒸煮、置换，并分析合格。所有与受限空间相连接的管线、阀门应进行有效隔离，盲板处应挂标识牌，并经工艺技术人员签字确认					
6.2	出入口内外不得有障碍物，在受限空间入口处设置“危险！严禁入内”警告牌或采取其他封闭措施					
6.3	对有可能发生硫化亚铁自燃的设备、容器必须经充分的钝化脱臭处理，并在现场配置消防水带					
6.4	《进入受限空间作业许可证》实行一点一证					
6.5	进入受限空间作业实行“三不进入”原则，即：一、没有经批准有效的《进入受限空间作业许可证》不进入；二、安全措施未落实不进入；三、监护人不在场不进入					
6.6	作业现场配备必要的救护器具和灭火器材等					
6.7	进入受限空间作业应使用安全电压和安全行灯。					

检修施工现场 HSSE 日检表（续）

检修施工现场 HSSE 日检表						
序号	检查内容	存在问题	检查人员	整改情况	验证人	备注
7	作业安全					
7.1	作业前进行班前安全教育和安全技术交底，作业人员清楚当天作业内容和安全风险及注意事项。					
7.2	特殊工种持证上岗					
7.3	佩戴合格安全帽，并根据作业任务佩戴专用眼部、面部、手部等防护用品，高处作业人员系挂安全带					
8	收工检查					
8.1	配电系统一级箱断电，关闭气瓶角阀，能量上锁					
8.2	现场火种检查清理完毕。					
8.3	清理各作业面材料和杂物等，做到工完料净场地清					
8.4	落实夜间值班、巡检人员，职责到位，检查内容明确					

附 录 C
（资料性附录）
装置检修交回开工确认表

	装置检修交回开工确认表			
记录编号		开工装置		
使用单位		时间	年 月 日	
单位	要求	存在问题	确认意见	确认人
施工单位	检修项目以及改造项目已施工完成，并验收合格			
	施工用临时设施已全部拆除；现场清洁、无杂物			
	除用于开工查漏、热紧用的架子保留外，其他架子、跳板均拆除			
	设备、管线等保温复位			
	因检修拆除的劳动保护、照明设施已恢复			
	塔器设备、安全阀、现场仪表、管线等均已复位			
项目所属单位	设备位号和管道介质名称、流向标示齐全			
	检查现场设备、管线、保温等安装符合规范，试用情况正常			
	机组等设备联锁试验正常			
	工艺联锁试验正常			
	盲板拆、装清单已确认			
	装置吹扫、试压通过			
	现场消防、气防器材及岗位工器具配齐、现场环保设施投用			
	开工化工原材料准备完毕			
	备品配件齐全			
电气部	变电所已正常投用，高低压电送电正常			
	现场电气设备如电动阀、电加热器、电机等试运正常			
	现场照明等恢复正常			
仪控部	现场仪表调试、DCS 调试、联校正常			
	配合工艺、设备的联锁调试已完成			
公用工程部	循环水、新鲜水、蒸汽、仪表风／工厂风、氮气等公用介质供应正常			
储运部	储运系统已具备正常供料以及接收产品条件			

装置检修交回开工确认表（续）

<table>
<tr><td rowspan="3"></td><td colspan="5">装置检修交回开工确认表</td></tr>
<tr><td>记录编号</td><td colspan="2"></td><td>开工装置</td><td></td></tr>
<tr><td>使用单位</td><td colspan="2"></td><td>时间</td><td>年　月　日</td></tr>
<tr><td colspan="2">单位</td><td>要求</td><td>存在问题</td><td>确认意见</td><td>确认人</td></tr>
<tr><td rowspan="2">化验部门</td><td colspan="2">现场采样器已复位正常</td><td rowspan="2"></td><td rowspan="2"></td><td rowspan="2"></td></tr>
<tr><td colspan="2">分析项目已具备分析条件</td></tr>
<tr><td rowspan="2">消防部门</td><td colspan="2">现场消、气防器材齐全、完好</td><td rowspan="2"></td><td rowspan="2"></td><td rowspan="2"></td></tr>
<tr><td colspan="2">消防、疏散通道符合要求</td></tr>
<tr><td rowspan="6">安环部门</td><td rowspan="2">环保</td><td>现场环保设施，如清污分流设施等已投用</td><td rowspan="2"></td><td rowspan="2"></td><td rowspan="2"></td></tr>
<tr><td>后续环保装置具备接收物料条件</td></tr>
<tr><td rowspan="4">安全</td><td>现场固定式可燃气体报警仪、H_2S 报警仪等已投用</td><td rowspan="4"></td><td rowspan="4"></td><td rowspan="4"></td></tr>
<tr><td>拟开工装置与临近的检修区域已采用明显有效的隔离措施</td></tr>
<tr><td>现场安全设施如平台围栏、护栏等符合要求，现场无容易坠落物品</td></tr>
<tr><td>如有零星动火项目，火票需升级</td></tr>
<tr><td colspan="2">工程管理部门</td><td>负责的改造项目已施工完成、并验收合格</td><td></td><td></td><td></td></tr>
<tr><td rowspan="4">机动部门</td><td rowspan="2">设备</td><td>检修项目已完成，并验收合格</td><td rowspan="2"></td><td rowspan="2"></td><td rowspan="2"></td></tr>
<tr><td>保运工作已落实</td></tr>
<tr><td rowspan="2">动力</td><td>电气、仪表检修改造项目已完成，并投用正常</td><td rowspan="2"></td><td rowspan="2"></td><td rowspan="2"></td></tr>
<tr><td>电气现场检修动力箱、临时变已拆除</td></tr>
<tr><td rowspan="6">生产部门</td><td rowspan="4">技术</td><td>开工方案已审批完成</td><td rowspan="4"></td><td rowspan="4"></td><td rowspan="4"></td></tr>
<tr><td>盲板已按方案和盲板清单进行安装</td></tr>
<tr><td>开工用化工原材料已落实</td></tr>
<tr><td>其他专项方案已落实或审批</td></tr>
<tr><td rowspan="2">管理</td><td>外围的公用、储运系统以及相关装置已可支持装置开工</td><td rowspan="2"></td><td rowspan="2"></td><td rowspan="2"></td></tr>
<tr><td>开工用原料已落实</td></tr>
<tr><td colspan="2">人教部门</td><td>操作人员已经过学习、培训，并考试合格</td><td></td><td></td><td></td></tr>
<tr><td colspan="2">项目所属单位领导意见</td><td>签名：</td><td>公司意见</td><td colspan="2">签名：</td></tr>
</table>

附 录 D
（资料性附录）
装置停工检修改造工作总结模板

（以设备专业为例，应包括装置区仪表、电器专业及检修费用使用情况）

封面：

名称：××× 部 ××× 装置 ×××× 年 ×× 月停工检修工作总结

编写人：×××

审核人：×××

批准人：×××（运行部领导）

编写单位：××× 石化 ××× 分公司 ××× 部

编写时间：×××× 年 ×× 月

正文：

（一）装置停工检修过程概述

装置开、停工、检修过程简述，本周期装置运行起止时间。

本周期装置运行中出现的主要问题。

本次停工检修、改造内容简述，检修项目计划数（包括补充、追加），检修计划完成情况。重点检修项目情况。

开停工、检修网络执行情况。

（二）主要检修内容技术总结（参考如下部分分述）

反应器部分

塔、容器部分

加热炉部分

冷换设备、空冷器部分

阀门部分

管道部分

压缩机部分

泵部分

特殊阀门部分

输送机械部分

压力容器检验（包括缺陷返修处理）

压力管道检验（包括缺陷返修处理）

安全阀检验

其他检修方面

技术分析中要有以下内容：上次运行周期出现的问题，本次检修检查情况及采取措施；上次检修遗留问题处理情况；本周期与上周期设备隐蔽检查情况对照；重复发生问题处理方案有效性；装置系统问题；典型案例。

（三）检修计划准确性分析

（四）检修施工队伍评述

（五）材料供应评述

（六）设计质量评价

（七）检修质量评价

（八）本次检修遗留问题及预案

（九）检修管理亮点、存在的不足和下次检修需注意的问题

（十）附表

表 1　设备增加情况表

序号	位号	名称	规格型号	制造厂	数量	备注

表 2　设备拆除情况表

序号	原位号	名称	规格型号	制造厂	数量	备注

表 3　管线拆除情况表

序号	原编号	名称	规格	长度 /m	备注

表 4　设备更换情况表

序号	位号	名称	规格型号		制造厂		数量	备注
			更换前	更换后	更换前	更换后		

表 5　冷换设备检修情况表

序号	位号	名称	规格型号	抽芯清洗	试压换垫	堵管根数	管束更换

表 6　阀门检修、更换情况表（*DN*50 和 *DN*50 以上）

序号	规格型号	公称直径	检修数量	更换数量

表7　压力容器检验情况表

序号	计划检验台数	增加变更台数	减少变更台数	实际完成台数	缺陷返修台数

表8　压力管道检验情况表

序号	检验计划		增加变更		减少变更		实际完成	
	条数	米数	条数	米数	条数	米数	条数	米数

表9　安全阀门检验情况表

序号	计划检验台数	增加变更台数	减少变更台数	实际完成台数

双氧水装置维护检修规程

SHZ 03020—2019

目　次

前　言

本规程按照 GB/T 1.1—2009《标准化工作导则　第 1 部分：标准的结构和编写》给出的规则起草。

本规程由中国石油化工集团有限公司、中国石油化工股份有限公司提出。

本规程起草单位：中国石油化工股份有限公司巴陵分公司。

本规程主要起草人：周世文。

本规程 2019 年首次发布。

双氧水装置维护检修规程

1 范围

1.1 本规程规定了双氧水装置（包括氢化、氧化、萃取、净化四大工序）及其主要设备、专用设备的检修周期、检修项目及质量要求、检修过程管理和日常维护的相关内容。
1.2 本规程适用于石油化工双氧水装置的检修维护管理。

2 规范性引用文件

下列文件对于本文件的应用是必不可少的。凡是注日期的引用文件，仅所注日期的版本适用于本文件。凡是不注日期的引用文件，其最新版本（包括所有的修改单）适用于本文件。

2.1 法律法规

中华人民共和国安全生产法
中华人民共和国特种设备安全法

2.2 特种设备安全技术规范

TSG 21—2016 固定式压力容器安全技术监察规程
TSG D0001—2016 压力管道安全技术监察规程——工业管道

2.3 标准与规范

GB/T 151 热交换器
GB/T 20801 压力管道规范 工业管道
GB/T 50484 石油化工建设工程施工安全技术标准

2.4 中石化管理规定

炼油企业检修管理指南（试行版）

3 术语与定义

下列术语和定义适用于本文件。

3.1 设备功能

设备功能指的是设备的生产效率和功能，衡量设备功能的指标随设备种类不同而异。

3.2 功能故障

设备、设施不能实现其设计功能时，称之为功能故障，定义为设备、设施不能满足期望的性能标准。一般指设备失去或降低其规定功能的事件或现象，表现为设备的某些零件失去原有的精度或性能，使设备不能正常运行、技术性能降低，致使设备中断生产或效率降低而影响生产。

3.3 A 类设备

本规程规定的 A 类设备是指按 2020 年中石化设备完整性分级管理打分规定打分评定为 A 级的设备。

3.4 B 类设备

本规程规定的 B 类设备是指该设备的功能故障虽然不引起装置的停车，但对装置的负荷、质量及可靠性具有重大影响的设备。

4 装置特征

双氧水装置是化工企业的核心原料装置之一，以氢气为原料，以 2- 乙基蒽醌和四氢 2- 乙基蒽醌为载体，重芳烃和磷酸三辛酯为混合溶剂，配制成工作液。该工作液与氢气进行氢化反应，得到相应的氢蒽醌溶液后用空气进行氧化，生成双氧水。

双氧水装置通常由氢化、氧化、萃取及净化、后处理四个主要单元部分组成。

目前双氧水工艺生产技术国内主要还是蒽醌法生产双氧水，工艺上采用固定床钯催化剂技术，新兴的浆态床技术只是在催化剂相关工艺进行了变动，主要流程工艺大致相同，基本流程见图 1。

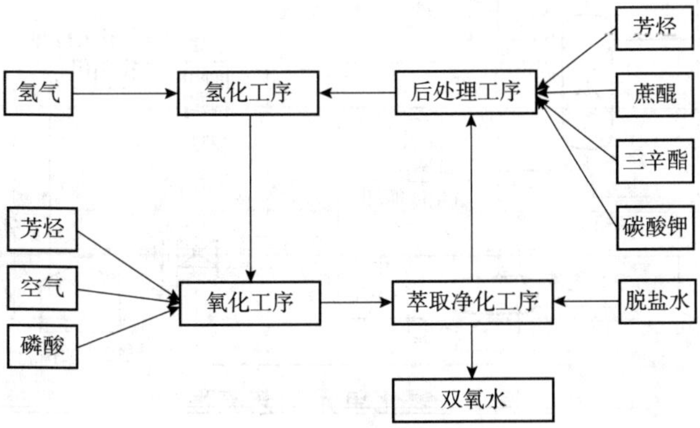

图 1　基本流程

4.1 工艺流程及流程图

先以 2- 乙基蒽醌和四氢 2- 乙基蒽醌为载体，以重芳烃和磷酸三辛酯及邻甲基环己基醋酸酯为混合溶剂，按相应比例配制成工作液。该工作液通过工作液泵送入装有钯触媒的固定床内，在特定的压力和温度下与进入固定床内的氢气进行连续氢化反应，得到相应的氢蒽醌溶液（称氢化液），这是氢化单元（图 2）。氢化液再通过氢化液泵送入氧化塔内，在相应压力和温度下与通过空压机输送进氧化塔的空气进行氧化，氢化液中的氢蒽醌还原成原来的蒽醌，同时生成过氧化氢，我们将此时含有过氧化氢的工作液称之为氧化液，这是氧化单元（图 3）。由于过氧化氢在水和工作液中的溶解度不同，所以再将氧化液送入萃取塔，利用纯水来萃取氧化液中的过氧化氢，得到相应质量分数的过氧化氢水溶液（称萃取液），该萃取液再进入净化塔中经重芳烃净化除去可溶性有机杂质即得到双氧水成品，即萃取净化单元（图 4）。被萃取后的氧化液称为萃余液，萃余液先经萃余液分离器分离掉大部分水分，再在干燥塔中经碳酸钾溶液进行干燥除掉水分、分解双氧水和中和氧化工序所加的酸，干燥后的工作液经沉降、分离，除去夹带的碳酸钾溶液，再经后处理白土床使工作液再生并除去碳酸钾和副产物，使之再生成为新鲜工作液循环使用，统称为后处理单元。

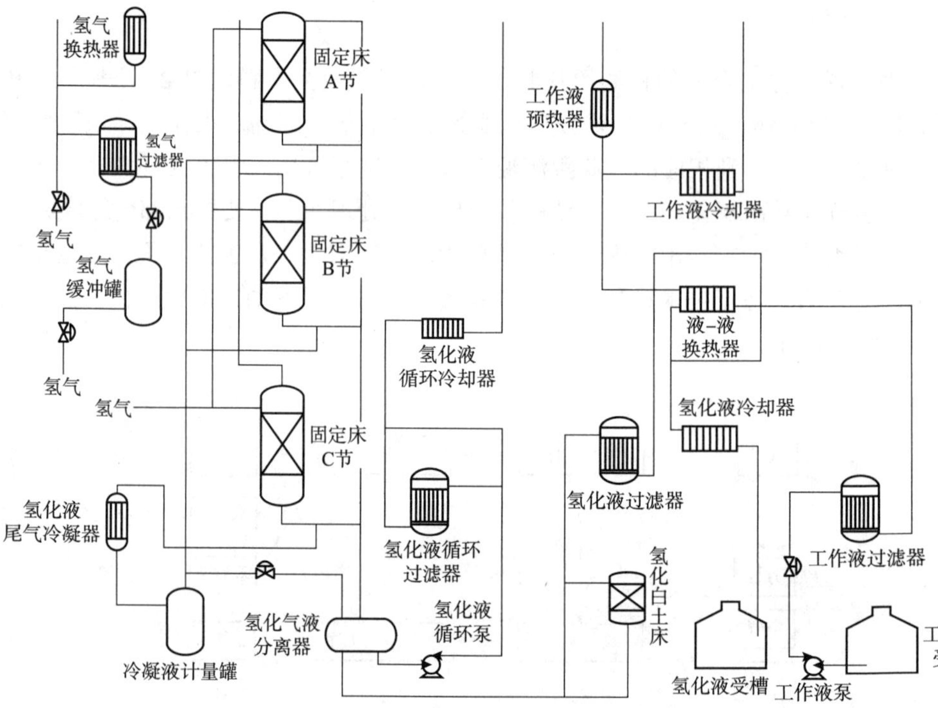

图 2　氢化单元工艺流程

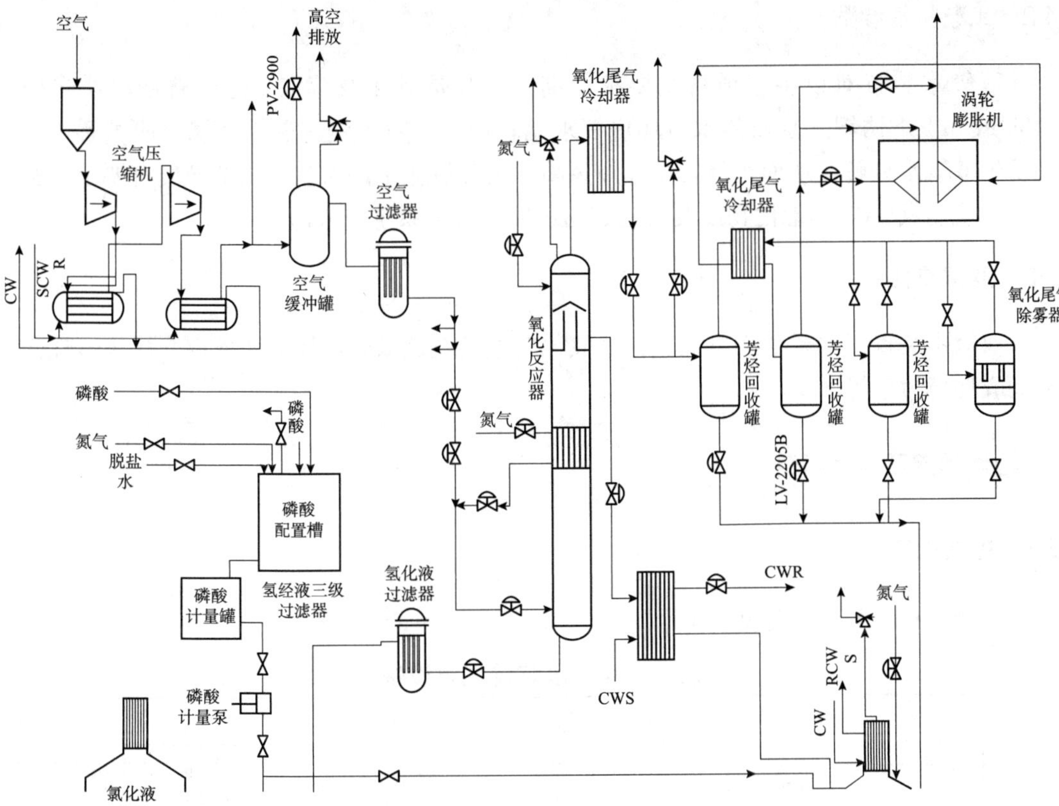

图3 氧化单元工艺流程

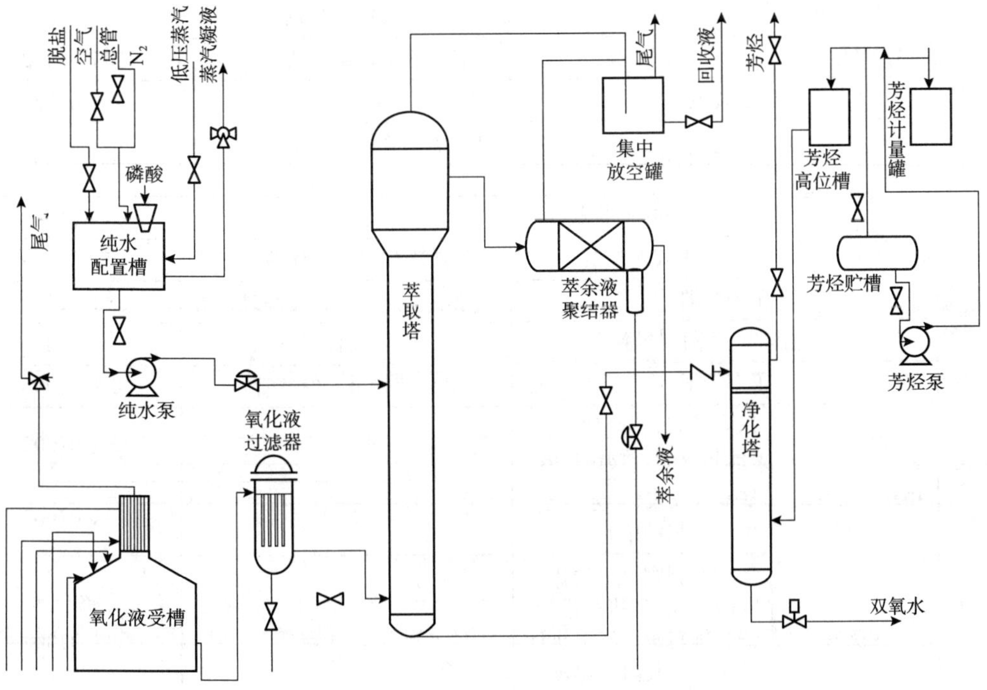

图4 萃取净化单元工艺流程

4.2 工艺特性参数

双氧水装置对设备管道材质要求较高，尤其是氧化及萃取工序，普遍材质采用316L或321不锈钢，且双氧水对环境要求比较严苛，对铁铜等碱性金属反应敏感，极易发生双氧水分解，从而可能发生爆炸风险。另外氧化工序对空气的洁净度有要求，空气中的硫化氢、CO等毒性物质及粉尘等均可能对氧化系统带来污染。

4.3 危害特性

双氧水装置工主要危害有氢腐蚀、氧化腐蚀及双氧水分解爆炸和蒽琨介质渗透性强易造成环境污染等。

5 检修周期及检修项目

5.1 主要设备

双氧水装置主要设备见表1。

表1 双氧水装置主要设备

设备类型				
名称	设备种类		主要设备种类	通用、专用设备检修规程的代码
转动设备	压缩机（包括工业汽轮机）	离心式压缩机	空气压缩机	SHS 02025
		膨胀机	涡轮膨胀机	SHS 03063
	泵	离心泵	氧化液泵、氧化液返料泵	SHS 01012
	离心式风机		干燥风机	SHS 01022
	塔	填料塔、筛板塔	氢化塔、氧化塔、萃取塔、净化塔、干燥塔	SHS 01007
	换热器	管壳式换热器	氧化尾气冷凝器、空气冷却器	SHS 01009
		板式换热器	氢化液冷却器、氧化液冷却器	SHS 01068
	压力容器		过滤器、换热器、缓冲罐、塔	SHS 01004
	常压容器、常压储罐		常压储罐	
	压力管道		氧化液管道、空气管道	SHS 01005
仪表设备	检测仪表	压力仪表、温度仪表、流量仪表、物位仪表		SHS 07002
	电动单元组合仪表	基地式仪表、显示仪表、辅助单元		SHS 07003
	控制阀	气动控制阀、电动执行机构、长行程执行机构、偏心旋转阀、气缸执行机构、控制附件、蒸汽减温器		SHS 07004

表 1　双氧水装置主要设备（续）

设备类型				
名称	设备种类		主要设备种类	通用、专用设备检修规程的代码
	在线分析仪表	工业色谱仪、氧分析仪、氢分析仪、红外线分析仪、pH 计、电导仪、水分析仪、熔融指数分析仪、烟气排放连续检测系统、密度计、可燃气体报警器、有毒气体报警器、化学需氧量分析仪、氨氮分析仪、气相色谱分析仪		SHS 07006
	特殊仪表	轴振动和轴位移、转速控制仪表、称重仪表		SHS 07007
	过程控制系统	DCS、PLC		SHS 07008
	系统维护	防爆仪表及其系统、仪表供电系统、仪表供气系统、仪表系统联校		SHS 07009
	安全仪表系统	SIS		SHS 07010
电气设备				

5.2　检修周期

5.2.1　双氧水装置检修应根据实际运行情况进行定期停车检修，检修周期按 36～60 个月确定。

5.2.2　有备用设备的或日常可以进行检修的不列入大修项目（除特殊情况外）。

5.3　检修内容

5.3.1　确定检修内容的依据

5.3.1.1　按法律法规要求的特种设备定期检验。

5.3.1.2　不符合国家安全与环境保护、节能要求的设备改造和更新。

5.3.1.3　对本次检修或下次检修之前已到法定检验时间的计量设施。

5.3.1.4　设备状况

1）静设备：炉、塔、换热器、过滤器、容器等设备内部因内构件损坏、结焦、积垢腐蚀等原因造成运行状况恶化、性能降低等；

2）转动设备：磨损、疲劳、泄漏、振动等原因造成运行状况恶化、性能降低等；

3）电气设备：部件老化等原因造成运行状况恶化、性能降低等；

4）仪表设备：部件老化等原因造成运行状况恶化、性能降低等；

5）工艺催化剂（三剂）失效；

6）钢结构平台、设备基础、房屋等建构筑物老化、锈蚀等必须在停车检修期间内维修的项目；

7）安全防护设施失效。

5.3.2 检修内容

5.3.2.1 主要检修内容

双氧水装置主要设备功能故障与检修内容见表 2。

表 2 双氧水装置主要设备功能故障与检修内容

序号	设备名称	设备功能	功能故障	故障周期／月	检修内容	设备分级
1	氢化液泵	将氢化液输送至氢化塔	1. 泵出口流量达不到生产要求； 2. 机封泄漏； 3. 静密封点泄漏； 4. 泵振动大； 5. 轴承温度高、异响	24	清理入口过滤网，解体检修：更换轴承、机封及相应密封垫； 具体大修内容见通用设备检修规程	C
2	氢化塔	工作液氢化反应场所	1. 工作液偏流； 2. 钢丝网破损，触媒泄漏； 3. 触媒活性下降	60	分布器检修、更换钢丝网、更换触媒。具体检修内容见通用设备检修规程	B
3	空压机	提供系统氧化塔所需空气	1. 空压机流量达不到生产要求； 2. 气、油封泄漏； 3. 静密封泄漏； 4. 转子振值高； 5. 轴承温度高； 6. IGV、BOV 阀组件失效； 7. 设备条件联锁，仪表故障	60	解体检修：轴承、气封、油封、IGV 阀、BOV 阀检查、更换；转子动平衡检查； 具体大修内容见通用设备检修规程	A
4	氧化液泵	将氢化液输送至氧化塔	1. 泵出口流量达不到生产要求； 2. 机封泄漏； 3. 静密封点泄漏； 4. 泵振动大； 5. 轴承温度高、异响	24	清理入口过滤网，解体检修：更换轴承、机封及相应密封垫； 具体大修内容见通用设备检修规程	C

表 2 双氧水装置主要设备功能故障与检修内容（续）

序号	设备名称	设备功能	功能故障	故障周期／月	检修内容	设备分级
5	氧化塔	氢化液氧化反应场所	1. 塔内件腐蚀； 2. 密封点泄漏； 3. 塔体裂纹	60	塔内件检查、更换，消漏，具体大修； 内容见通用设备检修规程	B
6	氢化液泵	将氢化液输送至氢化塔	1. 泵出口流量达不到生产要求； 2. 机封泄漏； 3. 静密封点泄漏； 4. 泵振动大； 5. 轴承温度高、异响	24	清理入口过滤网，解体检修：更换轴承、机封及相应密封垫； 具体大修内容见通用设备检修规程	C

5.3.2.2 系统功能故障分析

双氧水装置系统功能故障分析见表 3。

表 3 双氧水装置系统功能故障分析

序号	单元名称	装置功能	功能故障	故障后果	故障策略及检修内容	故障周期／月
1	氢化工序	将工作液氢化得到氢化液，以进入下一步工序	氢化效率过低或过高；触媒层或白土层压差大	产品产量受影响	适当调整温度，更换催化剂和氧化铝	24~36
2	催化剂再生系统	使因表面积灰堵塞而降低活性的催化剂重新恢复活性	催化剂活性降低	产品产量降低	利用蒸汽吹扫，使催化剂恢复活性	4~6
3	氧化工序	氢化液与空气混合氧化得到双氧水	氧化不完全，尾氧含量过高；氧化液泵进料不足	产品产量及质量降低；尾气处理存在安全风险	修复氧化液泵；调整空气流量	36
4	碳纤维吸附装置	处理氧化塔放空尾气	装置堵塞、吸附失效	氧化尾气憋压，影响氧化塔运行安全。尾气吸附不干净，外排引起环保事故	更换碳纤维；管路清理疏通	2

6 装置检修管理

6.1 装置检修前准备工作

6.1.1 装置检修前，参检单位要做好检修作业指导书、施工方案、检修图纸、现场施工平面布置图等各类资料的准备及审核，相关检修资料最终经业主方审批确认后方可实施。

6.1.2 进入检修现场的各类施工机具、器具，必须是合格的、适用的，必须有检定合格证和标记，并在有效期内使用，严禁使用未经校验的机具。进场前，所有自检合格并贴有自检合格证的施工机具，要列出汇总清单上交给业主方，并经业主方检验后方可使用。

6.1.3 进入现场的检修耗材、配件等，必须附有质量证明文件，并在指定的地点规范存放。在安装、使用各类检修材料前，应对材料的外观质量进行检查确认，参检单位要做到领用材料检验有见证、验收有记录。

6.1.4 参检单位的所有施工人员，必须具备相应的作业资质，检修前须做好检修方案、技能方面的培训，熟悉检修项目的特点，严格按检修方案进行施工。同时，施工人员必须进行业主方相关专业的教育培训，对无相应作业资质、未经教育培训或考核不合格的人员，一律不得上岗作业。

6.2 工艺交出检修条件

在装置交付检修前，由生产管理部和安全环保部门组织相关单位召开安全验收会，检查确认设备容器人孔拆卸、盲板加装、容器内采样分析、停电、下水井封堵等工作，经相关部门签字确认后，由装置开具用火、用电、进入受限空间等相关票证，进入检修状态。工艺交出要具备以下条件：

1）装置所有盲板按照盲板图、表安装、编号、挂牌并经工艺员、设备员、安全员已签名确认；

2）PID 图上所有系统、管线得到置换处理并做好标识；

3）系统内设备、管线按规定进行吹扫和置换，取样分析合格；

4）下水井取样分析合格，存油清理干净，排水畅通，水封完好；

5）下水井和漏斗口用石棉布盖好，并用沙土封严；

6）系统内设备人孔打开前的确认；打开的设备人孔处挂上“未经许可，禁止入内”警示牌；

7）制定停工安全、环保措施和工作危害分析记录表（JSA）；

8）装置内分析不合格点挂标识，储存物料区标识、硬隔离；

9）制定检修中防硫化亚铁自燃方案；

10）指定具有监护人资格的人员负责动火、进设备等作业的监护。

装置交付检修确认表见附录 A。

6.3 检修过程安全环保管理总体要求

6.3.1 安全管理总体要求

1）装置检修的安全管理，坚持“安全第一、预防为主、综合治理”的方针和“谁主管，谁负责”“谁签发，谁负责”的原则，坚持以人为本、落实责任、强化监管，按属地化管理原则。对于人数少的新企业要求外聘第三方 HSSE 监管，对于人数多的老企业或自身能力能够满足要求的老企业，可根据需要由企业自行决定是否外聘第三方 HSSE 监管。第三方 HSSE 监管纳入到 HSSE 管理体系。

2）各级指挥部的安全环保消防组应按指挥部管理体系要求承担相应的管理责任。

3）承包商应建立健全安全管理体系，分包商的安全管理工作由总承包商负总责。

4）安全监督管理部门对检修过程的安全管理工作进行监督检查，指挥部的安全环保消防组负责施工过程安全检查管理。运行部负责所在区域的施工项目配合和现场安全监督检查。

6.3.2 环保管理总体要求

装置停工检修改造环保管理总体要求是：密闭吹扫，有序排放，清洁停工，安全处置，达标排放。为做好停工和检修期间的环保工作，停工装置要落实密闭吹扫及除臭方案，对排放污水、吹扫尾气放空、工业废物处置应进行预申报，排放时必须做到先检测后排放，主管部门根据监测结果确定处理方式。对于化学清洗等产生的废水，项目管理部门在与清洗单位签订合同前要明确废水处理相关责任及要求。

6.4 检修质量管理

总体要求：成立检修质量管理组织机构，明确管理职责，建立质量管理程序文件。

1）对承包商资质、人员、机具等进行审查；

2）通过组织设计审查，确保设计质量；

3）物资采购管理部门组织对采购物资进行入库检验并对重点物资进行监造；

4）在施工过程中组织对检验检测的质量进行抽查。

6.5 变更管理

6.5.1 检修过程要加强变更管理，建立健全变更管理制度和工作流程，采取措施减少变更数量。原则上没有经过各级部门同意的变更不允许在检修中执行。

6.5.2 项目变更控制主要内容：

1）对于试用产品、设备备件结构形式改变、材质升级要充分识别，要有专门技术论证审批过程，审批时要加强相关专业沟通确认；

2）所有变更应事前发起，只有当变更得到批准后，才可组织实施。项目变更由变更提出单位发起申请并填写“变更申请单”，按照各企业相关制度规定的权限办理审批手续；

3）对于因材料找价差导致的超费用计划（或工单预算），需要补办变更手续；

4）对于不涉及费用计划的变更，如项目名称、版本号、承包商、施工方案、施工进度等也需办理相应的变更手续；

5）对于结算费用高于非包干合同标的按各企业管理制度执行变更；

6）投资类项目的变更参照各企业“固定资产投资过程控制管理规定”执行。

6.6 装置检修交回条件

装置检修交回确认主要内容：

1）装置开工人员及开车保镖人员配备落实；

2）技术、原辅材料、动力、备品备件等方面的准备；

3）队伍技术状态、开工方案学习落实情况；

4）现场规格化情况；

5）工艺和设备联锁仪表校验情况；

6）HSE 措施落实情况；

7）盲板拆除清单、技术准备情况；

8）机、电、仪、公用工程、储运、质检等相关专业准备情况；

9）停工临设拆除、施工尾项整改情况等。

装置检修交回开工确认表见附录 B。

6.7 检修后期管理

6.7.1 资料交付

承包商应在检修项目结束后 30 天内将竣工资料完整地交给使用单位，竣工资料交付参考 SH/T 3503—2017。

6.7.2 检修总结

装置检修结束后，要对检修改造工作进行总结，对好的做法进行总结、提炼，固化这些经验，指导今后检修改造工作；对总结检修改造中存在的问题，分析原因，完善措施，不断提高管理水平。

检修总结模板见附录 I。

7 装置日常维护

7.1 日常巡检

包括操作工的日常巡检和专业人员（设备管理人员、专业维保人员、电仪专业人

员）的日常点检。操作工人员日常巡检：每小时一次，按制定巡检路线对装置设备进行检查，主要检查内容为现场泄漏点检查、机泵油位、油质、设备运行是否超温超压、设备设施是否完好；专业人员日常巡检：对所属专业设备设施进行专业检查。

7.2 日常维护

装置日常维护的基本内容包括：设备维护保养、设备检查和设备修理。

7.2.1 设备维护保养

设备维护保养的内容是保持设备清洁、整齐、润滑良好、安全运行，包括及时紧固松动的紧固件，调整活动部分的间隙等。简言之，即“清洁、润滑、紧固、调整、防腐”十字作业法。维护保养依工作量大小和难易程度分为装置操作工保养、专职保养维修工的保养。

7.2.1.1 装置操作工保养

其主要内容是：负责设备的清洁、润滑油脂加换、备用机泵盘车检查及机泵的定期切换。

7.2.1.2 专职保养维修工的保养

主要内容包括对设备内部清洁、润滑、局部解体检查和调整，必要时对达到规定磨损限度的零件加以更换。此外，还要对主要零部件的磨损情况进行测量、鉴定和记录。具体标准执行通用设备的检修规程。

7.2.2 设备检查和设备修理

设备检查按时间间隔分为日常检查和定期检查。

日常检查由操作人员执行，同操作工的保养结合起来，目的是及时发现不正常的技术状况，进行必要的维护保养工作。

定期检查是按照计划，定期由专职维修工和设备管理人员执行，也就是预防性检查维修。目的是通过检查，全面准确地掌握零件磨损的实际情况，以便确定是否有进行修理的必要。

附　录　A

（资料性附录）

装置停工交付检修确认表

<table>
<tr><td></td><td>记录编号</td><td colspan="2"></td><td>使用单位</td><td colspan="4"></td></tr>
<tr><td colspan="2">停工检修单位</td><td colspan="2"></td><td>装置</td><td></td><td>时间</td><td colspan="2">年　月　日</td></tr>
<tr><td colspan="2">单位</td><td colspan="3">确认内容</td><td colspan="2">存在问题</td><td>确认意见</td><td>确认人</td></tr>
<tr><td colspan="2">停工单位</td><td colspan="3">1. 装置与系统是否有效隔离并提供对应的盲板表？
2. 是否有专用氮气线，是否专用？
3. 管线及容器是否吹扫干净并提供吹扫作业确认表？
4. 容器及塔测爆及氧含量是否合格？
5. 风险系数较大的作业是否进行危害识别分析？
6. 对塔、容器仪表监控手段是否保留？
7. 动火作业项目是否上墙？
8. 对本单位、施工单位参加检修的人员安全教育并考试是否进行？
9. 明沟、地面上是否有油？清污分流设施是否投用？
10. 对装置内电缆沟是否做出明显标志？
11. 设备、容器、管道是否全部打开并在设备人孔处挂“危险空间！严禁入内”的警示牌？
12. 检修现场下水井、地漏、明沟是否封闭，泵沟等是否建立水封？
13. 检修设备是否停电？</td><td colspan="2"></td><td></td><td></td></tr>
<tr><td colspan="2">电气部</td><td colspan="3">1. 是否已按用电单位停送电要求实施停送电？
2. 参加大修的电气作业人员是否进行电工作业资格的确认和相应的安全教育？
3. 其他</td><td colspan="2"></td><td></td><td></td></tr>
<tr><td colspan="2">仪控部</td><td colspan="3">1. 对本单位、施工单位参加检修的人员安全教育并考试是否进行？
2. 机柜间运行装置的机柜与检修的区域是否采用明显有效的隔离措施？</td><td colspan="2"></td><td></td><td></td></tr>
</table>

装置停工交付检修确认表（续）

<table>
<tr><td></td><td>记录编号</td><td></td><td>使用单位</td><td colspan="4"></td></tr>
<tr><td colspan="2">停工检修单位</td><td></td><td>装置</td><td></td><td>时间</td><td colspan="2">年 月 日</td></tr>
<tr><td colspan="2">单位</td><td colspan="2">确认内容</td><td colspan="2">存在问题</td><td>确认意见</td><td>确认人</td></tr>
<tr><td colspan="2">仪控部</td><td colspan="2">3. 仪表吹扫排放中相关安全环保措施是否明确落实？
4. 放射线同位素仪表停工检修防护措施是否落实？
5. 工器具是否进行相关安全检查？
6. 重大作业项目是否编写施工作业方案和进行危害识别与评价？
7. 高处作业的脚手架是否搭设妥当并验收合格？
8. 每项作业施工是否具有合格的施工检修作业票？相关安全措施是否落实到位？
9. 劳保用品穿戴是否符合要求？
10. 检修质量和检修内容是否符合要求？</td><td colspan="2"></td><td></td><td></td></tr>
<tr><td colspan="2">消防部门</td><td colspan="2">现场消、气防器材是否齐全、完好？
消防、疏散通道是否符合要求？
其他</td><td colspan="2"></td><td></td><td></td></tr>
<tr><td rowspan="2">生产部门</td><td>技术科</td><td colspan="2">1. 检查吹扫作业票的确认签名是否落实？
2. 现场检查盲板是否按方案和盲板清单进行安装？
3. 检查瓦斯、氮气和工艺介质等物料在装置边界是否进行有效隔离？
4. 催化剂、保护剂、胺液或按方案不退的介质是否按方案要求进行了有效安全隔离？</td><td colspan="2"></td><td></td><td></td></tr>
<tr><td>管理科</td><td colspan="2">1. 检查配合外系统的吹扫是否已满足要求可以停运？
2. 其他</td><td colspan="2"></td><td></td><td></td></tr>
<tr><td>机动部门</td><td>设备科</td><td colspan="2">1. 已按停工方案要求抽堵盲板，且要做好明显标记，并指定专人统一编号登记，严防漏堵、漏拆。盲板的材质、厚度符合安全要求。
2. 与炉、塔、容器相连的蒸汽、氮气等有害介质的阀门，已加盲板隔离。
3. 未经吹扫处理的设备、容器、管道已与系统隔离，设置明显警示标志，并向职工和施工单位交底。
4. 冬季停工，装置要做好防冻防凝工作。</td><td colspan="2"></td><td></td><td></td></tr>
</table>

装置停工交付检修确认表（续）

<table>
<tr><td></td><td>记录编号</td><td></td><td>使用单位</td><td colspan="4"></td></tr>
<tr><td colspan="2">停工检修单位</td><td></td><td>装置</td><td></td><td>时间</td><td colspan="2">年　月　日</td></tr>
<tr><td colspan="2">单位</td><td colspan="2">确认内容</td><td colspan="2">存在问题</td><td>确认意见</td><td>确认人</td></tr>
<tr><td>机动部门</td><td>动力科</td><td colspan="2">1. 变配电所内电气安全用具、消防器材已检查并在有效期限内；
2. 变配电所内的工器具已检查合格；
3. 电气现场检修动力箱（固定）、临时变已检查合格；
4. 配送电单位、施工单位参修人员已经安全教育并考试合格；
5. 外来人员已经安全安全教育并考试合格。
6. 工艺要提供装置停工后仍需使用的仪表清单；
7. 电气专业提供停工期间停电网络，仪表提前准备。</td><td colspan="2"></td><td></td><td></td></tr>
<tr><td rowspan="3">安环部门</td><td>管理科</td><td colspan="2">1. 对本单位、施工单位参加检修的人员安全教育并考试是否进行？
2. 其他</td><td colspan="2"></td><td></td><td></td></tr>
<tr><td>环保科</td><td colspan="2">1. 明沟、地面上是否有油？清污分流设施是否投用？
2. 其他</td><td colspan="2"></td><td></td><td></td></tr>
<tr><td>安全科</td><td colspan="2">1. 现场固定式可燃气体报警仪、H_2S 报警仪等探头是否进行妥善保护？
2. 对装置内电缆沟是否做出明显标志？
3. 设备、容器、管道是否全部打开并在设备人孔处挂“危险空间！严禁入内”的警示牌？
4. 检修现场下水井、地漏、明沟是否封闭，泵沟等是否建立水封？
5. 打开的设备、容器、管道测爆分析是否合格？
6. 运行的装置与检修的区域是否采用明显有效的隔离措施？存在工艺介质的工艺管线是否做出标志？
7. 其他</td><td colspan="2"></td><td></td><td></td></tr>
<tr><td colspan="2">领导意见</td><td colspan="2"></td><td colspan="2"></td><td></td><td></td></tr>
</table>

附 录 B
（资料性附录）
装置检修交回开工确认表

	中国石油化工股份有限公司 ×××× 分公司管理体系			
	装置检修交回开工确认表			
记录编号		使用单位		
开工装置		时间	年 月 日	
单位	要求	存在问题	确认意见	确认人
施工单位	1. 检修项目以及改造项目已施工完成，并验收合格。 2. 施工用临时设施已全部拆除；现场清洁、无杂物。 3. 除用于开工查漏、热紧用的架子保留外，其他架子、跳板均拆除。 4. 设备、管线等保温复位。 5. 因检修拆除的劳动保护、照明设施已恢复。塔器设备、安全阀、现场仪表、管线等均已复位			
项目所属单位	1. 设备位号和管道介质名称、流向标示齐全。检查现场设备、管线、保温等安装符合规范，试用情况正常。 2. 机组等设备联锁试验正常。 3. 工艺联锁试验正常。 4. 盲板拆、装清单已确认。 5. 装置吹扫、试压通过。 6. 现场消防、气防器材及岗位工器具配齐、 7. 现场环保设施投用。 8. 开工化工原材料准备完毕。 9. 备品配件齐全			
电气部	1. 变电所已正常投用，高低压电送电正常。 2. 现场电气设备如电动阀、电加热器、电机等试运正常。 3. 现场照明等恢复正常			
仪控部	1. 现场仪表调试、DCS 调试、联校正常。 2. 配合工艺、设备的联锁调试已完成			

装置检修交回开工确认表（续）

中国石油化工股份有限公司 ×××× 分公司管理体系					
装置检修交回开工确认表					
	记录编号		使用单位		
开工装置			时间	年　月　日	
单位		要求	存在问题	确认意见	确认人
公用工程部		循环水、新鲜水、蒸汽、仪表风／工厂风、氮气等公用介质供应正常			
储运部		储运系统已具备正常供料以及接收产品条件			
化验部门		1. 现场采样器已复位正常。 2. 分析项目已具备分析条件			
消防部门		1. 现场消、气防器材齐全、完好。 2. 消防、疏散通道符合要求			
安环部门	环保	1. 现场环保设施，如清污分流设施等已投用。 2. 后续环保装置具备接收物料条件			
安环部门	安全	1. 现场固定式可燃气体报警仪、H_2S 报警仪等已投用。 2. 拟开工装置与临近的检修区域已采用明显有效的隔离措施。 3. 现场安全设施如平台围栏、护栏等符合要求，现场无容易坠落物品。 4. 如有零星动火项目，火票需升级			
工程管理部门		负责的改造项目已施工完成、并验收合格			
机动部门	设备科	1. 检修项目已完成，并验收合格。 2. 保运工作已落实			
机动部门	动力科	1. 电气、仪表检修改造项目已完成，并投用正常。 2. 电气现场检修动力箱、临时变已拆除			
生产部门	技术科	1. 开工方案已审批完成。 2. 盲板已按方案和盲板清单进行安装。 3. 开工用化工原材料已落实。 4. 其他专项方案已落实或审批			
生产部门	管理科	1. 外围的公用、储运系统以及相关装置已可支持装置开工。 2. 开工用原料已落实			
人教部门		操作人员已经过学习、培训，并考试合格。			
项目所属单位领导意见		签名：	公司意见	签名：	

附　录　C
（资料性附录）
物资紧急需求计划审批表

记录编号			使用单位		
序号	物料编码	物资名称及规格型号	数量及单位	大修及工程项目相关信息	紧急需求原因说明

需求单位经办人签字： 电话： 年　月　日	需求单位负责人签字： （公章） 年　月　日	业务主管单位领导签字： 年　月　日	公司分管领导签字： 年　月　日	物资采购部门登记签字： 年　月　日

附 录 D
（资料性附录）
检修施工现场 HSSE 日检表

序号	检查内容	存在问题	检查人员	整改情况	验证人	备注
1	临时用电					
1.1	配备合格的持证电工					
1.2	配电箱合格、有防雨措施，按要求标识并上锁。					
1.3	配电系统执行“三相五线制”，符合“三级配电二级保护”要求，安装匹配的漏电保护器，漏保动作灵敏好用，并进行日常试验和记录。					
1.4	电缆及接头无破损，绝缘良好；铺设规范，走向清晰，标识明确。					
1.5	用电严格执行“一机一闸一保护”。					
1.6	按要求配置保护零线和工作零线，工作接地和重复接地完好。					
1.7	安全电压符合作业环境要求					
1.8	使用工业插头、插座					
2	施工机具					
2.1	各种机具设备安全要求进行定期检查，确保完好。					
2.2	设有机械保护装置（如转动设备等）的设备，保护装置处于完好状态。					
2.3	用电机具、设施接地完好					
2.4	配备与作业要求相匹配的劳动防护用品。					
2.5	空气压缩机压力表、安全阀等在检验期内并处于完好状态，高压气管和软管固定连接可靠。					
2.6	气瓶垂直放置，瓶体固定可靠；气瓶分类摆放并保持安全距离，防护措施到位，气瓶阻火器、压力表等安全附件完好，气管无老化破损，连接可靠。					

检修施工现场 HSSE 日检表（续）

序号	检查内容	存在问题	检查人员	整改情况	验证人	备注
3	脚手架					
3.1	脚手架搭设人员是专业架子工，并持证上岗。搭设人员按要求着装，配备五点双大钩安全带。					
3.2	编制脚手架搭设方案，进行安全技术交底并有记录。					
3.3	按规范要求搭设脚手架，且有良好的整体稳固性。					
3.4	搭设和拆除过程必须有专人监督，周边设置警戒区。					
3.5	连墙件设置可靠，各节点扣件扭矩力符合要求。					
3.6	通道、护栏、腰杆、踢脚板等符合要求。					
3.7	作业面满铺跳板，无孔洞，跳板可靠固定且无探头板。					
3.8	作业面临时放置的材料等在允许荷载范围内，严禁超载荷；放置必须稳固，无坠物风险。					
3.9	脚手架搭设完成验收合格挂牌使用					
3.10	消防设施保持完好，灭火器和消防水桶按要求配置。					
3.11	消防安全通道保持畅通。					
3.12	用火作业前，清理周边易燃物，采取接火措施。					
4	起重					
4.1	编制了吊装方案、进行交底并有记录					
4.2	起重设备操作人员、司索、指挥持有效证件					
4.3	起重机械证照齐全有效					
4.4	起重机械安全设施、附件完好					
4.5	机索具检查完好，钢丝绳无磨损，连接可靠，绳卡数量和间距满足要求。					

检修施工现场HSSE日检表（续）

序号	检查内容	存在问题	检查人员	整改情况	验证人	备注
4.6	吊装作业半径设置了警戒区，禁止无关人员入内					
4.7	吊装前进行评估，确保在额定起升载荷范围内进行起重作业，不得超载					
4.8	吊车支腿符合要求					
4.9	吊物捆绑符合要求，使用溜绳					
4.10	吊装作业天气、环境、风力等符合要求					
5	焊接、气割					
5.1	设备接地完好					
5.2	焊把线无破损，连接器完好					
5.3	有专人监护，接火、防火措施到位					
5.4	可燃性气瓶与胶管连接完好，无漏气，气瓶有阻火器，					
5.5	现场气瓶与明火源保持安全距离					
6	受限空间					
6.1	对所要进行作业的受限空间进行吹扫、蒸煮、置换，并分析合格。所有与受限空间相连接的管线、阀门应进行有效隔离，盲板处应挂标识牌，并经工艺技术人员签字确认。					
6.2	出入口内外不得有障碍物，在受限空间入口处设置“危险！严禁入内”警告牌或采取其他封闭措施。					
6.3	对有可能发生硫化亚铁自燃的设备、容器必须经充分的钝化脱臭处理，并在现场配置消防水带。					
6.4	《进入受限空间作业许可证》实行一点一证					
6.5	进入受限空间作业实行“三不进入”原则，即：一、没有经批准有效的《进入受限空间作业许可证》不进入；二、安全措施未落实不进入；三、监护人不在场不进入。					

检修施工现场 HSSE 日检表（续）

序号	检查内容	存在问题	检查人员	整改情况	验证人	备注
6.6	作业现场配备必要的救护器具和灭火器材等					
6.7	进入受限空间作业应使用安全电压和安全行灯。					
7	作业安全					
7.1	作业前进行班前安全教育和安全技术交底，作业人员清楚当天作业内容和安全风险及注意事项。					
7.2	特殊工种持证上岗。					
7.3	佩戴合格安全帽，并根据作业任务佩戴专用眼部、面部、手部等防护用品，高处作业人员系挂安全带。					
8	收工检查					
8.1	配电系统一级箱断电，关闭气瓶角阀，能量上锁。					
8.2	现场火种检查清理完毕。					
8.3	清理各作业面材料和杂物等，做到工完料净场地清。					
8.4	落实夜间值班、巡检人员，职责到位，检查内容明确。					

附 录 E
（资料性附录）
隐蔽工程验收记录

<table>
<tr><td colspan="2">工程名称</td><td></td><td>建设单位</td><td></td></tr>
<tr><td colspan="2">施工单位</td><td></td><td>监理单位</td><td></td></tr>
<tr><td colspan="2">验收单位</td><td></td><td>验收单位</td><td></td></tr>
<tr><td>隐蔽检查内容</td><td colspan="4"></td></tr>
<tr><td>验收意见</td><td colspan="4"></td></tr>
<tr><td rowspan="3">施工单位</td><td>专业负责人</td><td></td><td rowspan="3">建设（监理）单位</td><td rowspan="3">监理工程师

（建设单位专业负责人）
年 月 日</td></tr>
<tr><td>专业技术员</td><td></td></tr>
<tr><td>质量检查员</td><td></td></tr>
</table>

附　录　F
（资料性附录）
设备检修验收记录表

设备名称：　　　　　　　　　　　　　　验收编号：

验收项目	验收内容	验收结果
设备基础		
机械性能		
电气		
仪表		
安全装置		
验收结论		
验收人员（签字）		

验收日期：　　　年　　月　　日

附　录　G

（资料性附录）

设备开箱检验记录表

<table>
<tr><td>工程名称</td><td colspan="3"></td><td></td><td>编号：</td></tr>
<tr><td>设备名称</td><td colspan="3"></td><td>产品合同号</td><td></td></tr>
<tr><td>规格型号</td><td colspan="3"></td><td>出厂日期</td><td></td></tr>
<tr><td>装箱单号</td><td></td><td>检验数量</td><td></td><td>开箱日期</td><td></td></tr>
<tr><td colspan="5">检查内容及规范标准要求</td><td>检查结果</td></tr>
<tr><td>包装情况</td><td colspan="4">零部件应按类别及装箱单完好地装入箱内，并应垫平、卡紧、固定，精密加工、表面装饰的部件应防止相对移动。包装及密封应完好，规格应符合设计要求，附件、设备齐全，外观完好。设备、材料、零部件无损伤、锈蚀及其他异常情况</td><td></td></tr>
<tr><td>随机文件</td><td colspan="4">1. 文件目录；2. 装箱清单；3. 产品合格证；4. 有关图纸；5. 使用维护说明书；6. 电气原理图、接线图及其符号说明；7. 安装图；8. 安装（调试）说明书；9. 易损件目录</td><td></td></tr>
<tr><td>机械部件</td><td colspan="4">1. 产品名称、型号；2. 出厂编号；3. 标准编号；4 质量等级标志；5. 厂名、商标；6. 出厂日期</td><td></td></tr>
<tr><td>电气部件</td><td colspan="4">电动机、控制柜等各种电气部件应装入防潮箱内，必须存放室内。控制柜标牌应标明：型号、规格。制造厂名称及其识别标志或商标</td><td></td></tr>
<tr><td>进口设备</td><td colspan="4">应有进口货物报关单、商检合格证书以及国标准化组织认证的产品证书、产品检验标准和有关资料。产品各部件的标志、标识、须知、说明等，均应该清晰、易懂、耐用，并使用中文说明等文件</td><td></td></tr>
<tr><td>处理意见</td><td colspan="4"></td><td></td></tr>
<tr><td>签字栏</td><td colspan="2">建设（监理）单位：
专业监理工程师 ：
年　月　日</td><td colspan="2">供应单位：
供货人：
年　月　日</td><td>安装施工单位：
验收人：
年　月　日</td></tr>
</table>

本表由安装施工单位填写，建设单位、监理单位、安装施工单位、供应商各保存一份。

附　录　H
（资料性附录）
分包审批表

<table>
<tr><td rowspan="2"></td><td colspan="4">建设工程施工专业分包审批表</td></tr>
<tr><td>记录编号</td><td></td><td>使用单位</td><td></td></tr>
<tr><td>项目名称</td><td colspan="2"></td><td>项目号</td><td></td></tr>
<tr><td>施工总承包人/EPC总承包人</td><td colspan="4"></td></tr>
<tr><td>合同编号</td><td colspan="4"></td></tr>
<tr><td rowspan="7">分包策划</td><td>分包工程主要内容及所属专业</td><td colspan="3"></td></tr>
<tr><td>工程数量</td><td colspan="3"></td></tr>
<tr><td>拟分包工程合同额</td><td colspan="3"></td></tr>
<tr><td>分包工程占全部工程</td><td colspan="3"></td></tr>
<tr><td>拟分包单位及资质等级</td><td colspan="3">单位名称：
资质等级：</td></tr>
<tr><td>拟分包单位管理人员情况</td><td colspan="3">项目经理：　　　　执业资格：
技术负责人：　　　　职称：</td></tr>
<tr><td>拟分包单位在中国石化工程建设市场资源库中编号</td><td colspan="3"></td></tr>
<tr><td>申请单位意见</td><td colspan="4">日期　　　　（章）</td></tr>
<tr><td>项目管理单位意见</td><td colspan="4">专业工程师：　　　　项目负责人：　　　　日期　　　　（章）</td></tr>
<tr><td>建设单位意见</td><td colspan="4">项目经理：　　　　日期　　　　（章）</td></tr>
</table>

附 录 I
（资料性附录）
装置停工检修改造工作总结模板
（设备专业）

根据公司《设备检修管理制度》规定，在装置停工检修结束后各相关单位应组织编写装置停工检修工作总结。为此，就进一步做好装置停工检修工作总结提出要求如下：

封面：

名称：××× 部 ××× 装置 ×××× 年 ×× 月停工检修工作总结

编写人：×××

审核人：×××

批准人：×××（运行部领导）

编写单位：中石化 ××× 分公司 ××× 部

编写时间：×××× 年 ×× 月

正文：

（一）装置停工检修过程概述

装置开、停工、检修过程简述，本周期装置运行起止时间。

本周期装置运行中出现的主要问题。

本次停工检修、改造内容简述，检修项目计划数（包括补充、追加），检修计划完成情况。重点检修项目情况。

开停工、检修网络执行情况。

（二）主要检修内容技术总结

反应器部分

塔、容器部分

加热炉部分

冷换设备、空冷器部分

阀门部分

管道部分

压缩机部分

泵部分

特殊阀门部分

输送机械部分

压力容器检验（包括缺陷返修处理）

压力管道检验（包括缺陷返修处理）

安全阀检验

其他检修方面

技术分析中要有以下内容：上次运行周期出现的问题，本次检修检查情况及采取措施；上次检修遗留问题处理情况；本周期与上周期设备隐蔽检查情况对照；重复发生问题处理方案有效性；装置系统问题；典型案例。

（三）检修计划准确性分析

（四）检修施工队伍评述

（五）材料供应评述

（六）设计质量评价

（七）检修质量评价

（八）本次检修遗留问题及预案

（九）检修管理亮点、存在的不足和下次检修需注意的问题

（十）附表

表 1　设备增加情况表

序号	位号	名称	规格型号	制造厂	数量	备注

表 2　设备拆除情况表

序号	原位号	名称	规格型号	制造厂	数量	备注

表 3　管线拆除情况表

序号	原编号	名称	规格	长度 /m	备注

表 4　设备更换情况表

序号	位号	名称	规格型号		制造厂		数量	备注
			更换前	更换后	更换前	更换后		

表 5　冷换设备检修情况表

序号	位号	名称	规格型号	抽芯清洗	试压换垫	堵管根数	管束更换

表 6　阀门检修、更换情况表（*DN*50 和 *DN*50 以上）

序号	规格型号	公称直径	检修数量	更换数量

表 7　压力容器检验情况表

序号	计划检验台数	增加变更台数	减少变更台数	实际完成台数	缺陷返修台数

表 8　压力管道检验情况表

序号	检验计划		增加变更		减少变更		实际完成	
	条数	米数	条数	米数	条数	米数	条数	米数

表 9　安全阀门检验情况表

序号	计划检验台数	增加变更台数	减少变更台数	实际完成台数

氯碱装置维护检修规程

SHZ 03021—2019

目　次

前　言

本规程按照 GB/T 1.1—2009《标准化工作导则　第 1 部分：标准的结构和编写》给出的规则起草。

本规程由中国石油化工集团有限公司、中国石油化工股份有限公司提出。

本规程起草单位：中国石化集团南京化学工业有限公司。

本规程主要起草人：王云虹、翟雄伟、刘兵、赵广程、张荣民。

本规程 2019 年首次发布。

氯碱装置维护检修规程

1 范围

1.1 规程范围

本规程规定了氯碱装置（包括离子膜烧碱、氯化苯、硝基氯苯三个单元）及其主要设备、专用设备的检修周期、检修项目及质量要求、检修过程管理和日常维护的相关内容。

1.2 适用范围

本规程适用于氯碱装置的检修维护管理。

2 规范性引用文件

下列文件对于本文件的应用是必不可少的。凡是注日期的引用文件，仅所注日期的版本适用于本文件。凡是不注日期的引用文件，其最新版本（包括所有的修改单）适用于本文件。

2.1 法律法规

中华人民共和国安全生产法
中华人民共和国特种设备安全法
危险化学品安全管理条例
中华人民共和国职业病防治法

2.2 标准规范

TSG 21　固定式压力容器安全技术监察规程
TSG D0001　压力管道安全技术监察规程——工业管道
GB/T 151　热交换器
GB/T 20801　压力管道规范 工业管道
GB/T 50484　石油化工建设工程施工安全技术标准
SH/T 3503　石油化工建设工程项目交工技术文件规定

2.3 相关规定和文献

炼油企业检修管理指南（试行版）

中国石化炼化装置设备检修管理规定
中国石化炼化企业设备完整性体系要求
中国石化炼化企业设备分级管理程序

3 术语与定义

下列术语和定义适用于本文件。

3.1 设备功能

设备功能指的是设备的生产效率和功能，衡量设备功能的指标随设备种类不同而异。

3.2 功能故障

设备、设施不能实现其设计功能时，称之为功能故障，定义为设备、设施不能满足期望的性能标准。一般指设备失去或降低其规定功能的事件或现象，表现为设备的某些零件失去原有的精度或性能，使设备不能正常运行、技术性能降低，致使设备中断生产或效率降低而影响生产。即产品不能执行规定功能的状态。预防性维修或其他计划性活动或缺乏外部资源的情况除外。故障通常是设备本身失效后的状态，但也可能在失效前就存在。

氯碱装置的设备设施功能故障主要表现为：盐酸、硫酸、硝酸及其混酸的酸腐蚀、冲刷腐蚀、转动部件损坏、仪器仪表损坏、电气设备老化等。

3.3 A 类设备

本规程规定的 A 类设备是指经过 RCM 风险评估方法得出的因设备的功能故障引起装置停车的该装置的关键设备。或根据《中国石化炼化企业设备完整性体系要求》和《中国石化炼化企业设备分级管理程序》，从设备对生产过程的重要性、设备维修费用、设备故障后果产生安全及环保危害性、设备维修复杂程度及故障频次等方面对设备进行分级。采用量化的关键性评价方法，根据各设备分级要素的总评分值，确定的关键设备。

3.4 B 类设备

本规程规定的 B 类设备是指经过 RCM 风险评估方法得出的设备的功能故障虽然不引起装置的停车，但对装置的负荷、质量及可靠性具有重大影响的该装置的主要设备。或根据《中国石化炼化企业设备完整性体系要求》和《中国石化炼化企业设备分级管理程序》，从设备对生产过程的重要性、设备维修费用、设备故障后果产生安全及环保危害性、设备维修复杂程度及故障频次等方面对设备进行分级。采用量化的关键性评价方法，根据各设备分级要素的总评分值，确定的主要设备。

4 装置特征

氯碱装置以原盐（井盐、海盐）和苯、硝酸为原料，盐水在离子膜电解槽中电解产生32%烧碱、氯气、氢气；苯与氯气在塔式反应器（氯化器）中生成氯化苯与氯化氢气体；氯化苯与硝酸在环形硝化器中生成粗硝基氯苯，硝基氯苯经分离、结晶，得到对硝基氯苯（简称对硝）、邻硝基氯苯（简称邻硝）和间硝基氯苯（简称间硝）成品。

氯碱装置主要包含离子膜烧碱单元、氯化苯单元、硝基氯苯单元三个独立的单元，为上下游关系，工艺流程见图1。

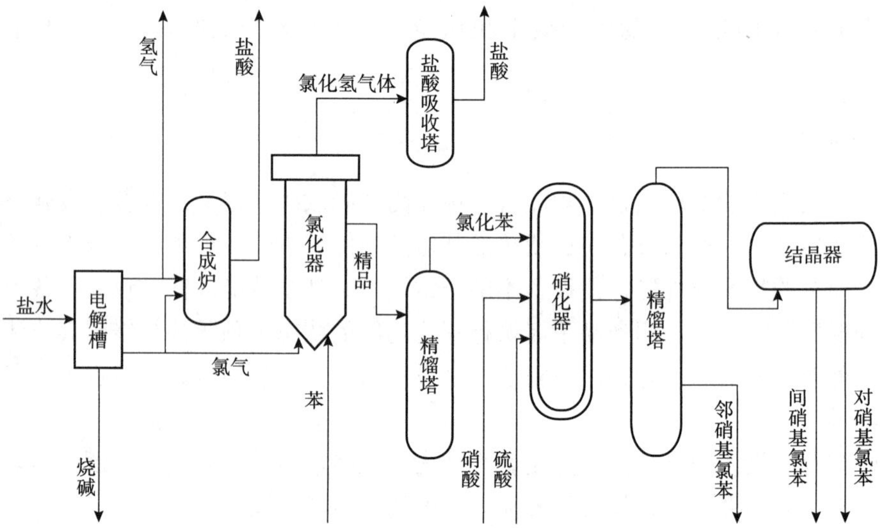

图1　氯碱装置工艺原则流程图

4.1 离子膜烧碱单元

4.1.1 离子膜烧碱单元工艺原则流程及流程图

离子膜烧碱单元工艺流程见图2。离子膜单元以原盐（井盐、海盐）为原料，用淡盐水、板框滤液、卤水等化盐制得粗盐水。粗盐水在化盐池后加烧碱除镁离子（Mg^{2+}），在后反应槽加纯碱除去钙离子（Ca^{2+}），膜过滤后加Na_2SO_3还原游离氯，制得合格一次盐水。一次盐水经树脂交换吸附进一步除去Ca^{2+}、Mg^{2+}，生产合格的二次盐水进电解槽。盐水在离子膜电解槽中电解产生32%烧碱、氯气、氢气。氯气、氢气经氯氢处理送往下游装置，电解液作为成品冷却后送至成品罐区。

经冷却、干燥后的氯气和氢气在三合一盐酸合成炉内燃烧生成氯化氢，经纯水逐级吸收后生产浓度31%～33%的盐酸。生产中泄漏的氯气和开停车时产生的氯气在尾氯吸收工序用碱液吸收。

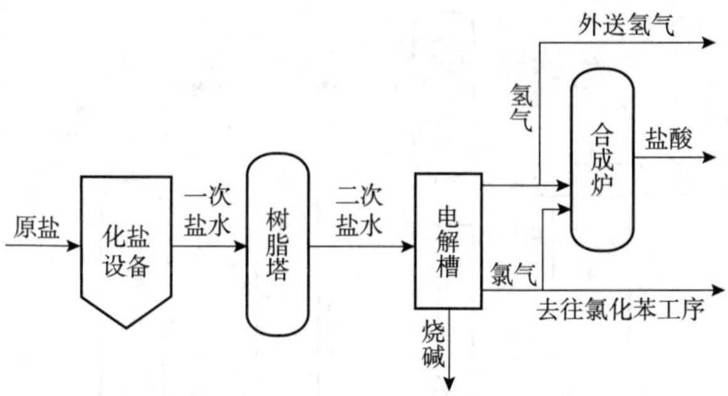

图 2　离子膜烧碱单元工艺原则流程图

4.1.2　离子膜烧碱单元的工艺特性参数

离子膜烧碱单元以原盐为原料，在电解作用下，原料分子结构重新进行排列，生产出烧碱、氢气、氯气的工艺过程。产品具有有毒有害、易燃易爆、（盐酸、硫酸、烧碱）强腐蚀等特性。

4.1.3　离子膜烧碱单元的危害特性

氢气：氢气易燃、易爆，在条件具备时可能发生燃烧。它能与空气或氯气形成爆炸性混合物，空气中氢气爆炸范围为4.1%～74.2%，氢氧混合干气在氢含量为3%～83%时即有爆炸危险。

氯气：主要通过呼吸道和皮肤黏膜对人产生中毒作用。液氯能引起严重中毒，湿氯具有严重腐蚀性。氯的极限值为1.0mg/m^3，氯气在空气中不能燃烧，但一般可燃物大都能在氯气中燃烧，氯气能与氨、松油、乙醚、烃类、氢气、金属粉末猛烈反应发生爆炸或生成爆炸性混合物，从而引起火灾。

氢氧化钠：溶液为强碱，无色透明。它以烧灼方式作用于人体组织，浓度越高、温度越高，作用越强。能与各种酸类中和生成盐类，在常温下能溶解锡、锌、铝并放出氢气，当温度升高时，30%以上液碱对钢铁均有腐蚀，浓度在42%以上时，则腐蚀速度更快。

硫酸：能与水以任何比例混合放出大量热、腐蚀性极强，其酸雾能刺激和灼烧上呼吸道黏膜，损害肺脏，溅到皮肤或眼内引起严重的灼伤。

在电解生产过程中的最大危险是触电、引起电灼伤及电击，同时造成人体内的组织液电解，0.1A的电流通过人体即能致人死亡。操作人员须具有防触电知识和掌握抢救措施。

盐酸合成炉进行氯气与氢气燃烧反应中存在点火不成功或滞后导致炉体内闪爆风险。

4.2　氯化苯单元

4.2.1　氯化苯单元工艺原则流程及流程图

氯化苯单元工艺流程见图3。

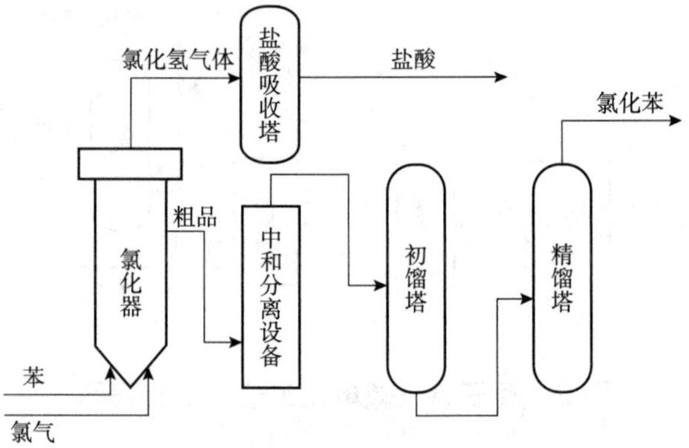

图 3　氯化苯单元原则流程图

氯化苯单元的目的是利用苯与氯气在塔式反应器中，通过三氯化铁的催化作用进行取代反应，生成氯化苯液体与氯化氢气体，氯化苯液相产物经中和洗涤再通过初、精馏塔将氯化液在塔内进行减压精馏，制得成品氯化苯。气相产物经加水吸收后制取副产盐酸。次反应生成氯化苯、苯、多氯苯的混合液体，制成副产品混合二氯苯。

4.2.2　氯化苯单元的工艺特性参数

氯化苯单元的氯气采用“连续法”通入氯化器中，通过三氯化铁的催化作用进行取代反应。装置主要生产单元有氯化工序、水碱洗工序、蒸馏工序、副产工序等组成。氯化器中温反应温度在 77～87℃。

4.2.3　氯化苯单元的危害特性

苯：对人体的皮肤、黏膜可产生局部刺激外，还可经皮肤吸收而中毒，吸入高浓度的苯蒸气可引起麻醉作用，甚至因发生呼吸麻醉而死亡，经常吸入一定浓度的苯蒸气可引起造血器官和神经系统的障碍，对肝、肾脏等也有一定的危害，环境空气中允许最高浓度为 $6mg/m^3$。

氯化苯：在 1000ppm 以下有麻醉性，高浓度能使人麻醉致死，人体受氯化苯作用后可对肝、肾脏及造血系统有所影响，并对神经也有毒害，在氯化苯生产中，环境空气允许浓度为 $50mg/m^3$。

副产品混合二氯苯中，邻位二氯苯闪点 68.5℃，对位二氯苯闪点 66℃，均属易燃物，燃烧时可能产生光气，故灭火时应加注意。

氯化装置设备及管道中存在含氯介质与微量水反应导致设备管道腐蚀、盐酸气遇游离水造成小接管或其他碳钢设备腐蚀穿孔风险。

4.3　硝基氯苯单元

4.3.1　硝基氯苯单元工艺原则流程及流程图

硝基氯苯单元工艺流程见图 4。

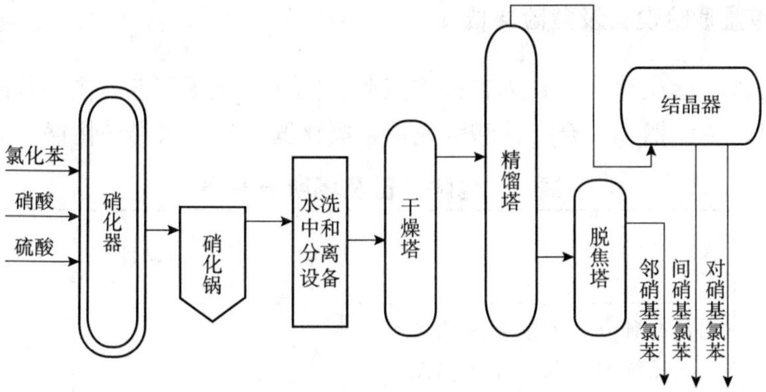

图 4　硝基氯苯单元原则流程图

硝基氯苯单元是以氯化苯与混酸在环形硝化器中在废酸存在的条件下，生成酸性硝基氯苯，酸性硝基氯苯经中和、水洗、干燥之后得到粗硝基氯苯，粗硝基氯苯经过精馏及结晶分离后得到对硝、邻硝、间硝成品。

4.3.2　硝基氯苯单元的工艺特性参数

氯化苯在硫酸的存在下与硝酸起反应生成硝基氯苯混合物，硝基氯苯混合物与硝化废硫酸（俗称废酸）用沉降法分离，酸性硝基氯苯混合物去中和、水洗，使之达到中性。中性硝基氯苯混合物经干燥除去其中的氯化苯和水分等，得粗品硝基氯苯混合物。在真空状态下，通过精馏塔和脱焦塔分离后得到邻硝成品、对硝和间硝混合物，再通过结晶器处理得到对硝成品和间硝成品。硝化器反应温度控制在 32～48℃；二硝含量控制在≤ 0.3%。

4.3.3　硝基氯苯单元的危害特性

硝酸：有刺鼻的酸味，对皮肤、黏膜等组织有强烈的刺激和腐蚀作用。蒸气或雾有刺激作用，引起眼和上呼吸道刺激症状，如流泪、呛咳，并伴有头痛、头晕、胸闷等。皮肤接触引起灼伤。

对硝基氯苯：难溶于水，遇高热、明火或与氧化剂接触，有引起燃烧的危险。易升华，具有爆炸性。受高热分解，产生有毒的氮氧化物和氯化物气体。人体受该物质作用后，能引起血压降低、肝脏病、肾脏病、刺痛皮肤和头痛，对血液有剧毒。可以引起血色素变性，从而引起急性或慢性心脏病。在密闭容器中可以发生爆炸。在操作厂房里最大允许浓度为 1mg/m^3。

邻硝基氯苯（简称邻硝）：难溶于水，遇高热、明火或与氧化剂接触，有引起燃烧的危险。易升华，具有爆炸性。受高热分解，产生有毒的氮氧化物和氯化物气体。有剧毒，对人体造血系统、神经系统有损害，可以通过呼吸道及皮肤引起人体中毒，可以造成皮肤炎、肝功能减退等症状。在操作厂房内最大允许浓度为 1mg/m^3。

硝化反应过程中存在反应热转移不及时或反应温度不均匀导致产生闪爆的风险。存在设备管道中含氯介质造成不锈钢管道腐蚀、游离氯遇水导致碳钢设备腐蚀失效的风险。

4.3.4 氯碱装置危险设备及危险岗位

氯碱装置涉及的硝化、氯化为首批重点监管的危险化工工艺，主要危险场所设备包括氯气压缩机、电解槽、三合一盐酸合成炉、氯化器、硝化器和硝化锅，见表1。

表1 危险设备及场所一览表

序号	场所或设备	简介	介质	危险性	防范措施
1	氯气压缩机	为具有独立润滑油系统的离心式压缩机。氯气在除掉夹带的酸雾后，然后进入氯气压缩机压缩至0.15MPa。压缩后的氯气由氯气分配台一大部分送至氯化苯装置，另一小部分送至合成盐酸工序	氯气	中毒，遇水生成盐酸腐蚀	常开尾氯回收工序 设置固定式有毒气体报警仪
2	电解槽	一般为高电密复极式自然循环电解槽，是在阴阳极之间通过一层离子选择性透过膜进行电解的工艺，当直流电通过盐水溶液时，在阳极室产生氯气，阴极室产生氢气和氢氧化钠	烧碱、氯气、氢气	腐蚀、中毒、爆炸	防静电，使用四氟或衬四氟管道阀门
3	盐酸合成炉	本体为石墨材质，干氯气和干氢气经缓冲后在炉内燃烧反应生成氯化氢气体，冷却降温后用纯水吸收生成浓度为31%～33%的高纯盐酸	氢气、氯气	中毒、着火	一键停车 常开尾氯回收工序
4	氯化器	主要为钢衬瓷板材质。干苯与氯气从底部通入，与苯同向顺流而上，氯气首先溶于苯中，与铁触媒反应生成三氯化铁，产生的活化氯离子与苯反应，生成氯化苯、盐酸气	氯气、苯	中毒、爆炸	一键停车、设置固定式有毒气体报警仪、安全阀
5	硝化器和硝化锅	酸性氯化苯、混酸与废酸分别进入硝化器，在混流泵的作用下混合，逐步反应，并依次溢流到硝化锅连续反应，硝化反应热由冷却水及废酸带走	氯化苯、硝酸	中毒、灼伤、爆炸	一键停车、设置安全阀

5 检修周期及检修内容

5.1 主要设备

5.1.1 离子膜烧碱单元主要设备

离子膜烧碱单元主要设备见表 2。

表 2 离子膜烧碱单元主要设备

名称	设备种类		主要设备种类	通用、专用设备检修规程的代码
动设备	压缩机	离心式压缩机	氯气压缩机	SHS 01019
	泵	离心泵	烧碱液泵、淡盐水泵	SHS 01013
		磁力泵	硫酸泵	SHS 01045
	离心式风机		引风机	SHS 01022
静设备	电解槽		电解槽	SHS 03054
	塔	填料塔、泡罩塔	氯水洗涤塔、填料干燥塔、泡罩干燥塔、一级废氯气吸收塔、二级废氯气吸收塔	SHS 01007
	换热器	管壳式换热器	氯压机间冷器、氯压机后冷器	SHS 01009
	压力容器		氢气罐、氯气罐	SHS 01004
	常压容器		盐水储罐	SHS 01011
静设备	压力管道		氯气管、氢气管、碱管	SHS 01005
	阀门		氯气阀门、淡盐水阀门等球阀、隔膜阀	SHS 01030
仪表设备	检测仪表	压力仪表、温度仪表、流量仪表、物位仪表	流量计、液位计	SHS 07002
	电动单元组合仪表	基地式仪表、显示仪表、辅助单元	变送器等	SHS 07003
	控制阀	气动控制阀、电动执行机构、气缸执行机构、控制附件、蒸汽减温器	气动控制阀、电动执行机构、蒸汽减温器	SHS 07004
	在线分析仪表	pH 计、电导仪、水分析仪、可燃气体报警器、有毒气体报警器	氯中含水分析仪、pH 计、可燃气体报警器、有毒气体报警器、	SHS 07006
	特殊仪表	轴振动和轴位移	氯气压缩机振动、位移监测仪表	SHS 07007
	过程控制系统	DCS、PLC、GDS、SCADA	集散控制系统（DCS）/ 监控和数据采集系统（SCADA）、PLC	SHS 07008

表 2　离子膜烧碱单元主要设备（续）

<table>
<tr><th>名称</th><th colspan="2">设备种类</th><th>主要设备种类</th><th>通用、专用设备检修规程的代码</th></tr>
<tr><td rowspan="2">仪表设备</td><td>系统维护</td><td>防爆仪表及其系统、仪表供电系统、仪表供气系统、仪表系统联校</td><td>UPS</td><td>SHS 07009</td></tr>
<tr><td>安全仪表系统</td><td>SIS、安全仪表系统</td><td>安全联锁系统 / 紧急停车系统</td><td>SHS 07010</td></tr>
<tr><td colspan="2" rowspan="4">电气设备</td><td rowspan="2">整流设备</td><td rowspan="2">变压器、整流器、高压开关</td><td>SHS 06002</td></tr>
<tr><td>SHS 06003</td></tr>
<tr><td rowspan="2">其他电气设备</td><td rowspan="2">电动机、照明、UPS 电源、电动阀等</td><td>SHS 06010</td></tr>
<tr><td>SHS 06006</td></tr>
</table>

5.1.2　氯化苯单元主要设备

氯化苯单元主要设备见表 3。

表 3　氯化苯单元主要设备

<table>
<tr><th>名称</th><th colspan="2">设备种类</th><th>主要设备种类</th><th>通用、专用设备检修规程的代码</th></tr>
<tr><td rowspan="2">动设备</td><td rowspan="2">泵</td><td>离心泵</td><td>干苯泵、吸收液循环泵、盐酸水循环泵、碱吸收循环泵、水洗泵、碱洗泵、氯化液泵、精馏真空泵</td><td>SHS 01013</td></tr>
<tr><td>磁力泵</td><td>盐酸泵、废水泵</td><td>SHS 01045</td></tr>
<tr><td rowspan="2">动设备</td><td rowspan="2">风机</td><td>罗茨风机</td><td>尾气罗茨风机</td><td>SHS 01024</td></tr>
<tr><td>离心式风机</td><td>引风机、鼓风机</td><td>SHS 01022</td></tr>
<tr><td rowspan="7">静设备</td><td>塔</td><td>填料塔、板式塔</td><td>尾气吸收塔、盐酸吸收塔、初、精馏塔、二中塔、废水蒸馏塔</td><td>SHS 01007</td></tr>
<tr><td colspan="2">反应器</td><td>氯化器</td><td>SHS 01007</td></tr>
<tr><td>换热器</td><td>石墨换热器</td><td>氯化一二段石墨换热器、盐酸冷却器、二中塔一二段冷凝器</td><td>SHS 03052</td></tr>
<tr><td colspan="2">压力容器</td><td>氯气缓冲罐、苯分配台、再沸器、预热器、二中塔加热器</td><td>SHS 01004</td></tr>
<tr><td colspan="2">常压容器、常压储罐</td><td>盐酸罐、粗氯化液罐、氯化液罐、干苯罐、成品小罐、苯计量罐、回收苯罐</td><td>SHS 01012</td></tr>
<tr><td colspan="2">压力管道</td><td>氯气管道、苯管道、蒸汽管道</td><td>SHS 01005</td></tr>
<tr><td colspan="2">阀门</td><td>氯气阀门</td><td>SHS 01030</td></tr>
</table>

表 3 氯化苯单元主要设备（续）

名称	设备种类		主要设备种类	通用、专用设备检修规程的代码
仪表设备	检测仪表	压力仪表、温度仪表、流量仪表、物位仪表	流量计、液位计	SHS 07002
	电动单元组合仪表	基地式仪表、显示仪表、辅助单元	变送器等	SHS 07003
	控制阀	气动控制阀、电动执行机构、气缸执行机构、控制附件、蒸汽减温器	气动控制阀、电动执行机构、蒸汽减温器	SHS 07004
	在线分析仪表	pH 计、电导仪、水分析仪、可燃气体报警器、有毒气体报警器	氯中含水分析仪、pH 计、可燃气体报警器、有毒气体报警器、COD	SHS 07006
	过程控制系统	DCS、PLC、GDS、SCADA	集散控制系统（DCS）/ 监控和数据采集系统（SCADA）、PLC、	SHS 07008
	系统维护	防爆仪表及其系统、仪表供电系统、仪表供气系统、仪表系统联校	UPS	SHS 07009
	安全仪表系统	SIS、安全仪表系统	安全联锁系统 / 紧急停车系统	SHS 07010
电气设备	电动机、照明、UPS 电源、电动阀等		电动机、照明、UPS 电源、电动阀等	SHS 06010 SHS 06006

5.1.3 硝基氯苯单元主要设备

硝基氯苯单元主要设备见表 4。

表 4 硝基氯苯单元主要设备

名称	设备种类		主要设备种类	通用、专用设备检修规程的代码
动设备	泵	离心泵	混流泵、氯苯输送泵、硫酸泵、废水塔进料泵、结晶热水泵	SHS 01013
		磁力泵	硝酸泵	SHS 01016
		屏蔽泵	洗后油泵、酸性硝基氯苯泵	
	风机	离心式风机	尾气风机	SHS 01022
静设备	塔	填料塔	干燥塔、废水处理塔、废气吸收塔、精馏塔、脱焦塔、低油塔	SHS 01007
	反应器		硝化器、硝化锅	SHS 01008

表 4　硝基氯苯单元主要设备（续）

名称	设备种类		主要设备种类	通用、专用设备检修规程的代码
静设备	换热器		酸性氯苯冷却器、废水冷凝器、干燥塔预热器、精馏塔再沸器、精馏塔顶冷凝器、精馏塔再冷器、脱焦塔再沸器、储罐尾气冷却器、结晶器	SHS 01009
	压力容器		中压蒸气分配台、闪蒸包、回收汽包、干燥塔再沸器、干燥塔真空包	SHS 01004
	常压容器、常压储罐		氯苯储罐、废酸储罐、液碱储罐、混酸中间罐、废水静置罐、邻硝成品罐、焦油罐、对硝成品罐、对位高油罐、富对位罐低油罐	SHS 01012
	压力管道		中压蒸汽管道、氯化苯管道、硝基氯苯管道、邻硝基氯苯管道、氯苯管道、酸性氯化苯管道、硝基物管道、废酸管道、NaOH 管道	SHS 01005
	阀门		衬氟球阀、闸阀、切断阀、截止阀、单向阀、夹套球阀	SHS 01030
仪表设备	检测仪表	压力仪表、温度仪表、流量仪表、物位仪表	流量计、液位计	SHS 07002
	电动单元组合仪表	基地式仪表、显示仪表、辅助单元	变送器等	SHS 07003
	控制阀	气动控制阀、电动执行机构、气缸执行机构、控制附件、蒸汽减温器	气动控制阀、电动执行机构、蒸汽减温器	SHS 07004
	在线分析仪表	pH 计、电导仪、水分析仪、可燃气体报警器、有毒气体报警器	氯中含水分析仪、pH 计、可燃气体报警器、有毒气体报警器、COD	SHS 07006
仪表设备	过程控制系统	DCS、PLC、GDS、SCADA	集散控制系统（DCS）/ 监控和数据采集系统（SCADA）、PLC、	SHS 07008
	系统维护	防爆仪表及其系统、仪表供电系统、仪表供气系统、仪表系统联校	UPS	SHS 07009
	安全仪表系统	SIS、安全仪表系统	安全联锁系统 / 紧急停车系统	SHS 07010
电气设备	电动机、照明、UPS 电源、电动阀等		电动机、照明、UPS 电源、电动阀等	SHS 06010 SHS 06006

5.2 检修周期

氯碱装置应根据实际运行情况和特种设备检验周期进行定期停工检修，检修周期一般按 36～48 个月确定。

5.3 检修内容

5.3.1 检修内容编制原则

5.3.1.1 装置长周期运行原则。

5.3.1.2 “应修必修不失修，修必修好不过修”原则。

5.3.1.3 三结合原则：大修装置与技术改造相结合、与安全环保隐患治理相结合、与产品质量升级达标相结合。

5.3.2 确定检修内容的依据

5.3.2.1 按法律法规要求的特种设备定期检验。

5.3.2.2 不符合国家安全与环境保护、节能要求的设备改造和更新。

5.3.2.3 对本次检修或下次检修之前已到法定检验时间的计量设施。

5.3.2.4 设备状况：

1）静设备：废水塔、精馏塔、结晶器、硝化器、中间罐等设备内部因内构件损坏、结焦、积垢腐蚀等原因造成运行状况恶化、性能降低等；

2）转动设备：混流泵磨损、疲劳、泄漏、振动等原因造成运行状况恶化、性能降低等；

3）电气设备：整流部分部件老化等原因造成运行状况恶化、性能降低等；

4）仪表设备：部件老化等原因造成运行状况恶化、性能降低等。

5.3.2.5 根据风险评估需要进行的改善项目。

5.3.2.6 钢结构平台、设备基础、房屋等建构筑物老化、锈蚀等必须在停工检修期间内维修的项目。

5.3.2.7 安全防护设施失效或根据危险化学品管理规定进行的维护或改进。

5.3.2.8 根据预防性策略对隐蔽设备、控制系统等结合大修期的检查。

5.3.3 检修具体内容

停车大修是对氯碱装置安全环保、长周期运行及经济效益有重大影响的设备、管线、电气仪表系统、土建及基础设施等在运行周期内将要发生的功能故障进行全面检修。其他检修是除大修外对装置局部或设备本体有经济运行影响的功能故障而进行的检修。

5.3.3.1 离子膜烧碱单元

离子膜烧碱单元主要设备功能故障与检修内容见表 5。

表 5　离子膜烧碱单元主要设备功能故障与检修内容

序号	设备名称	设备功能	功能故障	故障周期/月	检修策略	专业类别
1	氯气压缩机	输送氯气至氯化苯装置	出口流量达不到生产要求，密封泄漏，静密封泄漏，轴振动大，轴位移大，轴承温度高，润滑油压低，设备条件联锁，仪表故障	48	解体检修以下部件： 1. 轴承； 2. 迷宫密封； 3. 转子； 4. 油系统； 5. 电机及联轴器； 6. 仪表设备及监测点	A类
2	电解槽	电解饱和盐水，生产氯气、氢气和烧碱	产品指标达不到工艺要求，设备腐蚀泄漏或静密封泄漏	36	1. 检查更换离子膜； 2. 槽框修理； 3. 槽框垫片更换	A类
3	氢气压缩机	输送氢气至苯胺装置	出口压力不足，密封泄漏，不能正常运行	24	解体检修以下部件： 1. 活塞组件； 2. 十字头组件； 3. 连杆组件； 4. 曲轴组件； 5. 油系统	B类
4	氯气冷却器	冷却氯气	介质换热效果达不到工艺要求，设备内漏或外漏	24	管束清扫、堵漏	B类
5	填料塔	干燥、冷却氯气	产品干燥效果达不到工艺要求，设备腐蚀泄漏或静密封泄漏	48	1. 检查分布器各部件的污垢、堵塞情况，检查塔体元件和支撑结构的腐蚀变形及坚固情况。塔体元件和各构件等几何尺寸和材质应符合图纸规定； 2. 检查塔板上各部件的尺寸是否符合图纸及标准要求。重点检查支撑板塔盘； 3. 对于填料，检查是否有碎裂、变形、冲蚀等现象； 4. 检查喷淋装置等部件的腐蚀、结垢、破损、堵塞情况	B类
6	泡罩干燥塔	干燥氯气	产品干燥效果达不到工艺要求，设备腐蚀泄漏或静密封泄漏	48	1. 检查塔板各部件的污垢、堵塞情况，检查塔板元件和支撑结构的腐蚀变形及坚固情况。塔盘元件和各构件等几何尺寸和材质应符合图纸规定； 2. 检查塔板上各部件（出口堰、受液盘、降液管）的尺寸是否符合图纸及标准要求； 3. 检查分配盘、喷淋装置等部件的腐蚀、结垢、破损、堵塞情况	B类

表 5　离子膜烧碱单元主要设备功能故障与检修内容（续）

序号	设备名称	设备功能	功能故障	故障周期／月	检修策略	专业类别
7	螯合树脂塔	净化盐水	产品分离效果达不到工艺要求，设备腐蚀泄漏或静密封泄漏	48	1. 检查分布器各部件的污垢、堵塞情况，检查塔体元件和支撑结构的腐蚀变形及坚固情况。塔体元件和各构件等几何尺寸和材质应符合图纸规定； 2. 检查塔板上各部件的尺寸是否符合图纸及标准要求。重点检查支撑板塔盘； 3. 对于树脂，检查是否有碎裂、变形、冲蚀、减少等现象； 4. 检查喷淋装置等部件的腐蚀、结垢、破损、堵塞情况	B 类
8	盐水储罐	储存盐水	设备腐蚀泄漏或静密封泄漏	48	1. 储罐清理； 2. 内部防腐检查、修复	B 类
9	盐酸合成炉	氯气氢气在合成炉内燃烧反应成氯化氢气体	产品指标达不到工艺要求，设备腐蚀泄漏或静密封泄漏	48	1. 炉管更换； 2. 防腐层检查修补； 3. 防爆膜更换	B 类
10	盐水换热器	将盐水温度提升	换热效果达不到工艺要求，设备内漏或外漏	36	1. 通道清理； 2. 更换垫片、板片	B 类
11	盐水过滤器	除去盐水中的杂质	产品分离效果达不到工艺要求，设备腐蚀泄漏或静密封泄漏	36	1. 滤芯更换； 2. 内部清理	B 类
12	蒸发器	提高介质的浓度	产品指标达不到工艺要求，设备腐蚀泄漏或静密封泄漏	36	1. 通道清理； 2. 内构件检查、修复	B 类

5.3.3.2　氯化苯单元

氯化苯单元主要设备功能故障与检修内容见表 6。

表 6　氯化苯单元主要设备功能故障与检修内容

序号	设备名称	设备功能	功能故障	故障周期／月	检修策略	专业类别
1	初、精馏塔	初馏塔塔底的粗氯苯在精馏塔内进行减压精馏，制得成品氯化苯	产品分离效果达不到工艺要求，设备腐蚀泄漏或静密封泄漏	36	1. 检查、清理或更换部分塔盘及支承结构；调整塔盘各部尺寸及水平度； 2. 检查修理或更换浮阀； 3. 测量塔体垂直度和弯曲度，测量壁厚； 4. 检查修理校验各类仪表； 5. 修理附属管线和阀门； 6. 气密实验和水压实验； 7. 塔体相连仪表校验	A 类

表 6 氯化苯单元主要设备功能故障与检修内容（续）

序号	设备名称	设备功能	功能故障	故障周期／月	检修策略	专业类别
2	氯化器	苯与氯气在氯化反应器中，通过催化剂的催化作用进行取代反应，生成氯化苯与氯化氢气体	产品取代效果达不到工艺要求，设备腐蚀泄漏或静密封泄漏	36	1. 检查挂耳支撑情况； 2. 检查密封面、密封垫； 3. 宏观检查壳体腐蚀、裂纹、变形等； 4. 检查仪表是否灵敏、可靠；温度元件检查更换； 5. 封头检查检修； 6. 检查设备内部腐蚀情况； 7. 检查进料插入管方位； 8. 对局部有损坏的衬里、人孔盖、管接口封口进行防腐修理； 9. 内部支撑栅板、对损坏的塔节进行更换； 10. 进出设备阀门检查	A 类
3	引风机	将碱液中和后的尾气由引风机抽入排气筒排空	尾气中氯苯含量超标，设备腐蚀泄漏或静密封泄漏	36	1. 检查引风机进出口管道、阀门腐蚀情况； 2. 检查引风机地脚螺栓是否松动； 3. 检查风机皮带是否老化、松动； 4. 检查引风机轴承是否故障； 5. 检查引风机电流表是否故障； 6. 检查引风机静电接地是否合格	B 类
4	废水蒸馏塔	对酸碱性废水中的有机物进行蒸馏分离	废水 COD、pH 超标，设备腐蚀泄漏或静密封泄漏	36	1. 检查设备表面腐蚀情况； 2. 检查设备附属仪表、阀门是否完好； 3. 检查内部填料高度、瓷环完整情况是否符合设计要求； 4. 检查设备爬梯、栏杆等附件是否完好； 5. 检查设备本体保温是否完好	B 类
5	尾气吸收塔	将相分离器分离后的气相进行吸收	尾气含苯超标，设备腐蚀泄漏或静密封泄漏	36	1. 检查设备保冷是否完好； 2. 检查设备进出口阀门是否完好； 3. 检查设备内部衬层是否鼓泡； 4. 检查设备玻璃管液面计是否完好	B 类
6	盐酸吸收塔	将氯化尾气在塔内经与塔顶加入的水进行绝热吸收	盐酸质量不合格，设备腐蚀泄漏或静密封泄漏	36	1. 检查塔体石墨部件是否完好； 2. 检查钢结构部件是否腐蚀； 3. 检查塔内填料是否完好； 4. 检查进出口管线、阀门是否完好； 5. 检查相连仪表是否完好； 6. 检查静电接地是否完好	B 类
7	水环真空泵	对精馏塔分离提供真空分离保障	真空不足，设备腐蚀泄漏或静密封泄漏	36	1. 检查进出口管线是否泄漏； 2. 检查进出口阀门是否完好； 3. 检查机封是否完好； 4. 检查轴承是否完好； 5. 检查转子是否完好； 6. 检查侧盖是否完好	B 类

表 6　氯化苯单元主要设备功能故障与检修内容（续）

序号	设备名称	设备功能	功能故障	故障周期／月	检修策略	专业类别
8	二中塔	对二氯苯进行分离	二氯苯质量不合格，设备腐蚀泄漏或静密封泄漏	36	1. 检查设备本体及接管腐蚀情况； 2. 检查相连管线、阀门是否完好； 3. 检查仪表是否完好； 4. 检查分凝器是否完好； 5. 检查加热器是否完好； 6. 检查内部填料是否完好； 7. 检查设备保温是够完好； 8. 检查设备静电接地是否完好	B类
9	水碱洗分离器	对氯化液中的酸性、碱性进行分离	产品分离效果达不到工艺要求，氯化液呈酸性	36	1. 检查设备本体及接管泄漏情况； 2. 检查内部防腐材料是否完好； 3. 检查进出口阀门是否完好； 4. 检查玻璃管液位计是否完好	B类
10	干燥器	对产品中的水用大颗粒盐进行干燥脱水	产品含水高，达不到工艺指标要求	36	1. 检查干燥器中大颗粒盐是否满足工艺要求； 2. 检查内部筛板是否损坏； 3. 检查设备本体有无泄漏； 4. 检查进出口阀门是否完好； 5. 检查出口视镜是否完好	B类
11	碳钢换热器	满足设计负荷；换热效率满足工艺要求；产品质量合格；提供密闭热交换通道	换热效率或运行负荷不满足工艺指标，设备腐蚀或静密封泄漏	36	1. 检查设备法兰连接处密封是否泄漏； 2. 检查设备列管是否腐蚀泄漏； 3. 检查设备进出口阀门是否完好； 4. 检查关联仪表是否完好	B类
12	石墨换热器	满足设计负荷；换热效率满足工艺要求；产品质量合格；提供密闭热交换通道	换热效率或运行负荷不满足工艺指标，设备腐蚀或静密封泄漏	36	1. 检查石墨块之间垫片是否完好； 2. 检查石墨块是否完好； 3. 检查石墨块固定螺栓是否完好； 4. 检查设备相连阀门是否完好； 5. 检查设备关联仪表是否完好	B类
13	苯分配台	将苯分配至各台氯化器	不能起到分配功能	36	1. 检查设备是否存在泄漏； 2. 检查设备进出口阀门是否完好； 3. 检查相关仪表是否完好	B类
14	氯气分配台	将氯气分配至各台氯化器	不能起到分配功能	36	1. 检查设备是否存在泄漏； 2. 检查设备进出口氯气阀是否完好； 3. 检查相关仪表是否完好	B类
15	盐酸水分配台	对各台盐酸吸收塔进行加水调节	盐酸质量不能达到工艺要求	36	1. 检查设备是否存在泄漏； 2. 检查分配台阀门是否完好； 3. 检查流量计是否完好	B类
16	常压储罐	临时储存现场产品	不能起到存储作用，导致系统产品无法及时送出	36	1. 检查设备是否泄漏； 2. 检查设备是否腐蚀减薄； 3. 检查进出口阀门是否完好； 4. 检查进出口管道是否完好； 5. 检查仪表是否完好	B类

5.3.3.3 硝基氯苯单元

硝基氯苯单元主要设备功能故障及检修内容见表7。

表7 硝基氯苯单元主要设备功能故障及检修内容

序号	设备名称	设备功能	功能故障	故障周期/月	检修策略	专业类别
1	硝化器	进行硝化反应	介质换热效果达不到工艺要求，设备内漏或外漏	36	1. 管束清扫； 2. 堵漏； 3. 水压试漏	A类
2	混流泵	使混酸和酸性氯苯在硝化器内充分反应	流量达不到生产要求，密封泄漏，静密封泄漏，母材或焊缝泄漏，轴振动大，轴承温度高，设备条件联锁，仪表故障	36	解体检修以下部件： 1. 轴承； 2. 机械密封； 3. 转子； 4. 轴套； 5. 轴承箱清理、换油	A类
3	硝化锅	进行硝化反应	介质换热效果达不到工艺要求，设备内漏或外漏，焊接件腐蚀脱焊影响传动部件运转	36	解体检修以下部件： 1. 搅拌轴； 2. 轴承； 3. 填料密封； 4. 减速机； 5. 桨叶； 6. 内盘管； 7. 夹板和支撑	A类
4	干燥塔	干燥硝基氯苯	产品干燥效果达不到工艺要求，设备腐蚀泄漏或静密封泄漏	36	1. 检查分布器各部件的污垢、堵塞情况，检查塔体元件和支撑结构的腐蚀变形及坚固情况。塔体元件和各构件等几何尺寸和材质应符合图纸规定； 2. 检查塔板上各部件的尺寸是否符合图纸及标准要求。重点检查支撑板塔盘； 3. 对于填料，检查是否有碎裂、变形、冲蚀等现象	A类
5	废水处理塔	处理废水	废水指标达不到工艺要求，设备腐蚀泄漏或静密封泄漏	12	1. 通道清理； 2. 内构件检查、修复	A类
6	精馏塔	分离粗品邻硝和富对位物料	产品分离效果达不到工艺要求，设备腐蚀泄漏或静密封泄漏	36	1. 检查分布器各部件的污垢、堵塞情况，检查塔体元件和支撑结构的腐蚀变形及坚固情况。塔体元件和各构件等几何尺寸和材质应符合图纸规定； 2. 检查塔板上各部件的尺寸是否符合图纸及标准要求。重点检查支撑板塔盘； 3. 对于填料，检查是否有堵塞、变形、冲蚀等现象	B类

表7　硝基氯苯单元主要设备功能故障及检修内容（续）

序号	设备名称	设备功能	功能故障	故障周期／月	检修策略	专业类别
7	脱焦塔	分离邻硝基氯苯	产品分离效果达不到工艺要求，设备腐蚀泄漏或静密封泄漏	36	1. 检查分布器各部件的污垢、堵塞情况，检查塔体元件和支撑结构的腐蚀变形及坚固情况。塔体元件和各构件等几何尺寸和材质应符合图纸规定； 2. 检查塔板上各部件的尺寸是否符合图纸及标准要求。重点检查支撑板塔盘； 3. 对于填料，检查是否有堵塞、变形、冲蚀等现象	B类
8	低油塔	分离低油	产品分离效果达不到工艺要求，设备腐蚀泄漏或静密封泄漏	36	1. 检查分布器各部件的污垢、堵塞情况，检查塔体元件和支撑结构的腐蚀变形及坚固情况。塔体元件和各构件等几何尺寸和材质应符合图纸规定； 2. 检查塔板上各部件的尺寸是否符合图纸及标准要求。重点检查支撑板塔盘； 3. 对于填料，检查是否有堵塞、变形、冲蚀等现象	B类
9	液环真空泵	提供真空	真空度达不到生产要求，密封泄漏，母材或焊缝泄漏，轴振动大，轴承温度高，设备条件联锁	36	解体检修以下部件： 1. 轴承； 2. 机械密封； 3. 转子； 4. 轴套	B类
10	脱焦塔再沸器	加热粗品邻硝	换热效果达不到工艺要求，设备内漏或外漏	36	1. 内部清理； 2. 换热管消漏； 3. 更换垫片	B类
11	中压蒸汽分配台	将中压蒸汽分配至各台再沸器	不能起到分配功能	36	1. 检查设备是否存在泄漏； 2. 检查设备进出口氯气阀是否完好； 3. 检查相关仪表是否完好	B类
12	结晶器	析出对硝基氯苯	产品指标达不到工艺要求，设备腐蚀泄漏或外部泄漏	36	1. 检查列管是否存在泄漏； 2. 检查翅片是否完好； 3. 检查相关仪表是否完好； 4. 阀门、视镜检查	B类
13	列管换热器	满足设计负荷；换热效率满足工艺要求；产品质量合格；提供密闭热交换通道	换热效率或运行负荷不满足工艺指标，设备腐蚀或静密封泄漏。	36	1. 检查设备法兰连接处密封是否泄漏； 2. 检查设备列管是否腐蚀泄漏； 3. 检查设备进出口阀门是否完好； 4. 检查关联仪表是否完好； 5. 玻璃换热器检查密封点是否老化	B类

表7　硝基氯苯单元主要设备功能故障及检修内容（续）

序号	设备名称	设备功能	功能故障	故障周期/月	检修策略	专业类别
14	常压储罐	临时储存现场产品	不能起到存储作用，导致系统产品无法及时送出	36	1. 检查设备是否泄漏； 2. 检查设备是否腐蚀减薄； 3. 检查进出口阀门是否完好； 4. 检查进出口管道是否完好； 5. 检查仪表是否完好	B类

5.3.4　系统功能故障分析

氯碱装置系统功能故障分析见表8。

表8　氯碱装置系统功能故障分析

序号	单元名称	装置功能	功能故障	故障后果	故障策略及检修内容	故障周期/月
1	一次盐水工序	以原盐为原料，用淡盐水、卤水等化盐制得合格的一次盐水	原盐内杂质未除尽，引起一次盐水产品不合格	产品质量	定期组织外部在线清洗再生	36
2	二次盐水工序	一次盐水经树脂塔交换吸附，生产合格的二次盐水，在电解槽中电解产生烧碱、氯气、氢气	盐水内杂质未除尽或电解槽故障，导致产品不合格或停工	产品质量、处理量、装置停工	树脂塔更换树脂； 电解槽换膜	36
3	氯氢处理工序	氯气在填料塔内洗涤、冷却、干燥，压缩后送往下游装置； 氢气经洗涤、冷却，压缩后送往下游装置	氯气、氢气未能完全洗涤和干燥或泄漏，引起安全、环保事故	产品质量、安全环保事故、装置停工	定期更换填料； 定期检测密封点状态	36
4	氯化工序	将氯气与苯反应生成氯化苯，进入下一工序	设备内填料损坏，氯化器内触媒中毒、减少、使用到期，设备管线堵或内衬损坏，换热器泄漏	尾气含氯超标，回收苯混浊带水，产品质量受影响	更换填料，更换触媒，故障设备、管道及时更换，换热器消漏，定期查漏	36
5	蒸馏工序	氯化液在初、精馏塔内减压精馏，制得成品氯化苯	真空系统漏，换热器漏、结焦，塔内填料损坏、堵塞，塔板及浮阀损坏，	产品质量受影响	真空系统查漏，真空泵修理，换热器补焊、清洗或更换，更换填料、进行塔清洗、更换塔板及浮阀	36

表 8 氯碱装置系统功能故障分析（续）

序号	单元名称	装置功能	功能故障	故障后果	故障策略及检修内容	故障周期/月
6	硝化工序	将氯化苯和混酸反应生成硝基氯苯	硝化锅内盘管泄漏，混流泵密封泄漏，真空系统漏、换热器漏、塔内填料损坏、堵塞，常压储罐泄漏	产品质量、安全环保事故、装置停工	内盘管消漏，更换密封，真空系统查漏，真空泵修理，换热器补焊、清洗或更换，更换填料、进行塔清洗，补焊消漏	36
7	精馏工序	硝基氯苯通过精馏塔和脱焦塔分离得到邻硝基氯苯成品和富对位硝基氯苯	真空系统漏，换热器漏、结焦，塔内填料损坏、堵塞，常压储罐泄漏	产品质量、安全环保事故、装置停工	真空系统查漏，真空泵修理，换热器补焊、清洗或更换，更换填料、进行塔清洗，补焊消漏	36
8	结晶工序	富对位硝基氯苯在结晶器内结晶后得到对硝基氯苯	结晶器内漏、进料管和放料管泄漏，储罐泄漏	产品质量、安全环保事故、装置停工	结晶器查漏、消漏、更换管道，补焊消漏或更换储罐	36

6 装置检修管理

6.1 装置检修前准备工作

6.1.1 装置检修前，参检单位要做好检修作业指导书、施工方案、检修图纸、现场施工平面布置图等各类资料的准备及审核，相关检修资料最终经业主方审批确认后方可实施。

6.1.2 进入检修现场的各类施工机具、器具，必须是合格的、适用的，必须有检定合格证和标记，并在有效期内使用，严禁使用未经校验的机具。进场前，所有自检合格并贴有自检合格证的施工机具，要列出汇总清单上交给业主方，并经业主方检验后方可使用。

6.1.3 进入现场的检修耗材、配件等，必须附有质量证明文件，并在指定的地点规范存放。在安装、使用各类检修材料前，应对材料的外观质量进行检查确认，参检单位要做到领用材料检验有见证、验收有记录。

6.1.4 参检单位的所有施工人员，必须具备相应的作业资质，经过对应的能力验证。检修前须做好检修方案、技能方面的培训和反向交底，熟悉检修项目的特点，严格按检修方案进行施工。同时，施工人员必须进行业主方相关专业的教育培训，对无相应作业资质、未经教育培训或考核不合格的人员，一律不得上岗作业。业主及作业人员在检修前均应对涉苯、氯气、氢气的设备管道清洁交出方案、应急预案进行学习和考核，了解异常处置流程并进行演练。

6.2 工艺交出检修条件

6.2.1 停开工准备及要求

在装置交付检修前，由生产管理部和安全环保部门组织相关单位召开安全验收会，检查确认设备容器人孔拆卸、盲板加装、容器内采样分析、停电、下水井封堵等工作，经相关部门签字确认后，由装置开具用火、用电、进入受限空间等相关票证，进入检修状态。工艺交出要具备以下条件：

1）装置所有盲板按照盲板图、表安装、编号、挂牌并经工艺员、设备员、安全员已签名确认；

2）PID 图上所有系统、管线得到置换处理并做好标识；

3）系统内设备、管线按规定进行吹扫和置换，取样分析合格；

4）下水井取样分析合格，存油清理干净，排水畅通，水封完好；

5）下水井覆盖好，并用沙土封严；

6）系统内设备人孔打开前的确认；打开的设备人孔处挂上“未经许可，禁止入内”警示牌；

7）制定停工安全、环保措施和工作危害分析记录表（JSA）；

8）装置内分析不合格点挂标识，储存物料区标识、硬隔离；

9）制定检修中防硫化亚铁自燃方案；

10）指定具有监护人资格的人员负责动火、进设备等作业的监护。

6.2.2 装置单元交出检修特殊要求

原则上不允许大修中有易燃易爆或挥发性介质存料，不得不储存物料的设备必须落实隔离、氮封等措施并制定应急预案。

6.3 检修过程安全环保管理总体要求

6.3.1 安全管理总体要求

1）装置检修的安全管理，坚持“安全第一、预防为主、综合治理”的方针和“谁主管，谁负责”“谁签发，谁负责”的原则，坚持以人为本、落实责任、强化监管，按属地化管理原则。

大修要求外聘第三方 HSSE 监管。规模深度不高，且无风险分部分项工程时，可根据需要由企业自行决定是否外聘第三方 HSSE 监管。第三方 HSSE 监管纳入到 HSSE 管理体系。

2）各级指挥部的安全环保消防组应按指挥部管理体系要求承担相应的管理责任。

3）承包商应建立健全安全管理体系和班组管理制度，分包商的安全管理工作由总承包商负总责。

4）安全监督管理部门对检修过程的安全管理工作进行监督检查，指挥部的安全环保消防组负责施工过程安全检查管理。运行部负责所在区域的施工项目配合和现场安全监督检查。

5）作业过程中要严格遵守中国石化、公司安全生产禁令，遵守中国石化及各企业相关的HSSE规章制度，杜绝负面行为和违反直接作业环节十条措施的行为在生产、检修区域发生。重点对车辆租赁、脚手架、受限空间等特殊作业内容进行风险分析和作业安全提醒。

6.3.2 环保管理总体要求

装置停工检修改造环保管理总体要求是：密闭吹扫，有序排放，清洁停工，安全处置，达标排放。为做好停工和检修期间的环保工作，停工装置要落实密闭吹扫方案，对排放污水、吹扫尾气放空、工业废物处置应进行预申报，排放时必须做到先检测后排放，主管部门根据监测结果确定处理方式。对于化学清洗等产生的废水，项目管理部门在与清洗单位签订合同前要明确废水处理相关责任及要求。

1）严格执行“三废”排放申报制，填报异常排放申报表；

2）装置检修产生的保温垃圾、含油废弃物等进行分类；

3）清罐、清理设备过程中保持现场干净，要防止冲击含油污水系统和污染清净下水系统；清出的杂物、油泥要先装袋、装桶，置于围堰集中堆放，严禁用水冲入下水系统。含油废弃物办理厂内转移手续，送至厂内指定临时贮存点；

4）装置现场，接油盘、接油桶等残液回收设施齐全到位；

5）管道、设备检修产生的残油承接回收倒入指定容器，杜绝乱排乱放；

6）装置检修时拆卸或更换下来的设备如换热器、阀门等含有有机物成分的设备或其他接油设施应置于围堰内，同时采取相应的防雨淋等防范措施，防止露天放置、受雨水冲刷后所造成的污染；

7）装置停工检修期间，清净下水采用沙包封堵，装置内所有排放水排至含油污水池；

8）检修期间破损围堰应及时修复，防止污染事故发生。

6.4 检修质量管理

总体要求：成立检修质量管理组织机构，明确管理职责，建立质量管理程序文件。

1）对承包商资质、人员、机具等进行审查。

2）通过组织设计审查，确保设计质量。

3）物资采购管理部门组织对采购物资进行入库检验并对重点物资进行监造。

4）通过组织审查重要设备的吊装、检修、施工方案，确保装置检修质量受控。

5）在施工过程中，严格按照施工方案或设备检修质量工序卡中质控点和停止点的要求进行过程质量验收。组织对检验检测的质量进行抽查。

6）隐蔽工程施工的中间工序必须按施工顺序逐项验收合格后方可进入下道施工工序。

6.5 变更管理

6.5.1 检修过程要加强变更管理，建立健全变更管理制度和工作流程，采取措施减少变更数量。没有经过各级部门同意的变更不允许在检修中执行。

6.5.2 项目变更控制主要内容：

1）对于试用产品、设备备件结构形式改变、材质升级要充分识别，要有专门技术论证审批过程，审批时要加强相关专业沟通确认；

2）所有变更应事前发起，只有当变更得到批准后，才可组织实施。项目变更由变更提出单位发起申请并填写“变更申请单”，按照各企业相关制度规定的权限办理审批手续；

3）对于因材料找价差导致的超费用计划（或工单预算），需要补办变更手续；

4）对于不涉及费用计划的变更，如项目名称、版本号、承包商、施工方案、施工进度等也需办理相应的变更手续；

5）对于结算费用高于非包干合同标的按各企业管理制度执行变更；

6）投资类项目的变更参照各企业“固定资产投资过程控制管理规定”执行。

7）通过检修对原变更状态进行恢复的，需要对原变更进行维护闭环（如消除带压堵漏夹具使其恢复原设计状态）

6.6 装置检修交回条件

装置检修交回确认主要内容：

1）装置开工人员及开车保驾人员配备落实；

2）技术、原辅材料、动力、备品备件等方面的准备；

3）队伍技术状态、开工方案学习落实情况；

4）现场标准化情况；

5）工艺和设备联锁仪表校验情况；

6）HSSE 措施落实情况；

7）盲板拆除清单、技术准备情况；

8）机、电、仪、公用工程、储运、质检等相关专业准备情况；

9）停工临设拆除、施工尾项整改情况等。

6.7 检修后期管理

6.7.1 资料交付

承包商应在检修项目结束后 30 天内将竣工资料完整地交给使用单位，竣工资料交付参考 SH/T 3503—2017。

6.7.2 检修总结

装置检修结束后，要对检修改造工作进行总结，对好的做法进行总结、提炼，固化这些经验，指导今后检修改造工作；对检修改造中存在的问题，分析原因，完善措施，不断提高管理水平。

7 装置日常维护

7.1 日常巡检

包括操作工的日常巡检和专业人员（设备管理人员、专业维保人员）的日常点检。不同专业人员应根据不同设备的重要性、危险性制定规定的巡检路线、规定的巡检内容，将巡检工作作为定时性工作的基础，确保一定周期内的巡检全覆盖。

7.1.1 操作工的巡检应结合装置具体工艺流程和设备布置制定固定的巡检路线，一般巡检频次为1次/2h。除关键工艺参数外，围绕装置设备风险应将以下内容纳入巡检范围：

1）氯气压缩机、氢气压缩机、混流泵、烧碱液泵、精馏塔真空泵等动设备的振动、温度、压力等运行参数；

2）电解槽、氯化器、盐酸合成炉、硝化器和硝化锅等反应设备的现场指示参数、LDAR或固定式可燃有毒报警仪等泄漏监控参数和设备；

3）各储罐呼吸阀畅通情况、换热器、塔器就地显示压力、导淋及防控阀门接管完好情况；

4）带保温、保冷设备的保护层完好情况、盐酸区域的外腐蚀情况。

5）火灾自动报警系统、消防栓、现场氯气捕消器、灭火器等设施完好情况；

7.1.2 设备管理人员的巡检应根据点检等设备运行数据，针对性的设备检查和对操作工、专业维保人员巡检效果的检查，一般巡检频次为1次/天。巡检内容应包括以下内容：

1）围绕点检等管理工具进行关键设备运行参数检查分析和一般动设备的异常检查；

2）操作工人、专业维保人员巡检职能的履行情况检查和发现问题的处理闭环落实；

3）以防腐蚀、小接管、安全防护设施等为重点的专项检查；

4）根据设备维护维修情况进行的直接作业环节检查。

7.1.3 专业维保人员的巡检应根据维保设备的运行情况和设备设施完好情况进行，一般巡检频次为1次/天。巡检内容应包括一下内容：

1）包括腐蚀情况、标识情况、泄漏情况等的设备外观检查；

2）电动葫芦等维修用设备完好情况检查；

3）护栏、楼梯等安全防护情况检查；

4）应急照明、报警系统等专业维护检查；

5）其他专业维保内容。

7.2 日常维护

装置日常维护的基本内容包括：设备维护保养、设备检查和设备修理。

7.2.1 设备维护保养

设备维护保养的内容是保持设备清洁、整齐、润滑良好、安全运行，包括及时紧固松动的紧固件，调整活动部分的间隙等。简言之，即“清洁、润滑、紧固、调整、防腐”十字作业法。维护保养依据工作量大小和难易程度分为操作工保养、维保人员的保养。

7.2.1.1 操作工保养

其主要内容是：进行清洁、润滑、紧固易松动的零件，检查零件、部件的完整。这类保养的项目和部位较少，大多数在设备的外部，一般由装置操作工人承担。

7.2.1.2 维保人员的保养

主要内容包括对设备内部清洁、润滑、局部解体检查和调整，必要时对达到规定磨损限度的零件加以更换。此外，还要对主要零部件的磨损情况进行测量、鉴定和记录。具体标准执行通用设备的检修规程。

在两种维护保养中，装置操作工保养是基础，专职保养维修工的保养是关键。

7.2.2 设备检查和设备修理

设备检查按时间间隔分为日常检查和定期检查。

日常检查由操作人员执行，同操作工的保养结合起来，目的是及时发现不正常的技术状况，进行必要的维护保养工作。

定期检查是按照计划，在设备管理人员组织、操作工参加下，定期由专职维修工执行，也就是预防性检查维修。目的是通过检查，全面准确地掌握零件磨损的实际情况，以便确定是否有进行修理的必要，并进行检修作业的实施。

7.3 常见设备故障

7.3.1 离子膜烧碱单元

离子膜烧碱单元常见设备故障见表 9。

表 9 离子膜烧碱单元常见设备故障与处理

序号	设备类型	故障类型	处理方法
1	换热器类	堵塞失效	高压水进行清洗
		换热管腐蚀穿孔泄漏； 板式换热器密封垫失效	堵头将穿孔换热管堵死（涉氯气冷却器不得水压试验，试气压并烘干）； 拆解清洗板式换热器，更换密封垫

表9 离子膜烧碱单元常见设备故障与处理（续）

序号	设备类型	故障类型	处理方法
2	容器罐类	进料管线法兰腐蚀减薄失效泄漏； 测量并局部管道更换； 罐类设备防腐层失效剥落； 盐水区域立式储罐保温层下腐蚀	更换法兰，测量并局部管道更换； 防腐层检查修补或更换； 定点检查维护或大修期更换底圈壁板
3	塔类	分布器老化，变形	更换分布器
		填料老化、粉碎	更换填料
		支撑板塌陷	更换支撑板
4	管道类	碱管道腐蚀开裂	检测并修理或更换
		小接管腐蚀	盐水区域、酸碱区域小接管拆除保温检查更换

电解槽常见故障与处理见表10，维护检修参见《离子膜电解槽维护检修规程》（SHS 03054—2019）。

表10 离子膜电解槽常见故障与处理方法

序号	故障现象	故障原因	处理方法
1	电解槽的压差波动	1.（气体压力）波动； 2. 电槽液压力波动； 3. 电槽液流速波动	1. 检查仪表、包括信号线路； 2. 检查泵有无汽蚀现象； 3. 检查电槽的流量，并调节到设定流量
2	EDIA 读数波动	1. 电路短路； 2. 压差不够； 3. EDIA 的接线不良或保险丝已断； 4. 一个或多个单元槽槽压异常增高	1. 检查侧梁和单元槽拖臂之间是否有异物； 2. 检查电解槽压差，如果压差太低，通过调节阴极液流量或气体压力控制器，使压差增加电解槽停车，拧紧螺栓或更换保险丝； 3. 检查：直流电流计波动；气体和液体在出口软管内的流动情况；喷嘴堵塞或开焊；阳极液变色（膜漏）； 4. 停车处理，换膜
3	单元槽电压比平均值高 0.3V 以上	1. 喷嘴堵塞或开焊； 2. 膜被重金属污染； 3. 电极损坏	1. 检查 EDIA 和直流安培计，停车处理； 2. 停车处理； 3. 停车更换电极
4	单元槽电压低	1. 膜泄漏；PHRA-214 记录不断变化或阳极软管出口变色； 2. 把臂螺栓生锈	1. 进行膜试漏试验；更换泄漏的膜；检查电极有无损坏； 2. 检查螺栓的表面
5	电解槽电压突然增加	1. 电解温度降至85℃以下或更低； 2. 阳极液浓度低； 3. 阳极液酸度增加； 4. 由于整流器运转不正常，使电流过大； 5. 阴极液浓度增加； 6. 镉被金属污染	1. 检查电解槽入口温度，如果温度太低，调节温度； 2. 提高油压至指定值； 3. 检查调节阀门及设定值； 4. 检查直流电流表； 5. 停槽； 6. 分析阳极液 Ca^{2+}、Mg^{2+} 等杂质，及时处理

表 10　离子膜电解槽常见故障与处理方法（续）

序号	故障现象	故障原因	处理方法
6	软管泄漏	螺母丝扣损坏； 垫圈老化； 有针孔或裂纹	停车更换软管； 排液更换垫圈； 排液更换软管
7	单元槽垫片泄漏	液压不够； 垫片黏接不好	如果没锁住，检查液化；如果液压低，提高压力至设定值 停车更换垫片

盐酸合成炉常见故障与处理，见表 11。

表 11　盐酸合成炉常见故障与处理

序号	现象	原因	处理方法
1	炉底温度大幅度升高	1. 灯头破裂； 2. 冷却水断流或流量太小	停车更换灯头 检查水管路是否堵塞，阀门是否打开
2	夹套冷却水 pH 值突然下降	1. 炉胆有漏点或炉顶管断裂； 2. 炉顶管连接法兰漏气	停车黏接 停车放水，更换密封垫子
3	氯化氢气游离氯超标	1. 氯氢配比不当，氯气过量； 2. 灯头结垢堵塞，气体混合不均	调整氯氢配比 停车，清理灯头
4	炉胆部分爆裂	1. 炉胆外壁结垢，传热不良； 2. 灯头局部结垢堵塞，火焰偏烧； 3. 冷却水断流，水温过高	更换炉胆，及时清理炉壁水垢 定期清理灯头 保证水流畅通
5	防爆膜破裂	1. 用户用量突然减少，造成憋压； 2. 氯、氢气阀门开度过大，超过爆破压力； 3. 防爆膜损坏或老化； 4. 点火时炉内残存氢气或氯气	与用户及时联系、协调 合理控制阀门开度 停车更换防爆膜 停车时用氮气充分置换
6	遇有以下情况之一者立即停车： 1. 合成炉的炉胆破裂； 2. 炉顶管连接法兰大量漏气； 3. 炉顶管突然断裂； 4. 防爆膜破裂； 5. 氯、氢气入口系统出现故障； 6. 紧急情况“联锁停车”		

7.3.2　氯化苯单元

氯化苯单元常见设备故障与处理方法见表 12。

表 12 氯化苯单元常见设备故障与处理方法

序号	设备类型	故障类型	处理方法
1	干燥器	栅板损坏	更换栅板
		罐壁内部盐泥结垢	物理清洗
		罐壁点蚀泄漏	进行临时性堵漏，停工检修期间扩大检查面挖补更换
2	换热器（列管式）	列管内部物料结垢堵塞	进行射流清洗
		列管腐蚀泄漏	堵头封堵或进行列管补焊堵漏
3	石墨换热器	外壳钢结构腐蚀	更换钢结构
		石墨块腐蚀涂层脱落	石墨块重新浸渍
		石墨块损坏	更换石墨块
		设备接管损坏	接管更换
4	填料塔	设备本体腐蚀泄漏	进行更换或堵漏
		密封垫损坏泄漏	更换密封垫
		内部填料破碎	更换填料
		塔体附件仪表损坏	更换仪表
		塔体保温破损	更换保温
5	风机	外壳腐蚀严重	更换风机壳体
		振动异常	更换轴承、润滑油
6	真空泵	真空不足	损坏更换损坏叶轮、损坏泵体、侧盖
		密封泄漏	更换密封
		震动异常	更换轴承、轴
		冷却水管漏水	更换冷却水管
7	常压储罐	储罐罐壁外侧腐蚀	定期测厚、进行油漆防腐
		储罐罐壁内侧腐蚀	定期检查内部防腐，局部修补或表面防腐修理
		储罐相关仪表失灵、损坏	更换仪表
		储罐底部残留淤泥残渣	定期清理
8	管道	管道腐蚀泄漏	更换管道
		管道支吊架、小接管腐蚀	更换
9	阀门	阀门开关不便	阀杆润滑，杂质清理
		阀体填料损坏	更换填料
		阀体腐蚀泄漏	更换阀门

氯化器常见故障与处理见表 13，维护检修参见《氯化反应器维护检修规程》SHS 03025—2019）。

表 13　氯化器常见故障及处理

序号	故障现象	故障原因	处理方法
1	设备大帽穿孔	设备腐蚀	大帽补焊或更换
2	塔节穿孔	内部防腐层损坏	更换塔节
3	接管、人孔法兰渗漏	防腐层损坏	重新防腐安装
4	中温、底温无法显示	温度元件损坏	更换元件

7.3.3　硝基氯苯单元常见设备故障与处理见表 14。硝化锅故障及处理详见《带搅拌反应器（釜）维护检修规程》（SHS 03020—2019）。

表 14　硝基氯苯单元常见故障与处理

序号	设备类型	故障类型	处理方法
1	硝化锅	盘管泄漏	封堵、补焊消漏或更换盘管
		搅拌桨叶片脱落	维修或更换桨叶
		减速器故障	维修或更换减速器
2	离心泵	机械密封失效	更换机械密封
		轴承损坏	更换轴承
		油封老化、变形	更换油封
3	液下泵	叶轮、泵体腐蚀损坏	更换叶轮、泵体
		轴弯曲、断裂	更换轴
		下护套磨损	更换下护套
		填料轴封失效	更换填料
		出液管穿孔	补焊泄漏或更换
4	液环真空泵	机械密封失效	更换机械密封
		轴承损坏	更换轴承
		真空度差	检查锥体、叶轮，并调整配合间隙
		氯苯循环管泄漏	更换循环管
5	结晶器	列管泄漏	穿管／堵管消漏
		壳体开裂	补焊
		附属管道腐蚀泄漏	局部更换
6	常压储罐	封头、连通管穿孔泄漏	补焊消漏
		渣滓过多	清理
		仪表接管等小接管腐蚀	套管或更换
7	换热器（列管式）	列管内部物料结垢堵塞	进行射流清洗
		列管腐蚀泄漏	进行列管补焊或堵头堵漏

附 录 A
（资料性附录）
装置开工确认表

<table>
<tr><td></td><td colspan="5">中国石油化工股份有限公司××公司管理体系</td></tr>
<tr><td></td><td colspan="5">装置开工确认表</td></tr>
<tr><td></td><td>记录编号</td><td></td><td>使用单位</td><td colspan="2"></td></tr>
<tr><td colspan="2">开工装置</td><td></td><td>时间</td><td colspan="2">年 月 日</td></tr>
<tr><td colspan="2">单位</td><td>要求</td><td>存在问题</td><td>确认意见</td><td>确认人</td></tr>
<tr><td colspan="2">施工单位</td><td>检修项目以及改造项目已施工完成，并验收合格。
施工用临时设施已全部拆除；现场清洁、无杂物。
除用于开工查漏、热紧用的架子保留外，其他架子、跳板均拆除。
设备、管线等保温复位。
因检修拆除的劳动保护、照明设施已恢复。
塔器设备、安全阀、现场仪表、管线等均已复位</td><td></td><td></td><td></td></tr>
<tr><td colspan="2">项目所属单位</td><td>设备位号和管道介质名称、流向标示齐全。
检查现场设备、管线、保温等安装符合规范，试用情况正常。
机组等设备联锁试验正常。
工艺联锁试验正常。
盲板拆、装清单已确认。
装置吹扫、试压通过。
现场消防、气防器材及岗位工器具配齐、现场环保设施投用。
开工化工原材料准备完毕。
备品配件齐全</td><td></td><td></td><td></td></tr>
<tr><td colspan="2">检维修部
电气</td><td>变电所已正常投用，高低压电送电正常。
现场电气设备如电动阀、电加热器、电机等试运正常。
现场照明等恢复正常</td><td></td><td></td><td></td></tr>
<tr><td colspan="2">检维修部
仪表</td><td>现场仪表调试、DCS 调试、联校正常。
配合工艺、设备的联锁调试已完成</td><td></td><td></td><td></td></tr>
<tr><td colspan="2">动力部
（总调度室）</td><td>循环水、新鲜水、蒸汽、仪表风／工厂风、氮气等公用介质供应正常</td><td></td><td></td><td></td></tr>
</table>

装置开工确认表（续）

中国石油化工股份有限公司××公司管理体系					
装置开工确认表					
记录编号			使用单位		
开工装置			时间	年　月　日	
单位		要求	存在问题	确认意见	确认人
储运部		储运系统已具备正常供料以及接收产品条件			
检验部		现场采样器已复位正常。 分析项目已具备分析条件			
保卫部·消防中心		现场消、气防器材齐全、完好。 消防、疏散通道符合要求			
安环部门	环保	现场环保设施，如清污分流设施等已投用。 后续环保装置具备接收物料条件			
	安全	现场固定式可燃气体报警仪、H_2S报警仪等已投用。 拟开工装置与临近的检修区域已采用明显有效的隔离措施。 现场安全设施如平台围栏、护栏等符合要求，现场无容易坠落物品。 如有零星动火项目，火票需升级			
设备工程部	工程科	负责的改造项目已施工完成、并验收合格			
	设备科	检修项目已完成，并验收合格。 保运工作已落实			
	动力科	电气、仪表检修改造项目已完成，并投用正常。 电气现场检修动力箱、临时变已拆除			
生产技术部	生产技术科	开工方案已审批完成。 盲板已按方案和盲板清单进行安装。 开工用化工原材料已落实。 其他专项方案已落实或审批			
	综合管理科	外围的公用、储运系统以及相关装置已可支持装置开工。 开工用原料已落实			
人力资源部		操作人员已经过学习、培训，并考试合格			
项目所属单位领导意见		签名：	公司意见	签名：	

附　录　B

（资料性附录）

装置停工确认表

<table>
<tr><td rowspan="3"></td><td colspan="6">中国石化集团××公司管理体系</td></tr>
<tr><td colspan="6">停工检修确认表</td></tr>
<tr><td>记录编号</td><td></td><td>使用单位</td><td colspan="3"></td></tr>
<tr><td colspan="2">停工检修单位</td><td></td><td>时间</td><td colspan="3"></td></tr>
<tr><td>单位</td><td colspan="3">确认内容</td><td>存在问题</td><td>确认意见</td><td>确认人</td></tr>
<tr><td>停工单位</td><td colspan="3">1. 装置与系统是否有效隔离并提供对应的盲板表？
2. 是否有专用氮气线，是否专用？
3. 管线及容器是否吹扫干净并提供吹扫作业确认表？
4. 容器及塔测爆及氧含量是否合格？
5. 对易燃易爆有毒有害等的作业是否进行危害识别分析？
6. 对塔、容器仪表监控手段是否保留并有专人监控看护？
7. 动火作业项目是否公布？
8. 对本单位、施工单位参加检修的人员安全教育并考试是否进行？
9. 明沟、地面上是否有油或有化工物料？清污分流设施是否投用？
10. 对装置内电缆沟是否做出明显标志？
11. 设备、容器、管道是否全部打开并在设备人孔处挂“危险！禁止入内”的警示牌？
12. 检修现场下水井、地漏、明沟是否封闭，泵沟等是否建立水封？
13. 检修设备是否停电？</td><td></td><td></td><td></td></tr>
<tr><td>检维修部（电修）</td><td colspan="3">1. 是否已按用电单位停送电要求实施停送电并有相关办理手续齐全？
2. 参加大修的电气作业人员是否进行电工作业资格的确认和相应的安全教育？
3. 其他</td><td></td><td></td><td></td></tr>
<tr><td>检维修部（仪表）</td><td colspan="3">1. 对本单位、施工单位参加检修的人员安全教育并考试是否进行？
2. 机柜间运行装置的机柜与检修的区域是否采用明显有效的隔离措施？
3. 仪表吹扫排放中相关安全环保措施是否明确落实？
4. 工器具是否进行相关安全检查？</td><td></td><td></td><td></td></tr>
</table>

装置停工确认表（续）

<table>
<tr><td rowspan="3"></td><td colspan="5">中国石化集团 ×× 公司管理体系</td></tr>
<tr><td colspan="5">停工检修确认表</td></tr>
<tr><td>记录编号</td><td></td><td>使用单位</td><td colspan="2"></td></tr>
<tr><td colspan="2">停工检修单位</td><td></td><td>时间</td><td colspan="2"></td></tr>
<tr><td>单位</td><td colspan="2">确认内容</td><td>存在问题</td><td>确认意见</td><td>确认人</td></tr>
<tr><td>检维修部（仪表）</td><td colspan="2">5. 重大作业项目是否编写施工作业方案和进行危害识别与评价？
6. 高处作业的脚手架是否搭设妥当并验收合格？
7. 每项作业施工是否具有合格的施工检修作业票？相关安全措施是否落实到位？
8. 劳保用品穿戴是否符合要求？
9. 检修质量和检修内容是否符合要求？
10. 委外检测的仪表、阀门的单位的施工人员是否经过公司、运行部安全教育？</td><td></td><td></td><td></td></tr>
<tr><td rowspan="2">生产技术部</td><td colspan="2">1. 检查吹扫作业票的确认签名是否落实？
2. 现场检查盲板是否按方案和盲板清单进行安装？
3. 检查 CO、甲醇、氮气和工艺介质等物料在装置边界是否进行有效隔离？
4. 按方案不退的介质是否按方案要求进行了有效安全隔离？</td><td></td><td></td><td></td></tr>
<tr><td colspan="2">5. 检查配合外系统的吹扫是否已满足要求可以停运？
6. 已按停工方案要求抽堵盲板，且要做好明显标记，并指定专人统一编号登记，严防漏堵、漏拆。
7. 与炉、塔、容器相连的蒸汽、氮气等有害介质的阀门，已加盲板隔离。
8. 其他</td><td></td><td></td><td></td></tr>
<tr><td>设备工程部</td><td colspan="2">1. 盲板的材质、厚度符合安全要求。
2. 未经吹扫处理的设备、容器、管道已与系统隔离，设置明显警示标志，并向职工和施工单位交底。
3. 变配电所内电气安全用具已检查并在有效期限内；
4. 变配电所内的工器具已检查合格；
5. 电气现场检修动力箱（固定）、临时变已检查合格；
6. 配送电单位、施工单位参修人员已经安全教育并考试合格；
7. 外来人员已经安全安全教育并考试合格。
8. 工艺要提供装置停工后仍需使用的仪表清单；
9. 电气专业提供停工期间停电网络，仪表提前准备。
10. 现场固定式可燃气体报警仪等探头是否进行妥善保护？
11. 对装置内电缆沟是否做出明显标志？</td><td></td><td></td><td></td></tr>
</table>

装置停工确认表（续）

<table>
<tr><td rowspan="3"></td><td colspan="5">中国石化集团 ×× 公司管理体系</td></tr>
<tr><td colspan="5">停工检修确认表</td></tr>
<tr><td>记录编号</td><td></td><td>使用单位</td><td colspan="2"></td></tr>
<tr><td colspan="2">停工检修单位</td><td></td><td>时间</td><td colspan="2"></td></tr>
<tr><td>单位</td><td colspan="2">确认内容</td><td>存在问题</td><td>确认意见</td><td>确认人</td></tr>
<tr><td>安全环保部</td><td colspan="2">1. 对本单位、施工单位参加检修的人员安全教育并考试是否进行？
2. 明沟、地面上是否有油？清污分流设施是否投用？
3. 设备、容器、管道是否全部打开并在设备人孔处挂“危险！禁止入内”的警示牌？
4. 检修现场下水井、地漏、明沟是否封闭，泵沟等是否建立水封？
5. 打开的设备、容器、管道测爆分析是否合格？
6. 运行的装置与检修的区域是否采用明显有效的隔离措施？存在工艺介质的工艺管线是否做出标志？
7. 现场消、气防器材是否齐全、完好？
8. 消防、疏散通道是否符合要求？
9. 其他</td><td></td><td></td><td></td></tr>
<tr><td>领导意见</td><td colspan="2"></td><td></td><td></td><td></td></tr>
</table>

附 录 C
（资料性附录）
HSSE 日检查

	中国石化集团××公司管理体系					
	装置检修 HSSE 日检查					
	检查时间：	使用单位：				
序号	检查内容	存在问题	检查人员	整改情况	验证人	备注
1	临时用电					
1.1	配备合格的持证电工					
1.2	配电箱合格、有防雨措施，按要求标识并上锁					
1.3	配电系统执行“三相五线制”，符合“三级配电二级保护”要求，安装匹配的漏电保护器，漏保动作灵敏好用，并进行日常试验和记录					
1.4	电缆及接头无破损，绝缘良好；铺设规范，走向清晰，标识明确					
1.5	用电严格执行“一机一闸一保护”					
1.6	按要求配置保护零线和工作零线，工作接地和重复接地完好					
1.7	安全电压符合作业环境要求					
1.8	使用工业插头、插座					
2	施工机具					
2.1	各种机具设备安全要求进行定期检查，确保完好					
2.2	设有机械保护装置（如转动设备等）的设备，保护装置处于完好状态					
2.3	用电机具、设施接地完好					
2.4	配备与作业要求相匹配的劳动防护用品					
2.5	空气压缩机压力表、安全阀等在检验期内并处于完好状态，高压气管和软管固定连接可靠					
2.6	气瓶垂直放置，瓶体固定可靠；气瓶分类摆放并保持安全距离，防护措施到位，气瓶阻火器、压力表等安全附件完好，气管无老化破损，连接可靠					
3	脚手架					
3.1	脚手架搭设人员是专业架子工，并持证上岗。搭设人员按要求着装，配备五点双大钩安全带					

HSSE 日检查（续）

中国石化集团 ×× 公司管理体系						
装置检修 HSSE 日检查						
检查时间：		使用单位：				
序号	检查内容	存在问题	检查人员	整改情况	验证人	备注
3.2	编制脚手架搭设方案，进行安全技术交底并有记录					
3.3	按规范要求搭设脚手架，且有良好的整体稳固性					
3.4	搭设和拆除过程必须有专人监督，周边设置警戒区					
3.5	连墙件设置可靠，各节点扣件扭矩力符合要求					
3.6	通道、护栏、腰杆、踢脚板等符合要求					
3.7	作业面满铺跳板，无孔洞，跳板可靠固定且无探头板					
3.8	作业面临时放置的材料等在允许荷载范围内，严禁超载荷；放置必须稳固，无坠物风险					
3.9	脚手架搭设完成验收合格挂牌使用					
3.10	消防设施保持完好，灭火器和消防水桶按要求配置					
3.11	消防安全通道保持畅通					
3.12	用火作业前，清理周边易燃物，采取接火措施					
4	起重					
4.1	编制了吊装方案、进行交底并有记录					
4.2	起重设备操作人员、司索、指挥持有效证件					
4.3	起重机械证照齐全有效					
4.4	起重机械安全设施、附件完好					
4.5	机索具检查完好，钢丝绳无磨损，连接可靠，绳卡数量和间距满足要求					
4.6	吊装作业半径设置了警戒区，禁止无关人员入内					
4.7	吊装前进行评估，确保在额定起升载荷范围内进行起重作业，不得超载					
4.8	吊车支腿符合要求					
4.9	吊物捆绑符合要求，使用溜绳					
4.10	吊装作业天气、环境、风力等符合要求					
5	焊接、气割					
5.1	设备接地完好					
5.2	焊把线无破损，连接器完好					
5.3	有专人监护，接火、防火措施到位					

HSSE 日检查（续）

	中国石化集团××公司管理体系					
	装置检修HSSE日检查					
	检查时间：	使用单位：				
序号	检查内容	存在问题	检查人员	整改情况	验证人	备注
5.4	可燃性气瓶与胶管连接完好，无漏气，气瓶有阻火器					
5.5	现场气瓶与明火源保持安全距离					
6	受限空间					
6.1	对所要进行作业的受限空间进行吹扫、蒸煮、置换，并分析合格。所有与受限空间相连接的管线、阀门应进行有效隔离，盲板处应挂标识牌，并经工艺技术人员签字确认					
6.2	出入口内外不得有障碍物，在受限空间入口处设置“危险！严禁入内”警告牌或采取其他封闭措施					
6.3	对有可能发生硫化亚铁自燃的设备、容器必须经充分的钝化脱臭处理，并在现场配置消防水带					
6.4	《进入受限空间作业许可证》实行一点一证					
6.5	进入受限空间作业实行“三不进入”原则，即：一、没有经批准有效的《进入受限空间作业许可证》不进入；二、安全措施未落实不进入；三、监护人不在场不进入					
6.6	作业现场配备必要的救护器具和灭火器材等					
6.7	进入受限空间作业应使用安全电压和安全行灯					
7	作业安全					
7.1	作业前进行班前安全教育和安全技术交底，作业人员清楚当天作业内容和安全风险及注意事项					
7.2	特殊工种持证上岗					
7.3	佩戴合格安全帽，并根据作业任务佩戴专用眼部、面部、手部等防护用品，高处作业人员系挂安全带					
8	收工检查					
8.1	配电系统一级箱断电，关闭气瓶角阀，能量上锁					
8.2	现场火种检查清理完毕					
8.3	清理各作业面材料和杂物等，做到工完料净场地清					
8.4	落实夜间值班、巡检人员，职责到位，检查内容明确					

附 录 D
（资料性附录）
大修总结

<table>
<tr><td rowspan="2"></td><td>中国石油化工股份有限公司 ×× 公司管理体系</td></tr>
<tr><td>装置停工检修改造工作总结</td></tr>
<tr><td colspan="2">×××部×××装置
××××年××月
停工检修工作总结</td></tr>
<tr><td>编写人</td><td></td></tr>
<tr><td>审核人</td><td></td></tr>
<tr><td>批准人</td><td>（运行部领导）</td></tr>
<tr><td>编写单位</td><td>中石化 ××× 分公司 ××× 运行部</td></tr>
<tr><td>编写时间</td><td></td></tr>
</table>

（一）装置停工检修过程概述

装置开、停工、检修过程简述，本周期装置运行起止时间。

本周期装置运行中出现的主要问题。

本次停工检修、改造内容简述，检修项目计划数（包括补充、追加），检修计划完成情况。重点检修项目情况。

开停工、检修网络执行情况。

（二）主要检修内容技术总结

反应器部分

塔、容器部分

冷换设备部分

阀门部分

管道部分

压缩机部分

泵部分

特殊阀门部分

压力容器检验（包括缺陷返修处理）

压力管道检验（包括缺陷返修处理）

安全阀检验

其他检修方面

技术分析中要有以下内容：上次运行周期出现的问题，本次检修检查情况及采取措施；上次检修遗留问题处理情况；本周期与上周期设备隐蔽检查情况对照；重复发生问题处理方案有效性；装置系统问题；典型案例。

（三）检修计划准确性分析

（四）检修施工队伍评述

（五）材料供应评述

（六）设计质量评价

（七）检修质量评价

（八）本次检修遗留问题及预案

（九）检修管理亮点、存在的不足和下次检修需注意的问题

（十）附表

表 1　设备增加情况表

序号	位号	名称	规格型号	制造厂	数量	备注

表 2　设备拆除情况表

序号	原位号	名称	规格型号	制造厂	数量	备注

表 3　管线拆除情况表

序号	原编号	名称	规格	长度 /m	备注

表 4　设备更换情况表

序号	位号	名称	规格型号		制造厂		数量	备注
			更换前	更换后	更换前	更换后		

表 5　冷换设备检修情况表

序号	位号	名称	规格型号	抽芯清洗	试压换垫	堵管根数	管束更换

表 6　阀门检修、更换情况表（*DN*50 和 *DN*50 以上）

序号	规格型号	公称直径	检修数量	更换数量

表 7　压力容器检验情况表

序号	计划检验台数	增加变更台数	减少变更台数	实际完成台数	缺陷返修台数

表 8　压力管道检验情况表

序号	检验计划		增加变更		减少变更		实际完成	
	条数	米数	条数	米数	条数	米数	条数	米数

表 9　安全阀门检验情况表

序号	计划检验台数	增加变更台数	减少变更台数	实际完成台数

管式裂解炉维护检修规程

SHS 03001—2019

代替 SHS 03001—2004

目 次

前　言

本规程按照 GB/T 1.1—2009《标准化工作导则　第 1 部分：标准的结构和编写》给出的规则起草。

本规程代替 SHS 03001—2004《管式裂解炉维护检修规程》，与 SHS 03001—2004 相比，除编辑性修改外，主要技术变化如下：

——对检修周期和检修内容进行了完善和补充；

——增加了铬钼钢焊接的技术要求；

——增加了裂解气大阀和烧焦阀的检修技术要求；

——增加了燃烧器的技术要求；

——完善了裂解炉维护和监测、典型故障的内容；

——增加了附录 A《管式裂解炉检修质量控制确认表》。

本规程由中国石油化工集团有限公司、中国石油化工股份有限公司提出。

本规程起草单位：中国石油化工股份有限公司北京燕山分公司。

本规程主要起草人：张凯。

本规程所代替规程的历次版本发布情况：

SHS 03001—1992，SHS 03001—2004。

管式裂解炉维护检修规程

1 范围

本规程规定了管式裂解炉的检修周期和内容、检修与质量标准、维护与监测，并介绍了典型故障及对策。

本规程适用于乙烯装置管式裂解炉的维护与检修。

2 规范性引用文件

下列文件对于本文件的应用是必不可少的。凡是注日期的引用文件，仅所注日期的版本适用于本文件。凡是不注日期的引用文件，其最新版本（包括所有的修改单）适用于本文件。

HG/T 2601 高温承压用离心铸造合金炉管

SH/T 3417 石油化工管式炉高合金炉管焊接工程技术条件

SH/T 3520 石油化工铬钼钢焊接规范

SH/T 3415 高频电阻焊螺旋翅片管

TSG 21 固定式压力容器安全技术监察规程

SH/T 3036 一般炼油装置用火焰加热炉

NB/T 47013 承压设备无损检测

GB 31571 石油化学工业污染物排放标准

API 598 阀门的检查和试验

3 检修周期和内容

3.1 检修周期

根据管式裂解炉的运行情况、存在的问题以及风险分析结果，并结合生产装置运行周期，确定管式裂解炉的检修周期。

3.2 检修内容

1）检查辐射段衬里，对损伤部位进行修补或更换；

2）炉顶盖板及炉壁板修补、更换；

3）辐射段炉管外观检查、蠕涨量与弯曲度等尺寸检查、焊缝抽检；检查炉管导向及受力情况；

4）检查弹簧支吊架的受力情况，根据检查结果进行调整或更换；

5）急冷锅炉水力或机械清焦；

6）检查、修理急冷锅炉封头衬里，换热管无损检验；

7）检查、修理或更换燃烧器及吹灰器，清理空气预热器；

8）检查、修理风机，更换润滑油（脂）；

9）检查烟道和风道挡板轴承及执行机构杠杆系统的转动是否灵活，转动部位加油（脂）；

10）急冷器清理、检查；

11）检查原料管线腐蚀情况；

12）压力容器及安全附件定期检验、修理或更换；

13）修复、更换防腐及保温；

14）烧焦阀解体检查、修复或更换；

15）裂解气大阀解体检查、修复或更换；

16）仪表系统及在线监测系统检查、校准或更换；

17）整组更换辐射段炉管；

18）整组更换对流段盘管；

19）整体更换急冷锅炉、急冷器；

20）整体更换炉体衬里。

4 检修与质量标准

4.1 检修前的准备工作

4.1.1 执行《中国石油化工集团公司安全生产管理制度》的有关规定；

4.1.2 备齐图纸等相关技术资料，根据设备运行技术状况和检测记录，分析故障原因和部位，制定详细的施工方案；

4.1.3 检修所需工、量、卡具齐备，检修所需的备件及材料齐全；

4.1.4 检修所需的人力、机组应齐备；

4.1.5 裂解炉各部件应冷却到安全温度，工艺系统完成倒空、吹扫、置换等操作；

4.1.6 各项准备工作应符合安全、环保、质量等方面的要求。

4.2 辐射段炉管

4.2.1 在用炉管检修

4.2.1.1 检查炉管及管件是否存在表面氧化、腐蚀、烧蚀及裂纹等问题；

4.2.1.2 检查炉管、导向管的弯曲变形情况，并做记录；

4.2.1.3 测量炉管蠕涨量及蠕变伸长量，并做记录；
4.2.1.4 管件壁厚抽检，抽检率不低于 10%；
4.2.1.5 对 10%以上的焊缝进行无损检测，逐年提高抽检比率，并注意检测直管段是否有裂纹产生；
4.2.1.6 凡符合下列条件之一的辐射段炉管，应予以更换：

1）由渗碳、蠕变等原因引起的裂纹深度超过壁厚 50%；

2）渗碳深度达到管壁厚的 60%；

3）炉管蠕涨量超过外径的 5%或周长增加 3%以上；

4）炉管凸起部位的顶部出现线状“回缩”凹坑；

5）炉管严重弯曲；

6）实际壁厚低于设计最小密实层厚度。

4.2.1.7 炉管检修前，应将弹簧吊架或配重悬挂系统用销钉锁定在冷态位置，待检修完成后解除锁定；
4.2.1.8 炉内施工需搭脚手架时，不得使炉管承受额外载荷；
4.2.1.9 局部更换炉管时，切口位置距失效部位的轴向距离不得少于 300mm，且不少于 2 倍管外径；
4.2.1.10 切割炉管不得使用碳弧气刨或电焊。

4.2.2 炉管整体更换

4.2.2.1 新炉管应按照《中石化乙烯裂解炉用高合金离心铸造炉管及静态铸造管件质量复检办法》的要求送中石化炉管质量检测与评估中心复检；
4.2.2.2 炉管的材质、尺寸、性能指标等应符合设计要求，并有完整的检验报告和质量证明文件；
4.2.2.3 新炉管的制造质量应符合 HG/T 2601《高温承压用离心铸造合金炉管》的规定；
4.2.2.4 组焊前应对新炉管的焊缝进行无损检测，抽检比例不低于 10%，每种规格的焊缝不少于 1 道，检测结果应符合 NB/T 47013.1《承压设备无损检测 第 1 部分：通用要求》II 级的要求，发现缺陷应进行处理并提高检验比例；
4.2.2.5 对管件表面进行着色抽检，抽查率不少于 10%，每种规格不少于 1 件，发现缺陷应进行处理并提高检验比例；
4.2.2.6 新炉管应尽可能加大预制深度，以提高施工质量并缩短工期；
4.2.2.7 炉管安装后应符合下述要求：

1）炉管直线度偏差应小于 1.0mm/m，全管长偏差应小于 12mm；

2）每组炉管任意两根管中心距偏差小于 20mm，相邻两管中心距离偏差小于 12mm；

3）炉管应呈自由悬垂状态，能在低于 220N 的力量下水平移动 25mm；

4）炉管顶部弯头的吊耳与吊杆、下部弯头与导向管应包覆陶瓷纤维毯加以保护，陶瓷纤维毯安装后严禁堵塞通气孔；

5）炉管表面应清洁无污；

6）符合设计图纸的其他要求。

4.2.3 炉管焊接

4.2.3.1 应使用坡口机或砂轮按图加工焊接坡口，焊接前应对坡口部位进行着色检查和清洗；

4.2.3.2 炉管的焊接应选用与母材成分和性能相同或相近的焊接材料，经焊接工艺评定合格后方可施焊；

4.2.3.3 为防止热裂，焊接20Cr-32Ni-Nb材质的焊缝金属应含有4%～5%的Mn元素；

4.2.3.4 接管或支架等异种材质的焊接，焊接材料可采用Inconel 82焊丝或Inconel 182焊条；

4.2.3.5 底层焊缝应采用气体保护钨极氩弧焊，填充部分宜采用气体保护钨极氩弧焊，也可采用手工电弧焊；

4.2.3.6 执行SH/T 3417《石油化工管式炉高合金炉管焊接工程技术条件》的有关规定。

4.2.4 炉管耐压试验

4.2.4.1 炉管出厂前应进行单根水压试验，水压试验压力应符合设计要求；

4.2.4.2 整组或全部更换辐射段炉管后，应进行水压或气压试验，试验压力按下式计算：

$$p_t = 1.5 p_w \frac{\sigma_t}{\sigma_w}$$

式中 p_t——试验压力，MPa；

p_w——工作压力，MPa；

σ_w——工作温度下材料的许用应力，MPa；

σ_t——试验温度下材料的许用应力，MPa；

注： 当 $\sigma_t / \sigma_w \geqslant 6.5$ 时，可取 $\sigma_t / \sigma_w = 6.5$ 进行计算；

4.2.4.3 水压试验水温不应低于5℃，水中氯离子含量不得超过25mg/L，且不得含有可能导致奥氏体钢产生应力腐蚀的其他杂质；

4.2.4.4 当辐射段炉管无法与其他系统断开时，试验压力应取系统内各部件试验压力的最小值，以防系统内部件的超压损坏。

4.3 对流段盘管

4.3.1 在用盘管检修

4.3.1.1 应定期对对流段盘管进行外观尺寸检查、测厚、管板支撑情况检查和管子焊缝抽检；

4.3.1.2 检查对流段顶部盘管的露点腐蚀情况，对于露点腐蚀严重的部位应进行材质升级；

4.3.1.3 当满足以下条件时，应进行整组更换：

1）炉管严重弯曲，变形量超过1倍管外径或已经发生相互接触；

2）蠕涨量达到5%；

3）出现断裂或网状裂纹、腐蚀破裂；

4）翅片大量脱落影响传热，导致排烟温度上升超过设计值25℃以上；

4.3.1.4 切管应从炉管与弯头的焊缝中部切断，需在此焊缝再进行焊接时不得使用碳弧气刨或电焊切割；

4.3.1.5 炉管严重弯曲时，不得强行拉出，必要时拆侧墙，将炉管分段切割后拆出；

4.3.1.6 对流段盘管的焊接技术要求：

1）炉管焊接应制订专用焊接工艺，焊接工艺经评定合格后方可施焊；

2）焊接坡口应符合施工图要求，焊接前对坡口进行着色检查和清洗；

3）第一层焊缝必须使用气体保护钨极氩弧焊；

4）应对全部焊缝进行100%射线检查，Ⅱ级合格；对回弯弯头等确实不能进行射线检查的焊缝，可代以底层和盖面层焊缝的液体渗透检查；

5）检查不合格的焊缝必须进行返修，返修次数和返修部位应在检修档案中记录，并在交工资料中详细注明，同一焊口的返修不得超过2次；

4.3.1.7 铬钼钢的焊接

1）铬钼钢的焊接应执行SH/T 3520《石油化工铬钼钢焊接规范》的规定；

2）施焊前，应根据母材的特性及焊接环境确定焊接工艺，对在制造厂内预制完成的铬钼钢焊缝进行硬度抽检，检验区域包括焊缝和热影响区，异种钢焊接的则应包括双侧热影响区，抽检比例不低于20%，若发现问题或存在疑问，则应增加抽检比例；

3）铬钼钢焊接接头焊后热处理完成后，应进行100%硬度检验，每个接头的硬度检验应不少于1处，每处应包括缝和热影响区，异种钢焊接的则应包括双侧热影响区；硬度检验结果应满足表1的要求。

表1 铬钼钢焊接接头硬度检验合格标准

母材类别	硬度合格指标HB
C-Mo	≤ 225
Cr ≤ 2%[a]	≤ 225
2.25% ≤ Cr ≤ 10%[b]	≤ 241

[a] 对于公称成分 1Cr-0.5Mo-V 和 1.5Cr-1Mo-V 的材料，硬度合格指标为HB ≤ 241；

[b] 对于公称成分 9Cr-1Mo-V 的材料，硬度合格指标为：工艺管道HB ≤ 248，公用物料管道HB ≤ 300

4.3.2 对流段盘管整组更换

4.3.2.1 盘管组件加工完成后需要运至现场的，应制作专用的包装运输架进行固定，包装运输架应具有防止盘管组件窜动或移位的结构措施，且应尽可能为现场安装提供便利，严禁包装运输架与盘管组件直接焊接；

4.3.2.2 盘管组件与现场管路相连的接管，在图纸要求长度的基础上应至少增加100mm，作为试验和焊接的余量；

4.3.2.3 翅片管的制造执行SH/T 3415《高频电阻焊螺旋翅片管》的规定；

4.3.2.4 母管及翅片的材质、规格符合设计要求，翅片的焊着率不得低于95%；

4.3.2.5 翅片管的母管应为整根炉管，原则上不采用对接母管；

4.3.2.6 对流段管束、管件到货后，应根据设计图纸和装箱发运单现场开箱检查验收：

1）对流管束、管材、配件（螺栓、螺母、法兰、垫片等）、管板托架、管支承托架、焊接材料等的规格、数量是否准确；

2）按制造厂出厂文件检查管材、焊接材料的化学成分，机械性能是否符合规定；

3）检查对流管束的外形尺寸是否符合设计图纸要求；

4）管板外形尺寸检查；

5）检查对流管束的排列、管口方位等是否与图纸一致；

6）检查管束标记和防腐涂漆是否完整、无误；

4.3.2.7 新旧盘管的拆装过程中，管板之间应使用角钢连接固定，避免吊装过程中管板发生移位；盘管吊装必须使用专用平衡梁；

4.3.2.8 盘管安装就位后应逐一确认管板各支撑点是否安装到位，管板支撑不得悬空、虚搭或歪斜，可辅以水平尺观察管板水平情况。

4.3.3 试压

4.3.3.1 单根更换炉管后应进行压力试验，试验压力参照4.2.4.2或按设计文件要求；

4.3.3.2 整组更换对流段炉管，应先以盘管组件为单位按设计规定压力进行水压或气压试验，试验压力参照4.2.4.2或按设计文件要求，试压合格后进行盘管吊装，最后对安装焊缝进行100%RT检测，全部合格则视为达到验收标准。

4.4 衬里

4.4.1 耐火砖

4.4.1.1 耐火砖凸出20mm以上应重新砌筑并更换挂砖杆；

4.4.1.2 耐火砖墙裂纹宽度大于6mm时应进行修补或更换；

4.4.1.3 两块以上相邻的耐火砖发生断裂时应予以更换；

4.4.1.4 耐火砖需加工时，应将未加工面作为迎火面，砌砖时应使用木锤或橡皮锤找正，禁止用铁锤敲打找正或在灰浆固结后敲打耐火砖；

4.4.1.5　冬季施工环境温度不得低于5℃；耐火砂浆应用35～40℃温水搅拌，结冻砂浆禁用；

4.4.1.6　耐火砖砌砖用砂浆，应使用与耐火砖性能和材质相同的耐火水泥；砌砖应错缝砌筑，表面应勾缝；

4.4.1.7　砌筑时，每一层背衬板和相邻层的水平缝和垂直缝都必须错开，错缝距离必须大于30mm以上；

4.4.1.8　背衬板与炉壁板间隙不应大于5mm；

4.4.1.9　背衬板之间的间隙不应大于3mm；

4.4.1.10　耐火砖的膨胀缝应填充陶瓷纤维，其宽度应符合设计要求；

4.4.1.11　宽度大于3mm的砖缝每平方米不得超过5处；

4.4.1.12　烧嘴砖、托架砖部位砖缝宽度应为1～3mm；

4.4.1.13　耐火砖墙的表面垂直度偏差不大于2mm/m；

4.4.1.14　耐火砖墙表面平面度，用1m平尺检查，其间隙不大于5mm；

4.4.1.15　烧嘴砖、看火孔砖等出现贯通裂缝、烧溶或变形影响烧嘴燃烧时，应予以更换；

4.4.1.16　炉桥和炉柱的耐火层出现脱落、裂缝宽度超过6mm及变形凸起时，应进行修补或更换；

4.4.1.17　脚手架立杆不得直接架设在炉底耐火衬里上；不得以看火孔为受力点。

4.4.2　浇注料和可塑料

4.4.2.1　浇注料和可塑料出现宽度大于6mm的较长裂缝或发现脱落时，应及时修理或更换；

4.4.2.2　局部修补时，要铲除比损伤部位稍大范围的耐火材料，其范围至少应包括2个锚固钉以支承修补部分，锚钉损坏或烧蚀时应更换；

4.4.2.3　铲除耐火材料应如图1所示，向炉壁方向逐渐加宽，注意周围不要形成尖角，且接缝不应是一条直线；

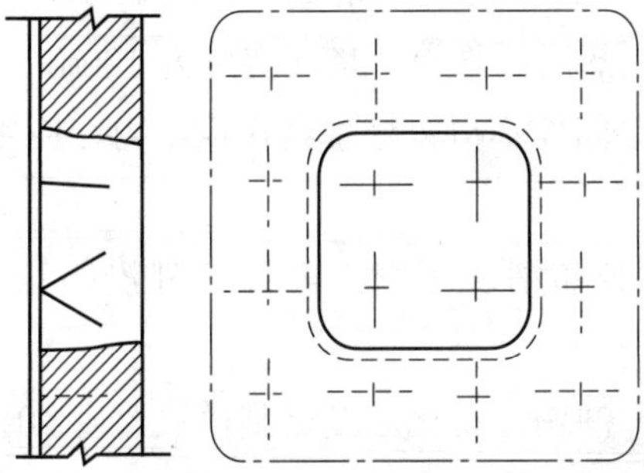

图1　衬里局部修复清理范围示意图

4.4.2.4 在修补前，应将原有耐火材料的铲除面与炉壁或保温板充分湿润，用于修补的材料原则上要与原来施工时使用的材料相同；

4.4.2.5 当修补面积小于 0.1m^2 时，可采用充填、捣实的方法；当面积大于 0.1m^2 时，应采用与原施工方法相同的方法进行修补；

4.4.2.6 模板需采用坚固的防水性材料，使用木板时，表面要刷漆；

4.4.2.7 浇注料必须按规定比例混配，加水量应严格按照设计要求，加水前后应充分搅拌均匀；

4.4.2.8 搅拌后的浇注料应在规定时间内用完，不得使用已开始硬化的材料；

4.4.2.9 浇注时一般应采用振捣棒振动至泛浆为止，防止产生蜂窝或孔洞，必须采用逐层加料，每次充模浇注的料层厚度小于 300mm；

4.4.2.10 浇注完成后，必须在 10～30℃的温度下静置，使之充分硬化后，方可拆模；

4.4.2.11 烧注料的养护时间应严格遵守材料厂家的规定，同时不应少于 24h，养护温度不得低于 10℃；

4.4.2.12 使用可塑料前，应检查其所含水分，严禁使用含水较多或冻结的可塑料；可塑料炉墙，无论是水平或垂直方向，应每隔 400～450mm 装一个锚固件，其结构应能适应炉壁的膨胀与收缩；

4.4.2.13 可塑料必须逐层用气锤均匀夯实，小面积修复时，也可使用手锤，夯锤的冲程应为每层可塑料厚度的 2 倍，以保证夯锤能充分作用到下层，一般每层可塑料的加料厚度应小于 50mm；

4.4.2.14 可塑料炉壁间隔 1350mm 应设一条膨胀缝，每隔 100～150mm 应开一个直径为 3～4mm 的通气孔，深度为耐火层厚的 65%左右；可塑料的外表面应刮成粗糙面；

4.4.2.15 施工厚度误差应在 5mm 以内；气孔和夹渣物面积不应超过 1cm，深度应小于 10mm；炉底水平度偏差不应大于 5mm/m。

4.4.3 陶瓷纤维

4.4.3.1 陶瓷纤维层的锚固件连续脱落 3 个以上时应整片拆除，重新更换锚固件和陶纤；

4.4.3.2 陶瓷纤维毡应错缝铺设，各层间错缝距离应在 120mm 以上；在接缝部位受热面纤维应顺气流方向搭接在隔热层纤维上，搭接宽度为 100mm；

4.4.3.3 固定陶纤的金属锚固件不得直接暴露在烟气内，应用耐火胶泥或陶纤棉等覆盖保护；

4.4.3.4 应严格按锚固件分布情况下料，陶纤毡外沿距锚固件中心的距离不应超过 70mm；

4.4.3.5 若陶纤模块破损、冲刷、粉化厚度达到模块厚度 10%，应予以更换；

4.4.3.6 对于整体喷涂陶纤的，裂纹小于 20mm 可填充陶纤，大于 20mm 时应进行补喷；

4.4.3.7 炉管弯头及吊杆上所包的陶瓷纤维有脱落的，应恢复或更换；
4.4.3.8 膨胀缝填充陶瓷纤维有脱落的，应修复。

4.4.4 烘炉

4.4.4.1 大面积更换衬里后，应进行烘炉；局部修理时也应进行烘炉，但可酌情缩短烘炉时间；
4.4.4.2 烘炉前的检查

（1）检查炉膛内耐火砖、陶纤模块的安装是否符合设计要求，捆扎陶纤模块的塑料带及模块中的塑料导向管应全部取出；按照衬里施工图检查膨胀缝的位置、尺寸和塞缝是否符合设计要求；

（2）检查所有仪表、阀门是否已具备投用条件；

（3）检查引风机试运工作是否已完成，引风机烟道挡板的开启是否灵活性、挡板内有无施工中遗留的杂物，检查挡板的指示位置与实际开度是否一致；

（4）检查各管线的弹簧支吊架，确认其固定销子已摘除；

（5）检查各部位的保温是否完好；

（6）检查、确认辐射段炉门、对流段人孔以及汽包人孔等已全部封闭；

（7）检查公用工程是否全部安装完毕，且已投用；

（8）检查系统试压、吹扫、气密工作是否已全部完成；

（9）检查仪表自控系统的单校、联校是否已完成，联锁报警系统是否确认完毕；

（10）检查系统其他部件是否已检修完成，具备投用条件；

（11）检查烘炉所需的技术资料是否齐全；

4.4.4.3 烘炉应严格按照所用耐火材料所对应的烘炉曲线进行，避免温度的骤升、骤降；
4.4.4.4 烘炉后应检查衬里外观、尺寸及变形情况，有超标裂纹或严重变形的应予以处理。

4.5 急冷锅炉

4.5.1 急冷锅炉的拆装及检查

4.5.1.1 停炉前，可在200℃蒸汽开车的状态下，将封头的紧固螺栓浇以煤油或洗油，以便于拆卸；
4.5.1.2 检查急冷锅炉上下封头的衬里使用情况，发现脱落、开裂、变形等问题应进行修补；着重检查上下封头密封面附近的衬里，防止衬里变形凸起造成密封面压紧力降低；
4.5.1.3 上、下封头法兰密封面复位前应彻底清理干净，使用的密封垫片应符合设计要求；
4.5.1.4 上、下封头螺栓及螺母回装前必须用洗油清洗干净，并在丝扣部位抹上二硫化钼或高温防咬合剂；螺栓应均匀对称把紧；

4.5.1.5 裂解炉投料前应进行热把紧，投料前后应仔细检查密封面有无泄漏；

4.5.1.6 可使用定力矩把紧、碟簧等技术方法增加急冷锅炉法兰密封的可靠性。

4.5.2 套管式急冷锅炉

4.5.2.1 内管因腐蚀穿孔或因过热造成塌缩影响运行时，应进行修理或更换内管；

4.5.2.2 更换内管的技术要求

1）更换所用的内管的材质与规格必须符合原设计要求，并有完整的材质证明和检验报告等；

2）按图2所示用带有40°斜角的钻刀将管两端的接点切开，切孔的直径随内管外径变化如表2所示；

3）按图3所示加工一槽口，便于将内管取出；

4）安装内管时注意内管与外管之间的间隙必须均匀，内管高出椭圆管的长度不应超过2mm；

5）焊接材料及焊接工艺参考表3；

6）焊前预热温度100℃，当气温低于5℃时不得施焊，内管焊接不得在管两端同时施焊。

表3 内管切孔直径

mm

内管外径	31.3	33.7	38.0	42.4	44.5	51.0
切孔直径	36.0	39.0	42.0	46.0	49.0	55.0

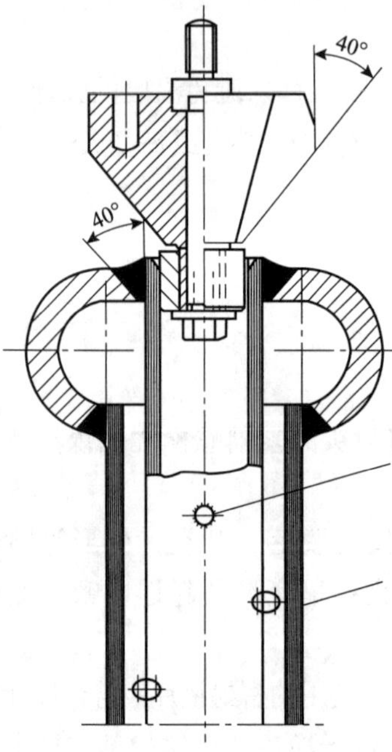

图2 内管切口示意图

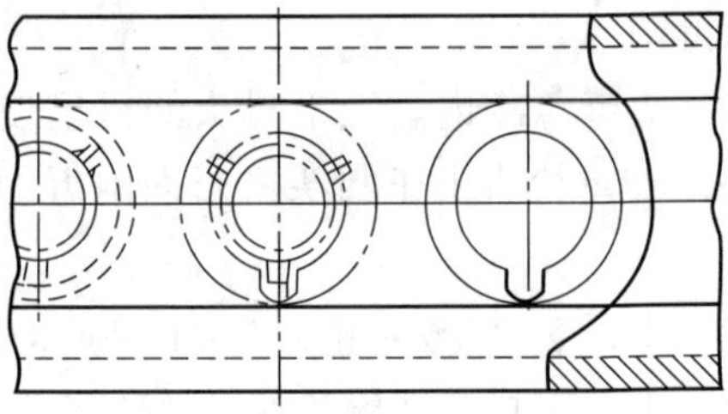

图3 内管切口槽孔加工

表 3 内外管焊接技术参数表

部位	材料	焊接工艺	焊接材料			直径/mm	电流/A
			德国	美国	中国		
根部	$15Mo_3$	SMAW	DIN_{8575} SGMo	AWS:$SFA_{5.28}ER_{80}S$	R107	2.5	80~110
		GTAW	DIN_{8575} $EMoB_{20}$	AWS:$SFA_{5.5}ER_{70}BG$		2.5	100
焊缝	$15Mo_3$	仰焊 SMAW	DIN_{8575} $EMoB_{20}$	AWS:$SFA_{5.5}E_{7018}$-A1	R107	2.5	70~105
		平焊	DIN_{8575} $EMoB_{20}$	AWS:$SFA_{5.5}$		3.25	110~140

4.5.2.3 堵管

1）当内管损坏根数较少时，可采用将内管堵死的方法进行修理，堵管数量不应超过急冷锅炉管子总数的 3%；

2）焊接材料及方法同表 3；

4.5.2.4 外管损坏时，可以用图 4 所示方法在内、外管两端钻孔，取出内管和外管；外管钻孔直径随外管直径的变化见表 4；

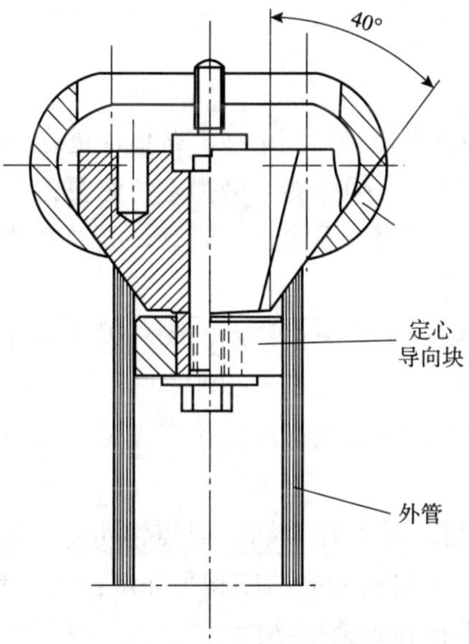

图 4 外管切口示意图

表 4 外管钻孔直径

mm

外管直径	51.0	60.0	63.5	70.0
钻孔直径	52.0	61.0	65.0	71.0

4.5.2.5 更换所用的内外管的材质与规格必须符合原设计要求，并有完整的材质证明和

检验报告等；

4.5.2.6 按图5所示方法回装外管，并从椭圆管内将外管焊牢；回装内管时应在椭圆管与内孔之间加衬环，衬环材料应与母材相近；

4.5.2.7 内、外管更换后，可用最高锅炉给水压力对急冷锅炉进行试压，但压力不得超过设计水压试验压力，试压时应将汽包安全阀顶紧；

4.5.2.8 当内外管累计损坏根数超过总量的10%时，应考虑更换急冷锅炉；

4.5.2.9 更换急冷锅炉后，应按设计规定进行酸洗和钝化处理，合格后方可使用。

4.5.3 固定管板式急冷锅炉的检修维护参照《固定式压力容器安全技术监察规程》执行。

4.5.4 急冷锅炉的清焦

4.5.4.1 符合下述条件之一时，必须对急冷锅炉进行烧焦或清焦：

1）急冷锅炉出口温度超过设计允许值；

2）急冷锅炉内管堵塞或压力降超过设计值；

4.5.4.2 急冷锅炉清焦应以水力清焦为主，水压控制在40.0～50.0MPa，不得用钢钎等硬物强行捅、砸，以免造成内管损伤；

4.5.4.3 拆除上、下封头后，应采取措施防止异物和水进入炉管，清焦过程中应使用集水罩防止清焦水飞溅和外流。

4.6 裂解气大阀及烧焦阀

4.6.1 裂解气大阀

4.6.1.1 裂解气大阀应在装置大检修期间下线、解体，进行全面检查和修理，内容包括：

1）阀体拆解、清理，焊缝无损检测，磨损部位修复；

2）阀板、阀座、膨胀节等密封面检查、研磨，必要时修复或更换；

3）更换软密封圈及垫片；

4）阀杆直线度检查，螺纹部位无损检测，阀杆碟簧全部更换；

5）防焦蒸汽线清理、测厚，减薄超过20%的予以更换；

6）执行机构检查、校验，更换执行机构铜套螺母，阀门行程及开关限位设定；

7）阀体保温修复；

4.6.1.2 仔细检查各密封面，对于轻微划痕或点蚀可进行研磨处理，研磨按粗研、中研、精研逐步进行，以保证密封面的光洁度和平面度；对于贯穿性的严重划伤或被冲刷后的严重变形、缺肉则应进行补焊或更换；

4.6.1.3 清理波纹管膨胀节内的结焦，测量并记录波纹管膨胀节的宽度，测量位置应不少于4个点，根据测量结果调整膨胀节辅助撑开机构；

4.6.1.4 对膨胀节波纹管进行无损检测，若波纹管出现裂纹或穿孔，则应进行更换；

4.6.1.5 若膨胀节密封面磨损深度大于2mm或损伤长度大于15mm，则必须更换；

4.6.1.6 阀杆表面应无凹坑、刮痕和轴向沟纹，表面粗糙度应不低于 $Ra1.6$；

4.6.1.7 更换阀杆碟簧应严格控制其预压缩量，碟簧预压缩量应符合设计要求；

4.6.1.8 大阀检修完成后应进行性能试验，内容包括：

1）全行程测试

使用执行机构操作阀门全关和全开，以开关灵活、无卡阻为合格，并记录开关过程最大力矩值，若开关力矩过大则应调整碟簧预压缩量或检查各运动部件间的配合间隙；

2）密封性能检查

进行气密性试验，试验压力按设计要求且不得低于最高工作压力，密封试验最大允许泄漏量按 API 598《阀门的检查和试验》标准执行（表 5）。

表 5 大阀气密试验最大允许泄漏量

阀门规格 /in	气密试验泄漏量 /（气泡个数 /min）
16”	64
24”	96
36”	144
48”	192

4.6.2 烧焦阀应在装置运行期间随裂解炉一同检修，其技术要求同裂解气大阀。

4.7 燃烧器

4.7.1 裂解炉燃烧器应满足低 NO_x 燃烧要求，运行期间烟气排放应符合国家和地方的环保要求。

4.7.2 停炉检修期间，应检查燃烧器喷枪的使用情况，清理枪头和风箱内的杂物，视烧嘴砖的使用情况进行修补或更换。

4.7.3 燃料气组分较重，易造成燃烧器喷枪结焦甚至堵塞的，应增加检查和清理频次，同时考虑设置燃料气聚结设施。

4.7.4 定期清理空气预热器。

4.7.5 裂解炉烧焦时，可在燃烧器处通入蒸汽，以保证烧焦状态下 NO_x 含量折算值达到环保要求。

4.7.6 检修过程中应采取有效措施防止燃烧器部件损坏或异物进入，任何情况下不得以燃烧器部件作为受力点。

4.8 验收

4.8.1 裂解炉检修除应满足以上各项技术要求外，还应提供以下技术资料：

1）炉管、管件、焊接材料及耐火材料等的质量证明文件及复验报告；

2）焊缝位置示意图及无损检测报告；

3）焊缝返修质量检查报告及返修许可证；

4）炉管、管组预制和安装尺寸检查记录；

5）水压（或气压）试验、气密试验记录；

6）耐火材料修理、更换位置示意图及尺寸检查记录；

7）燃烧器安装尺寸检查记录；

8）弹簧吊架或重锤调整情况记录；

9）其他有关竣工技术资料。

4.8.2 检查合格后各方应履行签字手续，作为竣工验收的凭证；竣工验收合格后，裂解炉可交付使用。

5 维护与监测

5.1 日常维护与监测

5.1.1 裂解炉应保持在设计规定的负压下运行，严禁正压操作；

5.1.2 各组炉管出口温度偏差应保持在5℃以内，若偏差过大，应调整燃烧器的燃料量和进风量；保持炉膛温度分布均匀，不应通过调节进料量来维持出口温度；

5.1.3 烟气横跨温度不得超过设计允许温度；

5.1.4 辐射段各炉管管壁温度不得超过设计允许温度；应采用人工测温或在线测温的方式，对运行裂解炉的辐射段炉管外壁温度进行定期监测，以掌握裂解炉的实际运行状态；

5.1.5 炉出口压力不得超过设计值；

5.1.6 排烟温度不得超过设计值25℃以上，不得低于烟气露点温度；

5.1.7 急冷锅炉出口温度不得超过设计值，同一裂解炉的各急冷锅炉出口温度偏差不应超过10℃；

5.1.8 烟气含氧量应维持在2%～4%之间；

5.1.9 燃烧器应定期进行检查、调整和清理，应保证燃烧完全、炉膛清亮，火焰不与炉管直接接触，不得有油滴喷在炉墙和炉管上；

5.1.10 必须保证锅炉给水的连续供给；

5.1.11 除事故状态外，裂解炉升、降温速度不得超过100℃/h；

5.1.12 应根据运行情况定期吹灰；

5.1.13 定期检查裂解气大阀和烧焦阀的防焦蒸汽线畅通情况；

5.1.14 应建立炉外壁温度的巡检机制，对炉壁温度、炉壁板变形情况进行全面检测，着重检查看火孔及侧烧周边、炉顶等部位；

5.1.15 按照SH/T 3036《一般炼油装置用火焰加热炉》的规定，换算至零风速、环境温度27℃的情况下，辐射段、对流段和烟道外表面温度应不大于82℃，辐射段底部表面温度应不大于90℃。炉壁变形量不应超过25mm；

5.1.16 监测裂解炉热效率情况，出现异常时及时采取措施；每1～2年测定一次热效率，裂解炉热效率应不低于其设计值且不小于92%；

5.1.17 根据各地区的环保要求，监测裂解炉烟气排放情况，出现异常立即调整。

5.2 寿命评估

5.2.1 对辐射段炉管、对流段盘管、急冷锅炉、衬里、大阀等重要部件的投用时间、运行状态、运行风险和维护成本进行统筹考虑，建立裂解炉的寿命管理机制；
5.2.2 利用裂解炉检修机会，定期检测辐射段炉管的弯曲度、蠕涨量、壁厚、磁性、硬度和焊缝质量等参数，并做好记录；随着炉管使用时间的延长，检测频率应随之增加；
5.2.3 使用时间超过 6 万小时的炉管，可取样进行破坏性检查和寿命评估。

6 常见功能故障与处理

管式裂解炉常见功能故障与处理方法见表 6。

表 6 管式裂解炉常见功能故障与处理方法

序号	功能	功能故障	故障模式	故障后果	应对策略
1	发生裂解反应	炉管断裂	渗碳 热冲击 蠕变 超温	停炉	定期检测渗碳情况，更换渗碳严重的炉管 改善操作，控制升降温速度 定期检测裂纹和更换炉管 定期检查、测温、调整炉管温度分布
2		炉管堵塞	急冷锅炉衬里脱落 紧急停炉	停炉	定期检查、修复急冷锅炉封头衬里 及时烧焦；紧急停炉时及时采取措施防止焦块脱落
3		炉管弯曲	炉膛热分布不均 悬吊系统调节不当 导向管弯曲	反应不均	调整炉膛温度分布 检查调整吊架或重锤 检查调整导向孔填充材料及间隙或更换导向管
4	承受重力	吊耳吊杆断裂	高温蠕变 受力不均衡	炉管变形	更换吊杆、吊耳 调整弹簧吊架，保证受力均匀
5	维持燃烧	炉膛负压不足	引风机能力不够 烟道挡板卡涩失灵 燃烧器风门开度太大 炉壁漏风	停炉	检查修理或更换引风机 检查修理烟道挡板 调整风门开度，减少过剩空气量 检查炉壁密封情况，进行堵漏处理
6	提供热能	烧嘴烧蚀	结焦堵塞 设计结构不合理 选材不合理	燃烧状态不良	检查清理 改进设计结构 改进材料
7	降低裂解气温度	急冷锅炉内漏	腐蚀 机械损伤 制造缺陷	停炉	加强锅炉给水水质管理定期检测内管腐蚀情况 加强运行管理避免运行时间过长，文明清焦 修理或更换

表6 管式裂解炉常见功能故障与处理方法（续）

序号	功能	功能故障	故障模式	故障后果	应对策略
8	减少热量损失	衬里破损	衬里局部脱落 锚固件脱落或变形 衬里裂纹扩展 耐火材料热稳定性不好 升降温速度过快	局部超温	局部修理或重做 更换锚固件 裂纹修补 改用更高热稳定性的材料 严格控制升降温速度
9	切断工艺流程	大阀、烧焦阀卡涩	执行机构故障 内部结焦 碟簧碎裂	开关困难	更换或修理执行机构 清理，保证防焦蒸汽线畅通 检修更换碟簧，校核执行机构的力矩限制

附 录 A
（资料性附录）
管式裂解炉检修质量控制确认表

质量控制点	等级	控制标准	检修实际值	确认签字			备注
				施工单位	生产装置	设备管理部门	
炉管蠕涨量	B	≤5%					
炉管实际壁厚	B	不低于设计最小密实层厚度					
炉管直线度	B	≤1.0mm/m，全管≤12mm					
炉管中心距	B	任意两根中心距与设计值偏差≤20mm，相邻两管中心距偏差≤12mm					
铬钼钢焊接接头硬度	B	见表1					焊前焊后均应检测
衬里外观检查及各尺寸确认	B	外观无裂纹、凸起、变形等问题；尺寸安装设计要求					
……	……	……					

注： A级　施工单位、生产装置、设备管理部门专业人员检查确认后签字；
B级　施工单位和生产装置专业人员检查确认后签字；
C级　施工单位专业人员检查确认后签字。

工业汽轮机维护检修规程

SHS 03004—2019

代替 SHS 03004—2004

目　次

前　言

本规程按照 GB/1.1—2009《标准化工作导册　第 1 部分：标准的结构和编写》给出的规则起草。

本规程代替 SHS 03004—2004《化工厂工业汽轮机维护检修规程》，与 SHS 03004—2004 相比，除了编辑性修改外，主要技术变化如下：

——修改了规程名称，扩大了规程适用范围；

——增加了 4.2.23 回装前准备和 4.2.24 回装与检测内容；

——以高温高压冷凝式汽轮机为例，参照汽轮机图纸技术资料，产品合格证、使用说明书，补充了化工厂工业汽轮机维护检修规范内容；

——振动检查及处理（表 20）内容中增添 9 条和修改部分文字。错油门、油动机、油管道振动增加 1 条，其他修改少量文字内容；

——增加检测数据表格 17 张，主要是产品合格证、图纸、使用说明书内容为主，删除原部分；

——按照杭汽技术要求，汽轮机中分面螺栓排序进行修改，从汽缸紧靠第 1 个导叶持环凸缘前的螺栓 1 和 2 位号为起始点，左右对称依次向前拧紧。而后从起始点左右对称依次向后拧紧；

——增加速关组合件内容。速关组合件主要控制启动油、速关油、控制油、危急保安器油路、试验油、电磁阀组合件等；

——在 1.1.2 适用范围中增加了杭州汽轮机股份有限公司制造的 NG、ENG、HNG、EHNG、NK、ENK、HNK、EHNK、WT 等 9 个工业汽轮机机型；

——表 16 径向轴承、止推轴承间隙、阻油环间隙表中，增加了一台工业汽轮机径向轴承、止推轴承间隙、阻油环间隙要求。

——表 19 润滑油温度、回油温度、轴瓦温度表中，增加了 6 台工业汽轮机润滑油温度、回油温度、轴瓦温度数值要求。

本规程由中国石油化工集团有限公司、中国石油化工股份有限公司提出。

本规程起草单位：杭州汽轮机械设备有限公司。

本规程主要起草人：来敏华。

本规程所代替规程的历次版本发布情况为：

SHS 03004—1993，SHS 03004—2004。

工业汽轮机维护检修规程

1 范围

1.1 主题内容

本规程规定了工业汽轮机维护检修规程的范围、规范性引用文件、周期与内容、检修与质量标准、试车与验收、维护与故障处理。

1.2 适用范围

本规程适用于7EH-13、5CL-4、8EH-10、5BH-4、5BH-5、NG、ENG、HNG、EHNG、NK、ENK、HNK、EHNK、WT等机型，以API-612标准制造的汽轮机的维护和检修。

2 规范性引用文件

下列文件对于本文件的应用是必不可少的。凡是注日期的引用文件，仅所注日期的版本适用于本文件。凡是不注日期的引用文件，其最新版本（包括所有的修改单）适用于本文件。

API Std 612 石油、化工和天然气工业用特殊用途汽轮机

SH/T 3553 石油化工汽轮机施工及验收规范

SHS 01003 石油化工旋转机械振动标准

JB/T 4058 汽轮机清洁度

JB/T 9628 汽轮机叶片磁粉探伤方法

SH/T 3536 石油化工工程起重施工规范

TSG 21 固定式压力容器安全技术监察规程

3 检修周期与内容

3.1 检修周期

根据对汽轮机系统功能故障及其影响分析的结果、有无备用设备并结合生产装置运行周期，确定汽轮机及系统的检修周期，一般为24～60个月。

3.2 检修内容

3.2.1 消除管线、阀门的泄漏。

3.2.2 检查或更换止推轴承、径向轴承。

3.2.3 清理检查调速阀，抽汽阀的轴承部位，添加润滑脂，检查、整定调速阀和抽汽阀。

3.2.4 检查、清理抽汽逆止阀及执行机构。

3.2.5 检查、清理盘车装置系统。

3.2.6 检查或更换静电接地电刷。

3.2.7 检查调节油蓄能器、用充氮工具补充氮气，调整氮气压力。

3.2.8 调校轴振动、轴位移探头、键相位探头、胀差探头。

3.2.9 检查、清理油过滤器，清理或更换滤芯，检查清理六通阀。

3.2.10 检查、清理凝汽器，消除真空系统的泄漏，必要时采用凝汽器汽室灌水试验。

3.2.11 检查、清理抽汽器，大气（真空）安全阀或安全模板，必要时更换安全模板（铝板）。

3.2.12 检查联轴器，机组找正，检查和调整转子与汽缸测量环中心数据。

3.2.13 电气、仪表部分进行相应检修。

3.2.14 拆、装化妆板和汽轮机保温层。

3.2.15 检查汽缸有无裂纹、冲刷、损坏及结合面有无漏汽痕迹等缺陷，必要时处理，检查缸体水平度。

3.2.16 检查、清理蒸汽室（内缸）喷嘴、导叶持环（隔板），测量、调整导叶持环各部间隙。

3.2.17 检查、清理或更换部分汽封及弹簧，测量、调整汽封间隙。

3.2.18 更换全部 O 形环等易损密封件。

3.2.19 检查转子径向、端面跳动值，检查测量轴的直线度。

3.2.20 检测叶片、铠条、围带及铆钉等松动、裂纹、断裂和腐蚀等缺陷，根据具体情况做必要处理。

3.2.21 检查前后径向瓦块、推力瓦块间隙和接触面积，轴承瓦块表面是否有拉毛划痕脱落磨损等情况。

3.2.22 检查前后油封挡是否有结垢、结炭、磨损等情况。

3.2.23 检查汽缸与前后座架导向键间隙和前轴承座与前支座导向间隙。

3.2.24 检查、清理汽缸螺栓、螺母，并进行无损探伤，必要时更换螺栓螺母。

3.2.25 对调速、抽汽电液转换器、危急保安器及动力传递机构进行检查、校验或更换新件。

3.2.26 解体检查或修理主汽阀、调节阀和抽汽阀，检查各阀杆的直线度，阀头、阀座进行无损探伤，检查阀头的密封性，必要时修复或更换新件。

3.2.27 检查、测试、自检电子调速器控制输入输出系统及联锁报警控制状态，必要时适当修改组态程序。

3.2.28 检查、测试三取二电子跳闸装置系统，静态时采用模拟信号输入三取二电子跳闸装置试验。

4 检修与质量标准

4.1 拆卸前的准备

4.1.1 各项准备工作应符合安全、环保、质量等方面的要求，对检修过程进行危害识别及风险评估、环境因素识别和影响评价，并办理相关票证。

4.1.3 根据汽轮机运行技术状况和监测记录，查看上轮检修资料，分析故障原因和部位，制定检修计划和方案。

4.1.4 熟悉设计图纸、随机图纸及技术资料、产品合格证装配测量记录数据。

4.1.5 准备好检修所需更换的备件和材料。

4.1.6 检修所需的工、量、卡具、起吊工具备齐，吊车进行负荷（承载）试验合格。

4.1.7 按规定进行断电、停汽、倒空等工艺处理完毕，具备检修条件，办理安全检修证后，方可施工。

4.2 拆卸与检测

4.2.1 拆开汽轮机保温层。

4.2.2 拆卸汽轮机新蒸汽进汽法兰口螺栓螺母，拆除与检修相关的全部管线，并封好管口。

4.2.3 拆卸联轴器护罩、短节、供油管，供油管要小心拆卸，不得损坏或弯曲。

4.2.4 测量并记录机组同轴度。

4.2.5 拆卸调速器、调速杠杆，吊下机头箱。

4.2.6 拆卸汽缸中分面螺栓。

4.2.6.1 前（后）支座下部用垂直螺钉往上顶住下汽缸，顶起汽缸 0.02mm，下汽缸支撑。

4.2.6.2 使用专用工具（专用扳手、液压、电加热）拆卸汽缸中分面螺栓。

4.2.6.3 检查螺栓螺母并记录其外观有无缺陷，必要时检测硬度并进行无损探伤。

4.2.7 汽缸（图 1）

4.2.7.1 插入前后汽缸垂直导向杆，用顶开螺钉微量顶开汽缸中分面。

4.2.7.2 试吊上汽缸体，调整汽缸水平吊出上汽缸体。

4.2.7.3 检查并记录汽缸中分面有无裂纹、冲刷、损伤、漏汽痕迹等缺陷，必要时制订修复方案进行修复。

4.2.7.4 检查并记录汽缸与前后支座连接滑销系统并测量其间隙。

4.2.7.5 如果前支架是挠性支架结构，检查并记录挠性支架有无裂纹、开焊等缺陷。

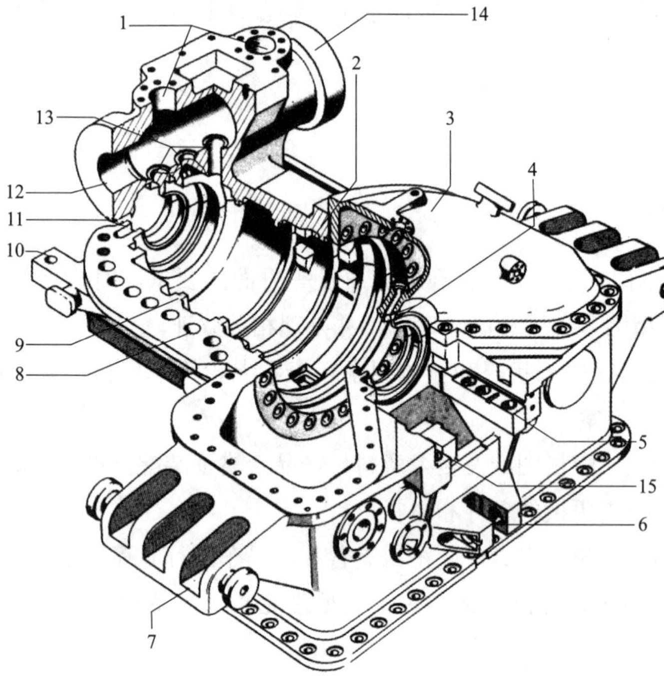

图1 汽缸

1—调节汽阀阀杆装配孔；2—导叶持环支承搭子；3—排缸；4—后汽封装配凸环；
5—后轴承座安装面；6—横向中以调整件搭子；7—后猫爪；8—中分面螺栓孔；
9—导叶持环装配凸环；10—前猫爪；11—前汽封装配凸环；12—进汽室；
13—调节汽阀阀座装配孔；14—速关阀阀壳；15—后轴承座导向键

4.2.8 拆卸并检查轴位移、轴振动探头、涨差探头、温度探头铂电阻、上下缸温差温度传感器等零件。

4.2.9 复测转子动叶片与导叶持环静叶片的进汽和出汽轴向间隙，复测转子与汽缸定位尺寸 E。

4.2.10 测量转子与各级导叶持环汽封齿、前后汽封及中间汽封之间径向和轴向间隙并记录。

4.2.11 径向瓦和止推瓦

4.2.11.1 拆卸上半轴承箱，检查测量止推瓦、径向瓦，并测量径向瓦间隙和转子轴向窜量。

4.2.11.2 检查并记录各瓦块工作面的接触长度面积及磕损拉毛情况。

4.2.11.3 检查轴承瓦块表面磨损、电腐蚀、裂纹、夹渣、气孔、剥落等缺陷，必要时需更换。

4.2.11.4 检查并记录轴瓦瓦块内、外弧及销钉孔有无磨亮痕迹，定位销钉是否弯曲、松动。

4.2.11.5 检查并记录薄壁轴瓦的接触痕迹及余面高度。

4.2.11.6 用抬轴工具将转子前或后端轻微抬起0.08～0.1mm，将下半轴瓦旋出，注意：两端下半轴承不可同时取出，以免损伤转子、汽封等。

4.2.12 转子

4.2.12.1 测量并记录转子轴颈扬度、转子各挡径向跳动。

4.2.12.2 取出推力轴承，用随机提供的专用起吊工具试吊转子，调整转子前后水平，吊出转子。

4.2.12.3 检查并记录轴颈、叶片、围带、推力盘等有无损伤、裂纹等缺陷，必要时进行无损探伤，并做叶频分析。

4.2.12.4 检查并记录转子径向、轴向（端面）跳动值，见表1。

表1

<table>
<tr><td colspan="8">H T C</td><td colspan="10" rowspan="2">汽轮机转子径向、轴向（端面）跳动值</td><td colspan="6">0-1022-××××-00</td></tr>
<tr><td colspan="8">机型 EHNK63/80 T7388</td><td colspan="6">页</td></tr>
<tr><td colspan="24">转子编号：</td></tr>
<tr><td colspan="24">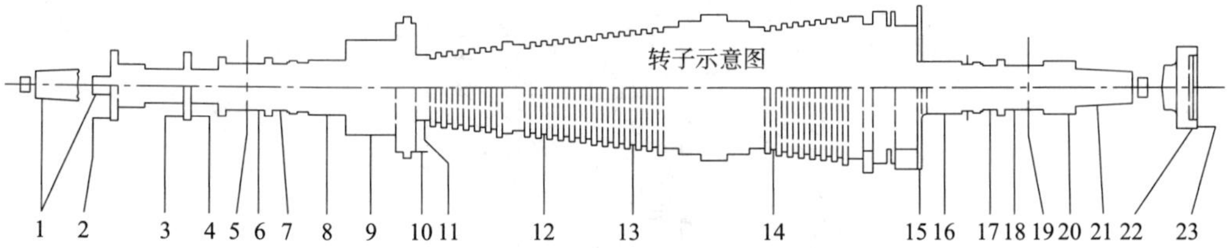

单位 0.01mm</td></tr>
<tr><td rowspan="2">记录值</td><td>1</td><td>2</td><td>3</td><td>4</td><td>5</td><td>6</td><td>7</td><td>8</td><td>9</td><td>10</td><td>11</td><td>12</td><td>13</td><td>14</td><td>15</td><td>16</td><td>17</td><td>18</td><td>19</td><td>20</td><td>21</td><td>22</td><td>23</td></tr>
<tr><td></td><td></td><td></td><td></td><td></td><td></td><td></td><td></td><td></td><td></td><td></td><td></td><td></td><td></td><td></td><td></td><td></td><td></td><td></td><td></td><td></td><td></td><td></td></tr>
</table>

4.2.12.5 检查转子汽封齿倾倒、弯曲、变形、缺口、磨损、裂纹等情况，必要时修理或更换。

4.2.12.6 检查转子超速紧急跳闸飞锤装置。

4.2.13 蒸汽室（内缸）

4.2.13.1 检查并记录蒸汽室（内缸）喷嘴、结垢、腐蚀、磨损、冲刷、裂纹情况，必要时清理和更换。

4.2.13.2 检查和调整蒸汽室（内缸）中分面低于汽缸中分面数据要求并记录数据。

4.2.13.3 检查并记录蒸汽室（内缸）汽封齿倾倒、弯曲、变形、缺口、磨损、裂纹等情况，必要时更换（表2、表3）。

表 2

<table>
<tr><td>名称：</td><td>内缸（蒸汽室）</td><td>图号：</td><td>0-2100-7388-11</td></tr>
<tr><td colspan="4">截面 T5-T5
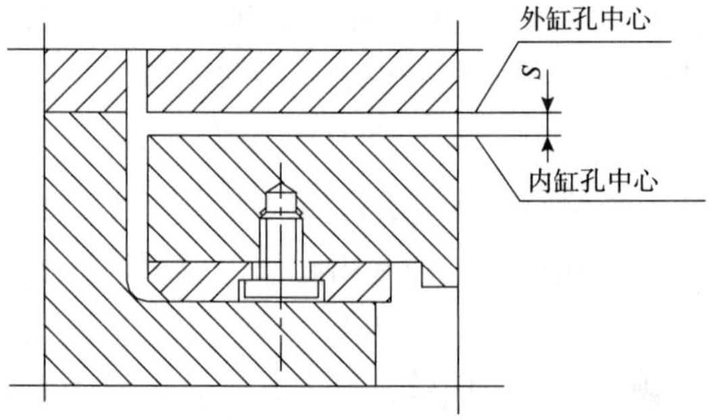
</td></tr>
<tr><td>数据</td><td>要求</td><td colspan="2">实测</td></tr>
<tr><td>S</td><td>0.10～0.16mm</td><td colspan="2"></td></tr>
</table>

表 3

<table>
<tr><td>名称：</td><td>内缸（蒸汽室）</td><td>图号：</td><td>0-2100-7388-11</td></tr>
<tr><td colspan="4">截面 T6-T6
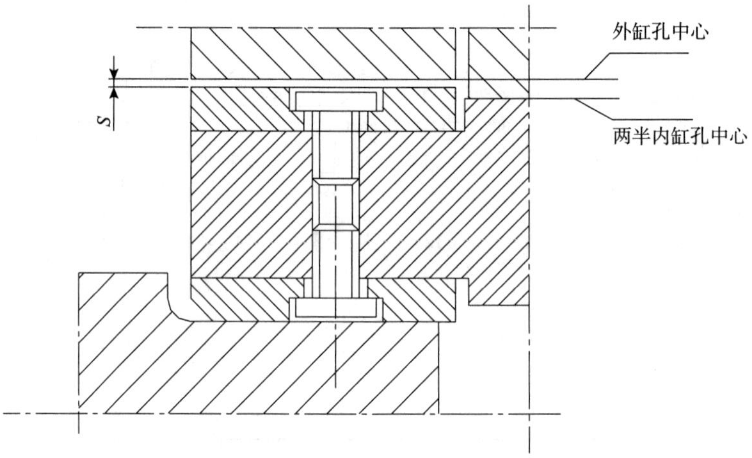
</td></tr>
<tr><td>数据</td><td>要求</td><td colspan="2">实测</td></tr>
<tr><td>S</td><td>0.10～0.16mm</td><td colspan="2"></td></tr>
</table>

4.2.14 导叶持环

4.2.14.1 检查与测量各级导叶持环低于汽缸水平中分面数据要求。

4.2.14.2 检查并记录导叶持环底部外环端面和汽缸内凸环的轴向间隙。

4.2.14.3 拆卸导叶持环，检查导叶持环底部偏心销与汽缸底部端面上下间隙和连接固定情况。

4.2.14.4 检查并记录各级导叶持环的腐蚀、磨损、冲刷、裂纹情况，必要时更换。

4.2.14.5 检查并记录持环汽封齿倾倒、弯曲、变形、缺口、磨损、裂纹等情况，必要时更换。

4.2.15 汽封

4.2.15.1 检查并记录前后汽封齿倾倒、弯曲、变形、缺口、磨损、裂纹等情况，必要时更换。

4.2.15.2 检查并记录中间汽封倾倒、弯曲、变形、缺口、磨损、裂纹等情况，必要时更换。

4.2.16 主汽阀、调节阀和抽汽调节阀

4.2.16.1 解体主汽阀（速关阀）、主调节阀和抽汽调节阀。

4.2.16.2 检查并记录阀头与阀座的密封情况，检查密封线是否完好。

4.2.16.3 检查并记录阀杆有无弯曲、咬合和裂纹等缺陷，必要时修理或更换。

4.2.16.4 检查并记录阀体、阀盖有无裂纹，接触面有无损伤等。

4.2.16.5 检查、清理并记录主汽阀蒸汽过滤网及各阀阀头组件和阀杆的密封情况。

4.2.17 联轴器

4.2.17.1 用专用工具拆卸联轴器。

4.2.17.2 清理、检查两半联轴器内孔与轴端外圆表面的粗糙度、圆柱度等，并测量各部分的配合尺寸。

4.2.17.3 清洗轴和两半联轴器内孔，检查半联轴器内孔与轴的接触情况。

4.2.17.4 检查记录两半联轴器径向跳动和端面跳动。

4.2.17.5 检查记录两半联轴器螺栓螺母是否发生咬合、磨损、弯曲、变形等情况。

4.2.18 盘车装置

4.2.18.1 检查、清理盘车装置传动和连接部件，必要时更换油封、轴承等。

4.2.18.2 检查并记录盘车齿轮齿面接触长度和齿侧间隙，必要时进行调整、修理或更换。

4.2.18.3 电动式盘车装置，检查并记录盘车导向挂钩与齿轮接触情况。

4.2.18.4 手动冲击盘车，检查棘轮与挂钩磨损情况。

4.2.18.5 液压冲击式盘车，检查油缸活塞和O形密封圈等零部件磨损情况。

4.2.19 速关组合件

4.2.19.1 检查速关组合件管接头、密封垫漏油点，必要时更换管接头和密封垫片。

4.2.19.2 检查、测量和清理速关组合件电磁阀和插装阀等零部件，必要时更换电磁阀等零件。

4.2.19.3 清理电液转换器滑芯和内孔，必要时适当修正滑芯表面光洁度。

4.2.19.4 必要时检查清理速关组合件内部油路。

4.2.20 凝汽系统

4.2.20.1 拆开凝汽器端盖、进行清理、检查，必要时进行灌水试漏或做相应处理。

4.2.20.2 检查冷凝器冷却水管内壁有无结垢、脏物、破裂等，必要时清理冷却水管内壁或更换冷却水管。

4.2.20.3 检查并记录抽汽器喷嘴、喷管的冲蚀，腐蚀、裂纹及几何尺寸变化情况。

4.2.21 抽汽逆止阀

4.2.21.1 检查清理抽汽逆止阀及其执行机构。

4.2.21.2 油缸活塞应光滑无毛刺，活塞杆无弯曲，O 形环密封无磨损。

4.2.22 大气（真空）安全阀

4.2.22.1 检查清理大气（真空）安全阀水封结构的阀板、阀座、螺杆的腐蚀、裂纹及密封等情况。

4.2.22.2 检查大气（真空）安全阀模板结构的铝板是否有裂纹、泄漏情况，必要时更换大气（真空）安全阀模板。

4.2.23 回装前准备

4.2.23.1 检查清理汽缸内部、中分面、蒸汽法兰口连接等部位。

4.2.23.2 清理修正蒸汽室（内缸）、各级导叶持环（隔板）、前后汽封、中间汽封等零部件。

4.2.23.3 清理修正转子、喷嘴、叶片、汽封齿、轴颈挡、汽封挡。

4.2.23.4 清理修正前后轴承座中分面、轴承洼窝、油档等部位。

4.2.23.5 清理修正前后径向轴瓦、推力轴承、瓦枕、压盖等部位。

4.2.23.6 清点和准备好起吊转子专用工具、锁扣、钢丝绳、葫芦等。

4.2.23.7 检查清理冷凝器、抽汽器、汽封冷却器等部件。

4.2.23.8 检查油站、油泵、电机等设备完好。

4.2.23.9 仪器仪表、压力变送器、传感器等调校基本完成。

4.2.23.10 调速器、电液转换器、安全栅、连接端子等检查基本完成。

4.2.23.11 清点和核对需要更换备件的数量和规格。

4.2.24 回装与检测

4.2.24.1 前后径向瓦下半安放在前后轴承座内，起吊调整转子前后水平，把转子吊入汽缸内，放入下半推力瓦。

4.2.24.2 检查轴承和调整前后径向接触长度面积、水位侧隙、顶部间隙，符合产品合格证记录数据要求。

4.2.24.3 检查和调整推力瓦块接触面积、轴向推力瓦间隙，符合产品合格证记录要求。

4.2.24.4 测量和调整转子与下汽缸测量环中心数据，符合产品合格证记录要求。

4.2.24.5 测量和调整汽轮机输出轴与被拖动转子联轴器中心数据，符合中心数据要求。

4.2.24.6 测量汽缸与转子轴向定位尺寸，符合产品合格证记录要求。

4.2.24.7 吊出汽轮机转子，把转子平放在随机提供装运转子的支架上。

4.2.24.8 各级导叶持环分别吊入汽缸下缸内，同时检查持环底部偏心销与下汽缸上下间隙。

4.2.24.8 中间汽封吊入下汽缸，蒸汽室下半吊入下汽缸。

4.2.24.9 蒸汽室（两半内缸）底部螺栓与中分面连接的结构，用随机工装先把两半内缸固定在转子上。

4.2.24.10 蒸汽室（两半内缸）、转子与工装一体起吊，调整转子水平，把蒸汽室、转子与工装一体吊入下汽缸内。

4.2.24.11 测量转子动叶片与各级导叶持环静叶片进汽和出汽边轴向间隙并记录，必要时适当调整间隙。

4.2.24.12 测量转子与各级导叶持环汽封齿、中间汽封齿径向和轴向间隙并记录，必要时适当调整间隙。

4.2.24.13 分别吊入导叶持环、中间汽封上半，要求中分面、螺栓涂上防咬合剂，拧紧螺栓螺母，测量径向间隙，必要时调整间隙。

4.2.24.14 吊入蒸汽室上半，中分面、螺栓涂上防咬合剂，拧紧螺栓螺母，测量径向间隙，必要时调整上下左右间隙。

4.2.24.15 测量导叶持环调整组件、中间汽封低于汽缸中分面间隙，详见产品合格证记录数据。

4.2.24.16 盘车检验转子与前后汽封、中间汽封、导叶持环汽封间隙安装调整情况，必要时适当调整间隙。

4.2.24.17 蒸汽室（内缸）、导叶持环汽封、中间汽封上下连接螺栓采用合金钢金属材料焊条电焊。

4.2.25 合缸（扣缸）

4.2.25.1 清理上缸和下缸汽缸中分面锈蚀、毛刺、脏物，检查确认汽缸内部没有异物存在。

4.2.25.2 装入下汽缸中分面前后垂直方向导向杆，准备好起吊上汽缸工具。上缸放入上缸中分面垂直定位销。

4.2.25.3 用起吊工具起吊上缸，调整汽缸前后水平，平稳把上汽缸慢慢落下离汽缸中分面 150mm 距离左右。

4.2.25.4 按照蒸汽压力温度，选择合适的密封脂型号，在汽缸中分面均匀涂上密封脂。

4.2.25.5 平稳把上汽缸落下合缸，汽缸垂直中分面定位销落下打紧，不允许上下缸错位。

4.2.25.4 按汽缸螺栓中间段起始点，向前后两侧开始排序，左右对称位置布置螺栓，分别对称拧紧螺栓螺母。

4.2.25.5 用电加热工具，分别把螺栓按照顺序、对称位置布置、厂家提供的螺母旋转角度，拧紧螺栓螺母。

4.2.25.6　用工具从下缸底部往上打击垂直定位销，取出汽缸中分面垂直定位销。

4.2.25.7　用百分表垂直测量前汽缸测量环上方，前汽缸猫爪位置垂直方向用百分表测量汽缸上下位移。

4.2.25.8　把前支座向上顶住前下汽缸螺钉松开，前汽缸猫爪位置下降 0.02mm 左右（冷凝式机组）。

4.2.25.9　如果前汽缸测量环上方百分表数值下降太大，需要重新加装前猫爪中分面垫片或调整支座螺纹座距离。

4.2.25.10　再次复测转子与前后汽缸测量环中心数据，要求基本符合产品合格证记录数据要求。

4.2.25.11　背压机组后汽缸测量环上方百分表数值下降数值太大，说明转子与汽缸中心数据发生变化。

4.2.25.12　重新加装后猫爪中分面垫片或调整支座螺纹座距离，使转子与汽缸测量环中心数据符合设计要求。

4.2.26　轴承座

4.2.26.1　回装轴瓦金属温度铂热电阻、轴位移探头、后胀差探头，分别调整轴位移探头和胀差探头间隙。

4.2.26.2　回装前、后径向轴瓦上半，装上轴瓦中分面定位销，把紧轴瓦中分面螺栓。

4.2.26.3　回装推力轴瓦上半，装上轴瓦中分面定位销，把紧轴瓦中分面螺栓。

4.2.26.4　油封挡密封环凸台与轴承座内环凹槽之间涂上耐油密封胶，回装油封挡密封环。

4.2.27　联轴器

4.2.27.1　复测联轴器中心数据，装上联轴器中间接套，螺栓对称位置拧紧联轴器螺栓。

4.2.28　联轴器护罩

4.2.28.1　确认回装结束，装上联轴器护罩、密封条、密封胶，拧紧护罩中分面螺栓。

4.2.28.2　回装联轴器护罩底部回油连接管。

4.2.29　新蒸汽进汽管连接

4.2.29.1　新蒸汽进汽法兰口与汽缸法兰口连接，要求法兰口平行度小于 0.15mm/m、同轴度小于 0.5mm/m。

4.2.29.2　前猫爪左右两侧横向水平装上百分表，新蒸汽法兰连接螺栓拧紧时，测量前汽缸左右位移量。

4.2.29.3　如果前汽缸左右偏移差值大于 0.10mm，需要调整新蒸汽进汽管弹簧吊架支撑，必要时增加导向限位等措施。

4.2.30　背压排汽管道连接

4.2.30.1　背压排汽管道与排汽法兰口连接，要求法兰口平行度小于 0.15mm/m、同轴度小于 0.5mm/m。

4.2.30.2　后猫爪左右两侧横向水平装上百分表，排汽法兰口连接螺栓拧紧时，测量后汽缸左右位移量。

4.2.30.2　如果前汽缸左右偏移差值大于 0.10mm，需要调整新蒸汽进汽管弹簧吊架支撑，必要时增加导向限位等措施。

4.2.31　仪器仪表

4.2.31.1　回装振动探头、轴位移、转速探头、键相位探头、胀差探头，调整探头间隙。

4.2.31.2　回装温度计、压力表、温度铂热电阻，连接仪器仪表接线盒端子连接线。

4.2.32　调节油、润滑油管道

4.2.32.1　调节油管道内壁清理干净，按照调节油管道图纸布置，回装调节油管道。

4.2.32.2　油管道内壁清理干净，按照润滑油管道图纸布置要求，回装调节油管道。

4.2.33　调速器

4.2.33.1　电子调速器自检和测试，利用频率发生器模拟转速信号测试电子调速器调速控制信号和电子跳闸。

4.2.33.2　电子调速器与电液转换器连接前，需要确认连接信号端子线的极性、正负电压是否正确。

4.2.33.3　电调执行器输出端子与隔离器（安全栅）、电液转换器信号连接并检测电压电流信号。

4.2.33.4　液压调速器，汽轮机轴头主动齿轮与液压调速器齿套连接。

4.2.33.5　液压调速器远程控制电信号或风压信号、动力源风压信号连接和检测。

4.2.34　盘车装置

4.2.34.1　手动盘车装置，用手工方式试验盘车。

4.2.34.2　液压盘车装置，用电磁阀控制往复式上下行程盘车。

4.2.34.3　电动盘车装置，点动或手工把盘车齿轮导钩与大齿轮啮合，然后电动连续盘车。

4.3　回装与质量标准

4.3.1　联轴器

4.3.1.1　两半联轴器内孔、轴端外圆表面的划痕、毛刺应打磨除去，表面粗糙度不大于 *Ra*0.4。

4.3.1.2　各部件配合尺寸、过盈量等符合规定标准。

4.3.1.3　径向跳动值应小于 0.03mm，端面跳动值小于 0.02mm，圆柱度偏差值应小于 0.03mm。

4.3.1.4　当用油压工具拆装无键联轴节时，其最高膨胀油压应符合规定标准。

4.3.1.5　外齿圆内孔与轴的接触面积，对于键连接应不小于 70%，对于无键连接应不小于 80%，接触不良应进行修研。

4.3.1.6　未尽事宜，参照中石化相关规程执行。

4.3.2　汽缸

4.3.2.1　汽轮机停机后，油系统应继续运行至缸体温度降至 60℃以下。

4.3.2.2　当高压缸温度降至 150℃时，方可拆除保温层。在保温层完好的情况下，环境温度为 25℃时，保温层外表面温度应不超过 50℃。

4.3.3　汽缸猫爪、支座、轴承座滑销、持环调整表见表 4～表 12。

表 4

名称：前汽缸猫爪螺钉	图号：0-2011-7388-00

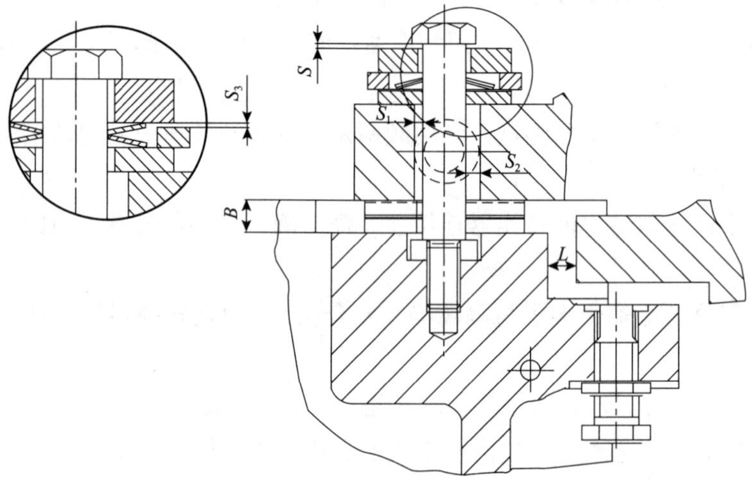

数据		要求	实测
S	左	0.22～0.34mm	
	右		
S_1	左	≥ 3.00mm	
	右		
S_2	左	≥ 34.50mm	
	右		
弹簧压缩量 S_3	左	2.20～2.40mm	
	右		
B	左	调整垫片	
	右		
L	左		
	右		
备注：			

表 5

名称：前汽缸导向件	图号：0-2011-7388-00

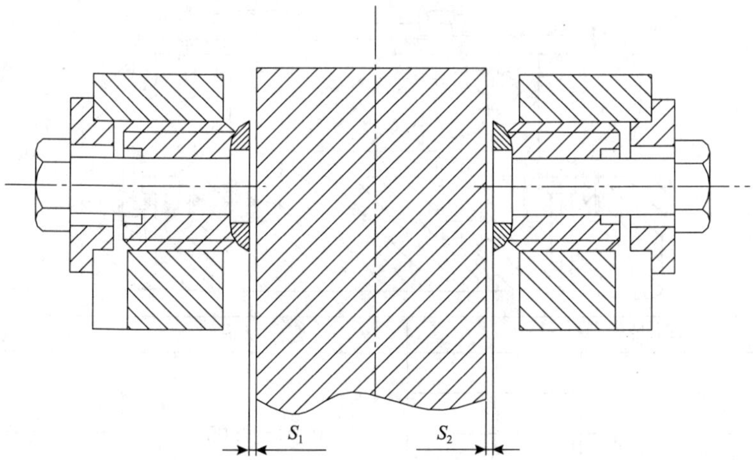

数据	要求	实测
$S=S_1+S_2$	两侧总间隙 0.02～0.05mm	

表 6

名称：前轴承座导向件	图号：0-2011-7388-00

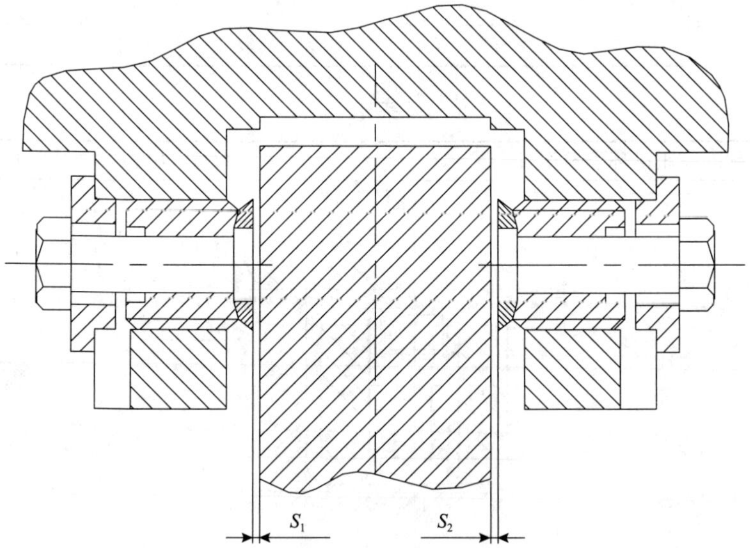

数据	要求	实测
$S=S_1+S_2$	两侧总间隙 0.02～0.05mm	

表 7

名称：前轴承座连接件	图号：0-2011-7388-00

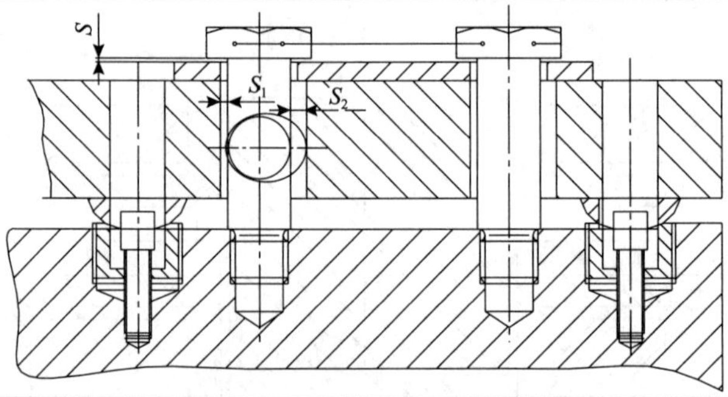

数据			要求 /mm	实测
S	前	左	0.04～0.05	
		右		
	后	左		
		右		
S_1	前	左	≥2.50	
		右		
	后	左		
		右		
S_2	前	左	≥33.90	
		右		
	后	左		
		右		

表 8

名称：高压持环调整组件	图号：0-2100-7388-11

截面 T7-T7

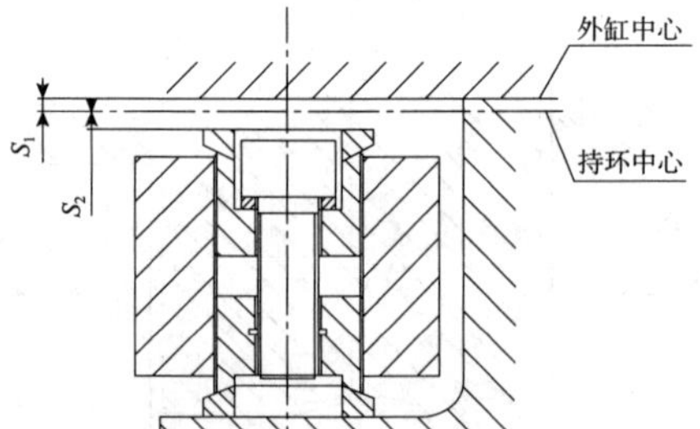

数据	要求	实测
S_1	0.10～0.18mm	
S_2	0.17～0.27mm	

表 9

名称：后轴承座导向件		图号：0-2011-7388-10
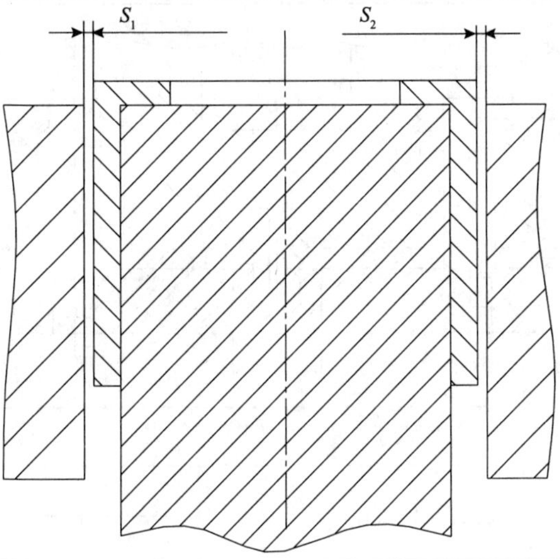		
数据	要求	实测
$S=S_1+S_2$	两侧总间隙 0.02～0.057mm	

表 10

名称：排汽缸支承		图号：0-2011-7388-10
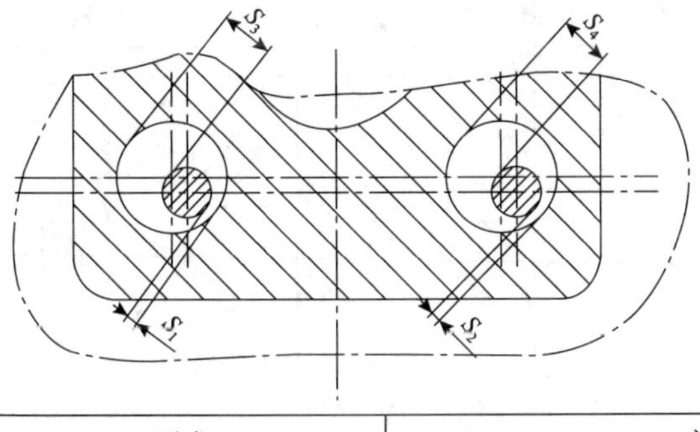		
数据	要求	实测
S_1 左	5.30～15.30mm	
S_1 右		
S_2 左	5.30～15.30mm	
S_2 右		
S_3 左	16.70～26.70mm	
S_3 右		
S_4 左	16.70～26.70mm	
S_4 右		

表 11

名称：	排汽缸支承	图号：	0-2011-7388-10

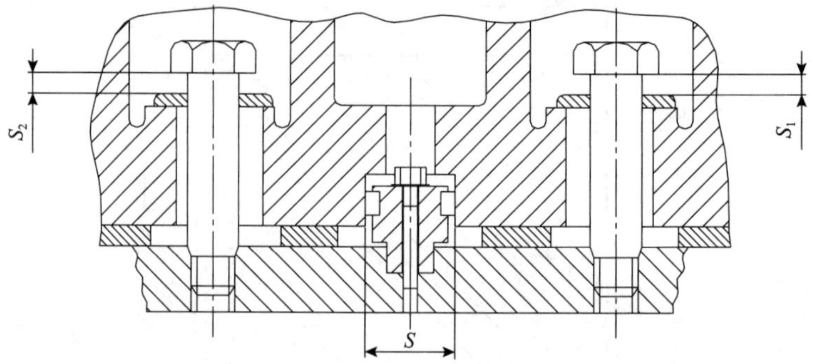

数据	要求	实测
S_1 左	0.15～0.25mm	
S_1 右		
S_2 左	0.15～0.25mm	
S_2 右		
S	0.01～0.03mm	

表 12

名称：低压持环轴向定位调整件	图号：0-2011-7388-10

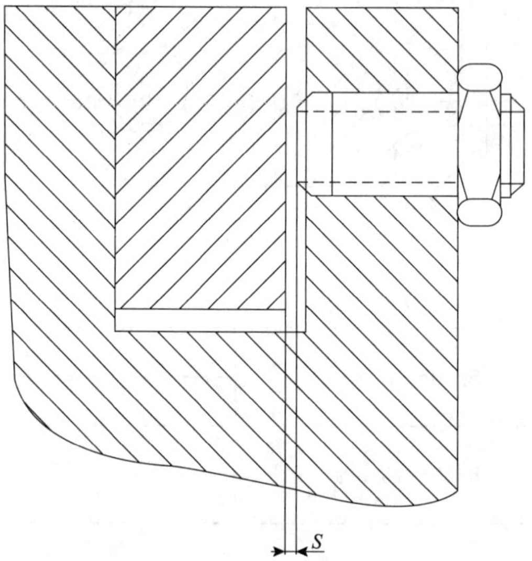

数据	要求	实测
S	0.045～0.10mm	

4.3.4 挠性支架在冷态时位置应符合图 2 和表 13 给定的尺寸。

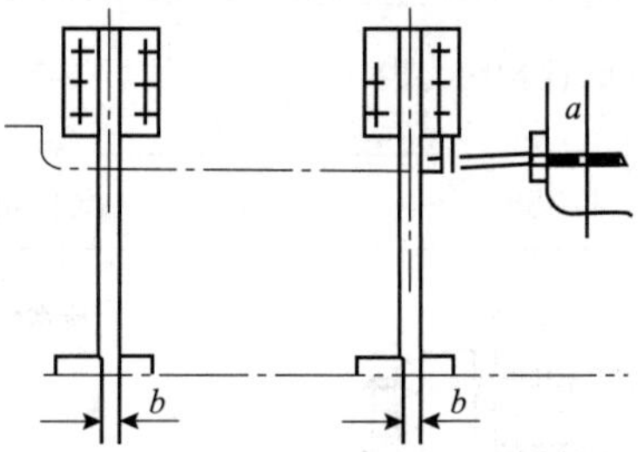

图 2 前轴承座挠性支架

表 13 挠性支架在冷态时位置

mm

汽轮机型号	a	b
7EH-13	0.5	3.5
5CL-4	0.5	1.5
8EH-10	0.5	4
5BH-5	0.5	
5BH-4	0.5	

4.3.5 汽缸结合面，若有漏汽冲蚀痕迹，可用等离子喷焊等表面修复技术进行修复，修复后要求每 25mm×25mm 面积内的研点数达 20~25 点，表面粗糙度不大于 Ra0.8。

4.3.6 汽缸结合面间隙在不加密封脂、紧固 1/3 的螺栓后，与高压缸处 0.03mm 的塞尺不得塞入，个别塞入部位的塞入深度不得超过汽缸结合面有效密封宽度的 1/3。

4.3.7 汽缸扣合时，中分面加密封脂或熟亚麻仁油，涂抹均匀，厚度一般为 0.35mm 左右。

4.3.8 螺栓

4.3.8.1 从汽缸紧靠第 1 个导叶持环凸缘前的螺栓 1 和 2 位号为起始点，左右对称依次向前拧紧。而后从起始点左右对称依次向后拧紧，图 3 中标注的螺栓编号也就是拧紧的先后次序。

4.3.8.2 螺栓紧固分预紧固和最终紧固。大直径螺栓的最终紧固应采用热把紧。预把紧时用专用扳手紧固螺栓并定好零位，然后按给定的螺母旋转角度，在汽缸上相应部位做出标记，待螺栓加热后紧固到标定好的旋转角度位置。小直径螺栓没有电加热孔的，直接按螺栓力矩要求拧紧螺栓，汽轮机开机后，再次拧紧汽缸中分面螺栓螺母，中分面螺栓预应力见表 14。

4.3.8.3 螺栓、螺母应进行无损探伤，确认无裂纹，必要时进行金相分析和机械性能试验。

4.3.8.4 测定螺栓硬度值，当螺栓、螺母的硬度值比规定值降低 10%时，应进行更换，高压缸螺栓的硬度及金相组织见表 15。

表 14　中分面螺栓预应力表

名称	中分面螺栓预应力表	物号	0-3400-7388-00 共 2 页，第 2 页
汽轮机代号	T7388	汽轮机型号	EHNK63/80

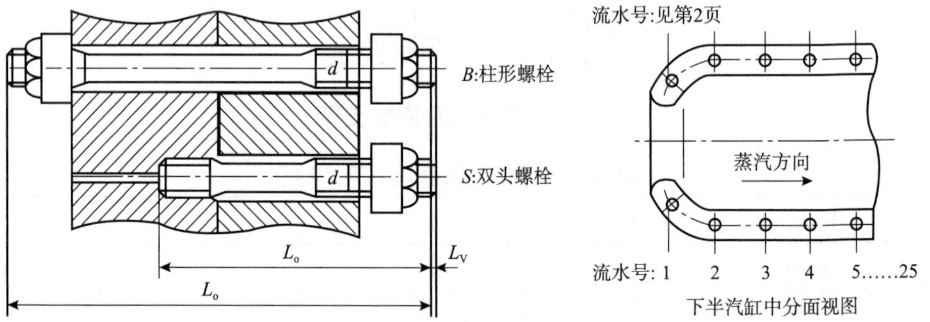

流水号	代号	B 或 S	螺栓			伸长量 /mm		预应力		实际长度	
			螺纹 d	长度 /mm		额定 L_v	公差 ±	螺母转角 /（°）	公差 ±/（°）	L_o+L_v	L_v
				L_o	L_{max}						
1		S	BM80	490	491.64	0.71	0.05	67	3.4		
2		S	M110	640	642.12	0.85	0.05	92	4.6		
3		S	M110	640	642.12	0.85	0.05	92	4.6		
4		S	M110	640	642.12	0.85	0.05	92	4.6		
5		S	M110	640	642.12	0.85	0.05	92	4.6		
6		S	M110	640	642.12	0.85	0.05	92	4.6		
7		S	M110	640	642.12	0.85	0.05	92	4.6		
8		S	M110	640	642.12	0.85	0.05	92	4.6		
9		S	M110	640	642.12	0.85	0.05	92	4.6		
10		S	M110	640	642.12	0.85	0.05	92	4.6		
11		S	BM100	560	561.84	0.766	0.12	73	11.0		
12		S	BM100	560	561.84	0.766	0.12	73	11.0		
13		S	BM100	505	506.62	0.70	0.11	70	10.5		
14		S	BM100	505	506.62	0.70	0.11	70	10.5		
15		S	BM90	710	712.48	1.13	0.17	92	13.8		

表 14　中分面螺栓预应力表（续）

名称	中分面螺栓预应力表	物号	0-3400-7388-00 共 2 页，第 2 页
汽轮机代号	T7388	汽轮机型号	EHNK63/80

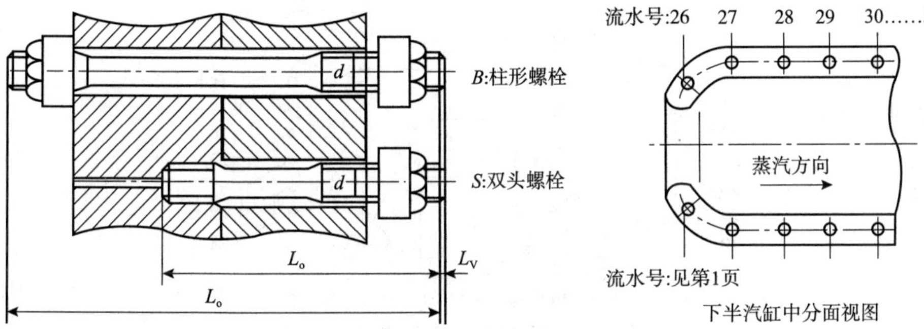

流水号	代号	B 或 S	螺栓			伸长量 /mm		预应力		实际长度	
			螺纹 d	长度 /mm		额定 L_v	公差 ±	螺母转角 /（°）	公差 ±/（°）	L_o+L_v	L_v
				L_o	L_{max}						
26		S	BM80	490	491.64	0.71	0.05	67	3.4		
27		S	M110	640	642.12	0.85	0.05	92	4.6		
28		S	M110	640	642.12	0.85	0.05	92	4.6		
29		S	M110	640	642.12	0.85	0.05	92	4.6		
30		S	M110	640	642.12	0.85	0.05	92	4.6		
31		S	M110	640	642.12	0.85	0.05	92	4.6		
32		S	M110	640	642.12	0.85	0.05	92	4.6		
33		S	M110	640	642.12	0.85	0.05	92	4.6		
34		S	M110	640	642.12	0.85	0.05	92	4.6		
35		S	M110	640	642.12	0.85	0.05	92	4.6		
36		S	BM100	560	561.84	0.766	0.12	73	11.0		
37		S	BM100	560	561.84	0.766	0.12	73	11.0		
38		S	BM100	505	506.62	0.70	0.11	70	10.5		
39		S	BM100	505	506.62	0.70	0.11	70	10.5		
40		S	BM90	710	712.48	1.13	0.17	92	13.8		

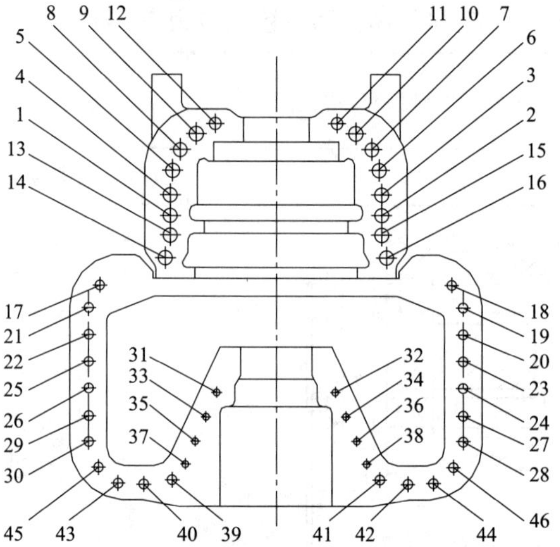

图 3　汽缸螺栓拧紧顺序图

表 15　高压缸螺栓的硬度及金相组织

检查项目	要求
硬度	在 HB250～320 范围内 M65 以下螺栓　$a_k \geqslant 100N \cdot m/cm^2$ M65～M100 螺栓　$a_k \geqslant 80N \cdot m/cm^2$ M100 以上螺栓　$a_k \geqslant 60N \cdot m/cm^2$
金相组织	以均匀索氏体为主，无明显网状组织

注：a_k 值为冲击强度值。

4.3.8.5　螺栓螺纹部分应涂高温防咬合剂（一般为二硫化钼），紧固后螺栓顶端与螺母顶部距离应不小于 5mm。

4.3.8.6　当采用热紧法施工时，应根据双头螺栓的材料及应力来确定热紧时的加热温度，加热温度不宜超过材料的回火温度。热紧时，对机体螺柱进行加热，应严格执行生产厂给予的操作规程处理。

4.3.9　轴承

4.3.9.1　止推轴承

1）轴承合金如有夹渣、气孔、剥落、及脱壳现象，应予更换；脱壳的检验见图 4，其中 $l_1 < 1/3L_1$，$l_2 < 1/3L_2$，$l_3 < 1/3L_3$；

2）瓦块与定位销钉不得脱开。

3）瓦块厚度均匀，各瓦块最大厚度差不应超过 0.01mm 或符合图纸设计要求，否则应更换。

4）将轴承外壳放在装配位置中检查，轴向间隙应不大于 0.05mm，若超差应调整外壳轴向定位环厚度，但注意不可太紧。

5）止推轴承间隙、阻油环间隙应符合规定，否则进行调整或更换，表 16 供参考。

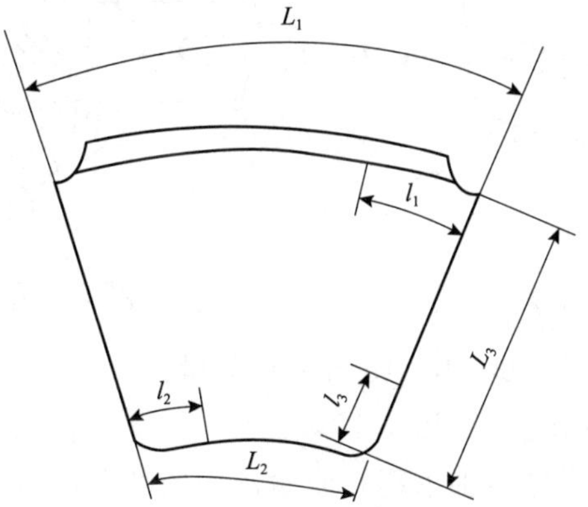

图 4　止推轴承块

表 16　径向轴承、止推轴承间隙、阻油环间隙　mm

主机型号	轴颈尺寸		止推轴承设计间隙	径向轴承设计间隙		油封设计间隙
	调速侧	排汽侧		调速侧	排汽侧	
7EH-13	$\phi139.82_{-0.01}^{0}$	$\phi159.80_{-0.02}^{0}$	0.45～0.55	0.18～0.24	0.20～0.28	0.30～0.50
5CL-4	$\phi64.92_{-0.01}^{0}$	$\phi79.90_{-0.01}^{0}$	0.45～0.55	0.08～0.12	0.10～0.14	0.30～0.55
8BH-10	$\phi159.80_{-0.02}^{0}$	$\phi159.80_{-0.02}^{0}$	0.46～0.56	0.22～0.30	0.22～0.30	0.20～0.40
5BH-4	$\phi79.90_{-0.01}^{0}$	$\phi119.85_{-0.01}^{0}$	0.46～0.56	0.12～0.18	0.17～0.24	0.20～0.40
5BH-5	$\phi79.90_{-0.01}^{0}$	$\phi119.82_{-0.01}^{0}$	0.46～0.56	0.12～0.19	0.17～0.24	0.20～0.40
EHNK63/80	$\phi319.52_{-0.0036}^{0}$	$\phi359.46_{-0.0036}^{0}$	0.42～0.58	0.350～0.422	0.389～0.476	0.135～0.445

6）止推盘表面粗糙度应不大于 $Ra0.4$。

7）止推盘两端面平行度偏差应小于 0.01mm。

8 在推力盘承力面上涂着色剂。推转子使推力盘主承力面与推力瓦块接触，按正常旋转方向转动数周后，检查推力瓦与推力盘承力面的接触情况，每个推力瓦块的接触面应分布均匀，其接触面积占瓦块减去油楔所余面积的 75%以上。用平尺检查推力盘的平面度、平尺与推力盘承力面间的间隙，以 0.01mm 塞尺塞不进去为合格。

4.3.9.2　径向轴承

1）测量瓦块的厚度，同一组瓦块厚度误差控制在 0.01mm 以内，瓦块的钨金脱壳检验见图 5，其中 $l_1 < 1/3L_1$，$l_2 < 1/3L_2$。

2）巴氏合金层如有夹渣、气孔、电腐蚀痕迹等应更换。

3）薄壁瓦的接触角度应在 60°～90° 范围内，最大不超过 120°，否则应进行修整。

4）薄壁瓦的余面高度，见图 6，数值应符合表 17 规定：

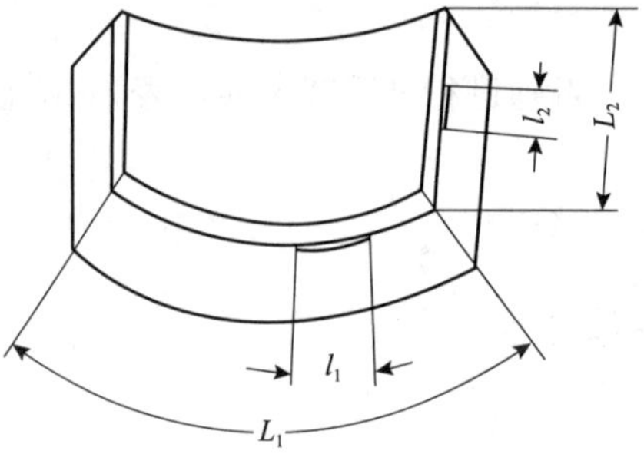

图 5　径向瓦块

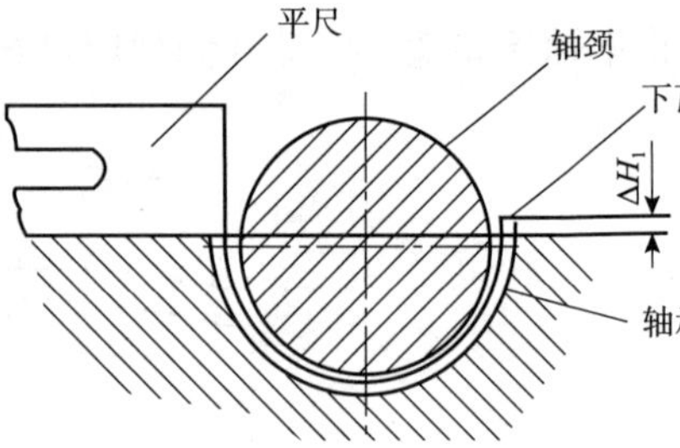

图 6　薄壁瓦余面高度

5）薄壁瓦与瓦座应有 0.00～0.015mm 的过盈量。

6）轴瓦间隙值符合制造厂要求。

7）轴承衬背或轴瓦壳体与轴承座孔应紧密均匀贴合，用着色法检查。薄壁轴瓦的轴承衬背与轴承座孔的接触面积应大于 85%，可倾瓦的轴瓦壳体与轴承座孔的接触面积应大于 75%。

8）用着色法检查轴颈与轴承衬的接触情况，按汽轮机转子旋转的方向进行盘车，轴颈与径向轴承瓦块底部的接触应均匀，可倾瓦块轴承和薄壁瓦块轴承的间隙，均由机械加工精度予以保证，其接触面一般不允许刮研，若接触不均匀可略加修整。

表 17　余面高度

mm

轴径	轴瓦座孔径	余面高度值（ΔH_1）	轴瓦的厚度
100	107	+0.090 +0.045	$3.5^{-0.01}$
130	137	+0.110 +0.060	$6.0^{-0.015}$
150	162	+0.130 +0.080	$6.0^{-0.015}$
180	192	+0.150 +0.080	$6.0^{-0.015}$
200	212	+0.160 +0.090	$8.0^{-0.02}$
220	236	+0.190 +0.120	$8.0^{-0.02}$

4.3.10　转子

4.3.10.1　轴的直线度偏差应不大于 0.025mm，否则应校直或更换新件。

4.3.10.2　轴颈的圆度偏差应不大于 0.02mm，圆柱度偏差应不大于 0.02mm，表面粗糙度应不大于 *Ra*0.4。

4.3.10.3　推力盘端面、径向跳动值应小于 0.015mm。

4.3.10.4　轴颈扬度要求：单缸汽轮机前轴颈扬度应小于 0.05mm/m，后轴颈扬度为零或向后扬起不超过前轴颈向前扬起的程度。

4.3.10.5　叶片有击伤、卷边，叶片、叶根经无损探伤，有裂纹等缺陷应进行修复或更换。

4.3.10.6　转子清理后需连同半联轴器加装模拟当量盘一起做动平衡试验，动平衡标准参照随机资料中的有关规定。

4.3.10.7　机组找正，找正按从动机制造厂提供的说明书进行，最终找正曲线与根据环境温度修正后的冷态曲线的偏差应不超过 0.05mm。

通流间隙要求如表 18 所示。

表 18　通流间隙要求

mm

名称：通流间隙	图号：0-2100-7388-11
转子编号：9961	

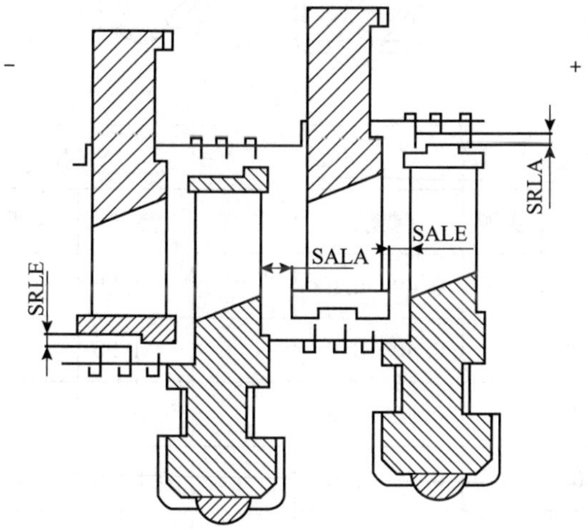

位号	SRLE		SRLA		SALE		SALA	
导叶／动叶	要求	实测	要求	实测	要求	实测	要求	实测
2/102			0.60～0.89		≥12.10			
3/103	0.40～0.92		0.40～0.92		≥3.50		≥5.00	
4/104	0.40～0.92		0.40～0.92		≥3.70		≥5.20	
5/105	0.50～1.03		0.50～1.03		≥3.80		≥5.40	
6/106	0.50～1.03		0.50～1.03		≥3.90		≥5.70	
7/107	0.50～1.03		0.50～1.03		≥4.10		≥5.90	

表 18　通流间隙要求（续）

mm

名称：通流间隙								图号：0-2100-7388-11
转子编号：9961								
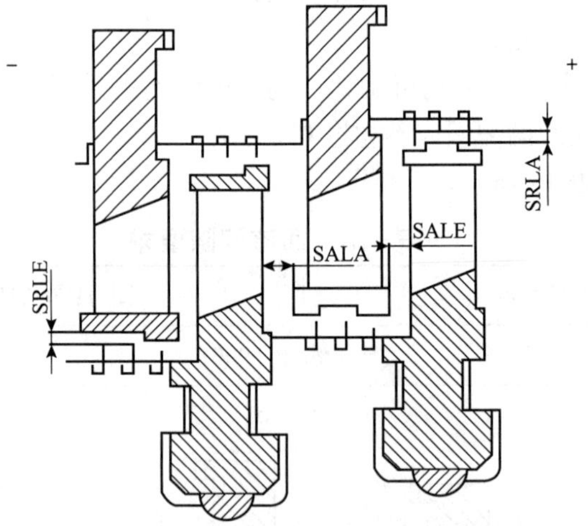 								
位号	SRLE		SRLA		SALE		SALA	
导叶／动叶	要求	实测	要求	实测	要求	实测	要求	实测
8/108	0.40～0.92		0.40～0.92		≥4.80		≥6.90	
9/109	0.40～0.92		0.40～0.92		≥4.90		≥7.10	
10/110	0.40～0.92		0.40～0.92		≥5.00		≥7.20	
11/111	0.50～1.03		0.50～1.03		≥5.10		≥7.30	
12/112	0.50～1.03		0.50～1.03		≥5.20		≥7.50	
13/113	0.50～1.03		0.50～1.03		≥5.30		≥7.60	
14/114	0.50～1.03		0.50～1.03		≥5.40		≥7.80	
15/115	0.50～1.03		0.50～1.03		≥5.50		≥7.90	
16/116	0.50～1.03		0.50～1.03		≥5.60		≥8.10	
17/117	0.50～1.03		0.50～1.03		≥5.70		≥8.30	
18/118	0.50～1.03		0.50～1.03		≥5.80		≥8.40	
19/119	0.50～1.03		0.50～1.03		≥5.90		≥8.60	

表 18　通流间隙要求（续）

mm

<table>
<tr><td colspan="4">名称：通流间隙</td><td colspan="5">图号：0-2100-7388-11</td></tr>
<tr><td colspan="9">转子编号：9961</td></tr>
<tr><td colspan="9">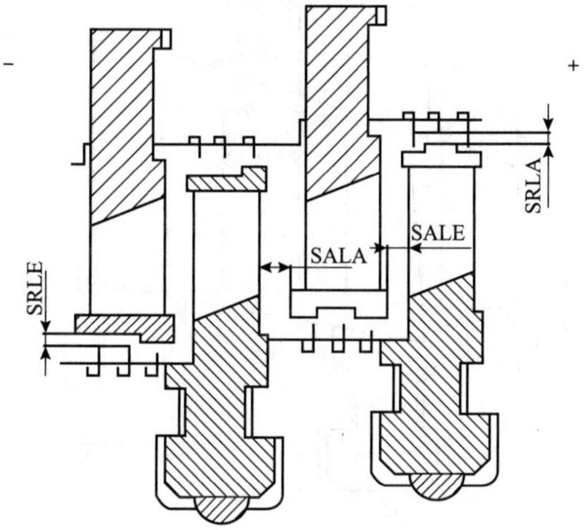</td></tr>
<tr><td>位号</td><td colspan="2">SRLE</td><td colspan="2">SRLA</td><td colspan="2">SALE</td><td colspan="2">SALA</td></tr>
<tr><td>导叶／动叶</td><td>要求</td><td>实测</td><td>要求</td><td>实测</td><td>要求</td><td>实测</td><td>要求</td><td>实测</td></tr>
<tr><td>20/120</td><td>0.50～1.03</td><td></td><td>0.50～1.03</td><td></td><td>≥6.00</td><td></td><td>≥8.70</td><td></td></tr>
<tr><td>21/121</td><td>0.50～1.03</td><td></td><td>0.50～1.03</td><td></td><td>≥6.10</td><td></td><td>≥8.90</td><td></td></tr>
<tr><td>22/122</td><td>0.50～1.03</td><td></td><td>0.60～1.14</td><td></td><td>≥6.20</td><td></td><td>≥9.00</td><td></td></tr>
<tr><td></td><td></td><td></td><td></td><td></td><td></td><td></td><td></td><td></td></tr>
<tr><td></td><td></td><td></td><td></td><td></td><td></td><td></td><td></td><td></td></tr>
<tr><td></td><td></td><td></td><td></td><td></td><td></td><td></td><td></td><td></td></tr>
<tr><td></td><td></td><td></td><td></td><td></td><td></td><td></td><td></td><td></td></tr>
<tr><td></td><td></td><td></td><td></td><td></td><td></td><td></td><td></td><td></td></tr>
<tr><td></td><td></td><td></td><td></td><td></td><td></td><td></td><td></td><td></td></tr>
<tr><td></td><td></td><td></td><td></td><td></td><td></td><td></td><td></td><td></td></tr>
<tr><td colspan="9">垂直间隙：
0.67
0.93</td></tr>
</table>

表 18 通流间隙要求（续）

mm

名称：通流间隙				图号：0-2100-7388 -11
转子编号：9961				
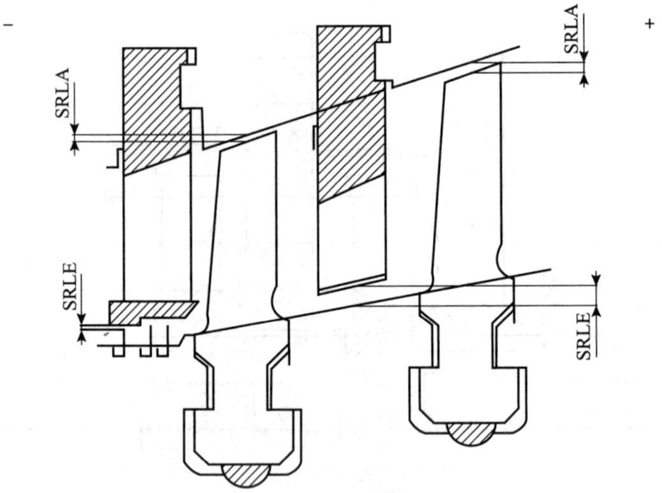 				
位号	SRLE		SRLA	
导叶／动叶	要求	实测	要求	实测
91/191	0.70～1.10		3.75～4.75	
92/192	1.50～2.15		4.10～5.20	
93/193	0.70～1.10		6.45～7.90	
备注：0.73 1.00				

4.3.11 导叶持环

4.3.11.1 导叶持环静叶片有冲蚀、缺口、裂缝严重缺陷时，应修理或更换。

4.3.11.2 汽缸与导叶持环中分面的高度差，各级导叶持环应低于汽缸中分面，详见产品合格证记录要求。

4.3.11.3 汽缸与导叶持环轴向间隙一般为0.05～0.20mm，详见产品合格证记录要求。

4.3.11.4　调节级动叶与蒸汽室喷嘴、转子动叶与各级导叶持环静叶片的间隙应符合规定标准。

4.3.12　汽封

4.3.12.1　汽封片顶端应锐利，不应有缺口、歪斜等缺陷，否则应修理或更换。

4.3.12.2　汽封片镶铠条（方钢条）有足够的紧力，使汽封片方钢条镶铠固定牢固，否则应更换。

4.3.12.3　汽封间隙应符合相关规定，如局部间隙较小可用专用刮刀修刮。汽封间隙超差时，可采用捻打和修刮其背部突肩的办法进行修理或更换。

4.3.13　调节系统

4.3.13.1　主汽阀、调速阀、抽汽调节阀的阀杆、阀头、阀座出现拉毛、撞痕、磨损、腐蚀和裂纹等缺陷时，进行修理或更换。

4.3.13.2　阀杆直线度偏差应小于 0.02mm。

4.3.13.3　用对研法检查阀头与阀座的接触线应完好无间断，接触线宽度不得超过1.5mm。

4.3.13.4　阀杆与衬套间隙允许值为 0.10～0.15mm，最大不应超过 0.20mm，以产品合格证内容要求为准。

4.3.13.5　调节系统各部件连杆的尺寸应符合相关规定。

4.3.13.6　按照规定对调速系统和保护装置进行整定和特性试验。

4.3.13.7　电液转换器应定期整定，在必要时应进行更换，新更换的电液转换器必须经专业整定合格。

4.3.13.8　调速杠杆销钉应连接牢固可靠，应无松动或断裂，必要时进行更换。

4.3.14　盘车装置

4.3.14.1　检修方法及质量标准参照 SHS 01028《变速机维护检修规程》。

4.3.14.2　参照制造厂提供的随机盘车图纸技术要求和盘车操作使用说明书。

4.3.14.3　手动盘车装置，盘车棘轮、挂钩、导杆等出现磕伤拉毛、冲击硬痕，需要修正。

4.3.14.4　液压盘车装置，油缸活塞磨损需要修复，O 形密封圈损坏需要更换。

4.3.14.5　电动盘车装置，齿轮导钩盘车主动齿轮和被动齿轮表面有磨损，需要修复或更换。

4.3.14.6　参照随机技术图纸要求，检查盘车齿轮齿面接触长度、齿面受力、齿侧间隙、导向导钩。

4.3.15　凝汽系统

4.3.15.1　凝汽系统的检修方法和质量标准参照 SHS 01009《管壳式换热器维护检修规程》。

4.3.15.2　凝结水泵的检修方法和质量标准参照 SHS 01013《离心泵维护检修规程》。

4.3.15.3 抽汽器喷嘴直径超过设计值0.5mm时应更换。
4.3.15.4 抽汽冷却器的维修和验收应参照SHS 01009《管壳式换热器维护检修规程》。

4.3.16 油系统

4.3.16.1 密封油泵、润滑油泵的修理和验收应参照SHS 01016《螺杆泵维护检修规程》和SHS 01013《离心泵维护检修规程》。
4.3.16.2 清理油管路、油过滤器、六通阀，必要时修理或更换滤网等零部件。
4.3.16.3 循环过滤或更换透平油，油质应符合相关国际标准。
4.3.16.4 蓄能器皮囊经检查清理后，氮气充压至设计值，保压30min压力不降为合格。

4.3.17 抽汽逆止阀

4.3.17.1 逆止阀应灵活可靠，关闭严密。油缸柱塞表面应光滑，若有毛刺应打磨抛光，表面粗糙度应不大于*Ra*0.4，柱塞杆直线度偏差应小于0.02mm，O形环应全部更换。

4.3.18 大气安全阀

大气安全阀阀板、阀座应无腐蚀、裂纹等缺陷，阀座表面粗糙度应不大于*Ra*1.6，执行机构应灵活好用，进水管畅通，否则应修复或更换。

4.3.19 其他

4.4.19.1 高压蒸汽管道、法兰、弯头应无裂纹、砂眼等缺陷，并对管道进行测厚检查，壁厚减薄量超过相关标准的应进行修复或更换。
4.3.19.2 高压管道法兰槽与椭圆钢垫应进行对研，接触线应完整。
4.3.19.3 管道支架、吊架牢固可靠。
4.3.19.4 各系统的阀门，根据运行情况进行重点检查，必要时解体修理或更换。

5 试车与验收

5.1 试车前的准备

5.1.1 确认各项检修工作已完成，检修记录齐全，检修质量符合第3条的规定，油运合格，具备试车条件，并且有完整的试车方案。
5.1.2 启动润滑油泵、检查油管、联轴器护罩和油封是否漏油，必要时进行处理。
5.1.3 通过视镜确认各润滑点进油情况。
5.1.4 静态检查和调整调节阀空行程1～2mm。
5.1.5 检查和清洗错油门滑阀、弹簧座、弹簧、止推轴承。
5.1.6 参照主调阀调节特性图，调整主调节阀静态对应开度曲线。
5.1.7 参照抽汽调节特性图，调整抽汽调阀静态对应开度曲线。

5.1.8 分别调整主调阀、抽汽调阀错油门滑阀振幅和旋转频率。

5.1.9 必要时，暖管时测量进汽、排汽管道膨胀量和位移方向。

5.1.10 蒸汽隔离阀关闭，复查危急保安机构的性能，打开主汽阀，手动打闸，使主汽阀关闭。

5.1.11 安全附件校验合格，齐全完整，联锁报警器系统灵敏可靠。

5.1.12 检查汽缸膨胀表的指示是否在零点位置。

5.1.13 检查盘车齿轮的转动是否灵活、平稳，检查转子是否有异常声响。

5.1.14 按制造厂说明书要求暖机，检查汽缸膨胀值是否与停机前所测数据相吻合。

5.2 试车

5.2.1 按制造厂提供的运行规程进行启动和试车。在低速运转期间，声响应无异常，并检查汽缸膨胀应符合要求。

5.2.2 达到额定转速确认无异常后，进行超速试验。如果跳闸转速不符合要求，应立即停机重新调整。超速跳闸试验应做 3 次，每次动作转速都应在规定范围内，且 3 次动作转速偏差最大不超过 1%。

5.2.3 汽轮机转子的轴振动和轴位移应符合设计标准。

5.2.4 油、水、汽管道与阀门无泄漏。

5.2.5 润滑油温度、回油温度、轴瓦温度允许值应符合制造厂规定，见表 19。

表 19 润滑油温度、回油温度、轴瓦温度

<table>
<tr><th>汽轮机型号</th><th>润滑油温度</th><th>回油温度</th><th>轴瓦温度</th></tr>
<tr><td>7EH-13</td><td rowspan="2">35～48℃</td><td rowspan="2">＜65℃</td><td rowspan="2">＜85℃</td></tr>
<tr><td>5CL-4</td></tr>
<tr><td>8EH-10</td><td rowspan="3">33～48℃</td><td rowspan="3">＜80℃</td><td rowspan="3">＜120℃</td></tr>
<tr><td>5BH-5</td></tr>
<tr><td>5BH-4</td></tr>
<tr><td>NG25/20</td><td>42～48℃</td><td>＜70℃</td><td>＜95℃</td></tr>
<tr><td>NG32/25</td><td>42～48℃</td><td>＜70℃</td><td>＜95℃</td></tr>
<tr><td>NG40/32</td><td>42～48℃</td><td>＜70℃</td><td>＜95℃</td></tr>
<tr><td>NK40/45</td><td>42～48℃</td><td>＜70℃</td><td>＜95℃</td></tr>
<tr><td>EHNK63/80</td><td>42-48℃</td><td>＜70℃</td><td>＜100℃</td></tr>
</table>

5.2.6 调速系统运转平稳。

5.2.7 连接联轴器，进行带负荷试验，汽轮机应达到额定负荷。

5.3 验收

试车合格，达到完好标准，办理验收手续，验收技术资料包括：

5.3.1 检修记录。

5.3.2 设备重大缺陷处理、结构更改、系统变动，备品备件更换的记录。
5.3.3 调速系统整定记录。
5.3.4 单机及联机试运记录。

6 维护与故障处理

6.1 日常维护

6.1.1 维护内容

6.1.1.1 保持机体清洁、保温层完整。
6.1.1.2 各零部件齐全完整，指示仪表灵敏可靠。
6.1.1.3 检查轴瓦温度、油压、高压蒸汽压力温度、轮室压力、抽汽压力等是否正常。
6.1.1.4 检查各运转部件是否有异常振动和声响。
6.1.1.5 定期做油质分析，经常检查油箱油量并及时补充。
6.1.1.6 定期检查各润滑点润滑情况。
6.1.1.7 定期检查、清洗油过滤器，保证油压稳定，必要时更换滤芯。

6.1.2 维护时间

6.1.2.1 操作工、检修工等相关单位定时、定点、定路线认真巡检。
6.1.2.2 每月做一次油质分析。

6.2 常见故障与处理

6.2.1 振动

机组启动时如发生剧烈振动应停机检查，正常运行时突然发生振动，则应降低负载或停机，并做相应处理。具体情况见表 20。

表 20 振动检查及处理

故障现象	故障原因	处理方法
汽缸振动 轴颈振动	1. 暖机时间不够充分； 2. 暖机时前后汽封部分积水； 3. 封汽管路进汽温度偏低带水； 4. 汽缸底部和管线疏水不畅； 5. 抽汽管线底部积水； 6. 停机后抽汽逆止门蒸汽倒流； 7. 去除氧器蒸汽管疏水不畅或倒流	1. 减速至 500r/min 继续暖机； 2. 检查前后汽封疏水管线疏水内壁是否堵住； 3. 封汽管线疏水加装旁路，封汽蒸汽温度提高； 4. 检查汽缸底部疏水管线和疏水膨胀箱箱回水等情况； 5. 检查抽汽管线疏水管与疏水膨胀箱连接情况； 6. 抽汽逆止门前后及时疏水，检查逆止门漏汽原因； 7. 降低转速或停机疏水

表 20 振动检查及处理（续）

故障现象	故障原因	处理方法
汽缸振动 轴颈振动	1. 动态中心数据变化； 2. 前后猫爪发生顶缸和左右偏移； 3. 前汽缸纵向膨胀受阻； 4. 后汽缸立键松动位移； 5. 转子与汽封齿严重摩擦	1. 测量基础不均匀沉降，测量轴承座与支座导键间隙； 2. 测量进排汽管道膨胀量、受力方向和力矩； 3. 检查汽缸猫爪与支座滑销、进汽管道布置走向； 4. 加固立键预埋件，调整后立键间隙； 5. 频谱分析，测量转子惰走时间是否明显缩短
	从动机组振动	1. 检查振动来源； 2. 按压缩机运行规程确定处理方法； 3. 断开联轴节，单试汽轮机进行确认； 4. 压缩机进出口阀门开度不匹配； 5. 压缩机介质密度偏大
	1. 速关油建立错油门进油管路和油动机剧烈抖动； 2. 调速器驱动轴损坏（当采用机械调速器时）	1. 调节二次油节流开度、错油门滑阀振幅和频率； 2. 检查调速器侧轴架是否有不正常声响； 3. 检查调速器组件的振动； 4. 停机检修机头箱； 5. 检查驱动齿轮和各轴承的磨损； 6. 检查驱动轴的对中情况； 7. 对损坏零件检查更换； 8. 检查轴的径向跳动值并进行校正或更换
	轴承损坏	1. 检查轴承温度是否超温； 2. 检查轴承是否有电腐蚀现象； 3. 停机检查； 4. 检查或更换轴承和汽轮机部件
	蒸汽带液引起部件损坏	停机检查和大修
	转子不平衡	1. 停机做动平衡； 2. 检修并更换备件
	联轴器损坏	1. 检查联轴器部件的磨损和损坏； 2. 检查中心孔，定位环和螺母等
	因异物进入损坏内件	停车检查内件

6.2.2 声响异常

在汽轮机低速运行下仔细检查声响，异常声响常伴有振动，二者需同时检查。具体情况见表 21。

表 21 声响异常检查及处理

故障现象	故障原因	处理方法
声响异常	转子与汽封齿、油封挡碰磨	1. 低速下用探针（听棒）检查； 2. 使机组降至最低速度或用盘车来纠正转子的弹性挠曲，如上述方法无效，停机检修

表 21 声响异常检查及处理（续）

故障现象	故障原因	处理方法
声响异常	叶片和喷嘴或异物相碰	1. 停机检查推力轴承及其间隙； 2. 解体检查转子与汽缸定位尺寸 E
	调速器驱动轴损坏（当采用机械调速器时）	1. 检查调速器振动； 2. 停车大修调速器侧机头箱，检查齿轮的磨损、轴承的损坏和驱动轴的对中； 3. 检查并更换损坏部件
	Woodward 调速器内件损坏（当采用电子调速器时）	1. 检查调速器内部存在的异常声音； 2. 电子调速器进行自检和模拟试验
	内部管线同转子动件相碰	检查内部管线的锁定和支架情况
	盘车齿轮相碰	1. 检查、修整齿轮齿面（必要情况下）； 2. 检修或更换损坏件
	异物进入或固定螺丝松脱等	1. 查找异常声音的位置； 2. 如果声音不连续并确认是异物产生，停车检查内件

6.2.3 轴承温度升高

具体情况见表 22。

表 22 轴承温升检查及处理

故障现象	故障原因	处理方法
轴承温度升高	温度计失灵	1. 检查和校准测温仪器； 2. 同其他轴承相比较； 3. 更换温度计
	供油温度高	1. 检查冷却水的压力和流量； 2. 切换到备用冷却器； 3. 检查储油箱油位
	润滑油品质恶化	1. 检查油品质，如黏度、泡沫和水含量； 2. 检查油箱液面，更换润滑油
	润滑油压力和流量低	1. 检查润滑油压力表，确认指示正确； 2. 检查润滑油泵； 3. 检查润滑油过滤器压差并切换到备用； 4. 检查油箱液面； 5. 检查油系统的泄漏和阀门开度
	轴承合金层损坏	1. 当认为轴承损坏时停车，检修轴承； 2. 更换轴承，清理轴承室内部并检查其他损坏情况； 3. 查找故障原因： ①油系统故障；

表 22　轴承温升检查及处理（续）

故障现象	故障原因	处理方法
轴承温度升高	轴承合金层损坏	②异物进入； ③金属磨损； ④轴承安装错误； ⑤液滴进入汽缸； ⑥突然的负荷变化； ⑦压缩机喘振； ⑧联轴器部位的磨损增加； ⑨振动过高
	因振动增加轴承负荷	查找振动原因，检查转子平衡情况，复测轴瓦间隙
	负荷变化	尽量缓慢的增减负荷
	保温工作（汽缸热量传到轴承处）	检查透平的保温是否按照制造商的要求进行

6.2.4　轴承温度波动

当轴承温度波动时，请按表 23 检查各项内容。当各项检查完毕后，轴承温度波动持续，停车检查轴承。

表 23　轴承温度波动检查及处理

故障现象	故障原因	处理方法
轴承温度波动	温度计工作不正常	1. 检查温度计； 2. 与其他仪表比较
	温度计安装不正确	检查温度计套管的安装
	蒸汽推力变化	减小负荷波动
	润滑供油温度波动	调整油温
	进温度计的油孔太小	扩大油孔
	轴承安装不正确	检查并重新安装
	轴承处积聚空气	增加排气孔
	润滑油有泡沫	1. 换油； 2. 检查油箱液面
	齿轮联轴器的齿咬合（当采用齿轮联轴器时）	1. 在齿上涂二硫化钼润滑剂，防止因联轴节咬住产生过度止推力； 2. 检查因小的浮动在轴套定位器产生的硬接触； 3. 检查对中

6.2.5　调速器控制故障

当调速器系统变得不能控制或发生振荡应查找原因。除非在机器运转状况下采取措施有危险时，应在操作情况下采取处理措施。具体情况见表24。

表24 调速器故障检查及处理

故障现象	故障原因	处理方法
调速器控制故障	杠杆连接系统设定不正确	根据指导手册检查杠杆整定
	杠杆连接系统摩擦	1. 检查接点的硬接触； 2. 检查杆端的背紧力，如发现松动，紧固螺母； 3. 检查各部件的油脂润滑情况； 4. 检查连接轴部位的轴承和加脂情况
	连杆变形	检查连杆变形
	调速阀损坏	1. 检查阀开度和对应的蒸汽流量； 2. 当认为阀开度大于所要求对应的蒸汽流量时，停车检修
	油活塞表面粘住	1. 停车并大修各部件； 2. 当发现粘住或有异物存在时，用油光抛光； 3. 检查沉积物是否存在
	调速装置有沉积物（采用机械调速器）	1. 停车检修； 2. 检查滑动部件； 3. 检查调速器的针型阀
	由于部件松动，球轴承磨损等原因产生振动而导致调速器内部故障（采用机械调速器）	1. 停车检修； 2. 检查并更换必要备件
	调速器内部故障	检查调速器
	调速器、传感器或端子板之间的接线错误（采用电子调速器时）	按照接线程序检查接线

6.2.6 真空系统

真空系统异常，会使汽轮机效率降低，同时使排汽温度升高，影响机组的安全运行。具体情况见表25。

表25 真空系统检查及处理

故障现象	故障原因	处理方法
真空系统恶化，排汽温度升高	抽汽器喷嘴磨损及堵塞	1. 清理抽汽器喷嘴； 2. 更换抽汽器喷嘴； 3. 调整蒸汽量
	凝汽器换热管有污物或泄漏	1. 降低透平负荷，用凝汽器的一侧水室继续操作，打开另一侧水室检查清理换热管； 2. 试漏检查； 3. 更换或堵塞漏管

表 25 真空系统检查及处理（续）

故障现象	故障原因	处理方法
真空系统恶化，排汽温度升高	大气安全阀水封断水	检查送水管线，保证供水畅通
	汽轮机后汽缸中分面冲蚀	1. 检查中分面冲蚀情况； 2. 用喷焊或喷涂等表面修复技术进行修理
	凝汽器液位升高	1. 检查凝液泵； 2. 检查液位控制仪表和控制阀门的操作情况； 3. 检查凝液管线上过滤器的堵塞情况
	抽汽器过滤器堵塞	清理过滤器
	抽汽器驱动蒸汽流量和压力下降	1. 将驱动蒸汽压力提高至设计值； 2. 通过增加或减小阀门开度观察真空变化
	从管板法兰表面漏入空气	1. 重新紧固管板法兰螺栓； 2. 更换垫片
	抽汽器冷凝器内的凝液水排放不畅	1. 检查排凝管的堵塞； 2. 检查疏水器的工作状况
	抽汽器冷凝器的换热管堵塞或泄漏空气	检查阀门开度及空气抽气器换热管的堵塞
	人孔、仪表接头及其他法兰处的泄漏	重新紧固人孔、手孔、仪表及法兰接点处的螺栓

附　录　A

（资料性附录）

工业汽轮机检修质量控制确认表

项目	主要控制内容				等级	施工单位	生产车间	二级管理部门	公司管理部门
	标准值		部位	现场记录					
拆卸时检测									
联轴器		mm	径向跳动		A				
		mm	端面跳动						
联轴器中心数据		mm	外圆		A				
		mm	平面						
轴承	顶部间隙	mm	前		A				
		mm	后						
	水位侧隙	mm	前		A				
		mm	后						
	止推间隙	mm			A				
	紧力	mm	前		B				
			后						
转子	轴头径向跳动	mm	前		A				
	叶轮径向跳动	mm	调节级		B				
		mm	第一级						
		mm	第二级						
	推力盘跳动	mm	主推力盘		A				
		mm	副推力盘						
	轴颈跳动	mm	前		A				
		mm	后						
危急遮断器飞锤与挂钩	径向间隙	mm			B				
危急遮断器挂钩轴向间隙	轴向间隙	mm			B				

工业汽轮机检修质量控制确认表（续）

项目	主要控制内容			等级	施工单位	生产车间	二级管理部门	公司管理部门
	标准值	部位	现场记录					
回装时检测								
轴承	底部接触长度	%	前	A				
		%	后					
	顶部间隙	mm	前	A				
		mm	后					
	水平侧隙	mm	前	A				
		mm	后					
	推力间隙	mm						
	轴承压环间隙	mm	前	A				
		mm	后					
联轴器中心数据	外圆	mm	半联轴器	A				
	平面	mm	半联轴器					
转子汽道轴向间隙（详见产品合格证记录数据）	叶轮进汽口	mm	调节级叶轮	A				
	叶轮进汽口	mm	第一级叶轮	B				
	叶轮出汽口	mm	第一级叶轮					
	叶轮进汽口	mm	第二级叶轮	B				
	叶轮出汽口	mm	第二级叶轮					

注： A 级　施工单位、生产车间、二级管理部门、公司管理部门检查确认后签字；
B 级　施工单位和生产车间检查确认后签字；
C 级　施工单位检查确认后签字。

附 录 B
（资料性附录）
工业汽轮机试车与验收数据记录表

SHS 03004—2018	工业汽轮机试车与验收数据记录表			工程名称： 单元名称：	
设备名称			设备位号		
设备型号			转　速	r/min	
试车类别	□空负荷 □负荷	试车日期	年　月　日	启动时间	
连续运转时间	h	环境温度	℃	试车介质	
最低工作转速	r/min	额定转速	r/min	临界转速	r/min
超速跳闸整定值	r/min	惰走时间	s		

检查项目			设计值／允许值	实测值								
运行记录时刻												
转速／（r/min）												
进口	压力／MPa											
进口	温度／℃											
出口	压力／MPa											
出口	温度／℃											
冷凝器真空度／MPa												
轴承温度／℃	前轴承											
轴承温度／℃	后轴承											
轴承温度／℃	止推轴承											
双振幅振动值／μm	前轴承	轴向										
双振幅振动值／μm	前轴承	水平										
双振幅振动值／μm	前轴承	竖直										
双振幅振动值／μm	前轴承	轴颈										
双振幅振动值／μm	后轴承	轴向										
双振幅振动值／μm	后轴承	水平										
双振幅振动值／μm	后轴承	竖直										
轴颈												
轴位移值／mm												
控制油压／MPa												

施工单位	监 理 单 位	业主验收
专业工程师： 日期：　　年　月　日	质量检查员： 日期：　　年　月　日	设备主管： 日期：　　年　月　日

超高压卧式往复压缩机维护检修规程

SHS 03006—2019

代替 SHS 03006—2004

目　次

前 言

本规程按照 GB/T 1.1—2009《标准化工作导则 第 1 部分：标准的结构和编写》给出的规则起草。

本规程代替 SHS 03006—2004《超高压卧式往复压缩机维护检修规程》，与 SHS 03006—2004 相比，主要变化：

增加了 K 型压缩机的内容；

规范了部件名称。

本规程由中国石油化工集团有限公司、中国石油化工股份有限公司提出。

本规程起草单位：中国石油化工股份有限公司茂名分公司。

本规程主要起草人：何建暖。

本规程所代替规程的历次版本发布情况为：

SHS 03006—1992，SHS 03006—2004。

超高压卧式往复压缩机维护检修规程

1 范围

1.1 主题内容

本规程规定了超高压卧式往复压缩机的检修周期和内容，检修与质量标准、试车与验收、维护与故障处理。

1.2 适用范围

本规程适用于高压聚乙烯装置超高压卧式往复压缩机的维护与检修。

2 规范性引用文件

下列文件对于本文件的应用是必不可少的。凡是注日期的引用文件，仅所注日期的版本适用于本文件。凡是不注日期的引用文件，其最新版本（包括所有的修改单）适用于本文件。

SH/T 3143 石油化工往复压缩机工程技术规范

3 检修周期和内容

3.1 检修周期

根据对超高压卧式往复压缩机功能故障及其影响分析结果以及装置生产周期运行安排情况，确定检修周期，一般为3~6个月；机组大修一般随装置的停车大修同步进行，检修周期通常为72个月。

3.2 检修内容

1）检查、更换气缸内各部件包括单向阀、组合阀、填料、填料盘、柱塞等；

2）检查、更换弹性杆、连接件等部件（F型、K型）；

3）检查、更换连杆组件、十字头组件；

4）检查、测量传动部分各零部件配合间隙；

5）检查、更换一、二级内部油泵注油器、单向阀、曲轴；

6）检查、更换十字头滑道；

7）检查配管连接螺栓有无松动、腐蚀、损伤等缺陷，并做相应处理；

8）检查清理框架油和冷却油的冷却器、过滤器；

9）检查、修理内部油泵、框架油泵、冷却油泵；

10）清洗油箱，更换框架油、冷却油；

11）检查、修理盘车器；

12）消除机组管线的泄漏；

13）检查、更换电机轴瓦；

14）紧固、调整基础地脚螺栓；

15）检查、调整机身水平；

16）检查、调整电机对中；

17）检查、更换主轴瓦；

18）检查、调整曲轴张合度、更换曲轴；

19）检查、修理仪表检测系统；

20）检查、修理电机。

4 检修程序与质量标准

4.1 检修前准备

1）各项准备工作应符合安全、环保、质量等方面的要求，如按照Q/SHS 0001.3—2001《炼油化工企业安全、环境与健康（HSE）管理规范》中的规定，对检修过程进行危害识别及风险评估、环境因素识别和影响评价，并办理相关票证；

2）熟悉设计图纸和设备技术资料；

3）检查设备运行技术状况和监测记录，分析故障的原因和部位，制定详细的检修技术方案，绘制施工网络图；

4）备齐检修所需的工、量、卡具；

5）检修所需更换配件符合厂家设计要求；

6）按规定进行断电、倒空、置换等工艺处理完毕，具备检修条件，办理安全作业票证后方可施工；

7）收集机组原始数据如大小头瓦间隙、机身水平度、中体水平度、气缸水平度等进行对比。

4.2 拆卸与检测

4.2.1 气缸及辅机部分

1）拆卸全部配管；

2）拆卸气缸部件；

3）拆卸中体部件（F 型、K 型）；

4）拆卸内部油泵部件。

4.2.2 机身部分

（1）拆卸曲轴箱盖、十字头滑道视窗或盖；

（2）解体连杆及十字头组件：

F型、K型：

①选定一连杆组件，使曲轴颈处于上部中间位置；

②用油压紧固装置拆卸十字头体上的螺栓；

③吊出十字头上体、拆卸十字头销螺栓；

④将连杆拉至垂直立起位置，下部垫上枕木，支上千斤顶；

⑤用油压紧固装置松开连杆螺栓，吊出连杆小端轴承盖；吊出十字头销，松开连接螺栓，吊出连杆中间体；

⑥安装弓形专用工具，拆除枕木、千斤顶，取出连杆螺栓；

⑦吊出大端轴承，拆除弓形专用工具；

⑧取出另两条十字头组装螺栓，吊出十字头中间体；

⑨ 从主滑道侧拉出十字头滑块；

⑩重复上述过程，解体所有连杆组件；

PK型：

①选定一连杆组件；

②从十字架上卸掉十字头导向垫板；

③拆卸与十字头垂直导杆成套的全部垫板；

④用专用液压工具拆卸十字头的上半部分和大头瓦压盖，吊出连杆；

⑤重复上述过程，解体所有连杆组件；

（3）测量各主轴瓦间隙；

（4）轴瓦及曲轴的解体；

F型、K型：

①拆出机体连接螺栓；

②拆出主轴瓦压盖；

③松开主轴瓦紧固螺栓，吊出主轴瓦上瓦盖，取出上主轴瓦；

④取出联轴节螺栓；

⑤吊出曲轴；

PK型：

①卸掉主轴瓦十字架和帽盖；

②通过专用平板和M6螺杆接合主半轴瓦（已设有带螺纹的孔）；

③若只更换轴瓦，只需通过专用平板和M6螺杆接合主半轴瓦后盘车带出轴瓦；

④若须吊出曲轴，则拆曲轴与电机联轴节，小心地提升曲轴，卸掉半轴瓦，吊出曲轴。

4.2.3 检修

1）检查各部零件尺寸及配合间隙，对各配合表面的磨损、伤痕、裂纹、剥离等异常情况并记录；

2）按要求对零、部件进行探伤检查，记录各种异常情况和缺陷；

3）检查、修理项目的内容与方法见表 1；

4）机组在回装之前，必需对各个零、部件进行严格的清洗，各配合间隙测量合格。

表 1 检测项目的内容及方法

检查部件	检查部位	检查项目	检查方法	处理方法
机身	机体	水平度	精密水平仪	调整垫铁
	机体应力集中部位	裂纹	目视、着色、磁探	消除裂纹并补强
	机体组装螺栓	损伤、裂纹	目视、着色或磁探	修理或更换
	地脚螺栓	松动、裂纹	油压紧固	按要求紧固或更换
	主轴瓦	裂纹、剥离、伤痕	目视、着色	修理或更换
	主轴瓦	间隙	测间隙	调整或更换
	主轴瓦紧固螺栓	损伤、裂纹	目视、磁探	修理或更换
曲轴	轴	水平度	水平仪	调整主轴瓦
		张合度	百分表	调整主轴瓦及电机
		曲轴与电机同轴度	百分表	调整电机
	轴的应力集中部位	裂纹	目视、着色、超探	消除裂纹或更换
	轴颈	磨损	目视、着色、测量	研磨抛光
	联轴节螺栓	损伤、裂纹	目视、磁探	更换
连杆	应力集中部位	裂纹	目视、着色、磁探	消除裂纹或更换
	大小头瓦	损伤、剥离、裂纹	目视、着色	修理或更换
		间隙	测量	调整
	组装螺栓	裂纹、损伤	目视、磁探	更换
十字头	滑块	变形、磨损	目视、测量	修理或更换
	滑块巴氏合金	裂纹、剥离、磨损	测量、着色	刮研修理或更换
	应力集中部位	裂纹	目视、着色、磁探	修理或更换
	组装螺栓	损伤、裂纹	目视、磁探	修理或更换
弹性杆（F 型、K 型）	应力集中部位 弹性杆本体 导向环 连接螺栓	裂纹 变形、垂直度、接触面 间隙、磨损、伤痕 裂纹	目视、着色 目视、用精密车床检查 千分尺 目视、着色	消除裂纹或更换 更换 修理或更换 更换
中体（F 型、K 型）	本体	水平度	用气缸水平度判断	调整气缸支架
	本体应力集中部位	裂纹	目视、着色、磁探	消除裂纹并补强
	本体安装螺栓	损坏、变形、裂纹	目视、磁探	修理或更换
	导向套	磨损	测量	更换
	导向套安装螺栓	裂纹、松动	目视、着色	紧固、修理、更换

表1　检测项目的内容及方法（续）

检查部件	检查部位	检查项目	检查方法	处理方法
气缸	填料盘注油孔 出、入口阀 气缸安装螺栓 密封面 气缸填料盒 填料和刮油环	变形、裂纹 变形、裂纹、堵塞 损伤、裂纹 变形、划痕、裂纹 变形、裂纹、超差、锈蚀 磨损、破裂	目视、着色 目视、着色 目视、磁探 目视、着色 目视、着色、测量 目视、测量	更换 更换 修理或更换 修理或更换 检查更换 更换
内部油系统	注油器 单向阀 泵	油量、泄漏 泄漏、串气 油压、油量、泄漏	调整、解体 目视 解体检查	更换零件 更换 修理
框架油、冷却油系统	泵 油冷却器 过滤器	油压、油量 内漏、堵塞 泄漏、堵塞	解体检查 解体检查、耐压试验 解体检查	更换或修理零件 修理、更换 清洗、更换
盘车器	驱动轴 各部齿轮及蜗杆 润滑 盘车齿轮组	变形、裂纹 变形、裂纹、磨损 油路 变形、裂纹、错位	目视、着色 目视、着色 目视 目视、动作试验	修理或更换 修理或更换 疏通油路 修理、调整、更换

4.3　回装与质量标准

4.3.1　回装

回装按照拆卸的相反顺序进行。

4.3.2　质量标准

1）机身水平度，按规定部分测量，全部测点的水平度偏差应不大于0.05mm/m；

2）曲轴连杆，按设备技术资料要求，或参考下列数据：

①主轴颈中心线与曲轴颈中心线平行度偏差不大于0.125mm/m；

②曲轴张合度不大于0.05mm；

③联轴节的对中允许误差：同轴度偏差不大于0.03mm，端面平行度偏差不大于0.03mm；

④联轴节紧固：紧固力用螺栓伸长量控制，其值根据各机组要求；

⑤连杆大端孔中心线与小端孔中心线的平行度偏差应不大于0.1mm/m；

⑥轴瓦巴氏合金与瓦体应结合良好，不应有分层、裂纹等现象；

⑦轴与轴瓦，接触面应处在轴颈正下方60°～90°（连杆大端瓦为60°～75°），

用涂色法检查不少于（2～3）点/cm²，瓦背与瓦盖应均匀贴合，用涂色法检查不少于总面积的70%～80%；

3）十字头、导板与导轨的水平度，按设备技术资料要求，或参考下列数据：

①主、副十字头导板水平度偏差不大于0.05mm/m；

②主、副十字头滑块的两定位销孔中心线与两侧面的平行度偏差应不大于0.1mm/m；

③主、副十字头滑块巴氏合金滑动面应刮研，用涂色法检查不少于2点/cm²；

④十字头导轨上导面与底导面的平行度偏差不大于0.025mm/m；

⑤十字头导轨上导面与侧导面的垂直度偏差不大于0.50mm/m；

⑥十字头导轨安装螺栓其紧固力矩严格按各机组资料要求，检验紧固力的均匀程度，采用千分尺测量，使导轨上面与导板前、中、后三点高度相等即可；

4）机身部分零件配合间隙（表2～表5）：

表2　F-6、F-8型机身部分零件配合间隙　mm

主要零部件名称	部位	公称尺寸	组装间隙标准	最大允许间隙	备注
曲轴止推瓦	内径	710	0.35～0.55	0.65	根据外部油压力下降与主轴承的表面状况综合地加以评定
	侧面	324	0.56～0.82	0.90	
曲轴主轴瓦	内径	710	0.35～0.55	0.65	
连杆大端轴瓦	内径	480	0.40～0.53	0.65	
	侧面	540	0.50～0.81	1.20	
连杆小端轴瓦	内径	460	0.27～0.37	0.50	
十字头滑块	高度	100	0.15～0.30	0.40	滑块磨损要进行修复
	侧面	500	0.50～0.55	0.65	

表3　6PK/1+6PK/1型机身部分零件配合间隙　mm

主要零部件名称	部位	公称尺寸	组装间隙标准	最大允许间隙	备注
曲轴止推瓦	内径		0.32～0.473	0.8	根据外部油压力下降与主轴承的表面状况综合地加以评定
	侧面		3～3.37	4.9	
曲轴主轴瓦	内径		0.32～0.473	0.8	
连杆大端轴瓦	内径	640	0.45～0.63	1.05	
连杆小端轴瓦	内径	360	0.216～0.317	0.38	
十字头滑块	高度		0.15～0.18	0.22	滑块磨损要进行修复
	侧面		0.03～0.04	0.06	

表 4　8PK-2 型机身部分零件配合间隙　　mm

主要零部件名称	部位	公称尺寸	组装间隙标准	最大允许间隙	备注
曲轴止推瓦	内径 侧面		— 0.26～0.630	— 0.910	根据外部油压力下降与主轴承的表面状况综合地加以评定
曲轴主轴瓦	内径		0.32～0.473	0.8	
连杆大端轴瓦	内径		0.45～0.63	0.912	
连杆小端轴瓦	内径		0.216～0.317	0.38	
十字头滑块	高度 侧面		0.15～0.18 0.03～0.04	—	滑块磨损要进行修复

表 5　K8、K10 型机身部分零件配合间隙　　mm

主要零部件名称	部位	公称尺寸	组装间隙标准	最大允许间隙	备注
曲轴止推瓦	内径 侧面	850 360	0.50～0.75 0.70～0.90	1.0 1.1	根据框架油压力下降与主轴承的表面状况综合加以评定
曲轴主轴瓦	内径	850	0.50～0.75	1.0	
连杆大端轴瓦	内径	600	0. 45～0.7	0.8	
连杆小端轴瓦	内径	600	0.35～0.6	0.7	
十字头滑块	高度 侧面		0.40～0.48 0.65～0.7	0.50 0.80	滑块磨损要进行修复

5）中体、气缸水平度偏差不大于 0.05mm/m，各部零件装配间隙（表 6～表 10）；

表 6　F-6 型气缸各部零件装配间隙　　mm

主要零部件名称	部位	公称尺寸	组装标准间隙	最大允许间隙	使用限度
弹性杆	直径	170	0.06～0.13	0.20	—
一段气缸和活塞	直径 直径 横向	103 84 30	0.17～0.26 0.17～0.26 0.10～0.20	0.40 0.40 0.30	—
活塞环			0.60～0-80	4.00	—
二段柱塞外径	直径 直径	69 56	制造公差 0.010～0.029 制造公差 0.010～0.029	-0.5 -0.5	—
二段柱塞和导向环	径向 径向	69 56	0.080～0.129 0.080～0.129	0.20 0.20	—
二段柱塞导向环	轴向	50	0.10～0.15	0.20	—
一段气缸末端间隙		13.1	10～15	—	—
二段气缸末端间隙		23	1 5～20	—	—

表 7 F-8 型气缸各部零件装配间隙

mm

主要零部件名称	部位	公称直径	组装标准间隙	最大允许间隙	使用限度
柱塞	一段 二段	89 79	0.012～0.034 0.010～0.029	—	—
柱塞与导向套	一段 二段	89 79	0.11～0.15 0.08～0.13	—	—
弹性杆	内径	170	0.06～0.13	0.18	—
密封元件松开的轴向间隙	一段 二段		0.20～0.26 0.23～0.29	—	—
无载轴向的填料箱	一段 二段		0.025～0.10 0.025～0.10	—	—
密封元件的轴向间隙	一段 二段		0.05～0.1 5 0.05～0.15	—	—

表 8 6PK/1+6PK/1 型气缸各部零件装配间隙

mm

主要零部件名称	部位	公称尺寸	组装标准间隙	最大允许间隙	使用限度
柱塞	一段 二段	100 88	0.02 0.02	—	—
RT 环与填料函间隙			0.18～0.21		
BR 环与填料函间隙			0.20～0.22		
减压环	Fit		0.14～0.25		
	a1		0.10～0.156		
	A		1.3～1.55		
BR 环开口间隙			0.06～0.09		
R 环开口间隙			5.0～7.0	—	—
T 环开口间隙			7.0～12.0		

表 9 8PK-2 型气缸各部零件装配间隙

mm

主要零部件名称	部位	公称尺寸	组装标准间隙	最大允许间隙	使用限度
柱塞	一段 二段	101 86		—	—
减压环	一段 二段		0.120～0.190 0.120～0.190	—	—
密封环	一段 二段		0.120～0.190 0.120～0.190	—	—
导向套	一段	轴向 径向	0.100～0.156 0.150～0.270	—	—
	二段	轴向 径向	0.100～0.156 0.140～0.260	—	—

表 10　K8、K10 型气缸各部零件装配间隙

mm

主要零部件名称	部位	公称尺寸	组装标准间隙	最大允许间隙	使用限度
柱塞	一段 二段	144 102		—	—
减压环	一段 二段		0.23～0.29 0.31～0.37	—	—
密封环	一段 二段		0.23～0.29 0.31～0.37	—	—
导向套	一段	轴向 径向	0.10～0.15 0.10～0.15	-0.20 0.20	—
	二段	轴向 径向	0.10～0.15 0.10～0.15	-0.20 0.20	—

6）紧固螺栓油压标准，螺栓的紧固力用螺栓的伸出量控制，故应严格控制油压和压力表的准确度（紧固螺栓用油压标准值见表 11～表 15）；

表 11　F-6 型紧固螺栓用油压标准值

螺栓名称	螺栓规格	紧固所需油压 /MPa	螺母旋转角度 /（°）
机架地脚螺栓	M68×4	70.56	—
主轴承紧固螺栓	M90×4	117.60	80
机身贯穿螺栓	M100×4	143.08	420
十字头紧固螺栓	M90×4	137.20	215
连杆螺栓	M90×4	79.28	210
中体安装螺栓	M72×4	109.27	200
一段气缸螺拴	M68×4	98.00	—
二段气缸螺栓	M68×4	137.20	—

表 12　F-8 型紧固螺栓用油压标准值

螺栓名称	螺栓规格	紧固所需油压 /MPa	螺母旋转角 /（°）
机架地脚螺栓	M90×4	87	
主轴承紧固螺栓	M100×4	120	105～130
机身贯穿螺栓	M100×4	140	410
十字头紧固螺栓	M90×4	130	210
连杆螺栓	M90×4	84	230～270
中体安装螺栓	M72×4	105	190～200
一段气缸螺栓	—	88	—
二段气缸螺栓	—	146	—
十字头侧面导轨	—	6	60～70

表 13　6PK/1+6PK/1 型紧固螺栓用油压标准值

螺栓名称	螺栓规格	紧固所需油压 /MPa	螺母旋转角 /（°）
机架地脚螺栓		50～51	
主轴承紧固螺栓		39～40	105～130
机身贯穿螺栓		105～107	410
十字头紧固螺栓		85～86.5	210
连杆螺栓		39～40	230～270
曲轴箱与气缸连接螺栓		105～107	—
一段径向阀紧固螺栓		90	—
气缸压盖紧固螺栓		110～115	60～70
二段组合阀压盖紧固螺栓		110～115	

表 14　8PK-2 型紧固螺栓用油压标准值

螺栓名称	螺栓规格	紧固所需油压 /MPa	螺母旋转角 /（°）
机架地脚螺栓	—	50	
主轴承紧固螺栓	M48	39	
机身贯穿螺栓	M39	105	
十字头紧固螺栓	M48	39	
连杆螺栓	M48	85	
曲轴箱与气缸连接螺栓	M90	107	
一段径向阀紧固螺栓	M48	100	
气缸压盖紧固螺栓	M48	80	
二段组合阀压盖紧固螺栓	M90	110	

表 15　K8、K10 型紧固螺栓用油压标准值

螺栓名称	螺栓规格	紧固所需油压 /MPa	螺母旋转角 /（°）
拉杆与框架锚固件	M130×6	160	
曲轴轴承	M110×6	170	
拉杆与框架	M130×6	150	65～95
拉杆与连接杆	M110×6	170	360
十字头体	M110×6	180	260～320
十字头滑块	M72×4	—	180
螺栓与曲轴 / 电机轴接头	M110×6	170	50
拉杆与隔离室	M130×6	50	50～55
拉杆与第 1 段气缸	M80×4	147	90
拉杆与第 2 段气缸	M80×4	155	60～70
螺栓与导向底座	M42×3	—	250
气缸支承	M130×6	160	

7）组合阀或出入口阀：

①阀口密封面应光滑严密，用涂色法检查应呈环状接触，不应有断桥；

②各密封零件如有损伤、损坏、径向沟槽等缺陷时应修理或更换；

③更换弹簧、阀头等易损件；

8）气缸填料组件、组合阀或出入口阀、注油器、内部油单向阀的装配间隙和质量标准以及各主要零件的使用极限尺寸执行各相应机组《使用维护说明书》中的有关规定；

9）无损探伤执行标准 GB/T 7233.1～2《铸钢件　超声检测》；

10）电机检修执行相关标准；

11）仪表检测系统检修执行相关标准。

5 试车与验收

5.1 试车前的准备工作

1）确认各项检修工作已完成，检修记录齐全，检修质量符合规定，有试车方案；

2）辅机试车正常；

3）仪表及联锁装置齐全、准确、灵敏、可靠；

4）各润滑部位按规定加注润滑油；

5）润滑系统按规定油运合格。

5.2 试车

5.2.1 试车方法与要求（机组检修后，一般不需要进行空负荷试车）

1）辅机投入运行；

2）盘车 10min；

3）点试；

4）空负荷 10min；

5）空负荷 30min；

6）试车完毕。

注：PK 型不允许空负荷试车，其试车方法按机组资料要求进行。

5.2.2 检查内容与标准

1）在进行试车的每一步骤中，检查机组各油路是否畅通、回油温度变化情况，确认符合操作技术指标；检查机组的声音、振动情况，确认无异常，然后才能进行下一步试车工作；

2）停车时根据各机组的实际情况可采用联锁装置动作试验来实现，检验联锁装置的可靠性；

3）试车完毕，润滑情况不能出现异常；检查各部轴承温度不能超过 65℃；

4）机组一般不进行单独的负荷试车，在通常情况下，机组负荷试车与装置开车同步进行，同时要检查机组的润滑、各级进出口压力、温度、声音变化等情况，应满足操作技术指标并无异常情况发生；

5）机组的振动情况，无异常。

5.3 验收

5.3.1 检修质量符合本规程标准。

5.3.2 检修交工资料齐全、准确，资料包括：

1）压缩机常规检修、测量记录；

2）设备重大缺陷处理、备品配件更换记录；

3）结构、材质变更审批文件；

4）零、部件探伤记录；

5）试车运行正常，符合操作技术标准；

6）仪表、电气安全联锁保护装置完整、准确灵敏可靠；

7）按规定办理验收手续，交付生产；

8）试车记录。

6 维护与故障处理

6.1 日常维护内容

1）检查机身、中体、气缸、超高压配管的振动、声音等是否异常；

2）检查内部油、外部油及冷却油系统、压力、温度、润滑异常变化和泄漏等；

3）检查组合阀或出入口阀的运行情况和一、二级气缸的填料、泄漏情况；

4）检查内部油泵注油器的运行状况并及时调整；

5）检查内部油单向阀的使用情况，发现明显泄漏和严重串气时要立即停车处理；

6）检查各部轴承的温度变化情况，发现异常时要及时分析原因，制定对策；

7）消除泄漏；

8）按要求组装足够量的备件，包括注油器、内部油单向阀、组合阀或出入口阀、气缸填料等；

9）每月对在用润滑油进行分析；

10）开展设备动态监测工作。

6.2 常见故障及处理

超高压卧式往复压缩机常见故障及处理表 16 和表 17。

表 16 常见故障及处理方法

故障现象	故障原因	处理方法
段间压力高	压力表故障 二段组合阀故障 一段吸入压力偏高 中冷器换热效果差	更换或校验 更换 降低吸入压力 清洗
段间压力低	压力表故障 一段组合阀故障 一段吸入压力过低	更换或校验 更换 提高吸入压力
一段安全阀超压动作	二段组合阀故障 安全阀故障 系统超压	更换组合阀 校验 查找原因处理
压缩机振动大	气缸、中间导杆、十字头不对中 中间导杆和中间导套严重磨损 曲轴、连杆、十字头各部间隙大 压缩机与电机不对中 柱塞损坏 气缸内有杂质 气缸水平超差 组合阀或出入口阀故障 出入口管线存在应力 螺栓松动	找正 检查、更换 调整间隙 找正 更换 检查、清理 检查、调整 更换 调整 紧固
运动部件过热	配合间隙小或油温高 润滑油量不足或油路不畅	调整间隙、降低油温 增加油量、疏通油路
气缸过热	气缸冷却室堵塞 冷却油量不足 油温高 油冷器换热效果差	清理 加大冷却油量 降油温调整水量 清理
框架油、冷却油油压低	油泵故障 安全阀或调压阀故障 过滤器堵塞 压力表故障	检查、修理 校验 清理 调校或更换
框架油、冷却油泵异音	联轴节磨损、对中不好 吸入过滤器堵塞	更换零件、找正 清理
内部油压低	系统漏油 吸入过滤器堵 油温低 油泵故障	消漏 清理 检查伴热系统 检查、修理
注油器注油不良	内部油油压低 注油器吸入口堵塞 内部油脏 密封不良 单向阀串气严重	调整压力 清理 换油 更换密封 更换单向阀

表 16 常见故障及处理方法（续）

故障现象	故障原因	处理方法
缸头盖漏油	缸头密封环老化或损坏 气缸部分密封环老化损坏	更换 更换
冷却油封漏油	油封组装错误 气缸填料泄漏严重	重新组装 更换填料
机身视窗漏油	密封垫片损坏 螺栓松动或紧固力不均	更换 紧固、调整
内部油泵异音	气缸填料油路堵塞 注油器卡死 联轴节故障 轴承损坏	更换填料 更换注油器 检查、处理 检查、更换
柱塞杆硬化层脱落	气缸填料内自聚物过多，冷却后变硬 冬天停机时间过长，机组温度低 安装故障	更换填料 重新连接 重新连接
气缸出口温度高	组合阀串气 吸入温度过高	更换组合阀 降低吸入温度
零部件锈蚀	润滑油含水量高 油冷却器漏水 检修用清洗油中含水，清理不干净	换油 换油、修理油冷器 重新清理，除锈
检测孔泄漏	单向阀中间体冲刷损伤或裂纹 单向阀球面密封面不良 单向阀安装不到位或装偏 填料盘密封面冲刷损伤或裂纹	更换单向阀 更换单向阀 重新安装或更换单向阀 更换填料组件

表 17 超高压卧式往复压缩机 RCM 分析表

序号	功能	功能故障	故障模式	故障后果	故障对策与检修内容	检修周期／月
1	保证压缩机出口压力满足生产要求	排气压力下降，二段出口无法升压	1. 缸体出现裂纹造成一、二段串压	无安全性后果	定期检验	60
			2. 进排气阀失效（阀座开裂、阀芯磨损等）	无安全性后果	预定视情维修，更换气阀	威布尔计算
			3. 进排气阀失效（组装质量问题）	无安全性后果	重新设计，培训	视情
			4. 入口滤网堵塞	有安全性后果	预定视情维修，更换滤网	3
2	保证一、二段出口温度在规定范围内	一、二段出口温度过高	1. 入口介质温度高	无安全性后果	预定视情维修，调整入口介质温度	60
			2. 中冷器冷却效果不好，壳程水温高或水量小，管程堵塞等	无安全性后果	预定视情维修，化学清洗	12

表 17 超高压卧式往复压缩机 RCM 分析表（续）

序号	功能	功能故障	故障模式	故障后果	故障对策与检修内容	检修周期 / 月
3	为乙烯气体提供密闭通道	填料泄漏	1. 填料正常磨损（轴向）	无安全性后果	预定视情维修，更换填料	威布尔计算
			2. 填料盘密封面冲刷损伤或裂纹	有安全性后果	定期更换填料	24
			3. 柱塞磨损，间隙大	无安全性后果	定期更换柱塞	48
			4. 聚合物过多造成填料失效	无安全性后果	预定视情维修	视情
		静密封点泄漏	1. 母材或焊缝泄漏	有安全性后果	定期检验	60
			2. 管线法兰连接泄漏（螺栓松动或失效）	有安全性后果	定期检查更换	60
			3. 管线法兰连接渗漏（安装问题）	有安全性后果	重新设计，培训	视情
			4. 引压管断裂	有安全性后果	定期检查更换	12
		压力超压安全阀不起跳	1. 安全阀定压不正确	有安全性后果	定期校验	12
			2. 安全阀入口管堵	有安全性后果	定期检查	12
			3. 安全阀卡死	有安全性后果	定期校验	12
4	保证机组连续运转	机械故障引起停机	1. 连杆螺栓、轴承盖螺栓、十字头螺母、地脚螺栓等松动	无安全性后果	预定视情维修 + 定期	60
			2. 主轴承、连杆大小头瓦、十字头滑道等间隙过大	无安全性后果	定期拆解检查，测量间隙	60
			3. 曲轴和联轴器配合松动	无安全性后果	定期拆解检查	60
			4. 主轴承轴瓦磨损	无安全性后果	定期拆解检查	60
			5. 主轴断裂、螺栓松脱、柱塞杆断裂	无安全性后果	定期拆解检查	60

附 录 A

（资料性附录）

超高压往复压缩机检修现场质量控制表

检修时间：

序号	质量控制点	质量标准	现场检修记录/mm	确认人签字		
				施工单位	生产装置	管理部门
一、拆卸						
1	11A/11B 弹性杆联轴节连接螺栓检查	无松动，表面无缺陷		★	★	
2	12A、12B 弹性杆联轴节连接螺栓检查	无松动，表面无缺陷		★	★	
3	21A、21B 弹性杆联轴节连接螺栓检查	无松动，表面无缺陷		★	★	
4	22A、22B 弹性杆联轴节连接螺栓检查	无松动，表面无缺陷		★	★	
5	23A、23B 弹性杆联轴节连接螺栓检查	无松动，表面无缺陷		★	★	
6	23B 柱塞联轴节拧紧扭矩 M180×4	900N·m		★	★	
7	11 列连杆大头瓦磨损情况（肉眼外观检查）	表面无缺陷、裂纹		★	★	
8	12 列连杆大头瓦磨损情况（肉眼外观检查）	表面无缺陷、裂纹		★	★	
9	21 列连杆大头瓦磨损情况（肉眼外观检查）	表面无缺陷、裂纹		★	★	★
10	22 列连杆大头瓦磨损情况（肉眼外观检查）	表面无缺陷、裂纹		★	★	
11	23 列连杆小头瓦磨损情况（肉眼外观检查）	表面无缺陷、裂纹		★	★	
12	11 列框架十字头滑道间隙	垂直：0.40～0.48mm 水平：0.65～0.70mm		★	★	★
13	12 列框架十字头滑道间隙	垂直：0.40～0.48mm 水平：0.65～0.70mm		★	★	

超高压往复压缩机检修现场质量控制表（续）

序号	质量控制点	质量标准	现场检修记录/mm	确认人签字		
				施工单位	生产装置	管理部门
14	21 列框架十字头滑道间隙	垂直：0.40～0.48mm 水平：0.65～0.70mm		★	★	
15	22 列框架十字头滑道间隙	垂直：0.40～0.48mm 水平：0.65～0.70mm		★	★	
16	23 列框架十字头滑道间隙	垂直：0.40～0.48mm 水平：0.65～0.70mm		★	★	
17	11 列连杆十字头销轴瓦间隙（径向）	0.35～0.60mm 最大极限：0.70mm		★	★	★
18	11 列连杆曲柄销轴瓦（径向）	0.45～0.70mm 最大极限：0.80mm		★	★	★
19	12 列连杆十字头销轴瓦间隙（径向）	0.35～0.60mm 最大极限：0.70mm		★	★	★
20	12 列连杆曲柄销轴瓦（径向）	0.45～0.70mm 最大极限：0.80mm		★	★	★
21	21 列连杆十字头销轴瓦间隙（径向）	0.35～0.60mm 最大极限：0.70mm		★	★	★
22	21 列连杆曲柄销轴瓦（径向）	0.45～0.70mm 最大极限：0.80mm		★	★	★
23	22 列连杆十字头销轴瓦间隙（径向）	0.35～0.60mm 最大极限：0.70mm		★	★	★
24	22 列连杆曲柄销轴瓦（径向）	0.45～0.70mm 最大极限：0.80mm		★	★	★
25	23 列连杆十字头销轴瓦间隙（径向）	0.35～0.60mm 最大极限：0.70mm		★	★	★
26	23 列连杆曲柄销轴瓦（径向）	0.45～0.70mm 最大极限：0.80mm		★	★	★
27	× 列连杆温控系统检查	是否有气阀打开、弹杆弹出，弹杆与气阀的距离≤ 5mm		★	★	★
28	× 列连杆温控系统检查	是否有气阀打开、弹杆弹出，弹杆与气阀的距离≤ 5mm		★	★	★

超高压往复压缩机检修现场质量控制表（续）

序号	质量控制点	质量标准	现场检修记录/mm	确认人签字		
				施工单位	生产装置	管理部门
29	11 列张合度	≤0.05mm		★	★	★
30	12 列张合度	≤0.05mm		★	★	
31	21 列张合度	≤0.05mm		★	★	
32	22 列张合度	≤0.05mm		★	★	
33	23 列张合度	≤0.05mm		★	★	
34	曲轴箱上面水平度（北侧）	≤0.10mm		★	★	
35	曲轴箱上面水平度（南侧）	≤0.10mm		★	★	
36	各列开盖检查滑履巴金剥落情况（肉眼检查）	完好无剥落		★	★	
二、回装						
1	11A/B 柱塞表面检查	表面无缺陷、裂纹		★	★	
2	12A/B 柱塞表面检查	表面无缺陷、裂纹		★	★	
3	21A/B 气缸柱塞表面检查	表面无缺陷、裂纹		★	★	
4	22A/B 气缸柱塞表面检查	表面无缺陷、裂纹		★	★	
5	23A/B 气缸柱塞表面检查	表面无缺陷、裂纹		★	★	
6	11A/B 气缸头螺栓液压	第 1 级：147MPa		★	★	
7	12A/B 气缸头螺栓液压	第 1 级：147MPa		★	★	
8	21A/B 气缸头螺栓液压	第 1 级：155MPa		★	★	
9	22A/B 气缸头螺栓液压	第 1 级：155MPa		★	★	
10	23A/B 气缸头螺栓液压	第 1 级：155MPa		★	★	
11	11A/B 气缸死点间隙	-1～+2mm		★	★	
12	12A/B 气缸死点间隙	-1～+2mm		★	★	
13	21A/B 气缸死点间隙	15～18mm		★	★	
14	22A/B 气缸死点间隙	15～18mm		★	★	
15	23A/B 气缸死点间隙	15～18mm		★	★	
16	11A/B 柱塞联轴节拧紧扭矩 M180×4	900N·m		★	★	
17	12A/B 柱塞联轴节拧紧扭矩 M180×5	900N·m		★	★	
18	21A/B 柱塞联轴节拧紧扭矩 M180×6	900N·m		★	★	

超高压往复压缩机检修现场质量控制表（续）

序号	质量控制点	质量标准	现场检修记录/mm	确认人签字		
				施工单位	生产装置	管理部门
19	22A/B 柱塞联轴节拧紧扭矩 M180×7	900N・m		★	★	
20	23A/B 柱塞联轴节拧紧扭矩 M180×8	900N・m		★	★	
21	11A/B 弹性杆跳动值	≤ 0.20mm		★	★	
22	12A/B 弹性杆跳动值	≤ 0.20mm		★	★	
23	21A/B 弹性杆跳动值	≤ 0.20mm		★	★	
24	22A/B 弹性杆跳动值	≤ 0.20mm		★	★	
25	23A/B 弹性杆跳动值	≤ 0.20mm		★	★	
26	11 列框架十字头滑道间隙	垂直：0.40～0.48mm 水平：0.65～0.70mm		★	★	★
27	12 列框架十字头滑道间隙	垂直：0.40～0.48mm 水平：0.65～0.70mm		★	★	★
28	21 列框架十字头滑道间隙	垂直：0.40～0.48mm 水平：0.65～0.70mm		★	★	★
29	22 列框架十字头滑道间隙	垂直：0.40～0.48mm 水平：0.65～0.70mm		★	★	★
30	23 列框架十字头滑道间隙	垂直：0.40～0.48mm 水平：0.65～0.70mm		★	★	★
31	11 列连杆十字头销轴瓦间隙（径向）	0.35～0.60mm 最大极限：0.70mm		★	★	★
32	11 列连杆曲柄销轴瓦（径向）	0.45～0.70mm 最大极限：0.80mm		★	★	★
33	12 列连杆十字头销轴瓦间隙（径向）	0.35～0.60mm 最大极限：0.70mm		★	★	★
34	12 列连杆曲柄销轴瓦（径向）	0.45～0.70mm 最大极限：0.80mm		★	★	★
35	21 列连杆十字头销轴瓦间隙（径向）	0.35～0.60mm 最大极限：0.70mm		★	★	★
36	21 列连杆曲柄销轴瓦（径向）	0.45～0.70mm 最大极限：0.80mm		★	★	★
37	22 列连杆十字头销轴瓦间隙（径向）	0.35～0.60mm 最大极限：0.70mm		★	★	★

超高压往复压缩机检修现场质量控制表（续）

序号	质量控制点	质量标准	现场检修记录/mm	确认人签字		
				施工单位	生产装置	管理部门
38	22 列连杆曲柄销轴瓦（径向）	0.45～0.70mm 最大极限：0.80mm		★	★	★
39	23 列连杆十字头销轴瓦间隙（径向）	0.35～0.60mm 最大极限：0.70mm		★	★	★
40	23 列连杆曲柄销轴瓦（径向）	0.45～0.70mm 最大极限：0.80mm		★	★	★
41	11 列张合度	≤0.05mm		★	★	★
42	12 列张合度	≤0.05mm		★	★	★
43	21 列张合度	≤0.05mm		★	★	★
44	22 列张合度	≤0.05mm		★	★	★
45	23 列张合度	≤0.05mm		★	★	★
46	曲轴箱上面水平度（北侧）	≤0.10mm		★	★	★
47	曲轴箱上面水平度（南侧）	≤0.10mm		★	★	★
48	曲轴箱扣盖检查	检修数据已确认，内无异物		★	★	★

备注： A 级　施工单位、生产装置、设备管理部门专业人员检查确认后签字；

B 级　施工单位和生产装置专业人员检查确认后签字；

C 级　施工单位专业人员检查确认后签字。

附 录 B
（资料性附录）
超高压往复压缩机开车特护巡检记录表

装置：高压						设备位号：					设备名称：二次机					
开车日期：						开车正常时间：					特护开始时间：					
特护巡检记录																
项目	压缩机			内部油系统		框架油系统		冷却油系统		其他		仪表专业		电气专业		签名
	中心阀声音	曲轴箱声音	汽缸声音	减速箱声音	注油情况	油压 /kPa PI20530	油泵声音	油压 /kPa PI20531	油泵声音	安全附件	泄漏	系统各仪表检测点	联锁保护系统	电气控制系统	现场电机运行情况	
标准	有无杂音	有无杂音	有无杂音	有无杂音	有无异常	200~600	有无杂音	200~600	有无杂音	是否正常	有无泄漏	是否正常	是否正常	是否正常	是否正常	
时间						指示		指示								
0:00																B
0:30																B
1:00																B
1:30																B
2:00																B
2:30																B
3:00																B
3:30																B
4:00																B
4:30																B

超高压往复压缩机开车特护巡检记录表（续）

装置：高压						设备位号：						设备名称：二次机				
开车日期：						开车正常时间：						特护开始时间：				
特护巡检记录																
	压缩机			内部油系统		框架油系统		冷却油系统		其他		仪表专业		电气专业		签名
项目	中心阀声音	曲轴箱声音	汽缸声音	减速箱声音	注油情况	油压 /kPa PI20530	油泵声音	油压 /kPa PI20531	油泵声音	安全附件	泄漏	系统各仪表检测点	联锁保护系统	电气控制系统	现场电机运行情况	
标准	有无杂音	有无杂音	有无杂音	有无杂音	有无异常	200～600	有无杂音	200～600	有无杂音	是否正常	有无泄漏	是否正常	是否正常	是否正常	是否正常	
时间						指示		指示								
5:00																E
5:30																B
6:00																D
6:30																B
7:00																C
7:30																B
8:00																E
8:30																B
9:00																D
9:30																B
10:00																C
10:30																B
11:00																B
11:30																B
12:00																B
12:30																B

超高压往复压缩机开车特护巡检记录表（续）

装置：高压						设备位号：						设备名称：二次机				
开车日期：						开车正常时间：						特护开始时间：				
特护巡检记录																
项目	压缩机			内部油系统		框架油系统		冷却油系统		其他		仪表专业		电气专业		签名
	中心阀声音	曲轴箱声音	汽缸声音	减速箱声音	注油情况	油压 /kPa PI20530	油泵声音	油压 /kPa PI20531	油泵声音	安全附件	泄漏	系统各仪表检测点	联锁保护系统	电气控制系统	现场电机运行情况	
标准	有无杂音	有无杂音	有无杂音	有无杂音	有无异常	200～600	有无杂音	200～600	有无杂音	是否正常	有无泄漏	是否正常	是否正常	是否正常	是否正常	
时间						指示		指示								
13:00																B
13:30																B
14:00																B
14:30																B
15:00																E
15:30																B
16:00																D
16:30																B
17:00																C
17:30																B
18:00																B
18:30																C
19:00																B
19:30																E
20:00																B
20:30																B
21:00																D

超高压往复压缩机开车特护巡检记录表（续）

装置：高压						设备位号：						设备名称：二次机					
开车日期：						开车正常时间：						特护开始时间：					
特护巡检记录																	
项目	压缩机			内部油系统		框架油系统		冷却油系统		其他		仪表专业		电气专业		签名
	中心阀声音	曲轴箱声音	汽缸声音	减速箱声音	注油情况	油压 /kPa PI20530	油泵声音	油压 /kPa PI20531	油泵声音	安全附件	泄漏	系统各仪表检测点	联锁保护系统	电气控制系统	现场电机运行情况	
标准	有无杂音	有无杂音	有无杂音	有无杂音	有无异常	200～600	有无杂音	200～600	有无杂音	是否正常	有无泄漏	是否正常	是否正常	是否正常	是否正常	
时间						指示		指示								
21:30																B
22:00																B
22:30																B
23:00																B
23:30																B
开车运行情况小结																
说明：	1. 特护每 30min 一次；2. 仪表电气专业填写其专业栏数据，其他不需要填写；3. 钳工的数据填写内容与车间基本一致，但不需要填写有数值的部分；4.B 为车间班组人员、C 为仪表车间人员、D 为电气车间人员、E 为保运单位人员															

超高压釜式反应器维护检修规程

SHS 03008—2019

代替 SHS 03008—2004

目 次

前 言

本规程按照 GB/T 1.1—2009《标准化工作导则 第 1 部分：标准的结构和编写》给出的规则起草。

本规程代替 SHS 03008—2004《超高压釜式反应器维护检修规程》，与 SHS 03008—2004 相比，除了编辑性修改外，主要技术变化如下：

——增加并调整“6.1 日常维护”内容；

——常见故障及消除方法中，增加控制阀失控及系统堵塞内容。

本规程由中国石油化工集团有限公司、中国石油化工股份有限公司提出。

本规程主要起草单位：中国石油化工股份有限公司北京燕山分公司。

本规程主要起草人：隗合煜、王振。

本规程所代替规程的历次版本发布情况为：

SHS 03008—1992，SHS 03008—2004。

超高压釜式反应器维护检修规程

1 范围

1.1 主题内容

本规程规定了高压聚乙烯装置超高压釜式反应器的检修周期与内容、检修与质量标准、试车与验收、维护与故障处理。

1.2 适用范围

本规程适用于高压聚乙烯装置设计压力为100～250MPa，操作温度小于350℃超高压釜式反应器的维护与检修。

2 规范性引用文件

下列文件对于本文件的应用是必不可少的。凡是注日期的引用文件，仅所注日期的版本适用于本文件。凡是不注日期的引用文件，其最新版本（包括所有的修改单）适用于本文件。

TSG 21 固定式压力容器安全技术监察规程

TSG 08 特种设备使用管理规则

TSG R7004 压力容器监督检验规则

3 检修周期和内容

3.1 检修周期

根据对超高压釜式反应器功能故障及其影响分析的结果、有无备用设备并结合生产装置运行周期，确定超高压釜式反应器检修周期，一般为48～72个月。

特殊要求：反应器发生以下问题时应安排进行检修：

3.1.1 反应器搅拌器实际运转时间达到推荐运行时间；

3.1.2 每次发生分解反应后；

3.1.3 反应压力、搅拌电流等异常增高超过标准；

3.1.4 大修间隔期见表1；

表 1　大修间隔期

分解反应累计次数	实际运转时间 / 年	大修次数
10	6	第一次大修
15	5	第二次大修
20	3	第三次大修
25	以后每 2 年一次	第四次大修
30	以后每 1 年一次	第五次大修

3.1.4.1　分解反应次数和实际运转时间，有一项达到规定要求，即应进行大修，分解反应次数应进行累计，实际运转时间要从大修后投入使用计算；

3.1.4.2　当分解反应达到 30 次以上时，要参考以往检修的检查结果相应变更时间；

3.1.4.3　当出现搅拌浆叶折断，中间轴承零部件脱落，造成压力上升，五次拆装相当于一次分解反应。

3.2　检修检查内容

3.2.1　更换搅拌器和搅拌电机；

3.2.2　检查安全装置，更换爆破板；

3.2.3　宏观检查拆卸部件的螺纹，更换波形环；

3.2.4　宏观检查反应器内部开孔圆角过渡处的裂纹和划伤；

3.2.5　宏观检查反应器内表面与桨叶尖端相对应的位置有无伤痕；

3.2.6　测量上、下部波形环座的密封面尺寸及公差；

3.2.7　若是分解后，应对内表面进行硬度和金相组织检查；

3.2.8　备用搅拌器组装完成；

3.2.9　全部的超高压螺栓要进行磁粉探伤或着色检查；

3.2.10　拆除反应器夹套；

3.2.11　对反应器进行内外部检验，检验内容根据检修方案确定；

3.2.12　测量反应器本体内径，外径实际尺寸及变形量；

3.2.13　对油压千斤顶系统，夹紧环、吊环等拆卸、清洗、加油；

3.2.14　反应器夹套清洗检查试压，检查腐蚀情况，必要时更换；

3.2.15　必要时对反应器本体进行液压强度试验；

3.2.16　更换经检验不合格的零部件，应更换使用两个运行周期的超高压螺栓；

3.2.17　对反应器本体出现的表面裂纹若深度不超过 0.5mm，可以用打磨的方法消除，但打磨部位应与相邻表面圆滑过渡；当裂纹深度超过 0.5mm 时，应报有关主管部门，制定合理的修复方案进行处理。

4 检修与质量标准

4.1 拆卸前准备

4.1.1 各项准备工作应符合安全、环保、质量等方面的要求，应对检修过程进行危害识别及风险评估、环境因素识别和影响评价；
4.1.2 根据设备运行状况和检测记录，分析故障原因和部位，依据本规程制定详尽的检修技术方案；组织相关人员现场交底，并制定检修施工方案；检修人员应熟悉设备图纸、技术资料与检修方案；
4.1.3 检查落实物资准备（包括材料、备品、安全工具、施工机具等）和检修施工场地准备；
4.1.4 检查安全措施准备工作，放置好安全警示牌、安全警示绳，检修时必须对现场孔洞、楼梯口、吊装口设围栏或盖板，做好夜间照明及防盗等工作；
4.1.5 检查反应器与外部系统电、风、介质的吹扫、排凝、隔断情况，应安全可靠；
4.1.6 落实好安全环保措施，按规定对反应器系统断电、断气、物料倒空，置换完毕，反应器具备检修条件，办理好检修作业票后，方可施工。

4.2 拆卸与检测

4.2.1 前期拆卸

4.2.1.1 拆除本体热电偶；
4.2.1.2 拆卸电机接线；
4.2.1.3 拆卸催化剂管嘴及热电偶；

4.2.2 反应器解体检修

4.2.2.1 拆卸异径短管，爆破板组合件；
4.2.2.2 拆除进、出口管道及阀门；
4.2.2.3 拆卸顶盖夹紧环；
4.2.2.4 吊出上盖、搅拌电机、隔热块；
4.2.2.5 拆卸底盖夹紧环，放下底盖后，再拆卸底轴承套；
4.2.2.6 松开中间轴承压板，吊出搅拌器；
4.2.2.7 拆卸波形环，彻底清扫反应器内壁。

4.3 回装与质量标准

4.3.1 回装项目
4.3.1.1 搅拌器的组装程序见表 2；

表 2 搅拌器的组装程序

步骤	要点
安装中间轴承	装入轴承内座圈 装中间轴承组装件 装上部平衡板
安装上、下部隔离环、叶片及上部紧固螺母	检查核对装配符号 检查叶片角度
安装底部轴承	装入底部轴承组件 紧固螺母（力矩 1000N·m）
组装底部轴承压盖	装入止推轴承外座圈 装入径向轴承外座圈
垂直固定在找正台架上 进行找正	紧固中间轴承固定卡箍 千分表固定在框架上
测量底部轴承到中间轴承尺寸 （底轴承至中间轴承上盖的距离）	尺寸偏差：按厂家技术标准

4.3.1.2 底盖找正，吊入组装合格的搅拌器；

4.3.1.3 测量中间轴承压盖轴向窜量；

4.3.1.4 固定底轴承，组装底盖及波形环；

4.3.1.5 搅拌器找正；

4.3.1.6 拧紧中间轴承挂板螺钉；

4.3.1.7 组装爆破板及安全装置；

4.3.1.8 安装隔热块、搅拌电机、波形环、顶盖及夹紧环；

4.3.1.9 连接出、入口管道及阀门；

4.3.1.10 对全部超高压螺纹进行检查、修理；

4.3.2 对反应器本体、顶盖、底盖、端面、波形环接触面圆弧过渡部位要用极间法和贯通法磁粉探伤，并进行硬度和金相组织检查；

4.3.3 测量本体内径、外径尺寸的变化情况，测量的部位按图 1、表 3 所示进行，测量的每一个截面互为 90° 的 4 点，最后以平均值记录。

4.3.4 反应器本体液压强度试验；

4.3.4.1 反应器应放在专门试压场或地坑内进行液压强度试验；

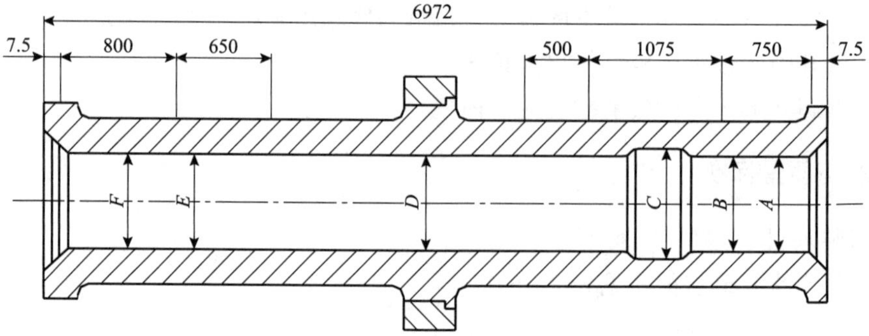

图 1 测量部位

4.3.4.2 试验压力为 320MPa，保压 30min；

4.3.4.3 试压前要精确测量本体 3 个位置的外径，在测量部位的相对位置共装 10 块千分表，测量 8 个压力等级下的横向和纵向变形量并记录在表 4 内，如图 2 所示；

表 3 测量部位

mm

部位		部位	
A	距顶部 100	*D*	距底部 2600
B	距顶部 400	*E*	距底部 450
C	距顶部 1200	*F*	距底部 100

表 4 变形量记录表

时间	压力 /MPa	1	2	3	4	5	6	7	8	9	10
	0										
	70										
	140										
	200										
	270										
	300										
	320										

注：应逐步缓慢降压。

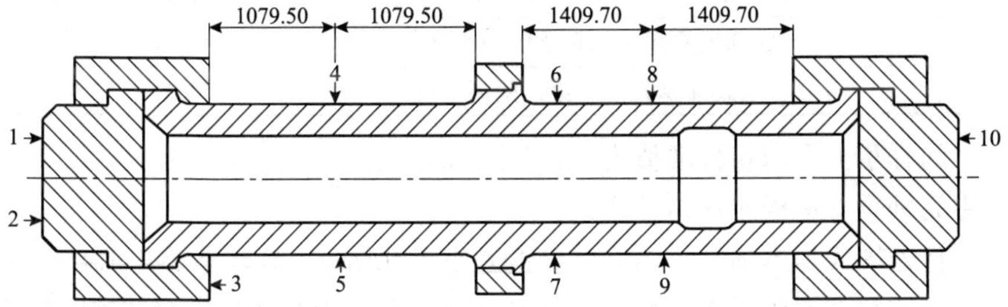

图 2

4.3.4.4 液压强度试验后内表面要进行磁粉探伤复查。

4.3.5 反应器夹套清洗检查

4.3.5.1 清洗检查后以 3.4MPa 进行液压试验，在该压力下保持 30min；

4.3.5.2 以 2.3MPa 进行气密试验，无泄漏为合格，并进行防腐保温。

4.3.6 质量标准

4.3.6.1 搅拌器在组装前应进行超声波探伤或磁粉探伤检查。直线度偏差应满足出厂标准；

4.3.6.2 安装轴承应均匀加热，加温在 100～120℃；

4.3.6.3 搅拌器组装完毕后，应在专用台架上进行校直，其直线度的测量部位如图 3 所示，质量标准按表 5 执行；

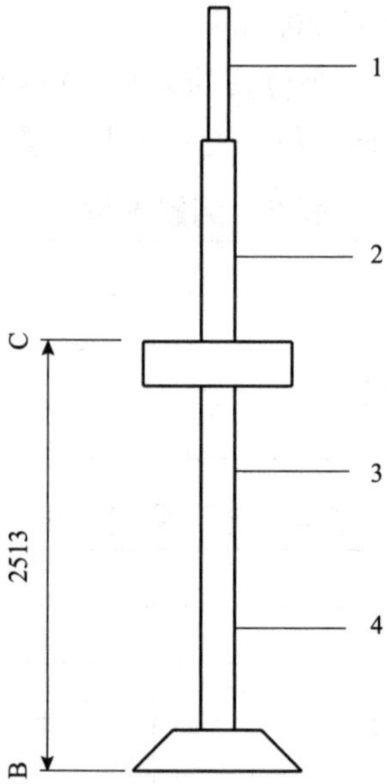

图 3

表 5

mm

测量部位	具体位置	允许偏差值	理想值
1	紧固螺母以上 200mm 处	0.30	0.10
2	测量部位 1 和中间轴承的中间部位	0.20	
3	底部轴承和中间轴承的中间部位	0.30	
4	从底部算起向上第二隔离环处	0.15	

4.3.6.4 中间轴承上升窜量标准值为（7.5±1.5）mm；

4.3.6.5 中间轴承支承板应均匀撑紧；

4.3.6.6 搅拌器轴线与本体轴线的同轴度偏差小于 0.2mm，最好小于 0.1mm；

4.3.6.7 全部螺纹都要用通规和止规进行检查不得有毛疵和伤痕，有缺陷时要进行消除或扩孔处理；

4.3.6.8 反应器内表面及开孔内表面圆弧角过渡处的裂纹和划伤必须全部打磨处理消除干净；测量本体内径、外径尺寸增大值应小于原始加工尺寸的 0.2%为合格；

4.3.6.9 液压强度试验后的残余变形量不大于 0.05mm；

4.3.6.10 反应器本体吊装就位后，上端面水平度应调整在 0.10mm/m 以内。

5 试验与验收

5.1 试车前的准备

5.1.1 确认各项检修工作已完成，检修记录齐全，质量符合第4条的规定，有试车方案；

5.1.2 安全附件确认合格，齐全完整；

5.1.3 仪表及联锁装置齐全、准确、灵敏、可靠；
5.1.4 确认电机接线正确，绝缘合格；
5.1.5 各项工艺准备完毕，具备试车条件。

5.2 试车

5.2.1 反应器随系统试压，压力应符合制造厂家技术标准，最低不得小于生产牌号最低的工作压力。当压力每升到 20MPa、50MPa、100MPa 时要停止升压 3～5min，进行检查；
5.2.2 检查上、下大盖、管道阀门不得有泄漏情况；
5.2.3 机械转动部分，搅拌器电机应先点试，确认电流正常，转动轻快，本体无异常振动和声响，搅拌器与设备内壁无碰磨；
5.2.4 电流稳定，不超过规定值，各种仪表灵敏好用。

5.3 验收

试车合格，达到完好标准，办理验收手续验收技术资料应包括：
5.3.1 检修质量及缺陷记录；
5.3.2 耐压、气密性试验记录；
5.3.3 主要零、部件的无损检验报告；
5.3.4 主要零、部件清单；
5.3.5 结构、尺寸、材质变更的审批文件；
5.3.6 试车记录。

6 维护与故障处理

6.1 日常维护

6.1.1 压力、温度数值，就地指示压力表与控制系统显示压力是否一致；
6.1.2 搅拌电机电流数值与趋势波形；
6.1.3 电机温度是否正常；
6.1.4 各路进气温度是否在正常范围内；
6.1.5 调压阀与出口阀开度是否在正常范围内；
6.1.6 检查反应器有无异常振动和声响；
6.1.7 严格控制生产工艺指标，认真执行工艺规程；
6.1.8 检查并消除泄漏；
6.1.9 维护时间：按装置检修计划或日常具备维护条件时。

6.2 常见故障与处理

超高压釜式反应器常见故障与处理方法见表 6。

表 6　超高压釜式反应器常见故障与处理方法

序号	功能	功能故障	故障模式	故障后果	故障应对策略与检修内容	检修周期／月
1	保证超高压釜式反应器工作压力保持在工艺指标控制范围内	1.1 超高压釜式反应器工作压力小于工艺指标范围	1.1.1 封头盖泄漏	压力无法维持，乙烯气泄漏引发安全事故	视情况在线或停机紧固，更换密封	6
			1.1.2 连接管法兰泄漏	压力无法维持，乙烯气泄漏引发安全事故	视情况在线或停机紧固，更换垫片	6
			1.1.3 热偶接头泄漏	压力无法维持，乙烯气泄漏引发安全事故	视情况在线或停机紧固，更换垫片	6
			1.1.4 紧急放空阀内漏	压力无法维持	视情况停机更换紧急放空阀，更换垫片	6
			1.1.5 系统联锁，紧急放空阀动作	装置联锁停车，压力无法维持	检查联锁原因	6
			1.1.6 压力表故障	无法监控压力	处理引压管堵塞或者更换压力表	6
			1.1.7 爆破板超压或疲劳动作	压力无法维持	停机更换爆破板	
		1.2 超高压釜式反应器工作压力高于工艺指标范围	1.2.1 压力表故障	无法监控压力	更换压力表	6
			1.2.2 系统堵塞	设备超压联锁或损坏，泄漏引发安全事故	停机检查清理系统，检查上游阀门阀芯，检查搅拌器附件	6
			1.2.3 误操作	设备超压联锁或损坏，泄漏引发安全事故	及时纠正，或停机检查设备超压是否损坏	6
			1.2.4 出口压力阀误动作	设备超压联锁或损坏，泄漏引发安全事故	停机更换控制阀	6
2	保证超高压釜式反应器搅拌器电流在正常范围内，搅拌运行稳定	2.1 电流波动或超过额定值	2.1.1 电机轴承或搅拌器中间、底轴承损坏	搅拌停止，反应器内部发生分解	停机更换搅拌	6
		2.2 本体振动或有异常声响	2.2.1 搅拌器弯曲或中间、底部轴承损坏	搅拌刮蹭釜壁或停止，反应器内部发生分解	停机更换搅拌	6
		2.3 电机绕组接地	2.3.1 电机绝缘损坏	搅拌自停联锁	停机检查、更换电机	6

附　录　A
（资料性附录）
超高压釜式反应器检修质量控制确认表

项目	主要控制内容			等级	施工单位	生产装置	设备管理部门	备注
	标准值	部位	现场记录					
搅拌器总窜量	搅拌器总窜量在标准范围内（14～16mm）	搅拌器		C	★			
装挂耳后搅拌器提量	装挂耳后搅拌器提量在标准范围内（6～8mm）	搅拌器		B	★	★		
搅拌器找正	搅拌器线与本体轴线的同轴度不超过规定偏差（南北＜0.2mm，东西＜0.1mm）	搅拌器		B	★	★		
波形环及波形环槽密封组件	波形环及波形环槽表面光滑	上封头密封面		B	★	★		
波形环安装	波形环安装无损伤，无切割	上封头密封面		B	★	★		
引压管把紧	引压管安装把紧到位	上封头		B	★	★		
夹紧环拧紧后的对口间隙	对口间隙符合检修标准（11mm）	上封头		C	★			
反应器两侧挂耳安装	挂耳安装到位	中间放空口		B	★	★		
泄爆装置	爆破片组件符合质量标准	中间放空口		B	★	★		
反应器本体检查	爆破筒安装位置无影响密封效果明显划痕	中间放空口		C	★			
泄爆装置安装	泄爆装置安装到位	中间放空口		B	★	★		
短管安装	短管安装到位	中间放空口		B	★	★		

超高压釜式反应器检修质量控制确认表（续）

项目	主要控制内容			等级	施工单位	生产装置	设备管理部门	备注
	标准值	部位	现场记录					
搅拌器底座清理	搅拌器底座清理干净，无杂质影响	下封头		B	★	★		
波形环及波形环槽密封组件	波形环组装及配合精度	下封头密封面		C	★			
波形环安装	波形环安装无损伤，无切割	下封头密封面		B	★	★		
夹紧环闭口	二硫化钼涂抹均匀	下封头		B	★	★		
夹紧环拧紧后的对口间隙	对口间隙符合检修标准	下封头		C	★			

注： A级　施工单位、生产装置、设备管理部门专业人员检查确认后签字；

B级　施工单位和生产装置专业人员检查确认后签字；

C级　施工单位专业人员检查确认后签字；

另：如果有监理，监理的职责由甲方授权。

附　录　B
（资料性附录）
超高压釜式反应器试车与验收数据记录表

装置：　　　　　　　　　设备名称：超高压釜式反应器　　　　　　　　位号：

<table>
<tr><td colspan="2">主要技术参数</td><td colspan="7">设计压力：　　MPa，设计温度：　　℃</td></tr>
<tr><td>试验要求</td><td colspan="8">1. 进行耐压试验，注入白油试油压 ×MPa（禁水），保压时间：30min 以上；并认真填写。
2. 回装时严格按图纸要求装。
3. 吊装过程中，轻起轻放，避免损坏设备及附件</td></tr>
<tr><td colspan="2">导通、清理情况</td><td colspan="4"></td><td>清理情况确认人（工艺）</td><td colspan="2"></td></tr>
<tr><td colspan="3">维修单位：</td><td colspan="3">维修人员：</td><td colspan="3">技术人员确认</td></tr>
<tr><td colspan="2">试压表</td><td colspan="2">规定值</td><td colspan="2">实际值</td><td>设备确认人</td><td colspan="2">工艺确认人</td></tr>
<tr><td colspan="2">试压压力 /MPa</td><td colspan="2"></td><td colspan="2"></td><td></td><td colspan="2"></td></tr>
<tr><td colspan="2">保压时间 /min</td><td colspan="2">30</td><td colspan="2"></td><td></td><td colspan="2"></td></tr>
<tr><td colspan="2">报废情况说明</td><td colspan="4"></td><td>备件更换情况</td><td colspan="2"></td></tr>
<tr><td colspan="2">安装位号</td><td colspan="3"></td><td>安装日期</td><td></td><td>系统气密试验情况</td><td></td></tr>
<tr><td colspan="2">设备技术员</td><td colspan="3"></td><td>工艺技术员</td><td></td><td>施工负责人</td><td></td></tr>
<tr><td colspan="9">备注：1. 三方签字验收后交付生产使用；2. 大修后将试车记录及验收表扫描录入设备管理系统</td></tr>
</table>

超高压管式反应器维护检修规程

SHS 03009—2019

代替 SHS 03009—2004

目　次

前　言

本规程按照 GB/T 1.1—2009《标准化工作导则　第 1 部分：标准的结构和编写》给出的规则起草。

本规程代替 SHS 03009—2004《超高压管式反应器维护检修规程》。

本规程由中国石油化工集团有限公司、中国石油化工股份有限公司提出。

本规程起草单位：中国石化上海石油化工股份有限公司。

本规程主要起草人：曹文军。

本规程所代替规程的历次版本发布情况为：

SHS 03009—1992，SHS 03009—2004。

超高压管式反应器维护检修规程

1 范围

1.1 主题内容

本规程规定了高压聚乙烯装置的超高压管式反应器检修周期和内容、检修与质量标准、试车与验收、维护与故障处理。

1.2 适用范围

本规程适用于设计压力为100～350MPa，设计温度为0～350℃，以乙烯气为主要单体进行聚合反应的超高压管式反应器。

2 规范性引用文件

下列文件对于本文件的应用是必不可少的。凡是注日期的引用文件，仅所注日期的版本适用于本文件。凡是不注日期的引用文件，其最新版本（包括所有的修改单）适用于本文件。

TSG R0002 超高压容器安全技术监察规程

TSG 21—2016 固定式压力容器安全技术监察规程

3 检修周期和内容

3.1 检修周期

根据对超高压反应器功能故障及以及装置生产周期运行安排情况，确定检修周期。

3.2 检修内容

3.2.1 检查确认夹套进出口蒸汽管道、水管道及阀门是否完好；

3.2.2 检查透镜垫有无泄漏，紧固件是否完好；

3.2.3 检查更换损坏的测温、测压元件；

3.2.4 检查机架、支撑、管卡、基础及其紧固螺栓，并进行相应的调整、修复；

3.2.5 检查更换补偿器；

3.2.6 保温、防腐破损的修复；

3.2.7 根据超高压螺栓损伤情况，抽取部分超高压螺栓进行检验，必要时更换；

3.2.8 包含内容

根据使用情况和TSG R0002《超高压容器安全技术监察规程》的要求，抽取部分进行检验；

3.2.8.1 用内窥镜检查管壁状况；

3.2.8.2 检查密封面及透镜垫；

3.2.8.3 对管端螺纹及螺栓进行无损探伤；

3.2.8.4 对内管进行无损探伤及其他检验；

3.2.8.5 必要时对内管进行耐压试验；

3.2.9 超高压爆破片按相关法规要求期限进行更换；

3.2.10 超高压反应器部分更换。

4 检修程序与质量标准

4.1 拆卸前准备

4.1.1 各项准备工作应符合安全、环保、质量等方面的要求，按照国家及中国石化有关规定，对检修过程进行危害识别和风险评估、环境因素识别和影响评价，并办理相关票证；

4.1.2 执行TSG R0002《超高压容器安全技术监察规程》的有关规定；根据设备运行技术状况和检测记录，分析故障原因，制定检修技术方案；

4.1.3 备齐检修所需的专用扳手（液压或力矩扳手）、密封面研磨工具、保护罩，游标卡尺（或测隙规）等量具，清洗剂、凡士林等辅助材料；

4.1.4 备齐检修所需更换的备件；

4.1.5 按规定倒空、置换等工艺处理完毕，具备检修条件后，办理安全检修证方可施工；

4.1.6 做好必要的标识和记录。

4.2 拆卸与检查

4.2.1 拆卸

4.2.1.1 拆卸顺序

脚手架→信号导线→引发剂导管→保温层→气体泄漏检测集箱→夹套连络管及其紧固件→测温、测压元件→超高压密封紧固件→反应管与机架连接紧固件→反应管吊起与移出机架。

4.2.1.2 拆卸注意事项

1）拆卸前应将各连接螺栓部位喷上渗透剂；

2）反应管在从机架上吊移和搬运时，不允许与它物相碰，管端密封面妥善保护；

3）拆下的管段，应妥善保管。

4.2.2 检查

4.2.2.1 至少抽取一根管段进行全面检查，建议在以下区段抽取：

1）频发或严重分解反应区段；

2）严重腐蚀区段；

3）受力复杂区段。

4.2.2.2 检查内容：夹套及夹套管上补偿器，超高压管内、外表面（必要时可拆除局部夹套管），管端密封面，管端螺纹和法兰螺纹，紧固件和透镜垫等。

4.2.2.3 检查方法：应以目视（VT）检查为主，必要时可采用测厚、内窥镜和无损探伤等方法。

4.3 检修质量标准

4.3.1 检修

对夹套的检修、修复允许不拆开高压密封连接部位，而在故障位置上按设计要求进行补强复贴或局部更新，但不允许损伤超高压管；

4.3.1.1 检修过程中反应器夹套及附件的拆卸，按本规程 4.2.1 规定执行；

4.3.1.2 清洗

1）对接头的密封面、螺纹、透镜垫、超高压螺栓等部件进行清洗；

2）清洗可使用煤油或其他同类溶剂，但不允许使用含水的溶液；

3）清洗完毕后要对部件进行妥善保护；

4.3.1.3 研磨

1）如果发现管端密封面或透镜垫有轻微损伤或划痕，可以对密封面进行必要的研磨；

2）研磨应采用专用研磨工具；

3）根据密封面的情况可先选合适的研磨料；

4）研磨完毕后要进行检查，达到粗糙度 *Ra*0.1 的要求，并涂上白凡士林等润滑脂对所研磨的密封面进行妥善保护，防止生锈或碰伤；

4.3.1.4 反应器管段的安装

1）安装前对所有的部件进行检查、确认；

2）将要安装的管段吊装于安装位置的机架或支承上；

3）除去管端密封面上的保护层，在管端螺纹部位涂上防咬剂，并拧入法兰，使管端凹进法兰面不少于 1 扣，并用白布、胶带保护法兰面；

4）法兰拧入时应轻松、均匀，不可强行拧入；

5）拧入法兰，使管端凸出法兰面不少于 1 扣；

6）用白布擦净管端密封面，并涂上白凡士林；

7）测量两法兰之间的距离、平行度、同轴度，并进行必要的调整，使两法兰间距要略大于透镜垫的最大高度，平行度和同轴度按设计要求；

8）检查螺栓，测量每个螺栓的长度，并在螺纹部位涂上防咬剂；

9）检查透镜垫并在其密封表面涂上白凡士林，然后将透镜垫正确装入两法兰中，用测隙规（或游标卡尺）测量透镜垫与法兰的平行度，并进行必要的调整；

10）穿入的螺栓并带上螺母，用手均匀拧紧螺母，拧紧时注意螺栓之间要平行和均匀；

11）对法兰与透镜垫的外圈进行测量，要保证透镜垫与法兰的平行度，需要调整时，在间隙较大的位置对螺栓进行适当紧固；

12）使用定力矩扳手对螺母进行对称紧固，力矩按设备技术资料要求选取；

13）记录反应器管段安装时的紧固力矩、螺栓伸长量、法兰与透镜垫的平行度、管道间的同轴度；

14）安装管卡垫和管卡，对管道的管卡、基础等紧固件进行紧固；

反应器管段安装可参考附录 A；

另外，反应器直管端与弯管端的安装，要注意两法兰间隙应控制在设计规范范围内，弯管两侧密封面连接应同时安装。

4.3.1.5　反应器夹套连络管的安装

a. 检查法兰密封面、密封垫片、螺栓和螺母等有无缺陷和异物；

b. 螺栓与螺母的螺纹上应涂上防咬剂；

c. 法兰密封连接应对称均匀紧固，严禁单边紧固后再校正等不良作业；

d. 支撑与机架的安装，按设计规定进行。

4.3.2　质量标准

超高压管内外表面质量的检验按原设计规定执行；安装质量按照原技术要求执行，若无原技术要求可参考以下标准：

4.3.2.1　超高压管端应凸出法兰面不少于 1 扣；

4.3.2.2　超高压两法兰上、下、左、右的同轴度偏差应小于 0.5mm；

4.3.2.3　超高压两法兰平行度偏差应小于 0.6mm；

4.3.2.4　超高压法兰螺栓紧固力矩达到原设计规定；

4.3.2.5　测温、测压元件和引发剂注入接管等的紧固力矩符合原设计规定；

4.3.2.6　各支座与机架的安装按原设计规定；

4.3.2.7　每一施工工序完毕，应即时做好原始记录，见附录 B。

5　试压与验收

超高压管式反应器在检修或更换零部件后应进行压力试验，压力试验可以用液压试验，也可以采用综合气密试验。

5.1 试验前的准备

5.1.1 确认各项检修工作已完成，检修记录齐全；
5.1.2 编写液压试验或综合气密试验方案，经审核批准后实施；
5.1.3 仪表及联锁装置齐全、准确、灵敏、可靠；
5.1.4 各项工艺处理完毕，具备试验条件。

5.2 液压试验

5.2.1 试压介质的确定

5.2.1.1 试压介质按设计要求配备；
5.2.1.2 试压介质对超高压管无腐蚀作用；
5.2.1.3 试压液不参与任何化学反应。

5.2.2 试验压力的确定

按原设计要求或选最高工作压力的 1.1～1.25 倍。

5.2.3 试验温度的确定

液压试验介质温度应不低于 15℃。

5.2.4 试压方法与要求、检查内容与标准

5.2.4.1 试压方法与要求

在管式反应器出入口各安装 1 块经过计量单位校验的压力表，量程为试验压力的 1.5～2 倍，精度为 1.5 级。

1）安装临时导压管，并将系统用透镜盲垫隔离；

2）将系统中灌满试压液，排尽系统中的空气；

3）升压为 50MPa 一挡逐级进行，保压 5～10min 进行检查，无异常继续升压；达到设计压力后升压为 30MPa 一挡，保压 15min，达到试验压力后保压 30min。

5.2.4.2 试验中检查内容与标准

1）试压中每挡保压应检查压力表有无降压，各密封点有无泄漏；

2）达到设计压力及最终压力时检查各处密封及稳压情况；

3）升压过程中若发现异常情况，应立即停止升压，对系统进行检查确认，根据情况及时处理后才能继续升压；

4）升压至规定试验压力后，保压 30min 内应无泄漏等异常情况，则降压至设计压力对系统进行全面检查；

5）检查结束，系统要缓慢地降压；

6）系统压力退出后，要用空气将系统吹干，恢复试压所拆卸的零件、部件；

7）如试压后较长时间放置，则须用氮气保压防锈。

5.2.4.3 夹套管的试验按照设备技术资料或参照GB 50235—2010《工业金属管道工程施工及验收规范》。

5.3 综合气密试验

5.3.1 气密试验方法与要求

1）气密试验应制定详尽的试压方案；

2）试验介质应为合格的原料乙烯；

3）气密试验压力应为实际工艺生产的最高操作压力。

5.3.2 检查内容与标准

1）综合气密试验压力达到正常操作压力1/3时，则应对全系统密封部位进行检查，检查方法用肥皂水或不干胶纸带查漏；

2）在上述情况下，无异常则继续分3次升压至最高操作压力，每次升压后均进行上述检查，无异常则为合格。

5.4 验收

检修质量符合本规程规定，试验合格，达到完好标准，办理验收手续。验收技术资料应包括：

1）检修质量及缺陷记录；

2）耐压、气密试验记录；

3）更换零、部件记录；

4）结构、尺寸、材质变更的审批文件；

5）更换零、部件的材料证书，产品质量检验合格证；

6）超高压管、管端螺纹及管件无损探伤报告。

6 日常维护及故障处理

6.1 日常维护

6.1.1 维护内容

6.1.1.1 检查反应器的操作压力和温度是否正常；

6.1.1.2 检查反应器振动是否异常；

6.1.1.3 检查气体泄漏报警系统是否失灵；

6.1.1.4 检查超高压阀是否存在外漏或内漏；

6.1.1.5 检查反应器进出口管接箱及阀门的固定螺栓是否松动；

6.1.1.6 检查与处理蒸汽、水管道的泄漏。

6.2 常见功能故障与处理

超高压反应器常见功能故障与处理方法见表1。

表1 超高压反应器常见功能故障与处理方法

序号	功能	功能故障	故障模式	故障后果	故障对策与检修内容	检修周期/月
1	满足工艺生产所需的换热效果	夹套蒸汽泄漏	反应器夹套蒸汽管减薄，焊缝有沙眼	无安全性后果	补焊	36
2	为工艺物料提供密闭通道	物料泄漏	1. 密封面有缺陷	有安全性后果	研磨密封面，消除缺陷，重新安装	有必要时
			2. 管端螺纹开裂	有安全性后果	更换有缺陷的超高压反应器	有必要时
			3. 反应器疲劳开裂	有安全性后果	更换有缺陷的超高压反应器	有必要时
			4. 密封面安装受力不均匀或两法兰平行度超标	有安全性后果	重新调整、安装	36
			5. 法兰紧固螺栓松动	有安全性后果	把紧法兰螺栓，检查调整活动支撑	36
			6. 爆破片装置损坏	无安全性后果	爆破片更换	有必要时
3	确保生产安全连续进行	振动过大	1. 紧固件松动引起振动过大	无安全性后果	调整紧固件、消除振动	36
			2. 反应器支撑架有松动	无安全性后果	调整、紧固支撑架	36

附 录 A
（资料性附录）
超高压工艺管道的安装

1）将反应管吊起至机架，并用U形螺栓临时固定；

2）夹套上法兰不平度调整后，应将直管中间两个固定点，用U形螺栓临时固定；

3）管端密封面用洗涤液清洗，经检查确认无缺陷和异物后，再用蘸丙酮绸布擦拭密封表面；

4）把清洗完毕并已涂上防咬剂的两螺栓，穿入法兰下部螺孔内，并旋上螺母；

5）用洗涤液清洗，用蘸丙酮绸布擦净透镜垫球形密封面上的洗涤液，并涂上润滑剂，再用专用工具吊起透镜垫，且置于已设定的两管端密封面间，用已穿入的两螺栓，边旋紧、边测量、边调整法兰的平行度和同轴度，使管端密封面与透镜垫球形表面形成可转动接触，并检查法兰上两导销应处于自由滑动状态，这时应手工紧固螺栓使透镜垫定位在管端密封面上；

6）去除两导销，在法兰孔上穿入其余螺栓，同时旋紧到同一状态，这时应检查每根螺栓是否处于法兰螺孔中心位置，若有偏移，应逐根松开螺母进行调整；螺栓伸出螺母平面的长度应保持一致；

7）在每根螺栓上装上液压紧固接头，并接通液压源导压管；

8）安装液压扳手（拉伸器），按紧固力矩的30%进行紧固，松开液压扳手的压力，再次测量间隙并加以调整；

9）按紧固力矩的60%、100%重复第8）项内容，使螺栓达到设计紧固力矩；

10）紧固螺栓的液压升到设计规定值时，应停止液压机和关闭切断阀，随时用专用工具旋转螺母使其与法兰平面紧贴，同时逐根检查螺栓紧固程度，若旋转角度相差太大应重新安装；

11）拆除液压源导压管和液压紧固接头，并按附录B规定做好检修记录。

附 录 B
（资料性附录）
超高压反应器检修质量控制表

项目	主要控制内容		等级	施工单位	生产装置	设备管理部门	备注
	标准值	实测值					
管端凸出法兰面高度/mm	5±0.5		B	★	★		
两法兰平行度/mm	小于0.6		B	★	★		
两法兰同轴度/mm	小于0.5		B	★	★		
超高压螺栓紧固力矩或紧固力	按设计规定		B	★	★		
液压/MPa			B	★	★		
螺栓伸长/mm	按设计规定		B	★	★		
测温元件紧固力/MPa	按设计规定		B	★	★		
测压元件紧固力/MPa			B	★	★		
引发剂接头紧固力/MPa			B	★	★		
夹套连络管法兰紧固力/MPa	按设计规定		C	★			
反应管宏观监测结果			B	★	★		
其他			C	★	★		

超高压密封点编号：　　　　　　　　　　　　　　安装日期：　　　年　　月　　日

注： A级　施工单位、生产装置、设备管理部门专业人员检查确认后签字；
　　B级　施工单位、生产装置专业人员检查确认后签字；
　　C级　施工单位专业人员检查确认后签字。

超高压套管换热器维护检修规程

SHS 03010—2019

代替 SHS 03010—2004

目　次

前　言

本规程按照GB/T 1.1—2009《标准化工作导则　第1部分：标准的结构和编写》给出的规则起草。

本规程代替SHS 03010—2004《超高压套管换热器维护检修规程》。

本规程由中国石油化工集团有限公司、中国石油化工股份有限公司提出。

本规程起草单位：中国石油化工股份有限公司茂名分公司。

本规程主要起草人：何建暖。

本规程所代替规程的历次版本发布情况为：

SHS 03010—1992，SHS 03010—2004。

超高压套管换热器维护检修规程

1 范围

1.1 主题内容

本规程规定了高压聚乙烯生产装置的超高压套管换热器的检修周期和内容、检修与质量标准、试车与验收、维护与故障处理。

1.2 适用范围

本规程适用于设计压力为100～350MPa，设计温度为0～350℃，使用介质为乙烯气体或乙烯、聚乙烯混合物的超高压套管式换热器。

本规程不适用于其他装置的套管式换热器。

2 规范性引用文件

下列文件对于本文件的应用是必不可少的。凡是注日期的引用文件，仅所注日期的版本适用于本文件。凡是不注日期的引用文件，其最新版本（包括所有的修改单）适用于本文件。

TSG R0002 超高压容器安全技术监察规程

SH/T 3119 石油化工钢制套管换热器技术规范

3 检修周期和内容

3.1 检修周期

根据对超高压换热器功能故障及其影响分析结果以及装置生产周期运行安排情况，确定检修周期，一般为3~6个月；换热器大修一般随装置的停车大修同步进行，通常为72个月。

3.2 检修内容

1）根据换热效果及管壁结垢情况，进行高压水清洗或化学清洗；

2）对保温进行外观检查，修复损坏的保温；

3）对基础、管卡及支架进行检查，修复或紧固松动的管卡和紧固螺栓；

4）拆开夹套侧的管口，检查超高压管外壁腐蚀情况，检查防腐层及结垢情况，必要时进行清洗；

5）对高压管螺纹、螺栓、法兰密封泄漏等情况进行外观检查；

6）检查夹套管密封填料，更换泄漏部分的填料；

7）对金属捕集器（过滤器）进行拆卸检查；

8）用内窥镜检查超高压管内壁缺陷；

9）检查夹套内表面、超高压管道内、外表面的腐蚀状况，必要时更换超高压内管；

10）根据使用年限（一般为20年），抽取部分高压管线、螺栓进行机械性能检验；

11）对管螺纹及螺栓进行无损探伤；

12）对超高压管进行硬度测定；

13）必要时对超高压管进行强度耐压试验。

4 检修程序与质量标准

4.1 检修前准备

1）各项准备工作应符合安全、环保、质量等方面的要求，如按照Q/SH S0001.3《炼油化工企业安全、环境与健康（HSE）管理规范》中的规定，对检修过程进行危害识别和风险评估、环境因素识别和影响评价，并办理相关票证；

2）根据设备运行技术状况和检测记录，分析缺陷原因，制定检修技术方案；

3）备齐检修所需的工、量、卡具；

4）备齐检修所需的更换备件；

5）按规定倒空、置换等工艺处理完毕，具备检修条件后，办理检修作业票方可施工；

6）做好必要的标记和记录。

4.2 拆卸与检查

4.2.1 拆卸注意事项

1）拆卸前应将需要拆卸的各连接螺栓的螺纹部位喷上渗透液；

2）拆卸时必须注意保护密封面和透镜垫；

3）拆下的管段端部应用干净的白布或塑料布扎严，以防碰撞或脏物侵入；

4）对拆下的部分应摆放整齐，螺栓、螺母浸入洗油中浸泡、清洗，密封面、透镜垫涂抹白凡士林进行保护；

5）拆卸过程要小心，不允许野蛮拆卸，不允许对超高压换热器管道进行加热、敲打；

6）对不需要拆卸的管道及套管要排净介质后吹干，并进行必要的保护，防止腐蚀产生。

4.2.2 检查内容

1）用10倍放大镜检查管端螺纹缺陷，必要时进行无损探伤；

2）检查透镜垫、密封面精度及粗糙度；

3）用10倍放大镜检查内管外壁缺陷，并用内窥镜检查内管内壁表面缺陷；

4）根据情况，对超高压管进行无损检验；

5）对超高压螺栓进行检查，必要时进行无损探伤。

4.2.3 密封面研磨

超高压管道、透镜垫密封面拆开后，回装前必须对密封面进行研磨。

1）研磨应采用专用研磨工具；

2）根据密封面的情况选用合适的磨料；

3）研磨完毕后要进行检查，达到要求的粗糙度，并涂上白凡士林等润滑脂对所研磨的密封面进行妥善保护，防止生锈或碰伤。

4.3 安装与质量标准

4.3.1 超高压换热管（管道）安装

1）对夹套管采用高压水除垢或进行化学清洗除垢，清洗后不得造成夹套管腐蚀损坏，不得采用机械方法除垢；

2）更换填料时，应将填料盒清洗干净，按规定要求压入填料；

3）超高压换热器管在安装前，应对管螺纹密封面用洗油清洗；

4）将要安装的超高压管道吊装于安装位置的机架或支承上；

5）除去管道端部密封面上的保护层，在管道螺纹部位涂上防咬剂，并旋入法兰，使管道端部凸出法兰面1扣，法兰拧入时应轻松、均匀，不可强行拧入；

6）用白布擦净管端密封面，并涂上白凡士林；

7）测量两法兰之间的距离和平行度、同轴度，并进行必要的调整，使两法兰间距要略大于透镜垫的最大高度，平行度和同轴度按设计要求；

8）检查螺栓，测量每个螺栓的长度，并在螺纹部位涂上防咬剂；

9）检查透镜垫并在其密封表面涂上白凡士林，然后将透镜垫正确装入两法兰中，用测隙规（或游标卡尺）测量透镜垫与法兰的平行度，并进行必要的调整；

10）穿入螺栓并带上螺母，用手均匀拧紧螺母，拧紧时注意螺栓之间要平行和均匀；

11）使用专用扳手对螺母进行预紧，预紧力按设备技术资料要求选取，螺栓按对称进行紧固；

12）对法兰与透镜垫的外圈进行测量，要保证透镜垫与法兰平行，需要调整时，在间隙较大的位置对螺栓进行适当紧固；

13）安装液压扳手（拉伸器），按紧固力矩的30%进行紧固，松开液压扳手的压力，再次测量间隙并加以调整；

14）按紧固力矩的60%、100%进行紧固，使螺栓达到设计紧固力矩；

15）记录超高压管道安装时的紧固力矩、法兰面的平行度、管道的同轴度；

16）安装管道的管卡垫和管卡，对管道的管卡、基础等紧固件进行紧固；

17）安装夹套管的连接管道。

4.3.2 质量标准

4.3.2.1 超高压密封面质量标准

1）超高压管表面的划痕、蚀坑等缺陷允许打磨消除，打磨应圆滑过渡，打磨深度不允许超过壁厚的5%，最大不超过1.5mm，打磨部位应进行着色检验；

2）超高压管端螺纹损伤，累计长度应小于1圈，螺牙高度减少不得大于5%，缺陷应修磨圆滑；

3）超高压管端密封端面有划痕时，可以用专用研磨工具进行研磨，研磨后必要时进行无损检验，研磨最终粗糙度不大于*Ra*0.4；

4）透镜垫的研磨要采用专用工具进行，研磨后表面粗糙度不大于*Ra*0.4；

4.3.2.2 超高压管道安装标准

1）管端凸出法兰面不少于1扣；

2）两管道法兰及透镜垫外圈平行度符合设备技术资料规定（也可参照取不大于0.6mm）；

3）两管道法兰同轴度应符合设备技术资料规定或不大于0.5mm；

4）管道与管卡、支撑贴实，紧固；

5）法兰螺栓紧固力矩按设备技术资料规定进行。

4.3.2.3 超高压螺栓的质量要求

螺栓的尺寸，精度应符合设备技术资料规定。

4.3.2.4 换热器清洗质量要求

1）高压水清洗不得造成金属表面的任何损伤；

2）化学清洗质量要求参照HG/T 2387《工业设备化学清洗质量标准》；

3）对于表面镀铜的超高压换热管，高压水清洗时应注意镀铜层的保护，避免损坏镀铜层；化学清洗时应采用对铜腐蚀较小的清洗剂和配方；

4）清洗完毕后，应对换热管进行保护，避免腐蚀产生（可采取吹干、氮气等保护措施）；

4.3.2.5 夹套管的安装按照设备技术资料或参照GB 50235《工业金属管道工程施工规范》。

5 试压与验收

超高压套管换热器在检修或更换零部件后应进行压力试验，压力试验可以用液压试验，也可以采用系统气密试验。

5.1 试压前的准备

1）确认各项检修工作已完成，检修记录齐全；

2）编写液压试验或气密性试验方案；

3）仪表及联锁装置齐全、准确、灵敏、可靠；

4）各项工艺处理完毕，具备试压条件。

5.2 液压试压方法与要求

1）编写试压方案；

2）试压介质的确定可以按设计要求配备或参考 TSG 21《压力容器安全技术监察规程》选取；试压介质对超高压管无腐蚀作用；试压液不参与任何化学反应。

3）试验压力的确定按设备技术资料规定或选工作压力的 1.1～1.25 倍；

4）液压试验介质温度应低于 15℃；

5）在换热器出入口各安装 1 块经过计量单位校验的压力表，量程为试验压力的 2 倍，精度为 1.5 级。安装临时导压管，并将系统用透镜盲垫隔离；

6）将系统中灌满试压液，排尽系统中的空气；

7）升压为 50MPa 一挡逐级进行，保压 5～10min 进行检查，无异常继续升压，达到设计压力后升压为 30MPa 一挡，保压 15min，达到试验压力后保压 30min；

8）试压检查内容与标准：

a. 试压中每挡保压应检查压力表有无降压，各密封点有无泄漏；

b. 达到设计压力及最终压力时检查各处密封及稳压情况；

c. 升压过程中若发现异常情况，应立即停止升压，对系统进行检查，确认，根据情况及时处理后才能继续升压；

d. 升压至规定试验压力后，保压 30min 内应无泄漏等异常情况，则降压至设计压力对系统进行全面检查；

e. 检查结束，系统要缓慢地降压；

f. 系统压力退出后，要用空气将系统吹干，恢复试压所拆卸的零件、部件；

g. 如试压后较长时间放置，则须用干氮保压防锈。

9）夹套管的试压按照设备技术资料或参照 GB 50235《工业金属管道工程施工及验收规范》。

5.3 综合气密试验

5.3.1 气密试验方法与要求

1）综合气密试验应制定详尽的试压方案；

2）试验介质应为合格的原料乙烯；

3）综合气密试验压力应为实际工艺生产的最高操作压力。

5.3.2 检查内容与标准

1）综合气密试验压力达到正常操作压力 1/3 时，则应对全系统密封部位进行检查，检查方法用肥皂水或不干胶纸带查漏；

2）在上述情况下，无异常则继续分 3 次升压至最高操作压力，每次升压后均进行上述检查，无异常则为合格。

5.4 验收

检修质量符合本规程规定，试验合格，达到完好标准，办理验收手续。验收技术资料应包括：

1）检修质量及缺陷记录；

2）耐压、气密试验记录；

3）更换零、部件记录；

4）结构、尺寸、材质变更的审批文件；

5）更换零、部件的材料证书，产品质量检验合格证；

6）超高压管、管端螺纹及管件无损探伤报告。

6 维护与故障处理

6.1 日常维护

超高压套管式换热器日常维护内容见表 1。

1）检查换热器出入口的温度和压力；

2）检查换热器的振动及声音；

3）检查换热器超高压管和夹套的泄漏情况；

4）检查换热器基础、支架、管卡及其紧固螺栓的损伤、松动情况；

5）检查冷却水水质；

6）检查超高压管道、夹套、螺栓的腐蚀情况。

表 1 日常维护内容

项目	时间	内容
出入口压力	按装置要求	出入口压力应在正常范围（或设计要求）
出入口温度	按装置要求	出入口温度应在正常范围（或设计要求）
密封泄漏	按装置要求	夹套密封处有无明显泄漏 超高压管密封有无泄漏
腐蚀	按装置要求	夹套腐蚀在规定范围 超高压管有无明显腐蚀或裂纹 超高压法兰、透镜垫有无明显腐蚀 超高压螺栓有无明显锈迹
保温	按装置要求	保温设施完善

表 1　日常维护内容（续）

项目	时间	内容
振动	按装置要求	基础、紧固件无松动 基础周围有无油迹 管线有无磨损
换热效果	按装置要求	换热效果良好，达到工艺要求
水质	按装置要求	水质达到要求

6.2　常见故障与处理

超高压套管式换热器常见故障与处理方法见表 2。

表 2　超高压套管式换热器常见故障与处理方法

故障现象	故障原因	处理方法
密封泄漏	安装的密封面受力不均匀 振动引起紧固件松动 滑动部件受阻引起热胀冷缩不均匀 密封面有缺陷 法兰平行度差 紧固件疲劳失效 紧固螺栓力矩不均匀	重新安装把紧紧固件，调整支承位置 检查修正相对活动部件 研磨密封面，消除缺陷 重新安装 更新紧固件 重新安装
套管泄漏	套管腐蚀 焊缝开裂	局部更换套管或修补 补焊
填料密封泄漏	填料老化，已无压紧力 填料压盖松动	更换或补加填料 紧固压盖螺母
本体泄漏	管端螺纹腐蚀开裂或疲劳开裂	更换高压管
腐蚀	环境腐蚀 保温脱落	进行必要防护 恢复保温
振动	基础松动 其他原因造成	重新紧固 查明原因并处理

必须按时、定点、定线严格认真进行检查并做好记录，发现异常时应及时处理。

附　录　A

（资料性附录）

超高压连接法兰安装确认表

连接法兰编号：＿＿＿＿＿＿＿　　　　　　　　　　　　年　　月　　日

<table>
<tr><th>序号</th><th>步骤</th><th>安装要求</th><th>现场情况</th><th colspan="2">确认人 / 日期</th></tr>
<tr><td rowspan="2">1</td><td rowspan="2">材料确认</td><td rowspan="2">包括高压管、法兰、透镜垫、螺栓、螺母材质确认</td><td rowspan="2"></td><td>施工单位</td><td>作业人：
质检员：
技术员：</td></tr>
<tr><td colspan="2">使用单位：
管理部门：
监理：</td></tr>
<tr><td rowspan="2">2</td><td rowspan="2">清洗确认</td><td rowspan="2">1. 管内畅通无脏物；
2. 所有密封面光滑无划痕；
3. 螺纹干净无杂物</td><td rowspan="2"></td><td>施工单位</td><td>作业人：
质检员：
技术员：</td></tr>
<tr><td colspan="2">使用单位：
管理部门：
监理：</td></tr>
<tr><td rowspan="4">3</td><td rowspan="4">对中确认</td><td rowspan="2">轴向
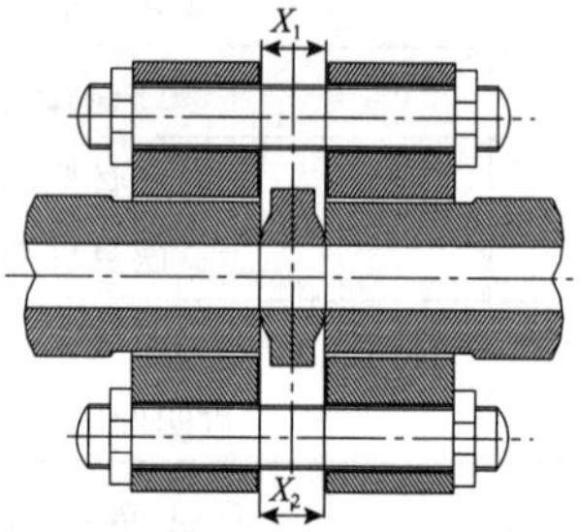</td><td rowspan="2">1. $DN72/PN3500$，$|X1-X2| \leqslant 0.5$mm；
2. $DN120/PN1600$，$|X1-X2| \leqslant 0.6$mm；
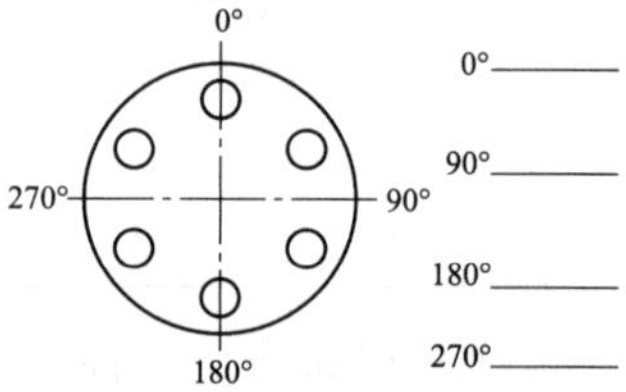</td><td>施工单位</td><td>作业人：
质检员：
技术员：</td></tr>
<tr><td colspan="2">使用单位：
管理部门：
监理：</td></tr>
<tr><td rowspan="2">径向
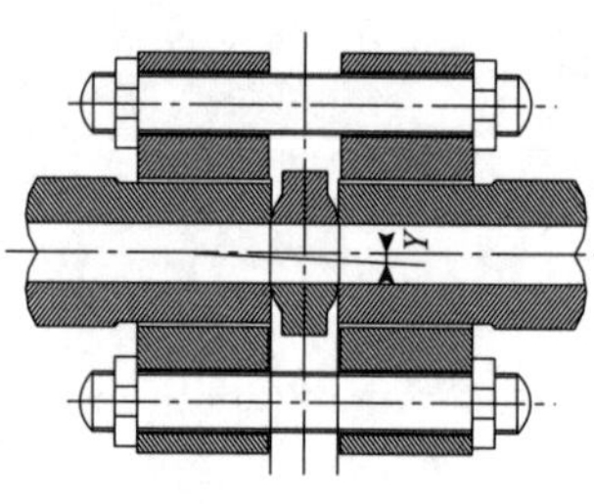</td><td rowspan="2">$DN72$，$Y \leqslant 0.5$mm，
$DN120$，$Y \leqslant 1.0$mm
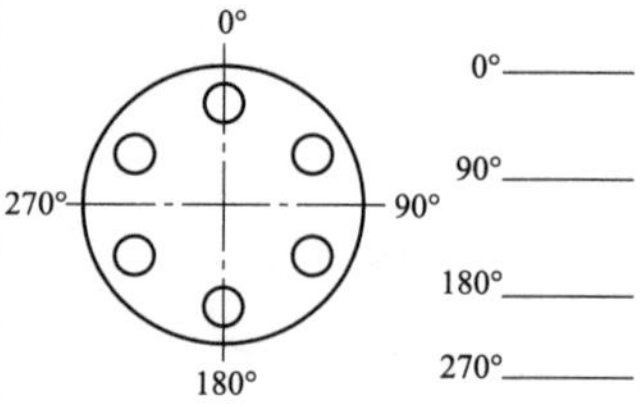</td><td>施工单位</td><td>作业人：
质检员：
技术员：</td></tr>
<tr><td colspan="2">使用单位：
管理部门：
监理：</td></tr>
</table>

超高压连接法兰安装确认表（续）

<table>
<tr><th>序号</th><th>步骤</th><th>安装要求</th><th>现场情况</th><th colspan="2">确认人/日期</th></tr>
<tr><td rowspan="2">4</td><td rowspan="2">紧固确认</td><td rowspan="2">1. 把6个螺栓同时插入法兰中；
2. 用手带紧螺栓后，用呆扳手对称间隔拧紧螺栓1/4圈，再用液压扳手同时拧紧到最终压力的25%（M39/575N·m，M64/1500N·m），此步拧完后在螺母上涂黑色；
3. 用液压扳手同时拧紧到最终压力的50%（M39/1150N·m，M64/3000N·m），此步拧完后在螺母上涂黄色；
4. 用液压扳手同时拧紧到最终压力的100%（M39/2300N·m，M64/6000N·m），此步拧完后在螺母上涂绿色；
5. 用液压扳手第二次同时拧紧到最终压力的100%（力矩值同步骤4），此步拧完后在螺母上涂红色</td><td rowspan="2"></td><td>施工单位</td><td>作业人：
质检员：
技术员：</td></tr>
<tr><td colspan="2">使用单位：
管理部门：
监理：</td></tr>
</table>

附　录　B
（资料性附录）
超高压套管换热器开车记录表

时间	超高压介质				夹套冷却介质				有无泄漏	振动情况	记录人
	入口压力	出口压力	入口温度	出口温度	入口压力	出口压力	入口温度	出口温度			
1：00											
2：00											
3：00											
4：00											
5：00											
6：00											
7：00											
8：00											

超高压压缩机段间缓冲器维护检修规程

SHS 03011—2019

代替 SHS 03011—2004

目　次

前 言

本规程按照 GB/T 1.1—2009《标准化工作导则　第 1 部分：标准的结构和编写》给出的规则起草。

本规程代替 SHS 03011—2004《超高压压缩机段间缓冲器维护检修规程》，与 SHS 03011—2004 相比，除了编辑性修改外，主要技术变化如下：

——增加防腐蚀的检查；

——加热方式做了调整；

——检修质量标准中加热温度修改为 150～170℃；

——密封面的修复增加机加工方式；

——维护时间进行了修改。

本规程由中国石油化工集团有限公司、中国石油化工股份有限公司提出。

本规程起草单位：中国石油化工股份有限公司北京燕山分公司。

本规程主要起草人：李国华、姜秀辉。

本规程所代替规程的历次版本发布情况为：

SHS 03011—1992，SHS 03011—2004。

超高压压缩机段间缓冲器维护检修规程

1 范围

1.1 主题内容

本规程规定了高压聚乙烯装置超高压压缩机段间缓冲器的检修周期与内容、检修与质量标准、试车与验收、维护与故障处理。

1.2 适用范围

本规程适用于高压聚乙烯装置设计压力为100～200MPa锻制超高压压缩机段间缓冲器的维护与检修。

2 规范性引用文件

下列文件对于本文件的应用是必不可少的。凡是注日期的引用文件，仅所注日期的版本适用于本文件。凡是不注日期的引用文件，其最新版本（包括所有的修改单）适用于本文件。

TSG 21 固定式压力容器安全技术监察规程

TSG 08 特种设备使用管理规则

TSG R7004 压力容器监督检验规则

3 检修周期与内容

3.1 检修周期

根据对超高压压缩机段间缓冲器功能故障及其影响分析的结果、有无备用设备并结合生产装置运行周期，确定超高压压缩机段间缓冲器的检修周期，一般为48～72个月。

3.2 检修检查内容

3.2.1 外部检查防腐。

3.2.2 检查基础及紧固件。

3.2.3 超高压螺栓检查。

3.2.4 安全阀拆检及维修。

3.2.5 压力表校验。

3.2.6 热电偶检查校验。

3.2.7 加热，易于解体。

3.2.8 清理容器内聚合物。

3.2.9 检查密封件及密封面。

3.2.10 检查本体螺纹及压盖螺纹。

3.2.11 内、外部检验，检验内容依据专业机构的检验方案。

3.2.12 更换密封，组装，压力试验。

4 检修与质量标准

4.1 拆卸前准备

4.1.1 各项准备工作应符合安全、环保、质量等方面的要求，应对检修过程进行危害识别及风险评估、环境因素识别和影响评价。

4.1.2 根据设备运行状况和检测记录，分析故障原因和部位，依据本规程制定详尽的检修技术方案；组织相关人员现场交底，并制定检修施工方案；检修人员应熟悉设备图纸、技术资料与检修方案。

4.1.3 检查落实物资准备（包括材料、备品、安全工具、施工机具等）和检修施工场地准备。

4.1.4 检查安全措施准备，放置好安全警示牌、安全警示绳，检修时必须对现场孔洞、楼梯口、吊装口设围栏或盖板，做好夜间照明及防盗等工作。

4.1.5 检查压缩机和超高压压缩机段间缓冲器与外部系统电、风、介质的吹扫、排凝、隔断情况，应安全可靠。

4.1.6 落实好安全环保措施，按规定对压缩机系统断电、断气、物料倒空，置换完毕，超高压压缩机段间缓冲器具备检修条件，办理好检修作业票后，方可施工。

4.2 拆卸与检测

4.2.1 前期拆卸

4.2.1.1 拆除热偶。

4.2.1.2 拆除安全阀。

4.2.1.3 拆卸超高压螺栓时必须使用专用工具，严禁用气焊加热方法拆卸螺母或切割螺栓，拆卸时应注意保护本体密封面。

4.2.1.4 吊出超高压压缩机段间缓冲器。

4.2.2 超高压压缩机段间缓冲器解体检修

4.2.2.1 采用油浴、电加热炉、蒸汽或其他方式使其均匀升温，温度稳定在150～170℃，加热8h以上。

4.2.2.2 加热结束后应立即拆除封头和内密封件，清理内部聚合物。在拆卸封头紧固件时要缓慢松动，以免损坏螺纹。

4.2.2.3 外观检查本体密封面及内封头密封面，微小缺陷应研磨修理，必要时可采用机加工等方法进行修复。

4.2.2.4 容器内表面用内窥镜检查，必要时进行无损检测。

4.2.2.5 超高压螺栓、密封件连接螺纹及本体外壁过渡圆弧处进行磁粉探伤检查。

4.2.2.6 内外部检验的内容见检验方案。

4.3 回装与质量标准

4.3.1 回装项目

4.3.1.1 对容器本体和封头的螺纹进行清洗，修理，更换密封件。

4.3.1.2 螺纹涂防咬合剂后进行组装。

4.3.1.3 使用专用工具拧紧封头。

4.3.1.4 紧固螺栓时使用力矩扳手按设备技术资料紧固力矩值进行紧固。

4.3.1.5 对设备进行压力试验，合格后排出试压介质，做好防尘保护。

4.3.1.6 运到现场，吊装就位。

4.3.1.7 安装各连接管、热偶、安全阀，紧固件按设备技术资料紧固力矩值进行紧固。

4.3.1.8 安装固定支架，超高压压缩机段间缓冲器与支架间应垫有薄铝板等防止磨损的垫层。

4.3.1.9 热偶接线，调试。

4.3.2 质量标准

4.3.2.1 外观检查超高压螺栓及封头螺纹应无毛刺、啃削、裂纹等缺陷。

4.3.2.2 超声波探伤、着色探伤、磁粉探伤应符合压力容器无损检测的有关标准。

4.3.2.3 厚度测定值不应小于设计允许最小值。

4.3.2.4 密封面粗糙度应不大于 $Ra1.6$。

5 试车与验收

5.1 试车前准备

5.1.1 确认各项检修工作已完成，检修记录齐全，检修质量符合本规程第 4.3 的规定，并有试验方案。

5.1.2 安全附件校验合格。

5.1.3 试验系统至少应装两块压力表。

5.2 试车

5.2.1 试验介质可使用白油或其他液压油。

5.2.2 试验压力按设计文件执行。设计文件没有明确的，按计算公式：

$$p_T=\eta \cdot p \cdot [\sigma]/[\sigma]_t$$

式中 p——最高工作压力，系数取 η=1.10～1.25。

5.2.3 升压过程

5.2.3.1 当试验压力升至 10MPa、50MPa、100MPa 及达到试验压力时应分别保压 5min。

5.2.3.2 将压力降至操作压力保压 30min。

5.2.4 在试压过程中检查各密封部位有无泄漏、压力表有无异常显示等，如发现异常，应泄压进行处理。

5.2.5 试压合格后，泄压时应逐步缓慢进行。

5.2.6 除特别要求外，一般不单独进行气密性试验，设备随系统气密试验时检查验收。

5.3 验收

试验合格，达到完好标准，办理验收手续。验收资料应包括：

5.3.1 检修质量及缺陷记录。

5.3.2 设备的内外部检验报告。

5.3.3 耐压试验记录。

5.3.4 主要零部件的无损检验报告。

5.3.5 更换零部件清单。

5.3.6 结构、尺寸、材质变更的审批文件。

6 维护与故障处理

6.1 日常维护

6.1.1 对超高压螺栓、基础及紧固件进行检查处理。

6.1.2 检查压力指示、温度指示是否正常。

6.1.3 检查各密封点有无泄漏。

6.1.4 安全附件是否完好。

6.1.5 维护时间：按装置检修计划或日常具备维护条件时。

6.2 常见故障与处理

超高压压缩机段间缓冲器常见功能故障与处理方法见表 1。

表 1　超高压压缩机段间缓冲器常见功能故障与处理方法

序号	功能	功能故障	故障模式	故障后果	故障应对策略与检修内容	检修周期/月
1	保证超高压压缩机段间缓冲器压力保持在工艺指标控制范围内	1.1 超高压压缩机段间缓冲器压力小于工艺指标范围	1.1.1 封头盖泄漏	压力无法维持，乙烯气泄漏引发安全事故	视情况在线或停机紧固，更换密封	72
			1.1.2 连接管法兰泄漏	压力无法维持，乙烯气泄漏引发安全事故	视情况在线或停机紧固，更换垫片	72
			1.1.3 热偶接头泄漏	压力无法维持，乙烯气泄漏引发安全事故	视情况在线或停机紧固，更换垫片	72
			1.1.4 安全阀法兰泄漏	压力无法维持，乙烯气泄漏引发安全事故	视情况在线或停机紧固，更换垫片	72
			1.1.5 安全阀起跳	压力无法维持	停机检查更换安全阀	72
			1.1.6 压力表故障	无法监控压力	处理压力表堵或者更换压力表	72
		1.2 超高压压缩机段间缓冲器压力高于工艺指标范围	1.2.1 压力表故障	无法监控压力	更换压力表	72
			1.2.2 压缩机故障	设备超压损坏，泄漏引发安全事故	停机处理压缩机故障	72
			1.2.3 误操作	设备超压损坏，泄漏引发安全事故	及时纠正，或停机检查设备超压是否损坏	72
2	保证超高压压缩机段间缓冲器振动值正常	2.1 振动超标	2.1.1 支架螺栓松动、断裂	振动值继续增加，导致密封连接部位松动	紧固或更换支架螺栓	72
			2.1.2 支架开裂	振动值继续增加，导致密封连接部位松动	加固或者停机更换支架	72

附　录　A

（资料性附录）

超高压压缩机段间缓冲器检修质量控制确认表

项目	主要控制内容			等级	施工单位	生产装置	设备管理部门	备注
	标准值	部位	现场记录					
拆卸中检查								
热偶密封面	完好，无明显划痕	热偶座		B	★	★		
安全阀密封面	完好，无明显划痕	安全阀		B	★	★		
管口密封面	完好，无明显划痕	法兰口		B	★	★		
加热时间	≥ 8h	超高压压缩机段间缓冲器整体		C	★			
内部清理聚合物	干净，无明显固体残留	内部		C	★			
螺纹检查	无变形，拧入通畅	封头螺纹		B	★	★		
封头密封面检查	完好，无明显划痕	封头密封面		B	★	★		
回装检查								
热偶	密封面完好洁净，无明显划痕，安装到位	热偶座		B	★	★		
安全阀法兰	密封面完好洁净，无明显划痕，安装到位	安全阀		B	★	★		
法兰口	密封面完好洁净，无明显划痕，安装到位	密封面完好洁净，无明显划痕		B	★	★		
封头密封	更换密封，密封面完好洁净，无明显划痕，安装到位	封头密封		B	★	★		

注： A 级　施工单位、生产装置、设备管理部门专业人员检查确认后签字；
B 级　施工单位和生产装置专业人员检查确认后签字；
C 级　施工单位专业人员检查确认后签字；
另：如果有监理，监理的职责由甲方授权。

附　录　B
（资料性附录）
超高压压缩机段间缓冲器试车与验收数据记录表

装置：　　　　　　　　设备名称：超高压压缩机段间缓冲器　　　　　　　　位号：

<table>
<tr><td colspan="2">主要技术参数</td><td colspan="7">设计压力：　　　　MPa，设计温度：　　　℃</td></tr>
<tr><td>试验要求</td><td colspan="8">1. 进行耐压试验，注入白油试油压 ×MPa（禁水），保压时间：30min 以上。
2. 回装时严格按图纸要求装。
3. 吊装过程中，轻起轻放，避免损坏设备及附件</td></tr>
<tr><td colspan="2">导通、清理情况</td><td colspan="4"></td><td>清理情况确认人（工艺）</td><td colspan="2"></td></tr>
<tr><td colspan="3">维修单位：</td><td colspan="3">维修人员：</td><td colspan="3">技术人员确认</td></tr>
<tr><td colspan="2">试压表</td><td colspan="2">规定值</td><td colspan="2">实际值</td><td>设备确认人</td><td colspan="2">工艺确认人</td></tr>
<tr><td colspan="2">试压压力 /MPa</td><td colspan="2"></td><td colspan="2"></td><td></td><td colspan="2"></td></tr>
<tr><td colspan="2">保压时间 /min</td><td colspan="2">30</td><td colspan="2"></td><td></td><td colspan="2"></td></tr>
<tr><td colspan="2">报废情况说明</td><td colspan="4"></td><td>备件更换情况</td><td colspan="2"></td></tr>
<tr><td colspan="2">安装位号</td><td colspan="3"></td><td>安装日期</td><td></td><td>系统气密试验情况</td><td></td></tr>
<tr><td colspan="2">设备技术员</td><td colspan="3"></td><td>工艺技术员</td><td></td><td>施工负责人</td><td></td></tr>
<tr><td colspan="9">备注：1. 三方签字验收后交付生产使用；2. 大修后将试车记录及验收表扫描录入设备管理系统</td></tr>
</table>

超高压催化剂柱塞泵维护检修规程

SHS 03012—2019

代替 SHS 03012—2004

目 次

前 言

本规程按照GB/T 1.1—2009《标准化工作导则 第1部分：标准的结构和编写》给出的规则起草。

本规程代替SHS 03012—2004《超高压催化剂柱塞泵维护检修规程》。与SHS 03012—2004相比，除了编辑性修改外，主要技术变化如下：

——细化了检修项目内容和质量标准；

——增加了泵头维修；

——增加了组合阀维修；

——增加了液压油路维修、调整；

——完善了故障现象及解决方法。

本规程由中国石油化工集团有限公司、中国石油化工股份有限公司提出。

本规程起草单位：中国石油化工股份有限公司北京燕山分公司。

本规程主要起草人：皮利民、卢敬田。

本规程所代替规程的历次版本发布情况为：

SHS 03012—1992，SHS 03012—2004。

超高压催化剂柱塞泵维护检修规程

1 范围

1.1 主题内容

本规程规定了超高压催化剂柱塞泵的检修周期与内容、检修与质量标准、试车与验收、维护与故障处理。

1.2 适用范围

本规程适用于高压聚乙烯装置设计压力为100～420MPa超高压往复柱塞泵维护和检修。

2 规范性引用文件

下列文件对于本文件的应用是必不可少的。凡是注日期的引用文件，仅所注日期的版本适用于本文件。凡是不注日期的引用文件，其最新版本（包括所有的修改单）适用于本文件。

HGJ 1027 化工厂柱塞泵维护检修规程

SHS 03014 超高压阀门维护检修规程

SHS 03013 超高压管道维护检修规程

3 检修周期与内容

3.1 检修周期

根据设备运行状态监测及其影响分析的结果、有无备用设备并结合生产装置运行周期确定超高压催化剂泵及其系统检修周期，一般为48～72个月。

3.2 检修检查内容

3.2.1 检查各连接部位并紧固松动部位。

3.2.2 检查泵的冲程及频率。

3.2.3 检查、修理、调整柱塞润滑油泵。

3.2.4 更换泵头超高压填料、低压油缸油封、超高压组合阀、切换压杆组件和其他易损部件。

3.2.5 检查压力表、温度表、润滑油液位指示装置。

3.2.6 检查或清理油过滤器、油冷却器，更换物料滤芯。

3.2.7 检查各部联轴节的连接及磨损情况，尼龙联轴节加脂。

3.2.8 检查非金属软管、手阀有无泄漏，消除泄漏缺陷。

3.2.9 检查、修理冷却水、冷冻水、蒸汽、仪表风管线，消除漏点。

3.2.10 检查、更换电伴热系统。

3.2.11 柱塞及筒体磨损检查和无损探伤。

3.2.12 阀体及承压件磨损检查和无损探伤。

3.2.13 清理液压伺服阀、调校各部分液压驱动压力。

3.2.14 更换润滑油，清理主油箱，清理油路管线。

3.2.15 低压油缸解体、超高压管线无损探伤。

3.2.16 主泵零点调整、控制油泵联轴节磨损拆检、预压油泵各部管线连接紧固。

3.2.17 柱塞润滑油泵解体、预压泵解体、控制油泵解体、高压柱塞变量泵解体。

3.2.18 油换热器密封更换，打压消漏。

3.2.19 更换泵出入口管道上的超高压手阀、单向阀、爆破片。

3.2.20 超高压缸体、联轴器、适配器连接螺纹、组合阀连接螺纹维修。

3.2.21 更换注入点喷嘴。

3.2.22 更换所有油封等密封件。

3.2.23 对水套、缸盖、螺栓等零部件无损检查或更换。

4 检修程序与质量要求

4.1 拆卸前准备

4.1.1 各项准备工作应符合安全、环保、质量等方面的要求，应对检修过程进行危害识别及风险评估、环境因素识别和影响评价。

4.1.2 根据设备运行状况和检测记录，分析故障原因和部位，依据本规程制定详尽的检修技术方案；组织相关人员现场交底，并制定检修施工方案；检修人员应熟悉设备图纸、技术资料与检修方案。

4.1.3 检查落实物资准备（包括材料、备品、安全工具、施工机具等）和检修施工场地准备。

4.1.4 检查安全措施准备，放置好安全警示牌、安全警示绳，检修时必须对现场孔洞、楼梯口、吊装空间设围栏或盖板，做好夜间照明及防盗等工作。

4.1.5 按规定进行断电、泄压、置换、倒空等工艺处理，具备条件后交付检修。

4.2 拆卸与检测

4.2.1 拆卸油、催化剂、仪表风、冷冻水、冷却水、蒸汽等系统的相关管线；

4.2.2 拆卸组合阀，阀座、阀芯、阀球等密封承压部位面用放大镜检查无缺陷。对超高压部件进行必要的无损检验，并按检修要求测量相关数据。
4.2.3 拆卸冷却水夹套。
4.2.4 拆卸泵两侧超高压缸锁母，断开柱塞连接，取出超高压缸，拆卸其零部件。
4.2.5 拆卸低压油缸缸盖，取出活塞，测量各零件尺寸及配合间隙。
4.2.6 拆卸伺服阀、调节阀等部件。
4.2.7 拆下主泵、控制泵、预压油泵、润滑油泵、过滤器、冷却器等部件。
4.2.8 解体润滑油泵、冷却器、过滤器等。

4.3 回装项目

4.3.1 对超高压承压部件及其安装部位使用专用清洗剂进行清洗，清洁过程中使用丝绸类布品，不应有棉絮脱落。
4.3.2 对检测出无法修复缺陷的超高压承压部件不应重复使用。
4.3.3 回装各部螺纹连接需要适当涂抹抗咬合剂。
4.3.4 使用专用工具进行定力矩紧固各部螺纹连接。
4.3.5 柱塞套、柱塞在拆卸、安装过程中严禁敲击、碰撞。
4.3.6 柱塞、柱塞套、缸体、活塞等关键零件，清洗干净，涂上润滑油后再进行组装。
4.3.7 伺服阀、调节阀等组装后要做动作试验，要求灵活可靠。
4.3.8 主泵、预压油泵、润滑油泵等的检修按设备技术资料中的要求及有关规程进行。

4.4 质量标准

4.4.1 低压油缸维修

1）缸体及活塞受压表面的粗糙度不大于 *Ra*0.8，测量其椭圆度、圆柱度。

2）测量缸体、活塞的安装间隙。

3）活塞环应无划痕等缺陷，应具有足够的弹力，组装时开口相互错开 60°。

4）活塞环表面不应有纵向沟槽，其表面应与缸内壁接触良好，不贴合处的最大间隙应小于 0.05mm，且不多于两处。间隙部位与活塞环开口部位错开应大于 30°，每处间隙部位的长度应小于 30° 弧长。

4.4.2 超高压缸体主要零、部件维修

1）测量柱塞的表面粗糙度、椭圆度、圆柱度、划痕。

2）泵头腔体内表面粗糙度不大于 *Ra*0.2，椭圆度不大于 0.001mm，内表面不应有褶皱和蠕变，衬套两端面不应有缺陷。

4.4.3 泵头及填料维修

1）使用专用工作台、专用工具拆解泵头部件，对泵头筒体内部、适配器、柱塞部

件进行检查，使用800目晶相砂纸对不明显痕迹进行打磨圆滑后使用，明显痕迹需下线专业修复后才能使用。

2）安装新填料时按照技术图纸进行装配，装配顺序、方向禁止改变。

3）手动拧紧填料压紧组件，当感觉到压紧后使用专用工具继续旋入5mm，手动抽动柱塞动作顺畅

4）衬套内径为$\phi14$（10）$^{0.016}_{0}$ mm；柱塞直径为$\phi14$（10）$^{0}_{-0.008}$ mm，表面粗糙度达到$Ra0.2$；导向套内径$\phi14$（10）$^{0.016}_{0}$ mm，柱塞与衬套安装间隙为$\phi14$（10）$^{0.018}_{0.05}$ mm。

4.4 组合阀维修

4.4.1 组合阀是引发剂泵的核心部件之一，在工作过程中承受引发剂介质及从反应器间接返回背压的双重脉动压力作用，其工作压力是按照引发剂泵设计压力设计的，压力一般在2500bar以上。

4.4.2 在系统倒空后，首先将与之连接的出入口管线脱开，而后将适配器连接螺母脱开取下组合阀。

1）使用专用工作台拆装组合阀。

2）拆卸出入口螺母并分别放置，取出阀内组件，将所有部件放入专用清洗剂进行清洗。

3）使用8～10倍放大镜检查各部金属密封面，发现明显压痕及变形严重部件和出现裂纹部件应进行更换。

4）检查阀球及球座是否存在明显变形及锈蚀，如果存在则不得使用。

5）装配后阀球升程在2.5～3mm之间。

6）回装时出入口螺母把紧力矩为230N·m，清理冷却水套。

7）出入口阀方向不得相反。

4.5 行程调节机构维修

4.5.1 行程调节机构由钢环、杠杆、行程开关、弹簧组成。钢环作为联轴器的一部分旋紧在油缸活塞杆前端，油缸的往复运动使它前后运动。当运动到杠杆轴承位时压迫杠杆强制行程开关向下运动从而实现油路切换。

1）物料倒空，出口手阀处于打开状态，给定泵频率为10次/min。

2）松开钢环备母，手动钢环松动。使泵启动，记录下钢环与杠杆轴承接触位置。

3）手动调整钢环前后移动直至钢环边缘能够通过杠杆将行程开关压下实现自动切换。

4）如果钢环已经走过边缘与轴承接触的点而行程开关仍未动作则停泵调整杠杆上的顶丝。

5）测量行程开关阀杆上下止点距离为5mm直至实现自动切换。继续调整钢环向行程开关方向增加1mm行程，而后将钢环备母旋紧。

6）给定泵频率为10次/min，以油缸刚刚切换后的位置为起点测量柱塞行程120mm。

7）如果有偏差则重复上述工作，泵两侧做相同调整。

8）检查杠杆弹簧完好。

4.6 液压油路维修

4.6.1 液压油路主要由液压泵、预压油泵、伺服阀、低压油缸、连接管件及接头组成。液压换向阀及调节机构均为插装阀。HP2303-07 型主泵供应驱动油压最高设定值为 65（柱塞直径 ϕ10）bar 和 HP2301-08 型主泵供应驱动油压最高设定值为 75（柱塞直径 ϕ14）bar，可用调溢流阀进行调节。

4.6.2 停止主泵的运转，关闭返回油箱管路阀门，启动主泵观察泵最高压力是否达到 65bar 和 75bar。如果小于规定压力则调整溢流阀（顺时针旋转），油压会增加。为了液压回路平稳的切换，油路设计上设计了回油背压，背压设定值 10bar。

1）给定工作频率 10 次 /min ；

2）调整溢流阀（顺时针增加）；

3）观察驱动压力表压力；

4）如果驱动压力表压力小于 9～10bar 则停泵，将溢流阀旋出检查或更换；

5）更换后需重复上述操作直至驱动压力表最小值为 9～10bar ；

6）调整溢流阀使得切换油压力在 19～20bar 之间。

4.6.3 液压油的维护

液压油的维护要求见表 1。

表 1 液压油维护要求

描述 \ 季节	夏季操作	冬季操作	全年
启动温度	≥ 10℃	-20～10℃	—
液压油组	H-LP	H-LP	H-LP
HP 黏度 40℃	68mm^2/s	32mm^2/s	46mm^2/s
替用牌号	—	—	HM-46

注：定期进行润滑油分析。

1）油系统清洗可采用化学和超声清洗，不得使用金属刷；

2）对主油泵底部切换油路齿轮泵头每年进行轴头花键磨损检查，当直径≤ϕ14.8mm 进行更换，当花键齿侧节圆啮合间隙为≥ 0.65mm 进行更换；

3）每年检查预压泵联轴器弹性体，变形和损坏时进行更换；

4）切换阀出现泄漏进行密封更换维修。

4.6.4 其他零、部件维修

1）确保泵在工作压力下管接头、填料、油封等密封处无渗漏。

2）超高压缸与低压缸安装后同轴度偏差≤ 0.02mm。

3）其他未述及部件的技术质量标准参照有关规定执行。

5 试车与验收

5.1 试车前准备

5.1.1 确认各项检修工作已完成，检修记录齐全，检修质量符合本规程 4.4 规定，有试车方案。

5.1.2 仪表及联锁装置齐全投用、准确、灵敏、可靠。

5.1.3 各润滑部位按规定加油、脂，油系统按规定油运合格。

5.1.4 各项工艺准备完毕，具备试车条件。

5.1.5 检查主驱动电机旋转方向。

1）检查主油箱、内部油泵油箱液压油充满到油标 2/3 处。

2）设置阀门定位器信号为零。

3）导通工艺流程。

4）逐渐提高频率。

5）检查各缸及连接部件无撞击、松脱敲击声，柱塞行程、速度均匀，单泵两侧柱塞行程一致。

6）主液压油泵压力、温度、振动正常。

7）油过滤器压差正常。

8）柱塞润滑油 20～25 滴 /min。

9）各部密封无泄漏。

5.2 试车

5.2.1 无负荷试车

1）定位器调试完成，传动部件运转正常。

2）泵按照 10 次 /min 启动后，应进行排气操作。

3）频率逐步提高到 15 次 /min。

4）各缸无撞击声，柱塞行程、速度均匀，两侧冲程一致。

5）液压系统压力、温度正常。

6）密封无泄漏。

7）泵的冲程 120mm，2301（2303）型排液量 40L/h（96L/h）。

8）无负荷试车 10min。

9）严禁在无介质的情况下试车。

10）信号归零。

5.2.2 负荷试车

1）每个阶段压力调整控制在5min内，检查填料区域温升，如果没有明显温升则填料冷却水不必开启，否则投用冷却水。

2）升压步骤：

0～100MPa　运转5min重复检查5）～11）步骤。

100～200MPa　运转5min重复检查5）～11）步骤。

200～320MPa　运转5min重复检查5）～11）步骤。

3）视填料温升投用冷却水。

4）各部温度、压力、振动、声音、泄漏正常，停泵泄压备用。

5）两侧组合阀动作灵活，密封良好。

6）两缸排液量、压力满足工艺要求。

7）管接头、填料、油封等密封处无泄漏。

8）系统声音均匀、振动不大于0.3mm/s、填料温度≤40℃，油温≤70℃。

9）柱塞做往复运动时：

ϕ14泵头液压油驱动值≤（75±0.3）bar。

ϕ10泵头液压油驱动值≤（65±0.3）bar。

10）负荷试车15min。

11）信号归零。

5.3 验收

试验合格，达到完好标准，办理验收手续。验收资料应包括：

5.3.1 检修质量及缺陷记录。

5.3.2 设备的内外部检验报告。

5.3.3 耐压试验记录。

5.3.4 主要零部件的无损检验报告。

5.3.5 更换零部件清单。

5.3.6 结构、尺寸、材质变更的审批文件。

6 维护与故障处理

1）检查油位、油品质量、油温、油压、油压差是否正常。

2）检查泵是否有抽空、超压、超冲程等现象，发现上述情况应及时处理。

3）检查各部有无泄漏、异音、振动超标等，并及时对松动的紧固件进行紧固处理。

4）调节检查泵冲程，紧固松动接头、背母。

5）严格控制泵出、入口压力、介质温度、润滑油压力、润滑油温度、过滤器压差等主要检查指标，定时巡检并做好记录，及时发现泵组存在问题。

6）维护时间：执行“五位一体”巡检要求。

7）保持泵体及泵组周边清洁，及时清理机座及油箱下积液，保障排放管线通畅，泵组安全罩完好，无腐蚀破损。

8）电、仪检查维护见相应规程。

6.2 常见故障与处理

超高压催化剂泵常见功能故障与处理方法见表 2。

表 2 超高压催化剂泵常见功能故障与处理方法

序号	功能	功能故障	故障模式	故障后果	故障应对策略与检修内容	故障周期 / 月
1	保证硬质合金柱塞完好	1.1 排除压力不稳定，泵头过热振动大	1.1.1 冲程过大	撞缸	调整切换碰块	72
			1.1.2 单泵两边冲程不均	撞缸	旋紧背母	
			1.1.3 泵腔进入硬质异物	撞缸	清理检查	
			1.1.4 行程压杆与碰块间隙过小	撞缸	调整切换行程	
2	保证峰温无波动	2.1 泄漏引发剂，峰温波动	2.1.1 填料松弛或磨损	填料泄漏	紧固或更换填料	72
			2.1.2 填料偏磨	填料泄漏	柱塞与联轴器连接间隙校准	
					导向套检查	
					填料装配质量复测	
			2.1.3 装配不当	组合阀泄漏	合理装配	72
			2.1.4 接头未把紧	组合阀泄漏	按规定力矩把紧各接头上限 +50N·m	
			2.1.5 阀座、垫片等损坏	组合阀泄漏	更换阀损坏件重新装配	
3	单泵做工不稳定	3.1 单泵两侧排量波动	3.1.1 驱动油量不均	冲程不均或输出压力不等	调整伺服阀、导向阀机构	72
			3.1.2 泵两侧磨损不等	冲程不均或输出压力不等	检修或更换柱塞及缸套	
			3.1.3 导向机构不灵	冲程不均或输出压力不等	调节导向机构	
			3.1.4 吸入过滤器堵	冲程不均或输出压力不等	清洗过滤器	
			3.1.5 低压油缸两侧有空气	冲程不均或输出压力不等	排气	

表2 超高压催化剂泵常见功能故障与处理方法（续）

序号	功能	功能故障	故障模式	故障后果	故障应对策略与检修内容	故障周期/月
4	低压油缸驱动油压波动	4.1驱动液压油不稳定，柱塞运动速度不同	4.1.1变量泵输出压力低	柱塞被卡住	检修变量泵	72
			4.1.2溢流阀定压低伺服阀卡住	柱塞被卡住	检查溢流阀、检修伺服阀	
5	突发峰温持续降低	5.1峰温降低，调整无效果	5.1.1泵单缸工作	反应温度突然降低	排气、调整泵，清理或更换过滤器	72
			5.1.2输出管线漏	反应温度突然降低	消漏	
			5.1.3组合阀损坏	反应温度突然降低	更新组合阀	
			5.1.4泵异常停止	反应温度突然降低	检查各部联锁，切换油泵故障	
			5.1.5出口爆破片动作	反应温度突然降低	更换爆破片	
6	出口压力偏高	6.1TUBE管线温度偏高，峰温无上升	6.1.1阀门开关切换不当	排出压力高	检查各阀	72
			6.1.2管线堵塞	排出压力高	导通管线	
			6.1.3保温不良	排出压力高	管线保温	
			6.1.4滤芯堵塞	排出压力高	更换滤芯	
7	排出压力低或无排量	7.1入口相应储罐液位无变化，柱塞温度瞬间升高	7.1.1吸入阀损坏或阀簧过硬	排出压力低或无排量	检查或更换吸入阀	72
			7.1.2吸入过滤器堵	排出压力低或无排量	检查过滤器	
			7.1.3高位槽无油	排出压力低或无排量	加油	
8	保证低压缸和切换伺服机构稳定	8.1低压缸噪声或高压油管切换锤击	8.1.1负荷过大	驱动油温升排出压力低或无排量	调整负荷	72
			8.1.2油质差	驱动油温升排出压力低或无排量	复测或更换液压油	
			8.1.3变量泵故障	驱动油温升排出压力低或无排量	检修变量泵	
			8.1.4冷却器未通水	驱动油温升排出压力低或无排量	通水	
			8.1.5冷却器结垢	驱动油温升排出压力低或无排量	检查冷却器	
			8.1.6低压油缸活塞环泄漏	驱动油温升排出压力低或无排量	更换油缸活塞环	

表 2 超高压催化剂泵常见功能故障与处理方法（续）

序号	功能	功能故障	故障模式	故障后果	故障应对策略与检修内容	故障周期/月
9	保证自动切换系统稳定	9.1 无油压或泵组突停	9.1.1 内部磨损或损坏	变量泵有异音或振动大	检查更换变量泵	72
			9.1.2 调节机构松动	变量泵有异音或振动大	检查紧固	
			9.1.3 联轴节磨损	变量泵有异音或振动大	检查更换联轴节	
			9.1.4 弹簧损坏	导向机构失灵	更换弹簧	
			9.1.5 柱销锈蚀	导向机构失灵	更换柱销	
			9.1.6 销子脱开	导向机构失灵	固定销维修	
10	保证信号输出稳定	10.1 阀门定位器无规则波动	10.1.1 万向联轴节磨损超差	定位器无规则往复运动	更换联轴器并对中调整	
			10.1.2 各部连接传动部位松动	定位器无规则往复运动	检查所有传动连接部位	
			10.1.3 定位器仪表风压不足或波动	定位器无规则往复运动	调整定位器仪表风压在 3.5～4bar	72
11	避免无操作导致误动作	11.1 无信号操作，泵工作	11.1.1 变量泵零点没有校准	泵组在无信号情况下自动工作	校准机械零点	72
			11.1.2 零点校准顶丝松	泵组在无信号情况下自动工作	紧固零点调整顶丝	
			11.1.3 阀门定位器零点未校准	泵组在无信号情况下自动工作	校准阀门定位器零点	72

附 录 A
（资料性附录）
超高压催化剂柱塞泵检修质量控制确认表

项目	主要控制内容			等级	施工单位	生产装置	设备管理部门	备注
	标准值	部位	现场记录					
拆卸中检查								
低压油缸缸体及活塞	椭圆度 0.02～0.04mm	内径及活塞外径		B	★	★		
	圆柱度 0.02～0.04mm							
	粗糙度 *Ra*0.8							
	活塞环开口间隙 0.1～0.7mm							
	活塞环侧面间隙 0.06～0.08mm							
	活塞环开口≤ 2.0mm							
	活塞环侧面≤ 0.2mm							
高压柱塞	椭圆度 0.008～0.016mm	柱塞、柱塞套		B	★	★		
	粗糙度 *Ra*0.2							
	与柱塞套安装间隙 0.018～0.06mm							
	划痕							
密封面检查	完好，无明显划痕	各部密封面		B	★	★		
回装检查								
组合阀	入口螺母力矩 230_{0}^{+50} N·m	出入口螺母、适配器、单向阀连接件		B	★	★		
	出口螺母力矩 230_{0}^{+50} N·m							
	适配器紧固螺母 120 N·m							
	阀球升程 3～3.5mm							
螺纹检查	无变形，拧入通畅	各部连接螺纹		C	★			

注： A 级　施工单位、生产装置、设备管理部门专业人员检查确认后签字；
B 级　施工单位和生产装置专业人员检查确认后签字；
C 级　施工单位专业人员检查确认后签字；
另：如果有监理，监理的职责由甲方授权。

附　录　B

（资料性附录）

超高压催化剂柱塞泵试车与验收数据记录表

装置：　　　　　　　　　　　设备名称：超高压催化剂柱塞泵　　　　　　　　位号：

<table>
<tr><td colspan="2">主要技术参数</td><td colspan="5">设计压力：　MPa，设计温度：　℃　设计流量：　L/h　设计频率：　次/min</td></tr>
<tr><td>试验要求</td><td colspan="6">1. 换热器进行耐压试验，注入在用液压油试压 ×MPa（禁水），保压时间：30min 以上；并认真填写。
2. 使用己烷进行泵组各项参数试验（禁水）
3. 回装时严格按图纸要求回装。
4. 吊装过程中，轻起轻放，避免损坏设备及附件</td></tr>
<tr><td colspan="2">倒空、置换、清理情况</td><td colspan="2"></td><td>清理情况确认人（工艺）</td><td colspan="2"></td></tr>
<tr><td colspan="2">维修单位：</td><td colspan="2">维修人员：</td><td colspan="3">技术人员确认</td></tr>
<tr><td colspan="2">泵组回装完毕</td><td>规定值</td><td>实际值</td><td>设备确认人</td><td colspan="2">工艺确认人</td></tr>
<tr><td colspan="2">液压主泵工作压力/bar</td><td>50～75</td><td></td><td></td><td colspan="2"></td></tr>
<tr><td colspan="2">泵组背压/MPa</td><td>0～320</td><td></td><td></td><td colspan="2"></td></tr>
<tr><td colspan="2">工作频率/%</td><td>15～70</td><td></td><td></td><td colspan="2"></td></tr>
<tr><td colspan="2">润滑油量（滴/min）</td><td>20～25</td><td></td><td></td><td colspan="2"></td></tr>
<tr><td colspan="2">柱塞行程/mm</td><td>120</td><td></td><td></td><td colspan="2"></td></tr>
<tr><td colspan="2">液压油温度/℃</td><td>40～70</td><td></td><td></td><td colspan="2"></td></tr>
<tr><td colspan="2">泵组振动/（mm/s）</td><td>0.1～0.3</td><td></td><td></td><td colspan="2"></td></tr>
<tr><td colspan="2">零点位移/mm</td><td>0</td><td></td><td></td><td colspan="2"></td></tr>
<tr><td colspan="2">报废情况说明</td><td colspan="2"></td><td>备件更换情况</td><td colspan="2"></td></tr>
<tr><td colspan="2">安装位号</td><td></td><td>安装日期</td><td></td><td>系统压力试验情况</td><td></td></tr>
<tr><td colspan="2">设备技术员</td><td></td><td>工艺技术员</td><td></td><td>施工负责人</td><td></td></tr>
<tr><td colspan="2"></td><td></td><td></td><td></td><td></td><td></td></tr>
<tr><td colspan="7">备注：1. 三方签字验收后交付生产使用；2. 大修后将试车记录及验收表扫描录入设备管理系统</td></tr>
</table>

超高压管道维护检修规程

SHS 03013—2019

代替 SHS 03013—2004

目　次

前　言

本规程按照GB/T 1.1—2009《标准化工作导则　第1部分：标准的结构和编写》给出的规则起草。

本规程代替SHS 03013—2004《超高压管道维护检修规程》。

本规程由中国石油化工集团有限公司、中国石油化工股份有限公司提出。

本规程起草单位：中国石油化工股份有限公司茂名分公司。

本规程主要起草人：何建暖。

本规程所代替规程的历次版本发布情况为：

SHS 03013—1992，SHS 03013—2004。

超高压管道维护检修规程

1 范围

1.1 主题内容

本规程规定了高压聚乙烯生产装置的超高压管道的检修周期和内容、检修与质量标准、试车与验收、维护与故障处理。

1.2 适用范围

本规程适用于高压聚乙烯装置设计压力为100～350MPa，工作温度为0～350℃，介质为乙烯、油品（包括引发剂）、熔融聚乙烯的超高压管道。

2 规范性引用文件

下列文件对于本文件的应用是必不可少的。凡是注日期的引用文件，仅所注日期的版本适用于本文件。凡是不注日期的引用文件，其最新版本（包括所有的修改单）适用于本文件。

TSG D0001 压力管道安全技术监察规程—工业管道

3 检修周期和内容

3.1 检修周期

根据对超高压管道功能故障及其影响分析结果以及装置生产周期运行安排情况，确定检修周期，一般为12～24个月；超高压管道一般随装置的停车大修同步进行检验，通常为72个月。

3.2 检修内容

1）对管道密封处进行检查，处理密封泄漏；
2）检查管卡、支撑、基础各处螺栓是否松动，并进行调整、紧固；
3）保温、防腐破损的修复；
4）对超高压安全阀、压力表、温度计等安全附件进行校验；
5）对管螺纹、超高压螺栓进行无损检测；
6）必要时对管道金属捕集器（过滤器）进行拆卸检查；

7）根据使用情况（一般为20年），抽取部分超高压螺栓、管道进行机械性能检验；

8）超高压管道部分更换；

9）按照TSG D0001《压力管道安全技术监察规程—工业管道》要求，进行检验取证。

4 检修程序与质量标准

4.1 检修前准备

1）各项准备工作应符合安全、环保、质量等方面的要求，如按照Q/SHS 0001.3《炼油化工企业安全、环境与健康（HSE）管理规范》中的规定，对检修过程进行危害识别和风险评估、环境因素识别和影响评价，并办理相关票证；

2）执行TSG D0001《压力管道安全技术监察规程—工业管道》的有关规定，根据管道运行技术状况和检测记录，分析缺陷原因，制定检修技术方案；

3）备齐检修所需的工、量、卡具；

4）备齐检修所需更换的备件；

5）按规定倒空、置换等工艺处理完毕，具备检修条件后，办理检修作业票方可施工；

6）做好必要的标识和记录；

4.2 拆卸与检查

4.2.1 拆卸注意事项

1）拆卸前应检查螺栓及管端的锈蚀情况，必要时在螺纹部位喷涂渗透剂；

2）拆卸保温、测温测压元件及其他附件；

3）使用专用扳手（液压或力矩扳手）拆卸螺栓，拧动过程中要注意均匀转动；

4）取出连接处的螺栓、透镜垫等部件；

5）拆卸管卡、支撑等紧固件，吊起管子。

6）超高压管道在吊移及搬运过程中，不允许与其他物体相碰；

7）超高压管道拆卸后，要对管端螺纹和密封面进行妥善保护；

8）拆卸过程要小心，不允许野蛮拆卸，不允许对超高压管道进行加热、敲打；

9）做好必要的标识。

4.2.2 检查内容

1）检查超高压管端密封面和螺纹是否存在机械损伤、腐蚀等缺陷，管道内、外壁是否有裂纹、腐蚀及其他缺陷；

2）以宏观检查为主，利用10倍的放大镜和螺纹止通规检查，采用超声波测厚、无损探伤和内窥镜等进行检查；

3）检查透镜垫、螺栓及其他部件的表面是否有缺陷；

4）利用10倍的放大镜进行外观检查，对超高压螺栓进行无损检查。

4.2.3 密封面研磨

超高压管道、透镜垫密封面拆开后，回装前必须对密封面进行研磨。

1）研磨应采用专用研磨工具；

2）根据密封面的情况选用合适的磨料；

3）研磨完毕后要进行检查，达到要求的粗糙度，并涂上白凡士林等润滑脂对所研磨的密封面进行妥善保护，防止生锈或碰伤。

4.3 安装与质量标准

4.3.1 超高压管道的安装

1）对超高压管采用高压水除垢或进行化学清洗除垢，清洗后不得造成密封面的腐蚀损坏，不得采用机械方法除垢；

2）更换管支座时，管支座应符合原来的技术要求；

3）超高压管道在安装前，应对管螺纹密封面用洗油清洗；

4）将要安装的超高压管道吊装于安装位置的机架或支承上；

5）除去管道端部密封面上的保护层，在管道螺纹部位涂上防咬剂，并旋入法兰，使管道端部凸出法兰面1扣，法兰拧入时应轻松、均匀，不可强行拧入；

6）用白布擦净管端密封面，并涂上白凡士林；

7）测量两法兰之间的距离和平行度、同轴度，并进行必要的调整，使两法兰间距要略大于透镜垫的最大高度，平行度和同轴度按设计要求；

8）检查螺栓，测量每个螺栓的长度，并在螺纹部位涂上防咬剂；

9）检查透镜垫并在其密封表面涂上白凡士林，然后将透镜垫正确装入两法兰中，用测隙规（或游标卡尺）测量透镜垫与法兰的平行度，并进行必要的调整；

10）穿入螺栓并带上螺母，用手均匀拧紧螺母，拧紧时注意螺栓之间要平行和均匀；

11）使用专用扳手对螺母进行预紧，预紧力为按设备技术资料要求选取，螺栓按对称进行紧固；

12）对法兰与透镜垫的外圈进行测量，要保证透镜垫与法兰平行，需要调整时，在间隙较大的位置对螺栓进行适当紧固；

13）安装液压扳手（拉伸器），按紧固力矩的30%进行紧固，松开液压扳手的压力，再次测量间隙并加以调整；

14）按紧固力矩的60%、100%进行紧固，使螺栓达到设计紧固力矩；

15）记录超高压管道安装时的紧固力矩、法兰面的平行度、管道的同轴度；

16）安装管道的管卡垫和管卡，对管道的管卡、基础等紧固件进行紧固；

17）安装辅助的连接管道。

4.3.2 质量标准

4.3.2.1 超高压管道密封面质量标准

1）超高压管表面的划痕、蚀坑等缺陷允许打磨消除，打磨应圆滑过渡，打磨深度不允许超过壁厚的5%，最大不超过1.5mm，打磨部位应进行着色检验；

2）超高压管端螺纹损伤，累计长度应小于1圈，螺牙高度减少不得大于5%，缺陷应修磨圆滑；

3）超高压管端密封端面有划痕时，可以用专用研磨工具进行研磨，研磨后必要时进行无损检验，研磨最终粗糙度不大于 *Ra*0.4；

4）透镜垫的研磨要采用专用工具进行，研磨后表面粗糙度不大于 *Ra*0.4。

4.3.2.2 超高压管道安装标准

1）管端凸出法兰面不少于1扣；

2）两管道法兰及透镜垫外圈平行度符合设备技术资料规定（也可参照取不大于0.6mm）；

3）两管道法兰同轴度应符合设备技术资料规定或不大于0.5mm；

4）管道与管卡、支撑贴实，紧固；

5）法兰螺栓紧固力矩按设备技术资料规定进行。

4.3.2.3 超高压辅助管道安装质量标准

1）管子螺纹必须与接头螺纹的螺旋方向相反；

2）接头的螺纹在安装完毕后应露出安装面2～3扣；

3）接头应按设备技术资料要求力矩进行紧固；

4）泄漏检查的小孔应在易于观察的位置；

5）弯管应符合设备技术资料的要求，参考值椭圆度不大于3%，壁厚减薄不大于5%。

5 试压与验收

超高压管道在检修或更换零部件后应进行压力试验，压力试验可以用液压试验，也可以采用系统气密试验。

5.1 试压前的准备

1）确认各项检修工作已完成，检修记录齐全；

2）编写液压试验或气密性试验方案；

3）仪表及联锁装置齐全、准确、灵敏、可靠；

4）各项工艺处理完毕，具备试压条件。

5.2 液压试压方法与要求

1）编写试压方案；

2）试压介质的确定可以按设计要求配备或参考 TSG 21《压力容器安全技术监察规程》选取；试压介质对超高压管无腐蚀作用；试压液不参与任何化学反应。

3）试验压力的确定按设备技术资料规定或选工作压力的 1.1～1.25 倍；

4）液压试验介质温度应低于 15℃；

5）在换热器出入口各安装 1 块经过计量单位校验的压力表，量程为试验压力的 2 倍，精度为 1.5 级。安装临时导压管，并将系统用透镜盲垫隔离；

6）将系统中灌满试压液，排尽系统中的空气；

7）升压为 50MPa 一挡逐级进行，保压 5～10min 进行检查，无异常继续升压，达到设计压力后升压为 30MPa 一挡，保压 15min，达到试验压力后保压 30min；

8）试压检查内容与标准：

a. 试压中每挡保压应检查压力表有无降压，各密封点有无泄漏；

b. 达到设计压力及最终压力时检查各处密封及稳压情况；

c. 升压过程中若发现异常情况，应立即停止升压，对系统进行检查，确认，根据情况及时处理后才能继续升压；

d. 升压至规定试验压力后，保压 30min 内应无泄漏等异常情况，则降压至设计压力对系统进行全面检查；

e. 检查结束，系统要缓慢地降压；

f. 系统压力退出后，要用空气将系统吹干，恢复试压所拆卸的零件、部件；

g. 如试压后较长时间放置，则须用干氮保压防锈。

5.3 综合气密性试验

5.3.1 气密试验方法与要求

1）综合气密试验应制定详尽的试压方案；

2）试验介质应为合格的原料乙烯；

3）综合气密试验压力应为实际工艺生产的最高操作压力。

5.3.2 检查内容与标准

1）综合气密试验压力达到正常操作压力 1/3 时，则应对全系统密封部位进行检查，检查方法用肥皂水或不干胶纸带查漏；

2）在上述情况下，无异常则继续分 3 次升压至最高操作压力，每次升压后均进行上述检查，无异常则为合格。

5.4 验收

检修质量符合本规程规定，试验合格，达到完好标准，办理验收手续。验收技术资料应包括：

1）检修质量及缺陷记录；

2）耐压、气密试验记录；

3）更换零、部件记录；

4）结构、尺寸、材质变更的审批文件；

5）更换零、部件的材料证书，产品质量检验合格证；

6）超高压管、管端螺纹及管件无损探伤报告。

6　日常维护及故障处理

6.1　日常维护（表1）

1）检查压缩机周围的管道和基础，对管道的振动进行检查和测量，并对检查和测量结果进行记录和监测，在每次停车时对超高压管道的基础、支撑、管卡进行检查、紧固；

2）检查管道和螺栓的腐蚀情况，并随时进行必要的防腐和保护；

3）对管道阀门、弯头、三通进行检查，并检查支撑是否松动、变形、开裂，预埋件是否松动；

4）管道是否有泄漏、连接处是否松动；

5）检查管道的保温和腐蚀情况，并进行必要的维护。

表1　日常维护检查表

检查项目	检查方法	检查标准	检查时间
超高压管道振动	振动测量仪	按设备技术资料	按装置要求
超高压管道泄漏	目视（超声波检测、肥皂水）	无明显泄漏	按装置要求
超高压管道基础、支撑	目视、手摸	支撑牢固、可靠，基础、支撑周围无油污	按装置要求
超高压管道腐蚀、保温	目视	无腐蚀、锈迹	按装置要求
超高压管道安全附件	检查完好情况	指示准确、灵敏	按装置要求
超高压法兰螺栓/螺母	目视检查	无明显腐蚀、松动，无明显裂纹	按装置要求
超高压法兰透镜垫	目视检查	无明显腐蚀、变形	按装置要求

6.2　常见故障及处理

超高压管道常见故障与处理方法见表2。

表2 超高压管道常见故障及处理方法

故障现象	故障原因	处理
密封泄漏	安装的密封面受力不均匀 振动引起紧固件松动 滑动部件受阻引起热胀冷缩不均匀 密封面有缺陷 法兰平行度超标 紧固件疲劳失效	重新安装 把紧紧固件，调整支承位置 检查修正相对活动支撑部件 研磨密封面，消除缺陷 重新安装 更换紧固件
腐蚀	环境腐蚀	进行防腐
本体泄漏	管端螺纹开裂 管道腐蚀、疲劳开裂	更换超高压管道 更换超高压管道
管道阻力增加	管道过滤器堵塞 管道有聚合物或其他物质	拆卸过滤器清洗 拆卸管道检查清洗

注： 1. 超高压工艺管道指的是高压聚乙烯装置内工艺主要管道，其密封一般采用螺纹法兰和透镜垫密封；

2. 超高压辅助管道指的是装置内用于催化剂注入、引压等辅助用途的管道，其密封形式采用特殊的接头。

附　录　A
（资料性附录）
超高压连接法兰安装确认表

连接法兰编号：________________　　　　　　　　　　　　年　　月　　日

<table>
<tr><th>序号</th><th>步骤</th><th>安装要求</th><th>现场情况</th><th colspan="2">确认人 / 日期</th></tr>
<tr><td rowspan="2">1</td><td rowspan="2">材料确认</td><td rowspan="2">包括高压管、法兰、透镜垫、螺栓、螺母材质的确认</td><td rowspan="2"></td><td>施工单位</td><td>作业人：
质检员：
技术员：</td></tr>
<tr><td colspan="2">使用单位：
管理部门：
监理：</td></tr>
<tr><td rowspan="2">2</td><td rowspan="2">清洗确认</td><td rowspan="2">1. 管内畅通无脏物；
2. 所有密封面光滑无划痕；
3. 螺纹干净无杂物</td><td rowspan="2"></td><td>施工单位</td><td>作业人：
质检员：
技术员：</td></tr>
<tr><td colspan="2">使用单位：
管理部门：
监理：</td></tr>
<tr><td rowspan="4">3</td><td rowspan="4">对中确认</td><td rowspan="2">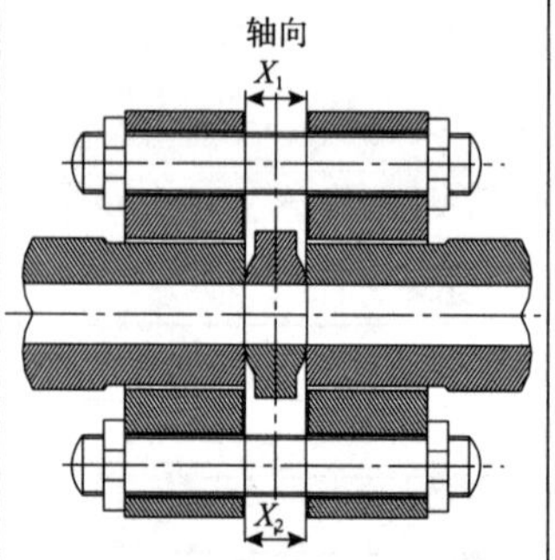</td><td rowspan="2">1. DN72/PN3500，|X1-X2|≤0.5mm；
2. DN120/PN1600，|X1-X2|≤0.6mm；
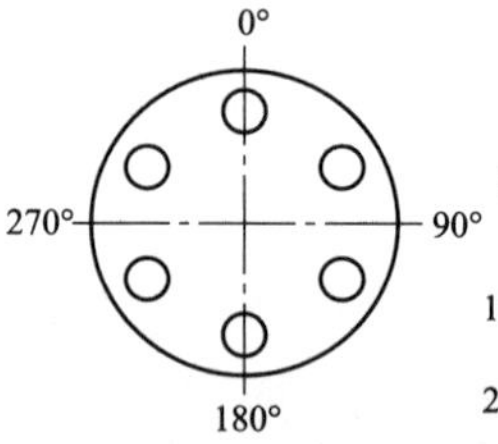
0°________
90°________
180°________
270°________</td><td>施工单位</td><td>作业人：
质检员：
技术员：</td></tr>
<tr><td colspan="2">使用单位：
管理部门：
监理：</td></tr>
<tr><td rowspan="2">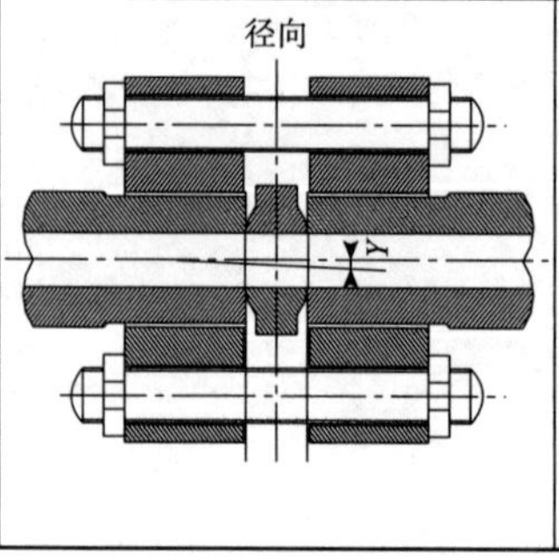</td><td rowspan="2">DN72　≤0.5mm，
DN120　≤1.0mm
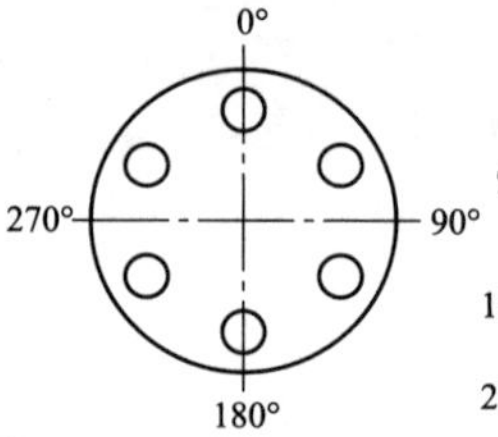
0°________
90°________
180°________
270°________</td><td>施工单位</td><td>作业人：
质检员：
技术员：</td></tr>
<tr><td colspan="2">使用单位：
管理部门：
监理：</td></tr>
</table>

超高压连接法兰安装确认表（续）

序号	步骤	安装要求	现场情况	确认人／日期
4	紧固确认	1. 把6个螺栓同时插入法兰中； 2. 用手带紧螺栓后，用呆扳手对称间隔拧紧螺栓1/4圈，再用液压扳手同时拧紧到最终压力的25％（M39/575N·m，M64/1500N·m），此步拧完后在螺母上涂黑色； 3. 用液压扳手同时拧紧到最终压力的50％（M39/1150N·m，M64/3000N·m），此步拧完后在螺母上涂黄色； 4. 用液压扳手同时拧紧到最终压力的100％（M39/2300N·m，M64/6000N·m），此步拧完后在螺母上涂绿色； 5. 用液压扳手第二次同时拧紧到最终压力的100％（力矩值同步骤4），此步拧完后在螺母上涂红色		施工单位： 作业人： 质检员： 技术员： 使用单位： 管理部门： 监理：

超高压阀门维护检修规程

SHS 03014—2019

代替 SHS 03014—2004

目　次

前　言

本规程按照GB/T 1.1—2009《标准化工作导则　第1部分：标准的结构和编写》给出的规则起草。

本规程代替SHS 03014—2004《超高压阀门维护检修规程》，与SHS 03014—2004相比主要技术变化如下：

——超高压阀门检修周期，按RCM分析，根据故障模式，制定维修周期；

——增加了“6.2　主要故障与处理”，主要是通过RCM分析，根据故障模式，制定维修策略和维修周期；

——增加超高压阀门检修质量确认表、超高压阀门试车与验收数据记录表。

本规程由中国石油化工集团有限公司、中国石油化工股份有限公司提出。

本规程起草单位：中国石油化工股份有限公司北京燕山分公司。

本规程主要起草人：穆青、张欢。

本规程所代替规程的历次版本发布情况为：

SHS 03014—1992，SHS 03014—2004。

超高压阀门维护检修规程

1 范围

1.1 主题内容

本规程规定了超高压阀门的检修周期与内容、检修与质量标准、试车与验收、维护与故障处理。

1.2 适用范围

本规程适用于高压聚乙烯装置中的设计压力大于或等于100MPa的超高压阀门，不适用于超高压安全阀。

2 规范性引用文件

下列文件对于本文件的应用是必不可少的。凡是注日期的引用文件，仅所注日期的版本适用于本文件。凡是不注日期的引用文件，其最新版本（包括所有的修改单）适用于本文件。

TSG D0001 压力管道安全技术监察规程—工业管道

TSG 08 特种设备使用管理规则

3 检修周期与内容

3.1 检修周期

根据对超高压阀门功能故障及其影响分析的结果、有无备用设备并结合生产装置运行周期，确定超高压阀门的检修周期，一般为48～72个月。

3.2 检修内容

3.2.1 清洗油嘴；

3.2.2 更换填料；

3.2.3 紧固或更换螺栓；

3.2.4 配齐手轮，检查修复密封面；

3.2.5 解体、检查、清洗零部件；

3.2.6 检查及修理阀体；

3.2.7　研磨或更换密封件；
3.2.8　检查或更换阀杆；
3.2.9　对超高压螺栓和阀体进行无损探伤；
3.2.10　检查或更换弹簧；
3.2.11　修理支架；
3.2.12　检查修理、调校执行机构。

4　检修与质量标准

4.1　拆卸前准备

4.1.1　各项准备工作应符合安全、环保、质量等方面的要求，应对检修过程进行危害识别及风险评估、环境因素识别和影响评价。
4.1.2　根据设备运行状况和检测记录，分析故障原因和部位，依据本规程制定详尽的检修技术方案；组织相关人员现场交底，并制定检修施工方案；检修人员应熟悉设备图纸、技术资料与检修方案。
4.1.3　检查落实物资准备（包括材料、备品、安全工具、施工机具等）和检修施工场地准备。
4.1.4　检查安全措施准备，放置好安全警示牌、安全警示绳，检修时必须对现场孔洞、楼梯口、吊装口设围栏或盖板，做好夜间照明及防盗等工作。
4.1.5　检查超高压阀门与外部系统风，介质的吹扫、排凝、隔断情况，应安全可靠。
4.1.6　落实好安全环保措施，按规定对超高压阀门所在管线、断气、物料倒空，置换完毕，超高压阀门具备检修条件，办理好检修作业票后，方可施工。

4.2　拆卸与检查

4.2.1　拆卸

1）将需要检修的阀门从管道上拆卸前，在阀门及与阀门相连的管道法兰表面上做标识，作为检修后安装复位时的标记；
2）根据拆卸力矩拆卸连接螺栓，取下透镜垫，松开阀门的固定螺栓，取下阀门；
3）如果螺栓拆卸困难可加渗透液。

4.2.2　检查

1）测量法兰与阀体之间的间隙，并记录测量数据，供装配时使用；
2）检查阀体密封面，透镜垫表面有无凹坑划痕；
3）检查阀座及阀门密封部位有无影响密封的缺陷；
4）利用螺纹止通环规检查超高压螺栓的螺纹；
5）对超高压螺栓进行100%无损探伤检查，必要时更换；

6）清洗各螺栓孔，并检查其损伤情况；

7）阀体根据需要进行无损探伤，尤其需要对应力集中部位检查有无疲劳裂纹的产生，必要时做耐压试验；

8）检查填料箱内壁有无影响密封的缺陷；

9）检查阀杆直线度、填料密封部位有无划痕、阀杆螺纹的损坏情况。

4.3 检修质量标准

4.3.1 检修

1）超高压阀门的解体检修工作，一般应在室内进行。如在室外时，必须做好防尘、防雨、防雪等措施。

2）阀杆检修：

a. 测量阀杆直线度，若有弯曲则校值或更换；

b. 带动螺纹的阀杆，若传动螺纹损坏，则应更换；

c. 阀杆若有轻微划痕可经抛光合格后继续使用，若损伤严重需经表面修复，达到密封性能可继续使用；仍不能保证密封性能则应更换；

3）阀门密封面的修复及更换：阀门密封面的修复研磨，应以零件单独研磨为主，尽量不采用配研，应更具密封零件选择适当的研磨剂；

4）填料更换：装 V 形填料时，应注意 V 形填料的开口方向，要逐圈压紧，直至加到规定的组数；

5）执行机构检修参考有关规程进行；

6）零件在装配前应清除毛刺和清洗污垢等；

7）装配时螺纹部位应涂润滑剂，轴承部位应充填润滑脂；

8）装配完成后，应保证阀门开启灵活。

4.3.2 质量标准

1）检修所需更换阀门零部件的材料、热处理及加工应符合规定；

2）零件外观无缺陷；

3）密封面表面不应有划痕、凹坑等影响密封性能的缺陷；

4）经研磨的密封表面其粗糙度应符合要求；

5）超高压螺栓螺母检查符合规定。

5 试车与验收

5.1 试验前的准备

5.1.1 确认各项检修工作已完成，检修记录齐全，检修质量符合 4.3 规定，有试验方案。

5.1.2 设备零部件完整无缺，螺栓紧固，具备试验条件。

5.1.3 各润滑部位按规定加油脂。

5.1.4 阀杆启闭灵活无卡涩。

5.2 试验

5.2.1 新安装或大修阀门，安装前做耐压试验，按图纸设计要求进行。

5.2.2 经过检修的阀门，必须经过密封性试验，试验压力为最高工作压力，保压时间不少于 15min，在此时间内不应有承压件的异常变形和渗漏现象。

5.3 验收

经试验合格，质量符合本规程规定，办理验收手续。验收技术资料应包括：

5.3.1 检修质量及缺陷记录；

5.3.2 耐压，密封性试验记录；

5.3.3 主要零部件的无损检验报告；

5.3.4 更换零部件的清单及相应的材质证明；

5.3.5 结垢、尺寸、材质变更的审批文件。

6 维护与故障处理

6.1 日常维护

1）阀体及其部件应保持清洁无锈，启闭灵活；

2）阀门填料应密封良好；

3）执行机构维护按相关规定。

6.2 常见故障与处理

超高压阀门常见功能故障与处理方法见表 1。

表 1 超高压阀门常见功能故障与处理方法

序号	功能	功能故障	故障模式	故障后果	故障应对策略与检修内容	检修周期 / 月
1	保证超高压阀门压力不在工艺指标控制范围内	1.1 超高压阀门压力小于工艺指标范围	1.1.1 填料磨损或未压紧	压力无法维持，乙烯气泄漏引发安全事故	把紧或更换填料	6
			1.1.2 密封垫损坏或阀体螺栓松动	压力无法维持，乙烯气泄漏引发安全事故	更换密封垫或紧固螺栓	6
			1.1.3 阀芯或阀座磨损	压力无法维持，乙烯气泄漏引发安全事故	研磨或更换	48～72
2	保证超高压阀门振动值正常	2.1 振动超标	2.1.1 螺栓松动，断裂	振动值继续增加，导致密封连接部位松动	紧固或更换螺栓	1
			2.1.2 支架松动、开裂	振动值继续增加，导致密封连接部位松动	紧固调整支架	1

附 录 A
（资料性附录）
超高压阀门检修质量控制确认表

项目	主要控制内容			等级	施工单位	生产装置	设备管理部门	备注
	标准值	部位	现场记录					
拆卸中检查								
阀体密封面	完好，无明显划痕	阀体		B	★	★		
透镜垫密封面	完好，无明显划痕	透镜垫		B	★	★		
阀座及阀门密封部位	完好，无明显划痕	阀座及阀门密封部位		B	★	★		
内部清理聚合物	干净，无明显固体残留	内部		C	★			
螺纹检查	无变形，拧入通畅	封头螺纹		B	★	★		
填料箱内壁缺陷检查	无影响密封缺陷	内壁						
封头密封面检查	完好，无明显划痕	封头密封面		B	★	★		
回装检查								
阀体密封面	密封面完好洁净，无明显划痕，安装到位	阀体		B	★	★		
透镜垫密封面	密封面完好洁净，无明显划痕，安装到位	透镜垫		B	★	★		
阀座及阀门密封部位	密封面完好洁净，无明显划痕，安装到位	密封面完好洁净，无明显划痕		B	★	★		

注： A 级　施工单位、生产装置、设备管理部门专业人员检查确认后签字；
B 级　施工单位和生产装置专业人员检查确认后签字；
C 级　施工单位专业人员检查确认后签字；
另：如果有监理，监理的职责由甲方授权。

附　录　B

（资料性附录）

超高压阀门试车与验收数据记录表

装置：　　　　　　　　　　　设备名称：超高压阀门　　　　　　　　　　位号：

主要技术参数	设计压力：　　MPa，设计温度：　　℃			
试验要求	1. 进行耐压试验，注入白油试油压 ×MPa（禁水），保压时间：30min 以上；并认真填写。 2. 回装时严格按图纸要求装。 3. 吊装过程中，轻起轻放，避免损坏设备及附件			
导通、清理情况			确认人（工艺）	
维修单位：	维修人员：		技术人员确认	
试压表	规定值	实际值	设备	工艺
试压压力 /MPa				
保压时间 /min	30			
报废情况说明			备件更换情况	
安装位号			安装日期	
设备技术员：		工艺技术员：		施工负责人：
备注：1. 三方签字验收后交付生产使用；2. 大修后 15 个工作日内，将试车记录及验收表扫描录入设备管理系统				

环氧乙烷反应器维护检修规程

SHS 03015—2019

代替 SHS 03015—2004

目　次

前 言

本规程按照GB/T 1.1—2009《标准化工作导则　第1部分：标准的结构和编写》给出的规则起草。

本规程代替SHS 03015—2004《环氧乙烷反应器维护检修规程》，与SHS 03015—2004相比，除了编辑性修改外，对规范性引用文件进行了调整。

本规程由中国石油化工集团有限公司、中国石油化工股份有限公司提出。

本规程起草单位：中国石油化工股份有限公司北京燕山分公司。

本规程主要起草人：郭伟华。

本规程所代替规程的历次版本发布情况为：

SHS 03015—1992，SHS 03015—2004。

环氧乙烷反应器维护检修规程

1 范围

1.1 主题内容

本规程规定了环氧乙烷反应器（以下简称反应器）的维护检修周期和内容、检修与质量标准、试车与验收、维护与故障处理。

1.2 适用范围

本规程适用于环氧乙烷/乙二醇装置中，设计压力为1.6～10MPa的列管固定床反应器。

2 规范性引用文件

下列文件对于本文件的应用是必不可少的。凡是注日期的引用文件，仅所注日期的版本适用于本文件。凡是不注日期的引用文件，其最新版本（包括所有的修改单）适用于本文件。

GB/T 150 压力容器

NB/T 47013 承压设备无损检测

TSG 21 固定式压力容器安全技术监察规程

3 检修周期和内容

3.1 检修周期（表1）

表1 检修周期

月

检修类别	定期检修		
	年度检查	大修	定期检验
检修周期	12	36	36～72

注：大修和定期检验周期可根据催化剂运行情况适当调整。

3.2 检修内容

3.2.1 非定期检修

3.2.1.1 非定期检修是由于某种原因导致的临时性检修。

3.2.1.2 遇有下列情况之一时可进行非定期检修。

1）反应器在运行中发现筒体等部位泄漏、变形，处于危险状况；

2）因爆破片爆破、催化剂中毒或失效、反应器进水（油）等意外事故导致需紧急处理时；

3）反应器投产后中间停用 2 年以上再重新投入运行时。

3.2.2 年度检查

3.2.2.1 反应器本体、接口部位和焊接接头等处有无裂纹、泄漏和变形；
3.2.2.2 保温层有无破损、脱落、潮湿；
3.2.2.3 反应器与相邻构件有无异常振动、响声、相互摩擦；
3.2.2.4 倒淋是否畅通，反应气是否带液；
3.2.2.5 运行过程中有无超温、超压；
3.2.2.6 检查爆破片装置有无泄漏，检查爆破片放空管是否畅通，是否有积水，防水帽、防雨片是否完好，检查压力表、温度表是否完好；
3.2.2.7 反应器接地线是否齐全、完好；
3.2.2.8 支座有无破损，基础是否下沉、倾斜、开裂、紧固螺栓是否完好等；
3.2.2.9 了解反应器运行过程中的有关情况，特别是发生过哪些异常现象；
3.2.2.10 必要时可进行测厚、壁温检查。

3.2.3 大修及定期检验

3.2.3.1 年度检查的有关内容；
3.2.3.2 定期检验的内容按照 TSG 21《固定式压力容器安全技术监察规程》要求，由检验人员根据设备运行状况制定的检验方案执行；
3.2.3.3 打开人孔降温，清扫内表面，宏观检查内表面钝化膜情况；
3.2.3.4 管与管板的焊口处有无泄漏痕迹；
3.2.3.5 测催化剂压差并调整；
3.2.3.6 如有必要反应器内部除锈，更换催化剂；
3.2.3.7 更换爆破片，检查夹持器必要时更换；
3.2.3.8 异常问题处理及消漏。

4 检修与质量标准

4.1 拆卸前准备

4.1.1 各项准备工作应符合安全、环保、质量等方面的要求，对检修过程进行危害识别及风险评估、环境因素识别和影响评价，并办理相关票证；
4.1.2 执行《中国石油化工集团公司安全生产管理制度》的有关规定，制订安全检修施工方案；

4.1.3 查阅反应器的设计、制造、安装、运行、维修、检验等资料，制定详细的技术检修和检验方案；

4.1.4 参与反应器检修的人员需经装置专业技术人员培训，进入反应器内部工作的人员应佩戴专门的劳保用品，严禁将任何异物、油品带入反应器；

4.1.5 备齐检修所需工、量、卡具、专用工具，所有在反应器内部使用的工具进行脱脂除锈处理；

4.1.6 反应器顶部搭棚，下部搭工作台；

4.1.7 将反应器与相连循环气管线隔离；

4.1.8 保持反应器内部温度高于环境温度 5℃ ；

4.1.9 检修所需更换件符合设计要求；

4.1.10 需要进行化学清洗、喷钢丝球（砂）除锈、钝化处理或更换催化剂时，必须有专项技术方案；

4.1.11 壳程油（水）倒空；反应器内倒空置换。

4.2 拆卸与检查

4.2.1 打开反应器人孔或手孔、封头，检查密封面，螺栓、螺母有无裂纹、腐蚀等情况；

4.2.2 检查封头、列管、管板等气体流过的反应器表面钝化膜是否完好，有无锈斑、粉尘及杂物；

4.2.3 按照检验人员制定的压力容器定期检验方案对反应器进行全面检验。

4.3 检修质量标准

4.3.1 检修

4.3.1.1 反应器内表面发现局部锈斑、钝化膜脱落，可采用局部清洗、钝化处理的方法；

4.3.1.2 反应器内表面有大面积钝化膜脱落时，要用厂家提供的化学清洗、钝化处理方案进行钝化；

4.3.1.3 反应器管板与换热管焊缝泄漏，重新贴胀、焊接并检漏合格；如果换热管泄漏，可进行堵管处理并检漏合格；

4.3.1.4 反应器按计划进行检修，爆破片、垫片要进行脱脂处理；

4.3.1.5 反应器的修理或技术改造，必须保证受压元件强度和质量的规定要求。反应器的焊补、挖补及热处理等均应按 TSG 21《固定式压力容器安全技术监察规程》履行手续并制定具体方案和工艺要求；

4.3.1.6 需施焊修理反应器时，在检修前应制定合理的焊接工艺；

4.3.1.7 对反应器进行焊接作业的焊工必须具备相应资质；

4.3.1.8 反应器表面有裂纹缺陷时，必须进行打磨修复或打磨后补焊修复，经表面着色合格；

4.3.1.9 对反应器内、外表面腐蚀缺陷的处理，要进行表面着色和厚度测定，如果发现裂纹应判明原因，确定消除方法：同时按剩余壁厚不小于壁厚的原则，对于均匀腐蚀和局部腐蚀的反应器，修理后应根据现行法规确定是否继续使用或报废；

4.3.1.10 反应器内、外表面损伤及焊缝表面缺陷必须磨削消除；

4.3.1.11 反应器内部缺陷的处理，对于裂纹、未熔合、超标条状夹渣和未焊透等缺陷，要打磨消除后并补焊修复；对于超标气孔、点夹渣等非线性缺陷应根据所在部位、分布状况和实际运行条件处理；

4.3.1.12 反应器内部打磨、施焊、检验时，要对装填催化剂的列管进行遮蔽，严防异物或油品落入，施工结束后立即将反应器内部清理干净；

4.3.1.13 修补焊接所用材料和焊接工艺要符合原设计要求；

4.3.1.14 反应器的焊接修补部位，焊缝质量要符合技术标准的规定和图纸要求，焊缝修补部位探伤合格；

4.3.1.15 修复工作和热处理完成后，应进行耐压试验；

4.3.1.16 按有关规定，定期更换爆破片；

4.3.1.17 反应器拆装时，注意保护密封面；

4.3.1.18 如催化剂需更换，拆催化剂、检查列管内表面，如有必要列管内部除锈，如采用喷砂除锈时，必须先做试验，确保不致损害换热管；催化剂装填完成后测压差调整；

4.3.1.19 反应器检修后刷漆、保温应符合有关规定。

4.3.2 质量标准

4.3.2.1 反应器零部件所用材料应符合设计图纸和 GB/T 150《压力容器》的要求；

4.3.2.2 化学清洗、钝化处理后，不得有任何锈迹，表面应覆盖有完整、牢固的黏附膜；

4.3.2.3 堵死的管子数不得超过总管数的 10%，根据工艺要求也可以适当增减；

4.3.2.4 反应器壳体壁厚不小于图纸设计的最小壁厚；

4.3.2.5 磁粉探伤按 NB/T 47013《承压设备无损检测》进行，检查结果不得有任何裂纹、成排气孔，并应符合Ⅱ级的线性和圆形缺陷显示；渗透探伤按 JB/T 4730—2005《承压设备无损检测》有关规定进行，不得有任何裂纹和分层；

4.3.2.6 射线探伤应按 NB/T 47013《承压设备无损检测》的规定进行，全部射线探伤时对接焊缝Ⅱ级合格；超声波探伤应按 NB/T 47013《承压设备无损检测》的规定执行，全部超声波探伤的对接焊缝Ⅰ级合格；

4.3.2.7 反应器焊缝表面质量要求和焊缝表面检查应符合 TSG 21《固定式压力容器安全技术监察规程》的有关规定；

4.3.2.8 反应器及相连管线内部脱脂处理干净，无油渍、铁屑等杂物；

4.3.2.9 反应器列管内催化剂压差符合工艺要求。

5 试车与验收

5.1 试车前准备

5.1.1 确认各项检修工作已完成，检修记录齐全，检修质量符合 4.3 的规定；
5.1.2 设备零部件完整无缺，螺丝紧固，具备试车条件；
5.1.3 安全附件校验合格，齐全完整；
5.1.4 仪表及联锁装置齐全、准确、灵敏、可靠；
5.1.5 各项工艺处理完毕，具备试验条件。

5.2 试车

5.2.1 循环热油（水）系统，保持反应器温度不低于 50℃。
5.2.2 反应器内进行惰性气体置换、充压、气密试验，静密封点无泄漏。
5.2.3 反应器缓慢升温、升压，满足工艺要求。

5.3 验收

5.3.1 检修记录齐全、准确，检修内容符合本规程相关规定；
5.3.2 检修质量附合本规程和 TSG 21《固定式压力容器安全技术监察规程》及 GB/T 150《压力容器》有关要求；
5.3.3 经试验合格后按规定办理验收手续，交付生产；
5.3.4 验收资料包括：检查的原始记录、更换件的鉴定资料、检修记录、压力容器检验报告、试验记录。

6 维护与故障处理

6.1 日常维护

6.1.1 随时检查反应状况是否正常；
6.1.2 反应器无超温、超压等异常情况，出现异常及时调整；
6.1.3 反应器及接管上的安全附件齐全灵敏、准确可靠；
6.1.4 与反应器相关的仪表测量、联锁保护系统工作正常；
6.1.5 保温层无破损、脱落、潮湿现象，出现问题及时修补；
6.1.6 反应器无泄漏；
6.1.7 反应器与相邻构件无异常振动、响声、相互摩擦；
6.1.8 定时检查，保证倒淋畅通，循环气无带液现象。

6.2 维护时间

按照操作进行运行状况的定时巡检，同时设备人员每天至少巡回检查 1 次。

6.3 常见故障与处理

环氧乙烷反应器常见故障与处理方法见表 2。

表 2 环氧乙烷反应器常见故障与处理方法

序号	故障现象	故障原因	处理方法
1	爆破片爆破	操作超温 操作超压 循环气发生燃烧 防爆板失效	分析原因、停车更换 分析原因、停车更换 分析原因、停车更换 分析原因、停车更换
2	反应停止或减弱	催化剂临时性“中毒” 催化剂永久性“中毒”	降负荷或停止进料，以氮气置换 分析原因，更换催化剂
3	法兰泄漏	螺栓松动 垫片失效	把紧 带压堵漏或停车更换
4	操作温度压力波动	工艺系统波动反应异常	调整

聚丙烯环管反应器维护检修规程

SHS 03018—2019

代替 SHS 03018—2004

目　次

前　言

本规程按照GB/T 1.1—2009《标准化工作导则　第1部分：标准的结构和编写》给出的规则起草。

本规程代替SHS 03018—2004《聚丙烯装置环管反应器维护检修规程》，与SHS 03018—2004相比，除了编辑性修改外，更新了规范性引用文件。

本规程由中国石油化工集团有限公司、中国石油化工股份有限公司提出。

本规程起草单位：中国石油化工股份有限公司茂名分公司。

本规程主要起草人：周建文。

本规程所代替规程的历次版本发布情况为：

SHS 03018—1992，SHS 03018—2004。

聚丙烯环管反应器维护检修规程

1 范围

1.1 主题内容

本规程规定了连续液相法生产的聚丙烯环管反应器（以下简称反应器）的检修周期和内容、检修与质量标准、试验与验收标准、维护与故障处理。

1.2 适用范围

本规程适用于连续液相法聚丙烯装置设计压力为5.5MPa，设计温度为-45～150℃的环管反应器的维护与检修。

2 规范性引用文件

下列文件对于本文件的应用是必不可少的。凡是注日期的引用文件，仅所注日期的版本适用于本文件。凡是不注日期的引用文件，其最新版本（包括所有的修改单）适用于本文件。

TSG 21　固定式压力容器安全技术监察规程

GB/T 150　压力容器

3 检修周期与内容

3.1 检修周期

环管反应器检修周期按装置检修周期确定。

3.2 检修内容

1）消除反应器各静密封点的泄漏；

2）检查地脚螺栓的紧固情况及检查整个环管的固定框架的基础情况；

3）检查主管段的垂直度；

4）检查环管主管之间的支撑螺栓的固定情况；

5）检查校验密度计、压力表；

6）检查环管顶部的排放阀及环管底部的排料阀；

7）检查主体法兰密封面；

8）清理各处仪表引压点；

9）检查、修理或更换反应器损坏部件及仪表元件；

10）检查、修理或更换环管顶部及底部的紧急排料阀及执行机构；

11）反应器主螺栓两个大修周期内抽检 10％～20％，做表面无损检测，20 年内全部更换并对拆下的螺栓做机械强度检测；

12）更换反应器各拆卸部位的垫片；

13）反应器的内、外部全面检验；特别是对上、下弯管的定点测厚及所有焊缝的无损检测；

14）安全附件校验；

15）主管段夹套化学清洗除垢；

16）修补、更换保温层及防火涂料。

4 检修程序与质量标准

4.1 检修前准备

1）各项准备工作应符合安全、环保、质量等方面的要求，按照 Q/SHS 0001.3—2001《炼油化工企业安全、环境与健康（HSE）管理规范》（试行）的规定，对检修过程进行危害识别及风险评估、环境因素识别和影响评价，并办理相关票证；

2）根据设备运行状况和检测记录，分析缺陷原因和部位，依据本规程制定详细的检修方案；

3）备齐检修所需的工、量、卡具；

4）备齐检修所需更换的备件；

5）关闭密度计放射源；

6）断开反应器循环泵的主机电源；

7）工艺处理完毕，具备检修条件并办理施工票证。

4.2 检查主要内容

1）拆卸上、下弯管局部保温，检查清理上、下弯管及主管段的内部异物；

2）检查反应器有无损坏、变形、连接松动的情况；

3）检查排放系统阀门的完好情况；

4）反应器本体及夹套、接管定点测厚；

5）检查反应器本体及夹套、接管焊缝是否有缺陷；

6）检查反应器法兰连接螺栓，必要时进行无损检测；

7）检查各法兰密封面有无损坏；

8）检查校验密度计、压力表完好；

9）检查各处仪表引压点畅通；

10）检查反应器仪表元件完好；

11）检查校验反应器有关联的联锁；

12）拆卸安全附件送检校验，并清理安全阀接口处内壁的塑化物；

13）检查主管段夹套结垢情况，并化学清洗干净。

4.3 检修程序与质量标准

1）高压水清理反应器内壁，目测检查无残留的树脂粉末，其内表面粗糙度按设备技术资料要求确定。必要时用内窥镜复查；

2）清理环管顶部排放阀及底部排料阀接口处塑化物，更换排放阀的填料，检修其执行机构；

3）检查法兰面是否完好，并更换密封垫片；

4）反应器受压元件缺陷的修复；

5）反应器检修完内部要清理干净，反应器部件的复位顺序从上至下，即先复位上弯管及反应器上部接管，再复位下弯管及反应器下部接管，以防止异物遗留在反应器内；

6）反应器本体及焊缝缺陷修复、探伤、压力试验应严格执行相关规程的规定，同时还应符合设备制造图纸中的设计要求；

7）立管段夹套化学清洗除垢应符合设计要求；

8）若立管段有拆检时，需要检测垂直度偏差不大于 1mm/m，最大不超过 3mm。

5 试压与验收

5.1 试压前准备

1）确认各项检修工作已完成，检修记录齐全准确，有完整的试验方案；

2）安全附件齐全，校验合格；

3）仪表及联锁装置齐全、准确、灵敏、可靠。

5.2 试压

1）反应器的耐压试验要求应符合 GB/T 150《压力容器》的有关规定；

2）反应器缓冲罐、预聚合反应器及第一、二环管反应器，4 台设备一起进行气密试验，应保证环管反应器本体试验压力为最高工作压力，气密介质为氮气；

3）丙烯及催化剂进料系统，各反应器之间所有管线及设备的气密性试验；气密压力为最高工作压力，气密介质仍为氮气；

4）反应器的终止系统气密性试验，气密压力按最高工作压力选取，试压介质为氮气。

5.3 验收

经试验合格，容器达到完好标准，质量符合本规程规定，办理验收手续，交工验收技术资料应包括：

1）检修质量验收记录；

2）气密性试验记录；

3）安全附件校验、定压记录；

4）主要零、部件及反应器本体的无损检验报告；

5）各项施工记录；

6）更换零、部件的资料，材料的质量证明书及主要受压元件的质量证明书；

7）变更的审批文件；

8）按规定需要做耐压试验时要提供耐压试验报告。

6 维护与故障处理

6.1 日常维护

1）检查反应器的操作压力、温度及夹套的温度；

2）严格控制丙烯进料量及催化剂冲程，防止反应的剧烈波动；

3）注意反应器有无异常振动，异常声音、变形、振动；

4）检查反应器各密封点的泄漏情况并及时采取措施处理；

5）检查基础螺栓及各部位螺栓的紧固情况；

6）检查静电接地是否完好；

7）检查基础的沉降及倾斜等情况；

8）检查反应器的外部保温腐蚀情况。

6.2 常见故障与处理

聚丙烯环管反应器常见功能故障与处理方法见表 1。

表 1 聚丙烯环管反应器常见功能故障与处理方法

序号	功能	功能故障	故障模式	故障后果	故障应对策略与检修内容	检修周期／月
1	保证环管反应器压力不大于设计压力或工艺卡片中要求的压力（4.6MPa）	内套管入口压力＞5.5 MPa 或工艺卡片中要求的压力（4.6MPa）	安全阀失效（入口有塑化物卡住或堵死）	环管反应器超压运行，容易导致容器破裂，物料泄漏，引起火灾、爆炸、非计划停工	定期检验，解体清理，整定压力	视情而定

表1 聚丙烯环管反应器常见功能故障与处理方法（续）

序号	功能	功能故障	故障模式	故障后果	故障应对策略与检修内容	检修周期／月
2	保证环管反应器压力不大于设计压力或工艺卡片中要求的压力（4.6MPa）	内套管入口压力＞5.5MPa或工艺卡片中要求的压力（4.6MPa）	压力变送器误报	触发联锁，非计划停工	定期检验，调试联锁	视情而定
			排放阀失灵	环管反应器超压运行，容易导致容器破裂，物料泄漏，引起火灾、爆炸、非计划停工	定期检验，解体清理，调试	视情而定
3	保证环管反应器温度不超过工艺卡片中要求的温度（75℃）	环管反应器温度＞工艺卡片中要求的温度（75℃）	夹套换热不良（内部结垢或夹套水泵故障）	影响装置生产负荷，严重时引起装置停工	定期化学清洗、检查清理	视情而定
			温度变送器误报	触发联锁，非计划停工	定期检验，调试联锁	视情而定
4	保证环管反应器密闭生产	各静密封点泄漏（法兰、壳体、焊缝）	本体腐蚀减薄穿孔或破裂	物料外漏，火灾、爆炸，非计划停工	定期测厚检查、外表面涂防腐涂层，绝热层规范完好	视情而定
			地脚螺栓松动或腐蚀断裂，环管振动大，连接法兰泄漏	物料外漏，火灾、爆炸，非计划停工	定期检查并紧固地脚螺栓	视情而定
			连接螺栓压紧力不够、不均匀，连接法兰泄漏	物料外漏，火灾、爆炸，非计划停工	规范安装质量，做好施工质量验收工作	视情而定

附 录 A
（资料性附录）
聚丙烯环管反应器检修质量控制表

反应器检修质量控制表						
序号	质量控制点	质量标准	现场检修记录	确认人签字		
				施工单位	生产装置	机动部门（监理单位）
1	检修工具材料准备	准备好必要的设备图纸资料、检修工具、备齐检修所需更换的备件		★	★	
2	清洗置换、隔离	内部介质置换吹扫干净，符合安全检修条件		★	★	
3	保温拆除	保温如要重复利用，拆除保温时要尽量避免损坏，拆下的保温要用记号笔标明反应器位号，集中放置		★	★	
4	拆卸环管反应器上、下弯管、短接、附属管件、仪表元件、安全附件等	与设备连接的所有管道按工艺方案进行隔离。拆除时，注意不要碰伤法兰面。拆下的弯管、管件、垫片、螺栓等就近分开放置，做好标记，便于回装。仪表部分由仪表专业拆卸。拆开的管口和设备要用塑料薄膜封好，挂好严禁进入标识		★	★	
5	清洗	1. 反应器内壁用高压水清理。清理完目测检查无残留的树脂粉末，其内表面粗糙度按设备技术资料要求确定。必要时用内窥镜复查		★	★	
		2. 立管段夹套化学清洗除垢应符合设计要求		★	★	
		3. 清洗液要中和到 pH=7～8 才能收集外排		★	★	
6	反应器内部检查（结合理化检验进行）	1. 检查环管反应器本体、对接焊缝、接管角焊缝有无裂纹、变形部位		★	★	★（抽查）
		2. 检查内外表面腐蚀和机械损伤情况		★	★	★（抽查）
		3. 检查壁厚是否减薄，测厚点位置包括以下部位： a. 液体经常波动部位； b. 易腐蚀、冲蚀部位； c. 制造成型时壁厚减薄部位和使用中易产生变形部位； d. 表面缺陷检查时发现的可疑部位； e. 接管部位		★	★	

聚丙烯环管反应器检修质量控制表（续）

反应器检修质量控制表						
序号	质量控制点	质量标准	现场检修记录	确认人签字		
				施工单位	生产装置	机动部门（监理单位）
6	反应器内部检查（结合理化检验进行）	4. 测量环管反应器本体同一横截面上最大直径与最小直径差，检查壳体变形情况		★	★	
		5. 检查内构件是否有破损、变形、堵塞		★	★	★（抽查）
		6. 检查各法兰密封面、钢圈、是否完好，堆焊层有无剥离和密封面台阶转角有无裂纹		★	★	
		7. 热电偶套管拆装抽出检查法兰及套管有无穿孔裂纹		★	★	
		8. 反应器内壁宏观检查，特别是接管法兰位置是否有裂纹		★	★	
7	外侧附件检查	1. 检查反应器的绝热效果完好情况及外表腐蚀情况		★	★	
		2. 检查反应器法兰连接螺栓是否松动，是否有腐蚀。反应器的支座、基础是否下沉、倾斜、破损、裂纹及其他地脚螺栓、垫铁有无松动、损坏		★	★	
		3. 仪表引压孔是否通畅，仪表元件是否完好		★	★	
		4. 检查环管顶部排放阀及底部排料阀接口是否通畅，执行机构动作是否正常		★	★	
		5. 接地和防静电装置是否良好		★	★	
		6. 检查安全附件是否灵敏、可靠，校验合格		★	★	
8	焊接返修检查（如有）	1. 焊接工艺检查		★	★	★
		2. 焊接过程检查		★	★	
		3. 焊后无损探伤检查		★	★	★
		4. 返修部位实际厚度检查		★	★	
9	其他检查	1. 清洗各密封面和密封件，仔细查看密封面有无腐蚀、压伤、径向划痕，必要时应做表面探伤		★	★	
		2. 检查密封件的变形、材质劣化和腐蚀、损伤情况。检查新密封件规格、材质符合要求，外观没有缺陷		★	★	

聚丙烯环管反应器检修质量控制表（续）

反应器检修质量控制表						
序号	质量控制点	质量标准	现场检修记录	确认人签字		
				施工单位	生产装置	机动部门（监理单位）
9	其他检查	3. 螺栓、螺母应逐一进行清洗，并检查其损伤和裂纹情况，必要时应进行表面无损探伤；重点检查螺纹及过渡部位有无环间裂纹		★	★	
		4. 若立管段有拆检时，需要检测垂直度偏差不大于1mm/m，最大不超过3mm		★	★	
10	环管反应器上、下弯管、短管及附件复位安装	1. 会同工艺技术人员检查确认容器内情况，无机具杂物。反应器部件的复位顺序从上至下，即先复位上弯管及反应器上部接管，再复位下弯管及反应器下部接管，以防止异物遗留在反应器内		★	★	
		2. 环管短接安装前检查垫片是否完好；检查法兰面密封面粗糙度及表面质量，不允许有贯穿性划痕		★	★	
		3. 环管短接安装过程螺栓先涂防咬合剂或润滑脂。把紧螺母应均匀、对称、交叉、对角把紧螺母，不允许单边把紧螺母。检查螺母旋紧后露头丝扣数。每根螺栓用小铜锤等进行敲击松动检查		★	★	
11	气密试验检查	1. 气密试验方案审查，反应器缓冲罐、预聚合反应器及第一、二环管反应器，4台设备一起进行气密试验，应保证环管反应器本体试验压力为最高工作压力，气密介质为氮气		★	★	
		2. 气密试验过程检查试验压力，用洗洁精水进行气密检查		★	★	
		3. 系统充压到试验压力，保压30min无泄漏，压力不下降，记录试验结果		★	★	

带搅拌反应器（釜）维护检修规程

SHS 03020—2019

代替 SHS 03020—2004

目　次

前 言

本规程按照 GB/T 1.1—2009《标准化工作导则 第 1 部分：标准的结构和编写》给出的规则起草。

本规程代替 SHS 03020—2004《带搅拌反应器（釜）维护检修规程》，与 SHS 03020—2004 相比，主要内容变化如下：

——检修周期的修改，取消小修、大修的区分，统一为检修；

——增加了拆卸与安装过程中步骤的具体描述、注意事项和技术要求；

——在维护与故障处理章节中，采用了 RCM 的分析方法根据实际重新进行了编写。

本规程由中国石油化工集团有限公司、中国石油化工股份有限公司提出。

本规程起草单位：天华化工机械及自动化研究设计院有限公司。

本规程主要起草人：刘世平。

本规程所代替规程的历次版本发布情况为：

SHS 03020—1992，SHS 03020—2004。

带搅拌反应器（釜）维护检修规程

1 范围

1.1 主题内容

本规程规定了带搅拌反应器（釜）的检修周期和内容、检修程序与质量标准、试验与验收、运行维护与故障处理。

1.2 适用范围

本规程适用于石油化工装置带搅拌反应器（釜）的维护与检修。本规程适用于工作压力小于 7MPa（表压），工作温度小于 350℃的碳素钢、低合金钢、不锈耐酸钢、不锈复合钢板焊制的带搅拌器的反应设备。

2 规范性引用文件

下列文件对于本文件的应用是必不可少的。凡是注日期的引用文件，仅所注日期的版本适用于本文件。凡是不注日期的引用文件，其最新版本（包括所有的修改单）适用于本文件。

GB/T 150.1～4　压力容器

TSG 21　固定式压力容器安全技术监察规程

NB/T 47013—2015　承压设备无损检测

HG/T 20569　机械搅拌设备

Q/SHS 0001.3　炼油化工企业安全、环境与健康（HSE）管理规范

3 检修周期与内容

3.1 检修周期

根据对带搅拌反应器（釜）功能故障及其影响分析结果、有无备用设备并结合生产装置运行周期，确定检修周期一般为 24 个月。

3.2 检修内容

1）检查、修理静密封渗漏点，更换密封元件（垫片、O 形圈等）；

2）检查、修理或更换填料密封或机械密封及密封封液系统；

3）检查并紧固松动的螺栓；

4）检查搅拌轴弯曲、搅拌浆叶变形或减薄、搅拌轴支撑变形、联轴节损坏和反应器（釜）内部或底部轴承磨损等情况，进行修理或更换。技术要求参照HG/T 20569—2013《机械搅拌设备》；

5）检查修理变速箱，更换润滑油，按照SHS 01028—2018《变速机维护检修规程》的规定执行；

6）检查、修理或更换视镜；

7）检查、调整或更换皮带、链轮和链条或齿轮等传动部件；

8）检查、清扫封液罐及系统，更换润滑冷却剂、清洗油冷却器、过滤器等；

9）清洗反应器（釜）内壁、釜盖、人孔盖、外部夹套等所有承压部件及焊缝，检查腐蚀或磨损情况，如有腐蚀或磨损，应进行无损探伤和测厚，按照标准要求进行修补或更换；

10）检查、修理或更换釜内列管或盘管、导流筒及外部套等部件，并进行酸洗及水压试验；

11）校验安全阀，根据有关规定更换防爆膜（安全附件的检修执行现行TSG 21《固定式压力容器安全技术监察规程》）；

12）测量反应器（釜）与支撑面的垂直度与平行度，并按照标准要求进行调整；

13）检查、修补保温层，重新刷涂防腐，测量并确保良好静电接地；

14）检查、更换支撑部件中所有滚动轴承及轴承油封；

15）检查、更换上部、中部滚动轴承。

4 检修与质量标准

4.1 拆卸前准备

4.1.1 各项准备工作应符合安全、环保、质量等方面的要求，应对检修过程进行危害识别及风险评估、环境因素识别和影响评价。

4.1.2 根据设备运行状况和检测记录，分析故障原因和部位，依据本规程制定详尽的检修技术方案；组织相关人员现场交底，并制定检修施工方案；检修人员应熟悉设备图纸、技术资料与检修方案。

4.1.3 检查落实物资准备（包括材料、备品、安全工具、施工机具等）和检修施工场地准备。

4.1.4 检查安全措施准备，放置好安全警示牌、安全警示绳，检修时必须对现场孔洞、楼梯口、吊装口设围栏或盖板，做好夜间照明及防盗等工作。

4.1.5 检查机组与外部系统水、电、汽、风、介质的吹扫、排凝、隔断情况，应安全可靠。

4.1.6 落实好安全环保措施，按规定断水、断电、断汽（气）、物料倒空、置换完毕，具备检修条件，办理好检修作业票后，方可施工。

4.2 拆卸与检查

4.2.1 搅拌轴密封部位

4.2.1.1 拆检机械密封件及其辅助系统设备、阀门等。

4.2.1.2 拆检填料密封部位，检查填料及轴套磨损情况。

4.2.1.3 检查搅拌轴弯曲度及其与密封座的垂直度、同轴度及搅拌轴的轴向窜动量。

4.2.2 搅拌装置

4.2.2.1 拆卸有碍于提起搅拌轴的零件、接管，如注油管、进料管、温度计套管等。

4.2.2.2 拆减速机与搅拌轴间联轴节等，提起搅拌轴，并用专用工具可靠支承。

4.2.2.3 检查搅拌器腐蚀情况及有无裂纹、变形和松脱。必要时校验静平衡。

4.2.2.4 应按 SHS 03059—2018 标准定期检查各轴承的润滑状况、轴承游隙或滑动轴承间隙。

4.2.2.5 检查密封部位的轴面状况与尺寸。

4.2.2.6 检测螺带外径与器壁的间隙，检查内外螺带的磨损情况。

4.2.3 驱动部分

4.2.3.1 联轴节的拆检执行 SHS 01073《一般机泵用联轴器检修及质量标准》。对于内外套胀紧式联轴节，应检查其胀紧力。

4.2.3.2 检查、调整皮带、链条松紧度。

4.2.4 内部构件

4.2.4.1 检查挡板、打沫器有无变形等缺陷。

4.2.4.2 检查盘管、列管有无腐蚀、变形，焊缝有无裂纹，螺栓有无松动。

4.2.5 釜体

釜体的检查、检验、修理执行 SHS 01004《压力容器维护检修规程》。

4.3 回装与质量标准

4.3.1 搅拌装置

4.3.1.1 传动轴在密封处的径向摆动量为：当采用机械密封时应不大于 0.10mm，且转速或压力越高，介质危险越大时，应适当提高要求。当采用填料密封时，应符合表 1 规定。

表 1 径向摆动量

工作压力 /MPa	500r/min 以下 /mm
0.25 以下	≤ 0.9
0.25～0.8	≤ 0.75
0.8～1.0	≤ 0.9

4.3.1.2 搅拌轴下端摆动量（下端无支承时）见表 2。

表 2 摆动量

搅拌器型式	转数 /（r/min）	摆动量不大于 /mm
桨式和框式	＜ 32	1.5
	32～100	1.0
螺旋桨式，涡轮式	100～400	0.75
螺带式	＜ 65	1～3

4.3.1.3 搅拌器均匀腐蚀超过原厚度的 30%，或有严重裂纹、变形、松脱（内孔严重腐蚀）时，应更换新件。

4.3.1.4 桨式、框式或锚式搅拌器的轴线应与桨叶回转圆平面垂直，其偏差一般不大于桨叶直径的 4%。

4.3.1.5 转数高于 100r/min 的涡轮式、推进式搅拌器应进行静平衡试验。转数小于 500r/min 时，在叶轮外径上的剩余不平衡质量，一般不大于 0.02kg（有设计值时按设计值）。叶轮一般用去重（也可用加重）法进行平衡，但去重处的减薄量应不大于壁厚的 1/3。

4.3.1.6 螺带外径与器壁的间隙应符合图纸的要求。

4.3.2 釜的顶部、中部与底部轴承

4.3.2.1 当底部为滑动轴承时，轴承间隙应符合表 3 规定。

表 3 轴承间隙

mm

轴颈	50～80	80～120	120～180	180～250
间隙	0.3～0.4	0.4～0.5	0.5～0.6	0.6～0.7

当底瓦材料采用尼龙、玻璃钢等时，考虑到热膨胀系数，间隙应适当放大。

4.3.3 填料密封

4.3.3.1 选用的填料应符合介质、温度、压力的要求。

4.3.3.2 装配时，填料函内孔与轴的同轴度偏差应小于 0.125mm，其垂直度偏差应不大于外径的 4/1000。

4.3.3.3 填料压盖的端面与填料箱的端面应平行，其平行度偏差不大于 0.3mm。

填料的安装参照《化工机械设计》有关规定。

4.3.4 釜体

4.3.4.1 焊接

1）复合钢板的焊接执行 NB/T 47002.1—2009《压力容器用爆炸焊接复合板》第一部分：不锈钢 - 钢复合板。

2）选用焊条应符合图纸要求。

3）国外引进设备的焊接，按随机技术资料有关规定选用相应的焊接材料及焊接工艺。

4）釜内表面焊缝应磨平，接管管端与釜体内表面应齐平，内表面应光滑，不得有毛刺，并做抛光处理，其粗糙度应不高于 Ra1.25。

4.3.4.2 釜体经大修安装找正，其水平度应不大于 0.25mm/m，标高偏差应不大于 5mm。

4.3.4.3 釜体根据需要及有关规定，进行水压试验和气密试验，质量要求应符合《在用压力容器检验规程》。当只进行系统气密试验时，遵照有关检修规定。

4.3.4.4 筒体大法兰及人孔等法兰垫片原则上只用 1 次，如要继续使用，需经鉴定及单位主管批准。

4.3.5 安全阀、出料阀、防爆膜

4.3.5.1 所有安全附件的质量标准执行国家现行的《压力容器安全技术监察规程》的规定。

4.3.5.2 阀门密封面粗糙度经研磨后应达到 Ra1.25。

4.3.5.3 阀门装配应正确，启闭应灵活可靠。

4.3.5.4 阀门经强度和严密性试验应无渗漏。

4.3.5.5 防爆膜的安装方向应正确，爆破压力和温度应符合要求，爆破片应定期更换，更换期限由使用单位根据实际情况确定。

4.3.5.6 滚动轴承、联轴器、机械密封的检修执行 SHS 03059—2018《化工设备通用部件检修与质量标准》，减速机的检修执行 SHS 01028—2018《变速机维护检修规程》，设备润滑执行 SHS 01002—2018《石油化工设备润滑管理制度》。

4.4 根据检修前后实际情况，完成附录 A 带搅拌反应器（釜）质量控制确认表的要求内容。

5 试车与验收

5.1 试车前的准备

5.1.1 确认各项检修工作已完成，检修记录齐全，检修质量符合第 4.3 条款规定，有试车方案。

5.1.2 设备零部件完整无缺，螺栓紧固，具备试车条件。

5.1.3 安全附件校验合格，齐全完整。

5.1.4 仪表及联锁装置齐全、准确、灵敏、可靠。

5.1.5 各润滑部位按规定加注润滑油（脂）、冷却水系统及密封油系统畅通无阻。

5.1.6 手动盘车，自如无卡涩。

5.1.7 确认电动转向符合设计规定。

5.2 试车

5.2.1 系统气密性试验

系统气密性试验方案与试验压力按设计规定或由工艺决定。

5.2.2 低负荷试车

带搅拌反应器（釜）充液到规定液位（负荷大小由有关方面决定），正式试车前先点试，确定旋转方向正确，有条件应低速运转，并缓慢升高到正常转速，然后试车4～8h，应符合以下各项要求：

5.2.2.1 电流正常，转动轻快自如，各部位润滑状况良好。

5.2.2.2 机械转动部分无异常声响，不得有异常振动或晃动。

5.2.2.3 电动机、液压马达、减速机各轴承部位温升不超过40℃。

5.2.2.4 密封无泄漏、填料密封处温度正常。

5.2.2.5 各种仪表灵敏准确。

5.2.3 负荷试车

5.2.3.1 正常投料运行24h或一个生产周期后，各部位运转应正常。

5.2.3.2 电动机、液压马达、减速机温度正常，滚动轴承温升应不超过40℃，且最高不超过70℃。滑动轴承温度应不超过65℃。

5.2.3.3 电流稳定，不超过额定值。

5.3 验收

经试车合格，达到完好标准，办理验收手续。验收技术资料应包括：

5.3.1 检修质量及缺陷记录。

5.3.2 耐压、气密试验记录。

5.3.3 主要零部件的无损检验报告。

5.3.4 更换零部件清单。

5.3.5 结构、尺寸、材质变更的审批文件。

5.3.6 试车记录。

6 维护与故障处理

6.1 日常维护

6.1.1 设备管理人员要经常巡回检查并运用状态监测、故障诊断等手段对设备进行维护。定时巡检，做好记录。检查电流、变速箱油位、油温、动静密封泄漏、振动、声音有无异常，认真填写记录。

6.1.2 禁止超温、超压、超负荷。

6.1.3 经常检查各运动部件有无松动和异常声响。

6.1.4 检查冷却液、密封液（气）是否畅通，压力、温度、流量、液位是否符合要求。密封泄漏量是否符合规定。油量减少时要及时补油消漏。

6.1.5 检查电机电流是否正常。

6.1.6 检查搅拌轴是否因紧固件失灵而下沉，如有下沉时应立即停车处理。

6.1.7 对于用皮带或链条传动的设备，应经常检查、调整其松紧度。

6.1.8 对发现异常的各种情况，要随时分析出原因，并制定出整改措施，及时完善处理。

6.2 常见故障与处理

带搅拌反应器（釜）常见功能故障与处理方法见表4。

表4 带搅拌反应器（釜）常见功能故障与处理方法

序号	功能	功能故障	故障模式	故障后果	故障应对策略与检修内容	检修周期/月
1	保证带搅拌反应器（釜）正常连续运行	电流波动	1. 减速机齿轮磨损； 2. 底部支撑轴套磨损； 3. 联轴节损坏	电机自动保护，停车、非计划停工	1. 减速机解体检修； 2. 更换轴套； 3. 更换联轴节或减振弹性块	视情况而定
2	保证减速机连续运行	减速机、减速机支架振动和噪声大	1. 主轴变形； 2. 支架损坏； 3. 中间轴轴承损坏； 4. 地脚螺栓松动； 5. 浆叶变形或断裂	损坏减速机、机架和设备基础，非计划停工	1. 调直或更换； 2. 停机修复； 3. 更换； 4. 紧固； 5. 停机修复或更换	视情况而定
3	保证减速机连续运行	减速机温度高	1. 油位过高或过低； 2. 油封损坏	损坏减速机，非计划停工	1. 放油或补油； 2. 解体更换	视情况而定
4	保证密封性能	密封泄漏	1. 冲洗管堵塞； 2. 冷却液压力低； 3. 密封损坏	反应器压力不能满足工艺操作要求，产品质量达不到要求，环境污染	1. 疏通； 2. 调高冷却液压力； 3. 检修更换	12-24

附　录　A

（资料性附录）

带搅拌反应器（釜）质量控制确认表

项目		主要控制内容			等级	施工单位	生产装置	设备管理部	备注
		标准值	部位	现场记录					
拆卸中检测									
传动轴	粗糙度	*Ra*1.6	装机械密封部位		A	★	★	★	
		无深沟、毛刺 *Ra*3.2	装填料处轴或轴套表面		B	★	★		
	直径公差（磨损量）	无磨损，h6	装机械密封部位		B	★	★		
		磨损量小于0.7mm	装填料处轴或轴套表面		B	★	★		
	径向圆跳动量	0.05～0.1mm	装机械密封部位		A	★	★	★	
		0.20～0.5mm	装填料轴或轴套部位		A	★	★	★	
	垂直度	0.05～0.1mm	装机械密封部位轴与反应器（釜）口凸缘法兰端面		A	★	★	★	
		0.20～0.5mm	装填料部位轴与反应器（釜）口凸缘法兰端面		B	★	★		
搅拌轴	垂直度	其允许偏差为桨叶长度的4/1000，且不超过5mm	轴线与桨叶		A	★	★	★	
	摆动量	见表2	整体轴长		B	★	★		
搅拌器	腐蚀减薄量	不得超过原厚度30%	搅拌桨叶		A	★	★		
反应器（釜）口凸缘密封法兰	水平度或垂直度	不得超过反应器（釜）体直径的5/1000	反应器（釜）口凸缘密封法兰密封平面		B	★	★		
锚式桨叶	桨叶变形量	＜1.5mm	桨叶		B	★	★		

带搅拌反应器（釜）质量控制确认表（续）

项目	主要控制内容				等级	施工单位	生产装置	设备管理部	备注
		标准值	部位	现场记录					
回装时检测									
传动轴	径向摆动量	0.05～0.1mm	装机械密封部位		A	★	★	★	
		见表 1	装填料轴或轴套部位		A	★	★	★	
	径向圆跳动量	0.05～0.1mm	装机械密封部位		A	★	★	★	
		0.20～0.5mm	装填料轴或轴套部位		A	★	★	★	
	垂直度	0.05～0.1mm	装机械密封部位轴与反应器（釜）口凸缘法兰端面		A	★	★	★	
		0.20～0.5mm	装填料部位轴与反应器（釜）口凸缘法兰端面		B	★	★		
	径向间隙	1.5～3mm	装机械密封部位轴与反应器（釜）口连接法兰内孔		B	★	★		
		0.5～1.5mm	装填料部位轴与反应器（釜）口凸缘法兰内孔		B	★	★		
	同轴度	偏差＜1mm	支架中心线与上传动轴轴心		A	★	★	★	
搅拌轴	垂直度	其允许偏差为桨叶长度的4/1000，且不超过5mm	轴线与桨叶		A	★	★	★	
	摆动量	见表 2	整体轴长		B	★	★		
搅拌轴和搅拌器组件	动、静不平衡量	动、静平衡不得超过原设备规定的5%	整体搅拌组件		A	★	★		
反应器（釜）口凸缘密封法兰	水平度或垂直度	不得超过反应器（釜）体直径的5/1000	反应器（釜）口凸缘密封法兰密封平面		B	★	★		
锚式桨叶	桨叶与罐壁的间隙	间隙差值＜1mm	锚式桨叶与罐壁		B	★	★		
联轴器	径向和端跳动	见表 3	外圆和端面		C	★			

控制级别说明： A　分部机动处专业人员、车间设备员／设备主任、施工单位检查人员；

B　车间质量管理人员、施工单位检查人员；

C　施工单位检查人员；

另：如果有监理，监理的职责由甲方授权。

附 录 B
（资料性附录）
带搅拌反应器（釜）试车与验收数据记录表

装置：　　　　　　　　设备名称：　　　　　　　　位号：

试车参数记录：			记录时间											
记录名称	参数位号	标准	1：00	2：00	3：00	4：00	5：00	6：00	7：00	8：00	9：00	10：00	11：00	12：00
电机电流														
电机前轴承温度														
电机后轴承温度														
减速机轴承温度														
机体轴承温度														
机体振动														
流量														
压力														
温度														
运行噪声														
验收确认		施工单位：					管理单位：					使用单位：		
备注：1. 三方签字验收后交付生产使用；2. 检修 15 个工作日内，将试车记录及验收表扫描录入设备管理系统														

精对苯二甲酸装置氧化反应器维护检修规程

SHS 03021—2019

（代替 SHS 03021—2004）

目　次

前　言

本规程按照 GB/T 1.1—2009《标准化工作导则　第1部分：标准的结构和编写》给出的规则起草。

本规程代替 SHS 03021—2004《氧化反应器维护检修规程》，与 SHS 03021—2004 相比，主要技术变化如下：

——检修周期的修改，取消小修、大修的区分，统一为检修；

——增加了拆卸与安装过程中步骤的具体描述、注意事项和技术要求；

——在维护与故障处理章节中，采用了 RCM 的分析方法根据实际重新进行了编写。

本规程由中国石油化工集团有限公司、中国石油化工股份有限公司提出。

本规程起草单位：天华化工机械及自动化研究设计院有限公司。

本规程主要起草人：刘世平。

本规程所代替规程的历次版本发布情况为：

SHS 03021—1992，SHS 03021—2004。

精对苯二甲酸装置氧化反应器维护检修规程

1 范围

1.1 主题内容

本规程规定了精对苯二甲酸装置氧化反应器（以下简称反应器）的检修周期和内容、检修程序与质量标准、试验与验收、运行维护与故障处理。

1.2 适用范围

本规程适用于精对苯二甲酸装置钛材复合板焊制的反应器的维护和检修。

2 规范性引用文件

下列文件对于本文件的应用是必不可少的。凡是注日期的引用文件，仅所注日期的版本适用于本文件。凡是不注日期的引用文件，其最新版本（包括所有的修改单）适用于本文件。

GB 150.1～150.4 压力容器

NB/T 47013 承压设备无损检测

TSG 21—2016 固定式压力容器安全技术监察规程

3 检修周期与内容

3.1 检修周期

根据对氧化反应器功能故障及其影响分析结果、有无备用设备并结合生产装置运行周期，确定检修周期。

3.2 检修内容

1）检修清洗反应器内壁，测量内壁厚度。

2）对钛材焊道按NB/T 47013—2015《承压设备无损检测》进行无损检验。

3）检查清洗进料分布器填料、波纹塔盘。

4）检查四组空气管进口焊道有无开裂，测量内壁厚度。

5）检查排料阀口腐蚀情况，测量内衬厚度。

6）检查、校验、修复所有控制仪表及附属管线和阀门。

7）检查修理有泄漏和缺陷的密封面，更换密封垫片、必需时更换螺栓。

8）安全阀进行校验。

9）进行气密性试验。

10）检查修理进料分布器。

11）检查修理或更换填料及内件。

12）检查修理或更换波纹塔盘及内件。

13）反应器按 TSG 21《固定式压力容器安全技术监察规程》内外部检验。

14）检查反应器封头半管焊缝。

15）进行耐压试验。

16）检查反应器基础有无裂纹、下沉并作相应处理。

17）反应器外壁除锈、刷漆、保温。

18）检查内衬钛材检漏管及瓶是否有氧化物等残液。

4 检修与质量标准

4.1 检修前的准备

4.1.1 各项准备工作应符合安全、环保、质量等方面的要求，应对检修过程进行危害识别及风险评估、环境因素识别和影响评价。

4.1.2 根据设备运行状况和检测记录，分析故障原因和部位，依据本规程制定详尽的检修技术方案；组织相关人员现场交底，并制定检修施工方案；检修人员应熟悉设备图纸、技术资料与检修方案。

4.1.3 检查落实物资准备（包括材料、备品、安全工具、施工机具等）和检修施工场地准备。

4.1.4 检查安全措施准备，放置好安全警示牌、安全警示绳，检修时必须对现场孔洞、楼梯口、吊装口设围栏或盖板，做好夜间照明及防盗等工作。

4.1.5 检查机组与外部系统水、电、汽、风、介质的吹扫、排凝、隔断情况，应安全可靠。

4.1.6 放射性液位计应按有关规定摘除，并进行妥善处理（如有）。

4.1.7 落实好安全环保措施，按规定断水、断电、断汽（气）、物料倒空、置换完毕，具备检修条件，办理好检修作业票后，方可施工。

4.2 拆卸与检查

4.2.1 打开人孔，检查密封面、螺栓、螺母有无腐蚀和裂纹。

4.2.2 检查进料分布器与填料有无变形。

4.2.3 反应器外部检查和内、外部检验应执行现行 TSG 21《固定式压力容器安全技术监察规程》的有关规定。

4.2.4 按工艺要求碱洗和水洗氧化反应器内壁、填料及塔盘。

4.2.5 清除反应器内没有排净的氧化物。

4.2.6 检查反应器各部位开孔、内表面半管焊道有无裂纹，当检查出裂纹时，要进行补焊处理。

4.3 检修质量标准

4.3.1 反应器内部清理干净，内壁半管焊缝无裂纹。

4.3.2 如果焊道发生裂纹，应及时作补焊处理。

4.3.2.1 焊接要符合现行 TSG 21—2016《固定式压力容器安全技术监察规程》的有关规定。

4.3.2.2 选用焊条应符合图纸要求。

4.3.2.3 国外引进设备的焊接，按随机技术资料有关规定选用相应的焊接材料及焊接工艺。

4.3.2.4 反应器内壁复合层实测厚度不小于设计计算厚度。

4.3.3 进料分布器水平度允差 6mm。

4.3.4 填料支撑结构应平整、牢固、通道孔不得堵塞，填料支撑结构水平度（规整填料）不大于直径的 2‰。

4.3.5 支撑梁

4.3.5.1 支撑梁上表面应平直，其直线度公差值为支承梁长度的 1‰，且不大于 5mm。

4.3.5.2 支撑梁安装后，其上表面应与支撑圈上表面在同一水平面上，其水平度允差不大于 6mm。

4.3.6 耐压试验方法及质量要求应符合 TSG 21《固定式压力容器安全技术监察规程》的有关规定。

4.3.7 受压壳体焊缝无损探伤按 NB/T 47013《承压设备无损检测》要求执行。

4.3.8 反应器主体安装垂直度偏差应小于或等于主体高度的 1/1000，最大不超过 30mm。

4.3.9 反应器壳体直线度偏差，当反应器高度小于或等于 20m 时，应小于或等于 20mm；反应器高度大于 20m 时，应小于或等于 30mm。

4.3.10 安全阀的校验与安装要求应符合 TSG 21《固定式压力容器安全技术监察规程》的有关规定。

4.3.11 反应器外壁防腐层不应有鼓包、裂纹和脱层。

4.3.12 反应器基础无裂纹、下沉。

4.3.13 反应器的保温材料符合设计图纸要求。

5 试车与验收

5.1 试验前的准备

5.1.1 确认各项检修工作已完成，检修记录齐全，检修质量符合第4.3条款规定，有试验方案。

5.1.2 安全附件校验合格，齐全完整。

5.1.3 仪表及联锁装置齐全、准确、灵敏、可靠。

5.1.4 设备零、部件完整无缺、螺栓紧固，具备试验条件。

5.2 试车

5.2.1 反应器本体的耐压、气密性试验应执行现行TSG 21《固定式压力容器安全技术监察规程》或设计图纸的规定。

5.2.2 反应器升温、升压符合设计要求。

5.2.3 检查全部静密封应无泄漏。

5.2.4 待达到反应压力和温度时按工艺要求投入物料。

5.3 验收

5.3.1 试验合格、达到完好标准后，办理验收手续。

5.3.2 验收技术资料应包括：检修质量及缺陷记录、耐压和气密性试验记录、反应器壳体和主要受压部件和附件的无损检验报告、安全附件检验报告、更换零、部件清单及结构、尺寸、材质变更的审批文件。

6 维护与故障处理

6.1 日常维护

6.1.1 反应器在运行中，严格执行操作规程，禁止超压、超温。

6.1.2 按工艺指标控制反应器的升温过程。

6.1.3 要严格控制配料比，防止剧烈的反应。

6.1.4 要注意反应器有无异常振动和声响，如发现故障，应停车检查修理及时消除。

6.1.5 检查所有静密封点是否泄漏，发现泄漏及时处理。

6.1.6 定时检查安全附件，应灵活、可靠。

6.1.7 检查测漏点有无泄漏。

6.2 维护周期

6.2.1 开车升压阶段每30min检查一次。

6.2.2 按照工艺操作规程进行巡检维护。

6.3 常见故障与处理

精对苯二甲酸装置氧化反应器常见功能故障与处理方法见表 1。

表 1 精对苯二甲酸装置氧化反应器常见功能故障与处理方法

序号	功能	功能故障	故障模式	故障后果	故障应对策略与检修内容	检修周期 / 月
1	保证氧化反应器正常连续运行	超温、超压冒塔	液位控制失灵 操作控制不严格 误操作 产生剧烈反应	反应器压力不能满足工艺操作要求，产品质量达不到要求，环境污染	降低进料量 调整操作参数	视情况而定
2	保证氧化反应器正常连续运行	法兰密封面泄漏	螺栓松动 垫片失效	停车、非计划停工、环境污染	紧固或更换垫片，或带压堵漏	视情况而定
3	保证氧化反应器正常连续运行	衬钛层发现泄漏	钛衬焊道裂或腐蚀	停车、非计划停工、环境污染	停止进料，排料、碱洗、水洗，进行无损检验焊口，修补衬层及基材	视情况而定

附　录　A

（资料性附录）

精对苯二甲酸装置氧化反应器质量控制确认表

<table>
<tr><th rowspan="2">项目</th><th colspan="5">主要控制内容</th><th rowspan="2">等级</th><th rowspan="2">施工单位</th><th rowspan="2">生产装置</th><th rowspan="2">设备管理部门</th><th rowspan="2">备注</th></tr>
<tr><th colspan="3">标 准 值</th><th>部位</th><th>现场记录</th></tr>
<tr><td colspan="11">拆卸中检测</td></tr>
<tr><td rowspan="2">反应器壳体</td><td>内壁厚度</td><td colspan="2">设计计算值</td><td>壳体</td><td></td><td>A</td><td>★</td><td>★</td><td>★</td><td></td></tr>
<tr><td>内壁钛复合层厚度</td><td colspan="2">设计计算值</td><td>壳体</td><td></td><td>A</td><td>★</td><td>★</td><td>★</td><td></td></tr>
<tr><td>四组空气管</td><td>内壁厚度</td><td colspan="2">设计计算值</td><td>管道</td><td></td><td>A</td><td>★</td><td>★</td><td>★</td><td></td></tr>
<tr><td colspan="11">回装时检测</td></tr>
<tr><td>四组空气管</td><td>内壁厚度</td><td colspan="2">设计计算值</td><td>管道</td><td></td><td>A</td><td>★</td><td>★</td><td>★</td><td></td></tr>
<tr><td>进料分布器</td><td>水平度</td><td colspan="2">允差不大于 6mm</td><td>分布器</td><td></td><td>B</td><td>★</td><td>★</td><td></td><td></td></tr>
<tr><td>支撑梁上表面与支撑圈上表面</td><td>水平度</td><td colspan="2">允差不大于 6mm</td><td>支撑梁</td><td></td><td>B</td><td>★</td><td>★</td><td></td><td></td></tr>
<tr><td>反应器主体</td><td>安装垂直度</td><td colspan="2">偏差≤主体高度的 1/1000，最大≤ 30mm</td><td>反应器壳体</td><td></td><td>A</td><td>★</td><td>★</td><td>★</td><td></td></tr>
<tr><td rowspan="2">反应器壳体</td><td rowspan="2">直线度偏差</td><td>反应器高度≤ 20m 时</td><td>≤ 20mm</td><td rowspan="2">反应器壳体</td><td rowspan="2"></td><td rowspan="2">A</td><td rowspan="2">★</td><td rowspan="2">★</td><td rowspan="2">★</td><td rowspan="2"></td></tr>
<tr><td>反应器高度大于＞20m 时</td><td>≤ 30mm</td></tr>
<tr><td>反应器主体</td><td>耐压试验</td><td colspan="2">按 TSG 21—2016 规定</td><td>反应器</td><td></td><td>A</td><td>★</td><td>★</td><td>★</td><td></td></tr>
</table>

控制级别说明： A：分部机动处专业人员、车间设备员 / 设备主任、施工单位检查人员；

B：车间质量管理人员、施工单位检查人员；

C：施工单位检查人员；

另：如果有监理，监理的职责由甲方授权。

附　录　B

（资料性附录）

精对苯二甲酸装置氧化反应器试车与验收数据记录表

装置：　　　　设备名称：　　　　位号：

试车参数记录：			记录时间											
记录名称	参数位号	标准	1：00	2：00	3：00	4：00	5：00	6：00	7：00	8：00	9：00	10：00	11：00	12：00
流量														
压力														
温度														
泄漏情况														
验收确认		施工单位：					管理单位：					使用单位：		
备注：1. 三方签字验收后交付生产使用；2. 检修 15 个工作日内，将试车记录及验收表扫描录入设备管理系统														

聚乙烯流化床反应器维护检修规程

SHS 03022—2019

代替 SHS 03022—2004

目 次

前 言

本规程按照GB/T 1.1—2009《标准化工作导则 第1部分：标准的结构和编写》给出的规则起草。

本规程代替SHS 03022—2004《聚乙烯流化床反应器维护检修规程》，与SHS 03022—2004相比，除了编辑性修改外，主要技术变化如下：

——增加反应流程简介；

——大修内容新增循环气管线机械清洗。

本规程由中国石油化工集团有限公司、中国石油化工股份有限公司提出。

本规程起草单位：中国石油化工股份有限公司广州分公司。

本规程主要起草人：赵军武、陈发坤。

本规程所代替规程的历次版本发布情况为：

SHS 03022—1992，SHS 03022—2004。

聚乙烯流化床反应器维护检修规程

1 范围

1.1 主题内容

本规程规定了气相法生产聚乙烯流化床反应器的检修周期与内容、检修与质量标准、维护与故障处理。

1.2 适用范围

本规程适用于气相法生产聚乙烯的流化床反应器的维护与检修。

2 规范性引用文件

下列文件对于本文件的应用是必不可少的。凡是注日期的引用文件，仅所注日期的版本适用于本文件。凡是不注日期的引用文件，其最新版本（包括所有的修改单）适用于本文件。

TSG 21 固定式压力容器安全技术监察规程

TSG 08 特种设备使用管理规则

TSG ZF001 安全阀安全技术监察规程

TSG R7004 压力容器监督检验规则

GB/T 150 压力容器

TSG D7006 压力管道监督检验规则

NB/T 47013 承压设备无损检测

SH/T 3555 石油化工工程钢脚手架搭设安全技术规程

3 反应流程简介

在催化剂作用下，乙烯、氢气、共聚单体等原料在流化床反应器中发生聚合反应。聚合生成的聚乙烯细粉通过排料系统（PDS）排往下游继续生产，气相组分从反应器顶部出来，通过循环气压缩机加压、输送，中间经过换热器撤热，重新注入反应器反应。大致流程如图 1 所示。

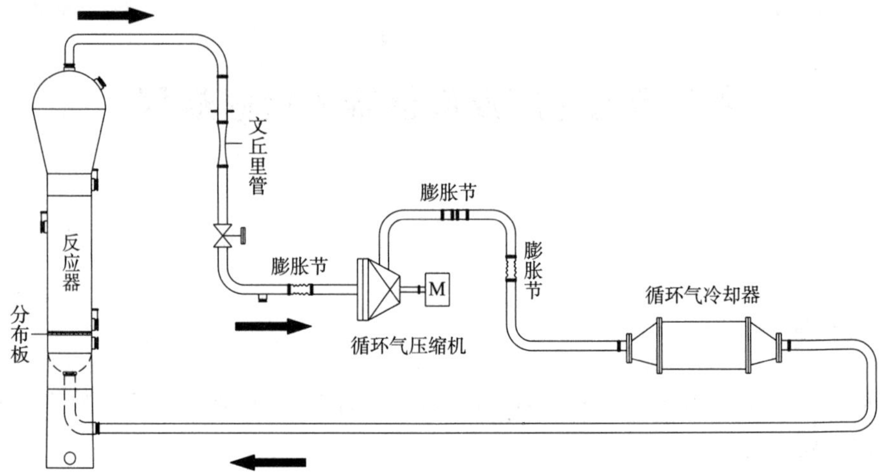

图 1　气相法反应流程

4　检修周期与内容

4.1　检修周期

根据流化床反应器功能故障及其影响分析的结果，并结合生产装置运行周期，确定装置检修周期，一般为 48～60 个月。

4.2　检修内容

4.2.1　反应器外部检查，并根据压力容器检验周期安排全面检验；

4.2.2　消除反应器各静密封点泄漏；

4.2.3　拆装种子床输送法兰及顶部放空法兰；

4.2.4　拆装反应器部分或全部人孔；

4.2.5　清理分布板上、下的树脂（分布板下方应提前搭设满堂红脚手架）；

4.2.6　逐个钻通分布板被树脂堵塞的气孔（使用类似锥子的工具手动钻通）；

4.2.7　清理反应器内壁，注意不要损伤器壁、温度探头及催化剂套管等内件；

4.2.8　检查清理料位计、压差计；

4.2.9　检查 PDS 系统排料阀气缸动作情况，必要时维修阀门执行机构；

4.2.10　检查 PDS 系统排料阀阀杆密封情况，有泄漏时下线更换阀门密封件；

4.2.11　催化剂注入管和支撑套管清理、矫正；

4.2.12　检查、修理或更换反应器内件；

4.2.13　更换反应器各拆卸部位法兰垫片；

4.2.14　反应器安全附件、计量仪表校验；

4.2.15　更换反应器损坏部件及受压元件缺陷修复；

4.2.16　解体全面检查排料阀门及执行机构，更换其密封件；

4.2.17 反应器的内、外部检验；

4.2.18 循环气管线内壁机械清洗（视工艺情况而定）；

4.2.19 文丘里管上部管线支撑加固；

4.2.20 流量计探头拆除和清理；

4.2.21 文丘里管吊装更换法兰垫片和螺栓；

4.2.22 文丘里管上下管线分别机械清洗；

4.2.23 反应器一次根部阀和小支管全面排查，对存在泄漏或缺陷的阀门短节进行整体更换；

4.2.24 循环气管线所有膨胀节进行保护性下线检查，清理导流筒树脂，更换垫片，膨胀节进行无损检测，发现隐患需整体更换；

4.2.25 人孔、循环气管线所有拆检部位的法兰螺栓需用力矩扳手进行预紧力检查。

5 检修程序与质量标准

5.1 检修前的准备

5.1.1 根据设备运行状况和检测记录，分析故障原因和部位，依据本规程制定详细的检修技术方案并审批；

5.1.2 按照Q/SHS 0001《炼油化工企业安全、环境与健康（HSE）管理规范》中的规定，对检修过程进行危害识别及风险评估、环境因素识别和影响评价，并办理相关票证；

5.1.3 根据设备运行状况和检测记录，分析缺陷原因和部位，制定详尽的检修技术方案，组织相关人员现场交底，并制定检修施工方案；检修人员应熟悉设备图纸、技术资料与检修方案；

5.1.4 检修落实物资准备（包括材料、备品、安全工具、施工机具等）和检修施工场地准备；

5.1.5 检查安全措施准备，放置好安全警示牌、安全警示绳，检修时必须对现场孔洞、楼梯口、吊装口设围栏或盖板，做好夜间照明及防盗等工作；

5.1.6 落实安全、环保措施，按规定断水、断汽（气）、物料倒空、置换完毕，具备检修条件，办理交出检修作业票后方可施工；

5.1.7 关闭或拆除放射源。

5.2 拆卸与检测

5.2.1 拆开反应器部分或全部人孔，检查分布板堵塞情况及扩大段的结片情况；

5.2.2 检查反应器内件有无损坏、变形及连接松动；

5.2.3 检查排料系统阀门及汽缸、电磁阀的完好情况；

5.2.4　检查催化剂注入管及支撑套管的堵塞情况；

5.2.5　反应器壳体、接管定点测厚检测、内外表面焊缝及人孔、接管法兰 M6 以上的螺栓无损探伤检测；

5.2.6　安全附件检修和校验；

5.2.7　检查各法兰密封面有无损坏。

5.3　检修

5.3.1　清理分布板上、下的树脂，钻通分布板堵塞的气孔；

5.3.2　清理反应器内壁；

5.3.3　清理或更换堵塞的催化剂注入管和支撑套管；

5.3.4　反应器检修完内部要清理干净；

5.3.5　清理排料球阀及执行机构；

5.3.6　更换各拆卸部位的密封垫片及人孔复位；

5.3.7　检修过程中不能使用气焊或明火烧烤反应器壳体、内件和接管；

5.3.8　催化剂注入套管或人孔拆卸困难时，可采用加热方法处理，但加热温度不应超过 250℃；

5.3.9　反应器受压元件缺陷修复。

5.4　检修质量标准

5.4.1　反应器内壁要清理干净，目测检查无残留的树脂粉末，能够见到金属本色；

5.4.2　分布板及气体分布孔要清理干净，无树脂粉末残留，保证畅通；

5.4.3　反应器壳体及焊缝缺陷修复、探伤应严格执行相关标准，同时还应符合设备制造图纸中的设计要求；

5.4.4　循环气管线机械清洗后的残块、碎末必须清理干净，防止堵塞分布板气孔；

5.4.5　下线处理的排料阀、安全附件等接触过水的部件回装前一定要干燥，防止反应器静电超标。

5.4.6　反应器进行气密性检查。试漏气体为惰性气体，当气密压力达到正常工作压力 1/3 时，用肥皂水或 LDAR 检测仪对全系统密封部位进行检查，无泄漏则继续分三次升压至最高操作压力，每次升压后均进行上述检查，无异常则为合格。

6　维护与故障处理

聚乙烯流化床反应器常见功能故障与处理方法见表 1。

表 1　聚乙烯流化床反应器常见功能故障与处理方法

序号	功能	功能故障	故障模式	故障后果	故障应对措施与检修内容	检修周期 / 月
1	保证反应器压力在工艺指标控制范围内	反应器压力大于工艺控制指标	安全阀失效	反应器超压运行，导致容器破裂和物料泄漏，引起火灾、爆炸、非计划停工	定期解体检验	视情而定
			压力变送器失效	触发联锁、非计划停工	定期检验、调试联锁	视情而定
			泄漏阀故障	反应器超压运行，导致容器破裂和物料泄漏，引起火灾、爆炸、非计划停工	定期检查和维护	视情而定
2	保证反应器温度在工艺指标范围内	反应器温度大于工艺指标	反应器温度失控	反应器结块，严重时引起装置停工	定期清理反应器分析板	视情而定
3	反应器密闭生产	密封处泄漏	垫片密封性能达不到要求	物料泄漏，引起火灾、爆炸、非计划停工	定期进行 LDAR 检测或气密查漏	视情而定
4	反应器物料流化正常	物料流化状态不良	结块探测器报警	反应器内结块和非计划停工	停车清理	视情而定
5	分布板无堵塞	分布板局部堵塞	分布板两侧压差高	反应器能力下降或非计划停车	停车清理分布板	视情而定
6	反应器排料正常	反应器无法排料	反应器料位上涨	排料管线堵塞或阀门不动作	切换排料线拆清堵塞部位或更换阀门及执行机构	视情而定

附　录　A
（资料性附录）
聚乙烯流化床反应器检修质量确认表

项目	主要控制内容			等级	施工单位	生产装置	设备管理部门	备注
	标准值	部位	现场记录					
人孔螺栓力矩				B				
循环气管线法兰螺栓力矩				B				
分布板内孔确认				B				
扩大段器壁确认				B				
催化剂注入管长度确认				B				
引压管内壁确认				B				

附 录 B
（资料性附录）
聚乙烯流化床反应器试车及验收数据记录表

装置：　　　　　　　　　　　设备名称：　　　　　　　　　　　设备位号：

试车参数记录			记录时间（间隔 1h）					
记录名称	参数位号	指标						
反应器压力								
反应器温度								
分布板压差								
流化气速								
循环气流量								
床重								
料位								
验收确认			施工单位			管理单位		

氯化反应器维护检修规程

SHS 03025—2019

代替 SHS 03025—2004

目　次

前　言

本规程按照 GB/T 1.1—2009《标准化工作导则　第 1 部分：标准的结构和编写》给出的规则修订。

本规程代替 SHS 03025—2004《氯化反应器维护检修规程》。

本规程由中国石油化工集团有限公司、中国石油化工股份有限公司提出。

本规程起草单位：中国石油化工股份有限公司齐鲁分公司。

本规程主要起草人：张国伟、刘赫、朱博峰。

本规程所代替规程的历次版本发布情况为：

SHS 03025—1992，SHS 03025—2004。

氯化反应器维护检修规程

1 范围

1.1 主题内容

本规程规定了直接氯化反应器（以下简称反应器）的检修周期与内容、检修程序与质量标准、试压与验收、维护与故障处理。

1.2 适用范围

本规程适用于乙烯直接氯化法生产二氯乙烷反应器的维护检修。

2 规范性引用文件

下列文件对于本文件的应用是必不可少的。凡是注日期的引用文件，仅所注日期的版本适用于本文件。凡是不注日期的引用文件，其最新版本（包括所有的修改单）适用于本文件。

TSG 21　固定式压力容器安全技术监察规程（以下简称《容规》）

GB/T 150　压力容器

TSG D0001　压力管道安全技术监察规程 - 工业管道

3 检修周期与内容

3.1 检修周期

根据对设备功能故障及其影响分析的结果、有无备用设备并结合生产装置运行周期，确定设备检修周期，一般为 12～24 个月。

3.2 检修内容

3.2.1　本体

1）测量筒体及封头的壁厚；

2）焊缝着色无损检查；

3.2.2　内件

1）检查或修补气体环形分布器、分布孔；

2）清理、疏通气体分布孔；

3）拆装内部静态混合器；

4）检查维修静态混合器内规整填料的支撑栅板及支撑横梁；

5）检查或修理反应器内部支撑横梁、内爬梯。

3.2.3 检查基础及地脚螺栓松动或损坏情况，整体找正，必要时对基础进行处理。

3.2.4 检查或修补筒体、封头。

3.2.5 检查或修补进出料接管及法兰。

3.2.6 检查底部入口喷射器。

3.2.7 检查安全附件完好情况并进行全面校验。

3.2.8 检查进出料管线附属阀门开关情况，视运行情况更换填料，对内漏阀门更换新阀（可切断时）。

3.2.9 对附属电器、仪表及其他辅助设施进行检查、调试。

3.2.10 检查修补保温层。

4 检修程序与质量标准

4.1 检修前准备

4.1.1 根据反应器运行情况与监测记录，分析故障原因和部位。

4.1.2 制定详尽的检修方案、吊装方案和统筹进度，按要求进行交底。

4.1.3 熟悉设计图样和技术资料。

4.1.4 检修所需工器具齐备。

4.1.5 检修所需备件、材料符合设计要求。

各项工艺处理完成，盲板加装完毕，具备检修条件，办理相关作业许可证后方可施工。

4.2 检查主要内容

4.2.1 打开并检查人孔情况。

4.2.2 清理反应器釜底、内壁附着结焦物。

4.2.3 测厚检查反应器壁厚情况。

4.2.4 着色检查筒体、进出料接管等焊缝情况。

4.2.5 静态混合器

1）检查静态混合器外表面的腐蚀情况。

2）检查静态混合器内部规整填料点焊处脱焊情况及堵塞情况。

3）检查静态混合器内部横梁、栅板的固定及腐蚀情况。

4.2.6 环形分布器

1）检查进料总管与分布管焊缝的腐蚀情况。

2）检查所有分布孔腐蚀情况。

3）检查分布管壁厚及内壁腐蚀情况。

4.2.7 检查反应器内部支撑横梁、接管、内部爬梯等腐蚀、开裂情况。

4.2.8 检查仪表导压管等腐蚀、堵塞情况。

4.2.9 检查现场液位计及根阀腐蚀、堵塞情况。

4.2.10 更换爆破片，拆装校验安全阀。

4.3 检修程序与质量标准

4.3.1 检修程序

4.3.1.1 拆人孔以及顶部封头

检查、确认反应器倒空、泄压完毕，按照自上而下的顺序打开反应器顶部封头以及所有人孔，加强空气的对流、置换（必要时可接轴流风机），并对打开的所有人孔安装人孔封闭器，防止无关人员误入。

4.3.1.2 检查静态混合器

拆除并吊装反应器内部静态混合器，解体检查堵塞、腐蚀、开裂情况。

4.3.1.3 检查环形分布器

外观及测厚检查反应器釜底环形分布器堵塞、腐蚀情况。

4.3.1.4 检查筒体及内构件

测厚检查筒体壁厚情况，着色检查筒体及接管焊缝情况，外观检查内构件腐蚀、开裂情况。

4.3.1.5 检查、清理附属接管、阀门

检查附属阀门传动机构是否灵活、可靠，填料密封情况，对发生堵塞接管、阀道进行清理。

4.3.1.6 安全附件检查、校验

检查安全附件是否完好，拆装校验安全阀、压力表、温度计等附件，更换爆破片。

4.3.1.7 电器、仪表系统检查、调试

测量检查附属电器设备绝缘、接地情况，测试仪表调节阀执行机构、行程开度状况。

4.3.1.8 安全附件回装、复位。

4.3.1.9 静态混合器回装、复位。

4.3.1.10 人孔及顶部封头回装、复位。

4.3.1.11 抽盲板、管口复位。

4.3.2 质量标准

按照国家现行的关于压力容器方面的相关法规的要求，对反应器壳体的受压部位进行检查、修理和验收。

4.3.2.1 所有附属设备、接管法兰密封面应平整、光滑，无明显缺陷，使用螺栓、垫片

应满足设计要求，做到规格统一。

4.3.2.2 外观检查静态混合器筒体应无明显腐蚀、变形，内部规整填料应无明显腐蚀、堵塞、开裂等情况。

4.3.2.3 反应器釜底环形分布器外观检查应无明显腐蚀、堵塞，测厚检查应无明显减薄，如局部腐蚀或裂纹，在保证其实际厚度不低于设计值的条件下，可以采用打磨或补焊后再打磨的方法予以消除；如局部腐蚀严重甚至穿孔或整体均匀腐蚀，壁厚减薄超过50%，达不到设计要求，则应更换新管。

4.3.2.4 测厚检查反应器壁厚应无明显减薄，着色检查焊缝应无明显裂纹等缺陷，如局部减薄，可对其进行补焊、打磨处理，且焊缝表面应圆滑、平整，不得有明显凹凸不平；较大面积的严重腐蚀部位，如打磨消除后，其厚度仍不低于设计值，经鉴定评估以及强度校核后可以不再考虑，否则应对腐蚀部位予以必要处理。

4.3.2.5 附属接管应畅通、无堵塞，阀门开关灵活，安全附件指示准确。

4.3.2.6 电器设备绝缘良好，仪表调节阀执行机构灵活可靠，行程、开度准确。

4.3.2.7 系统气密应严格按照设计要求进行试验，各连接部位应无泄漏。

5 试压与验收

5.1 试压前的准备

5.1.1 确认各项检修工作已完成，检修记录齐全，检修质量符合本规程第4条的规定。

5.1.2 设备零部件完整无缺，螺栓紧固，具备试压条件。

5.1.3 安全附件校验合格，齐全完整。

5.1.4 仪表系统及联锁装置齐全、准确、灵敏、可靠。

5.1.5 工艺处理完毕，相关专业人员共检完毕，具备试压条件。

5.2 试压

5.2.1 反应器系统的耐压、气密性试验应按 TSG 21 或设计图样的规定。

5.2.2 确认所有阀门及仪表系统动作灵活、可靠、指示准确。

5.3 验收

检修质量符合本规程规定，经试压合格，反应器达到完好标准，办理验收手续，移交生产。验收技术资料应包括：

5.3.1 检修质量及缺陷纪录。

5.3.2 耐压、气密性试验记录。

5.3.3 主要零部件的无损检验报告。

5.3.4 更换零部件的清单。

5.3.5 结构、尺寸、材质变更的审批文件。

5.3.6 试压记录。

6 维护与故障处理

6.1 日常维护

6.1.1 外观检查设备本体及各连接部位，一旦发现问题，应及时处理。

6.1.2 及时跟踪反应器底部进料腐蚀探针的腐蚀速率，一旦出现异常，及时调整工艺参数，避免腐蚀加剧。

6.1.3 密切关注反应状况及产品纯度的变化，及时判断及排除分布器及混合器的堵塞情况，一旦有堵塞现象，应急时调整工艺操作，避免生产恶化。

1）严格控制各项工艺参数，防治超温、超压。

2）检查修补保温层。

6.2 常见故障与处理

氯化反应器常见功能故障与处理方法见表 1。

表 1 氯化反应器常见功能故障与处理方法

<table>
<tr><th>序号</th><th>功能</th><th>功能故障</th><th>故障模式</th><th>故障后果</th><th>故障应对策略与检修内容</th><th>检修周期 / 月</th></tr>
<tr><td rowspan="4">1</td><td rowspan="4">提供反应条件</td><td rowspan="4">反应器温度控制＜105℃或＞117℃，或处理量不满足设计要求导致产品不合格</td><td>1. 催化剂质量差，使用周期缩短</td><td>装置降量</td><td>根据分析结果补充催化剂</td><td>根据分析结果确定周期和数量</td></tr>
<tr><td>2. 原料质量差加速催化剂失活</td><td>装置停工</td><td>停工换剂</td><td>视情况而定</td></tr>
<tr><td>3. 静态混合器堵塞，破裂，物料混合不均匀</td><td>装置降量或停工</td><td>停工检修</td><td>24</td></tr>
<tr><td>4. 环形分布器堵塞，物料偏流</td><td>装置降量或停工</td><td>停工检修</td><td>24</td></tr>
<tr><td rowspan="3">2</td><td rowspan="3">满足密闭生产要求</td><td rowspan="3">泄漏</td><td>1. 法兰外漏</td><td>装置停工，环保事故</td><td>停工维修</td><td>24</td></tr>
<tr><td>2. 接管焊缝泄漏</td><td>装置停工，环保事故</td><td>停工维修</td><td>24</td></tr>
<tr><td>3. 热电偶套管穿孔或密封失效外漏</td><td>装置停工，环保事故</td><td>停工维修</td><td>24</td></tr>
</table>

附 录 A
（资料性附录）
氯化反应器检修质量验收记录表

序号	检修主要内容	质量标准	控制级别	检查情况
1				
2				
3				
4				
5				
6				
7				
8				
9				
10				

附　录 B
（资料性附录）
氯化反应器试压与验收数据记录表

序号	试压日期	试压设备名称	试压设备位号	试压介质	试验压力	保压时间	试压人	备注
1								
2								
3								
4								
5								
6								
7								
8								
9								
10								

氧氯化反应器维护检修规程

SHS 03026—2019

代替 SHS 03026—2004

目　次

前　言

本规程按照 GB/T 1.1—2009《标准化工作导则　第 1 部分：标准的结构和编写》给出的规则修订。

本规程代替 SHS 03026—2004《氧氯化反应器维护检修规程》。

本规程由中国石油化工集团有限公司、中国石油化工股份有限公司提出。

本规程起草单位：中国石油化工股份有限公司齐鲁分公司。

本规程主要起草人：张国伟、刘赫、朱博峰。

本规程所代替规程的历次版本发布情况为：

SHS 03026—1992，SHS 03026—2004。

氧氯化反应器维护检修规程

1 范围

1.1 主题内容

本规程规定了氧氯化反应器（以下简称反应器）的检修周期与内容、检修与质量标准、试验与验收、维护与故障处理。

1.2 适用范围

本规程适用于平衡氧氯化法生产二氯乙烷的沸腾床反应器的维护检修，其他氧氯化反应器可参考该规程执行。

2 规范性引用文件

下列文件对于本文件的应用是必不可少的。凡是注日期的引用文件，仅所注日期的版本适用于本文件。凡是不注日期的引用文件，其最新版本（包括所有的修改单）适用于本文件。

TSG 21 固定式压力容器安全技术监察规程（以下简称《容规》）

GB/T 150 压力容器

3 检修周期与内容

3.1 检修周期

根据对设备功能故障及其影响分析的结果、有无备用设备并结合生产装置运行周期，确定设备检修周期，一般为 12～24 个月。

3.2 检修内容

3.2.1 本体

1）检查筒体、筒体接管及筒体接管法兰密封面的腐蚀情况。

2）着色检查筒体与上下封头环焊缝情况。

3.2.2 内件

1）检查、清理分布器并吹扫干燥，清理疏通反应器釜底气体分布孔。

2）修理或更换分布器，着色检测分布器接管焊缝。

3）清理、维修或更换催化剂回收管。

4）测厚检查或修补冷却管束。

5）测厚检查冷却管束进出口环形总管。

6）对冷却管束进行水压试验。

7）检查旋风分离器、灰斗、料腿及翼阀情况，视情况进行清理、维修，同时检查其连接法兰密封面，视情况进行处理。

8）检查或修理反应器内部承重梁、吊杆、内爬梯。

3.2.3 检查基础及地脚螺栓松动或损坏情况，整体找正，视情况进行处理。

3.2.4 检查、校验压力表、温度计及远传液位计。

3.2.5 检查进出料管线附属阀门开关情况，视运行情况更换填料，对内漏阀门更换新阀（可切断时）。

3.2.6 对附属仪表及其他辅助设施进行检查、调试。

3.2.7 更换或修理外部保温层。

4 检修程序与质量标准

4.1 检修前准备

4.1.1 熟悉设计图样和技术资料。

4.1.2 根据反应器运行情况与监测记录，分析故障原因和部位。

4.1.3 制定详尽的检修方案、吊装方案和统筹进度。

4.1.4 检修所需工器具齐备。

4.1.5 检修所需备件、材料符合设计要求。

4.1.6 各项工艺处理完毕，具备检修条件。

4.1.7 各项准备工作应符合安全、环保、质量等方面的要求，对检修过程进行危害识别及风险评估、环境因素识别和影响评价，并办理相关作业票证。

4.2 检查主要内容

4.2.1 筒体

1）打开并检查人孔，检查内部催化剂残存情况。

2）拆除局部保温，着色检测和测厚检查筒体接管。

3）着色检测筒体与上下封头环焊缝。

4.2.2 分布器

1）检查、清理分布器的一级分布管，视情况进行拆卸。

2）外观检查氧气 / 氯化氢梳形分布器冲刷、腐蚀情况，并对焊缝着色检查。

3）检查循环气 / 乙烯分布器堵塞情况。

4.2.3 冷却管束

1）检查冷却管束外壁（重点是下弯头及焊缝处）的冲刷及腐蚀情况。

2）测厚检查冷却管束上下弯头壁厚情况。

3）测厚检查冷却管束进出口环形总管壁厚。

4）对冷却管束进行水压试验。

4.2.4 旋风分离器

1）检查旋风分离器及料腿堵塞情况，同时检查其连接法兰密封面。

2）检查旋风分离器顶部连接法兰紧固情况。

3）检查旋风分离器内部衬里是否脱落、变形。

4）检查旋风分离器料腿紧固螺栓是否松动。

5）检查翼阀开关动作是否灵活、密封面是否完好、安装角度是否偏离。

4.2.5 检查内部紧固件的腐蚀与松动情况。

4.2.6 测厚检查催化剂回收管腐蚀情况。

4.2.7 检查仪表导压管的腐蚀、堵塞情况。

4.2.8 检查现场液位计及根阀腐蚀、堵塞情况。

4.3 检修程序与质量标准

4.3.1 检修程序

4.3.1.1 拆人孔

检查、确认反应器倒空、泄压完毕，按照自上而下的顺序打开反应器顶部封头以及所有人孔，加强空气的对流、置换（必要时可接轴流风机），并对打开的所有人孔安装人孔封闭器，防止无关人员误入。

4.3.1.2 拆氧气 / 氯化氢分布器

拆除氧气 / 氯化氢分布器，外观检查分布器堵塞、腐蚀情况，视情况进行清洗、干燥。

4.3.1.3 水冲洗反应器

用新鲜水将反应器内残留的催化剂冲洗干净。

4.3.1.4 检查循环气 / 乙烯分布器

检查循环气 / 乙烯分布器冲刷、腐蚀以及堵塞情况。

4.3.1.5 测厚检查冷却管束

对冷却管束上部、下部弯头及环形总管进行测厚。

4.3.1.6 检查旋风分离器

检查旋风分离器内衬脱落以及灰斗、料腿堵塞情况，同时，检查料腿法兰密封面和翼阀的开关灵活状况、安装角度。

4.3.1.7 检查筒体及内构件

测厚检查筒体壁厚情况，着色检查筒体及接管焊缝情况，外观检查内构件腐蚀、开

裂情况

4.3.1.8　冷却管束水压试验

按照冷却管束的设计文件进行水压试验。

4.3.1.9　检查、清理附属接管、阀门

检查附属阀门传动机构是否灵活、可靠，填料密封情况，对发生堵塞接管、阀道进行清理。

4.3.1.10　安全附件检查、校验

检查安全附件是否完好，拆装校验压力表、温度计、安全阀等。

4.3.1.11　电器、仪表系统检查、调试

测量检查附属电器设备绝缘、接地情况，测试仪表调节阀行程开度状况。

4.3.1.12　安全附件回装、复位。

4.3.1.13　旋风分离器回装复位。

4.3.1.14　分布器回装。

4.3.1.15　抽盲板，管口复位。

4.3.2　质量标准

按照国家现行的关于压力容器方面的相关法规的要求，对反应器壳体的受压部位及冷却管束进行检查、修理和验收。

4.3.2.1　所有附属设备、接管法兰密封面应平整、光滑，无明显缺陷，使用螺栓、垫片应满足设计要求，做到规格统一。

4.3.2.2　新鲜水冲洗反应器后，内部应无催化剂残留。

4.3.2.3　外观检查氧气／氯化氢分布器应无明显腐蚀、坑蚀，甚至穿孔，法兰密封面应无明显坑蚀、冲刷等缺陷。

4.3.2.4　测厚检查循环气／乙烯分布器应无明显减薄、冲刷，分布管畅通，无杂物。

4.3.2.5　测厚检查冷却管束应无明显减薄，外观检查无明显缺陷，如局部严重腐蚀，甚至穿孔，或整体均匀腐蚀，壁厚减薄超过设计腐蚀裕度，达不到设计要求，则应更换新管。

4.3.2.6　测厚检查反应器壁厚应无明显减薄，着色检查焊缝应无明显裂纹等缺陷，如局部减薄，可对其进行补焊、打磨处理，且焊缝表面应圆滑、平整，不得有明显凹凸不平；较大面积的严重腐蚀部位，如打磨消除后，其厚度仍不低于设计值，经鉴定评估以及强度校核后可以不再考虑，否则应对腐蚀部位予以必要处理。

4.3.2.7　检查旋风分离器内部衬里应完好，无脱落或变形，灰斗、料腿无堵塞，翼阀应开关灵活，垂直度不大于3mm，调整翼阀阀板的角度，保证阀板面与铅垂线间的夹角为3°～3.5°。

4.3.2.8　冷却管束水压试验应按设计文件规定的压力和时间进行升压和保压，检查冷却管束应无变形、异响、泄漏等缺陷。

4.3.2.9 附属接管应畅通、无堵塞，阀门开关灵活，安全附件指示准确。
4.3.2.10 电器设备绝缘良好，仪表调节阀执行机构灵活可靠，行程、开度准确。
4.3.2.11 系统气密应严格按照设计要求进行试验，各连接部位应无泄漏。

5 试压与验收

5.1 试压前的准备

5.1.1 确认各项检修工作已完成，检修记录齐全，检修质量符合本规程4.3的规定。
5.1.2 设备零部件完整无缺，螺栓紧固，具备试压条件。
5.1.3 安全附件校验合格，齐全完整。
5.1.4 仪表系统及联锁装置齐全、准确、灵敏、可靠。
5.1.5 工艺处理完毕，相关专业人员共检完毕，具备试压条件。

5.2 试压

5.2.1 反应器系统的耐压、气密性试验应按《容规》或设计图样的规定。
5.2.2 确认所有阀门及仪表系统动作灵活、可靠、指示准确。

5.3 验收

检修质量符合本规程规定，经试压合格，反应器达到完好标准，办理验收手续，移交生产。验收技术资料应包括：
5.3.1 检修质量及缺陷纪录。
5.3.2 耐压、气密性试验记录。
5.3.3 主要零部件的无损检验报告。
5.3.4 更换零部件的清单。
5.3.5 结构、尺寸、材质变更的审批文件。
5.3.6 试压记录。

6 维护与故障处理

6.1 日常维护

6.1.1 外观检查设备本体及各连接部位有无泄漏、保温层有无破损，一旦发现，应及时处理。
6.1.2 密切关注反应器内部旋风分离器压差的变化，一旦出现异常，及时调整工艺参数，避免进一步恶化。
6.1.3 密切关注反应器冷却管束附近的温度变化，一旦发生异常，应及时分析判断及排除故障，避免生产恶化。

6.1.4 严格控制反应器的反应温度，防止局部露点腐蚀。

6.1.5 严格控制反应器的反应压力，防止超压泄漏，设备损坏。

6.1.6 更换或修理外部保温层。

6.2 常见故障与处理

氧氯化反应器常见功能故障与处理方法见表1。

表1 氧氯化反应器常见功能故障与处理方法

序号	功能	功能故障	故障模式	故障后果	故障应对策略与检修内容	检修周期/月
1	提供氧氯化反应条件	反应器温度控制＜205℃或＞225℃，或处理量不满足设计要求导致产品不合格	1. 催化剂、磨损消耗，质量差，使用周期缩短	装置停工	停工换剂	视情况而定，一般为24个月
			2. 原料质量差，加速催化剂失活	装置停工	停工换剂	视情况而定
			3. 分布器穿孔，破裂，物料混合不均匀	装置停工	停工检修	12
			4. 旋风分离器堵塞	装置停工	停工检修	12
			5. 冷却管束泄漏	装置停工	停工检修	12
2	满足密闭生产要求	泄漏	1. 法兰外漏	装置停工，环保事故	停工维修	12
			2. 接管焊缝泄漏	装置停工，环保事故	停工维修	12
			3. 热电偶套管穿孔或密封失效外漏	装置停工，环保事故	停工维修	12

附　录　A

（资料性附录）

氧氯化反应器检修质量验收记录表

序号	检修主要内容	质量标准	控制级别	检查情况
1				
2				
3				
4				
5				
6				
7				
8				
9				
10				

附 录 B

（资料性附录）

氧氯化反应器试压与验收数据记录表

序号	试压日期	试压设备名称	试压设备位号	试压介质	试验压力	保压时间	试压人	备注
1								
2								
3								
4								
5								
6								
7								
8								
9								
10								

立式螺旋卸料沉降离心机维护检修规程

SHS 03027—2019

代替 SHS 03027—2004

目　次

前 言

本规程按照 GB/T 1.1—2009《标准化工作导则 第 1 部分：标准的结构和编写》给出的规则起草。

本规程代替 SHS 03027—2004《立式螺旋卸料沉降离心机维护检修规程》，与 SHS 03027—2004 相比，除了编辑性修改外，主要技术变化如下：

——删除小修与中修的提法，部分内容并入大修，属于日常维护的内容并入“维护与故障处理”；

——采用 RCM 分析方法对“常见故障与处理表”进行了修改；

——增加附录 A 检修数据记录表；

——增加附录 B 试车与验收数据记录表。

本规程由中国石油化工集团有限公司、中国石油化工股份有限公司提出。

本规程起草单位：中国石化上海石油化工股份有限公司。

本规程主要起草人：郑春华。

本规程所代替规程的历次版本发布情况为：

SHS 03027—1992，SHS 03027—2004。

立式螺旋卸料沉降离心机维护检修规程

1 范围

1.1 主题内容与适应范围

1.1.1 主题内容

本规程规定了立式螺旋卸料沉降离心机的检修周期和内容、检修与质量标准、试车与验收、维护与故障处理。

1.1.2 适用范围

本规程适用于P-4000、P-6000机型立式螺旋卸料沉降离心机的检修和维护，其他机型参考执行。

2 规范性引用文件

下列文件对于本文件的应用是必不可少的。凡是注日期的引用文件，仅所注日期的版本适用于本文件。凡是不注日期的引用文件，其最新版本（包括所有的修改单）适用于本文件。

SHS 01028 变速机维护检修规程

3 检修周期和内容

3.1 检修周期

根据对设备功能故障及其影响分析的结果、有无备用设备并结合生产装置运行周期，确定设备检修周期，一般为24个月至36个月。

3.2 检修项目

3.2.1 检查、紧固各部连接螺栓；
3.2.2 检查、消除润滑油泵等辅助系统渗漏、更换易损件；
3.2.3 检查、调整转矩臂；
3.2.4 检查、调整V形皮带张紧力或更换V形皮带；
3.2.5 检查、更换油过滤器的纸芯；

3.2.6 检查、修理筒体敲击器；
3.2.7 检查和校验转臂组件；
3.2.8 检查、修理芯轴组件；
3.2.9 检查、修理差速齿轮箱组件；
3.2.10 检查、研磨或更换机械密封组件，更换唇封；
3.2.11 检查、检修转鼓与螺旋输送器，必要时校验动平衡；
3.2.12 检查和修理底部轴承组件；
3.2.13 检查、修理润滑油泵，密封冷却油泵；
3.2.14 检修进料管、冲洗管的腐蚀和底部减振环的磨损情况；
3.2.15 解体检查和修理差速齿轮箱，或更换零部件，必要时校验动平衡；
3.2.16 校验转鼓、螺旋输送器的动平衡；
3.2.17 检查大盖壳体的减振块或更换；
3.2.18 检查、调整主机座的水平，进料管的垂直度；
3.2.19 检查和调整主电机皮带轮端面的水平度，液压联轴节的同轴度；
3.2.20 检查、清洗或更换油冷却器；
3.2.21 清洗转子流量计。

4 检修与质量标准

4.1 检修前准备

4.1.1 准备相关技术资料，根据日常维护、运转和测试记录，确定检修内容，制定检修方案。
4.1.2 落实好检修时所需的备品备件、原材料、工器具等，并根据相关备品备件和原材料的质量标准做好备品备件和原材料的质量检查和确认。
4.1.3 检修人员已接受安全教育，并接受了设备的介质特性、现场环境和设备故障情况的安全、技术交底。
4.1.4 落实检修中的安全和环保措施，做好介质的排尽、排放和收集工作。
4.1.5 按照停送电等相关管理规定办理相关作业票证。
4.1.6 确认设备交出手续是否完备。
4.1.7 完成检修前其他工作确认。

4.2 拆卸与检查

4.2.1 拆卸防护罩和V形皮带，检查V形皮带有无溶胀、伸长；
4.2.2 拆卸润滑、密封冷却油系统，检查有无堵塞、密封面磨损情况；
4.2.3 拆卸转矩臂组件，检查密封件和轴承磨损情况，转矩臂装置“跳闸”有无错位；
4.2.4 拆卸筒体法兰连接螺栓、吊出转子组件放入检修工位，检查螺栓有无腐蚀、变形，转子组件表面有无磨损；

4.2.5 拆卸皮带轮，利用液压油泵打压拉伸拉杆螺栓，拆下拉杆螺母，拆卸大盖体与差速齿轮箱，拆卸差速齿轮箱与转鼓，检查相对运动件工作表面磨损情况；检查轴承有无损坏；

4.2.6 拆卸转鼓与螺旋输送器，检查转鼓与螺旋输送器之间的间隙、叶片有无变形、焊缝有无裂纹；

4.2.7 拆卸底部轴承组件，检查径向、止推轴承工作面的磨损、自润滑轴承的磨损、弹簧的变形情况；

4.2.8 拆卸芯轴组件与大盖体，检查大盖体与芯轴轴承座之间密封间隙；检查轴承有无损坏。

4.3 回装与检修质量标准

4.3.1 回装过程与质量标准见表 5。

表 5 回装过程与质量标准

序号	回装过程	质量标准	检测方法
1	差速齿轮箱组件回装 1. 差速齿轮箱上端一组二只行星齿轮及太阳轮轴组装； 2. 下端一组三只行星轮及太阳轮轴、下壳体组装； 3. 齿轮箱下部机械密封安装，以防止齿轮油外溢	1. 差速齿轮箱输出轴端轴颈的同轴度偏差应小于 0.05mm； 2. 齿轮表面无腐蚀和明显缺陷，齿轮啮合正常； 3. 齿轮磨损情况：齿轮节圆处齿厚的允许磨损值应符合表 2 规定； 4. 齿轮啮合侧间隙，应符合表 3 规定； 5. 行星齿轮滑动轴承孔径与小轴之间的间隙应符合表 4 规定； 6. 各轴颈不得有裂纹、毛刺、划痕、碰伤等缺陷； 7. 各轴颈的圆度及圆柱度偏差不得大于 0.02mm	百分表 目视 齿厚卡尺 百分表 目视 百分表
2	芯轴组件回装 1. 芯轴轴承、油封、O 形圈等组装； 2. 下端机械密封安装； 3. 芯轴组件经减振垫安装在大盖体上	1. 芯轴轴承座与大盖体之间的间隙值应在 0.80～1.50mm 范围； 2. 芯轴组件、芯轴套内座圈定距管的长度和芯轴密封座内密封定距片的厚度，更换零部件后必须进行测定，测定应符合离心机制造厂提供的设定值要求	塞尺 游标卡尺和千分尺
3	转子组件组装 1. 螺旋输送器装入转鼓； 2. 螺旋输送器上端通过花键与差速齿轮箱连接，转鼓与差速齿轮箱下壳体法兰连接； 3. 用拉杆及拉杆螺母与芯轴组件和大盖体组装	1. 转鼓、螺旋输送器、差速齿轮箱部件，校验动平衡精度等级应符合 G2.5； 2. 螺旋输送器叶片不得有变形、焊缝不得有裂纹； 3. 转鼓与螺旋输送器之间间隙、不得大于原设定值的 1.25 倍； 4. 芯轴与差速齿轮箱装配压紧用的油泵压力应符合表 5 规定； 5. 转鼓上端与差速齿轮箱结合处外径允许径向摆动值，应符合表 6 规定	动平衡机 目视，理化检测 塞尺 压力表 百分表

表 1　回装过程与质量标准（续）

序号	回装过程	质量标准	检测方法
4	底部轴承组件回装 1. 径向轴承体与自润滑轴承组装； 2. 止推轴承组装	1. 底部轴承件工作表面应无明显划痕，粗糙度应不大于 *Ra*1.6； 2. 自润滑轴承的允许磨损量应符合表 7 规定	目视 千分尺
5	转子组件吊入机壳筒体	机壳筒体法兰平面的水平度偏差应小于 0.10mm/m，底部进料管的的垂直度应小于 0.50mm/m	框式水平仪
6	转矩臂组件安装	1. 转矩臂“跳闸”校验的力矩值应符合表 8 规定； 2. 转矩臂轴承座孔的同轴度偏差应小于 0.08mm	弹簧秤 百分表
7	V 形皮带装置安装	1.V 形皮带张紧力的调整应符合表 10 规定，并验正皮带经张紧后心轴的垂直度处于“零”位； 2. 电机皮带轮端面的水平偏差应小于 0.20mm/m	百分表 框式水平仪
8	润滑油装置 润滑、密封冷却油系统油泵、油流量计、压力表、温度计、调节阀、电磁阀、油过滤器、油冷却器等部件	1. 油泵检修执行 SHS 01017《齿轮泵维护检修规程》 2. 油冷却器检修执行 SHS 01009《管壳式换热器维护检修规程》	

机械密封的检修执行 SHS 01052—2019《机械密封维护检修规程》。

4.3.2　差速齿轮箱组件

4.3.2.1　齿轮磨损情况：齿轮节圆处齿厚的允许磨损值应符合表 2 规定；

表 2

圆周速度 /（m/s）	≤ 2	＞ 2	≥ 6
允许磨损值 /mm	0.20	0.15	0.09

4.3.2.2　齿轮啮合侧间隙，应符合表 3 规定；

表 3

mm

中心距	50～80	80～120	120～200	200～320
侧间隙	0.10	0.13	0.17	0.21

4.3.2.3　行星齿轮滑动轴承孔径与小轴之间的间隙应符合表 4 规定。

表 4

mm

轴颈直径	30～50	50～80	80～120	120～180
轴承间隙	0.05～0.077	0.06～0.09	0.08～0.13	0.11～0.17
允许磨损值	0.11	0.14	0.20	0.26

4.3.3 转子组件

4.3.3.1 芯轴与差速齿轮箱装配压紧用的油泵压力应符合表 6 规定；

表 6

MPa

机型	压紧力
P-6000	36～38

4.3.3.2 转鼓上端与差速齿轮箱结合处外径允许径向摆动值，应符合表 7 规定；

表 7

mm

机型	摆动值	检测方法
P-4000	≤0.08	百分表
P-6000	≤0.15	百分表

4.3.3.3 自润滑轴承的允许磨损量应符合表 8 规定；

表 8

mm

机型	磨损量	
	径向	轴向
P-4000	≤0.25	≤0.50
P-6000	≤0.50	≤1.20

4.3.4 转矩臂组件

转矩臂“跳闸”校验的力矩值应符合表 9 规定；

表 9

机型	弹簧秤拉力 /N	机型	力矩值 /（N·m）
P-4000	70	P-6000	170

4.3.5 皮带装置

皮带张紧力的调整应符合表 10 规定，并验正皮带经张紧后芯轴的垂直度处于“零”位。

表 10

机型	皮带挠度 /mm	拉力 /N
P-4000	10～15	30
P-6000	25～35	50

5 试车与验收

5.1 试车前的准备

5.1.1 检查各进、出口和旁通阀门，应灵活好用，开启油、水系统，压力、温度达到规定值，各密封点无泄漏，各零部件、附件齐全完好。

5.1.2 冷却系统运行正常。

5.1.3 润滑油系统运行正常。

5.1.4 盘车轻松、无轻重不均匀感。

5.1.5 各阀门灵活有效、各密封点无泄漏，各零部件、附件齐全完好。

5.1.6 全面检查压缩机各运转部分与静止机件的紧固情况。

5.1.7 检查仪表、电器、气路系统使其具备试车条件，调试安全联锁装置。

5.1.8 检修资料齐全，检修数据完整、准确、符合要求。

5.1.9 完成其他试车条件确认。

5.2 试车

5.2.1 空负荷试车

5.2.1.1 应先启动润滑油泵和冷却油泵，经运转正常 30min 后，点动主电机，确认旋转方向正确；

5.2.1.2 经二次瞬时点动后进行正式启动空负荷运转，空运转时间一般为 6 min；

5.2.1.3 电流应符合额定值规范；

5.2.1.4 润滑油、密封冷却油的各项技术参数应符合设定值规范；

5.2.1.5 轴承等部位应无异常温升与声响；

5.2.1.6 检测机组振动值，允许振动值参照表 11 规定。

表 11 μm

机型	允许振动值（峰 - 峰值）	
	水平	垂直
P-4000	≤ 45	≤ 75
P-6000	≤ 80	≤ 90

5.2.2 负荷试车

5.2.2.1 应经点动正式启动，主机进入正常运转后开始负荷试车，负荷试车运转时间一般不少于 4h；

5.2.2.2 电流应符合额定值规范；

5.2.2.3 润滑油、密封冷却油的各项技术参数应符合设定值规范；

5.2.2.4 轴承等部位无异常温升与声音；

5.2.2.5 检测机组振动值，允许振动值参照表 10 规定；

5.2.2.6 检查转矩臂力矩值，应低于表 8 规定；

5.2.2.7 分离效果应达到工艺技术指标要求。

5.3 验收

检查质量符合本规程要求，检查后达到完好设备标准。检修资料齐全准确，经试车合格后按规定办理验收手续。验收资料包括：

5.3.1 检修质量及缺陷记录；

5.3.2 主要零部件的无损探伤检查、动平衡校验报告；

5.3.3 更换零部件清单。

6 维护与故障处理

6.1 日常维护

6.1.1 维护内容

6.1.1.1 润滑油按 SHS 01002《石油化工设备润滑管理制度》执行；

6.1.1.2 检查润滑、冷却等辅助系统的压力、流量、温度、液位，以及其泄漏情况；

6.1.1.3 检查轴承部位无异常温升与声响；

6.1.1.4 检查机封密封的泄漏情况；

6.1.1.5 检查机组振动情况；

6.1.1.6 检查转矩臂的力矩值；

6.1.1.7 检查主电机电流值。

6.1.2 维护时间

每班、每隔 4h 按 6.1.1 内容进行检查维护、消除缺陷。

6.2 常见故障与处理

立式螺旋卸料沉降离心机常见功能故障与处理方法见表 11。

表 11 立式螺旋卸料沉降离心机常见功能故障与处理方法

序号	功能	功能故障	故障模式	故障后果	故障应对策略与检修内容	检修周期/月
1	保证机组连续运转	传动系统不正常	紧固螺栓有松动	振动加剧、噪声大	定期巡检，紧固螺栓	视情而定
			底部轴承损坏或间隙过大	振动加剧、噪声大	根据检修周期更换轴承	6~12
			芯轴轴承严重磨损	环境污染，降负荷运行	根据检修周期更换轴承	24~36

表 11　立式螺旋卸料沉降离心机常见功能故障与处理方法（续）

序号	功能	功能故障	故障模式	故障后果	故障应对策略与检修内容	检修周期／月
1	保证机组连续运转	传动系统不正常	转鼓、螺旋输送器失去动平衡	振动加剧、噪声大	重新做动平衡校验	24～36
			进料管中心偏差太大，碰触摩擦、断裂	振动加剧，降负荷运行	检修更换；调整	视情而定
			转矩控制触头磨损，转矩臂“跳闸”	降负荷运行	检修更换	视情而定
			转矩臂力矩值设定不正确，转矩臂“跳闸”	降负荷运行	调整力矩设定值	视情而定
		差速齿轮箱故障	差速齿轮箱与转鼓同轴度超差	振动加剧、噪声大	调整同轴度	视情而定
			差速齿轮箱内轴承磨损	振动加剧，降负荷运行	检修更换配件	24～36
			差速齿轮箱内齿轮磨损	振动加剧，降负荷运行	检修更换配件	24～36
			差速齿轮箱超负荷，转矩臂“跳闸”	降负荷运行	检修更换配件	24～36
2	保证装置正常生产	工艺进料不正常	浆料阻堵了转鼓内腔	振动加剧、降负荷运行	冲洗	视情而定
			进料流量或浆料浓度过高，转矩臂“跳闸”	产品质量不合格、降负荷运行	控制流量降低浓度	视情而定
			转鼓被固体物料堵塞或螺旋输送器过载	振动加剧，降负荷运行	清洗	视情而定
			进料不匀或浆料浓度过高，转矩臂“跳闸”	振动加剧，产品质量不合格	定期巡检；平稳进料控制浓度	视情而定
3	保证机组密闭生产	油系统或浆料泄漏	管接头封闭不严	环境污染，密封压力低跳闸	定期巡检；检修更换	视情而定
			机械密封磨损或损坏	环境污染，密封压力低跳闸	研磨或更换	6～12
			唇封、油封磨损	环境污染，密封压力低跳闸	定期巡检；检修更换	视情而定
			转矩臂密封磨损或损坏	环境污染，密封压力低跳闸	定期巡检；检修更换	6～12
			O 形密封环损坏	环境污染，密封压力低跳闸	定期巡检；检修更换	视情而定

附 录 A

（资料性附录）

立式螺旋卸料沉降离心机检修质量控制确认表

装置： 位号： 检修日期： 年 月 日至 年 月 日

项目		主要控制内容			等级	施工单位	生产车间	二级管理部门	公司管理部门
		标准值	部位	现场记录					
拆卸时检测									
转鼓允许径向摆动值	P-4000	≤0.08mm	转鼓上端与差速齿轮箱结合处外径		B				
	P-6000	≤0.15mm	转鼓上端与差速齿轮箱结合处外径		B				
自润滑轴承的允许磨损量	P-4000	≤0.25mm	径向		B				
		≤0.50mm	轴向						
	P-6000	≤0.50mm	径向						
		≤1.20mm	轴向						
行星齿轮滑动轴承	第一级行星齿轮	（ ）mm	轴径		C				
			间隙						
	第二级行星齿轮	（ ）mm	轴径						
			间隙						
输送器与转鼓间隙		1.5～2.5mm	轴向		C				
		4.8mm	径向						
齿轮啮合侧间隙	第一级太阳轮与行星轮	（ ）mm	中心距		B				
			侧间隙						
	第一级行星轮与内齿轮	（ ）mm	中心距		B				
			侧间隙						
	第二级中心轮与行星轮	（ ）mm	中心距		B				
			侧间隙						
	第二级行星轮与内齿轮	（ ）mm	中心距		B				
			侧间隙						

立式螺旋卸料沉降离心机检修质量控制确认表（续）

项目		主要控制内容			等级	施工单位	生产车间	二级管理部门	公司管理部门
		标准值	部位	现场记录					
机械密封压缩量		（　）mm	芯轴		B				
		（　）mm	齿轮箱		B				
回装时检测									
转鼓允许径向摆动值	P-4000	≤0.08mm	转鼓上端与差速齿轮箱结合处外径		B				
	P-6000	≤0.15mm	转鼓上端与差速齿轮箱结合处外径		B				
自润滑轴承的允许磨损量	P-4000	≤0.25mm	径向		B				
		≤0.50mm	轴向						
	P-6000	≤0.50mm	径向						
		≤1.20mm	轴向						
行星齿轮滑动轴承	第一级行星齿轮	（　）mm	轴径		C				
			间隙						
	第二级行星齿轮	（　）mm	轴径						
			间隙						
输送器与转鼓间隙		1.5～2.5mm	轴向		C				
		4.8mm	径向						
齿轮啮合侧间隙	第一级太阳轮与行星轮	（　）mm	中心距		B				
			侧间隙						
	第一级行星轮与内齿轮	（　）mm	中心距		B				
			侧间隙						
	第二级中心轮与行星轮	（　）mm	中心距		B				
			侧间隙						
	第二级行星轮与内齿轮	（　）mm	中心距		B				
			侧间隙						
机械密封压缩量		（　）mm	芯轴		B				
		（　）mm	齿轮箱		B				

注： A 级：施工单位、生产车间、二级管理部门、公司管理部门检查确认后签字。

B 级：施工单位和生产车间检查确认后签字。

C 级：施工单位检查确认后签字。

附　录 B

（资料性附录）

立式螺旋卸料沉降离心机试车与验收数据记录表

单位：____________　　　　　　　　　　　　　　　　　　日期：　　月　　日

设备位号		设备名称	
设备型号		安装地点	
检修单位		检修日期	
验收标准：			
试车验收内容			
检修、检查内容符合委托要求		检修记录规范、数据真实正确	
检修设备及系统零部件齐全好用		检修设备及周围场地清洁	
垫片安装、螺栓紧固符合要求		盘车无卡涩现象和异常声响	
润滑、密封、冷却等系统正常		电机点动或单试转向正确	
设备启动、负荷运转电流不超标		设备启动、负荷运转平稳无异常声响	
轴承（箱）振动、温度符合标准		各密封点无泄漏情况	
其他：			
连续运转____小时后，各项技术指标达到设计、工艺要求，验收合格。 检修质量评定结果____________ 参加验收人员（签字）： 检修单位人员________________________ 工艺、操作人员________________________ 设备管理人员________________________ 其他________________________			

注：本验收单一式三份（可复印），一份装置留存，一份检修单位保存，一份上交设动处。

卧式螺旋卸料沉降离心机维护检修规程

SHS 03028—2019

代替 SHS 03028—2004

目 次

前 言

本规程按照 GB/T 1.1—2009《标准化工作导则　第 1 部分：标准的结构和编写》给出的规则起草。

本规程代替 SHS 03028—2004《卧式螺旋卸料沉降离心机维护检修规程》，与 SHS 03028—2004 相比，除编辑性修改外，主要技术变化如下：

——壳体密封与进料管密封由机械密封改为干气密封系统；

——按设备完整性管理理念，根据RCM分析方法中的故障模式，合理确定检修周期；

——增加“6.2 主要故障与处理”，主要是通过 RCM 分析方法，根据故障模式，制定维修策略和维修周期。常见功能故障与处理部分按 RCM 分析方法重新编制；

——增加“附录 A 卧式螺旋卸料沉降离心机检修质量确认表”；

——增加“附录 B 卧式螺旋卸料沉降离心机试车与验收数据记录表”；

——细化了拆卸与检测、回装与质量标准。

本规程由中国石油化工集团有限公司、中国石油化工股份有限公司提出。

本规程起草单位：中国石油化工股份有限公司北京燕山分公司。

本规程主要起草人：刘思彤、王宝君。

本规程所代替规程的历次版本发布情况为：

SHS 03028—1992，SHS 03028—2004。

卧式螺旋卸料沉降离心机维护检修规程

1 范围

1.1 主题内容

本规程规定了卧式螺旋沉降离心机的检修周期和内容、检修与质量标准、试车与验收、维护与故障处理。

1.2 适用范围

本规程适用于石油化工卧式螺旋沉降离心机的维护与检修，其他化工装置卧式离心机的维护检修可参照执行。

2 规范性引用文件

下列文件对于本文件的应用是必不可少的。凡是注日期的引用文件，仅所注日期的版本适用于本文件。凡是不注日期的引用文件，其最新版本（包括所有的修改单）适用于本文件。

SHS 01009 管壳式换热器维护检修规程
SHS 01005 工业管道维护检修规程
SHS 03059 化工设备通用部件检修与质量标准
SHS 01028 变速机维护检修规程
SHS 01017 齿轮泵维护检修规程
SHS 01002 石油化工设备润滑管理制度
SHS 01073 一般机泵用联轴器检修及质量标准
SHS 01052 机械密封维护检修规程
三菱《卧式螺旋沉降离心机操作维护说明书》

3 检修周期与内容

3.1 检修周期

根据装置生产周期及运行安排情况，确定例行检修、维护周期；一般随装置的停车同步进行大修，通常为48个月至72 个月。

3.2 检修内容

3.2.1 检查差速器与外转鼓连接螺栓是否松动；检查差速器的油量，测量差速器径向跳动，必要时予以调整。

3.2.2 检查调整防静电传动皮带的松紧度，皮带轮是否磨损。

3.2.3 检查润滑油管路和接头，清洗或更换油过滤器滤芯、视镜，检查齿轮油泵运行情况。

3.2.4 检查密封气管路接头、流量计、压力表、变送器，清洗或更换氮气过滤器滤芯。

3.2.5 测量转子轴向窜动量。

3.2.6 检查更换剪切销、安全杠杆和扭矩限制器。

3.2.7 转鼓轴承（轴瓦）、油封处加润滑脂。

3.2.8 根据动态运行和监测数据安排项修。

1）检查差速器的润滑情况；

2）检查主轴承的磨损情况，更换润滑油（脂）；

3）检查液压联轴器轴承的磨损情况和润滑情况，检查油封是否失效；

4）检查止推轴承的润滑和磨损情况；

5）测量外转鼓连接法兰处的径向圆跳动，检查法兰连接螺栓有无松动；

6）检查修理或更换密封；

7）清洗下料口及其管道。

3.2.9 检查和修理内外转鼓。

3.2.10 检查并校正内外转鼓的动平衡。

3.2.11 更换内外转鼓轴承，油封及其易损件。

3.2.12 检查修理清洗润滑油泵、油冷却器，清洗油箱，更换润滑油。

3.2.13 检查和修理差速器。

3.2.14 检查修理或更换干气密封。

3.2.15 更换主机防静电皮带。

3.2.16 检查或更换离合器轴承和摩擦片。

3.2.17 检查清理进料管。

3.2.18 检查或更换小端下料口软连接。

3.2.19 检查或更换橡胶减振器。

4 检修程序与质量要求

4.1 拆卸前准备

4.1.1 各项准备工作应符合安全、环保、质量等方面的要求，应对检修过程进行危害识别及风险评估、环境因素识别和影响评价。

4.1.2 根据设备运行状况和检测记录，分析故障原因和部位，依据本规程制定详尽的检修技术方案；组织相关人员现场交底，并制定检修施工方案；检修人员应熟悉设备图纸、技术资料与检修方案。

4.1.3 检查落实物资准备（包括材料、备品、安全工具、施工机具等）和检修施工场地准备。

4.1.4 检查安全措施准备，放置好安全警示牌、安全警示绳，检修时必须对现场孔洞、楼梯口、吊装口设围栏或盖板，做好夜间照明及防盗等工作。

4.1.5 检查机组与外部系统水、电、汽（气）、介质的吹扫、排凝、隔断情况，应安全可靠。

4.1.6 落实好安全环保措施，按规定断水、断电、断汽（气）、物料倒空、置换完毕，具备检修条件，办理好检修作业票后，方可施工。

4.2 拆卸与检测

4.2.1 拆卸三角皮带，检查皮带轮与皮带磨损情况及平行度。

4.2.2 拆卸差速器，差速器的检修与质量标准执行SHS 01028《变速机维护检修规程》。

4.2.3 拆卸检查进料管及干气密封。

4.2.4 抽出转子解体检查。

4.2.5 检查转鼓体干气密封。

4.2.6 检查所有滚动轴承。

4.2.7 检查机座的橡胶减振器是否有损坏、溶胀、老化等现象，必要时更换新件。

4.2.8 检查并消除润滑系统渗漏、通油不畅等问题。

4.3 回装与质量标准

4.3.1 外转鼓的连接法兰径向圆跳动应小于0.002D（D为法兰外径），转子轴向窜动量应小于0.2mm。

4.3.2 转鼓两短轴安装密封处的径向圆跳动应小于0.05mm。

4.3.3 三角皮带轮连接盘、差速器连接盘与轴的配合采用H7/js6。

4.3.4 外转鼓内的防滑板条不得有脱焊、翘起，严重磨损等缺陷。

4.3.5 外转鼓内表面粗糙度应不大于Ra0.8，不允许有划痕，否则应进行抛光。

4.3.6 固体出料口挡板不得有松动。

4.3.7 小端出料口耐磨环上的硬质合金堆焊层不得有崩裂，脱落和严重磨损现象，否则应予修理或更换新件。

4.3.8 更换旋转件上的螺栓和螺母必须称重，与原件质量差应小于2g。

4.3.9 旋转叶片不得有裂纹、脱焊和严重磨损，否则应进行补焊修理。经补焊的螺旋推料面必须打磨光滑，修理后的转鼓必须作动平衡。

4.3.10 螺旋与两短轴组装后，螺旋叶外缘的径向圆跳动应小于0.03mm。花键轴和止推轴承处的径向圆跳动应小于 0.05mm。

4.3.11 更换或修复的溢流挡板，必须与原挡板一样，其质量差应小于 3g。

4.3.12 螺旋轴径与轴承的配合为 H7/k6。装配采用热装法，加热温度应小于 120℃。

4.3.13 左右轴径螺旋轴承孔与轴承配合为 K6。

4.3.14 轴瓦内表面应光滑无沟痕和裂纹，轴瓦与轴颈安装配合间隙为（0.0008～0.001）*d*（*d* 为轴瓦直径，mm），使用磨损后的间隙达 0.0025*d* 时，必须更换轴瓦（适用 VS 系列）。在其间某一数值时可视检修前运转时间、磨损量及检修后拟运转时间、可能的磨损量而决定更换否。

4.3.15 轴瓦与瓦座采用过盈配合，过盈量见表 1，安装轴瓦时，注意必须确保轴瓦与瓦座的润滑孔相通，同时更换油封、油嘴。

表 1 轴瓦与瓦座过盈配合，过盈量

设备规格	过盈量 /mm
VS350×1000	0.02～0.03
LWF-1000N	0.03～0.04

4.3.16 转子检修更换零件较多时或使用中振动超标时需校验动平衡。

4.3.17 内外转鼓分别校验动平衡，允许剩余不平衡量不得超过（ISO）G6.3 级规定，偏重部分可在转鼓法兰上去重或加重。

4.3.18 转子组装时，必须保证内转鼓两端面与外转鼓两端面之间的间隙相等。推力轴承外圈与轴承压盖的间隙 0～0.025 mm。

4.3.19 转子装在机座上，内转鼓两端轴颈的同轴度公差应小于 0.02mm。两端轴颈的径向圆跳动应小于 0.03mm。各部位对主轴承公共轴心线的径向圆跳动应小于 0.03mm。转鼓法兰的径向圆跳动应小于 0.12mm。皮带轮的径向圆跳动应小于 0.08mm。

4.3.20 内外转鼓间隙（外转鼓内径与内转鼓螺旋叶外缘之间隙。有防滑板条者指板条内径与螺旋叶外缘间隙）不得大于原间隙的 1.5 倍。

4.3.21 检修或更换转子时，应将外壳内壁上粘接的物料清理干净，上下壳体法兰密封面必须光洁平整，粗糙度不应大于 *Ra*3.2。

4.3.22 主动皮带轮离合器的磨擦片磨损量超过原值 1/3 时必须更换。

4.3.23 填料密封磨擦表面应光滑无划痕和沟槽，磨损量应小于 0.20mm。

4.3.24 液压联轴器检修

4.3.24.1 检查泵轮、涡轮叶片是否有开裂等缺陷。

4.3.24.2 检查油封是否老化、失效，必要是更换新件。

4.3.24.3 检查轴承磨损情况。

4.3.24.4 更换螺栓时必须称重。

4.3.24.5 密封面必须完好，有缺陷时要处理。

4.3.25 液压联轴器检修后，必须注入规定牌号的润滑油，油量按说明书规定量加入。

4.3.26 液压联轴器的径向和端部要装有一定温度的热控元件，热控元件的温度值遵照设计图样和技术资料规定。

4.3.27 液压联轴器与电机联轴器的找正见表2（适用VS系列）。

表2 联轴器找正

mm

径向跳动	端面跳动	联轴器轴向间隙
≤0.08	≤0.06	3～5

4.3.28 齿轮油泵检修，执行SHS 01017《齿轮泵检修规程》。

4.3.29 滚动轴承、联轴器的检修执行SHS 01073《一般机泵用联轴器检修及质量标准》、机械密封的检修执行SHS 01052《机械密封维护检修规程》。

5 试车与验收

5.1 试车前的准备

5.1.1 确认各项检修工作已完成，检修记录齐全，检修质量符合要求，有完整的试车方案。

5.1.2 设备零、部件完整无缺，螺栓紧固，具备试车条件。

5.1.3 安全附件校验合格，齐全完整。

5.1.4 仪表及联锁装置齐全、准确、灵敏、可靠。

5.1.5 各润滑部位按规定加注润滑油（脂），冲洗系统畅通无阻。

5.1.6 确认电动机转向符合设计规定。

5.1.6.1 盘车自如无卡涩。

5.1.6.2 有完整的润滑记录单。

5.2 试车

5.2.1 空负荷试车

5.2.1.1 空负荷试车1h，转动轻快自如，无异常声音，各部位润滑良好。

5.2.1.2 各部位振幅应符合表3要求。

表3 各部位振幅

mm

部位	主轴承	差速器	双轴承	进料口	机座	电机
空载	＜0.02	＜0.20	＜0.05	＜0.02	＜0.025	＜0.02
负荷	＜0.04	＜0.30	＜0.10	＜0.02	＜0.05	＜0.04

注： 规定振幅值小于上表数值的设备，按实际控制指标。

5.2.1.3 各滚动轴承温度应小于70℃；

5.2.1.4 干气密封可靠，无泄漏为合格，冷却液温度正常。

5.2.1.5 填料密封无泄漏为合格，冷却液温度正常。
5.2.1.6 差速器、液压联轴器及各部静密封无泄漏。
5.2.1.7 空载转矩或空载电流稳定，应小于规定值。
5.2.1.8 惰转时间不少于 8min。

5.2.2 负荷试车

5.2.2.1 各部位运转正常，符合要求。
5.2.2.2 电流正常、稳定，不超过规定值。
5.2.2.3 生产能力达到要求。
5.2.2.4 分离效果达到技术要求。
5.2.2.5 密封冷却液温度正常。
5.2.2.6 各部位振幅达到 5.2.1.2 条要求。
5.2.2.7 试车合格，达到完好标准。

5.3 验收

5.3.1 经试验合格，达到完好标准，质量符合本规程规定，办理验收手续。
5.3.2 验收技术资料。
5.3.2.1 检修质量及缺陷纪录。
5.3.2.2 主要零部件的无损检验报告。
5.3.2.3 更换零部件清单。
5.3.2.4 结构、尺寸、材质变更的审批文件。
5.3.2.5 试车纪录。

6 维护与故障处理

6.1 日常护内容

6.1.1 严格执行 SHS 01002《石油化工设备润滑管理制度》。
6.1.2 对土轴承的油压、油温、油量进行检查，检查差速器的油量。
6.1.3 检查密封气及密封冷却液的流量和压力。
6.1.4 检查各部位的振动情况。
6.1.5 检查机械保护及热控元件系统是否好用。

6.2 常见故障与处理

卧式螺旋卸料沉降离心机常见功能故障及处理见表 4。

表 4　卧式螺旋卸料沉降离心机常见功能故障与处理方法

功能	功能故障	故障模式	故障后果	故障应对策略与检修内容	检修周期／月
1. 保证离心机扭矩在工艺指标控制范围内	1.1 扭矩小于工艺指标范围	1.1.1 进料控制阀未能打开	联锁停机、降负荷	调整或维修进料控制阀	30
		1.1.2 皮带打滑或断裂	联锁停机、降负荷	调整或更换皮带	30
		1.1.3 差速器安全销断裂	联锁停机、降负荷	维修或更换安全销	6
		1.1.4 扭矩传感器故障	联锁停机、降负荷	维修或更换扭矩传感器	12
		1.1.5 扭矩限位开关故障	联锁停机、降负荷	维修或更换限位开关	12
		1.1.6 皮带轮或联轴器损坏	联锁停机、降负荷	维修或更换皮带轮和联轴器	36
	1.2 扭矩大于工艺控制指标	1.2.1 进料控制阀过大	负荷过高安全销断裂、联锁停机	调整进料阀	30
		1.2.2 差速器机械故障	联锁停机、降负荷	维修或更换差速器	12
		1.2.3 转鼓机械故障	联锁停机、降负荷	维修更换转鼓	12
		1.2.4 转鼓内部有塑化物	联锁停机、降负荷	维修清理转鼓	12
2. 保证离心机电流工艺在控制指标内	2.1 电流低于工艺控制指标	2.1.1 皮带或联轴器断裂	联锁停机、降负荷	维修或更换皮带和联轴器	6
		2.1.2 进料控制阀未打开、空载	联锁停机、降负荷	调整或维修进料控制阀，加负荷	30
	2.2 电流高于工艺控制指标	2.2.1 密封过紧	密封损坏、泄漏	维修调整密封压缩量	12
		2.2.2 内外转鼓间积有物料	过载停机	清理转鼓	12
		2.2.3 出料口下料不畅堵塞	过载停机	清理出料口	6
		2.2.4 皮带过紧	皮带断裂	调整皮带松紧度	6
		2.2.5 轴承故障	联锁停机、降负荷	维修更换轴承	12

表 4　卧式螺旋卸料沉降离心机常见功能故障与处理方法（续）

功能	功能故障	故障模式	故障后果	故障应对策略与检修内容	检修周期／月
3. 保证系统密闭生产	3.1 干气密封系统故障	3.1.1 干气密封严重磨损、密封环损坏	机体内介质外漏	更换干气密封密封	12
		3.1.2 密封与轴颈配合间隙过大	机体内介质外漏	检查安装间隙	12
		3.1.3 O 形圈或其他橡胶密封老化损坏	机体内介质外漏	更换 O 形圈	12
		3.1.4 气源压力不足	干气密封损坏、联锁停机	切换备用气源	30
		3.1.5 气源过滤器堵塞	干气密封损坏、联锁停机	切换过滤器、清理滤芯	12
		3.1.6 气源压力、流量变送器故障	联锁停机	维修、更换变送器	30
	3.2 静密封点泄漏	3.2.1 壳体贴合不严	机体内介质外漏	停车处理	36
		3.2.2 管线法兰连接泄漏	管线内介质外漏	停车处理	36
4. 保证机组连续运转	4.1 因机械故障造成机组不能连续运行	4.1.1 振动过大			
		4.1.1.1 转鼓跳动大	离心机振动变大	停车维修转鼓	12
		4.1.1.2 差速器与离心机对中不良	离心机振动变大，轴承和密封损坏，差速器损坏	停车找对中	12
		4.1.1.3 （离心机或差速器）轴承安装不当	离心机振动变大，进而损坏轴承和密封，停车处理	停车安装	12
		4.1.1.4（离心机或差速器）轴承损坏	离心机振动变大，进而损干气密封等部件，停车处理	更换轴承	12
		4.1.1.5 转鼓动平衡不良	离心机振动变大，进而损坏干气密封等部件，停车处理	拆检更换转鼓	12
		4.1.1.6 润滑油变质	离心机轴承油温或振动变大，进而损坏轴承，在线换油	置换油箱润滑油，直至分析合格	6
		4.1.1.7 动静部件碰擦	离心机振动变大，进而损坏干气密封等部件，停车处理	拆检测量	12

表 4　卧式螺旋卸料沉降离心机常见功能故障与处理方法（续）

功能	功能故障	故障模式	故障后果	故障应对策略与检修内容	检修周期／月
4. 保证机组连续运转	4.1 因机械故障造成机组不能连续运行	4.1.1.8 皮带过松或皮带轮与转鼓同轴度误差过大	离心机振动变大，皮带磨损	调整皮带，调整同轴度	12
		4.1.1.9 转子内积物料或进料不均	离心机振动变大，进而损坏干气密封等部件，停车处理。	检查、清理转子	12
		4.1.1.10 轴瓦装配不当、间隙过大	离心机振动变大，进而损坏干气密封等部件，停车处理。	拆检更换主轴瓦、调整间隙	30
		4.1.1.11 连接件松动	造成离心机振动变大，介质泄漏，停车处理需。	拆检紧固	30
		4.1.1.12 联轴节部件磨损	离心机振动变大，进而损坏干气密封等部件，停车处理。	停机拆检更换	36
	4.2 因润滑系统故障造成机组不能连续运行	4.2.1 主油泵运行故障	启动备用泵／若不能及时处理，机组停机	维修主油泵	36
		4.2.2 油泵电气设备（电机、启动按钮等）损坏	启动备用泵／若备用泵不能启动机组停机	联系电气专业处理	36
		4.2.3 油过滤器堵	润滑油压力下降，启动备用泵／机组停机	切换备用过滤器，清理滤芯	12
		4.2.4 油系统漏油	启动备用泵／若不能及时处理，机组停机	进行消漏	48
		4.2.5 油泵联轴器损坏	启动备用泵／若不能及时处理，机组停机	更换维修联轴器	36
		4.2.6 油泵出口压力过低（故障）	启动备用泵／若备用泵不能启动机组停机	切换备用泵或切换过滤器	36
		4.2.7 油箱内油量不足	润滑效果下降，润滑油温度上升	低于油箱下限，补油	6
		4.2.8 油冷却器冷却效果不好	润滑冷却效果下降，润滑油温度上升	切换、清理油冷器	48
		4.2.9 油冷器泄漏，润滑油进水乳化	润滑效果下降，润滑油温度上升	切换油冷器，维修油冷器	48

表 4　卧式螺旋卸料沉降离心机常见功能故障与处理方法（续）

功能	功能故障	故障模式	故障后果	故障应对策略与检修内容	检修周期／月
4. 保证机组连续运转	4.4 电气故障造成机组不能连续运行	4.4.1 主电机绕组绝缘击穿	机组停机	更换主电机绕组绝缘	48
		4.4.2 操作柱接地短路	机组停机	检修操作柱	30
		4.4.3 电机散热风扇坏	主电机定子温度高，烧绕组	更换电机风扇	30
		4.4.4 主曰机动力电缆接地短路	机组停机	检查动力电缆接线情况并更换	30
		4.4.5 主电机开关柜故障	机组停机	开关柜维修	30
		4.4.6 主电机轴承故障	机组停机	更换轴承	30
5. 保护功能（保证离心机安全运转）	5.1 不能达到温度、振动保护功能	5.1.1 温度探头故障	误报警，瓦轴损坏	维修、更换探头	30
		5.1.2 振动探头故障	误报警，瓦轴损坏	维修、更换探头	30
		5.1.3 线路故障	误报警，瓦轴损坏	维修线路	30
	5.2 不能达到润滑油保护功能	5.2.1 润滑油油压低，未联锁	压力探头故障	维修、更换探头	30
			压力变送器故障	维修、更换变送器	30
			线路断路	维修更换线路	30
	5.3 未达到扭矩保护功能	5.3.1 扭矩异常、未联锁	扭矩传感器故障	维修、更换扭矩传感器	30
			限位开关故障	维修更换限位开关	30
			线路断路	维修更换线路	30

附 录 A
（资料性附录）
卧式螺旋卸料沉降离心机检修质量控制确认表

项目	主要控制内容			等级	施工单位	生产装置	设备管理部	备注
	标准值	部位	现场记录					
拆卸时检测								
氮气过滤器清洁情况	清洁无杂质	过滤器		C	★			
干气密封泄漏情况	无明显泄漏	密封处		B	★	★		
皮带张紧情况	无下垂或运行无打滑	皮带		C	★			
皮带轮磨损情况	无明显磨损	皮带轮		C	★			
皮带轮平行度	≤0.05mm	皮带轮		B	★	★		
皮带轮径向圆跳动	≤0.05mm	皮带轮		B	★	★		
油泵联轴器同轴度	≤0.05mm	油泵		B	★	★		
油箱清洁情况	清洁无杂质	油站		C	★			
差速器密封情况	无明显泄漏	密封处		B	★	★		
安全销情况	无变形、裂纹	安全销		B	★	★		
扭矩传感器及限位开关	灵活、好用	扭矩保护装置		B	★	★		
转子轴向窜动量	≤0.2mm	转子		B	★	★		
转鼓轴安装密封处径向圆跳动	≤0.05mm	转鼓		B	★	★		
螺旋叶外缘径向圆跳动	≤0.03mm	螺旋		B	★	★		
螺旋花键轴和止推轴承处的径向圆跳动	≤0.05mm	螺旋		B	★	★		
轴瓦与轴颈安装配合间隙	(0.0008～0.001)d（d为轴瓦直径，mm）	轴瓦		B	★	★		
螺旋两端面与外转鼓两端面之间的间隙	相等	螺旋		B	★	★		
推力轴承外圈与轴承压盖的间隙	0～0.025mm	推力轴承		B	★	★		
外转鼓的连接法兰径向圆跳动	≤0.002D	转鼓		B	★	★		

卧式螺旋卸料沉降离心机检修质量控制确认表（续）

项目	主要控制内容			等级	施工单位	生产装置	设备管理部	备注
	标准值	部位	现场记录					
回装时检测								
氮气过滤器清洁情况	清洁无杂质	过滤器		C	★			
干气密封泄漏情况	无明显泄漏	密封处		B	★	★		
皮带张紧情况	无下垂或运行无打滑	皮带		C	★			
皮带轮磨损情况	无明显磨损	皮带轮		C	★			
皮带轮平行度	≤0.05mm	皮带轮		B	★	★		
皮带轮径向圆跳动	≤0.05mm	皮带轮		B	★	★		
油泵联轴器同轴度	≤0.05mm	油泵		B	★	★		
油箱清洁情况	清洁无杂质	油站		C	★			
差速器密封情况	无明显泄漏	密封处		B	★	★		
安全销情况	无变形、裂纹	安全销		B	★	★		
扭矩传感器及限位开关	灵活、好用	扭矩保护		B	★	★		
转子轴向窜动量	≤0.2mm	转子		B	★	★		
转鼓轴安装密封处径向圆跳动	≤0.05mm	转鼓		B	★	★		
螺旋叶外缘径向圆跳动	≤0.03mm	螺旋		B	★	★		
螺旋花键轴和止推轴承处的径向圆跳动	≤0.05mm	螺旋		B	★	★		
轴瓦与轴颈安装配合间隙	(0.0008～0.001)d(d为轴瓦直径，mm)	轴瓦		B	★	★		
螺旋两端面与外转鼓两端面之间的间隙	相等	螺旋		B	★	★		
推力轴承外圈与轴承压盖的间隙	0～0.025 mm	推力轴承		B	★	★		
外转鼓的连接法兰径向圆跳动	≤0.002D	转鼓		B	★	★		

注： A 级：施工单位、生产装置、设备管理部门专业人员检查确认后签字。

B 级：施工单位和生产装置专业人员检查确认后签字。

C 级：施工单位专业人员检查确认后签字。

另：如果有监理，监理的职责由甲方授权。

附　录　B

（资料性附录）

卧式螺旋卸料沉降离心机试车与验收数据记录表

装置：　　　　　　　　　　　　设备名称：　　　　　　　　　　　　位号：

试车参数记录：			记录时间											
记录名称	参数位号	标准	1：00	2：00	3：00	4：00	5：00	6：00	7：00	8：00	9：00	10：00	11：00	12：00
生产负荷														
电机电流														
电机轴承温度														
电机轴承振动														
差速器温度														
差速器振动														
机体轴承振动														
机体轴承温度														
冲洗液压力														
冲洗液流量														
机组扭矩值														
油泵出口压力														
润滑油温度														
润滑油过滤器压差														
干气密封压力														
干气密封流量														
出口温度														
泄漏情况														
运行异响														
验收确认		施工单位：					管理单位：					使用单位：		
备注：1. 三方签字验收后交付生产使用。2. 大修后 15 个工作日内，将试车记录及验收表扫描录入设备管理系统														

离心干燥机维护检修规程

SHS 03029—2019

代替 SHS 03029—2004

目　次

前　言

本规程按照 GB/T 1.1—2009《标准化工作导则　第 1 部分：标准的结构和编写》给出的规则修订。

本规程代替 SHS 03029—2004《离心干燥机维护检修规程》，与 SHS 03029—2004 相比，除了编辑性修改外，主要技术变化如下：

——检修周期与内容章节中，删除了小修的提法、小修周期和小修项目；

——在维护与故障处理章节中，采用了 RCM 的分析方法根据实际重新进行了编写；

——增加了规范性引用文件 HG/T 4272—2011《颗粒离心干燥机》；

——增加了相关技术检验要求及标准。

本规程由中国石油化工集团有限公司、中国石油化工股份有限公司提出。

本规程起草单位：天华化工机械及自动化研究设计院有限公司、中国石油化工股份有限公司北京燕山分公司。

本规程主要起草人：路原睿、韩东钊。

本规程所代替规程的历次版本发布情况为：

SHS 03029—1992，SHS 03029—2004。

离心干燥机维护检修规程

1 范围

1.1 主题内容

本规程规定了离心干燥机的检修周期和内容、检修与质量标准、试车与验收、维护与故障处理。

1.2 适用范围

本规程适用于聚乙烯、聚丙烯装置对产品颗粒进行脱水干燥的离心式干燥机。

2 规范性引用文件

下列文件对于本文件的应用是必不可少的。凡是注日期的引用文件，仅所注日期的版本适用于本文件。凡是不注日期的引用文件，其最新版本（包括所有的修改单）适用于本文件。

HG/T 4272 颗粒离心干燥机

GB/T 9239.1 机械振动 恒态（刚性）转子平衡品质要求 第1部分：规范与平衡允差的检验

GB/T 9239.2 机械振动 恒态（刚性）转子平衡品质要求 第2部分：平衡误差

3 检修周期及内容

3.1 检修周期

根据对设备功能故障及其影响分析的结果、有无备用设备并结合生产装置运行周期，确定设备检修周期，一般为48个月至60个月。

3.2 检修内容

3.2.1 外部检查

1）检查各部位螺栓紧固情况。

2）检查皮带轮和皮带磨损情况，调整皮带张紧力，必要时更换。

3）检查门垫片是否有损坏、渗漏，如有进行更换；

3.2.2 内部检查

1）检查清洗筛网和过滤网，对有损坏、堵塞等情况进行处理。

2）检查或更换轴承润滑油或润滑脂。

3.2.3 转子及轴承检查

1）处理运转中出现的问题。

2）对转子和叶片进行全面无损探伤检验，发现裂纹等缺陷进行处理。

3）检查测量各部间隙，必要时进行调整。

4）检查轴承磨损情况，必要时更换。

5）转子找静平衡，必要时做动平衡。

4 检修与质量标准

4.1 拆卸前准备

4.1.1 各项准备工作应符合安全、环保、质量等方面的要求，应对检修过程进行危害识别及风险评估、环境因素识别和影响评价。

4.1.2 根据设备运行状况和检测记录，分析故障原因和部位，依据本规程制定详尽的检修技术方案；组织相关人员现场交底，并制定检修施工方案；检修人员应熟悉设备图纸、技术资料与检修方案。

4.1.3 检查落实物资准备（包括材料、备品、安全工具、施工机具等）和检修施工场地准备。

4.1.4 检查安全措施准备，放置好安全警示牌、安全警示绳，检修时必须对现场孔洞、楼梯口、吊装口设围栏或盖板，做好夜间照明及防盗等工作。

4.1.5 检查机组与外部系统水、电、汽、风、介质的吹扫、排凝、隔断情况，应安全可靠。

4.1.6 落实好安全环保措施，按规定断水、断电、断汽（气）、物料倒空、置换完毕，具备检修条件，办理好检修作业票后，方可施工。

4.2 拆卸与检查

4.2.1 前期拆卸：

1）拆卸外壳检查门与空气过滤器；

2）拆卸底部机架防护罩。

4.2.2 转子的拆解：

1）拆卸转子严禁磕碰叶片和划伤筛网；

2）应力集中部位和叶片表面进行无损探伤检验，发现裂纹等缺陷进行修理或更换；

3）检查测量各部配合间隙，并记录；

4）检查转子轴颈和轴封部位表面粗糙度和圆柱度，并记录。

4.2.3 检查皮带张紧力和皮带轮与轴配合情况。

4.2.4 检查密封件的磨损情况，发现缺陷应更换。

4.2.5 检查筛网及过滤网，发现破裂、松动、堵塞等问题应进行修理或更换。

4.3 回装与质量标准

4.3.1 转子轴颈和轴封部位表面应光滑、其粗糙度应不大于 *Ra*0.8；圆柱度偏差不大于 0.02mm；

4.3.2 转子提升器底部与基座间隙一般在 6.5～12.5mm；转子提升器顶部与机壳顶部间隙为 8～10mm；转子叶片外径与筛网间隙一般在 8～13mm。

4.3.3 转子需要更换叶片时，对称叶片质量差不大于 5g。经过修复的转子需做动平衡，其平衡精度等级应达到 G6.3。

4.3.4 皮带轮与轴配合一般情况采用 H7/js6；必要时可采用 H7/k6。在安装和检修后应调整皮带张紧力，其挠度在每 1000mm 的跨度上为 1.6mm。

5 试车与验收

5.1 试车前的准备

5.1.1 机动专业及生产车间检查检修记录，确认检修数据正确。

5.1.2 试车前生产部门应编制机组试车方案，并经机动、安全、技术和生产专业审核。

5.1.3 设备零、部件完整无缺，螺栓紧固，具备试车条件。

5.1.4 仪表及联锁装置齐全、准确、灵敏、可靠。

5.1.5 检查机组的自保联锁系统和停车装置联校，调校完毕，联锁投用，相关方面确认合格签字。

5.1.6 各润滑部位按规定加注润滑油（脂）。

5.1.7 电动机单机试运转正常，旋转方向正确。

5.1.8 检查附属设备设施完好。

5.1.9 试车前所有零部件及附件必须齐全、完整。

5.2 试车

5.2.1 空负荷试车

5.2.1.1 点试电机，检查有无异常声响。

5.2.1.2 检查机组电流、振动、轴承温度等符合设计要求。

5.2.2 负荷试车

5.2.2.1 干燥机应空负荷启动，运转平稳后检查无异常方可进料。
5.2.2.2 进料量应逐步达到满负荷，同时检查电流值、振动值、轴承温度应在标准范围内，整机运转平稳，满足设计要求。

5.3 验收

5.3.1 机组试车应符合以下要求，并达到验收标准后，方能验收并交付生产部门运行：要在额定工况下进行不少于 72h 的连续运转；能满足生产需求且技术性能达到设计要求；控制系统及监测系统运行良好，各调节机构动作快速、灵活、准确；有完整、真实的试车记录。
5.3.2 设备达到完好标准。
5.3.3 按规定办理验收手续。
5.3.4 生产车间负责督促检修单位在机组检修完成后，在规定的工作日内将关键机组“检修记录”和“检修质量验收单”（电子版和书面版）等检修资料交付生产部门审核、存档，检修资料内容必须准确、完整填写。生产部门审核无误后，在机组检修完成后，在规定工作日内将检修资料和试车记录等检修资料上传 EM 系统存档。

6 维护与故障处理

6.1 日常维护

6.1.1 经常检查转动部件的运转情况，无杂音，电流值、振动值等在标准范围内。
6.1.2 维护时间：执行五位一体特护巡检要求。
6.1.3 设备状态监测员每月进行监测机组各部的振动情况，建立监测数据库。如发现不正常声响或振动值明显增大时，应及时采取措施或停机检查，排除故障。

螺栓、螺母无松动，紧固良好。

6.1.4 定期检查筛网及过滤网工作情况良好，整机应无渗漏。
6.1.5 定期检查皮带松紧程度。
6.1.6 保持机组与现场清洁，及时清理机座下的积液，机体安全罩完整，无腐蚀损坏。

6.2 常见故障与处理

离心干燥机常见功能故障与处理方法见表 1。

表 1　离心干燥机常见功能故障与处理方法

序号	功能	功能故障	故障模式	故障后果	故障应对策略与检修内容	检修周期／月
1	保证设备稳定运行	设备运行过程中产生振动	转子装配不当	生产负荷下降；产品质量不合格，非计划停车	定期巡检；发现异常后重新进行装配	视情而定
			聚合物堵塞转子	生产负荷下降；产品质量不合格	定期巡检，检查发现堵塞后清除聚合物	视情而定
			轴承损坏	生产负荷下降；产品质量不合格，非计划停车	定期巡检，测量轴承运转温度与监听异响，及时停机更换轴承	视情而定
2	保证无异常噪声产生	设备运行过程中产生异响	配合间隙不当	生产负荷下降；产品质量不合格，非计划停车	定期巡检，发现异常后停车调整各部件间隙，达到标准值	视情而定
			轴承损坏	生产负荷下降；产品质量不合格，非计划停车	定期巡检，测量轴承运转温度与监听异响，及时停机更换轴承	视情而定
3	保证机组连续运转	传动系统不正常，皮带打滑	皮带松	生产负荷下降；产品质量不合格，非计划停车	调整皮带张紧	视情而定
			皮带受潮	生产负荷下降；产品质量不合格，非计划停车	烘干并调整皮带	视情而定
			干燥机聚合物过多	生产负荷下降；产品质量不合格，非计划停车	定期巡检，检查发现后清除聚合物	视情而定
			皮带轮磨损	生产负荷下降；产品质量不合格，非计划停车	更换皮带轮	视情而定
		电机超负荷	转子转动方向不对	产品质量不合格，非计划停车	重新接线	视情而定
			轴承损坏	生产负荷下降；产品质量不合格，非计划停车	定期巡检，测量轴承运转温度与监听异响，及时停机更换轴承	视情而定
			聚合物堵塞转子	生产负荷下降；产品质量不合格	定期巡检，检查发现堵塞后清除聚合物	视情而定

附　录　A
（资料性附录）
离心干燥机检修质量控制确认表

项目	主要控制内容			等级	施工单位	生产装置	设备管理部	备注
	标准值	部位	现场记录					
拆卸时检测								
转子抄板与筛网间隙	设计值	转子		B	★	★		
转子两端轴头径向跳动	设计值	转子		B	★	★		
皮带张紧情况	无下垂或运行无打滑	滤板		B	★	★		
顶部空气滤清器无堵塞	无堵塞	空气滤清器		B	★	★		
皮带轮磨损情况	无明显磨损	皮带轮		B	★	★		
回装时检测								
转子抄板与筛网间隙	设计值	转子		B	★	★		
皮带与护板的间隙	设计值	皮带		B	★	★		
皮带的松紧	无下垂或运行无打滑	皮带		B	★	★		
转子底部与壳体底部间隙	设计值	转子		B	★	★		

控制级别说明： A 级：分部机动处专业人员、车间设备员 / 设备主任、施工单位检查人员。
B 级：车间质量管理人员、施工单位检查人员。
C 级：施工单位检查人员。
另：如果有监理，监理的职责由甲方授权。

附　录　B

（资料性附录）

离心干燥机试车与验收数据记录表

装置：　　　　　　设备名称：　　　　　　位号：

试车参数记录：			记录时间											
记录名称	参数位号	标准	1：00	2：00	3：00	4：00	5：00	6：00	7：00	8：00	9：00	10：00	11：00	12：00
电机电流														
电机前轴承温度														
电机后轴承温度														
转子上部轴承温度														
转子下部轴承温度														
机架振动														
泄漏情况														
运行异响														
验收确认		施工单位：				管理单位：					使用单位：			
备注：1. 三方签字验收后交付生产使用。2. 大修后 15 个工作日内，将试车记录及验收表扫描录入设备管理系统														

滚筒干燥机维护检修规程

SHS 03030—2019

代替 SHS 03030—2004

目　次

前 言

本规程按照GB/T 1.1—2009《标准化工作导则 第1部分：标准的结构和编写》给出的规则起草。

本规程代替SHS 03030—2004《滚筒干燥机维护检修规程》，与SHS 03030—2004相比，除编辑性修改外主要技术变化如下：

——滚筒干燥机检修周期；

——增加了“6.2 主要故障与处理”，主要是根据故障模式，制定维修策略和维修周期；

——增加“滚筒干燥机检修质量确认表”“滚筒干燥机试车与验收数据记录表”。

本规程由中国石油化工集团有限公司、中国石油化工股份有限公司提出。

本规程起草单位：天华化工机械及自动化研究设计院有限公司。

本规程主要起草人：张岩，窦岩，令永功，刘浩。

本规程所代替规程的历次版本发布情况为：

SHS 03030—1992，SHS 03030—2004。

滚筒干燥机维护检修规程

1 范围

1.1 主题内容

本规程规定了滚筒干燥机的检修周期与内容、检修程序与质量标准、试车与验收、维护与故障处理。

1.2 适用范围

本规程适用于石化企业中蒸汽间接加热式滚筒干燥机的维护和检修。各单位在具体检修时，根据本规程结合实际情况编制相应检修方案。

2 规范性引用文件

下列文件对于本文件的应用是必不可少的。凡是注日期的引用文件，仅所注日期的版本适用于本文件。凡是不注日期的引用文件，其最新版本（包括所有的修改单）适用于本文件。

GB/T 150.1～4 压力容器

HG/T 5639 煤调湿蒸汽回转干燥机

3 检修周期与内容

3.1 检修周期

根据对设备功能故障及其影响分析的结果、有无备用设备并结合生产装置运行周期，确定设备检修周期，一般为 12 个月。

3.2 检修内容

1）检查或更换进、排料端大密封填料；

2）检查螺旋进料器，修理或更换螺旋主轴，更换易损件；

3）检修振动锤击器；

4）修理或更换填料密封函；检查进、排料侧大密封函间隙并调整；

5）检查或更换蒸汽列管和排气弯管，有无泄漏和腐蚀；

6）检查滚筒内部腐蚀情况；

7）检查或更换轮箍、托轮、挡轮等处的轴承，更换润滑脂；

8）检修或更换主、副减速机、螺旋进料器减速机；
9）检修或更换离合器、液力偶合器、联轴器；清洗更换润滑油、润滑脂；
10）检修或更换旋转接头；
11）测量筒体倾斜度，基准找正；
12）检查大小驱动齿轮啮合间隙；
13）检查、清洗油润滑系统；
14）检查或更换保温。

4 检修与质量标准

4.1 拆卸前准备

4.1.1 各项准备工作应符合安全、环保、质量等方面的要求，应对检修过程进行危害识别及风险评估、环境因素识别和影响评价。
4.1.2 根据设备运行状况和检测记录，分析故障原因和部位，依据本规程制定详尽的检修技术方案；组织相关人员现场交底，并制定检修施工方案；检修人员应熟悉设备图纸、技术资料与检修方案。
4.1.3 检查落实物资准备（包括材料、备品、安全工具、施工机具等）和检修施工场地准备。
4.1.4 检查安全措施准备，放置好安全警示牌、安全警示绳，检修时必须对现场孔洞、楼梯口、吊装口设围栏或盖板，做好夜间照明及防盗等工作。
4.1.5 检查机组与外部系统水、电、汽、风、介质的吹扫、排凝、隔断情况，应安全可靠。
4.1.6 落实好安全环保措施，按规定断水、断电、断汽（气）、物料倒空、置换完毕，具备检修条件，办理好检修作业票后，方可施工。

4.2 拆卸与检测

4.2.1 驱动部分

4.2.1.1 拆卸电机与减速机之间的联轴器或液力偶合器，重新检查对中情况，并记录。
4.2.1.2 检查大小驱动齿轮啮合间隙及磨损量，轮箍与托轮、挡轮的磨损量，并记录。

4.2.2 密封填料部分

4.2.2.1 拆卸填料压盖，取出旧填料，检查密封函表面有无损伤，必要时调整四周间隙，测量间隙值；
4.2.2.2 新填料装入前加润滑脂，压盖的预紧力要均匀。
4.2.2.3 筒体磨损情况、测量筒体与密封函间隙。

4.2.3 螺旋进料部分

4.2.3.1 拆卸链条、链轮，滚动轴承，压盖，抽出螺旋主轴。
4.2.3.2 检查螺旋主轴有无裂纹，检查主轴直线度偏差的情况。
4.2.3.3 检查轴套、滑动轴承的磨损情况。
4.2.3.4 检查传动链条、链轮的磨损情况，检查链条的松弛量。

4.2.4 滚动部分

4.2.4.1 拆卸螺旋输送器，拆除排气弯管保温，充空气检查蒸汽列管和排气弯管泄漏情况。
4.2.4.2 拆卸罩壳、弯管、更换敲击锤垫层、钢球。
4.2.4.3 检查滚筒内部腐蚀情况。
4.2.4.4 检查或更换滚筒两端盖垫片，蒸汽列管束填料。
4.2.4.5 更换托轮、轴承采取单头起重筒体取出托轮，托轮取出前要用枕木将筒体垫实。拆下托轮前，在托轮支架与基础底板接合处精确做好标记，复位时可利用此标记对中。托轮复位后检查滚筒体与进、排料端部件对中，校正大密封函的间隙，必要时可移动托轮来调整。

4.2.5 润滑油部分

4.2.5.1 清洗油箱、滤油网吹扫油管。
4.2.5.2 解体检修油泵。
4.2.5.3 检查、清洗油润滑系统。

4.2.6 旋转接头部分

4.2.6.1 拆卸连接管道，将旋转接头放置在检修位置。
4.2.6.2 按图 1 和图 2 所示解体检查机械密封和轴承、转动轴等。

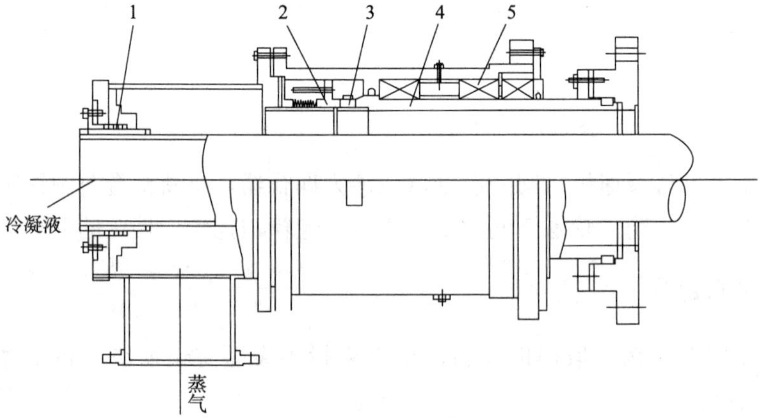

图 1 三端面密封旋转接头示意图

1—填料；2—轴承；3—密封环；4—座环；5—转轴

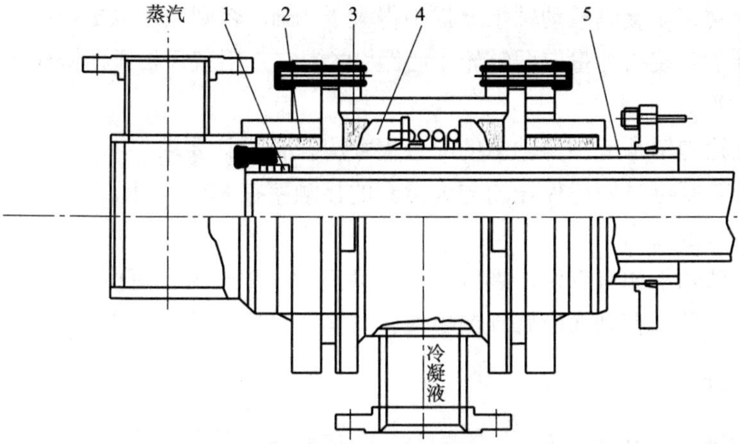

图 2　波纹管旋转接头示意图

1—填料；2—波纹管机械密封；3—浮动石墨环；4—转轴；5—轴承

4.3　回装与质量标准

4.3.1　回装项目

4.3.1.1　驱动部分

4.3.1.1.1　驱动齿轮啮合的侧隙和顶隙应符合设计要求；

4.3.1.1.2　筒体倾斜度参照设计规定值调整。

4.3.1.2　密封填料部分

4.3.1.2.1　密封函的椭圆度小于 0.5mm（见图 3、图 4），内表面应光滑平整，密封函的间隙应符合设计要求；

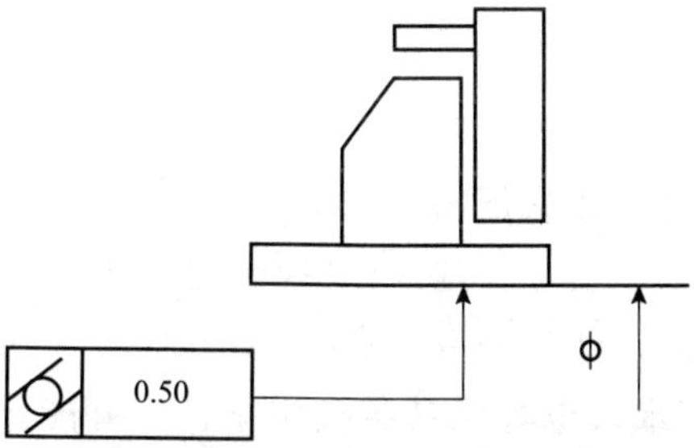

图 3　进料端密封面椭圆度测量

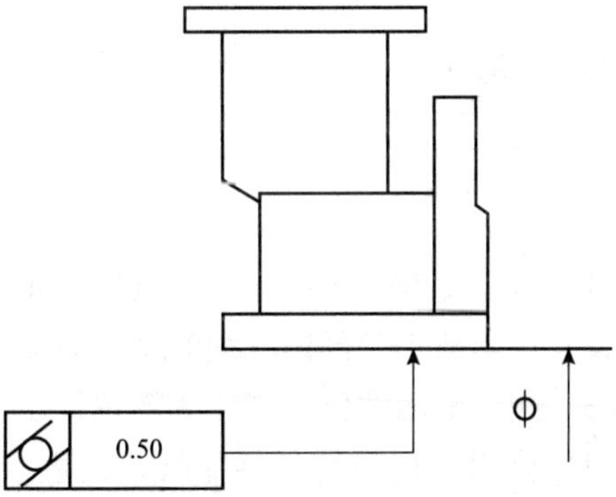

图 4　出料端密封面椭圆度测量

4.3.1.2.2　填料搭口缝隙应小于 2mm，每根填料搭口应错位 90°。

4.3.1.3　螺旋进料部分

4.3.1.3.1　主轴直线度偏差不得超过 1mm，螺旋装入进料箱后，叶片与壁间隙不得小于 5mm；

4.3.1.3.2 轴套、非金属滑动轴承磨损不得大于 1mm，否则应予以更换；
4.3.1.3.3 链条安装松弛量取两链轮中心距 2%为宜，用直尺校正两链轮平面。
4.3.1.4 滚动部分
4.3.1.4.1 托轮与轴承或轴与轴承的配合尺寸应符合设计要求。
4.3.1.4.2 托轮复位时应确保托轮与大滚圈的接触率在 80%以上。
4.3.1.5 旋转接头部分
4.3.1.5.1 滑动轴承如有划伤、裂缝及径向磨损大于 1mm 时应更换；
4.3.1.5.2 转动轴如有划伤应修理或更换。

4.3.2 质量标准

4.3.2.1 联轴器的检修执行 SHS 01073《一般机泵用联轴器检修及质量标准》；
4.3.2.2 减速机的检修执行 SHS 01028《变速机维护检修规程》；
4.3.2.3 机械密封的检修质量执行 SHS 01052《机械密封维护检修规程》中的有关规定；
4.3.2.4 齿厚最大磨损值见表 1。

表 1 齿厚最大磨损值

圆周线速度 / （m/s）	≤2	2～6	≥6
最大允许磨损量 /mm	0.24*m*	0.16*m*	0.10*m*

注：*m* 为齿轮法向模数。

4.3.2.5 加热系统的检修参照 HG/T 5639《煤调湿蒸汽回转干燥机》中的有关规定。
4.3.2.6 对加热系统进行修补后应按照图纸技术要求或 GB/T 150.1～4《压力容器》进行水压试验。

5 试车与验收

5.1 试车前准备

5.1.1 机动专业及生产车间检查检修记录，确认检修数据正确；
5.1.2 试车前生产部门应编制试车方案，并经机动、安全、技术和生产专业审核；
5.1.3 检查油箱油位，液位为液位计上、下限之间，油品分析合格；
5.1.4 公用工程系统包括氮气、仪表空气、冷却水、电等已具备投用条件，并能正常供给；
5.1.5 检查机组密封气、密封水和密封油压力应符合工艺指标要求；
5.1.6 检查机组的自保联锁系统和停车装置联校，调校完毕，联锁投用，相关方面确认合格签字；
5.1.7 电动机单机试运转正常，旋转方向正确；
5.1.8 检查附属设备设施完好；

5.1.9　试车前所有零部件及附件必须齐全、完整；

5.1.10　工艺、设备、电气、仪表、检修单位及有关试车人员必须在场。试车必备的测试仪器准备好；

5.1.11　机动部门组织生产部门、检修单位、电气、仪表等专业技术人员进行试车条件确认，并在“机组开车条件确认表”上签名。

5.2　试车

5.2.1　空负荷试车

5.2.1.1　点动油泵、螺旋输送器、主机，确认转向；

5.2.1.2　启动油泵、螺旋输送器、主机，检查有无异常、振动、异音，电流是否正常等情况；

5.2.1.3　检查轴承有无异音，温度不得超过 70℃；

5.2.1.4　检查填料函有无异音，温度不得超过 90℃。

5.2.2　升温试车

5.2.2.1　升温运转按操作手册规定缓慢进行；

5.2.2.2　检查机械密封，蒸汽系统有无泄漏；

5.2.2.3　检查填料函温度有无异常情况；

5.2.2.4　干燥机升温运转至温度、蒸汽压力符合工艺要求后，无异常情况。

5.2.3　试车过程中，操作人员应按试车方案要求进行，机动处、生产车间、保运单位、电气车间、仪表车间等专业技术人员应现场监护，关注机组的运行情况，状态监测人员做好轴振动、轴承温度、机身位移等监测，生产车间做好试车记录。机组运行稳定后，必要时可做机组的性能试验。

5.2.4　试车过程中，检修人员应记录人员应按时准点记录，发现异常情况应立即停车。

5.3　验收

5.3.1　设备试车应符合以下要求，并达到验收标准后，方能验收并交付生产部门运行：要在额定工况下进行不少于 72h 的连续运转；能满足生产需求且技术性能达到设计要求；控制系统及监测系统运行良好，各调节机构动作快速、灵活、准确；有完整、真实的试车记录；

5.3.2　设备达到完好标准；

5.3.3　按规定办理验收手续；

5.3.4　生产车间负责督促检修单位在设备检修完成后，在规定的工作日内将“检修记录”和“检修质量验收单”（电子版和书面版）等检修资料交付生产部门审核、存档，检修资料内容必须准确、完整填写。生产部门审核无误后，在设备检修完成后，在规定工作日内将检修资料和试车记录等检修资料上传 EM 系统存档。

6 维护与故障处理

6.1 日常维护

6.1.1 检查油泵运行是否正常，各润滑点定时定量加油（注润滑脂）；

6.1.2 检查蒸汽疏水器是否畅通；

6.1.3 检查旋转接头是否漏气，有无异音；

6.1.4 检查冷却筒体大填料的空气、氮气和冷却水是否畅通；

6.1.5 检查螺旋进料器的滑动轴承，冷却氮气是否畅通；

6.1.6 检查各处轴承温度是否正常、有无异音；

6.1.7 检查各处填料是否泄漏、温度是否正常；

6.1.8 检查支撑弹簧长度有无改变；

6.1.9 检查主机、副机的电流是否正常，进料螺旋输送器、变速机、联轴器等是否运转良好；

6.1.10 检查链条传动有无异常、链条松紧适中，润滑是否良好；

6.1.11 检查紧固件有无松动。

6.2 常见故障与处理

滚筒干燥机常见功能故障与处理方法见表 2。

表 2 滚筒干燥机常见功能故障与处理方法

序号	功能	功能故障	故障模式	故障后果	故障应对策略与检修内容	检修周期／月
1	保证设备连续稳定运转	传动系统不正常	滚动轴承损坏	非计划停工	定期定量加注润滑脂；根据检修周期更换滚动轴承	12~24
			链条太松或过紧	链条噪声过大或链条抖动	调节紧链器或除掉过长链节	视情而定
			齿轮间有噪声和振动	噪声过大或抖动	大齿轮固定或连接螺栓松动，检查螺栓并正确拧紧	视情而定
			齿轮间的啮合不良	噪声过大或抖动	按照安装说明书检查和调整齿面	12~24
			齿轮工作表面有凹坑	噪声过大或抖动	大小齿轮啮合面之间的润滑不足或润滑油变质，检查润滑条件，增加润滑油量或更换新油	视情而定
			链条、链轮过度磨损	链条噪声过大或链条抖动	更换链条或链轮	视情而定

表 2　滚筒干燥机常见功能故障与处理方法（续）

序号	功能	功能故障	故障模式	故障后果	故障应对策略与检修内容	检修周期／月
1	保证设备连续稳定运转	传动系统不正常	各链轮不在同一平面内	链条噪声过大或链条抖动	调整使相邻两个链轮轴向偏差不大于中心距的0.20%～0.40%	12～24
1	保证设备连续稳定运转	传动系统不正常	链条断开	链条噪声过大或链条抖动	更换链条	24～36
1	保证设备连续稳定运转	传动系统不正常	链条卡涩	链条噪声过大或链条抖动	链条上加润滑油	2 天 1 次
1	保证设备连续稳定运转	传动系统不正常	填料与传动轴接触过紧	噪声过大或抖动	调整填料压盖	视情而定
1	保证设备连续稳定运转	传动系统不正常	填料压盖偏斜后与传动轴接触摩擦	噪声过大或抖动	调整填料压盖	视情而定
1	保证设备连续稳定运转	减速机故障	减速机有噪声或振动	减速机振动大	重新对中，由于支座松动或基础的不平造成驱动系统的中心偏移，检查基础的平面度，找正驱动系统的中心，拧紧螺栓	视情而定
1	保证设备连续稳定运转	减速机故障	滚子或齿轮磨损	减速机振动大	更换配件	36～48
1	保证设备连续稳定运转	减速机故障	轴承磨损	减速机振动大或温度过高	更换轴承	12～24
1	保证设备连续稳定运转	减速机故障	润滑油不足	减速机温度过高	加润滑油	视情而定
1	保证设备连续稳定运转	减速机故障	超负荷	减速机温度过高	查找超负荷原因并处理	视情而定
1	保证设备连续稳定运转	电机故障	超负荷，电流过载	非计划停工	进料量或物料湿含量超过设计规定值，检查操作条件（进料量、湿含量等），保证干燥机运行在正常操作范围内	视情而定
1	保证设备连续稳定运转	电机故障	电压不足，电流过载	非计划停工	检查电网电压	视情而定
1	保证设备连续稳定运转	电机故障	出料不畅，电流过载	非计划停工	造成物料在筒体内部堆积，检查是否因内漏或其他原因造成物料结块，清理物料，修补漏点	视情而定
1	保证设备连续稳定运转	电机故障	电流过载	非计划停工	滚圈罩及齿轮罩上的填料密封压得过紧，适当放松填料压盖的压紧力	视情而定

表 2　滚筒干燥机常见功能故障与处理方法（续）

序号	功能	功能故障	故障模式	故障后果	故障应对策略与检修内容	检修周期／月
2	保证螺旋进料器连续稳定进料	不能连续稳定进料或泄漏	螺旋进料器声音异常	生产负荷下降；非计划停工	定期巡检；停机检查螺旋叶片与壳体之间间隙；调整间隙恢复到正常值	视情而定
			电流波动大	非计划停工	链条松、压盖过紧及间隙不当、缺润滑脂；调整填料压盖，加润滑脂	视情而定
			填料函温度过高	非计划停工	冷却介质不畅通，重新更换安装填料，保证冷却介质通道通畅；	视情而定
3	支撑系统可靠稳定运转	支撑系统不正常	托轮、挡轮过度磨损	非计划停工	定期巡检，托轮接触角度超差，调正接触角度	12～24
			滚圈、托轮、挡轮有噪声或振动	非计划停工	检查润滑油系统，滚圈、托轮、挡轮之间滚动轴承润滑不足或润滑介质变质，检查润滑条件，润滑不足加油（脂），润滑介质变质更换新油（脂），恢复正常润滑	视情而定
			托挡轮轴承损坏	非计划停工	定期巡检；观测轴承温升，更换轴承	36～48
			表面有凹坑，过度磨损	非计划停工	托轮中心不正确，检查滚圈、托轮的接触面，如果有问题，调节托轮	视情而定
			表面有凹坑，过度磨损	非计划停工	装配螺栓或固定螺栓松动，检查螺栓并正确拧紧	视情而定
			表面有凹坑，过度磨损	非计划停工	托轮基础水平度有变化（或安装不平），检查基础水平度	视情而定
4	不凝汽排出通畅	不凝汽排出不畅、有水击声	疏水器故障	生产负荷下降	检修疏水器	视情而定
			不凝汽排出孔堵塞	生产负荷下降	检修疏通不凝汽排出弯管	视情而定
5	蒸汽及冷凝液排出通畅、无水击	蒸汽及冷凝液排出不畅、有水击声	旋转接头故障	生产负荷下降或非计划停工；	检修旋转接头	视情而定

表 2　滚筒干燥机常见功能故障与处理方法（续）

序号	功能	功能故障	故障模式	故障后果	故障应对策略与检修内容	检修周期 / 月
6	密封部位无泄漏	密封部位物料泄漏	填料函中心不准，导致填料函间隙不均匀	生产负荷下降	检查并调整填料函间隙	12～24
			填料松弛	生产负荷下降	压紧填料并添加润滑脂，并增大氮气反冲量	视情而定
			填料损坏	生产负荷下降	更换填料	视情而定
			壳体内压力过高	生产负荷下降	检查尾气管道和引风机	视情而定
7	产品湿含量偏高	产品湿含量偏高	产品的停留时间太短	生产负荷下降；非计划停工	降低筒体转速或增加溢流环高度	视情而定

附 录 A
（资料性附录）
滚筒干燥机检修质量控制确认表

项目		主要控制内容			等级	施工单位	生产装置	设备管理部门	备注
		标准值	部位	现场记录					
拆卸时检测									
大密封填料部分	进料端间隙	椭圆度小于0.5mm	前		A	★	★	★	
			后						
	出料端间隙	椭圆度小于0.5mm	前		A	★	★	★	
			后						
螺旋叶片与壳体间隙		设计值（间隙不得小于5mm）	前		A	★	★	★	
			后						
大小驱动齿轮磨损量		设计值	大		A	★	★	★	
			小						
驱动齿轮啮合的侧隙和顶隙		设计值	前		A	★	★	★	
			后						
轮箍与托轮、挡轮的磨损量		设计值	前		A	★	★	★	
			后						
托轮与大滚圈的贴合率		85%以上	前		A	★	★	★	
			后						
回装时检测									
大密封填料部分	进料端间隙	椭圆度小于0.5mm	前		A	★	★	★	
			后						
	出料端间隙	椭圆度小于0.5mm	前		A	★	★	★	
			后						
螺旋叶片与壳体间隙		设计值（间隙不得小于5mm）	前		A	★	★	★	
			后						
大小驱动齿轮磨损量		设计值	大		A	★	★	★	
			小						
驱动齿轮啮合的侧隙和顶隙		设计值	前		A	★	★	★	
			后						

滚筒干燥机检修质量控制确认表（续）

项目	主要控制内容			等级	施工单位	生产装置	设备管理部门	备注
	标准值	部位	现场记录					
轮箍与托轮、挡轮的磨损量	设计值	前		A	★	★	★	
		后						
托轮与大滚圈的贴合率	85%以上	前		A	★	★	★	
		后						

注： A 级：施工单位、生产装置、设备管理部门专业人员检查确认后签字。

B 级：施工单位和生产装置专业人员检查确认后签字。

C 级：施工单位专业人员检查确认后签字。

另：如果有监理，监理的职责由甲方授权。

附　录　B

（资料性附录）

滚筒干燥机试车与验收数据记录表

装置：　　　　　　　　　　　　设备名称：　　　　　　　　　　　　位号：

试车参数记录：			记录时间											
记录名称	参数位号	标准	1：00	2：00	3：00	4：00	5：00	6：00	7：00	8：00	9：00	10：00	11：00	12：00
主电机电流														
螺旋电机电流														
前托轮轴承温度														
后托轮轴承温度														
挡轮轴承温度														
螺旋轴承温度														
进料密封温度														
出料密封温度														
热介质流量														
热介质进口压力														
热介质出口压力														
热介质进口温度														

滚筒干燥机试车与验收数据记录表（续）

试车参数记录：			记录时间											
记录名称	参数位号	标准	1：00	2：00	3：00	4：00	5：00	6：00	7：00	8：00	9：00	10：00	11：00	12：00
热介质出口温度														
前滚圈径向跳动值														
前滚圈轴向跳动值														
后滚圈径向跳动值														
后滚圈轴向跳动值														
大齿圈径向跳动值														
大齿圈轴向跳动值														
密封泄漏情况														
运行异响														
验收确认		施工单位：					管理单位：					使用单位：		
备注：1. 三方签字验收后交付生产使用。2. 大修后 15 个工作日内，将试车记录及验收表扫描录入设备管理系统														

膨胀干燥机维护检修规程

SHS 03031—2019

代替 SHS 03031—2004

目 次

前　言

本规程按照GB/T 1.1—2009《标准化工作导则　第1部分：标准的结构和编写》给出的规则起草。

本规程代替 SHS 03031—2004《膨胀干燥机维护检修规程》，与SHS 03031—2004相比，除了编辑性修改外，主要技术变化如下：

——检修周期的变化；

——增加或更改检修前的准备事项、检修内容以及质量标准；

——增加设备的拆卸与检测、回装与质量标准相关内容；

——增加试车前准备工作、试车及验收项目；

——增加检修相关数据图表；

——增加日常巡检内容；

——按RCM格式编写“膨胀干燥机常见功能故障与处理方法”。

本规程由中国石油化工集团有限公司、中国石油化工股份有限公司提出。

本规程起草单位：哈尔滨博实自动化股份有限公司（2020）。

本规程主要起草人：张微。

本规程所代替规程的历次版本发布情况为：

SHS 03031—1992，SHS 03031—2004。

膨胀干燥机维护检修规程

1 范围

1.1 主题内容

本规程规定了合成橡胶装置膨胀干燥机的检修周期和内容、检修程序与质量标准、试车与验收、维护与故障处理。

1.2 适用范围

本规程适用于哈尔滨博实股份有限公司（以下简称“哈博实”）生产的合成橡胶后处理膨胀干燥机的检修与维护，也适用于其他类似的膨胀干燥机的检修与维护。

2 规范性引用文件

下列文件对于本文件的应用是必不可少的。凡是注日期的引用文件，仅所注日期的版本适用于本文件。凡是不注日期的引用文件，其最新版本（包括所有的修改单）适用于本文件。

API 614　润滑、轴密封和控制油系统及辅助设备

SH/T 3538　石油化工机器设备安装工程及验收规范

HG 20203　化工机器安装工程施工及验收通用规范

3 检修周期和内容

3.1 检修周期

依据生产情况及工艺要求随时进行检修，不能满足正常生产情况停车进行检修，确定膨胀干燥机检修周期，一般为 24 个月。

3.2 检修内容

3.2.1 动力传动部分

1）检查、修理或更换齿轮减速机，检查减速机轴承间隙；

2）检查、修理或更换电机（直流、变频）；

3）检查、修理或更换液力偶合器；

4）检查联轴器磨损情况，视情况进行更换；

5）检查、修理或更换轴承箱；

6）检查、修理或更换油冷却器；

7）检查、修理或更换油泵（过滤器、填料、油封）；

8）检查电机与偶合器、偶合器与减速机对中情况。

3.2.2 脱水升压部分

1）检查进、出料斗堵塞情况；

2）螺杆探伤检查、校直检验，依情况进行校直或更换螺杆；

3）检查、修理或更换螺套，检查螺套与内衬套间隙；

4）检查或更换剪切螺钉、测温与测压螺钉；

5）检查内衬套磨损情况和内表面圆度偏差，视情况进行更换；

6）检查蒸汽加热系统的温度、压力情况；

7）检查下料斗滤水网，根据情况进行清理与修复。

3.2.3 造粒部分

1）清除模孔内残胶；

2）检查橡胶粒径是否满足要求，如不满足更换模板模孔；

3）检查切刀、剪切板腐蚀、磨损情况，如情况严重进行更换；

4）检查切刀轴、轴套的磨损情况，视磨损状况更换；

5）检查橡胶切粒情况，调整切刀与模板的间隙。

3.2.4 固定结构

1）检查、调整机座水平度；

2）检查各连接螺栓、地脚螺栓的连接情况，并紧固；

3）整机防腐刷漆。

3.2.5 密封润滑

1）检查或更换各密封圈、密封垫和止动垫圈等密封件；

2）检查各润滑点，根据情况添加或更换润滑油；

3）检查油泵，根据情况更换填料或油封；

4）检查各仪表、阀门是否正常，如异常进行更换。

4 检修程序与质量标准

4.1 检修前的准备工作

4.1.1 人员准备

1）确定现场组织机构，岗位设置权责分明；

2）根据检修方案确定检修人员数量，特种作业岗位人员应是经过培训具有职业资格证书的专业人员（例如：起吊、用电等）；

3）作业前，应对全体检修人员进行安全培训和检修方案技术交底。

4.1.2 资料准备

1）经审核批准的检修方案、HSE 管理方案；

2）经审核批准的施工进度计划以及人员工机具配置清单；

3）设备入厂相关随机资料；

4）人员资料证书，工机具、量具检定检验证明文件；

5）检修前设备运行记录、使用状态以及故障问题统计记录；

6）设备原始安装数据以及过往检修记录。

4.1.3 物资准备

1）工机具、量具清单（建议）见表 1。

表 1 工机具、量具清单

百分表	游标卡尺	塞尺
量块	吊耳	铅丝
千斤顶	内径千分尺	外径千分尺
手动葫芦	英制呆扳手	力矩扳手
内六角	吊带	取丝器套件
铜棒	手锤	大锤
充电手钻	锉刀	一字螺丝刀
连接螺杆	接油盘	砂轮机
枕木	三抓拉马	撬棍

2）耗材清单（建议）见表 2。

表 2 耗材清单

砂纸	润滑油	白布
胶皮垫	塑料布	海绵
除锈剂	黄油	平面胶
劳保用品	安全应急物资	清洗油

3）需要更换的备品备件。

4.1.4 检修前条件确认

1）确认机组停机、置换、加拆盲板等工作已经完成，符合检修条件并已开具相关工作票证；

2）水、电、汽、风等条件具备；

3）行车性能完好，具备使用条件；

4）保证检修通道、消防通道畅通；

5）清理现场，规划场地布置，有拆卸件及主要部件的专修场所；

6）现场设置安全警示线。

4.2 拆卸与检测

4.2.1 拆卸程序与要求

4.2.1.1 拆除机体防护罩，清洁后摆放整齐；

4.2.1.2 拆除温度、压力探头，清理检查是否损坏，完好的探头包好妥善放置；

4.2.1.3 拆卸附属管线，清理是否有损坏泄漏，完好的管线用薄膜封好管口妥善放置；

4.2.1.4 清理检查电机过滤器及油管情况，如有泄漏、损坏需更换；

4.2.1.5 拆减速机，测量轴承间隙、齿轮啮合接触面积（见附录A），检查轴承、齿轮磨损情况，按需要更换；

4.2.1.6 检测电机与偶合器、偶合器与减速机对中情况；

4.2.1.7 拆除干燥箱与膨胀干燥条幅相连部分，起吊时注意操作安全；

4.2.1.8 拆除切刀，测量切刀与模板间隙（见附录A），检查切刀表面磨损情况，按需要更换；

4.2.1.9 拆卸模板，清洁模头；

4.2.1.10 拆卸剪切螺钉，对螺钉位置作标记便于回装，检查螺钉磨损情况，按需要更换；

4.2.1.11 拆除膨胀机各段筒体和进料斗，将筒体吊下时要注意作业安全，检查筒体是否有损伤、裂纹等现象，如有则视情况确定修复或更换，检查筒体内表面圆度差、前后筒体同轴度偏差（见附录A）；

4.2.1.12 拆除筒体内衬套，检查内衬套表面圆度偏差、内衬套与螺旋套的间隙（见附表A）以及衬套的磨损情况，按需要进行修理或更换；

4.2.1.13 拆除螺旋套，检查每段螺旋套、支撑套磨损情况，检查支撑套外表面有无磨损、裂痕，检查定位销有无剪断，按需要进行更换；

4.2.1.14 抽出主轴，用多个手动葫芦协作将主轴吊下；作业时各专业要密切配合，注意安全；主轴吊下后不能直接放于地上，要做有效支撑（如枕木支撑、支架支撑等），检查主轴弯曲度，测量轴的圆跳动（见附录A），在跳动值较大的部位进行标记，主轴弯曲度（见附录A）超标则送专业单位进行校直，特别严重者更换；

4.2.1.15 拆卸各部分配件，检查清洗后更换损坏的配件，完好的配件妥善放置；
4.2.1.16 测量各部位的配合间隙（见附录A），做相关记录，做回装准备。

4.3 回装与质量标准

4.3.1 待检修完齿轮箱并吊装就位后；按与拆除相反的顺序回装；
4.3.2 螺杆、螺套均涂专用防咬合剂并组装好，然后回装主轴，各专业密切配合，将主轴吊装就位；
4.3.3 回装各段筒体，各连接螺栓要涂专用防咬合剂；
4.3.4 测量调整螺杆与筒体回装间隙并做记录；
4.3.5 回装剪切螺钉，剪切螺钉回装时要涂专用防咬合剂，测量剪切螺钉与螺套之间的间隙，并做记录；
4.3.6 清洁模头，回装模板；
4.3.7 回装干燥箱及附属管线；
4.3.8 回装润滑油系统；
4.3.9 回装温度、压力探头；
4.3.10 回装电机、偶合器、减速机，各部分配合对中找正，记录好对中数据；
4.3.11 机组交付工艺油运、试车验收。

5 试车与验收

5.1 试车准备

5.1.1 确认各项检修工作已完成，检修记录齐全，检修质量符合规定；
5.1.2 检修完毕后，应及时清理现场，做到“工完料尽场地清”，有试车方案；
5.1.3 设备零、部件应完整无缺，检查设备的连接、固定、润滑密封等情况，各润滑点按要求加足润滑油；
5.1.4 检查各仪表、阀门是否灵敏、可靠，满足试车要求；
5.1.5 检查水冷系统是否正常，可以达到运行可靠；
5.1.6 检查水、电、气、蒸汽等各项工艺条件是否准备充分，具备试车条件；
5.1.7 检查各报警、控制系统是否灵敏好用；
5.1.8 确认电机运转方向是否符合设计规定；
5.1.9 检查照明、通讯、消防等辅助设施是否正常，满足试车条件。

5.2 试车

5.2.1 空负荷试车

1）启动液力偶合器润滑油泵，压力达到0.10～0.35MPa，液力偶合器运行良好，自动调整勺管缓慢外移，涡轮加速至全速运转2～4h，检查轴承振动、温度及有无杂音，轴封是否泄漏；

2）调整勺管至零位，使液力偶合器输出轴转速降低后再停主电机；

3）液力偶合器试运合格后，连接与齿轮减速机的联轴器，盘车3～5圈，应无轻重不均及卡涩现象；

4）启动减速机润滑油泵，油压在0.10～0.45MPa之间，检查润滑油泵有无异常振动及杂音，油路是否泄漏，5min后启动主电机；

5）缓慢起动螺杆，偶合器输出转速不得超过500r/min，空运不得超过3min，润滑油压应在0.10MPa以上，运转正常，无异常响声；滚动轴承温度应不超过70℃，滚动轴承回油温度应不超过65℃；机组振动符合SHS 01003《石油化工旋转机械振动标准》。

5.2.2 负荷试车

5.2.2.1 负荷试车方式

空负荷试车合格后，加料试运转4～6h，检验设备运行的各项指标。

5.2.2.2 负荷试车结果确认

1）运转平稳无杂音、异常声响，否则应停车检查；

2）生产能力达到铭牌能力90%以上或满足生产需要，否则应停车检查；

3）各工艺指标符合设计要求，出料均匀，胶粒尺寸满足设计要求，否则应停车检查；

4）确认机体密封良好，无泄漏现象，否则应停车检查；

5）电机电流、温度均正常，减速机运转良好，否则应停车检查；

6）筒体无异常振动，剪切螺钉与螺套无碰撞，否则应停车检查；

7）仪表灵敏可靠，操作温度、压力符合要求，否则应停车检查；

8）润滑、密封系统均正常，否则应停车检查。

5.3 验收

5.3.1 检修质量符合本规程规定，经试车合格，达到完好标准，按规定办理验收手续，移交生产。

5.3.2 验收技术资料齐全、准确，应包括：

1）检修质量和缺陷记录；

2）耐压、气密性试验报告；

3）零、部件更换清单；

4）结构、尺寸、材质变更审批文件；

5）试车记录。

6 维护与故障处理

6.1 日常维护

日常维护内容见表 3。

表 3 日常维护表

序号	检查项目	检查方法	检查标准	处理方法
1	各部件运转情况	目测、耳听	无异常响声	有异常响声停车维修
2	电机运转情况	目测观察电流	电流在正常范围	如电流超标停车检查修理
3	各润滑点	目测油位和质量	油位和质量满足要求	根据相关规定添加或更换
4	检查过滤器、冷却器	检查蒸汽、水、油系统状况	蒸汽、水、油系统畅通，各密封点无泄漏	异常情况及时修理
5	仪表、联锁系统	目测观察	仪表灵敏可靠，联锁正常	及时更换
6	模头	目测模头压力	压力在正常工艺范围内	压力超标则及时清理堵料
7	下料斗	目测进料状况	下料畅通	下料不畅及时清理堵料
8	螺钉、螺栓	目测各剪切螺钉、测温螺钉、测压螺钉、螺栓	无松动、无损坏	如有松动及时紧固，如有损坏及时更换
9	机体外观	目测观察	整洁无锈蚀、安全罩完整	及时清洁或修理、更换

6.2 主要故障与处理

膨胀干燥机主要功能故障与处理方法见表 4。

表 4 膨胀干燥机主要功能故障与处理方法

<table>
<tr><th>序号</th><th>功能</th><th>功能故障</th><th>故障模式</th><th>故障后果</th><th>故障应对策略与检修内容</th></tr>
<tr><td rowspan="9">1</td><td rowspan="9">提供设备连续运转动力</td><td rowspan="9">电机故障</td><td>润滑油泵压力低</td><td rowspan="3">电机不能启动</td><td>调整油泵压力</td></tr>
<tr><td>油箱液面低</td><td>加油</td></tr>
<tr><td>油过滤器堵塞，油管堵塞</td><td>清理过滤器和油管</td></tr>
<tr><td>模头压力过高</td><td rowspan="3">自动停车</td><td>清理模头</td></tr>
<tr><td>循环油泵压力低</td><td>检查高速</td></tr>
<tr><td>仪表保护装置失灵</td><td>处理、更换保护装置</td></tr>
<tr><td>进料速度过快</td><td rowspan="3">开车电机电流高，筒体温度高，非计划停车</td><td>挤压机差减料</td></tr>
<tr><td>部分模头堵塞</td><td>清理和调整模头</td></tr>
<tr><td>工艺介质 pH 高</td><td>调整工艺 pH 值</td></tr>
</table>

表4 膨胀干燥机主要功能故障与处理方法（续）

序号	功能	功能故障	故障模式	故障后果	故障应对策略与检修内容
1	提供设备连续运转动力	偶合器、联轴器故障	联轴节损坏	主电机不能启动	检查更换联轴节
			联轴节不同心		重新找正，调整同心
			轴承损坏		检查更换轴承
		减速机故障	齿轮啮合不良	减速机振动超标，非计划停车	检测齿轮啮合间隙和啮合面积，调整与修复齿轮
			齿轮磨损		更换齿轮
			滚动轴承损坏		更换滚动轴承
			减速机油泵定压太低	润滑油压力低，非计划停车	调节定压阀重新定压
			减速机定压阀定压太低		调节定压阀重新定压
	橡胶脱水造粒	脱水、造粒不达标	来料水分大	进料困难，脱水效果不好	调节脱水机锥体控制来料水分
			进料段滤水网堵塞		清理滤水网
			筒体内有杂音并伴随出黑胶	橡胶质量下降	支撑套销轴断，联系专业人员处理，必要时停车
			胶料碱性大	胶料“太滑”进料困难	调整加碱量，向洗胶罐内补充软水置换
			胶料分散剂多	胶粒“过细”造粒效果不好	调整分散剂加入量，向洗胶罐内补充软水置换
			胶料量大转速低	升压效果不好，造粒效果不好	适当提高转速
			胶太软或太硬	脱水效果不好	根据情况调整洗胶温度
	设备机体	本体故障	螺杆轴轴头圆螺母松动	轴位移大，非计划停车	紧固圆螺母
			筒体支腿、连接螺栓松动或断裂造成筒体移位		更换与紧固支腿及筒体连接螺栓
			减速机止推轴承间隙大		更换止推轴承或调整止推间隙
			模头压力过高		清理模头
			轴弯曲	机体振动超标，非计划停车	轴校直或者更换
			转子不平衡		转子做动平衡
			螺套或耐磨衬套损坏		更换螺套、耐磨衬套
			地脚螺栓松动		紧固地脚螺栓
	密封润滑	密封系统故障	滤油器堵塞	密封不严，泄漏	定期更换滤芯
			密封件损坏		定期更换密封件
		润滑系统故障	缺润滑脂	噪声过大或者磨损严重	定期检查、更换润滑脂

附 录 A
（资料性附录）
膨胀干燥机检修质量控制确认表

检修项目	检修工艺参数	标准值	拆卸检测值	回装检测值	等级	施工单位	生产车间	二级管理部门	公司管理部门
机座	横（纵）向水平度偏差	≤0.10mm/m			A	★	★	★	★
减速机电 机偶合器	减速机轴承间隙：输入轴	0.05～0.10mm			A	★	★	★	★
	减速机轴承间隙：输入轴	0.08～0.10mm			A	★	★	★	★
	减速机轴承间隙：输入轴	0.12～0.20mm			A	★	★	★	★
	减速机齿轮接触面积	高度≥70% 宽度≥90%			B	★	★		
	电机与偶合器对中情况	径向≤0.15mm 轴向≤0.10mm			A	★	★	★	★
	偶合器与减速机对中情况	径向≤0.08mm 轴向≤0.08mm			A	★	★	★	★
筒 体 内衬套 夹 套 螺 钉	筒体外观情况	不得有裂纹和变形			C	★			
	内表面圆度偏差	表面圆度偏差≤0.08mm			B	★	★		
	前后段筒体同轴度偏差	同轴度偏差＜0.08mm			B	★	★		
	螺杆轴与减速机轴同轴度偏差	同轴度偏差＜0.08mm			B	★	★		
	筒体内衬套外观	内衬套表面不应有裂纹、气孔及沟槽等缺陷			C	★			
	筒体内衬套硬度	硬度≥HRC50			B	★	★		
	筒体内衬套直径磨损量	磨损量≤3.0mm，否则应更换			B	★	★		
	筒体内衬套与耐磨套间隙	间隙为（3～5）D‰			B	★	★		

膨胀干燥机检修质量控制确认表（续）

检修项目	检修工艺参数	标准值	拆卸检测值	回装检测值	等级	施工单位	生产车间	二级管理部门	公司管理部门
	筒体与耐磨套间隙	间隙为0.06～0.16mm			B	★	★		
	筒体夹套情况	按操作压力1.25倍进行水压试验，如有漏点和裂纹需修补			A	★	★	★	★
	剪切、测温、测压螺钉磨损情况	磨损严重应更换			B	★	★		
螺旋轴	螺杆轴心线直线度偏差	直线度＜0.30mm，否则校直或更换			A	★	★	★	★
	螺套外观情况	螺套表面不得有裂纹、气孔、砂眼等缺陷			B	★	★		
	螺套直径磨损量	磨损量≤2.0mm，否则应更换			B	★	★		
	螺套表面硬度、粗糙度	硬度≥HRC48，粗糙度≤*Ra*3.2			B	★	★		
切刀	切刀磨损情况	磨损情况满足设计要求，严重更换			B	★	★		
	切刀与模板间隙	间隙1～3mm			B	★	★		
润滑密封	各润滑点情况	润滑油、脂应满足工艺使用要求，否则按原型号添加或更换			C	★			
	油封情况	油封应无磨损渗油			C	★			
	各密封件情况	密封件应完好，无滴漏、无气流冲击、地面无油迹，否则更换			C	★			

膨胀干燥机检修质量控制确认表（续）

检修项目	检修工艺参数	标准值	拆卸检测值	回装检测值	等级	施工单位	生产车间	二级管理部门	公司管理部门
仪表阀门	仪表情况	检测周期内，测量准确，控制灵敏			B	★	★		
	阀门情况	控制灵活、满足工艺要求			B	★	★		
滚动轴承联轴器	检修与标准参见 SHS 03059《石油化工设备通用部件检修及质量标准》				B	★	★		
齿轮油泵	检修与标准参见 SHS 01017《齿轮泵维护检修规程》				B	★	★		
油冷却器	检修与标准参见 SHS 01009《管壳式换热器维护检修规程》				B	★	★		

注： A 级：施工单位、生产装置、设备管理部门专业人员检查确认后签字。

B 级：施工单位和生产装置专业人员检查确认后签字。

C 级：施工单位专业人员检查确认后签字。

另：如果有监理，监理的职责由甲方授权。

附 录 B
（资料性附录）
膨胀干燥机试车记录表

设备名称			设备位号	
试车日期			结论	
项目	内容		合格／是	不合格／否
试车准备工作	设备检修工作已经完成，记录齐全，质量合格		□	□
	现场清理完毕，做好“工完料尽场地清”		□	□
	有试车方案，操作人员交底完毕		□	□
	设备零、部件完整，连接、固定满足试车要求		□	□
	设备润滑、密封情况满足试车要求		□	□
	各仪表、阀门是否灵敏、可靠，满足试车要求		□	□
	水、电、气、蒸汽等各项工艺条件准备充分，具备试车条件		□	□
	报警、控制系统灵敏好用		□	□
	安全防护用品、设施满足试车要求		□	□
	照明、通讯、消防等辅助设施满足试车要求		□	□
空负荷试车	空负荷运转1～2min，设备正常运行，机头无异常振动，减速机转动平稳，无异常噪声		□	□
	润滑、密封系统均正常		□	□
	电机电流、温度均正常		□	□
负荷试车	加料试车，连续运转4～6h，运转平稳无杂音、异常声响		□	□
	生产能力达到铭牌能力90%以上或满足生产需要		□	□
	各项工艺指标符合设计要求		□	□
	出料均匀，胶粒粒径满足工艺要求		□	□
	机体密封良好，无泄漏现象		□	□
	电机电流、温度均正常		□	□
	轴承温度不超过75℃		□	□
	润滑、密封系统均正常		□	□
遗留问题及处理意见				
评审意见				
记录人		日期		

挤压脱水机维护检修规程

SHS 03032—2019

代替 SHS 03032—2004

目　次

前言

本规程按照GB/T 1.1—2009《标准化工作导则　第1部分：标准的结构和编写》给出的规则起草。

本规程代替SHS 03032—2004《挤压脱水机维护检修规程》，与SHS 03032—2004相比，除了编辑性修改外，主要技术变化如下：

——检修周期的变化；

——增加或更改检修前的准备事项、检修内容以及质量标准；

——增加设备的拆卸与检测、回装与质量标准相关内容；

——增加试车前准备工作、试车及验收项目；

——增加检修相关数据图表；

——增加日常巡检内容；

——按RCM格式编写“挤压脱水机常见功能故障与处理方法”。

本规程由中国石油化工集团有限公司、中国石油化工股份有限公司提出。

本规程起草单位：哈尔滨博实自动化股份有限公司。

本规程主要起草人：张微。

本规程本次版本为首次发布。

本规程所代替规程的历次版本发布情况：

SHS 03032—1992，SHS 03032—2004。

挤压脱水机维护检修规程

1 范围

1.1 主题内容

本规程规定了合成橡胶装置挤压脱水机的检修周期和内容、检修程序与质量标准、试车与验收、维护与故障处理。

1.2 适用范围

本规程适用于哈尔滨博实股份有限公司（以下简称“哈博实”）生产的合成橡胶后处理挤压脱水机的检修与维护，也适用于其他类似的挤压脱水机的检修与维护。

2 规范性引用文件

下列文件对于本文件的应用是必不可少的。凡是注日期的引用文件，仅所注日期的版本适用于本文件。凡是不注日期的引用文件，其最新版本（包括所有的修改单）适用于本文件。

API 614 润滑、轴密封和控制油系统及辅助设备

SH/T 3538 石油化工机器设备安装工程及验收规范

HG 20203 化工机器安装工程施工及验收通用规范

3 检修周期和内容

3.1 检修周期

依据生产情况及工艺要求随时进行检修，不能满足正常生产情况停车进行检修48个月至72个月。

3.2 检修内容

3.2.1 动力部分

1）检查、修理或更换减速机；

2）检查、修理或更换电机（直流、交流、高压、低压）；

3）检查、修理或更换联轴器；

4）检查、修理或更换轴承箱；
5）检查、修理或更换油冷却器；
6）检查、修理或更换油泵过滤器。

3.2.2 挤压脱水部分

1）检查进、出料斗堵塞情况；
2）清除机膛内、笼条、筛板（网）、模孔内残胶；
3）检查、修理或更换笼条、筛板（网）、模板；
4）螺杆探伤检查或者更换螺杆；
5）检查、修理或更换螺套、隔套；
6）检查剪切螺钉腐蚀、磨损情况，如情况严重进行更换。

3.2.3 调压造粒

1）清除模孔内残胶；
2）检查橡胶切粒是否正常，如异常更换模板模孔；
3）检查调压体闸板与调压板滑道的间隙；
4）检查切刀、剪切板腐蚀、磨损情况，如情况严重进行更换。

3.2.4 结构

1）检查、调整机座水平度；
2）检查筒体衬套腐蚀、磨损情况，如情况严重进行更换；
3）检查各连接螺栓、地脚螺栓的连接情况，并紧固；
4）整机防腐刷漆。

3.2.5 密封润滑

1）检查或更换各密封圈、密封垫和止动垫圈等密封件；
2）检查各润滑点，根据情况添加或更换润滑油；
3）检查各仪表、阀门是否正常，如异常则进行更换。

4 检修程序与质量标准

4.1 检修前的准备工作

4.1.1 人员准备

1）确定现场组织机构，岗位设置权责分明；
2）根据检修方案确定检修人员数量，特种作业岗位人员应是经过培训具有职业资格证书的专业人员（例如：起吊、用电等）；

3）作业前，应对全体检修人员进行安全培训和检修方案技术交底。

4.1.2 资料准备

1）经审核批准的检修方案、HSE 管理方案；

2）经审核批准的施工进度计划以及人员、工机具配置清单；

3）设备入厂相关随机资料；

4）人员资料证书，工机具、量具检定检验证明文件；

5）检修前设备运行记录、使用状态以及故障问题统计记录；

6）设备原始安装数据以及过往检修记录。

4.1.3 物资准备

1）工机具、量具清单（建议）见表 1。

表 1 工机具、量具清单

百分表	游标卡尺	塞尺
量块	吊耳	锁扣
千斤顶	内径千分尺	外径千分尺
手动葫芦	英制呆扳手	力矩扳手
内六角	吊带	撬棍
铜棒	手锤	大锤
铲刀	一字螺丝刀	连接螺杆
接油盘	砂轮机	铁榄

2）耗材清单（建议）见表 2。

表 2 耗材清单

砂纸	润滑油	白布
胶皮垫	塑料布	海绵
除锈剂	黄油	平面胶
劳保用品	安全应急物资	

3）需要更换的备品备件。

4.1.4 检修前条件确认

1）确认机组停机、置换、加拆盲板等工作已经完成，符合检修条件并已开具相关工作票证；

2）水、电、汽、风等条件具备；

3）行车性能完好，具备使用条件；

4）保证检修通道、消防通道畅通；

5）清理现场，规划场地布置，有拆卸件及主要部件的专修场所；

6）现场设置安全警示线。

4.2 拆装与检测

4.2.1 拆除机体防护罩，清洁后摆放整齐；

4.2.2 拆除温度探头，清理检查是否损坏，完好的探头包好妥善放置；

4.2.3 拆卸附属管线，清理检查是否有损坏泄漏，完好的管线用薄膜封好管口妥善放置；

4.2.4 清理检查电机过滤器及油管情况，如有泄漏、损坏需更换；

4.2.5 拆卸联轴节，检查机组对中情况，记录对中数据，检查联轴器是否有损伤，如有损伤则修复或更换；

4.2.6 拆减速机，测量轴承间隙，检查齿轮（见附录A）、滚动轴承磨损情况，按需要更换；

4.2.7 拆卸出料筒，同时采取措施防止下料管下落；

4.2.8 拆卸螺杆支撑装置，拆出轴承，用枕木支承主轴防止轴坠落，检查轴承磨损情况；

4.2.9 拆卸切刀组件，采取防护措施防止意外发生；

4.2.10 拆卸可调模板，解体清理检查模板磨损情况；

4.2.11 拆卸剪切螺钉，对螺钉位置做标记便于回装，检查螺钉磨损情况，按需要更换；

4.2.12 拆挤压机各段筒体和进料斗，将筒体吊下时要注意作业安全，检查筒体是否有损伤、裂纹等现象，如有则视情况确定修复或更换；

4.2.13 卸下笼条，检查磨损情况，视情况进行更换，完好的笼条按规格分类分别放置；

4.2.14 抽出主轴，用多个手动葫芦协作将主轴吊下；作业时各专业要密切配合，注意安全；主轴吊下后不能直接放于地上，要做有效支撑（如枕木支撑、支架支撑等）；

4.2.15 拆卸各部分配件，检查清洗后更换损坏的配件，完好的配件妥善放置；

4.2.16 检查螺杆、螺套，轴承、筒体等磨损情况；

4.2.17 测量各部位的配合间隙（见附录A），做相关记录，做回装准备。

4.3 回装程序与要求

4.3.1 齿轮箱检修完并吊装就位后，按与拆除相反的顺序回装挤压机；

4.3.2 将螺杆、螺套涂专用防咬合剂并组装好，然后回装主轴，各专业密切配合，将主轴吊装就位；

4.3.3 高压、低压段笼体回装，各连接螺栓回装时均要涂专用防咬合剂；

4.3.4 回装挤压机各段筒体；
4.3.5 检查调整螺杆转子间隙，做好记录；
4.3.6 回装剪切螺钉，剪切螺钉回装要涂专用防咬合剂；
4.3.7 回装可调模板；
4.3.8 回装切刀组件，回装时要小心，要采取防护措施防止伤手；
4.3.9 回装轴承并调整轴承轴向间隙；
4.3.10 回装进料斗、出料筒；
4.3.11 机组找对中，记录好对中数据，回装联轴节；
4.3.12 回装附属管线；
4.3.13 回装温度探头；
4.3.14 机组交付工艺油运、试车。

5 试车与验收

5.1 试车准备

5.1.1 确认各项检修工作已完成，检修记录齐全，检修质量符合规定；
5.1.2 检修完毕后，应及时清理现场，做到“工完料尽场地清”，有试车方案；
5.1.3 设备零、部件应完整无缺，检查设备的连接、固定、润滑密封等情况，各润滑点按要求加足润滑油；
5.1.4 检查各仪表、阀门是否灵敏、可靠，满足试车要求；
5.1.5 检查水冷系统是否正常，可以达到运行可靠；
5.1.6 检查水、电、气等各项工艺条件是否准备充分，具备试车条件；
5.1.7 检查各报警、控制系统是否灵敏好用；
5.1.8 检查运转方向是否符合规定；
5.1.9 检查照明、通信、消防等辅助设施是否正常，满足试车条件。

5.2 试车

5.2.1 空负荷试车

5.2.1.1 空负荷试车方式

运转 1～2min，在此期间对设备进行观察。

5.2.1.2 空负荷试车结果确认

1）运行期间机头不应有异常振动，减速机转动平稳，无异常噪声，否则应停车检查；

2）润滑、密封系统均正常，否则应停车检查；

3）电机电流、温度均正常，否则应停车检查。

5.2.2 负荷试车

5.2.2.1 负荷试车方式

空负荷试车合格后，加料试运转 4~6h，检验设备运行的各项指标。

5.2.2.2 负荷试车结果确认

1）运转平稳无杂音、异常声响，否则应停车检查；

2）生产能力达到铭牌能力 90%以上或满足生产需要，否则应停车检查；

3）各工艺指标符合设计要求，出料均匀，胶粒尺寸满足设计要求，否则应停车检查；

4）确认机体密封良好，无泄漏现象，否则应停车检查；

5）电机电流、温度均正常，否则应停车检查；

6）轴承温度不超过 75℃，否则应停车检查；

7）润滑、密封系统均正常，否则应停车检查。

5.3 验收

5.3.1 检修质量符合本规程规定，经试车合格，达到完好标准，按规定办理验收手续，移交生产。

5.3.2 验收技术资料齐全、准确，应包括：

1）检修质量和缺陷记录；

2）零、部件更换清单；

3）结构、尺寸、材质变更审批文件；

4）试车记录。

6 维护与故障处理

6.1 日常维护

挤压脱水机日常维护见表 3。

表 3 日常维护

序	检查项目	检查方法	检查标准	处理方法
1	各部件运转情况	目测、耳听	无异常响声	有异常响声停车维修
2	笼条间隙	目测笼条外积胶	不应漏胶严重	漏胶严重时调整笼条间隙
3	电机运转情况	目测观察电流	电流在正常范围	如电流超标停车检查修理
4	各润滑点	目测油位和质量	油位和质量满足要求	根据相关规定添加或更换
5	检查过滤器	检查油温、油压	油温、油压在正常范围	异常情况清洗、更换油过滤器
6	机体外观	目测观察	整洁、无锈蚀	及时清洁

6.2 常见故障与处理

挤压脱水机常见功能故障与处理方法见表 4。

表 4 挤压脱水机常见功能故障与处理方法

序号	功能	功能故障	故障模式	故障后果	故障应对策略与检修内容
1	提供设备连续运转动力	电机故障	润滑油泵压力低	电机不能启动或自动停车	调整油泵压力
			油箱液面低		加油
			油过滤器堵塞，油管堵塞		清理过滤器和油管
			联锁装置失灵		处理、更换保护装置
			进料速度过快	开车电机电流高，筒体温度高，非计划停车	上道工序减少来料
		联轴器故障	联轴节损坏	主电机不能启动	检查更换联轴节
			联轴节不同心		重新找正，调整同心
			轴承损坏		检查更换轴承
		减速机故障	齿轮啮合不良	减速机振动超标，非计划停车	检测齿轮啮合间隙和啮合面积，调整与修复齿轮
			齿轮磨损		更换齿轮
			滚动轴承损坏		更换滚动轴承
			减速机油泵定压太低	润滑油压力低，非计划停车	调节定压阀重新定压
			减速机定压阀定压太低		调节定压阀重新定压
	升压造粒	锥体阀故障	锥体阀联轴器不同心	锥体阀松动	重新找正，调整同心
			齿轮磨损	锥体阀有异响	更换齿轮
	挤压脱水	脱水不达标	来料水分大	进料困难，脱水效果不好	调节脱水机锥体控制来料水分
			笼条堵	脱水效果不好	清理笼条上的间隙
			胶料碱性大	胶料“太滑”，进料困难	调整加碱量，向洗胶罐内补充软水置换
			胶料分散剂多	胶粒“过细”，造粒效果不好	调整分散剂加入量，向洗胶罐内补充软水置换
			切刀间隙不合适	切片不规则	调整切刀间隙

表 4　挤压脱水机常见功能故障与处理方法（续）

序号	功能	功能故障	故障模式	故障后果	故障应对策略与检修内容
1	设备机体	本体故障	筒体支腿、连接螺栓松动或断裂造成筒体移位	轴位移大，非计划停车	更换与紧固支腿及筒体连接螺栓
			减速机止推轴承间隙大		更换止推轴承或调整止推间隙
			轴弯曲	机体振动超标，非计划停车	轴校直或者更换
			转子不平衡		转子做动平衡
			螺套或耐磨衬套损坏		更换螺套、耐磨衬套
			地脚螺栓松动		紧固地脚螺栓
	密封润滑	密封系统故障	滤油器堵塞	密封不严泄漏	定期更换滤芯
			密封件损坏		定期更换密封件
		润滑系统故障	缺润滑脂	噪声过大或者磨损严重	定期检查、更换润滑脂

附 录 A
（资料性附录）
挤压脱水机检修质量控制确认表

检修项目	检修工艺参数	标准值	拆卸检测值	回装检测值	等级	施工单位	生产车间	二级管理部门	公司管理部门
机座	横（纵）向水平度偏差	≤ 0.10mm/m			A	★	★	★	★
电机减速机联轴器	电机与减速机对中偏差：径向	≤ 0.15mm			A	★	★	★	★
	电机与减速机对中偏差：轴向	≤ 0.10mm			A	★	★	★	★
	联轴器两部分跳动允差	0.04mm			A	★	★	★	★
	联轴器轴向不直度允许偏差	0.03/100mm			A	★	★	★	★
主轴	两端面对角线的垂直度偏差	≤ 0.04mm			A	★	★	★	★
	键槽与轴线对称度偏差	＜ 0.02mm			A	★	★	★	★
	轴面各点对角线的同轴度偏差	＜ 0.02mm			A	★	★	★	★
螺杆螺套	螺杆轴心线直线度偏差	＜ 0.50mm			B	★	★		
	螺套表面情况	表面不得有裂纹、气孔、砂眼缺陷			B	★	★		
	螺套螺旋端头圆角半径	螺旋端头圆角半径28～30mm			B	★	★		
	螺套表面硬度	HRC ≥ 50			B	★	★		
	螺杆、下料斗、调压装置同轴度	＜ 0.1mm			B	★	★		
	螺套及隔套轴向贴合面间隙	充分压紧且间隙≤ 0.05mm			B	★	★		
笼条	笼条内径圆度偏差	＜ 1.0mm			B	★	★		
	笼条间隙尺寸	必须符合图纸设计要求			B	★	★		
筛板	筛板筛缝情况	无严重变形，脱水效果正常			B	★	★		

挤压脱水机检修质量控制确认表（续）

检修项目	检修工艺参数	标准值	拆卸检测值	回装检测值	等级	施工单位	生产车间	二级管理部门	公司管理部门
调压装置	闸板与调压板滑道的间隙偏差	＜0.05mm且能自由平滑			B	★	★		
	调压装置手轮	手轮应灵活好用			B	★	★		
切刀	刀刃磨损情况	无严重磨损情况			B	★	★		
	切刀与模板之间的间隙距离	1mm			B	★	★		
模板模孔	模板外型磨损情况	符合设计要求，磨损严重应更换			B	★	★		
	模孔造粒情况	橡胶粒径符合设计要求，否则更换模板上的模孔尺寸			B	★	★		
冷却系统	冷却水系统的温度、压力	温度、压力在正常工艺值范围内			C	★			
润滑密封	各润滑点情况	润滑油、脂应满足工艺使用要求，否则按原型号添加或更换			C	★			
	油封情况	油封应无磨损渗油			C	★			
	各密封件情况	密封件应完好，无滴漏、无气流冲击、地面无油迹，否则更换			C	★			
仪表阀门	仪表情况	检测周期内，测量准确，控制灵敏			B	★	★		
	阀门情况	控制灵活、满足工艺要求			B	★	★		
联轴器	SHS 01073《一般机泵用联轴器检修及质量标准》				B	★	★		
齿轮油泵	检修与质量标准参见SHS 01017《齿轮泵维护检修规程》				B	★	★		
油冷却器	检修与质量标准参见SHS 01009《管壳式换热器维护检修规程》				B	★	★		

注： A级：施工单位、生产车间、二级管理部门、公司管理部门检查确认后签字。

B级：施工单位和生产车间检查确认后签字。

C级：施工单位检查确认后签字。

注：上表数据为参照值，准确数据详见机组随机文件

附 录 B

（资料性附录）

挤压脱水机试车记录表

设备名称		设备位号	
试车日期		结 论	
项目	内容	合格／是	不合格／否
试车准备工作	设备检修工作已经完成，记录齐全，质量合格	□	□
	现场清理完毕，做好“工完料尽场地清”	□	□
	有试车方案，操作人员交底完毕	□	□
	设备零、部件完整，连接、固定满足试车要求	□	□
	设备润滑、密封情况满足试车要求	□	□
	各仪表、阀门是否灵敏、可靠，满足试车要求	□	□
	水、电、气、蒸汽等各项工艺条件准备充分，具备试车条件	□	□
	报警、控制系统灵敏好用	□	□
	安全防护用品、设施满足试车要求	□	□
	照明、通讯、消防等辅助设施满足试车要求	□	□
空负荷试车	空负荷运转1～2min，设备正常运行，机头无异常振动，减速机转动平稳，无异常噪声	□	□
	润滑、密封系统均正常	□	□
	电机电流、温度均正常	□	□
负荷试车	加料试车，连续运转4～6h，运转平稳无杂音、异常声响	□	□
	生产能力达到铭牌能力90%以上或满足生产需要	□	□
	各项工艺指标符合设计要求	□	□
	出料均匀，胶粒粒径满足工艺要求	□	□
	机体密封良好，无泄漏现象	□	□
	电机电流、温度均正常	□	□
	轴承温度不超过75℃	□	□
	润滑、密封系统均正常	□	□
遗留问题及处理意见			
评审意见			
记录人		日期	

注： 试车具体检测项目可根据企业情况自行设定。

压块机维护检修规程

SHS 03033—2019

代替 SHS 03033—2004

目 次

前　言

本规程按照GB/T 1.1—2009《标准化工作导则　第1部分：标准的结构和编写》给出的规则起草。

本规程代替SHS 03033—2004《压块机维护检修规程》，与SHS 03033—2004相比，除了编辑性修改外，主要技术变化如下：

——检修周期的变化；

——增加或更改检修前的准备事项、检修内容以及质量标准；

——增加设备的拆卸与检测、回装与质量标准相关内容；

——增加试车前准备工作、试车及验收项目；

——增加检修相关数据图表；

——增加日常巡检内容；

——按RCM格式编写“压块机常见功能故障与处理方法”。

本规程由中国石油化工集团有限公司、中国石油化工股份有限公司提出。

本规程起草单位：哈尔滨博实自动化股份有限公司（2020）。

本规程起草修订人：张微。

本规程所代替规程的历次版本发布情况为：

SHS 03033—1992，SHS 03033—2004。

压块机维护检修规程

1 范围

1.1 主题内容

本规程规定了合成橡胶装置压块机的检修周期和内容、检修与质量标准、试车与验收及维护与故障处理。

1.2 适用范围

本规程适用于哈尔滨博实股份有限公司（以下简称“哈博实”）生产的合成橡胶后处理压块机的检修与维护，也适用于其他类似的压块机的检修与维护。

2 规范性引用文件

下列文件对于本文件的应用是必不可少的。凡是注日期的引用文件，仅所注日期的版本适用于本文件。凡是不注日期的引用文件，其最新版本（包括所有的修改单）适用于本文件。

API 614　润滑、轴密封和控制油系统及辅助设备

SH/T 3538　石油化工机器设备安装工程及验收规范

HG 20203　化工机器安装工程施工及验收通用规范

3 检修周期和内容

3.1 检修周期

依据生产情况及工艺要求随时进行检修，不能满足正常生产情况停车进行检修，48 个月～72 个月。

3.2 检修内容

3.2.1 机械本体

1）检查机械本体外观有无腐蚀、锈蚀，组件是否变形，焊缝是否开裂；

2）检查并紧固各连接螺栓、螺钉；尤其是本体与基础的连接螺栓，主缸与本体的连接螺钉；

3）检查各组成连接件情况；

4）检查成型腔严密情况，如不严密则更换上盖底板或下滑块，尤其检查下滑块的磨损程度；

5）检查胶块表面光滑平整度，是否存在飞边，及时调整上盖衬板与腔口间隙（通过更换下滑块）；胶块表面不光滑，请更换腔体衬板及增加喷硅油，更换挤压头密封条；

6）检查主副导轨磨损锈蚀情况及变形，严重时进行更换；

7）检查腔体衬板（四侧两长两短）表面磨损情况（胶块不光滑），并定期进行更换，检查连接螺柱有无松动；

8）检查上盖衬板表面磨损情况（胶块飞边，不光滑），并及时更换；

9）检查挤压头密封条磨损情况（漏胶），并定期进行更换；

10）检查上盖两种铜基含油滑块磨损情况，并定期进行更换；

11）检查后座架外观有无腐蚀、锈蚀，焊缝有无开裂；

12）检查上盖滚轮磨损情况，并更换；

13）检查侧缸活塞杆头部连接耳座销轴孔是否变形，并更换。

3.2.2 硅油系统

1）检查系统各气动元件、油管老化情况，并及时更换；

2）检查喷硅油料斗下端四周密封条有无松动，并及时紧固；

3）检查喷硅油料斗下端四周密封条与落料槽对接间隙（2mm以内），并及时调整。如有残胶粘接，应定期及时清除，以免影响密封间隙。

3.2.3 油缸

1）检查直线位移传感器工作情况，如异常则修理或更换；

2）检查主、侧缸缸体、活塞、密封件磨损情况，严重时更换密封件；

3）检查主、侧缸进出油管是否有龟裂、渗油，并及时更换；

4）检查各油缸动作情况，如异常及时调整。

3.2.4 压泵站

1）检查泵站过滤器是否堵塞或损坏，及时进行清理和更换；

2）检查泵站电机运行是否正常，如异常则修理或更换；

3）检查、修理或更换高、低压油泵；

4）检查泵站油箱液压油是否正常，液位是否正常，及时添加和更换；

5）油冷却器水压试漏，如有泄漏及时进行补焊或更换；

6）检查或更换泵联轴器；

7）检查液压胶管漏油情况，发现泄漏及时更换；

8）检查密封元件密封情况，更换损坏的密封元件；

9）检查温度表、压力表是否正常，灵敏好用，否则应及时更换；

10）检查各阀门损坏情况，如有损坏及时更换；

11）检查上门体弹簧是否好用，否则应更换。

4 检修程序与质量标准

4.1 检修前的准备工作

4.1.1 人员准备

1）确定现场组织机构，岗位设置权责分明；

2）根据检修方案确定检修人员数量，特种作业岗位人员应是经过培训具有职业资格证书的专业人员（例如：起吊、用电等）；

3）作业前，应对全体检修人员进行安全培训和检修方案技术交底。

4.1.2 资料准备

1）经审核批准的检修方案、HSE 管理方案；

2）经审核批准的施工进度计划以及人员、工机具配置清单；

3）设备入厂相关随机资料；

4）人员资料证书，工机具、量具检定检验证明文件；

5）检修前设备运行记录、使用状态以及故障问题统计记录；

6）设备原始安装数据以及过往检修记录。

4.1.3 物资准备

1）工机具、量具清单（建议）见表 1。

表 1　工机具、量具清单

百分表	游标卡尺	塞尺
液压扳手	力矩扳手	内六角扳手
英制内六角	铜棒	管钳
锉刀	一字螺丝刀	枕木
塞尺	接油桶	卡尺
砂纸	千斤顶	接油盘
吊带	剔胶刀	手动葫芦
电动加油机	錾子	

2）耗材清单（建议）见表 2。

表 2 耗材清单

砂纸	润滑油	白布
胶皮垫	塑料布	海绵
除锈剂	黄油	吸油面粉
劳保用品	安全应急物资	

3）需要更换的备品备件。

4.1.4 检修前条件确认

1）确认机组停机、置换、加拆盲板等工作已经完成，符合检修条件并已开具相关工作票证；

2）水、电、汽、风等条件具备；

3）行车性能完好，具备使用条件；

4）保证检修通道、消防通道畅通；

5）清理现场，规划场地布置，有拆卸件及主要部件的专修场所；

6）现场设置安全警示线。

4.2 拆装与检查

4.2.1 压块机拆卸程序与要求

4.2.1.1 拆过渡料斗直段、斜段，检查内壁涂层磨损情况，按需求打磨贴膜；

4.2.1.2 拆除纵缸法兰盘与挤压头连接螺栓，吊出挤压头，检查密封条情况，按需求更换；

4.2.1.3 测量落料槽与腔体衬板间隙并记录，拆除落料槽；

4.2.1.4 测量导轨上面与腔口平等度偏差并记录，拆除轨迹滚轮，拆除主、副导轨，吊出上盖板，检查自润滑轴承、轨迹滚轮、导轨、上盖板的磨损情况，按需求更换；

4.2.1.5 测量横缸中心与上盖运行中心的重合偏差并记录，拆除压块机台车、横缸，摆放至指定地点等待解体检查；

4.2.1.6 测量挤压头密封条与腔体衬板的间隙并记录，拆除纵缸挤压头与纵缸的两个半圈环连接固定，拆下纵缸和挤压头，摆放至指定地点等待解体检查；

4.2.1.7 检测压块机腔体内两侧衬板的磨损情况，如磨损严重则拆除更换；

4.2.1.8 拆解纵缸、横缸、台车、挤压头，检测活塞杆与腔体的同轴度并记录，检查密封件、衬板磨损情况，按需求更换；

4.2.1.9 检查、更换后的配件确认正常后妥善放置，等待回装。

4.2.2 压块机泵站拆卸程序与要求

4.2.2.1 断电泄压，拆下纵缸、横缸位移传感器；拆除纵缸、横缸管路，排出油缸内液压油，回收至指定的油桶，做好标记；

4.2.2.2 拆除泵站的液压阀，检查液压阀的密封件是否泄漏，按需求更换，更换损坏的液压阀；

4.2.2.3 拆除泵站的油滤器，按需求更换损坏的油滤器；

4.2.2.4 拆除泵站的液压管，检查密封圈是否完好，按需求更换，更换损坏的液压管；

4.2.2.5 拆除泵站的冷却器，清理冷却器，检查进出水阀是否完好，按需求更换；

4.2.2.6 检查、更换后的配件确认正常后妥善放置，等待回装；

4.2.2.7 放出泵站液压油渣，用油盘装好，回收到指定的油桶，做好标记；

4.2.2.8 用少量的液压油清洗泵站油缸。

4.2.2.9 检查压块机油缸液压油管的密封圈是否完好，按需求更换；

4.2.2.10 拆卸电机、联轴器，检查是否完好，按需求更换；

4.2.2.11 拆卸泵，拆解泵体，检查机封是否完好，按情况维修或更换，测量叶片、齿轮磨损量，按情况进行更换；

4.2.3 压块机回装程序与要求

4.2.3.1 回装压块机腔体两侧衬板，安装平整满足技术尺寸要求；

4.2.3.2 回装纵缸挤压头，测量并调整挤压头与衬板上边缘间隙在标准范围内；

4.2.3.3 回装压块机台车、横缸；

4.2.3.4 回装上盖板，测量并调整上盖板与衬板上边缘间隙在标准范围内；

4.2.3.5 回装自润滑轴承；

4.2.3.6 回装主副导轨护板；

4.2.3.7 安装纵缸、横缸密封元件。

4.2.4 压块机泵站回装程序与要求

4.2.4.1 回装泵站冷却器，包括进出水阀，注意冷却器端盖密封；

4.2.4.2 回装泵站更换的液压阀，密封件等；

4.2.4.3 回装泵站的油滤器；

4.2.4.4 回装泵站的液压管、密封圈；

4.2.4.5 回装仪表，仪表应外观无破损、校验合格；

4.2.4.6 用电动加油机注满液压油；

4.2.4.7 回装附属管线，做好记录，交付工艺油运，试车。

5 试车与验收

5.1 试车准备

5.1.1 确认各项检修工作已完成，检修记录齐全，检修质量符合规定；

5.1.2 检修完毕后，应及时清理现场，做到“工完料尽场地清”，有试车方案；

5.1.3 设备零、部件应完整无缺，检查设备的连接、固定、润滑密封等情况，各润滑点按要求加足润滑油；

5.1.4 检查各仪表、阀门是否灵敏、可靠，满足试车要求；

5.1.5 检查水冷系统是否正常，可以达到运行可靠；

5.1.6 检查水、电、气等各项工艺条件是否准备充分，具备试车条件；

5.1.7 检查各报警、控制系统是否灵敏好用；

5.1.8 确认电机运转方向是否符合设计规定；

5.1.9 检查照明、通信、消防等辅助设施是否正常，满足试车条件；

5.1.10 将溢流阀调压手轮松开，防止阀芯卡住。

5.2 试车（空负荷试车与负荷试车程序相同）

5.2.1.1 启动高、低压油泵；

5.2.1.2 调节低压油路溢流阀的压力至 5.0 MPa；

5.2.1.3 调节控制油泵安全阀的压力至 3.5～5 MPa；

5.2.1.4 高压油路溢流阀的压力至 13～15 MPa；

5.2.1.5 手动操作三位四通阀电磁铁芯，检查主缸及滑块运行情况。

5.2.2 调整

5.2.2.1 设置触摸屏上的工作参数，油温报警设为 60℃；

5.2.2.2 压块机保压时间初设为 5s 左右（根据胶种的不同特性适当调整保压时间）；

5.2.2.3 放料延时初设为 2s（根据生产效果适当调整），喷硅油周期和喷硅油时间（根据工艺需求进行设置，都设“0”为不使用）；

5.2.2.4 调整轴向柱塞泵压力补偿机构；

5.2.2.5 上盖衬板体与腔口的间隙小于 0.30mm。

5.2.3 试车结果确认

5.2.3.1 油泵运转无杂音、无振动，低压泵出口最大压力为 6MPa，高压泵出口压力为 13～15MPa；

5.2.3.2 各阀件在最高压力下保压 10s 以上无泄漏；

5.2.3.3 工作位置设置合适，主侧缸动作到位、准确无误，无泄漏；

5.2.3.4 管路接着无泄漏，管卡无松动现象；

5.2.3.5 电气系统正常无报警。

5.3 验收

5.3.1 检修质量符合本规程规定，经试车合格，达到完好标准，按规定办理验收手续，移交生产。

5.3.2 验收技术资料齐全、准确，应包括：

1）检修质量和缺陷记录；

2）耐压、气密性试验报告；

3）零、部件更换清单；

4）结构、尺寸、材质变更审批文件；

5）试车记录。

6 维护与故障处理

6.1 日常维护

压块机日常维护见表3。

表3 压块机日常维护

序	检查项目	检查方法	检查标准	处理方法
主体	（1）积胶情况； （2）密封情况； （3）螺栓紧固情况	（1）目测； （2）目测； （3）拧动	（1）设备内外无碎胶、积胶； （2）成型腔箱体严密； （3）紧固无破损	（1）及时清理自动称落下的碎胶、上盖、侧缸和主缸活塞杆处积胶、接料槽内碎积胶； （2）如不严密更换密封件； （3）如松动应紧固，如破损应更换
喷油系统	（1）气动元件； （2）油管	（1）目测； （2）目测	（1）气动元件无老化； （2）油管无老化	（1）如老化，必须更换； （2）如老化，必须更换
油缸	（1）缸体、活塞外观； （2）活塞环和缸内径间隙； （3）密封元件	（1）目测； （2）目测； （3）目测	（1）表面不得有沟槽及划痕； （2）活塞环与缸内径不得有间隙； （3）密封元件应无磨损	（1）及时处理或更换； （2）及时处理或更换； （3）磨损严重，必须更换
液压系统	（1）电机运转情况； （2）各紧固件； （3）液压管路系统； （4）仪表	（1）听检； （2）拧动； （3）目测； （4）目测	（1）电机转动无异响； （2）无松动； （3）系统无漏油； （4）测量灵敏，读数准确	（1）停机检查原因，修理或更换； （2）拧紧； （3）如漏油必须更换管路； （4）如有异常，进行调整修理

6.2 常见故障与处理

压块机常见功能故障与处理见表 4。

表 4 压块机常见功能故障与处理方法

序号	功能	功能故障	故障模式	故障后果	故障应对策略与检修内容
1	为压块腔体成型动作提供动力和压力	主、侧缸故障	控制电源断电	主、侧缸不动作	检查电气问题
1	为压块腔体成型动作提供动力和压力	主、侧缸故障	手动 / 自动转换开关位置不对	主、侧缸不动作	切换
1	为压块腔体成型动作提供动力和压力	主、侧缸故障	油箱油面低	主、侧缸不动作	查找漏点，补充新油
1	为压块腔体成型动作提供动力和压力	主、侧缸故障	电机与电气故障	主、侧缸不动作	电机和电气处理
1	为压块腔体成型动作提供动力和压力	主、侧缸故障	控制油路无油压	主、侧缸不动作	调整控制油泵的溢流阀
1	为压块腔体成型动作提供动力和压力	主、侧缸故障	油泵无油压或油压低	主、侧缸不动作	检查溢流阀和油泵
1	为压块腔体成型动作提供动力和压力	主、侧缸故障	三位四通阀不动作	主、侧缸不动作	检查三位四通阀情况
1	为压块腔体成型动作提供动力和压力	主缸动作故障	单向阀损坏	主缸动作慢或工作不到位	检修单向阀
1	为压块腔体成型动作提供动力和压力	主缸动作故障	高压泵油压低	主缸动作慢或工作不到位	检修溢流阀或高压油泵
1	为压块腔体成型动作提供动力和压力	主缸动作故障	油管漏油	主缸动作慢或工作不到位	修复漏点
1	为压块腔体成型动作提供动力和压力	主缸动作故障	三位四通阀内漏严重	主缸动作慢或工作不到位	更换三位四通阀
1	为压块腔体成型动作提供动力和压力	主缸动作故障	主缸活塞密封圈损坏	主缸动作慢或工作不到位	更换主缸密封圈
1	为压块腔体成型动作提供动力和压力	主缸动作故障	主缸活塞间隙过滤或损坏	主缸动作慢或工作不到位	更换活塞
1	为压块腔体成型动作提供动力和压力	主缸动作故障	油变质，黏度增大	主缸动作慢或工作不到位	更换新油
1	为压块腔体成型动作提供动力和压力	主缸动作故障	挤压头密封条与腔体阻力大	主缸动作慢或工作不到位	调整密封条与腔体间隙
1	为压块腔体成型动作提供动力和压力	主缸动作故障	主缸工作位置设置不合理	主缸动作慢或工作不到位	触摸屏上调整主缸工作位置
1	为压块腔体成型动作提供动力和压力	侧缸动作故障	工作阻力大	侧缸动作慢或工作不到位	检查主缸是否在下降位置，上盖衬板下部是否有粘胶，是否与腔口接触
1	为压块腔体成型动作提供动力和压力	侧缸动作故障	油泵流量不足	侧缸动作慢或工作不到位	检查低压泵情况，及时修理
1	为压块腔体成型动作提供动力和压力	侧缸动作故障	油压低	侧缸动作慢或工作不到位	检查溢流阀和油泵
1	为压块腔体成型动作提供动力和压力	侧缸动作故障	侧缸活塞处内漏量大	侧缸动作慢或工作不到位	更换活塞和密封
1	为压块腔体成型动作提供动力和压力	侧缸动作故障	油变质，黏度大	侧缸动作慢或工作不到位	更换新油
1	为压块腔体成型动作提供动力和压力	侧缸动作故障	油管漏油	侧缸动作慢或工作不到位	修复漏点
1	为压块腔体成型动作提供动力和压力	侧缸动作故障	U1 放大板故障	侧缸动作慢或工作不到位	更换 U1 放大板
1	为压块腔体成型动作提供动力和压力	侧缸动作故障	侧缸工作位置设置不合理	侧缸动作慢或工作不到位	触摸屏上高速侧缸工作位置

表 4 压块机常见功能故障与处理方法（续）

序号	功能	功能故障	故障模式	故障后果	故障应对策略与检修内容
1	为压块腔体成型动作提供动力和压力	挤压头和上盖动作故障	连接处螺栓断	挤压头和上盖单方向可以动作，反向不动作	更换连接螺栓
			三位四通阀弹簧断		更换三位四通阀弹簧
			电磁换向阀弹簧断		更换电磁换向阀弹簧
			滑阀阀芯卡住		清除异物，保证动作灵活
			电磁铁不断电		检查电器故障
			油管漏油严重		检修油管
			U1 放大板故障		更换 U1 放大板
			反方向换向阀不得电		检查换向阀线路
			位移传感器损坏		更换位移传感器
			触摸屏工作位置设置错误		调整触摸屏工作位置

附 录 A

（资料性附录）

压块机检修质量控制确认表

检修项目	检修工艺参数	标准值	拆卸检测值	回装检测值	等级	施工单位	生产车间	二级管理部门	公司管理部门
机械本体	机械本体外观	表面完好，无磨损、裂纹、锈蚀			C	★			
	主导轨上面与腔口平行度偏差	＜0.25mm			A	★	★	★	★
	主缸活塞杆与腔体同轴度	＜0.30mm			A	★	★	★	★
	挤压头密封条与腔体衬板间隙	＜0.05mm			A	★	★	★	★
	主缸上升至顶部时挤压头衬板与腔口平齐度	应平齐，低于腔口不得超过0.50mm			A	★	★	★	★
	侧缸中心与上盖运行中心的重合偏差：左右	≤1.0mm			A	★	★	★	★
	侧缸中心与上盖运行中心的重合偏差：水平	≤2.5mm			A	★	★	★	★
	上盖衬板下平面与腔口的间隙	0.20～0.30mm			A	★	★	★	★
	上盖侧滑块与导轨侧面的间隙	0.05～0.1mm			A	★	★	★	★
	上盖下滑块与导轨底面的间隙	0.05～0.1mm			A	★	★	★	★
	侧缸活塞杆全部回缩时，上盖推胶板与腔口宽衬板的位置偏差	≥10mm，保证胶块能升出			A	★	★	★	★
	上盖在压胶位时，底板与腔口对中偏差	底板要完全封住腔口			B	★	★		
	主缸紧固螺钉情况	螺钉必须紧固且不得有断裂，紧固力矩2000～2500N·m			B	★	★		

压块机检修质量控制确认表（续）

检修项目	检修工艺参数	标准值	拆卸检测值	回装检测值	等级	施工单位	生产车间	二级管理部门	公司管理部门
硅油系统	气动元件、油管	气动元件、油管应无老化现象			C	★			
	喷硅油料斗下端四周密封条与落料槽对接间隙	≤ 2mm			C	★			
油（主、侧）缸	缸体、活塞杆外观	表面不得有沟槽及划痕			B	★	★		
	活塞杆外径尺寸	外径磨损超出原直径1%时，必须更换			B	★	★		
	活塞环与缸内径间隙	不得有间隙			B	★	★		
	密封元件	磨损严重，必须更换			B	★	★		
液压管路	各压盖外观	表面光洁、无油流动痕迹			C	★			
	液压管路	无漏油现象			C	★			
压力表	外观	表盘内液体无泄漏			C	★			
	测量	保压时压力表指针固定，并在压力表量程的2/3左右			C	★			
阀门	三位四通阀和二位三通阀阀体内孔的圆度和圆柱度偏差	均≤ 0.005mm			B	★	★		
	三位四通阀和二位三通阀阀体与阀芯的间隙	0.01～0.05mm 并保证灵活运动			B	★	★		
	溢流阀、顺序阀和单向阀阀体与阀芯的间隙	0.02～0.05mm 并保证灵活运动			B	★	★		

注： A级：施工单位、生产装置、设备管理部门专业人员检查确认后签字。

B级：施工单位和生产装置专业人员检查确认后签字。

C级：施工单位专业人员检查确认后签字。

另：如果有监理，监理的职责由甲方授权。

附 录 B
（资料性附录）
压块机试车记录表

设备名称		设备位号	
试车日期		结论	
项目	内容	合格／是	不合格／否
试车准备工作	设备检修工作已经完成，记录齐全，质量合格	□	□
	现场清理完毕，做好“工完料尽场地清”	□	□
	有试车方案，操作人员交底完毕	□	□
	设备零、部件完整，连接、固定满足试车要求	□	□
	设备润滑、密封情况满足试车要求	□	□
	各仪表、阀门灵敏、可靠，满足试车要求	□	□
	水、电、气等各项工艺条件准备充分，具备试车条件	□	□
	报警、控制系统灵敏好用	□	□
	安全防护用品、设施满足试车要求	□	□
	照明、通讯、消防等辅助设施满足试车要求	□	□
空负荷／负荷试车	启动高、低压油泵，运行正常	□	□
	调节低压油路溢流阀压力至 5.0 MPa	□	□
	调节控制油泵安全阀的压力至 3.5～5.0 MPa	□	□
	调节高压油路溢流阀的压力至 13～15 MPa	□	□
	手动操作三位四通阀电磁铁芯，主缸及滑块运行正常	□	□
	控制系统各时间参数设置正确	□	□
	上盖衬板与腔口间隙<0.30mm	□	□
	各阀件在最高压力下保压 10s 以上无泄漏	□	□
	工作位置设置正确，主侧缸到位准确无误，无泄漏	□	□
	管路无泄漏，管卡无松动	□	□
	电气系统正常无报警	□	□
	生产能力达到铭牌能力 90% 以上或满足生产需要	□	□
	胶块尺寸符合设计要求	□	□
遗留问题及处理意见			
评审意见			
记录人		日期	

注： 试车具体检测项目可根据企业情况自行设定。

挤压造粒机维护检修规程

SHS 03034—2019

代替 SHS 03034—2004

目 次

前　言

本规程按照 GB/T 1.1—2009《标准化工作导则　第 1 部分：标准的结构和编写》给出的规则修订。

本规程代替 SHS 03034—2004《挤压造粒机维护检修规程》，与 SHS 03034—2004 相比，除了编辑性修改外，主要技术变化如下：

——新增了同向双螺杆挤压造粒机组维护检修的内容；

——新增了异向双转子挤压造粒机组维护检修的内容。

本规程由中国石油化工集团有限公司、中国石油化工股份有限公司提出。

本规程起草单位：大连橡胶塑料机械有限公司、中国石油化工股份有限公司北京燕山分公司。

本规程主要起草人：金鹤、牛继田、卢昌存。

本规程所代替规程的历次版本发布情况为：

SHS 03034—1992，SHS 03034—2004。

挤压造粒机维护检修规程

1 范围

1.1 主题内容

本规程规定了三种结构类型挤压造粒机组的检修周期与内容、检修程序与质量标准、试车与验收、维护与故障处理。

1.2 适用范围

本规程适用于合成树脂（聚丙烯、聚乙烯）装置的单螺杆挤压造粒机、同向双螺杆挤压造粒机和异向双转子挤压造粒机的维护和检修。

2 规范性引用文件

下列文件对于本文件的应用是必不可少的。凡是注日期的引用文件，仅所注日期的版本适用于本文件。凡是不注日期的引用文件，其最新版本（包括所有的修改单）适用于本文件。

GB 50231　机械设备安装施工及验收通用规定

Q/SHS 0001.3　炼油化工企业安全、环境与健康（HSE）管理规范

3 检修周期与内容

3.1 检修周期

根据三种结构类型挤压造粒机组的系统功能故障及其影响分析的结果，并结合合成树脂生产装置运行周期，确定设备的检修周期，一般为48个月～60个月。

3.2 检修项目与内容

3.2.1　检查调整切粒机刀轴对水室、模板的垂直度、同轴度。
3.2.2　检查调整切粒机联轴器同轴度。
3.2.3　清洗滤油器。
3.2.4　处理跑、冒、滴、漏。
3.2.5　检修进出料管，更换密封件。
3.2.6　处理机头漏料。

3.2.7 检修旋转接头。

3.2.8 检修刀盘，更换切刀。

3.2.9 检查更换测速皮带。

3.2.10 根据运行状态和监测数据安排项修：

1）检查修理电加热器，更换已损件。

2）检查修理螺杆表面。

3）检修螺杆花键并清洗加油。

4）修理或更换分流板。

5）检修或更换轴封填料。

6）检查或更换金属“O”形环。

7）解体检修切粒机，更换已损件。

8）检查、修理或更换模板。

9）检查减速器齿面状况及接触情况，测量齿侧隙；清洗油箱，消除漏油现象并换油；检查清理油冷却器，进行水压试验。

10）复查联轴节同轴度，检查磨损及密封情况，并清洗换油。

11）检查机头或滤网托板状态，修理托板表面，调整夹紧力。

12）检修进料斜翻板，更换已损件。

13）检查修理加料器各部位，并换轴。

14）检查剪切环或剪断销，必要时更换新件。

15）解体检修启动盘车装置，更换已损件；并清洗换油。

16）完善保温并刷漆。

3.2.11 主电机：拆检轴承（包括滚动轴承和滑动轴承），刮研或更换；冷却系统试压和除垢。

3.2.12 联轴器（含气动摩擦离合器、液压安全离合器及安全剪切销式扭矩限制器）：拆检摩擦片积炭和磨损情况；拆检鼓形齿磨损情况及安全销状态，必要时进行更换。

3.2.13 主减速器、熔融齿轮泵及其减速器：解体修理齿轮，轴瓦及轴颈、调整各部间隙，检查并更换轴承、油封等已损件。

3.2.14 螺杆：拆解、测量并记录各段螺纹外径，测量螺杆、芯轴直线度，必要时进行校直。

3.2.15 酸洗填料函夹套。

3.2.16 测量螺杆花键及平键配合间隙，记录磨损情况并清除毛刺。

3.2.17 修理筒体内表面研伤部位。

3.2.18 检查调整筒体对减速器输出轴的同轴度，减速器及筒体的水平，支耳与压板间隙，测量常温及热状态下螺杆与筒体的间隙。

3.2.19 更换齿形皮带轮。

3.2.20 解体检查机头夹紧机构及油缸，修理或更换销轴、销套、支架轴承、活塞及密封环等。

3.2.21 修理或更换齿轮联轴节。

3.2.22 修理或更换换网装置滤网的托板及密封环等。

3.2.23 解体检修换网及树脂三通换向阀装置，混炼间隙调整装置的高压油泵和油缸，更换密封环等已损件，清洗油箱并换油。

3.2.24 做筒体通畅性检查和压力试验。

4 检修程序与质量标准

4.1 拆卸前准备

4.1.1 检查设备运行状况和监测记录，分析故障原因和部位，制订详细的检修技术方案。

4.1.2 熟悉设计图样和技术资料、编写检修记录。

4.1.3 检修所需工卡量具及吊索具备齐。

4.1.4 检修所需更换件应符合设计要求。

4.1.5 按规定进行断电、倒空、置换等工艺处理完毕，具备检修条件。

4.1.6 如果需要抽螺杆或转子，机筒不能停热（温度控制在200℃以上）。

4.1.7 上料仓内预料一定吨位的物料以备检修后的验收。

4.1.8 检修解体前务必做好标识工作（打标记），要求“拆、装、松、紧、落，都要做记号”。

4.1.9 按照Q/SHS 0001.3《炼油化工企业安全、环境与健康（HSE）管理规范》中的规定，对检修过程进行危害识别及风险评估、环境因素识别和影响评价，并办理相关票证。

4.2 单螺杆挤压造粒机组

4.2.1 主要用途和结构

主要适用于合成的熔融树脂，如LDPE、EVA的混炼造粒。其结构为：单螺杆、悬臂单支撑，机组直线型布置。

4.2.2 拆卸与检测

4.2.2.1 拆装螺杆应使用专用工具，钢丝绳应套以胶管，应防止螺杆变形和磕碰。

4.2.2.2 检查清理螺杆表面积炭，修理表面伤痕，装入螺杆前，筒体内应清理干净，并在螺杆表面涂以硅油。

4.2.2.3 螺杆轴封处磨损严重时，可用金属喷镀法或激光熔覆焊修复。

4.2.2.4 螺杆镀铬层脱落部位，可用刷镀法或退铬并重新镀硬铬修复。

4.2.2.5 模板模孔内表面应光滑无杂质，孔的边缘无裂纹或脱落。

4.2.2.6 齿形皮带轮齿面如有拉毛或磨损变形时，应更换皮带轮。

4.2.2.7 齿形皮带轮齿面如有严重磨损或齿根开裂、断齿等情况时，应更换新件。

4.2.2.8　机头夹紧机构油压缸的内壁及活塞表面应光滑，密封环磨损以致漏油时，应更换新件。

4.2.2.9　滤网托板（自动换网型）板面和上下滑道应光滑，如有拉伤和毛刺，应修理、研光。

4.2.2.10　滤网（自动换网型）油压缸的内壁及活塞表面应光滑，密封环磨损以致漏油，应更换新件。

4.2.2.11　三通换向阀机构（自动换网型）阀的回转配合面如有研伤，应修理或更换新件。

4.2.2.12　油压装置应检查液压系统油量，储能器油量不足时，按规定压力充氮气并补油。

4.2.2.13　减速器解体前应注意拆除推力轴承压盖与箱体上盖连接的隐蔽螺栓。

4.2.2.14　启动油泵观察减速器各路示油器内的钢珠，应跳动灵活；翻板示油的翻板应指示到位，否则应进行调整或疏通。

4.2.2.15　打开减速器机盖上的手孔，检查喷油管喷淋状况，确认喷油点与油量正常。

4.2.3　检修质量标准

4.2.3.1　螺杆

1）抽出螺杆应在机内树脂完全熔透的情况下进行。

2）拆装螺杆应使用专用工具，钢丝绳应套以胶管，应防止螺杆变形和磕碰。

3）清理螺杆表面积炭，修理表面伤痕，装入螺杆前，筒体内应清理干净，并在螺杆表面涂以硅油。

4）螺杆外径 D 允许磨损量依据挤出能力而定。极限值一般不大于 2mm（单边 1mm），测量方法见图 1，检测结果填入表 1 中。

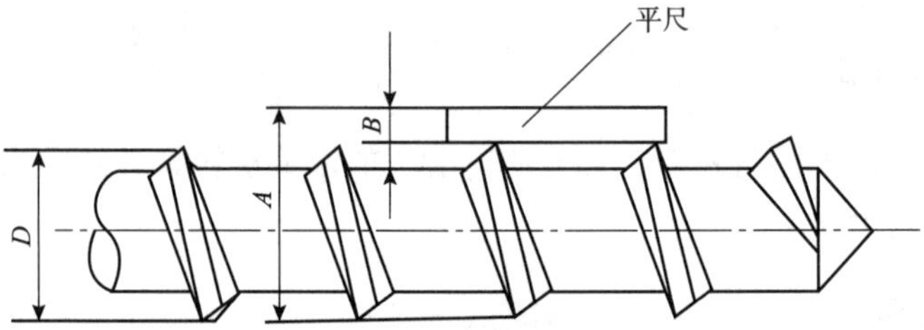

图 1　螺杆外径测量图（$D=A-B$）

表 1　螺杆外径检测表

mm

序号段	1	2	3	4	5	6	7	8			
标准值											
实测值											
磨损量											
说明：编序号一般从加料段开始。											

5）轴封处磨损严重时，可用金属喷镀法或激光熔覆焊进行修复。

6）镀铬层脱落部位，可用刷镀法或退铬并重新镀硬铬修复。

7）螺杆轴线直线度偏差不大于 0.10～0.30mm（视机型而定），否则应校直。

8）推力面端跳不大于 0.30mm。

4.2.3.2 筒体

1）筒体前后端的水平度偏差不大于 0.05mm/m，且倾斜方向应一致。

2）筒体法兰螺栓应拧紧，并进行热紧，法兰间隙应均匀，误差不大于 0.05mm，必要时对螺栓进行无损探伤检验。

3）单螺杆挤压机的筒体组装后用直径$D_{-0.25}^{-0.05}$（D 为螺杆直径）长 1200mm 的铸铁试棒和光学准直水平仪检查筒体、减速器输出轴同轴度，在轴封处其偏差不大于 0.10mm，在筒体前端其偏差不大于 0.05mm。用光学准直水平仪测量时的方法见图 2。

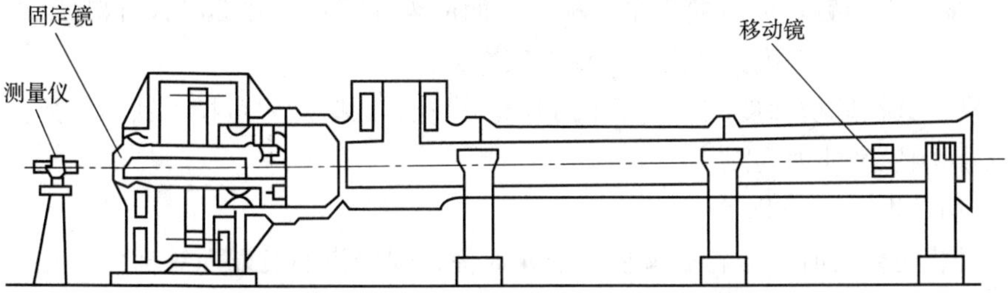

图 2 筒体、减速器输出轴同轴度测量图

4）筒体支耳与支座支撑面应均匀接触，用 0.03mm 塞尺检查，塞入长度应不大于 10mm，接触面如有研伤应予以修理，见图 3。

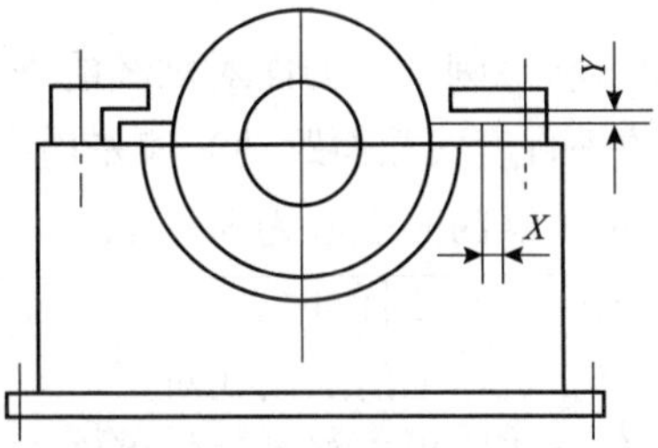

图 3 筒体支耳与支座支撑面示意图

5）支耳与压板的间隙，在常温状态下应符合表 2 的规定。将筒体加热到 120℃和 180℃进行复查，此时任何一处的 X、Y 值均不得为零。

表 2 支耳与压板的间隙表 mm

位置 温度间隙	前			中			后		
	常温	120℃	180℃	常温	120℃	180℃	常温	120℃	180℃
X	1.4～1.6			1.8～2.2			1.4～1.6		
Y	0.4～0.6			1.8～2.2			0.4～0.6		

6）对各段筒体夹套进行水压试验，确认排水畅通，否则应查找原因，予以处理。如系水阀内漏，应修理或更换水阀。如系填料函夹套结垢严重所至，应进行酸洗、中和、清洗等处理（残液应进行妥善处置）。

7）对单螺杆手动换网的挤压机组，应分别在常温和热状态下，测量前端筒体与螺杆的间隙，用 1mm 长塞尺测量，其上、下或左、右间隙之和应不大于 2.80mm，其差值应不大于 0.05mm。

4.2.3.3 模板

1）模孔内表面应光滑无杂质，孔的边缘无裂纹或脱落。

2）模面重磨后应保证有一定的硬质层，修复后的模板应进行 10MPa 水压试验和 1h 的 6MPa 蒸汽耐压试验。

3）安装模板时，螺栓应涂耐高温润滑脂（高温螺栓抗咬合剂），先预紧内圈螺钉，再预紧外圈螺钉，同时要用平尺检查模面应无变形；加热 2h 后，再热紧内、外圈螺钉，最后用平尺检查模面平面度其偏差应不大于 0.02mm。

4）模面磨损麻坑深度应不大于 0.30mm，模孔有缺陷时，可楔入铁丝堵死，允许堵孔数以不影响生产能力为限。

4.2.3.4 切粒机

1）组装切粒机时，应将微调机构的螺纹面、蜗轮齿面及端面等部位的毛刺清除干净，并涂以高温润滑脂；蜗轮与轴的配合为 H7/h6，其外径与壳体内孔的配合为 H8/f7。

2）切刀轴的刀盘安装孔应光洁无毛刺，切刀轴直线度偏差应不大于 0.05mm。

3）油封和“O”形环如有老化龟裂、变形时，应更换新件。油封唇边磨损后，其宽度应不大于 0.80mm。

4）分解切刀盘，清除积料和毛刺，装刀面对轴线的垂直度偏差应不大于 0.01mm；切刀盘上各刀刃端面对轴线的垂直度（端面跳动）偏差均应不大于 0.03mm。

5）测速轮的齿顶与测速传感器的间隙应为 3～5mm。

6）机械密封的检修执行 SHS 01052 标准。

7）行程轴承箱上的油槽要和机体上的加油孔对正。

8）齿形皮带轮齿面如有拉毛或磨损变形时，应更换皮带轮。

9）齿形皮带轮齿面如有严重磨损或齿根开裂、断齿等情况时，应更换新件。

10）将筒体加热到 120℃，沿轴向调整切粒电机位置，使主、从动皮带轮宽度的中心线偏差不大于 2mm；在常温状态下调整时，应考虑筒体的热膨胀量；应使两皮带轮中心线平行度偏差不大于 0.05mm/100mm。齿形皮带以松边有适当的挠度而又不抖动为宜，切忌过紧，以免引起皮带轴承过早损坏。

4.2.3.5 机头夹紧机构（手动换网型）

1）机构开闭应灵活，行程适度，C 形夹紧环与筒体及机头法兰的接触面积应不小于 70%，并应有足够夹紧力和准确的对中性。夹紧力和对中性可通过支架与筒体安装面之间的垫片和调整螺钉进行调整。

2）销轴和销套如有研伤或弯曲时，应修理或更换，销轴与销套的配合为H8/f8。

3）油压缸的内壁及活塞表面应光滑，密封环磨损以致漏油时，应更换新件。

4.2.3.6 滤网托板（自动换网型）

1）板面和上下滑道应光滑，如有拉伤和毛刺，应修理、研光。

2）调压环松紧应适当，不可过紧，应以托板不漏料又能灵活切换为宜。

3）金属密封环如有拉毛，应研光或更换新件。

4）当电加热器，达不到加热温度时，应修理或更换新件。

5）油压缸的内壁及活塞表面应光滑，密封环磨损以致漏油，应更换新件。

4.2.3.7 熔融齿轮泵（CMP）

1）泵内应无异物，齿轮端面和端盖及齿面应光滑无损伤。

2）轴颈和轴瓦表面如有研伤应修光或更换。轴瓦间隙为（1.0‰～1.5‰）D（D为轴径），报废间隙为0.002D。如间隙值在其间某一值时，视检修前运转时间、磨损量和检修后拟运转时间、可能磨损量而决定是否更换。

4.2.3.8 三通换向阀机构（自动换网型）

1）阀的回转配合面如有研伤，应修理或更换新件。

2）支架固定螺栓应充分紧固，并应有防松垫圈。

3）油压缸的内壁及活塞表面应光滑，密封环磨损以致漏油时，应更换新件。

4.2.3.9 油压装置

1）当油泵打压不足时，应解体检修，更换已损件。

2）储能器活塞或胶囊如有泄漏，应更换已损件。

3）检查液压系统油量，储能器压力不足时，按规定压力充氮气并补油。

4.2.3.10 减速器

1）解体前应注意拆除推力轴承压盖与箱体上盖连接的隐蔽螺栓。

2）箱体的纵向及横向水平度偏差应不大于0.05/1000mm。

3）其他检修执行SHS 01028《变速机维护检修规程》。

4.2.3.11 润滑油泵、油冷却器和油过滤器

1）齿轮油泵检修执行SHS 01017《齿轮泵维护检修规程》。

2）油冷却器结垢严重时，应进行酸洗。

3）油过滤器应解体进行彻底清洗，如旋塞漏油，应进行研磨修理，组装时应注意勿将手柄方位装错。组装后，旋塞应扳动灵活，不漏油。滤芯如有损伤，应更换新件。

4）启动油泵观察各路示油器内的钢珠，应跳动灵活；翻板示油的翻板应指示到位，否则应进行调整或疏通。

5）打开减速器机盖上的手孔，检查喷油管喷淋状况，确认喷油点与油量正常。

4.2.3.12 联轴节的检修执行SHS 01073《一般机泵用联轴器检修及质量标准》。

4.2.3.13 设备润滑执行SHS 01002《石油化工设备润滑管理制度》。

4.3 同向双螺杆挤压造粒机组（以 320 造粒机组为例）

4.3.1 检修前确认

1）确定“施工作业、临时用电、动火、吊装、高处、管线阀门打开、受限空间作业”等相关票证已开。

2）确定机组各电机及润滑油泵电机电源已断开，气动摩擦离合器已停止供气。

4.3.2 主电机检修

4.3.2.1 主要检修内容：检修或更换轴瓦（或轴承）。

4.3.2.2 检修步骤：

1）拆卸电机轴承盖上的测振、测温元件。

2）拆卸轴承座端盖及轴承盖。

3）检测电机轴与轴瓦的间隙并记录［经验值间隙≈1‰ d（d 为电机轴径）］。

4）拆卸轴瓦连接螺栓，吊出上、下轴瓦。

5）检查轴瓦表面有无偏载、划痕等。

6）使用刮刀刮研轴瓦表面或更换新轴瓦。

7）清理内腔保证清洁度。

8）回装上、下轴瓦，检查接触率。

9）回装轴承盖及轴承座端盖。

10）回装电机轴承盖上的测振、测温元件。

4.3.2.3 注意事项：

1）拆卸前应检测电机前后轴承测振元件的反馈电压，回装后通过调整距离来恢复该电压值。

2）回装前应确保腔体清洁度符合要求。

3）检修后应提前验证高压浮起正常，管路无泄漏。

4）检修后应保证三相间的阻值平衡（检测仪器：感性负载直阻速测仪）、绝缘电阻无穷大（检测仪器：高压摇表）。

5）确认电机磁力线中心的位置并进行轴向位置修订或调整。

6）找正主电机与主减速器的同轴度时，应使主电机输出轴处于自然下垂位置。

4.3.3 气动摩擦离合器

4.3.3.1 主要检修内容

摩擦片表面情况和磨损量检查及更换。

4.3.3.2 检修步骤：

1）摩擦离合器检修的工具及准备（一般需用叉车配合）。

2）摩擦离合器中间组件整体取出（随机工装：压板、螺柱螺母等 2 组）。

3）取出摩擦片：检查端盖磨损以及锁紧螺栓的情况，确认摩擦片状况以及花键是否“胶合”等，即确定是否需要更换。（拆卸时工装压板应对称松开）

4）卸下其他零件，并清理；确认弹簧、弹性元件（橡胶）等是否失效。

5）摩擦离合器清理、检查和更换损坏或失效的零件。

6）预装摩擦离合器组件。

应检测电机轴与主减速器输入轴的对中情况，见图4。

应检测电机轴与启动减速器输入轴的对中情况。

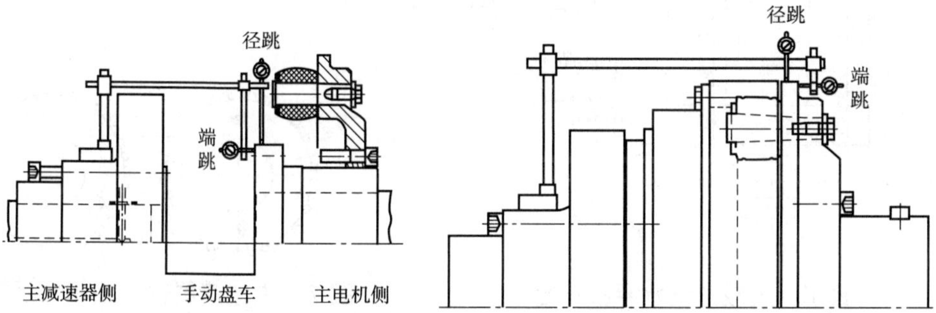

图4　气动摩擦离合器与主电机同轴度找正

4.3.3.3　注意事项：

1）摩擦片拆装，应戴干净的手套进行操作，确保摩擦片的清洁度，不能沾上油污等杂质（摩擦盘的摩擦表面一定要处在不能与油脂或油接触的环境下；它们一定不能用溶剂清洗，如汽油、丙酮，必要时更换新的）。

2）检查摩擦盘的磨损情况，如果检查所得测量值已经达到规定的最大值（图5），则摩擦盘已磨坏，一定要将其更换。

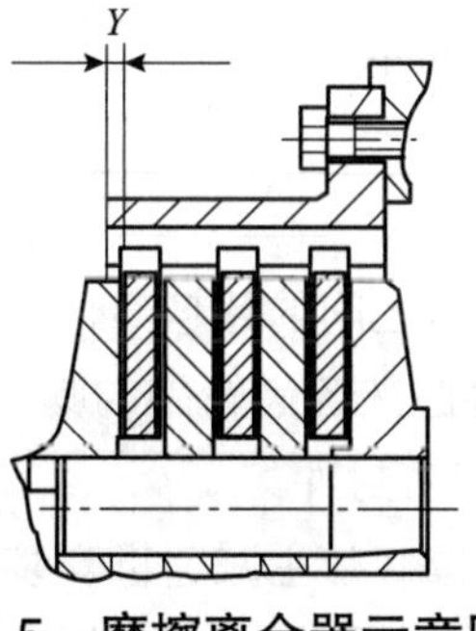

图5　摩擦离合器示意图

3）检查弹性联接器的弹性元件，如果弹性元件因其工作环境条件引起磨坏或硬化后应将其更换。

4）找正同轴度时应考虑主减速器的膨胀量，推荐在常温下初步找正，待机组运行正常、温度稳定后再安排一次精找正，前后的跳动值均按0.10mm控制。

5）库存时间较长的新的摩擦离合器组件在安装前宜拆开检查，应消除锈蚀、粘连等现象后再行安装。

4.3.4 主减速器和盘车装置（图 6、图 7）

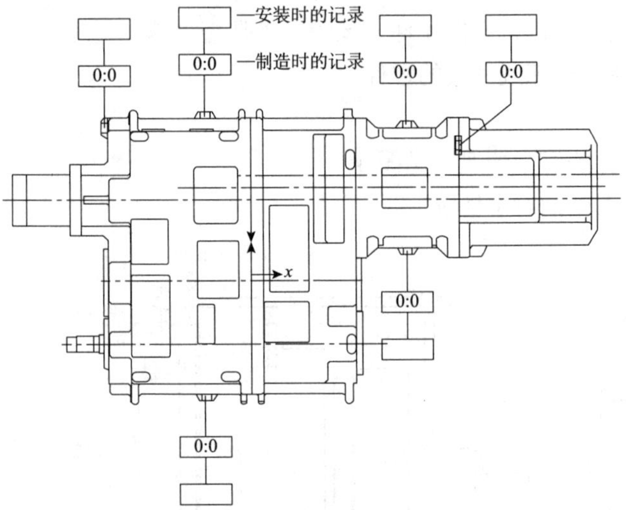

图 6 主减速器水平找正台

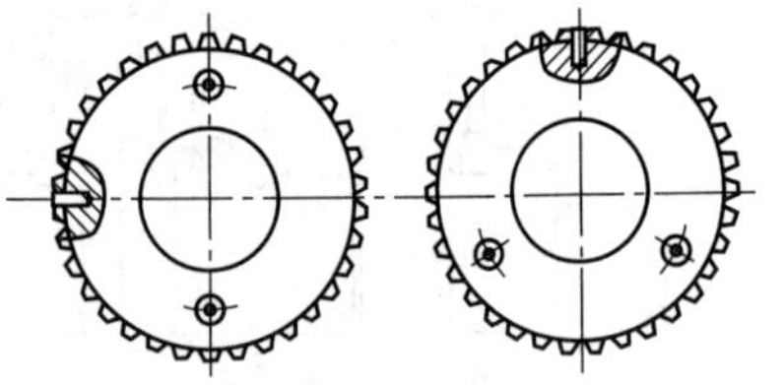

图 7 主减速器输出轴相位示意图

说明：箱体 6 个找正台水平度要求≤ 0.06mm/1000mm

4.3.4.1 主要检修内容：更换轴承、密封件；清理箱体内腔保证清洁度。

4.3.4.2 检控要点：主电机与主减速器对中；找正台水平度；输出轴的相位、跳动值和端面平齐度；齿轮轴轴向窜动量；齿侧间隙、齿面接触率，箱体结合面间隙等。

4.3.4.3 盘车装置检修步骤：

1）盘车减速器排油、初步检查（可与主减速器同步进行）。

2）拆卸盘车电机的连接螺栓，吊出电机。

3）拆卸旋转接头、端盖及支撑杆。

4）拆卸端面连接螺栓及销子。

5）整体吊下盘车减速器。

6）拆卸主减速器和启动减速器之间的超越离合器。

7）清洗、检查、检测箱体内部（各齿轮副的啮合情况，确认是否可以继续使用）以及各轴系及其组件，更换轴承和密封件。

8）各级轴、轴组件及上盖复位（与主减速机安装同步）。

9）更换端面密封圈，回装端盖、压板、上盖板、联轴器等。

10）回装其他零部件，包括旋转接头、端盖、支撑杆、盘车电机。

11）给箱体加油，盘车检查（与主减速器安装同步）。

4.3.4.4 盘车装置检修注意事项：

1）盘车减速器后端的旋转接头装置在拆卸过程中注意保护，禁止润滑油进入通气通道（小孔）中。

2）其连接轴与主减速器输入轴之间的连接螺纹为左旋。

3）吊出和回装盘车减速器时，注意对通气管的保护。

4）拆下单向离合器，检查并确认楔块组以及内、外环是否完好，有无磨损等情况，必要时应更换新的；回装时需要准备塑料卡带。

4.3.4.5 主减速器检修步骤：

总体步骤：拆开隔声罩及电气元件→拆除螺杆或将螺杆往切粒机方向移出60mm左右→拆除盘车装置→拆除上箱盖→检测相关数据→做好标记→吊出上分配轴系轴五→拆除两个轴承中座→依次吊出轴一、轴二、轴三及轴四→拆除两个轴承下座→吊出上分配轴系轴六→清理箱体、拆卸各轴轴承→更换各轴轴承→回装各轴→检测相关数据→回装各箱体→拉回螺杆→回装盘车装置→回装隔声罩及电气元件→添加润滑油→空载试车。

1）拆开隔声罩，排油、初步检查、拆卸箱外的相关附属零部件（即妨碍解体箱体的所有油气管线以及各温度、振动传感器探头）。

2）拆卸推力轴承轴套，检查推力轴承运行的状况（应检测碟簧压缩量）。

3）拆卸、移出盘车装置。

4）断开输出轴与螺杆轴的连接。

5）取出与螺杆连接的花键套和螺母（对应标识应清晰）。

6）拆卸主减速器各轴承端盖和上箱盖，检查各齿轮副啮合情况、侧隙以及各轴系跳动、轴向窜量等情况。

7）检查轴三（右输出轴）及轴四（左输出轴）上，弹簧座与推力轴承之间的间隙（见图8），填入表3中。

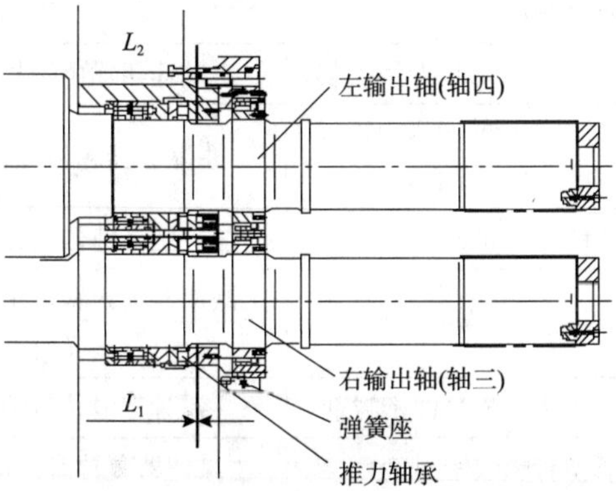

图8 主减速器输出轴

表3 拆卸前两输出轴弹簧座间隙

序号	检测项目		单位	技术要求	检测结果	备注
1	轴三、轴四上弹簧座与推力轴承之间的间隙	L_1	mm	—		
2		L_2		—		
说明：						

8）取出各轴系（各对齿轮副啮合轮齿应做清晰的相位标记），通过着色探伤检查齿轮啮合面状况，有无损伤、胶合、剥落、裂纹等情况。

9）更换轴承及油封；回装主减速器上各零部件，复位润滑油管线、仪电监测装置等零部件。（给摩擦离合器供气的流道孔应保证畅通，回装前应确认）

10）安装复位盘车装置。

11）箱体加油，盘车检测，记录数据。

4.3.4.6　主减速器注意事项：

1）减速器作为关键部件，推荐由专业厂承接检修或由制造厂派专家指导检修。检修难点及解决措施见表 4。

表 4　检修难点及解决措施

序号	检修难点	解决措施
1	输入轴上的摩擦离合器联接套较难拆卸	制作拉拔工装 +100t 左右的千斤顶
2	换挡齿轮内部轴承未做静压检测	制作检测工装 / 上三坐标测量机检测
3	定距套在更换轴承后可能需要增加尺寸	提前投制毛坯 （尤其是换挡齿轮内部的定距套）
4	过渡轴齿轮损坏或更换等需重新调整输出轴相位	准备 180MPa 以上高压泵组件 2 套 + 花键扳手
5	现场葫芦吊吊点位置不方便吊装	制作平衡梁

2）拆装前需要准备主要工具及消耗品见表 5。

表 5　主要工具及消耗品明细表

序号	名称及规格	用途	数量
1	主减速器输出轴相位工装（随机专用工装）	主减速器输出轴相位找正和确认	1
2	力矩值为 6000~8000N·m 的液压力矩扳手及 M48、M42、M30 扳手头	主减速器箱体螺栓拆卸和预紧	1
3	框式水平仪（精度 0.02mm/m）	主减速器箱体水平找正	2
4	百分表及磁力表座	主减速器输入轴与主电机及输出轴同轴检测	2
5	乐泰 515/ 天山 1515 厌氧型平面密封剂	主减速器复位时箱体结合面密封	900mL
6	乐泰 569 厌氧型管螺纹密封剂	主减速器复位时润滑管路螺纹密封	100mL
7	乐泰 243 螺纹紧固剂	主减速器复位时螺纹紧固	100mL
8	乐泰 76732/ 天山 1767 螺纹抗咬合剂	主减速器复位时螺纹抗咬合剂	300mL
9	章丹 / 红丹粉	主减速器复位时齿轮啮合率检测	100g
10	手持式振动仪	主减速器复位后运行时箱体振动检测	1
11	手持式声级计	主减速器复位后运行时噪声检测	1
12	手拉葫芦、吊装用钢丝绳	吊装箱体、轴系等	若干
说明：吊装工具需可靠。			

3）拆卸前需做好编号和相位标记（包括齿部和花键套处）；拆卸串列轴承时，应对每个件都做好标记，以避免复位时装错（即确保原拆原装），并注意做好防护。

4）裸露的润滑管口注意保护好，防止进入杂质！

5）更换各轴轴承（应提前确认轴承备件）。径向轴承的更换周期大约为 40000h（按每年 8000h 计，大约 5 年）。串列轴承的更换周期大约为 64000h；是否有必要更换，应由实际情况决定。轴承拆装时注意各轴系的定距环方向及位置，防止错装或漏装。安装轴承时注意对各轴承的加热温度不得超过 120℃。安装轴承前对轴承安装处轴颈需彻底清理干净，安装时注意方向，防止装反。

6）更换二道轴系（轴二）轴承（换挡齿轮内的轴承）：确认更换的换挡齿轮内部的深沟球轴承端面有轴向窜动值（t_1），如没有则需要在静压下检测此数值（需制作检测工装）。

7）测量换挡齿轮的内部轴肩尺寸。根据换挡齿轮内部轴肩尺寸以及两端轴承的轴向窜动量，确定换挡齿轮内部定距套尺寸（可能需要机加工，提前做好毛坯及机床准备）。按拆前相位安装好高、低速挡齿轮组，并安装二轴轴系其他各轴承。按花键相位标记安装中间花键套。

8）落上箱体后依次抽查各轴轴承内圈与轴肩间隙、径向轴承的游隙、圆柱滚子轴承窜动量，见表 6。

表 6　轴承安装检查

序号	检测项目	单位	技术要求	检测结果	备注
1	轴承内圈与轴肩间隙	mm	0.05 （用小于 0.05 塞尺检查，塞入深度小于 1/3 宽度）		
2	轴承径向游隙		按轴承标准及样本		
3	圆柱滚子轴承窜动量		按轴承标准及样本		

9）需确认各油路的畅通情况，并保证喷头的位置准确（强制润滑）。

10）回装完成后应安排进行手动盘车和输出轴相位确认，再进行低速和空负荷运转。

4.3.5　花键联轴器（图 9）

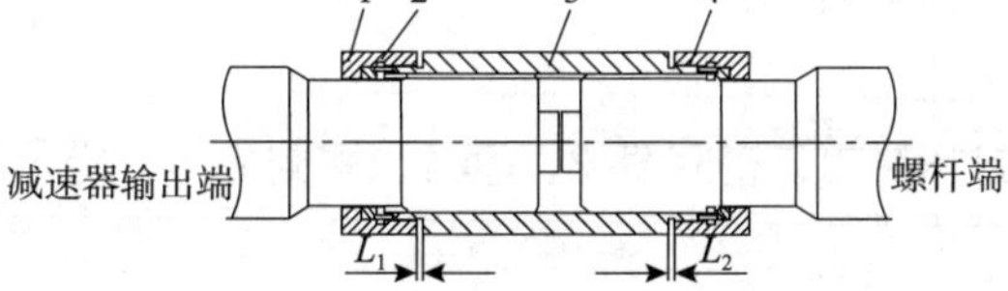

图 9　螺杆与减速器输出轴联轴器图

1—右旋锁紧螺母；2—半环；3—花键套；4—左旋锁紧螺母

4.3.5.1　主要检修内容：拆检花键；更换润滑脂。

4.3.5.2　检修步骤：

1）左右前后花键套做好标识，测量并记录 L_1、L_2 间隙值。

2）使用随机勾头扳手将左右锁紧螺母拆开。

3）将序 2 的 4 对半环取出，并做好成对和安装位置的标识。

4）清理花键，并安排做着色探伤。

5）待主减速器检修完成后、螺杆副回装时按标识完成花键联轴器的回装，应保证相位正确，间隙值 $(L_1+L_2)_{回装后} < (L_1+L_2)_{拆卸前}$

4.3.5.3　注意事项：

1）在减速器输出端的锁紧螺母 1 是右旋螺纹，在挤出系统螺杆端的锁紧螺母（图 9 序 4）是左旋螺纹，千万不要装错。当物料进入机筒、螺杆副正常浮起后宜再次检查并紧固 4 个锁紧螺母。

2）半环 2（共 4 对）是成对加工出来的，一定也要按对回装。

3）回装结束后，一定要通过喂料口或排气口检查两螺杆之间的啮合情况。用手转动螺杆几圈以确保两螺杆相位正确，转动自由不干涉。

4.3.6　螺杆尾部密封（图 10）

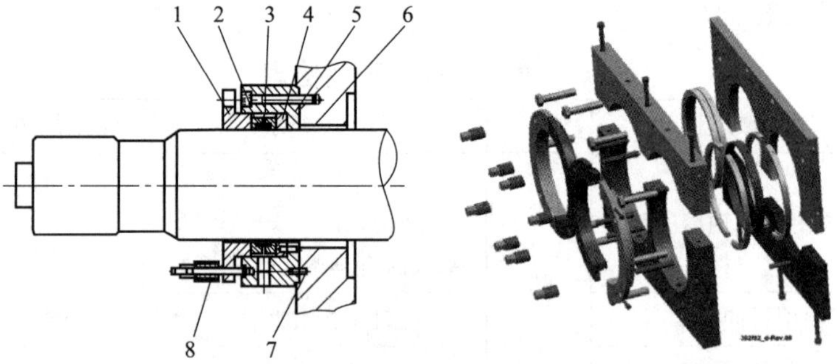

图 10　螺杆尾部密封图

1—压盖；2—密封压环；3—密封件；4—套；5—密封室；6—联接套；7—定位销；8—螺母

4.3.6.1　主要检修内容：更换尾部密封件。

4.3.6.2　检修步骤：

1）拆卸氮气密封气控箱及对应管路。

2）拆卸螺母 8 和压盖 1。

3）逐件拆解：密封压环 2、密封件 3、套 4、密封室 5、定位销 7 和联接套 6。

4）更换密封件 3。

5）待螺杆副回装好后再回装螺杆尾部密封（与拆卸顺序相反）。

4.3.6.3　注意事项：

1）安装前将螺杆密封装置各组件的所有安装表面和光滑表面全部清洗，不允许有任何残渣和杂质留在零件上。

2）拧紧螺母 8 通过压环将密封组件压实，起到密封的作用。压紧的力度要适中，太松填充效果不好，太紧磨损严重。

3）如果螺杆密封处轴颈有磨损（出现沟槽），应考虑制作垫板使密封位置轴向移位。

4.3.7　螺杆副（见图 11~图 13）

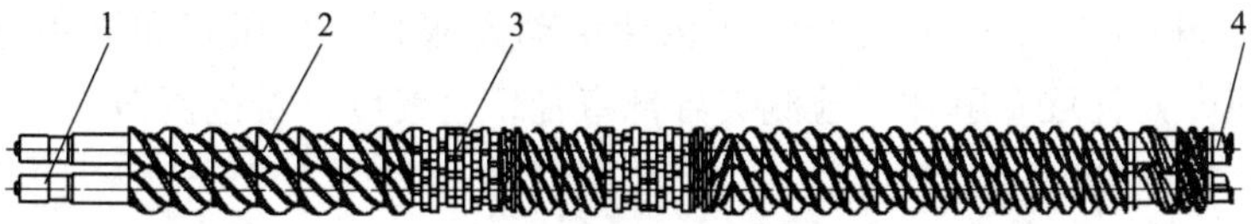

图 11　螺杆副结构图

1—芯轴；2—螺纹元件；3—捏合元件；4—螺杆头

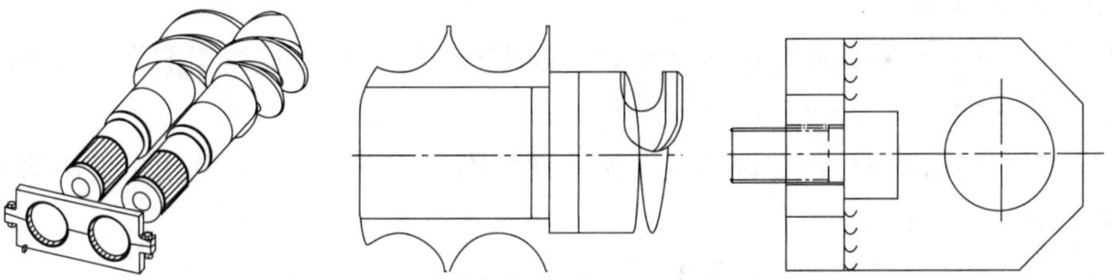

图 12　螺杆副相位工装图、螺杆头拆卸图、螺杆副 T 形工装

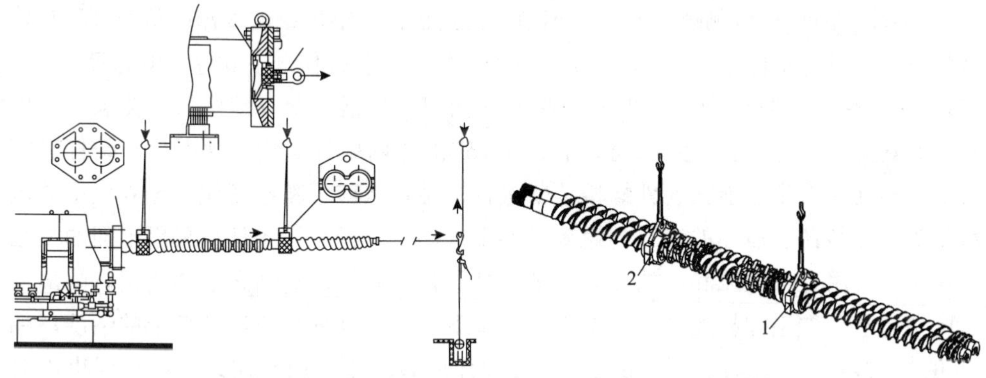

图 13　螺杆副拆出图（1、2 为螺杆副吊具）

4.3.7.1　主要检修内容：抽出螺杆副检查外径磨损情况；拆卸螺杆元件检查花键和进料情况顺抛螺杆元件飞边、毛边；芯轴花键着色探伤；添加高温润滑脂后回装螺杆元件并锁紧；螺杆副啮合间隙检查；如果判定螺杆弯曲［直线度超过 0.30mm（振摆超过 0.60mm），应安排专业制造厂对芯轴进行校直］。

4.3.7.2　检修步骤：

1）机组的温度应保持在 200℃以上，并准备好随机工装，包括：螺杆头扳手、T 形工装、螺杆副吊具、尾部托辊等。

2）拆开机筒与开车阀壳体间的螺栓，并移出切粒装置、机头体（含模板）、换网装置、齿轮泵泵体、开车阀装置等。（拆开前才能停热，并放出导热介质）

3）用螺杆头扳手拆掉螺杆头，装上 T 形工装，趁热拆出螺杆，并清理干净物料。参照图 13，将吊装装置、滑轮组连接到 T 形工装上，当螺杆从机筒中拖出大约 1/3 时装上螺杆副吊具（图 13 序 1），并将螺杆副吊具系到起吊装置上并通过它将螺杆轻轻提起；继续拖动螺杆直到螺杆露出机筒 2/3 时装上第二个螺杆副吊具（图 13 序 2），并把它系到起吊装置上，平稳地提起螺杆副。

4）使用随机工装中的油压系统（包括手动高压泵、高压管和缸头等）来松开螺母，然后将螺杆元件逐个解体，检测其各部直径、直线度、着色探伤等，确认机筒与螺杆的磨损量，并回装。

5）检测螺杆副的啮合间隙。

6）将螺杆回装入机筒（应使用相位工装），更换轴封并涂密封油脂后回装。

4.3.7.3　注意事项

1）只有在挤压系统热的时候才可以拆卸螺杆。如果加工低熔指的物料，在拆卸前要用一种清洁物料运行大约 10min。

2）在螺杆拆卸的行程范围内的下游部件等均应拆下或远离，利用可使用的起吊装置来拆卸和悬挂螺杆。

3）根据螺杆长度和质量准备 3～5 个螺杆支撑。

4）不能把螺杆卡在挤压系统里以免损坏螺杆表面。

5）拆卸、清理和检测螺杆元件、芯轴的工具包括：铜棒或硬木棒；角磨机配叶轮、金属丝刷；刮刀；油石；适当悬挂螺旋元件的绳索；着色探伤剂；高温润滑脂等。

6）拆卸螺杆元件的方法：拆前务必做好标识（包括：左右螺杆、安装顺序和相位等），确保按原标识回装。应以偏离中心线 15° 的方向敲打螺旋元件两边，敲打时应对称且力道相同。一定不能在元件螺棱顶部敲打，敲打点应不断地变化。比外径小的短螺旋元件要通过装在它后面的较长的螺旋元件来拆卸。对捏合块元件也采用上面的方法以避免其损坏。用金属丝刷和好的纱布清洁螺杆元件和芯轴，清洁之后要用模具隔离油粗略地喷涂一下。如果螺杆元件在常温下拆卸不下来时（螺杆长或塑性变形的情况，如混炼 PA 的熔融段），可以用火焰加热的方式进行拆卸，要求加热均匀（避免用火焰对螺杆进行局部加热），在均匀的热分布区可允许的表面最高温度≤ 450℃。拆卸完成后，除去粘附在螺杆元件上的所有可塑性材料并让其空冷。这也可用一个浴盆来清洗螺旋元件，注意千万不要把标识清洗掉了，如果洗掉请务必再标注上。

7）螺杆元件和芯轴的校核：所有元件都应经检验证实无破损，方可继续使用，检验包括着色检验和超声波检验等。对于长使用周期的螺杆装置，极力推荐对除了上面提到的元件，还有位于熔化区段的螺旋元件进行检验。这些地方的检验不仅包括元件表面检验，还包括安装花键键槽的检验。如果用火焰加热螺旋元件或长使用周期的螺杆装置，则也要对螺杆芯轴进行超声波的检验，螺杆花键套的轮齿也要包括在其中。

8）螺杆元件的安装：涉及装有双头螺杆元件或混装有双头螺杆元件和三头螺纹捏合块的整个螺杆，还有装有单头的螺旋元件的整个螺杆；应按标识进行回装，在回装之前要用高温润滑脂涂所有的零件，如螺杆芯轴、螺杆元件、螺杆头、螺钉等。锁紧参见图 14。

9）在螺杆副装入机筒前，应彻底检查螺杆元件是否正确地被安装，可利用螺杆副吊具进行 4 个相位的确认；无论如何，在启动机器前应用手转动螺杆副。

10）减速器输出轴和螺杆的相位：通过转动主减速器传动轴使其输出轴处于图15的位置，从轴端面看，左输出轴端面上的销钉指向上面，右输出轴的指向左面，两者偏差 90°。两螺杆通过提供的随机螺杆相位工装决定其位置。螺杆位置要与减速箱输出轴的位置一致。螺杆端面的位置见图 16。

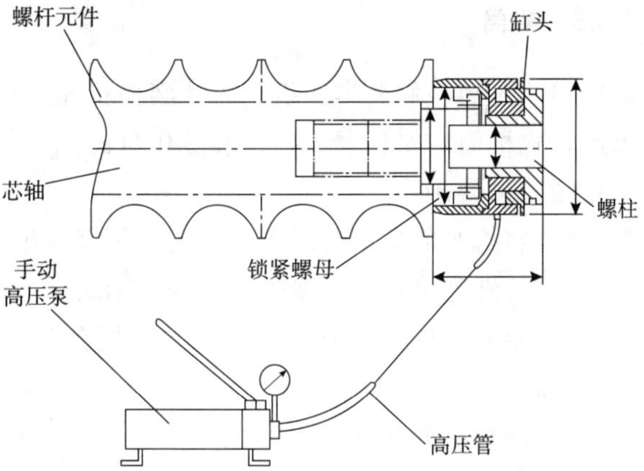

图 14　螺杆元件锁紧图

注： 螺杆预紧打压分三次进行：第一次为设定压力值的 50%，保压 1～1.5h；第二次为设定压力值的 80%，保压 1～1.5h；第三次为“设定压力值 +（1～2）MPa”，每次打压后均需从加料端逐件锤击螺杆元件以使其更为紧密。

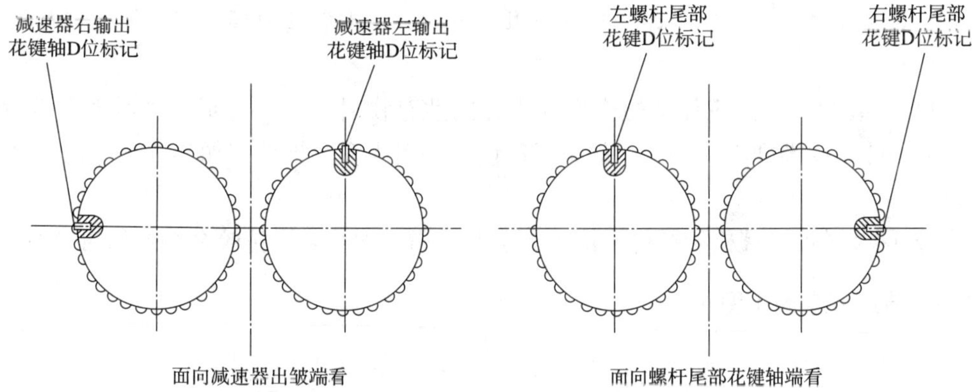

图 15　减速器输出轴和螺杆端面相位图

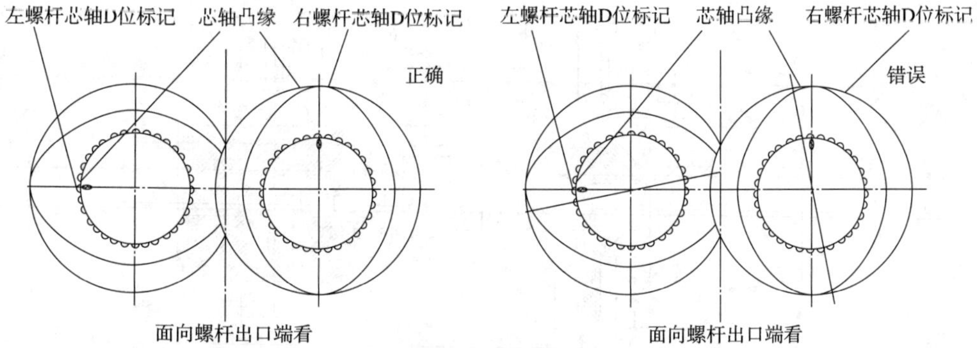

图 16　螺旋元件正确安装图和错误安装图

4.3.8 机筒

4.3.8.1 主要检修内容：机筒内孔磨损状况；检查流道的通畅性和泄漏修复。机筒为积木组合式机筒，安装水平度要求 ±0.06mm/m。

4.3.8.2 检修步骤

1）将拆卸的机筒用吊车和吊索具吊好（吊索具微紧即可）。

2）拆卸连接螺栓（或螺柱）或锁紧块（拆卸锁紧块可以制作拆卸工装）。

3）沿着轴向用铜制撬杠将两节机筒分开（机筒端面上内一般有 2 个定位销，长约 30～50mm）

4）清理机筒各部。

5）检查内孔直径、硬度和磨损情况；检查流道的通畅性和试压查漏。

6）如果机筒流道不通畅可采用酸洗、超声波清洗等方式进行疏通；如果有泄漏现象可安排进行焊补修复，并通过着色探伤和试压确认。

7）更换金属缠绕垫后进行回装。

4.3.8.3 注意事项

1）机筒流道酸洗应做好方案，严防残液处置不当造成环境污染。

2）由于机筒材质特殊，如果焊材选定、焊补工艺制订不当将很难修复成功，经常发生的问题包括：焊不住、焊缝裂纹、母材裂纹、使用后延迟裂纹等，因此推荐由专业厂完成。

3）回装螺杆副前应仔细检查机筒内孔的残存物料情况（可制作“通规”检查），常温下不能妨碍螺杆副的回装；如果机筒内孔物料太多，推荐在加热情况下进行螺杆副回装。

4）回装时连接螺栓和螺母应涂上高温润滑脂（螺纹高温抗咬合剂）后再锁紧。

4.3.9 节流开车阀（图 17）

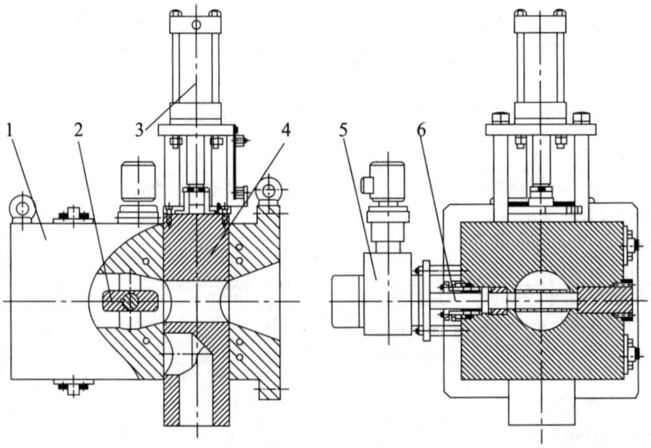

图 17 节流开车阀结构图

1—壳体；2—调节板；3—油缸；4—滑柱；5—减速器；6—调节轴

4.3.9.1 主要检修内容：检查滑柱与壳体（序 1）的间隙和滑柱内孔的铬层是否有脱落现象。更换密封件或油缸（抽螺杆时需将其吊开）。

4.3.9.2 检修步骤：做好标识，按图 17 所示进行拆卸和回装。

4.3.9.3 注意事项：

1）热态下拆卸油缸、滑柱、壳体时应严防烫伤。

2）吊离开车阀装置时应用倒链和吊索具调整好重心，然后沿着轴向用铜制撬杠将其与机筒分开（机筒端面上内一般有 2 个定位销，长约 30～50mm）。

3）确认开车阀油缸密封备件（名称、型号、数量需与原厂说明书相符）的情况，如没有备件切勿打开。

4）更换缸体及活塞密封件，密封件为组合件，如室温低，需用 40～50℃温油预热并涂油，防止安装时撑裂。

5）油缸组装后，活塞需手动可以移动。

4.3.10 熔融齿轮泵（图 18）

4.3.10.1 主要检修内容：拆检齿轮泵鼓形齿联轴器、转子和轴承衬套等。（抽螺杆时需将其吊开）。

4.3.10.2 检修步骤：

1）拆卸鼓形齿联轴器和旋转接头、测温元件等（做好标识）。

2）拆卸泵体非传动端侧的盖板和侧板，拆卸侧板螺栓时应保留端面密封垫附近的 4 个螺栓（可能会用到螺栓拉伸器，见图 19）；停止热油加热，放出导热油，拆卸侧板使用倒链吊下。

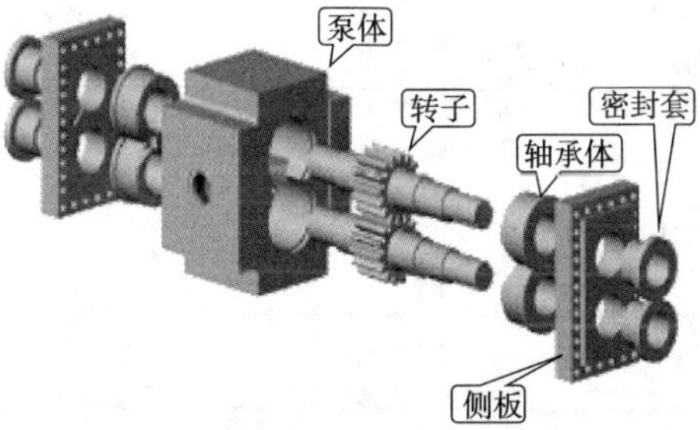

图 18 熔融齿轮泵结构图

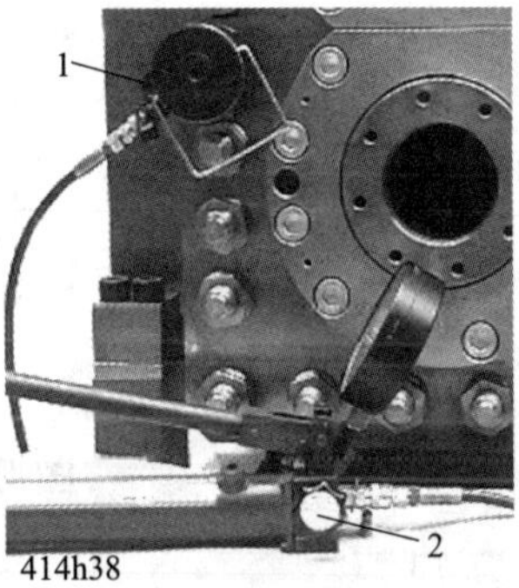

图 19 拆卸齿轮泵侧板和螺栓拉伸器

3）使用随机工装拆出上、下两个轴承体，见图 20。

4）将工装轴与齿轮泵体内的转子进行连接，然后抽出转子，并趁热清理物料，见图21。

5）在泵体上方的 4 个吊点安装 4 个 5t 的卸扣，通过钢丝绳挂于上方的吊车吊钩上。将泵体吊起 300mm，横移至指定位置。

6）安排转子、轴承体清理和检测：包括无损探伤（超声波探伤、磁粉探伤或着色探伤），如果损坏严重应更换新的。

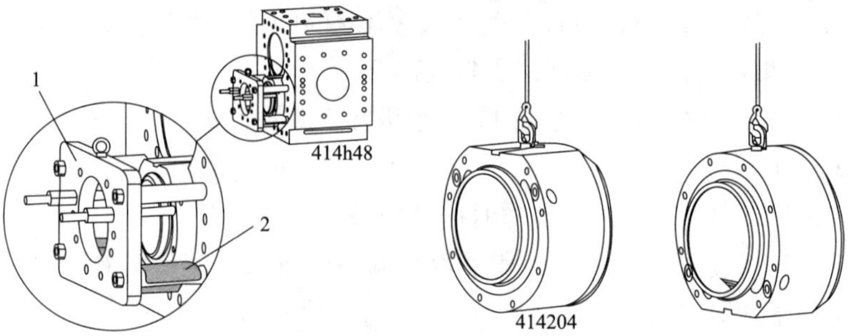

图 20　拆卸齿轮泵轴承体

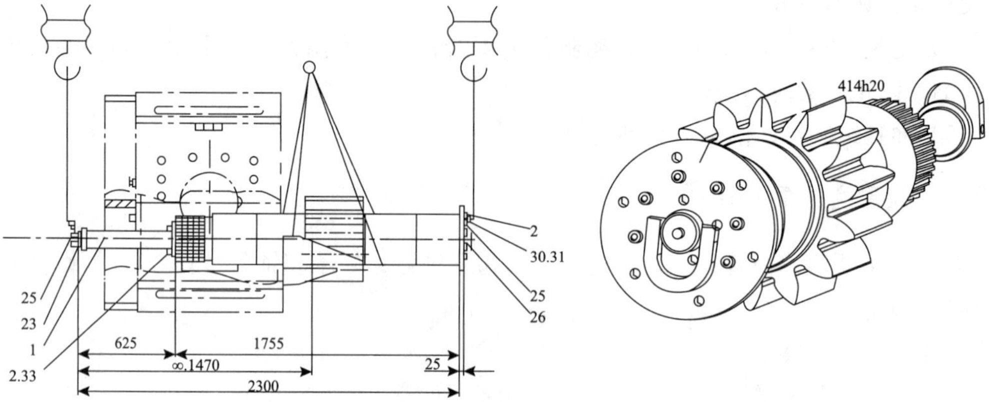

图 21　抽出齿轮泵上、下转子

7）回装：与拆卸顺序相反，见图 22、图 23。

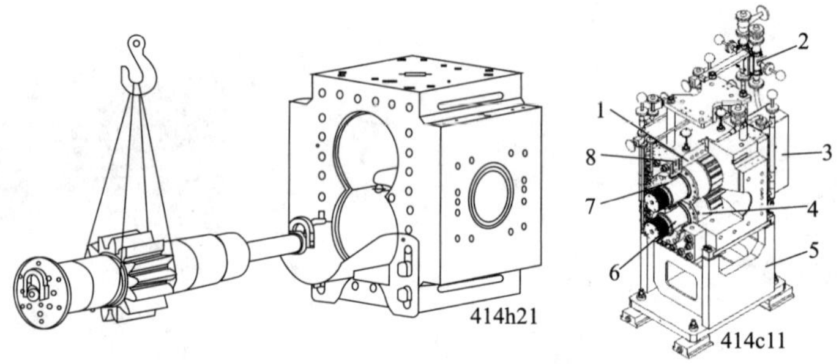

图 22　齿轮泵转子回装

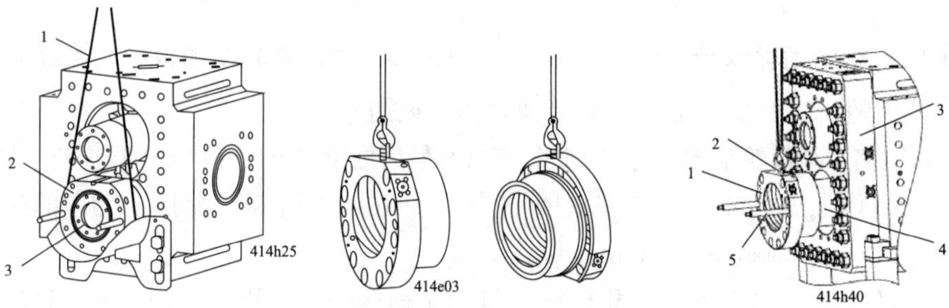

图 23　齿轮泵轴承体和密封套回装

4.3.10.3 注意事项：

1）齿轮泵装置有2种结构：双输入（2套鼓形齿联轴器，转子副的齿面不啮合），单输入（1套鼓形齿联轴器，转子副的齿面啮合），在平时的维护工作中，转子齿侧间隙的调节工作不必进行。

2）齿轮泵转子、轴承体拆卸前的温度应≥200℃，停热后要求在4h内完成拆卸工作；严防烫伤。

3）齿轮泵减速器常见的有两种结构：斜齿轮减速器和行星减速器。行星减速器的两根输出轴可以轴向移动（伸出和缩回，移动量在20mm左右），在回装鼓形齿联轴器前，应按说明书中给出的空间长度进行调整和端面对齐。减速器作为关键部件，推荐由专业厂承接检修或由制造厂派专家指导检修。

4）在拆卸鼓形齿联轴器以前，应在各个零件上打上相对应的标记，而在回装时一定要严格按照标记来进行，见图24。

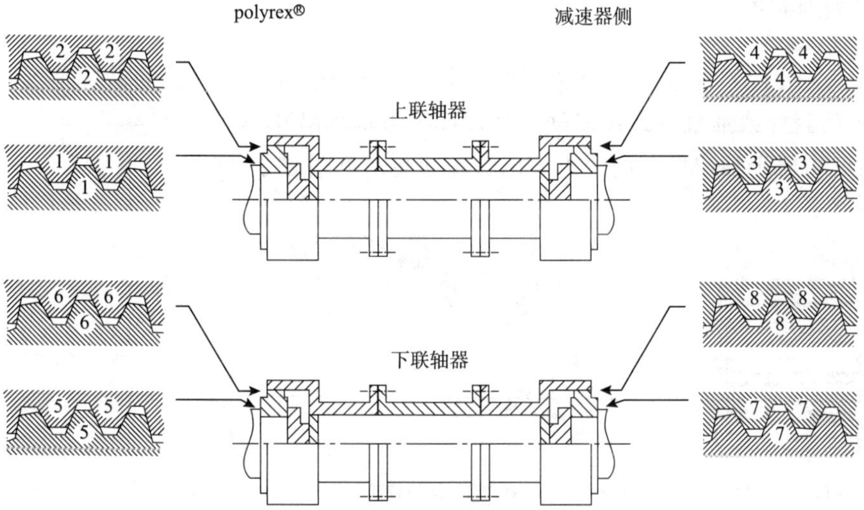

图24 推荐的标识

5）当齿轮泵转子或鼓形齿联轴器零件需要更换时，应进行相位和齿侧间隙的调节和确认；针对双输入的结构，为了避免齿表面的硬接触，齿侧间隙应在运转之前加以调节。（在没有作调整的情况下，一侧的联轴器就会承受过大的负载而导致这个联轴器很快损坏，而齿轮泵转子齿面之间的硬接触将会造成齿面的损伤）

6）关于齿轮泵减速器两个输出轴的花键与鼓形齿联轴器的相位关系以及齿轮泵两个转子的花键与鼓形齿联轴器的相位关系按《使用说明书》进行调整（见图25，一般调整至图26的（c）图所示位置）。

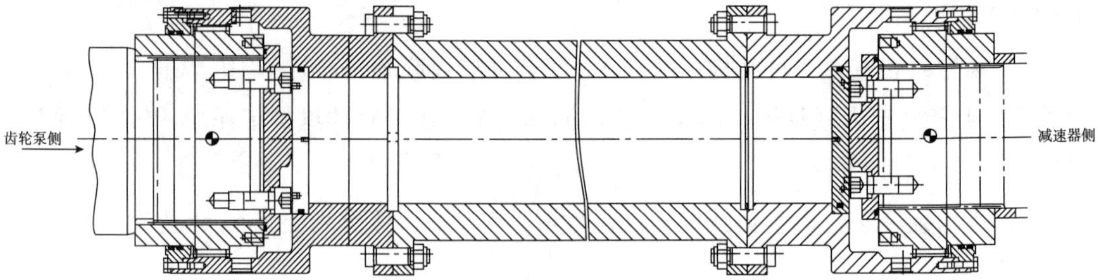

图 25　齿轮泵鼓形齿联轴器找正及回装示意图

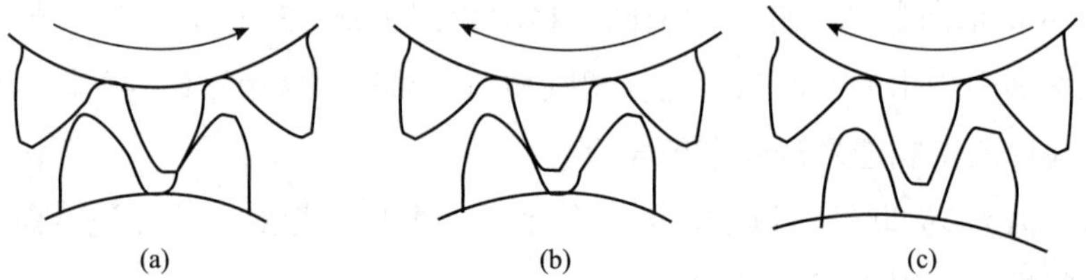

图 26　转子轮齿位置图

4.3.11　换网装置

4.3.11.1　主要检修内容：检查端面密封水套的通畅性和滑柱内孔的铬层是否有脱落现象；更换密封件或油缸以及过滤网（抽螺杆时需将其吊开）。

4.3.11.2　检修步骤：按图所示进行拆卸和回装，见图 27。

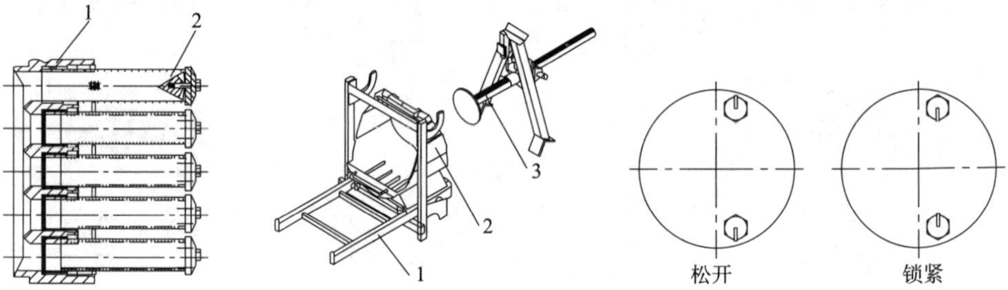

1—支撑板;2—过滤单元　　1—折叠架;2—托架;3—推动装置

图 27　过滤装置图和拆网工装以及锁紧螺栓位置图

4.3.11.3　注意事项：

1）更换过滤网和吊开壳体时应在热态下进行，严防烫伤。

2）使用塞尺检测密封水套与滑柱以及滑柱与壳体的间隙，包括通水时和不通水时的间隙，并记录实际温度。

3）油缸侧应仔细清理物料，以防物料影响到行位开关。

4.3.12　机头体和模板

4.3.12.1　主要检修内容：更换模板（抽螺杆时需将其吊开）。

4.3.12.2 检修步骤：

1）趁热（约200℃）拆卸模板螺栓的防护盖板。

2）拆卸模板的连接螺栓，全部松开后保留2~3根螺栓。

3）拆卸模板的电仪连线。

4）停止模板的加热，放出加热介质。

5）拆卸模板，连同上面的管路一同吊下。

6）回装模板（按拆卸的步骤反向回装）。

4.3.12.3 注意事项：

1）拆卸模板需在热态下进行，应严防烫伤。

2）由于连接螺栓极易损坏，拆卸下来的连接螺栓应立即检查质量并提前准备好备件。

3）一般在常温下回装模板，螺栓应涂耐高温润滑脂（螺纹抗咬合剂），先预紧内圈螺栓，再预紧外圈螺栓，同时用平尺检查模板切粒带应无变形，加热至工作温度后再紧内、外圈螺栓，模板切粒带偏差不大于0.03mm。（推荐按照说明书中规定的力矩值分三次进行预紧：常温下50%~60%力矩值，150℃时80%力矩值，工作温度下100%力矩值）

4）模板修复宜发至专业厂完成。

4.3.13 水下切粒机

4.3.13.1 主要检修内容：更换轴承、机械密封组件、密封件、切刀、联轴器等。

4.3.13.2 检修步骤

1）拆卸PCW进、出口的水管线和电仪连线。

2）切粒小车整体移位，拆卸刀盘、联轴器和水室。

3）拆下切刀轴机械密封组件。

4）将切粒机立起，拆出切刀轴与轴承、轴套等组件。

5）取出轴承压盖。

6）取下轴承套和轴承。

7）取下轴承内圈。

8）彻底清洗所有零部件；检查所有零部件，更换超标准零件。

9）组装切粒轴组件。

10）将切粒轴组件回装到切粒机上。

11）安装机械密封组件。

12）检修切粒机进刀系统活塞，更换密封件。

13）测量各部间隙，切粒机对中找正。

14）安装联轴器。

15）安装刀盘组件、切粒装置复位。

4.3.13.3 注意事项：

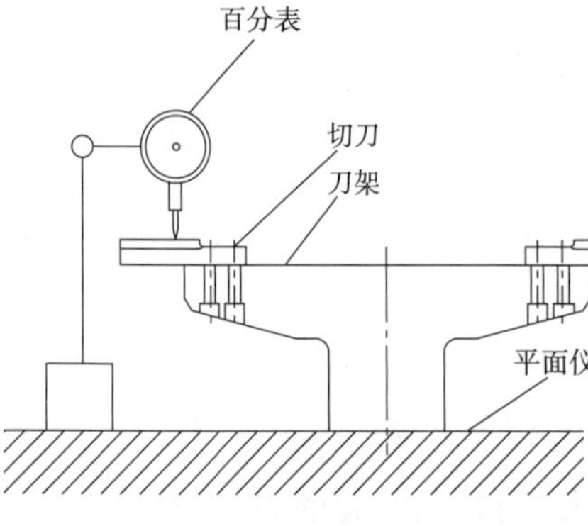

图 28 切刀表面偏差测量图

1）要求按照以下过程更换新切刀：清洁切刀和刀架的安装表面，刀架与切刀之间不得夹有异物；紧固螺栓的扭矩应均匀控制，以最低限度地降低每个刀片切削面的偏移；安装后按图 28 示意图进行测量，切刀表面误差小于 0.03㎜。

2）为了保证切刀的定位，应使用提供的专用切刀紧固螺栓，不得使用其他普通六角螺栓；对于已经磨削过的切刀，为了最小程度地减少每组刀具的厚度偏差，切刀应成组保存与使用。

3）切粒刀轴前进压力和转速的调整：部分造粒机组的切粒机检修后需调整在自动工作状态下的“切粒刀轴前进压力和转速”的参数，以防止切刀“让刀和缠刀”，甚至发生“灌肠”现象。

4.4 异向双转子挤压造粒机组（以 450 造粒机组为例）

4.4.1 检修前确认

1）确定“施工作业、临时用电、动火、吊装、高处、管线阀门打开、受限空间作业”等相关票证已开。

2）确定机组各电机及润滑油泵电机电源已断开。

4.4.2 主电机

参照同向双螺杆造粒机组。

4.4.3 安全联轴器（图 29、图 30）

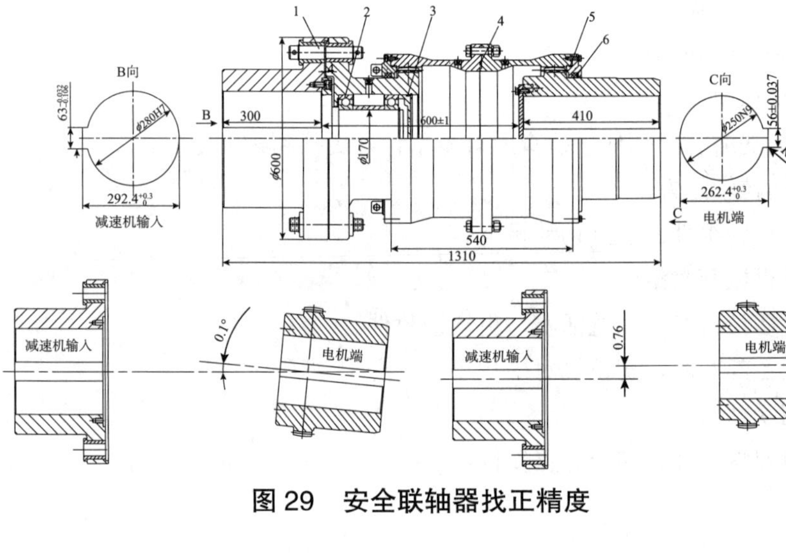

图 29 安全联轴器找正精度

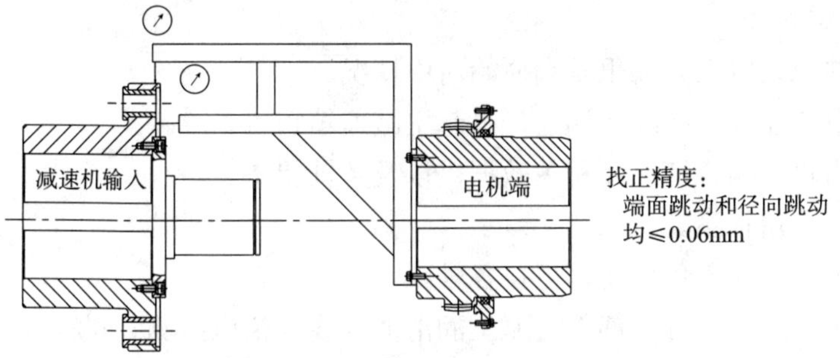

图 30　安全联轴器找正示意图

4.4.3.1　检修主要内容：检查鼓形齿齿面情况，更换密封件，必要时更换鼓形齿。

4.4.3.2　检修步骤：

1）拆卸中间的联轴器组件，检查鼓形齿磨损情况；更换密封件，必要时更换鼓形齿。

2）检查安全销磨损情况。

3）主电机与主减速器找正精度复查、确认。

4）回装。

4.4.4　主减速器（图 31、图 32）

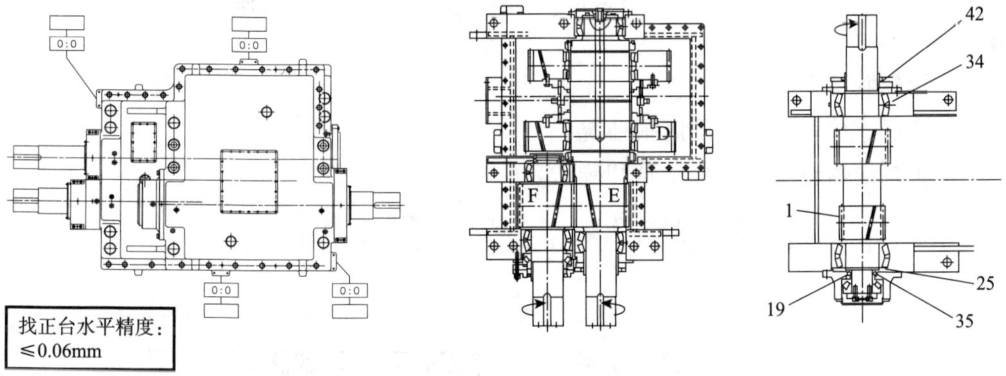

图 31　主减速器找正台和内部结构图

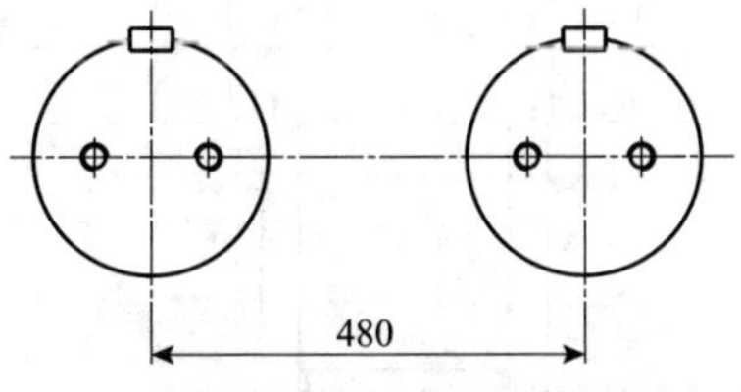

图 32　主减速器两个输出轴的相位

4.4.4.1　检修主要内容：更换轴承和密封件，清理箱体保证清洁度。

4.4.4.2　检修步骤：

1）拆除隔声罩。

2）现场检查主减速箱漏点，记录位置、数量，必要时准备备件，更换油封（油封视检查情况而定）。

3）检查并记录输入、输出轴端原始对中情况。

4）拆卸电仪元件、接线和端盖，吊起主减速箱箱盖。

5）检查齿轮副啮合情况和相关数据，以及各轴状态。

6）吊出各齿轮轴系。

7）所有齿轮齿面着色探伤，更换各轴承。

8）回装主减速器上各零部件，复位润滑油管线、仪电监测装置等零部件。

9）更换减速箱润滑油，换油前做好油位标识、准备好过滤网。

4.4.4.3 注意事项：

1）减速器作为关键部件，宜由专业厂承接检修或由制造厂派专家指导检修。

2）换挡齿轮更换轴承后应进行手动盘 2 个齿轮，如果太紧需调整锁紧螺母。

3）应控制齿轮轴系的轴向窜量，保证齿轮副的啮合区域与拆前一致。

4）短输出轴可能会有“下坠”现象，尤其是安装上鼓形齿轴套后，找正时应注意消除“下坠量”。

4.4.5 螺杆联轴器（图 33、图 34）

4.4.5.1 检修主要内容：检查鼓形齿齿面情况，磨损严重时应更换。

4.4.5.2 检修步骤：

1）拆卸联接套。

2）清理、检查鼓形齿面磨损情况。

3）主减速器输出轴相位检查和确认。

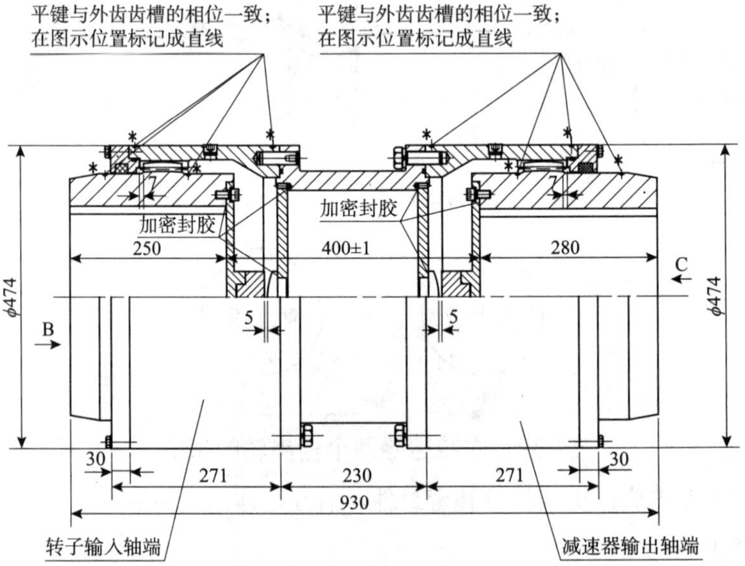

图 33 螺杆联轴器图

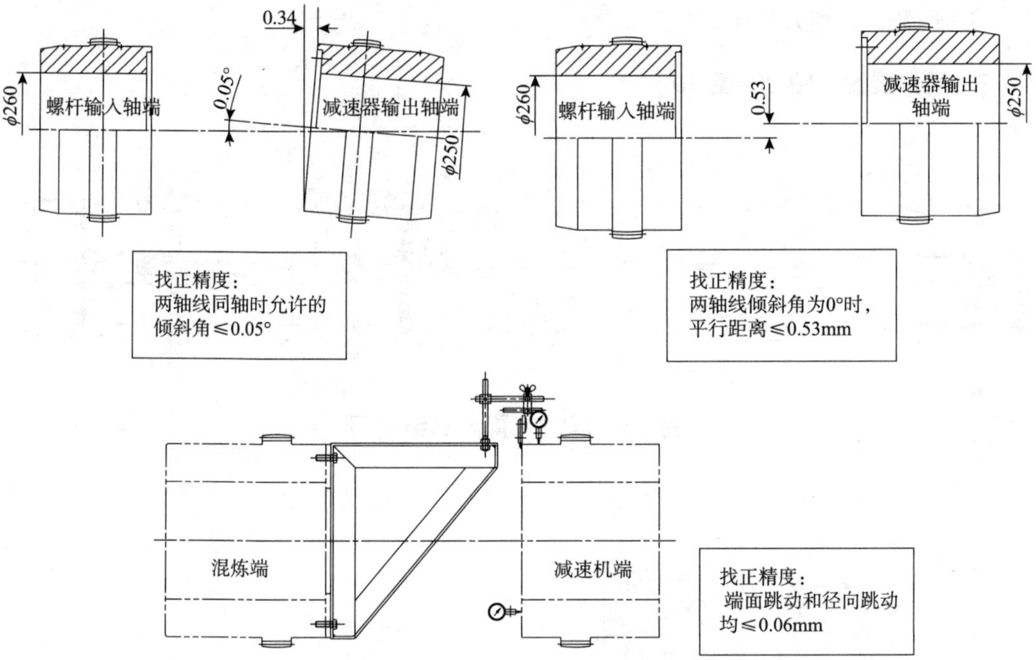

图 34　安全联轴器找正示意图

4）待驱动端和螺杆等检修完毕后，添加润滑脂回装。

4.4.6　驱动端支撑（图 35）

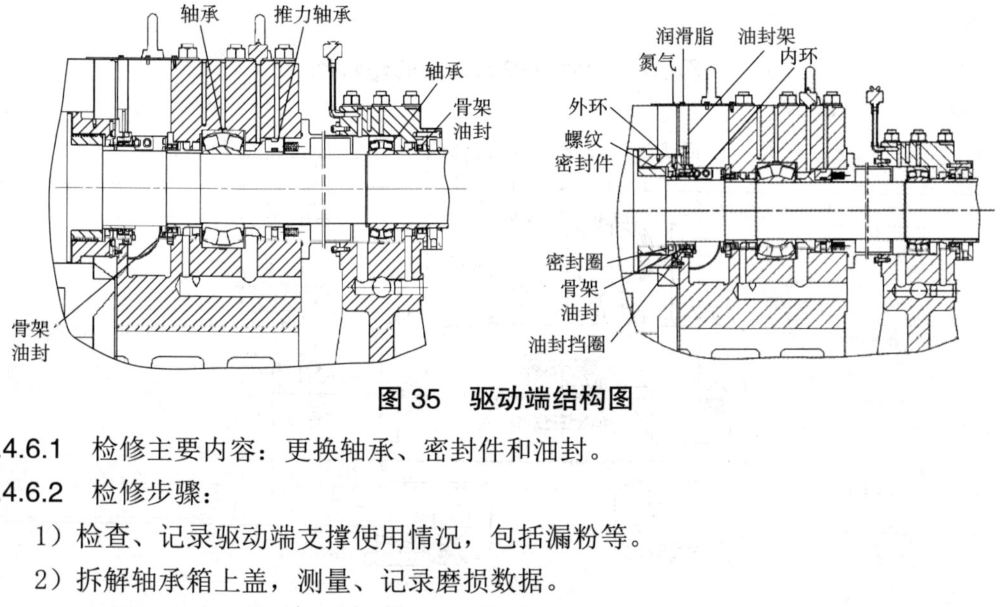

图 35　驱动端结构图

4.4.6.1　检修主要内容：更换轴承、密封件和油封。

4.4.6.2　检修步骤：

1）检查、记录驱动端支撑使用情况，包括漏粉等。

2）拆解轴承箱上盖，测量、记录磨损数据。

3）检查驱动端密封、轴承、密封圈等磨损情况。

4）更换轴承、密封件和油封。

5）回装，调整好间隙。

4.4.7 混炼装置（图 36~图 40）

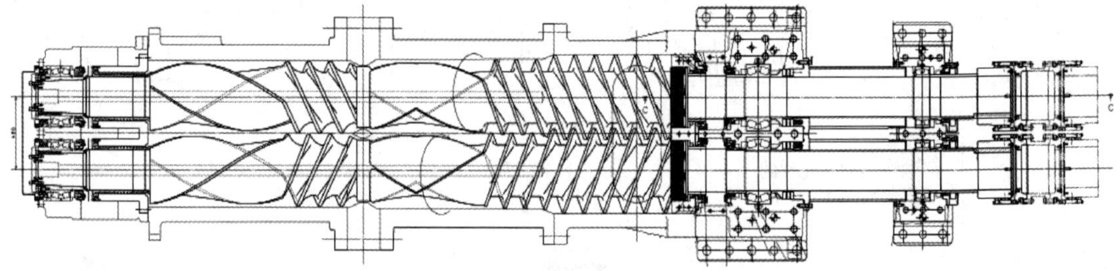

图 36　混炼装置内部结构图

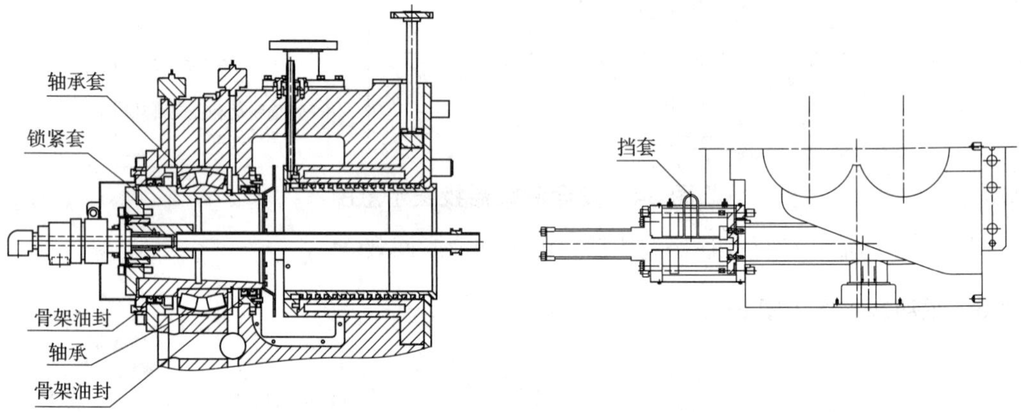

图 37　水端支架和开车阀结构图

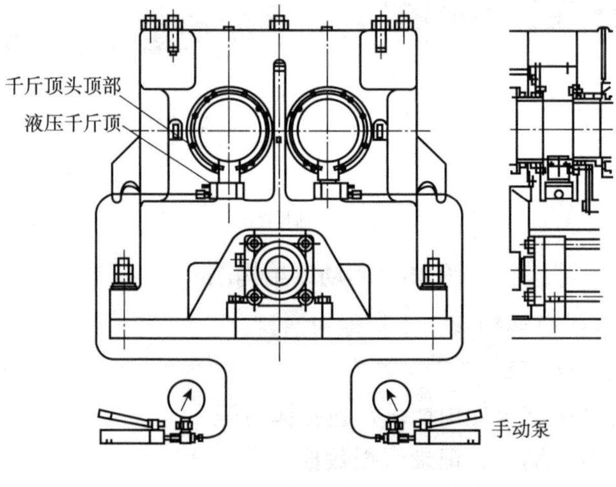

图 38　机筒拉开示意图

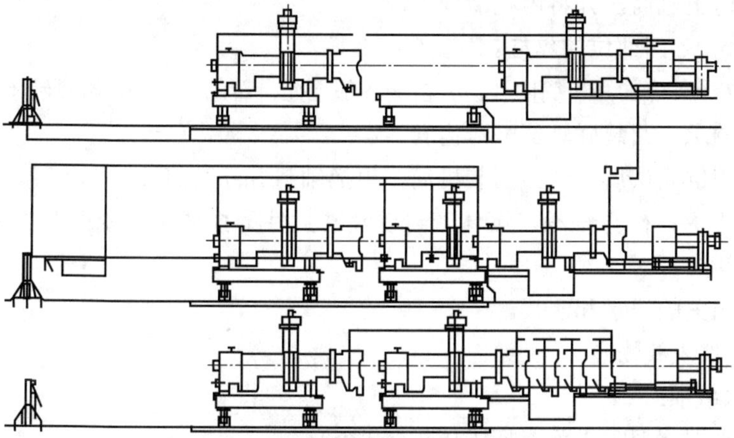

图 38 机筒拉开示意图（续）

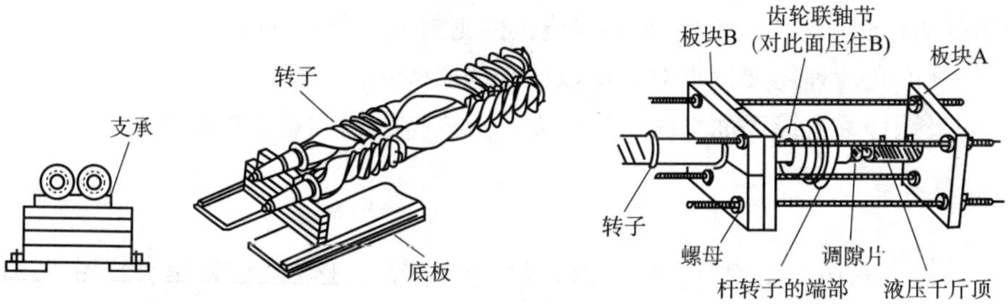

图 39 转子支撑示意图和转子联轴器拆卸示意图

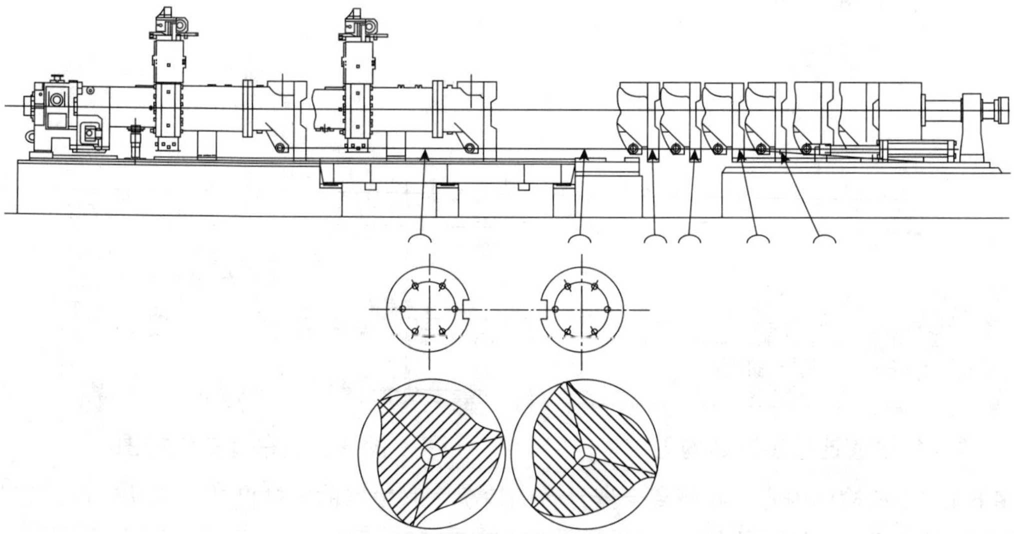

图 40 筒体回装示意图

4.4.7.1 检修主要内容：转子、机筒表面检查并探伤，更换轴承和密封件。

4.4.7.2 检修步骤：

1）拆卸电气、仪表线。

2）拆卸压盖，拆出轴封；拆开机筒水端支撑部分。

3）趁热退出机筒，并将内孔清理干净。

4）清理 gate 门部位的丝杠。

5）清理转子外表面和机筒内孔，并检测各部直径、着色探伤等；检查转子反螺纹密封。

6）更换轴承，回装联轴器鼓形齿套。

7）转子相位确认后回装。回装机筒，更换轴封并涂密封油脂。

8）水端支撑：检查轴承、熔体密封以及密封件磨损情况，视情况予以更换，回装后需调整好间隙。

9）做好相关的记录和照片。

10）电气仪表线恢复。

4.4.7.3 注意事项：

1）拆卸水端支架时需配置打压接头（2 个）。

2）退出机筒前应注意观察齿轮泵减速器隔声罩等是否干涉，拉开机筒时千万不要划伤拐角处的密封面（与过滤连接装置连接的密封面，见图 41）。

3）机筒内孔清理需要订出双方可以接受的验收标准。

4）如果螺杆、机筒表面“脱铬”严重，应安排退铬和重新镀硬铬。

4.4.8 盘车装置

盘车装置主要由盘车电机、联轴器、盘车减速器、手动复位超越离合器等组成，见图 42。

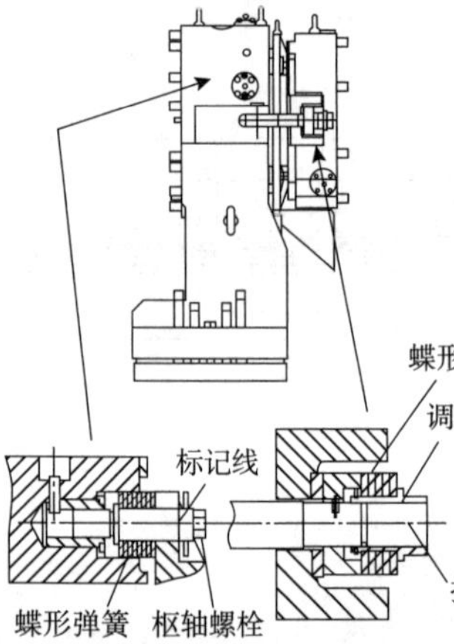

图 41 过渡连接装置结构图

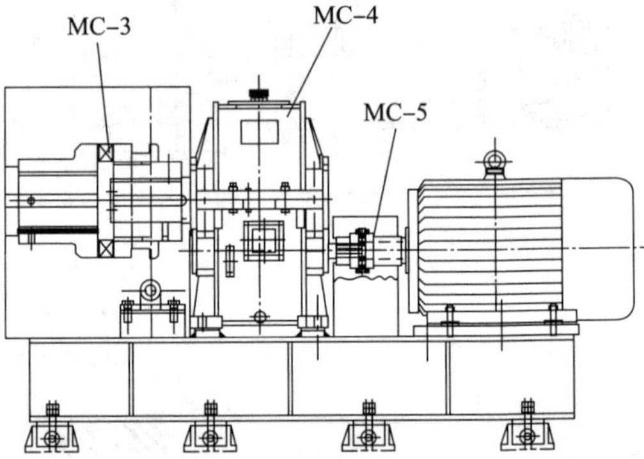

图 42 盘车装置结构图

4.4.8.1 主要检修内容：超越离合器开合的情况、联轴器的同轴度精度确认；减速器齿轮副情况检查，更换轴承和密封件。

4.4.8.2 注意事项：

1）减速器作为关键部件，推荐由专业厂承接检修或由制造厂派专家指导检修。

2）为防止离合器卡住，复位检查应在维修时检查，或者至少一年检查一次，若离合器的复位不正确，将会导致脱开故障。

3）为防止超越离合器卡住，离合器的滑动面应适当润滑，润滑不好可能会引起脱开故障。按照“润滑油脂列表”对离合器作周期性润滑。差的润滑会导致轴承损坏，引起严重事故。

4.4.9 齿轮泵装置、换网装置、机头模板、切粒装置等，可参看同向双螺杆造粒机组。

5 试车与验收（以同向双螺杆造粒机组为主进行阐述）

5.1 试车前准备

5.1.1 确认各项检修工作已完成，检修记录齐全，检修质量符合规定，有试车方案。

5.1.2 设备零部件完整无缺，螺栓紧固，具备试车条件。

5.1.3 安全附件校验合格，齐全完整。

5.1.4 仪表及联锁装置齐全、准确、灵敏、可靠。

5.1.5 各润滑部位按规定加注润滑油（脂）。

5.1.6 管道疏水器畅通无阻，并能保证按工艺要求的时间内将筒体加热与保持到所需温度，稳定 1h 以上。

5.1.7 确定电机转向正确，辅机及配套设备试运完毕。

5.1.8 盘车自如无卡涩。

5.1.9 需准备的主要手持仪表和常用开车工具见表 7 和表 8。

表 7 主要手持仪表和工具

序号	名称与规格	数量	备注
1	电流表（100A）	2	
2	电压表（380V）	2	
3	转速表（1500r/min）	2	
4	温度表（最高 400℃）	2	用于检测树脂和金属温度及均匀性
5	秒表	1	
6	测振仪	1	
7	声级计	1	
8	测听杆	2	
9	专用工具	1 套	供应商提供

表 8 常用开车工具

序号	名称	外形图	推荐数量（1 套设备）	备注
1	耙子	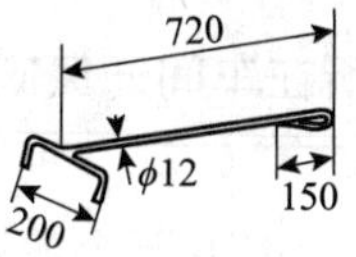	5	用于清除熔融树脂

表 8　常用开车工具（续）

序号	名称	外形图	推荐数量（1 套设备）	备注
2	钩子	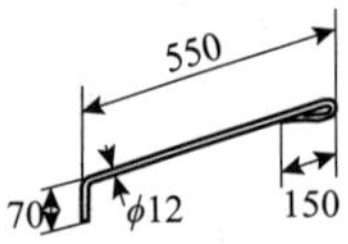	3	用于清除熔融树脂
3	刀板	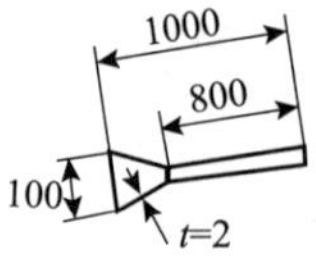	2	用于清除模板上熔融树脂
4	刀板	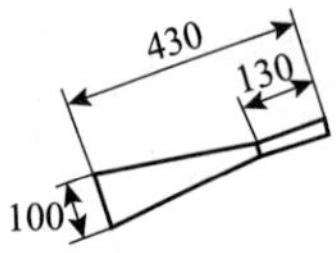	2	用于清除模板上熔融树脂
5	耙子	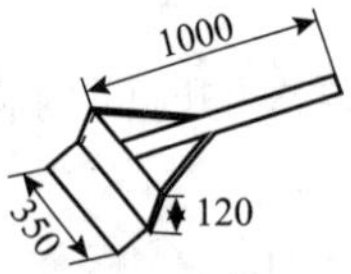	1	用于粒子水箱清理
6	铲子		2	用于清除熔融树脂
7	手套		7	用于防烫和清除熔融树脂

5.2　试车

5.2.1　工作流程图

工作流程见图 43。

5.2.2　注意事项

5.2.2.1　应采取以下措施防止发生爆炸：

1）加热前，从喂料机筒到模板之间所有的出口应敞开；料斗盖或料斗应摘除，如果不能摘除料斗，不要安装螺杆密封装置。

2）开车阀应处于“排地”的位置。

3）水下切粒机应远离模板。

4）由于释放的有毒蒸气对健康有害，机组所在车间通风应良好。

5.2.2.2　加热步骤如下：

1）将机组加热到 100℃（最高 110℃），此状态下至少放置一定时间使防锈剂或溶剂完全蒸发掉（一般要求在 8h 以上）。

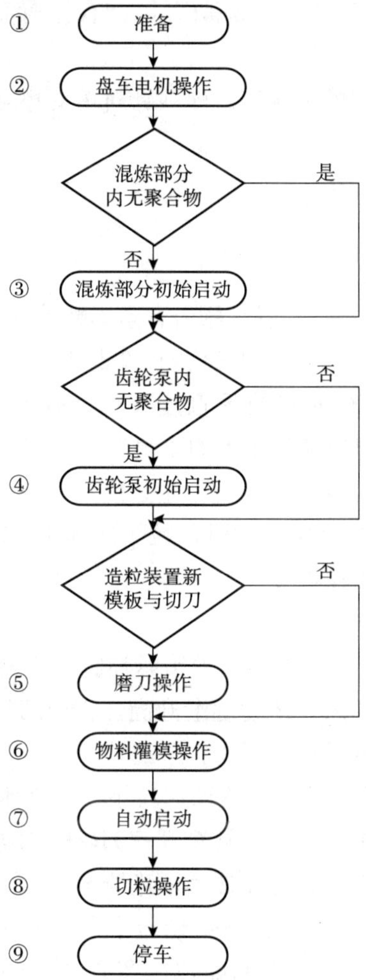

图 43　工作流程图

2）机组根据选择好的设定值自动加热；以 50℃的增量将温度升高到最终设定值。机组现场调试时，请咨询热油系统供应商，并详细阅读热油系统的操作说明书。

3）采用加热方式的部件可以通过人工设定不同的温度值。当挤压系统和造粒系统逐渐按增量加热到 100～150℃时，应对热油加热的模板以 50℃的增量加热。

4）除了可能产生变形外，加热还会对各连接体之间的定位销造成损坏，要注意检查并对连接螺栓进行适当热紧。

5）保温：当所有加热区的设定温度值达到之后，开始进行保温。保温时间在机组调试时设定，保温结束后，机组准备启动。为了避免温度下降到最低值以下，保温时间超时，可以使用键盘操作方式的“旁路保温”开关越过保温时间。通过“旁路保温”显示灯可以显示此状态。如果主电机启动而某个温度下降到最低值以下则没有反应。

6）键盘操作的“旁路保温”只用于设备已经保温完毕，短暂中断温度没有下降或只下降略低于最低值。

7）机组启动前应要保温。“旁路保温”键盘操作开关打开之后的10min之内应启动主电机。否则，“旁路保温”信号重新被设定，“保温时间”重新开始运行，这种情况下，可以通过DSC按钮再次设定信号。

5.2.2.3 禁止在机内没有物料的情况下运转（针对单支撑结构）。

5.2.3 切粒机试车

5.2.3.1 试车前的检查

1）电机轴承应充分润滑。

2）联轴器应充分润滑，并确保联轴器所有紧固螺栓都已拧紧。

3）确保轴承箱中的油位正常（电机停转时检查）。

4）检查并调整切刀轴与水室的垂直度（端面跳动），应≤0.03mm（目标值：0.02mm）。首次开车之前，切刀轴与模板的垂直度应在对模板、模架、过渡板等加热件用热油或蒸汽预热之后用千分表进行检查，垂直度≤0.50mm（目标值：0.30mm），如果超差，应调整小车，不要调整水室。同时，粒子冷却水（PCW）应用低压蒸汽加热，通过旁路循环，以达到预定的工作温度。

5.2.3.2 空运转试车

1）刀轴移动灵活性的试车：松开刀轴锁紧油缸，打开气液转换缸前的截止阀，调节压力阀，使刀轴移动油缸的入口压力逐渐升高，直至刀轴开始移动，记录刀轴移动的最低油压及气压值、移动速度、移动距离、平稳性。

2）切刀转动平稳性的试车：向前移动切粒小车，使水室与模板贴合并锁紧。但注意切刀不能靠上模板。点动电机，通过视窗观察刀轴、刀盘转动平稳情况；电机连续转动，由低速慢慢升速，观察刀轴、刀盘转动平稳情况。

3）水室与模板锁紧油缸的试车：移动切粒小车，使切粒水室与模板连接，转动机头体上的锁定盘，在锁定盘转环与锁紧螺母间留有3～5mm间隙，紧固锁紧螺母。锁紧油缸给压，由低至高逐渐升压，直至锁紧杆锁紧，即水室与模板锁紧。保压20min。锁紧油缸卸荷，记录锁紧杆伸出的油压值。

4）转动锁定盘，移动小车切粒装置后移。

5.2.3.3 切刀磨刀

1）打开水室，启动上游装置。确保模板的所有模孔都充满聚合物。模板所有模孔充满熔融聚合物后才可以向水室内送粒子冷却水；如果冷却水流到模板的模孔内，将会被加热而形成蒸汽，从而对设备造成损坏。

2）清洁模板的切粒带表面。

3）使刀轴机构后部的制动器不工作（完全置于水室侧），然后将小车前移将水室锁紧。

4）将切刀轴前移，人工转动联轴器除去切刀与模板间的聚合物。保持此状态，调整刀轴机构顶部的千分表使之归零。此时为切刀轴的零点位置。

5）向后移动切刀轴。

6）打开水室，向后移动小车；再次清除模板与切刀切削表面上粘着的聚合物。

7）向前移动小车，锁紧水室。

8）启动切粒电机，同时打开刀轴水。

9）向前移动切刀轴。

10）向水室通切粒水。约 10s 后，将刀轴前移启动油压（高压）变为工作油压（低压），继续此操作 10～30min。

11）后移切刀轴，停止粒子冷却水供水。停刀轴水。

12）停止切粒启动电机。

13）打开水室排放水阀。

14）确定粒子冷却水完全从水室中排出后，打开水室的锁紧装置，将小车向后移动。

15）检查切刀与模板的接触情况；切刀轴前移压力影响切刀与模板间的接触情况。

16）良好的接触情况将产生理想形状的粒子。为了获得良好的接触情况，应恰当调整刀轴前移压力（见图 44）。模板的磨损情况与调节方法见表 9 模板磨损情况表。

17）重复 7）～16）直到获得良好的接触情况。最佳压力由开车监管人员通过现场操作获得的数据进行设定。

18）切刀磨削期间，不得锁紧刀轴。

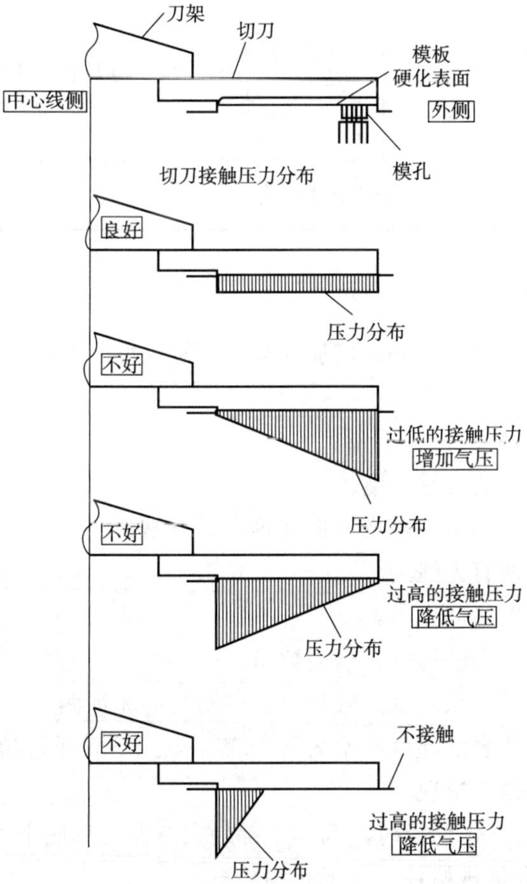

图 44　刀轴前移压力调整图（或切刀与模板的接触情况示意图）

表 9　模板磨损情况表

模板磨损情况示意图	磨损情况	可能的原因	解决方法
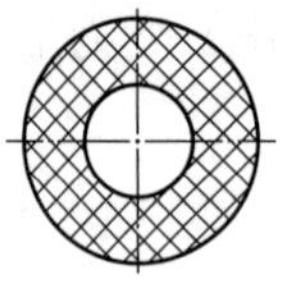	均匀的磨损面	工作正常	
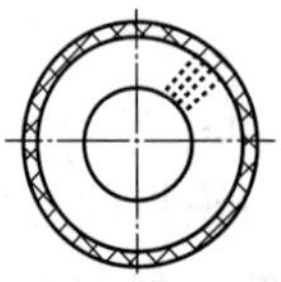	不均匀接触只磨削外侧	①切刀的接触压力过低 ②模板或切刀变形	①增加油压 ②检查模板和切刀是否对准
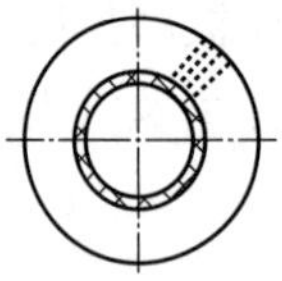	不均匀接触只磨削内侧	模板或切刀变形	减小油压
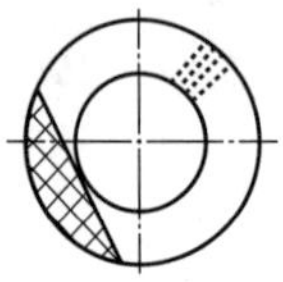	不均匀接触只磨削一侧	模板与刀架未对中	检查模板与切（刀轴）的对中情况，进行调整
注意：工作中不要打开任何防护盖，防止热水烫伤。			

5.2.4　负荷试车

5.2.4.1　从60%负荷开始，每30min增加10%，到额定负荷时再连续运转8h，安排检查。

5.2.4.2　检查项目

1）异常声音。

2）各电机、减速器的轴承温度。

3）各电机的电流、功率、声音、振动等应无异常。

4）密封处树脂 / 油有无泄漏。

5）齿轮泵入口处的熔体压力。

6）各温度计和压力表的温度、压力数值。

7）油压系统、水、汽系统以及轴封、机械密封应无泄漏。

8）切粒机前部机体表面温度应不大于 75℃，其余各轴承部位应不大于 65℃。

9）各装置的异常振动情况。

10）进行筒体夹套汽水切换时，筒体中部最大弯曲变形应不大于 0.20mm。

11）筛中出来的各种规格粒子的形状和数量。

12）停机时应目测检查切刀和模板的表面以及换网装置的滤网。

5.2.5 开车

5.2.5.1 粒子形状不均匀：如果模板中的出料孔凝料，将会造成粒子形状不均匀。冷凝现象出现时，检查下述项目：

1）检查模板和模架的加热介质（蒸汽或热油）的压力和温度是否合适。

2）检查粒子冷却水的流速和温度是否合适。

3）检查开车过程和时间。

5.2.5.2 粒子形状不好

1）如果油缸夹套碰到刀轴机构后部的制动器，拧动制动器螺栓使刀轴前移。

2）松开切刀轴锁紧油缸，将切刀轴前移。

3）如果前移切刀轴没有改善粒子形状则停止操作，重新调整模板与切刀轴的垂直度，将切刀置于零位。检查切刀和模板的磨损情况，必要时更换新切刀或模扳。

4）检查切刀的接触压力（气液系统中的液压）。

5）如果压力过高或过低，切刀不能与模板的硬化面均匀接触。

6）切粒操作之前，确保模板磨削情况良好。

5.2.5.3 粒子大小不均匀：综合考虑以下因素，以获得理想形状的粒子。

1）聚合物喂料能力

2）切刀轴转速

3）切刀数量

4）加工温度

5）粒子冷却水温度

6）树脂特性（融体流动速率，添加剂等）

注：粒子重量与切刀转速有以下关系：

$$W_1 = (Q \times 10^6) / (60 \times N \times r \times n)$$

式中，W_1为粒子重量，mg；Q为熔体流动速率，kg/h；N为模孔数目，孔；r为切刀转速，r/min；n为切刀数量，把。

如果加工条件远不满足上式关系，可能模孔发生堵塞，此时检查加工条件。

5.2.6 正常操作

5.2.6.1 检查过渡连接、换网壳体、机头体、模板是否保持适当温度。此外，检查树脂的温度是否合适。

5.2.6.2 检查树脂压力表显示压力是否正常，此值表明滤网和分流板的清洁度及模孔物料是否冷凝的情况（模板前压力最大许可压力20MPa）。

5.2.6.3 检查粒子的大小是否满足要求。如果粒子太长，增加切刀轴的转速。如果粒子太短，降低切刀轴的转速。

5.2.6.4 检查粒子冷却水的温度是否合适。

5.2.6.5 检查各部件螺栓、螺母是否紧固，观察各部件振动或噪声是否正常，观察聚合物是否有渗漏。

5.2.6.6 工作期间如果出现以下情况，模孔物料可能凝结，将导致出粒形状不均匀。

1）模板加热温度过低。

2）上游设备的产量与齿轮泵的吸入量不匹配（将导致压力急剧上升）。

3）如果针对上述因素进行整改后，对改善粒子形状不理想，推荐停机并重新启动上游设备。

5.3 验收

试车合格，达到完好标准，办理验收手续。验收资料包括：

5.3.1 检修质量与缺陷记录。

5.3.2 耐压、气密性实验报告；筒体汽、水切换试验、筒体拉通试验记录。

5.3.3 主要零部件的无损检验报告（如进行过无损检验）。

5.3.4 更换零、部件清单。

5.3.5 结构、尺寸、材质变更的审批文件。

5.3.6 检修记录及试车记录。

注：空运转、负荷试车未提及的部分请认真参看《挤压造粒机操作维护说明书》。

6 维护与故障处理

6.1 日常维护

以下说明是基于有效地维护和维修而制定的。有计划并以合理的间隔时间进行维护和维修，会在很大程度上排除故障和事故，而且能保证设备经济可靠的运转。列入下面时间表的间隔时间是基于这个行业典型的正常工作条件下的经验得出的，这些间隔时间可能根据挤出产量和公司特殊要求而有所改变。要尊重在操作期间得出的经验，尤其对需要防止过度磨损的挤出机时，要考虑其产量任务和工作状况，从而调整维修间隔时间。日常维护内容见表 10。

表 10 日常维护

间隔时间	检查要点或维护要求
每天	①在设备运转期间检查温度和压力的调节装置和加热系统。 ②在设备运转期间消除所有观测到的过失，如泄漏和机械故障。 ③在机器运转时要检查螺杆密封装置，必要的话要重新调节或重装

表10 日常维护（续）

间隔时间	检查要点或维护要求
每运转 2000h	①检查所有加热和冷却的连接、排气装置和法兰，有必要的话还要检查有关泄漏和密封的阀。 ②在机器运转时要检查螺杆密封装置，必要的话要重新调节或重装。 ③在设备运转期间检查温度和压力的调节装置。 ④通过油脂喷嘴（零件1）给螺杆联接套打油直到从轴套侧面冒出油脂为止；用一个刷子涂到齿上面。 油脂量：大约50g/每个联轴套 油脂类型：锂基油脂
每运转 8000h	①拖出螺杆后拆下螺杆头和螺旋元件并检查所有零件有无磨损、腐蚀或破损。根据检查结果更换破损零件。在重新装配螺旋元件时要使用特殊的耐高温润滑剂，见润滑剂表格。 ②检查温度和压力的控制装置。 ③彻底检修螺杆密封装置并检查是否磨损。打开密封环，如果有磨损更换所有密封组件。 ④检查所有加热和冷却的连接、排气装置和法兰，有必要的话还要检查有关泄漏和密封的阀。 ⑤拆开螺杆花键套后对其进行清洁并用油脂喷嘴打油脂直到从轴套侧面冒出油脂为止；还要用一个刷子把MoS_2涂到齿上面。 油脂量：大约200g/每个花键套 油脂类型：锂基润滑脂

6.1.1 经常保持机组完好、整洁、视窗明亮，及时清除机头处的积料。

6.1.2 按时巡检油面、油压、油分配器、轴承温度，检查振动和声音有无异常，皮带有无异常摆动和跳动。

6.1.3 主电机的维护与保养

主电机的维护与保养详见电控系统使用说明书

6.1.4 主电机润滑站的维护与保养

6.1.4.1 齿轮油泵轴密封圈要经常检验，如有泄漏现象或损坏，应立即更换。

6.1.4.2 列管式冷却器应根据水质情况，每5～10个月进行一次内部检查与清洗。

6.1.4.3 滤油器每3个月拆洗一次，去除内部积存污垢。

6.1.4.4 注意检视油箱内最低油位处，如发现有水，则应打开油箱下部的放油阀将水放出。

其他各元件使用维修方法见有关的说明书。

6.1.5 气动摩擦离合器检查与维修任务

6.1.5.1 在设备运行期间，要检查空气压力以保证其满足指定的要求。

6.1.5.2 在运转期间要检查安装布置，试车10周后检查一次，以后每年检查一次。

6.1.5.3 在设备的检查中要监控摩擦零件的摩擦盘的磨损，如果检查所得测量值（Y）

已经达到规定的最大值（见图45，常见的是 Y=34mm），则摩擦盘已磨坏，一定要将其更换。

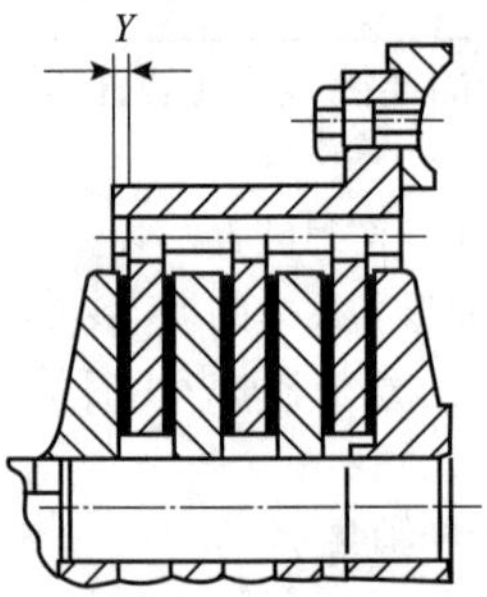

图45　摩擦离合器摩擦片组件图

6.1.5.4　在离合器抱住不运转的电机时来进行检查。

6.1.5.5　检查弹性联接器的弹性元件。弹性元件因其工作环境条件引起磨坏或硬化后，要将其更换。

6.1.6　减速器的维护与保养

6.1.6.1　主减速器、齿轮泵减速器的大修周期为3～5年。

6.1.6.2　径向轴承的更换周期大约为40000h（4万h，约5年）。

6.1.6.3　串列轴承的更换周期大约为64000h（6.4万h，约8年）；是否有必要更换，应由实际情况决定。

6.1.6.4　首次使用3个月后更换润滑油，以后每年更换一次。

6.1.6.5　平时每月巡检一次。

6.1.6.6　维护、维修时注意：

1）在作业前，操作者应确认驱动电机（主电机和辅助电机）处于停机安全状态，防止意外开机。

2）注意遵守现场使用的意外防护要求。

3）振动传感器对所有的滚动轴承运行状况进行持续自动监测，维护者只应通过中央控制室屏幕，随时观察轴承损伤程度与设定标准的变化，通过指示报警信号提示，详细可见振动传感器使用说明书。

6.1.6.7　停机时，可通过打开减速器箱盖上的视孔盖进行快速、简单地检查各齿轮的表面粗糙度、接触斑点及齿面磨损情况。若发现异常，应及时与制造厂取得联系。

6.1.6.8　加热器在满足最低油位的条件下才能工作，加热器的防护等级为IP65；应注意防火。

6.1.6.9　主减速器箱盖上装有通气帽，其结构及过滤材料特殊，防护性能好，便于及时排出箱体内的水气。目测观察就可判断是否需要更换，用法详细见使用说明书。

6.1.7　减速器润滑系统的维护与保养：

6.1.7.1　每天巡检主减速器、齿轮泵减速器润滑系统的外部管道；发现法兰连接螺纹松动、管路渗漏应及时停机处理。

6.1.7.2　更换润滑油：首次使用3个月后更换润滑油，以后每隔1年更换一次。

6.1.7.3　主减速器更换润滑油时，可通过箱盖处通气帽注入新油，但应使用过滤加油机或多层滤网。

6.1.7.4　换油时，润滑油的牌号、黏度、油量等参数见说明书中的润滑油、脂明细表，不允许混合不同等级或品牌的油，尤其是矿物油不能与合成油混合。

6.1.7.5　排油时，应清理干净箱体内的油污和沉淀物。

6.1.7.6　排油时，还应遵守环境保护规则。

6.1.7.7　注入新润滑油前，应拧紧排油口处闸阀。

6.1.7.8　滤油器维护：

1）应仔细阅读使用说明书后才能进行更换滤芯的操作。

2）当滤油器堵塞，P 大于规定值时，滤油器通过差压监控报警，提示转换到另一侧滤油器更换滤芯或更换启动另一套润滑泵系统。

3）有关使用及更换滤芯的操作，详情可见提供的使用说明书。

4）齿轮泵减速器润滑站滤油器同为双向转换滤油器。

5）当滤芯堵塞到压差设定值时，其内部的发讯器发出信号，指示转换到另一侧滤油器并清洗滤芯；如不能马上更换或清洗滤芯，设在过滤器内的旁通阀会自动开启，推荐此时应尽快清洗滤芯，详见随机的滤油器说明书。

6）注意：在不使用过滤器的时候，关闭压力平衡阀，不许操作开关。注意管路里的压力。过滤器在压力状态下，不改变维护指示器和压力平衡阀。

6.1.8　应严防金属异物进入挤压机内损坏筒体和螺杆。

6.1.9　启动前一定要手动盘车，使螺杆转动一圈以上，确认机内树脂已完全熔融，再启动电机。

6.1.10　节流开车阀检查与维修任务见表11。

表11　节流开车阀日常维护表

间隔时间	检查与维护内容
每天	①检查密封压盖和密封填料，必要时重新压紧； ②如果重新压紧密封压盖不能解决物料泄漏问题，更换密封填料
每运行1000h	①拧紧连接法兰的螺栓（拧紧扭矩参见说明书）
每次换向之后	①观察液压系统的压力； ②如果液压系统的压力超过规定值，应拆下滑柱进行清洗

6.1.11　齿轮泵的维护

6.1.11.1　每2年一次，检测转子内孔是否已经有锈蚀现象。

6.1.11.2　减速器起动前，开动减速器润滑系统，观查油的温度、压力、流量，调整节流阀的油流量，当确定润滑系统运行正常后再起动主电机。

6.1.11.3　检修后运转三个月应更换润滑油，以后每年换一次油。也可以根据润滑油的检验结果，再更换润滑油。更换的润滑油应是符合国家标准的润滑油。

6.1.11.4　当压力低于报警压力时信号报警，应清洗滤油器。

6.1.11.5　机器启动前，应检查冷却水的压力，保证冷却效果。

6.1.12　换网装置检查与维修任务表 12。

表 12　换网装置日常维护表

间隔时间	检查与维护内容
每天	①检查所有加热和液压管路是否有泄漏。 ②清除加热管路的熔体堆积物
每次换网之前	①清除所有污物与硬化的物料。 ②必要时，重新在滑柱上喷涂滑动润滑膜。 ③清洗液压缸的活塞杆。 ④检查液压装置中的油位，必要时加油
每次换网之后	①拆卸换网器。 ②清除所有污物与硬化的物料。 ③清洗液压缸的活塞杆
液压缸驱动时	①观察液压系统压力

过滤单元的使用寿命，一般取决于：具体流量（单位面积上的流量）；熔体的杂质含量；滤网的网孔类型及大小；不同目数的滤网的排列方式；滤网支撑筒体的设计。

注意：滤网元件最多清洗 5 次后应更换新的。

6.1.13　如机头压力过高应及时更换滤网。切粒状态不好时，应及时更换切刀并清理模孔。

6.1.14　装卸切刀盘时，严禁敲击刀盘和刀轴。

6.1.15　开闭机头时，应防止金属软管受到挤压、拉伸和局部扭曲。

6.1.16　经常检查切粒机效果是否良好，检查内容见表 13。

表 13　切粒装置检查表

检查内容	日	月	季	半年	备注
水室锁紧油缸的油压	○				
水室机械密封处是否漏水	○				更换密封件
水室视窗处是否漏水	○				更换 O 形密封圈
油封处是否漏水	○				
切刀的磨损情况	○				通过千分表检查
传动装置的油位	○				
气液装置的油位	○				
气液装置的油压	○				
各部件油脂供应情况		○			
传动装置更换新油			○		

表 13　切粒装置检查表（续）

检查内容	日	月	季	半年	备注
气液装置更换新油				○	
齿式联轴器的对中				○	
联轴器轴承表面				○	
小车高度				○	
设备高度检查与记录				○	
模板表面磨损情况记录					停车时检查
刀轴与水室垂直度检查					重新开车时检查

6.1.17　经常检查，及时消除油、水、汽的泄漏，并保证各润滑点润滑良好。

6.1.18　异向双转子造粒机组见表 14～表 19。

表 14　造粒机组日常维护

编号	检查内容	日	月	季	半年
1	轴承温度	○			
2	轴承振动	○			
3	氮气流量	○			
4	进料负荷	○			
5	齿轮泵吸口熔体压力	○			
6	水端密封漏料	○			
7	驱动端密封漏料	○			
8	过渡连接漏料	○			
9	驱动端和水端的漏油量	○			
10	旋转接头处漏水量	○			
11	节流阀的开度		○		
12	各部件润滑脂		○		

表 15　造粒机组检维修计划

编号	部件	检查内容	1 年	2 年	3 年	6 年
1	转子	厚度、磨损、磨损量		○		
2	混炼机筒、加料段 过渡连接	磨损量		○		
3	驱动端密封、油封 密封圈	磨损状况	○			

表 15 造粒机组检维修计划（续）

编号	部件	检查内容	1年	2年	3年	6年
4	水端密封、黏性密封外圈	磨损状况 漏水情况		○ ○		
5	轴承	轴颈的清洁、轴承圈表面		○		
6	水端轴承套	内外表面		○		
7	节流阀	开关与闭合测试、丝杆、螺纹套、上下节流阀表面、轴承套、液压马达、蜗轮减速器	○		○	○
8	开车阀	门体表面、导向衬套、滑柱			○	
9	液压缸	密封件		○		
10	旋转接头	密封件	○			
11	O 形密封圈、垫圈、油封		拆装时检查			

表 16 齿轮减速器日常维护

编号	检查内容	日	月	季	半年
1	轴承温度	○			
2	轴承振动	○			
3	密封处及管道的漏油量	○			
4	联轴器处的漏油量	○			
5	速度挡位			○	
6	盘车超越离合器的移动		○		

表 17 齿轮减速器检维修计划

编号	部件	检查内容	1年	2年	3年	6年
1	齿轮	目视检查：检查齿面接触		○		
2	联轴器	润滑油及齿轮齿面条件校直检查	○	○		
3	油封	磨损状况	○			
4	O 形密封圈、垫圈、油封	拆装时检查				

表 18 齿轮减速器润滑油系统日常维护

编号	检查内容	日	月	季	半年
1	润滑油流量、温度、压力	○			
2	润滑油液位	○			
3	漏油量	○			

表 19　节流开车阀日常维护

间隔时间	检查与维护内容
每天	检查密封压盖和密封填料，必要时重新压紧。 如果重新压紧密封压盖不能解决物料泄漏问题，更换密封填料。
每运行 1000h	拧紧连接法兰的螺栓（按拧紧扭矩要求）。
每次换向之后	观察液压系统的压力如果液压系统的压力超过设定值，应拆下滑柱进行清洗，更新喷涂滑动耐热层。

6.1.19　日常安全操作说明

6.1.19.1　每天检查有关安全设施。

6.1.19.2　当切刀转动时，绝对不要将身体或手伸入到安全罩或罩边，不要接触设备的转动部件。

6.1.19.3　只有在切断电源之后，才可以进行维修、维护操作。

6.1.19.4　设备工作时，不要触碰热部件。

6.1.19.5　当预打开操作门和接线盒时，主开关应关断。

6.1.19.6　任何压力表、温度表、显示灯等破损，应立即更换，无论其是否影响设备运转。

6.1.19.7　检查并确认设备和操作柜的接地。防止人身伤害。

6.1.19.8　应清除掉泄漏出或溅出的树脂。否则可能引起自燃造成火灾。

6.1.19.9　及时修理设备漏油处，无论其是否影响到正常运转。

6.1.19.10　检查每个部件的紧固螺栓是否有松动现象。如有松动一定要拧紧。

6.1.19.11　按照安全要求规定进行安全操作。

6.1.19.12　操控人员应经认可，方能进行操作、控制、检修设备。

6.1.19.13　在打开水室之前，要确认水室内的粒子冷却水已完全排放掉。

6.1.19.14　只有在安装上切刀防护罩之后，才可以进行清理模板工作。

6.1.19.15　安装一组新刀盘时，应将模板防护罩装在模板处。

6.1.19.16　切刀运转时，绝对不能打开联轴器罩。打开联轴器罩，应确认联轴节已停止转动。

6.1.19.17　当要移动切粒小车时，应确认小车周围无人。

6.1.20　注意事项

6.1.20.1　设备的各个部件上，装有多个安全警告标志。不要将这些标志拆下。另外，要清洁这些标志以便视读。标志如有损坏，应当及时更换。

6.1.20.2　未经制造商允许，请不要修改设备。如因对设备（特别是安全部件或电路）进行修改而造成事故，制造商不承担任何责任。

6.2 常见故障与处理

6.2.1 单螺杆挤压造粒机组常见功能故障与处理方法见表20。

表20 单螺杆挤压造粒机组常见功能故障与处理方法

序号	功能	功能故障	故障模式	故障后果	故障应对策略与检修内容	检修周期／月
1	保证机组连续运转	筒体法兰结合面漏料； 机头漏料	法兰螺栓松弛，C形卡夹紧面接触不良；金属O形环损坏或粘有杂物	生产负荷下降；环境污染；非计划停工	停机拧紧，调整C形卡； 更换O形环或清除杂物	视情而定
2		爆破膜破裂	滤网堵塞、压力过高；树脂熔化不够	非计划停工	更换滤网和爆破膜；继续加热充分熔化	视情而定
3		轴封漏料	氮封压力小，轴封塑化	环境污染；非计划停工	增大氮气压力，调整或清理，更换填料	视情而定
4		主电机电流及模头压力高	滤网堵塞；模板孔堵塞；物料混炼效果不良；筒体温度低		更换滤网；清理模孔；减少出料间隙；提高温度	视情而定
5		筒体加热时中部拱起	通汽时筒体内有积水；加热过急，放气阀及排水阀未开；疏水器堵塞或损坏；配管不当	螺杆与机筒“扫膛”；非计划停工	排水后重新通气；打开放气阀及排水缓慢加热； 修理或更换疏水器；修改配管	视情而定
6		筒体由汽切换到水时拱起	旁路阀未关或不严；进水阀打开太慢；水量不足；水管阻力太大	螺杆与机筒“扫膛”；非计划停工	提前关严或更换旁路阀；快开； 开大水泵出口阀； 修改配管	视情而定
7		主电机轴承温度高	油脏或油水；轴瓦或轴颈磨损	非计划停工	换油或补油；修理或更换轴瓦	视情而定
8		切粒机皮带跳动大	皮带过松或损坏	皮带跳动大；非计划停工	调整或更换皮带	视情而定
9		切粒机皮带跑偏	两皮带轮轴向位置偏差过大；两轮中心线不平行	皮带跑偏；非计划停工	调整电机皮带轮位置；调整切粒电机	视情而定

表 20　单螺杆挤压造粒机组常见功能故障与处理方法（续）

序号	功能	功能故障	故障模式	故障后果	故障应对策略与检修内容	检修周期／月
10	保证机组连续运转	切粒机噪声过大	皮带过紧；皮带齿断裂或脱落；轴承磨损或缺油	噪声污染；非计划停工	调整皮带；更换皮带；更换轴承或加油	视情而定
11		切粒机振动大	轴承损坏；皮带过紧	振动大；非计划停工	更换轴承；调整皮带	6
12		切粒效果不好	切粒机找正不良；切刀压死；模板有缺陷	产品质量不合格；非计划停工	重新找正；检查修理刀盘及安装孔弹簧等；更换模板	6
13		切刀进退缓慢或行程不足，进退刀时抖动或卡住	切刀磨损；切粒机故障；调速阀开度太小；切粒机轴上或轴孔有毛刺或研住	产品质量不合格；垫刀或灌肠；非计划停工	换刀；更换切粒机；加大开度；检修	视情而定
14		切刀盘装拆卡涩	刀盘安装孔内有毛刺	胶合	修理	视情而定
15		切刀盘不能安装到位	碎料屑卡住限位挡块	不能正常开车	清除碎屑	视情而定
16		切粒机轴承早期损坏	皮带过紧；切粒机润滑不良或油道不通	非计划停工	更换轴承，调整皮带；检修切粒机加强润滑管理	6
17		切粒机前端机体漏水	机械密封波纹弹簧内卡入粒料；密封损坏	非计划停工	卸开切粒机，清理碎料；检修更换机械密封	视情而定
18		切粒机低速报警	测速传感器位置不对；仪表故障	非计划停工	调整位置；修理仪表	视情而定
19		进刀微调失灵	微调机构螺纹有毛刺；蜗杆夹紧环研伤	非计划停工	解体检修；修理夹紧环	视情而定
20		切刀磨损太快	切刀盘有缺陷；切刀质量不好，切刀轴的轴向压力偏大	非计划停工	修理或更换新刀盘；加强质量管理；调小切刀轴的轴向进给压力。	视情而定
21		切刀缠料	进水或进刀太晚，切刀未贴模板面或间隙过大	垫刀或灌肠；非计划停工	停机清理并正确操作	视情而定

表 20　单螺杆挤压造粒机组常见功能故障与处理方法（续）

序号	功能	功能故障	故障模式	故障后果	故障应对策略与检修内容	检修周期／月
22	保证机组连续运转	颗粒大小不均	模孔堵塞或模面不平；垫刀切粒机轴心通水不畅	产品质量不合格；非计划停工	清理模孔或修磨模面，调整切刀与模面压力或间隙；疏通水管及快开管接头	视情而定
23		模孔堵塞	物料温度太低或开车时给水过早；助剂太脏	产品质量不合格；非计划停工	调整操作；加强助管和筛分	视情而定
24		切粒机皮带轮处漏水	切粒机轴孔 O 形环损坏	非计划停工	更换 O 形环	视情而定
25		树脂三通阀转换失灵	机内树脂没熔透	无法开车	继续加热，充分熔融	视情而定
26		油压装置油压不足	油泵活塞或油自由缸磨损系统混入空气	非计划停工	修理或更换已损件；通过持续运转排气	视情而定
27		油压系统保压失灵	止回阀漏；油封环磨损而内漏	非计划停工	检修止回阀；检修油缸，更换密封环	视情而定
28		自动换网托板或树脂换向阀动作太慢	油压回路阀开度不足	非计划停工	调正阀门开度	视情而定
29		机上排气管冒料	转速低（调速失灵）造成泵前压高	非计划停工	检修	视情而定
30		树脂泵安全销剪断	树脂泵轴瓦研伤或泵内进入异物；泵内树脂没溶透	非计划停工	解体检修；充分加热	视情而定
31		正常运转中电流波动较大	加料量波动；挤压机进料管堵料；混炼度过大（造成进料管堵料）	非计划停工	检查调整加料系统的仪表；清理积料；加大混炼段的出料间隙	视情而定
32		双螺杆机内周期性异常响声	泵吸入量不足	非计划停工	降低泵转速或提高前设定压力	视情而定
33		开车启动离合器内有异音	离合器传动块损坏	非计划停工	解体检修，更换转动块	视情而定
34		主电机启动电流过高	机内树脂实际温度不够（未熔透）	无法开车	继续加热到能正常手动盘车为止	视情而定

6.2.2 同向双螺杆挤压造粒机组常见功能故障与处理方法见表21。

表21 同向双螺杆挤压造粒机组常见功能故障与处理方法

序号	功能	功能故障	故障模式	故障后果	故障应对策略与检修内容	检修周期／月
1	保证机组连续运转	主电机振动增加	转子不平衡；产生于转子或定子绕组的电气故障；偏离磁心强制运行；与基础的连接松动；轴承损坏；离合器不平衡；电机出轴与减速器入轴不对中	主电机损坏；非计划停工	通过测试进行检查；咨询电气专家；检查电机是否在磁心上运转。必要时对电机进行找正，并且检查离合器范围内的中心距；检查基础上的紧固件（支座）是否拧紧；更换轴承；拆解摩擦离合器，检查各部件，必要时更换；准确找正，必要时在操作温度和离合器吸合的情况下进行重新找正	视情而定
2		主电机绕组温度高	转矩超载（在超载情况下由于频繁和太短时间的启动）；电机冷却方面的故障；电气故障	主电机损坏；非计划停工	延长工艺段的升温时间或升温至最高温度；严守保温时间；不要启动电机太频繁；要遵守等待时间（至少30min），检查电机冷却系统；咨询专家	视情而定
3		主电机润滑系统高压无压力（零压）	溢流阀调整不当；泵与电机之间的联轴器脱开	主电机无法启动	调整溢流阀；检查并连接	视情而定
4		主电机高压系统压力停留在某一压力值上	溢流阀调整不当；泵损坏	主电机无法启动；非计划停工	调整溢流阀；维修或更换油泵	视情而定
5		主电机高压系统压力不稳定，时高时低	吸油口滤油器堵塞；泵损坏	主电机无法启动；非计划停工	检查并清洗；维修或更换油泵	视情而定
6		主电机润滑系统低压润滑出口压力过高	泵出口阀门调整不当	主电机无法启动；非计划停工	调整阀门使出口压力在0.25～0.35MPa	视情而定
7		主电机润滑系统低压润滑系统无压力	泵与电机之间的联轴器脱开	主电机无法启动；非计划停工	检查并连接	视情而定

表 21　同向双螺杆挤压造粒机组常见功能故障与处理方法（续）

序号	功能	功能故障	故障模式	故障后果	故障应对策略与检修内容	检修周期／月
8	保证机组连续运转	主电机润滑系统双筒滤油器压差报警	双筒滤油器堵塞	联锁停机	转换至另一滤筒，清洗堵塞的滤油器	视情而定
9		主电机润滑系统低压润滑油温过高	冷却器故障	非计划停工	检查、清洗冷却器	视情而定
10		主减速器油变色、油乳化、油变黑	水进入油中（扩散）；油老化	齿轮副易磨损、锈蚀、点蚀	换油，找出并消除产生水的原因；推荐事先进行润滑油的成分、性能分析	视情而定
11		主减速器轴头油泄漏	油位太高；油温太低；密封损坏；回油管路因沉淀物聚集变窄	环境污染；非计划停工	把油位降到规定值；检查温度，并尽可能升高温度；检查加热器功能；拆下密封并更换；检查回油管是否畅通，必要时清洗	视情而定
12		主减速器其他泄漏	泄漏出现在：管连接；法兰接合面；配件	环境污染；非计划停工	拧紧螺纹或法兰结合面；必要时更换密封圈，更换配件	视情而定
13		主减速器润滑系统过滤器压差过高	过滤器被来自轴承或齿轮或油泵等自身磨掉的颗粒堵塞；在换油或更换过滤器期间带入外来物；由于润滑油老化导致异物进入过滤器；管路和油冷却器产生的污物和沉淀物；油温太低或油基础黏度太高；溢流阀卡住（损坏）	非计划停工	清洗过滤器或更换新的过滤元件。如果过滤器内主要存有金属颗粒，应进行成分分析，重新检查维护程序；换油，按照齿轮箱制造商要求对齿轮箱和润滑系统进行彻底清洗；清洗过滤器并装入新的过滤元件；必要时清洗油冷却器；检查油加热器功能；使用规定黏度的润滑油；检查阀门，调节或更换	视情而定
14		主减速器润滑系统油压过低	油过滤器堵塞；润滑油油温过高（油箱温度）；油黏度不符合规定要求；油泵磨损，流量降低；压力控制阀损坏或不能准确调节	非计划停工	清洗油过滤器；检查油冷器；检查冷却水的流量、温度，必要时清洗油冷却器；使用符合黏度要求的油；拆解泵并检查，必要时更换泵件或整台泵；检查压力控制阀，重新调节，必要时更换	视情而定

表 21　同向双螺杆挤压造粒机组常见功能故障与处理方法（续）

序号	功能	功能故障	故障模式	故障后果	故障应对策略与检修内容	检修周期 / 月
15	保证机组连续运转	主减速器润滑系统油温过高	冷却水量、流速不足；冷却水温过高；冷却水控制阀损坏；油冷却器堵塞严重；环境温度过高；箱内电加热器没切断	非计划停工	检查冷却水循环是否存在故障；消除主要原因，冷却器，必要时更换；检查加热器控制系统	视情而定
16		主减速器润滑系统油温过低	加热未结束；加热器故障；冷却水量太大；冷却水控制阀故障	非计划停工	等到加热完毕；检查电气系统（保险丝 / 控制器）；检查加热元件功能；检查冷却水控制阀功能，必要时更换	视情而定
17		主减速器振动加剧	主电机与齿轮箱之间的对中变化；气动摩擦离合器不平衡；轴承或齿轮损坏；基础连接松动	非计划停工	在工作温度下检查主驱动电机与齿轮箱的对中度，必要时重新调整；拆解摩擦部件，检查各部件，必要时更换；尽可能打开检查，必要时使用内窥镜；尽量使用SPM振动检测方法进行测试，以确定故障，必要时更换部件；检查紧固件，拧紧（应考虑对中可能改变）	视情而定
18		用 SPM 传感器对主减速器滚动轴承振动检测的测量值显著增加	刚出现或已存在轴承缺陷	非计划停工	如果恒定在高趋势［高出 dBi 的 20Db（SPM）］，轴承应更换或与供应商商量	36~48
19		主减速器不能实现高低速换挡	齿轮变速杆的齿牙位置没与齿轮的齿隙吻合	非计划停工；需要开箱检查	通过进一步盘车试着找到正确位置（可借助于盘车装置），可能需要多次试验	视情而定
20		主减速器高低速换挡不灵活	换挡处的轴与轴毂之间可能锈蚀。齿轮传动装置局部卡住（长时间作用）	非计划停工；需要开箱检查	通过手动来回的转动气动摩擦离合器，试着脱开被卡住的位置；注意不能盲目启动减速器。必要时仔细检查齿轮箱并更换个别零件	视情而定

表 21 同向双螺杆挤压造粒机组常见功能故障与处理方法（续）

序号	功能	功能故障	故障模式	故障后果	故障应对策略与检修内容	检修周期 / 月
21	保证机组连续运转	盘车装置故障出现在扭矩传递给主电机非输出端	超越离合器没有手动复位或复位不完全；爪形离合器与主电机轴对中性不好；由于超负荷原因或频繁启动，磨损严重或紧固件断裂	无法开车	检查，并复位；检查 / 测量对中性，必要时重新找正；更换离合器或相关零件	视情而定
22		气动摩擦离合器脱开，机器停车	由控制系统或出自其他错误原因的二次切换造成安全停车；系统中的仪表风压力不足或精确压力控制器设定被手动更改；摩擦部件更换后，切断点没重新测定	联锁停机	传动扭矩＞允许值；仪表风压力＞允许值；离合器滑动＞ 4r/2min；由离合器速度传感器产生的故障信号；在现场检查可能的原因并进行校准；重新做离合器打滑试验	视情而定
23		气动摩擦离合器脱开太早，即在主电机电源切断之前；离合器变热，即产生烟或发生刺鼻气味	离合器监控装置的传感器故障；控制凸轮的间隙太大或供给线的速度失效或太松；传感器过渡振动；主电机的电气切断值设定太高或离合器转差设定太低；摩擦隔板或摩擦盘的摩擦值降低：由于超载切断后装置过早开车造成摩擦隔板过热；因释放的粘连介质使摩擦隔板表面“玻璃化”；由于润滑剂的影响，摩擦系数减少（由于离合器过热或齿轮输入轴漏油）；聚合物进到隔板之间	非计划停工	检查传感器功能；检查传感器的间隙并使它们被准确固定；检查传感器的供给线有无损坏、松动或断裂；检查主电机 / 离合器的切断值，必要时检查装置控制系统的显示 / 切换系统；注意电机重新启动时的等待时间（在超载停车情况下 30min）；借助离合器控制中的手动杆，在主电机超速时使之制动；更换摩擦隔板或全部摩擦部件；检查摩擦盘是否有裂纹或变形，如果有变形则返修；消除润滑剂的泄漏	视情而定
24		气动摩擦离合器运行速度下，气压降低，未达到设定值	离合器的气路或环形活塞处有气体泄漏；离合器的气路或环形活塞处有气体泄漏	非计划停工	更换齿轮轴上的高速旋接头；检查气路是否有泄漏并拧紧泄漏点；更换环状活塞损坏的垫圈	视情而定

表 21　同向双螺杆挤压造粒机组常见功能故障与处理方法（续）

序号	功能	功能故障	故障模式	故障后果	故障应对策略与检修内容	检修周期／月
25	保证机组连续运转	气动摩擦离合器不脱开或不完全脱开或脱开太慢	控制或监测系统失灵；摩擦盘内部导向部分卡住（渐开线齿牙），如摩擦盘变形；衬套磨损颗粒进入导向齿环状活塞在气缸中偏斜；快速排气阀故障或管阻力太大	非计划停工	摩擦盘过热会产生变形；由于存在不平衡危险，最好更换整个摩擦部件；清理导向齿并且检查是否灵活运动。必要时涂很薄一层 MoS_2 润滑脂；更换垫片或 O 形圈或滑动环。如果有损坏痕迹，清除掉（检查三联件的油雾器）；检查气缸内径的圆度，若偏差较大，更换气缸；更换排气阀，检查管路。可能是管线太长，阀位置太远或管子被挤，造成阻力太大	视情而定
26		气动摩擦离合器振动增强（注意：振动原因也可能出在主电机或主减速器上）	由于轴承损坏或其他方面原因，如摩擦盘、弹性减震器或挠性部件中的丁腈橡胶，造成离合器不平衡；找正错误或基础变动	非计划停工	拆解检查整个部件，必要时更换。为避免不平衡影响，必要时更换整个摩擦部件；为了正确对中电机和齿轮箱，在离合器吸合和处于操作温度时进行检查；必要时重新找正电机	视情而定
27		螺杆尾部密封出现粉料泄漏	弹簧初始压缩过小；密封件磨损；氮气供给不足；密封件安装不准确（偏心）	环境污染；非计划停工	紧固螺母；更换密封件；检查氮气供给；检查，重新安装	视情而定
28		螺杆尾部密封装置发热（> 90℃）	密封件初始压缩过大	密封过热损坏	放松锁紧螺母	视情而定

表 21　同向双螺杆挤压造粒机组常见功能故障与处理方法（续）

序号	功能	功能故障	故障模式	故障后果	故障应对策略与检修内容	检修周期／月
29	保证机组连续运转	螺杆或筒体出现磨损或金属擦伤	在交工试运行期间的磨合磨损；由于加热／冷却不均匀，工艺段变形；螺杆的不充分塑化性能；粉料中含大量颗粒；螺杆结构对特殊工艺或聚合物不适用；聚合物中含有导致磨损的物质／组分；螺杆组件安装错误	螺杆、机筒磨损，产量降低	检查滤网中的磁性微粒，若是磨合磨损，金属微粒的数量会逐渐减少； 检查油加热系统功能；检查机筒加热、冷却回路确保热油／冷油自由畅通； 适当缩短或延长冷却周期； 升高工艺段机筒的温度；加强螺杆的塑化段；增加塑化段的螺杆背压；按需要螺杆构形重组；提高机筒温度； 请与工艺工程师商量；使用适合的耐磨螺杆和机筒；有特殊要求时与供应商协商	视情而定
30		螺杆组件和／或螺杆筒体锈蚀	聚合物或添加剂中含有腐蚀成分	影响产品质量	一般在挤压系统不会发生锈蚀现象，特殊情况下，与专家商量提出相关措施	视情而定
31		工艺段内的噪声太大，例如：碰撞声，咯哒声，叽嘎声	机器无料运行（无润滑，空运转）；粉料中颗粒比例含量过高；螺杆组件没正确组装到芯轴上；螺杆芯轴与齿轮箱输出轴之间的联结过松，螺杆偏心	非计划停工	喂料或及时关机；减少颗粒比率；提高塑炼区内的筒体温度；增加塑化段内捏合块的背压；必要时进行检查并使之正确安装；检查连接套，拧紧联轴套直至螺杆与齿轮轴紧密安装到一起	视情而定
32		控制柜显示的筒体温度下降	热油系统的电加热器或保险丝故障；温控阀故障；热电偶和筒体之间接触不良；冷油回路控制失准；气控比例阀失效；进料量增加导致主机能量输入不足	非计划停工	检查电加热器、保险丝；检查加热管路是否通畅；更换损坏的加热元件； 检查并重新调整温控阀，必要时更换； 检查热电偶是否接触良好； 检查管路阀门；检查气控比例阀；平稳进料量	视情而定

表 21　同向双螺杆挤压造粒机组常见功能故障与处理方法（续）

序号	功能	功能故障	故障模式	故障后果	故障应对策略与检修内容	检修周期 / 月
33	保证机组连续运转	筒体温度围绕设定值有明显波动	温度控制器加热或冷却控制不佳；聚合物含水，导致挤出不稳定；排气系统失灵；聚合物堆密度变化太大或聚合物粉料中含大量空气	影响产品质量	适当的校正控制器或控制程序；检查聚合物湿度，尽可能降低含水量，此外重新考虑或更换螺杆构形；检查排气口；减少密度变化。检查聚合物进料系统的排空（排空线和 / 或过滤装置）。调整螺杆结构，请与供应商协商	视情而定
34		在机筒结合处漏料	密封失效；由于长期温度影响和负荷变化，螺栓紧固力矩太低 / 预紧力降低；机筒端面损伤或不平整	环境污染；非计划停工	更换密封；清理筒体端面粘附的聚合物；装入新螺栓；在初次升温后，螺栓再次被紧固。只紧固螺栓而不清理端面的聚合物是不可以的；重新研磨机筒端面	视情而定
35		节流开车阀的滑柱不能或只能慢慢的转到最终位置	液压系统中的泵或阀失灵；系统未完全排气；液压缸的密封圈失效；滑柱、流道孔变形	非计划停工	更换阀门。检查泵并进行维修或更换；正确排气；检查漏油量，更换密封；检测壳体与滑柱的冷态间隙，必要时返修；检查是否是挤出压力或加热温度不均匀造成的	视情而定
36		节流开车阀滑柱不能移动	液压系统未供油或建压不够；滑柱由于杂质聚集或润滑不足，产生过度摩擦	非计划停工	检查液压系统；清洁并润滑滑柱。必要时短期内增加液压系统压力	视情而定
37		节流开车阀滑柱漏料	加热温度过高，熔体黏度过低；滑柱面受损	环境污染；非计划停工	降低温度；修复滑柱	视情而定
38		节流开车阀机体未达到工作温度	加热系统故障	不能正常开机	检查加热系统	视情而定

表 21　同向双螺杆挤压造粒机组常见功能故障与处理方法（续）

序号	功能	功能故障	故障模式	故障后果	故障应对策略与检修内容	检修周期/月
39	保证机组连续运转	节流阀前压力过低或过高	角位移传感器、碟阀位置调整不当	影响产量	检查并调整	视情而定
40		节流阀位置不显示	传感器或连接线路故障	非计划停工	检查并维修	视情而定
41		节流阀轴系漏料	密封件损坏或紧固过松	环境污染；非计划停工	更换密封件或适当压紧	视情而定
42		齿轮泵转子速度波动	不稳定的粉料加料；吸入压力过低；不适当的 PID 控制	影响产量；非计划停工	排除加料斗故障；检查压力均衡管路；调整程序	视情而定
43		齿轮泵的效率低（容积效率）	吸入压力太低；过高的排料压力；不适当 PID 控制；齿轮或泵体的磨损	影响产量；非计划停工	增加吸口设定压力；换新网、粗网（换网装置）；重新调整 PID 值；拆卸并检查各零件	视情而定
44		齿轮泵聚合物从密封面泄漏	树脂黏度太低；树脂温度太高；排料压力太大	环境污染；影响产量；非计划停工	密封套通冷水冷却；适当降低温度；换新网、粗网	视情而定
45		齿轮泵轴承温度高	树脂温度高；热油温度高；转子速度过高	齿轮泵轴承损坏；非计划停工	降低树脂温度（打开阀门、降低吸入压力）；降低热油温度；检查泵效率	视情而定
46		齿轮泵鼓形联轴器漏油	O 形密封圈损坏；联轴器不对心；盖板螺栓松动	环境污染；非计划停工	换 O 形密封圈；重新调整对心度；把紧螺栓	视情而定
47		齿轮泵鼓形联轴器出现不正常的声音和/或振动	缺油；油降解；联轴器不对心；齿磨损	噪声污染；非计划停工	重新加油；换油；重新调节对心度；查齿面，如果必要更换	视情而定
48		齿轮泵旋转接头漏水	密封圈损坏	非计划停工	更换密封圈	视情而定
49		齿轮泵电机不启动	泵体温度太低；在齿轮泵之后的过渡体中树脂变硬；电路由于联锁而产生故障	无法开机	加热齿轮泵体，保温等待；加热过渡体，保温等待；诊断电路故障	视情而定

表 21　同向双螺杆挤压造粒机组常见功能故障与处理方法（续）

序号	功能	功能故障	故障模式	故障后果	故障应对策略与检修内容	检修周期／月
50	保证机组连续运转	齿轮泵不启动	齿轮减速器和电机之间的安全联轴器脱开	无法开机	更换剪切销	视情而定
51		换网装置运行中机器突然停车	电源断电；齿轮泵零件故障	非计划停工	检修供电；拆卸齿轮泵、检查各零件	视情而定
52		换网装置滑柱不能移动	液压系统压力非工作压力；滤网元件的支撑板松动；换网装置的安全罩未关闭；控制阀出现故障	非计划停工	对液压系统进行机械和电气检查；检查锁紧螺栓的位置；关闭安全罩；检查控制阀，必要时更换。	视情而定
53		换网装置滑柱起止位置不对	滑柱卡住；限位开关故障	非计划停工	清洗滑柱与壳体的内孔，对损坏处进行修复；检查限位开关	视情而定
54		换网装置工作时有树脂从滑柱处泄漏	密封环冷却不足；滑柱有深度划痕或沉淀杂质	环境污染；非计划停工	检查冷却水流量。进出水管是否堵塞；清理、打磨滑柱，必要时更换	视情而定
55		换网装置网前熔体压力过高	网目数过高；大量杂质进入；没有塑化的物料	非计划停工	更换粗滤网；更换滤网，查找杂质来源；加强主机塑化，关小节流阀开度	视情而定
56		换网装置网前压力极低	滤网损坏	降低产量；更换滤网	更换滤网	视情而定
57		切刀和模板之间没有研磨接触。切刀没有接触模板	切刀的轴向移动受到限制；切刀轴向移动被锁紧卡住；轴系组件和轴承箱之间的滑移受制约；油缸压力太低；切刀到模板的轴向移动没被准确调整；切刀磨损大	非计划停工	调整限位螺钉；松开夹紧油缸；检查轴系组件，使之运转灵活；轴应在最小压力下移动；按说明检查油压；按说明调节位移；安装新刀	视情而定

表 21　同向双螺杆挤压造粒机组常见功能故障与处理方法（续）

序号	功能	功能故障	故障模式	故障后果	故障应对策略与检修内容	检修周期 / 月
58	保证机组连续运转	只有个别切刀被研磨	切刀厚度不均匀（厚度差＞0.015mm）或不光滑；刀刃面研磨不足；刀盘偏差太大，刀盘和刀轴之间的接触表面没清理。刀轴上的中心固定螺钉没紧固；切刀盘的轴向偏差太大；切刀没被紧固；切刀硬度不同	影响产品质量，延长开机时间	在表面研磨机上把切刀调整到同一水平；延长研磨时间；清除杂物或修理损伤面，保证切刀与模板的平行度，必要时检查和返修；紧固中心固定螺钉；检查刀接触表面的轴向偏差。最大公差 0.03mm；检查切刀螺钉的紧固力矩；检查切刀硬度是否为 56～58HRC，必要时更换新刀；加强质量控制	视情而定
59		模板上的研磨图样不好	水室与模板定位锁紧不合适；切刀对模板的轴向偏差＞0.03mm	影响产品质量，延长开机时间	确保金属接触表面是清洁无损的；水室与模板的快速锁紧装置应正确操作；检查刀轴对模板的找正；必要时重新找正	视情而定
60		研磨图样没能覆盖整个模板造粒带	模板弯形，切削表面不平；模板的升温太快；模板没正确安装；机头没正确返修	影响产品质量，延长开机时间	缓慢地加热模板。应注意把模板温度升至开车温度并保温，避免机器过早重新启动；正确安装模板；返修机头时应查看说明书	视情而定
61		模板上研磨图样均匀但没覆盖整个切削宽度	研磨时间太短；刀轴压力不正确；切刀倾斜；刀切削面凸凹不平	影响产品质量，延长开机时间	延长研磨时间；根据维修说明查看所需油压；检查切刀的倾斜；必要时根据说明书重新研磨切刀；检查切刀，必要时安装一套新刀	视情而定
62		模板前熔体压力增加	模孔内物料冷凝；模孔被异物堵塞	非计划停工	重新开车；提高粒子冷却水温度；增加热油温度；清洁模板或更换模板	视情而定

表 21　同向双螺杆挤压造粒机组常见功能故障与处理方法（续）

序号	功能	功能故障	故障模式	故障后果	故障应对策略与检修内容	检修周期／月
63	保证机组连续运转	切刀、模板非正常磨损	模板与切刀轴的垂直度不合格；刀盘与切刀表面的平行度不合格；切刀对模板的压力过高	影响产品质量，非计划停工	调整切刀轴与模板的垂直度；紧固切刀，检查切刀与刀盘端面的平行度；调整切刀对模板的压力	视情而定
64		连续运转	模板的加热温度下降；切刀轴转速不当；切刀磨损	影响产品质量，非计划停工	检查热油加热系统；调整切刀转速；更换新切刀	视情而定
65		水室漏水	密封件损坏；水室视窗 O 形密封圈损坏；密封件粘贴异物	非计划停工	更换新的密封件；更换新 O 形密封圈；清除异物，清洗密封件	视情而定
66		切粒装置轴承箱漏油	轴承箱中润滑油过多；油封损坏	影响产品质量，非计划停工	检查油位，适当调整油位；更换油封	视情而定
67		切粒装置电机启动失效	联锁电气回路出现故障；其他电气回路出现故障	无法开车；非计划停工	检查并修理	视情而定
68		设备运行期间突然停止	某个联锁装置动作使设备停机	无法开车；非计划停工	检查并修理相关装置	视情而定
69		显示熔体温度与实际温度有偏差	热电偶损坏；补偿引线损坏；仪表出现故障	非计划停工	更换新热电偶；更换新引线；修理仪表	视情而定
70		联轴器声音、振动异常	缺少润滑脂；润滑脂变质；联轴器不对中；轴承损坏	非计划停工	添加润滑脂；更换新的润滑脂；正确对中；检查轴承，必要时更换	视情而定
71		粒子冷却水系统冷却水箱连接法兰端面渗漏	密封失效；膨胀；管路对中不好	非计划停工	更换密封垫片；紧固连接螺栓；重新对中找正	视情而定
72		粒子冷却水系统冷却水供应中断	进水管路手动阀关闭；气动截止阀失灵；Y 形过滤器堵塞；水箱液位传感器故障	非计划停工	打开手动阀；检查电磁换向阀；清洗过滤器；检查液位传感器，有必要时更换	视情而定

表 21　同向双螺杆挤压造粒机组常见功能故障与处理方法（续）

序号	功能	功能故障	故障模式	故障后果	故障应对策略与检修内容	检修周期／月
73	保证机组连续运转	粒子冷却水系统温度调节失效	测温热电阻出现故障	非计划停工	检查并更换	视情而定
74		粒子冷却水系统蒸汽喷射器故障	过滤器堵塞	非计划停工	清洗过滤器	视情而定
75		热油系统循环泵不能启动	电源故障；保险丝熔断；电路故障； 泵故障；联轴器故障；电机故障	无法开车；非计划停工	检查电源；更换保险丝；检查修复电路；维修油泵，必要时更换；更换联轴器；更换电机	视情而定
76		热油系统油泵已启动，但电加热器不能启动	安全设备故障；保险丝熔断；传感器故障；温度控制器故障	无法开车；非计划停工	排除安全设备故障；更换保险丝；更换传感器；修理或更换温度控制器	视情而定
77		热油系统没有热油输出	循环泵故障；阀门关闭；调节阀故障；温度控制器故障；热油中有空气；过滤器堵塞	无法开车；非计划停工	参看“循环泵不能启动”；打开阀门；修理或更换调节阀；修理或更换温度控制器；给热油系统排气；清洗过滤器	视情而定
78		热油系统温度过高	温度控制器的设计值高于设定值；热油流量过低；输入安全温度限制器故障	非计划停工	降低温度控制器的设计值，符合允许操作温度；更换输入安全温度控制器；接通输入安全温度限制器；按“安全联锁”钮	视情而定
79		热油系统连接法兰端面渗漏	密封失效；膨胀；管路对中不好	环境污染；非计划停工	更换密封垫片；紧固连接螺栓；重新对中找正	视情而定
80		液压系统泵出现汽蚀	吸入口滤网堵塞；吸入管路通径太小或管路内夹杂异物；吸入管路弯曲多；液压油温度过低；液压油黏度过高；泵损坏；泵转速太高；油箱密闭	非计划停工	清理或更换；更换大口径的管路；重新走管路；启动油箱内的加热器；检测液压油，更换油；修理或更换油泵；检查电机转速；配置排气帽	视情而定

表 21　同向双螺杆挤压造粒机组常见功能故障与处理方法（续）

序号	功能	功能故障	故障模式	故障后果	故障应对策略与检修内容	检修周期／月
81	保证机组连续运转	液压系统液压油内有泡沫或空气	油箱液位太低；液压油牌号错误	非计划停工	注油至规定液位；更换液压油	视情而定
82		液压系统无压力或压力不足	下游设备出现故障；泵损坏	非计划停工	检查；更换泵	视情而定
83		液压系统泵噪声异常	泵漏气；轴封泄漏	噪声污染；非计划停工	将油位上升；更换轴封	视情而定
84		机筒冷却水系统冷却水未被泵送	水箱水位偏低；泵旋向错误	无法开车；非计划停工	停泵，水箱注水至设定高度再重新开泵；改变电机接线	视情而定
85		机筒冷却水系统水流量太小	泵入口滤网上粘有异物；空气从填料密封处进入；管道堵塞，压力表显示高值；泵电机故障	无法开车；非计划停工	除掉异物；适当拧紧密封处螺栓；清洗管路；检查电机	视情而定
86		机筒冷却水系统填料密封处过热	填料压盖紧固过紧	填料损坏、寿命短；非计划停工	适当松动螺栓	视情而定
87		机筒冷却水系统填料密封处渗漏	密封磨损	非计划停工	更换密封件	视情而定
88		机筒冷却水系统泵振动	底座不稳；地脚螺栓松动	非计划停工	重新安装；紧固地脚螺栓	视情而定
89		机筒冷却水系统泵轴承处过热	泵与电机对中有误；润滑油、脂不足	轴承易损坏；非计划停工	调整对中；加入适量润滑油、脂	视情而定
90		机筒冷却水系统运行时听到异常金属声音	润滑油不足；轴承故障	轴承易损坏；非计划停工	加入适量润滑油、脂；更换轴承	视情而定

6.2.3 异向双螺杆挤压造粒机组常见功能故障与处理方法见表 22。

表 22 异向双螺杆挤压造粒机组常见功能故障与处理方法

序号	功能	功能故障	故障模式	故障后果	故障应对策略与检修内容	检修周期 / 月
1	保证机组连续运转	混炼操作异常或混炼产品质量差	操作条件与之前的良好状态不一致；喂料故障；料斗或加料段内表面粘附聚合物；劣质物料进入；转子上有熔融聚合物	产品质量差；非计划停工	应综合调整以下参数：喂料负荷量、转子速度、节流阀开度、齿轮泵吸口压力、加热 / 冷却条件； 为防止次品的再生，应按照以下方式调整：降低喂料负荷量、减少节流阀开度、增加 G/P 吸口压力、改变转子速度； 排除喂料故障；检查加料端是否冷却；冲洗加料段的冷却夹套以改善冷却效果；降低喂料速率；提高转子转速；降低向驱动端通入氮气的速率；停车，打开混炼室清理转子；向转子中通入冷却水	视情而定
2		熔体温度、电机电流不稳定	树脂未熔融	无法开车；非计划停工	关闭节流阀；检查喂料速率是否波动	视情而定
3		熔体温度指示不正确	温度传感器上粘有物料；热电阻、配线或温度计损坏	非计划停工	打开机筒将粘附的物料清除掉；必要时，进行拆换	视情而定
4		电机不转动	电路回路有故障；润滑系统异常或误联锁；开启系统未操作；机筒中的聚合物变硬；仪表联锁	无法开车；非计划停工	排除电路回路故障；打开润滑油泵并检查油压；混炼机电机打开前，应打开启动系统，检查启动电机电流是否过高；蒸汽加热直至聚合物熔融；打开盘车装置，并检查电机电流是否过高；检查联锁及仪表：机筒关闭的安全联轴器、轴承温度传感器、齿轮泵吸口压力传感器	视情而定

表 22　异向双螺杆挤压造粒机组常见功能故障与处理方法（续）

序号	功能	功能故障	故障模式	故障后果	故障应对策略与检修内容	检修周期／月
5	保证机组连续运转	挤压机突然停机	电源供应中断；仪表联锁；存在联锁；混炼电机过载	非计划停工	检查电源；检查仪表联锁：轴承温度传感器、齿轮泵吸口压力传感器、润滑油系统压力、机筒关闭的安全开关； 检查下游设备；检查电机功率、电流及进料速率；查看是否有杂质从上游设备进入混炼机筒，必要时打开混炼机筒	视情而定
6		混炼机出口堵	热膨胀引起的节流阀被粘住；液压油压力不足；节流阀与混炼室的间隙中有树脂滞留；螺杆轴承卡住	无法开车；非计划停工	向节流阀中通入冷却水；检查液压油单元并调整液压油压力；停车，松开节流阀，清除滞留在节流阀中的硬树脂；停车，松开节流阀，改变螺杆轴承及调整螺杆，操作期间定期向油封处添加油脂	视情而定
7		维修时机筒打不开	节流阀不在“全开”状态，并且存在互锁；液压油压力不足；混炼室中的聚合物过硬；底板滑动表面有杂质；水端轴承套及转子端被卡住	延长维修时间	将节流阀调至“全开”状体；检查液压油单元及液压油压力；加热混炼室；清除杂质，清洗滑动面并加油脂润滑；用料斗上的顶开螺栓及液压油缸打开混炼室；向水端轴承套接口接一个液压管，并向轴承套提供液压	视情而定
8		驱动端密封处有漏料	氮气通入不足或过量；密封圈或油封有松动；因粉料输送差引起的物料在料斗中堆积；料斗或上游设备（喂料系统）压力不稳定	环境污染；非计划停工	检查氮气通入速率，必要时进行调整；更换密封圈和／或油封．操作期间定期向油封上加入润滑脂；降低喂料速率；提高转子转速；停机打开混炼室，移除料斗中的部分粉料或粘附在转子上的熔融树脂，检查水端密封部件；检查喂料系统的压力及管道压力；喂料速率波动应达到最低	视情而定

表 22　异向双螺杆挤压造粒机组常见功能故障与处理方法（续）

序号	功能	功能故障	故障模式	故障后果	故障应对策略与检修内容	检修周期 / 月
9	保证机组连续运转	水端密封处有漏料	齿轮泵处聚合物压力过大；黏性密封处熔体温度过高	环境污染；非计划停工	检查开机顺序，齿轮泵应在吸气压力超过设定值时开启；确保水端密封处水已加足；向水端密封的外圈通水	视情而定
10		驱动端或水端密封处漏油	润滑油流速过高；驱动端或水端出口堵塞或损坏；油封安装不正确；油封松动或损坏；套筒表面损坏	环境污染；非计划停工	调整润滑油流速；清理或更换；停机重新安装油封；停机更换油封，重装时应向油封加润滑脂；停机更换套筒，重装时应向套筒加润滑脂	视情而定
11		水端漏水	旋转接头法兰松动；旋转接头法兰松动；接口处O形密封圈损坏；旋转接头机械密封损坏	非计划停工	紧固法兰盘上的螺钉；更换垫圈；更换O形密封圈；更换机械密封操作期间向机械密封中通入冷却水	视情而定
12		混炼室有杂音或振动	料斗和驱动端支架间的螺钉松动；第一混炼室的聚合物未完全熔融；聚合物温度过低；转子上粘附熔融聚合物	噪声污染；非计划停工	紧固螺钉；改变工作条件：喂料速率、转子转速、节流阀开合；提高聚合物温度；停机，打开混炼室清理转子	视情而定
13		水端机架有杂音	水端轴承紧固螺钉松动；轴承有损坏	非计划停工	紧固螺钉；检查轴承温度；若确已损坏，停机更换轴承；检查轴承的润滑油	视情而定 轴承更换 36～48
14		驱动端机架有杂音	驱动端上下游之间的螺钉松动；轴承有损坏；混炼机与齿轮减速器未对正	非计划停工	紧固螺钉；更换新轴承；必要时重新调整机器	视情而定 轴承更换 36～48

附 录 A
（资料性附录）
造粒机组检修质量控制确认表

A.1 气动摩擦离合器

A.1.1 摩擦片厚度检测

表 A.1 摩擦片厚度（B 级）

序号	检测项目		单位	技术要求	检测结果	备件厚度
1	摩擦片厚度检查	Ⅰ片	mm	—		
2		Ⅱ片		—		
3		Ⅲ片				
说明	分别检测 4～8 点					
签字	施工单位		生产车间		公司管理部门	

注： A 级：施工单位、生产车间、公司管理部门检查确认后签字。
B 级：施工单位和生产车间检查确认后签字。
C 级：施工单位检查确认后签字。

A.1.2 主电机与主减速器输入轴

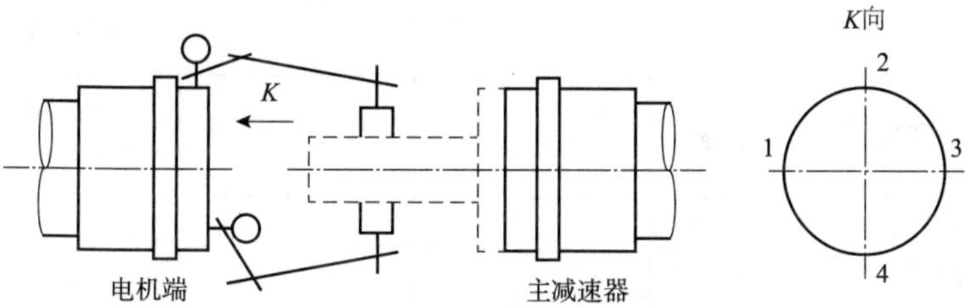

图 A.1 主电机与主减速器输入轴找正示意图

表 A.2 主电机与主减速器输入轴跳动值（B 级）

项目	要求值	相位	实测值 拆卸前		实测值 回装后		结论	备注
径向跳动	按说明书	位置 1					□合　格 □不合格	
		位置 2						
		位置 3						
		位置 4						
端面跳动	按说明书	位置 1					□合　格 □不合格	
		位置 2						
		位置 3						
		位置 4						
签字	施工单位		生产车间		公司管理部门			

A.2 主减速器装置（以 320 造粒机组为例说明）

A.2.1 输出轴及找正台

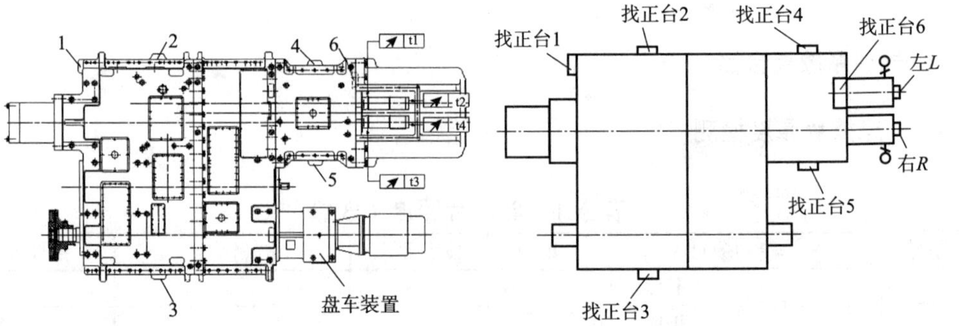

图 A.2 主减速器外形图

表 A.3 输出轴检测值及找正台水平度（A 级）

mm

项目			要求值	实测值		结论	备注
				拆卸前	回装后		
输出轴	径向跳动	t_1	≤ 0.04			□合 格 □不合格	
		t_3					
	端面跳动	t_2	≤ 0.04			□合 格 □不合格	
		t_4					
	端面平齐度		≤ 0.05			□合 格 □不合格	
	两输出轴花键相位						按拆前的标记回装
找正台水平度	找正台 1		≤ 0.06/1000			□合 格 □不合格	
	找正台 2						
	找正台 3						
	找正台 4						
	找正台 5						
	找正台 6						
签字	施工单位			生产车间		公 司 管理部门	

A.2.2 箱体及各级齿轮副

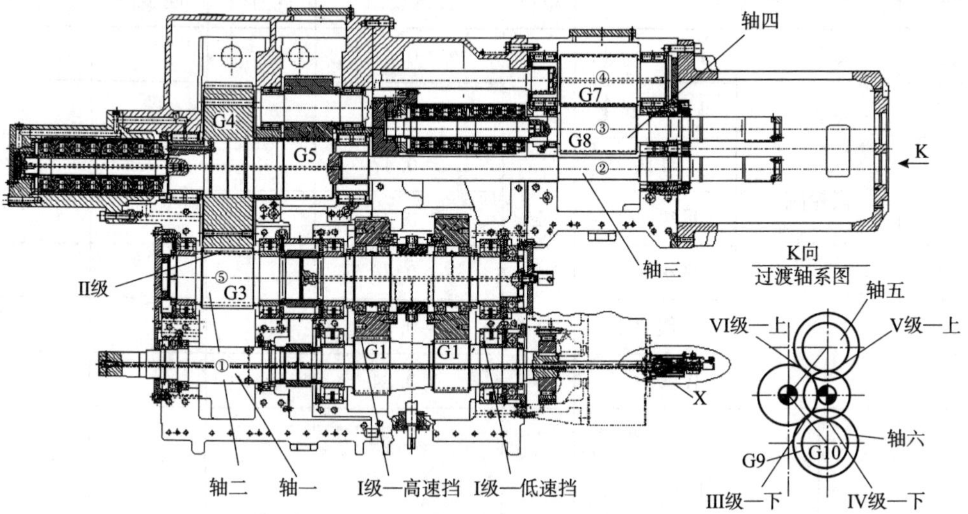

图 A.3 主减速器内部结构图

表 A.4 箱体及各级齿轮副检测值（A 级）

序号	检测项目			单位	技术要求	拆前值	回装值	结论
1	输入轴与电机找正	径向		mm	按说明书			
2		端面			按说明书			
3	大齿轮径跳与端跳	G2	径跳	mm	0.05			
4			端跳					
5		G2′	径跳					
6			端跳					
7		G4	径跳					
8			端跳					
9	轴窜量	轴一		mm	—			
10		轴二			—			
11		轴三			—			
12		轴四			—			
13		轴五			—			
14		轴六			—			

表 A.4　箱体及各级齿轮副检测值（A 级）（续）

<table>
<tr><th>序号</th><th colspan="3">检测项目</th><th>单位</th><th>技术要求</th><th>拆前值</th><th>回装值</th><th>结论</th></tr>
<tr><td>15</td><td colspan="2" rowspan="7">齿轮副
啮合侧隙</td><td>Ⅰ级—高速</td><td rowspan="7">mm</td><td>≥0.47</td><td></td><td></td><td></td></tr>
<tr><td>16</td><td>Ⅰ级—低速</td><td>≥0.47</td><td></td><td></td><td></td></tr>
<tr><td>17</td><td>Ⅱ级</td><td>≥0.47</td><td></td><td></td><td></td></tr>
<tr><td>18</td><td>Ⅲ级—上</td><td>≥0.34</td><td></td><td></td><td></td></tr>
<tr><td>19</td><td>Ⅲ级—下</td><td>≥0.34</td><td></td><td></td><td></td></tr>
<tr><td>20</td><td>Ⅳ级—上</td><td>≥0.34</td><td></td><td></td><td></td></tr>
<tr><td>21</td><td>Ⅳ级—下</td><td>≥0.34</td><td></td><td></td><td></td></tr>
<tr><td>22</td><td rowspan="14">齿轮
副
接触
率</td><td rowspan="7">齿
高
方
向</td><td>Ⅰ级—高速</td><td rowspan="7">—</td><td rowspan="7">55%</td><td></td><td></td><td></td></tr>
<tr><td>23</td><td>Ⅰ级—低速</td><td></td><td></td><td></td></tr>
<tr><td>24</td><td>Ⅱ级</td><td></td><td></td><td></td></tr>
<tr><td>25</td><td>Ⅲ级—上</td><td></td><td></td><td></td></tr>
<tr><td>26</td><td>Ⅲ级—下</td><td></td><td></td><td></td></tr>
<tr><td>27</td><td>Ⅳ级—上</td><td></td><td></td><td></td></tr>
<tr><td>28</td><td>Ⅳ级—下</td><td></td><td></td><td></td></tr>
<tr><td>29</td><td rowspan="7">齿
宽
方
向</td><td>Ⅰ级—高速</td><td rowspan="7">—</td><td rowspan="7">80%</td><td></td><td></td><td></td></tr>
<tr><td>30</td><td>Ⅰ级—低速</td><td></td><td></td><td></td></tr>
<tr><td>31</td><td>Ⅱ级</td><td></td><td></td><td></td></tr>
<tr><td>32</td><td>Ⅲ级—上</td><td></td><td></td><td></td></tr>
<tr><td>33</td><td>Ⅲ级—下</td><td></td><td></td><td></td></tr>
<tr><td>34</td><td>Ⅳ级—上</td><td></td><td></td><td></td></tr>
<tr><td>35</td><td>Ⅳ级—下</td><td></td><td></td><td></td></tr>
<tr><td>36</td><td colspan="3">各齿轮副表面情况</td><td></td><td>齿面无点蚀、麻点、裂纹等</td><td></td><td></td><td>□合　格
□不合格</td></tr>
<tr><td>37</td><td colspan="3">箱体结合面间隙
各端盖与箱体端面间隙</td><td>mm</td><td>≤0.05（用0.05塞尺检查间隙，塞尺塞入深度≤接合面的1/3）</td><td></td><td></td><td>□合　格
□不合格</td></tr>
<tr><td>签字</td><td>施工
单位</td><td colspan="2"></td><td>生产
车间</td><td colspan="2"></td><td>公司
管理部门</td><td></td></tr>
</table>

A.3 混炼挤压装置（以 320 同向双螺杆机组为例说明）

表 A.5 320 机组螺杆外径检测表（A 级）

左螺杆元件代号	L1	L2	L3	L4	L5	L6	L7	L8	……	L40
外径尺寸										
右螺杆元件代号	R1	R2	R3	R4	R5	R6	R7	R8	……	R40
外径尺寸										
签字	施工单位			生产车间			公司管理部门			

表 A.6 320 机组螺杆副啮合间隙检测表（A 级）

左螺杆元件代号		L1	L2	L3	L4	L5	L6	L7	L8	L9	L10	L11	L12	L13	L14	L15	L16	L17	L18	…	L40
右螺杆元件代号		R1	R2	R3	R4	R5	R6	R7	R8	R9	R10	R11	R12	R13	R14	R15	R16	R17	R18	…	R40
0°	径向																				
	法向																				
90°	径向																				
	法向																				
180°	径向																				
	法向																				
270°	径向																				
	法向																				

注：①面向螺杆尾部、以右螺杆定位销向右，左螺杆定位销向上为零位（0°），逆时针依次为 90°、180°、270°。

②如果 0° 相位检测数据均合格，其他三个相位可以抽检一个进行验证。

签字	施工单位		生产车间		公司管理部门	

A.4 混炼挤压装置（以 450 异向造粒机组为例说明）

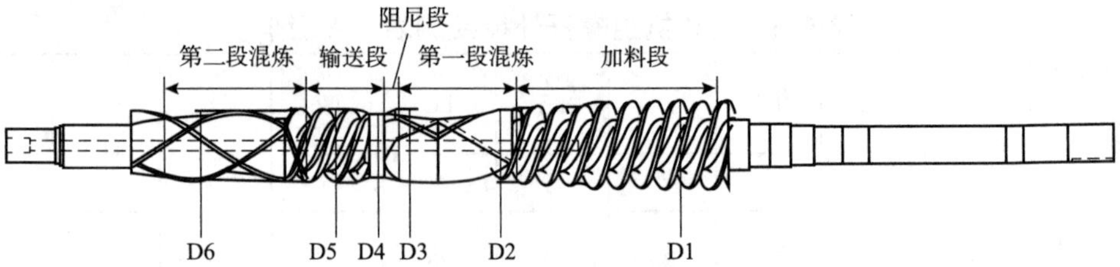

图 A.4 转子结构图

表 A.7 异向双转子造粒机组转子检测表（A 级）

自加料段转子外径序号	名称	转子直径尺寸						其他	
		尺寸代号	原厂值外径	右转子（R）		左转子（L）		数量	备注
				检测值	磨损量	检测值	磨损量		
R1/L1									
R2/L2									
R3/L3									
R4/L4									
R5/L5									
R6/L6									
签字	施工单位			生产车间			公司管理部门		

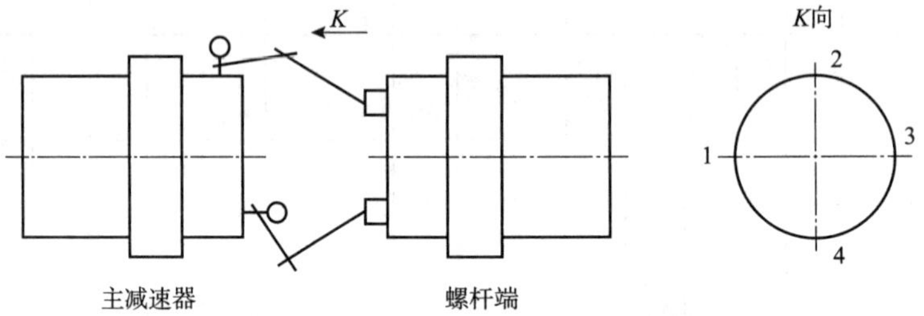

图 A.5 转子联轴器找正示意图

表 A.8 异向双转子造粒机组转子联轴器检测表（B 级）

项目	要求值	相位	实测值				结论	备注
			拆卸前		回装后			
径向跳动（左）	按说明书	位置 1					□合　格 □不合格	
		位置 2						
		位置 3						
		位置 4						

表 A.8 异向双转子造粒机组转子联轴器检测表（B 级）（续）

项目	要求值	相位	实测值				结论	备注
			拆卸前		回装后			
端面跳动（左）	按说明书	位置 1					□合　格 □不合格	
		位置 2						
		位置 3						
		位置 4						
径向跳动（右）	按说明书	位置 1					□合　格 □不合格	
		位置 2						
		位置 3						
		位置 4						
端面跳动（右）	按说明书	位置 1					□合　格 □不合格	
		位置 2						
		位置 3						
		位置 4						
签字	施工单位		生产车间		公　司管理部门			

A.5 齿轮泵装置

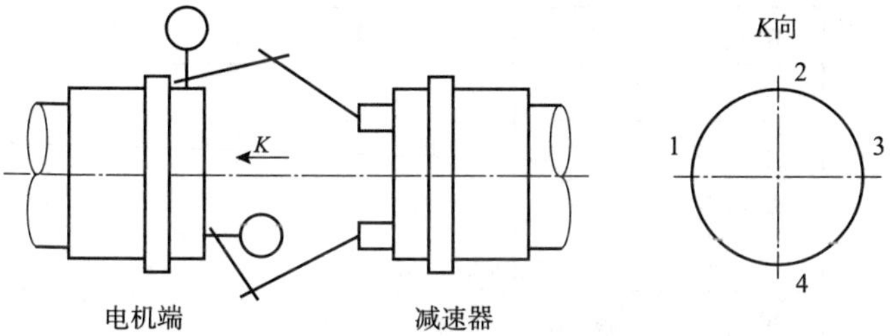

图 A.6 齿轮泵电机联轴器找正示意图

表 A.9 齿轮泵电机联轴器检测表（B 级）

项目	要求值	相位	实测值				结论	备注
			拆卸前		回装后			
径向跳动	按说明书	位置 1					□合　格 □不合格	
		位置 2						
		位置 3						
		位置 4						

表 A.9 齿轮泵电机联轴器检测表（B 级）（续）

项目	要求值	相位	实测值				结论	备注
			拆卸前		回装后			
端面跳动	按说明书	位置 1					□合格 □不合格	
		位置 2						
		位置 3						
		位置 4						
签字	施工单位		生产车间		公司管理部门			

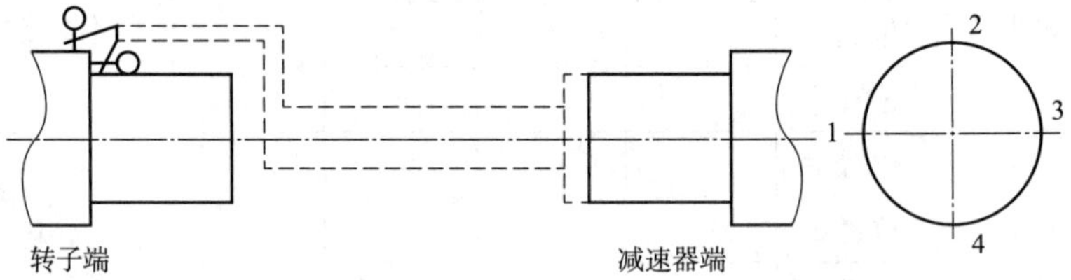

图 A.7 齿轮泵转子联轴器找正示意图

表 A.10 齿轮泵转子联轴器检测表（B 级）

项目	要求值	相位	实测值				结论	备注
			拆卸前		回装后			
径向跳动（上）	按说明书	位置 1					□合格 □不合格	
		位置 2						
		位置 3						
		位置 4						
端面跳动（上）	按说明书	位置 1					□合格 □不合格	
		位置 2						
		位置 3						
		位置 4						
径向跳动（下）	按说明书	位置 1					□合格 □不合格	
		位置 2						
		位置 3						
		位置 4						
端面跳动（下）	按说明书	位置 1					□合格 □不合格	
		位置 2						
		位置 3						
		位置 4						
说明：宜在工作温度下进行找正（常温下找正应计算混炼装置的轴向热膨胀量）								
签字	施工单位		生产车间		公司管理部门			

A.6　切粒装置

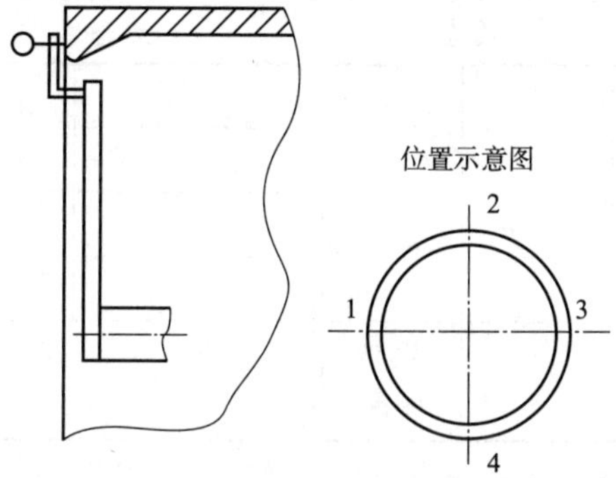

图 A.8　切刀轴与水室端面跳动找正示意图

表 A.11　切刀轴与水室端面跳动检测表（B 级）

项目	要求值	相位	实测值				结论	备注
			拆卸前		回装后			
端面跳动	≤0.03	位置 1					□合　格 □不合格	
		位置 2						
		位置 3						
		位置 4						
签字	施工单位		生产车间		公　　司 管理部门			

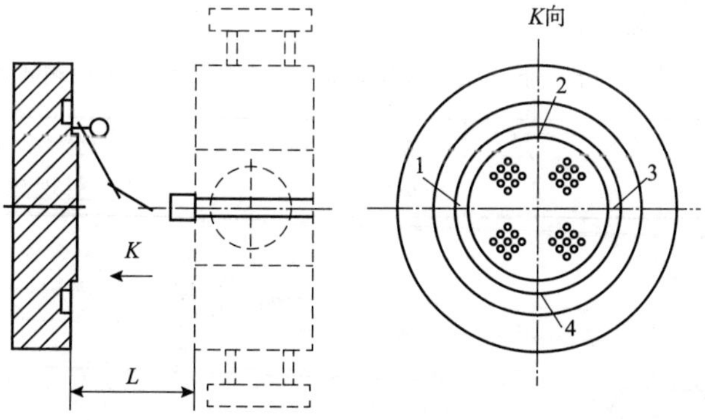

图 A.9　切刀轴与模板端面跳动找正示意图

表 A.12　切刀轴与模板端面跳动检测表（B 级）

项目	要求值	相位	回装后实测值					结论	备注
			冷态		热态				
端面跳动或 L 值	按说明书	位置 1						□合　格 □不合格	
		位置 2							
		位置 3							
		位置 4							
签字	施工单位		生产车间		公　　司 管理部门				

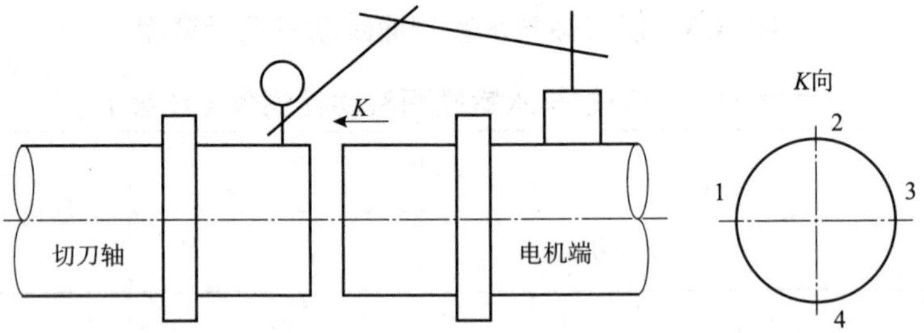

图 A.10　切刀轴与切粒电机同轴度找正示意图

表 A.13　切刀轴与切粒电机同轴度检测表（B 级）

项目	要求值	相位	实测值				结论	备注
			拆卸前		回装后热态下			
径向跳动	按说明书	位置 1					□合　格 □不合格	
		位置 3						
		位置 2						
		位置 4						
说明：热态下将水室上的密封条取下，在水室与模板合上锁紧的情况下检测和找正								
签字	施工单位		生产车间		公　　司 管理部门			

附　录　B

（资料性附录）

造粒机组试车与验收数据记录表（A级）

序号	项目	时间	数据记录				
1	物料	类型					
2		等级					
3		熔融指数 /（g/10min）					
4		喂料温度 /℃					
5	喂料负荷量	t/h					
6	主电机	转速 /（r/min）					
7		电流 /A					
8		负荷 /kW					
9		轴承温度 /℃					
10		轴承温度 /℃					
11		绕组温度 /℃					
12		绕组温度 /℃					
13		绕组温度 /℃					
14		轴承振动					
15		轴承振动					
16	主电机润滑	润滑油压力 /MPa					
17		润滑油流量 /（L/min）					
18		润滑油流量 /（L/min）					
19	主减速器	输出转速 /（r/min）					
20		轴承温度 /℃					
21		轴承振动					
22	主减速器润滑	泵后压力 /MPa					
23		冷却器后油温 /℃					
24		过滤器前后压差 /MPa					

造粒机组试车与验收数据记录表（A 级）（续）

序号	项目	时间	数据记录				
25	机筒温度	2#/℃					
26		3#/℃					
27		4#/℃					
28		5#/℃					
29		6#/℃					
30		7#/℃					
31		8#/℃					
32		……					
33	节流开车阀	节流阀开度					
34		壳体温度 /℃					
35		阀前熔体压力 /MPa					
36		阀前熔体压力 /MPa					
37		压力差 /MPa					
38	节流开车阀	节流阀前熔体温 /℃					
39	熔体齿轮泵	泵前熔体压力 /MPa					
40		轴承温度 /℃					
41	齿轮泵电机	转速 /（r/min）					
42		电流 /A					
43		负荷 /kW					
44		轴承温度 /℃					
45		轴承温度 /℃					
46		绕组温度 /℃					
47		绕组温度 /℃					
48		绕组温度 /℃					
49	齿轮泵减速器	输出转速 /（r/min）					
50		轴承温度 /℃					
51		轴承振动					
52	齿轮泵减速器润滑	泵后压力 /MPa					
53		冷却器后油温 /℃					
54		过滤器前后压差 /MPa					

造粒机组试车与验收数据记录表（A 级）（续）

序号	项目	时间	数据记录				
55	换网装置	网前熔体压力 /MPa					
56		网前熔体温度 /℃					
57		网后熔体压力 /MPa					
58		网前后压差 /MPa					
59		换网壳体温度 /℃					
60		滤网目数					
61	熔指检测仪	在线熔融指数 /（g/10min）					
62	机头模板	机头熔体温度 /℃					
63		机头熔体压力 /MPa					
64		机头壳体温度 /℃					
65		模板温度 /℃					
66		热油进口温度 /℃					
67		热油出口温度 /℃					
68	水下切粒装置	切刀转速 /（r/min）					
69		电机电流 /A					
70		电机负荷 /kW					
71		电机绕组温度 /℃					
72		绕组温度 /℃					
73		刀轴移动气压值 /MPa					
74		刀轴锁紧油缸压力 /MPa					
75		水室锁紧油缸压力 /MPa					
76		颗粒冷却水进口温度 /℃					
77		水室出口温度 /℃					
78		颗粒冷却水进口压力 /MPa					
79		颗粒冷却水流量 /（L/min）					
80	PCW 系统	水箱液位					
81		水箱内颗粒水温度 /℃					
82		冷却器后温度 /℃					
83		冷却器比例阀开度					
84		颗粒水流量 /（L/min）					

造粒机组试车与验收数据记录表（A级）（续）

序号	项目 \ 时间		数据记录				
85	干燥机	干燥机转速 /（r/min）					
86		切刀转速 /（r/min）					
87		电机电流 /A					
88		电机负荷 /kW					
89	振动筛	电机电流 /A					
90		电机负荷 /kW					
91	热油系统	加热器后温度 /℃					
92		压差 /MPa					
93		加热器利用率					
94		泵后压力 /MPa					
95		供油温度 /℃					
96		热油比例阀开度					
97		热油比例阀开度					
98		冷却器前比例阀开度					
99		供油比例阀开度					
100		供油比例阀开度					
101	机筒冷却水系统	机筒冷却水流量 /（L/min）					
102		齿轮泵密封套冷却水流量 /（L/min）					
103		齿轮泵转子冷却水流量 /（L/min）					
104		换网壳体冷却水流量 /（L/min）					

签字	施工单位		生产车间		公司管理部门	

隔膜压缩机维护检修规程

SHS 03040—2019

代替 SHS 03040—2004

目　次

前　言

本规程按照GB/T 1.1—2009《标准化工作导则　第1部分：标准的结构和编写》给出的规则修订。

本规程代替SHS 03040—2004《膜式往复压缩机维护检修规程》，与SHS 03040—2004相比，除了编辑性修改外，主要技术变化如下：

——隔膜压缩机随着功率增大、级数增多，增加了曲轴支撑用滑动轴承的维护检修；

——常见功能故障与处理部分按RCM分析方法重新编制；

——增加“附录A　隔膜压缩机检修质量控制确认表”；

——增加“附录B　隔膜压缩机试车与验收数据记录表”。

本规程由中国石油化工集团有限公司、中国石油化工股份有限公司提出。

本规程起草单位：中国石化扬子石油化工有限公司。

本规程主要起草人：严明盛、刘成勇。

本规程所代替规程的历次版本发布情况为：

SHS 03040—1992，SHS 03040—2004。

隔膜压缩机维护检修规程

1 范围

1.1 主题内容

本规程规定了隔膜压缩机的检修周期和内容、检修与质量标准、试车与验收、维护与故障处理。

1.2 适用范围

本规程适用于隔膜压缩机的维护检修。

2 规范性引用文件

下列文件对于本文件的应用是必不可少的。凡是注日期的引用文件，仅所注日期的版本适用于本文件。凡是不注日期的引用文件，其最新版本（包括所有的修改单）适用于本文件。

JB/T 6905 隔膜压缩机

API 618 往复压缩机标准

3 检修周期和内容

3.1 检修周期

根据对设备功能故障及其影响分析的结果、有无备用设备并结合生产装置运行周期，确定设备检修周期，一般为 24 个月至 36 个月。

3.2 检修内容

3.2.1 检查紧固隔膜头螺栓、主机地脚螺栓及其他连接和密封处紧固件；

3.2.2 检查并处理气路系统、油路系统及冷却系统泄漏；

3.2.3 检查隔膜头油溢流阀及止回阀，检修或更换其中弹簧、阀芯和密封垫；

3.2.4 检查进出口气阀，研磨、清洗或更换阀片及阀座；

3.2.5 检查或更换隔膜片；

3.2.6 检查或更换膜头 O 形密封环；

3.2.7 皮带轮找正，检查调整皮带张紧度或更换皮带；
3.2.8 检查清理或更换油滤芯、气滤芯；
3.2.9 检查隔膜头内腔表面、膜片表面、穿孔板表面的损伤及腐蚀情况；
3.2.10 检查穿孔板支承螺栓；
3.2.11 检查更换活塞环、导向环；
3.2.12 检查连杆大小头轴承（轴瓦），测定其径向和轴向间隙，必要时更换；
3.2.13 检查清洗液、气分离器和过滤器；
3.2.14 检查并校验安全阀，定期更换爆破片；
3.2.15 校核或更换压力表和温度计；
3.2.16 更换润滑油；
3.2.17 检查油缸水平度、油缸内腔镜面磨损情况，修理或更换缸（套）；
3.2.18 检查活塞与活塞杆的装配位置及磨损情况；检查活塞杆连接处紧固螺母有无松脱和裂纹，必要时进行无损探伤；
3.2.19 检查连杆螺栓，测量其残余变形伸长量并进行无损探伤检查；
3.2.20 检查并调整十字头在滑道中的装配位置；检查十字头销磨损及十字头销与十字头配合间隙；检查十字头滑履磨损及与滑道的间隙；检查十字头颈及连接器有无松动、裂纹，必要时进行无损探伤；
3.2.21 检查曲轴安装位置、轴向窜动量、磨损程度及表面有无裂纹；检查主轴承（轴瓦），检修或更换部件，更换曲轴箱内所有密封件；
3.2.22 检查并调整飞轮；
3.2.23 拆检补偿油泵与循环齿轮油泵；检查清洗油箱及油路系统；
3.2.24 检查、清洗冷却水夹套、冷却器、冷却盘管及其他冷却系统组件；
3.2.25 检查机身的纵、横向水平度；
3.2.26 检查油缸缸体与十字头滑道同轴度；
3.2.27 检查十字头滑道中心线与曲轴中心线垂直度。

4 检修程序与质量标准

4.1 检修前准备

4.1.1 根据设备运行技术状态和监测记录，分析故障原因，明确故障部位；
4.1.2 准备必要的图纸资料，编制检修计划；
4.1.3 制定施工方案，明确技术要求，图、表齐全，符合设备安全、环保要求；
4.1.4 施工前组织施工人员进行技术交底，将方案内容、技术、质量等要求交代清楚；
4.1.5 准备检修工器具、清洗剂和润滑油（脂）等；
4.1.6 落实安全防护措施与环保要求：
4.1.6.1 办理好各类进场检修施工手续；

4.1.6.2 检修前切断机台电源等能源，并且挂安全警示牌；
4.1.6.3 停车检修前需确认工艺处置是否满足检修要求；
4.1.6.4 备好相应物料收集桶，避免环境污染；
4.1.6.5 检修人员个人防护必须符合劳保着装规定要求，施工器具验收合格，并落实施工监护人；
4.1.6.6 现场设置施工作业管理牌，落实好文明检修相关准备要求。

4.2 拆卸与检测

4.2.1 拆除所有与压缩机连接的冷却水管线。
4.2.2 将隔膜头法兰下面的补偿油泵油管与止回阀断开，在隔膜头下设置一干净油壶，拧下止回阀，并从膜头法兰上拆下油压表及溢流阀，将膜头内油排尽。
4.2.3 拆卸与膜头连接的气体管线，拆除进出口气阀压盖，用专用螺纹扳手拧在气阀的中心螺钉上，取出气阀（注意：进出口气阀不可搞错）。对气阀应进行检验和修研，修复后进行试漏。
4.2.4 拆卸膜头螺栓，取下隔膜盖及膜片，用专用螺杆拧入孔板并取出孔板，拆卸膜头与活塞缸的连接螺栓，注意保护膜片表面及密封面。
4.2.5 拆卸防松销，将活塞向膜头方向推进，将活塞从膜头方向取出，卸下活塞环、导向环，对活塞表面进行磨损、裂纹和变形检查。
4.2.6 拆卸防护罩，卸下皮带轮。
4.2.7 拆卸与补偿油泵相连的阀门，卸下补偿油泵及轴承压盖，从轴承压盖上取下油封，检查补偿油泵磨损情况。
4.2.8 拆卸螺钉，将连杆后瓦座拆下，并将连杆从曲轴上卸开，取出轴瓦。将曲轴组件从从动端卸出，卸下轴承座，并从轴承座上卸下轴瓦（轴承）。
4.2.9 从十字头滑道内取出十字头及连杆，拆下十字头销，取出连杆组件，拆下轴瓦（轴承）。
4.2.10 清洗所有缸体内表面及零部件。
4.2.11 检查或更换轴瓦（轴承），检查十字头及滑道、连杆、曲轴。检查轴瓦（轴承），并进行测量，视具体情况进行更换。检查十字头滑道表面是否有磨损、拉伤等缺陷并检查水平度，对十字头滑履的巴氏合金进行检查，视具体磨损情况进行修复或更换。对曲轴进行无损探伤，检查测量曲轴颈的磨损情况。对连杆磨损情况检查。
4.2.12 油系统止逆阀拆检。卸下阀座，取出钢球、滑块及弹簧。检查钢球、滑块及弹簧，必要时更换钢球、弹簧，或研磨阀座。
4.2.13 溢流阀拆检。断开接头，拧下阀盖，取出阀芯组件及钢球，拆下接头，取出阀座及垫片，拧下螺母，取下垫圈，并卸下偏心销。清洗所有部件，检查弹簧、钢球及阀座，必要时更换钢球或研磨阀座，检查偏心销，更换0环。
4.2.14 油泵拆检。脱开电机与油泵连接，油泵解体检查泵轴、叶片、转子等组件。清洗所有零件，检查叶片、转子与分隔板间隙，必要时调整分隔板、更换0环及轴。

4.2.15 过滤器拆清或更换滤芯。拆卸法兰盖，取出滤芯。清洗过滤器及壳体，必要时更换滤芯、O 环。

4.2.16 油冷器拆检。拆开冷却水进、出口法兰，在一端装上盲板后灌入 5%的盐酸，保持 1～2h 后拆去盲板，并用清水洗净。

水压试验：在一端装上盲板，另一端装上法兰并接增压泵及压力表，灌满水后打压至规定值，保压半小时无压降，合格，若压降明显，则进行处理或更换冷却器。

4.2.17 膜片检查检测。宏观检查：表面应平整，不得有锈斑、沟槽和裂纹。无损检测：表面 PT 检查，无划痕、裂纹等缺陷。

4.2.18 在机体全部仔细检查完毕后，对机组做气密试验。拆除与机体连接管线上盲板，打开进口手阀，给系统供 0.6MPa 氮气，用肥皂水检查管线上静密封点，若发现有气泡立即处理，直至完好。

4.3 回装与质量标准

4.3.1 隔膜头组件

4.3.1.1 隔膜头端盖上进、出气口位置及穿孔板经无损检测，不得有裂纹等缺陷；

4.3.1.2 隔膜头内腔和穿孔板靠膜片一侧表面不得有深度超过 0.5mm 的锈斑、沟槽等缺陷，轻度缺陷必须磨光；

4.3.1.3 膜片表面应平整，不得有锈斑、沟槽和裂纹；膜片应成组更换并保证片序和表面洁净；

4.3.1.4 膜头端盖安装时其紧固螺栓应按规定均匀对称上紧，螺栓上紧力矩应按检修手册所提供的数值。

4.3.1.5 用氮气对隔膜头做气密试验，试验压力为 1.1 倍设计压力；高压隔膜头一般 2 年做一次试验，低压隔膜头一般 4 年做一次试验，更换新隔膜头时必须做气密试验。

4.3.2 活塞及油缸组件

4.3.2.1 活塞

1）活塞不得出现裂纹、磨损等缺陷；

2）活塞导向环和油缸应均匀接触；当活塞耐磨支承面磨损而使活塞部件与油缸中心倾斜度大于 0.3mm/m 时，必须进行修理；

3）活塞环槽平面与活塞中心线应垂直，被磨损后偏差超过 0.04～0.16mm 时应修理；

4）活塞在油缸内的径向间隙应根据下式计算

立式油缸：

$$\delta=\alpha\Delta tD+\delta_0$$

式中：α 为活塞材料线膨胀系数；Δt 为活塞工作温度和环境温度之差（可取排气与进气温度之差），℃；δ 为活塞在油缸内的安装径向间隙，mm；δ_0 为按 h7/g6 配合间隙，mm；D 为油缸直径，mm。

卧式油缸：

$$\delta=(0.001\sim0.002)D$$

式中，δ 为活塞上部油缸的径向间隙，mm；D 为油缸直径，mm。

4.3.2.2 活塞环

1）活塞环表面应光滑，无裂纹、砂眼、气孔等缺陷；其端面平面度偏差符合表 1 规定。

表 1 端面偏差 mm

活塞环外径	＜150	150～400	401～600	＞600
平面偏差度	≤0.04	≤0.05	≤0.07	≤0.09

2）活塞环应有足够的弹性和强度，其内圆与槽底外圆配合为 H8/d8，间隙值为 0.05～0.15mm，活塞环安装时开口彼此相错 120°，沿圆周均匀分布；

3）活塞环与活塞环槽轴向间隙以及活塞环在油缸滑道中最小位置处的开口间隙见表 2。

表 2 开口间隙 mm

油缸直径 D	铸铁活塞环			
	在环槽内轴向间隙		工作状态开口间隙	
	安装间隙	极限	安装间隙	极限
40～100	0.01～0.035	0.07	0.1～0.3	1.0
101～150	0.03～0.05	0.10	0.4～0.6	2.0
151～200	0.05～0.07	0.12	0.6～0.9	2.3
201～250	0.07～0.09	0.14	0.9～1.2	2.6
251～300	0.09～0.10	0.17	1.2～1.4	2.9
301～400	0.10～0.12	0.20	1.4～1.6	3.3
401～550	0.12～0.14	0.22	1.6～1.8	3.5
551～750	0.14～0.16	0.23	1.8～2.3	3.9
751～1000	0.16～0.18	0.24	2.3～2.8	4.2

4）铸铁活塞环外径与油缸内壁间隙见表 3。

表 3 径向间隙 mm

活塞环外径	＜250	250～500	＞500
径向间隙	≤0.03	≤0.05	≤0.08

5）灯光检验时整个活塞环与油缸配合圆周上漏光不应多于两处，总长不超过 45° 弧长且开口处不大于 30° 弧长。

4.3.2.3 活塞杆

1）活塞杆应进行无损探伤检查，不允许有裂纹或其他缺陷；

2）活塞杆直线度偏差应在 0.05mm/m 以内；

3）活塞杆外径最大允许磨损量不得超过原直径 2%。

4.3.2.4 油缸

1）油缸内壁表面应光洁，无裂纹、砂眼、锈斑和拉毛，可用半圆形油石沿圆周方向进行研磨修理；拉毛或沟槽面积超过 1/4 圆周或沟槽深度超过 0.2～0.5mm 时，应镗缸或镶缸套；

2）检查油缸圆度、圆柱度，如超过表 4 规定值，应镗缸或镶缸套，其加工粗糙度应不大于 *Ra*0.4；

表 4 允许偏差值 mm

油缸直径	最大磨损			镗缸或缸套
	均匀磨损度	圆度偏差	圆柱度偏差	允许偏差
40～100	0.25	0.10	0.06	±0.02
101～150	0.40	0.20	0.10	±0.03
151～300	0.80	0.25	0.15	±0.03
301～450	1.10	0.30	0.20	±0.04
451～600	1.40	0.35	0.25	±0.05
601～800	1.60	0.4.	0.30	±0.05
801～1000	1.80	0.45	0.35	±0.06

3）镗缸后，油缸直径增大量应不大于原值的 2%，缸壁减薄量不大于原壁厚的 1/12；新缸缸套应做水压试验；在设计压力小于 10MPa 时，试验压力应等于 1.5 倍设计压力，设计压力大于 10MPa 时，试验压力应等于 1.25 倍的设计压力。

4.3.3 曲轴连杆及十字头组件

4.3.3.1 曲轴

1）曲轴进行无损探伤检查，不允许有裂纹等缺陷；

2）曲轴安装水平度偏差应不大于 0.10mm/m；

3）曲轴安装时的曲臂开度差值应不大于 $10^{-4}S$，测量点为离曲柄销中心线 0.5（$S+D$）处（S 为压缩机行程，D 为主轴颈直径）；

4）主轴颈与曲柄销擦伤面积不得大于 2%原面积，深度不得大于 0.1mm，超过规定值后须进行修理，轻度擦伤面积不得大于 2%原面积，深度不得大于 0.1mm，超过规定值后须进行修理，轻度擦伤必须磨光；

5）主轴颈径向圆跳动偏差值应不大于 0.05mm，其中心线与曲柄销中心线平行度偏差不大于 0.02mm/100mm，各主轴颈平行度偏差不大于 0.03mm；

6）主轴颈与曲柄销最大磨损极限见表 5；

表 5 磨损极限值 mm

轴颈直径		≤100	100～200	200～300	300～400	400～500
圆度和圆柱度偏差值	主轴颈	0.10	0.20	0.25	0.30	0.35
	曲柄销	0.12	0.22	0.30	0.35	0.40

7）主轴颈与曲柄销因磨损而需机加工，其加工减小量不应超过原轴颈直径的5%。

4.3.3.2 曲轴轴承或轴瓦（包括主轴瓦、连杆大、小头轴瓦）

1）曲轴箱及其他部位轴承座孔如发现有超差，应机加工校正，不得用垫片调整；

2）滚珠、滚柱及滚针表面，轴承内、外圈滚道表面若有无法消除的磨点、斑疤及剥层缺陷，应更换轴承；

3）轴承内径与轴配合一般采用 H7/k6 的过渡配合，轴承外径与轴承座配合一般采用 JS7/h6 的过渡配合；

4）轴承配合表面不应有裂纹，气孔和剥层现象，也不允许有碰伤与划痕；轴瓦与轴应均匀接触，用涂色法检验时接触点总面积不应小于总面积的 70% ；

5）厚壁巴氏合金轴瓦衬里磨损量超过原厚度 30%或有剥落、脱壳时应更换；

6）主轴瓦与主轴颈配合一般为H7/d8，主轴瓦与连杆大小头轴瓦的间隙要求见表6；

表 6 配合间隙

mm

轴颈直径	70～100	100～150	150～200	200～250
修理后间隙	0.07～0.09	0.09～0.14	0.14～0.18	0.18～0.22
最大允许磨损间隙	0.12～0.15	0.15～0.22	0.22～0.30	0.30～0.37

7）连杆小头轴瓦与十字头销的径向间隙以及当连杆小头瓦为衬套直接压入连杆孔时的过盈量见表 7。

表 7 配合间隙和过盈量

mm

材质	连杆小头轴瓦与十字头间隙	连杆小头衬套与连杆过盈量
铜合金瓦或衬套	（0.70～1.20）$\times 10^{-3}d$	0.08～0.02
巴氏合金瓦或衬套	（0.40～0.60）$\times 10^{-3}d$	0.10～0.05

注： *d* 为十字头销直径。

4.3.3.3 连杆

1）连杆及连杆螺栓经无损探伤检查不得有裂纹、砂眼等缺陷；连接螺栓拧紧时伸长量不应超过原有长度的千分之一，残余伸长量超过伸长量的千分之二时应予以更换；

2）连杆直线度偏差不应大于 1mm/m，连杆小头和大头孔中心线、平行度不应大于 0.06mm/m，连杆大小头孔圆柱度偏差不应超过原直径尺寸公差的 1/2；

3）连杆轴向定位间隙应在 0.30～1.00mm。

4.3.3.4 十字头及十字头销

1）十字头滑履、十字头销、十字头连接器及连接螺栓用放大镜或无损探伤检查不得有裂纹等缺陷；

2）十字头颈部端面与滑道垂直偏差应不大于 0.02mm/100mm；

3）十字头销最大磨损量不允许超过表 8 规定；

表 8　允许磨损量

mm

十字头销直径	磨损量	允许最大磨损圆度，圆柱度
＜40	0.15	0.03
40～70	0.20	0.05
＞70	0.20	0.06

4）十字头滑履与滑道应接触均匀，接触面积应大于总面积的 70%，滑履与滑道的径向间隙按表 9 选取；

表 9　径向间隙

mm

十字头直径	120～180	180～250	250～330	330～410	410～490	490～570	570～650
正常间隙	0.10～0.15	0.12～0.20	0.18～0.26	0.26～0.33	0.33～0.37	0.37～0.42	0.42～0.46
极限间隙	0.20	0.24	0.28	0.41	0.48	0.54	0.58

注：十字头滑履与滑道的间隙应尽量在十字头不受力侧或好受力侧。

5）十字头滑履巴氏合金有开裂或脱壳，应补焊或重浇，磨损量超过原合金厚度的 30%时应予更换。

4.3.3.5　机身、中体及基础

1）机身纵、横向水平度偏差应不大于 0.05mm/m；

2）机身对称轴承孔中心线同轴度偏差应不大于 0.03mm；

3）中体与十字头滑道中心线对机身主轴承座孔中心线垂直度偏差不大于 0.01mm/m；

4）各列滑道中心线平行度偏差为 0.10mm/m，滑道圆柱度偏差不大于 0.40～0.60mm；

5）中体滑道中心线与机身油缸定位孔中心线同轴度偏差不大于 0.03mm；

6）机座油箱用煤油试漏，2～4h 不得有渗漏；

7）基础不允许开裂及大块混凝土剥落；

8）基础振动振幅应小于 0.15mm。

4.3.3.6　油路系统组件

1）补偿油泵柱塞与缸体正常间隙为 0.02～0.04mm，最大磨损间隙 0.06mm；

2）循环齿轮油泵各部件间隙应符合使用要求，齿轮啮合正常，转动灵活；

3）按铭牌压力对补偿油泵试压；

4）油止回阀、溢流阀阀芯、阀座表面应无麻点、沟痕和锈斑，用煤油试压 10min 应无渗漏。

4.3.3.7　气路系统组件

1）气阀阀片应光洁，表面不得有擦伤，修研后的阀片和阀座用涂色法检查阀片与阀座密封性；

2）清洗气、液分离器和过滤器，用工作压力试压（水介质）；

3）按设定压力调试安全阀。

4.3.3.8　冷却系统组件

对冷却器、冷却系统组件进行水压试验，试验压力应不小于 1.5 倍工作压力，并用操作压力进行气密试验。

5 试车与验收

5.1 试车前准备

5.1.1 确认各项检修工作已完成，检修记录齐全，检修质量符合 4.3 的规定，有试车方案。

5.1.2 设备零部件完整无缺，螺栓紧固，具备试车条件。

5.1.3 仪表及联锁装置齐全、准确、灵敏、可靠。

5.1.4 安全附件校验合格，齐全完整。

5.1.5 各润滑部位按规定加注润滑油（脂），水冷却系统畅通无阻。

5.1.6 盘车自如无卡涩，确认电机转向应符合设计规定。

5.2 试车

5.2.1 空载试车

5.2.1.1 工艺条件具备后点动主机，观察运转方向；

5.2.1.2 第二次启动主机，运行 5min，检查各部件无异常；

5.2.1.3 空载试车时，各部件摩擦副一般最高温度不超过 60℃，基础振动应符合表 10 的规定；

5.2.1.4 检修后一般空载试车 4h。

表 10 振幅标准值

转速 /（r/min）	允许最大双振幅值 /mm
≤ 200	0.25
200～400	0.15
＞ 400	0.10

5.2.2 负载试车

5.2.2.1 试车前引氮气进入气路系统及膜头进行吹扫、置换及试漏。

5.2.2.2 检查确认机、电、仪及工艺条件已具备负荷试车要求；

5.2.2.3 主机进排气温度不应超过设计温度 10℃；

5.2.2.4 主机进排气压力符合设计要求，流量不应小于原设计流量的 90%；

5.2.2.5 主机各部位无异常声响和振动；

5.2.2.6 轴承、十字头滑履温度不应超过 65℃；

5.2.2.7 辅助系统工艺参数符合要求；

5.2.2.8 膜头组件、气路系统及油路系统无泄漏；

5.2.2.9 主机基础振动值不应超过表 11 规定；

5.2.2.10 大修负载试车 8h。

5.3 验收

5.3.1 交接验收必须具备下列条件：

5.3.1.1 达到规定试车时间，运行状况良好；

5.3.1.2 检修记录和试车记录准确、齐全；

5.3.2 检修质量达到本规程 4.3 规定的质量标准的要求；

5.3.3 设备技术状态应达到完好标准；

5.3.4 按规定办理交接验收的手续；

5.3.5 检修现场按照文明施工的要求，做到工完、料尽、场地清。

6 维护与故障处理

6.1 日常维护

6.1.1 维护内容

6.1.1.1 严格执行 SHS 01002—2019《石油化工设备润滑管理制度》；

6.1.1.2 检查气路、油路及冷却水系统，若有泄漏，及时处理；

6.1.1.3 检查主机各转动、滑动部件温度、声响、振动是否正常并作相应处理；

6.1.1.4 检查主电机电流、温度运行是否正常；

6.1.1.5 检查皮带及皮带轮运行是否正常并作相应处理；

6.1.1.6 检查膜头检漏口，判断膜片是否泄漏；

6.1.1.7 检查各工艺参数是否正常并作相应处理。

6.1.2 维护时间

操作和维修人员应按规定巡检，并有记录。

6.2 常见故障与处理

隔膜压缩机常见功能故障与处理方法见表 11。

表 11 隔膜压缩机常见功能故障与处理方法

序号	功能	功能故障	故障模式	故障后果	故障应对策略与检修内容	检修周期／月
1	保证油压	未达到工作油压	溢流阀故障	膜头无溢流或溢流小	检查并更换溢流阀座、阀球、弹簧或密封件	36～48
			膜片破裂	联锁停机	更换膜片	12～24
			隔膜头底部止回阀或补偿油泵止回阀故障	膜头无溢流或溢流小	检查并更换止回阀阀球、阀座或弹簧 油泵活塞下弹簧疲劳或断裂，更换弹簧	36～48

表 11 隔膜压缩机常见功能故障与处理方法（续）

序号	功能	功能故障	故障模式	故障后果	故障应对策略与检修内容	检修周期／月
1	保证油压	未达到工作油压	补偿油泵不输油	膜头无溢流	油泵泵壳内有气泡聚集，应排气 油泵下部阀座密封失败，更换密封件	视情而定
			轴瓦磨损	油压低，噪声大	更换轴瓦	24～36
			十字头磨损	油压低，噪声大	更换十字头	24～36
			油过滤器堵	油压低，报警	更换油滤芯	视情而定
2	保证气压及流量	未达到工作气压及流量下降	吸、排气阀密封不好	流量压力低	检查和清洗气阀，若必要则研磨或更换阀片、阀座和弹簧	12～24
			膜片破裂	联锁停机	更换膜片	12～24
			隔膜头端盖密封和气路管线各密封点泄漏	无法达到工作压力	更换隔膜头端盖密封圈及管线各密封点处密封垫	视情而定
			入口过滤器堵	流量压力低	清洗过滤器或更换滤芯	视情而定
			安全阀泄漏	流量压力低	安全阀检查调校	12～24
3	保证油温	液压油温过高	冷却水量不够	油温高，报警或联锁	检查冷却水各阀门开度；清洗冷却水系统、过滤器等部件	视情而定
			油箱油温过高	油温高，报警或联锁	检查各摩擦副是否缺油、缺脂，运行是否正常	视情而定
4	保证气温	排气温度高	冷却水量不够	排气温度高，报警或联锁	检查冷却水系统各阀门开度；清洗冷却水系统过滤器等部件	视情而定
			冷却器堵塞或泄漏	排气温度高，报警或联锁	清洗或更换冷却器	24～36
			进出口气阀失灵	排气温度高，报警或联锁	更换气阀	12～24
5	保证机组连续运转	撞击噪声	十字头磨损	机组噪声高振动大	更换十字头	24～36
			飞轮张紧组件松	机组噪声高振动大	依据规程检查张紧组件预紧扭矩	24～36

表 11　隔膜压缩机常见功能故障与处理方法（续）

序号	功能	功能故障	故障模式	故障后果	故障应对策略与检修内容	检修周期／月
5	保证机组连续运转	碾磨声音	轴承（轴瓦）磨损	机组噪声高振动大	更换合适曲轴驱动轴承（轴瓦）	24～36
		电流高	气压高	报警或联锁停机	调整压力	视情而定
			轴承损坏或轴瓦间隙小	报警或联锁停机	更换轴承或调整轴瓦间隙	24～36
		曲轴不能转动	轴承损坏	联锁停机	更换轴承	24～36
			轴瓦抱轴	联锁停机	轴瓦检查更换	24～36

附 录 A

（资料性附录）

隔膜压缩机检修质量控制确认表

项目	主要控制内容			等级	施工单位	生产装置	设备管理部门	备注
	标准值	部位	现场记录					
拆卸时检测（机座与中体）								
机座水平度	≤0.05mm/m	纵向		B	★	★		
	≤0.05mm/m	横向		B	★	★		
机座与中体贴合面对轴承座中心线不平行度	≤0.02mm/100mm			B	★	★		
机身对称轴承座孔中心线同轴度	≤0.03mm			B	★	★		
中体与膜头贴合面对十字头滑道中心线不垂直度	≤0.02mm/100mm			B	★	★		
中体滑道中心线对膜头定位止口中心线不同轴度	≤0.03mm			B	★	★		
拆卸时检测（曲轴）								
主轴颈中心线对曲销中心线不平行度	≤0.02mm/100mm			B	★	★		
曲轴轴向窜量	0.15～0.25mm			B	★	★		
主轴颈的不同轴度	≤0.03mm			B	★	★		
曲轴安装水平度	≤0.1mm/m			B	★	★		
曲臂差	≤0.018mm	曲轴安装时		B	★	★		
	≤0.045mm	装上皮带后		B	★	★		
拆卸时检测（连杆）								
大小头孔中心线不平行度	≤0.03mm/100mm			B	★	★		
拆卸时检测（十字头、销及滑道）								
十字头销圆柱度	≤0.06mm			B	★	★		
滑道圆柱度	≤0.40～0.60mm			B	★	★		
滑道中心线平行度	≤0.10mm/m			B	★	★		

隔膜压缩机检修质量控制确认表（续）

项目	主要控制内容			等级	施工单位	生产装置	设备管理部门	备注
	标准值	部位	现场记录					
拆卸时检测（活塞杆）								
不直度	≤0.05mm/m			B	★	★		
安装后摆动量	≤0.1mm/m			B	★	★		
拆卸时检测（活塞）								
磨损值	≤1.0mm			B	★	★		
椭圆度	≤0.3mm			B	★	★		
不柱度	≤0.3mm			B	★	★		
活塞中心与活塞杆孔中心的不同轴度	≤0.02～0.05mm			B	★	★		
活塞轴承支撑面与活塞杆孔中心垂直度	≤0.02mm/100mm			B	★	★		
活塞环槽两端面对活塞杆孔中心垂直度	≤0.02mm/100mm			B	★	★		
拆卸时检测（活塞环）								
活塞环与油缸圆周上灯光检验	≤2处	漏光		A	★			
	≤45°弧长	漏光总长		A	★			
	≤30°弧长	距开口处		A	★			
端面不平度	≤0.04～0.09mm			B	★	★		
内圆与槽底外圆间隙	0.05～0.15mm			B	★	★		
拆卸时检测（活塞缸）								
拉毛或沟槽缺陷	≤1/4圆周	长度		B	★	★		
	≤0.2～0.5mm	深度		B	★	★		
椭圆度	≤0.2mm			B	★	★		
不柱度	≤0.1mm			B	★	★		
均匀磨损值	≤0.4mm			B	★	★		
镗缸量为原缸径	≤1%			B	★	★		
水平度	≤0.5mm/m			B	★	★		

隔膜压缩机检修质量控制确认表（续）

项目	主要控制内容			等级	施工单位	生产装置	设备管理部门	备注
	标准值	部位	现场记录					
回装时检测（机座与中体）								
机座水平度	≤0.05mm/m	纵向		B	★	★		
	≤0.05mm/m	横向		B	★	★		
机座与中体贴合面对轴承座中心线不平行度	≤0.02mm/100mm			B	★	★		
机身对称轴承座孔中心线同轴度	≤0.03mm			B	★	★		
中体与膜头贴合面对十字头滑道中心线不垂直度	≤0.02mm/100mm			B	★	★		
中体滑道中心线对膜头定位止口中心线不同轴度	≤0.03mm			B	★	★		
回装时检测（曲轴）								
主轴颈中心线对曲销中心线不平行度	≤0.02mm/100mm			B	★	★		
曲轴轴向窜量	0.15～0.25mm			B	★	★		
主轴颈的不同轴度	≤0.03mm			B	★	★		
曲轴安装水平度	≤0.1mm/m			B	★	★		
曲臂差	≤0.018mm	曲轴安装时		B	★	★		
	≤0.045mm	装上皮带后		B	★	★		
回装时检测（连杆）								
大小头孔中心线不平行度	≤0.03mm/100mm			B	★	★		
回装时检测（十字头、销及滑道）								
十字头销圆柱度	≤0.06mm			B	★	★		
滑道圆柱度	≤0.40～0.60mm			B	★	★		
级滑道中心线平行度	≤0.10mm/m			B	★	★		
回装时检测（活塞杆）								
不直度	≤0.05mm/m			B	★	★		
安装后摆动量	≤0.1mm/m			B	★	★		

隔膜压缩机检修质量控制确认表（续）

项目	主要控制内容			等级	施工单位	生产装置	设备管理部门	备注
	标准值	部位	现场记录					
回装时检测（活塞）								
磨损值	≤1.0mm			B	★	★		
椭圆度	≤0.3mm			B	★	★		
不柱度	≤0.3mm			B	★	★		
活塞中心与活塞杆孔中心的不同轴度	≤ 0.02～0.05mm			B	★	★		
活塞轴承支撑面与活塞杆孔中心垂直度	≤ 0.02mm/100mm			B	★	★		
活塞环槽两端面对活塞杆孔中心垂直度	≤ 0.02mm/100mm			B	★	★		
回装时检测（活塞环）								
活塞环与油缸圆周上灯光检验	≤2 处	漏光		A	★			
	≤45° 弧长	漏光总长		A	★			
	≤30° 弧长	距开口处		A	★			
端面不平度	≤ 0.04～0.09mm			B	★	★		
内圆与槽底外圆间隙	0.05～0.15mm			B	★	★		
回装时检测（活塞缸）								
拉毛或沟槽缺陷	≤1/4 圆周	长度		B	★	★		
	≤0.2～0.5mm	深度		B	★	★		
椭圆度	≤0.2mm			B	★	★		
不柱度	≤0.1mm			B	★	★		
均匀磨损值	≤0.4mm			B	★	★		
镗缸量为原缸径	≤1%			B	★	★		
水平度	≤0.5mm/m			B	★	★		

注： A 级：施工单位、生产装置、设备管理部门专业人员检查确认后签字。

B 级：施工单位和生产装置专业人员检查确认后签字。

C 级：施工单位专业人员检查确认后签字。

另：如果有监理，监理的职责由甲方授权。

附 录 B
（资料性附录）
隔膜压缩机试车与验收数据记录表

设备名称		位号		工作介质			
驱动机种类		转速	r/min	试车介质			
试车类别	□空载□负载	环境温度	℃	试车日期			
连续运转时间	h	启动电流	A				

检查项目		设计值 / 允许值	实测值								
运行记录时刻											

试车情况：	
试车结论：	
验收意见	生产装置：
	施工单位：
	设备管理部门：
说明：生产部门装置单机试车与验收，其中主要设备由设备管理部门参与验收，其余均由生产装置、施工单位双方共同验收	

低温泵维护检修规程

SHS 03045—2019

代替 SHS 03045—2004

目　次

前言

本规程按照GB/T 1.1—2009《标准化工作导则 第1部分：标准的结构和编写》给出的规则起草。

本规程代替SHS 03045—2004《低温立式多级泵维护检修规程》，与SHS 03045—2004相比，除了编辑性修改外，主要技术变化如下：

——对密封组件部分的检修及维护内容进行修改，在旧版本的机械密封基础上增加了干气密封的检修及维护内容。

本规程由中国石油化工集团有限公司、中国石油化工股份有限公司提出。

本规程起草单位：中国石油化工股份有限公司北京燕山分公司。

本规程主要起草人：王树丰。

本规程所代替规程的历次版本发布情况为：

SHS 03045—1992，SHS 03045—2004。

低温泵维护检修规程

1 范围

1.1 主题内容

本规程规定了低温泵的检修周期和内容、检修程序与质量标准、试车与验收、维护与故障处理。

1.2 适用范围

本规程适用于低温泵的维护检修。

2 规范性引用文件

下列文件对于本文件的应用是必不可少的。凡是注日期的引用文件，仅所注日期的版本适用于本文件。凡是不注日期的引用文件，其最新版本（包括所有的修改单）适用于本文件。

SHS 01052 机械密封维护检修规程

SHS 01051 干气密封维护检修规程

SHS 01003 石油化工旋转机械振动标准

SHS 01013 离心泵维护检修规程

3 检修周期和内容

3.1 检修周期

根据对低温泵系统功能故障及其影响分析的结果、有无备用设备并结合生产装置运行周期，确定低温泵的检修周期，一般为36个月至48 个月。

3.2 检修内容

a）检修机械密封及干气密封；

b）检查轴承及减压轴套间隙；

c）检查与处理运行中发生的零部件损坏及泄漏等；

d）检查、清理密封腔、轴承箱、附属管线等，更换轴承、密封组件、密封液；

e）解体检查各零、部件的磨损、腐蚀及冲蚀程度，进行修复或更换；

f）检查、调整轴的直线度，必要时更换；

g）检查转子的跳动值；

h）检查零、部件的配合尺寸；

i）测量、调整泵体的水平度；

j）检查叶轮的静平衡，必要时做动平衡校验；

k）检查联轴节及连接螺栓、调整联轴节同轴度；

l）检查、清理泵的入口过滤网、检查出口单向阀；

m）检查和恢复保冷；

n）电气、仪表检修参照中石化相关标准。

4 检修程序与质量标准

4.1 检修前的准备

4.1.1 各项准备工作应符合中国石化关于HSSE的各项要求，对检修过程进行危害识别及风险评估、环境因素识别和影响评价，并办理相关票证；

4.1.2 根据设备运行技术状况和监测记录，分析故障原因和部位，制定详尽的检修技术方案；

4.1.3 熟悉设计图样和技术资料；准备好记录用的表格；

4.1.4 检修所需工量具、卡具备齐；

4.1.5 备齐预计检修所需更换件，并符合设计要求；

4.1.6 按规定进行断电、倒空、置换等，具备检修条件，办理安全检修工作票后，方可施工；

4.1.7 准备一定量的高纯度酒精脱油脂，严禁使用煤油、洗油、水质溶剂等清洗泵的内件；

4.1.8 检修施工安全管理应执行中国石化安全生产相关管理制度要求；

4.1.9 有密封液的需倒空储液罐的密封液。

4.2 拆卸与检测

4.2.1 装上密封定位块，松开密封轴套卡紧环锁紧螺钉，使轴套与轴能相对运动；

4.2.2 拆卸联轴节；

4.2.3 拆卸附属管线，将管口包好，防止异物进入；

4.2.4 拆下立式泵的驱动机及机架；

4.2.5 拆卸密封组件；

4.2.6 将泵头及转子组件吊出，运至解体场地；

4.2.7 拆卸密封箱和轴承；

4.2.8 依次拆卸立式泵的各级导流体和叶轮，并做好标记；

4.2.9 检查密封组件；

4.2.10 检查轴承磨损情况；

4.2.11 检查立式泵叶轮、导流体的磨损、腐蚀、冲蚀情况，配合间隙；

4.2.12 检查轴的磨损情况及直线度；
4.2.13 检查磨损环间隙；
4.2.14 检查其他零部件。

4.3 回装与质量标准

检修质量标准按设备制造厂要求执行，无要求的可参照本标准执行，其他质量标准执行 SHS 01013《离心泵维护检修规程》。

4.3.1 密封组件

密封组件的检修执行 SHS 01052《机械密封维护检修规程》和 SHS 01051《干气密封维护检修规程》。

4.3.2 转子

4.3.2.1 立式泵导流体衬套内径的圆柱度及圆度偏差均不得大于衬套内径的 1‰，但最大不得超过 0.05mm；
4.3.2.2 轴套与轴接触面的粗糙度应不大于 *Ra*1.6；
4.3.2.3 叶轮与轴的配合应采用 H7/h6；
4.3.2.4 新更换的叶轮应找静平衡，其剩余不平衡质量不得大于表 1 给定值。

表 1 剩余不平衡质量

叶轮外径 /mm	≤ 200	＞ 200～300
不平衡质量 /g	1	2

4.3.2.5 叶轮有砂眼、裂纹或严重冲蚀、减薄等缺陷，应进行修理或更换；
4.3.2.6 叶轮与轴配合键的顶部应留有 0.10～0.40mm 的间隙；
4.3.2.7 壳体磨损环与叶轮磨损环间隙见表 2。

表 2 磨损环间隙

mm

磨损环直径	磨损环间隙	
	标准间隙	极限间隙
＜ 100	0.30～0.40	0.80
≥ 100	0.40～0.50	1.00

4.3.2.8 轴套与轴颈的间隙见表 3。

表 3 轴套与轴颈的间隙

mm

轴径	轴衬与轴间隙	
	标准间隙	极限间隙
＜ 40	0.20～0.30	0.50
≥ 40	0.30～0.40	0.80

4.3.3 主轴部分

4.3.3.1 轴颈处的圆柱度及圆度应小于直径的5‰，但最大不超过0.03mm，粗糙度应不大于 *Ra*0.8；

4.3.3.2 轴的直线度偏差不得大于0.03mm/m，否则应校直。

4.3.4 调整及找正

4.3.4.1 立式泵转子按设备制造厂要求现场组装；

4.3.4.2 泵与驱动机找正：联轴节找正，其径向偏差值应小于0.05mm，轴向偏差值应小于0.03mm；

4.3.4.3 立式泵转子提量：对于轴向限位轴承安装于泵上的立式泵，按限位安装即可。对于轴向限位轴承安装于电机上的立式泵，用可旋转的调节板进行转子的提量调节。转子的提量需依据制造厂的要求进行调整，使调节板与短节之间的距离 *A* 等于转子的提量，限位安装见图1。

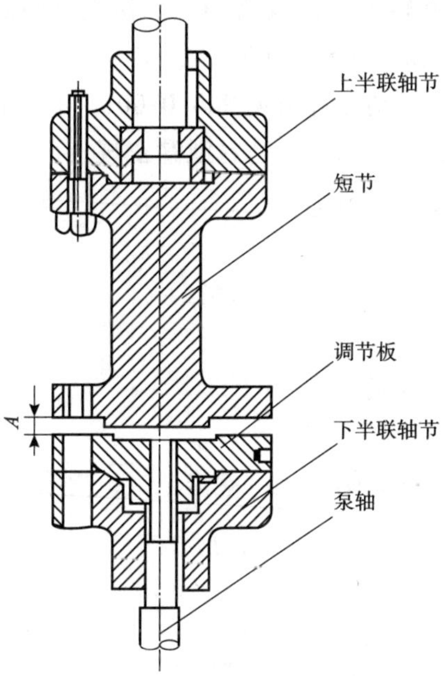

图1 立式泵限位安装

4.3.4.4 提量结束，把紧联轴节螺栓后，将密封轴套卡紧环紧定螺钉锁紧。如密封为分瓣环结构，先拧紧上下两瓣环间的内六角圆柱头螺钉，夹紧轴后，再拧紧其他紧定螺钉。密封安装完毕，松开轴套定位片并扭转约45°，用螺钉固定在密封腔盖上。

5 试车与验收

5.1 试车前的准备

5.1.1 确认各项检修工作已完成，检修记录齐全，检修质量符合4.3规定，并有试车方案；

5.1.2 用氮气吹扫干燥，露点检测合格（甲烷循环泵，露点应低于 -70℃）；

5.1.3 串联式机械密封应检查储液罐是否已加好密封液。干气密封系统的外围管线，在系统与密封腔接口连接之前必须吹扫干净；

5.1.4 按照泵的操作说明，对泵进行气相预冷和液相预冷，使其达到工作温度；在预冷过程中，按要求盘车；

5.1.5 检查润滑、密封液、物料系统有无泄漏；

5.1.6 依据干气密封的操作说明进行密封气的投用操作。如为 Plan72 的串联式干气密封，必须要先灌泵，当介质压力达到正常开车条件后，方能打开控制系统的气源主阀，投入密封气；

5.1.7 手动盘车应无异常声音和卡涩。

5.2 试车

5.2.1 点动泵，确认泵的旋转方向。泵启动后，检查密封腔的温度和泄漏情况，密封腔温度应控制在 40～50℃，最高不超过 65℃ ；

5.2.2 检查泵的振动情况，振动允许值见 SHS 01003《石油化工旋转机械振动标准》。

5.2.3 电流、电压平稳，运转无杂音，密封泄漏在规定范围之内；

5.2.4 出口压力、流量满足工艺要求。

5.3 验收

5.3.1 试车合格，达到完好标准；

5.3.2 检修技术资料齐全、准确；

5.3.3 以上要求达到，办理验收手续，

5.3.4 验收资料包括：检查的原始记录；检修记录；更换件的验收资料；试车记录。

6 维护与故障处理

6.1 日常维护

6.1.1 检查泵的振动、声音及泄漏有无异常，发现异常及时处理；

6.1.2 检查泵出入口压力是否稳定，流量是否稳定；

6.1.3 检查轴承箱温度，温度过高及时处理；

6.1.4 检查确认储液罐液位，必要时补充或更换。检查干气密封控制系统的密封气压力及流量是否在正常范围；

6.1.5 检查备用泵备用状态，备用泵按机泵相关管理要求进行盘车，至少每天手动盘车 1 次；

6.1.6 检查保温、保冷情况。

6.2 常见故障与处理

低温泵的常见功能故障与处理方法见表 4。

表 4 低温泵常见功能故障与处理方法

序号	功能	功能故障	故障模式	故障后果	故障应对策略与检修内容	检修周期/月
1	保证泵流量、出口压力在工艺指标控制范围内	流量、压力不能满足工艺要求	泵内或吸入管内气体未排除	流量不足与出口压力下降	排除气体	
			吸入罐液面低	流量不足与出口压力下降	调整液面	
			出入口管线堵塞	流量不足与出口压力下降	清除堵塞物	
			叶轮中有异物	流量不足与出口压力下降	清除异物	
			磨损环磨损	流量不足与出口压力下降	更换磨损环	48
			叶轮磨损或松动	流量不足与出口压力下降	修复或更换	48
			液体汽化	流量不足与出口压力下降	排除气体或重新预冷	
2	保证机泵平稳运行	机泵不能平稳运行	泵轴与电机轴对中不良	振动异常	重新找正	
			轴弯曲	振动异常	调直或更换	48
			转子不平衡	振动异常	重新平衡	48
			轴套磨损	振动异常	更换轴套	48
			紧固螺栓松动	振动异常	重新紧固	
			吸入量不足	振动异常	检查入口阀和工艺系统	
		电机超负荷停机	泵内有异物	机泵停运	清除异物	
			泵内件异常摩擦	机泵停运	查找原因并消除	48
			循环阀或出口阀开的过大	机泵停运	关小阀门	
			轴弯曲	机泵停运	调直或更换	48
3	保证密封系统正常	密封泄漏	密封面磨损	密封系统泄漏报警	更换密封	48
			密封液不清洁	密封系统泄漏报警	更换密封液	
			密封组件损坏	密封系统泄漏报警	更换机械密封	48
			密封安装不当	密封系统泄漏报警	重新安装、调整	
			干气密封的密封气带液或不清洁	密封系统泄漏报警	清理并干燥密封气系统	
			干气密封的密封气供应不足或是断气	密封系统泄漏报警	检查密封气的气源及控制系统	

附 录 A
（资料性附录）
低温泵检修质量控制确认表

生产装置：			设备位号：		设备形式			
检修内容				检修时间：		完成时间：		
序号	检查 内容	规格 /mm	标准 /mm	等级	实测值	施工单位	生产装置	设备管理部门
1	各级壳体口环与叶轮口环间隙	口环直径＜100	0.30～0.40					
		口环直径≥100	0.40～0.50					
2	各级轴套与轴径的间隙	轴径＜100	0.30～0.40					
		轴径≥100	0.40～0.50					
3	密封压缩量							
4	同心度		径向 0.05 轴向 0.03					
5	膜片及联轴器的磨损情况							

注：A 级：施工单位、生产装置、设备管理部门专业人员检查确认后签字。

B 级：施工单位和生产装置专业人员检查确认后签字。

C 级：施工单位专业人员检查确认后签字。

另：如果有监理，监理的职责由甲方授权。

附　录　B

（资料性附录）

低温泵试车与验收数据记录表

设备名称		位号		工作介质			
驱动机种类		转速	r/min	试车介质			
试车类别		环境温度	℃	试车日期			
连续运转时间	h	启动电流	A				
检查项目	设计值／允许值	实测值					
运行记录时间							
试车情况：							
试车结论：							
验收意见	生产装置：						
	施工单位：						
	设备管理部门：						
说明：主要机泵和一般机泵试车由生产装置、施工单位双方共同验收，关键机泵的试车与验收还要由设备管理部门参与							

振动筛维护检修规程

SHS 03049—2019

代替 SHS 03049—2004

目 次

前　言

本规程按照GB/T 1.1—2009《标准化工作导则　第1部分：标准的结构和编写》给出的规则起草。

本规程代替SHS 03049—2004《振动筛维护检修规程》，与SHS 03049—2004相比，除编辑性修改外，主要技术变化如下：

——振动筛检修周期，按RCM分析，根据故障模式，制定检修周期；

——增加了“6.2 常见故障与处理”，主要是通过RCM分析，根据故障模式，制定维修策略和维修周期；

——增加“振动筛检修质量确认表”“振动筛试车与验收数据记录表”。

本规程由中国石油化工集团有限公司、中国石油化工股份有限公司提出。

本规程起草单位：中国石油化工股份有限公司北京燕山分公司。

本规程主要起草人：卢昌存、张岩。

本规程所代替规程的历次版本发布情况为：

SHS 03049—1992，SHS 03049—2004。

振动筛维护检修规程

1 范围

1.1 主题内容

本规程规定了振动筛的检修周期与内容、检修与质量标准、试车与验收、维护与故障处理。

1.2 适用范围

本规程适用于石油化工厂凸轮式或偏心式振动筛的维护检修。

2 规范性引用文件

下列文件对于本文件的应用是必不可少的。凡是注日期的引用文件，仅所注日期的版本适用于本文件。凡是不注日期的引用文件，其最新版本（包括所有的修改单）适用于本文件。

JB/T 9022 振动筛设计规范 .

JB/T 5496 振动筛 制造通用技术条件

SHS 01073 一般机泵用联轴器检修及质量标准

3 检修周期与内容

3.1 检修周期

根据对振动筛系统功能故障及其影响分析的结果、有无备用设备并结合生产装置运行周期，确定振动筛及系统的检修周期，一般为 48 个月至 72 个月。

3.2 检修内容

3.2.1 检查各轴承润滑情况及各部位螺栓是否松动；

3.2.2 检查驱动、传动机构的灵活性及皮带的张力；

3.2.3 清理设备上堵、挂、堆积的物料；

3.2.4 检查、修理或更换筛网及皮带；

3.2.5 检查机体各部件（横梁、纵梁、侧板、结构件等）是否有裂纹，如有裂纹应补焊修理或更换部件；

3.2.6 检查各部弹簧并进行调整或更换；
3.2.7 检查运动部件的各部间隙，进行必要的调整。
3.2.8 更换各密封件及减震垫；
3.2.9 检查设备各部及基础和地脚螺栓有无松动，并进行处理；
3.2.10 检查传动系统各零、部件磨损等缺陷，必要时进行修理或更换备件；
3.2.11 检查激振器偏心件与轴的配合情况，检查轴承、密封件并进行修理；
3.2.12 测量机体斜度。

4 检修程序与质量标准

4.1 拆卸前的准备

4.1.1 各项准备工作应符合安全、环保、质量等方面的要求，应对检修过程进行危害识别及风险评估、环境因素识别和影响评价。
4.1.2 根据设备运行状况和检测记录，分析故障原因和部位，依据本规程制定详尽的检修技术方案；组织相关人员现场交底，并制定检修施工方案；检修人员应熟悉设备图纸、技术资料与检修方案。
4.1.3 检查落实物资准备（包括材料、备品备件、安全工具、施工机具等）和检修施工场地准备。
4.1.4 检查安全措施准备，放置好安全警示牌、安全警示绳，检修时必须对现场孔洞、楼梯口、吊装口设围栏或盖板，做好夜间照明及防盗等工作。
4.1.5 检查设备与外部系统水、电、汽、风、介质的吹扫、排凝、隔断情况，应安全可靠。
4.1.6 落实好安全环保措施，按规定断水、断电、断汽（气）、物料倒空、置换完毕，具备检修条件，办理好检修作业票后，方可施工。

4.2 拆卸与检测

4.2.1 拆卸传动皮带。
4.2.2 拆卸筛网。
4.2.3 拆卸激振器，检查偏心件与轴的配合情况及全部轴承和密封件。
4.2.4 检查机体各零部件有无裂纹、磨损、弯曲、变形等。
4.2.5 检查弹簧磨损、腐蚀及老化等情况，测定各弹簧的实际参数。
4.2.6 检查主轴有无裂纹、伤痕、沟槽等缺陷，轴径的配合面不应有伤痕；必要时进行无损检测，确保没有内部缺陷。
4.2.7 检查基础是否有下沉、松动和损坏等情况。

4.3 回装与质量标准

4.3.1 联轴器的检修执行SHS 01073《一般机泵用联轴器检修及质量标准》。
4.3.2 机体不得有裂纹、变形、腐蚀等缺陷；修补裂纹、校整变形，更换腐蚀件，筛框表面应平整、光洁。
4.3.3 轴承的圆柱度偏差和同轴度偏差均应不大于轴径公差的一半，表面粗糙度小于 *Ra*1.6，轴的直线度偏差应小于0.20mm/m。
4.3.4 键与键槽的配合采用H7/h6，旧键槽修复加宽不超过原宽度的10%。
4.3.5 对于钢质弹簧的塑性变形，与最初承载高度之比及承载偏心距与承载时的高度之比均不得超过10%。
4.3.6 筛网各部位张力应保持一致，网面应平整。
4.3.7 网体安装的倾斜角与设计值的偏差应小于 ±2°。
4.3.8 弹簧压缩量的偏差小于0.5mm。
4.3.9 机座水平度偏差小于0.1mm/m。

5 试车与验收

5.1 试车前的准备工作

5.1.1 确认各项检修工作已完成，检修记录齐全，检修质量符合规定，试车方案已编制审核完成。
5.1.2 各润滑部位按规定加注润滑脂。
5.1.3 各项工艺准备完毕，具备试车条件。
5.1.4 设备零部件完整无缺，螺栓紧固。
5.1.5 确认电动机转向符合设计规定。
5.1.6 盘车自如无卡涩现象。

5.2 试车

5.2.1 空负荷试车

机器空负荷运转2h，检查设备振动状况是否正常、有无异常噪声、电流是否超标，各仪表指示正常。

5.2.2 负荷试车

5.2.2.1 物料筛分、输送正常。
5.2.2.2 振幅稳定，没有突变现象。
5.2.2.3 电流稳定，符合设计要求。

5.3 验收

检修质量符合本规程规定，检修资料齐全、正确，经试车合格，达到完好标准，办理验收手续。验收技术资料应包括：

5.3.1 检修质量及缺陷处理记录。

5.3.2 主要零部件的无损检验报告。

5.3.3 更换零部件清单。

5.4.4 结构、尺寸、材质变更的审批文件。

5.4.5 试车记录。

5.4.6 检修总结。

6 维护与故障处理

6.1 维护

6.1.1 保持振动筛表面及其周围清洁无灰尘、油垢，经常检查紧固各部螺栓。

6.1.2 检查轴承有无过热及杂音，轴承温度不得超过 60℃。

6.1.3 检查润滑油是否正常，检查密封装置是否漏油。

6.1.4 清理筛网和设备周围堵挂和堆积的物料。

6.1.5 检查运行过程中有无摩擦、过热、电流升高、异常噪声等现象。

6.2 常见故障与处理

振动筛常见功能故障与处理方法见表 1。

表 1 振动筛常见功能故障及处理方法

序号	功能	功能故障	故障模式	故障后果	故障应对策略与检修内容	检修周期／月
1	保证振动频率在设计规定值内	激振器漏油、高温、异响、频率低	漏油	滚动轴承损坏	更换油封	12
			缺少润滑油，润滑油变质	滚动轴承损坏	按说明书定期定量加注润滑油	12
			滚动轴承损坏	非计划停工	更换滚动轴承	12
			皮带打滑	激振器频率低	调整皮带张力	12
			皮带损坏	激振器频率低	更换皮带	12～24
		电动机运转异常，发热、异响	电动机轴承损坏或其他电气故障	非计划停工	维修或更换	24

表 1　振动筛常见功能故障及处理方法（续）

序号	功能	功能故障	故障模式	故障后果	故障应对策略与检修内容	检修周期／月
2	保证设备连续稳定运转	轴承温度过高	润滑脂不足或过多	滚动轴承损坏	检查后增减	6
			油质不符合要求		更换合格的润滑脂	6
			轴与轴承的配合间隙不合适		调整间隙或更换零件	12~24
3	保证设备安全连续稳定运转	机组振动	主轴弯曲	机体产生裂纹	检查、更换主轴	12~24
			轴承损坏		更换轴承	12~24
			偏心套与轴承座间隙过大		检查、更换偏心套与轴承座	12~24
			地脚螺栓松动发生共振		紧固地脚螺栓	6
4	保证筛分产品的合格率	振幅过大或过小	偏心套的偏心距不合适	机组振动，筛分产品不合格	更换偏心套	12~24
			橡皮弹簧的压量不合适	机组振动，筛分产品不合格	调整弹簧压量	48

附 录 A
（资料性附录）
振动筛检修质量控制确认表

项目	主要控制内容			等级	施工单位	生产装置	设备管理部门	备注
	标准值	部位	现场记录					
拆卸中检测								
皮带的松紧程度	设计文件	传动		B	★	★		
筛网的平整度、磨损	设计文件	筛网		B	★	★		
偏心件轴孔尺寸	设计文件	激振器		B	★	★		
主轴直径	设计文件	激振器		B	★	★		
轴的直线度	0.20mm/m	激振器		B	★	★		
键槽尺寸	设计文件	激振器		B	★	★		
弹簧数据	设计文件	机体		B	★	★		
筛体的倾斜角	2°	机体		B	★	★		
机座水平度	0.1mm/m	机体		C	★			
机体裂纹	消除	机体		C	★			
回装时检测								
清洗、检查情况	油箱、各备件完好、清洁	机体		C	★			
键槽与键的配合	H7/h6	激振器		B	★	★		
偏心件与壳体间隙	设计文件	激振器		B	★	★		
轴承润滑	设计文件	激振器		C	★			
皮带张紧度	设计文件	传动		B	★	★		
筛网张力，平整度	设计文件	机体		C	★			
筛体的倾斜角	2°	机体		C	★			
机座水平度	0.1mm/m	机体		C	★			
弹簧压缩量	偏差小于0.5mm	机体		B	★	★		
地脚螺栓力矩	设计文件	机体		C	★			

注： A级：施工单位、生产装置、设备管理部门专业人员检查确认后签字。

B级：施工单位和生产装置专业人员检查确认后签字。

C级：施工单位专业人员检查确认后签字。

另：如果有监理，监理的职责由甲方授权。

附　录 B

（资料性附录）

振动筛试车与验收数据记录表

装置：　　　　　　　　　　　　设备名称：　　　　　　　　　　　　位号：

试车参数记录：			记录时间											
记录名称	参数位号	标准												
电机电流														
电机前轴承温度														
电机后轴承温度														
机体轴承温度Ⅰ														
机体轴承温度Ⅱ														
机体振动														
运行噪声														
验收确认		施工单位：				使用单位：						管理单位：		
备注：1. 三方签字验收后交付生产使用。2. 大修后 15 个工作日内，将试车记录及验收表扫描录入设备管理系统														

旋转阀维护检修规程

SHS 03050—2019

代替 SHS 03050—2004

目 次

前　言

本规程按照 GB/T 1.1—2009《标准化工作导则　第 1 部分：标准的结构和编写》给出的规则起草。

本规程代替 SHS 03050—2004《旋转阀维护检修规程》，与 SHS 03050—2004 相比，除了编辑性修改外，主要技术变化如下：

——旋转阀检修周期按 RCM 分析，根据故障模式，确定检修周期；

——对检修程序进行了完善；

——增加“旋转阀检修质量控制确认表”“旋转阀试车与验收数据记录表”。

本规程由中国石油化工集团有限公司、中国石油化工股份有限公司提出。

本规程起草单位：中国石油化工股份有限公司天津分公司。

本规程主要起草人：刘剑锋、王志春。

本规程所代替规程的历次版本发布情况为：

SHS 03050—1992，SHS 03050—2004。

旋转阀维护检修规程

1 范围

1.1 主题内容

本规程规定了吸附分离工艺装置的专用设备旋转阀的检修周期和内容、检修与质量标准、试车与验收和维护与故障处理。

1.2 适用范围

本规程适用于吸附分离工艺装置的专用设备旋转阀（I～IV 型）的维护和检修。

2 规范性引用文件

下列文件对于本文件的应用是必不可少的。凡是注日期的引用文件，仅所注日期的版本适用于本文件。凡是不注日期的引用文件，其最新版本（包括所有的修改单）适用于本文件。

SHS 01052 机械密封维护检修规程

SHS 01002 石油化工设备润滑管理制度

SHS 01073 一般机泵用联轴器检修及质量标准

3 检修周期及内容

3.1 检修周期

根据旋转阀系统功能故障及其影响分析的结果，并结合生产装置运行周期确定设备检修周期，一般为48个月至60 个月。

3.2 检修内容

3.2.1 检查清理油箱、过滤器或更换液压油。

3.2.2 检查修理液压泵、液压缸、液压泵联轴器找正。

3.2.3 检查修理蓄压器、测试蓄压器内压力、充氮。

3.2.4 检查调整转子盘的对中。

3.2.5 检查调整液压油系统各项技术参数。

3.2.6 检查修理位置区域指示器。

3.2.7 对轴承及各关节加注新润滑脂。
3.2.8 旋转阀控制系统调校。
3.2.9 检查更换转子盘或密封垫。
3.2.10 检查压板、压条、紧固螺钉。
3.2.11 清理定子表面及物料沟槽。
3.2.12 检查调整定子水平度。
3.2.13 检查修理或更换机械密封。
3.2.14 检查修理或更换轴承及附件。
3.2.15 检查修理或更换棘轮驱动机构。

4 检修程序与质量标准

4.1 拆卸前的准备

4.1.1 根据旋转阀运行技术状况和监测记录，分析故障原因和部位，依据本规程制定详尽的检修技术方案；组织相关人员现场交底，并制定检修施工方案；检修人员应熟悉设备图纸、技术资料与检修方案。
4.1.2 熟悉设计图样和技术资料。
4.1.3 检查落实物资准备（包括材料、备品、安全工具、施工机具等）和检修施工场地准备。
4.1.4 检查安全措施准备，放置好安全警示牌、安全警示绳，检修时必须对现场孔洞、楼梯口、吊装口设围栏或盖板，做好夜间照明及防盗等工作。
4.1.5 确认旋转阀所在区域已经置换完毕，按规定进行断电、倒空等工艺处理完毕，具备检修条件，办理相关手续后，方可施工。
4.1.6 各项准备工作应符合安全、环保、质量等方面的要求，应对检修过程进行危害识别及风险评估、环境因素识别和影响评价。

4.2 拆卸与检查

4.2.1 转子盘的拆卸

4.2.1.1 拆卸钟罩上的附属管线、仪表线及液压缸组件。
4.2.1.2 安装底部导向杆并测量底部导向杆伸出长度。
4.2.1.3 拆卸钟罩法兰螺栓。
4.2.1.4 将两根铝制导向销相隔 180° 插入螺栓孔中。
4.2.1.5 用专用 T 型吊架吊起钟罩组件，升起时保证任意导向销在螺栓孔中可自由转动，此时钟罩应与转子盘分离。
4.2.1.6 当轴离开定子盘，导向杆恰好高出定子盘时，把钟罩组件移到旁边，拔下导销，拆除导杆，将钟罩组件水平放置在枕木上。

4.2.1.7 将铝制导向轴插入转子盘毂中，吊起转子盘。

4.2.1.8 对定子盘、转子盘进行检查，清洗并进行防锈等保护处理。

4.2.1.9 定子盘上部覆盖一层清洁的聚乙烯板并覆盖木板或胶合板。

4.2.2 轴承及机械密封的拆卸

4.2.2.1 拆卸位置区域指示器并注意指针相对于轴的方位（校准销钉位置）。

4.2.2.2 拆卸上轴承盖及油封。

4.2.2.3 吊环旋入轴端，用吊链拉住轴端吊环，拆卸弹簧卡圈，然后使轴缓慢下降。

4.2.2.4 拆卸上轴承组件并检查。

4.2.2.5 拆卸棘轮驱动机构，检查磨损情况。

4.2.2.6 拆卸轴定位顶丝、检查磨损情况。

4.2.2.7 拆卸下轴承组件并检查清洗。

4.2.2.8 拆卸机械密封组件并检查，按 SHS 01052《机械密封维护检修规程》执行。

4.3 安装

4.3.1 转子盘安装

4.3.1.1 从专用箱中取出转子盘。

4.3.1.2 用溶剂（航煤）和清洁无毛布彻底清除转子盘的包装油。

4.3.1.3 用专用工具将转子盘翻转，垫片面朝上。

4.3.1.4 用深度尺测量沉头螺钉与密封面之间的距离并记录（与出厂数据对比）。

4.3.1.5 检查沉头螺钉的紧固程度。

4.3.1.6 用专用工具将转子盘翻转，垫片面朝下。

4.3.1.7 将铝制导向轴插入到转子盘毂内。

4.3.1.8 吊升转子盘，将转子盘水平放到定子盘上。

4.3.1.9 转动转子盘，使毂键标记对准检查孔位置处。

4.3.1.10 拔下转子盘铝制导向轴。

4.3.1.11 安装 O 形密封圈。

4.3.2 钟罩组件安装

4.3.2.1 转动轴，使花键导向槽对准检查孔位置处。

4.3.2.2 吊起钟罩组件，插入导销，安装导杆。

4.3.2.3 将钟罩组件水平缓慢放到定子盘上。

4.3.2.4 慢慢吊升钟罩组件 50mm，检查转子盘毂与轴是否自由配合。确认后将钟罩组件放到定子盘上。

4.3.2.5 拔下导销，拆除导杆。

4.3.2.6 安装钟罩组件大法兰螺栓并紧固。
4.3.2.7 安装液压缸、区域和位置指示器。
4.3.2.8 连接管线和线缆。
4.3.2.9 对中检查及行程调整。

4.4 质量标准

4.4.1 定子

4.4.1.1 定子表面必须清洁，沟槽内无任何杂物。
4.4.1.2 定子密封面粗糙度应不大于 *Ra*1.6。
4.4.1.3 定子安装水平度不大于 0.10mm/m。
4.4.1.4 定子轴衬套与底座的配合采用 H7/k6。

4.4.2 转子盘及密封垫

4.4.2.1 密封面表面光洁无明显划痕。
4.4.2.2 接口上挡环垫圈与密封垫表面间的间隙不小于 0.64mm，盲板口垫圈与密封表面的间隙不得小于 0.25mm。
4.4.2.3 所有螺钉必须专用工具均匀上紧并冲死。
4.4.2.4 压条与密封垫间要有适当间隙以使密封垫均匀膨胀。
4.4.2.5 更换密封垫时，密封垫与转子盘应保持同温，同温时间不少于 24h。

4.4.3 轴

4.4.3.1 轴颈的圆柱度偏差应小于 0.03mm，表面粗糙度应不大于 *Ra*1.6。
4.4.3.2 上下轴端间隙应为 25～26mm。
4.4.3.3 轴与轴套的配合采用 H7/h6。

4.4.4 驱动系统

4.4.4.1 上间隔环、棘轮、棘轮臂、下间隔环轴向总间隙为 0.30～0.50mm。
4.4.4.2 销轴与销轴瓦配合间隙为 0.05～0.10mm。
4.4.4.3 蓄压器胶囊内氮气压力应为液压油系统执行机构工作压力的 40%～60%，氮气必须用高纯氮，蓄压器系统无泄漏。

5 试车与验收

5.1 试车前的准备

5.1.1 确认各项检修工作已完成。检修记录齐全，检修质量符合 4.4 的规定，有试车方案。

5.1.2　设备零、部件完整无缺，螺栓紧固，具备试车条件。
5.1.3　仪表调校完毕，准确、灵敏、可靠。
5.1.4　各润滑部位按规定加注润滑脂。
5.1.5　液压油油位适宜，蓄压器充压正常。
5.1.6　液压油系统各阀门开关正确。
5.1.7　旋转阀充液，此时转子盘为离座状态。

5.2　试车

5.2.1　启动液压泵，液压油系统油压正常。
5.2.2　旋转阀各动静密封垫无泄漏。
5.2.3　清除液压油系统中的空气。
5.2.4　手动步进旋转阀，四通阀灵活好用，液压缸工作正常。
5.2.5　转子盘对中准确。
5.2.6　驱动机构及旋转阀运转正常，无异常声响。

5.3　验收

5.3.1　检修质量达到 4.4 的标准，试车合格并达到完好标准后，办理验收手续，交付生产。
5.3.2　验收技术资料包括：检修质量及缺陷记录；更换零部件清单；试车记录。

6　维护与故障处理

6.1　日常维护

6.1.1　按照工艺操作规程进行检查液压系统的运转情况及液压油位、油温。
6.1.2　液压泵定期切换。
6.1.3　每周一次检查转子盘的对中情况。
6.1.4　检查棘轮驱动的工作情况。
6.1.5　严格执行 SHS 01002《石油化工设备润滑管理制度》。
6.1.6　旋转阀的润滑维护部位见表 1。

表 1　旋转阀的润滑维护部位

部件	润滑应用	润滑规格	加油时间	备注
主轴承	主轴轴承	930-AA	每 3 个月大约加入 43g	每 4 年检查一次，视情况更换唇密封
棘爪	棘爪 / 汽缸螺栓界面	930-AA	每周一次	
转向节	转向节 / 螺栓界面	930-AA	每周一次	

表 1　旋转阀的润滑维护部位（续）

部件	润滑应用	润滑规格	加油时间	备注
棘轮臂	棘轮臂 / 臂轴承壳体界面	930-AA	每周一次	
顶部轴承	上部轴承	930-AA	同于密封轴承	每 2 年检查一次，视情况更换唇密封
上部轴承壳体	顶部隔片 / 上部轴承壳体界面	930-AA	不适用	视需要加入润滑油

注：不要把不同类型的润滑油混合起来，以免造成润滑剂凝结。

6.2　常见故障与处理

旋转阀常见功能故障与处理方法见表 2。

表 2　旋转阀常见功能故障与处理方法

序号	功能	功能故障	故障模式	故障后果	故障应对策略与检修内容	检修周期
1	保证驱动机构正常	油压异常	油泵停转； 油泵零件磨损，内漏； 油路泄漏	转子盘步进不到位或不步进	检查再启动； 检查修理或更换； 检查修理	
2	保证油压正常	液压泵噪声、振动大	过滤器堵； 轴承损坏； 齿轮损坏； 联轴节不对中	转子盘步进不到位或不步进	清洗； 修理或更换； 修理或更换； 重新找正	
3	阻止介质泄漏	机械密封泄漏	密封环磨损或 O 形环损坏	机械密封损坏	修理或更换	
4	保证转子盘正常步进	转子盘步进异常	油压低； 油路内存在气体 仪表控制系统故障； 蓄压器胶囊损坏； 油温过低； 手动四通阀泄漏	转子盘步进不到位或不步进	检查、调整； 充分排气 检修； 更换； 调整油温； 修理或更换	

附　录　A
（资料性附录）
旋转阀检修质量控制确认表

项目	主要控制内容			等级	施工单位	生产装置	设备管理部门	备注
	标准值	部位	现场记录					
安装时检测								
定子表面	清洁			B	★	★		
定子安装水平度	≤0.10mm/m			A	★	★	★	
定子轴衬套与底座配合	H7/k6			A	★	★	★	
转子盘密封面	光洁无划痕			B	★	★		
转子盘接口上挡环垫圈与密封垫表面间隙	≥0.64mm			A	★	★	★	
盲板口垫圈与密封表面间隙	≥0.25mm			A	★	★	★	
轴颈圆柱度偏差	<0.03mm			A	★	★	★	
上下轴端间隙	25～26mm			A	★	★	★	
轴与轴套的配合	H7/h6			A	★	★	★	
上间隔环、棘轮、棘轮臂、下间隔环轴向总间隙	0.3～0.5mm			A	★	★	★	
蓄压器胶囊内氮气压力	液压油系统执行机构工作压力的40%～60%			B	★	★		
销轴与销轴瓦配合间隙	0.05～0.10mm			A	★	★	★	

注：A级：施工单位、生产装置、设备管理部门专业人员检查确认后签字。
B级：施工单位和生产装置专业人员检查确认后签字。
另：如果有监理，监理的职责由甲方授权。

附　录　B

（资料性附录）

旋转阀试车与验收数据记录表

装置：　　　　　　　　　　设备名称：　　　　　　　　　　位号：

试车参数记录：			记录时间											
记录名称	参数位号	标准	1：00	2：00	3：00	4：00	5：00	6：00	7：00	8：00	9：00	10：00	11：00	12：00
液压油泵电机电流														
液压油泵电机前轴承温度														
液压油泵电机后轴承温度														
液压油泵振动值														
液压油泵温度														
液压系统工作压力														
液压油箱温度														
旋转阀静密封点泄漏情况														
机械密封泄漏情况														
四通阀工作情况														
液压油缸工作情况														
转子盘对中情况														
运行异响														
验收确认		施工单位：					管理单位：					使用单位：		
备注：1. 三方签字验收后交付生产使用。2. 大修后15个工作日内，将试车记录及验收表扫描录入设备管理系统														

石墨换热器维护检修规程

SHS 03052—2019

代替 SHS 03052—2004

目　次

前 言

本规程按照 GB/T 1.1—2009《标准化工作导则　第 1 部分：标准的结构和编写》给出的规则起草。

本规程代替 SHS 02052—2004《石墨换热器维护检修规程》。

本规程由中国石油化工集团有限公司、中国石油化工股份有限公司提出。

本规程起草单位：中国石油化工股份有限公司巴陵分公司。

本规程主要起草人：曾晓辉。

本规程所代替规程的历次版本发布情况为：

SHS 03052—1992，SHS 03052—2004。

石墨换热器维护检修规程

1 范围

1.1 主题内容

本规程规定了石墨换热器的检修周期和内容、检修与质量标准、试验与验收、维护与故障处理。

1.2 适用范围

本规程适用于以酚醛树脂浸渍石墨的压型结构材料制造的浮头列管式或块孔式石墨换热器。其他不透性石墨列管式、浮头列管式、块孔式和石墨降膜吸收器可参照。

2 规范性引用文件

下列文件对于本文件的应用是必不可少的。凡是注日期的引用文件，仅所注日期的版本适用于本文件。凡是不注日期的引用文件，其最新版本（包括所有的修改单）适用于本文件。

HG/T 2059　不透性石墨管

GB 151　热交换器

HG/T 2370　不透性石墨制化工设备

3 检修周期与内容

3.1 检修周期

根据对石墨换热器的功能故障及其影响分析结果，结合设备备用情况以及生产装置运行周期，确定检修周期，一般为 36 个月。

3.2 检修内容

3.2.1 清洗

3.2.1.1　清洗管程和壳程积存的污垢。

3.2.1.2　更换垫片。

3.2.2 检修

3.2.2.1 清理石墨换热器的管程、壳程及封头（浮头、平盖等）积存的污垢。
3.2.2.2 检查石墨换热器内部构件有无变形、断裂、松动，防腐层有无变质、脱落、鼓泡，内壁有无腐蚀、局部凹陷、沟槽等，视情况修理。
3.2.2.3 检查修理管束、管板及管程及其他部位，对有泄漏的换热管进行修补或堵管。
3.2.2.4 检查进出管口填料、密封垫。
3.2.2.5 检查或更新连接螺栓、螺母。
3.2.2.6 检查校验仪表及安全装置。
3.2.2.7 检查或更换管件、阀门及附件。
3.2.2.8 壳体、管道的保温层修补更换。
3.2.2.9 修理或更换石墨换热器的管束或壳体。
3.2.2.10 石墨块重新浸渍酚醛树脂。
3.2.2.11 检修修理设备基础。
3.2.2.12 整体防腐。

4 检修与质量标准

4.1 拆卸前准备

4.1.1 各项准备工作应符合安全、环保、质量等方面的要求，应对检修过程进行危害识别及风险评估、环境因素识别和影响评价。
4.1.2 根据设备运行状况和检测记录，分析故障原因和部位，依据本规程制定详尽的检修技术方案；组织相关人员现场交底，并制定检修施工方案；检修人员应熟悉设备图纸、技术资料与检修方案。
4.1.3 检查落实物资准备（包括材料、备品、安全工具、施工机具等）和检修施工场地准备。
4.1.4 检查安全措施准备，放置好安全警示牌、安全警示绳，检修时必须对现场孔洞、楼梯口、吊装口设围栏或盖板，做好夜间照明及防盗等工作。
4.1.5 检查机组与外部系统水、气、风、介质的吹扫、排凝、隔断情况，应安全可靠。
4.1.6 落实好安全环保措施，按规定切断物料管道，炉内物料倒空、置换完毕，具备检修条件，办理好检修作业票后，方可施工。

4.2 拆卸与检查

4.2.1 在拆卸各部连接螺栓时，严禁锤击或使用有冲击力的工具，不应用气割等方式切割螺栓。在吊装、搬运设备及其零、部件时，应避免发生撞击、损伤石墨件；
4.2.2 用目测法（必要时用放大镜）检查管束、管板、管箱、石墨块以及壳体的完好情况，内部渗漏情况，可采取水压试验确定设备壳体、孔道及各密封部位的具体渗漏点。

4.3 检修与质量标准

4.3.1 列管式石墨换热器

4.3.1.1 各零、部件的材质、尺寸、管口方位，应符合图纸要求；

4.3.1.2 石墨件不应有裂纹、气泡、剥落、缺损等影响机械强度的外观缺陷及影响密封性能的缺陷；

4.3.1.3 渗漏管子总数一般不超过总管数的10%时可用堵管法处理。透性石墨堵头的硬度应略低于管材硬度；当漏管较多但不超过总管数的30%，可换管修复。漏管数超过总管数的30%，一般应整体更新；

4.3.1.4 结垢严重时，可先用化学法清洗，然后水洗干净。严禁用机械法清理，以免损坏管束。管内结晶物堵塞时，可加热熔化；

4.3.1.5 每次检修均应更换所有密封垫，根据设备设计资料、工艺条件以及密封结构选取密封垫，严禁使用含石棉制品；

4.3.1.6 石墨接管断裂，可用钻头（直径略大于管外径）钻去更换。工艺允许且有足够的残留管长时，也可采用承插（内承插或外承插）、接口方式修复；

4.3.1.7 现场使用的设备局部渗漏时，可用浸渍石墨堵头将漏管处两端堵塞，可临时解决设备渗漏问题。浮头式石墨换热器冬季或低温环境设备停用时，需防止浮头孔内因残存余水且无法排除冻裂浮头，可在堵孔时将渗漏处浮头孔内全部用胶泥和石墨棒封堵严密，避免积水；

4.3.1.8 浮头和管板渗漏以及管与管板粘结部位渗漏；因浸渍质量不佳浮头和管板局部渗漏；或因管子粘结部位胶泥老化等原因胶缝普通渗漏，可用浸渍的方法检修。换热面积小的可将管束抽出按正常浸渍与聚合条件处理，如管束较长、无法放入浸渍釜中，可采用在壳体自身浸渍的方法进行修复；

4.3.1.9 外部胶合缝渗漏，可用小型圆锥砂轮将漏点处表面扩大并清洗、脱脂，再用相应形状的石墨堵胶封；如胶合缝普遍渗漏，可采用机械加工办法打开原胶合缝，更换新的接合件；胶合剂配方与热处理条件根据不同工艺要求制定。进行热处理时切忌产生冷、热冲击；

4.3.1.10 用螺栓紧固石墨件时，应使用力矩板手均匀上紧，力矩值见表1。当有附加弹簧时，弹簧不得压紧至压并高度。

表1 力矩扳手的力矩值 N·m

螺栓规格	M12	M16	M20	M22
力矩	25～35	32～45	45～60	75～94

4.3.1.11 各部螺栓齐全、紧固，外部保温和防腐层完好。

4.3.2 块孔式石墨换热器

4.3.2.1 少数两相相邻孔道串漏，可将横向孔道堵死，经常温干燥2～3d后进行热处理；

4.3.2.2 多孔串漏或多孔渗漏应查明原因。如系胶合剂被溶所致，可用低黏度树脂浸渍1～2次；如接合缝开裂，应切开换件，此时应注意元件的互换性；

4.3.2.3 其余检修方法及要求与浮头列管式石墨换热器相同；

4.3.2.4 换热器的钢壳体的检修执行 GB/T 151《热交换器》。

5 试验与验收

5.1 试验前的准备

5.1.1 机动专业及生产车间检查检修记录，确认检修数据正确；

5.1.2 试车前生产部门应编制试验方案，并经机动、安全、技术和生产专业审核；

5.1.3 安全附件校验合格、齐全完整；

5.1.4 仪表装置齐全、准确、灵敏、可靠；

5.1.5 各项工艺处理完毕，具备试验条件；

5.1.6 工艺、设备、电气、仪表、检修单位及有关试车人员必须在场。准备好试验必备的测试仪器；

5.1.7 机动部门组织生产部门、检修单位、机械、仪表等专业技术人员进行试验条件确认，并办理移交手续。

5.2 试验

5.2.1 试验压力

水压试验压力一般遵循下述原则：当工作压力不小于0.1MPa时，取1.5倍工作压力；当工作压力小于0.1MPa时，取1.03倍工作压力；气密试验及压力应根据设计要求制定。

5.2.2 列管式石墨换热器水压试验

壳程试压：充满水后，每升压0.05MPa保持3～5min，缓慢升至规定压力后保持半小时，以不降压、无渗漏和壳体无变形为合格；

管程试压：在壳程试压后进行，其方法与壳程试压相同。

5.2.3 块孔式石墨换热器水压试验

先在不装外壳的情况下对纵向孔道进行试压（不得将弹簧压死）。如有聚四氟乙烯密封圈，则应先通入0.05～0.1MPa蒸汽使密封圈变软适配后，再按浮头列管式换热器试压方法试压，合格后，组装外壳对横向孔道试压，方法同前。

5.2.4 水压试验后，必须将水放净、吹干。

5.3 验收

检修质量符合本规程标准，检修资料齐全准确，经试验合格，达到完好标准办理验收手续。验收技术资料应包括：

5.3.1 检修质量及缺陷记录；
5.3.2 耐压试验记录；
5.3.3 更换零、部件清单；
5.3.4 结构、尺寸、材质变更的审批文件。

6 维护与故障处理

6.1 日常维护

6.1.1 经常检修各工艺指标是否正常，必要时及时调整，应防止温度、压力突变；
6.1.2 如因密封件损坏造成泄漏，应及时更换密封件；
6.1.3 经常检查紧固螺栓（用力矩板手）。

6.2 常见故障与处理

石墨换热器常见功能故障与处理方法见表 2。

表 2 石墨换热器常见功能故障与处理方法

功能	功能故障	故障模式	故障后果	故障应对策略与检修内容	检修周期／月
1. 保证设备连续运行	1.1. 设备部件功能失效	密封垫片泄漏	物料泄漏、安全或环保事件	更换密封垫	12
		紧固螺栓松动	物料泄漏、安全或环保事件	按照封头安装规范交叉均匀紧固螺栓、改善弹簧压紧补偿	12
		石墨封头表面破损、开裂	物料泄漏、安全或环保事件	修补或更换石墨封头	36
		运行中超温、超压	石墨换热列管泄漏，冷、热流体物料互串	按规程检修堵管，优化工艺、平衡操作	
		石墨件局部质量缺陷，有裂纹或砂眼	物料泄漏，石墨换热列管泄漏，冷、热流体物料互串	胶合堵漏修补	36
		冬季低温季节余水未排净冻裂换热管	列管泄漏，冷、热流体物料互串	按规程操作，做好低温防冻	
		块孔式石墨块运行中超温超压破裂	设备损坏停运，物料泄漏、安全或环保事件	按规程检修更换，优化工艺、平衡操作	36

表2 石墨换热器常见功能故障与处理方法（续）

功能	功能故障	故障模式	故障后果	故障应对策略与检修内容	检修周期/月
1. 保证设备连续运行	1.1. 设备部件功能失效	整体式石墨块间胶合剂失效开裂	设备损坏停运，物料泄漏、安全或环保事件	按规程检修更换	36
		分装块孔式石墨块间密封垫片老化、断裂	物料泄漏、安全或环保事件	按规程检修更换	36
		分装块孔式石墨折流板腐蚀、石墨块错位	设备损坏停运，物料泄漏、安全或环保事件	按规程检修更换	36
		块孔式换热器螺栓紧力不匀或松动导致石墨块间密封失效	设备本体损坏停运，物料泄漏、安全或环保事件	按规程检修更换	36

桨式干燥器维护检修规程

SHS 03053—2019

代替 SHS 03053—2004

目 次

前　言

本规程按照GB/T 1.1—2009《标准化工作导则　第1部分：标准的结构和编写》给出的规则起草。

本规程代替SHS 03053—2004《桨式干燥器维护检修规程》，与SHS 03053—2004相比，除编辑性修改外，主要技术变化如下：

——修改了桨式干燥器检修周期；

——增加了“6.2 常见故障与处理”，主要是根据故障模式，制定维修策略和维修周期；

——增加“桨式干燥器检修质量控制确认表”“桨式干燥器试车与验收数据记录表”。

本规程由中国石油化工集团有限公司、中国石油化工股份有限公司提出。

本规程起草单位：天华化工机械及自动化研究设计院有限公司

本规程主要起草人：张岩、窦岩、令永功、刘浩。

本规程所代替规程的历次版本发布情况为：

SHS 03053—1992，SHS 03053—2004。

桨式干燥器维护检修规程

1 范围

1.1 主题内容

本规程规定了各种类型桨式干燥器的检修周期与内容、检修程序与质量标准、试车与验收、维护与故障处理。

1.2 适用范围

本规程适用于石化企业中各种类型桨式干燥器的维护和检修。各单位在具体检修时，根据本规程结合实际情况编制相应检修方案。

2 规范性引用文件

下列文件对于本文件的应用是必不可少的。凡是注日期的引用文件，仅所注日期的版本适用于本文件。凡是不注日期的引用文件，其最新版本（包括所有的修改单）适用于本文件。

GB/T 150.1～4　压力容器

HG/T 3131　桨叶干燥机

SHS 01073　一般机泵用联轴器检修及质量标准

SHS 01028　变速机维护检修规程

SHS 01052　机械密封维护检修规程

3 检修周期与内容

3.1 检修周期

根据对设备功能故障及其影响分析的结果、有无备用设备并结合生产装置运行周期，确定设备检修周期，一般为12个月。

3.2 检修检查内容

1）检查、修理或更换旋转接头及金属软管；

2）两端轴承补加润滑脂，减速机换油；

3）检查修理夹套疏水阀并消漏；

4）检查、调整填料轴封；

5）更换密封垫；

6）根据运行状态和监测数据安排检修项：

a）清洗减速机并换油；

b）检查或更换联轴节弹性胶圈和柱销、联轴节找正；

c）检查并调整传动链条松紧度和两链轮的轴向偏移量，清洗链轮、链条及油池；

d）更换轴封填料、检修或更换轴套；

e）检查空心桨叶轴及两端轴承、油封及轴套，视情况修理或更换新件；

f）检查、修理溢流板，滑道和升降装置，更换填料；

g）清扫内部；

h）检查紧固件松紧情况；

7）测量空心桨叶轴各部位径跳动量；

8）检查、修理或更换空心桨叶轴及叶片；

9）检修或更换联轴器；

10）检修或更换旋转接头；

11）检查齿轮啮合间隙；

12）检查、清洗油润滑系统；

13）检查或更换保温。

4 检修与质量标准

4.1 拆卸前的准备

4.1.1 各项准备工作应符合安全、环保、质量等方面的要求，应对检修过程进行危害识别及风险评估、环境因素识别和影响评价。

4.1.2 根据设备运行状况和检测记录，分析故障原因和部位，依据本规程制定详尽的检修技术方案；组织相关人员现场交底，并制定检修施工方案；检修人员应熟悉设备图纸、技术资料与检修方案。

4.1.3 检查落实物资准备（包括材料、备品备件、安全工具、施工机具等）和检修施工场地准备。

4.1.4 检查安全措施准备，放置好安全警示牌、安全警示绳，检修时必须对现场孔洞、楼梯口、吊装口设围栏或盖板，做好夜间照明及防盗等工作。

4.1.5 检查设备与外部系统水、电、汽、风、介质的吹扫、排凝、隔断情况，应安全可靠。

4.1.6 落实好安全环保措施，按规定断水、断电、断汽（气）、物料倒空、置换完毕，具备检修条件，办理好检修作业票后，方可施工。

4.2 拆卸与检测

4.2.1 驱动部分

4.2.1.1 拆卸电机与减速机之间的联轴器，重新检查对中情况，并记录；

4.2.1.2 拆卸传动齿轮及链轮，检查齿轮及链轮啮合间隙及磨损量，并记录。

4.2.2 密封填料部分

4.2.2.1 拆卸填料压盖，取出旧填料，检查密封函表面有无损伤，必要时调整四周间隙，测量间隙值；

4.2.2.2 新填料装入前加润滑脂，压盖的预紧力要均匀；

4.2.2.3 拆卸检查空心桨叶轴两端轴承、轴套及油封磨损情况。

4.2.3 空心桨叶轴部分

4.2.3.1 用着色法检查空心桨叶轴焊缝，检查有无裂纹；

4.2.3.2 检查空心桨叶轴圆跳动有无明显变形；

4.2.3.3 用测厚仪测桨叶轴、桨叶厚度，对比设计厚度值检查减薄率，检查设备内部腐蚀及磨蚀情况。

4.2.4 壳体及夹套部分

4.2.4.1 用着色法检查壳体及夹套焊缝，检查有无裂纹；

4.2.4.2 用测厚仪测壳体及夹套厚度，对比设计厚度值检查减薄率，检查设备内部腐蚀及磨蚀情况；

4.2.4.3 对夹套和轴进行水压试验。

4.2.5 润滑油部分

4.2.5.1 清洗油箱、滤油网吹扫油管；

4.2.5.2 解体检修油泵；

4.2.5.3 检查、清洗油润滑系统。

4.2.6 旋转接头部分

4.2.6.1 拆卸连接管道，将旋转接头放置在检修位置；

4.2.6.2 检查动静密封环及石墨轴承磨损情况。

4.3 回装与质量标准

4.3.1 回装项目

4.3.1.1 驱动部分

4.3.1.1.1 驱动齿轮啮合的侧隙和顶隙应符合设计要求；

4.3.1.1.2 传动齿轮、链轮与轴的配合为H7/h6。传动齿轮接触面沿齿高不小于45%，沿齿宽不小于60%，齿轮节圆上齿厚允许磨损量不大于0.6mm（初始齿侧间隙为0.32～0.35mm）；

4.3.1.1.3 考虑热伸长因素，故常温下主动链轮的轴向位置应超前于从动链轮1.0～2.0mm，两链轮中心线平行度偏差在100mm范围应不大于0.05mm，链轮平行度偏差见图1；

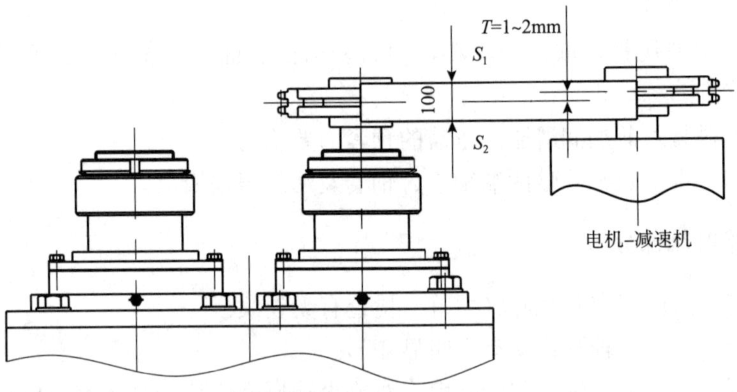

图1 链轮平行度偏差

4.3.1.1.4 链条下垂量在25.0～33.5mm之间。

4.3.1.2 密封填料部分

4.3.1.2.1 密封函的椭圆度小于0.5mm，内表面应光滑平整，密封函的间隙应符合设计要求；

4.3.1.2.2 填料搭口缝隙应小于2mm，每根填料搭口应错位90°。

4.3.1.3 空心桨叶轴部分

4.3.1.3.1 空心桨叶轴水压与气密试验压力除应符合设计要求外，并应考虑时间长短因素而适当调整；

4.3.1.3.2 空心桨叶轴径跳动量应符合图2的要求；

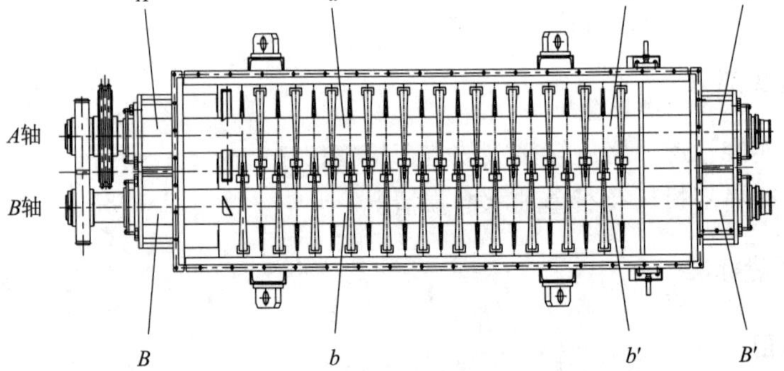

图2 桨叶干燥机示意图

A、*B*、*A*′、*B*′处应不大于0.1mm，*a*′、*b*′处应不大于0.3mm，*a*、*b*处应不大于3.0mm

4.3.1.3.3　主轴与填料函间隙应均匀，间隙差应不大于 0.01mm；
4.3.1.3.4　空心桨叶轴与溢流板间隙为 2.20～2.80mm；
4.3.1.3.5　空心桨叶轴桨叶上刮板顶端与壳体内圆弧面间隙为 15～25mm。
4.3.1.4　壳体及夹套部分
4.3.1.4.1　补焊时应符合国家现行标准；
4.3.1.4.2　壳体内壁补焊缝应打磨、抛光，其粗糙度不大于 *Ra*6.3；
4.3.1.4.3　壳体气密试验及夹套内水压气密试验的压力与要求应按设计要求。
4.3.1.5　旋转接头部分
4.3.1.5.1　石墨轴承如有划伤、裂缝及径向磨损大于 1mm 时应更换；
4.3.1.5.2　动静密封环如有划伤应修理或更换。

4.3.2　质量标准

4.3.2.1　联轴器的检修执行 SHS 01073《一般机泵用联轴器检修及质量标准》
4.3.2.2　减速机的检修执行 SHS 01028《变速机维护检修规程》；
4.3.2.3　机械密封的检修质量执行 SHS 01052《机械密封维护检修规程》中的有关规定；
4.3.2.4　加热轴的检修参照 HG/T 3131《桨叶干燥机》中的有关规定。
4.3.2.5　对加热轴及夹套进行修补后应按照图纸技术要求或 GB/T 150.1～4《压力容器》进行水压试验。

5　试车与验收

5.1　试车前准备

5.1.1　机动专业及生产车间检查检修记录，确认检修数据正确；
5.1.2　试车前生产部门应编制试车方案，并经机动、安全、技术和生产专业审核；
5.1.3　检查油箱油位，液位为液位计上、下限之间，油品分析合格；
5.1.4　公用工程系统包括氮气、仪表空气、冷却水、电等已具备投用条件，并能正常供给；
5.1.5　检查机组密封气、密封水和密封油压力应符合工艺指标要求；
5.1.6　检查机组的自保联锁系统和停车装置联校，调校完毕，联锁投用，相关方面确认合格签字；
5.1.7　电动机单机试运转正常，旋转方向正确；
5.1.8　检查附属设备设施完好；
5.1.9　试车前所有零部件及附件必须齐全，完整；
5.1.10　工艺、设备、电气、仪表、检修单位及有关试车人员必须在场。试车必备的测试仪器准备好；
5.1.11　机动部门组织生产部门、检修单位、电气、仪表等专业技术人员进行试车条件确认，并在“机组开车条件确认表”上签名。

5.2 试车

5.2.1 空负荷试车

经 3h 空负荷试车，应符合以下要求：

5.2.1.1 机组运转平稳，润滑状况良好，无异常声音与振动；

5.2.1.2 电动机、减速机及干燥器的轴承部位正常，温升应不大于 40℃，振幅应不大于 0.06mm，确认紧固螺栓无松动；

5.2.1.3 电流正常，仪表指示准确，联锁系统正常。

5.2.2 负荷试车

5.2.2.1 负荷试车 24h，出料应满足生产要求，轴封效果良好；

5.2.2.2 电机、减速机及干燥器的轴承部位温度应不高于 70℃，振幅应不大于 0.06mm；

5.2.2.3 电流稳定，不超过额定电流；

5.2.2.4 仪表及联锁系统正常。

5.3 验收

5.3.1 设备试车应符合以下要求，并达到验收标准后，方能验收并交付生产部门运行：要在额定工况下进行不少于 72h 的连续运转；能满足生产需求且技术性能达到设计要求；控制系统及监测系统运行良好，各调节机构动作快速、灵活、准确；有完整、真实的试车记录；

5.3.2 设备达到完好标准；

5.3.3 按规定办理验收手续；

5.3.4 生产车间负责督促检修单位在设备检修完成后，在规定的工作日内将“检修记录”和“检修质量验收单”（电子版和书面版）等检修资料交付生产部门审核、存档，检修资料内容必须准确、完整填写。生产部门审核无误后，在设备检修完成后，在规定工作日内将检修资料和试车记录等检修资料上传 EM 系统存档。

6 维护与故障处理

6.1 日常维护

6.1.1 检查减速机油位、链轮及传动齿轮油位及电机润滑状况并及时补油；

6.1.2 检查蒸汽疏水器是否畅通；

6.1.3 检查旋转接头是否漏气，有无异音；

6.1.4 检查密封填料的密封气是否畅通；

6.1.5 检查电机电流是否正常；

6.1.6 检查各处轴承温度是否正常、有无异音；

6.1.7 检查各处填料是否泄漏、温度是否正常；

6.1.8 检查地脚螺栓和紧固件有无松动。自由端螺栓是否保持松开状态；

6.1.9 通过视镜检查桨式干燥器内粉料分布情况，发现异常及时处理；

6.1.10 检查链条传动有无异常、链条松紧适中，润滑是否良好；

6.1.11 检查紧固件有无松动；

6.1.12 设备接地板安全可靠。

6.2 常见故障与处理

桨式干燥器常见功能故障与处理方法见表 1。

表 1 桨式干燥器常见功能故障与处理方法

序号	功能	功能故障	故障模式	故障后果	故障应对策略与检修内容	检修周期／月
1	保证设备连续稳定运转	传动系统不正常	滚动轴承损坏	非计划停工	定期定量加注润滑脂；根据检修周期更换滚动轴承	12～24
			链条太松或过紧	链条噪声过大或链条抖动	调节紧链器或除掉过长链节	视情而定
			齿轮间有噪声和振动	噪声过大或抖动	齿轮固定或连接螺栓松动，检查螺栓并正确拧紧	视情而定
			齿轮间的啮合不良	噪声过大或抖动	按照安装说明书检查和调整齿面	12～24
			齿轮工作表面有凹坑	噪声过大或抖动	齿轮啮合面之间的润滑不足或润滑油变质，检查润滑条件，增加润滑油量或更换新油	视情而定
			链条、链轮过度磨损	链条噪声过大或链条抖动	更换链条或链轮	视情而定
			各链轮不在同一平面内	链条噪声过大或链条抖动	调整使相邻两个链轮轴向偏差不大于中心距的 0.20%～0.40%	12～24
			链条断开	链条噪声过大或链条抖动	更换链条	24～36
			链条卡涩	链条噪声过大或链条抖动	链条上加润滑油	2 天 1 次
			填料与传动轴接触过紧	噪声过大或抖动	调整填料压盖	视情而定

表 1　桨式干燥器常见功能故障与处理方法（续）

序号	功能	功能故障	故障模式	故障后果	故障应对策略与检修内容	检修周期/月
1	保证设备连续稳定运转	传动系统不正常	填料压盖偏斜后与传动轴接触摩擦	噪声过大或抖动	调整填料压盖	视情而定
		减速机故障	减速机有噪声或振动	减速机振动大	重新对中，由于支座松动或基础的不平造成驱动系统的中心偏移，检查基础的平面度，找正驱动系统的中心，拧紧螺栓	视情而定
			滚子或齿轮磨损	减速机振动大	更换配件	36～48
			轴承磨损	减速机振动大或温度过高	更换轴承	12～24
			润滑油不足	减速机温度过高	加润滑油	视情而定
			超负荷	减速机温度过高	查找超负荷原因并处理	视情而定
		电机故障	超负荷，电流过载	非计划停工	进料量或物料湿含量超过设计规定值，检查操作条件（进料量、湿含量等），保证干燥机运行在正常操作范围内	视情而定
			电压不足，电流过载	非计划停工	检查电网电压	视情而定
			出料不畅，电流过载	非计划停工	造成物料在筒体内部堆积，检查造成物料结块原因，清理物料，修补漏点	视情而定
			电流过载	非计划停工	滚圈罩及齿轮罩上的填料密封压得过紧，适当放松填料压盖的压紧力	视情而定
2	蒸汽及冷凝液排出通畅、无水击	蒸汽及冷凝液排出不畅、有水击声	旋转接头故障	生产负荷下降或非计划停工	检修旋转接头	视情而定

表 1　桨式干燥器常见功能故障与处理方法（续）

序号	功能	功能故障	故障模式	故障后果	故障应对策略与检修内容	检修周期 / 月
3	密封部位无泄漏	密封部位物料泄漏	填料函中心不准，导致填料函间隙不均匀	生产负荷下降	检查并调整填料函间隙	12～24
			填料松弛	生产负荷下降	压紧填料并添加润滑脂，并增大氮气反冲量	视情而定
			填料损坏	生产负荷下降	更换填料	视情而定
			壳体内压力过高	生产负荷下降	检查尾气管道和引风机	视情而定
4	产品湿含量偏高	产品湿含量偏高	产品的停留时间太短	生产负荷下降；非计划停工	降低主机转速或增加出料堰板高度	视情而定

附 录 A
（资料性附录）
桨式干燥器检修质量控制确认表

项目		主要控制内容			等级	施工单位	生产装置	设备管理部门	备注
		标准值	部位	现场记录					
拆卸时检测									
进出料密封填料	进料端间隙	椭圆度小于0.5mm	左		A	★	★	★	★
			右						
	出料端间隙	椭圆度小于0.5mm	左		A	★	★	★	★
			右						
桨叶叶片与壳体间隙		设计值	前段		A	★	★	★	
			中段						
			后段						
驱动齿轮磨损量		设计值	主动侧		A	★	★	★	
			从动侧						
驱动齿轮啮合的侧隙和顶隙		设计值	前		A	★	★	★	
			后						
回装时检测									
进出料密封填料	进料端间隙	椭圆度小于0.5mm	左		A	★	★	★	★
			右						
	出料端间隙	椭圆度小于0.5mm	左		A	★	★	★	★
			右						
桨叶叶片与壳体间隙		设计值	前段		A	★	★	★	
			中段						
			后段						
驱动齿轮磨损量		设计值	主动侧		A	★	★	★	
			从动侧						
驱动齿轮啮合的侧隙和顶隙		设计值	前		A	★	★	★	
			后						

注： A级：施工单位、生产装置、设备管理部门专业人员检查确认后签字。

B级：施工单位和生产装置专业人员检查确认后签字。

C级：施工单位专业人员检查确认后签字。

另：如果有监理，监理的职责由甲方授权。

附　录　B

（资料性附录）

桨式干燥器试车与验收数据记录表

装置：　　　　　　　　　　　　　　设备名称：　　　　　　　　　　　　　　位号：

试车参数记录：			记录时间											
记录名称	参数位号	标准	1：00	2：00	3：00	4：00	5：00	6：00	7：00	8：00	9：00	10：00	11：00	12：00
电机电流														
主动进料端轴承温度														
从动进料端轴承温度														
主动出料端轴承温度														
从动出料端轴承温度														
电机轴承温度														
减速机轴承温度														
热介质流量														
热介质进口压力														
热介质出口压力														
热介质进口温度														
热介质出口温度														
前滚圈径向跳动值														
联轴器径向跳动值														
联轴器轴向跳动值														
主机振动检测														
主机噪声检测														
密封泄漏情况														
运行异响														
验收确认		施工单位：					管理单位：					使用单位：		
备注：1. 三方签字验收后交付生产使用。2. 大修后 15 个工作日内，将试车记录及验收表扫描录入设备管理系统														

离子膜电解槽维护检修规程

SHS 03054—2019

代替 SHS 03054—2004

目　次

前　言

本规程按照GB/T 1.1—2009《标准化工作导则　第1部分：标准的结构和编写》给出的规则修订。

本规程代替SHS 03054—2004《电解槽维护检修规程》。

本规程由中国石油化工集团有限公司、中国石油化工股份有限公司提出。

本规程起草单位：中国石油化工股份有限公司齐鲁分公司。

本规程主要起草人：吴威、刘振革。

本规程所代替规程的历次版本发布情况为：

SHS 03054—1992，SHS 03054—2004。

离子膜电解槽维护检修规程

1 范围

1.1 本规程规定了新型离子膜电解槽的检修周期与内容、检修与质量标准、试验与验收、维护与故障处理。

1.2 本规程适用于ML32 NCH（或NCZ）型电解槽的维护检修，其他类似型号电解槽的维护检修可参照本规程。

2 规范性引用文件

下列文件对于本文件的应用是必不可少的。凡是注日期的引用文件，仅所注日期的版本适用于本文件。凡是不注日期的引用文件，其最新版本（包括所有的修改单）适用于本文件。

HG/T 2951 隔膜法金属阳极电解槽

HG/T 4168 单极式离子膜电解槽

3 检修周期与内容

3.1 检修周期

根据对离子膜电解槽的功能故障及其影响分析结果，结合设备备用情况及生产装置运行周期，确定检修周期，一般为36个月至48个月，主要是更换离子膜，每84个月至96个月，应更换离子膜及阴阳电极。

3.2 检修内容

3.2.1.1 检查液压系统液压油有无渗漏，进行检修。

3.2.1.2 检查单元槽出入口软管的有无泄漏，根据运行情况更换部分或全部软管。

3.2.1.3 检查单元槽垫片泄漏情况，根据运行情况更换部分或全部垫片。

3.2.1.4 检查单元槽离子膜是否有泄漏，根据运行情况更换部分或全部离子膜。

3.2.1.5 检查单元槽泄漏情况，解体更换泄漏的单元槽。

3.2.1.6 检查更换挂臂、横梁导板，根据运行情况更换部分或全部电极。

4 检修与质量要求

4.1 拆卸前准备

4.1.1 掌握电解槽运行状况，并备齐必要的技术材料和检修技术方案。

4.1.2 备齐检修工具及备品配件，进行 JHA 作业风险分析，落实安全措施，开具检修作业许可证。

4.1.3 切除电解槽，水洗两遍后封槽，符合安全检修条件。

4.2 拆卸与检查

4.2.1 拆下所有的出入口软管，分类摆放；拆除旧软管垫片。

4.2.2 断开端板与液压油缸固定连接。

4.2.3 调整油压分配管的减压阀使油压降至 1MPa，缓慢退出油缸，使单元槽逐步处于自由状态。

4.2.4 逐片清理单元槽上的旧垫片和旧离子膜。

4.2.5 逐片检查阴阳电极网的损坏情况，检查定位销、挂臂、横梁导板的损坏情况。

4.3 回装程序与质量标准

4.3.1 单元槽垫片安装

4.3.1.1 将单元槽两侧密封面清理干净。

4.3.1.2 将黏合剂用环己烷按 2∶1（体积比）稀释。

4.3.1.3 将垫片均匀刷上黏合剂。

4.3.1.4 单元槽边框密封面上均匀地涂上黏合剂。注意不要把黏合剂涂在电极上。

4.3.1.5 涂完黏合剂约 3min 后，将垫片粘贴在单元槽边缘密封面处。

4.3.1.6 垫片粘贴技术要求

1）阳极侧垫片

垫片粘贴在距离边缘气液分离孔 1mm 的位置。不应将阳极垫片覆盖在阳极上。不应将阳极垫片超出单元槽边框过大。

2）阴极侧垫片

垫片粘贴在刚好接触阴极末端的位置。不应将阴极垫片覆盖在阴极上。不应将阴极垫片超出单元槽边框过大。

4.3.2 电极安装

电极安装委托专业厂家进行处理。

1）阳极网安装要求

涂层表面无污渍、压痕、异物、毛刺、凹凸不平等现象。每片划痕不得超过 1

处，每个划痕长度应不大于 20mm，每片表面擦伤不得超过 2 处，每处擦伤面积不大于 $9mm^2$，深度不得暴露出基材。焊点无开焊、凸起及任何尖锐的损伤，旧极网拆除、筋板打磨以及新极网焊接过程，阳极网侧应无金属碎屑等异物。旧极网拆除时不得对筋板与背板焊点造成损伤，焊点损伤应及时进行检测修复。极网面平整度≤ 1.00mm/m。

2）零极距阴极安装要求

阴极网整平后均匀铺设弹性元件，弹性网表面应无污渍、压痕、异物、毛刺、不平断丝、凹凸不平等现象。每片划痕不得超过 1 处，每个划痕长度应不大于 20mm，每片表面擦伤不得超过 2 处，每处擦伤面积不大于 $9mm^2$，深度不得暴露出基材。

3）单元槽槽体技术要求

对单元槽打压、试漏、整形、维修等，保证完成后单元槽无泄漏现象。法兰面平整度≤ 1.5mm/m。

4.3.3 组装

4.3.3.1 电解槽整体组装前，应提前检查更换损坏的横梁导板、挂臂、定位销及牺牲阳极等。

4.3.3.2 将全部单元槽吊装到电解槽支撑横梁上；用脱盐水清洗单元槽内部。

4.3.3.3 将全部单元槽推到活动端，以准备安装离子膜。单元槽框之间保留大约 5mm 的间隙，防止单元槽碰伤。

4.3.3.4 在横梁导板上涂上凡士林油膏以减少组装阻力。

4.3.3.5 安装离子膜

1）在安装前，将所用的膜卷在 2%$NaHCO_3$ 溶液或 0.4%NaOH 溶液中浸泡 48h 以上。

2）将离子膜的阴阳极用脱盐水充分湿润。

3）将离子膜贴在阳极网上，保证离子膜到阳极边框的距离一致。离子膜安装要平整，避免起皱。

4）将单元槽向固定端移动，安装好定位销，将离子膜固定。

5）按照 3）、4）的方法依次将所有的离子膜安装到位。

4.3.3.6 通过液压油缸移动端板，初期压力为 1MPa。确认无误后，将油压提升至 7MPa。

4.3.3.7 回装除阳极出口的所有的连接软管：先用手拧上软管螺母，后用力矩扳手 25N·m 扭矩紧固软管螺母；紧固螺母的同时用手调整软管，使所有软管相互之间呈平行状。

5 试车与验收

5.1 按照工艺技术要求进行电解槽膜试漏，新膜的泄漏量不超过 10L/h（N_2）。试漏结束将阳极出口软管螺母安装到位。

5.1.1 准备

5.1.1.1 向压差液位计内加水并赶走气泡。

5.1.1.2　打开电解槽及管线相关阀门。
5.1.1.3　确认液压保持在 7MPa，松开锁定螺母。
5.1.1.4　准备好肥皂水和转子流量计。
5.1.1.5　拆下阳极侧出口集管与单元槽连接的软管。
5.1.1.6　打开阀门，注入脱盐水至阳极入口软管 50%位置，然后关闭阀门。

5.1.2　阴极室氮气充压

5.1.2.1　使用软管连接氮气与阴极室，然后打开与电解槽相通的各个阀门。
5.1.2.2　将氮气压力调整至 5kPa 。

5.1.3　膜泄漏试验

5.1.3.1　停止向阴极室充氮，通过压差液位计观察压力降低情况，压力保持一分钟无降低为合格。
5.1.3.2　如果压力下降速率小于 20mm 水柱 /min，膜泄漏试验合格并结束，否则向下继续进行。
5.1.3.3　阴极室压力在压差液位计显示稳定后，在每个单元槽阳极液出口涂上肥皂水进行试漏，肥皂泡保持大约 10 秒无变化为合格。如果检测到泄漏，则在该膜对应的阳极液出口安装转子流量计，测量并记录流量。
5.1.3.4　对所有的膜重复步骤 5.1.3.3。
5.1.3.5　如果膜的泄漏量超过 10L/h（N_2），更换泄漏的离子膜后再次对所有离子膜进行泄漏试验。

5.2　按照工艺技术要求做好电解槽槽试漏

5.2.1　准备

5.2.1.1　打开电解槽及管线相关阀门。
5.2.1.2　检查液压压力保持在 7MPa。

5.2.2　充入脱盐水

5.2.2.1　向电解槽内加入脱盐水，保证液位计压差在 0.2m 水柱至 1m 水柱之间。
5.2.2.2　当有水从出口管流出时，降低进入电解槽内脱盐水的流量。
5.2.2.3　当水溢流时，停止向电解槽内加脱盐水。

5.2.3　电解槽泄漏试验

5.2.3.1　提高液压至 9MPa，确认锁定螺母松开。
5.2.3.2　关闭溢流阀，向电解槽内加入脱盐水，同步提升入口压力至 0.055MPa，停止加入脱盐水使压差保持在 0～0.5m 水柱之间。

5.2.3.3 检查电解槽有无泄漏，重点检查单元槽垫片、软管垫片、槽体本身、电解槽相关阀门等。

5.3 若单元槽出现泄漏，进行局部检修。

5.4 将电解槽所有杂物清理干净，拆除端板与油缸活动端所有连接件并清理干净。

5.5 全部工序检验合格后，设备交工艺，按照电解槽标准开车程序组织送电开车。

6 维护与故障处理

6.1 日常维护

6.1.1 检查电解槽的出入口软管泄漏情况，检查碱出口软管液体颜色变化。

6.1.2 检查电解槽阴阳极垫片泄漏情况。

6.1.3 检查电解槽单元槽检漏孔泄漏情况。

6.1.4 检查、调整各项工艺指标，使之符合规定值。

6.2 常见故障与处理

离子膜电解槽常见功能故障与处理方法见表 1。

表 1 离子膜电解槽常见功能故障与处理方法

序号	功能	功能故障	故障模式	故障后果	故障应对策略与检修内容	检修周期
1	软管及螺母完好、无泄漏	软管老化、螺母裂纹	软管或螺母材质劣化、密封环腐蚀老化或安装不到位	火灾、爆炸、环境污染、非计划停工	1. 定期巡检，及时发现处理软管及螺母泄漏故障。一般操作班组每小时巡检一次，管理人员每天巡检两次，分级定期检查。 2. 做好软管及螺母使用寿命统计分析，定期更换	个别问题处理视情况而定；软管及螺母定期更换周期约为 36~48 个月
2	提供单元槽预紧力	油压降低	油缸间隙超标、密封元件老化	火灾、爆炸、环境污染、非计划停工	1. 定期巡检，及时发现液压系统故障。一般操作班组每小时巡检一次，管理人员每天巡检两次，分级定期检查。 2. 定期检修液压系统	个别问题处理视情况而定；液压系统检修周期约为 36~48 个月
3	单元槽垫片完好、无泄漏	垫片渗漏	垫片腐蚀老化或安装缺陷	火灾、爆炸、环境污染、非计划停工	1. 定期巡检，及时发现处理单元槽垫片泄漏故障。一般操作班组每小时巡检一次、管理人员每天巡检两次，分级定期检查。 2. 做好单元槽垫片使用寿命统计分析，定期更换	个别问题处理视情况而定；垫片定期更换周期约为 36~48 个月

表1 离子膜电解槽常见功能故障与处理方法（续）

序号	功能	功能故障	故障模式	故障后果	故障应对策略与检修内容	检修周期
4	离子膜完好、无泄漏、长周期运行	离子膜泄漏	离子膜出现针孔或明显、大面积泄漏	设备腐蚀、火灾、爆炸、环境污染、非计划停工	1. 定期巡检，及时发现处理离子膜泄漏故障。一般操作班组每小时巡检一次、管理人员每天巡检两次，分级定期检查。 2. 做好单元槽离子膜使用寿命统计分析，定期更换。 3. 制定应急预案，做好检修计划。在使用前2年出现此类故障，应加强电解槽操作管理，抓好单元槽组装、离子膜安装质量。离子膜运行超过3年应考虑整体更换离子膜	个别问题处理视情况而定；离子膜定期更换周期约为36~48个月
5	单元槽完好、无泄漏	单元槽腐蚀泄漏	阳极及底板腐蚀穿孔	火灾、爆炸、环境污染、非计划停工	1. 定期巡检，及时发现处理单元槽泄漏故障。一般操作班组每小时巡检一次、管理人员每天巡检两次，分级定期检查。 2. 更换泄漏的单元槽，更换相邻离子膜。 3. 多数情况的单元槽泄漏是由离子膜出现针孔或开裂泄漏导致的，应择机进行膜试漏，更换泄漏的离子膜	个别问题处理视情况而定；单元槽定期更换周期约为84~96个月
6	电解槽长周期、高效运行	电解槽性能下降、出现大面积或频繁泄漏	达到使用寿命、涂层失活、弹性网失效出现大量断丝或毛刺	火灾、爆炸、环境污染、非计划停工	1. 增加巡检频次，做好电解槽特护运行。 2. 制定电解槽电极更新方案，对所有单元槽进行更新	84~96个月

附 录 A
（资料性附录）
离子膜电解槽检修质量控制确认表

序号	检修主要内容	质量标准	控制级别	检查情况
1	检查液压系统	动态静态无漏油，油缸螺母牢固		
2	检查单元槽出入口软管及垫片	螺母完好紧固，槽试漏无泄漏		
3	检查电解槽垫片	槽垫片粘贴标准，槽试漏无泄漏		
4	检查离子膜有无针孔等泄漏	离子膜精细安装，膜试漏无泄漏		
5	检查电解槽单元槽有无泄漏	复极单元打压试漏合格，槽试漏无泄漏		

附 录 B
（资料性附录）
离子膜电解槽槽试漏数据记录表

序号	单元槽号	离子膜号	泄漏量

钢制无夹套盐酸合成炉维护检修规程

SHS 03055—2019

代替 SHS 03055—2004

目 次

前 言

本规程按照GB/T 1.1—2009《标准化工作导则 第1部分：标准的结构和编写》给出的规则起草。

本规程代替SHS 03055—2004《钢制无夹套盐酸合成炉维护检修规程》，与SHS 03055—2004相比，除了编辑性修改外，主要技术变化如下：

——原检修周期与内容章节中，检修周期分大修和小修，并给出具体的检修周期。修订后根据检修项目及内容给出具体检修周期，删除了小修的提法；

——维护与故障处理章节中，重新进行了编写。

本规程由中国石油化工集团有限公司、中国石油化工股份有限公司提出。

本规程起草单位：中国石油化工股份有限公司巴陵分公司。

本规程主要起草人：冉小燕。

本规程所代替规程的历次版本发布情况为：

SHS 03055—2004。

钢制无夹套盐酸合成炉维护检修规程

1 范围

本规程规定了钢制无夹套盐酸合成炉的检修周期与内容、检修与质量标准、试验与验收、维护与故障处理。

本规程适用于氯碱装置钢制无夹套盐酸合成炉的维护与检修。

2 规范性引用文件

下列文件中的条款通过本规程的引用而成为本规程的条款。凡是注日期的引用文件，其随后所有的修改单（不包括勘误的内容）或修订版均不适用于本规程。凡是不注日期的引用文件，其最新版本适用于本规程。

SH/T 3530 石油化工立式圆筒形钢制储罐施工技术规程

HG/T 2370 不透性石墨制化工设备

SH/T 3501 石油化工有毒、可燃介质钢制管道工程施工及验收规范

3 检修周期与内容

3.1 检修周期

根据对钢制无夹套盐酸合成炉功能故障及其影响分析结果，结合设备备用情况以及生产装置运行周期，确定检修周期，一般36个月至48个月。

3.2 检修内容

3.2.1 燃烧头检修；

3.2.2 盐酸炉碳钢壳体及夹持拉杆、弹簧、压板检修；

3.2.3 防爆膜及视镜检修；

3.2.4 氢气、氯气气体管以及氯化氢、出酸管道检修；

3.2.5 炉体检修；

3.2.6 分布器、吸收段等石墨炉块检修；

3.2.7 平台及基础修理或加固。

4 检修与质量标准

4.1 拆卸前准备

4.1.1 各项准备工作应符合安全、环保、质量等方面的要求，应对检修过程进行危害识别及风险评估、环境因素识别和影响评价。

4.1.2 根据设备运行状况和检测记录，分析故障原因和部位，依据本规程制定详尽的检修技术方案；组织相关人员现场交底，并制定检修施工方案；检修人员应熟悉设备图纸、技术资料与检修方案。

4.1.3 检查落实物资准备（包括材料、备品、安全工具、施工机具等）和检修施工场地准备。

4.1.4 检查安全措施准备，放置好安全警示牌、安全警示绳，检修时必须对现场孔洞、楼梯口、吊装口设围栏或盖板，做好夜间照明及防盗等工作。

4.1.5 检查机组与外部系统水、气、风、介质的吹扫、排凝、隔断情况，应安全可靠。

4.1.6 落实好安全环保措施，按规定切断物料管道，炉内物料倒空、置换完毕，具备检修条件，办理好检修作业票后，方可施工。

4.2 拆卸与检测

4.2.1 拆视镜，检查表面是否变形、破损。

4.2.2 拆卸防爆膜，检查膜片表面是否变形、破损、腐蚀。

4.2.3 均匀松开夹持拉杆，将弹簧及压板卸下并按照原安装点做好标记。

4.2.4 拆卸分布器及石墨炉体，检查各水道、接管是否堵塞、变形、断裂、石墨炉体表面是否破损，如不能满足设计运行要求应予更换。

4.2.5 检查炉体内表面损伤、腐蚀和变形情况。

4.2.6 检查、检测氯气、氢气及氯化氢管道，检查腐蚀、堵塞情况。

氯气、氢气管道检查修理、检测执行 SHS 3501《石油化工有毒、可燃钢制管道工程施工及验收规范》。筒体的检查、修理和验收，执行 SHT 3530《石油化工立式圆筒形钢制储罐施工技术规程》。石墨炉块的检查、修理和验收，执行 HG/T 2370《不透性石墨制化工设备技术条件》。

4.3 检修与质量标准

4.3.1 炉体

1）拆卸石墨件时，严禁锤击或使用有冲击力的工具。在吊装、搬运设备及其零、部件时，应避免发生撞击、损伤石墨件。

2）检查炉体腐蚀情况，测量壁厚，对损坏严重部位进行修补，小于计算厚度时应予更新。

3）炉体基座找平、加固，基座水平度偏差不大于 3mm。

4.3.2 防爆膜

运行 12 个月应更换防爆膜，膜片、纸板变形或有腐蚀必须更换，膜片的爆破压力应符合设计要求。

4.3.3 燃烧头

1）清洗燃烧头同心管，检查内管腐蚀情况，端部腐蚀长度超过 20mm 应予更换。

2）燃烧头应垂直安装，铅垂度偏差不大于 1mm。

4.3.4 清洗检查视镜玻璃，不完好应予更换。

4.3.5 当有压紧弹簧时，弹簧不得压紧至压并高度。用螺栓紧固石墨件时应均匀紧固，避免破坏石墨件。

5 试验与验收

5.1 试验前的准备

5.1.1 机动专业及生产车间检查检修记录，确认检修数据正确。

5.1.2 试验前应编制试验方案，并经机动、安全、技术和生产专业审核。

5.1.3 爆破片等安全附件校验合格，齐全完整。

5.1.4 仪表装置齐全、准确、灵敏、可靠。

5.1.5 各项工艺处理完毕，具备试验条件。

5.1.6 工艺、设备、电气、仪表、检修单位及有关试车人员必须在场。准备好试验必备的测试仪器。

5.1.7 机动部门组织生产部门、检修单位、机械、仪表等专业技术人员进行试验条件确认，并办理移交手续。

5.2 试验

执行 SH/T 3530《石油化工立式圆筒形钢制储罐施工技术规程》，并参照设计资料进行检测、试验，压力试验及气密性试验应使用洁净的水、空气、氮气或其他惰性气体，水压试验压力应为 0.1MPa，气密试验压力 0.05MPa。

5.3 验收

5.3.1 交接验收必须具备下列条件：

5.3.1.1 在规定试验条件和时间下，设备状况良好。

5.3.1.2 检修记录和试验记录准确、齐全。验收记录应包括：检修质量及缺陷记录；水压、气密性试验记录；更换零、部件清单；结构、尺寸、材质等变更的审批文件；防爆膜片的试验和安装记录。

5.3.2 检修质量达到本规程 4.3 规定的质量标准的要求。

5.3.3 设备技术状态应达到完好标准。

5.3.4 按规定办理交接验收的手续。
5.3.5 检修现场按照文明施工的要求，做到工完、料尽、场地清。

6 维护与故障处理

6.1 日常维护

6.1.1 经常检查调整炉内火焰及炉温、氯气和氢气压力。
6.1.2 做好氯气纯度、含氢分析控制，防止炉内部件烧损、易爆。
6.1.3 做好吸收水质监控，防止结垢、堵塞、腐蚀。
6.1.4 经常检查视镜及防爆膜完好情况，发现异常及时处理。
6.1.5 定期检查炉壁及管道腐蚀、泄漏情况并及时消除缺陷。
6.1.6 定期检查燃烧头工作情况，必要时调整或更换新件。
6.1.7 定期检查地脚螺栓及各部连接螺栓有无异常及松动，发现异常应及时处理。

6.2 常见故障与处理

钢制无夹套盐酸合成炉常见功能故障与处理方法见表 1。

表 1 钢制无夹套盐酸合成炉常见功能故障与处理方法

功能	功能故障	故障模式	故障后果	故障应对策略与检修内容	检修周期／月
1. 保证设备连续运行	1.1 设备部件功能失效	1.1.1 合成量大、防爆膜破损	氯气、氢气泄漏，设备停止运行，关联装置运行波动、正常运行影响	更换防爆膜，工艺调整	12
		1.1.2 防爆膜厚度未达到设计爆破压力	氯气、氢气泄漏，设备停止运行，关联装置运行波动、正常运行影响	选用设计规定厚度的膜片	12
		1.1.3 防爆膜材质不符要求	氯气、氢气泄漏，设备停止运行，关联装置运行波动、正常运行影响	更换规定材质	12
		1.1.4 视镜表面模糊	设备正常运行影响	短暂氯气过量操作或停车清洗	12
		1.1.5 炉内水蒸气附着视镜表面	设备正常运行影响	严格执行工艺控制规程、控制氢气含水量	12
		1.1.6 氯气杂质多、燃烧头破损	设备停运，关联装置运行波动、正常运行影响	严格执行工艺控制规程	
		1.1.7 设备及管道腐蚀失效	氯气、氢气泄漏，设备停止运行，关联装置运行波动、正常运行影响	严格执行工艺规程、设备检修规程，做好定期监测维修	36～48

表 1 钢制无夹套盐酸合成炉常见功能故障与处理方法（续）

功能	功能故障	故障模式	故障后果	故障应对策略与检修内容	检修周期／月
1. 保证设备连续运行	1.1 设备部件功能失效	1.1.8 氢气含水高、杂质多、燃烧头破损	设备停运，关联装置运行波动、正常运行影响	严格执行工艺控制规程	
		1.1.9 燃烧头安装不当、外形尺寸偏差大	燃烧头破损、设备停运，关联装置运行波动、正常运行影响	检修调整，严格执行设备检修规程	
		1.1.10 燃烧头垂直度超差火焰位置偏移	燃烧头破损、设备停运，关联装置运行波动、正常运行影响	检修调整，严格执行设备检修规程	
		1.1.11 冷凝酸回流	炉体腐蚀、设备停运，关联装置运行波动、正常运行影响	调整酸液管道安装，执行检修规程	
		1.1.12 冷凝酸产生过多	炉体腐蚀、设备停运，关联装置运行波动、正常运行影响	合理选择管径、管长、严格控制炉出口温度	
	1.2 设备部件堵塞失效	1.1.13 冰塞	氢气管堵塞、设备停运，关联装置运行波动、正常运行影响	严格执行工艺控制规程，按规定做好定时巡检	
		1.1.14 阻火器滤网损坏	氢气管堵塞、设备停运，关联装置运行波动、正常运行影响	检修更换，执行检修规程	
		1.1.15 分布器、吸收段石墨炉块堵塞	设备停运，关联装置运行波动、正常运行影响	检修更换，执行检修规程	36～48

附 录 A
（资料性附录）
盐酸合成炉检修质量控制确认表

项目	主要控制内容			等级	施工单位	生产装置	设备管理部门	备注
	标准值	部位	现场记录					
拆卸中检测								
基座水平度偏差	≤3mm			C	★	★	★	
燃烧头垂直度	≤1mm			C	★	★	★	
组装完成后检测								
水压试验	0.1MPa	各密封部位		C	★	★		
气压试验	0.05MPa	试压点		C	★	★		

碱蒸发器维护检修规程

SHS 03056—2019

代替 SHS 03056—2004

目　次

前　言

本规程按照GB/T 1.1—2009《标准化工作导则　第1部分：标准的结构和编写》给出的规则起草。

本规程代替SHS 03056—2004《碱蒸发器维护检修规程》，与SHS 03056—2004相比，除了编辑性修改外，主要技术变化如下：

——增加了前言；

——修改检修周期，取消小修的提法；

——增加规范性引用文件。

本规程由中国石油化工集团有限公司、中国石油化工股份有限公司提出。

本规程起草单位：天华化工机械及自动化研究设计院有限公司。

本规程主要起草人：窦岩、刘浩。

本规程所代替规程的历次版本发布情况为：

SHS 03056—1992，SHS 03056—2004。

碱蒸发器维护检修规程

1 范围

1.1 主题内容

本规程规定了碱蒸发器（以下简称蒸发器）的检修周期和内容、检修与质量标准、试验与验收、维护与故障处理。

1.2 适用范围

本规程使用于化工厂浓缩烧碱用标准式、悬框式、外加热式、列管式、内（外）循环式等形式蒸发器的维护检修；产品氢氧化钠浓度等于或小于 50%；蒸发器构件材质分别为碳钢、铸铁、不锈钢、不锈钢复合钢板、镍及其复合钢板。

2 规范性引用文件

下列文件对于本文件的应用是必不可少的。凡是注日期的引用文件，仅所注日期的版本适用于本文件。凡是不注日期的引用文件，其最新版本（包括所有的修改单）适用于本文件。

TSG 21 固定式压力容器安全技术监察规程

TSG R7001 压力容器定期检验规则

GB/T 150.1～150.4 压力容器

GB/T 151 热交换器

SHS01004 压力容器维护检修规程

SHS01005 工业管道维护检修规程

SHS01009 管壳式换热器维护检修规程

3 检修周期和内容

3.1 检修周期

根据对碱蒸发器功能故障及其影响分析结果、有无备用设备并结合生产装置运行周期，确定检修周期，碱蒸发器检修周期见表 1。

表 1 检修周期

NaOH 浓度	构件材质	周期 / 月
＜25%	铸铁、不锈钢、不锈钢复合板 碳钢 镍	6～36 6～24 6～144
25%～45%	铸铁、不锈钢、不锈钢复合板 碳钢 镍	24～36 6～12 6～144
≤50%	不锈钢、不锈钢复合钢板 镍、镍复合钢板	6～72 6～120

3.2 检修内容

3.2.1 补胀、更换加热管或加热管两端加堵头；

3.2.2 更换各部位法兰垫片（蒸发器本体法兰密封垫除外）；

3.2.3 检查或修理捕沫装置及器内附件；

3.2.4 检查或更换视镜玻璃、视镜压盖及螺栓；

3.2.5 校验或更换压力表、真空表及安全阀；

3.2.6 检查、修理或更换液位计及自控系统；

3.2.7 检查或修理分布器、导流筒及其支撑板；

3.2.8 检查或修理热电偶套管；

3.2.9 检查或修补蒸发器内、外表面及接口部位缺陷；

3.2.10 检查基础、支座与地脚螺栓有无松动或损坏，必要时予以处理；

3.2.11 修复保温层

3.2.12 修理或更换加热室；

3.2.13 修理或更换蒸发室的壳体或内件；

3.2.14 修理或更换顶罩；

3.2.15 修理或更换锥体、U 形管、循环管；

3.2.16 修理或更换液体箱（或沉降室）；

3.2.17 更换蒸发器本体法兰垫片及螺栓；

3.2.18 恢复或更换保温层。

4 检修与质量标准

4.1 拆卸前的准备

4.1.1 各项准备工作应符合安全、环保、质量等方面的要求，应对检修过程进行危害识别及风险评估、环境因素识别和影响评价。

4.1.2 根据设备运行状况和检测记录，分析故障原因和部位，依据本规程制定详尽的检修技术方案；组织相关人员现场交底，并制定检修施工方案；检修人员应熟悉设备图纸、技术资料与检修方案。

4.1.3 检查落实物资准备（包括材料、备品、安全工具、施工机具等）和检修施工场地准备。

4.1.4 检查安全措施准备，放置好安全警示牌、安全警示绳，检修时必须对现场孔洞、楼梯口、吊装口设围栏或盖板，做好夜间照明及防盗等工作。

4.1.5 检查机组与外部系统水、电、汽、风、介质的吹扫、排凝、隔断情况，应安全可靠。

4.1.6 落实好安全环保措施，按规定断水、断电、断汽（气）、物料倒空、置换完毕，具备检修条件，办理好检修作业票后，方可施工。

4.2 拆卸与检查

4.2.1 外部检查

4.2.1.1 检查蒸发器外表面、接口、焊接接头等部位有无裂纹、过热变形及泄漏等，必要时对上述部位进行无损探伤检查；

4.2.1.2 检查蒸发器本体与相邻管道或构件之间有无接触，以防止运行中因振动造成磨损与噪声；

4.2.1.3 检查安全附件和接地线是否完好；

4.2.1.4 检查支座的损坏紧固螺栓的完好情况；

4.2.1.5 检查视镜是否渗漏及视镜玻璃、螺栓的完好情况；

4.2.1.6 检查保温层是否破损、脱落与潮湿。

4.2.2 内部检查

4.2.2.1 检查捕沫装置及其附件的固定与变形情况；

4.2.2.2 检查分布器、导流筒的固定与变形情况，检查热电偶套管是否完好、器壁内表面及加热管的腐蚀情况；

4.2.2.3 检查液体箱（或沉降室）内表面的腐蚀情况及加热室管板与加热管的腐蚀泄漏情况；

4.2.2.4 按照在用压力容器检验规程要求，对壳体受压部位进行检查。

4.3 检修质量标准

4.3.1 执行国家现行的关于压力容器方面的相关法规，如 TSG 21《固定式压力容器安全技术监察规程》、TSG R7001《压力容器定期检验规则》、GB/T 150.1～4《压力容器》、GB/T 151《换热器》、SHS 01004《压力容器维护检修规程》、SHS 01005《工业管道维护检修规程》、SH 01009《管壳式换热器维护检修规程》的规定对蒸发器各部位进行检查、修理与验收。

4.3.2 对蒸发器的检修、吊装应按审定的检修技术方案及吊装方案进行。

4.3.3 筒体

4.3.3.1 对于不锈钢和镍材筒体内表面的腐蚀、凹陷、裂纹、划伤等缺陷，应根据损坏程度选用适当牌号和规格的焊条进行补焊、打磨或加衬板补焊等方法进行修复，不锈钢、镍及其复合钢板的补焊应采用氩弧焊的焊接工艺，焊缝两侧至少50mm内除去氧化物并用丙酮清洗。搭接处应用砂轮机打磨成圆滑过渡，修复后的表面应平滑光洁；

4.3.3.2 复合板筒体内壁衬里经宏观或表面着色检查如发现裂纹，可采用补焊、打磨的方法加以消除，如发现穿透性腐蚀，应除去有缺陷的部分，并用稍厚的同材质板材覆盖焊补；如发现鼓包，应用机械方法切除鼓包衬里并用盖板焊补。修复后应进行表面和无损探伤检查；

4.3.3.3 垫片应选用满足公称压力4.0MPa，使用温度为350℃的中压耐碱橡胶石棉板或聚四氟乙烯包垫，并应一次性使用；

4.3.3.4 螺栓材质应符合设计图纸要求，螺栓紧固后，螺纹应外露2～3扣。

4.3.4 检查导流筒是否转动，必要时采取相应固定的措施，但其支撑板与器壁内表面不得接触。

4.3.5 根据腐蚀程度、变形情况对捕沫装置进行修理或更换。检查、调整或加固设备主支座。

4.3.6 加热室

4.3.6.1 加热管胀口泄漏可采用补胀修理；管壁泄漏可更换新管或做堵管处理，管堵材料应与管子材质相同，其硬度应低于或等于管子硬度，管堵锥度以3°～5°为宜，管堵总数不得超过管子总数的10%；

4.3.6.2 胀管时，应在环境温度-10℃以上进行，胀接后管子扩大部分及过渡部分应光滑、无裂纹和沟槽，且严密不漏。管子的硬度应低于管板硬度30～50HB为宜；

4.3.6.3 胀管应严格按设计要求控制胀大率，不允许过胀；

4.3.6.4 加热管胀接前，除应逐根进行外观缺陷的检查外，还应按设计压力的2倍，逐根进行水压试验，合格后方可允许使用；

4.3.6.5 为了保证胀管连接的严密性，管板孔应进行预胀，管板开孔应符合表2的规定；

4.3.6.6 加热管与管板连接，必要时可采用胀焊结构。

表2

mm

加热管外径	38	51	60	63.5	76
管板开孔最大允许直径	38.6	51.7	60.8	65	77.0
管板开孔最小允许直径	38.3	51.4	60.5	64	76.6
管孔圆度偏差	≤0.3	≤0.3	≤0.4	≤0.4	≤0.4
管孔圆柱度偏差	≤0.3	≤0.3	≤0.4	≤0.4	≤0.4

5 试验与验收

5.1 试验前的准备

5.1.1 确认各项检修工作已完成，检修记录齐全，检修质量符合本规程第3条的规定，有试验方案；

5.1.2 设备零部件完整无缺，螺栓紧固，具备试验条件；

5.1.3 安全附件校验合格，齐全完整；

5.1.4 仪表及联锁装置齐全、准确、灵敏、可靠；

5.1.5 工艺处理完毕，各专业人员会同检查完毕，具备试验条件。

5.2 试验

5.2.1 蒸发器系统及加热蒸汽系统的耐压、气密性试验执行TSG 21《固定式压力容器安全技术监察规程》或设计图样的规定；

5.2.2 确认所有阀门及仪表动作灵活可靠，指示准确。

5.3 验收

检修质量符合本规程的规定，经试验合格，蒸发器达到完好标准，办理验收手续，交付生产。验收技术资料应包括：

5.3.1 检修质量及缺陷记录；

5.3.2 耐压、气密性试验记录；

5.3.3 主要零部件的无损检验报告；

5.3.4 更换零部件清单；

5.3.5 结构、尺寸、材质变更的审批文件；

5.3.6 试验记录。

6 维护与故障处理

6.1 日常维护

6.1.1 经常检查与消除本体及各连接部位的振动、异音、泄漏等异常现象；

6.1.2 定期检查或修理安全附件及仪表，经常保持其灵敏、准确、可靠；

6.1.3 精心操作，防止出现超温、超压、液位波动等情况；

6.1.4 及时检查修补保温层。

6.2 常见故障与处理

三效顺流蒸发器常见功能故障与处理方法见表3，四效逆流蒸发器常见功能故障与处理方法见表4。

表 3　三效顺流蒸发器常见功能故障与处理方法

序号	功能	功能故障	故障模式	故障后果	故障应对策略与检修内容	检修周期／月
1	保证蒸发器正常连续运行	管路、阀门、法兰连接处泄漏	真空度低	压力不能满足工艺要求，产品质量不达标	堵漏	视情况而定
2	保证蒸发器正常连续运行	过料管漏、加热管漏或预热器管漏	回汽水带碱	停车、非计划停工	停车检修，加热管补胀或堵管	视情况而定
3	保证蒸发器正常连续运行	加热管结盐堵塞	蒸发浓缩慢	停车、非计划停工	清洗、疏通	视情况而定
4	保证蒸发器正常连续运行	泵损坏，填料漏	蒸发过料慢	产量不能满足工艺操作要求	修泵	视情况而定
5	保证蒸发器正常连续运行	加热管漏，预热器漏料	蒸发器脱料	停车、非计划停工	停车补胀、更换或堵管	视情况而定
6	保证蒸发器正常连续运行	捕沫器损坏或堵塞	大气冷凝器水中带碱	上游设备损坏	清洗或修理，调换	视情况而定
7	保证蒸发器正常连续运行	加热室内有冷空气	蒸发器振动	设备运行不稳定	排放冷空气	视情况而定
8	保证蒸发器正常连续运行	加热管漏	蒸发器有杂音	停车、非计划停工	停车补胀、更换或堵管	视情况而定

表 4　四效逆流蒸发器常见功能故障与处理方法

序号	功能	功能故障	故障模式	故障后果	故障应对策略与检修内容	检修周期／月
1	保证蒸发器正常连续运行	循环泵故障，加热管结盐或堵塞，液位指示不佳	1～4 效液位超标	停车、非计划停工	修理循环泵，洗效，校正仪表	视情况而定
2	保证蒸发器正常连续运行	加热管内结盐或堵塞	1～4 效循环泵电流高	停车、非计划停工	洗效	视情况而定
3	保证蒸发器正常连续运行	筛网堵塞	1～4 效筛网压力降高	停车、非计划停工	清洗筛网	视情况而定
4	保证蒸发器正常连续运行	液位高或筛网穿孔、加热室管泄漏	1～4 效冷凝水电导率高	停车、非计划停工	降低液位或停车修理筛网、换管或堵管	视情况而定

表 4　四效逆流蒸发器常见功能故障与处理方法（续）

序号	功能	功能故障	故障模式	故障后果	故障应对策略与检修内容	检修周期/月
5	保证蒸发器正常连续运行	冷凝水泵故障	1~4 效冷凝水液位高	停车、非计划停工	修理冷凝水泵	视情况而定
6	保证蒸发器正常连续运行	冷却器、过滤器或成品槽漏水	1 效碱浓度低	停车、非计划停工	停车消漏处理	视情况而定
7	保证蒸发器正常连续运行	加热管内结盐或堵塞	蒸发室、加热室压力高	停车、非计划停工	洗效	视情况而定
8	保证蒸发器正常连续运行	加热室管漏或预热器管漏	冷凝液含碱	停车、非计划停工	停车换管或堵管	视情况而定
9	保证蒸发器正常连续运行	捕沫器损坏或堵塞	大气冷凝器中含碱	停车、非计划停工	清洗、修理或更换捕沫器	视情况而定

附　录　A
（资料性附录）
碱蒸发器质量控制确认表

项目	主要控制内容				等级	施工单位	生产装置	设备管理部门	备注
	标准值		部位	现场记录					
拆卸中检测									
蒸发器壳体	内壁厚度	设计计算值	壳体		A	★	★	★	
蒸发器壳体	内壁复合层厚度	设计计算值	壳体		A	★	★	★	
加热管	内壁厚度	设计计算值	加热管		A	★	★	★	
回装时检测									
碱蒸发器主体	焊缝检测	按 TSG 21—2016，NB/T 47013 及图纸技术要求规定	加热管与管板		A	★	★	★	
碱蒸发器主体	耐压试验	按 TSG 21—2016 规定	碱蒸发器主体		A	★	★	★	

控制级别说明： A 级：分部机动处专业人员、车间设备员 / 设备主任、施工单位检查人员。

B 级：车间质量管理人员、施工单位检查人员。

C 级：施工单位检查人员。

另：如果有监理，监理的职责由甲方授权。

附　录　B

（资料性附录）

碱蒸发器试车与验收数据记录表

装置：　　　　设备名称：　　　　位号：

试车参数记录：			记录时间											
记录名称	参数位号	标准	1：00	2：00	3：00	4：00	5：00	6：00	7：00	8：00	9：00	10：00	11：00	12：00
流量														
压力														
温度														
回水碱浓度														
泄漏情况														
验收确认		施工单位：				管理单位：					使用单位：			
备注：1. 三方签字验收后交付生产使用。2. 检修 15 个工作日内，将试车记录及验收表扫描录入设备管理系统														

薄膜蒸发器维护检修规程

SHS 03057—2019

代替 SHS 03057—2004

目 次

前 言

本规程按照GB/T 1.1—2009《标准化工作导则 第1部分：标准的结构和编写》给出的规则起草。

本规程代替SHS 03057—2004《薄膜蒸发器维护检修规程》。与SHS 03057—2004相比，除了编辑性修改外，主要技术变化如下：

——增加了前言。

——修改检修周期，取消小修的提法；

——增加规范性引用文件。

本规程由中国石油化工集团有限公司、中国石油化工股份有限公司提出。

本规程起草单位：天华化工机械及自动化研究设计院有限公司。

本规程主要起草人：窦岩、刘浩。

本规程所代替规程的历次版本发布情况为：

SHS 03057—1992，SHS 03057—2004。

薄膜蒸发器维护检修规程

1 范围

1.1 主题内容

本规程规定了薄膜蒸发器的检修周期与内容、检修与质量标准、试车与验收、维护与故障处理。

1.2 适用范围

本规程适用于下列固定刮板立式和卧式薄膜蒸发器：MLKS-850/4700/40；MLK4-600/3000/28；LK1200；BZA-6/13；BZA-4/13；卧式薄膜蒸发器H-K-3M²。其他薄膜蒸发器也可参照执行。

2 规范性引用文件

下列文件对于本文件的应用是必不可少的。凡是注日期的引用文件，仅所注日期的版本适用于本文件。凡是不注日期的引用文件，其最新版本（包括所有的修改单）适用于本文件。

TSG 21 固定式压力容器安全技术监察规程

TSG R7001 压力容器定期检验规则

GB150.1～150.4 压力容器

ISO1940-1 机械振动在恒定（刚性）状态下转子的平衡质量要求

SHS 01052 机械密封维护检修规程

SHS 01073 一般机泵用联轴器检修及质量标准

SHS 01017 齿轮泵维护检修规程

SHS 01004 压力容器维护检修规程

SHS 01028 变速机维护检修规程

3 检修周期与内容

3.1 检修周期

根据对薄膜蒸发器功能故障及其影响分析结果、有无备用设备并结合生产装置运行周期，确定检修周期一般为36个月。

3.2 检修内容

3.2.1 检查筒体外观，有无变形、鼓包、腐蚀等。
3.2.2 检查皮带松紧度。
3.2.3 检查修理加热蒸汽及回水系统的管线、阀门、疏水器等，消除泄漏。
3.2.4 检查、消除密封油系统泄漏，消除油污。
3.2.5 检查紧固连接螺栓。
3.2.6 检查修理机械密封。
3.2.7 检查修理减速机润滑系统、冷却系统，更换损坏件。
3.2.8 检查轴瓦和轴销磨损情况，必要时予以更换。
3.2.9 检查轴瓦座架焊缝有无裂纹和损坏，修理损坏部位或整件更换。
3.2.10 检查修理轴瓦润滑油泵，清洗润滑系统，更换已损件。
3.2.11 检查筒体连接螺栓。
3.2.12 本体进行内外部检查修理，清理筒体内壁，检查磨损情况。
3.2.13 拆下电动机、减速机，抽出转子，全面检查，修理或更换已损坏零部件。
3.2.14 测量或调整筒体垂直度、直线度和圆度，测量筒体壁厚，修理磨损部位。
3.2.15 测量调整转子直线度，检查修理短轴和刮板。
3.2.16 根据设备振动情况和转子修理深度对转子进行静、动平衡校验。
3.2.17 全面解体清洗、检查、修理轴瓦供油系统、润滑油泵、油过滤器和油冷却器。
3.2.18 按规定扭矩上紧筒体连接螺栓和加热系统连接螺栓。
3.2.19 检查联轴器，更换损坏件，调整同轴度。
3.2.20 检查修理皮带轮，调整两皮带轮端面偏差和轴线平行度。
3.2.21 修理保温和刷漆。

4 检修与质量标准

4.1 拆卸前准备

4.1.1 各项准备工作应符合安全、环保、质量等方面的要求，应对检修过程进行危害识别及风险评估、环境因素识别和影响评价。
4.1.2 根据设备运行状况和检测记录，分析故障原因和部位，依据本规程制定详尽的检修技术方案；组织相关人员现场交底，并制定检修施工方案；检修人员应熟悉设备图纸、技术资料与检修方案。
4.1.3 检查落实物资准备（包括材料、备品、安全工具、施工机具等）和检修施工场地准备。
4.1.4 检查安全措施准备，放置好安全警示牌、安全警示绳，检修时必须对现场孔洞、楼梯口、吊装口设围栏或盖板，做好夜间照明及防盗等工作。
4.1.5 检查机组与外部系统水、电、汽、风、介质的吹扫、排凝、隔断情况，应安全可靠。

4.1.6 落实好安全环保措施，按规定断水、断电、断汽（气）、物料倒空、置换完毕，具备检修条件，办理好检修作业票后，方可施工。

4.2 拆卸与检查

4.2.1 检查筒体外观，有无变形、鼓包、腐蚀等。

4.2.2 拆联轴器或皮带轮，拆减速机，全面检查，检查皮带松紧度，检查带轮端面偏差和轴线平行度，检查联轴器同轴度，检查减速机密封。

4.2.3 检查修理加热蒸汽及回水系统的管线、阀门、疏水器等，消除泄漏。

4.2.4 拆卸检查、消除密封油系统泄漏，消除油污。

4.2.5 检查紧固连接螺栓。

4.2.6 拆卸检查机械密封。

4.2.7 拆卸检查减速机润滑系统、冷却系统。

4.2.8 拆卸检查轴瓦和轴销磨损情况。

4.2.9 拆卸检查轴瓦座架焊缝有无裂纹和损坏。

4.2.10 拆卸检查修理轴瓦润滑油泵，清洗润滑系统。

4.2.11 本体进行内外部检查修理，清理筒体内壁，检查磨损情况。

4.2.12 抽出转子，全面检查，检查转子磨损、变形、圆度、直线度。

4.2.13 测量筒体垂直度、直线度和圆度，测量筒体壁厚。

4.2.14 根据设备振动情况和转子修理深度对转子进行静、动平衡校验。

4.2.15 全面解体清洗、检查、修理轴瓦供油系统、润滑油泵、油过滤器和油冷却器。

4.2.16 按规定扭矩上紧筒体连接螺栓和加热系统连接螺栓。

4.3 检修质量标准

4.3.1 转子

4.3.1.1 在安装机械密封的轴颈处，其径向跳动不大于 0.06mm。

4.3.1.2 转子刮板外缘对转子中心线的距离偏差不大于 0.001d（d 为刮板外缘直径）。

4.3.1.3 分布盘的径向跳动量不大于 0.001d。

4.3.1.4 底轴颈的径向跳动不大于 0.03mm，表面粗糙度不高于 Ra0.63，轴销螺栓拧紧后，必须用锁定片锁定。

4.3.1.5 根据修理程度和使用情况，对转子做静平衡校验，平衡标准应符合 ISO 1940-1《机械振动在恒定（刚性）状态下转子的平衡质量要求》。消除不平衡只许在平衡臂上调整配重。

4.3.2 筒体

4.3.2.1 筒体密封面应光洁平整，平面度偏差不大于 0.02mm，与筒体中心线的垂直度偏差不大于0.1mm/m，且最大不超过0.60mm。

4.3.2.2 筒体直线度偏差不大于0.20mm/m，圆度偏差应不大于0.50mm。

4.3.2.3 检查、调整筒体法兰密封面的水平度，偏差应不大于0.1mm/m，检查筒体中心线与水平的垂直度偏差应不大于0.15mm/m。

4.3.2.4 卧式薄膜蒸发器筒体水平度，纵向偏差不大于0.50mm，横向偏差不大于0.20mm。

4.3.2.5 清除内壁上粘结的粉末和无规物，使其见本色。

4.3.3 轴瓦组件

4.3.3.1 轴瓦和轴销工作表面应光洁，无气孔、麻坑和锈蚀斑点等缺陷。其配合间隙各机型要求各异，LUWA立式薄膜蒸发器的正常间隙为（0.06～0.07）d（d为轴瓦直径），最大允许间隙为0.12d。在其间某一数值时，视检修前运转时间、磨损量和检修后拟运转时间、可能的磨损量而确定是否更换。

4.3.3.2 轴瓦润滑油孔和油路系统必须畅通无泄漏。

4.3.3.3 轴瓦星形座架法兰密封面应光洁平整，座架瓦孔中心线与密封面的垂直度偏差不大于0.05mm。

4.3.4 轴承组件

4.3.4.1 更换新油封。

4.3.4.2 机械密封检修，执行SHS01052《机械密封维护检修规程》。

4.3.4.3 密封座与楔形密封环配合表面的粗糙度不高于Ra0.125；圆度偏差应不大于0.04mm，与底面垂直度偏差应不大于0.05mm。

4.3.4.4 机械密封组装后应做气密试验，试验压力应为冷却液（密封液）压力的两倍。对于英国克兰密封垫公司生产的内外环双端面机械密封，试验时，可将机械密封冷却液出口堵住，从进口通入与试验压力相等的压缩气体，然后置于水中，应不漏或仅有细小气泡逸出为合格。

4.3.4.5 安装克兰公司双端面机械密封时，应以4个定距钩将动环轴向定位后，装上楔形密封圈和压紧环（该两个零件一定要安装到位），然后用对开夹环固定。为防止对开夹环松动上滑，应在对开夹环和上轴套下端面的间隙中加上适当厚度的定距环，并对定距环予以锁紧。机械密封安装完毕后，必须立即将定距钩松开并转向90°，再固定于机械密封座上。

4.3.4.6 机械密封的动环径向跳动和端面跳动均不大于0.15mm。

4.3.4.7 机械密封冷却液进出口管线不得接错，冷却液的压力应符合规定值。

4.3.5 联轴节

联轴节找正执行SHS01073《一般机泵用联轴器检修及质量标准》。

4.3.6 皮带轮找正见表1，皮带松紧度要求见表2。

4.3.7 在检修或更换薄膜蒸发器的物料进出口管线和蒸汽管线时，应使这些管线在常温和热状态下都不得对筒体产生过大的附加作用力。

表1　皮带轮找正

mm

机器型号	*A*	*B*
LK1200	＜2	＜0.5
日立卧式		

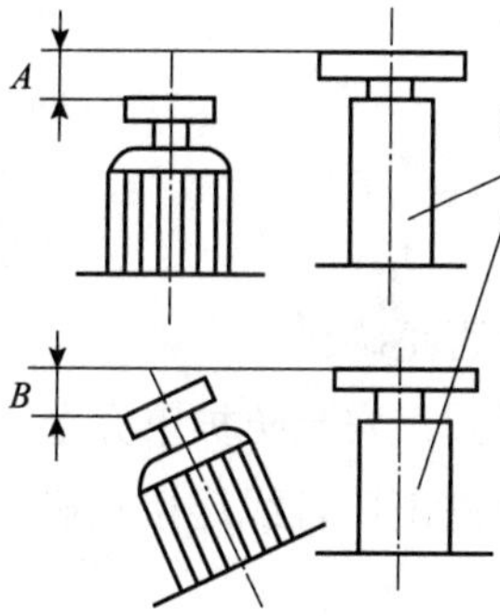

表2　皮带松紧度要求

机器型号	*P*/N	厚度 *δ*/mm
LK1200	＜75	＜15
日立卧式	150—170	35

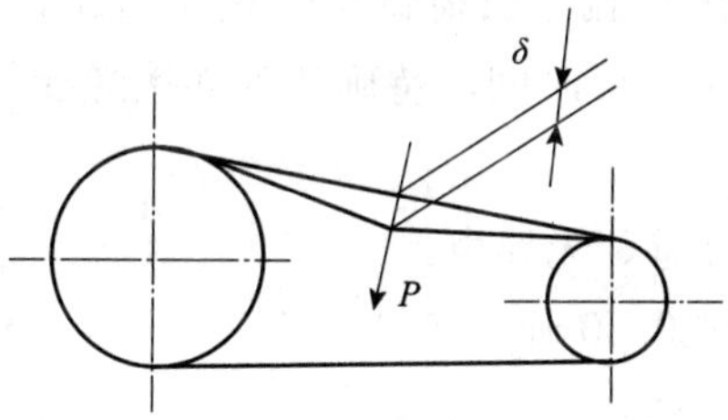

4.3.8　筒体保温层接口应尽量严密，以免密封油泄漏后渗入保温层内而引起火灾。

4.3.9　齿轮油泵的检修执行SHS 01017《齿轮泵维护检修规程》；减速机的检修执行SHS 01028《变速机维护检修规程》。

4.3.10　承压部件检修执行TSG 21《固定式压力容器安全技术监察规程》、TSG R7001《压力容器定期检验规则》、SHS 01004《压力容器维护检修规程》的规定。

4.3.11　承压部件修补后应按照图纸技术要求或GB/T 150.1～4《压力容器》进行水压试验。

5　试车与验收

5.1　试车前的准备

5.1.1　确认各项检修工作已完成，检修记录齐全，检修质量符合规定，试车方案已编制审核完成；

5.1.2 各润滑部位按规定加注润滑脂；

5.1.3 各项工艺准备完毕，具备试车条件；

5.1.4 设备零部件完整无缺，螺栓紧固；

5.1.5 确认电动机转向符合设计规定；

5.1.6 盘车自如无卡涩现象。

5.2 试车

5.2.1 空负荷试车

5.2.1.1 检查电动机的旋转方向是否正确。

5.2.1.2 确认各部连接螺栓确已紧固，安全防护罩齐全。

5.2.1.3 机械密封无泄漏，冷却液进出口管线连接正确，冷却液通畅，流量、压力符合要求。

5.2.1.4 启动轴瓦润滑油泵向轴瓦供油，应保证油量为1～3L/h，油压不低于0.05MPa。

5.2.1.5 启动减速机润滑油泵，确保油量、油压符合规定值，油路系统无泄漏。

5.2.1.6 盘车使转子转动1周以上，应轻重一致，无刮壁现象。

5.2.1.7 启动主电机运转1h，应无异常振动。

5.2.1.8 加热空负荷试车在常温空负荷试车合格基础上，给筒体缓慢均匀升温，在2～3h内升温至200℃，稳定一段时间，待确认各连接螺栓热紧完毕后，启动主电机，运转2h，应达到下列要求：

1）转子运转平稳，无刮壁、无异声。

2）筒体振动振幅不超过0.30mm

3）空载电流不大于规定值。

4）轴承温升不大于40℃，最高温度不超过70℃。

5）各油封无泄漏，机械密封泄漏量不大于1滴/min。

6）减速机各轴承温度不高于60℃。

5.3 负荷试车

在加热空负荷试车正常后，进行负荷试车8h，应达到下列要求：振动符合规定；无刮壁擦碰现象；电机电流不超过额定值；处理能力达到要求。

5.4 验收

5.4.1 经负荷试车合格，达到完好标准，办理验收手续。

5.4.2 验收技术资料：

5.4.2.1 检修质量及缺陷记录；

5.4.2.2 耐压、气密试验记录；

5.4.2.3 主要零部件的无损检验报告；

5.4.2.4 更换零部件清单；

5.4.2.5 结构、尺寸、材质变更的审批文件；

5.4.2.6 转动设备试车验收单；

5.4.2.7 设备润滑记录。

6 维护与故障处理

6.1 日常维护

6.1.1 严格按操作法开停车，应用现代监测技术与仪器定时巡回检查，检查运转是否平稳，无异常振动和噪声。

6.1.2 检查机械密封有无泄漏，机械密封冷却夜流量、压力有无波动，如有异常要适当调整。

6.1.3 检查轴瓦供油系统有无不正常现象，检查减速机运转是否正常与缺油。

6.1.4 定期向轴承箱加润滑脂，并严格执行 SHS01002《石油化工设备润滑管理制度》。

6.1.5 控制气相出口温度不得低于规定值。

6.1.6 控制加热蒸汽压力不低于规定值，检查蒸汽系统，及时消除泄漏。

6.1.7 搞好设备卫生，及时擦净渗漏的油污和水迹。

6.2 常见故障与处理

薄膜蒸发器常见功能故障与处理方法见表 3。

表 3 薄膜蒸发器常见功能故障与处理方法

序号	功能	功能故障	故障模式	故障后果	故障应对策略与检修内容	检修周期／月
1	保证薄膜蒸发器正常连续运行	机体产生较大振动和异声	轴瓦磨损严重或损坏； 转子轴销松动或损坏； 轴瓦座架变形，焊缝开裂或损坏	停车、非计划停工	检查修理或更换新件	视情况而定
2	保证薄膜蒸发器正常连续运行	机体产生较大振动和异声	转子刮板严重刮壁； 转子焊口开裂，转子变形； 转子积料太多，造成转子不平衡； 筒体支座螺栓松动； 筒体连接螺栓热紧不够	停车、非计划停工	解体检查、重新找正，打磨刮板； 更换新件； 解体检查、清理积料； 紧固； 重新热紧	

表 3　薄膜蒸发器常见功能故障与处理方法（续）

序号	功能	功能故障	故障模式	故障后果	故障应对策略与检修内容	检修周期/月
4	保证薄膜蒸发器正常连续运行	机体产生较大振动和异声	筒体温度不够或气相出口管附加应力使筒体变形，气相出口管内凝聚物回落，筒体内物料中等规物太多； 操作不当，进料量波动较大或负荷量过大	停车、非计划停工	提高蒸汽压力确保筒体温度，消除附加应力保证气相出口管温度，以防凝聚，减少物料中等规物含量，平稳操作； 调整进料量	
5	保证薄膜蒸发器正常连续运行	机械密封泄漏动	动环径向跳动或端面跳动过大； 动环及密封件损坏； 机械密封冷却液压力波动太大冷却液中有机械杂质 主机剧烈振动	停车、非计划停工	调整动环或短轴径跳； 检查修理或更换新件； 稳定冷却液压力，更换冷却液，过滤杂质； 消除振动	
6	保证薄膜蒸发器正常连续运行	筒体夹套或加热管泄漏	夹套冲蚀穿孔或焊缝振裂	停车、非计划停工	修补裂缝和穿孔，修理或更换加热软管	
7	保证薄膜蒸发器正常连续运行	转子转速降低（皮带传递）	皮带过松或张紧度不足； 筒体内壁结垢严重	停车、非计划停工	调整皮带张紧度或更换皮带； 检查清理	
8	保证薄膜蒸发器正常连续运行	主电机跳闸	负荷太大； 转子严重刮壁或卡住； 筒体内积料或结垢严重	停车、非计划停工	降低负荷； 解体检查、重新找正，打磨刮板； 解体检查、清理积料	

附 录 A
（资料性附录）
薄膜蒸发器检修质量控制确认表

项目	主要控制内容				等级	施工单位	生产装置	设备管理部门	备注
	标准值		部位	现场记录					
拆卸中检测									
筒体外观	变形	/	壳体		A	★	★	★	
	腐蚀	/	壳体		A	★	★	★	
带轮	磨损程度	/	驱动		B	★	★		
加热回收系统管线	泄漏情况	/	附属设施		A	★	★	★	
密封系统	泄漏情况	/	附属设施		B	★	★		
转子密封轴径径向跳动	径向跳动	≤0.06mm	转子		B	★	★		
转子刮板外缘对转子中心线的距离	距离偏差	≤0.001*d*（*d*为刮板外缘直径）	转子		B	★	★		
分布盘的径向跳动	径向跳动	≤0.001*d*（*d*为刮板外缘直径）	分布盘		B	★	★		
底轴颈的径向跳动	径向跳动	≤0.03mm	转子		B	★	★		
底轴颈表面粗糙度	表面粗糙度	≤*Ra*0.63	转子		B	★	★		
转子静平衡校验	平衡值	按标准	转子		B	★	★		
筒体壁厚	按设计值		筒体		A	★	★		
筒体密封面	平面度	≤0.02mm	筒体		B	★	★		
筒体密封面与筒体中心线的垂直度	垂直度	≤0.1mm/m，且最大不超过0.60mm	筒体		B	★	★		
筒体直线度	直线度	≤0.20mm/m	筒体		B	★	★		
筒体圆度	圆度	≤0.50mm	筒体		B	★	★		
筒体法兰密封面的水平度	水平度	≤0.1mm/m	筒体		B	★	★		

薄膜蒸发器检修质量控制确认表（续）

项目	主要控制内容				等级	施工单位	生产装置	设备管理部门	备注
	标准值		部位	现场记录					
筒体中心线与水平的垂直度偏差	偏差值	≤0.15mm/m	筒体		B	★	★		
卧式薄膜蒸发器筒体水平度	纵向偏差	≤0.50mm	筒体		B	★	★		卧式薄膜
卧式薄膜蒸发器筒体水平度	横向偏差	≤0.20mm			B	★	★		卧式薄膜
轴瓦和轴销配合间隙	配合间隙	≤（0.06～0.12）*d*			B	★	★		LUWA立式薄膜蒸发器
轴瓦星形座架瓦孔中心线与密封面的垂直度偏差	垂直度偏差	≤0.05mm			B	★	★		
机械密封密封面	粗糙度	≤*Ra*0.125			B	★	★		
机械密封密封面	圆度偏差应	≤0.04mm			B	★	★		
机械密封密封面	与底面垂直度偏差	≤0.05mm			B	★	★		
机械密封动环跳动	径向跳动	≤0.15mm			B	★	★		
机械密封动环跳动	端面跳动	≤0.15mm			B	★	★		
回装时检测									
转子密封轴径径向跳动	径向跳动	≤0.06mm	转子		B	★	★		
转子刮板外缘对转子中心线的距离	距离偏差	≤0.001*d*（*d*为刮板外缘直径）	转子		B	★	★		
分布盘的径向跳动	径向跳动	≤0.001*d*（*d*为刮板外缘直径）	分布盘		B	★	★		
底轴颈的径向跳动	径向跳动	≤0.03mm	转子		B	★	★		
底轴颈表面粗糙度	表面粗糙度	≤*Ra*0.63	转子		B	★	★		
转子静平衡校验	平衡值	按标准	转子		B	★	★		
筒体壁厚	按设计值		筒体		A	★	★		

薄膜蒸发器检修质量控制确认表（续）

项目	主要控制内容				等级	施工单位	生产装置	设备管理部门	备注
	标准值		部位	现场记录					
筒体密封面	平面度	≤0.02mm	筒体		B	★	★		
筒体密封面与筒体中心线的垂直度	垂直度	≤0.1mm/m，且最大不超过0.60mm	筒体		B	★	★		
筒体直线度	直线度	≤0.20mm/m	筒体		B	★	★		
筒体圆度	圆度	≤0.50mm	筒体		B	★	★		
筒体法兰密封面的水平度	水平度	≤0.1mm/m	筒体		B	★	★		
筒体中心线与水平的垂直度偏差	偏差值	≤0.15mm/m	筒体		B	★	★		
卧式薄膜蒸发器筒体水平度	纵向偏差	≤0.50mm	筒体		B	★	★		卧式薄膜
卧式薄膜蒸发器筒体水平度	横向偏差	≤0.20mm			B	★	★		卧式薄膜
轴瓦和轴销配合间隙	配合间隙	≤（0.06～0.12）d			B	★	★		LUWA立式薄膜蒸发器
轴瓦星形座架瓦孔中心线与密封面的垂直度偏差	垂直度偏差	≤0.05mm			B	★	★		
机械密封密封面	粗糙度	≤Ra0.125			B	★	★		
机械密封密封面	圆度偏差应	≤0.04mm			B	★	★		
机械密封密封面	与底面垂直度偏差	≤0.05mm			B	★	★		
机械密封动环跳动	径向跳动	≤0.15mm			B	★	★		
机械密封动环跳动	端面跳动	≤0.15mm			B	★	★		
联轴器	按标准				B	★	★		
皮带驱动	按图表				B	★	★		

控制级别说明： A级：分部机动处专业人员、车间设备员/设备主任、施工单位检查人员。

B级：车间质量管理人员、施工单位检查人员。

C级：施工单位检查人员。

另：如果有监理，监理的职责由甲方授权。

附　录　B

（资料性附录）

薄膜蒸发器试车与验收数据记录表

装置：　　　　　　　　　　　　设备名称：　　　　　　　　　　　　位号：

试车参数记录：			记录时间											
记录名称	参数位号	标准	1：00	2：00	3：00	4：00	5：00	6：00	7：00	8：00	9：00	10：00	11：00	12：00
流量														
压力														
温度														
电流														
电压														
电机温度														
轴承温度														
噪声														
验收确认		施工单位：					管理单位：					使用单位：		
备注：1. 三方签字验收后交付生产使用。2. 检修 15 个工作日内，将试车记录及验收表扫描录入设备管理系统														

乙烯冷箱维护检修规程

SHS 03064—2019

目　次

前 言

本规程按照GB/T 1.1—2009《标准化工作导则 第1部分：标准的结构和编写》给出的规则起草。

本规程由中国石油化工集团有限公司、中国石油化工股份有限公司提出。

本规程起草单位：杭州杭氧股份有限公司。

本规程主要起草人：徐懿。

本规程2019年首次发布。

乙烯冷箱维护检修规程

1 范围

1.1 主题内容

本规程规定了乙烯冷箱的检修周期与内容、检修程序与质量标准、试验与验收、维护与故障处理。

1.2 适用范围

1.2.1 本规程适用于石油化工装置冷箱的维护检修。

1.2.2 除符合本规程外，冷箱维护检修还应符合设计文件的要求。

2 规范性引用文件

下列文件对于本文件的应用是必不可少的。凡是注日期的引用文件，仅所注日期的版本适用于本文件。凡是不注日期的引用文件，其最新版本（包括所有的修改单）适用于本文件。

GB 150.1～150.4 压力容器

GB 50461 石油化工静设备安装工程施工质量验收规范

GB 50274 制冷设备、空气分离设备安装工程施工及验收规范

GB 50484 石油化工建设工程施工安全技术规范

GB 50235 工业金属管道工程施工规范

GB 50236 现场设备、工业管道焊接工程施工验收规范

TSG 21 固定式压力容器安全技术监察规程

TSG 08 特种设备使用管理规则

SH/T 3074 石油化工钢制压力容器

SH/T 3536 石油化工工程起重施工规范

SH/T 3555 石油化工工程钢脚手架搭设安全技术规范

SHS 01001 石油化工设备完好标准

NB/T 47006 铝制板翅式热交换器

NB/T 47015 压力容器焊接规程

JB/T 4734 铝制焊接容器

JGJ 46 施工现场临时用电安全技术规范

3 检修周期与内容

3.1 检修周期

常规乙烯冷箱是将多台串、并联的铝制板翅式换热器及必要的容器和连接管路，放置在一个钢制的保冷箱中，钢制的箱体和上述设备的空间中，填充满珠光砂等绝热材料以减少冷量损失。其主要设备包括铝制板翅式换热器、铝制焊接容器、钢制焊接容器及连接管道、管件和仪控系统。

乙烯冷箱因无介质腐蚀情况，冷箱内设备、管道均为焊接连接，一般无需定期检修。只有当乙烯冷箱运行情况异常时，需要停车检修。

运行情况异常一般为介质泄漏，当怀疑有泄漏时，应立即停车进行检查。如果泄漏的是有害物质，应立即采取措施。

3.2 检修内容

3.2.1 卸珠光砂检查保冷情况，检测珠光砂含水率。

3.2.2 检查仪控系统。

3.2.3 对冷箱内所有设备、管道全系统试漏，如有泄漏，及时封堵。此项为检修主要内容。

3.2.4 对冷箱内容器和管道进行无损检测。

3.2.5 检查钢结构和设备基础。

3.2.6 检查冷箱壁防腐情况。

4 检修程序与质量标准

4.1 检修前准备

4.1.1 掌握乙烯冷箱运行状况，备齐施工方案、必要的图纸和资料。

4.1.2 组织施工人员进行技术交底，熟悉施工方案、施工图纸、技术要求及有关资料，并掌握施工质量标准。

4.1.2.1 所有作业人员应熟知各自工种的安全操作规程，严格遵守，并做好安全教育。

4.1.2.2 进入施工现场必须戴好安全帽，高空作业必须系安全带，并做到高挂低用。

4.1.3 做好检修所需材料、备品配件、工器具准备。

4.1.3.1 所有电动工具绝缘都应良好，并接好漏电保护器，接线要有专人负责。

4.1.3.2 在夜间施工时，要有良好的照明设施。设备内部作业时要配置足够的照明，且电压不得大于 24V。

4.1.4 对冷箱装置按规定进行加温、吹除，且冷箱内珠光砂达到常温，方可交付检修。

4.1.5 对各通道用干燥无油空气或氮气置换合格，用盲板隔断所有液体、气体或蒸汽的来源，设置明显的隔离标志并做好记录。

4.1.6 切断设备电源，切断有关的水源、气源，并设置安全标志。

4.1.7 冷箱加温后，确认珠光砂升温至常温方可进行卸砂。卸砂作业宜从上到下逐层进行，作业中发现冰块应及时处理。卸砂后对冷箱内设备、管道、支架及冷箱内壁等进行清扫。换热器及管道上表面不允许有珠光砂堆积，冷箱内残留的珠光砂将影响冷箱内的查漏工作。

4.1.8 进入冷箱前，需对冷箱内的气体组分进行检测，确保氧气、有毒有害气体含量在规定范围内，维持冷箱上下出气孔的出气，并连续监控其含氧量，含氧量不合格，不允许进入工作。

4.1.9 进入冷箱的操作人员需佩戴安全防护设施，按规定操作。

4.1.10 按规定办理票（证）后作业。

4.1.11 搭设合格的脚手架、支架，架设支架要避免与冷箱内容器、管道磕碰。

4.2 检修程序

4.2.1 检查

4.2.1.1 冷箱及设备基础、支架等钢结构检查。

4.2.1.2 冷箱仪控系统检查。

4.2.1.3 冷箱内配管和设备检查。

4.2.1.3.1 各通道用盲板封闭并装上合适的压力表，依次对各个通道进行加压。

4.2.1.3.2 试验介质应采用干燥无油空气或干燥氮气。

4.2.1.3.3 将查漏通道缓慢升压至一定压力，初期试验压力可设定为最大 0.5MPa，因为大部分泄漏可在低压查出。根据泄漏情况，可能需提高压力，但不得超过该通道的工作压力。

4.2.1.3.4 查漏人员从冷箱底部自下而上检查通道的所有焊缝，一般用肥皂水对焊接接头进行检验判定。

4.2.1.3.5 板翅式换热器查漏通道加压后，若相邻通道压力升高，则说明通道之间有内部泄漏，此时需进一步检查，确定具体内漏部位。

4.2.1.3.5.1 由技术人员确定方案，切割换热器封头。

4.2.1.3.5.2 打开封头后，对互漏通道的每一层进行分别加压，查看相邻通道是否漏气，确定内漏通道位置。

4.2.1.3.6 所有通道应设置压力泄放装置，以防超压。

4.2.1.3.7 查漏人员在冷箱内查漏期间需定时按规定对冷箱内的气体组分进行检测，并有专门的安全人员进行保护。

4.2.2 拆卸

4.2.2.1 根据设备、管道的检修部位确定是否需要进行拆卸。

4.2.2.2 根据铝制和钢制设备部件材质采用相应的切割工艺。

4.2.2.3 设备或管道切割完需缓慢平稳起吊至空旷平地，方便检修。设备需垫支架支撑。

4.2.3 维修

4.2.3.1 冷箱内设备、管道的焊接，按照不同材质制定焊接工艺，需严格按照焊接工艺进行焊接。

4.2.3.2 设备的外部泄漏，由合格的焊工按照补焊工艺进行补焊。

4.2.3.3 如板翅式换热器有内漏，应根据技术人员方案，由合格的焊工封堵相应通道层，并复原封头。

4.2.3.4 检修完成后对补焊部位或焊接接头需进行无损检测。

4.2.3.5 检查冷箱钢板，腐蚀超过壁厚30%应予以更换，对变形部位进行修整。

4.3 质量标准

4.3.1 板翅式换热器

4.3.1.1 对板翅式换热器的泄漏通道进行堵塞，堵塞通道超过所有通道10%时，应予考虑更换新的板翅式换热器。

4.3.1.2 板束缺陷深度不得大于0.5mm，封头和接管缺陷深度不得大于0.3mm。

4.3.1.3 钎焊缝补焊长度不得大于外露隔板总长度的1.5%。

4.3.2 容器

4.3.2.1 对容器表面尖锐伤痕或局部刻槽等缺陷应予修磨，修磨范围的斜度至少为1∶3，修磨深度应不大于该部位材料厚度的5%，且不大于2mm，否则应予焊补。

4.3.2.2 壳体直线度允差应不大于壳体长度的0.1%。

4.3.2.3 容器筒体切割后重新组装时，要求最小筒节长度应不小于300mm。

4.3.2.4 铝制焊接容器A、B类焊接接头对口错边量应符合有关规定，具体见表1。

表1 A、B类焊接接头对口错边量规定 mm

对口处铝材厚度 δ	A类焊接接头	B类焊接接头
≤12	≤1/5δ	≤1/5δ
>12~≤20	≤2.4	≤1/5δ
>20~≤40	≤2.4	≤1/5δ，且≤5
>40~≤50	≤2.4	≤1/8δ，且≤6
>50	≤2.4	≤6

4.3.2.5 钢制焊接容器A、B类焊接接头对口错边量应符合有关规定，具体见表2。

表 2 A、B 类焊接接头对口错边量规定

mm

对口处钢材厚度 δ	A 类焊接接头	B 类焊接接头
≤ 12	≤ 1/4δ	≤ 1/4δ
> 12～≤ 20	≤ 3	≤ 1/4δ
> 20～≤ 40	≤ 3	≤ 5
> 40～≤ 50	≤ 3	≤ 1/8δ
> 50	≤ 1/16δ，且≤ 10	≤ 1/8δ，且≤ 20

5 试验与验收

5.1 试验

5.1.1 试验前准备

5.1.1.1 冷箱内所属设备、管线、仪控系统全部检修完毕，有完整的检查和检修记录，并具备试验条件。

5.1.1.2 试验前组织检修单位和使用单位一起进行中间验收，确认施工质量及查漏、补漏效果。

5.1.1.3 做好试验中的各项安全措施和试验方案。

5.1.2 整体试压

5.1.2.1 冷箱内检修完毕后，应按各通道压力进行强度试验和气密性试验。

5.1.2.2 现场的强度试验应采用气压试验，试验压力为工作压力的 1.15 倍，保压 5min，气压试验前必须采取安全措施。

5.1.2.3 气密性试验应在强度试验后进行，其试验压力和泄漏率应符合设计文件的规定。

5.1.2.4 试压用气体应采用清洁干燥无油空气或氮气，检查泄漏使用无脂肥皂水。

5.1.3 干燥吹扫

各系统吹扫时间一般不应少于 8h，检查吹扫情况，可用湿白色滤纸或白布放在吹除口 5min，以无明显的机械杂质为合格。

5.1.4 拆除脚手架

5.1.5 装填绝热材料（珠光砂）

5.1.5.1 绝热材料内不应混有可燃物。

5.1.5.2 绝热材料不应受潮，并不宜在雨雪天装填。

5.1.5.3 装填应密实，不应有空穴。

5.1.5.4 应采取必要的安全措施。

5.2 验收

5.2.1 检修质量符合本规程规定。
5.2.2 设备运行正常后，产品产量、质量等各项指标均达到设计要求，或工艺生产要求。
5.2.3 检修记录齐全、准确，按规定办理验收手续。

6 日常维护与故障处理

6.1 日常维护

6.1.1 使用单位应建立装置巡检制度。
6.1.2 按工艺操作规程和岗位操作规程操作，控制各工艺参数在设计范围内运行。
6.1.3 记录设备的运行情况，包括开工、停车和故障时的运行数据。
6.1.4 定期检查压力表、温度计、流量计是否有变化。
6.1.5 定期检查冷箱内珠光砂是否充实，如需移开部分珠光砂检查时，应采取措施防止其余珠光砂垮塌。
6.1.6 定期检查冷箱上人孔、呼吸阀、与外部管道连接的法兰及其紧固件等是否良好、完整。
6.1.7 安全阀校验。
6.1.8 定期检查冷箱壁结霜及基础温度情况。
6.1.9 如果需停车一段时间，各流道应用干燥氮气加压至表压0.05～0.12MPa，同时不得高于流道相应的设计压力。

6.2 常见故障与处理

乙烯冷箱常见功能故障与处理方法见表3。

表3 乙烯冷箱常见功能故障与处理方法

序号	功能	功能故障	故障模式	故障后果	故障应对策略与检修内容	检修周期／月
1	提供多股介质密闭通道	有单股或多股介质通道泄漏	设备外漏	装置降量，着火	停车，查漏检修	视情而定
2			设备内漏	装置降量	停车，查漏检修	视情而定
3	提供绝热保温	不能绝热保温	绝热材料不足	装置降量	停车，查漏检修	视情而定
4	提供合格产品	不能提供合格产品	设备外漏	装置降量，着火	停车，查漏检修	视情而定
5			设备内漏	装置降量	停车，查漏检修	视情而定